AF565069

WIESEN UND WEIDEN

Ernst Klapp

Wiesen und Weiden

Eine Grünlandlehre

MANUSCRIPTUM

Neudruck der Originalausgabe von 1971.

ISBN 978-3-948075-60-6

INHALT

GELEITWORT
VON MICHAEL BELEITES

Die flächige Pflanzendecke des mit Gräsern bewachsenen Erdbodens ist Grasland – oder einfach: Gras. Es macht einen wesentlichen Anteil der Natur- und Kulturlandschaften unserer Erde aus. All das Grasland, das weder zu den wilden Steppen und Savannen noch zu den Rasenflächen der Parks und Gärten gehört, ist landwirtschaftliches Grünland, das der Tierernährung dient: Wiesen zum Schnitt von Heu und Grünfutter, Weiden zum direkten Abgrasen durch Weidetiere. Weltweit sind zwei Drittel der landwirtschaftlich genutzten Flächen Grasland und nur ein Drittel Ackerland. In Mitteleuropa liegen die Verhältnisse umgekehrt: Der Anteil des Grünlands an der landwirtschaftlichen Fläche beträgt in Deutschland etwa ein Drittel.

Wiesen und Weiden sind ein zentraler Bestandteil unserer Kulturlandschaft. Ohne die Grünlandflächen wäre das Land ästhetisch wertlos und hätte keinen Erholungswert. Aber auch in seinen ökologischen Funktionen hat das Grasland eine zentrale Bedeutung. Während auf den Ackerflächen immer nur eine Kulturpflanzenart für jeweils eine Saison angebaut wird, ist das Grünland eine Dauerkultur, die vierzig bis sechzig Wildpflanzenarten beherbergt. Hierzu gehören neben den Gräsern und Kräutern auch die Leguminosen (Hülsenfrüchtler), deren Wurzelknöllchen in Symbiose mit stickstoffixierenden Bakterien Luftstickstoff in den Boden bringen und für die Pflanzen verfügbar machen. Mit seiner beträchtlichen Wurzelmasse trägt das Grasland nicht nur zur Erhaltung der Bodenfruchtbarkeit und zum Erosionsschutz bei, sondern weltweit speichert das Grünland in seinen Böden auch mehr als ein Drittel des globalen Kohlenstoffs.[1]

Die eigentliche ökologische Funktion des Graslands besteht in dem Zusammenwirken von Gras und grasfressenden Tieren. Anita Idel, die Autorin des Buches *Die Kuh ist kein Klima-Killer!*, bringt das in wunderbarer Weise auf den Punkt: »Ohne Graser kein Gras: ohne Bison keine Prärie, ohne Gnu keine Serengeti [...]. Ohne Rasenmäher kein Vorgartengrün [...].«[2] Ohne regelmäßige Mahd oder Beweidung würde in unseren Breiten jede Grünlandfläche binnen weniger Jahre zu Buschland und Wald werden. Gras wächst nicht trotz, sondern wegen der Beweidung. Die Graspflanze regeneriert sich, wenn ihre Halme und Blätter durch Verbiß oder Schnitt abgetrennt werden. Je öfter eine Graspflanze eingekürzt wird, desto mehr neue Triebe bildet sie.

[1] Anita Idel: *Die Kuh ist kein Klima-Killer! Wie die Agrarindustrie die Erde verwüstet und was wir dagegen tun können*, Marburg 2012, S. 36

[2] Ebd., S. 35

Anita Idel verweist auf die naturgeschichtliche Koevolution von Gras und Grasern.[3] In ihrer Analyse bezieht sie sich explizit auf den großen deutschen Grünlandexperten und Begründer der eigenständigen Grünlandwissenschaft Ernst Klapp (1894–1975). In seinem Vorwort zu dem Buch des französischen Grünlandspezialisten André Voisin (1903–1964) *Die Produktivität der Weide* von 1957 schrieb der »deutsche Weidepapst«[4] Klapp: »Denn nicht Ansaat und Düngung bilden die Weidenarbe, sondern Biß, Tritt und Exkremente des Weidetieres.« Es gehe darum, »dem Weidewirt die Augen zu öffnen für das Wesentliche: für die Lebensgemeinschaft von Weidetier und Weidegras«.[5]

Und genau dieses ökologische Zusammenwirken von Gras und Grasern bildet eine wesentliche Grundlage für die menschliche Existenz: Während das Gras, das weltweit auf zwei Dritteln der agrarisch nutzbaren Flächen wächst, vom Verdauungsapparat des Menschen nicht direkt verwertet werden kann, geschieht dies über die grasfressenden Nutztiere. Mit Blick auf den für die Grasverdauung geschaffenen Wiederkäuermagen spricht der Wiener Agrarwissenschaftler Alfred Haiger sogar von einem »fünften Element«: »Schon die Griechen der Antike wußten, daß Erde, Wasser, Luft und Feuer beziehungsweise Sonne die vier Elemente des Lebens sind. Zur Verwertung der Grünlanderträge und rohfaserreicher Nebenprodukte des Ackerlandes ist der Wiederkäuermagen als fünftes Lebenselement ebenfalls unverzichtbar. [...] Aus ökologischer Sicht sind daher die Wiederkäuer besonders hervorzuheben, weil sie die gespeicherte Sonnenenergie der Gräser, Leguminosen und Kräuter durch das hochspezialisierte Vormagensystem mittels Kleinstlebewesen nutzen können.«[6]

Es sind die wiederkäuenden Pflanzenfresser und die Pferde, aber auch Gänse und Hühner, die das Gras verdauen können und so aus dem anderweitig nicht nutzbaren Grasland Fleisch, Milch und Eier für die menschliche Ernährung bereitstellen. Nicht zu unterschätzen ist auch die tragende Funktion des Grünlands für den bäuerlichen Hoforganismus insgesamt. Mit der im 19. Jahrhundert erkannten Formel »Mehr Futter – mehr Vieh – mehr Mist« wurde in den Augen vieler Landwirte »die Wiese zur Mutter des Ackerbaus«.[7] Der geniale Schwarzwaldbauer und agrarpolitische Querdenker Siegfried Jäckle weist darauf hin,

[3] Ebd., S. 38 f.

[4] Christoph Becker: »Was würde der alte deutsche Weidepapst sagen?«, Freizahn.de, 17.9.2016

[5] Idel, *Die Kuh ist kein Klima-Killer!*, S. 47 (Fn. 1)

[6] Reinhard Geßl: »Als fünftes Element unverzichtbar«, Interview mit Alfred Haiger, *Ökologie & Landbau* 156, 4/2010, S. 26

[7] Siegfried Jäckle: »Grünland: Stiefkind der Agrarpolitik. Warum Umbruchverbote die Erhaltung des Grünlandes nicht sichern können«, in: *Kritischer Agrarbericht 2013*, Kritischer-Agrarbericht.de, S. 15–18

daß erst mit dem Zusammendenken von Grünland und Acker die lange bestehende Rivalität zwischen Grünlandnutzung und Ackerbau überwunden wurde. Lange Zeit wurde die Grünlandbewirtschaftung als minderwertig und als eine Gegenspielerin zum Ackerbau angesehen. »Schon in der biblischen Geschichte von Kain und Abel wird der Hirte vom Ackerbauern ermordet aus Neid über seine Opfergaben«, so Jäckle.[8]

Im Blick auf die wiederkäuenden Pflanzenfresser ist hervorzuheben, daß ihr Verdauungssystem auf eine nahezu ausschließliche Ernährung durch Gras ausgerichtet ist. Die Koevolution von Gras und Grasern, die in erdgeschichtlichen Zeiträumen zu einem ausgewogenen Gleichgewicht ihrer Existenz geführt hat, ist im Zusammenhang mit der agrarindustriellen Deformation der Landnutzungsformen von beiden Seiten her empfindlich gestört worden: Während die Überdüngung des Grünlands zu einem schnelleren Wuchs, einem höheren Wassergehalt des Grases und einer Verarmung der Artenvielfalt – und damit zu einer Verringerung der Futterqualität für die Tiere – geführt hat, sind die Weidetiere durch Fütterung und Züchtung von ihrer Natur als Wiederkäuer weggeführt worden.

Durch eine verfehlte Agrarpolitik der EU wird einerseits in den Futterrationen der Kühe Gras, Grassilage und Heu vermehrt durch zugekauftes Getreide verdrängt, andererseits wandern die Kühe verstärkt aus den Grünlandregionen in die Ackerbaugebiete ein, insbesondere in die Silomaisgebiete. »In beiden Fällen wird die Kuh zur ›Sau‹ gemacht, mit allen verdauungsphysiologischen Nachteilen für die Kuh, ökologischen Folgen für das Grundwasser (Nitrat-Eintrag durch starken Kraftfutterzukauf) und der mangelnden Kulturlandschaftspflege in den Fremdenverkehrsregionen.«[9]

Neben den verdauungsphysiologischen Nachteilen für das Rind treten bei einer nicht wiederkäuergerechten Fütterung der Kühe auch ernstzunehmende ernährungsphysiologische Probleme für den Menschen zutage. Haiger betont: »Die Pansenmikroben haben die Fähigkeit, für den Menschen lebensnotwendige Fettsäuren zu bilden, die im Fett der Milch und des Fleisches eingelagert werden. Zahlreiche wissenschaftliche Arbeiten zeigen, daß bei Weidehaltung beziehungsweise Fütterung mit Heu und Grassilage der Gehalt dieser ernährungsphysiologisch erwünschten, ungesättigten Fettsäuren doppelt bis fünfmal so hoch ist wie bei Maissilage-Fütterung. Das Verhältnis der Omegasäuren ist darüber hinaus eindeutig positiv verändert.«[10]

[8] Ebd.

[9] Alfred Haiger: »Wird die Kuh zur ›Sau‹ gemacht?«, *Traktor Aktuell,* August 1994, S. 6 f.

[10] Geßl, »Als fünftes Element unverzichtbar« (Fn. 6)

Der Teufelskreis, der sich aus der Geringschätzung des gedeihlichen Zusammenspiels von Gras und Grasern ergibt, beginnt freilich nicht erst bei der falschen Fütterung der Wiederkäuer. Schon bei der Züchtung der Rinderrassen werden heute die falschen Prioritäten gesetzt. Es zählt Jahresleistung statt Lebensleistung: Milchkühe, die über 10.000 kg Milch im Jahr geben, können diese Leistung nur über wenige Jahre halten, bauen dann rasch körperlich ab und werden meist nach drei oder vier Laktationsperioden geschlachtet. Solche Milchkühe hingegen, die ›nur‹ 5.000 bis 7.000 kg Milch je Kuh und Jahr geben, bleiben doppelt so lange leistungsfähig: Sie erreichen neun Laktationen bei guter Milchleistung. Die *Lebensleistung* liegt dann meist bei über 50.000 kg Milch, während sie bei den ›Hochleistungskühen‹ weit darunter bleibt.[11] Insofern ist es schon ein rein ökonomisches Gebot, bei der Rinderzucht Leistungshöhe und Nutzungsdauer gleichermaßen zu berücksichtigen. Vitalität und Fruchtbarkeit der Nutztiere werden am besten gefördert, wenn man sich bei der Züchtung an dem Kriterium der Lebensleistung orientiert. Die genetisch vereinseitigten Hochleistungskühe haben einen so übersteigerten Energiebedarf, daß sie dann auch nicht mehr ohne einen hohen Getreideanteil im Futter lebensfähig sind.

Wenn nun – auch wegen der Subventionierung des Ackerbaus – die grasfressenden Tiere immer mehr mit Getreide und anderen Ackerfrüchten gefüttert werden, vergrößert sich der Flächenanteil des Ackerlandes, der für Futterzwecke verwendet wird, zu Lasten der Ackerflächen, die direkt der menschlichen Ernährung dienen. Zudem ist diese Fehlentwicklung mit enormen Futtermittelimporten verbunden, die auch für die Herkunftsländer hochproblematisch sind, wie man mit Blick auf die Soja-Monokulturen auf früheren Regenwaldstandorten in Lateinamerika studieren kann. »Soja braucht viermal soviel Energie wie Gerste und knapp zehnmal soviel wie Weidegras«, so Alfred Haiger.[12] Nicht nur ein zu hoher Fleischkonsum, sondern vor allem auch die (damit verbundene) übermäßige Fütterung der Grasfresser mit Ackerfrüchten führt zu der fatalen Logik: *Das Vieh der Reichen frißt das Brot der Armen.*

Vor allem ist dies aber auch eine Frage der *Ernährungssouveränität*: Ob sich eine Nation von den Erträgen ihres eigenen Landes selbst ernähren kann, hängt nicht nur von der (vermeidbaren) Abhängigkeit der Nutztierhaltung von Futtermittelimporten ab, sondern im wesentlichen von dem Anteil der Ackerfläche, den die Tierhaltung für Futterpflanzenanbau beansprucht. Da der Ackerflächenbedarf für den Konsum tierischer Erzeugnisse (Fleisch, Eier, Milch) bei weitem

[11] Alfred Haiger: »Naturgemäße Milchrinderzucht«, Aurora-Magazin.at, o. D.

[12] Bernhard Weber: Interview mit Alfred Haiger, in: *BOKU-News – Blick ins Land* 5/2013, S. 35

höher ist als der für den Verbrauch pflanzlicher Lebensmittel (Getreide, Kartoffeln, Gemüse), gilt: Je weniger Ackerflächen für den Futteranbau verwendet werden, desto mehr Menschen kann ein Land von seinen eigenen Ackerflächen ernähren. »Bei einem stark reduzierten Verbrauch an Lebensmitteln tierischer Herkunft könnte sich auch Deutschland selbst versorgen«, so Haiger.[13] Die Lösung liegt allerdings nicht in einem gänzlichen Verzicht auf tierische Produkte. Dieser hätte nämlich das Ende der Tierhaltung zur Folge – mit katastrophalen Konsequenzen.

Auch global betrachtet gilt der ökologische Grundsatz: Kein Gras ohne Graser. Mehr als die Hälfte der landwirtschaftlich nutzbaren Flächen der Erde sind absolutes Grünland, also Flächen, die aufgrund klimatischer oder geologischer Bedingungen nicht als Ackerland nutzbar sind. Das bedeutet, daß in den entsprechenden Gebieten die menschliche Ernährung in höchstem Maße von der Weidetierhaltung abhängig ist. Wollte man den neuesten Trend einer ›bioveganen‹ Landbewirtschaftung verallgemeinern, würde man großen Teilen der Menschheit ihre Nahrungsgrundlage entziehen. Aber auch hierzulande bedeutet ›Kein Gras ohne Graser‹ schlicht: Ohne Tierhaltung kein Grünland. Man stelle sich eine Kulturlandschaft vor, in der es keine Wiesen und Weiden gibt, in der keine Weidetiere zu sehen sind. Man stelle sich eine Landwirtschaft vor, in welcher der tierische Dung fehlt und eine auf organischer Düngung basierende Kreislaufwirtschaft unmöglich wird. Diese Zusammenhänge werden in den heutigen urbanen Milieus, in denen ›Gras‹ nur als eine Umschreibung für die Cannabis-Droge geläufig ist, gern übersehen.

Aber auch in Hinsicht auf die Mehrzahl der agrarpolitischen Akteure hat Siegfried Jäckle recht, wenn er schreibt: »Die Multifunktion des Grünlandes, neben der Futtererzeugung auch dem Erhalt öffentlicher Güter zu dienen (CO_2-Speicher, Wasser- und Bodenschutz sowie Kulturlandschaft), scheint bei den politischen Akteuren noch nicht angekommen zu sein.« Und Jäckle unterstreicht: »Eine Renaissance des Grünlandes beginnt erst, wenn wir begreifen, daß jeder Quadratmeter genutzten Grünlands praktische Sonnenenergienutzung ist und daß Grünland an unterschiedlichen Standorten verschieden ist und bodenständige Nutzer braucht. Im Gegensatz zu Mais hat das Grünlandfutter ein ausgewogenes Energie-Eiweiß-Verhältnis und macht uns damit von Sojaimporten unabhängig. Wir müssen auch begreifen, daß nur Wiederkäuer Grünland sinnvoll veredeln, die wenig oder kein Kraftfutter brauchen.«[14]

[13] Alfred Haiger: »Ernährungssouveränität. Könnten wir uns mit biologischer Landwirtschaft selbst ernähren?«, in: *Der Alm- und Bergbauer*, 12/2014, S. 6–9

[14] Jäckle, »Grünland« (Fn. 7)

Wiesen und Weiden – mit den entsprechenden Weidetieren – sind ein Kernelement der europäischen Kulturlandschaften. Treffend formulierte der Grünlandökologe Gottfried Briemle (1948–2014): »Unter dem Thema Wiesen und Weiden als Kulturerbe verbirgt sich ein weites Feld menschlicher Einwirkungen, die im Laufe der Geschichte zugenommen haben und sich in vielfältigen Reaktionen der Natur widerspiegeln. *Kultur* bedeutet hier weniger ein planerisches Gestalten im Detail als vielmehr ein ausgewogenes Wechselspiel menschlicher Tätigkeit und natürlicher Antwort, also Entstehung und Entwicklung einer ausgewogenen *Kulturlandschaft.*«[15] Alfred Haiger bekräftigt: »Das Rind hat als Milch- und Mutterkuh für die Grünlandgebiete eine weitere ökologisch und ökonomisch unverzichtbare Bedeutung als ›Pfleger‹ der Kulturlandschaft. In den grünlandstarken Landesteilen sind das satte Grün der Wiesen, die bunte Blumenpracht, die friedvoll weidenden Kühe und die bäuerlichen Siedlungsformen das, was die erholungsbedürftigen Menschen suchen.«[16] Genau dies sind nicht nur Bedürfnisse erholungssuchender Touristen, sondern Grundbedürfnisse des Menschen gegenüber seiner Umwelt.

Nicht von ungefähr ergab sich die Einführung des Umweltbegriffs vor hundert Jahren aus einer genialen Analyse des Zusammenwirkens von *Innenwelt* und *Umwelt*: Der Biologe und Philosoph Jakob von Uexküll (1864–1944) hatte erkannt, daß die Umwelt immer auch ein Teil der Innenwelt ist.[17] Und ebenso wie die *Umwelt* immer auch ein Teil der *Innenwelt* der Organismen ist, ist die artgemäße Umwelt, das *Habitat*, ein Bestandteil der Art. Außerhalb ihres Habitats kann keine Art auf Dauer existieren. Weil genau dies auch für den Menschen gilt, geht es um die Frage, ob unsere Umwelt wirklich artgemäß, also menschengemäß, ist. Eine lebenswerte Umwelt im Sinne von *Landschaft* ist Voraussetzung für eine lebensbejahende Atmosphäre unter den Menschen. Und eine ansprechende Landschaft, die auch dem Auge Nahrung und der Seele Kraft gibt, ist nicht irgendein Luxus, den wir in zwei oder drei Urlaubswochen andernorts genießen können, sondern Voraussetzung für ein menschengemäßes Dasein im Alltag.

Wo die Räumlichkeit der Kulturlandschaft in ihrer seit Jahrtausenden bestehenden Untergliederung in Wälder und Felder, Wiesen und Weiden, Siedlungen und Gärten nicht mehr erlebbar ist, scheint auch ein Gefühl des Eingebundenseins in die Welt verlorenzugehen. Die Umwelt ist eben immer auch ein Bestandteil der Innenwelt. Wenn wir also keine menschengemäße Umwelt mehr um uns finden, wird die Umweltveränderung auch seelische Spuren in uns

[15] Hartmut Dierschke und Gottfried Briemle: *Kulturgrasland. Wiesen, Weiden und verwandte Staudenfluren,* Stuttgart 2002, S. 9

[16] Geßl, »Als fünftes Element unverzichtbar« (Fn. 6)

[17] Jakob von Uexküll: *Umwelt und Innenwelt der Tiere,* Berlin und Heidelberg [2]1921, S. 2

hinterlassen. Die in der Innenwelt gespiegelte räumliche Bindung ist eine zum Teil unbewußte Erinnerung an die ›Habitate‹ unserer Ahnen und berührt die Basis der seelischen Empfindungen unmittelbar. Hierin liegt eine weithin unterschätzte Bedeutung der Wiesen und Weiden. Wiesen und Weiden sind Landstücke, die nicht nur Kühe und Schafe, sondern auch Bienen und Schmetterlinge ernähren – und das Auge natursensibler Zeitgenossen. Sowohl die Verteilung des Graslandes in der Landschaft als auch sein Anblick aus der Nähe stärken Geist und Seele. Eine Koexistenz unterschiedlicher Arten auf engstem Raum, wie sie zum Beispiel im Aquarell *Das große Rasenstück* von Albrecht Dürer (1471–1528) aus dem Jahre 1503 so eindrucksvoll dargestellt ist, ist in der Natur keine Ausnahmesituation, sondern der Normalfall.

Um das Grünland sachgerecht zu nutzen und zu pflegen, bedarf es eines hohen Maßes an Kenntnissen und Fertigkeiten. Diese sind von kaum jemandem umfassender und anschaulicher dargestellt worden als von dem Begründer der Grünlandwissenschaft Ernst Klapp in seinem Standardwerk *Wiesen und Weiden*. Dieses Buch, das 1938 in erster und 1971 in vierter Auflage erschien, ist ein großartiger Rundumblick zum Grünland-Thema und durchzogen von der grundlegenden Erkenntnis der »untrennbaren Verknüpfung der Grünlandnutzung mit der Tierhaltung«.[18] Da für die Tierhaltung in unseren Breiten stets eine Futterreserve für die Winterzeit angelegt werden muß, widmet Klapp der Futterkonservierung in Gestalt der Heu- und Silobereitung ebensolche Aufmerksamkeit wie der Bewirtschaftung des Graslandes selbst.

Die hier neu herausgegebene vierte Auflage von Ernst Klapps Grünlandlehre von 1971 enthält zudem ergänzende Themenbeiträge von weiteren profilierten Fachleuten auf diesem Gebiet. Gewiß haben sich seither manche Erkenntnisse und Ansichten verändert. Der Zusammenhang zwischen der Stickstoffdüngung des Grünlands, einer Verarmung der Artenvielfalt und einer damit zusammenhängenden Verminderung der Futterqualität wird inzwischen deutlicher gesehen. Auch konnten in die zu Beginn der siebziger Jahre in der Bundesrepublik erschienene Fassung viele Daten aus den ostdeutschen Grünlandgebieten nicht mit einbezogen werden.

Dennoch: Das hohe Maß des in Klapps epochalem Standardwerk präsentierten Grundwissens zum sachgerechten Umgang mit Wiesen und Weiden, das weiterhin höchst bedeutsam, aber inzwischen weitgehend in Vergessenheit geraten ist, überwiegt bei weitem jenen Anteil der Befunde, die aus heutiger Sicht fehlen oder anders beurteilt werden können. Das Buch als solches ist auf keinen Fall ›veraltet‹. Im Gegenteil, weit über die landwirtschaftlichen Akteure hinaus

[18] Ernst Klapp: *Wiesen und Weiden. Eine Grünlandlehre,* Berlin und Hamburg ^{4}1971, S. III

werden auch ökologisch interessierte Leser und all jene, die sich den Grundlagen unserer Kulturlandschaft zuwenden wollen, die *Grünlandlehre* von Ernst Klapp mit großem Gewinn lesen! Klapp wußte, daß das Thema Gras kein Spezialthema ist, sondern eines, das mit der Natureinbettung der menschlichen Existenz zu tun hat – und inmitten unserer Kulturentwicklung zu verorten ist. Zu Recht wies Klapp auf kritische Äußerungen zum aufkommenden Spezialistentum hin: »Übermäßig eingeengte, extrem spezialisierte Aufgliederung von Forschung und Lehre vermittele zwar eine Fülle von Einzelkenntnissen, verhindere aber das Überschauen des gesamten biologisch-technischen Komplexes […].«[19]

Obwohl Klapp ein profilierter Theoretiker war, der als erster die landwirtschaftliche Grünlandforschung mit den Erkenntnissen und Methoden der *Pflanzensoziologie* verknüpfte, hat er seine Forschungen stets an den Belangen der Praxis orientiert. Mit Beginn seiner Lehrtätigkeit an der Landwirtschaftlichen Fakultät der Universität Bonn im Jahr 1936 war er zugleich Leiter der zu dieser Fakultät gehörenden landwirtschaftlichen Versuchsgüter Dikopshof und Rengen. Die Domäne Rengen im Kreis Daun in der Eifel war 1930 von Klapps Vorgänger in Bonn, Theodor Remy (1868–1946), als spezifisches Grünland-Versuchsgut eingerichtet worden. Erstmalig wurde ein solcher Forschungsstandort damit auf besonders kargen Mittelgebirgsböden angelegt, um auch auf ärmsten Böden die Möglichkeiten einer Etablierung von Grünland auf bisherigem Ödland sowie einer allmählichen Steigerung der Weideleistung zu erkunden.

Ernst Klapp nahm diese Herausforderung an und schrieb in seiner *Grünlandlehre* über die Ergebnisse in Rengen: »Verkleinerung und Vermehrung der Freßflächen je Nutzung führen zu einer derartigen Verkürzung der Freßzeit, daß man dem letzten Ziel des Umtriebs immer näher kommt, d. h. der bewußten Zuteilung einer stets frischen, gleichmäßigen Futterration. […] Die Tendenz ist […] eindeutig: Mit Verkürzung der Freßzeit und Erhöhung des Besatzes wächst die Weideleistung je ha auf das 12- bis 14fache an. Es wurde gelegentlich sogar die ›Zuteilung nur je einer Tagesration‹ erreicht. Aber Zaunkosten und Arbeitslast wurden dabei zu groß!«[20]

Neben dem erhöhten Arbeitsaufwand und der eingeschränkten Bewegungsfreiheit der Weidetiere kann es bei einer öfter als zweimal im Jahr erfolgenden Weidezuteilung derselben Fläche möglicherweise auch zu einem vermehrten Befall der Tiere mit Magen- und Darmparasiten kommen. Dennoch ist es absolut plausibel, daß eine Verkürzung der Freßzeiten bei höherem Besatz die Weideleistung erheblich steigert. Die Gründe hierfür liegen auf der Hand: Stets

[19] Ebd.

[20] Ebd., S. 454

fressen die Tiere frisch zugeteiltes Grasland besser als solches, das in den Vortagen (und -wochen) von den Weidetieren betreten wurde. Und Graspflanzen mit mehr (enger stehenden) Trieben wachsen üppiger nach, wenn sie gleichmäßig kurz verbissen bzw. gemäht werden. Es ist offenkundig, daß das Gras und die Begleitflora besser nachwachsen, wenn nach kurzen Weidephasen längere Regenerationsphasen folgen, also das Verhältnis Freßzeit–Wachszeit zugunsten der Wachszeit verschoben wird. Die höhere Beanspruchung der Wurzeln bei höheren Besatzdichten wird durch längere Regenerationszeiten offenbar mehr als ausgeglichen. Das heute übliche System der *Portionsweide* kann diesen Effekt nicht erfüllen, weil hier zwar häufig kleinere Stücken neuer Weide hinzugegeben – aber nicht in der gleichen Frequenz entsprechend kleine Teilflächen wieder ausgekoppelt und für die Pflanzenregeneration freigegeben werden.

Aus der Perspektive des heutigen Beobachters schreibt Christoph Becker über die Schließung des Versuchsgutes Rengen 2007 und die derzeitigen Entwicklungen der Grünlandbewirtschaftung in der Eifel: »Was ich an der ganzen Sache bedrückend und ernüchternd finde, ist, daß man hier sehen kann, daß und wie bereits vorhandenes Wissen unserer Zivilisation zumindest lokal verlorengehen kann. […] Was ich gesehen habe, hat mir immer wieder gezeigt, daß ›das Verständnis für die Grundsätze‹, das Prof. Klapp 1971 schon fast als Allgemeingut betrachtet hat, offenbar weitgehend verloren oder vielleicht selbst nach 45 und mehr Jahren nie angekommen ist. Was ich in Sachen Weidewirtschaft und auch in Sachen Ackerbau hier in der Eifel gesehen habe und sehe, ist deprimierend.«[21]

Möge uns Klapps *Grünlandlehre* erneut den Blick weiten für das große Wunder des Graslandes – und für das der innigen Beziehung der menschlichen Kultur zum Gras! Nicht zufällig verknüpft Immanuel Kant (1724–1804) in seiner *Kritik der Urteilskraft* von 1790 die Frage nach dem, was über dem Menschen steht, mit der Betrachtung eines Grashalms: »Wir können uns die Zweckmäßigkeit, die selbst unserer Erkenntnis der inneren Möglichkeit vieler Naturdinge zum Grunde gelegt werden muß, gar nicht anders denken und begreiflich machen, als indem wir sie und überhaupt die Welt uns als ein Produkt einer verständigen Ursache (eines Gottes) vorstellen.« Es sei »für Menschen ungereimt, auch nur […] zu hoffen, daß noch etwa dereinst ein Newton aufstehen könne, der auch nur die Erzeugung eines Grashalms nach Naturgesetzen, die keine Absicht geordnet hat, begreiflich machen werde«.[22]

Michael Beleites — *Blankenstein (Sachsen), im Sommer 2022*

[21] Becker, »Was würde der alte deutsche Weidepapst sagen?« (Fn. 4)

[22] Immanuel Kant: *Kritik der Urteilskraft,* Stuttgart 1976 [Berlin und Libau 1790], S. 351 f.

Wiesen und Weiden

Eine Grünlandlehre

Von Dr. Dr. h. c. ERNST KLAPP
em. o. Prof. an der Universität Bonn

Vierte, neubearbeitete Auflage
mit Beiträgen von Prof. Dr. R. Arens, Prof. Dr. D. Bommer,
Prof. Dr. Dr. h. c. A. Stählin, unter Mitarbeit von Dr. W. Skirde,
und Prof. Dr. G. Voigtländer

Mit 236 Abbildungen und 263 Tabellen

1971

VERLAG PAUL PAREY · BERLIN UND HAMBURG
VERLAG FÜR LANDWIRTSCHAFT, VETERINÄRMEDIZIN, GARTENBAU UND FORSTWESEN
BERLIN 61, LINDENSTRASSE 44–47

Umschlag- und Einbandgestaltung: Christian Honig, Neuwied am Rhein

ISBN 3 489 72510 7

Vorwort

Eigentliches Ziel dieses Buches war und ist es, Verständnis für die durchaus eigenständige Wesensart des Dauergrünlandes und die Besonderheit seiner Behandlungsansprüche, für seine Verschiedenheit gegenüber dem Ackerland zu vermitteln.

Basis des Ackerbaues ist der Boden; häufige Bodenbearbeitung und jährliche Saat sind seine wichtigsten Hilfsmittel. Basis der Grünlandbewirtschaftung ist die lebende Grasnarbe, und ihre Hilfsmittel sind vor allem Mahd und Weidegang. Und die untrennbare Verknüpfung der Grünlandnutzung mit der Tierhaltung erlaubt es, von einer besonders wesentlichen Eigenschaft der Grasnarbe, ihrer erstaunlichen Wandlungsfähigkeit, Gebrauch zu machen.

Im Gegensatz zum Ackerbau mit seinen meist feststehenden Ernteterminen und leicht feststellbaren Erträgen an Marktware steht ferner die zeitlich fast unbeschränkte Möglichkeit von Grünlandnutzungen, allerdings auch das schwierige Problem erfolgreicher Verwertung der pflanzlichen Erzeugung, ihrer Veredlung in Gestalt des tierischen Nutzertrages. Die Futterausnutzung hat mindestens das gleiche Gewicht wie die Futterproduktion. Da zudem nicht nur Frischfutter im Sommer, sondern auch eine Futterreserve für die Zeit der Wachstumsruhe gewonnen werden muß, spielt die Futterkonservierung eine entscheidende Rolle.

Grünlandbewirtschaftung stellt also nicht einfach eine technisch-spezielle Abwandlung des Ackerbaues dar, sondern einen selbständigen Komplex von Maßnahmen, in dem die Pflanze, die Pflanzengemeinschaft und ihre Reaktionen, Bedürfnisse und Wirkungen des Tieres, Beschaffenheit und Ausnutzung der Futterernte zu berücksichtigen sind. Diese vielschichtigen, nach allen Seiten verknüpften Zusammenhänge zu überschauen und zu beherrschen, ist nicht leicht. So hält denn J. W. Larin, führender Grünlandkenner der Sowjetunion, mindestens 450 Lehrstunden zur Ausbildung eines Grünlandfachmannes für erforderlich! (Iswestija, Moskau, 7. 5. 1965). Schwierigkeiten liegen vor allem in der Notwendigkeit umfassender Anschauung. Gegen die heutige Fachausbildung in vielen Ländern ist beim X. Internationalen Grünlandkongreß von bedeutenden Sachkennern wie McMeekan und Peterson schärfste Kritik erhoben worden: Übermäßig eingeengte, extrem spezialisierte Aufgliederung von Forschung und Lehre vermittele zwar eine Fülle von Einzelkenntnissen, verhindere aber das Überschauen des gesamten biologisch-technischen Komplexes; die Folge sei Versagen der Berater vor den Problemen der Praxis, besonders beim Erkennen der grundlegenden Mängel und der vordringlichen Maßnahmen. Damit wird natürlich nicht die Notwendigkeit der Spezialisierung namentlich in der Forschung bestritten; sie muß aber Hand in Hand mit der zusammenfassenden Würdigung, der „Integrierung“, der wissenschaftlichen und praktischen Erfahrungen gehen. In diesem Sinne versucht dieses Buch sowohl dem Speziellen wie der Synthese gerecht zu werden.

In der europäischen Grünlandforschung besteht leider eine deutliche Trennung zwischen westeuropäischen Weideländern und den ausgedehnteren Gebieten des Kontinents mit verbreitetem Vorkommen, zuweilen sogar Vorherrschen von Mähewiesen. Diese, auch auf lange Sicht noch unentbehrlich, finden in Weideländern so gut wie kein Verständnis – ein großer Mangel ebenso angesichts ihres Erkenntniswertes wie ihrer wirtschaftlichen Bedeutung. Die Wiesenforschung wird weitgehend vernachlässigt. Unser Text soll nicht nur bereits einseitig hochentwickelten, sondern auch den vielfach als „rückständig" angesehenen Gebieten gelten.

In der Nachkriegszeit haben Grünlandforschung und Grünlandpraxis eine außerordentliche Fortentwicklung durchlaufen. Die Fülle des in- und ausländischen Schrifttums ist, sowohl in den älteren Grundlagen wie in der Jetztzeit, fast unübersehbar geworden. Es in allen Einzelheiten berücksichtigen zu wollen, würde den Rahmen jedes Buches sprengen. Die notwendige Auswahl und Straffung muß sich auf das Grundsätzliche und Vordringliche beschränken. Gleichwohl soll dem Benutzer ein vielseitiger Einblick in die internationale Literatur geboten werden. Allerdings geht eine Gesamtdarstellung von Umwelt, Behandlung und Ausnutzung des Dauergrünlandes über das Vermögen des Einzelnen hinaus. Daher wurde eine Reihe von Fachleuten um ihre Mitarbeit gebeten.

Prof. Dr. R. Arens gibt den neuesten Stand der Grünlanderneuerung, insbesondere der Ansaatfragen wieder, Prof. Dr. D. Bommer die Entwicklungs- und Wachstumslehre der Grünlandpflanzen. In das umfangreiche Gebiet der Unkrautbekämpfung führt Prof. Dr. Dr. h.c. A. Stählin unter Mitarbeit von Dr. W. Skirde ein. Ein rasch fortentwickeltes Arbeitsgebiet – die Futterkonservierung – behandelt Prof. Dr. G. Voigtländer. Ihnen allen und mit ihnen zahlreichen Anregern und Helfern in Teilfragen ist der Herausgeber zu aufrichtigem Dank verpflichtet. In besonderem Maße gilt das für Prof. Dr. Arens, der dem Herausgeber seit Jahren in Gemeinschaftsarbeiten, bei zahlreichen Geländestudien und in ständigem Gedankenaustausch über die Darstellung des Gesamtgebietes zur Seite stand.

Bonn, im Frühjahr 1971

Ernst Klapp

Inhalt

A. ALLGEMEINES ÜBER DAS DAUERGRÜNLAND

Bedeutung und Statistik

In den vorangehenden Auflagen des Buches mußte besonderer Wert auf eine Rechtfertigung der Kulturart „Dauergrünland“ gelegt werden, einer Kulturart, der ihre Minderwertigkeit allzuoft bescheinigt wurde; dies, obwohl weitschauende Praktiker und Gelehrte aller Zeiten die noch ungehobenen Schätze des Dauergrünlandes erkannt und der besseren Ausnutzung empfohlen hatten. „Eine gute Weide liefert ebensoviel, ja noch mehr Erntemasse als gutes Ackerland. Es ist also intensivere Weidewirtschaft als der Ackerbau denkbar, eine Wahrheit, die manchen Lehrern der Betriebswirtschaft noch heute fremd ist.“ (Wegener schon 1906.) Jungehülsing weist in einer Studie über die Behandlung betriebswirtschaftlicher Fragen des Dauergrünlandes in den letzten 200 Jahren auf die grundlegende Wandlung der Auffassungen hin. Selbst die Begründer der modernen Betriebslehre waren noch alle „in der Vorstellung: Grünland, vor allem Weide = ertragsarm, befangen“. – „Nirgends im Bereich der landwirtschaftlichen Betriebslehre haben sich die Erkenntnisse und Ansichten seit Aereboe und Brinkmann so tiefgreifend geändert wie gerade beim Grünland.“

Unsere Zielsetzung ist vornehmlich biologischer und pflanzenbaulicher Art[1]. Das Dauergrünland im engeren Sinne (und mit ihm zusammen langlebiges Wechselgrasland, Andreae 1955) nimmt eine zentrale Stellung im Landbau des gemäßigten Klimas ein, soweit eine Nutztierhaltung besteht. Die Grasnarbe liefert nicht nur das naturgemäße, vollwertige Grundfutter für das Tier; sie schützt den Boden vor Erosionsschäden und reichert ihn mit hochwertigem Humus an, d.h. mit einer Fruchtbarkeitsreserve für etwaige Ackernutzung.

Namentlich in unserem Lande hat das Grünland allerdings seit jeher eine besonders undankbare Rolle übernommen: Es hat – im Gegensatz zu andern Ländern – zum überwiegenden Teil Flächen, die nicht ackerfähig oder nicht ackerwürdig sind, der landwirtschaftlichen Nutzung zugänglich gemacht, von den nassen, versumpften Tälern und den hochflutgefährdeten Niederungen (Abb. 6) bis zu den Steilhängen des Hochgebirges. So schon auf schlechtere Standorte beschränkt, diente es vielfach noch als „Mutter des Ackerbaues“: Durch die Wirtschaftsdünger werden dem Grünland entzogene Nährstoffe dem Acker zugeführt; auf armen Standorten machten besondere Systeme der Bodennutzung – so z.B. die Plaggen- und Schiffelwirtschaft – die „bodenbefruchtende“ Wirkung der Grasnarbe unmittelbar dem Ackerbau dienstbar. Die Wiesen leiden nach dem jahrhundertelangen Raubbau noch heute meist unter Nährstoffmangel. Nichts hat der Einschätzung des Grünlandes mehr

[1] Wir beschränken uns daher auf wenige betriebswirtschaftliche Hinweise: Andreae 1956, Blohm u.a. 1966, 1967a, b, Jungehülsing 1962, Henrichs, Woermann.

geschadet als diese ständige Unterordnung zugunsten des Ackerbaues und die damit verbundene Tatsache, daß mit geringer Leistung von Grünlandbetrieben stets auch geringere Schätzwerte (Bodenschätzung, Einheitswert) einherzugehen pflegen.

Was man jedoch in manchen Gebieten, etwa im nördlichen Voralpenland, seit langem als selbstverständlich hinnahm, gilt heute auch für andere Lagen als anerkannt: Daß es nämlich die Naturalleistungen reiner Grünlandbetriebe in geeigneten Lagen sehr wohl mit denen intensiver Ackerbaubetriebe aufnehmen können. Der Übergang zur modernen Grünlandwirtschaft verlangt allerdings hohe Investitionen (Stallbauten, Vieh!); hiermit wird aber nur das nachgeholt, was der Ackerbau in Jahrzehnten von der Gebäudeerneuerung bis zum Mähdrescher, Sammelroder, Häcksler und Getreidetrockner aufzuwenden hatte.

Für die gleichwertige Erzeugungskraft vergleichbarer Grünland- und Ackerflächen ließen sich zahlreiche Beweise anführen (ein neueres Beispiel bei Roth 1968). Bis heute läßt sich der Grünlandertrag auch wesentlich leichter steigern als der Ackerertrag, und beim Düngeraufwand ist zweifellos der größte Teil der Betriebe noch weit entfernt von dem Punkt, an dem das „Ertragsgesetz" („Das Gesetz vom abnehmenden Bodenertragszuwachs") störend zu wirken beginnt (S. 236). Der Ertrag richtig behandelter Grünlandflächen ist zudem sicherer als derjenige von Feldfutteransaaten, von denen jährlich ein erheblicher Anteil mißrät.

Futter vom Dauergrünland ist noch immer das billigste Futter, und zwar in allen Ländern. Den geringsten Aufwand für die Nährstoffeinheit (in Stärke-, Futtereinheiten oder anderen Maßstäben ausgedrückt) verlangt – von keiner anderen Futterart (abgesehen vom Rübenblatt) unterboten – das frische Weidegras.

Indes machen nur wenige Länder (z.B. Teile Neuseelands) ganzjährigen Weidegang möglich. Im größten Teil Europas muß der Grünlandbetrieb für mehr als die Hälfte des Jahres Winterfutter schaffen, und damit wird die Nährstoffeinheit auch im Grünlandfutter teurer. Bei der Futterwerbung unnötige Verluste und Aufwendungen zu vermeiden, ist sehr viel schwieriger als eine Steigerung des Grasertrages schlechthin. Im Schrifttum finden sich viele Angaben für den Kostenvergleich der Nährstoffeinheit in Frischgras, Gärfutter und Heu. In relativen Werten lauten sie je nach den Umständen und dem Lande im Mittel vieler Daten – wenn man die Kosten für Weidegras gleich 100 setzt:

bei Gärfutter 180 (122–212)
bei Heu 210 (159–340)

Allerdings stellt Grünlandfutter mit Ausnahme von Heu und „Trockengrün" keine Marktfrucht dar.

Eine Schwäche der Grünlandnutzung liegt im Gegensatz zur Ackernutzung in ihrer geringeren Veredlungsfähigkeit; einer großen Reihe denkbarer Systeme und Richtungen des Ackerbaues steht eine geringe Auswahl unter den Möglichkeiten der Grasveredlung gegenüber. Auch lassen sich ackerbauähnliche Intensität und Leistung der Grünlandbewirtschaftung allerdings – bis heute – nicht überall erreichen. Sie werden vor allem von der Größe des Betriebes, vom Betriebsflächenanteil des Grünlandes und von Art und Umfang der Viehhaltung bestimmt – ganz abgesehen von der Gunst des Standortes. Zunehmender Grünlandanteil des Betriebes braucht aber keine Ursache abnehmender Wirtschaftlichkeit zu sein (BRÜNNER 1962b; ferner S. 493). Nochmals ist daran zu erinnern, daß Grünland durchschnittlich auf weniger günstigen Standorten liegt als Ackerland, und ein hoher Grünlandanteil ist oft eine Auswirkung schlechter Standorte. Anderseits werden große Bodenflächen, die heute nicht mehr als ackerwürdig gelten können, immer noch geackert. Die Leistungsfähigkeit des Grünlandes wird bisher großenteils überhaupt nicht ausgenutzt, auch dort nicht, wo es die Betriebsstruktur möglich macht. Dabei ist zu berücksichtigen, daß sich die Entwicklung der Grünlandtechnik im weitesten Sinne – vom Weidegang über die Futterkonservierung bis zur Haltung und Fütterung der Tiere – noch in vollem Fluß befindet. Entscheidende Hemmnisse liegen in der Agrarstruktur. Niemand kann übersehen, welche grundlegende Bedeutung Siedlungsform und Arrondierung für eine erfolgreiche Grünlandbewirtschaftung, d.h. für intensive Weidenutzung, haben (S. 420, 93).

Statistisches über das deutsche Dauergrünland. Der Grünlandanteil der landwirtschaftlichen Nutzfläche (LN) hat sich in unserem Jahrhundert deutlich erhöht; im alten Reichsgebiet wuchs der Anteil von Wiesen und Weiden zwischen 1907 und 1935 von 21,4 auf 29,8% der LN an, wobei sich der Weideanteil vervierfachte.

Diese Entwicklung hat sich nach dem zweiten Weltkrieg, wenn auch verlangsamt, fortgesetzt. In der Bundesrepublik lauten die (mit den obigen also nicht vergleichbaren) Werte:

Anteil an der LN in %

	Wiesen[1]	Weiden[2]	Zusammen
1907	23,6	8,1	31,7
1915	24,7	12,3	37,0
∅ 1935/38	24,8	13,1	37,9
∅ 1963/64	25,4	14,9	40,3

[1] einschl. Streuwiesen. [2] einschl. Hutungen und Almen.

Die Grünlandfläche ist aber nicht nur anteilmäßig, sondern auch absolut gewachsen. Während die Ackerfläche seit 1935/38 um 8%, die landwirtschaftliche Nutzfläche um 4% abnahm, wuchs die Grünlandfläche bis 1963/64 um 180000 ha = 3%; die Wiesenfläche sank zwar (um weniger als 1%), die Weidefläche aber stieg um mehr als 10%, kurz, es handelt sich um eine echte Zunahme.

Diese Entwicklung ist angesichts wiederholter „Umbruchaktionen" überraschend; sie weist übrigens große landschaftliche Unterschiede im Ausmaß wie in den Ursachen auf. Wachsende Viehbestände nach Kopfzahl, Durchschnittsgewicht und Ansprüchen, Änderung der Betriebsgrößen, auch die Flucht in eine arbeitssparende Kultur werden die größte Rolle dabei spielen.

Würde es sich bei unserem Dauergrünland durchweg um vollwertige Futterflächen handeln, dann wäre es unter Mitberücksichtigung des ausgedehnten Feldfutterbaues um die Futterversorgung ausgezeichnet bestellt.

Tatsächlich ist die durchschnittliche Grünlandleistung aber durchaus unbefriedigend.

Während die Erträge der Ackerfrüchte (trotz ihres starken Absinkens in und nach dem ersten Weltkrieg) in 40 Jahren um 14–35% anstiegen, war der Wiesenertrag 1936/44 nicht höher als 1906/15; er hat sich 50 Jahre lang um 42 dz Heu/ha bewegt (Abb. 1).

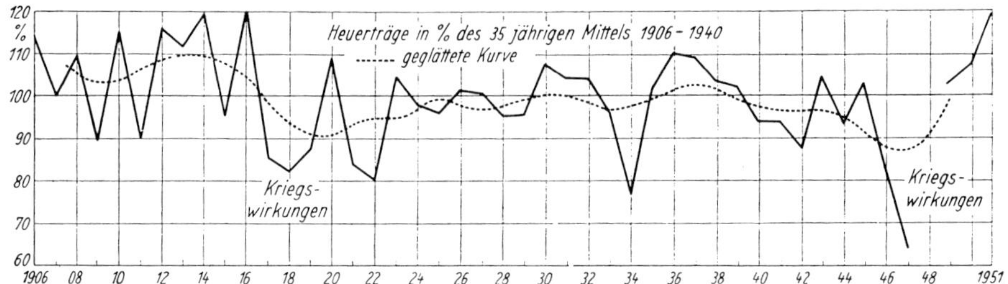

Abb. 1. Entwicklung der Heuerträge in Westdeutschland

Erfreulicherweise zeigt sich seit dem zweiten Weltkrieg eine Wandlung in dieser Tendenz:

Relative Erträge in der Bundesrepublik

	Weizen	Kartoffeln	Kleeheu	Wiesenheu
1935/38	100	100	100	100
1959/64	152	168	110	118

Die Wiese bleibt mit der Ertragssteigerung zwar wiederum weit hinter den Marktfrüchten zurück; aber ihre Erträge sind doch wenigstens gestiegen, seit den fünfziger Jahren sogar stärker als die Kleeheuerträge. Das jahrzehntelange Stehenbleiben der Heuerträge war großenteils darauf zurückzuführen, daß die Wiesendüngung kaum Fortschritte machte; für den Anstieg nach dem zweiten Weltkrieg ist anzunehmen, daß sich ein günstigeres Preisverhältnis zwischen

Abb. 2. Streuwiese im Isartal zwischen abgeernteten Futterwiesen (Original Boeker)

Dünger und Heu ausgewirkt hat und die Möglichkeiten besserer Werbungsmethoden die N-Düngung anziehender gemacht haben.

Trotzdem bleibt der Wiesenertrag unbefriedigend; etwa 22% der westdeutschen Wiesen (Abb. 18) bringen nur einen Schnitt. Diese einschürigen Wiesen sind praktisch als Ödland anzusehen. (Der Ertrag der Streuwiesen (Abb. 2) liegt übrigens um etwa 43% unter dem der Futter-Heuwiesen.)

Ertragsstufen der Schnittwiesen um 1950
nach VON WACHTER (1954b)

Stufe	Heuertrag in dz/ha
1-Schnitt-Wiesen	15– 35
2-Schnitt-Wiesen	35– 70
3- u. mehr-Schnitt-Wiesen . . .	70–120

Ein großer Teil des Wiesenheues besitzt keinen ausreichenden Futterwert, vor allem nicht wegen ungünstiger botanischer Zusammensetzung und wegen großer Mängel der Werbung. Die größte Schwäche des deutschen Grünlandes liegt jedenfalls in seinem hohen Anteil reiner Mähwiesen (65% gegenüber kaum 10% in Großbritannien!). Die Intensivierung der üblichen, zweischürigen Wiesennutzung ist aber selbst auf besten Standorten nur begrenzt möglich.

Für die Dauerweiden liegen keine amtlichen Ertragsschätzungen vor. Die Statistik unterscheidet lediglich „reiche und gute“, „mittlere“ und „geringe Weiden einschließlich Hutungen“. Dabei wurden 1952/56 nur 7,5% der Weiden als „reiche und gute“, 71,5% als „mittlere“, aber 21,0% als „geringe Weiden und Hutungen“ bezeichnet (Abb. 15).

Die letzten Daten für die Bundesrepublik (1963) lauten[1]:

Reiche und gute Weiden 12,4%
Mittlere Weiden 69,9%
Geringe Weiden 17,7%

Für 1952 nahm VON WACHTER folgendes als Leistung der Schätzungsgruppen an:

Stufe	Besatz in GVE je ha	Ertrag an Stärkeeinheiten kg/ha
Geringe Weiden und Hutungen	bis 1	bis 1000
Mittlere Weiden . .	1–2	1000–2000
Gute Weiden	2–3	2000–3000
Beste Weiden . . .	über 3	über 3000
Durchschnitt: 1500		

Weiteres hierzu siehe S. 491.

[1] Siehe hierzu unter „Statistische Erhebungen“, „Stat. Jahrbücher“.

Eigentümlichkeiten, Zustand und Mängel

Um Zustand, Leistung und Verbesserungsmöglichkeiten der Wiesen und Weiden zutreffend beurteilen zu können, ist es notwendig, sich mit der Wesensart des Dauergrünlandes, mit seinem grundsätzlich vom Ackerland verschiedenen Charakter vertraut zu machen.

Hauptmerkmal des Grünlandes ist die dauernde, von zahlreichen Pflanzenarten im Gemisch gebildete Grasnarbe. Diese Pflanzengemeinschaft des Grünlandes (S. 112) stellt eine sogenannte „Dauergesellschaft" dar, eine Gemeinschaft, die bei gleichbleibender Behandlung einen gewissen Gleichgewichtszustand einhält. Fast ausnahmslos aus Wald entstanden (KLAPP 1965a) und bei Einstellung der Mahd- oder Weidenutzung sich zum Busch- und Waldland zurückentwickelnd (Abb. 3), steht sie sozusagen in der Mitte zwischen Neuansaaten auf Ackerland und dem geschlossenen Wald.

Abb. 3. Anfänge der Wiederbewaldung nach Einschränkung des Weideganges (Original ARENS)

Die Dauer der Grasnarbe bedeutet gegenüber der Kurzlebigkeit von Ackerkulturen:

a) Fehlen des Zwanges zu jährlicher Bearbeitung, Bestellung, Ansaat; Fortfall des Saatrisikos, relativ hohe Ertragssicherheit;

b) Befähigung zur Ausnutzung jeder wachstumsfähigen Stunde im Gegensatz zu den Anbaupausen des Feldbaues; im Extrem (Westeuropa zum Teil) Weidewuchs auch im Winter;

c) Unmöglichkeit der Düngereinbringung; trotzdem sehr gute, dem Ackerboden überlegene Düngerausnutzung (S. 164); Möglichkeit 2–3maligen Nährstoffumsatzes in einem Jahr; Verwertung außerordentlich hoher Stickstoffgaben ohne Qualitätsschäden;

d) Fruchtbarkeitsspeicherung, vollendeten Bodenschutz;

e) Unabhängigkeit im Nutzungszeitpunkt, mindestens bei Weidegang, Silo- und Trockenfuttergewinnung; Unabhängigkeit in Form und Intensität der Nutzung (Jungviehaufzucht, Mast, intensivste Milchviehhaltung).

Eine feste, eindeutige Ertragsbestimmung einer Grünlandfläche – wie etwa bei einer Getreideernte – ist nicht möglich (KLAPP 1963b); Menge und Güte des Ertrages der gleichen Fläche sind bei jeder Nutzungsweise verschieden, und die Mitwirkung des Tieres in der Weidenutzung macht die Weideleistung in hohem Maße von grünlandfremden Faktoren (Geschick des Weidewirts, Leistungsvermögen der Tiere u.a.m.) abhängig (S. 491).

Abb. 4. Hochwertiges Weideland der Niederrhein-Marsch

Die Bedeutung des gemischten Pflanzenbestandes liegt darin, daß

a) alle Wachstumsfaktoren besser als von den Reinkulturen des Ackerlandes ausgenutzt werden können;
b) die beteiligten Arten sich mit ihrem verschiedenen Wachstumsverlauf ergänzen und fast an jedem Tag der Vegetationszeit lohnende Erträge hoher Qualität möglich machen (Weidegras, Gärfutter, Heu, Trockengrün);
c) „Müdigkeits"-Erscheinungen, Pflanzenseuchen, Schädlingskatastrophen fast ausgeschlossen sind (S. 316);
d) Grünlandfutter eine überaus vielseitige, vollwertige Nahrung der Nutztiere darstellt;
e) sich unter einer vorherrschend grünen Farbe – als dem einzig Gemeinsamen – eine fast unvorstellbare Fülle verschiedenster Kombination von Ertragsfähigkeit und Futterwert verbirgt (Abb. 3–5);
f) die Vergesellschaftung der Arten eine fast unbegrenzte Bildsamkeit und Anpassungsfähigkeit unter der Wirkung von Standort, Behandlung und Nutzung ergibt (KLAPP 1965a, ferner S. 74).

Die letzten beiden Punkte (e, f) sind von ganz besonderer Bedeutung. Auf dem Ackerland gibt es gute und schlechte Roggenbestände, aber sie bestehen eben (vorwiegend) aus Roggen; und ob man ein Roggenfeld spärlich oder

Abb. 5. Wüchsige Glatthaferwiese im Altmühltal

Abb. 6. Mehrere 100 000 ha des deutschen Grünlandes sehen im Winter so aus! (Original ARENS)

reichlich düngt, ob man es als Futter- oder Körnerroggen schneidet, ob es auf leichtem oder auf schwerem Boden steht – es bleibt ein Roggenfeld. Was jedoch mit der Bezeichnung „Grünland" zusammengefaßt wird, ist in sich oft gar nicht vergleichbar. Der Rasen im Außendeichsland hat kaum noch etwas gemeinsam mit dem der Hochalm; dauernde Mahd läßt ganz andere Grasnarben entstehen als dauernde Beweidung. Eine regelmäßig mit Stickstoff gedüngte Wiese ist anders zusammengesetzt und verhält sich anders als eine ständig ohne Stickstoff behandelte. Dieser Sachverhalt erklärt einmal die ungewöhnlich große Spanne in Höhe und Güte des Grünlandertrages; er bildet aber auch die wichtigste Grundlage für die artgemäße, naturnahe Behandlung und Verbesserung des Grünlandes.

Die Ursachen geringer Durchschnittserträge sind zum Teil im Standort des absoluten, nicht ackerfähigen Dauergrünlandes begründet. Ausgedehnte

Flächen, die in Deutschland zur Grünlandnutzung herangezogen wurden, verdienen praktisch den Namen Ödland. Das ist nicht überall so; In Großbritannien liegt z. B. der größte Teil des Dauergrünlandes auf acker- und meist sogar weizenfähigen Böden. Daher überrascht es nicht, daß der durchschnittliche Einheitswert der Grünlandbetriebe in Deutschland nur 2/3 dessen der Rübenbaubetriebe erreicht.

Mängel der Lage. Ein erheblicher Teil unseres Grünlandes liegt in versumpften Niederungen und ist deswegen nicht weidefähig; dies erklärt den für viele Länder unverständlich hohen Anteil von Dauerwiesen, die in unserem Lande wohl das größte Hindernis des Fortschrittes sind. Weitere gewaltige Flächen sind jährlich unberechenbaren Überflutungen und damit erschwerter Nutzung ausgesetzt (Abb. 6). Endlich liegt ein großer Teil unseres Grünlandes im mittleren bis hohen Bergland mit seiner kurzen Vegetationszeit, seinen Steilhängen, mit erhöhtem Energiebedarf der Weidetiere (Steigleistung, S. 60).

Anteile verschiedener Höhenlagen (nach OLSEN 1959)

	bis 200 m	200–500 m	500 m und höher über NN
Niederlande	100%	–	–
Belgien	76%	22%	2%
Bundesrepublik	41%	35%	24%

Diese Situation genügt zur Kritik beliebter Leistungsvergleiche etwa mit den Niederlanden!

Die Grünlandkartierung 1951/53 (VON WACHTER 1954a) ergab für das Bergland von Rheinland-Pfalz nach UNGLAUB:

Abb. 7. Schafalm im Hochgebirge

Von den untersuchten Wiesen waren

nicht weidefähig 28%
daneben dringend entwässerungsbedürftig . . 25%
einigermaßen vollwertig, d.h. weidefähig, dagegen nur 47%

Von den ausgedehnten Niederungsweiden an Niederrhein und Erft waren nach Boeker trotz vorherrschend besserer und bester Böden ackerfähig nur 57,5% der Fläche; auf den übrigen 42,5% der Fläche war Ackernutzung unmöglich

a) wegen zu schweren Bodens bei 5%
b) wegen Unmöglichkeit der Entwässerung bei 25%
c) wegen regelmäßiger Überflutung bei 70%

Als Beispiel für die krassen Standortunterschiede zwischen einer guten Ackerbaulage einerseits, grünlandreichen Lagen anderseits entnehmen wir einer Arbeit von H. Böker und R. Schöttler 1956:

	Jülicher Börde	Kalkeifel	Hochsauerland
Höhenlage über NN in m . .	72–85	480–570	425–630
∅ Jahrestemperatur °C . . .	9,4	6,8	6,1
∅ Jahresniederschlag mm . .	589	750	1150
Vorwiegende Bodenart . . .	LÖ	SL-L	sL-SL
Ackerzahlen	78–96	29–70	17–30
Grünlandzahlen	50–56	8–60	25
Einreihungswert DM/ha . . .	2500	600	650
Grünland in % der LN . . .	5	39–48	45–54

Abb. 8. Gemeindeweide mit Basaltblöcken (Eifel); auch sie erscheint in der Statistik als „Grünland"

Unter solchen Umständen kann es nicht überraschen, daß die Leistung von Grünlandbetrieben in der Statistik schlecht abschneidet.

Strukturmängel: Eine intensive Grünlandbewirtschaftung, besonders als Mähweide oder Flüssigmistverwendung, ist stark erschwert oder gar unmöglich bei großer Entfernung der Grünlandflächen vom Hof und schlechten Wegeverhältnissen, gleichbedeutend mit Flurzersplitterung.

Meliorationsmängel: Meliorationen absoluten Grünlandes haben leider nicht immer Erfolg, mögen die Flächen nach Entwässerung noch zu naß geblieben oder aber gar zu trocken und doch nicht ackerfähig geworden sein. Auch die Wirkung der Folgearbeiten befriedigt nicht überall (unnötige Umbrüche, Fehler bei Saat und Anfangspflege). In den überschwemmungsgefährdeten Gebieten fehlt es noch vielfach an Vorflut und leistungsfähigen Schöpfwerken.

Mängel des Betriebes: Verbreitet sind unzureichende Ställe, schwacher Viehbesatz, ungenügende Leistungsfähigkeit der Tiere, Mängel des Weideverfahrens und der Fütterung, Vernachlässigung der Meliorationsanlagen, vor allem aber unzureichende Düngung. Dies gilt besonders von der Stickstoffdüngung, die selbst in Buchführungsbetrieben noch vor wenigen Jahren, verglichen mit den zu Getreide und Hackfrüchten üblichen Gaben, nur einen Bruchteil betrug. Hierbei spielt wiederum die Höhe des Grünlandanteiles im Betrieb eine entscheidende Rolle. So berichtet SCHWEIGHART 1960 aus Bayern (auszugsweise):

Düngeraufwand in DM/ha

Grünlandanteil	N	P_2O_5	K_2O	Zusammen
0– 10%	85,4	43,0	39,9	168,3
40– 50%	34,3	24,1	18,5	77,2
90–100%	3,6	13,0	3,5	20,1

Nachhinken der Futterkonservierung: Die Einsäuerung kämpft sich seit einem halben Jahrhundert nur langsam vorwärts, die Unterdachtrocknung kam erst nach dem zweiten Weltkrieg zur Entwicklung.

Für den überwiegenden Teil unseres Grünlandes, d.h. für die Dauerwiesen, bedeutet all das eine schwere Hemmung des Fortschrittes. Auf ihre stärkere Düngung, besonders aber auf früheren und häufigeren Schnitt ist zweifellos vor allem aus der Scheu vor Werbungs- und Konservierungsschwierigkeiten verzichtet worden.

Das Zurückbleiben der Grünlandbewirtschaftung und des Futterbaues schlechthin hat noch wesentlichere, tiefere Gründe. Bis in die neueste Zeit bilden die geringen Arbeitsansprüche der Grünlandbewirtschaftung eine Verlockung zur Flucht in die Arbeitsextensität. Daß man auf dem Grünlande jahrzehntelang ernten kann, ohne zu säen und ohne zu düngen, hat die Auffassung genährt, das Grünland sei nun einmal eine anspruchslose, beliebig zu vernachlässigende, aber auch zu hohen Leistungen gar nicht befähigte Kulturart.

Die Denk- und Arbeitsweise der deutschen Landwirtschaft ist von jeher ackerbaulich bestimmt gewesen; sie hat lange Zeit auch in der Richtung von Forschung, Lehre und Beratung ihren Niederschlag gefunden. Verglichen mit der Pflege und Nutzbarmachung ackerbaulicher Erkenntnisse, blieben Grünlandfragen bis in die zwanziger Jahre dieses Jahrhunderts das Stiefkind der Forschung und Beratung. Die Fortschritte des Ackerbaues in Bodenbearbeitung, Saatpflege und Pflanzenzüchtung sind im Grünland nicht oder schwer nutzbar zu machen. So stand und steht auch heute noch der großen Bereicherung ackerbaulicher Erkenntnisse und Erfahrung ein weitgehendes Nichtverstehen der Forderungen, aber auch der Möglichkeiten einer guten Dauergrasnarbe gegenüber. Das nötige Verständnis zu erwerben ist allerdings nicht leicht. Das wußten schon die alten Römer, und einer der besten Kenner des Graslands aller Welt, R. O. WHYTE, stellte fest: ,,Gras ist in Anbau und Nutzung eine der schwierigsten Früchte.'' Erfolgreiche Grünlandbewirtschaftung verlangt mehr Beobachtung, mehr Verständnis für die Pflanze und mehr geistige Wendigkeit als die ackerbauliche Technik.

Unmittelbar nach dem ersten Weltkrieg beginnend, hat sich die ,,Grünlandbewegung'' ein großes Verdienst um die Weckung des Interesses für Grünlandfragen erworben und versucht, dem Grünland die ihm gebührende Stellung zu sichern. Neben den Mitbegründern A. VON SCHMIEDER, C. A. WEBER und W. ZORN war es vor allem L. NIGGL, der unermüdlich sowohl für die Verbesserung des Grünlandes wie vor allem für die richtige Eingliederung des gesamten Futterbaues in das Betriebsgeschehen gearbeitet hat und alle Mitarbeiter für die Ziele der Grünlandbewegung zu begeistern wußte.

In grünlandtechnischer Hinsicht waren die Anfänge der ,,Grünlandbewegung'' leider zu sehr von damals verbreiteten irrigen Auffassungen – wie vom Gedanken an Umbruch und Neuansaat als allein verwendbare Mittel der Grünlandverbesserung (OTREMBA/KESSLER) – beeinflußt; die fortschrittlichen Gedanken von F. FALKE 1907f., K. SCHNEIDER 1926f., C. A. WEBER 1925ff. und anderen konnten sich lange Zeit nicht durchsetzen.

Alle Wege zur Verbesserung der Grünlandwirtschaft müssen ihren Ausgang nehmen von einer besseren Erkenntnis der Wesensart der Grasnarbe als einer bildsamen Pflanzengemeinschaft; denn das bedeutet zugleich die Erkenntnis von den grünlandgemäßen Arbeitsverfahren. ,,Grünlandgemäß'' heißt dabei ,,biologisch begründet'', auf der Lebens- und Verhaltensweise der Grünlandpflanzen aufbauend. Das Grünland steht der natürlichen Pflanzendecke viel näher als der Acker. Dies zu erkennen ist der wesentlichste Schritt zum Erfolg. Forschung und Lehre werden heute, von der Hochschule bis zur Wirtschaftsberatung, mehr und mehr der Eigenart des Grünlandes gerecht, nicht zum wenigsten dank der Pionierarbeit der Lehr- und Versuchswirtschaft Steinach (F. KÖNIG) und der seither begründeten Anstalten ähnlicher Zielsetzung.

Bilden eine zeitgemäße Grünlandlehre und Grünlandkenntnis das allgemeine Ziel, so sind die Teilziele unschwer zu erkennen und damit die notwendige Abstellung der oben erwähnten Mängel. Vorangehen muß die Behebung der Struktur- und Standortmängel mit dem Endziel, möglichst viele Flächen weidefähig zu machen; und nicht weniger wichtig ist bessere Futterkonservierung.

Verbesserung des Grünlandes und seiner Bewirtschaftung ist in der Regel um so lohnender, je rückständiger der augenblickliche Zustand ist, und selbst bei hohem Stand noch lohnender als auf dem in der Entwicklung weit fortgeschrittenen Ackerland.

Werdegang, Formen und räumliche Verteilung

Dem Auge des Laien scheinen namentlich unsere blumenreichen Wiesen der Natur besonders nahezustehen. Tatsächlich ist das nicht der Fall; sie verdanken ihr Dasein menschlicher Tätigkeit.

Wirklich natürliches Grünland ist auf geringe, stets waldfeindliche Lagen beschränkt gewesen: Flächen über der natürlichen Waldgrenze mit sehr langer Schneebedeckung, Verlandungszonen der Gewässer, kleinere Niedermoorflächen, Moorränder, Quellsümpfe, Flutmulden. Viele naturnahe Wiesenformen sind überaus empfindlich gegen Melioration, Nutzung, Düngung und daher sehr selten geworden. Der Großteil des Grünlandes verdankt sein Dasein der

Abb. 9. Buchenwald und durch Hutweide daraus entwickelte Wacholderheide (Original KLAPP)

Rodung des Waldes durch Axt und Feuer, der Waldzerstörung durch übermäßige Weidenutzung (Abb. 9); es sind auch nur Sense und Weidegang, die der Wiederbewaldung entgegenwirken. Auf vielen ödlandartigen Grünlandflächen besteht die Tätigkeit des wirtschaftenden Menschen praktisch nur in der Verhinderung des Holzwuchses.

Vom ehemaligen Waldland wurden einmal die wegen zu großer Feuchtigkeit oder regelmäßiger Überflutungen nicht ackerfähigen, aber graswüchsigen Standorte der Moor-, Bruch- und Auenwälder in Anspruch genommen. Handelt es sich hierbei vornehmlich um Wiesen, so dehnte sich die Weidenutzung anderseits auch auf verhältnismäßig trockene, aber flachgründige, stärker geneigte, ortsferne Waldlagen des Hügel- und Berglandes aus, wobei die jahrzehnte- oder gar jahrhundertelange Raubnutzung allerdings vielfach zur Entstehung von Heiden und Magerrasen führte. (Näheres S. 249.) Ausgedehnte Grünlandflächen sind nach Auflandung und Eindeichung von Seemarschen entstanden. Endlich aber sind, wenn auch in Deutschland weniger als im Ausland, große

Ackerflächen bei Änderungen des allgemeinen Preisgefüges der Selbstberasung überlassen oder „künstlich" angesät worden, also nur konjunkturbedingtes Grünland.

Die Begriffe „ackerwürdig", „grünlandfähig" und nur „aufforstungswürdig" stehen durchaus nicht fest. Während viel Grünland zweifellos ackerfähig und ackerwürdig ist, eignen sich weite Ackerflächen besser zur Grünland- als zur Ackernutzung; die meisten unserer Mittelgebirgshutungen würden heute unter Holznutzung Besseres leisten, ebenso auch manche andere, z.B. nicht meliorationsfähige oder ihrer Lage wegen unwirtschaftliche Grünlandflächen – siehe die „Sozialbrache" heute schon zahlreicher ortsferner Wiesen! Anderseits können viele Ödländereien bei Strukturwandlungen der Flur- und Siedlungsform unter Gras hervorragende Erfolge bringen.

Wie dem auch sei: Da die Grasnarbe dem Walde nähersteht als der regelmäßig gepflügte Acker, sind Mahd und Weidegang zu ihrer Erhaltung nötig. Bleibt die Grasnarbe für einige Jahre sich selbst überlassen, dann stellen sich sehr bald mit eindringenden Stauden und Buschhölzern die Vorposten, mit den standortgemäßen Bäumen aber endlich auch die Hauptpflanzengruppen des Waldes ein (Abb. 3).

Bedingtheit des Dauergrünlandes. Wenn man die Holznutzung ausschließt, werden nach der standörtlichen und wirtschaftlichen Daseinsberechtigung unterschieden:

absolutes Grünland (Muß-, zwangsweises Grünland) und fakultatives Grünland (Wahlgrünland).

Unvermeidlich (absolut) wird die Grünlandnutzung auf landwirtschaftlich genutzten Flächen, die entweder überhaupt nicht anders genutzt werden können oder doch als Grünland mehr leisten denn als Ackerland. Der Zwang zur Grünlandnutzung kann gegeben sein

a) bei Vorflutmangel, dauernder Nässe, Unwirtschaftlichkeit der Entwässerung, bei unberechenbarer Überschwemmungs- oder Rückstaugefahr (s. Abb. 6);

b) bei ackerfeindlicher Bindigkeit und Wasserführung toniger oder wechselnasser, aber schwer zu entwässernder Böden, bei ungewöhnlicher Flachgründigkeit oder Steindurchsetzung (Abb. 7, 8) von Verwitterungsböden. Anderseits können kultivierte Moorböden zum Zwangsgrünland als einzig sichere Futterquelle in Sandbodengebieten werden, weil sie bei häufiger Ackernutzung versagen;

c) bei sehr hohen Niederschlägen, bei zu kurzer Vegetationszeit, allgemein bei klimatischen Verhältnissen, die eine lohnende Ackernutzung ausschließen und im Extrem nicht einmal Getreide ausreifen lassen;

d) an Hängen, deren Neigung jede Ackerarbeit erschwert oder unmöglich macht, anderseits zur Erosionsverhütung dauernde Begrünung verlangt.

Wahlgrünland. Grünlandnutzung durchaus ackerfähiger oder doch unschwer ackerfähig zu machender Flächen ist in der Regel auf wirtschaftliche Überlegungen zurückzuführen. Agrarpolitische Wandlungen und Preisverschiebungen haben namentlich seit der Mitte des vorigen Jahrhunderts zu ausgedehnter Inanspruchnahme von Acker- als Weideland geführt (Großbritannien, deutsche Marschen). Nicht selten wird diese Umwandlung auch trotz veränderter Wirtschaftslage zur Tradition. Vielfach führen betont tierzüchterische Neigungen Einzelner oder ganzer Landschaften zur Dauerweidenutzung von Ackerland. – In ausgedehntem Maße können Flurzersplitterung und große Abgelegenheit Anlaß zur Grünlandnutzung ackerfähiger Böden sein; sie werden dann fast zum absoluten Grünland. Endlich können hervorragende Bewässerungsmöglichkeiten für Grünlandnutzung auf ackerfähigem Land entscheidend sein.

Die Aufgabe der Grünlandnutzung zugunsten der Ackernutzung stößt meist auf starke Hemmungen, wie der Mißerfolg wiederholter Umbruchaktionen erkennen läßt. Wahlgrünland mit geringem Flächenanteil wird fast allgemein besser gedüngt und gepflegt als ausgedehnte Flächen absoluten Grünlandes und ist daher diesem in der Leistung oft weit überlegen. Seine Nachteile – etwa sommerliches Versagen – treten um so weniger hervor, je intensiver Düngung und Nutzung sind. In Ackerlagen und sogar in leicht ackerfähig zu machenden Grünlandlagen tritt jedoch immer wieder die Frage auf, ob man nicht die fruchtbarkeitsspendende Wirkung des kurzfristigen Wechselgraslandes der Ackerfruchtfolge nutzbar machen und die Dauergrünlandnutzung aufgeben sollte. (Weiteres zu dieser Frage siehe S. 369.)

Formen des Grünlandes. Nach der Nutzungsweise unterscheiden wir

A. Dauerwiesen, d.h. ganz oder vorwiegend durch Mahd genutzte Flächen, auch wenn ein den Schnitt nicht lohnender Nachwuchs im Herbst abgeweidet wird oder eine Frühjahrsvorweide (z.B. mit Schafen) stattfindet. Der Großteil der Dauerwiesen dient der Heugewinnung; daneben aber finden sich zwei andere Nutzungsformen, nämlich

a) die auch statistisch erfaßten Streuwiesen (Abb. 2, 20), die in stroharmen Gebieten Einstreumaterial liefern und damit sehr wichtig sein können, ohne brauchbares Futter erzeugen zu müssen;

Abb. 10. Grünfutterwiese (Obstwiese) im Bodenseegebiet

b) die statistisch nicht ausgewiesenen Grünfutterwiesen (Abb. 10); in Lagen mit Flurzersplitterung, besonders aber im Alpenvorland, bilden sie sozusagen einen Weideersatz, indem sie bei starker Düngung und häufigem Schnitt täglich Frischfutter in den Stall liefern („Eingrasen").

B. Dauerweiden: Ganz oder doch vorwiegend durch Weidegang genutzt. Sie treten mehr und mehr zurück zugunsten der Mähweiden, die einem mehr oder minder geregelten Wechsel von Weide- und Mahdnutzung (zur Winterfutterwerbung, auch zur Grünfütterung) unterliegen (S. 459).

C. Nebennutzungen: Baumweiden, Obstänger (Abb. 10), Grasgärten; in abnehmendem Maße auch der Graswuchs von Graben-, Straßen- und Deichböschungen, von Flugplatzrasen, von Waldweiden.

Nur vorübergehend sinnvoll ist die Unterscheidung von

a) Naturgrünland, d.h. Flächen, die eine im Gleichgewicht mit der Umwelt stehende Grasnarbe tragen; und

b) Kunstgrünland, d.h. Flächen, deren Grasnarbe noch deutliche Kennzeichen ihrer Begründung durch Neuansaat trägt und meist noch starken Wandlungen auch bei gleichbleibender Nutzung unterliegt (also noch ein „Pionier"-Stadium darstellt). Jede angesäte Grünlandfläche nimmt jedoch früher oder später den Charakter des Dauergrünlandes an.

Absolutes Grünland im strengen Sinne stellt eigentlich nur das aus Standortsgründen absolute Wiesenland dar, auf dem nicht nur der Ackerbau, sondern auch lohnende Weidenutzung ausgeschlossen ist; z.B. durch periodische Staunässe, ungenügende Trittfestigkeit der Narbe, unabwendbares Massenauftreten von Weideparasiten usw.

Als absolutes Weideland wird vielfach – aber nicht ganz richtig – der weidefähige Teil des absoluten Grünlandes angesehen. Ein großer Teil der besseren Weiden ist jedoch durchaus ackerfähig (S. 10). Weiteres Weideland würde durch Abschirmung von Hochfluten ackerfähig werden. Zweifellos wird die Eignung zur Weidenutzung begünstigt durch ausgesprochene Graswüchsigkeit auch ohne Mitwirkung von Grundwasser, so im regenreichen Bergland, und darüber hinaus durch ausgesprochen maritimes Klima mit langer Weidedauer, geringem Winterfutter- und Stallbedarf, aber ungünstigen Voraussetzungen für den Körnerbau. Ob aber weidefähiges Land auch tatsächlich als Weide genutzt wird, hängt sehr viel weniger vom natürlichen Standort ab als von Siedlungsweise und Flurlage (S. 20).

Könekamp u.a. (1959) billigen den Klima- und Bodeneigenschaften nur einen relativ geringen Anteil der Ursachen hoher Weideerträge zu, verglichen mit dem Erfolg von Düngungs- und Nutzungsweise (S. 491).

Einen Sonderfall stellen die ausgedehnten, dem Ödland nahestehenden Hutungen und Triften (Abb. 8, 11, 83) dar; bei ihnen treffen Abgelegenheit, Mängel des Bodens und oft auch des Klimas mit geringem, die Mahd kaum lohnendem Graswuchs als Bestimmungsgründe absoluter Grünlandnutzung zusammen.

Ein treffender Ödlandbegriff läßt sich weder aus gelegentlichen amtlichen Definitionen (z.B. regionalen Meliorationsvorhaben) noch aus der Statistik ableiten; die letztere rechnet ausgedehnte Flächen, die anderswo (Großbritannien!, S. 248) zum Ödland gerechnet werden, zu den Wiesen und Weiden.

Anderseits ist es nicht berechtigt, Streuwiesen grundsätzlich zum Ödland zu rechnen. Sie erfüllen in stroharmen Gebieten eine wichtige Aufgabe, lassen sich übrigens oft besonders leicht verbessern (FINCKH 1960b).

Zum Ödland gehören vornehmlich 2 Flächengruppen:

a) Flächen, die bisher überhaupt nicht genutzt werden, durch kulturtechnische Maßnahmen aber zu wirtschaftlichen Leistungen befähigt werden können; so bisher unkultivierte Hochmoore;

b) Flächen, die zwar landwirtschaftlich in primitiver Weise genutzt werden, bei Melioration und Änderung der Nutzungsweise aber wirtschaftlich höhere Erfolge – land- oder forstwirtschaftlicher Art – versprechen (Abb. 11).

Abb. 11. Rhönhutung, nicht eingezäunt (Original ARENS)

Unter Almen (Alpen) der höheren Gebirge sind Flächenkomplexe zu verstehen, die wegen ihrer Entfernung von den festen Siedlungen – bis über die Waldgrenze hinaus – in der Vegetationszeit selbständig bewirtschaftet werden müssen. Eine tägliche Rückkehr des Weideviehes und der tägliche Transport der Erzeugnisse zum Wirtschaftshof ist bzw. war nicht möglich. Erst in neuerer Zeit wird das Erzeugnis „Milch" stellenweise durch Rohrleitungen dem Wirtschaftshof sofort zugeleitet. Das Merkmal der selbständigen Bewirtschaftung – ähnlich derjenigen entfernter Vorwerke – bleibt aber bestehen. Dies und nicht die Höhenlage schlechthin ist für den Begriff „Alm" entscheidend. Mit der Abgelegenheit in großer Höhe sind natürlich kurze Vegetationszeit, Frost- und Schneerückschläge auch im Sommer, ferner schwierige Oberflächengestaltung und steinreiche Böden verknüpft (S. 62).

Schwächen und Vorzüge von Wiesen und Weiden. Das Hauptverdienst der Dauerwiese liegt darin, daß sie die landwirtschaftliche Nutzung erlaubt auf Flächen, die weder acker- noch weidefähig sind. Die Heuverfütterung bringt große Stallmist- und Nährstoffmengen in den Stall; damit wurde die ausreichend feuchte Wiese für Ackerland auf trockenen Sandböden ohne Futterbaumöglichkeit tatsächlich zur „Mutter des Ackerbaues". Gutes Wiesenheu ist auch vielseitiger in der botanischen und chemischen Zusammensetzung als Heu von Intensivweiden und Wechselgrünland, gilt daher als „Heilkräuter-

Apotheke" der Stallfütterung. Dem stehen große Nachteile gegenüber: Arbeitsaufwand, Wetterabhängigkeit und Verlustgröße der Heuwerbung; vor allem aber – bisher – sehr begrenzte Möglichkeiten der Leistungssteigerung. Mangelnde Trittfestigkeit schließt das wichtigste Werkzeug der Grünlandverbesserung, den Weidegang, aus. Das bedeutet geringe Narbendichte und starke Verunkrautung. Bei dem vorherrschenden Zweischnitt wird der Zuwachs wertvoller Blattsubstanz durch Selbstbeschattung (S. 49) begrenzt, der Ertrag durch die späte Ernte zu ballastreich. Dem ist ohne Nutzungsänderung auch durch Düngung und chemische Unkrautbekämpfung nicht zu begegnen. Das entscheidende Hemmnis für die Einschränkung des Wiesenanteils besteht in Flurzersplitterung, geringen Parzellengrößen und Abgelegenheit. Die Flurbereinigung als Voraussetzung intensiver Bewirtschaftung schreitet so langsam fort, daß der Wiesenanteil namentlich in Süddeutschland noch lange Jahre vorherrschen wird. Bei der Bewertung des deutschen Grünlandes muß immer an diese Tatsache erinnert werden! Das gilt namentlich für den Vergleich mit westeuropäischen Weideländern. Anderseits ist der Wiesenanteil vieler Nachbarländer ähnlich wie bei uns viel höher als der Weideanteil (siehe KREIL 1968 in Dt. Akad. Tagungsber. 94).

Der Dauerweide kann man als Nachteil – abgesehen vom höheren Energieaufwand der Tiere gegenüber Stallfütterung (S. 475) – bei reinem Weidegang das Fehlen der Stallmist- oder Güllelieferung anrechnen, auch die geringere Ergiebigkeit an Winterfutter. Die Vorteile des Weideganges überwiegen jedoch weitaus. Das Weidetier nimmt uns die Erntearbeit ab, die Wetterabhängigkeit der Weidenutzung ist sehr gering; die Verlustgröße läßt sich weit mehr vom Wirtschafter beeinflussen als bei der Heuwerbung. Weidegang erhöht die Narbendichte und schränkt den Unkrautwuchs stark ein (Abb. 41), entlastet von Stallarbeiten. Die häufigere Nutzung führt zwangsläufig zu geringerer Alterung, d.h. zu höherem Nährwert des Futters. Vor allem läßt sich der Weidegang weit mehr intensivieren als die Wiesennutzung, der Nährstoffumlauf innerhalb des Betriebes beschleunigen.

Die offenbaren Nachteile der üblichen Wiesennutzung lassen sich nur durch erhöhte Nutzungshäufigkeit beheben, denn nur diese macht stärkere Düngeranwendung lohnend. Die übliche Heuwerbung wird dann aber unmöglich, nicht nur aus arbeitswirtschaftlichen Gründen, sondern der großen Schwierigkeiten wegen, die wasserreicheres, leichter verderbliches Futter und größere Witterungsabhängigkeit bei vermehrten und verlagerten Schnitt-Terminen bereiten. Hier werden also (abgesehen von Grünfütterung) Silierung oder verbesserte Trocknungsmethoden bis zur Gewinnung von Trockengrün notwendig (s. S. 533).

Der Übergang von der Wiesen- zur Weidenutzung braucht den Trockenmassenertrag nicht zu verändern; er vermehrt jedoch stets den Ertrag an verdaulichen Nährstoffen (siehe das Beispiel von BRÜNNER S. 405), und zwar ganz wesentlich.

Es bedarf kaum der Erläuterung, daß Mähweidenutzung die Vermeidung der Nachteile, die Ausnutzung der Vorteile von Mahd- und Weidenutzung kombiniert. Allerdings verlangt sie Weidefähigkeit der ganzen Grünfläche. Aber auch die Intensivierung der reinen Wiesennutzung bedarf der Befahrbarkeit der Wiese mindestens von Mai bis September; das betont nochmals die vordringliche Bedeutung einer Meliorationsweise, die das Wiesenland befahrbar und wenigstens zeitweise weidefähig macht.

Die räumliche Verteilung der Grünlandformen gibt wertvolle Aufschlüsse über Grundlagen und Teilursachen der Grünlandnutzung eines Landes. Größte Unterschiede zeigt der Westen Deutschlands zwischen Nordseeküste und Alpenland. Sie seien hier erläutert an Hand von Skizzen[1]. Die Sachlage hat sich seither noch nicht merklich verändert. Die räumliche Verteilung des Grünlandes und der Nutzungsformen wird keineswegs überall vom natürlichen Standort bedingt.

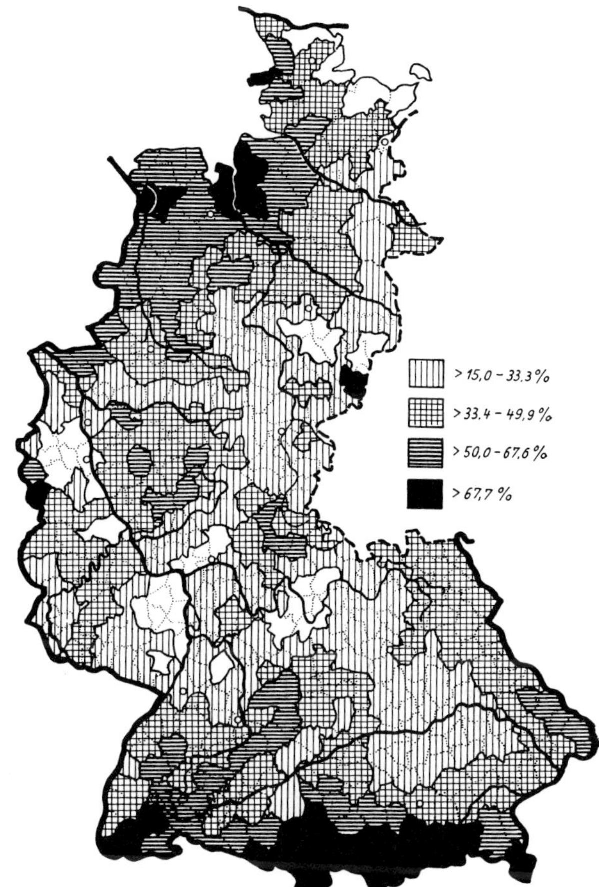

Abb. 12. Grünlandfläche in Prozent der landwirtschaftlichen Nutzfläche

Grünlandarm sind zwar die Regenschattenlagen und besonders die Bezirke anspruchvollster Ackerkulturen und des Weinbaues (Abb. 12); und grünlandreich sind der Bereich des Seeklimas, der höheren Mittelgebirge, der Alpen und besonders ihres Vorlandes. Die Gründe dieser landschaftlichen Unterschiede sind aber nicht einfacher Art. Im höheren Bergland machen wachsende Niederschlagsmengen (zugleich mit zunehmender Erschwerung des Ackerbaues) den

[1] Mit Genehmigung des ehemaligen Statistischen Reichsamtes nach den Erhebungen der Jahre 1941 und 1942 entworfen.

Grünlandwuchs früher oder später vom Bodenwasser fast unabhängig. Als besondere Ausschlußgründe für den Ackerbau wirken – wie auch im niedrigen Bergland – Wasserüberschuß und ackerfeindliches Kleinklima vieler Täler, anderseits stärkere Hangneigung mit erschwerter Gerätearbeit.

Im Nordwesten sind es nicht in erster Linie die Wirkungen des Seeklimas, die den Grünlandanteil erhöhen. Die Niederschläge sind nicht wesentlich höher als der Durchschnitt; höhere Luftfeuchtigkeit und ausgeglichene Temperatur sind zwar dem Graswuchs förderlich. Entscheidender sind aber häufiges Fehlen der Vorflut, Überschwemmungsgefährdung weiter Gebiete, Häufung von Hoch- und Niedermooren, dazu in den Marschen ackerbaufeindliche, durch Klima und Vorflutmängel allerdings noch verschärfte Wirkungen schwerer Böden. Indessen handelt es sich weder im Berg- noch im Küstenland ausschließlich um absolutes Grünland, wie sich aus der Geschichte der „Egartwirtschaft" (S. 369) und der Bodennutzung in den Küstenmarschen ergibt.

Selten ist nur ein Standortsfaktor entscheidend[1], meist das Zusammenwirken mehrerer Tatsachen. Je schwerer der Boden, um so weniger Niederschläge sind zur „Graswüchsigkeit" notwendig (S. 33, 67); ackerfeindliches Regenklima ist bei mildem Winter ausgedehnter Weidenutzung besonders günstig; im Gebirge drängen kurze Sommer, höchster Winterfutterbedarf, Geländeform, Erosionsgefahren und vieles andere mehr auf vorherrschende Grünlandnutzung usw. (S. 62).

In der Rangordnung aller den Grünlandwuchs bedingender Tatsachen ergibt sich eine überragende Stellung des Wassers in jeder Form: Grundwasser, Überschwemmungen, Niederschlagsmengen, Bewässerungsmöglichkeiten. An zweiter Stelle folgt die Geländeform: Vorkommen von Hohlformen, hohen Lagen, stärkerer Neigung. Der Boden wirkt eher mittelbar, sei es durch Erschwerung der Ackernutzung oder aber durch besonders günstige Wasserführung. Darüber hinaus sei an die oben genannten wirtschaftlichen Gesichtspunkte erinnert.

Im einzelnen sind die Bestimmungsgründe für Wiesen- und Weidenutzung sehr verschieden.

Die Hälfte der Dauerweiden (Abb. 13) findet sich im Nordwesten, und ein hoher Weideanteil von mehr als 60% des Grünlandes ist hier auf einen etwa 100 km breiten Streifen nahe der Küste beschränkt; in Süddeutschland findet sich trotz seines Überreichtums an Grünland kaum ein Zehntel des Weidelandes. Noch auffälliger ist das weitgehende Hervortreten guter Weiden (Abb. 14) („reiche" und „gute" Weiden der Statistik zusammengefaßt) im Nordwesten.

Man hat oft versucht, das Vorherrschen der Weide in Nord-, das der Wiesen in Süddeutschland mit Gründen des natürlichen Standortes oder mit dem größeren Winterfutterbedarf des süddeutschen Berglandes zu erklären. Der Unterschied in der Dauer der Sommer- und Winterfütterung ist aber zwischen Nord und Süd nicht so groß, daß er allein ein fast vollständiges Zurücktreten der Weide bedingen müßte; Hauptursache ist vielmehr die Siedlungsweise. Dauerweiden im engeren Sinne und besonders die „guten" Weiden sind weitgehend an die Einzelhof- und Gutssiedlung gebunden (so Christaller); am Niederrhein decken sich die Grenzen der Weide- und Wiesengebiete mit denen

[1] Siehe Spatz/Voigtländer (S. 27).

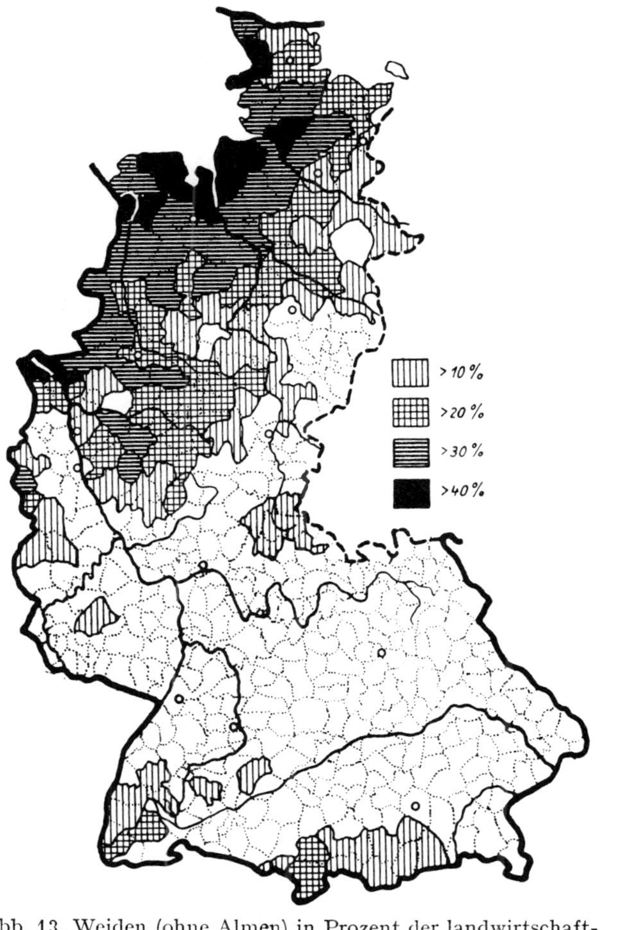

Abb. 13. Weiden (ohne Almen) in Prozent der landwirtschaftlichen Nutzfläche)

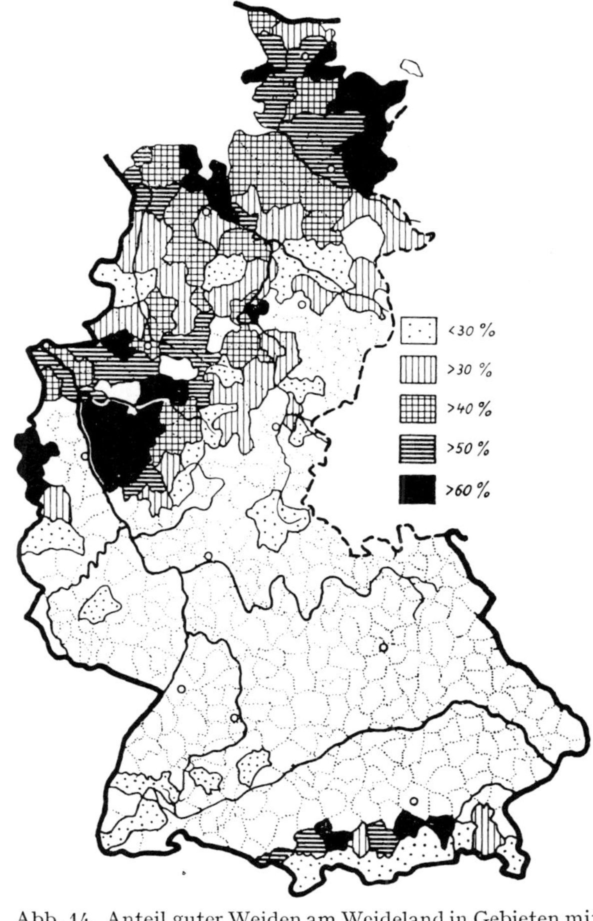

Abb. 14. Anteil guter Weiden am Weideland in Gebieten mit mehr Weiden als 10% der landwirtschaftlichen Nutzfläche

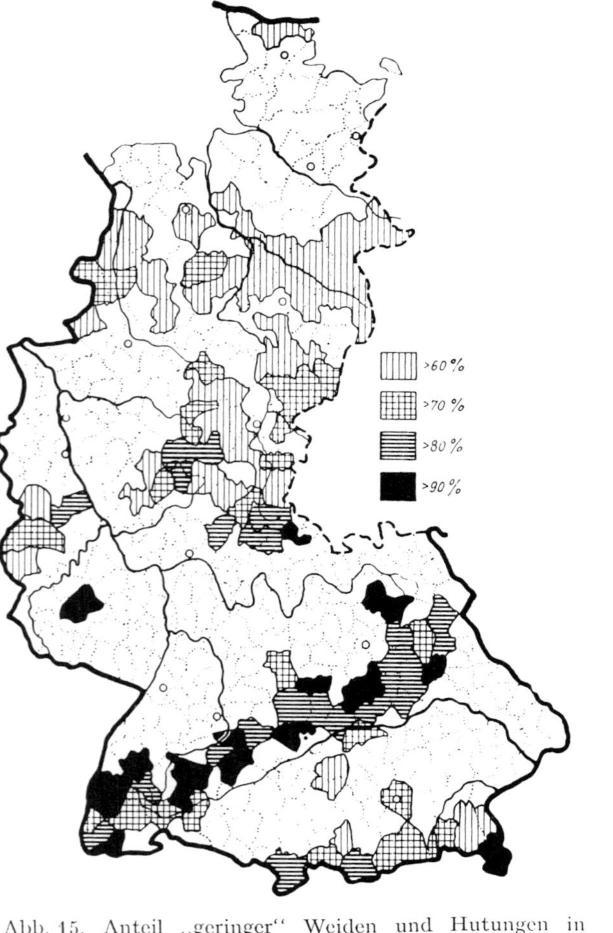

Abb. 15. Anteil „geringer" Weiden und Hutungen in Gebieten mit mehr Weiden als 5 % der landwirtschaftlichen Nutzfläche.

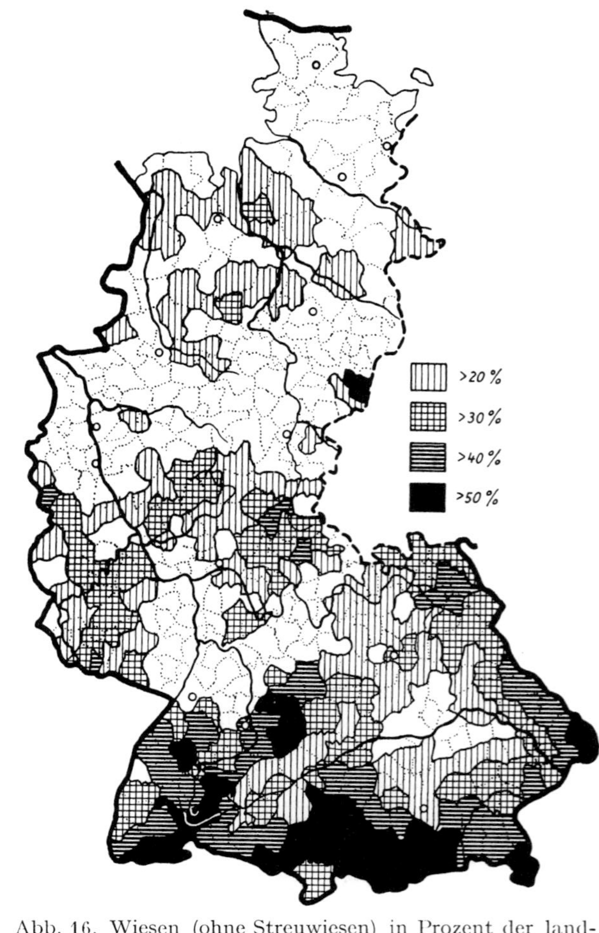

Abb. 16. Wiesen (ohne Streuwiesen) in Prozent der landwirtschaftlichen Nutzfläche

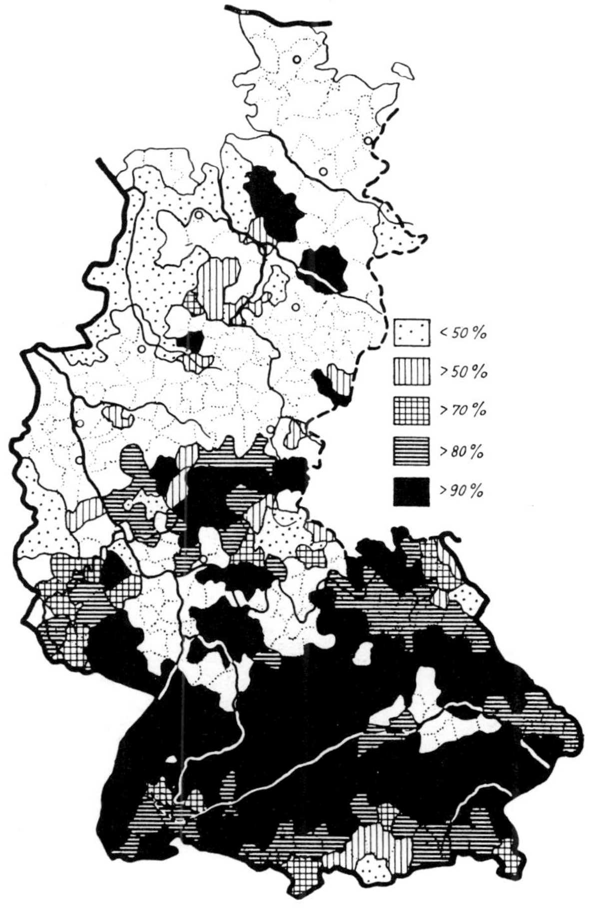

Abb. 17. Anteil guter Wiesen am Wiesenland in Gebieten mit mehr Wiesen als 20% der landwirtschaftlichen Nutzfläche

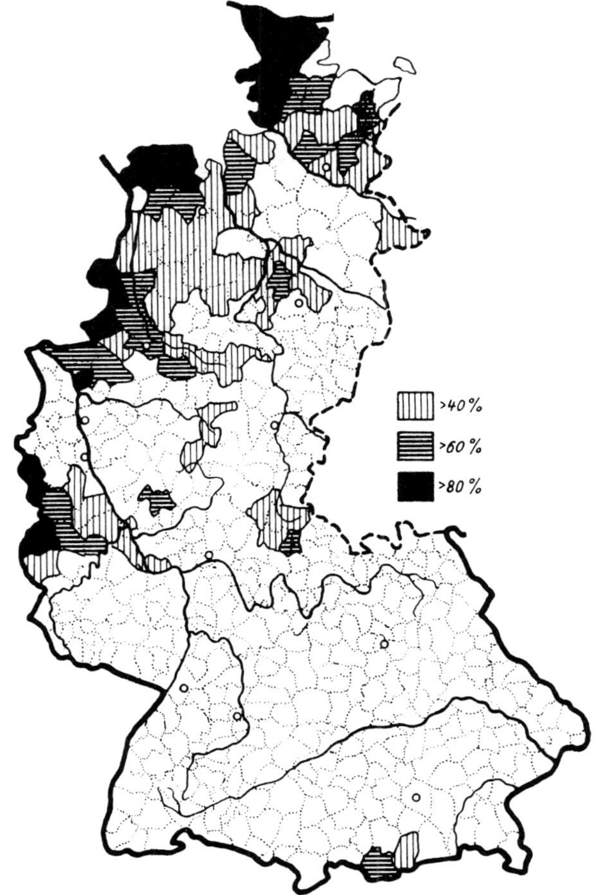

Abb. 18. Anteil der einschürigen Wiesen (mit Streuwiesen) in Gebieten mit mehr Wiesen als 9% der landwirtschaftlichen Nutzfläche

der Siedlungsformen besonders genau. Gute Weiden gewinnen aber auch in Süddeutschland sofort Raum, wenn Einzelhof- oder Weilersiedlung vorherrscht, so im Allgäu dank der frühzeitigen „Vereinödung" in den ehemals österreichischen Landen und durch die Fürstabtei Kempten.

Lauscher kann für den Landesteil Nordrhein keinerlei Abhängigkeit der Weidenutzung von den natürlichen Standortsfaktoren, etwa von Regenmenge und Grundwasserlage, feststellen. Der Weideanteil der Grünlandfläche nimmt mit der Auflockerung der Siedlungsweise und mit dem Maß der Arrondierung fast gesetzmäßig zu, mit Flurzersplitterung, Entfernung vom Hof, Transportschwierigkeiten und Fehlen von Tränken aber bis zum Verschwinden ab. Charakteristisch ist der wiesenärmste Kreis Westdeutschlands, Kleve (Abb. 21). Einzelhofsiedlung und hofnahe Lage des Grünlandes führen hier zur Weidenutzung auch solcher Flächen, die andernorts als absolutes Wiesenland gelten, d.h. bis ins Röhricht und Flachwasser.

Der Zusammenhang wird für eine Teilursache durch Brünner 1962b bestätigt: Die Einzel-Teilstückgröße beträgt in:

Schleswig-Holstein	4,02 ha
Niedersachsen	1,99 ha
Baden-Württemberg	0,33 ha
Rheinland-Pfalz	0,23 ha

Obwohl Boden, Niederschläge und Luftfeuchtigkeit in den Ländern mit Splitterbesitz der Weidenutzung vielfach ebenso günstig, ja z.T. günstiger sind als in Norddeutschland, fehlten Dauerweiden dort bis in die neueste Zeit in weiten Gebieten. Erst der Elektrozaun glich einige Hemmnisse der Flurzersplitterung aus; Zusammenlegung und Wegebau wirken, wenn auch langsam, aber nachdrücklich in der gleichen Richtung.

Von den Fettweiden der Einzelhofgebiete sind scharf zu unterscheiden die Gemeinde- und Genossenschaftshutungen der Dorfsiedlungsgebiete. Insbesondere ist der in Abb. 15 auffallend hohe Anteil „geringer" Weiden auf die Anlage solcher Hutungen auf minderwertigen Standorten der Urgesteins- und Kalkhöhen oder steindurchsetzten Böden jungvulkanischer Grundlage zurückzuführen. Im Alpengebiet ist ein hoher Anteil „geringer" Weiden auf dem Vorhandensein der Almen (S. 17) begründet; solche finden sich aber auch in den höheren Mittelgebirgen außerhalb der Alpen.

Die räumliche Verteilung der Dauerwiesen (Abb. 16) insgesamt wie der besseren (d.h. der zwei- und mehrschürigen) Wiesen der Statistik steht verständlicherweise zu jener der Weiden in starkem Gegensatz. Der Hauptanteil des Wiesenlandes liegt im Süden, und die „gute" Wiese findet sich in besonders großem Umfang im Donaugebiet (Abb. 17). Umgekehrt weist der Nordwesten den höchsten Anteil schlechter Wiesen (d.h. einschüriger Wiesen der Statistik) auf (Abb. 18). Die Ursachen liegen nach allem Vorhergehenden auf der Hand. Das Wiesenland namentlich der norddeutschen Einzelhofgebiete ist meist absolutes, wirklich nicht weidefähiges Wiesenland; weidefähiges Grünland wird auch tatsächlich beweidet und fast nur minderwertiges Grasland wird der Wiese (wie in manchen Ländern Westeuropas dem Ödland) überlassen und nicht einmal überall das! In Süddeutschland wird demgegenüber das meiste Grünland als Wiese genutzt, auch wenn es zu einem erheblichen Teil weidefähig ist. Die Wiesennutzung Nordwestdeutschlands ist dabei in erster Linie

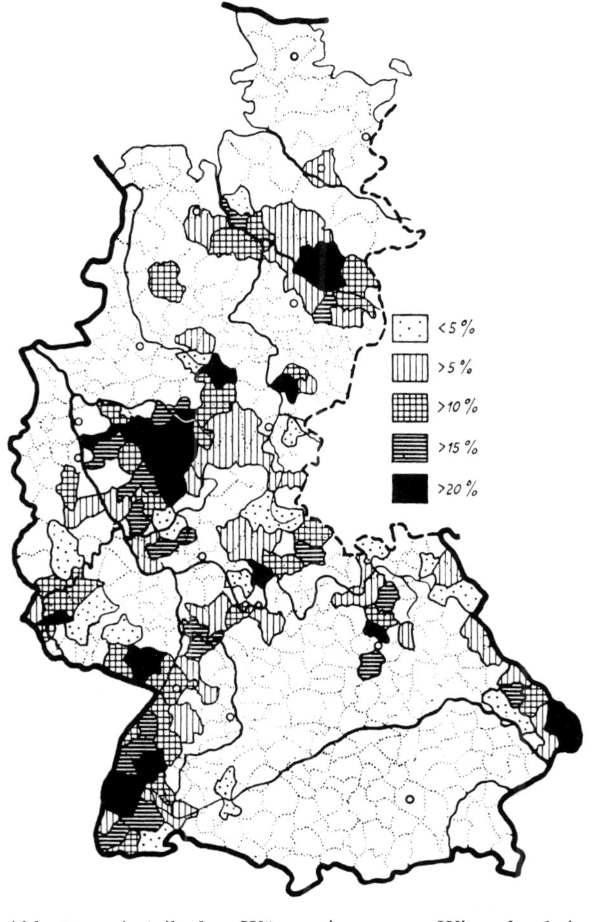

Abb. 19. Anteil der Wässerwiesen am Wiesenland in Gebieten mit mehr Wässerwiesen als 1% der landwirtschaftlichen Nutzfläche

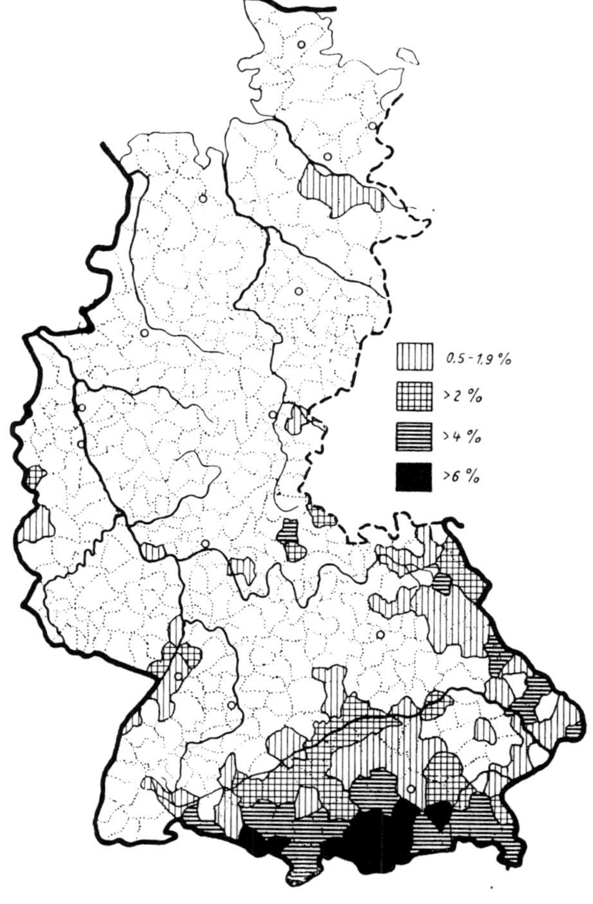

Abb. 20. Anteil der Streuwiesen an der landwirtschaftlichen Nutzfläche

eine zwangsläufige Folge tiefer, nasser Lage („Grundwasserwiese", WEHSARG), während die Wiesennutzung Süddeutschlands (neben den selbstverständlich auch hier reich vertretenen Grundwasserwiesen) mit wachsenden Niederschlägen mehr und mehr vom Grundwasser unabhängig wird („Regenwiesen") und in den dann weidefähigen Lagen betriebswirtschaftlich bedingt ist.

Wässerwiesen (Abb. 19) sind natürlich an wasserreiche Lagen gebunden; sie häufen sich einmal in den Mittelgebirgen mit (leider!) vorwiegend basenarmen Gesteinen, ferner in einigen Stromniederungen, S. 132. Einen besonderen Fall stellen die Wässerwiesen im Trockenklima des Wallis (Schweiz) dar (KOBLET 1965b).

Streuwiesen (Abb. 20), stark abnehmend, finden sich bevorzugt einmal in den getreidearmen Gebieten des Alpenrandes neben ausgedehntem Heuwiesenland (inneralpin auch in heuwiesenarmen Lagen), zum anderen im Ufer- und Überschwemmungsbereich größerer Gewässer und dann auch inmitten getreidereicher Landschaften. Im ersten Fall werden – oder wurden – sie vielfach höher geschätzt als Futterflächen, im zweiten gelten sie als die minderwertigste Wiesenart. (Näheres über die Streuwiesen bei STEBLER 1897.)

Einen Überblick der landschaftlich überaus verschiedenen Gliederung der Grünlandfläche nach Nutzungsweise und Leistungsfähigkeit vermittelt Abb. 21.

B. GRUNDLAGEN DES GRÜNLANDWUCHSES

1. Umwelteinflüsse

In den folgenden Abschnitten werden zunächst Wirkungen einzelner Standortsfaktoren besprochen. Jedoch ist zu beachten, daß die Wirkungen des einzelnen Faktors – Wasserversorgung, Temperatur, Bodennährstoffe usw. – stets von den übrigen Faktoren – verstärkend oder ausgleichend – beeinflußt werden

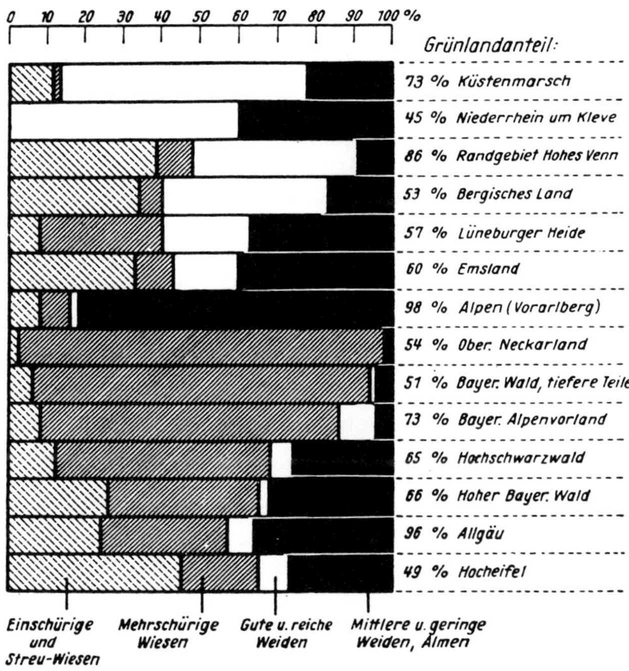

Abb. 21. Beispiele für Anteil und Kombination der Grünlandformen

können. SPATZ und VOIGTLÄNDER haben neuerdings die gesamte Standortwirkung auf den Wiesenertrag am Beispiel Bayerns mit Korrelationsrechnung und Regressionsanalysen zu ermitteln versucht. Das aussichtsreiche Verfahren setzt für einen vollen Erfolg noch die Erfassung weiterer Standortseigenschaften als in bisher üblichen Versuchen voraus, z.B. Pflanzengesellschaft, Bodentyp u.a.m., ferner auch ein gewisses Maß an Einheitlichkeit von Klima und Boden. – Bisherige Ergebnisse finden sich weiterhin im Text.

a) Wasserhaushalt

Bedarf und Verbrauch

Dem Wasser wird von jeher eine entscheidende Bedeutung für das Gedeihen des Grünlandes beigemessen. Die räumliche Verteilung des Grünlandes, seine Bevorzugung feuchter bis nasser Lagen, die starke Abhängigkeit namentlich des Spätsommerwuchses von den Niederschlägen sprechen dafür. Die Bodenfeuchte wird in der Grünlandschätzung weit mehr als bei der Ackerschätzung berücksichtigt (S. 69). Üppigkeit des Pflanzenwuchses ist auf dem Erdball weniger eine Frage der Bodennährstoffe als eine solche der Wasserversorgung (Walter). Dies gilt jedoch nur für vergleichbare Standorte. Bei gleichen Wasserverhältnissen wird offenbar die Nährstoffversorgung dann ein für den Ertrag entscheidender Faktor. Tatsächlich hat die Überschätzung der Wasserwirkung bei der Bewässerung zu manchen Fehlschlüssen und Mißbräuchen geführt (S. 133).

Laboratoriumsuntersuchung einzelner Pflanzen oder gar Pflanzenteile auf ihren Wasserbedarf ergeben keine brauchbaren Werte für denjenigen einer Pflanzengemeinschaft im Freiland; vor allem dann nicht, wenn die Verdunstung des Bodens oder des Wassers in Wasserkulturen künstlich ausgeschaltet wird. Wir können den Wasserbedarf eines Grünlandbestandes überhaupt nicht sicher feststellen, sondern nur seinen Wasserverbrauch (Baumann). Dieser hängt stärker von der Umwelt als von den Pflanzen ab.

Auch Rückschlüsse vom Ertrag auf den Wasserbedarf oder den Wasserverbrauch sind nicht berechtigt. Die unter Versuchsbedingungen zum Aufbau von 1 kg Trockenmasse erforderliche Wassermenge, der „Transpirationskoeffizient“ (die „Transpirationsrate“), ist zwar vielfach festgestellt und als brauchbarer Maßstab des Wasserbedarfs von Grünlandpflanzen angesehen worden. Er wird meist mit etwa 800 l angenommen, d. h. etwa doppelt so hoch wie bei der Zuckerrübe. Als Ursachen dafür werden die große Bestandesdichte und Blattflächensumme der Grasnarbe, ihre gegenüber Feldfrüchten viel längere Vegetationszeit und die Tatsache angesehen, daß viele Pflanzen des Grünlandes nur in Grundwassernähe gut gedeihen. Eine nähere Untersuchung von Transpirationskoeffizienten zeigt jedoch, daß sie viel weniger von den Grünlandpflanzen als vielmehr von Witterung, Bodenfeuchte, Bewirtschaftung und besonders von der Düngung beeinflußt werden. Hierzu nur einige Beispiele von vielen (z. T. umgerechnet und abgerundet).

	Wind 1954		Husemann/Wesche 1964	
Düngung	0	520 kg N	Ungedüngt	NPK
Ertrag dz Tm/ha	72	162	36	80
Wasserverbrauch in l/Flächeneinheit	452	469	451	497
Transpirations-Koeffizient in l/kg Tm	630	290	1253	621

In beiden Fällen stieg der Ertrag durch Düngung um etwa 120%, der absolute Wasserverbrauch aber nur um 8–11% (so auch Klapp 1962a). Damit sank die je kg Tm verbrauchte Wassermenge um mehr als 50%. Der Koeffizient steht also im Zusammenhang weder mit dem tatsächlichen Wasserverbrauch noch mit dem erzielten Ertrag. Er schwankt in außerordentlich weiten Grenzen und ist um so niedriger, je mehr sich alle Umweltfaktoren dem Optimum nähern. Der Transpirationskoeffizient sollte daher aus Berechnungen des Wasserverbrauchs von Grasnarben verschwinden.

Dieser wird bestimmt von der Verdunstung der Pflanzen (Transpiration) und des Bodens (Evaporation). Beide lassen sich im Freiland nicht trennen und ergeben zusammen die Verdunstung der pflanzenbestandenen Fläche, die Evapotranspiration.[1]

Ihre Größe ist ganz vorwiegend klimatisch, vor allem vom Dampfhunger der Luft (Strahlung, Sättigungsdefizit, Luftbewegung) bestimmt und deswegen ein brauchbarer Maßstab, weil sie sich berechnen läßt. Unabhängig von Boden und Pflanzenart entscheidet ihre Größe über den Wasserverbrauch; die Pflanze unterliegt ihr passiv.

Die mögliche, potentielle Evapotranspiration eines Grünlandbestandes läßt sich bei einer dichten, kurzgehaltenen Grasnarbe mit unbeschränkter Bodenwasserversorgung bestimmen. Die tatsächliche, augenblickliche, aktuelle Evapotranspiration ist aus der potentiellen nach dem Niederschlag und dem Bodenfeuchtedefizit zu berechnen. Auf das „Wie" brauchen wir hier nicht einzugehen (siehe z.B. Uhlig, Czeratzki, ferner Stanhill, Aslyng, Makkink 1962, Whyte u.a., Eskuche).

Die Evapotranspiration kann die Verdunstungsgröße einer offenen Wasserfläche erreichen, gelegentlich sogar überschreiten; häufiger liegt sie darunter, wenn nämlich die Wasserversorgung aus Niederschlag oder Grundwasser nicht ausreicht. Höhe, Blattreichtum und Dichte des Pflanzenbestandes verursachen ebenfalls Abweichungen der aktuellen von der potentiellen Evapotranspiration.

Diese hängt natürlich stark von der Jahreszeit und ihren Strahlungsverhältnissen ab. Makkink (1962) fand im Mittel von 30 Jahren bei kurzem Gras:

	Einstrahlung cal/cm²	Potentielle Evapotranspiration (mm Wasser)	
	je Tag	je Tag	je Monat
Januar	53	0,11	3
April	302	1,57	47
Juni	408	2,63	79
September	232	1,39	42
Ganzjährig	–	–	447

[1] Für das Verhältnis von Evaporation (des kahlen Bodens) und Evapotranspiration (einer Grasnarbe) bringen Husemann/Wesche ein Beispiel (Mittel von 4 Jahren):

Verdunstung des nackten Bodens	318 mm je Jahr
Verdunstung der Grasnarbe (ungedüngt)	451 mm je Jahr
Verdunstung der Grasnarbe (mit NPK)	497 mm je Jahr

Durch die abschirmende Wirkung der Grasnarbe wird die Evaporation natürlich um so stärker gedrückt, je lückenloser die Narbe ist.

Der tatsächliche Wasserverbrauch (in mm) betrug im Mittel von 5 Jahren beim gleichen Autor in der Hauptwachstumszeit:

	Bei beliebig langem Gras		Bei nur 2 cm langem Gras	
	je Tag	je Monat	je Tag	je Monat
April	2,11	63	1,55	47
Mai	3,09	95	2,24	69
Juni	2,98	88	2,24	67
Juli	3,03	94	2,36	73
August	2,54	79	2,03	63
September	1,62	48	1,32	39
Summe:		467		358

In den übrigen Monaten ist der Wasserverbrauch ziemlich belanglos (so auch HUSEMANN/WESCHE). Frühere Angaben über den Tagesverbrauch in der Wachstumszeit (siehe KLAPP 1954a, ZIJLSTRA) sind meist höher. CLEEF fand im Mittel der Wuchszeit 2,4 mm je Tag, KLATT 2,2–2,5 mm. Für das gesamte

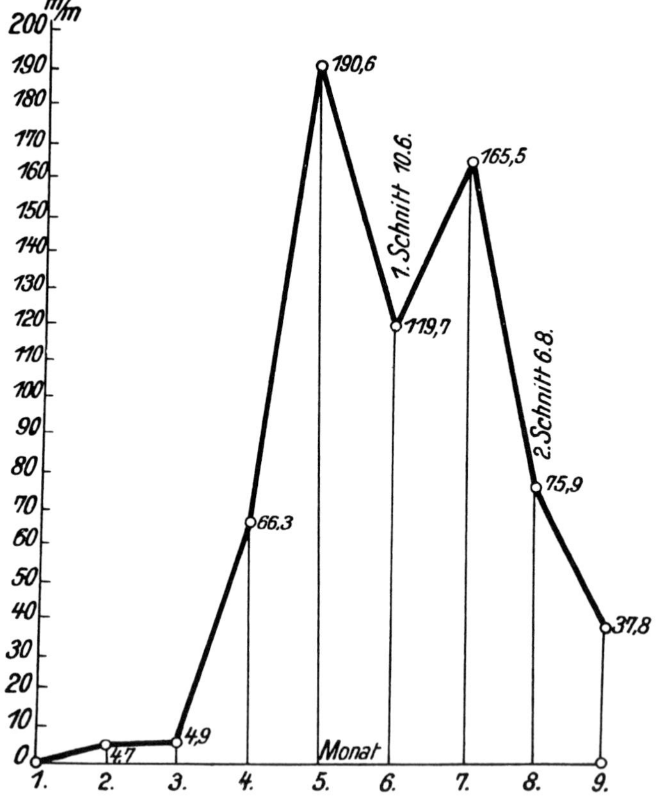

Abb. 22. Verlauf des Wasserverbrauchs bei zweimaligem Schnitt (nach FRECKMANN)

Jahr errechnen sich aus einer Reihe vorliegender Daten im Mittel etwa 1,3 mm im Tag. – Neuere Angaben für den Gesamtverbrauch von Wiesen zitiert KNAUER (1968) nach FRANKENBERGER (495 mm) und SCHENDEL (441 mm). Hochwüchsige Wiesen verbrauchen am gleichen Standort mehr als kurzgehaltene Weiden, erschöpfen die Bodenwasservorräte auch bis in größere Tiefe.

FRECKMANN (1932) konnte zeigen, daß der Wasserverbrauch des mehrfach zu großer Höhe und Masse heranwachsenden Wiesenertrages auch einen entsprechenden steilen Anstieg vor jedem Schnitt aufweist (Abb. 22), der Verbrauch einer ständig kurzgehaltenen Weidenarbe aber stetiger verläuft. Es überrascht daher nicht, daß der Wiesenwuchs besonders empfindlich gegen kurzfristigen Wassermangel zur Zeit einer Bedarfsspitze ist.

Nährstoffverfügbarkeit und Düngung wirken, wie erwähnt, zwar stark erhöhend auf Wüchsigkeit und Ertrag der Grasnarbe, aber nur sehr wenig auf die Höhe des Wasserverbrauchs ein. Namentlich N-Düngung führt zu einer wesentlich besseren Ausnutzung des verfügbaren Wassers. Der Spruch „Stickstoff spart Wasser" ist nicht zuletzt deswegen berechtigt, weil der durch Düngung in nur geringem Umfang vermehrte Wasserverbrauch durch eine um das Vielfache höhere Ertragssteigerung weit mehr als ausgeglichen wird.

Das gilt für einigermaßen gepflegtes Grünland.

Für die Wirkung der Bodenart gibt MAKKINK folgende Verbrauchszahlen in der Hauptwuchszeit (VI–IX) an:

Sand	309 mm
Moor	305 mm
Ton	261 mm

Der geringere Verbrauch auf Tonboden ist nicht eindeutig zu erklären; der Autor hält eine Wirkung des auf Tonböden niedrigeren Pflanzenbestandes für möglich; im allgemeinen seien die Unterschiede nach der Bodenart bei gleichem Grundwasserstand gering.

In den auf den Regenfall (858 mm in den 7 Versuchsjahren) angewiesenen modernen Lysimetern[1] des Wasserwirtschaftsamtes Münster (M. SCHROEDER) erreichte die jährliche Verdunstung

auf Sennesand	299 mm
auf Wealden-Ton	455 mm
auf Geschiebelehm über Lößlehm	485 mm

Hier spielt die bodeneigene Speicherfähigkeit (S. 35) eine wesentliche Rolle. Das Wasserangebot des Bodens muß eine starke Wirkung auf den Verbrauch (die aktuelle Evapotranspiration) ausüben; die potentielle Evapotranspiration gilt ja nur für stets reichliche Wasserversorgung.

In sonnig-warmen Klimaten ist die Evapotranspiration erheblich größer als in unseren Breiten und hier in Sonnenjahren höher als in feuchtkühlen Jahren; Voraussetzung ist dabei stets eine genügende Wasserversorgung. Andauernde Luft- und Bodentrockenheit bedeutet zwar die Möglichkeit hohen Verbrauches; tatsächlich kann sie aber den Jahresverbrauch durch den bald eintretenden Wassermangel verringern. Bei frühreifem Getreide, das Wasser nur bis zur Sommermitte verbraucht, tritt das kaum in Erscheinung, wohl aber bei

1 Zu Lysimeterergebnissen allgemein: PRENK 1960.

Grünland, das in der zweiten Sommerhälfte eher mehr denn weniger des Wassers als in der ersten Sommerhälfte bedarf.

ESKUCHE hält im Erfttal in trockeneren Jahren folgende verfügbare Wasservorräte in mm für notwendig:

Kultur	Getreide	Zuckerrübe	Grünland	
Hauptwuchszeit	V–VII	VI–VIII	IV–VI	VII–IX
	200	220	210 + 240 = 450 mm	

Gerade in der zweiten Sommerhälfte ist die Wasserversorgung des Grünlandes oft bedroht, während der Zuwachs nochmals ansteigende Tendenz zeigt. Bei starker Erschöpfung des Bodenwassers und Regenmangel kann dann die potentielle Verdunstung sehr hoch, die aktuelle aber gering sein. Die Geringfügigkeit des winterlichen Verbrauches lassen Werte von HUSEMANN/WESCHE erkennen (Mittel von 4 Jahren, gedüngte Grasnarbe):

November bis März . . . . 49 mm
April bis Oktober . . . . 402 mm

Die Autoren verglichen eine gedüngte mit einer gedüngten und zusätzlich mit durchschnittlich 200 mm beregneten Grasnarbe:

	Ertrag dz Tm/ha rund	Wasserverbrauch mm	Wasserverbrauch l/kg Tm
NPK	80	497	621
NPK + Beregnung	98	569	581

Hier ist der absolute Wasserverbrauch also durch Beregnung angestiegen, der Transpirationskoeffizient dank verbesserter Wachstumsverhältnisse aber gesunken. In praxi liegen die Verhältnisse nicht so einfach wie in diesem Modellversuch. In der Regel sollte reichliche Wasserversorgung den Verbrauch erhöhen; ein Regensommer mit hoher Luftfeuchtigkeit senkt jedoch die Evapotranspiration. Stets verfügbares Grundwasser sollte ebenfalls die Evapotranspiration erhöhen. Hohe, mit Luftmangel verbundene Bodenfeuchte schränkt aber die Wurzeltätigkeit, hoher Grundwasseranstieg zudem die Tiefe der durchwurzelten Bodenschicht ein; d.h., die Transpirationsfähigkeit der Wurzeln sinkt. Es überrascht daher nicht, daß die Wirkung erreichbaren Grundwassers auf den Wasserverbrauch sehr verschieden beurteilt wird (z.B. MAKKINK 1962). ESKUCHE betont, daß die Verdunstung ausgesprochen nasser Standorte trotz ihres großen Wasservorrates erheblich hinter der potentiellen zurückbleiben kann: Die Wurzelatmung ist dort durch Luftmangel gehemmt; Sumpf- und Wasserpflanzen weisen deshalb ein wenig entwickeltes Wurzelsystem auf, das bei Nässe sogar Rückbildungen erfährt. Der Luftmangel ist offenbar auch durch den anatomischen Bau vieler Sumpfpflanzen (offene Verbindungen zwischen unter- und oberirdischen Organen, Aerenchym) nicht auszugleichen.

Für den Jahresverbrauch werden von CLEEF, HUSEMANN/WESCHE, MAKKINK u.a. Mittelwerte zwischen knapp 400 und über 500 mm angegeben (siehe oben);

dabei finden sich aber große Jahresschwankungen von unter 250 bis über 550 mm. Als maximale Tagesmengen gab z.B. MAKKINK (Centraal Inst., ab 1949) 8,1 mm, CLEEF 7,0 mm (nur in 2 Jahren) an.

Quellen der Wasserversorgung

An der Wasserversorgung des Grünlandes sind die **Niederschläge** (Regen, Schnee, Tau) und der Wasservorrat des Bodens (Haft-, Stau-, Grundwasser) beteiligt. Der Anteil dieser Wasserformen an der Unterhaltung des Grünlandwuchses ist außerordentlich verschieden. Die ältere Literatur läßt zuweilen den Eindruck gewinnen, Grundwasser sei für gutes Gedeihen der Grasnarbe unentbehrlich. Dem ist nicht so; in weiten Gebieten wachsen hohe Grünlanderträge ohne Grundwasserwirkung heran („Regenwiesen" im Gegensatz zu „Grundwasserwiesen", WEHSARG).

Die Frage, wieviel Niederschlag für befriedigende Grünlanderträge ohne erreichbares Grundwasser (und starke Düngung) nötig ist, kann nicht eindeutig beantwortet werden, da in jedem Fall neben dem Klima der Bodenvorrat an Wasser mitzuwirken hat. Praktisch hielt BRÜNE (1907) zum vollen Gedeihen der Grasnarbe 1500 mm Niederschlag für notwendig, KOEHNE 1000 mm – wenn kein nennenswerter Bodenwasservorrat mitwirkte; ähnliche Werte bei SPATZ/VOIGTLÄNDER (siehe S. 27) und ihren Gewährsleuten für Bayern (Minimum zwischen 850 und 1070 mm je Jahr). Auf Kalkböden der Eifel bringen die dortigen Trockenrasen bei etwa 750 mm Jahresniederschlag Mittelerträge von nur etwa 15 dz Heu/ha; die Böden liegen sehr flachgründig über durchlässigem Gestein. In der Ebene gedeihen auf tiefen, reinen Sandböden selbst bei mehr als 800–900 mm Regen keine wüchsigen Grasnarben, und zwar wegen der geringen Wasserspeicherung des Sandbodens. Anderseits finden sich Grasflächen guten Ertrages schon bei 600–650 mm Jahresregen, wenn sie auf tiefgründigen Böden hohen Speichervermögens (S. 35) liegen. So ergibt sich eine große Variabilität des Zusammenwirkens von Niederschlags- und Bodenwasser.

Dabei ist noch zu berücksichtigen, daß einerseits die mit hohen Niederschlägen verbundene höhere Luftfeuchtigkeit und geringere Strahlung die Evapotranspiration senken, anderseits der Niederschlag in den Monaten der Wachstumsruhe nur in sehr bescheidenem Maße ausgenutzt wird, endlich der Bodenwasservorrat im Sommer stark abzusinken pflegt.

Selbst auf Böden hohen Speichervermögens steht nicht das ganze Niederschlagswasser für die Grasnarbe zur Verfügung. Ein schwer abzuschätzender, aber wohl geringer Teil geht bei entsprechender Witterung durch unmittelbare Verdunstung von den Blattoberflächen verloren.

Auch der Oberflächenabfluß erreicht auf grasbedecktem Boden bei weitem nicht den Umfang wie auf unbewachsenen, geneigten Ackerflächen. Lysimeterdaten (M. SCHROEDER) ergaben im Mittel von 7 Jahren je nach Bodenart 8,4–77,0 mm Oberflächenabfluß (bei dem hohen Jahresniederschlag von rund 815 mm ⟨470–1160⟩); der höchste Wert fand sich, wie zu erwarten, auf schwer durchlässigem Ton.

Ein beträchtlicher Teil des Niederschlags geht dagegen durch Versickerung unter den durchwurzelten Bodenhorizont verloren. Bei den gleichen Versuchen versickerten

aus Ton . . . . 258 (65–514) mm
aus sandigem Lehm . . . . . . 317 (0–597) mm
aus Sand . . . . 509 (267–767) mm

Das sind im Mittel, überschläglich gerechnet, in der gleichen Reihenfolge 30, 38, 59% des Niederschlags.

In dem sandigen Lehm der Lysimeter von HUSEMANN/WESCHE versickerten bei 615 mm Niederschlag

aus kahlem Boden durchschnittlich . . . . 300 mm
aus grasbewachsenem Boden ohne Düngung . . . . 172 mm
aus grasbewachsenem Boden mit Volldüngung . . . . 140 mm

bei zusätzlicher Beregnung (zusammen rund 830 mm Niederschlag) aber 254 mm.

Die hier gegenüber SCHROEDER niedrigeren Versickerungsmengen sind vermutlich auf geringeren Niederschlag und kontinentaleres Klima (stärkere Evaporation) des Versuchsortes zurückzuführen; zudem ist die Abnahme der Versickerung durch Pflanzenbewuchs gegenüber dem kahlen Boden zu erkennen, anderseits der Anstieg der Versickerung bei zusätzlicher Beregnung. Es ist verständlich, daß die Versickerung bei geringer Evapotranspiration, so im Winterhalbjahr, erheblich ansteigt. Bei HUSEMANN/WESCHE versickerten unter NPK-gedüngter Grasnarbe

von April bis Oktober . . . . 35 mm Wasser, d.h. 5 mm je Monat
von November bis März . . . 105 mm Wasser, d.h. 21 mm je Monat

Dabei schränkt die Grasnarbe die Versickerung immerhin stark ein. ESKUCHE fand in der Erftniederung im Winter 1956/57 unter Ackerland 288 mm Sickerverlust, unter Grünland dagegen nur 78 mm.

Haftwasser. Bodenwasservorrat und Versickerung sind abhängig von dem Wasserhaltevermögen des Bodens. Die daran beteiligten Bodeneigenschaften sind Gegenstand einer umfangreichen Forschungsarbeit, deren Ergebnis hier nur stichwortartig behandelt werden kann (siehe z.B. BAUMANN 1961, 1967, KLAPP 1967a). Statt des vieldeutigen Begriffes „Wasserkapazität“ benutzt man heute den der Feldkapazität; er bedeutet die vom gewachsenen Boden 2–3 Tage nach voller Sättigung bei ausgeschalteter Verdunstung festgehaltene Wassermenge in g/100 cm^3. Daraus läßt sich die Feldkapazität in mm Regenhöhe umrechnen. Das Haltevermögen für Wasser beruht auf der Saugspannung (dem Saugdruck), dem Widerstand des Bodens gegen Wasserentzug, hervorgerufen durch Adsorptionskräfte der festen Bodensubstanz (Hygroskopizität) und durch Kapillarkräfte in den Hohlräumen (Poren) des Bodens. Die Saugspannung erreicht an der Grenze der festen Bodenteilchen bis 10000 at und sinkt in größeren Hohlräumen bei voller Sättigung auf fast 0 at. Als kurzen Ausdruck für die Saugspannung benutzt man den pF-Wert. Über diesen lassen sich die Porengrößen und damit sowohl das Speichervermögen des Bodens wie die Beweglichkeit des Bodenwassers errechnen; z.B. der Anteil sickerfähiger Poren, des haftfähigen Wassers und seine Pflanzenverfügbarkeit. Übersättigung der Feldkapazität führt, soweit der Boden überhaupt durchlässig ist, zum raschen Versickern des überschüssigen Wassers; der Feststellungsmethode entsprechend umfaßt auch die Feldkapazität noch sickerfähiges Wasser, vor allem aber das mit sehr verschieden starker Saugspannung gehaltene Haftwasser im engeren Sinne.

Seine Menge wird in erster Linie vom Kolloidgehalt der Bodenart (Ton-, Humusanteil) und ihren sonstigen Körnungsverhältnissen, aber auch von Struktureigenschaften bestimmt; sie steigt von Kies- und Sandböden zu Ton- und Humusböden stark an. Die für die ganze durchwurzelbare Zone des Bodens bestimmte Feldkapazität gibt ein Bild vom Regenspeichervermögen (dem möglichen Regenvorrat) nach Freckmann, Baumann u.a.

Entscheidend für die Wasserversorgung der Pflanze ist aber nicht der gesamte mögliche Regenvorrat des Bodens, sondern nur sein pflanzenverfügbarer Anteil. Dieser nutzbare Regenvorrat hängt nicht von der Bodenart allein, sondern auch von dem durch sie bedingten Wurzeltiefgang ab. Nach Scheffer/Schachtschabel ergeben sich folgende Zusammenhänge für reine Bodenarten mit homogenem Profil:

Bodenart	Feldkapazität (möglicher Regenvorrat bis 150 cm Tiefe) in mm	Nutzbarer Regenvorrat in mm	Wurzeltiefgang cm	Tatsächlich nutzbar mm
Sand	150	105	150	105
Lehmiger Sand	300	180	150	180
Sandiger Lehm	450	270	150	270
Lehm	525	300	150	300
Toniger Lehm	600	270	120	216
Ton	675	225	100	150

Der nutzbare Anteil des möglichen Regenvorrats nimmt mit zunehmendem Tongehalt von etwa 70 bis unter 35% ab und weiterhin mit dem Wurzeltiefgang. Der maximale nutzbare Vorrat findet sich bei den guten „Mittelböden". Kuntze (1961) gibt niedrigere, aber etwa parallele Zahlen an. Torf als Bodenart zeigt sehr hohe Werte (bei Baumann 900, bei Kuntze 700 mm) für den möglichen und auch den nutzbaren Regenvorrat; namentlich im Hochmoor wirkt zwar der sehr geringe Wurzeltiefgang stark begrenzend auf den letzteren; dem steht aber bei ständigem Grundwassernachschub eine entsprechende Ergänzung gegenüber (Baden 1964ff.).

Das bei mehr als 15 at Saugspannung gehaltene Wasser ist als „Totwasser" für die Pflanze nicht verfügbar (darin auch das hygroskopisch gebundene Wasser).

Bei den Daten von Scheffer/Schachtschabel wird zum Teil ein Wurzeltiefgang von 150 cm angenommen. Ist dieser schon bei Ackerland nicht die Regel, so unter einer Grasnarbe erst recht nicht, weil hier die Hauptwurzelmasse allgemein auf wenige dm Tiefe beschränkt ist und zudem oft noch durch undurchlässige Horizonte begrenzt wird (S. 66). Von Müller (1956) fand im Wurzelraum von Trockenrasen auf Sand nur 40 mm Speicherwasser, unter trockenen bis frischen Glatthaferwiesen 140–190 mm. Eskuche gibt für die Erftniederung ein Speichervermögen von 160–220 mm an. Schon diese wenigen Beispiele lassen auf eine große Variabilität des nutzbaren Regenvorrats schließen. Vor allem ist dieser ja nicht stabil, sondern ständigen Änderungen durch Regenfall und Verbrauch unterworfen.

Selbst wenn die Feldkapazität, was durchaus nicht immer eintritt, im Winter tatsächlich voll aufgefüllt wird, bleibt dieser Zustand unter der Wirkung steigender Evapotranspiration im Sommer gewöhnlich nicht erhalten; dann kann (ohne Grundwasserzuschuß) mehr oder minder Wassermangel bis zur Totwassergrenze, dem „permanenten Welkepunkt"[1], entstehen. Doch braucht auch das nicht immer der Fall zu sein.

Bei großem nutzbarem Regenvorrat kann dieser in typischen Regenjahren dauernd so hoch bleiben, daß er nicht voll ausgenutzt wird. In den ständigen Änderungen des nutzbaren Vorrates liegen zum Teil die Ursachen der besonders beim Spätsommerwuchs des Grünlandes so auffälligen Ertragsschwankungen; sie werden (KUNTZE 1967) durch hohen Gehalt des Bodens an organischer Substanz gemildert. – Hohe Speicherkraft des Bodens begünstigt die Leistung grundwasserfreier Grünlandstandorte.

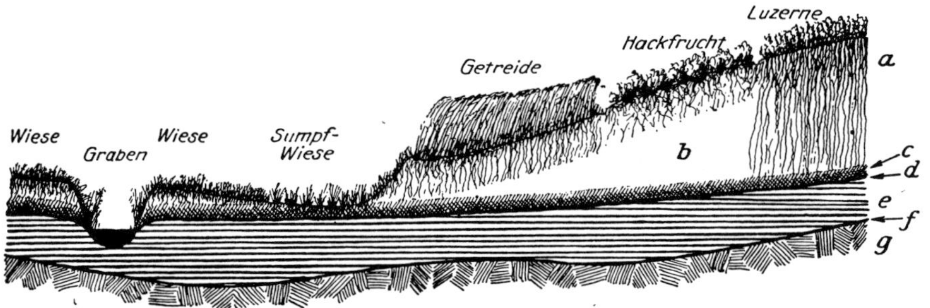

Abb. 23. Grundwasserprofil (schematisch). *a* Wurzelbereich, *b* Zwischenstreifen, *c* Saugsaum, *d* Grundwasseroberfläche, *e* Grundwasser, *f* Grundwassersohle, *g* Sohlschicht (Grundwasserträger). Bezeichnungen nach KOEHNE

Als **Grundwasser**[2] wird im Gegensatz zu dem von Bodensaugkräften gebundenen Haftwasser das frei bewegliche, nur der Schwerkraft folgende, die Bodenporen völlig sättigende Wasser bezeichnet (KOEHNE). Es bewegt sich mit verschiedener Fließgeschwindigkeit auf einer nicht oder doch schwer durchlässigen Sohlschicht (früher „Grundwasserträger") (Abb. 23). Seine Oberfläche wird in Gruben oder Bodenvertiefungen als „Grundwasserspiegel" sichtbar. Über der Grundwasseroberfläche findet sich ein Horizont rasch nach oben abnehmender Porenfüllung, der Saug-(Kapillar-)Saum als Raum aufsteigenden Grundwassers. Während das völlig porenfüllende Grundwasser den Wurzeln der meisten Pflanzen wegen seines Luftmangels den Eintritt verbietet, bildet der Saugsaum eine hervorragende Quelle ständiger Ergänzung des nutzbaren Wasservorrates. Sinkt die Oberfläche des Grundwassers, dann auch die des Saugsaums bis zum Abreißen der Verbindung mit den Wurzeln; steigt sie bis in den Wurzelraum, dann leiden die Wurzeln unter Luftmangel; d.h., der wirksame Wurzelraum verflacht sich.

[1] Biologisch gekennzeichnet durch den Eintritt dauernden Welkens bei Sonnenblumen unter bestimmten Bedingungen.

[2] Zur allgemeinen Bedeutung des Grundwassers siehe PRENK (1967).

Wurzelzugängliches Grundwasser ist von großer Bedeutung für den Grünlandwuchs und für die Abgrenzung der Kulturarten. Tatsächlich kann aber das Zusammenwirken hohen Regenspeichervermögens und hoher Niederschläge den Grünlandwuchs vom Grundwasser weitgehend unabhängig machen. Die früher geringe Beachtung des „Regengrünlandes“ (S. 26) rührt wohl daher, daß es weniger Anreiz für kulturtechnische Maßnahmen bietet. Unter mehr als 3000 von uns untersuchten, mäßig trockenen bis frischen Wiesen und Weiden fanden sich 20–70% auf nicht grundwasserführenden Böden; hierbei allerdings viele auf Böden mit grundsätzlich vom Grundwasser zu unterscheidender Staunässe (S. 45).

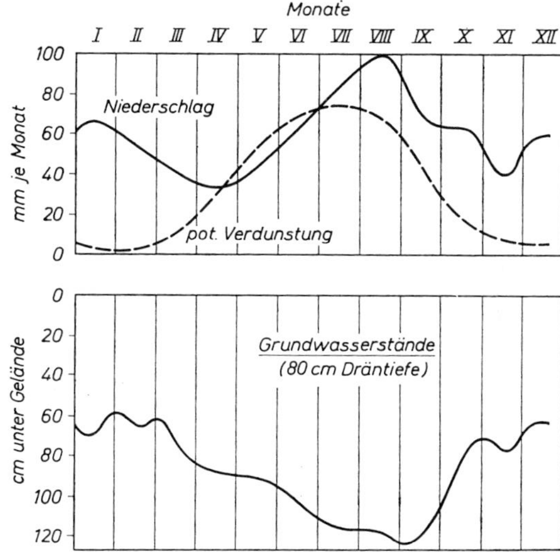

Abb. 24. Verlauf des Niederschlags, der potentiellen Verdunstung und der Grundwasserlage in grundwassernahem Marschboden (Mittel 1955 bis 1958, Wesermarsch) (nach BINSACK/KUNTZE, Praxis und Forschung *11*, 1959; vereinfacht)

Unabhängigkeit vom Grundwasser kann auch durch hohe Bewirtschaftungs-, besonders Düngungsintensität gefördert werden. Immerhin, wo hoher nutzbarer Regenvorrat und Feuchtklima fehlen, wird Grünlandwuchs ohne Grundwasser namentlich in der zweiten Sommerhälfte unsicher, da die Verdunstungsverluste (S. 33) dann höchstens in ungewöhnlich regenreichen Jahren wieder ausgeglichen werden.

Der Wurzeltiefgang der Grasnarbe ist begrenzt (S. 79), ebenso die Förderwirkung des Saugsaums. Besonders durch den Verlust des Grundwasseranschlusses von Austrocknung gefährdet sind daher Böden mit sowohl geringer Speicherkraft wie mit starken Sickerverlusten, d.h. Sandböden, aber auch seichte Lehmböden auf Sanduntergrund oder über klüftigem Gestein.

Nun rechnet man noch oft mit einem mehr oder weniger stabilen „Grundwasserstand“. Tatsächlich wechselt aber die Lage des Grundwassers und damit seine Wirkungsmöglichkeit gewöhnlich sehr stark und leider meist in einem starken Gegensatz zu dem jahreszeitlich so sehr verschiedenen Wasserverbrauch. Aus ganz natürlichen Gründen steigt das Grundwasser im Winterhalbjahr als der Zeit geringsten Wasserverbrauchs gewöhnlich stark an (Abb. 24), um mit der Jahreszeit stärksten Wasserverbrauchs zu sinken. Die

„Sprunghöhe“ der Grundwasseroberfläche kann dabei sehr beträchtlich sein und oft ein völliges Abreißen der Verbindung zum Wurzelraum bedeuten. Seltene Ausnahmen finden sich z.B. im Wirkungsbereich von Alpenflüssen, deren Wasserführung infolge der Schneeschmelze im Sommer zunimmt, oder in der Nachbarschaft von Gewässern mit ganzjährig stabilem Wasserstand. Als Beispiel für die Bewegungen der Grundwasseroberfläche einige Daten von 4 benachbarten Flächen im Isental (Obb.) nach regelmäßigen Ablesungen während eines Jahres (KLAPP 1922):

	Grundwasseroberfläche in cm unter Flur			Aufstehender Pflanzenbestand
	tiefster Stand	mittlerer Stand	höchster Stand	
a	41	22	2	nasse Seggenwiese
b	57	33	3	Feuchtwiese
c	91	62	33	mittelfeuchte Wiese
d	100	72	41	sehr gute Frischwiese

a ist nie, b nur im Hochsommer trittfest, c und d sind in der Regel betret- und befahrbar; siehe hierzu ferner die Befunde von WIENERS (Abb. 46).

Die Vertikalbewegung des Grundwassers ist von der örtlich überaus verschiedenen Kombination von Witterung, Boden und Zufluß abhängig; es überrascht nicht, daß die Klärung der Verhältnisse bis in die neuere Zeit auf – meist unsichere – Schätzungen und Gelegenheitsbeobachtungen angewiesen war, namentlich hinsichtlich der wünschenswerten, „optimalen“ Grundwasserlage. Heute sehen wir klarer über den gesamten Grundwasserkomplex; es wurden mehrere Grundwasserversuche abgeschlossen, und namentlich WOHLRAB (1955–1966) bearbeitete zahlreiche Probleme, auch in praktischer und rechtlicher Sicht, auf Grund ausgedehnter Freilanduntersuchungen. Leicht einzusehen ist das Unnötige des hohen Winterwasserstandes. Wenn er kurzfristig der Bodenoberfläche nahekommt, braucht er nicht zu schaden; langfristiger Hochstand bringt aber die von ihm erfaßten Wurzeln zum Absterben; darunter leidet der Wurzeltiefgang zur Zeit des hohen Verbrauchs. Bis Mai/Juni reicht die Wasserversorgung aus dem nutzbaren Haftwasser in Normaljahren ohne Grundwasserwirkung aus, tiefer Grundwasserstand ist dann der dabei besseren Bodenerwärmung und damit eines frühen Wuchsbeginns wegen sogar erwünscht. Nur bei ungewöhnlicher Trockenheit leidet der Wuchs schon im Frühjahr unter fehlender Grundwasserwirkung. Spätestens von der Jahresmitte an wirken dann tiefes Absinken des Grundwassers (Abb. 24, 25, 26), zunehmende Verdunstung, namentlich bei geringer Speicherkraft des Bodens, und trockene Witterung wuchshemmend bis zum Versagen. Vermehrt gilt dies für die Wirkung einer zu tief reichenden künstlichen Grundwassersenkung (S. 130).

Deutlich sind anderseits die Schäden eines zu hohen Grundwasserstandes noch im Sommer (S. 126). Die Wurzeln leiden dabei unter Luftmangel (S. 32), die Nitrifikation, der gesamte N-Haushalt werden gehemmt, selbst die Wasseraufnahme der Wurzeln bleibt, da auf Atemluft angewiesen, zurück. Ertrag und Qualität sinken, die Weidenarbe wird zertreten. Vor allem verändert sich der Pflanzenbestand nachteilig zur Sumpfvegetation (S. 126).

Für die Grundwasserversorgung bei Regen- und Haftwassermangel ist offenbar die Überbrückung des Raumes zwischen den Wurzelspitzen und dem Saugsaum des Grundwassers entscheidend.

Die Hauptmasse der Wurzeln einer Grasnarbe ist auf die oberen 10–20 cm des Bodens beschränkt; mit zunehmender Tiefe finden sich immer weniger Wurzelfasern, deren Saugkraft allerdings relativ größer ist als die der oberflächennahen Wurzeln (WEAVER 1950, HANUS 1964). Näheres hierzu S. 77. Durch Grundwassernähe wird der Wurzelwuchs gefördert. Sinkt das Grundwasser ab, dann können jüngere Wurzeln ihm nachwachsen (GOEDEWAAGEN/SCHUURMAN), falls das Bodenprofil keine Hemmungen bietet. In der Regel sind jedenfalls Böden mit tiefer Grundwasserlage wurzelzugänglicher als solche mit hoher. Anderseits stockt der Tiefenwuchs bei völligem Austrocknen des Bodens zwischen der Oberfläche des Bodens und derjenigen des Saug-(Kapillar-)Saumes.

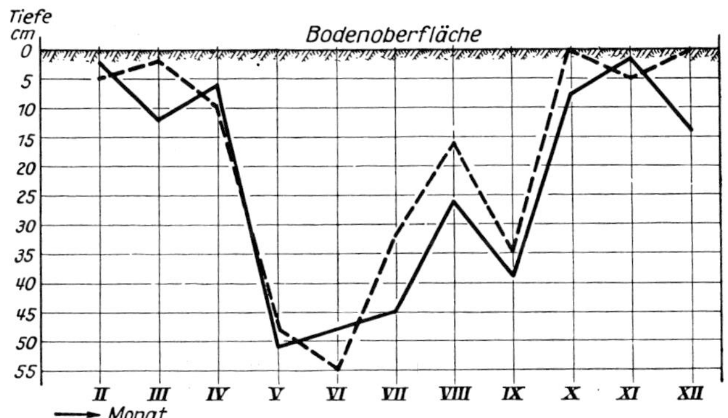

Abb. 25. Zwei Beispiele des Grundwasserganges in Rückstaugebieten: Oktober bis April staunaß, rasche Austrocknung zur Zeit höchsten Bedarfs (nach Angaben von POST, LEER)

Die Kernfrage lautet: Wie weit kann der Raum zwischen Wurzelspitzen und Grundwasser überbrückt werden? Mit anderen Worten, mit welchem Grundwasseranstieg nach Höhe und Fördermenge kann im Saugsaum gerechnet werden? Die Höhe des Saugsaums wird von den bodenbedingten kapillaren Saugkräften bestimmt und damit von der Größenverteilung der Bodenporen; Grob- und Feinstporen wirken begrenzend. Bei voller Porenfüllung unmittelbar über der Grundwasseroberfläche spricht man von einem „geschlossenen" Saugsaum; mit zunehmender Höhe setzt sich ein „offener" Saugsaum nur noch in engen Kapillaren fort. Da die Gestalt des Porenraumes mit den geringsten Bodenunterschieden wechselt, sind auch Höhe und Förderkraft des Saugsaumes sehr variabel (KUNTZE 1966). Zudem wird die Leitfähigkeit des Saugsaumes von anderen Faktoren beeinflußt; Auftreten ausgetrockneter Horizonte beeinträchtigt sie stark (z.B. HANUS 1962, 1964).

Schätzungen und Beobachtungen der Saugsaumhöhe liegen in großer Zahl vor, so besonders bei WOHLRAB 1966ff. Sie reichen von geringsten Werten bei Sand- und Tonböden bis zu sehr hohen Werten in Mittelböden und Mooren. KUNTZE (1966) gibt beispielsweise (von extremen Bodenprofilen abgesehen) an:

	Offener Kapillarsaum	Geschlossener Kapillarsaum
Grobsand	19 cm	14 cm
Feinsand	43 cm	22 cm
Auenlehm	335 cm	215 cm
Humusreicher Ton	34 cm	17 cm
Niedermoor . . .	31–246 cm	3–32 cm

Die große Schwankungsbreite bei Niedermoor rührt von großen Unterschieden der botanischen Zusammensetzung des Torfes und seines Zersetzungsgrades her. Auch im Hochmoor bestehen erhebliche Unterschiede zwischen jüngerem und älterem Moostorf bei allgemein hohen Werten. Diese sind im kultivierten Hochmoor des geringen Wurzeltiefgangs wegen besonders wichtig. Hanus fand in ungestörten Bodensäulen einer tiefgründigen Parabraunerde einen gesamten Kapillaranstieg von 200–250 cm; er war in feuchtem Boden wesentlich höher als in trockenem, und dies gilt auch für die geförderte Wassermenge, die ja besonders wichtig ist.

Die Berechnungen von v. Nitzsch ergaben schon für die ersten 8 cm über der Grundwasseroberfläche eine rasch auf 3 mm je Tag abfallende Fördermenge. Mott (1953) fand dagegen eine beträchtliche tägliche Förderung noch bei 50 cm über der Grundwasseroberfläche (anlehmiger Sand 1,1 mm, Lößlehm 0,7 mm). Diese Mengen erscheinen gering, können sich aber in Zeiten geringen Verbrauches summieren und sind überdies im Boden gegen Verdunstung geschützt. Im anlehmigen Sand wurden noch bis 30 cm Höhe Tagesmengen gefördert, die der sommerlichen Evapotranspiration entsprechen. Hanus fand entsprechende Fördermengen bei trockenem Boden nur noch bis 10 cm, bei feuchtem Boden jedoch bis mehr als 30 cm Höhe über Grundwasser und selbst bis 45 cm noch 0,7 mm/Tag.

Immerhin, die Ergiebigkeit des Kapillaranstiegs nimmt im Saugsaum nach oben hin rasch ab. Hier erhebt sich die Frage nach dem „Grenzflurabstand", d.h. nach jener Lage der Grundwasseroberfläche unter Flur, bei der die Wurzeln noch gerade vom Saugsaum erreicht werden können (siehe hierzu namentlich Wohlrab). Hanus rechnet für seinen Boden mit dem Wurzeltiefgang + 200–250 cm; Meisel (1960, Moers) mit 100 cm Wurzeltiefgang + 150 cm Saugsaum = 200–250 cm (Sand, Kies, Lehm); Eskuche im Erftgebiet bei größtem Wurzeltiefgang (160–180 cm) mit höchstens 250 cm; Bergerhoff u.a. am Niederrhein in tiefem Lehm bei 250 cm Saugsaumhöhe mit 300 cm Grenzflurabstand; unter dünner Lehmdecke dürfe die Grundwasseroberfläche im Sand nicht tiefer als 30–40 cm sinken. Zur Bedeutung des Bodenprofils siehe noch Sieben.

Angesichts der recht verwickelten Grundwasserwirkungen sind experimentelle Hinweise besonders wertvoll.

I. Versuche mit in verschiedener Höhe konstant gehaltener Grundwasserlage.

Freckmann (1932) stellte Modellversuche mit 4 in Behälter eingebrachten (also nicht natürlich gelagerten) Böden bei 4 Grundwasserstufen an. Im Mittel aller Böden und Jahre ergab sich folgendes (Pegelstand = Lage der Grundwasseroberfläche unter Flur):

Freckmann		Kalisvaart	
Pegelstand in cm	Ertrag relativ rund	Pegelstand in cm	Ertrag relativ rund
40	100	40	100
70	89	55	82
100	85	70	78
130	77	100	61

Die Ertragsabnahme mit wachsendem Flurabstand des Grundwassers ist eindeutig; der Durchschnitt der Bodenarten wirkt allerdings verwischend auf das Ergebnis. (Siehe auch Abb. 26.) – Die daneben angeführten Freilandergebnisse von Kalisvaart bestätigen das Prinzip; hier liegt nur eine Bodenart (sandig) vor.

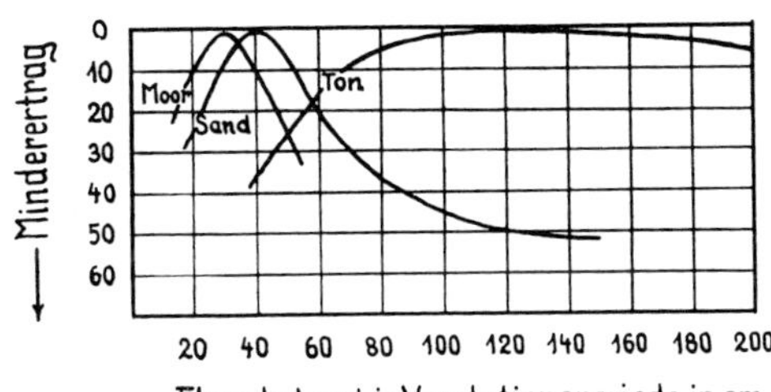

Abb. 26. Ertragsminderung in Prozent des geschätzten Höchstertrages in Beziehung zu Grundwasserlage und Bodenart. Optimum im Moor eng begrenzt, im Ton sehr ausgedehnt [aus Baumann 1961, nach Visser (1959, Wageningen); vereinfacht]

Hanus fand in seinen Bodensäulen folgende relative Leistungsabstufung:

Grundwasser unter Flur in cm	Ertrag in g/1000 cm²	Triebzahl je 1000 cm²
40	100	100
80	36	45
120	7	11

Die Wirkung der Bodenart ist aus Folgendem erkennbar (Freckmann):

Pegelstand in cm	Relativer Ertrag (rund)		
	Ton	Moor	Grobsand
40	100	100	100
70	103	89	73
100	109	90	63
130	111	91	56

SELLKE fand auf Dauerweiden:

Pegelstand in cm	Milchleistung kg/ha	Gewichtszunahme kg/ha
10	1620	180
20	2060	265
35	2920	295
70	4210	440

Im Sand sinkt, im Ton steigt der Ertrag mit zunehmender Grundwassertiefe. Bei den Freilandbeobachtungen von SELLKE kommt diese letztere Erscheinung für den schweren Boden der Danziger Niederung noch deutlicher zum Ausdruck, da Grundwasser hier bis fast an die Oberfläche reicht (siehe auch BERTRAM).

Wirkung der Sommerniederschläge nach FRECKMANN:

a)

Jahr	1925	1924	1927
Sommer-Regenmenge [mm]	298	352	460
Pegelstand in cm	Relativer Ertrag (Mittel der Böden)		
40	100	100	100
70	77	84	102
100	64	81	108
130	51	75	109

b)

	Relativer Ertrag bei Pegelstand 40 cm = 100	170 cm	
Jahr		1925	1927
Regenmenge [mm]		298	460
Grobsand	100	28	82
Lehm	100	53	89
Moor	100	71	115
Ton	100	84	173

a) Bei hohem Sommerniederschlag kehrt sich die Ertragsrangfolge der Böden mit zunehmender Tiefe der Grundwasserlage um!

b) Im Trockenjahr 1925 leidet der Grobsand viel stärker als der Ton unter tiefer Grundwasserlage, während dieser im Nässejahr 1927 von tiefer Grundwasserlage ausgesprochen begünstigt wird; vom Trockenjahr 1927 wird der Ton durch tiefe Grundwasserlage nur wenig beeinträchtigt (Ertrag um 16%, beim Sand um 72% niedriger).

Van der Woerdt (1950/52) fand in ausgetrockneten Moorböden die günstigste Anstauhöhe des Grundwassers

in nassen Jahren zwischen 31 und 60 cm
in trockenen Jahren zwischen 10 und 31 cm

Die Versuche Freckmanns lassen, obwohl die Böden nicht voll mit natürlich gelagerten zu vergleichen sind, einige wesentliche Züge der Grundwasserwirkung erkennen. Die daneben genannten Freilandbeobachtungen bestätigen die Tendenzen.

Seither liegen Befunde von Grundwasser-Versuchsfeldern, zum Teil mit verschieden hohem Grundwasserstau, zum Teil durch Niveauveränderung hergerichtet, vor. Aus einem niederländischen Versuch (Minderhoud 1960, Hoogerkamp/Woldring 1968) greifen wir die Ergebnisse für einen schweren Flußton heraus. Die Grundwasserlage wurde 25–40–65–95–140 cm tief unter Flur zu halten angestrebt.

a) In 11 Jahren waren die gesamten Brutto-Graserträge der 5 Stufen (mit 70 kg N/ha) praktisch fast gleich (98,5–104,9 t Tm/ha); in Einzeljahren gab es Unterschiede.
b) Bei kaltem Frühjahr und nasser Witterung war der Ertrag bei tiefer Grundwasserlage höher, in Trockenzeiten bei höherer.
c) Der Rohproteingehalt des Grases war stets bei tiefer Grundwasserlage höher als bei hoher.
d) Bei den Stufen 25 und 40 cm wurde die Grasnarbe in feuchten Zeiten so trittempfindlich, daß Weidegang zuweilen unmöglich wurde.
e) In Trockenjahren kam es bei der 140-cm-Stufe zum Austrocknen der Oberschicht durch Unterbrechung des Kapillaranstiegs.
f) Beste Grundwasserlagen waren 65–95 cm unter Flur; dabei gab es weder Vertrocknungs- noch Zertrittschäden. Höchster Nettoertrag (S. 79) fiel jedenfalls bei tiefer Grundwasserlage an (kein Zertritt!).

Ein jüngerer, vom Institut für Pflanzenbau, Bonn, angelegter Versuch auf Heidepodsol (Sand mit unter 3% Abschlämmbarem) gibt Hinweise für das andere Bodenextrem. Die vorgesehenen Grundwasserlagen reichen von 30 bis 150 cm unter Flur; die tatsächlich erreichten wichen, wie auch bei dem niederländischen Versuch, davon ab, um so mehr, als die Anlage doch einige Mängel aufweist (Boeker/Kmoch 1963, Boeker 1966, Jacob 1969). Je nach der Jahreswitterung aber wechselte die optimale Ziel-Grundwasserlage zwischen 45 und 75 cm unter Flur, im Gesamtdurchschnitt lag sie näher bei 70 cm. Stets unbefriedigend war der Ertrag bei der tiefsten Grundwasserlage, überraschenderweise aber auch bei den höchsten Wasserständen; allerdings beträgt der mittlere Jahresniederschlag mehr als 760 mm.

II. Versuche mit zeitlich wechselnder Grundwasserlage.

Alle Erfahrungen lassen erkennen, daß winterlicher Hochstand des Grundwassers unnötig und oft nachteilig, sommerlicher Hochstand dagegen erwünscht, ja, bei geringer Speicherkraft des Bodens notwendig ist. Tatsächlich ist aber Hochstand im Winter, Absinken im Sommer naturgegeben. Das Gegenteil kann nur künstlich erreicht werden.

Freckmann fand folgendes:

Pegelstand	Relativer Ertrag
Winter tief, Sommer hoch	100
Winter und Sommer gleichmäßig	83
Winter hoch, Sommer tief	67

Praktisch zeigen die Beobachtungen von v. d. Woerdt im Mai höhere Erträge bei tieferer Grundwasserlage, im Juli/August bei höherer (Abb. 27).

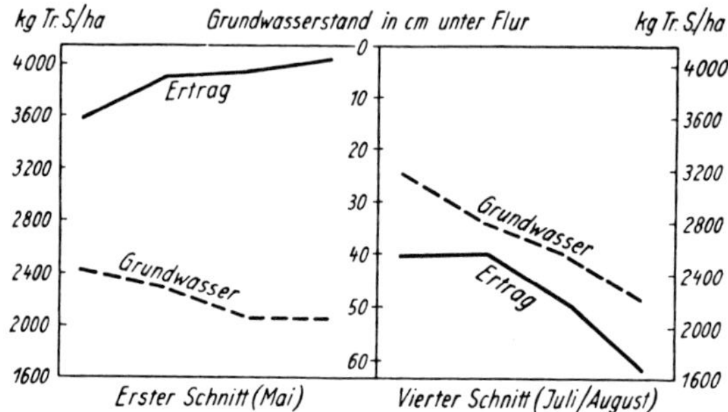

Abb. 27. Beziehungen zwischen Grundwasserlage, Jahreszeit und Ertrag: Mit sinkendem Grundwasser im Mai steigender, im Juli/August fallender Ertrag (Original van der Woerdt)

In dem Versuch Minderhoud u.a. wurden in weiteren Teilflächen verglichen:

a) Dauernd hoher Wasserstand.
b) Dauernd tiefer Wasserstand.
c) September bis April tiefer, Mai bis August hoher Wasserstand.

Das Ergebnis lautet in kürzester Fassung:

a) Erhöhung des Wasserstandes nur im Sommer wirkt ähnlich wie ganzjähriger Hochstand, fördert in feuchten Jahren den Zertritt; Hochstand im Winter benachteiligt den Frühjahrswuchs, ohne Trockenheitsschäden im Sommer zu verhindern.
b) Tiefstand im Herbst und Winter bringt kaum Vorteile; bei Tiefstand im Sommer kommt es in Trockenzeiten zu mäßigen Minderleistungen.

Der schwere Boden ist im ganzen ziemlich resistent gegen Wasserstandsänderungen. Deren Erfolg wäre nur bei sicherer, langfristiger Wetterprognose zu erwarten; das Erreichen einer der Jahreswitterung entsprechenden Grundwasserlage vollzieht sich nur sehr zögernd. Zudem sind die Mindererträge durch Trockenheit bei tiefem Wasserstand so gering, daß sich eine Infiltration (S. 139) nicht und auch Beregnung (S. 139) kaum lohnt, weil sie nur selten nötig wäre.

Die relative Unwirksamkeit der künstlichen Erhöhung oder Senkung der Grundwasserlage erklärt sich hier aus der trägen Wasserbewegung in schwerem

Ton; in leichten Böden mit rascher Wasserbewegung ist sie augenscheinlich brauchbar. Die wichtigste Konsequenz aus allem Bisherigen lautet: Einen für alle Jahre und Jahreszeiten optimalen Grundwasserstand gibt es nicht!

Mit diesen Beispielen mag es sein Bewenden haben. Monographische Bearbeitungen für einzelne Fälle oder Landschaften liegen von ESKUCHE, KLAUSING, VON MÜLLER und anderen Autoren vor (siehe auch TÜXEN 1954 mit zahlreichen Beiträgen). Eine sichere Prognose nicht nur der Grundwasserwirkung, sondern vor allem der Notwendigkeit und Wirkung von Meliorationen ist immer schwierig. Dies um so mehr, als zunehmende Bewirtschaftungsintensität wesentliche Grundwasserwirkungen zu verwischen vermag (S. 131).

Die sicherste Auskunft über alles Wesentliche gibt die Vegetation (S. 112, 116), zumal sie nicht nur den augenblicklichen Zustand kennzeichnet, sondern auch die voraussichtlichen Änderungen nach Meliorationen. Es ist deshalb dringend erwünscht, jeder Meliorationsplanung eine vegetationskundliche Kartierung vorangehen zu lassen.

Künstliche Grundwasserbewegung. Obwohl für die optimale Wasserversorgung der Grasnarbe nicht immer günstig, ist eine vertikale Grundwasserbewegung doch für die zeitweilige Bodendurchlüftung nasser Böden erwünscht. Fehlt sie bei allgemein hoher Grundwasserlage, dann gedeiht nur eine minderwertige und ertragsarme Sumpfvegetation. FRECKMANN 1933, KÖNEKAMP/MÜLLER 1940 erreichten künstliche Grundwasserschwankungen geringer Sprunghöhe (5–20 cm) durch häufiges Pumpen und ernteten bei

stagnierendem Grundwasser	25– 30 dz/ha	schlechtes Seggenheu
häufigen Grundwasserschwankungen	102–127 dz/ha	gutes Heu

Stauwasser. Ein großer Anteil unserer Grünlandflächen steht unter der Wirkung von Staunässe, die an besondere Bodentypen (S. 65) gebunden ist. Ihr Auftreten beruht nicht, wie beim Grundwasser, auf seitlichem Zufluß, sondern auf dem Vorhandensein eines wasserstauenden und auch keine seitliche Bewegung des Wassers zulassenden Bodenhorizontes. Eindringendes Niederschlagswasser kann nicht in die Tiefe versickern (Abb. 28), sondern nur verdunsten. Die Folge besteht im Wechsel zeitweiliger Vernässung mit weitgehender Austrocknung und Verhärtung des Bodens. Damit ist, im Gegensatz zur Wirkung fließenden, sauerstoff- und oft mineralstoffreichen Grundwassers, vielfach Versauerung und Verarmung des Bodens an pflanzenlöslichen Nährstoffen verbunden. Die Vegetation reagiert mit den Kennzeichen extremer Wechselfeuchtigkeit oder Wechselnässe (S. 117). Nun sind zwar alle Grünlandböden wechselfeucht, namentlich unter Wirkung der Jahreswitterung. Die Wechselfeuchtigkeit von Grundwasserböden erreicht aber nie die nachteiligen Wirkungen der Staunässeböden. Diese machen dem Ackerbau außerordentliche Schwierigkeiten und ebenso der Melioration von Ackerböden. Unter einer Grasnarbe fallen einmal die Bearbeitungsschwierigkeiten fort; zum anderen mildert ihre Schutzwirkung die Extreme der Staunässe (siehe REMUS, S. 87). Vor allem hat die Erfahrung gezeigt, daß intensive Nutzung und Düngung auch hier nachteilige Bodenwirkungen erheblich einschränken kann (KLAPP, 1959a). In extremen Fällen kann angesichts der dann notwendigen, aber besonders kostspieligen Melioration (Abb. 52) die Frage auftreten, ob sich der Aufwand und damit der Versuch einer erfolgreichen Grünlandnutzung überhaupt lohnt.

Abb. 28. Vorübergehende Staunässe auf pseudovergleytem Lößlehm (gut bewirtschaftete Weide) (Original ARENS)

Überschwemmungswasser. Die Hochfluten der großen Stromniederungen sind für die Grasnarbe dann wertvoll, wenn sie fruchtbaren Schlick tragen, nur während der Vegetationsruhe auftreten und ohne Erosionsschäden vor dem Wachstumsbeginn ablaufen. Zu einer großen Anreicherung des Bodens mit pflanzenverfügbaren Nährstoffen kommt es dabei nicht stets; doch werden namentlich im osteuropäischen Schrifttum deutliche Ertragssteigerungen angegeben (ROGUSKI/CIEŠLIŃSKI). Winterfluten mit folgendem starkem Sinken des Grundwassers sind geradezu die Lebensbedingung der höchstertragreichen Schwadengras- und Rohrwiesen (KLAPP 1965a). In Gebieten mit häufiger Überschwemmung dürfen feste Zäune nicht benutzt werden; geregelte Weidenutzung ist damit erschwert. Elektrozäune dürfen vor Hochfluten höchstens in Fließrichtung des Wassers stehenbleiben, Erdbewegungen sind der Erosionsgefahr wegen zu unterlassen.

Sehr schädlich sind unberechenbare Hochwässer innerhalb der Vegetationszeit. Sie unterbinden jede Verbesserungsmöglichkeit, gestalten die Düngung riskant, unterbrechen den geregelten Weidegang. Abgesehen von der Verschmutzung des Grases und dem Wegschwemmen von Heu kann es zur Vernichtung der Grasnarbe durch Verfaulen und Sekundärschäden (Algenüberzüge, Massenauftreten von Schädlingen u.a.m.) kommen, siehe S. 314.

Hauptursache der Hochflutschäden ist Sauerstoffmangel, hervorgerufen besonders durch den hohen Sauerstoffverbrauch der absterbenden und sich zersetzenden Pflanzenmassen. Der Schaden wird um so größer,

a) je länger und höher die Fläche überstaut wird,
b) je wärmer das Flutwasser ist und
c) je kolloidreicher der Boden ist, weshalb Grünland auf Ton- und Humusböden am stärksten leidet.

Früheren Beobachtungen von FRECKMANN und C. A. WEBER schließen sich neuere von RAABE 1960, RABOTNOV 1956, SPEIDEL/VAN SENDEN 1954, STÄH-

LIN 1957a, VOLGER 1957, ferner Modellversuche (DAVIS/MARTIN 1949) und Sammelreferate (z.B. ELLIS) an.

Ziemlich allgemein gilt:

1. Die Narbe wird um so mehr geschädigt, je mehr trockenholde Arten in ihr vorkommen.
2. Wenig oder gar nicht leiden die Arten der Flutrasen und Röhrichte (*Agrostis stolonifera, Alopecurus geniculatus*, beide sogar gefördert, *Phalaris, Glyceria*-Arten, *Ranunculus repens*)[1].
3. Recht empfindlich sind die meisten Kleearten, von Gräsern *Lolium perenne, Dactylis, Arrhenatherum*, meist auch *Poa pratensis* und *Festuca rubra*.
4. Recht widerstandsfähig selbst gegen langdauernde Überstauung sind *Phleum, Festuca pratensis, Alopecurus pratensis, Poa palustris*, von den Kleearten *Lotus uliginosus*. (Weiteres im angegebenen Schrifttum.)

Selbst längere Überflutungen schaden wenig, solange ein größerer Teil der Blattmasse über den Wasserspiegel hinausreicht, was bei Untergräsern seltener der Fall ist. Ein mittelbarer Schaden kann auch darin bestehen, daß der Bodenvorrat an keimfähigen Samen getötet wird (RABOTNOV).

Stark geschädigte Bestände müssen von faulenden Resten und „Wiesenwatte" gesäubert und nach Abtrocknen stark gedüngt werden; das sonst so wirksame Mittel zur Verbesserung von Grasnarben, der Weidegang, kann hier versagen, wenn die Flutrasenarten sich stark ausgebreitet haben; sie profitieren vom Tritt (RAABE). Überleben größere Teile der Narbe, dann erfolgt ihre Regeneration zum alten Bestand bei richtiger Behandlung, d.h. ohne vorzeitigen Weidegang und Zertritt, meist überraschend schnell. Bei großer Lükkigkeit des Bestandes ist an Einsaat (S. 333) der oben genannten widerstandsfähigen Arten zu denken. Bei völligem Absterben des Bestandes, d.h. auch der Wurzeln und Rhizome, läßt sich eine Neuansaat (s. S. 359) nicht umgehen, wobei die Erosionsgefahr bei erneuter Hochflut eine möglichst geringe Bodenauflockerung empfiehlt.

Dauernd benachteiligt sind die in manchen Tälern sehr häufigen Mulden, in denen Flutwasser oft monatelang stehenbleibt und durch seinen Schlickgehalt verdichtend, aber auch anreichernd auf den Boden wirkt. Dies sind die bevorzugten Standorte der Flutrasen mit einer oft rasch wechselnden Vegetation („Harmonika"-Gesellschaften ⟨TÜXEN/PREISING⟩) der oben genannten resistenten Arten. Dank der reichen Wasser- und Nährstoffversorgung sind Ertrag und Qualität oft sehr hoch. Doch sind sie charakteristische Standorte der Leberegelinfektion (s. S. 325). Da solche Mulden ohne zu starken Wasserentzug aus den Nachbarflächen oder wegen unzureichender Vorflut kaum zu entwässern sind, bleibt bei Weidenutzung nur Auszäunen (oder Auffüllen) möglich.

Die wirksamste Abhilfe gegen Hochfluten, die Eindeichung, hat den Nachteil, daß den Hochgraswiesen („Mielitz"-, „Havelmielitz"-Wiesen) die Lebensgrundlage (Schlickzufuhr und großer vertikaler Wasserstandswechsel) entzogen wird. Sie werden dann, unterstützt durch Druckwasserwirkung, in minderwertige Seggenwiesen verwandelt; ein Vorgang, der nur durch starke Düngung aufgehalten werden kann.

[1] Deutsche Namen in Tab. a, S. 106 und am Schluß des Buches.

b) Klimaeinflüsse

Das vom Meere und besonders vom Golfstrom beeinflußte Klima der küstennahen Teile Westeuropas ist dem Wuchs der Grünlandvegetation besonders günstig: Seine milden Winter ohne längere Frostperioden, seine mäßig warmen, luftfeuchten Sommer ermöglichen eine lange, im Extrem fast ganzjährige Weidenutzung. Die Futterkonservierung, namentlich die Heuwerbung, ist hier allerdings erschwert. Auf bindigen Böden besteht vielfach keine Abhängigkeit vom Grundwasser; dies gilt im Binnenland – bei kürzerer Vegetationsdauer – auch für das „Regengrünland" (S. 26) der niederschlagsreichen Vorgebirgslandschaften und Gebirge. In den trockeneren Landschaften des Binnenlandes ist dagegen ohne Grundwasserzuschuß selbst auf bindigeren und erst recht auf leichten Böden mit sommerlichem Feuchtemangel zu rechnen. In allen Fällen sind allerdings klimatologische Durchschnittswerte nicht ausschlaggebend, sondern kurzfristige Einflüsse der Jahreswitterung (S. 57).

In den wärmeren, besonders in regenreichen, tropischen Gebieten der Erde kann der Futterwuchs viel üppiger sein als in den gemäßigten Zonen; die Futterqualität ist indessen den dortigen Vegetationstypen entsprechend geringer. Anderseits nimmt der Erhaltungsfutter-(Energie-)Bedarf der Nutztiere mit steigenden Temperaturen ab. – Ein gutes Beispiel für die strahlungsbedingten Unterschiede in der Zusammensetzung von Gras bringt DEINUM (1966a) (auch zit. bei 'T HART 1967).

	Niederlande	Surinam (nahe dem Äquator)
Einstrahlung cal/cm²/Tag	330	450
Temperaturmittel °C	14,3	27,5
Roheiweiß %	18	9,8
Rohfaser %	24	32,1
N-freie Extraktstoffe + Fett %	46	47,5
Asche %	12	10,6

(Ausführliches zu den Licht- und Temperaturansprüchen der Gräser in gemäßigten und tropischen Klimazonen bei TAINTON/COOPER.)

Wie S. 27 erwähnt, wirken die einzelnen Klimafaktoren nie isoliert, sondern mit- und gegeneinander. Diese Wechselwirkung wird zudem noch von Eigenschaften der Vegetation und von der Jahreswitterung mitbestimmt. Versuche in Klimakammern machen es heute jedoch möglich, Licht-, Temperatur- und Feuchtewirkungen zu isolieren und ihre gegenläufigen Beziehungen zu klären (z.B. DEINUM 1966 a).

Licht und Schatten

Die Sonnenstrahlung ist die Energiequelle für die Assimilation, die Stoffproduktion der grünen Pflanze; ihre tägliche Dauer ist bestimmend für den Entwicklungsverlauf der Pflanze (Photoperiodismus, S. 99). MAKKINK (1959) bestimmte die mögliche (potentielle) Ertragshöhe einer Grasnarbe unter bester Wasser- und Nährstoffversorgung in Spezialkulturen mit jährlich rund 420 dz Tm/ha; für praktische Freilandverhältnisse ergaben sich 155 dz Tm/ha als möglicher Ertrag, der auch praktisch erreicht und überschritten werden kann.

Über die Assimilationsleistung der Pflanze entscheiden außer den örtlichen, augenblicklichen Lichtverhältnissen (Dauer und Intensität der Belichtung, z. B. in Abhängigkeit von der Witterung), ihre physiologische Eigenart, ihre Wuchsform und ihr Wuchsstadium; denn damit ändert sich die Fähigkeit der Lichtaufnahme. Mit abnehmendem Lichtgenuß sinkt die Ertragsleistung.

In Versuchen mit kontrollierbarer Wirkung von Klimafaktoren (Klimakammern) ergab sich (Deinum 1966a) bei wachsender Lichtintensität außer wachsendem Ertrage:

Ein Anstieg des Gehaltes an	Ein Sinken des Gehaltes an
Tm	Rohprotein
löslichen Kohlenhydraten	Rohfaser
Stärkeeinheiten	Asche
	Nitrat

Dies gilt für kurze Perioden bei Gleichbleiben der übrigen Wachstumsfaktoren. Im Freiland spielen die zum Teil anders gerichteten Wirkungen der übrigen Klimafaktoren, aber auch der Entwicklungsrhythmus der Pflanze eine wesentliche Rolle (Shain).

Die pflanzliche Stoffbildung durch die Kohlenstoffassimilation steht nur teilweise für den Zuwachs zur Verfügung, da ein Teil davon für den Gewinn von Atmungsenergie verbraucht wird. Falls die Atmung mit der Temperatur stark ansteigt, kann sie (im „Kompensationspunkt", Veratmung = Stoffbildung) die gesamten Assimilate verbrauchen.

Bei Pflanzen mit großem Standraum wie vielfach im Ackerbau wird der Lichtgenuß im Bestande kaum beeinträchtigt. Anders in mehr oder minder dichten Grünlandbeständen, in denen mit wachsender Blattmasse und Höhe auch der Wettbewerb um Licht zunimmt und als Selbstbeschattung wirkt. So wird die Größe der dem Licht zugänglichen Gesamtblattfläche des Bestandes zu einem wichtigen Faktor, zumal sie für den Ertragszuwachs nicht nur zu gering, sondern auch zu hoch sein kann. Mit diesem Fragenkomplex beschäftigt sich ein umfangreiches Schrifttum[1].

Als Maßstab für den möglichen Lichtgenuß des Bestandes gilt die relative Blattfläche = Blattfläche je Einheit Bodenfläche = Blattflächenindex (BFI) = Leaf Area Index (LAI). Mit der Höhe und Dichte des Bestandes wächst der BFI stark an (und damit die Selbstbeschattung) bis zu einem Maximum, bei dem der Zuwachs endet; jede Nutzung senkt den BFI bis zu einem Minimum bei bodennahem Schnitt. Mit erneutem Wuchs des Bestandes steigt der BFI dann rasch wieder an.

Die Lichtaufnahme der Pflanze hängt von Zahl und Größe der Blätter, ihrer Stellung im Raum und anderen Eigenschaften einerseits, vom Stand der Sonne

[1] Außer Brougham 1955 und einer Zusammenfassung von Donald/Black 1958 mögen Arbeiten von Alberda 1957, 1966, Anslow 1965, Blackman u.a. 1959a, b, Geyger, Koblet 1966, Lambert 1964, Nösberger 1964a, b, Pätzold 1965, Shain, Stanhill, Stern, Wilson 1960 genannt sein.

und der tatsächlichen Helligkeit anderseits ab. Pflanzen mit horizontaler Blattstellung (z. B. Kleearten) erhalten bei hellem Wetter mehr Licht als nötig, beschatten aber stark. Bei stockwerkartig aufgebauten Gräsern finden sich in verschiedener Höhe senkrechte, schräge und waagerechte Blattstellungen ohne allzu starke Selbstbeschattung. Optimal ist der BFI, wenn das Licht voll ausgenutzt wird; Überschreitung des Optimums führt mit fortschreitender Selbstbeschattung zu immer mehr sinkendem Lichtgenuß der Unterblätter, bis ihre Assimilation durch die Veratmung eingeholt wird; die untersten Teile des Bestandes vergilben und sterben zuletzt ab – auffällig nach dem Schnitt hoher Wiesenbestände (Abb. 29). Der BFI wächst zwar nach Überschreiten seines Optimums weiter an, aber mit stark abnehmender Substanzbildung, zuletzt nutzlos oder schädigend durch Absterben und Zersetzung beschatteter Blätter.

Abb. 29. Hintergrund: Ausbleichen der Stoppel nach Heuschnitt. Vordergrund: dieselbe Grasnarbe, mehrfach beweidet (Original Klapp)

Das Optimum liegt natürlich je nach der Zusammensetzung des Pflanzenbestandes sehr verschieden hoch; verhältnismäßig tief z. B. bei weißkleereichen, niedrigen Weidebeständen, nach verschiedenen Autoren bei 4–5; bei Wiesenbeständen mit lockerem Aufbau deutlich höher. Als tatsächliche BFI-Werte fand Geyger bei Wiesengesellschaften je nach Standort 5–16. Auf die Methoden der BFI-Messung ist hier nicht einzugehen.

Es liegt nahe, den BFI zu den Nutzungsterminen in Beziehung zu setzen. Sie müßten mit seinem Optimum zusammenfallen, wenn einerseits volle Assimilationsleistung des Bestandes erreicht, anderseits stärkere Selbstbeschattung der bodennahen Narbenteile vermieden werden soll.

Die Beseitigung oder doch Einschränkung der Lichtkonkurrenz durch Abweiden oder Mähen des Bestandes führt zu einer um so schnelleren Wiederherstellung des optimalen BFI, je höher der restliche Bestand bleibt. – Bei sehr häufiger und scharfer Nutzung wird das Optimum oft nicht erreicht, bei seltener Nutzung aber häufig überschritten.

Es ist verständlich, daß man, wie so oft nach neuen Erkenntnissen, von der Nutzanwendung des BFI allzuviel erwartet hat. Die kritische Nachprüfung der ersten Befunde hat jedoch gezeigt, daß der BFI durchaus keinen allgemeingültigen Maßstab darstellt; sein Optimum ist auch für ein- und denselben Bestand nicht konstant; es steht unter starken Einflüssen nicht nur des arteigentümlichen Entwicklungsverlaufs, sondern auch unter solchen der Lichtintensität, der Jahreszeit und anderer Umweltfaktoren. Die Überschreitung des Optimums braucht weiteren nutzbaren Zuwachs nicht zu verhindern. Von manchen Seiten wird ein enger Zusammenhang von Blattfläche, Lichtaufnahme, Assimilation und Zuwachs überhaupt bestritten usw. (ausführliche Kritik bei Brown/Blaser).

Unbestreitbar ist gleichwohl die hohe Bedeutung einer großen, voll arbeitsfähigen Blattfläche, ebenso der Nachteil einer starken Selbstbeschattung. Für die zahlenmäßige Bestimmung und Bewertung des BFI unter verschiedenen Umweltbedingungen reichen die Unterlagen besonders bei vielseitigen Mischbeständen bisher nicht aus. So ist man nach wie vor auf die Beobachtung angewiesen. „Überständigkeit" mit Absterben der Unterblätter ist zu verhindern, die rasche Neuentwicklung einer hohen Blattfläche nach der Nutzung zu fördern (wobei N-Düngung sehr wirksam ist). Vielseitige Pflanzenbestände aus Arten mit verschiedenem Entwicklungsrhythmus, d. h. mit zeitlich verschiedenem Optimum der BFI, dürften in dieser Hinsicht vorteilhaft sein, vermutlich auch die Erhaltung einer wenig verschiedenen Bestandeshöhe durch Umtriebs- und Rationsbeweidung gegenüber Weideverfahren, die größere Teile des Bestandes überständig werden lassen.

Schattenwirkungen sind schon von Stebler/Volkart 1904 eingehend untersucht worden; in unserer vorigen Auflage wurden ihre Ergebnisse und solche von Bürki, Dirven/Kemp, Ellenberg 1952b, Stassen, Wahlen/Gisiger angeführt. Aus neuerer Zeit liegen u. a. genauere Spezialuntersuchungen von Bakker über die Wirkungen von Pappelpflanzungen auf die Grasnarbe und die Möglichkeiten ihrer Einschränkung vor; siehe ferner AGFF 1955, M. Sturm 1961.

Die absolute Minderwertigkeit von Waldweiden bedarf hier keiner Besprechung; von Bedeutung sind jedoch Obst- und Nutzholzpflanzungen im Grünland selbst. Abschirmung des Lichtes bedeutet verringerte Energiezufuhr und Assimilationsfähigkeit. Die Vegetation der beschatteten Flächen weicht deutlich von jener im vollen Licht ab. Durch Schatten begünstigt werden u. a. *Poa trivialis, Dactylis,* ferner einige Doldenblüter (*Anthriscus* ⟨Abb. 10⟩, *Aegopodium, Chaerophyllum*) und eine ganze Reihe niedriger, meist minderwertiger Kräuter. Benachteiligt sind z. B. Kleearten, *Poa pratensis, Phleum, Arrhenatherum.* Das im Baumschatten häufige Vorkommen stickstoffholder Arten rührt zum Teil daher, daß auf solchen, vom Weidevieh zum Ruhen und Kot-Ablegen bevorzugten Stellen die N-Konkurrenz der Bäume überkompensiert wird. Dirven/Kemp, Stassen u. a. wiesen nach, daß die floristischen Unterschiede zwischen Licht- und Schattenflächen durch neuzeitliche Weidemethoden mit dem Zwang zum ganzflächigen Betreten und Abfressen weitgehend ausgeglichen werden.

Die Ursachen für die gleichwohl bleibende Abneigung des Viehes gegen Schattengras, also für seine verminderte Schmackhaftigkeit, sind offenbar kompliziert. In der Regel findet sich im Schatten eine Abnahme des Gehalts an Tm und löslichen Kohlenhydraten, damit auch an Stärkeeinheiten; demgegenüber eine Zunahme von Rohfaser und Mineralstoffen, auch von Nitrat (S. 206). Der Rohproteingehalt ist bald niedriger, bald höher als im Licht;

letzteres vielleicht infolge der Häufung tierischer Ausscheidungen im Schatten. Chemisch gesehen stehen Verschlechterungen und Verbesserungen nebeneinander; die Unterschiede sind zudem begrenzt. Anderseits nimmt das Weidetier chemisch viel weniger wertvolles, aber im Licht gewachsenes Futter ohne weiteres auf. Kurz, eine voll befriedigende Erklärung der geringen Schmackhaftigkeit von Schattengras steht noch aus.

Die Schattenwirkung ist übrigens meist mit anderen Wirkungen verbunden, wie denn auch der Pflanzenzuwachs unter Bäumen offenbar stärker als die Lichtintensität abnimmt. Hinzu kommen Wurzelkonkurrenz um Wasser, Boden- und Düngernährstoffe, eine Verschiebung der Pflanzenentwicklung und erhöhte Krankheitsanfälligkeit. Der Minderertrag von Obstweiden wird auf 20 bis über 50% geschätzt. Herbstlicher Blattfall bildet mindestens eine Störung des Weideganges, Äpfelfressen der Weidetiere ist gefährlich.

Beim Obstbau auf Weiden erhebt sich die Frage: was soll im Vordergrund stehen, Weide- oder Obstertrag? Ist ersterer die Hauptsache, dann sollte man wenigstens durch Baumschutz und entsprechenden Baumschnitt Schädigung der Obstgehölze, aber auch die Gefährdung der Weidetiere (z.B. durch Spritzgifte, Äpfelfressen) vermeiden. Anders wird der Obstbauer denken, nicht zum wenigsten hinsichtlich der starken Wasser- und Nährstoffkonkurrenz zwischen Grasnarbe und Baum; hier wird das Weidetier zurücktreten und der Grasaufwuchs dem „Mulchen“ dienen müssen. Im übrigen weicht der Hochstamm den Forderungen des modernen Erwerbsobstbaues.

Schatten ist aber nicht nur nachteilig für die Grünlandnutzung. In heißen Ländern sind Schattenbäume ein Lebensbedürfnis für das Weidevieh, und auch in unserem Klima sucht das Vieh bei starker Besonnung gern Schatten auf. Es wirkt auch nicht jeder Baum gleich nachteilig. Lichte Bestände der nadelabwerfenden Lärche (*Larix*) lassen im subalpinen Bereich eine durchaus wertvolle Grünlandvegetation gedeihen.

Temperaturverhältnisse

Höhe und Periodizität der Temperaturen wirken stark auf Wachstum und Entwicklung (S. 92) der Pflanze ein. Im gemäßigten Klima beginnt deutliches Wachstum der Grünlandpflanzen um 5 °C; reichlicher Wuchs wird erst von etwa 10 °C ab erreicht. Versuche in Klimakammern mit Variation der reinen Wärmewirkung haben weitere Klärung gebracht (Alberda 1957, 1966, Deinum 1966a, R. Hughes 1965, Mitchell 1956b, Milthorpe/Davidson u.a.). Die Spanne besten Zuwachses liegt für unsere wichtigsten Grünlandgräser zwischen etwa 17 und 21 °C. Über 25 °C nimmt der Zuwachs stark ab, um bei 30–35 °C zu enden (Tainton/Cooper).

Wichtiger als die mittlere Lufttemperatur ist die Spanne (Amplitude) der Temperatur zwischen Tag und Nacht, sowohl für den Ertrag wie für die chemische Zusammensetzung der Pflanze. Beste Wirkung ergibt stets ein wesentliches Absinken der Nachttemperatur, z.B. ein Verhältnis von 21 °C am Tage und 12 °C in der Nacht. Dabei ist die Nachttemperatur das Wichtigere, namentlich im Hinblick auf den Gehalt an löslichen Kohlenhydraten (Reservestoffen, S. 378).

Mit steigender Temperatur ergibt sich neben einem bis zu gewissen Grenzen steigenden Ertrag ein

Ansteigen	Sinken
der Trockenmasse (Gehalt und Menge) des Rohfasergehalts	des Gehalts an Rohprotein des Gehalts an Nitrat des Gehalts an löslichen Kohlenhydraten und StE

Diese Wirkungen sind also zum Teil denjenigen steigender Belichtung (S. 49) entgegengesetzt; außer dem Kohlenhydratgehalt nimmt mit hohen Temperaturen auch die Triebzahl je Pflanze ab, und die erhöhte Schoßneigung beeinflußt die wirksame Blattfläche ungünstig. Näheres über die Wechselwirkung von Licht und Temperatur siehe bei DEINUM. Im Bereich günstigsten Zusammenwirkens von Licht und Temperatur können sich die gegensätzlichen Wirkungen beider Faktoren ausgleichen.

In Freilandbeständen werden diese Erscheinungen natürlich stark vom Wuchsstadium der Arten, von Nutzung, Witterung u.a.m. beeinflußt. Insgesamt findet sich das beste Wachstum der Grasnarbe bei mäßig warmen Tagen und kühlen Nächten. Dabei ist zu berücksichtigen, daß ober- und unterirdische Organe gewöhnlich verschiedenen Temperaturen ausgesetzt sind und daß ebenso das Kleinklima im Bestande selbst (S. 64), vor allem je nach der Wuchshöhe und -dichte, große Unterschiede aufweisen kann.

Die örtlichen Wärmeverhältnisse bestimmen die jährliche Vegetationsdauer und damit die Dauer der nutzbaren Weidemöglichkeit. Im Südwesten der Britischen Inseln wie in Teilen des westeuropäischen Küstenlandes kann sie weit über 250 Tage erreichen, in den Niederlanden, Belgien und Nordwestdeutschland 200–210 Tage; im Durchschnitt Gesamtdeutschlands etwa 165 Tage (Versuchsgut Dikopshof [Rheinisches Tiefland] 155–193 Tage, KÜNSTING briefl.); nach Nord- und Osteuropa hin nimmt die Weidedauer rasch auf 120 und weniger Tage ab. Dies alles gilt vornehmlich für die tieferen Lagen; im einzelnen wird die Weidedauer stark von der Höhenlage (S. 63), der Wasserversorgung (S. 28), dem durchschnittlichen Witterungsverlauf (S. 57), dem Bodenzustand und anderen Umweltfaktoren, auch von Düngung, Pflege und Nutzung bestimmt. Für deutsche Verhältnisse finden sich nähere Angaben bei GEITH/ZÜRN, KÖNEKAMP/BLATTMANN u.a. 1959, PETERSEN 1962. Zeitweise zu hohe Grundwasserlage, Überschwemmungen, Kälte- und Schneeeinbrüche im Gebirge unterbrechen die Dauer der Weidemöglichkeit, machen Zufütterung und dementsprechend Futterreserven notwendig.

Abnehmende Weidedauer bedeutet wachsende Dauer der Winterfütterung und zunehmende Notwendigkeit der Schutzwirkung von Stallbauten. Reichliche Vorräte für die Winterfütterung – in Deutschland mindestens für 200 Tage – sind um so wichtiger, als sie ein Abwarten genügenden Weidezuwachses im Frühjahr und rechtzeitigen Abtrieb im Herbst gestatten. Erwünscht ist das Auffinden von Pflanzenarten, die früh austreiben, im Spätherbst lange grün bleiben oder gar mit größeren Teilen „wintergrün" sind (S. 464).

Mit steigenden Durchschnittstemperaturen nimmt der Nettoertrag (tierischer Nutzertrag, S. 479) der Weiden zu, nach GEITH/ZÜRN von 5–8 °C Jahrestemperatur um mehr als 40%. Doch muß gerade hierbei einmal auf die Mitwirkung des Weidetieres, zum anderen auf die der Wasserversorgung hingewiesen werden; letztere kann im trockenen Festlandklima zum entscheidenden Faktor werden (Unterbrechung des Weidewuchses in Dürreperioden). Für bayerische Wiesen ermittelten SPATZ/VOIGTLÄNDER (siehe S. 27) als optimales Jahresmittel 7,9 °C (13,8 °C für Mai bis September).

Klimafeuchtigkeit

Bei isolierter Betrachtung wachsender Feuchte fand DEINUM folgende Gehaltsänderungen:

Zunahme	Abnahme
Rohfaser Lösliche Kohlenhydrate	Trockenmasse Rohprotein, Nitrat Asche, StE

Die überraschende Erhöhung des Rohfasergehaltes wird mit erhöhter Bildung ballastreicher Gefäßbündel im Zusammenhang mit wachsender Verdunstung (größerem Wassertransport) erklärt. Die Grasnarbe bedarf grundsätzlich einer reichlichen, vor allem einer gleichmäßigen Wasserversorgung.

Im allgemeinen ist mit der im Sommer abnehmenden Boden-Wasserlieferung eine „ansteigende Regenversorgung" (BAUMANN) nötig, sowohl für den Weidegraszuwachs wie für den zweiten Wiesenschnitt. Die jahreszeitliche Verteilung der Niederschläge ist in Deutschland dem Grünlandwuchs insofern nicht gerade günstig, als die Häufigkeit von Regenklemmen im Vorsommer mit dem größten Wasserbedarf der schossenden Grünlandpflanzen zusammenfällt. Von niederschlagsarmen zu regenreichen Gebieten steigt der Grünlandertrag zunächst an, aber nicht unbegrenzt. SANDKÜHLER und GEITH/ZÜRN fanden, daß die Weideleistung bis zu 800/900 mm Jahresregen im allgemeinen ansteigt, dann aber langsam und von mehr als 1200 mm an rasch sinkt. Das gleiche fanden KLAPP/STÄHLIN 1936 bei Thüringer Wiesen (Abb. 30), und MOTT (1961 b) stellte in einem Versuch bereits bei mehr als 700 mm Regen (von April bis August) sinkende Erträge fest, siehe dagegen SPATZ/VOIGTLÄNDER. Indessen handelt es sich in allen Fällen nicht um reine Niederschlagswirkungen; hoher Niederschlag ist in unserem Land gewöhnlich an größere Höhenlagen gebunden, und hier wirken abnehmende Temperatur und

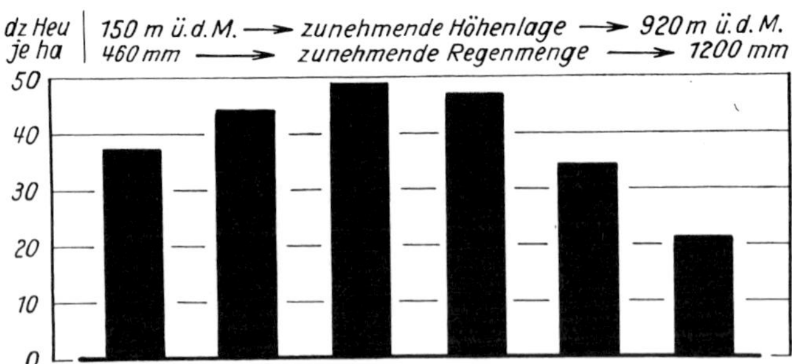

Abb. 30. Wiesenertrag in Thüringen in Abhängigkeit von Höhenlage und Regenmenge

Abb. 31. Hagelwirkung in hochwüchsiger Wiese (Original KLAPP)

Abb. 32. Heckenweiden im Monschauer Land (Original SCHWICKERATH)

Vegetationszeit sowie andere Faktoren des Höhenkomplexes (S. 62) ertragssenkend.

Es überrascht nicht, daß der Flächenanteil des Grünlandes mit wachsendem Niederschlag ansteigt (nach WESSLER in Deutschland von rund 21 % bei unter 600 mm bis auf 42 % bei mehr als 900 mm). Deutschland hat bei durchschnittlich etwa 700 mm Jahresregen 30 % Grünland, Neuseeland bei 1500 mm Regen 95 % ; aber auch bei uns finden sich klima-(und boden-)bedingte Extreme von unter 15 bis über 95 % Grünlandanteil (Abb. 12). Neben der unmittelbaren Regenwirkung spielt dabei ackerbauliche Gunst oder Ungunst der Lage eine ähnliche Rolle und, im Zusammenhang damit, die Besiedlungsdichte.

Der Niederschlag in Gestalt von Nebel hat keine große Bedeutung, da die durch Nebel anfallende Wassermenge im Binnenland und besonders im Sommerhalbjahr recht gering ist (Beispiele für Nordwestdeutschland siehe bei Bätjer 1967). Ähnliches gilt für Tau. In trockenen Zeiten dürfte immerhin die Abschirmung der Verdunstung günstig wirken.

Hagel kann bei hochstehenden Wiesen starke Schäden anrichten, nach schweizerischen Angaben (AGFF Mitt. Nr. 71) bis zu 50% des Ertrages. Ein Beispiel zeigt Abb. 31.

Windwirkungen

Die Grasnarbe ist weniger empfindlich gegen nachteilige Wirkungen starker und häufiger Winde als der nackte Ackerboden, weniger empfindlich auch als der Wald; finden sich doch Grasfluren am waldfreien Küstensaum wie über der Baumgrenze im Hochgebirge. Marshall bestätigt in einem kritischen Sammelreferat die Resistenz einer niedrigen, dichten Grasnarbe gegen nachteilige Windeinflüsse. Berühmte Weidegebiete Westeuropas, so Westeifel (Hohes Venn, Ardennen), sind ausgesprochene Heckenlandschaften (Abb. 32), auch das Münsterland; die Frage aber, ob die Hecken nicht eher der Abgrenzung der Weidekoppeln als dem Schutz der Grasnarbe vor Wind dienen, ist

Abb. 33. Winderosion auf überanstrengter Almweide (Original Franz)

nach wie vor offen. Gerade in so windreichen Lagen wie in den Marschen herrschen Wassergräben, nicht Hecken, als Grenzen vor. Auf leicht austrocknenden, 750 m hoch liegenden Weiden konnte Martin 1963 bestenfalls bei Dürre in der Nähe von Windschutzanlagen geringe Mehrerträge feststellen; in der Regel war der Grünlandertrag ohne Windschutz besser. Günstige Wirkungen fanden Bätjer u.a. in der Marsch (1967). Es fehlt noch immer an eindeutigen Beziehungen von Bodenfeuchte, Temperatur, relativer Luftfeuchtigkeit, Ertrag, Futterqualität und Windschutz. Raabe (1957) fand keine deutlichen Windschutzwirkungen. Näher auf die sehr vielseitige Frage des Windschutzes einzugehen wäre noch verfrüht (siehe auch Baule).

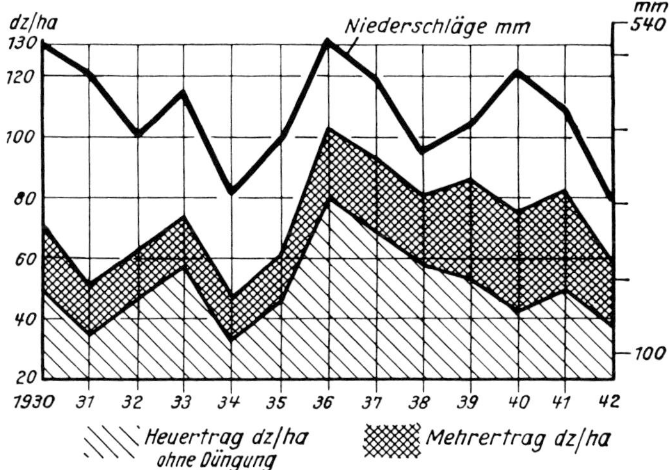

Abb. 34. Regenmenge und Düngerwirkung (nach F. König). Zu S. 112

Bei der ungewöhnlich starken Windwirkung an exponierten Stellen des Hochgebirges kann es infolge narbenzerstörender Überbeweidung zu ausgedehnten Windabrissen mit folgenden Erosionsschäden kommen (Abb. 33).

Über die Wirkung von Luftverschmutzungen auf die Grasnarbe ist nicht allzuviel bekannt, ebenso nicht über Schädigung von Weidetieren durch solche. Bei H. Bohne (1965) findet sich ein Beispiel für die Minderung der Milchleistung durch Zementstaub; siehe hierzu S. 315.

Witterung

Vom statistischen Durchschnittsklima kann die Jahreswitterung mit großen Extremen abweichen. Dies gilt besonders für die Niederschläge; Brüne (1935) fand (in der Vegetationszeit) folgende Beziehungen:

	Regenmenge in mm	Heuertrag (relativ)
1932	422	100
1934	230	55

Aus langjährigen Wiesenversuchen von König (1950) ergab sich eine enge Beziehung zwischen dem Niederschlag vom 19. April bis zum 24. Mai und dem Heuertrag des ersten Wiesenschnittes; der Jahresertrag folgte etwa der Regenmenge vom April bis August einschließlich (ähnlich Mott 1961 b). In nassen Jahren ist zwar meist mit massigem Graswuchs zu rechnen, doch überwiegen die Nachteile: Qualitätsminderungen, Werbungsschwierigkeiten bei Wiesen, Zertritt und Verschmutzung der Grasnarbe von Weiden, dies nicht selten mit Anstieg des Grundwassers verknüpft. Das Futter wird ungern gefressen, bei anhaltend nasser Witterung ändert sich das Artenverhältnis im Bestand zugunsten feuchtholder Arten.

Starke Wirkung auf den Ertrag üben selbst kurzfristige Dürreperioden aus; namentlich auf leichten oder sonst schlecht wasserhaltenden Böden kann es zu vollständiger Wuchsstockung mit folgendem Kahlfraß und Ausbrennen der Grasnarbe und damit zur Notwendigkeit zeitweiligen Aufstallens des Weideviehes kommen. Die Futterqualität ist dagegen in trockenen Jahren meist gut bis auf einen Rückgang des P-Gehaltes. Anhaltende Trockenheit erhöht den Bestandsanteil trockenholder Arten. Über Zusammenhänge zwischen Witterung und Milchleistung siehe BERNS, HARLASS.

Gewisse Abhilfen sind möglich. BADEN (1961), BLATTMANN (1960), WEISE (1956) konnten eine starke Einschränkung von Trockenschäden durch zweckmäßige Bewirtschaftung von Weiden nachweisen. Setzte man die Weideleistung des annähernd normalfeuchten Jahres 1958 = 100, so ergaben die des sehr trockenen Jahres 1959 bei 7 Kontrollweiden relative Leistungen von 80–127%, zum Teil 1959 also ein Mehr (BLATTMANN). N-Düngung läßt die Weidenarbe wenigstens grün bleiben, was in diesem Fall wichtiger sein kann als die dann geringe Ertragssteigerung. Die allerdings selten mögliche Grundwasseranhebung (z.B. durch Einstau, BADEN) ist sehr wirksam, selbstverständlich auch die Beregnung.

Das jährlich sehr verschiedenzeitige Auftreten ausreichender Temperaturen kann das Datum des möglichen Weideauftriebs um 2 bis selbst 3 Wochen verschieben (VON BABO, MÜNZINGER/VON BABO und viele andere Angaben, KÜNSTING z.B. in Rengen [Hocheifel] bis um 27 Tage, briefl.).

Erhebliche Schäden treten bei extrem niedrigen Temperaturen sowohl

A. der ganzen Winterperiode wie

B. bei Spätfrösten

auf. Über die Formen physiologischer Schäden gilt dasselbe wie bei Ackerpflanzen (KLAPP 1967a).

A. Solange die unterirdischen Organe noch im Boden geschützt bleiben, werden meist nur die Blätter geschädigt. Am gefährlichsten sind daher Frostwechselperioden mit „Auffrieren" auch der Bestockungszonen und Wurzelkronen, zumal dann der Wassernachschub endet. Entscheidend ist dabei der Grad der „Härtung" und „Enthärtung" der Pflanzen (KLAPP 1967a) und im Zusammenhang damit die Möglichkeit, vor dem Winter genügende Reserven (die wesentliche Energiequelle, S. 378!) zu bilden. Sie ist gering bei unzureichender Nährstoffversorgung und bei zu häufiger und scharfer Nutzung der Grasnarbe vor Winter.

Ebenso nachteilig ist ein zu üppiger, nicht mehr genutzter Herbstwuchs (S. 462). Wiederholter Frostwechsel, Auftauperioden mit ansteigender Temperatur führen mit Enthärtung und neuer Härtung zum Aufbrauch der Reserven. Schnee- oder gar Eisdecken begünstigen Krankheiten und Schädlinge (siehe S. 314) verschiedener Art. Diese Zusammenhänge werden von R. HUGHES 1965 und D. SMITH 1964 eingehend behandelt. Schneeschutz hat anderseits im Gebirge eine hohe Bedeutung, weil er die Frostwirkung abschirmt und oft so lange bestehenbleibt, daß größere Fröste nach dem Abtauen nicht mehr zu erwarten sind; daher bleiben hier auch empfindlichere Arten von Frostschäden verschont (KRAUSE in LIETH 1962).

Widerstandsfähig gegen Frost sind von den wertvolleren Gräsern *Festuca pratensis, Phleum* und die meisten Arten mit unterirdischen Ausläufern, ferner Arten und Herkünfte aus dem Kontinentalklima. *Dactylis* erholt sich auch nach starkem Blattschaden rasch; stark geschädigt werden *Lolium perenne, Cynosurus* und *Holcus lanatus*, ohne immer abzusterben. Der Hauptschaden tritt oft erst im 2. Jahr nach dem Frost ein. DE VRIES (1940a, 1941, 1942), mit 'T HART (1941) stellte nach harten Wintern, besonders in Verbindung mit trockenen Sommern, eindeutige Bestandsverschiebungen zum kontinentalen Typ und Wertminderung um 2 Punkte seiner Skala (ähnlich unseren WZ, S. 108) fest.

Abb. 35. Auswinterung von Weidelgras (*Lolium perenne*) auf Intensivweide in der Hocheifel (Original ARENS)

B. Auch Spätfröste können stark schaden, wobei die Empfindlichkeit der Arten vom Entwicklungsstadium abhängt (D. SMITH 1964), und zwar besonders in der Blühperiode. Der extreme, auch von uns beobachtete Spätfrost vom 10./11. V. 1953 in Süddeutschland zeigte nach REICHELT (1955b) daher stärkste Schäden bei den frühblühenden Arten (z.B. *Alopecurus, Dactylis, Bromus mollis*), während *Festuca pratensis, F. rubra* und *Poa pratensis* wenig litten. Am auffälligsten ist, namentlich auf Mooren, das Ausbleichen von *Holcus lanatus*.

In Rengen (Hocheifel) zeigten die Bestände verschiedener *Lolium*-Sorten 1964 nach Spätfrost sehr große Unterschiede der Lückenbildung (Abb. 35), besonders bei sehr hohen N-Gaben (siehe auch S. 462).

Relief und Kleinklima (JACOB 1960, Abb. 36, ZEITLER) modifizieren den Schadensgrad deutlich.

Die Meinungen über den für Grünland besten Verlauf der Jahreswitterung sind nicht ganz einheitlich, was wegen der großen Unterschiede von Standort und Nutzungsweise verständlich ist (BADEN 1961/64/66, BAUMANN 1961,

W. Brouwer 1959, R. Hughes 1965, Könekamp/Blattmann u.a. 1959, Künzli, Mott 1961b, Salvadori/Speidel 1956, Voigtländer 1964, Zillmann/Kreil.

Die Winterwitterung ist, solange Frostschäden ausbleiben, nur dann von Bedeutung, wenn ihre Nachwirkung den Weideaustrieb verspätet.

Im Frühjahr ist, solange das Bodenwasser ausreicht, Wärme und sogar leichte Trockenheit erwünscht. Guter Wuchs setzt Perioden mit mindestens 8–10 °C und nächtliche Minima über 0 °C voraus; das gilt besonders für Moorlagen. Gewöhnlich vom Mai ab ist „ansteigende Regenversorgung" erwünscht in dem Maße, in dem die Bodenwasserversorgung nachläßt; Regenmangel namentlich im Hochsommer verschärft die Zuwachsdepression (S. 435). Hier darf die Temperatur unter dem Durchschnitt bleiben. Im Herbst ist zwar auch gute Regenversorgung wichtig, zuletzt aber hohe Temperatur entscheidend; kalte Witterung bringt den Zuwachs schnell zum Stocken.

Für die einzelnen Zuwachsperioden nach dem ersten Schnitt oder Weideauftrieb ist eher feuchtkühles Wetter mit geringer Verdunstung förderlich, solange der Nachwuchs noch wenig assimilationsfähig und bodenbeschattend ist; dann sollen Niederschlag und Temperatur ansteigen. (Siehe hierzu auch die von Brouwer [1959] vorgeschlagenen Beregnungstermine S. 141.)

Für die Vegetationszeit insgesamt ist das Zusammenwirken von Wärmeverhältnissen und Niederschlagsverteilung entscheidend. Am günstigsten sind relativ hohe Temperaturen bei reichlichem Regen; dauernd kühl-feuchte Witterung ist nachteilig, noch mehr vielleicht vorwiegend trocken-warmes Wetter; doch bestehen gerade hier verschiedene Auffassungen. Insgesamt sind die witterungsbedingten Ertragsunterschiede beträchtlich, wie jeder mehrjährige Versuch, jede Statistik zeigt. Dies gilt aber auch für die Futterqualität, besonders von Heu und Silagen, wobei ja noch die Witterung bei der Ernte mitwirkt. Betroffen wird vor allem der Stärkewert ('t Hart 1960a). – Einzelheiten der Witterungs- bzw. Klimaeinflüsse auf das Gedeihen von Glatthaferwiesen führt Künzli an.

Geländeklima (Relief, Höhenlage)

Hohlformen des Geländes begünstigen Grünlandanteil, Grünlandwuchs, Vernässung, aber auch Bewässerungsmöglichkeiten. Bei stärkerer Neigung ergeben sich verwickelte Wechselwirkungen zwischen Neigungsgrad (Inklination) und Auslage des Geländes gegen die Himmelsrichtung (Exposition). Etwa bei 25% Neigung endet der Ackerbau; maschinelles Mähen und Zetten von Heu ist bis höchstens 35/40% möglich, darüber sind noch Seilwinden oder Geräte mit Aufbaumotor anwendbar.

Nach Löhr (1951, 1963) wächst der Arbeitsbedarf bis 20/25% Steigung schon um mehr als 40% gegenüber ebenen Flächen. Die Steigleistung der Weidetiere verbraucht viel Energie (S. 422). Weidegang verursacht schon ab 20/25% zunehmende Trittschäden (S. 430) besonders bei feuchtem Boden (Erosionsgefahr!); Schmauder (1964) empfiehlt geringen Besatz, kurze tägliche Weidezeit, Bevorzugung trockener Flächen. Namentlich bei unkontrolliertem Weidegang entstehen die bekannten Trampelpfade (Kuhtreien, Kuhtreppen); nach Guyer 1966 bewährt sich eine rhomboide Koppelform, die sowohl die horizontale Bewegung der Weidetiere wie ihr Herunterspringen im steilen Gefälle einschränkt; besondere Triftwege sind vorzuziehen. – Stärkere Neigung wirkt sich zudem in Unterschieden der Mächtigkeit des Bodens aus (tiefgründiger Hangfuß, flachgründiger Hang), ebenso in wesentlichen, mikroklimatischen Differenzen der Frostgefährdung, endlich im Ertrag.

Beispiele für die außerordentlichen, reliefbedingten Temperaturunterschiede in Strahlungsnächten bringt Jacob (1960, Abb. 36) für das Versuchsgut Rengen; sie reichten im gleichen Zeitpunkt auf kurze Entfernung von +3 bis −5 °C gegenüber einer Vergleichsfläche!

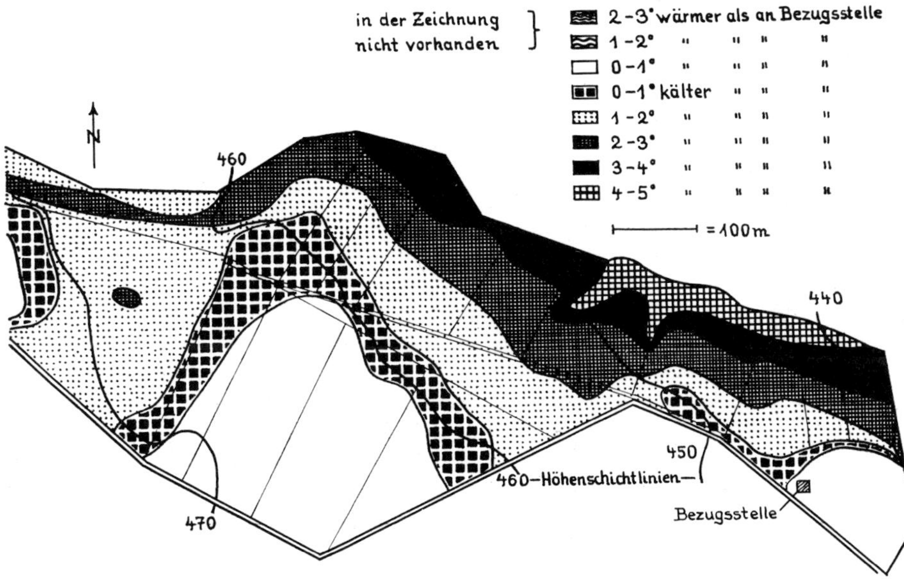

Abb. 36. Extreme des Geländeklimas (Versuchsgut Rengen); Temperaturunterschiede in Strahlungsnächten — 3 bis + 5 °C (Original Jacob)

Versuche über die Wirkung der Exposition führten bereits Stebler/Schröter 1891a aus; neuere Untersuchungen liegen u.a. von R. Hughes 1965, Raabe 1955, Roth 1965–1968, Steen 1957 vor.

Südhänge werden gegenüber Nordhängen durch steileren Lichteinfall intensiver besonnt, stärker erwärmt, aber auch mehr ausgetrocknet. Die Temperatur kann hier 2 Grad und mehr höher sein als am Nordhang, Schneeschmelze und Austrieb sind bis zu mehreren Wochen früher; allerdings sind auch Strahlungsfröste häufiger. Die Südhangböden sind im allgemeinen basenreicher, oft in besserer Struktur, aber humusärmer. Die Vegetation neigt zu einem mehr kontinentalen Typ (oft Trockenrasen) und großem Artenreichtum, sie durchwurzelt den Boden flach, aber intensiv. Für Nordhänge gilt in allem das Gegenteil, am deutlichsten in der Vegetation (oft viel Moos).

Unterschiede der Neigung und der Exposition bewirken eine außerordentliche Vielförmigkeit des Zusammenwirkens, noch verstärkt dann, wenn die Kammlagen **Wetter**scheiden für Niederschlag und Wind bilden.

Ein Beispiel von Löhr 1951:

Regen- und Windschatten	Regen- und Windluv
Landeck (um 1400 m)	Kleinwalsertal (um 800 m)
Starker Ackerbau Gerstenertrag bis 40 dz/ha Gute Luzernebestände	Reine Grünland- und Waldnutzung

Im allgemeinen ist der Futterertrag am Südhang höher als am Nordhang, wenn ersterer nicht zu trocken ist; es werden Mindererträge des Nordhangs von 20–40% angegeben; ähnliches gilt, wenn auch nicht ausnahmslos, für die Futterqualität; an steilen Nordhängen treten ähnliche Wirkungen wie im Baumschatten (S. 51) auf. Die meist regenreichen Westhänge gelten als ertragreich, Osthänge sind am meisten frostgefährdet. Namentlich die mikroklimatischen Unterschiede können wie eine Verschiebung des Standortes um mehrere Grade geographischer Breite wirken.

Mit steigender Höhenlage sinkt die mittlere Lufttemperatur, die Tag- und Nachtunterschiede wachsen an, die Regenmenge nicht immer. Luftfeuchtigkeit und Bewölkungsgrad nehmen zu, die Reliefwirkungen werden im Gebirge stärker. Nach Caputa (mehrfach, bes. 1966) nimmt die Mitteltemperatur V/IX in der Schweiz mit Anstieg von 500 auf 2300 m von 14,9 °C auf 5,1 °C ab. Auf der Alpennordseite dauert die schneefreie Zeit bei 700 m Höhe 265 Tage, bei 2400 m Höhe nur noch 86 Tage. (Allerdings ist die Wirkung der Schneelage auf die Vegetation sehr verschieden zu beurteilen – einerseits Frostschutz, anderseits Schädigung.) Jedenfalls nimmt die Vegetations- und damit die mögliche Weidedauer mit wachsender Höhe stark ab.

Vom Versuchsgut Dikopshof (50 m ü. d. M.) zum Versuchsgut Rengen (450–500 m ü. d. M.) nimmt die jährliche Weidedauer im Mittel von 12 Jahren um 21 Tage ab (etwa 5 Tage je 100 m, Künsting briefl.).

Demgegenüber wächst die der Vegetation bei hellem Wetter zukommende Strahlung mit wachsender Höhenlage erheblich an, nach Caputa von 200 bis 2000 m Höhe im Juni von 588 auf 729 cal/cm². Noch stärker nimmt der Anteil ultravioletter Strahlen zu. Nach der Schneeschmelze tritt in hohen Lagen rasch Bodenerwärmung ein, der Pflanzenwuchs wird beschleunigt. 50 dz Grünmasse/ha wachsen bei 430 m Höhe in 48, bei 1750 m aber schon in 18 Tagen heran, dauernd unter Langtagsbedingungen (S. 99). Daher sind früher Viehauftrieb und schneller Umtrieb bei kurzen Ruheperioden möglich, aber auch notwendig. Allgemein bedeutet später Wuchsbeginn beschleunigte Graswüchsigkeit und damit eine Erschwerung der rechtzeitigen Weidenutzung (siehe S. 440).

Die mit wachsender Höhe in der Regel abnehmende Ertragshöhe ist indes nicht nur klimabedingt, sondern Folge eines verwickelten „Höhenkomplexes". Stärkere Bodendurchfeuchtung erhöht die Auswaschung und Basenverluste, die pH-Werte sinken (Kalkgebirge bilden eine Ausnahme), die Erosionsgefahr an Hängen wächst. Gesteinsböden sind flachgründig und steinreich. Viele Gebirgsböden weisen immerhin ähnliche Fruchtbarkeit wie Flachlandböden auf (Caputa 1968).

Große Entfernung vom Hof, weite, steile und schlechte Wege, aber auch ungünstige Rechtsverhältnisse der Bergweiden erschweren und verteuern alle Pflege-, Düngungs- und Nutzungsmaßnahmen (siehe K. WERNER 1953/54).

Allerdings wird der Ackerbau hiervon noch mehr betroffen, so daß der Grünlandanteil mit der Höhe immer weiter anwächst und schließlich die letzte Nutzungsmöglichkeit darstellt. Mit wachsender Höhenlage stellt sich zudem, mehr der Bodenverarmung und der Bewirtschaftungsmängel als des Klimas wegen, meist eine immer anspruchslosere, minderwertige und ertragsarme Vegetation ein.

In unseren Untersuchungen (KLAPP 1965a) fanden sich bei Weiden folgende Zusammenhänge:

Höhenlage in m	°C im Jahr	Regen in mm	pH	P_2O_5 mg/100 g Boden	K_2O mg/100 g Boden	Stickstoffzahl (S. 112)	Wertzahl (S. 108)
< 250	9,18	745	6,09	7,5	18,6	4,03	6,00
> 400	6,65	912	4,40	2,0	15,0	1,66	2,41

Zur Höhenverteilung der Pflanzengesellschaften nennen wir hier nur APERDANNIER 1959, BAEUMER 1956, KNAPP 1951, SPEIDEL 1952 als Beispiele.

Die überaus vielseitige Kombination von Höhenwirkungen läßt allgemeingültige Angaben über Erträge nicht zu. In den Mittelgebirgen mit Höhenlagen von etwa 400–800 m sind (KÖNEKAMP/BLATTMANN u.a. 1959, SCHMAUDER 1964) bei guter Bewirtschaftung durchaus noch ähnliche Weideleistungen, zuweilen sogar höhere als in tieferen Lagen möglich. Anders dann, wenn die Weidedauer über 1000 m Höhe rasch abzunehmen beginnt und schließlich nur noch 80 und weniger Tage erreicht wie auf Hochalmen. Viele Einzelangaben berichten von äußersten Verschiedenheiten nicht nur der möglichen Weidedauer, sondern des Flächenbedarfs je GVE, der Mahd- und Weideleistungen, der Eignung für Milch-, Jungvieh, Schafe auf Almen, zum Teil durch große Unterschiede der Bewirtschaftung verursacht. (Neuere Angaben über Allgäuer Almenwirtschaft machen SPATZ/ZELLER 1968.) Aus Untersuchungen von CAPUTA läßt sich folgendes ersehen:

Erträge gut bewirtschafteter Wiesen		Weideleistungen		
Höhe in m	dz Tm/ha	Höhe in m	kStE	Weidetage
400– 500	48	1050 (Jura)	3000	150
1000–1200	39	1150 (Jura)	2000	130
1400–1600	27	1750 (Wallis)	1500	85
2200–2400	10,5			

Die hier genannten Werte liegen, gemessen an sonstigen Angaben aus ähnlichen Höhenlagen, erheblich höher, da es sich um überdurchschnittlich gepflegte Flächen handelt. Der Autor rechnet mit 10% Ertragsabnahme je 250 m Höhenanstieg. Nach SPATZ/VOIGTLÄNDER nimmt der Ertrag bayerischer Wiesen mit steigender Höhenlage erst dann ab, wenn der Niederschlag als Minimumfaktor von der Temperatur als solchem abgelöst wird.

Durch Intensivierung von Pflege, Düngung und Nutzung lassen sich die klimatischen Wirkungen großer Höhe zwar nicht ausgleichen, aber doch wesentlich mildern. Während der alten Vegetation wertvollere Grünlandpflanzen oft fehlen, steht fest, daß die meisten von ihnen mindestens bis 1000 m Höhe und zum Teil weit darüber gut gedeihen können (s. S. 338), falls die Nährstoffarmut behoben, geregelte Weidenutzung eingeführt und die Bestandsumwandlung durch Einsaaten gefördert wird. Das zeigt schon die leistungsfähige Vegetation vieler von jeher stallmistgedüngter Wiesen und Weiden in höheren Lagen der Schweiz. Nur *Lolium*, *Arrhenatherum* und bei Nässe auch *Dactylis* finden bald eine Höhengrenze (S. 340). Bemerkenswert ist, daß die absolute Düngewirkung zwar mit zunehmender Höhenlage meist (bei N nicht immer) ab-, die prozentische Ertragssteigerung aber gewöhnlich zunimmt; so auch GEERING 1966. Dies gilt vor allem bei starkem Nährstoffmangel und geringem Grundertrag (S. 256).

Eigenklima der Grasnarbe

Das Eigenklima der Grasnarbe (Bestandsklima) folgt den allgemeinen Grundzügen des Klein-(Mikro-)Klimas (BAUMANN 1961, EGER, R. GEIGER, R. HUGHES 1965, MÜLLER-STOLL u. a., PRESCOTT); es ist je nach Art des Bewuchses (Dichte, Gleich- oder Ungleichmäßigkeit der Höhe des Bestandes) variabel. Die „aktive“, „rückstrahlende“ Oberfläche rückt mit der Wuchshöhe nach oben und damit auch die Zone der größten Temperaturunterschiede. Je niedriger und lockerer der Bestand, desto mehr nähern sich Temperatur- und Feuchtigkeitsextreme denen einer nackten Bodenoberfläche an, nach der Mahd also mehr als bei hohem Bestand, in kurzen Borstgrasrasen mehr als in gleichmäßig hohen Wiesenbeständen. Das heißt, das bestandseigene Klima wird um so ausgeprägter, je besser die Bodenoberfläche gegen die Atmosphäre abgeschirmt wird. Mit Hochwachsen des Bestandes wird das Klima im Bereich der bodennahen Pflanzenteile immer ausgeglichener: nächtliche Abkühlung und tägliche Erwärmung werden geringer, die Luft wird feuchter, die Luftruhe im Bestande schließt Störungen der Wärmeleitung aus u.s.f. Die Oberschicht des Bestandes kann deutlich wärmer werden als die Unterschicht, verdunstet aber auch wesentlich stärker. Mahd erhöht die Verdunstung der bodennahen Luft. Insgesamt führt starke Verdunstung zur Senkung, schwache Verdunstung zur Erhöhung der Bestandestemperatur.

Abgesehen vom Einfluß des Bestandsklimas auf den Pflanzenwuchs selbst übt es wichtige Fernwirkungen aus. Kurzgrasige oder lockere Ödlandbestände stellen Kaltluftquellen dar, verstärkt noch durch den hohen Wärmeverbrauch der Evaporation in feuchten Muldenlagen. Die entstehende Kaltluft ist aber zusammen mit dem Bodenrelief die Hauptsache örtlicher Strahlungsspätfröste (S. 59, Abb. 36).

c) Bodenwirkungen

Bodenarten und Bodentypen

Der Boden, seine geologisch-petrographische Vorgeschichte und seine Oberflächengestalt wirken zusammen stark auf den Flächenanteil des Grünlandes ein. Ein Beispiel für Süddeutschland nach MÜNZINGER u.a. 1937:

Geologische Formation	Grünlandanteil	Wirksamste Eigenschaften
Dogger, Lias	49,8%	Bodenwirkung (schwerste Böden)
Urgestein	46,3%	Humide Lage, Neigungsverhältnisse
Buntsandstein	28,0%	Starke Zertalung
Muschelkalk	15,9%	Fehlen breiter, grundwasserreicher Täler

Ein weiteres Beispiel für den Eifelkreis Daun (KLAPP u.a. 1954):

Geologische Formation	Grünlandanteil	Wirksame Eigenschaften
Devonschiefer ohne Staunässe	40,2%	durchlässig – trockene Böden
Devonschiefer mit Staunässe	49,8%	wechselfeuchte Böden
Devonkalk	61,5%	ackerfeindliche Flachgründigkeit

Der Boden selbst ist kein Wachstumsfaktor (WALTER) und für das Pflanzenwachstum nicht einmal unentbehrlich (Wasserkulturen, Hydroponik!). Aber er ist der Träger und Vermittler der nächst dem Klima wichtigsten Wachstumsfaktoren mit der Speicherung und Abgabe von Wärme, Wasser, Nährstoffen.

Näher auf das umfangreiche Gebiet der Bodenkunde einzugehen ist hier unmöglich (MÜCKENHAUSEN). Nur das Wichtigste sei kurz behandelt. Die Gliederung der Böden beruht auf zwei kennzeichnenden Merkmalsgruppen:

A. Die Bodenart wird vom Verhältnis der Korngrößengruppen (z.B. Kies, Sand, Lehm, Ton) und einigen stofflichen Merkmalen (Kalk-, Humusgehalt) bestimmt. Mit der Bodenart sind vor allem wichtige physikalische Eigenschaften (z.B. Speicherung und Bewegung des Wassers) verbunden. Ton und Humus entscheiden ferner über das Sorptions-(Festhalte-)Vermögen für Nährstoffe und ihre Verfügbarkeit.

B. Der Bodentyp gibt Auskunft über den durch Erdgeschichte und Umwelteinflüsse bedingten Zustand des Bodens, gekennzeichnet durch das Bodenprofil, die Aufeinanderfolge verschieden wirksamer Horizonte; diese kann in ein und derselben Bodenart größte Unterschiede vor allem der Wasserverhältnisse hervorrufen. Damit ist der Bodentyp gerade für das Grünland von grundlegender Bedeutung. Es werden unterschieden:

I. Bodentypen außerhalb des Grundwasserbereiches (terrestrische Böden)

a) Böden ohne Staunässe stehen größtenteils unter Ackernutzung (Schwarz- und Braunerden, Parabraunerden, Podsole), bei sehr schwerer, ackerbaufeindlicher Bodenart (z.B. Pelosolen) jedoch meist unter Grünlandnutzung. Auch Flachgründigkeit (Ranker, Rendzinen) kann, namentlich im Mittelgebirge, Anlaß für bevorzugte Grünlandnutzung sein (viele Hutungen). Bei Podsolen in sandiger Bodenart sind Ortsteinhorizonte ein schweres Hindernis sowohl für das Einsickern von Regenwasser wie für den kapillaren Wasseranstieg. Darin ähneln sie den Böden mit Staunässe.

b) Staunässeböden mit auf einem undurchlässigen Horizont gestautem, am Ort gefallenem Niederschlagswasser.

1. Pseudogley: Staunässe im Sommer meist durch Verdunstung wegtrocknend; Böden stark wechselfeucht.
2. Stagnogley: Staunässe meist ganzjährig bleibend, Böden „sumpfig". Ohne Melioration erschweren sie den Ackerbau oder sie machen ihn unmöglich, sind daher vorwiegend Wald- oder Grünlandböden.

II. Bodentypen mit mehr oder weniger starkem Grundwassereinfluß (semiterrestrische Böden)

a) Auenböden der größeren Täler, oft mit Überflutungen; Grundwasser mit dem Flußspiegel in starker Auf- und Abbewegung, im Sommer meist tiefstehend.

b) Gleye

1. Typischer Gley: Grundwasser mit geringeren Vertikalschwankungen, aber meist höher als 80 cm unter Flur reichend.
2. Naßgley: Grundwasser meist höher als 20 cm, Jahresschwankung etwa zwischen 0 und 60 cm unter Flur.
3. Anmoorgley (= Anmoor): Grundwasser ständig hochstehend, nasser Oberboden mit bis 30% organischer Masse über mineralischem Unterboden.

c) See-, Brack- und Flußmarschen

Allen diesen Typen sind vom Grundwasser gebildete Reduktions- und Oxydationshorizonte gemeinsam. Sie sind großenteils „geborene" Grünlandböden und mehr oder weniger meliorationsbedürftig.

III. Moore wurden erst in jüngeren Erdperioden aus organischer Substanz aufgebaut; gegenüber dem Anmoor (II. b 3) zeigen sie mächtigere Torflagen.

a) Niedermoore entstanden in Geländemulden durch Anhäufung von Pflanzenresten im Grundwasser; der Torf ist gewöhnlich nährstoffreich, ein „geborener" Grünlandstandort, der allerdings zur Verbesserung seiner minderwertigen Vegetation der Entwässerung bedarf.

b) Hochmoore entstanden unter hohem Niederschlag bei hoher Luftfeuchtigkeit und geringer Verdunstung über dem Grundwasser;

der Torf ist sehr sauer und nährstoffarm; er trägt von Haus aus nur Öd- oder Unland, ist aber nach Entwässerung, Kalk- und Nährstoffanreicherung ein guter Grünlandstandort.

c) Übergangsmoore stehen zwischen a) und b). Torfmächtigkeit unter 20–30 cm, weniger als 15–30 Gew.-% organischer Substanz.

Bei Auen-, Marsch- und Gleyböden sind die Struktur-(Gefüge-)Verhältnisse der Bodenart im ganzen wie in einzelnen Horizonten von größter Bedeutung, besonders die Durchlässigkeit und die Wasserleitfähigkeit. In schwersten Bodenarten ist die Wasserbewegung überaus träge, so auch die Sickerfähigkeit für Niederschlags- und Überflutungswasser. Das bedingt ausgedehnte, wirtschaftserschwerende Grabensysteme, hohe Druckempfindlichkeit, niedrige Temperatur, späten Wachstumsbeginn, so besonders bei der Brack-(Knick-)marsch (Sommerkamp/Galensa 1958). Bei genügend hohem, gefügeverbesserndem Kalkgehalt und wirksamer Entwässerung ist die Grünlandeignung gut bis hervorragend. – Gleye in leichteren Bodenarten bereiten der Melioration meist geringere Schwierigkeiten; in Sand erfordert die Entwässerung besondere Vorsicht (S. 130). Der außerordentlichen Vielseitigkeit der Grundwasserböden können diese wenigen Zeilen natürlich nicht gerecht werden (S. 36, ferner Wohlrab ab 1961).

Moorböden leiden bei Ackernutzung unter starker Zersetzung = Substanzverlust und – auch unter einer Grasnarbe – bei zu tiefer Entwässerung durch Austrocknen und Strukturschäden (Vermullung, Puffigwerden). Grünland stellt bei verfügbarem Grundwasser die weitaus beste Nutzungsform dar. Richtig kultivierte Niedermoore zeichnen sich bei genügend mächtiger Torflage und Grundwassernähe durch hohe Erträge guten Futters aus. Hochmoore werden mit der „Deutschen Hochmoorkultur" zu hochwertigem Grünland –, besonders Weideböden (Baden 1964ff., Tacke 1914). Sie zeichnen sich u.a. durch einen besonders günstigen Nährstoffumsatz aus und liefern bei angemessener Düngung vollwertiges Futter.

Im ganzen sind hohe Grünlanderträge bei guter Bewirtschaftung praktisch auf jedem Boden möglich, wenn die Wasserversorgung der Grasnarbe gesichert ist, sei es durch erreichbares Grundwasser, hohes Speicher- und Leitvermögen des Bodens oder durch überdurchschnittliche Niederschläge. Sandböden zeigen geringes Speichervermögen und beschränkten kapillaren Wasserhub, trocknen daher bei zu tiefer Grundwasserlage leicht aus. Dafür ist die Beweglichkeit des Wassers groß, die Auffüllung des Bodenvorrates verläuft rasch. Im Tonboden ist der an sich sehr hohe Wasservorrat kaum beweglich und der Pflanze schwer zugänglich. Daher kann es hier zu starker oberflächlicher Austrocknung kommen; die Auffüllung des Speicherraumes verläuft sehr langsam (S. 44), wobei nach Trockenjahren wuchshemmende, wasserarme Horizonte lange Zeit bestehen bleiben können. Sandige Lehme zeichnen sich durch hohe Speicherung und Beweglichkeit des Bodenwassers und durch die Möglichkeit tiefer Durchwurzelung aus. Böden mit Staunässe (S. 45) vertrocknen und verhärten bei geringem Sommerniederschlag, zumal der Wurzeltiefgang erschwert ist; in Regenjahren vernässen sie.

Niedermoore weisen bei ausreichender Mächtigkeit und Grundwassernähe (S. 40) sowie mäßiger Zersetzung gute Wasserbewegung auf. Im kultivierten Hochmoor ist die durchwurzelbare, gekalkte und gedüngte Bodenschicht zwar ganz seicht; trotzdem wird die Grasnarbe des entwässerten Hochmoores nahezu bei jeder Witterung gut mit Wasser versorgt, da das Speichervermögen des Torfes sehr hoch und der kapillare Anstieg des Wassers voll wirksam ist, ohne daß die Bodendurchlüftung leidet (BADEN).

Über bodenbedingte Ertragsunterschiede liegen für Dauerweiden einige Ergebnisse größerer Untersuchungsreihen namentlich von GEITH/ZÜRN und KÖNEKAMP/BLATTMANN u.a. 1959 vor. Sie ergeben sehr einheitlich eine abnehmende Ertragsrangfolge von:

Sandigem Lehm bis Lehm	mäßige Schwankung
Lehmigem Sand bis Sand	stark vom Niederschlag abhängig
Ton, Marsch	relativ wenig schwankend
Moor, Anmoor	empfindlich gegen Trockenheit und Nässe

Die Unterschiede der Mittelwerte sind überraschend gering, die letzte Gruppe liefert nur etwa 15% weniger als die erste.

Die streng vergleichbaren, in längerer Zeit mit Vielschnitt gewonnenen Werte von 'T HART (1947) lauten:

	Mittelertrag dz Tm/ha	Jahresschwankungen dz Tm/ha
Sandboden	92	14
Marschboden (Klei)	96	9
Moorboden	112	21

Der Unterschied zwischen Sandboden und Marschklei ist sehr gering, Moorboden wird trotz der hier höheren Durchschnittsleistung seiner großen Unsicherheit wegen weniger geschätzt; er weist auch die größte Ertragsspanne auf. Jedenfalls sind die rein bodenbedingten Unterschiede in der Grünlandleistung wesentlich geringer als in der Ackernutzung, wo die Schätzwerte des Bodens sich zwischen sandigem Lehm/Lehm und Sand/Moor in der besten Zustandsstufe etwa wie 100:40 verhalten. Selbst auf so heterogenen Bodentypen wie Hochmoor und Marsch können gleichwertige Weideleistungen erzielt werden (BADEN, TACKE).

Nach SPATZ/VOIGTLÄNDER (siehe S. 27) steigt der Ertrag bayerischer Wiesen mit wachsender Schwere des Bodens nur dann, wenn der Faktor Niederschlag im Minimum ist; bei reichlichem Niederschlag sind leichtere Böden ertragreicher.

Wasserversorgung, Melioration, intensive Nutzung und Düngung wirken in erstaunlichem Maße ausgleichend. Das gilt auch für die Futterqualität; bei extensiver Bewirtschaftung sind deutlichere Unterschiede je nach Bodenart und Bodentyp zu erkennen; starke Düngung und geregelte Weidenutzung lassen sie weitgehend verschwinden.

Nicht anders verhält sich die Vegetation. Im „natürlichen" Zustand, d.h. bei ödlandartigem Charakter oder doch extensiver Bewirtschaftung, kommen die Eigenarten von Bodenart und -typ, etwa von Kalk- und Silikat-, Mineral- und Moorböden, deutlich zum Ausdruck, mindestens in den Differential-(Trenn-)Arten (S. 113). Aber auch hier wirken gleichmäßige Wasserverhältnisse oder ihre Herstellung durch Melioration sowie intensive Bewirtschaftung stark ausgleichend. Die Differentialarten der Böden verschwinden, mehr und mehr treten solche der Wirtschaftsweise auf. Glatthaferwiesen und Weidelgrasweiden zeigen bei guter Pflege schließlich auf ganz verschiedenen Böden sehr einheitliche Züge (BOEKER 1957c, KLAPP 1965a, MARSCHALL/FREI, F. W. SCHULZE 1961/1966). Daher ist die Aussagefähigkeit der Vegetation für den Boden beschränkt.

Wenn allerdings die ausgleichenden Maßnahmen von Melioration und Bewirtschaftung fehlen, kommen vorteilhafte und nachteilige Bodeneigenschaften in Menge und Güte der Grünlandleistung oft sehr deutlich zum Ausdruck (S. 118).

Wertschätzung. Der betriebswirtschaftliche Wert einer Grünlandfläche unterliegt anderen Beurteilungsgrundlagen als derjenige einer Ackerfläche. Der Grünlandschätzungsrahmen der Reichsbodenschätzung von 1934 läßt das

Abb. 37. Maulwurftätigkeit unter stark gedüngter (links) gegenüber ungedüngter Narbe (Original ARENS)

auch deutlich erkennen, vor allem in der starken Betonung der Wasserverhältnisse (ROTHKEGEL). Aber auch innerhalb grundwasserfreier, als Ackerland geschätzter Böden kann die Leistungsfähigkeit deutlich verschieden sein. Auf dem Versuchsgut Dikopshof (Kölner Bucht) war die Weideleistung im Mittel von 10 Jahren bei Bodenzahlen um 70 etwa 100 Kuhtage höher als bei Bodenzahlen um 40. Nun ist zu berücksichtigen, daß Boden- und Vegetationskunde ebenso wie die Kenntnis der Wasserverhältnisse und des Lokalklimas, endlich der Grünlandlehre allgemein im Zeitpunkt der Reichsbodenschätzung weit weniger fortgeschritten war als heute. Daher lassen die damaligen Schätzungsrichtlinien viele Wünsche offen. A. PETERSEN (1962) hat zahlreiche Verbesserungsvorschläge formuliert (siehe in WETZEL 1965). Angesichts der ausgleichenden Wirkung des Wassers wurde die Zahl sowohl der unterschiedenen Bodenarten wie der Zustandsstufen bei der Reichsbodenschätzung gegenüber der Ackerschätzung herabgesetzt; dafür wurden 5 Wasserstufen eingeführt. Diesen Wasserstufen haften erhebliche Mängel an.

Sie sind nicht ausreichend beschrieben, und die Berücksichtigung des Pflanzenbestandes ist allzusehr vereinfacht. PETERSEN beschreibt die Wasserstufen sehr genau und führt dabei eine dringend notwendige Untergliederung durch. Er ergänzt sie durch Hinzunahme biologischer Merkmale (Wurzelcharaktere, Auftreten von Maulwürfen) und durch Stufen der Trittempfindlichkeit. Besser charakterisiert werden auch die Klimastufen; nicht die Jahrestemperatur, sondern einzelne Klimafaktoren (Vegetationsdauer, Strahlungsintensität u.a.m.) sind entscheidend. (Zudem spielen beim Grünland lokalklimatische Gegebenheiten eine besonders große Rolle.)

Zu berücksichtigen ist ferner die Bildsamkeit der Grasnarbe, ihr Ansprechen auf wirtschaftliche Einflüsse; es muß sowohl ihr augenblicklicher Zustand wie ihre mögliche Entwicklung (S. 121) – durch verbessernde Maßnahmen wie durch Vernachlässigung – festgestellt werden. Das gilt besonders für die zu erwartende Futterqualität, der nur eine Umrechnung der überaus verschiedenen Bewertung auf „gutes Heu" gerecht werden kann.

Reaktion, Basen- und Nährstoffhaushalt

Einflüsse bodenphysikalischer Faktoren (Verdichtung, Auflockerung) werden S. 240 besprochen. Hier soll auf einige Wirkungen vor allem des Basenhaushaltes hingewiesen werden. Die Bodenreaktion wirkt – abgesehen von Extremen – weniger als zu erwarten auf den Grünlandertrag ein. Das Optimum liegt meist unter dem Neutralpunkt. Die Mehrzahl der Autoren sieht es für Mineralböden bei pH 5,5–6,6; doch sind hohe Erträge zwischen pH 5,0 und 7,5 durchaus möglich (BRÜNNER 1953, 1962b, GERICKE 1956, KLAPP/STÄHLIN 1936, VAN DER MOLEN u.a., SCHILLER u.a. 1967, DE VRIES 1949). Erst bei pH-Werten unter 5,0 nimmt die Ertragsfähigkeit deutlich ab (Abb. 38). Hohe Werte über pH 6 mindern oft die Verfügbarkeit von Spurennährstoffen (B, Cu, Mn), aber auch von P und K; niedrige pH-Werte setzen pflanzenschädliche Al- und Schwermetallionen frei. SPATZ/VOIGTLÄNDER (S. 27) fanden deutliche pH-Wirkungen nur in ungedüngten Wiesen Bayerns; allgemein lag das Optimum bei pH 5,9.

In humusreichen, insbesondere moorigen Böden liegt das Optimum viel tiefer; beim Hochmoor um pH 4,3 und darunter (BADEN 1964ff.), aber auch bei humusreichen Mineralböden nicht über pH 4,3–4,7, wobei Fehlen oder geringe Gehalte von Schwermetallen in diesen Böden eine wichtige Rolle spielen.

Der pH-Wert ist vornehmlich indirekt durch seinen Einfluß auf die Verfügbarkeit notwendiger und schädlicher Elemente wirksam, ferner durch Einflüsse auf Physik und Biologie des Bodens. Eindeutigen Beweis dafür bildet das Ausbleiben nachteiliger Reaktionswirkungen bei reichlichem Vorhandensein von Haupt- und Spurennährstoffen. Zudem paßt sich die Vegetation weitgehend den Reaktionsverhältnissen an, so daß auch hierdurch der Ertrag in weiten Grenzen unabhängig vom pH-Wert wird. Daher ist die Bodenreaktion für den Pflanzenbestand und seinen Futterwert wichtiger als für den Ertrag. Mit der Entfernung vom optimalen pH-Bereich wächst (ohne Düngung) der Anteil minderwertiger Pflanzen rasch an. Aus unserem Material (KLAPP 1965a) ergaben sich folgende Zusammenhänge:

pH-Werte	bis 4,0	bis 5,0	bis 6,0	bis 7,0	über 7,0	Wertzahl (S. 108) im Mittel
	Gesellschaften (Größte Häufigkeit = 100 gesetzt)					
Ginsterheiden	39	*100*	16			1,9
Typische Glatthaferwiesen	5	39	*100*	77	23	5,2
Typische Weidelgrasweiden	–	11	45	*100*	32	7,2
Kalktrockenrasen	–	4	23	31	*100*	3,1

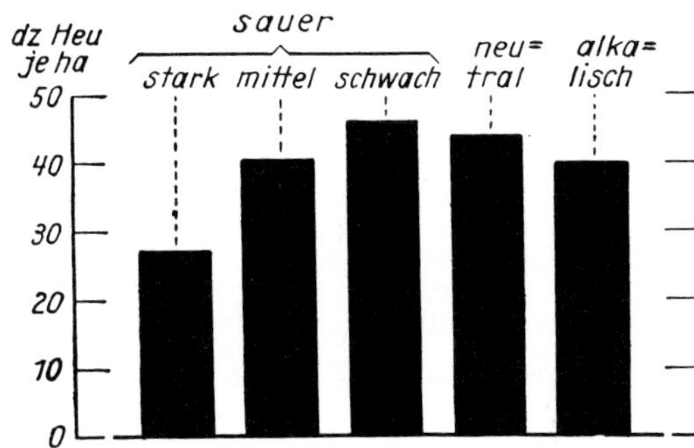

Abb. 38. Bodenreaktion und Heuertrag in Thüringen

Bei einer erheblichen Spannweite der pH-Werte – zum Teil durch Düngungs- und Wasserverhältnisse bedingt – finden sich deutliche Schwerpunktbereiche. Sowohl im stark sauren wie im schwach alkalischen Bereich, hier auf sehr trockenem Standort, sind die Wertzahlen niedrig. Dasselbe zeigt der Zusammenhang zwischen hydrolytischer Versauerung des Bodens und seiner Vegetation. Dies gilt für Mineralböden; in Mooren wird ein hoher Anteil vollwertiger Pflanzen dagegen schon bei pH > 4,3 erreicht. De Vries (1949) gibt folgendes (offenbar für Mineralböden) an:

Bodenreaktion	Futterwert des Bestandes (0–10)
Alkalisch	5,6
Neutral	6,3
Schwach sauer	5,9
Mäßig sauer	5,3
Stark sauer	3,3

Näheres über den Zusammenhang zwischen Ton- und Humusgehalt mit dem Reaktionsoptimum des Bodens und der Qualität des Pflanzenbestandes findet sich bei Volger 1968.

Der Mineralstoffgehalt des Futters im Zusammenhang mit den pH-Werten wird sehr verschieden beurteilt. Zuweilen bestehen keine deutlichen Beziehungen. Bei erheblichen Unterschieden nehmen die P-, Ca-, K- und Gesamtasche-Gehalte mit steigenden pH-Werten aber doch zu bis zu gewissen Grenzen, namentlich bei den Spurennährstoffen. Meinungsunterschiede beruhen gewöhnlich auf reaktionsbestimmten Verschiebungen der Vegetation. Verschiedene Auffassungen bestehen auch über den Zusammenhang des pH-Wertes mit Leistung und Gesundheit des Weidetieres. Näheres siehe bei der Kalkwirkung S. 169, ferner KLAPP 1969. Im ganzen zeigen die oft undeutlichen Wirkungen der Bodenreaktion, daß sie nur einen Einzelfaktor der Basen- und Nährstoffverhältnisse darstellt. Viel größere Bedeutung kommt der allgemeinen Basensättigung des Sorptionskomplexes zu. Neben den Wasserverhältnissen wirkt der Basensättigungsgrad (V-Wert) des Bodens am deutlichsten auf Ertrag und Artenkombination der Grasnarbe (BAEUMER 1956, BOEKER 1957c, MARSCHALL/FREI, SPEIDEL 1962b). Vom V-Wert werden, abgesehen von den Nährstoffverhältnissen, auch Gefüge und Biologie des Bodens bestimmt. BOEKERS Werte ergeben für unsere Pflanzenbestände etwa folgende statistische Zusammenhänge (ohne besondere Düngung):

Vegetation	pH	y_1	V-Wert	Wertzahl	Mittlerer Ertrag
Glatthaferwiesen	6,7	8,4	75,6	4,8	53 dz Heu/ha
Weidelgrasweiden	6,5	10,3	72,1	6,3	3000 kStE/ha
Kalktrockenrasen	7,6	3,5	91,9	3,1	10–20 dz Heu/ha
Borstgrasrasen	4,6	34,0	22,6	2,5	

Die Kalktrockenrasen weisen trotz höchster Basensättigung den gleichen niedrigen Ertrag auf wie die basenärmsten Borstgrasrasen. Sie sind flachgründig und sehr trocken, würden aber bei Bewässerung und Düngung höchstwertiges Futter und gute Erträge bringen.

SPEIDEL fand, daß ein Anstieg des V-Wertes um 10% bei ungedüngten Glatthaferwiesen gleicher Wasserversorgung einen Mehrertrag von 7–8 dz, bei Feuchtwiesen sogar von 15 dz Heu/ha bedeutet. Bei gleichzeitiger Düngung wurde diese Beziehung weniger deutlich. Wie beim pH-Wert verwischen Wasserhaushalt, Düngung und Vegetationsänderungen die unmittelbaren Wirkungen des Basenhaushalts, außerhalb extremer Fälle bis zur Unkenntlichkeit.

Ähnlich verhält es sich – ganz im Gegensatz zu Düngernährstoffen – mit den Bodennährstoffen, d.h. mit ihrem durch einfache Methoden feststellbaren pflanzenlöslichen Anteil. Auch hier liegt eine außerordentliche Fülle von einander oft widersprechenden Einzelangaben vor. Als Pflanzennährstoff ist Ca praktisch in den meisten Böden ausreichend vorhanden. In der Ertragsfähigkeit kommt das nicht immer zum Ausdruck, weil seine Wirkungen auf Gefüge, Biologie, Reaktion des Bodens, auf die Nährstoffverfügbarkeit entscheidender sind. Die Mehrzahl der Autoren fand daher keine gesicherten Beziehungen zwischen dem Ca-Gehalt des Bodens und seiner Ertragsfähigkeit. Dies gilt auch für den Zusammenhang von Boden-Ca und Gehalt des Grünlandfutters; hierbei wird die unmittelbare Ca-Wirkung besonders im Wiesenheu oft mittelbar durch Vorkommen oder Fehlen kalkreicher Arten (Klee, viele andere Kräuter) im Pflanzenbestand überdeckt. In der Regel darf man zwischen den Extremen sehr kalkarmer und kalkreicher Böden Unterschiede im Ca-Gehalt des Futters zugunsten der letzteren erwarten; aber auch dabei gibt es Überraschungen, zumal infolge der Wechselwirkung mit anderen Elementen (Ionenantagonismus). Diese Unsicherheit der Ergebnisse findet sich sogar bei der Anwendung von Kalkdüngern (S. 167) wieder. – Näheres siehe KLAPP 1969.

Der pflanzenzugängliche Phosphorsäurevorrat des Bodens (früher nach NEUBAUER, heute nach EGNÉR-RIEHM, im Ausland nach anderen Schnellmethoden bestimmt) wirkt nach deutschen Untersuchungen, von einem Minimum ausgehend, im ganzen nicht sehr auffällig auf den Ertrag:

KLAPP/STÄHLIN in Thüringen (1936)	0–3	4–6	Über 6 mg P_2O_5 nach NEUBAUER
	38	41	44 dz Heu/ha
Nach GERICKE (1956)	0–4	4–6	Über 6 mg P_2O_5 nach NEUBAUER
	51,7	51,5	54,6 dz Heu/ha

Nach 'T HART/DE VRIES 1949 steigt die Leistung mit verbessertem P-Zustand viel stärker, von 71 bis auf 115 Ertragseinheiten, an. Die Erklärung hierfür ist verhältnismäßig einfach. Bis in die neueste Zeit waren die P-Gehalte deutscher Grünlandböden – mit Ausnahme besonders reich gedüngter Weiden – sehr niedrig und auf eine geringe Spanne begrenzt, die Düngung blieb überwiegend (KLAPP 1965a, ferner S. 173) hinter dem Bedarf zurück. Dementsprechend sind die in obiger Tabelle genannten Gehalte niedrig und wenig verschieden.

In den Niederlanden konnten Gehaltsunterschiede von der vielfachen Größenordnung verglichen werden. Mit der heute stark anwachsenden P-Düngung dürften auch bei uns die Unterschiede im löslichen P-Vorrat des Bodens und damit ihre Wirkungen auf den Ertrag größer werden. Ergebnisse von Heu-Lehrschauen lassen meist auch einen Gehaltsanstieg an P (oft bei leicht sinkendem Ca-Gehalt) mit steigendem Bodenvorrat erkennen; eine vorteilhafte Bestandsänderung wird oft beobachtet. Wiederum fanden sich in den Niederlanden deutlichere Beziehungen (DE VRIES 1949):

P_2O_5-Zustand	Wertzahl	Leitgräser
Gut	6,6	Deutsches Weidelgras Gemeine Rispe
Schlecht . . .	3,6	Glatthafer[1], Pfeifengras

Prinzipiell ähnlich steht es mit dem K-Vorrat des Bodens. Die Ertragsunterschiede in Abhängigkeit auch von diesem sind zuweilen überraschend gering:

KLAPP/STÄHLIN in Thüringen (1936)	0–12	13–24	25–36	Über 36 mg K_2O nach NEUBAUER
	35	37	44	45 dz Heu/ha
Nach GERICKE (1956)	bis 20	20–30	30–40	Über 40 mg K_2O nach NEUBAUER
	66,6	65,5	67,2	69,2 dz Heu/ha

[1] Glatthafer (*Arrhenatherum*) gilt bei uns als anspruchsvolles Wiesengras, findet sich im Weideland Hollands aber offenbar nur auf minderwertigen Flächen.

Wiederum sehen niederländische Befunde anders aus, wenn auch nicht so gesetzmäßig wie bei P; ebenso hinsichtlich der K-Anreicherung des Futters. Die Wertzahlen nach DE VRIES lauten:

K_2O-Zustand gut: 6,8
K_2O-Zustand schlecht: 3,2 } mit entsprechenden Leitgräsern wie bei P_2O_5.

Die Wertzahl steigt im Gegensatz zu P_2O_5 bis zum höchsten Kalivorrat. Es muß nochmals darauf hingewiesen werden, daß hier vom pflanzenlöslichen Nährstoffgehalt des Bodens, nicht von unmittelbaren Düngerwirkungen (S. 187) die Rede ist.

Im ganzen spielen Unterschiede des Basen- und Nährstoffhaushaltes im Grünlandboden bei uns bis in die neuere Zeit keine deutliche Rolle. Extremer Mangel oder geringe Verfügbarkeit einzelner Nährstoffe sind nicht unbedingt mit sehr niedrigem Ertrag verbunden, wohl aber allgemeiner Basen- und Nährstoffmangel. Niedriger Nährstoffgehalt des Bodens ist oft nur der Ausdruck für einen hohen Nährstoffentzug durch leistungsfähige Pflanzenbestände, deren Bedarf auch durch eine früher als hoch angesehene Düngung nicht gedeckt wird. Umgekehrt finden sich oft hohe Bodenvorräte unter ertragsarmen, z.B. zu trocken gelegenen Grasnarben auch ohne Düngung. So darf die widerspruchsvolle Aussage mancher Bodeneigenschaften nicht überraschen.

2. Wesen, Lebenshaushalt und Wirkungen der Grasnarbe

Bildsamkeit (Plastizität)

Die plastische Veränderlichkeit der Grasnarbe (S. 7) beruht

a) auf der Vergesellschaftung zahlreicher Pflanzenarten mit im Einzelfall zwar ähnlichen, aber doch nicht ganz übereinstimmenden Lebensansprüchen. Wir fanden im Mittel der untersuchten Grünlandflächen durchschnittlich 15 Gräser, 7 kleeartige und 38 weitere Kräuter = 60 Arten (auf Weiden weniger als auf Wiesen);
b) auf dem fast allgegenwärtigen Vorhandensein dieser und weiterer Arten in Gestalt keimfähiger Samen im Boden und auf den zahlreichen Möglichkeiten ihrer Einwanderung (S. 89);
c) auf dem Wettbewerb der Arten innerhalb des Pflanzenbestandes; ihre Kampfkraft (S. 352) wird durch Änderungen der Umwelt vermehrt oder vermindert. Kein Umwelteinfluß ist für alle Arten eines Bestandes gleich nützlich oder schädlich.

Die Zusammensetzung des Pflanzenbestandes bleibt nie über längere Zeit ganz gleich (Abb. 39); das Mengenverhältnis der Arten schwankt schon mit dem Wechsel der Jahreszeit und der Jahreswitterung oft in recht weitem Umfang (S. 57). Stärkere Einflüsse der Umwelt greifen aber auch in den Artenbestand selbst ein, verdrängend oder fördernd. Sie bewirken eine Auslese (Selektion, S. 427). Dabei setzt jede Steigerung der Wüchsigkeit und der Bewirtschaftungsintensität die Zahl vorhandener Arten herab, der Pflanzenbestand wird vereinfacht; Vernachlässigung, Extensivierung der Bewirtschaftung, Verarmung wirken gegenteilig. Wir fanden (KLAPP 1965a) im Mittel zahlreicher Bestände

in Glatthaferwiesen . . . . rund 40 Arten
in Weidelgrasweiden . . . . rund 30 Arten; anderseits aber
in Röhrichten, Großseggenwiesen . . . . rund 19 Arten

In den letzteren Gesellschaften scheidet der extrem wirksame Wasserfaktor zahlreiche Arten aus. Ein Vergleich innerhalb der Weidelgrasweiden zeigt folgenden Zusammenhang zwischen N-Versorgung, Wert- und Artenzahl:

Stickstoffzahl (S. 112)	Wertzahl (S. 108)	Artenzahl
3,74	5,89	36,1
3,79	6,28	27,7
4,14	6,64	22,9

Stärkste Wirkungen auf die Zusammensetzung des Pflanzenbestandes üben – außer Unterschieden der Wasserverhältnisse (S. 97, 117) – die Nutzungsweise (Weidegang – Mahd, Abb. 40, 41), die Düngung und radikale chemische Eingriffe aus. Vergleicht man Mähe- und Weideflächen genau gleichen Standorts, so wird man wesentlich verschiedene Pflanzenbestände antreffen. In 25 solchen Vergleichspaaren fanden wir:

Zahl der wichtigeren Arten	Mähflächen 18,1	Weideflächen 14,8
Mengenanteil der Gräser	47,6%	63,2%
Mengenanteil der Kleeartigen	8,9%	14,7%
Mengenanteil der sonstigen Kräuter	43,5%	22,1%

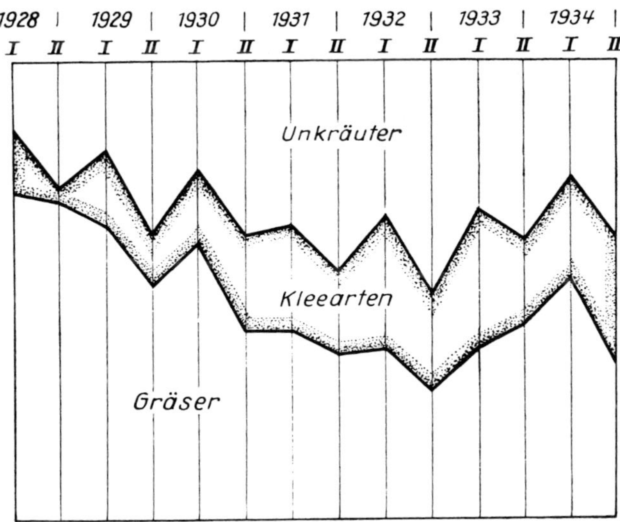

Abb. 39. Mengenverhältnis der Artengruppen im Wandel der Jahre (I = 1. Schnitt, II = 2. Schnitt)

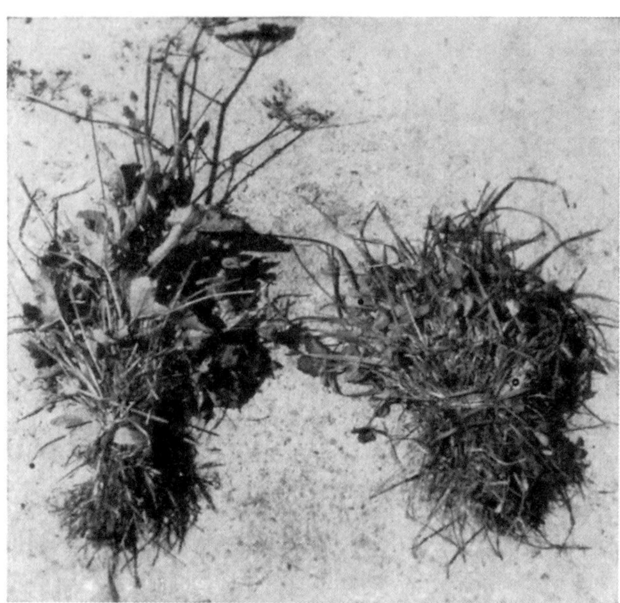

Abb. 40. Wirkung ständiger Mahd (links) und zweijährigen Weideganges (rechts) auf einer Jauchwiese

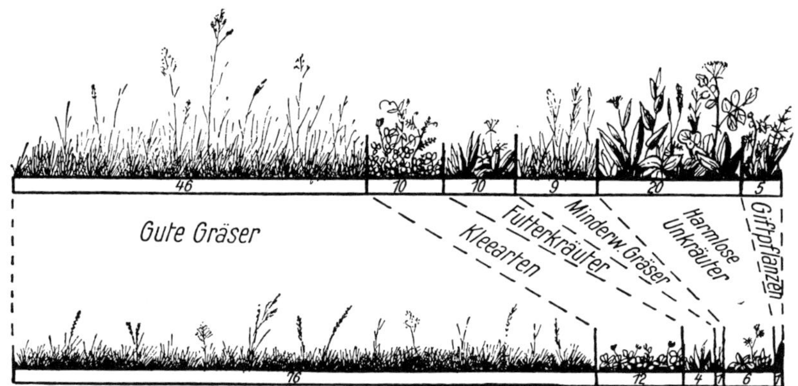

Abb. 41. Durchschnittsbild des Bestandes deutscher Wiesen (oben) und Weiden (unten)

Weidegang fördert die Vereinfachung des Bestandes durch Minderung der Artenzahl, namentlich auf Kosten der „Unkräuter" (Abb. 41), während bestimmte Arten durch Tritt und Biß der Weidetiere (S. 430) und durch ihre Exkremente (S. 158, 245) gefördert werden. Übertriebene oder sonst fehlerhafte Weidenutzung läßt wiederum andere Arten in den Vordergrund treten (von Bothmer, S. 432).

Ähnlich starke, doch andersartige Bestandesverschiebungen ergeben sich in Abhängigkeit von der Schnitthäufigkeit in Wiesen (S. 390); zum Vorstehenden siehe auch Abb. 177, 178. Jede denkbare Zusammenstellung von Düngestoffen (nach Nährstoffen, Bindungsformen, vom Handelsdünger bis zum Müll und Bauschutt) weist spezifische, bestandsumschichtende Wirkungen auf, und zwar treten diese um so stärker hervor, je seltener die Nutzung erfolgt; bei Zweimahd also viel deutlicher als bei 6maliger Beweidung. Hier spielen neben den Nährstoffwirkungen solche der Konkurrenz eine wesentliche Rolle (Minderung der Beschattung durch Kurzhalten des Bestandes). Näheres bei der Besprechung von Düngerwirkungen (S. 158).

Auch Bearbeitungsmaßnahmen, Witterungsextreme (S. 58), Salzwassereinbrüche, pflanzenschädliche Abwässer und andere Einflüsse mehr wirken bestandsverändernd. Allen diesen Erscheinungen kommt hohe Bedeutung zu, denn

1. wirken Bestandsumschichtungen wegen des ganz verschiedenen Nährstoffgehaltes der einzelnen Pflanzen (S. 154) sehr stark auf den Futterwert des Aufwuchses sein,
2. macht die geschickte Lenkung der Bestandsumschichtungen durch Wasserstandsregelung, Weidenutzung, Nachmahd, Düngung usw. eine zielbewußte Verbesserung der Grasnarbe möglich.

Es gehört zu den großen Vorzügen des Grünlandes, daß die erwünschten Futterpflanzen in der Regel mit steigendem Ertrag mehr und mehr zur Vorherrschaft gelangen. Allerdings wird eine Vernachlässigung der Grasnarbe (durch Nutzungs- und Düngermängel) früher oder später vom Eindringen minderwertiger Arten begleitet.

Die Wandelbarkeit des Pflanzenbestandes und ihre Lenkungsmöglichkeiten erkennen, bedeutet die Grundlage einer grünlandmäßigen Bewirtschaftung gewinnen!

Bewurzelung

Die Bewurzelung der Grasnarbe ist Gegenstand umfangreicher Forschung[1]. Die Mengen der unterirdischen Organe (Wurzeln, Wurzelstöcke, Rhizome, lebend oder absterbend, weiterhin kurz als Wurzelmasse bezeichnet) sind um das Vielfache höher als unter kurzlebigen Ackerpflanzen (Goedewaagen/Schuurmann). Im Mittel finden sich unter besseren Grasnarben 40–80 dz Tm/ha Wurzelmasse, doch schwankt dieser Wert bei Berücksichtigung der Extreme weit nach oben wie nach unten. Kmoch (1952) fand im Rheinland bis 30 cm Tiefe 10–450 dz Tm/ha! (Abb. 42). Abgesehen von arteigenen Unterschieden rührt die große Schwankung vom Alter der Grasnarbe, von der Pflanzengesellschaft und ihrem Standortcharakter, nicht zum wenigsten von der Nutzungsweise her. Schon Remy (1923) wies eine vom ersten bis zum zehnten Wuchsjahre von 43 auf 103 dz Tm/ha ansteigende Wurzelmenge nach. Typische Weidelgrasweiden (*Lolieten*) weisen niedrige, Borstgrasweiden (*Nardeten*) und Pfeifengraswiesen (*Molinieten*) besonders hohe Mengen auf. Ur-

[1] Mehrfache zusammenfassende Darstellungen durch Troughton 1957ff.; vielseitige Untersuchungen ferner von Boggie/Knight, R. Brouwer, Kraus 1914, Kuntze/Neuhaus 1960, Pätzold 1963, Russel, Smelov 1966, Weaver; für weiteres Studium außer den in der vorigen Auflage genannten Autoren siehe auch Garwood 1960, Hanus 1962, van Lieshout 1959/60, Linkola/Tiirikka, Lippert, Oswalt, v. Rochow, Schuurman/Makkink, Wetzel 1960 und deren Quellenangaben.

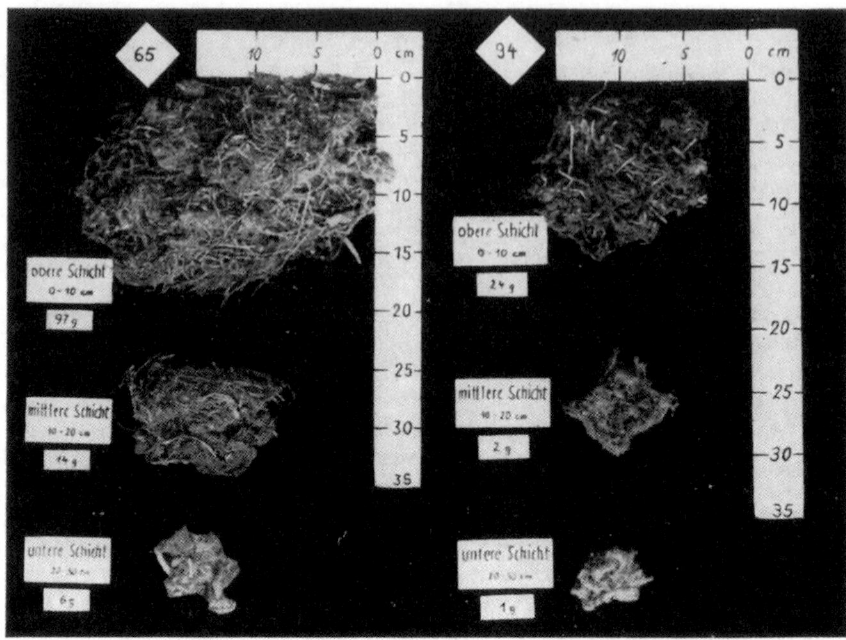

Abb. 42. Wurzelmasse bis 30 cm Tiefe: links unter Ödland-(Borstgras-)rasen, rechts unter Weidelgrasweide (Original KMOCH)

sachen dieser Unterschiede sind zunächst Standortseigenschaften. Sandböden sind in der Regel stärker durchwurzelt als Lehm- und Tonböden. Entscheidender ist der Bodentyp im Zusammenhang mit seinen Wasserverhältnissen insofern, als namentlich Stau- und Grundwasser die Zersetzung der organischen Substanz stark hemmen. In gleicher Richtung wirken stark saure Reaktion und Nährstoff-, besonders P-Armut. So sind feuchtnasse Standorte mit ödlandartiger Vegetation besonders reich an abgestorbener Wurzelmasse. Diese und die lebenden Wurzeln sind bei der Untersuchung nur schwer zu trennen.

Je intensiver die Nutzung, desto niedriger ist die Wurzelmenge. Unter häufig geschnittenen Parkrasen ist sie sehr gering bis unter 20 dz Tm/ha; von dort nimmt sie über intensiv genutzte Weiden, Ein- und Mehr-Schnitt-Wiesen zum extensiven Grünland und zum Ödland hin zu. Je häufiger und schärfer die Nutzung, um so mehr verlagert sich ferner der Hauptanteil der Wurzelmasse in die oberste Bodenschicht (Abb. 43, 174).

Gestalt und Verhalten der *lebenden* Wurzel werden von Pflanzenart und Umwelt in sehr verschiedener Weise bestimmt. Neben flach und feinfaserig wachsenden Wurzeln finden sich tief- und schnurartig dick wachsende, schnellwüchsige neben langsamwüchsigen. Einzelheiten des Verhaltens der Keim- und Adventivwurzeln (SMELOV) und der arteigenen Lebensdauer der Wurzeln sind für unsere Zwecke nicht entscheidend, obwohl sie für die Jugendentwicklung von Neuansaaten große Bedeutung haben können (R. WILLIAMS 1960).

Für die Lebensbedürfnisse der Wurzeln ist entscheidend, daß sie aus eigener Kraft nicht zum Substanzaufbau befähigt, sondern auf die Zufuhr namentlich von Assimilaten der oberirdischen Organe angewiesen sind. Deren Belichtung spielt daher eine wesentliche Rolle für den Wurzelwuchs, der mit steigender Lichtintensität (= vermehrter Assimilation) zunimmt, mit Lichtmangel (Selbstbeschattung, geringer Blattmasse) aber zurückbleibt.

Im Boden ist die Wurzel auf ausreichendes Porenvolumen mit gleichzeitig guter Wasser- und Luftführung sowie auf Mineralnährstoffe angewiesen. In Sandböden entwickelt sich ein großes und stark verzweigtes Wurzelsystem; in schwerste Böden dringt die Wurzel vorwiegend in Spalten und Risse neben wurzelleer bleibenden Gefügepartien ein. Horizonte mit hohem Porenvolumen werden stärker durchwurzelt als sehr dichte. Die Wurzel kann Bodenporen aufweiten, aber auch zeitweise „verstopfen".

Die Aneignung von Wasser hängt von Dichte, Saugkraft und Tiefgang des Wurzelsystems ab; sie ist am vollständigsten, wenn die Einzelfasern den Boden mit nur 1–2 mm Abstand durchziehen. Das Bodenwasser strömt der Wurzel nur auf geringste Entfernung zu, sie muß es – wie die Nährstoffe – großenteils aufsuchen. Wassermangel führt daher in vergleichbaren Böden zu stärkerer Durchwurzelung.

Wasserüberschuß wie im völlig porenfüllenden Grund- und Stauwasser ist für viele Pflanzenarten ein absolutes Hemmnis des Wurzelwuchses. Nur Arten mit luftführendem Wurzelgewebe (S. 32), d.h. viele Sumpf- und Wasserpflanzen, durchwurzeln dauernd wassergesättigten Boden. Sonst führt ansteigendes, porenfüllendes Wasser zum Absterben der Wurzelspitzen; sinkendem Wasser können die Wurzeln innerhalb gewisser Grenzen nachwachsen. Arten geringen Wasserbedürfnisses zeigen in der Regel auch eine geringere Wurzelmenge als feuchtholde.

Nährstoffbedarf und Düngerwirkung sind nicht allgemeingültig zu beurteilen; das gilt besonders vom Stickstoff. Mäßige N-Versorgung begünstigt gute Entwicklung des Wurzelsystems, N-Mangel vergrößert es in der Regel sogar, zumal die oberirdische Pflanze dann weniger Assimilate zum Wachstum verbraucht, d.h. leichter solche an die Wurzel abgibt. Starke N-Düngung führt namentlich bei häufiger Nutzung zu vermehrtem Sproßaustrieb und Assimilatverbrauch, das Wurzelsystem verliert an Größe und Tiefgang. Daß anderseits überdurchschnittlicher N-Reichtum eines einzelnen Bodenhorizontes den Wurzelwuchs fördern kann, leuchtet ein. Hoher P- und K-Vorrat sowie reichliche Düngung mit P und K fördern den Wurzel- ähnlich wie den Sproßwuchs (Smelov); das gilt auch für die meisten Spurennährstoffe.

Der Wurzeltiefgang ist einmal arteigentümlich, bei niedrig wachsenden Untergräsern gewöhnlich geringer als bei Obergräsern, bei Gräsern allgemein größer als bei der Mehrzahl der Kräuter; doch finden sich hier Ausnahmen (Schachtelhalme, Quecke, Ackerdistel u.a.m., Abb. 90, 132). Schnellwüchsige Arten wurzeln zunächst stärker und tiefer als langsamwüchsige, deutlich besonders bei Neuansaaten. Im ersten Wuchsjahr wird schnell eine große Tiefe erreicht; sie nimmt dann langsamer zu, um früher oder später zurückzugehen. Dies hängt vornehmlich von der Dichte des Pflanzenbestandes ab. Die von Kauter (1933) und Witte (1929) bei Einzelpflanzen im Ackerboden festgestellten Wurzeltiefen bis 2 m werden mit zunehmender Verdichtung des Pflanzenbestandes nie mehr erreicht. Wir fanden (Klapp 1954a) bei einer 5 Jahre alten Grasnarbe von den bis 50 cm anzutreffenden Wurzeln (50,1 dz Tm/ha) in den Bodenschichten:

0–5 cm	89,0%	94,8%	
5–10 cm	5,8%		
10–15 cm	2,4%		
15–20 cm	1,2%		
20–30 cm	1,0%		
30–40 cm	0,4%		
40–50 cm	0,2%		(Abb. 43)

Einzelne Wurzeln gehen meist darüber hinaus, aber auch die tiefstreichenden überschreiten meist nicht mehr als 1–1,2 m Tiefe. Als Ursachen für die allmähliche Verflachung des Wurzelsystems werden die besonders unter sehr dichten Narben hohen Kohlendioxidgehalte infolge gehemmter Durchlüftung des Bodens, aber auch der mit dem Tiefgang wachsende Energieverbrauch der Wurzel für den Wasser- und Nährstofftransport angesehen. Von Bedeutung sind ferner Größe und Gestalt des Porenvolumens, Säuregrad und Nährstoffgehalt tieferer Bodenschichten oder die Lage des Grundwassers. In Hochmoorkulturen ist der Wurzeltiefgang auf die seichte und allmählich noch schwindende, mit Kalk und Nährstoffen angereicherte Oberschicht beschränkt (Baden 1964ff.). Die oben erkennbare Konzentration der Wurzelmenge in den oberen 5–10 cm des Bodens wurde von allen damit beschäftigten Autoren festgestellt. Es finden sich zwar Unterschiede, doch sind unter 30–40 cm Tiefe ausnahmslos nur noch wenige Prozent der Gesamtwurzelmenge festzustellen. Die Verdichtung des Wurzelnetzes ist bei Untergräsern und kurzgehaltenen Rasen am meisten nach oben verschoben.

Über die Leistung des Wurzelsystems entscheidet die Zahl der Wurzelspitzen mit ihrer Wurzelhaarbekleidung, im ganzen die Summe der sorptionsfähigen Oberflächen; Näheres z.B. bei Pavlychenko und Kuntze/Neuhaus. Die beim Einzelstand in die Millionen reichende Zahl der Wurzelverzweigungen und ihre gewaltige Gesamtlänge wird durch wachsende Wurzelkonkurrenz mit zunehmender Narbenverdichtung sehr stark eingeschränkt.

Die Wurzel übt wesentliche Einflüsse auf den Boden aus; vor allem wirkt sie humusbildend und stabilisierend auf die Bodenkrümel. Zudem gibt sie wuchshemmende, aber auch wuchsfördernde Stoffe an ihre Umgebung ab. Das erstaunlichste bei der Grasnarbenbewurzelung besteht in der Aufnahme alles für hohe Erträge Notwendigen aus einem recht beschränkten Wurzelraum, der allerdings besserer Wasserversorgung bedarf als derjenige der Ackerpflanzen.

Da ein großer Teil der Wurzelmenge in jedem Jahr zersetzt wird, spielt die Neubildung von Wurzeln eine entscheidende Rolle. Ihr Verlauf (Kmoch/Halfmann/Sievers) ist nur unter Berücksichtigung der oberirdischen Entwicklung zu verstehen. Sproß- und Wurzelentwicklung stehen in gegensätzlichem Verhältnis. Je üppiger das Sproßwachstum, um so weniger Assimilate können an die Wurzel abgegeben werden. Namentlich beim Schossen und Blühen wächst die oberirdische Masse stark an, während die Wurzelmenge zurückbleibt oder sogar deutlich abnimmt. Fehlt es an Wasser und Nährstoffen, dann bleibt umgekehrt der Sproßwuchs zurück. Das Massenverhältnis von Sproß und Wurzel ändert sich daher ständig, und zwar in artverschiedener Weise. Wie erwähnt, beeinträchtigt Lichtmangel des Bestandes durch starke Selbstbeschattung oder Verminderung der assimilationsfähigen Blattfläche den Wurzelwuchs. Jede Nutzung des Bestandes (= plötzliche Verkleinerung der aktiven Blattfläche) unterbricht den Wurzelzuwachs sofort. Je häufiger die Nutzung, desto geringer die Wurzelmenge. Ein Beispiel für diese überall festgestellte Erscheinung (KLAPP 1951 b):

Nach 4jährig verschiedener Nutzung einer ursprünglich ganz gleichmäßigen Narbe fanden sich an Wurzel-Tm nach:

4maliger Mahd	77,1 dz/ha
Mähweide	68,4 dz/ha
5maliger Mahd	50,5 dz/ha
3wöchentlicher Weide	39,0 dz/ha
2wöchentlicher Weide	31,8 dz/ha
wöchentlicher Weide	31,0 dz/ha

(Siehe ferner TACKE 1912.)

Das gegensätzliche Verhalten von Sproß und Wurzel kommt deutlich in der Periodizität des Wurzelwuchses zum Ausdruck. Während der stärksten Sproßentwicklung im Sommer ruht er, die vorhandenen Wurzeln verausgaben sich zugunsten des Sprosses (TROUGHTON 1960a). Die Abnahme der Wurzelmenge fängt im Mai an, deutlich zu werden; vom Früh- oder Spätherbst an (IX–XI) beginnt neuer Zuwachs, der nach einer Unterbrechung im Hochwinter vom März ab wieder einsetzt und seinen Höhepunkt vor dem Beginn des Schossens erreicht. Hierbei sind auch photoperiodische Einflüsse und solche der Jahreswitterung beteiligt. Die für den Wurzelwuchs optimalen Temperaturen liegen niedriger als die des Sproßwuchses, er geht auch bei Temperaturen unter 0 °C weiter, selbst bei oberflächlich gefrorenem Boden.

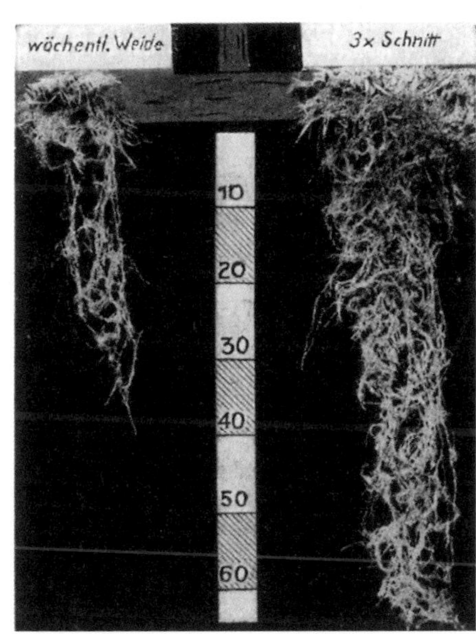

Abb. 43. Wurzelmasse bis 65 cm Tiefe nach vierjähriger intensiver Weide- (links) und nach Wiesennutzung (rechts) einer ursprünglich einheitlichen Grasnarbe

Zersetzung und Neubildung von Wurzeln laufen nebeneinander her, wobei die Einzelvorgänge – Neubildung, biologischer Abbau, Reservestoffwechsel – kaum zu trennen sind. REMY (1923) fand:

Abnahme der Wurzelmenge bis zum August . . . . − 16,2 dz Tm/ha
dann Zuwachs bis zum Spätherbst . . . . + 38,0 dz Tm/ha

Bei Hinzunahme des Frühjahrszuwachses kommen verschiedene Autoren für Wirtschaftsgrünland zu recht ähnlichen Umsatzangaben von jährlich 50 bis 60 dz Wurzel-Tm. Im Laufe der Zeit nimmt die Gesamtmenge lebender und sich zersetzender Wurzeln erheblich zu. Es fallen also jährlich bedeutende Mengen humusbildender Substanz an und damit auch beträchtliche Mengen mineralisierter Nährstoffe. REMY fand unter Weidegrasnarben an solchen in kg/ha:

	N	P_2O_5	K_2O	CaO
Im 1. Wuchsjahr	52	23	50	49
Unter altem Bestand . . .	121	60	92	146

woraus sich auf die Größenordnung der bei der jährlichen Zersetzung freiwerdenden Mengen schließen läßt.

Die geschilderten Vorgänge verlaufen je nach der arteigenen Lebensdauer der Wurzeln, nach der Art des Pflanzenbestandes und nach den Umwelteinflüssen sehr verschieden. Man rechnet mit einem vollständigen Umsatz der Wurzelmenge in spätestens 3–4 Jahren.

Zu den physiologischen Grundlagen von Entwicklung und Wachstum der Wurzeln allgemein (auch der Rhizome und Stolonen) siehe S. 97.

Humusspeicherung

Alle toten Reste von Lebewesen der Flora und Fauna, von den unveränderten bis zu den weitgehend zersetzten, werden hier als „Humus“ schlechthin bezeichnet, ihr leicht zersetzlicher Anteil mit SCHEFFER als Nährhumus, ihr weitgehend stabiler Rest als Dauerhumus.

Nach REMY (1923) nahm der Humusgehalt in 6 Jahren nach der Ansaat um 44, in 11–14 Jahren um 102% zu. Andere, zum Teil bei G. MÜLLER (1951a) zitierte Autoren fanden das Mehrfache. U. LEHMANN wies für Wechselweiden, jüngere und ältere Dauerweiden Humusgehalte von 4,6–12,4%, ZÜRN 1968 6,0–7,5% nach. Bei durchschnittlichen Mineralböden unter Ackernutzung ist er selten höher als $1^1/_2$–3%, in Grünlandböden gewöhnlich 4–8% und darüber, in Ödlandböden – auch außerhalb der Moore – besonders hoch. In größerer Höhe genügt schon Kleegraswirtschaft zu wesentlicher Steigerung des Humusgehaltes, im Monschauer Wechselgrünlandgebiet nach GENFELD auf 6–7%; siehe hierzu auch HOOGERKAMP 1965. Die Tiefenverteilung der organischen Substanz entspricht derjenigen der Wurzelmasse (S. 79).

Die Humusanreicherung wird vom Tempo der Zersetzung organischer Substanz bestimmt. Verlangsamend wirken das Klima (kühle, regenreiche Höhenlagen), Nässe, Basenarmut, Dichte, anderseits auch starke Trockenheit des Bodens, kurz, alle Umstände, die dem Kleinleben des Bodens abträglich sind. APERDANNIER fand im Vogelsberg mit zunehmender Höhenlage einen Anstieg des Humusgehaltes von 6 auf 13%. Feuchtlagen und Schattenhänge sind stets humusreicher als frische Lagen und Südhänge. KUNTZE (1967) wies im Gefäßversuch die Umsatzbeschleunigung in schwerem, aber doch tätigem, N-reichem

Boden gegenüber N-freiem, sterilem Sandboden nach. Unter intensiver Weidenutzung wird die Zersetzung der organischen Substanz trotz hemmender Boden- und Narbenverdichtung mehr gefördert als unter Wiesennutzung, vornehmlich durch die das Kleinleben des Bodens belebende Wirkung der tierischen Exkremente. (Ausführliches besonders bei SMELOV 1966, der u. a. den sehr verschiedenen Zerkleinerungsgrad der Wurzelrückstände unter Wiesen und Weiden hervorhebt.) Immerhin bleibt die Zersetzung der organischen Substanz im Grünlandboden dank des dichten, durchlüftungshemmenden Wurzelfilzes weit hinter derjenigen des häufig gelockerten Ackerbodens zurück.

Mit der Vermehrung des Humusgehaltes geht eine solche des N-Gehaltes Hand in Hand; WHYTE u.a. nennen für Dauergrünland 0,25% N, für Ackerland 0,11%, und ähnlich lauten viele Einzelangaben. Selbst bei Fehlen von Stickstoffsammlern wächst der N-Gehalt unter Gras durch Fixierung von Luftstickstoff. Ungleich stärker verläuft die N-Vermehrung unter kleereichen oder stark N-gedüngten Grasnarben. Sehr deutlich werden Humus- und N-Anreicherung schon in wenigen Jahren nach der Neuanlage von Grünland auf bisherigem Ackerland oder nach Umbrüchen (siehe S. 326, ferner GENUIT, LOW 1950/55, RUSSEL, TOOMRE).

Günstige wie ungünstige Wirkungen des Humusgehaltes für Boden und Grasnarbe werden von den Zersetzungsbedingungen der organischen Substanz und damit von der Humusqualität bestimmt. Ein Maß dafür besteht im Zersetzungsgrad (ZG) der organischen Substanz, d.h. im Anteil hochwertiger, stabiler Huminstoffe („Dauerhumus"). Der ZG weist außerhalb der Moore Unterschiede in der Größenordnung von 20 bis nahe 90% auf und damit Gehalte von 2 bis über 10% Dauerhumus. In Untersuchungen wichtiger Pflanzengesellschaften fand BOEKER 1957c z.B. einen ZG:

bei Kalktrockenrasen (Mesobrometen) von . . 62%
bei Weidelgrasweiden (Lolieten) von 53%
bei Borstgrasweiden (Nardeten) von 26%

Innerhalb der Gesellschaften pflegt der ZG bei trockeneren Varianten höher als bei sehr feuchten zu sein, in sauren, basenarmen Böden weit niedriger als in basenreichen. Basenreicher Dauerhumus ist eine Quelle stetiger N-Abgabe und hoher potentieller Fruchtbarkeit. Allerdings wird seine Auswirkung gerade bei den Böden mit hohem ZG oft durch Trockenheit (Kalktrockenrasen) oder Nässe (Kalksumpfwiesen) stark eingeschränkt und erst durch Be- oder Entwässerung enthemmt.

Wie beim Ackerland kann man auch beim Grünland (WHYTE u.a., KÖHNLEIN) von einem durch die Umwelt bestimmten „Humusspiegel" sprechen, d.h. von einem nicht leicht überschreitbaren, durch Klima, Boden, Nutzungsweise und andere Faktoren begrenzten Humusgehalt. Wird er überschritten, dann setzt verstärkte Zersetzung und Mineralisation ein. Dies bedeutet eine ständige Nährstoffabgabe an die Grasnarbe. NIESCHLAG/MÜLLER (1955a, b) fanden bei Weiden in der Vegetationszeit ein tägliches Verfügbarwerden von 1–2 kg N/ha; nach einer Zusammenstellung von WHYTE u.a. schwankt diese Menge in verschiedensten Ländern zwischen jährlich 18 und 165 kg N/ha. Höchste Werte wurden unter der ganzjährig wachsenden, sehr kleereichen Weidevegetation Neuseelands nachgewiesen.

Die fruchtbarkeitssteigernde Wirkung von Grünlandhumus wird am deutlichsten bei der Ackernutzung älterer Grünlandflächen. Schon die Einschaltung einiger Kleegrasjahre vermag namentlich in feucht-kühlen Klimalagen die Leistung der Ackerjahre merklich zu erhöhen (siehe KÖHNLEIN 1964, GENFELD 1964); umfangreiche Unterlagen bietet die britische Ley-Farming-Literatur (S. 369).

Sehr viel mehr wirkt der Umbruch (S. 326) alter Grünlandflächen ertragssteigernd auf Ackerfrüchte. Der durch eine Reihe von Jahren fortgesetzte Umbruch von Dauerweiden auf dem Versuchsgut Dikopshof brachte durchschnittlich im 1. Jahr zwar nur 3% Kartoffeln mehr als auf altem Ackerboden, im 2. Jahr aber 24% mehr Zuckerrüben und im 3. Jahr noch 8% mehr Weizen. Es handelt sich um ursprünglich voll vergleichbare Böden.

TROUGHTON (1957 ff.) setzt die im Grünlandboden vorhandene Wurzelmasse Stallmistgaben von 625–1050 dz/ha gleich.

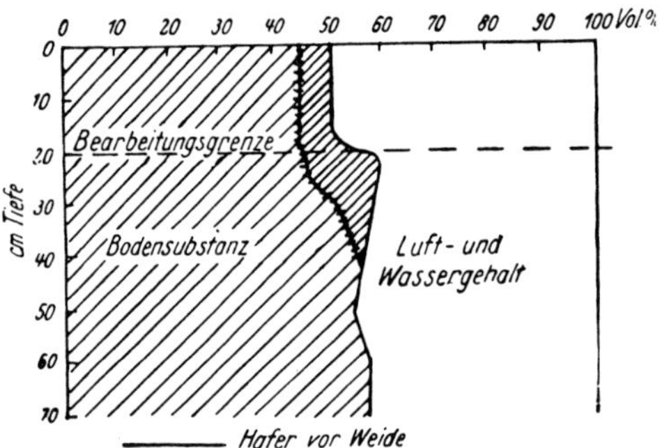

Abb. 44. Bodenauflockerung unter Weidenarbe (Original von NITZSCH)

Abgesehen von ihrer Nährstoffabgabe beruht die Wirkung der organischen Substanz vor allem auf der Strukturverbesserung des Grünlandbodens, insbesondere auf der Bildung und Festigung der Krümel. Damit werden Porenvolumen, Wasserhaltung und Durchlüftung des Bodens erhöht.

BURGER (zitiert bei G. MÜLLER 1951 a) fand unter

	Porenvolumen	Wasserkapazität
Ackerland . .	49,6%	46,3%
Wiese	59,0%	52,9%

U. LEHMANN unter

	Porenvolumen	Luftgehalt
jüngeren Weiden . .	56,3%	22,1%
alten Weiden	58,9%	30,3%

MORGENWECK stellte im Vergleich mit verschiedensten Kulturen fest, daß Wiesenböden das geringste Substanzvolumen (= größte Porenvolumen) aufweisen:

	Substanzvolumen (relativ)
Wiesen	100
Parkrasen	103
Hackfruchtfelder	109
Getreidefelder	116
Luzernefelder	119

Es überrascht, daß der niemals künstlich gelockerte Wiesenboden lockerer liegt als der ständig bearbeitete Hackfruchtboden. Selbst der dauernd betretene Boden von Dauerweiden liegt mit dem Vergleichswert 113 (für die Oberschicht) immer noch lockerer als derjenige von Getreidefeldern, in tieferen Schichten sogar ähnlich locker wie der Wiesenboden. Siehe ferner Abb. 44.

Wie rasch alle Vorzüge der „Grünlandgare" bei Umbruch und Ackernutzung verlorengehen, ist später zu besprechen (S. 327, und Abb. 156). Anderseits ist zu verstehen, daß der hohe Humusvorrat der Grünlandböden auf ackerfähigem Land gern als ungenutztes Kapital betrachtet und dem Ackerbau nutzbar gemacht wird (S. 309).

Bodenlebewesen, Gesamtwirkung der Grasnarbe

Hohe Assimilationsleistung der grünen Pflanze bedarf reichlicher Kohlendioxidzufuhr; an ihr ist die Bodenatmung, großenteils eine Folge tätigen Kleinlebens, maßgebend beteiligt. Mit dem grünen Pflanzenwuchs nimmt die Wurzelmenge, die Hauptnahrung der Bodenlebewesen, zu. Ihre Arbeit setzt organisch gebundene Nährstoffe frei, Bodentiere schaffen Bahnen für Sickerwasser und Wurzeln, zerkleinern Pflanzenreste, durchmischen und krümeln den Boden.

Von den niederen Pflanzen des Bodens (Bakterien, Strahlenpilzen u. a. m.) kommt den ersteren die größte Bedeutung zu; ihnen gelten in neuerer Zeit Untersuchungen z. B. von Feldmann, Jagnow 1958/59, Könekamp/Weise 1961, Russel, Smelov 1966. Die je g Boden-Tm gefundenen Zahlen sind fast unvorstellbar groß, je nach dem Untersuchungsverfahren (Platten-, Strugger-Methode) Millionen oder viele Milliarden. Wesentlich höher als im Boden selbst sind sie in dem engeren Wurzelbereich („Rhizosphäre", Näheres bei Jagnow). Zahlenangaben erscheinen angesichts ihrer außerordentlichen Verschiedenheit untunlich. Für die gesamte Kleinflora des Bodens werden Gewichtsmengen von 80–200 dz/ha angegeben.

Parallel mit der Tiefenverteilung von Wurzeln und toter organischer Substanz finden sich auch die Bakterien auf die oberen Bodenschichten, besonders von 5–15 cm Tiefe, konzentriert. Für die vorhandenen Mengen sind zunächst der Boden und sein Wassergehalt verantwortlich. Das Maximum findet sich in mittelschweren Böden mäßiger Feuchtigkeit, geringere Mengen in stark sauren, armen trockenen Sanden und in nassen moorigen Böden.

Natürlicher Nährstoffreichtum und Düngung erhöhen den Bakterienbesatz, besonders deutlich Gaben stickstoffhaltiger Mineral- und Wirtschaftsdünger, so auch die Exkremente der Weidetiere. Smelov betont die gegenüber Wiesen vervielfachte Aktivität der Kleinlebewesen in Weideböden. Nahrungsquellen der Bakterien sind die von ihnen zersetzten organischen Stoffe, im Bereich der lebenden Wurzel deren Ausscheidungen, abgestoßene Wurzelhaut und Wurzelhaare (RUSSEL).

Zur wesentlichen Tätigkeit der Bakterien gehören neben der Zersetzung N-freier Substanzen die Umsetzung der N-haltigen Substanz, die N-Sammlung symbiontischer und freilebender Arten (S. 194) und eine starke Beteiligung an der Bodenatmung (Verbrauch von Sauerstoff, Abgabe von Kohlendioxid). Namentlich im Wurzelbereich scheiden die Bakterien außer eigenen Exkreten solche aus, die sie den Wurzeln entziehen; diese können den N-Umsatz beeinträchtigen. RUSSEL führt hierauf die fehlende Nitratansammlung in Grünlandböden zurück.

Die Tätigkeit der Bodentiere fällt wenigstens bei größeren Arten mehr in die Augen als die der Bakterien und anderer niederer Pflanzen. Viele Klassen des Tierreiches sind im Grünlandboden anzutreffen, von den Protozoen bis zu wühlenden Wirbeltieren (Mäusen, Maulwürfen). Durchaus nicht alle Bodentiere sind nützlich. Protozoen gelten als Bakterienfeinde, manche Insektenlarven schädigen die Grasnarbe. Insekten, ihre Larven und größere Würmer treten an Zahl zwar weit hinter die tierischen Kleinstlebewesen zurück, haben aber die größte Bedeutung für das Bodengefüge. Im Schrifttum nimmt ihre Behandlung großen Raum ein[1].

Der Artenbestand der Bodentiere unterscheidet sich nicht wesentlich von dem des Ackerlandes, doch ist die Besiedlung des Grünlandbodens viel stärker und aktiver. REMUS (1964a, b) fand in Rengen (Hocheifel) je m^2 unter Grasnarben

Regenwürmer	39–597
Insekten und ihre Larven	182–514

Einer Gesamttierzahl von 322–1116 unter Gras steht eine solche von 20–209 unter Ackerkultur gegenüber. Ähnliche Zahlenverhältnisse weisen mehrere Autoren nach. Im Ackerbau fehlen die großen Mengen organischer Substanz des Grünlandes ebenso wie die Schutzwirkungen der Grasnarbe gegen rasche Austrocknung, Verkrustung, gegen schroffen Temperaturwechsel. Es fehlen die mechanischen und physiologischen Schädigungen der Tiere durch die Bodenbearbeitung, und die Anwendung tödlicher Pflanzenschutzmittel (S. 324) ist noch selten.

Am meisten Interesse hat seit langem die Tätigkeit der Regenwürmer gefunden. Die Zahlenangaben schwanken zwischen 70 und weit über 1000 je m^2 um ein Mittel von etwa 400 in den Böden besseren Grünlandes. Bleibt das Gewicht des Einzeltieres in der Regel auch unter 1 g, so ergeben sich je ha doch Gewichte von 10–20 dz und darüber; das entspricht also etwa der Rinderbesatzstärke guter Weiden.

Am häufigsten werden Arten der Gattungen *Allolobophora, Dendrobaena, Eisenia, Lumbricus, Octolasium* (S. 324) genannt. Sie unterscheiden sich sowohl in der bevorzugten Nahrung wie in dem bewohnten Tiefenbereich, in der Nahrungssuche wie in der Kotablage, in der wühlenden und bodendurchmischenden Tätigkeit.

[1] BUTSCHEK, FINCK, FRANZ 1950, GRAFF, KOLLMANNSPERGER, KÜHNELT, POSCHENRIEDER/LEUTHOLD, RUSSEL, SEARS 1956, SMELOV 1966, STÖCKLI 1957a, b, WATKIN/WHEELER, WETZEL 1960, WILCKE (in KLAPP/WURMBACH 1962).

Im ganzen ähnelt die Tiefenverteilung wieder derjenigen der Wurzeln; d.h., die Hauptmenge der Würmer findet sich in den oberen 5–15 cm des Bodens. Doch hängt die Vertikalverteilung auch von der Lebensweise der Tiere, den Eigenschaften des Bodens, besonders von seinem Feuchtegrad, ab. Stark saure Böden werden gemieden; Sandböden bieten wenig Nahrung, die Wurmröhren sind nicht standfest. Allgemein verlangen Regenwürmer ein Mindestmaß an Bodenfeuchte; Trockenheit wie Vernässung wirken gleich nachteilig. REMUS fand in Pseudogleyen bei langer Nässephase eine stärkere Besiedlung nur bis 10 cm, in Pseudogley-Braunerde jedoch eine solche bis 50 cm Tiefe. Unter Gras werden gleichwohl Pseudogleye dichter besiedelt als unter Ackerland, vor allem bei kurzer Vernässungsphase; die Besiedlungsdichte in Braunerde-Pseudogleyen steigt mit zunehmendem Wassergehalt stark an. Wurmarten des oberflächennahen Wurzelbereichs sind empfindlich gegen Trockenheit, nicht aber gegen Nässe, Arten der humusärmeren Tiefe von Mineralböden werden von Trockenheit wenig, um so mehr von Vernässung betroffen.

Die Zusammenhänge zwischen verfügbaren Nährstoffen und Wurmvorkommen werden bisher nicht einheitlich beurteilt. Im ganzen werden nährstoffreiche Böden doch bevorzugt (WILCKE fand im Dikopshofer Dauerdüngungsversuch [auf Ackerland] die stärkste Besiedlung bei NPKCa- und NPCa-Düngung). Starke Düngergaben können zu einer allerdings rasch überwundenen Minderung des Wurmbesatzes führen. Eine ziemlich sichere Beziehung besteht zur Bewirtschaftung und Vegetation des Grünlandes; d.h., wüchsige Dauerweiden zeigen höchsten Wurmbesatz (z.B. WATKIN/WHEELER), Ödlandboden geringen (siehe Zitate bei VOISIN 1958). Eine günstige Rolle spielt der Kleeanteil der Grasnarbe. Wie das Bakterienleben werden auch die Regenwürmer durch alles das, was Gare und Fruchtbarkeit des Bodens hebt, gefördert.

Von den Leistungen der Würmer erregten zuerst das Durchporen, Durchmischen und die Umlagerung von Boden durch vertikalen Kottransport Aufmerksamkeit. STÖCKLI (1943ff.) fand, daß die Würmer auf einem Sportrasen jährlich 850 dz Kot auf die Oberfläche brachten und auf einer Wiese in 30 Jahren eine 5–20 cm starke Bodenschicht heraufarbeiteten. Insgesamt berechnet er die Leistung der Tierwelt beim Grünlandboden auf:

Exkremente	bis 1200 dz/ha
Wurmkottransport zur Oberfläche .	bis 900 dz/ha
Zerkleinerung organischer Abfälle .	bis 50 dz/ha
Erhöhung von Porenvolum und Luftkapazität	bis um 100%

Ähnliche Angaben finden sich immer wieder. Darüber hinaus spielen die Regenwürmer eine bedeutende Rolle bei der Stabilisierung des Bodengefüges. Ihr Kot, der Nahrung entsprechend reich an organischer und auch mineralischer Bodensubstanz, enthält bereits hochwertige Huminstoffe, er stellt besonders haltbare Krümel dar; die obere Bodenschicht erhält mit der Zeit das wertvolle Wurmkotgefüge (KLAPP 1967a). Die Wurmlosung ist bakterien- und pilzreicher als der Ursprungsboden, ihr Gehalt an Haupt- und Spurennährstoffen erhöht und leichter verfügbar. Jede Minderung der Bodenfruchtbarkeit mindert auch Zahl und Tätigkeit der Regenwürmer: Raubbau an Humus- und Nährstoffen, übermäßige Bewässerung, Verwendung schädlicher Abwässer, übertriebene oder einseitige Verwendung physiologisch saurer

Dünger, Rasierschnitt bei Wiesen, Kahlfraß von Weiden. Umbruch von Grünland nennt Franz 1942 eine „Elementarkatastrophe“ für das Bodenleben (S. 327).

Regenwürmer werden hier als ein Beispiel hervorgehoben. Alle im Boden tätigen Lebewesen üben jedoch vielseitige, bei den meisten Arten noch nicht einmal genau bekannte Wirkungen aus (siehe z.B. Remus, Stöckli). Zahlreiche Hinweise auf verschiedenste Klassen der Bodentiere allgemein finden sich bei Herbke/Höller-Land/Wilcke (in Klapp/Wurmbach 1962).

Gesamtwirkung der Grasnarbe auf den Bodenzustand. Die wohltätige Wirkung einer dauernden Pflanzendecke auf den Boden ist altbekannt. Eine dichte Grasnarbe schirmt den Boden gegen extreme Temperaturen ab und schließt Erosionsschäden praktisch aus. Der selbst bei scharfer Nutzung reichliche Bestandesabfall wirkt schützend und für die Bodenorganismen als Nahrung. Das Zusammenwachsen von Gras und Stickstoffsammlern begünstigt die Bildung hochwertiger Humusstoffe. Massiges Wurzelwachstum trägt nicht nur wesentlich zur Gefügeverbesserung und zum Nährstoffaufschluß im Boden bei, es hinterläßt gewaltige Mengen organischer Substanz, die ein ungestörtes Kleinleben ernährt. Dieses wiederum fördert, wie eben geschildert, sehr wirksam alle wichtigen Komponenten der Bodenfruchtbarkeit; es wird weiter belebt durch die Exkremente der Weidetiere. Hohe Kohlendioxidkonzentration der Bodenluft verlangsamt die Zersetzungsvorgänge im Boden. Im Vergleich zum Ackerboden ist der Grünlandboden humusreicher, beständiger gekrümelt, reicher an wasserhaltigen wie an sickerfähigen Poren. Er befindet sich in einer selbst geschaffenen Gare (Abb. 44) und bedarf keiner künstlichen Lockerung (S. 240).

Dauer, Lebenskreisläufe und Selbstverjüngung der Grasnarbe

Bis in die neuere Zeit begegnet man der Auffassung, daß Grünland mit dem Älterwerden an Bodengare und Leistungsfähigkeit verliert und periodischer Erneuerung bedarf (Baur 1930). Das Gegenteil ist der Fall und namentlich für Weiden leicht nachweisbar. Beispiele für den Ertragsanstieg von Dauerweiden mit fortschreitendem Alter bringen z.B. Geith/Zürn und 't Hart/Dirven 1950. Boden- und Narbenzustand verbessern sich, gleichbleibende Bewirtschaftung vorausgesetzt, mit den Jahren; so U. Lehmann in Schleswig-Holstein:

	Porenvolumen	Wassergehalt	Luftgehalt
3 Jahre alte Wechselweiden	50,2%	29,4%	20,8%
8 Jahre alte Wechselweiden	58,5%	25,7%	32,8%
unter 40 Jahre alte Dauerweiden	63,7%	29,0%	34,7%
über 40 Jahre alte Dauerweiden	74,9%	24,2%	50,7%

	Alter der Weiden	
	bis 10 Jahre	40–200 Jahre
Bestandsdichte	81%	88%
Mengenanteil des deutschen Weidelgrases	23%	35%

Toomre fand bei:

	Triebzahl/m²	Ertrag FE[1]/ha
Jungem Kleegras	3– 4000	2124
26–30 Jahre alten Weiden	5–10000	2592

Für Wiesen fehlen ähnliche Daten, doch läßt die Vegetationskunde auch hier bei gleichbleibender Behandlung keine altersbedingte Verschlechterung erkennen.

Die anscheinend unbegrenzte Lebensdauer der Grasnarbe gilt allerdings nicht für die einzelnen Grünlandpflanzen. Ihr Lebensablauf vollzieht sich in sehr verschiedenen Zyklen, und zwar vollständig abweichend von dem, was wir an Einzelpflanzen etwa im Versuchsfeld sehen. Die floristischen Angaben („1jährig, mehrjährig, ausdauernd") gelten für das Verhalten der Arten in einer dichten Grasnarbe nur begrenzt oder gar nicht.

Die Lebenszyklen innerhalb der Wiesen wurden von Linkola 1930ff. und besonders eingehend von Rabotnov 1954/59 studiert. Zu einer Pflanzengesellschaft (S. 109, 116) gehören: lebensfähige Samen im Boden, Keim- und Jungpflanzen, weiter herangewachsene Pflanzen in verschiedensten Stadien, von kümmerlicher bis zu kräftiger vegetativer Entwicklung und endlich zur Blühreife. Der Grad der Vitalität ist dabei für den Zustand der Grasnarbe wichtiger als die Individuenzahl.

Aus dem gewaltigen Samenvorrat des Grünlandbodens (S. 89) kommt jährlich nur ein Anteil von 1–15% zum Keimen. Von den Keimpflanzen gehen aber schon im ersten Lebensjahr bis zu 90% und mehr zugrunde, hauptsächlich durch Wurzel- und Narbenkonkurrenz, aber auch durch extreme Witterung und Schädlinge. In dichten Grasnarben gelingt der Aufgang nur, wenn Lücken vorhanden sind. Überlebende Keim- und Jungpflanzen bleiben sehr lange im jugendlich-vegetativen Zustand. Sie kommen, und das gilt auch für im Einzelstand nur 2jährige Pflanzen, sehr spät zur Blüte, frühestens nach 3–5, aber auch erst nach 10–30 Jahren. Vom Scharfen Hahnenfuß (*Ranunculus acer*) blühten nach Rabotnov im 3., 4., 5., 6. Lebensjahr 7–31–20–7% der Pflanzen; 19% blühten auch bis zum 10. Jahre noch nicht; dies nur ein Beispiel, die Variabilität dieser Erscheinungen ist nach Pflanzenart, Standort, Witterung usf. unbegrenzt.

Die mögliche Höchstlebensdauer der Arten wird selten erreicht. Normal sterben je Jahr bis 2% der Pflanzen, bei schädlichen Einwirkungen aber viel höhere Anteile bis zur fast völligen Vernichtung. Überlebende Pflanzen können ein unerwartet hohes Alter erreichen. Einzelne vegetative Triebe werden 6–15 Jahre alt, bei rasch entwickelten Arten weniger. Rotkleepflanzen werden unter besten Bedingungen 3–4 Jahre alt, im Hochgebirge aber 20 Jahre. Unterirdische Organe (Wurzelstöcke, Rhizome) können in Teilen ein Jahrtausend überleben, viele Arten 40–300 Jahre, vor allem, wenn sie durch Düngung oder Bewässerung neu belebt werden. Für weitere Einzelheiten muß auf Rabotnov verwiesen werden; auch für alles Folgende müssen wir uns auf Beispiele beschränken.

[1] FE = Futtereinheiten, S. 483.

Periodische Änderungen im Bestandsanteil sind dem Beobachter namentlich bei auffallend blühenden Pflanzen bekannt, so vor allem bei den Wiesenleguminosen. Ein drastisches Beispiel bildet unser Wiesendüngungsversuch Röttgen/Bonn (Näheres bei SCHULZE/MUES):

Ertragsanteil (%) von Zaunwicke (*Vicia sepium*)
+ Wiesenplatterbse (*Lathyrus pratensis*)

Jahr	Düngung	
	O	PK
1950	3	6
1951	11	38
1952	14	*53*
1953	*27*	48
1954	22	14
1955	18	18
1956	9	9

Auch BRÜNNER (1962b) betont, daß nach Erreichen von 35% Leguminosen ein Rückgang einzutreten pflegt. Es liegt nahe, an „Kleemüdigkeit" als Ursache zu denken. LIIV fand tatsächlich bei starker Anteilssteigerung der Kleeartigen durch PK-Düngung eine Zunahme von Kleeälchen (*Heterodera trifoliorum*) auf das 30–50fache, weist aber auch auf den spezifischen Entwicklungsverlauf der Kleearten hin. Außer mit Kleemüdigkeit rechnet PRONCZUK mit der Wirkung ungünstigen Standorts und toxischer Wurzelexkrete. Beim Röttgener Versuch waren allerdings Krankheitserreger nicht festzustellen. RABOTNOV versucht eine andere Deutung. Im Blühjahre samen die Trifolium-Arten stark aus; die tatsächlich zum Aufkommen gelangenden Keimpflanzen bleiben zunächst im vegetativen Stadium. In günstigen Jahren kommen zahlreiche Pflanzen zu starkem Blühen und Fruchten, sterben aber dann großenteils bald ab. Nun muß erst eine neue Population allmählich zur Blühfähigkeit heranwachsen; der Bestand erscheint kleearm. Die Dauer des Zyklus wird durch alle Außenfaktoren einschließlich der Nutzungsweise variiert. Dies gilt vor allem für die kurzlebigen Kleearten, die im Versuch Röttgen fehlten; Zaunwicke und Platterbse wurden hier aber stets vor Samenreife geschnitten, was einen Rückgang erklären könnte. Manche Probleme stehen noch offen; für ihre Vielseitigkeit spricht, daß der Leguminosenanteil um so weniger schwankt, je artenreicher die Leguminosen vertreten sind, – der Sonderfall des Weißklee wird S. 194 behandelt.

Auch bei gleichbleibendem Artenbestand finden Änderungen im Massenverhältnis der Pflanzenarten statt, und zwar im Zusammenhang mit den arteigentümlichen Unterschieden des Entwicklungsverlaufes. GRUMMEL fand in Weiden, namentlich bei Weidelgras und Gemeiner Rispe, eine deutliche Tendenz zur Vermehrung des Ertragsanteils gegen den Herbst hin, während der Anteil von Rotschwingel und W.-Rispe dann abnahm. Jährige Rispe nahm ständig, Weißklee bis zum Hochsommer zu, beides infolge abnehmender Konkurrenz anderer Arten usw. Auch DE VRIES (1948) zeigte bei Weidelgras eine Abnahme vom Frühjahr zum Vorsommer, dann einen stetigen Anstieg zum Maximum im Herbst (siehe das „Zweite Maximum" des Weidewuchses, S. 436). Zu den Jahresschwankungen der Artengruppen siehe Abb. 39.

Bei Dauer, Wandlung und Selbstverjüngung der Grasnarbe spielen Samenabfall und Samenvorrat des Bodens eine wichtige Rolle (CHAMPNESS/MORRIS, FOERSTER 1956, LINKOLA 1937, MAJOR/PYOTT, RABOTNOV 1959, WEHSARG). Je nach Autor wurden zwischen 7000 und 57000 noch lebende Samen je m^2 im Boden gefunden, größtenteils in der oberen 2-cm-Schicht, doch auch unter 5 cm hinabreichend. Auch die Zahl gefundener Arten ist meist recht hoch, oft über 100.

Der Artbestand dieser Samen entspricht durchaus nicht immer der aufstehenden Pflanzengesellschaft; es finden sich viele gesellschaftsfremde Arten, während andere, gesellschaftstypische Arten fehlen. Unter spätgeschnittenen Wiesen ist der Vorrat meist größer als unter Weiden, unter alten größer als unter jungen Beständen, in feuchten Böden größer als in trockenen. Kleinkörnige Samen sind, da leichter in den Boden gelangend, häufiger als großkörnige. Entscheidend ist letzten Endes die artweise sehr verschiedene Haltbarkeit der Samen unter den Einflüssen des Bodenmilieus.

Der Samenvorrat im Boden wird ständig ergänzt, zunächst durch Samenausfall der aufstehenden Pflanzen; selbst auf Intensivweiden kommen doch meist einige Pflanzen zur Samenreife. In früher als Acker genutzten Böden bleibt Saat von Ackerunkräutern erhalten. Wind, Überschwemmungen führen weitere Samen zu. Eine große Bedeutung hat der Transport durch Tiere aller Art, sei es durch dem Feder- oder Haarkleid, den Füßen und Hufen anhaftende oder in Exkrementen und Wirtschaftsdüngern vorhandene Samenkörner.

Die Samen mancher Arten vertragen die Darmpassage in Tieren ohne Schaden. KRACH wies im Vogelkot u.a. unzerstörte Weißkleesamen, nie aber noch keimfähige Samen von Rotklee oder weicher Trespe nach. LENNARTZ fand nach Verfütterung von Samen an Rinder je nach Art 0–56 von 100 unverdaute, 0–25 noch keimfähige. BOEKER (1959) verfolgte die Samenkeimung aus Stallmist sowie aus der Erde von Ruheplätzen und Triftwegen der Weidetiere. Aus 1 kg Stallmist ergaben sich 90 Keimlinge, namentlich von Weißklee, aus 1–2 kg der genannten Erden 51–358 Keimpflanzen. Beteiligt waren insgesamt über 60 Arten (siehe auch SALZMANN).

Das bedeutet nicht, daß die von Tieren oder in Wirtschaftsdüngern verbreiteten und noch lebenden Samen stets auf oder in dem Grünlandboden auch zur Keimung gelangen. Im Rinderkot auf der Weide gehen viele Keimlinge zugrunde, wenn er nicht rasch zerfällt oder verteilt wird. Auch längere Zeit lagernder Stallmist tötet schließlich alle Samen ab. Anderseits werden hartschalige Kleesamen durch die Darmpassage keimbereiter.

Im ganzen überleben kleine und runde Samen besser als große und unregelmäßig geformte. Als widerstandsfähig werden neben Weißklee vor allem Straußgrasarten, Rispenarten, Rotschwingel genannt, als meist keimunfähig Glatthafer, Löwenzahn. Auch die oft in sehr großen Mengen im Boden vorhandenen Binsen- und Sauergrasarten verlieren offenbar rasch an Keimfähigkeit. Vorzeitige Keimung der noch keimfähigen Samen wird durch die hohe CO_2-Konzentration des Bodens, bei Kleesamen durch Hartschaligkeit, vielleicht auch durch Wurzelexkrete gehemmt. Anderseits wird das Überleben von Samen durch Bodenmikroben, starke Vernässung und wohl noch manche andere schädliche Einflüsse bedroht.

Angesichts der hohen Sterblichkeitsrate könnte der gewaltige Samenvorrat im Boden als nahezu bedeutungslos erscheinen, zumal Keimung in der Regel nur bei Narbenverletzungen eintritt. Aber wenn nur 1% der Samen über die Keimung hinaus zur Entwicklung kommt und hiervon nur jährlich eine Pflanze je m^2 sich durchzusetzen vermag, würde das immerhin 10000 Pflanzen je ha bedeuten.

Neben der generativen Selbstverjüngung spielt auch die vegetative Vermehrung von Pflanzen durch Rhizome, Stolonen, Wurzelstöcke eine Rolle (siehe S. 103). Sie steht nach LINKOLA mengenmäßig in einem gegensinnigen Verhältnis zur Samenvermehrung. In eingehenden Untersuchungen zeigte DE VRIES 1940b, daß die von Weidetieren losgerissenen Bestockungstriebe der Weidepflanzen auf reichen Weideböden zu wurzeln und weiterzuwachsen vermögen. Selbst ausgesprochene Horstgräser, wie Deutsches Weidelgras, Lieschgras u.a.m., weisen Formen mit Ausläufern oder mit an den Knoten wurzelnden Trieben auf. Die auffallend günstige, narbenverdichtende Wirkung einer Beerdung von Grünland (z.B. durch Kompost, Schlick) mag zum Teil auf der Förderung des Anwachsens losgerissener Triebe oder Tochterpflanzen beruhen.

Trotz erdrückender Konkurrenz stellt die generative und vegetative Selbstverjüngung der Grasnarbe eine für ihre ewige Dauer unerläßliche Voraussetzung dar. Ihr großer Vorzug besteht in dem bodenständigen Charakter der überlebenden Pflanzen, die einer natürlichen Auslese wertvoller „Ökotypen" unterliegen (BOEKER, RABOTNOV).

3. Wachstum und Entwicklung der Grünlandpflanzen

Von D. BOMMER, Braunschweig-Völkenrode

Wachstum und Entwicklung der Grünlandpflanzen bilden die Grundlage der Produktion der Grünlandnarbe. Das Verständnis der wichtigsten Vorgänge setzt eine Kenntnis der morphologischen Struktur der Pflanzen voraus. Für Gräserarten finden sich zusammenfassende Darstellungen der Morphologie bei ARBER (1934), BARNARD (1964b) und METCALFE (1960); für Arten anderer Familien muß auf botanische Hand- und Lehrbücher oder Einzeldarstellungen (Rotklee: CUMMING 1969, Weißklee: CHOW 1967) verwiesen werden. Die Ausführungen in diesem Kapitel beziehen sich im wesentlichen auf die Gräser, da diese Artengruppe die Hauptmasse des Grünlandaufwuchses bestimmt.

Die charakteristische Form einer vegetativen Graspflanze besteht aus einer Rosette niederliegender bis aufrechter Triebe, die in zweizeiliger Anordnung wechselständige Blätter tragen. Die langen schmalen Blätter sind parallelnervig und ihr Basisteil (Spreite) umschließt röhrenförmig die jüngeren wachsenden Blätter und den Vegetationskegel oder die verlängerten Halminternodien bei Blüten- und Schoßtrieben. Das Blatt entspringt an einem Halmknoten, an dessen oberem Ende in der Achsel des Blattes eine Seitenknospe sitzt. Bei vegetativen Trieben sitzen die Halmknoten so dicht aufeinander, daß der wenige Zentimeter lange Halm eine Anhäufung von Knoten darstellt. Die Art der Entwicklung der Seitenknospen bestimmt die Wuchsform der Pflanzen. Bei horstbildenden Gräserarten wachsen sie ausschließlich zu Bestockungstrieben aus, bei anderen Arten zum Teil zu Rhizomen oder Ausläufern und bestimmen so deren rasenartigen Wuchstyp. Da die Adventivwurzelbildung mit der Entwicklung der Blattachselknospen in engem Zusammenhang steht, ist in den Seitentrieben, Rhizomen und Stolonen auch die Grundlage der vegetativen Vermehrung und der Ausdauerfähigkeit vieler Grasarten, aber auch anderer Grünlandpflanzen wie des Weißklees gegeben. Mit dem plagiotropen Auswachsen von Rhizomen und Stolonen ist eine Verlängerung der Internodien verbunden, die bei aufrechten Trieben überwiegend nur zusammen mit der Ausbildung der Infloreszenzen auftritt.

Blatt-, Seitentrieb- und Wurzelentwicklung sowie der Übergang zur Infloreszenzanlage mit der Verlängerung von Blütenhalmen stehen an einer Graspflanze in enger Wechselwirkung zueinander und werden außerdem unterschiedlich von Umweltfaktoren, wie Temperatur, Lichtverhältnisse, Nährstoffversorgung und Nutzung, beeinflußt. Es kann hier nur auf die wichtigen Zusammenhänge eingegangen werden.

Blattbildung

In einem geschlossenen älteren Grasbestand, in dem die Gesamttriebzahl relativ stabil ist, wird die Produktion weitgehend vom Wachstum des Einzeltriebes bestimmt. Der Massenzuwachs erfolgt vor Verlängerung der Halminternodien vornehmlich durch die Bildung neuer Blätter. Sie werden an einem wachsenden Trieb fortlaufend in acropetaler Richtung aus dem meristematischen Gewebe der Vegetationskegelspitze ausdifferenziert (Evans/Grover 1940, Sharman 1945, 1947). Bereits im ruhenden Samen sind außer der Koleoptile je nach Art ein oder mehrere Blätter angelegt. Am Vegetationskegel eines Grastriebes, der nach Entfernen der umhüllenden Blätter freigelegt werden kann, sind die Blattanlagen zunächst als seitliche Ausstülpungen zu erkennen, die bald ringartig den Vegetationskegel umziehen und dann in die Länge wachsen. Das interkalare Meristem, von dem aus das weitere Blattwachstum erfolgt, bleibt frühzeitig auf die Basis der Blattanlage beschränkt (Barnard 1964b). Eine Trennung in Spreite und Scheide erfolgt schon in sehr jungem Zustand des Blattes (etwa 1 cm Länge bei *Lolium perenne*), so daß beide Teile des Blattes von getrennten, jeweils an der Basis sitzenden, interkalaren Wachstumszonen aufgebaut werden (Soper/Mitchell 1956). Zwischen dem Vegetationskegel mit den ringförmigen Blattprimordien und dem jüngsten voll entfalteten Blatt befinden sich 2–3 heranwachsende Blätter. Das Wachstum eines Blattes ist beendet, wenn die Spreite aus der Scheide des vorhergehenden Blattes vollständig herausgetreten ist und sich in horizontaler Richtung abgespreizt hat (Begg/Wright 1962). Nach Rytova (1967a) wächst die Blattspreite der Wiesenrispe doppelt so schnell wie die Blattscheide.

Da die Blattfläche (S. 49), bezogen auf die Bodenoberfläche (Blattflächenindex), in enger Korrelation zur Assimilationsleistung eines Pflanzenbestandes steht, sind die Schnelligkeit, mit der neue Blätter gebildet werden (die Blattbildungsrate = Zeit in Tagen zwischen der Entfaltung von zwei aufeinanderfolgenden Blättern), und die Größe der Blätter von wesentlichem Einfluß auf die Produktion eines Bestandes. Dazu kommen die Lebensdauer des einzelnen Blattes und seine räumliche Anordnung in Richtung zum Lichteinfall. Für die Beziehung von Blattbildungsrate zu Blattgröße besteht jedoch eine stark negative Korrelation sowohl innerhalb wie zwischen einzelnen Gräsergattungen (Cooper/Edwards 1961, Ryle 1964a).

Für die Assimilationsleistung sind die jüngsten Blätter von besonderer Bedeutung, da die apparente Photosynthese von der Entfaltung eines Blattes ab mit dem Alter abnimmt und das oberste und jüngste Blatt jeweils in der Versorgung des Triebes mit Assimilaten dominiert (Begg/Wright 1964, Jewiss/Woledge 1967, Thorne 1959).

Die Blattbildungsrate ist unter gleichbleibenden Umweltbedingungen an einem Trieb konstant und unabhängig von dem Alter des Triebes (Anslow 1966). Zwischen Trieben derselben Pflanze können Unterschiede auftreten, die aus Konkurrenzerscheinungen innerhalb der Pflanze erklärt werden (Mitchell 1953a, Rebischung 1962).

Genotypische Unterschiede der Blattbildungsrate treten vor allem im Vergleich verschiedener Arten hervor. So bildete Lieschgras rascher Blätter als Ausdauerndes Weidelgras und Knaulgras, Wiesen- und Rohrschwingel (Patel/Cooper 1961, Ryle 1964a). Auch über Unterschiede von Sorten derselben Art wird berichtet (vgl. Anslow 1966), jedoch sind diese wie auch Artdifferenzen unter günstigen Wachstumsbedingungen oft gering. Sie treten am deutlichsten in ungünstigeren Verhältnissen, vor allem unter suboptimaler Temperatur hervor (Cooper 1964, 1965, Robson 1967). So zeigen mediterrane Formen von *Lolium perenne* und *Dactylis glomerata* Blattwachstum noch bei 5 °C, während Formen aus nördlicheren Breiten bei dieser Temperatur bereits in Wachstumsruhe übergehen. Diese Erscheinung steht andererseits in Beziehung zur unterschiedlichen Kälteresistenz der verglichenen Herkünfte.

Von den Umweltfaktoren, die das Blattwachstum beeinflussen, hat die Temperatur den stärksten Einfluß. Bei Gräserarten des gemäßigten Klimas erreicht die Rate der Blattbildung zwischen 20 und 25 °C ihr Optimum, wobei niedrigere Nachttemperaturen anscheinend nur von geringem Einfluß sind (Anslow 1966). Das Temperaturoptimum subtropischer und tropischer Arten liegt dagegen höher, wie auch das für die Photosynthese. Bei 25 °C beträgt die Blattbildungsrate für Weidelgras 6 Tage, bei 12 °C verlängert sie sich auf über 9 Tage (Beevers/Cooper 1964). Als Faustzahl kann eine Woche oder weniger für die Blattbildungsrate wichtiger Gräser unter günstigen Bedingungen angenommen werden.

Über die Wirkung der Lichtverhältnisse auf das Zeitintervall der Blattbildung liegen je nach Versuchsbedingungen widersprüchliche Angaben vor (Anslow 1966). Es kann jedoch als sicher angenommen werden, daß eine starke Verminderung der eingestrahlten Lichtenergie durch Verringerung der Photosynthese auch die Blattbildungsrate reduziert (Bean 1964, Lebedev 1963, Mitchell 1954). Die Wirkung tritt jedoch offensichtlich später ein als die Abnahme der Bestockung unter gleichen Bedingungen. Ebenso vermindern Langtagverhältnisse die Rate der Blattbildung gegenüber Kurztagen (Ryle 1966a, b, Templeton u.a. 1961), wenn die Lichtmenge in beiden Photoperioden annähernd gleich ist. Beim Vergleich langer Sommertage mit kurzen Frühjahrs- oder Herbsttagen überwiegt jedoch der Einfluß der Lichtmenge, so daß mit Ansteigen der Tageslänge vom Frühling zum Sommer auch mit einer Beschleunigung der Blattbildung zu rechnen ist. Der positive Zusammenhang zwischen Blattflächenentwicklung und Lichtintensität gilt in gleichem Maße auch für andere Grünlandpflanzen, wie z.B. Weißklee (Beinhart 1960). Temperatur und Lichtverhältnisse beeinflussen nicht nur die Rate der Blattbildung, sondern auch die Form und Größe der Blätter (Evans u.a. 1964, Friend 1966, Jewiss 1966). Mit zunehmender Temperatur und Tageslänge sowie unter Beschattung kommt es zu starker Blattverlängerung der Gräser. Hohe Temperatur vermindert außerdem die Blattbreite und -dicke. Bei Beschattung auf 20% des Tageslichtes und 24 °C waren Blätter von *Lolium perenne* doppelt so lang wie unter vollem Tageslicht und 14 °C (Mitchell/Soper 1958). Die maximale Blattlänge wird für verschiedene Gräser- und Getreidearten bei Temperaturen zwischen 20 und 30 °C erreicht. Erhöhung der Lichtintensität führte bei Weizen zu kurzen, breiten und dicken Blattspreiten. Zunahme der Tageslänge bewirkte bei allen Lichtintensitäten jedoch eine Blattverlängerung (Friend 1966). Die Blattdicke wurde dagegen von der täglichen Gesamtstrahlung bestimmt und war am stärksten bei hoher Lichtintensität und langen Photoperioden. Auf Grund größerer Chlorophyllkonzentration je Flächeneinheit in dicken Blättern wird eine erhöhte apparente Photosynthese je Blattflächeneinheit angenommen (Friend 1966). Die Veränderungen in der Blattgröße und -form können auf Änderungen in der Zellenzahl, -größe und -form zurückgeführt werden, wobei verschiedene Steuerungssysteme wirksam werden (Forde 1966a).

Die mineralische Ernährung der Pflanzen beeinflußt das Blattwachstum der Einzelpflanze wie des Pflanzenbestandes in starkem Maße, wenn auch über ihre Wirkungen auf die einzelnen Komponenten des Blattwachstums weniger bekannt ist (Langer 1966). Aus zahlreichen Untersuchungen an Getreide und Gräsern bestätigt sich die wichtige Rolle der N-Ernährung für die Ausbildung der Blattfläche. An Einzelpflanzen wird hierbei die Gesamtzahl der Triebe meist ebenso beeinflußt wie die der Blätter (Langer 1959a). Die Blattbildungsrate des Einzeltriebes kann durch N-Düngung beschleunigt werden, wie aus einer Reihe von Untersuchungen hervorgeht (Blackman/Templeman 1938, Lebedev 1963, Ryle 1964a), oder unverändert bleiben (vgl. Anslow 1966). Die Unterschiedlichkeit der Ergebnisse ist aus dem jeweils angesetzten Nährstoffniveau und aus Wechselwirkungen mit anderen Umweltfaktoren und mit anderen Wuchserscheinungen der Pflanzen zu erklären. So ist aus Untersuchungen von Khalil (1956) an Weizen zu schließen, daß eine Beschleunigung der Blattbildung durch die N-Düngung nur eintritt, wenn die Kohlenhydratversorgung der Pflanzen durch entsprechende Lichtverhältnisse ausreichend ist. Ferner werden durch N-Düngung die Blätter verlängert, so daß auch bei unveränderter Blattbildungsrate eine größere Blattfläche je Trieb entsteht (Bunting/Drennan 1966). Weiterhin wird durch N-Mangel wie durch Lichtmangel die Bestockung stärker und eher reduziert als das Wachstum vorhandener Triebe.

Die Wirkung der Nutzung mit Entfernen eines großen Teils der Blattfläche auf die nachfolgende Neubildung von Blättern erscheint gleichfalls wesentlich von der Wechselwirkung mit anderen Faktoren bestimmt. Unter Bedingungen günstiger Assimilations- und Ernährungsverhältnisse hat die Entfernung von Blattgewebe durch die Nutzung keinen Einfluß auf die Rate, in der nachfolgend neue Blätter an einem vegetativen Trieb gebildet werden (Begg/Wright 1964). Unter verminderter Lichtintensität dagegen oder auch bei sehr tiefem Schnitt wird die nachfolgende Neubildung von Blättern in den ersten Wochen verzögert (Mitchell/Coles 1955). An Knaulgras konnten Davidson/Milthorpe (1965) zeigen, daß die Entfernung bereits entfalteter

Blattspreiten das Wachstum der sich entwickelnden Blätter in einem Trieb nicht beeinflußt, wenn die Versorgung der Wurzeln mit mineralischen Nährstoffen ausreichend ist. Entfernung sichtbarer Teile von sich entwickelnden Blättern hemmte jedoch ihr Wachstum stark. Weitere Hinweise über eine Verzögerung der Blattbildung von ganzen Pflanzen oder Pflanzenbeständen nach einer Nutzung sind oft nicht zu trennen von einer gleichzeitig verursachten Verminderung der Seitentriebbildung oder der Änderung des Mikroklimas im Pflanzenbestand durch die Nutzung (Anslow 1966). In der Verteilung und Nutzung der Assimilate in der Graspflanze nehmen die aktiven Meristeme, an denen Blattbildung stattfindet, offensichtlich eine Vorrangstellung ein, so daß bei reduzierter Verfügbarkeit von Assimilaten die Blattentwicklung an letzter Stelle gehemmt wird. Auch Untersuchungen über die Assimilation und Translokation mit radioaktivem CO_2 bei Weißklee zeigen, daß in den ersten Tagen nach einer Nutzung der Assimilattransport ausschließlich in die sich entfaltenden Blätter an den Vegetationskegeln erfolgt (Hoshino u.a. 1967). Die ersten Blätter, die nach einer Nutzung bei Weißklee gebildet werden, sind kleiner als die vorausgehenden bei gleichzeitiger Beschleunigung ihrer Entfaltung (Brougham 1966, Carlson 1966). Erst in den nachfolgenden Blättern wird allmählich die ursprüngliche Blattfläche und Blattstiellänge erreicht.

Die Zahl lebender und assimilierender Blätter an einem Trieb ist abhängig von der Rate, mit der neue Blätter entstehen und von der Lebensdauer des einzelnen Blattes bzw. der Absterberate der Blätter (Jewiss 1966). Sie ist je nach Genotyp verschieden und ändert sich mit den Umweltverhältnissen. Hierzu zählen nicht nur atmosphärische und edaphische Einflüsse, sondern auch die Dichte des Pflanzenbestandes (Sato u.a. 1965). In Untersuchungen von Ryle (1964a) mit 7 Gräserarten variierte sie zwischen 3 und 6. Nach Alberda (1966) finden sich an Trieben von *Lolium perenne* auch bei voller Belichtung nicht mehr als 4 lebende Blätter. Da die Zahl lebender Blätter je Trieb unter konstanten Umweltbedingungen konstant ist (Jewiss 1966, Hunt/Brougham 1966), muß unter günstigen Wachstumsbedingungen die Lebensdauer des einzelnen Blattes verkürzt sein und umgekehrt. Dies bestätigt sich auch für andere Grünlandpflanzen wie Weißklee (Brougham 1966).

Von den lebenden Blättern kommt den jüngsten die größte Bedeutung für das Wachstum der Pflanze zu. Nach Untersuchungen über die Photosynthese verschieden alter Blätter und über die Translokation der Assimilate in andere Pflanzenteile (Jewiss/Woledge 1967, Williams 1964) geht hervor, daß das jüngste sich entfaltende Blatt die größte Photosyntheseleistung aufweist, die nach voller Entfaltung mit dem Alter abnimmt.

Bestockung und Halmentwicklung

Grundlage der Seitentriebentwicklung, die bei Gräsern als Bestockung bezeichnet wird, sind die Seitenknospen, die fast gleichzeitig mit der Entstehung der Blattprimordien am Vegetationskegel ausdifferenziert werden (Bunting/Drennan 1966, Sharman 1945). In der Achsel eines jeden Blattes, auch der Koleoptile, ist eine Seitenknospe angelegt. Dies gilt mit der Ausnahme weniger Arten auch für das Prophyll, das erste spreitenlose Blatt eines Seitentriebes (Evans u.a. 1964). Die Seitenknospen wachsen in der Blattachsel bis zu einer bestimmten Größe heran, von der ab hemmende oder fördernde Einflüsse bestimmen, ob die Knospe in einem Ruhestadium verharrt oder sich zu einem Trieb entwickelt. Da Haupt- und Seitentriebe gleichartig aufgebaut sind, können Knospen und Triebe verschiedener Ordnung unterschieden werden, je nach der Stellung des Triebes an der Pflanze, an der sie entstehen.

Die potentiell mögliche Triebzahl einer Pflanze wird durch die Zahl der gebildeten Blätter und damit der vorhandenen Seitenknospen bestimmt. Die tatsächliche Zahl wird jedoch von Regulationsmechanismen in der Pflanze und deren Wechselwirkung mit verschiedenen Umweltfaktoren beeinflußt. Bereits die Stellung des 1. Bestockungstriebes an einer Keimpflanze ist nicht nur vom Genotyp, sondern auch von der Umwelt abhängig. So treibt bei *Lolium perenne* (Cooper 1958, Patel/Cooper 1961) und bei *Festuca rubra* (Rytova 1967b) häufig die Knospe in der Achsel des 1. Blattes aus, unter günstigen Bedingungen aber auch die in der Achsel der Koleoptile. Einzelne Genotypen von *Phleum pratense* können ähnlich reagieren, jedoch findet sich weit häufiger der 1. Seitentrieb nicht vor der 3. oder 4. Blattachsel (Cooper 1958, Langer 1956, 1963). Ähnlich variabel ist auch der Beginn der Bestockung an Seitentrieben.

Vor dem sichtbaren Erscheinen eines Seitentriebes muß eine bestimmte Anzahl von vorausgehenden Blättern voll entfaltet sein. Bei Weidelgrasformen sind dies 1–3 (Mitchell 1953a, Soper/Mitchell 1956) und bei Lieschgras 5 vollentwickelte Blätter (Langer 1956). Ryle (1964a) fand, daß sich zur Zeit der Entfaltung des 10. Blattes am Haupttrieb von *Lolium perenne* 5–6 und von *Phleum pratense* 2–3 Seitentriebe entwickelt hatten.

Unter gleichbleibenden günstigen Wachstumsbedingungen treiben die Seitenknospen entsprechend ihrer Anlage in aufwärts gerichteter Reihenfolge aus. Die Bestockungsrate am Einzeltrieb verläuft linear, die einer Einzelpflanze exponential (Alberda 1957, Evans u.a. 1964), bis sie durch äußere oder innere Faktoren ihre Begrenzung findet. Artbedingt entwickeln sich aus den Achselknospen nur Triebe, die mehr oder weniger aufrecht wachsen, oder teilweise Rhizome oder Stolonen, die horizontal die umgebende Blattscheide durchbrechen.

Mit dem Austreiben einer Seitenknospe entwickeln sich aus dem Knoten, an dem die Knospe sitzt, Adventivwurzeln, die eine selbständige Versorgung jedes Triebes mit Wasser und Nährstoffen begünstigen und seine individuelle Verselbständigung nach Abtrennung von der Mutterpflanze ermöglichen. In der Grünlandnarbe, in der eine Unterscheidung der Einzelpflanzen kaum möglich ist, kann der Einzeltrieb als Pflanzenindividuum aufgefaßt werden. Die physiologische Berechtigung dieser Auffassung bleibt umstritten (Langer 1963, Williams 1964), da eine Translokation von Assimilaten und Mineralstoffen von Mutter- zu Seitentrieben (Williams 1957) und umgekehrt möglich ist. In Versuchen mit Weidelgras wurde die Transportrichtung durch Entfernen oder Verdunkeln von Blättern verstärkt (Forde 1966b). Durch die Rhizome der Quecke jedoch erfolgt normalerweise keine Translokation von Assimilaten von der Tochter- zur Mutterpflanze. Auch die Größe eines Triebes und sein evtl. vorzeitiges Absterben wird durch seine Stellung an der Mutterpflanze beeinflußt. Neben korrelativen Steuerungen der Translokation wirken hierbei zusätzlich Konkurrenzerscheinungen im Wurzelraum und um Lichtverhältnisse innerhalb des Triebverbandes einer Einzelpflanze mit.

Die Lebensdauer eines Grastriebes kann je nach Genotyp, Konkurrenz- und anderen Umweltverhältnissen sehr verschieden lang sein. LANGER (1963) unterscheidet 3 Typen, die an derselben Pflanze auftreten können: 1. Triebe, die im Jahr ihrer Entstehung blühen und sterben, 2. Triebe, die erst im Jahr nach ihrem Austreiben blühen und absterben und 3. Triebe, die nicht zum Blühen kommen und nur wenige Wochen oder bis zu einem Jahr am Leben bleiben. Für die wichtigsten Futtergräser dauert der Lebenszyklus eines Triebes kaum länger als 1 Jahr, während für Arten wie *Nardus stricta* eine längere Lebensdauer möglich erscheint (PERSIKOVA 1959). Der Übergang zur Blütenbildung führt in jedem Fall für den Einzeltrieb zum Abschluß des Lebens, ob er bis zur Ausreifung der Samen stehenbleibt oder nach der ersten Halmverlängerung von Biß oder Schnitt erfaßt wird. Blütenbildung vermindert auch die Überlebensdauer anderer Grünlandpflanzen wie Rotklee oder Weißklee (GIBSON 1957, HOLLOWELL 1966).

Obwohl die Bestockung in enger Relation zur Blattbildung steht, unterliegt das Austreiben der Seitenknospen stärkeren Einflüssen der Außenfaktoren und der Ernährung der Pflanzen als die Blattbildung. Allgemein kann man sagen, daß alle Faktoren, die eine ausreichende Assimilatversorgung und Ernährung der Pflanzen begünstigen, die Bestockung fördern und umgekehrt. Korrelative Hemmungen der Seitenknospen sind besonders ausgeprägt, wenn bereits aktive Meristeme um ein geringes Nährsubstrat konkurrieren. Dies können unter bestimmten Bedingungen allein die Blattmeristeme sein, unter Faktoren aber, die zur Infloreszenzdifferenzierung und zu Halmschossen führen, in noch stärkerem Maße die Infloreszenzmeristeme und die interkalaren Meristeme der Halminternodien.

Bei der Wirkung des Lichtes sind Strahlungsmenge und Tageslänge zu trennen (BOMMER 1967). Die Strahlungsmenge fördert mit Verbesserung der Nettoassimilation die Entwicklung von Seitentrieben, ob verschiedene Lichtintensitäten bei gleicher Tageslänge oder verschiedene Tageslängen bei geringer Lichtintensität verglichen werden (AUDA u.a. 1966, EVANS u.a. 1964, HORROCKS 1967, MITCHELL 1953a). Bei Getreide wurde die Bestockungsrate mit einer Zunahme der Einstrahlung von 0,65–8,2 cal cm^{-2} h^{-1} mehr gefördert als die Blattbildungsrate (FRIEND 1966). Dies gilt auch, wenn innerhalb dieses Strahlungsbereiches Langtagbedingungen die Einstrahlung gegenüber Kurztag wesentlich verstärkt. Geringe Lichtintensität bzw. Beschattung vermindern die Bestockungsrate (BEAN 1964, BOMMER 1961b, LEBEDEV 1963, MITCHELL/COLES 1955).

Wird die Wirkung verschiedener Tageslänge bei gleicher, aber hoher Einstrahlungsmenge verglichen, hemmen Langtag- und fördern Kurztagbedingungen die Bestockung von Wiesenrispe, Knaulgras, Wiesenschwingel und Ausdauerndem Weidelgras (BOMMER 1967, RYLE 1966a, b). Das Wachstum des Einzeltriebes war in Untersuchungen von RYLE (1966a, b) im Langtag jedoch so vermehrt, daß trotz geringerer Triebzahl die Pflanzen einen höheren Gesamtertrag erzielten als im Kurztag. Die Bestockungshemmung durch Langtag ist noch stärker ausgeprägt, wenn Blütendifferenzierung und Halmentwicklung unter diesen Bedingungen ausgelöst werden (AUDA u.a. 1966, BOMMER 1962, EVANS u.a. 1964).

Auch der Einfluß der Temperatur muß jeweils unter Berücksichtigung der übrigen Außenfaktoren und der Vorgeschichte der Pflanzen untersucht werden. In Relation zur Blattbildung nimmt die Bestockungsrate mit der Temperatur bis zu einem Optimum zu (Mitchell 1956a). Jedoch liegt die Optimumtemperatur für die Bestockung tiefer als die für die Blattbildung (Evans u.a. 1964). Bei Weizen wurde unter zunehmender Temperatur von 10–25 °C die Blattbildung stärker vermehrt als die Bestockung (Friend 1966). Wärmere Temperaturen förderten bei ausreichender Einstrahlung und besonders in kurzen Photoperioden die Bestockung verschiedener Gräserarten (Amsberg 1965, Auda u.a. 1966, Bommer 1961b). Jedoch verlangsamt sich mit zunehmender Temperatur die Aktivierung der Seitenknospen verglichen mit der Blattentwicklung, so daß sich trotz größerer Bestockungsrate mehr ruhende Seitenknospen an einer Pflanze befinden als in kühlerer Temperatur. Diese ruhenden Knospen können bei einem Wechsel von warmer in kühle Temperatur aktiviert werden, so daß eine plötzliche Zunahme der Bestockung eintritt (Bommer 1962). Wahrscheinlich sind aus diesem Zusammenhang manche Befunde zu erklären, die eine Förderung der Bestockung durch niedrige Temperatur angeben (Alberda 1957). Die Temperaturoptima, die z.B. von Mitchell (1956a) für *Lolium perenne* mit 15 °C, für *Agrostis tenuis* und *Holcus lanatus* mit 20 °C und für *Dactylis glomerata* mit 25 °C angegeben werden, variieren mit dem Genotyp und mit der täglichen Einstrahlung. So war das Temperaturoptimum bei einer Lichteinstrahlung von 8 Stunden täglich bei verschiedenen Arten wesentlich geringer als bei 16 Stunden (etwa 20 °C) (Mitchell/Lucanus 1962).

Halm- und Blütenbildung der Gräser sind von starkem Einfluß auf die Bestockung der Gräser, aber auch auf die Ertragsleistung des ganzen Pflanzenbestandes, da mit dem Schossen das maximale Wachstum eines Grastriebes erreicht wird (Langer 1959a, Milthorpe/Davidson 1966). Thomas (1961) folgert aus Untersuchungen an Weißklee, daß durch die Bedingungen, die zur Blütenbildung führen, allgemein die Wachstumsprozesse in der Pflanze stimuliert werden. Die Änderung der Differenzierungsrichtung im Vegetationskegel eines Grastriebes, die in den Achseln von Blattanlagen die Primordien von Blütenstandszweigen und Ährchen entstehen läßt, entscheidet durch Entstehen der terminalen Infloreszenz auch über die Lebensdauer eines Triebes, und die nachfolgende Verlängerung des Halmes hebt den Vegetationskegel in den Bereich, in dem er von Schnitt oder Biß erreicht werden kann (Booysen u.a. 1963).

Die Physiologie der Blütenbildung von Futtergräsern und ihre Abhängigkeit von Umweltfaktoren ist in jüngster Zeit verschiedentlich zusammengefaßt dargestellt worden (Bommer 1961a, 1966, 1967, Evans 1964), so daß für das Detail hierauf verwiesen werden kann. Ausreichende Assimilation und Ernährung vorausgesetzt, bestimmen Temperatur und Tageslänge weitgehend Blühinduktion, Blütenanlage und -entwicklung zahlreicher Grünlandpflanzen. Alle praktisch wichtigen Arten sind nach der Abhängigkeit ihrer Blütenbildung von der Photoperiode Langtagpflanzen. Viele ausdauernde Gräserarten haben außerdem ein ausgeprägtes Vernalisationsbedürfnis, d.h., die Triebe müssen einer mehr oder weniger langen Periode kühler Temperatur ausgesetzt sein, bevor die Tageslänge für die Blühinduktion wirksam werden kann. Hierzu gehören Formen von *Agrostis tenuis, Bromus inermis, Alopecurus pratensis, Dactylis glomerata, Festuca pratensis, Festuca rubra, Lolium perenne* und *Poa pratensis*. Kurztagbedingungen können die Periode kühler Temperatur ganz oder teilweise ersetzen. Andere Arten, wie *Phleum pratense*, *Trisetum flavescens* und *Poa palustris*, sind dagegen in ihrer Blühinduktion von niedrigen Temperaturen weitgehend unabhängig.

Bevor die blühinduzierenden Außenfaktoren in einem Trieb wirksam werden können, muß dieser meist eine bestimmte Größe erreicht bzw. eine bestimmte Zahl von Blättern ausgebildet haben. Dies gilt für die meisten der genannten ausdauernden Arten in ihrer Reaktion auf Temperatur und/oder Kurztag, während winterannuelle Gräser und *Lolium perenne* bereits als Embryo im angekeimten Samen vernalisiert werden können. Die Empfindlichkeit in der Tageslängeninduktion nimmt bei Lieschgras bis zum 5. Blatt zu (Ryle 1963) und an Weißkleestolonen müssen wenigstens 3 Blätter ausgebildet sein, um Blühinduktion durch Langtag zu erreichen (Ridley 1967). In Untersuchungen von Schöberlein (1966) bildeten Herbsttriebe von *Dactylis glomerata*, *Phleum pratense*, *Festuca pratensis* und *Lolium perenne* weit häufiger im folgenden Frühjahr Infloreszenzen, wenn sie vor Winterbeginn 4–5 anstatt nur 2 bis 3 Blätter ausgebildet hatten. Aus zahlreichen Untersuchungen ist bekannt, daß in Grassamenbeständen die Hauptmasse der Blütentriebe bereits im Herbst des Vorjahres angelegt werden und daß die ältesten Triebe den höchsten Prozentsatz fertiler Triebe bilden (Lambert 1966a, b, 1967, Langer 1956, Ryle 1964b, Wilson 1959).

Seitentriebe kommen häufig nach einer geringeren minimalen Blattzahl zur Blütenbildung als der Haupttrieb (Ryle 1963). Verschiedentlich wird eine Übertragung der Blühinduktion vom Haupttrieb auf die Seitentriebe angenommen (Gillet 1967). Jedoch ist auch möglich, daß die juvenile Phase der Seitentriebe kürzer ist und ihre Induktion in relativ früheren Wachstumsstadien erfolgt (Bommer 1967), so daß im Frühjahrsaufwuchs von Mähweiden, je nach Art und Genotyp der Gräser, auch über die beiden ersten Nutzungen hinaus noch Blütentriebe entwickelt werden. Nach Fedorow (1964) liegt eine Besonderheit der ausdauernden Gräserarten darin, daß jeder Trieb die zur Blütenbildung führenden Prozesse getrennt durchlaufen muß. Bei vielen Formen mit ausgeprägtem Vernalisationsbedürfnis bleiben daher die vom Spätfrühling oder Sommer ab gebildeten Triebe vegetativ, bis sie im folgenden Winter Vernalisationsbedingungen durchlaufen haben.

Dem Heraustreten der Blütenstände aus der obersten Blattscheide geht das Schossen der Halme voraus und wird bis kurz vor dem eigentlichen Blühen, der sogenannten Anthese, fortgesetzt. Das Streckenwachstum der Halminternodien durch interkalare Meristeme, die über den Knoten lokalisiert sind, erfolgt normalerweise während fortgeschrittener Differenzierungsstadien der Infloreszenzen und erscheint mit der Entwicklung der Blütenstände gekoppelt. Die Streckung beginnt an den unteren Halminternodien zuerst und setzt sich nach oben fort.

Die Halmstreckung ist jedoch, wie man experimentell nachweisen kann, ein von der Blütendifferenzierung getrennter Prozeß, der besonders durch zunehmende Temperatur und Langtagbedingungen gefördert wird (Bommer 1960). So ist nach Beddows (1968) der Termin des Ähren- bzw. Rispenschiebens verschiedener Arten und Formen im Frühjahr nicht nur vom Zeitpunkt der Blütenanlage (Bommer 1959), sondern ebenso von der Wärmesumme während der Frühjahrsmonate abhängig, die vor allem das Halmwachstum beeinflußt. Bei *Agropyron repens*, *Arrhenaterum elatius*, *Bromus inermis, Phalaris arundinacea* und *Phragmites communis* schossen im Sommer auch Halme ohne oder mit stark reduzierter Blütenbildung (Bommer 1964, Kruijne 1963). Auch bei *Lolium perenne* werden gelegentlich verlängerte vegetative Triebe beobachtet, die stolonenartige Formen annehmen können (Kruijne 1958). Der Schoßvorgang erfaßt jedoch nicht die untersten Internodien eines Halmes. Bei Glatthafer z.B. beginnt der Schoßvorgang frühestens mit dem 5. Internodium. Auf dieser Erscheinung beruht, daß auch nach einem Schnitt bereits geschoßter Halme Seitenknospen und -triebe unter der Schnitthöhe verbleiben, die das Wachstum fortsetzen können. Unter bestimmten Bedingungen kann auch eine gewisse Verlängerung tiefer gelegener Internodien erfolgen. So verlängern sich bei Lieschgras im Sommer und Herbst basale Internodien, die sich verdicken und als Speicherorgane dienen (Sheard 1964). Eine Gefährdung der Überwinterung kann die Internodienverlängerung nach starkem Herbstwachstum im dichten Pflanzenbestand bedeuten, wie sie Baker (1956) bei Ausdauerndem Weidelgras beobachtet hat. Als Ursache kommen hierfür mikroklimatische Einflüsse, wie eine Änderung der spektralen Zusammensetzung des Lichtes im dichten Bestand, in Frage.

An Graspflanzen ist erst mit dem Einsetzen des Schoßvorganges eine deutliche Verminderung der Bestockung festzustellen. Es werden nicht nur die mit der Verlängerung der Internodien emporwachsenden Knospen am Austreiben gehemmt, sondern auch tiefer am ungeschoßten Teil des Halmes sitzende. An Einzelpflanzen kann es zu einem vollständigen Stillstand der Bestockung kommen oder zumindest zu einer starken Verminderung der Bestokkungsrate. Im Pflanzenbestand sterben außerdem junge vegetative Triebe ab, so daß eine Verminderung der Triebzahl in hochwachsenden Beständen vom Frühjahr zum Sommer typisch ist (Langer 1958, Lipinsky 1967). Die Seitenknospenhemmung geht vornehmlich von der mit dem Halm emporgehobenen Infloreszenz aus. Die Beseitigung junger Infloreszenzen kann die Bestockung stimulieren (Humphreys 1966) und bei Glatthafer nimmt die Seitenknospenhemmung mit der Größe der sich entwickelnden Infloreszenz zu (Bommer 1961b).

Die Bestockungshemmung setzt im Frühjahr bei Lieschgras schon vor der Infloreszenzanlage und bei Wiesenschwingel mit dieser zusammen ein (Langer u.a. 1964). Sie verstärkt sich mit Schossen und Rispenschieben und endet erst mit Ende der Anthese bzw. während der Samenreife. Um diese Zeit beginnt übereinstimmend bei verschiedenen Arten eine erneute Bestockungsperiode, die im Herbst ihr Maximum erreicht (Evans 1927, Lamp 1952, Lambert 1966a). Dieses Maximum kann gleich oder stärker sein als das erste während der Frühjahrsmonate.

Die Verminderung der Triebzahl vom Frühjahr zum Sommer auf Grund der Bestockungshemmung und des Alterns von vegetativen Seitentrieben wird teilweise in Zusammenhang mit der Sommerdepression des Grünlandwuchses gesehen (Alberda 1959). Häufigeres Schneiden von Lieschgras kann diesen Abfall der Triebzahl abschwächen (Langer 1959b), der allgemeine Verlauf der Bestockung wird durch Schnitt jedoch bei Wiesenschwingel nicht geändert. Das Rispenschieben wird zwar verhindert, die Infloreszenzanlage blühinduzierter Triebe aber nicht aufgehalten (Huokuma 1966). Nach Anslow (1967) werden bei 6wöchentlichem Schnitt von *Lolium perenne* weniger Blütentriebe gebildet als bei 3wöchentlichem. Trotzdem verminderte sich die Triebzahl/

Fläche von einem Maximum im April bis zum Juni auf die Hälfte. Die Reduzierung der Zahl der Blütentriebe bedeutete jedoch gleichzeitig eine Verminderung der Produktion.

Frühes oder spätes Rispenschieben beeinflußt wesentlich den Bestockungsverlauf beim Vergleich verschiedener Sorten, z.B. von *Lolium perenne* (SILSBURY 1964), und ein hoher Anteil von Blütentrieben steht bei dieser Art in negativer Korrelation zur Überlebungsfähigkeit der Pflanzen. Auch bei Weißklee vermindert Blütenbildung die Lebensdauer der Pflanzen, da die Zahl sekundärer Stolonen vermindert wird und ältere Pflanzenteile zum Absterben gebracht werden (CHOW 1967, KAWANABE u.a. 1967).

Die physiologischen Zusammenhänge der Seitenknospenhemmung mit der Blütentriebbildung werden noch nicht voll verstanden. Allgemein können sie aus einer Konkurrenz zwischen verschiedenen Pflanzenteilen oder genauer zwischen Meristemen der Hauptwachstumszonen einer Pflanze gedeutet werden (LANGER 1966). Wachsende Meristeme rangieren vor ruhenden, und korrelative Steuerungen durch Wuchshormone beeinflussen direkt oder indirekt die Verteilung von Assimilaten und anderen Bau- und Energiestoffen. Bei geringerer Verfügbarkeit von Photosyntheseprodukten und Nährstoffen ist die Seitenknospenhemmung stärker ausgeprägt als bei reichlicher Verfügbarkeit. Genotypische Unterschiede hängen möglicherweise mit verschiedenartigen Gleichgewichtszuständen von Wuchshormonen in der Pflanze zusammen.

Bei der Bedeutung des „Ernährungszustandes" einer Pflanze für den Bestockungsvorgang ist es verständlich, daß für viele Elemente der mineralischen Ernährung eine positive Beeinflussung der Bestockung festgestellt worden ist. So wirken N, P, K, Mg und Ca fördernd (EVANS u.a. 1964), wobei die Reihenfolge in der Wirksamkeit für die drei Hauptnährstoffe $N > P \gg K$ beträgt (LANGER 1966). Zahlreich sind Angaben über den fördernden Einfluß der N-Düngung (z.B. AUDA u.a. 1966, BOMMER 1961b, LANGER 1959a). Auch die Periodizität der Bestockung kann durch die Versorgung mit mineralischen Nährstoffen geändert werden. Ähnlich wie GREGORY und VEALE (1957) an anderen Pflanzen konnte ASPINALL (1961) mit Gerste zeigen, daß bei fortlaufender Nährstoffversorgung die Knospenhemmung infolge Blütentriebbildung stark abgeschwächt wird. Andererseits wird auch die Entwicklung des Einzeltriebes durch die Nährstoffversorgung beeinflußt. So verhindert N-Mangel viele Triebe verschiedener Gräserarten am Blühen (RYLE 1963, 1964b), hohe N-Düngung andererseits erhöht den Prozentsatz fertiler Triebe und kann auch bis zu einem gewissen Maße beschleunigend auf die Blütendifferenzierung wirken (LANGER 1959).

In Teilzusammenhang mit der Nährstoffversorgung steht auch die Wirkung der Konkurrenz auf die Bestockung. Im Pflanzenbestand wirken Konkurrenz im Wurzelraum um Nährstoffe und Wasser ebenso wie Konkurrenz um Licht in der Blattregion eine Rolle. Ferner ist an eine gegenseitige stoffliche Beeinflussung von Pflanzen zu denken und an korrelative Wirkungen innerhalb der Einzelpflanze. Verminderung der Bestockung und Abnahme der Triebzahl je Pflanze mit zunehmender Dichte des Pflanzenbestandes ist eine immer wieder festzustellende Erscheinung (BAKER 1956, BEAN 1964, DONALD 1958, RHODES 1968, SATO u.a. 1965, SMELOW 1958). Selbst an freistehenden Einzelpflanzen werden mit zunehmendem Alter Konkurrenzerscheinungen zwischen den einzelnen Trieben wirksam. So konnten DAVIS/LAUDE (1964) an *Bromus inermis* zeigen, daß der aus den Pflanzen herausgetrennte Haupttrieb mit 3 primären Seitentrieben eine größere Gesamttriebzahl erzeugte als intakte Pflanzen. Im Innern relativ junger vegetativer Glatthaferpflanzen wurden trotz günstiger Wachstumsbedingungen bereits ruhende Seitenknospen gefunden (BOMMER 1961b).

Der Einfluß der Nutzung auf die Bestockung kann je nach Entwicklungszustand der Pflanzen und den Wechselwirkungen mit anderen Umweltfaktoren variieren. Da die Aktivierung von Seitenknospen in starkem Maße von der Assimilatversorgung eines Triebes abhängt, führt die Entfernung der jüngsten und am stärksten assimilierenden Blätter durch eine Nutzung zu einer periodischen Bestockungshemmung (AUDA u.a. 1966, BOMMER 1961b, MITCHELL 1953b, MILTHORPE/DAVIDSON 1966, POZO IBANEZ 1963). Ferner kann die Triebzahl je Flächeneinheit bei einer größeren Anzahl schossender Triebe vermindert werden (LANGER/WARD 1959, MILTHORPE/DAVIDSON 1966). Die Beseitigung schossender Triebe führt andererseits zu einer Verkürzung ihres hemmenden Effektes und ermöglicht eine raschere Aktivierung der Seitenknospen einschließlich eines stärkeren Lichteinfalles in den Bestand, so daß nach Überwindung der nutzungsbedingten Bestockungshemmung häufiger genutzte Flächen eine größere Triebzahl aufweisen können als wenig genutzte (HUMPHREYS 1966), worauf weiter oben bereits eingegangen wurde.

Gute Bestockung ist von Bedeutung für raschen Bestandesschluß nach einer Ansaat, für das Schließen von Lücken nach Narbenverletzung, für den Neuaustrieb nach einer Nutzung und für die Überdauerungsfähigkeit der Pflanzen. Die kompensatorische Wirkung zwischen Triebgröße und Triebzahl verringert ihre Bedeutung für den Ertrag eines Grünlandbestandes (HUMPHREYS 1966). Da schossende Blütentriebe maximales Wachstum erreichen, wird die Größe der Substanzproduktion nach einer Nutzung bei *Lolium perenne* z.B. davon bestimmt, wie stark der Anteil verbleibender intakter Blütentriebe ist (MILTHORPE/DAVIDSON 1966). Die Wachstumsspitze der Grünlandproduktion im Frühjahr ist ebenfalls auf den hohen Anteil schossender Blütentriebe zurückzuführen. Bei Einzelpflanzen von *Lolium perenne* kann je nach Genotyp die Wachstumsrate mehr durch Bestockung oder mehr durch das Einzeltriebwachstum bestimmt sein (TROUGHTON 1968), wobei je nach Tageslänge und Temperaturbedingungen durch größere Einzeltriebgewichte oder stärkere Bestockung höhere Erträge erzielt werden (FEJER 1955).

Rhizom- und Stolonenbildung

Die den Wuchstyp einzelner Arten bestimmende Entwicklung von Seitenknospen zu Rhizomen oder Stolonen unterliegt wie die Bestockung starken Umwelteinflüssen. Für *Poa pratensis*, *Phalaris arundinacea* und *Agrostis canina* wurde ein Maximum des Rhizom- bzw. Stolonenwachstums bei stärkerem Lichtgenuß, sei es in Intensität oder Tageslänge, festgestellt (EVANS u.a. 1964, EVANS/WATKINS 1939, ALLARD/EVANS 1941, MOSER 1967, LEBEDEV 1963). Das Temperaturoptimum für das Rhizomwachstum soll wie für das Wurzelwachstum niedriger liegen als für das Triebwachstum (EVANS u.a. 1964). Nach genaueren Untersuchungen von PALMER (1958) beschleunigen jedoch hohe Temperatur und geringe Lichtintensität das Austreiben von Rhizomen an *Agropyron repens*, und SCIBRJA (1961) berichtet, daß mit Belichtung an den

Basisknoten von *Agropyron repens* und *Bromus inermis* Seitentriebe entstehen, ohne Belichtung jedoch Rhizome. Ob eine Seitenknospe in den Achseln der unteren Blätter zum Seitentrieb oder Rhizom auswächst, kann durch die N-Ernährung stark beeinflußt werden (DEXTER 1936, EVANS u.a. 1964, MCINTYRE 1964). Bei geringer N-Versorgung treiben bis zu 90% der Knospen in den Achseln der beiden ersten Blätter der Quecke zu Rhizomen aus, bei hoher N-Düngung jedoch zu Seitentrieben und nur 5% zu Rhizomen (MCINTYRE 1964).

Wurzelbildung

Die Wurzelmasse wird von der je Pflanze entwickelten Zahl von Wurzeln, ihrer Länge und Dicke, ihrem Gewicht und ihrer Verzweigung bestimmt. Die Dynamik der Wurzelbildung hängt von der Rate der Neubildung von Wurzeln, der Wachstumsrate der Wurzeln und ihrer Lebensdauer ab. Die Wurzelbildung steht in enger Relation zu Wachstum und Entwicklung der oberirdischen Pflanzenteile, unterliegt aber beim Vergleich verschiedener Genotypen von *Lolium perenne* einer größeren Variabilität als die oberirdische Pflanze (TROUGHTON 1965).

Die Zahl der Adventivwurzeln steht in enger Relation zur Bestockung (COOPER 1958, BOMMER 1961b, GARWOOD 1967), da mit dem Austreiben jeder Achselknospe fast gleichzeitig im zugehörigen Knoten Wurzeln gebildet werden. SOPER/MITCHELL (1956) fanden bis zu 4 Adventivwurzeln an den Knoten von *Lolium perenne*. Aber auch bei Hemmung der Achselknospen können an den zugehörigen Knoten Wurzeln entstehen (BOMMER 1961b, JAQUES/SCHWASS 1956). Waren die Knospen infolge hoher Temperatur und geringer Lichtintensität gehemmt, bildeten sich dünne, kurzlebige Wurzeln mit schwachem Anteil der Wurzelrinde (Cortex) (SOPER/MITCHELL 1956). Im allgemeinen aber wird die Wurzelzahl in ähnlicher Weise durch Umweltfaktoren, wie Lichtintensität, Düngung und Nutzung, beeinflußt wie die Bestockung (AUDA u.a. 1966, TROUGHTON 1967).

Alle Einflüsse, die die Nettoassimilation der Pflanze verringern, vermindern das Wurzelwachstum meist stärker als das Triebwachstum. Dies gilt z.B. für hohe Temperatur und geringe Lichteinstrahlung (BEARD 1959, BOMMER 1961b, GARWOOD 1968, HORROCKS 1967, LEBEDEV 1963). MILTHORPE/DAVIDSON (1966) fanden, daß gleichzeitig mit der Hemmung des Wurzellängenwachstums von Knaulgras durch die Nutzung die Wurzelatmung sich auf 1/3 und die P-Aufnahme der Wurzeln auf 1/5 des Betrages vor der Nutzung verringerten. Die Wurzelaktivität wurde erst wieder hergestellt, nachdem die neugebildete Blattfläche eine beträchtliche Größe erreicht hatte.

Änderungen der Wurzelmasse verlaufen nicht gleichartig mit Änderungen der oberirdischen Pflanzenmasse. Bei starker Zunahme der Sproßmasse wird das Verhältnis dieser zur Wurzelmasse erweitert. Dies tritt besonders bei hoher Düngung, guter Wasserversorgung, aber auch reichlicher Blütentriebbildung ein (TROUGHTON 1967, 1968).

Die Wurzeln der ausdauernden Futtergräserarten sind relativ kurzlebig. Der Absterbeprozeß der Cortex, die als Kohlenhydratspeicher dient, ist im Frühjahr beschleunigt (JAQUES 1956), und Wurzeln von Ausdauerndem Weidelgras, die in dieser Zeit gebildet werden, leben 2–3 Monate kürzer als im Herbst entstandene (GARWOOD 1967). Der Absterbeprozeß wird durch Blütenbildung und hohe Temperatur beschleunigt (BOMMER 1961b, SOPER 1958). Ähnliche Verhältnisse gelten auch für Weißklee, bei dem die Entwicklung nodaler Wurzeln die Überlebensfähigkeit jüngerer Pflanzenteile (Stolonen) sicherstellt, wenn die Pfahlwurzeln oder die Wurzeln an älteren Knoten abgestorben sind (UENO u.a. 1967, UENO/YOSHIHARA 1967). Die Pfahlwurzeln von Hornklee (*Lotus corniculatus*) können dagegen bis zu 20 Jahren funktionsfähig bleiben (MIKHAILOVSKAYA 1967).

4. Pflanzenarten und Pflanzengemeinschaften

Die wichtigsten Arten

An der Zusammensetzung des deutschen Grünlandes im weiteren Sinne, d.h. einschließlich der ödlandartigen Flächen, sind weit über 1000 Arten höherer Pflanzen beteiligt. In mehr als 5000 vom Verfasser und seinen Mitarbeitern (KLAPP 1965a) gesammelten Bestandsaufnahmen wurden, abgesehen von extremen Fällen (Vegetation versalzter und alpiner Lagen), rund 700 Arten angetroffen. Ein großer Teil von ihnen ist von geringer Häufigkeit und Verbreitung; so fanden sich kaum 20 Arten in mehr als 50% der untersuchten Flächen, dagegen etwa 350 Arten in weniger als 1%.

In Tab. a werden die nach Häufigkeit oder Mengenanteil wichtigsten 81 Arten genannt, und zwar nur für das Wirtschaftsgrünland im engeren Sinne (S. 122):

I. Dauerweiden (ohne Hutungen und andere Ödlandweiden).
II. Mehrschürige Wiesen mäßig trockener bis mäßig feuchter Lagen.
III. Dasselbe für feuchte bis reichlich feuchte Lagen.

Die senkrecht zu lesenden Spalten 1–3 geben die Häufigkeit der Arten in Prozent der Bestandsaufnahmen, die sogenannte „Stetigkeit“, an. Die Reihenfolge richtet sich dabei nach abnehmender Stetigkeit bei I., II., III. Daraus läßt sich erkennen, welche Arten ihre Hauptverbreitung in den Weiden (I) gegenüber ihrem Vorkommen in Wiesen (II, III) haben; ferner, wie sich das Artvorkommen im Vergleich der beiden Feuchtestufen von Wiesen verhält.

In den Spalten 4–6 finden sich Angaben über den durchschnittlichen Anteil der Arten am Aufbau des Pflanzenbestandes („Dominanz“); hierbei handelt es sich um Schätzwerte („Ertragsanteilschätzung“) (KLAPP/STÄHLIN 1936, WACKER 1942/43, ARENS 1958a). Zusammengerechnet ergeben diese Werte etwa 85% des Pflanzenbestandes der in der Liste verwendeten Aufnahmen und von diesen 85% entfallen rund 64% auf „Süßgräser“, 9% auf Stickstoffsammler (Klee-, Wicken-, Platterbsenarten) und 27% auf sonstige Kräuter und „Sauergräser“. Bei Einschluß der Ödlandflächen würde sich ein höherer Anteil der dritten Gruppe zu Lasten des Grasanteils ergeben.

Die Ertragsanteile der einzelnen Arten erscheinen in dieser Tabelle überraschend klein; es handelt sich eben um Mittelwerte großer Zahlen von Aufnahmen (I = 1680, II = 1380, III = 630).

Im Einzelfall können viele Arten sehr hohe Ertragsanteile erreichen: etwa 80 Arten über 20%, davon 43 über 50% und 11 sogar über 90%. In Weiden

Tab. a. Die wichtigsten Pflanzen des Wirtschaftsgrünlandes

		Stetigkeit % (Häufig-keit)			Menge % (Dominanz)							
		I	II	III	I	II	III	RZ	FZ	NZ	WZ	
		1	2	3	4	5	6	7	8	9	10	
Trifolium repens	E	**97**	80	64	**7,1**	2,0	0,9	3	4	4	8	Weißklee
Festuca rubra	A	**91**	95	85	**23,3**	11,9	7,3	3	4	3	4/5	Rotschwingel
Agrostis tenuis		**88**	57	26	**11,1**	4,1	1,8	2	4	3	5	Rotes Straußgras
Taraxacum off.	B	**82**	81	42	**2,2**	1,6	0,4	4	4	5	5	Löwenzahn
Poa pratensis	A	**80**	70	46	**5,9**	2,9	1,8	3	4	4	8	Wiesenrispengras
Cerastium vulg.	A	**78**	76	58	**0,1**	0,1	0,1	3	4	3	3	Hornkraut
Cynosurus crist.	E	**74**	56	41	**3,1**	1,7	1,2	3	4	3	6	Kammgras
Bellis perennis	E	**64**	54	38	**0,6**	+	+	4	4	4	2	Gänseblümchen
Lolium perenne	E	**59**	11	4	**9,2**	0,3	0,1	4	4	5	8	Deutsches Weidelgras
Lotus cornicul.		**47**	38	2	**0,6**	0,4	+	3	3	2	7	Hornklee
Hypochoeris radic.		**43**	17	–	**0,5**	0,1	–	2	3	2	1	Ferkelkraut
Phleum pratense	E	**40**	26	19	**0,7**	0,2	0,2	3	6	4	8	Lieschgras, Timothe
Poa annua		**38**	+	–	**0,3**	+	–	4	6	5	5	Jähriges Rispengras
Pimpinella saxifr.		**32**	26	–	**0,1**	0,1	–	3	3	2	5	Kleine Pimpinelle
Leontodon antumn.	E	**27**	20	11	**0,2**	0,2	0,1	3	4	3	5	Herbstlöwenzahn
Plantago maior		**27**	–	–	**0,2**	–	–	4	6	4	2	Breitwegerich
Potentilla erecta		**25**	18	19	**0,2**	0,2	0,1	2	4	1	2	Blutwurz
Festuca ovina		**23**	16	5	**1,5**	1,1	0,3	2	3	2	3	Schafschwingel
Nardus stricta		**18**	16	12	**0,2**	0,1	0,1	1	4	1	2	Borstgras
Ranunculus nemor.		**17**	11	–	**0,1**	+	–	2	4	2	1	Waldhahnenfuß
Agropyron repens		**12**	5	3	**0,2**	0,2	+	4	6	5	6	Quecke
Trifolium pratense	A	75	**92**	75	0,5	**4,5**	2,2	3	4	3	7	Rotklee
Plantago lanceolata	A	78	**90**	55	1,4	**2,7**	1,0	3	4	3	6	Spitzwegerich
Ranunculus acer	A	72	**90**	82	0,8	**1,6**	1,9	3	6	3	–1	Scharfer Hahnenfuß
Rumex acetosa	A	64	**90**	79	0,4	**1,1**	1,0	3	5	3	4	Sauerampfer
Chrysanthemum leuc.	B	52	**88**	56	0,9	**1,6**	0,7	3	4	2	2	Margerite
Trisetum flavesc.	B	39	**78**	22	0,9	**3,9**	0,4	3	4	4	7	Goldhafer
Achillea millef.	B	71	**77**	21	1,0	**1,0**	0,3	3	4	4	5	Schafgarbe
Anthoxanthum odor.		34	**75**	79	1,8	**2,8**	1,7	2	5	3	3	Ruchgras
Veronica chamaed.	B	39	**70**	19	0,1	**0,3**	0,1	3	4	3	2	Gamander-Ehrenpreis
Dactylis glomerata	B	**54**	**65**	13	2,1	**2,8**	0,2	4	4	5	7	Knaulgras
Heracleum sphond.	D	14	**65**	13	+	**2,7**	0,1	4	4	5	5	Bärenklau
Centaurea jacea	A	36	**60**	44	0,2	**0,9**	0,4	3	5	3	3	Wiesen-Flockenblume
Alopecurus prat.	A	20	**56**	56	0,6	**4,2**	3,3	3	6	5	7	Wiesenfuchsschwanz
Alchemilla vulg.		32	**55**	13	0,4	**1,0**	+	2	4	3	5	Frauenmantel
Briza media		30	**52**	49	0,2	**0,8**	0,8	2	4	2	5	Zittergras
Leontodon hisp.	A	23	**52**	19	0,2	**1,1**	0,2	3	5	3	5	Rauher Löwenzahn
Avena pubescens	B	14	**47**	25	0,7	**0,8**	0,8	4	3	3	4	Flaumhafer
Arrhenatherum elat.	D	6	**45**	5	0,1	**4,8**	0,2	4	4	5	7	Glatthafer
Anthriscus silv.	D	7	**44**	2	+	**1,6**	+	4	4	5	4	Wiesenkerbel
Vicia cracca	A	22	**43**	22	0,1	**0,3**	0,2	3	5	3	6	Vogelwicke
Bromus mollis	D	18	**38**	7	0,5	**1,0**	0,1	3	4	4	3	Weiche Trespe
Galium mollugo	D	13	**38**	8	+	**0,5**	0,2	4	4	4	3	Wiesenlabkraut
Colchicum autumnale		1	**37**	32	+	**0,5**	0,5	4	6	3	–1	Herbstzeitlose
Trifolium dubium	B	33	**37**	28	0,5	**0,6**	0,4	3	4	3	6	Fadenklee
Crepis biennis	D	3	**36**	7	+	**0,8**	0,1	4	4	4	4	Wiesenpippau
Knautia arvensis	B	16	**34**	2	0,1	**0,3**	+	3	3	3	2	Witwenblume
Vicia sepium	B	14	**34**	2	+	**0,3**	+	4	4	4	6	Zaunwicke
Hypericum macul.		10	**33**	3	+	**0,2**	+	2	4	2	1	Gefl. Johanniskraut

Tab. a. Fortsetzung

		Stetigkeit % (Häufigkeit)			Menge % (Dominanz)							
		I	II	III	I	II	III	RZ	FZ	NZ	WZ	
		1	2	3	4	5	6	7	8	9	10	
Pimpinella magna	B	3	**33**	29	+	**0,5**	0,2	4	5	4	5	Große Pimpinelle
Campanula rotund.		23	**31**	+	+	+	+	3	3	3	3	Rundbl. Glockenblume
Tragopogon orient.	D	1	**29**	4	+	**0,2**	+	4	4	4	4	Wiesenbocksbart
Cirsium oleraceum	F	10	**28**	13	+	**0,1**	1,0	4	7	3	4	Kohldistel
Luzula sp.		24	**28**	28	0,9	**0,9**	0,8	2	3	1	2	Hainsimsen-Arten
Daucus carota	D	10	**24**	8	+	**0,2**	0,1	4	4	3	3	Wilde Möhre
Geranium silvaticum		–	**15**	+	–	**0,3**	+	3	4	3	2	Waldstorchschnabel
Medicago lupulina		7	**15**	7	+	**0,1**	+	4	3	2	7	Gelbklee
Holcus lanatus	A	68	87	**87**	2,9	3,8	**5,3**	3	6	4	4	Wolliges Honiggras
Lychnis flos-cuc.	C	16	36	**81**	+	0,1	**1,2**	3	7	3	1	Kuckuckslichtnelke
Poa trivialis	A	56	65	**69**	2,6	2,8	**3,0**	3	6	5	7	Gemeines Rispengras
Festuca pratensis	A	52	60	**67**	2,8	3,3	**4,0**	4	5	4	8	Wiesenschwingel
Carex sp.		–	–	**65**	–	–	**6,5**	–	–	–	–	Sauergras-Arten
Ranunculus repens		52	21	**64**	0,7	0,3	**1,9**	3	7	4	2	Kriechhahnenfuß
Lotus uliginosus	F	10	20	**61**	0,1	0,2	**1,1**	3	8	2	7	Sumpfhornklee
Caltha palustris	F	–	–	**60**	–	–	**0,2**	2	8	2	–1	Sumpfdotterblume
Lathyrus pratensis	A	16	58	**58**	+	0,6	**0,9**	4	6	3	7	Wiesenplatterbse
Filipendula ulmar.	C	1	20	**57**	+	0,1	**0,9**	3	8	3	3	Mädesüß
Deschampsia caesp.	C	22	28	**54**	0,3	0,6	**1,7**	3	7	3	3	Rasenschmiele
Polygonum bist.	F	7	33	**49**	+	1,2	**1,7**	2	6	3	4	Wiesenknöterich
Cirsium palustre	C	12	7	**47**	+	+	**0,5**	2	8	2	0	Sumpfdistel
Sanguisorba off.	C	10	38	**45**	+	1,6	**3,1**	3	7	3	5	Wiesenknopf
Scirpus silvaticus	F	–	–	**40**	–	–	**1,8**	3	8	3	2	Waldsimse
Angelica silvest.	C	–	13	**38**	–	+	**0,6**	2	7	3	2	Engelwurz
Bromus racemosus	F	2	11	**38**	+	0,2	**1,1**	4	7	3	4	Traubentrespe
Equisetum palustre	C	3	4	**35**	+	+	**0,6**	3	8	2	–1	Sumpfschachtelhalm
Juncus sp.		2	–	**32**	+	–	**6,7**	–	–	–	–	Binsen-Arten
Silaum silaus	C	–	15	**29**	–	0,2	**1,7**	4	7	3	2	Wiesensilge
Rhinanthus sp.		–	6	**25**	–	+	**0,6**	–	–	–	–1	Klappertopf-Arten
Agrostis alba		20	7	**27**	1,4	0,1	**0,7**	4	8	4	7	Weißes Straußgras
Molinia coerulea	C	–	4	**22**	–	0,2	**1,1**	2	8	1	2	Pfeifengras
Stachys officinal.	C	4	7	**9**	+	+	**0,1**	2	6	2	2	Heilziest

Erklärung der Großbuchstaben A–F (S. 123)

Stetigkeit = Häufigkeit des Vorkommens in % der Bestandsaufnahmen

Menge = Geschätzter Ertragsanteil

I = „Fett"- und Magerweiden (ohne Ödlandweiden)
II = Vorwiegend mäßig trockene bis mäßig feuchte Wiesen
III = Vorwiegend feuchte bis sehr feuchte Wiesen

alle ohne Rücksicht auf Höhenlage und Nährstoffzustand

RZ = Reaktionszahl (S. 110)
FZ = Feuchtezahl (S. 109)
NZ = Stickstoffzahl (S. 112)
WZ = Wertzahl (S. 108)

sind z.B. *Lolium perenne, Poa pratensis, Festuca rubra* zuweilen mit 80–95% des Aufwuchses vertreten.

Stetigkeit und Dominanz gehen natürlich oft ganz verschiedene Wege; das Gemeine Hornkraut (*Cerastium vulgatum*), mit 78% sehr häufig, tritt in der Regel nur in sehr geringer Menge auf. Andere, gar nicht besonders häufige Arten bringen es dagegen auf ihnen zusagenden Standorten nicht selten zur Vorherrschaft.

Die Grundlagen der Tab. a entstammen mehreren Jahrzehnten; sie unterliegen ständigen Veränderungen, z.B. durch Meliorationen, vor allem aber durch Intensivierung der Nutzung und Düngung. In Weiden höchster Intensität schwinden viele Arten, während die „geborenen" Weidepflanzen an Häufigkeit und Menge gewinnen.

Auf die Spalten 7–9 der Tab. a ist noch zurückzukommen. Spalte 10 enthält in Zahlen eine Bewertung der im lebenden Bestand vorhandenen Pflanzen[1] (Wertzahl = WZ nach KLAPP/BOEKER/KÖNIG/STÄHLIN 1953). Dieser Bewertung liegen die in Praxis und Literatur vorhandenen Beurteilungen sowie Freilandbeobachtungen an weidenden Tieren (IVINS 1955, BOHNE 1955) zugrunde (S. 415). Die als Vorbild dienende Einstufung von KRUIJNE/DE VRIES (zuletzt 1960) wird den recht einheitlichen niederländischen Verhältnissen gerecht, nicht aber der Fülle unserer Grünlandformen, besonders nicht derjenigen der Wiesen und Höhenlagen. Von uns wurden die Arten in 10 Wertstufen eingeteilt, und zwar bezeichnet die

Stufe 8 (als höchste): in jeder Hinsicht vollwertige Futterpflanzen,
Stufe 0: als Futter ganz wertlose Pflanzen,
Stufe −1: ausgesprochen gesundheitsschädliche (giftige) Arten (siehe S. 108).

Eine gerechte, für alle Fälle zutreffende Bewertung (S. 411) ist nahezu unmöglich; es gibt kaum eine Pflanzenart, die nicht doch irgendwann einmal gefressen wird, aber auch kaum eine Art, die nicht bei einseitigem Vorherrschen oder in vorgerücktem Wuchsstadium doch einmal verschmäht wird. – Manche Einstufungen werden auf Widerspruch stoßen. Indessen entsprechen die für ganze Pflanzenbestände berechneten mittleren Wertzahlen weitgehend der praktischen Beurteilung des Futterwertes; sie eignen sich vornehmlich für den Vergleich soziologisch (S. 113) deutlich verschiedener Bestände, befriedigen aber weniger beim Vergleich nahe verwandter Wirtschaftsflächen; hier können an sich hochwertige Pflanzen sehr stark zu Buch schlagen (z.B. Weißklee), auch wenn ein hoher Bestandsanteil gar nicht erwünscht ist.

Für die Summe der in Tab. a genannten Arten lauten die gewonnenen Mittel der WZ:

$$A = 5{,}72, \quad B = 5{,}38, \quad C = 4{,}14.$$

Als wirklich brauchbare Futterpflanzen sind bestenfalls die Stufen 4–8 mit zusammen etwa 67% = 2/3 des Gesamtbestandes zu rechnen; der Rest ist als minderwertige oder gar wertlose Füllmasse oder endlich als in jedem Zustande giftig anzusehen.

[1] Nicht der als Heu geworbenen; siehe Heubewertung S. 505. Auch eine frühere Einstufung des Verfassers (KLAPP 1949) berücksichtigt die Werbungseignung und andere Eigenschaften der Arten.

Grundlagen des Artvorkommens

Man hat sich in großem Umfang darum bemüht, das Verhalten der Pflanzen gegenüber Umweltfaktoren zu ergründen, Optima der Wasserversorgung, der Bodenreaktion, der Düngeweise zu finden. Soweit dies bei Einzelpflanzungen oder Reinkulturen, etwa in Gefäßversuchen, geschah, lassen sich die Befunde selten auf Arten im Gemisch der Grasnarbe übertragen; umgekehrt kann man vom Vorkommen einer Art im Grünland nicht ohne weiteres auf das für sie geltende Optimum der Umweltfaktoren schließen.

Ellenberg (1952c, 1956) weist, auf überzeugende Beispiele gestützt, nach, daß die Grundlagen besten Gedeihens in einem gemischten Pflanzenbestande („Ökologisches Optimum") meist und oft sehr stark von denen besten Gedeihens in Reinkultur („Physiologisches Optimum") abweichen; schon wenige im Bestand vorhandene Konkurrenten können das Optimum eines Faktors für eine Art wesentlich verschieben. Bei einem Grundwasserversuch (Lieth/Ellenberg 1958) fand sich, daß ein in Pflanzengemeinschaften als trockenhold geltendes Gras (*Bromus erectus*, Aufrechte Trespe) bei Reinkultur (= Fernhalten von Konkurrenz) am besten auf feuchtem bis nassem Boden gedieh. Bereits Pallmann wies darauf hin, daß eine Art ohne konkurrierende Nachbararten viel mehr verschiedene Standorte besiedelt als im gemischten Bestand.

Über die Wirkungen der natürlichen Standortfaktoren auf das Grünland im ganzen wird das Wesentliche auf S. 27 ff. gesagt. Für das Verhalten der einzelnen Art gilt es Anhaltspunkte zu finden, die auch eine Beurteilung des ganzen Pflanzenbestandes zu kombinieren erlauben.

Man mag über die Bedeutung der Umweltfaktoren für das Vorkommen der Arten streiten. Nächst der Konkurrenz (S. 340) sind es von den Naturfaktoren vor allem die Wasserverhältnisse und ihre Wechselwirkung mit dem Boden, die ihr Auftreten bestimmen.

Die üblichen Abstufungen des Feuchtegrades von „trocken" oder gar „dürr" bis zu „naß" oder gar häufig„ überflutet" sind nicht objektiv genug; exakte Feststellungen sind angesichts der Dynamik des Bodenwassers außerordentlich schwierig, oft unmöglich. So ist man auf Erfahrungswerte und Rückschlüsse aus der Beobachtung angewiesen. Von faßbaren Grundwasser- und Entwässerungsdaten ausgehend, haben wir (Klapp/Stählin 1933) eine Gruppierung von Wiesenpflanzen in 4 Klassen der Feuchtigkeitsansprüche versucht. Seither sind die Erfahrungsgrundlagen für Rückschlüsse aus der Artenkombination hydrologisch gut definierter Standorte auf das mutmaßliche ökologische Feuchte-Optimum der Arten erheblich angewachsen. Ellenberg gab (1952b) Feuchtezahlen (FZ) für eine große Zahl von Arten an; er unterscheidet 6 Artengruppen verschiedener Feuchteansprüche mit einigen Zwischenstufen, dazu eine Gruppe indifferenter Arten, insgesamt 10 Gruppen; sie werden ergänzt durch Hinweise auf Arten, die extrem wechselfeuchte Standorte („w") oder Überschwemmungsflächen bevorzugen („ü").

Wir haben den Begriff der Feuchtezahlen mit 10 Gruppen übernommen; Abweichungen von Ellenbergs Skala werden in Klapp 1965a begründet. Wie auch später bei den R- und N-Zahlen (S. 110, 112) haben wir bei Arten mit großer Breite des Vorkommens oder undeutlichem Optimum die Bewertung mit 0 (z.B. F_0 bei Ellenberg) nicht vorgenommen. In der Regel findet sich doch ein gewisser Schwerpunktbereich bei jeder Art. Die mehr oder weniger indifferenten Arten wurden von uns daher bei einem mittleren Wert eingeordnet.

Nach unseren Feuchtezahlen fallen in

Gruppe 1: Arten, die im Wirtschaftsgrünland überhaupt nicht vorkommen, sondern nur in steppenähnlichen Lagen;

Gruppe 10: langfristig im Wasser wachsende Ufer- und Sumpfflanzen.

Zur Kontrolle zogen wir außer der mitteleuropäischen Literatur die umfangreichen Angaben von Ramenskij und Mitarbeitern aus der Sowjetunion heran. In Tab. a gibt die Spalte 8 (FZ) die Feuchtezahlen an. Hier sucht man Arten der dürren und trockensten Feuchtestufen (1,2) vergeblich, auch solche der noch ständig trockenen Lagen (3) sind selten; der Grund dafür liegt im Ausscheiden der ödlandartigen Trocken- und Halbtrockenrasen. Anderseits finden sich doch einige Arten, deren Optimum zwar auf längere Zeit unter Wasser stehenden Flächen liegt (FZ = 8), die aber bis in mäßig feuchte Flächen hineinreichen, wenn auch bei geringer Entwicklung. Man darf von solchen Einstufungen keine absolute Gültigkeit erwarten; angesichts der hohen Artenzahlen in Gesellschaftstabellen (z. B. Tab. b) dürften aber die wenigen Grenzfälle das Ergebnis nicht merklich beeinflussen.

Neben den Wasserverhältnissen wirkt unter den natürlichen Standortsfaktoren die Bodenfruchtbarkeit wohl am deutlichsten auf das Vorkommen der Grünlandpflanzen ein. Dabei handelt es sich um einen überaus vielseitigen Komplex, aus dem sich nur wenige Einzelwirkungen zahlenmäßig zur beschreibenden Kennzeichnung des Artverhaltens verwenden lassen.

Die wirksamste Faktorengruppe – Sorptionskomplex und Basensättigungsgrad des Bodens (Marschall/Frei 1953, Genfeld, Speidel 1959, 1962a, b, Baeumer, Boeker 1957c) – ist bisher nur relativ selten untersucht worden. Am häufigsten wurden die einfach zu erfassenden Werte der Bodenreaktion (pH in KCl), teilweise auch der hydrolytischen Azidität (in cm^3 0,1 n NaOH) herangezogen (siehe S. 71).

Bereits 1930 und 1934 veröffentlichten wir (Klapp, zum Teil mit Stählin/Wacker) Tabellen über das Verhalten von Wiesenpflanzen auf Böden verschiedener Bodenreaktion. Inzwischen liegen uns 2600 Angaben vor. Nach dem Vorgang von Ellenberg (1952b), der „R-Zahlen" für 5 Reaktionsgruppen entwickelte, gliederten wir unser Untersuchungsmaterial gleicherweise in 5 Gruppen; in den Extremen ergibt sich für beide Gruppierungen eine weitgehende Übereinstimmung; angesichts der landschaftlich verschiedenen Aufnahmegebiete waren Unterschiede in den Zwischengruppen unvermeidbar. (Weiteres zur Methode siehe Klapp 1965a.) Eine gewisse Kontrollmöglichkeit ergeben wiederum die Angaben bei Ramenskij u.a., da sich dort die ausführlichen Angaben über Faktoren der Bodenfruchtbarkeit weitgehend mit pH-Gruppen parallelisieren lassen.

Unsere Reaktions-(R-)Zahlen finden sich in Spalte 7 der Tab. a. Hier ist abermals darauf hinzuweisen, daß die R-Zahlen Konkurrenzwirkungen voraussetzen. Wie bei C. Olsen und anderen zeigen vor allem die Versuche von Weiske 1929a, b bei Reinkulturen mancher Arten ganz andere pH-Optima, als sie unter Feldbedingungen im Mischbestand beobachtet werden. (Ausführliche Angaben zum Thema bei Mevius 1927.) Die pH-Werte erlauben übrigens keine zuverlässigen Rückschlüsse auf die Basenverhältnisse des

Bodens; basenreiche Böden können durchaus niedrigere pH-Werte aufweisen als basenarme (ein Beispiel bei KLAPP 1965a, S. 59).

Einen sicheren Zusammenhang zwischen dem natürlichen pflanzenlöslichen Phosphat- oder Kaligehalt und dem Artvorkommen haben wir bisher nicht finden können (siehe S. 72, 74). Unsere mehr als 2500 Stichproben mit den Schnellmethoden NEUBAUER und EGNÉR-RIEHM ergaben folgendes: Bis in die neueste Zeit ist der Phosphatgehalt im weitaus größten Teil der deutschen Wiesenböden sehr niedrig und von Fall zu Fall auch so ähnlich, daß man starke, davon bedingte Unterschiede im Artvorkommen gar nicht erwarten kann (S. 173).

Etwas anders steht es beim Kali insofern, als hier größere Unterschiede im Versorgungsgrad der Böden bestehen. Aber auch hier konnte bisher keine sichere Beziehung zwischen Bodenkali und Artvorkommen gefunden werden.

Die Lösung des Problems wird außerordentlich erschwert durch die Wechselwirkung von Nährstoffgehalt des Bodens und Ertragsleistung, die auch durch andere Faktoren beeinflußt wird. In vielen Fällen finden sich anspruchslose Arten, die der Düngung sonst rasch zu weichen pflegen, auf an Kali und Phosphat reichen Böden. Die Ursache liegt darin, daß einerseits Wassermangel Vorkommen anspruchsvollerer Arten verhindert, anderseits durch den geringen Ertrag der Nährstoffentzug gering ist; umgekehrt zeigen gerade die aus notorisch anspruchsvollen Arten bestehenden, gedüngten Wiesen oft sehr niedrige Bodenwerte, weil sie mit ihrem hohen Ertrag den Boden ausplündern.

Der Rückschluß vom Bodengehalt auf das Artvorkommen und die Artansprüche würde dann ein Fehlschluß sein und allem widersprechen, was wir vom Verhalten der Arten in Düngungsversuchen wissen.

Die niederländische Grünlandforschung vermag allerdings für manche Arten nährstoffspezifisches Verhalten anzugeben (S. 73, 74). Dies könnte daran liegen, daß die relativ einheitliche Weidevegetation Hollands stärkere Abstufungen im Versorgungsgrad mit Einzelnährstoffen deutlicher erkennen läßt als die standörtliche und wirtschaftliche Vielförmigkeit unseres Grünlandes.

Wiesen im eigentlichen Sinne, die uns in dieser Frage gerade die größten Schwierigkeiten machen, fehlen dort praktisch ganz. Intensivweiden lassen auch bei uns gelegentlich Korrelationen zum Bodenreichtum, an Phosphat und Kali zusammengenommen, erkennen. GRIEGER hat an 1000 Analysen aus einem engen Bereich des Berglandes nachgewiesen, daß die Verbreitung der Arten hier zunächst durch die Bodenreaktion festgelegt erscheint. Wenn darüber hinaus einige Arten auf Böden mit bestimmtem Kali- und Phosphatgehalt bevorzugt erscheinen, dann handelt es sich um indirekte Standortswirkungen, die Anreicherung und Verarmung der Böden verursachen. In diesem Zusammenhang ist besonders auf Nutzungs- und Feuchtewirkungen hinzuweisen. Übrigens weist auch ELLENBERG 1952b auf die Mängel der Unterlagen für eine zutreffende Beurteilung der Wirkung von Einzelnährstoffen hin.

Sehr viel brauchbarer sind die vorliegenden Erfahrungen über die Wirkung des Stickstoffes auf Vorkommen und Gedeihen der Grünlandpflanzen. Das liegt wohl vor allem an der sehr augenfälligen Beeinflussung von Wüchsigkeit, Konkurrenzkraft, Färbung der Grünlandpflanzen durch Stickstoff. Die Wirkung stickstoffhaltiger Wirtschaftsdünger ist deshalb von alters her aufmerksam beobachtet worden, später die der Handels-Stickstoffdünger ebenso. Die meisten Beobachtungen beziehen sich aber auf die Gesamtwirkung.

Leider fehlen einfache Schnellmethoden zur Feststellung der Verfügbarkeit des Bodenstickstoffs, die unter Einflüssen der Jahreszeit und anderer Umweltfaktoren viel stärker schwankt als die Verfügbarkeit des Phosphat- und Kalivorrates. Weiterhin bestehen große Unterschiede im Verhalten der Arten nicht nur zwischen Reinkultur und Mischbestand, sondern auch zwischen Kultur- und Ödlandrasen, zwischen kurzgrasigen Weiden und hochwüchsigen Obergraswiesen. Trotz dieser Schwierigkeiten (z.B. KLAPP 1962c) sind Kennzahlen für die N-Wirkung auf das Artvorkommen dringend erwünscht. Auch hier haben wir die Gliederung der Flora nach 5 Gruppen der Stickstoffdankbarkeit von ELLENBERG (1952b) übernommen. Unsere N-Zahlen (NZ) weichen, wiederum dem verschiedenen Untersuchungsbereich entsprechend, von denen ELLENBERGS in Einzelheiten, nicht aber in der Gesamtaussage ab.

ELLENBERG hat ökologische, standortsanzeigende Gruppen für noch weitere Umweltmerkmale, z.B. für den Lichtgenuß, den Wärmehaushalt u.a.m. erarbeitet, worauf hier nur hingewiesen werden kann. Das gleiche gilt von der Artengruppierung nach Wuchseigenschaften der Pflanzen.

Von den Einflüssen der Bewirtschaftung auf das Artvorkommen mag hier nur der Wirkungsunterschied von seltener (Zweimahd-)Wiesennutzung und häufiger Weide- oder Vielschnittnutzung hervorgehoben werden; er ist aus dem Vergleich der Spalte A einerseits mit den Spalten B, C der Tab. b anderseits unschwer zu erkennen. Besonders deutlich wird er z.B. bei *Lolium perenne*. Weiteres hierzu S. 404.

Pflanzengemeinschaften des Grünlandes[1]

Die zahlreichen Pflanzenarten des Grünlandes finden sich nicht in zufälligen Kombinationen zusammen. Sie bilden vielmehr eine begrenzte Zahl umwelt- und konkurrenzbedingter Gemeinschaften (ELLENBERG 1956). Selbst bei nur geringer Beobachtungsgabe müssen die Unterschiede der Zusammensetzung von blütenreichen Wiesen und blütenarmen Weiden, von Naßwiesen und der Pflanzenwelt sonniger Hügel, von Grasfluren des Tieflandes und solchen des Hochgebirges auffallen. Es ist ein altes Bestreben der Grünlandforschung, eine übersichtliche Gliederung des zunächst Unübersichtlichen zu finden. Dies ist die wichtigste Aufgabe der Vegetationskunde für unsere Zwecke.

Mit landwirtschaftlicher Zielsetzung erarbeiteten STEBLER und SCHRÖTER 1892a eine „Übersicht der Wiesentypen der Schweiz". Als kennzeichnend sahen sie „eine oder mehrere herrschende oder für die Standortsbedingungen besonders charakteristische Pflanzenarten" an. Die Kombination der beiden Eigenschaften, das „Herrschen" und das „Charakteristische", ist von entscheidender Bedeutung. Das erstere ist praktisch besonders wichtig als Kennzeichen des Ertrages und seines Futterwertes, gibt aber nur eine sehr beschränkte Antwort auf die wichtige Frage nach den Standortsverhältnissen. Das „Charakteristische" dagegen scheint dem Bedürfnis der Praxis zunächst nur wenig zu entsprechen, bietet aber größte Möglichkeiten zur Erkennung der Standortseigenschaften und ihrer Beeinflussung.

[1] Unter „Pflanzengemeinschaft" verstehen wir zunächst mit ELLENBERG die einzelne, im Freiland beobachtete Artenkombination (im konkreten Sinne); unter einer „Pflanzengesellschaft" dagegen eine erst aus der vergleichenden Zusammenfassung gleicher oder doch ähnlicher Einzelgemeinschaften erkannte Vegetationseinheit (im abstrakten Sinne).

In Fortentwicklung der Arbeiten von STEBLER und SCHRÖTER führte J. BRAUN-BLANQUET die „pflanzensoziologische" Arbeitsweise ein. Diese stellt die charakteristischen Arten in den Vordergrund, ohne doch die mengenmäßige Beteiligung aller vorhandenen Arten am Pflanzenbestand (Dominanz) von Spuren bis zum Vorherrschen zu vernachlässigen. In Deutschland wurde R. TÜXEN (1937ff.) bei Einführung und Weiterentwicklung der pflanzensoziologischen Arbeitsweise führend. Ihr haben wir uns mit geringen Abänderungen und Ergänzungen zur Anpassung an grünlandwirtschaftliche Zwecke angeschlossen. Im Rahmen dieses Buches verbietet sich eine ausführliche Darstellung der Methoden und Ergebnisse pflanzensoziologischer Arbeit; es muß auf KLAPP 1965a mit ausführlichen Quellenangaben verwiesen werden. Übersichtliche Einführungen in die Arbeitsweise der pflanzensoziologischen Grünlanduntersuchung finden sich bei ELLENBERG 1956 und KNAPP 1948/49.

Die grundlegende Einheit des Systems von BRAUN-BLANQUET ist die „Assoziation", die durch Charakter-(Kenn-)Arten und in ihren standortbedingten Abwandlungen durch Differential-(Trenn-)Arten gekennzeichnet wird. Jede Pflanzengesellschaft läßt sich nach TÜXEN als eine „nach ihrer Artenverbindung durch den Standort ausgelesene Arbeitsgemeinschaft von Pflanzen" definieren; ELLENBERG betonte dazu, wie erwähnt, die entscheidende Konkurrenzwirkung. LOOMAN sieht das Entscheidende in einer Kombination von Arten, die sich durch ähnliche Reaktion (Toleranz) auf die Umwelt auszeichnen und dabei eine standortsbedingte Einheit mit einheitlicher, floristisch erkennbarer Physiognomie darstellen. Die für uns wichtigste Erkenntnis besteht darin, daß vergleichbare Standortsverhältnisse (in Naturfaktoren und Bewirtschaftung) auch ähnliche, wenn nicht gleichartige Pflanzengemeinschaften entstehen lassen; umgekehrt müssen vergleichbare Pflanzenbestände auch auf ähnliche oder gleichartige Standortsverhältnisse schließen lassen. Zeiger für die Standortwirkungen sind die Kennartengruppen, die mit Trennarten und Begleitern zusammen die Gesamtwirkung aller Standortswirkungen bis in ihre feinste Abstufung erkennen lassen.

Trennartengruppen lassen eine Gliederung der Assoziationen in Subassoziationen, Varianten usw. zu, d.h. Abwandlungen der Gesellschaft durch die geographische Lage, den Entwicklungszustand (Aufbau-typische Ausbildung – Abbau) der Gesellschaft, durch verschiedene Feuchte- und Fruchtbarkeitszustände des Standortes. Landwirtschaftlich bedeutsam sind dabei vornehmlich wirtschaftsbedingte Abwandlungen des Typus, z.B. durch verschiedene Weideintensität. Die letzte Stufe dieser Gliederung ist die „Fazies", d.h. das Mengenverhältnis der Arten; dieses zeichnet namentlich bei hoher Dominanz einzelner Arten die letzten Züge des Erscheinungsbildes (der Physiognomie) des Pflanzenbestandes.

Die „Treue" der Kennarten, d.h. die Festigkeit ihrer Bindung an eine bestimmte Gesellschaft, ist allerdings sehr verschieden insofern, als manche Arten in ihrem Vorkommen sehr streng an bestimmte Standorte und standortsgemäße Pflanzenbestände gebunden sind, andere aber einen gewissen Spielraum verschiedener Standorte besiedeln können, wenngleich mit großen Unterschieden des Gedeihens (ihrer „Vitalität"). Daraus ergibt sich eine gewisse Schwierigkeit für die Beurteilung von Standort und Pflanzengemeinschaft: Gerade viele der wirtschaftlich wichtigsten Grünlandpflanzen gedeihen bei einem verhältnismäßig weiten Spielraum von Standortseinflüssen, oft dank einer besonders großen Vielförmigkeit (Variabilität). Dies, d.h. eine gewisse „Anpassungsfähigkeit", ist zwar geradezu eine Voraussetzung für größere wirtschaftliche Bedeutung einer Grünlandpflanze; für eine feinere Gliederung der Pflanzenbestände und Standorte des Grünlandes müssen aber oft Arten geringer wirtschaftlicher Bedeutung herangezogen werden.

Grundlage der pflanzensoziologischen Arbeit ist daher die Herstellung einer lückenlosen Artenliste des zu untersuchenden Bestandes, zunächst ohne Rücksicht auf den Mengenanteil der einzelnen Arten.

Die pflanzensoziologische Grünlandbeurteilung begegnet manchen Einwendungen, auf die im einzelnen einzugehen hier nicht möglich ist.

Vor allem ist die Wiesen**typen**lehre von STEBLER/SCHRÖTER sehr bald einseitig verstanden worden insofern, als die von diesen Autoren geforderte Berücksichtigung der „charakteristischen" Arten vernachlässigt wurde. Man glaubte mit der Feststellung der „herrschenden" Arten auszukommen („Dominanzlehre"). Tatsächlich kann man aber bei einem großen Teil der Grünlandflächen von herrschenden Arten überhaupt nicht sprechen (RABOTNOV 1966b); namentlich dann nicht, wenn z.B. auf extensiv bewirtschafteten Flächen eine ganze Reihe von Arten mit etwa gleichem Mengenanteil nebeneinander vorkommt. Treten aber deutlich herrschende Arten auf, dann sagt das in den meisten Fällen nichts Charakteristisches aus. Viele zum Vorherrschen befähigte Arten sind solche weiter Verbreitung, d.h. wenig bestimmter Ansprüche; sie kommen auf recht verschiedenen Standorten in Mengen vor, so z.B. *Festuca rubra, Poa pratensis, Agrostis tenuis* und selbst *Alopecurus pratensis* und *Lolium perenne*. Ihr Vorherrschen sagt daher höchstens über Einzelzüge des Standortes, nicht jedoch über seinen Gesamtcharakter etwas aus. Die wichtigsten Standortszeiger, die Kenn- und Trennarten, werden bei reinen „Dominanzmethoden" nicht berücksichtigt oder gar übersehen. KRUIJNE (1964) wies nach, daß selbst bei 100 Stichproben nach der Methode DE VRIES (1954, mit DE BOER 1959) etwa 25% der vorhandenen Arten übersehen werden. Darunter dürften sich viele der oft zerstreut und in geringer Menge vorhandenen Kenn- und Trennarten finden. Damit leidet die Standortsansprache.

Der schwerstwiegende Mangel der auf herrschende Arten begründeten Methoden rührt von der Veränderlichkeit der Mengenanteile her. Für die außerordentlichen Schwankungen des Artanteils mit den Jahren bringt RABOTNOV (1966b) überzeugende Beispiele. Schon die Jahreszeit und die Jahreswitterung wirken stark, noch mehr aber die Intensität der Düngung und Nutzung. Unter anderem hat FENTON 1947 eindringlich auf den „transitorischen", d.h. nur vorübergehend gültigen Charakter z.B. einer Grünlandkartierung auf Grund des augenblicklichen Narbenzustandes hingewiesen.

Eine bestimmte Grünlandgesellschaft stellt nur ein Stadium in einer langen Entwicklungsreihe dar, also nichts Statisches, sondern etwas höchst Dynamisches; sie ist eine an der Rückentwicklung zum Walde (S. 14) durch Wirtschaftsmaßnahmen verhinderte, labile „**Dauergesellschaft**", ein Beispiel „anthropogener" Vegetation (TÜXEN 1966). Die (syngenetischen) Trennarten der Pflanzensoziologie lassen die Stellung einer Assoziation in der Entwicklungsreihe (Sukzession) genau erkennen, d.h. die Vorgeschichte wie die Tendenzen der Weiter- und Rückentwicklung. So sieht AICHINGER in den Assoziationen vornehmlich Entwicklungstypen der Vegetation unter der Wirkung natürlicher und wirtschaftlicher Einflüsse, und zwar schon in seinen ersten größeren Arbeiten. Solange tiefgreifende Änderungen des Standortes (z.B. Meliorationen, Übergang zu anderen Bewirtschaftungsformen) nicht eintreten, bleibt der Charakter einer Assoziation erhalten, auch bei erheblichen Schwankungen im Mengenverhältnis der Arten. Das heißt, die pflanzensoziologische Kennzeichnung ergibt ein Bild von bleibender Gültigkeit, die Beschränkung auf die Dominanzuntersuchung aber nur ein momentan gültiges. Greifen Außeneinflüsse entscheidend ein, dann kommt es zur Assoziationswandlung, wobei in der Regel syngenetische Kennarten wenigstens zum Teil verbleiben und die Vorgeschichte erkennen lassen.

Wenn tatsächlich nur der momentane Wirtschaftswert einer Grasnarbe, z.B. ihr Pflege- und Düngungszustand, festgestellt werden soll, dann ist das durchaus berechtigt. Eine neben der Dominanzbestimmung herangezogene Herausarbeitung von Zeigerpflanzengruppen und anderen pflanzensoziologischen Kriterien nähert sich dann doch der Methode Braun-Blanquet an.

Reine Dominanzmethoden befassen sich nur mit der letzten Einheit der Vegetationsgliederung, also mit der Fazies (S. 113). Dies ist verständlich in Ländern mit relativ einheitlichen Standortsverhältnissen und Nutzungsmethoden, namentlich bei vorherrschender Weide. Die Grenzen zeigen sich sogleich, wenn man es mit der Fülle mitteleuropäischer Standortsformen und Nutzungstypen, insbesondere mit Vorherrschen der Wiesen und mit großen Unterschieden der Höhenlage zu tun hat. Deshalb ist die Gliederung der Grünlandvegetation in „Wiesentypen" nur nach den vorherrschenden Arten von ihren Vertretern in Deutschland allmählich aufgegeben worden. In unseren westlichen Nachbarländern, namentlich dort, wo auch Berglagen einbezogen werden müssen, arbeiten denn auch beide Untersuchungsrichtungen – die der Pflanzensoziologie und die der Dominanten – nebeneinander. Zu dem ganzen Problem siehe u.a. Stählin 1960.

Für die pflanzensoziologische Forschung stehen „reine" Assoziationen im Vordergrund des Interesses; da die Einzelvorkommen selten alle wichtigen Kennarten enthalten, kommt ein klares Herausarbeiten der Assoziation erst beim tabellarischen Vergleich einer Reihe möglichst einander ähnlicher Vorkommen zustande (Ellenberg 1956). Verschiedene Assoziationen stehen übrigens nur selten hart abgegrenzt nebeneinander; wie so oft in der Natur, sind sie meist durch gleitende Übergänge („Durchdringungen") miteinander verbunden. Für die angewandte Grünlandsoziologie sind diese, da häufiger als gut gekennzeichnete Assoziationen, von großer Wichtigkeit.

Tab. b, Seite 124, zeigt eine (um unwichtige Arten gekürzte) Assoziationstabelle. Die ersten 11 senkrechten Spalten zeigen für Weidelgras-(*Lolium*-) Weiden das Ergebnis der Ertragsanteilschätzung für 11 Bestandsaufnahmen in Prozent (+ = Menge geringer als 1%, meist nur spurweise). Die letzten beiden Spalten geben Mittel der Stetigkeit (Häufigkeit in Prozent der Aufnahmen) und der Dominanz (des Artanteils in Prozent) wieder. Die Trennarten machen Aussagen über die Intensität von Biß und Tritt, über die vom Typus (1–5) abweichende Trockenheit (6–8) oder Feuchtigkeit (9–11) des Standortes. Die unter dem Tabellenende stehenden Werte stellen wichtige Ergänzungen dar. Die Abweichungen der Subassoziationen kommen hier besonders in der FZ und WZ deutlich zum Ausdruck.

Zeigerwert der Grünlandgesellschaften

Daß Pflanzengemeinschaften den besten Ausdruck der gesamten Standortswirkung (Klima, Boden, Nutzung, Düngung u.a.m.) darstellen, wird ernstlich nicht bestritten. Der Nachdruck liegt auf der Gesamtwirkung der Umwelteinflüsse; alle ihre Einzelursachen erkennen zu wollen, heißt zuviel von den Aussagen der Vegetation zu verlangen.

Schon STEBLER/SCHRÖTER waren überzeugt:

a) aus der Zusammensetzung der Grasnarbe sowohl auf ihre Ertrags- und Qualitätsleistung wie auf die natürlichen Bedingungen dafür schließen zu können;
b) für einen gegebenen Standort und Wirtschaftstyp die geeignetste Wiesenform ableiten zu können.

Am deutlichsten haben RAMENSKIJ u.a. dieselbe Auffassung betont: Die ökologischen Bedingungen des Standorts müßten aus seiner Pflanzendecke zu erkennen sein; mit Laboratoriumsmethoden sei dies aussichtslos, selbst wenn zahllose Stationen an jedem Punkt langjährige Untersuchungen durchführen würden; zudem sei die ökologische Bedeutung physiko-chemischer Bodenwerte überhaupt noch nicht genügend bekannt. Selbst die größte Datensammlung von Klima-, Witterungs- und Bodenwerten läßt keine Voraussage darüber zu, wie sich ihre Gesamtheit auf den Pflanzenwuchs auswirken wird.

Die Suche nach „Zeigerpflanzen" ist uralt (VON LINSTOW, MEVIUS 1931); letzterer Autor zeigt kritisch die Schwäche der Aussage von Einzelarten; ohne Konkurrenz kann fast jede Art überall gedeihen. Sichere Schlüsse lassen sich nur aus der Gesamtvegetation einschließlich der Kenn- und Trennarten der Assoziationen ziehen.

Die Aussagekraft für einen Standortsfaktor pflegt um so eindeutiger zu sein, je stärker dieser auf die Vegetation wirkt; das kann bald der Wasserhaushalt, bald ein Boden-, bald ein Wirtschaftsfaktor sein. Mit Recht sagt BRUCE-LEVY dem Sinne nach: Sicht und Anwendung der ökologischen Vegetationskunde „erhellt, erklärt, führt, warnt, ermutigt und inspiriert auf dem Weg zum besten Grünland".

Das Schrifttum über den Zeigerwert der Grünlandgesellschaften ist zu umfangreich, um hier eingehend berücksichtigt zu werden; siehe die Übersicht in KLAPP 1965a S. 103f.

Klima und Witterung. Die engen Zusammenhänge von extremen Großklimaten (Wüste – tropischer Regenwald, Ebene – alpine Lagen) und Vegetation bedürfen hier keiner weiteren Hinweise. Im engeren Raum unseres Arbeitsbereiches sind es besonders die Abwandlungen des Klein- und Geländeklimas, die auf die lokale Vegetation einwirken (S. 60). Sie aus der Pflanzendecke zu erkennen, sind die entsprechenden ökologischen Gruppen von ELLENBERG 1952b geeignet. Die Aussage über die Wirkung extremer Jahreswitterung wurde mehrfach von DE VRIES behandelt (1940a, 1941/42). Selbst die heute schon vorliegenden meteorologisch und phänologisch begründeten Kartierungen vermögen Klima- und Witterungseinflüsse nicht so genau für kleinste Flächenteile nachzuweisen wie die Vegetation; dies gilt auch für die Höhenlage.

Wasserverhältnisse. Die Anzeige der örtlichen Wasserverhältnisse ist vielleicht die wichtigste, aber auch sicherste Aussage der Pflanzengemeinschaft.

Dies gilt zunächst für einen unbeeinflußten Wasserhaushalt des Standorts. Die groben Unterschiede der Standortsfeuchte (trocken – frisch – feucht – naß) lassen sich natürlich schon in den praktischen Auswirkungen (Wüchsigkeit, Ertrag, Trittfestigkeit, Überschwemmungshäufigkeit) erkennen, nicht jedoch die von dem jahreszeitlichen Wechsel, der Dynamik des Haft-, Grund- und Stauwassers bedingten (Abb. 45, 46, 47). Der Feuchtegrad einer Grünlandfläche ist nichts Bleibendes, er wechselt mit Niederschlag, Verdunstung und Wasserverbrauch der Grasnarbe, mit den örtlich sehr verschiedenen Schwankungen der Grundwasser- und Fremdwasserzufuhr. Abgesehen von Erfahrungswerten geben die Feuchtezahlen (S. 109) der Pflanzenarten und ihrer Gesellschaften recht sichere Auskunft über die Wasserverhältnisse, sowohl über die durchschnittlichen wie über die periodisch verschiedenen, besonders über die extrem wechselnden.

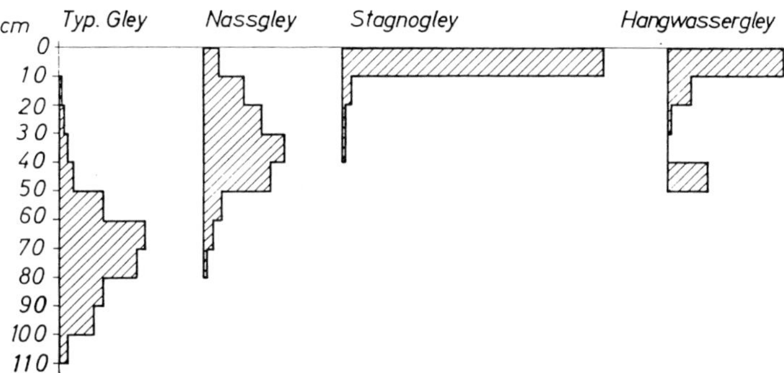

Abb. 45. Häufigkeit des Grundwasserstandes in 4 Bodentypen, siehe Abb. 47 (Mittel von 3 Jahren in 10-cm-Stufen unter Flur) (FOERSTER 1962)

Hierbei bestehen enge Zusammenhänge mit Arten und Typen des Bodens. Deren Gesamtwirkung bringt die Vegetation deutlich zum Ausdruck, nicht allerdings ihre Einzelursachen. Die Grundwasserwirkung allgemein sagt darüber nicht alles aus; man darf von der Pflanzengemeinschaft keine sichere Aussage über die Tieflage oder über die Mächtigkeit der grund- und stauwassertragenden Horizonte erwarten, schon gar nicht über tiefere, den Wurzeln nicht zugängliche Horizonte des Bodenprofils; hier muß die Bodenkunde mitwirken. Staunässe und Wechselnässe mit annähernd gleicher Wirkung auf die Vegetation können z.B. beruhen auf Vorflutmangel, geringer Durchlässigkeit oder ganz undurchlässigen Horizonten des Bodens, auf wechselnder Grund- und Fremdwasserwirkung, Trockenheit, auf geringer Wasserkapazität und Kapillarkraft, Flachgründigkeit und Exposition des Bodens (HUSEMANN 1959). Die Vegetation gibt jedoch sichere Hinweise auf die Gesamtwirkung der Standortsfeuchte (z.B. VOLLRATH, WIENERS), die Notwendigkeit von Entwässerungsmaßnahmen, aber auch auf deren etwaige Überflüssigkeit; sehr oft ist zu große Feuchtigkeit nur eine Nebenwirkung von Nährstoffmangel und Vernachlässigung.

Ein besonderer Vorzug der soziologischen Feuchtebeurteilung gegenüber Messungen beruht auf ihrem flächenmäßigen Arbeiten, das sowohl den

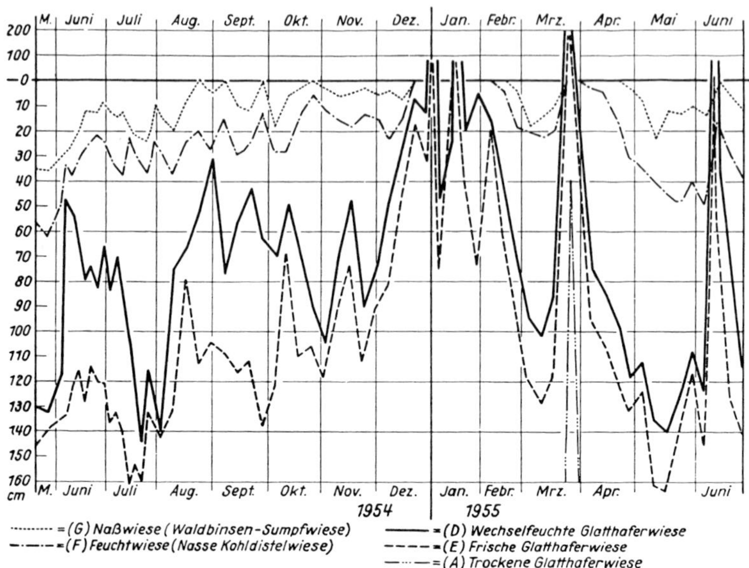

Abb. 46. Grundwasserganglinien unter 5 Wiesengesellschaften (Original WIENERS)

Feuchtegrad wie seine räumliche Verteilung ebenso rasch wie sicher erkennen läßt. Um dasselbe zu erreichen, wären zahlreiche, jahrelang fortgesetzte Grund- und Haftwasserbestimmungen notwendig, ohne daß dadurch eine gleich sichere Prognose möglich würde. Man benutzt daher mehr und mehr die pflanzensoziologische Kartierung, um über Wasserverhältnisse, geeignete Kulturarten und Meliorationsbedürfnisse zu entscheiden.

Werden anderseits Eingriffe in die Wasserverhältnisse des Bodens vorgenommen, dann ist ein Urteil über ihre Wirkung dringend erwünscht. In zahllosen Prozessen, z.B. über die Schäden von Grundwasserentzug oder angestautem Grundwasser, war man bisher auf unsichere Schätzungsergebnisse angewiesen. Um die Beurteilung zu sichern, ist die Vegetation vor und nach dem Eingriff festzustellen. Über die eindeutigen Ergebnisse solchen Verfahrens unterrichten z.B. ELLENBERG 1952b, MEISEL 1960, FOERSTER 1962, F. W. SCHULZE 1961, 1966. Das Vorkommen und die Wirkung von Überschwemmungen, namentlich bei längerem Verbleib des Oberflächenwassers, läßt die Vegetation eindeutig erkennen (S. 46).

Bodeneigenschaften. Die Pflanzengesellschaft zeigt nur solche Bodeneigenschaften an, die von ihr selbst abhängen und solche, die physiologisch stark wirksam sind (ELLENBERG 1958). Manche dieser Eigenschaften können durch den Wasserzustand, durch intensive Wirtschaftseinflüsse verwischt werden, so besonders durch Grundwassernähe, Starkdüngung, aber auch durch die Geländeform (Südhang – Nordhang).

Die Bodenart läßt sich nur im Extrem (Sand und Kies – Dichter Ton – Moor) am Pflanzenbestand nachweisen, und auch das nur mittelbar durch die Einflüsse der Bodenart auf Wasserhaushalt, Durchlüftung, Erwärmbarkeit. Eine völlige Wassersättigung verwischt viele Bodeneigenschaften.

Über die unterliegende Gesteinsart kann die Pflanzendecke zuweilen Aussagen machen, vor allem bei großen Unterschieden im Basenhaushalt (z.B. Kalk-, Vulkan-, Schieferböden der Eifel in KLAPP u.a. 1954) und in der physikalischen Wirkung (Erwärmbarkeit, Durchlässigkeit). Der Bodentyp kann, vor allem über den Wasserhaushalt, deutlich auf die Zusammensetzung der Pflanzendecke wirken, doch gilt dies nicht allgemein. Typverschiedene Böden können nahezu identische Pflanzengemeinschaften tragen (MARSCHALL/FREI, ESKUCHE). – Auf engem Raum sind immerhin gerade die typologisch bedingten Unterschiede des Wasserhaushalts meist deutlich zu erkennen (Abb. 47). In unserem Material erweisen sich aber nur die Kalktrockenrasen streng an eine Serie verwandter Bodentypen (Rendzinen, Kalkstein – Braun- und Rotlehme) gebunden.

Relativ enge Grenzen gelten für die Anzeige des Bodenprofils durch die Pflanzendecke. Extreme Fälle – Ortsteinbänke und andere stauende Horizonte oder oberflächennahes festes Gestein – lassen wohl, meist wieder mittelbar durch den Wasserhaushalt, deutliche Aussagen zu. Über den Charakter einzelner Horizonte, die „Gründigkeit" oder den Steingehalt des Bodens sind aber meist keine Aussagen möglich. Für die Grünlandbeurteilung ist das allerdings weniger wichtig als für die Beurteilung der Ackerwürdigkeit eines Bodens. Für tiefere Horizonte unter dem Wurzelbereich, wichtig z.B. für Moormeliorationen (BADEN 1964ff.), ist eine Aussage kaum möglich. Die Aussage der Vegetation trifft, um das nochmals zu wiederholen, eben nur die Gesamtwirkung, nicht ihre Einzelursachen. Wo es auf Fragen der Bodenschätzung (MEISEL 1958, KOHL/VOGEL/WACKER, WACKER 1959) und auf Meliorationsplanung ankommt, ist daher die Mitwirkung der Bodenkunde unerläßlich. Auch hier liegt der große Vorzug der soziologischen Untersuchung in dem raschen Erkennen der Grenzen von Bodengleichheit und Bodenwechsel, was eine rationelle Verteilung der Probennahmestellen (Bodeneinschläge) ermöglicht und damit viel unnötige Arbeit erspart. Zweitens läßt die Bestandesuntersuchung wirksame Änderungen des Standorts – z.B. nach Meliorationen – sehr viel schneller erkennen als das sich nur sehr langsam wandelnde Bodenprofil (Abb. 48).

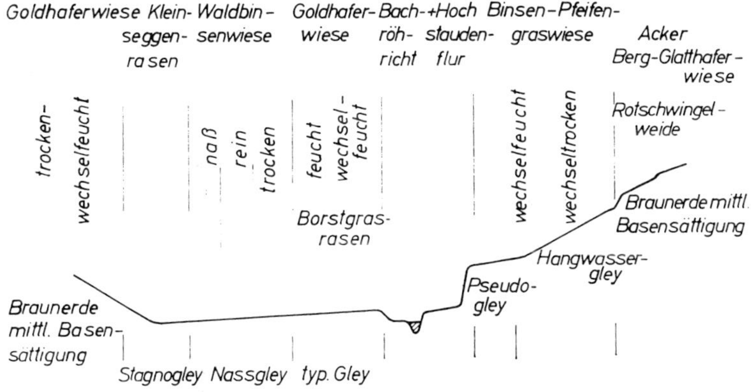

Abb. 47. Vegetations- und Bodentypen eines Eifeltales (FOERSTER 1962)

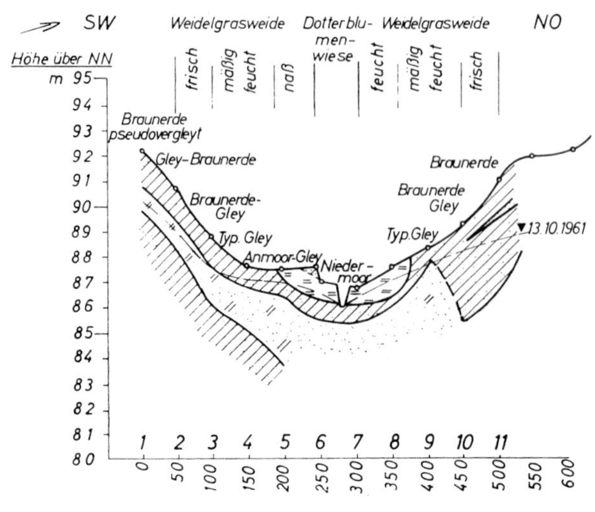

Abb. 48. Bodentypen und Vegetation eines vor längerer Zeit entwässerten Talbodens. Die Lage der Grundwasseroberfläche entspricht nicht mehr den Bodentypen, die Vegetation hat sich auf den jetzt weniger nassen Standort eingestellt (Foerster 1962)

Bei noch nicht allzusehr düngungsbeeinflußten Standorten kommt auch der Basenhaushalt deutlich zum Ausdruck (S. 72, Boeker 1957c), am besten der Basensättigungsgrad (V-Wert). Namentlich in den Extremen gilt das auch für die pH- und y_1-Werte (Abb. 49).

Bei verstärkter Düngung und – auf stärker sauren Böden – bei Kalkung werden die Wirkungen des natürlichen Basenhaushaltes mehr oder weniger verwischt; einzelne aussagekräftige Differentialarten bleiben in der Regel aber doch noch längere Zeit erhalten. Und selbst ihr Verschwinden bedeutet – wirtschaftlich gesehen – eine wichtige Aussage: unerwünschte Wirkungen eines extremen Basenhaushaltes sind eben beseitigt – wenigstens so lange, wie die abschwächende Wirtschaftsweise anhält.

Düngungszustand. Die große Zahl von Düngungsversuchen, die der Fachmann zu sehen Gelegenheit hat, gibt zahlreiche Anhaltspunkte für die soziologische Beurteilung der Düngewirkung. Für die Mehrzahl der wichtigen Grünlandpflanzen sind die allgemeinen Nährstoffansprüche hinreichend bekannt. Manche Düngewirkungen sind sehr auffällig, so die der flüssigen Wirtschaftsdünger und die des Stickstoffes einerseits, des Stickstoffmangels bei guter Phosphat- und Kaliversorgung anderseits. Für diesen Komplex erweisen

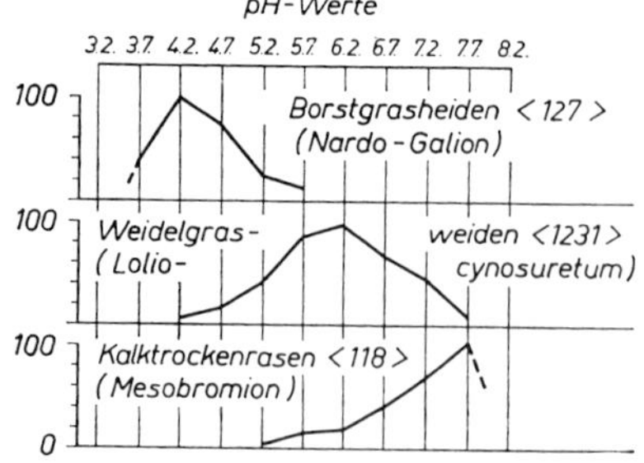

Abb. 49. Bereiche der Bodenreaktion unter 3 Weidegesellschaften (mit Übergängen); bei den Weidelgrasweiden führen intensivere Düngung und Nutzung zur Ausdehnung des Wuchsbereiches. Darstellung in Prozent des häufigstens Vorkommens = 100.

sich die Stickstoffzahlen (S. 112) als wertvolle Hilfe. Wichtig ist die Feststellung, ob guter Stickstoffzustand einer Gesellschaft von hohem Kleeanteil oder von reichlicher N-Düngung herrührt.

Sehr hohe Düngungsintensität, meist mit Verschwinden vieler Trennarten verbunden, mindert zunächst oft die Sicherheit der Aussage, bis Trennarten der „Überdüngung" oder gar andere Gesellschaftsformen auftreten. Ganz allgemein neigt Starkdüngung dazu, Wirkungen der Boden- und auch der Klimafaktoren auf die Pflanzendecke zu verwischen.

Bewirtschaftung. Die grundlegenden Unterschiede der Nutzungsform (Mahd – Weidegang) sind unschwer zu erkennen. Jährlich nur einmaliger Schnitt, üblicher Zweischnitt, Vielschnitt führen zu deutlich verschiedener Artenkombination (S. 385). Extensive Weidenutzung wird erkennbar aus den Selektionswirkungen der Unter- und Überbeweidung (S. 427). In anderer Weise gilt dies auch bei hoher Weideintensität, die meist mit steigender Düngung verbunden ist. Die Artenkombination wird dann immer ärmer, viele Differentialarten schwinden; dafür dringen Arten der Tritt- und Ruderalgesellschaften ein. Dies alles aus der Vegetation abzulesen ist für den Fachmann relativ einfach, auch wenn über die Bewirtschaftungsweise nichts zu erfahren ist.

Deutlich zu erkennen sind oft die von der Zugänglichkeit einer Grünlandfläche bestimmten Vegetationsunterschiede; die Entfernung vom Wirtschaftszentrum und der Grad der Arrondierung entscheiden nicht nur über die Nutzungsart, sondern auch über die Intensität der Bewirtschaftung. Für die mit der Hofentfernung wachsende Verunkrautung, in diesem Falle mit dem milchverderbenden Hundslauch (*Allium vineale*), bringt BOEKER (1955) ein drastisches Beispiel (siehe dazu auch S. 121).

Ertragsleistung und Futterqualität. Den Durchschnittsertrag einer Grünlandfläche aus der Pflanzendecke vorauszusagen ist schwierig, und zwar sowohl wegen seiner starken Jahresschwankungen wie auch wegen der in der Praxis großen Düngungsunterschiede innerhalb einer Gesellschaft. Wenn in günstigen Fällen bei ausgeglichenen natürlichen Standortsverhältnissen zahlreiche Düngungsversuche zum Vergleich herangezogen werden können, wird die Schätzung sicherer. Eher als die momentane ist die m ö g l i c h e Ertragsleistung eines Pflanzenbestandes, sein Potential vorauszusagen. Für die Gesellschaften des besseren Wirtschaftsgrünlandes bestehen schon manche Unterlagen, ebenso für die durch Düngung erreichbaren Mehrerträge (S. 496). Namentlich bei *Lolium*-Weiden ist auch schon eine Differenzierung der Untergesellschaften nach ihrem Potential möglich.

Die Q u a l i t ä t eines Pflanzenbestandes kann annähernd durch die Verwendung von Wertzahlen (S. 108) und durch die wachsenden Feststellungen über die Schmackhaftigkeit von Weidepflanzen beurteilt werden.

Vorgeschichte und Entwicklungsrichtung.

Die Vorgeschichte einer Grünlandfläche zu kennen ist wichtig im Hinblick auf die mögliche Leistung, auf Verunkrautungsursachen u.a.m. Bedeutsamer ist noch die Prognose der Weiterentwicklung eines Pflanzenbestandes (z.B. nach Meliorationen). Hierüber ist genug bekannt, um, bei Bedarf durch Bodenuntersuchungen unterstützt, recht sichere Voraussagen machen zu können.

Die umfangreichen Ergebnisse der wissenschaftlichen Pflanzensoziologie über Fort- und Rückentwicklungen (Sukzessionen) von Pflanzengesellschaften unter der Wirkung verschiedenster Einflüsse lassen in unserem Bereich kaum eine Frage offen; fast alle monographischen Gebietsbearbeitungen bringen Beispiele; für das Grünland hat KAYL die bis in die jüngste Zeit verfügbaren Daten gesammelt.

Abschließend sei nochmals betont: Der Pflanzenbestand des Grünlandes gibt die genaueste Auskunft über die Gesamtheit der Standortseinflüsse; die Grenzen der Aussage (SPEIDEL 1955) liegen in vielen Fällen bei der Erkennung ihrer Einzelursachen. Diese ist um so eher möglich, je wirksamer ein Umweltfaktor ökologisch-physiologisch in die Bildung der Pflanzengemeinschaft eingreift.

Die Bedeutung einer kartographischen Wiedergabe soziologischer Befunde braucht kaum noch betont zu werden. Näheres über Methoden und Ziele findet sich bei TÜXEN/PREISING, für praktische Zwecke bei KLAPP 1959c.

Gliederung der deutschen Grünlandvegetation

Eine gründliche Behandlung dieses Themas ist hier nicht möglich; es muß auf KLAPP (1965a) und die zahlreichen dort genannten Quellen verwiesen werden. Der Großteil der im vorliegenden Buch behandelten Erfahrungen und Forschungsergebnisse gilt dem zu hoher Leistung befähigten Wirtschaftsgrünland (im Gegensatz zum Ödland). – Zur Systematik siehe u.a. TÜXEN (1955).

Das Wirtschaftsgrünland kann man auch als Kulturrasen bezeichnen. Das sind die durch Kultur- und Pflegemaßnahmen (Ent- und Bewässerung, Düngung, oft durch Einzäunung und geregelte, dem Graswuchs angepaßte Nutzungsweise) aus Wald oder Ödland entwickelten Flächen, die der Futtergewinnung dienen.

Unter Ödlandrasen verstehen wir dagegen jene Flächen, auf denen die Wirkung des Menschen und seiner Nutztiere praktisch nur in der Fernhaltung oder doch Einschränkung des Holzwuchses besteht (S. 14). Mit dem Ödlandcharakter ist durchaus nicht immer die Eigenschaft „niedriger Ertrag" verbunden. Hochertragreich können z.B. häufig überschwemmte oder im Wasser stehende Wiesen sein; aber ihre Lage macht eine geregelte Nutzung und Düngung unmöglich oder unlohnend. Hochertragreich können auch „Streuwiesen" (S. 26) sein, aber ihr Aufwuchs ist nicht zur Verfütterung bestimmt oder geeignet. Die Übergänge sind natürlich fließend. Wirtschaftsgrünland (Kulturrasen) findet sich vornehmlich in mäßig trockenen bis mäßig feuchten Lagen; es weist im allgemeinen erheblich höhere Futterwertzahlen auf als das Ödland; die höchstwertigen Bestände sind in den „frischen" Lagen (Feuchtezahlen um 4,0–5,0) anzutreffen.

Pflanzensoziologisch werden die Assoziationen der Kulturrasen in der Klasse „Wirtschaftsgrünland" (*Molinio-Arrhenatheretea*) zusammengefaßt. Kennarten bilden die meisten als gut und mittelwertig bekannten Futterpflanzen. Die wichtigsten davon sind auf S. 106/7 mit A bezeichnet; sie können in allen Gesellschaftseinheiten der Kulturrasen vorkommen. Die weitere Gliederung unterscheidet 2 Ordnungen:

WW = Wiesen und Weiden der vorwiegend frischen Lagen (*Arrhenatheretalia*)
FW = Feuchtwiesen (*Molinietalia* zum Teil).

Ihre Kennarten sind in Tab. a mit B (WW) und C (FW) bezeichnet. Innerhalb dieser Ordnungen werden als Verbände unterschieden:

In WW:

a) frische Mähwiesen (Glatt- und Goldhaferwiesen, *Arrhenatherion*, D in Tab. a);

b) Kammgras-Weißkleeweiden (*Cynosurion*, E in Tab. a).

In FW:

Dotterblumenwiesen (*Bromion racemosi*, ⟨*Calthion*⟩, F in Tab. a).

Innerhalb der Verbände ist jeweils eine Reihe von Assoziationen abzutrennen. Ihre Kennarten hier aufzuführen, würde für unsere Zwecke zu weit gehen. Auf S. 124 sind von Kennarten allgemein nur die nach Stetigkeit und Menge wichtigen angegeben.

Die nicht näher mit Großbuchstaben gekennzeichneten Arten stellen Begleiter der Gesellschaften des Wirtschaftsgrünlandes vor; sie können mengenmäßig große Bedeutung erlangen. Es handelt sich dabei zum Teil um Kennarten anderer Klassen der Grünlandvegetation, häufiger um Allerweltspflanzen, die für keine Grünlandgesellschaft charakteristisch sind.

Im oberen Drittel der Tab. a häufen sich Kennarten der frischen Weiden (E), im mittleren Drittel solche der Klasse (A), der frischen Wiesen und Weiden allgemein (B) und der Glatthafer- und Goldhaferwiesen (D), im unteren Drittel solche der Feuchtwiesen (C, F).

Neben den Gesellschaften des Wirtschaftsgrünlandes seien hier die Hauptgruppen der Ödlandrasen genannt, da einige von ihnen wichtige Objekte der Grünlandverbesserung (S. 248f.) darstellen.

1. Weidefähige Ödlandgesellschaften:
   a) auf basenreichen Böden: Kalktrockenrasen (*Brometalia*);
   b) auf basenarmen Böden: Borstgrasrasen und Ginster-Heidekraut-Heiden (*Nardo-Callunetea*).

2. In der Regel wegen zu großer Nässe nicht weidefähige Gesellschaften:
   a) Kleinseggenwiesen (Sümpfe, *Scheuchzerio-Caricetea*);
   b) Großseggenwiesen und Röhrichte (*Phragmitetea*).

Die letztgenannten wie eine minderwertige Gruppe der Feuchtwiesen (Pfeifengras-⟨Besenried-⟩Wiesen, *Molinion*) werden zum Teil als Streuwiesen genutzt. Zu erwähnen ist endlich die eigentümliche Gesellschaftsgruppe der Kriech- und Flutrasen (*Agropyro-Rumicion*). Sie finden sich besonders als Störzonen im Grenzgebiet ganz verschiedener Gesellschaften (Westhoff), z.B. dort, wo extremer Feuchtewechsel das Aufkommen von Holzwuchs verhindert und häufig wechselnde Umwelteinflüsse sehr labile Artkombinationen entstehen lassen („Harmonikagesellschaften" nach Tüxen/Preising).

Tab. b. Typus und 2 Subassoziationen der Weidelgrasweide (*Lolio-Cynosuretum*)

Aufnahme	1	2	3	4	5	6	7	8	9	10	11	Stetigkeit %	Dominanz %
Charakter-(Kenn-)Arten													
Lolium perenne	38	49	60	40	50	58	40	56	10	20	25	100	40,5
Trifolium repens	5	3	12	27	4	6	20	6	2	2	10	100	8,8
Cynosurus cristatus	+	+	1	5	2	2	+	+	–	–	5	82	1,4
Bellis perennis	+	–	+	4	+	+	+	1	–	+	–	72	0,9
Leontodon autumnalis	–	+	+	+	1	+	–	–	+	–	+	64	0,1
Phleum pratense	–	3	–	+	1	–	1	3	1	4	–	64	1,2
Differential-(Trenn-)Arten intensiver Weiden													
Ranunculus repens	1	+	+	1	1	–	–	–	1	1	1	72	0,5
Cirsium arvense	4	4	–	+	–	+	1	2	–	+	–	64	1,0
Poa annua	–	+	1	+	–	+	+	+	–	+	–	64	0,5
Plantago maior	–	+	+	+	–	–	1	–	+	–	+	54	0,1
Rumex crispus	–	+	–	–	–	+	+	–	+	+	–	45	+
Agropyron repens	1	–	–	–	–	–	+	2	–	+	–	36	0,3
Trennarten der trockenen Subassoziation													
Plantago media	–	–	–	–	–	+	+	+	–	–	–	27	+
Ranunculus bulbosus	–	–	–	–	–	–	–	+	–	–	–	10	+
Trennarten der feuchten Subassoziation													
Cirsium palustre	–	–	–	–	–	–	–	–	+	+	+	27	+
Lychnis flos-cuculi	–	–	–	–	–	–	–	–	+	+	+	27	+
Lotus uliginosus	–	–	–	–	–	–	–	–	–	–	2	10	0,2
Ordnungs- und Klassenkennarten													
Festuca rubra	5	5	1	+	+	3	+	+	4	3	10	100	2,8
Poa pratensis	5	10	11	5	18	20	4	8	3	5	3	100	8,4
Poa trivialis	8	5	3	2	3	2	1	6	8	9	5	100	4,7
Ranunculus ac.	2	1	1	+	+	+	+	3	1	1	1	100	0,9
Taraxacum off.	2	2	1	2	3	1	8	+	2	2	2	100	2,3
Achillea millef.	+	+	1	1	1	2	+	1	+	–	+	91	0,6
Cerastium vulg.	+	–	+	+	+	+	+	+	+	+	+	91	+
Dactylis glomer.	2	8	3	1	1	1	11	10	20	2	–	91	5,4
Rumex acetosa	+	–	+	–	+	+	+	–	+	+	1	82	0,1
Trifolium prat.	2	+	+	+	–	+	+	–	+	–	+	72	0,2
Holcus lanatus	–	–	1	–	1	+	+	–	10	17	10	64	3,5
Plantago lanc.	–	–	–	2	+	1	+	+	–	–	+	54	0,3
Festuca prat.	1	5	–	–	–	–	–	+	25	15	15	54	5,5
Bromus mollis	2	–	–	+	10	–	2	+	2	–	–	54	1,5
Trisetum flav.	1	–	–	+	–	2	1	–	2	–	–	45	0,5
Alopecurus prat.	14	+	–	–	–	–	–	–	1	5	–	36	1,8
Wichtigste Begleiter													
Agrostis tenuis	–	–	4	10	4	2	8	–	8	8	10	72	5,0
Weitere Begleiter	7	5	+	+	+	+	2	2	+	6	+		
Reaktionszahl (RZ)			3,53				3,66			3,38			
Feuchtezahl (FZ)			4,23				3,10			4,64			
Stickstoffzahl (NZ)			4,52				4,60			4,17			
Wertzahl (WZ)			7,18				7,22			6,50			

C. EINGRIFFE DER BEWIRTSCHAFTUNG

1. Regelung der Wasserverhältnisse

Grünland ist vorwiegend auf nicht ackerfähigen und oft auch nicht trittfesten Flächen entstanden. Für die heutigen Bewirtschaftungsformen sind diese häufig zu naß. Anderseits sind weite, ortsferne Flächen (z.B. Hutungen der Mittelgebirge u.ä.) für hohe Ertragsleistungen zu trocken; andere sind durch zu tiefgreifende Eingriffe in den Wasserhaushalt (z.B. Gewässerkorrektionen) zu trocken geworden. In allen diesen Fällen ist Abhilfe nötig oder erwünscht.

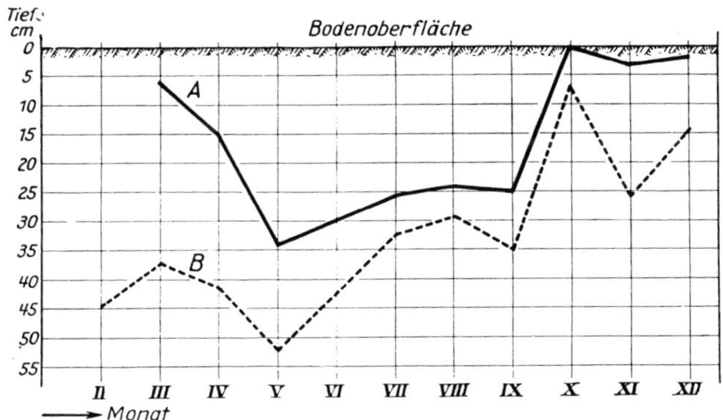

Abb. 50. *A* Grundwassergang im Rückstaugebiet; *B* Grundwassergang bei Pumpenentwässerung; Ertrag bei *A* 12 dz, bei *B* (nach Neuansaat) 124 dz Heu/ha (nach Angaben von POST, Leer)

Auf Mittel und Wege der Kulturtechnik als eines selbständigen Arbeitsgebietes mit umfangreicher Literatur ist hier nicht einzugehen[1]. Es werden nur die Ziele und die biologischen, standortskundlichen und grünlandwirtschaftlichen Voraussetzungen und Schwierigkeiten wasserwirtschaftlicher Standortsänderungen behandelt.

Ideales Ziel ist die Beherrschung der Wasserversorgung. Sie soll in Zeiten des Bedarfs gesichert sein, während ein störendes Übermaß besonders im Frühjahr vermieden werden soll (Abb. 50). Die „Sprunghöhe" (S. 38) vertikaler Grundwasserschwankungen soll eingeschränkt, anderseits doch ein tiefer Wurzelraum mit hohem, nutzbarem Regenvorrat erhalten werden. Bewirtschaftungshemmnisse (mangelnde Betret- und Befahrmöglichkeit) sind

[1] Siehe G. SCHRÖDER 1950; ferner mehrere Spezialzeitschriften; allgemeine Übersicht bei OLBERTZ.

auszuschalten. Der natürliche, jahreszeitlich bedingte Verlauf der Bodendurchfeuchtung (S. 37) bereitet jedoch grundsätzliche Schwierigkeiten. Weitere ergeben sich aus Vorflutmangel, Fremdwasserzufluß, vor allem aber aus der unendlichen Verschiedenheit der Bodenprofile und ihrer wasserleitenden Eigenarten.

a) Nässewirkungen und Entwässerung

Jedes Übermaß von Wasser bedeutet Luftmangel im Boden. Die Wasseraufnahme der Pflanzen ist aber an die Wurzelatmung gebunden und damit an genügenden Sauerstoffgehalt der Bodenluft. Dieser reicht selbst in bewegtem Grundwasser nicht aus; daher ist den Wurzeln der Zugang zu diesem verwehrt. Hohe Grundwasserlage bedeutet also einen seichten Wurzelraum und trotz des großen Wasservorrats eine geminderte Wasserverwertung.

Darüber hinaus wirkt Luftmangel stark auf alle biologischen, chemischen und physikalischen Vorgänge im Boden. Unter Luftmangel herrschen Reduktionswirkungen, die im Bodenprofil (S. 66) deutlich zum Ausdruck kommen, vor. Die Tätigkeit der meisten Bodenlebewesen wird gelähmt, die Zersetzung der organischen Bodensubstanz führt nicht zu hochwertigen Humusformen, sondern zur Torfbildung. Staunässe (S. 34) verursacht häufig Basenverarmung. Besonders nachteilig ist die Schädigung der Stickstoffumbildung, der Nitrifikation. In dem Grundwasserversuch von MINDERHOUD (1960, siehe auch S. 43) in schwerem Ton zeigten sich eine mit steigendem Wasserstand abnehmende Ausnutzung der Stickstoffdüngung und eindeutige Stickstoffverluste. Da Auswaschung im Ton praktisch ausgeschlossen ist, kann es sich nur um eine Denitrifikation handeln. Eine an sich wirksame Abhilfe durch höhere N-Gaben verursacht erhöhten Aufwand. Entwässerung namentlich von Humusböden belebt dagegen die N-Mineralisation im Zusammenhang mit der rasch eintretenden stärkeren Zersetzung organischer Substanz.

Der Wärmeverbrauch nassen Bodens zur Temperaturerhöhung ist mehrfach so groß wie derjenige trockenerer Böden. Damit erklärt sich die Verzögerung des Graswuchses nasser Flächen im Frühjahr. Mittelbar verschärfend wirkt die Lage vieler Grünlandflächen in Geländevertiefungen, in denen sich Kaltluft (Abb. 36) sammelt. Nässe, niedrige Temperatur und erhöhte Spätfrostneigung wirken sich dann viel nachteiliger aus als gelegentliche Dürre. Wirtschaftlich-technische Schäden der Nässe äußern sich in der Trittempfindlichkeit und Unbefahrbarkeit der Flächen, wenn nicht schon beim Wegebau. Die Heuernte ist behindert und erst recht eine intensive Weidenutzung. Meliorationen in Form der Grabenentwässerung führen zur Erschwerung jeder Geräteanwendung und zu großem Aufwand der Grabenunterhaltung [Räumen, Unkrautbeseitigung, die oft unterbleibt (Abb. 51)].

Die auffälligste Erscheinung auf nassen Flächen ist die ertragsarme oder doch minderwertige Vegetation. Durch Wasserüberfluß werden Pflanzen begünstigt, die infolge ihres inneren Gewebebaues Atemluft aus den oberirdischen Organen in die Wurzeln leiten können (S. 32, 79); damit können sie auf Luft im nassen Boden verzichten, zugleich auch auf einen tiefen Wurzelraum. Der Wasserverbrauch solcher Arten kann erheblich hinter der potentiellen Verdunstung zurückbleiben (S. 32); sie wirken mittelbar vernässend, nicht austrocknend. Vor allem handelt es sich praktisch ausnahmslos um

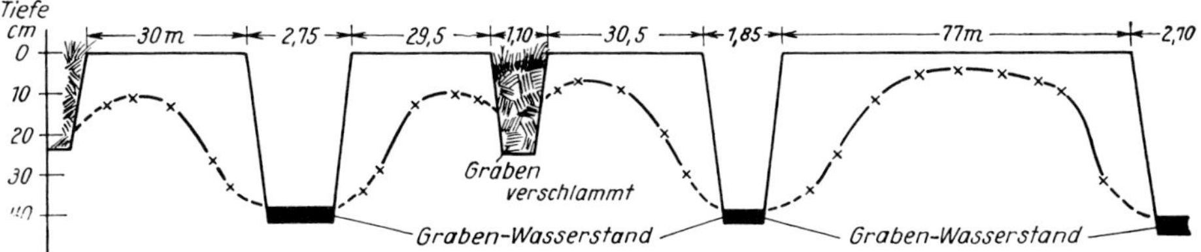

Abb. 51. Der Grabenwasserstand sagt nicht viel über die Grundwasseroberfläche in zu breiten oder nur durch verschlammte Gräben unterteilten Beeten (nach Angaben von Post, Leer)

Arten geringen Futterwertes. Beim Weidegang ist stets zu beobachten, daß die Tiere „naß gewachsenes" Futter verschmähen, wenn sie trocken gewachsenes erreichen können. Abgesehen von Massenauftreten von Sauergräsern, Binsen und ausgesprochenen Wasserpflanzen finden sich auch die wenigen wirklichen Giftpflanzen des Grünlandes bevorzugt auf nassen Flächen (S. 291). Über die Zusammenhänge von Feuchtegrad und Futterwert geben folgende Daten Auskunft (Klapp 1969):

	Feuchtezahl (FZ = S. 107)	Wertzahl (WZ = S. 109)
Typische Weidelgrasweiden (*Lolieta*)	4,35	7,16
Typische Glatthaferwiesen (*Arrhenathereten*) . . .	4,32	5,22
Feuchtwiesen (*Bromion racemosi*)	6,24	3,27
Kleinseggenwiesen (*Scheuchzerio-Caricetea*) . . .	7,76	1,73
Röhrichte (*Phragmitetalia*)	8,29	2,91
Großseggenwiesen (*Phragmitetalia*)	8,93	1,66

Nach unseren Mittelwerten liegt das Optimum des Feuchtegrades zwischen FZ 4,0 und 4,5, d.h. beim „frischen" Grünland; hier finden sich die höchsten Futterwertzahlen, die bei den Weidelgrasweiden dem Bestwert (WZ = 8,0) sehr nahekommen. Mit bis 8,93 ansteigender FZ sinkt der Futterwert ab, zuletzt bis auf ein Minimum; nur die Röhrichte mit ihren Hochgrasbeständen von Mielitz und Havelmielitz fallen dank der starken Wasserbeweglichkeit ihrer Standorte aus der Reihe. Die Überschwemmungs- (ü) und Wechselfeuchtigkeitszahlen (w) ergeben auch Hinweise auf einige Formen der Vernässungsgründe (etwas andere Gesellschaftsgruppen als oben):

	Anteil in % „ü"	„w"	FZ	WZ
Glatt- und Goldhaferwiesen (*Arrhenatheretalia*)	0,4	16	4,4	4,39
Weidelgrasweiden (*Lolieta*)	4,0	3	4,5	6,24
Gedüngte Feuchtwiesen (*Bromion racemosi*)	8,9	23	6,3	3,23
Pfeifengraswiesen (*Molinion* z.T.)	4,0	**53**	6,4	2,82
Kleinseggenwiesen (*Caricetalia fuscae*)	6,1	**48**	7,9	1,84
Flutrasen (*Rumici-Alopecuretum*)	**47,4**	4	6,5	4,15

Im Einzelfall gibt die soziologische Untersuchung recht sichere Hinweise auf Grad und Herkunft des etwaigen Wasserüberschusses (siehe u.a. DANCAU 1961, 1963). Über die Schädigung des Gewichtsertrages durch Wasserüberschuß läßt sich nichts Allgemeingültiges sagen. Gerade bei den zeitweise unter Wasser stehenden Pflanzengesellschaften (Röhrichte, Rohrglanzgras- und Großseggenwiesen) finden sich die höchsten im Grasland bekannten Erträge. Im Wirtschaftsgrünland werden Naßwiesen allgemein vernachlässigt und nicht gedüngt. Die Ursache geringer Futterqualität liegt dann nicht im Wasserüberschuß allein, wie jeder Naßwiesendüngungsversuch ohne Änderung der Wasserverhältnisse zeigt.

Die hauptsächlichen Schwierigkeiten der Entwässerung liegen im Charakter des Bodens. Bei annähernd homogenen Profilen sind sie noch am geringsten, vor allem bei höherem Humus- und Feinstsandgehalt. Ein Beispiel für schwere Tonböden gibt der Versuch MINDERHOUD (S. 43); hier ist der Spielraum der Entwässerungstiefe ziemlich groß. Im kultivierten, mindestens 1 m tiefen Hochmoor genügen Feldkapazität (S. 34) und Kapillarhub (S. 39) zur Wasserversorgung der Grasnarbe, auch wenn der Wurzeltiefgang 10 cm nicht überschreitet (BADEN 1966, 1967, dort auch Angaben für andere Moortypen). Für die Entwässerung von Sandböden kommt es auf den Wurzeltiefgang und die Höhe des wirksamen Saugsaumes an; doch lassen sich hier am ehesten Erfahrungsgrundsätze verwenden.

Größte Vorsicht verlangen Wechselprofile mit Horizonten stark verschiedener Kapillarkraft: auf seichten Lehm-, Ton-, Torflagen über Sand und Kies versagt der Grünlandwuchs, wenn die Grundwasserlage nur einige dm in den Horizont geringer Kapillarwirkung abgesenkt wird (BADEN, BERGERHOFF u. Mitarb., SCHOLL, WOHLRAB 1955ff.). Seichte Moorlagen fallen dann beschleunigter Zersetzung und Vermullung anheim. Aber auch undurchlässige Horizonte im Unterboden oder Untergrund bieten, besonders bei Staunässe (Abb. 28), große Schwierigkeiten. Die Verlegung von Dräns in oder unter die Stauschichten ist von zu geringer Seitenwirkung (Abb. 52, 53), die Verlegung über den Staukörper vermag nur die Oberflächennässe abzuführen, und das nur bei geringen Dränabständen und wenn das Zerfrieren der Dräns ausgeschaltet werden kann (siehe KLAPP 1959a). Die Anwendung der Tieflockerung in solchen Fällen bleibt bei Grünlandnutzung umstritten. Die Vielseitigkeit der Profile erfordert nicht nur eine sorgfältige Untersuchung, sondern auch eine zutreffende Ausdeutung der zukünftigen Möglichkeit der Wasserversorgung im Wurzelbereich; „Erfahrungswerte" reichen hier meist nicht aus.

Entwässerungsmaßnahmen sollen Nässeschäden beheben und den Wurzel- und Speicherraum vertiefen. Der Beweisführung für den Erfolg haften aber oft große Mängel an; dies namentlich dann, wenn mit der Entwässerung zugleich Änderungen der Wirtschaftsweise eintreten (Umbruch, Neuansaat, Meliorationsdüngungen usw.). Die sichersten Angaben über die Wirkung veränderter Grundwasserlagen auf Menge und Qualität des Grünlandwuchses vermag eine vegetationskundliche Kartierung vor und nach Eingriffen in den Wasserhaushalt zu machen (S. 116). Das erste, großräumige und überzeugende Beispiel lieferte ELLENBERG 1952a. Wasserversorgung, Ertrag und Qualität der Grasnarbe konnten 7 Jahre nach den Wasserstandsänderungen genau festgestellt werden. Die Wirkung einer von F. W. SCHULZE (1961) auf Grund seiner Kartierung vorgeschlagenen Melioration im Westerwald konnte nach

Abb. 52. Begrenzte Dränwirkung auf Pseudogley (Original MERBITZ)

Abb. 53. Binsenwuchs über Drängraben; ungenügende Dränwirkung (Original ARENS)

6 Jahren nachgeprüft werden (ebenda 1966). Der Flächenanteil unbrauchbarer und minderwertiger Naß- und Feuchtwiesen konnte hier von fast 70 auf 5% gesenkt, der Anteil brauchbarer und guter Bestände entsprechend erhöht werden, der Prognose entsprechend meist ohne die früher üblichen Umbrüche und Neuansaaten. Auch hier zeigte sich wieder, daß die Vegetation jede Standortsänderung sehr bald und lange vor merklicher Änderung des Bodenprofils anzeigt (siehe auch DANCAU 1961, WEISE 1959, Abb. 48).

Angesichts der grundsätzlichen Schwierigkeiten richtiger Entwässerung kommt ein zu starker Wasserentzug nicht selten vor, namentlich unter dem Eindruck abnormer Nässejahre, wie z.B. 1926. Verfasser und A. STÄHLIN konnten in den folgenden Jahren beobachten, daß besonders in Südthüringen, unterstützt durch ein Überangebot an Arbeitskräften, ganze Talzüge in nicht wieder gutzumachender Weise trockengelegt wurden. Das gleiche gilt immer dann, wenn das Grundwasser nach großen Flußkorrektionen durch folgende Eintiefung des Gewässers in Kies- oder Sandunterlagen absank. Das wäre unbedenklich, wenn die trockengelegten Flächen immer ackerfähig würden. Das ist aber oft nicht der Fall, wenn Hochwasser nicht ganz ausgeschaltet werden kann oder der Boden einen lohnenden Ackerbau nicht zuläßt (Pseudogleye, vermullende Niedermoore, erhöhte Frostgefahr der Lage). Eine Wiedergutmachung etwa durch erneute Grundwasseranhebung ist in der Regel sehr schwierig und kostspielig (S. 139).

Abb. 54. Wirkung der Starkdüngung auf einer Naßwiese der Hocheifel (Versuch P. Boeker.) Links hoher Bestand von Wiesenfuchsschwanz (*Alopecurus pratensis*) als Feuchtwiesentypus, rechts die ertragsarme Naßwiese: „Biologische Entwässerung" (Original Arens)

Wenn ausreichende Folgemaßnahmen sofort nach der Wasserstandsregelung unterbleiben, ist oft mit einer meist allerdings nur vorübergehenden Massenverunkrautung nach Grundwassersenkung zu rechnen. Die alte Nässeflora verliert durch den Wasserentzug ihre Vitalität, sie wird lückig und ermöglicht im Boden vorhandener oder angeflogener Unkrautsaat einen raschen Aufgang. Ihre Wüchsigkeit wird besonders gefördert, wenn auf Humusböden eine verstärkte Stickstoffmineralisation einsetzt. Ellenberg (1952a) fand dann Massenauftreten von Brennesseln, Quecken und Ackerdisteln. Im unteren Isartal beobachteten wir auf ausgedehnten Flächen ganz uncharakteristische Kombinationen meist minderwertiger Arten (Labkraut, Pastinak, Schafgarbe, Aufrechte Trespe, Gänsekresse usw.). Neuansaaten mit ungeeigneter Saatmischung erlagen dabei vielfach dem erdrückenden Wettbewerb der Wildflora. Auf armen Böden stellen sich andere Arten ein (Walther 1950); weitere Beispiele bei Eskuche, Meisel 1962, Tüxen 1942, 1951. Allmählich pflegen sich dann wertvollere Bestände zu entwickeln. Dieser Vorgang kann stark beschleunigt und die Verunkrautung kann praktisch verhindert werden, wenn sofort nach der Entwässerung gedüngt und frühestmöglich mit intensivem Weidegang begonnen wird. Weidefähigkeit sollte, wo irgend möglich, durch die Melioration erreicht werden. Aussichtsreich sind auch richtig ausgeführte Einsaaten (S. 332).

Nährstoff- und Bewirtschaftungsmängel erwecken oft den Anschein übermäßiger Standortsfeuchtigkeit; reichliche Düngung vermag hier oft Wunder zu wirken. Es stellt sich dann eine weniger feuchtholde Vegetation mit höherem, wertvollerem Ertrag ein. Diese „biologische Entwässerung" ist von erheblicher Bedeutung; oben (ESKUCHE, S. 32) wurde der relativ geringe Wasserverbrauch und der geringe Wurzeltiefgang von Sumpfpflanzen erwähnt.

Abb. 55. „Biologische" Entwässerung: Aufwuchs von je 5000 cm²; links vorherrschend Wiesenfuchsschwanz (*Alopecurus pratensis*) nach Starkdüngung, rechts Ausgangsbestand der Naßwiese mit Waldbinse (*Juncus acutiflorus*) (Original ARENS)

Im Gegensatz zu der in normalfeuchtem Grünland unwesentlichen Steigerung des Wasserverbrauchs durch Düngung liegen hier die Dinge offenbar anders. Der Ersatz der flachwurzelnden, oft locker stehenden Nässeflora durch gedüngte, massenwüchsige, bestandsverdichtende Arten erhöht den Wasserverbrauch anscheinend doch wesentlich. ELLENBERG (1963) geht näher auf die Frage ein. Ein hierbei erhöhter Wasserverbrauch wüchsiger Pflanzen wurde auch von BADEN und anderen festgestellt; CROMPTON wies darüber hinaus auf die Vermehrung der Wurmröhren (= Erhöhung der Wasserbeweglichkeit) hin. Ein überzeugender Fall wurde von uns (KLAPP 1965a) beschrieben (Abb. 54, 55). Über Versuche zur biologischen Entwässerung nasser Gebirgsweiden finden sich schweizerische Vorschläge in AGFF-Tätigkeitsbericht Nr. 69 u. 71 (1965, 1967); ein weiteres Beispiel bei BECHSTÄDT. Anhaltspunkte für die (bisher nicht voll erklärbare) Erscheinung ergeben viele vegetationskundlich bearbeitete Düngungsversuche auf sehr feuchten bis zeitweise nassen Böden. Berechnet man die Feuchtezahlen (S. 109) der Bestände, so nehmen diese mit steigender Düngung oft merklich ab (z.B. STEUERER/FINCKH 1966).

Diese „biologische Entwässerung" kann Meliorationen nicht allgemein ersetzen; ausreichende Wirkung ist eben nur dann zu erwarten, wenn Vernachlässigung der Anlaß für den Anschein übermäßiger Vernässung ist – worüber Starkdüngung auf wenigen m^2 rasch Aufschluß gibt. Die Beachtung dieser Zusammenhänge kann unnötige Eingriffe in den Wasserhaushalt vermeiden helfen.

Vielen mag die gegenteilige Wirkung überraschend sein, d.h. die anscheinende Milderung der Standortstrockenheit durch Düngung. Schon STEBLER/SCHRÖTER (1887b) wiesen nach, daß Phosphatdüngung Pflanzen höherer Feuchteansprüche in Trockenwiesen auftreten ließ. Zahlreiche verstreute Literaturangaben lauten gleich, am häufigsten für die N-Wirkung. In einem Versuch (der Münchener Hauptversuchsanstalt für Landwirtschaft 1921/22) in trockenster Lage erhöhte die durch starke N-Düngung erreichte Umwandlung eines Bestandes der Aufrechten Trespe in eine Glatthaferwiese die Feuchtezahl des Bestandes von 2,44 auf 3,97 (KLAPP); auch SPEIDEL 1966 bringt Beispiele. Hier könnte man von „biologischer Bewässerung" sprechen. (Siehe auch die Angaben von ELLENBERG 1963 und KLAPP 1965a hierzu.)

b) Bewässerung, Wässerwiesen

Angesichts des hohen Wasserverbrauchs von Grünland (S. 28) ist die Schließung von Versorgungslücken offenbar von großer Bedeutung. Verlockend ist die Möglichkeit, durch Zusatzwasser lohnende Grünlandnutzung dort zu erreichen, wo natürliche Ursachen sie erschweren. Über die wünschenswerte Ergänzung der Wasserversorgung hinaus werden den älteren Bewässerungsverfahren noch viele andere Wirkungen zugeschrieben: düngende, erwärmende, durchlüftende, entsäuernde, entgiftende Einflüsse auf den Boden; Möglichkeiten der Schädlingsbekämpfung, Verbesserung der Pflanzenbestände und ihres Futterwertes. Alle diese Wirkungen *können* unter bestimmten Voraussetzungen auch erreicht werden.

So ist es verständlich, daß die Grünlandbewässerung und ihre Verfahren im älteren Schrifttum breitesten Raum einnehmen und daß, besonders von Siegen im Rheinischen Schiefergebirge ausgehend, hochentwickelte Bewässerungsanlagen Verbreitung fanden. Sie erforderten je nach der Oberflächengestalt des Bodens eine mehr oder weniger große Umformung (Aptierung) dieser Oberfläche zur gleichmäßigen Wasserverteilung. In mehr ebenen Lagen wurden Einrichtungen zum Überstauen und Staurieseln des Wassers, zum Grabenan- und Grabeneinstau geschaffen, im hügelig-bergigen Land kunstvolle Formen des „natürlichen" und „künstlichen Hangbaues" sowie des besonders mühsamen „Rückenbaues". Näheres hierzu in dem umfangreichen Spezialschrifttum (FRECKMANN 1931/32, G. SCHRÖDER, STRECKER; SCHUMACHER, HEINEMANN).

Trotz aller geschilderter Erfolgs*möglichkeiten* jener Bewässerungsanlagen geht ihre Anwendung zurück; neue Anlagen werden praktisch nicht mehr geschaffen, mehr und mehr werden beseitigt. Sie sind, abgesehen von oft enttäuschender Wirkung, ein Opfer der wirtschaftlich-technischen Entwicklung in der Grünlandnutzung geworden.

Die Ursachen für den Bedeutungswandel der Bewässerung sind vielseitig:

1. Wie Abb. 19 zeigt, liegt der größere Teil der Wässerwiesen in den regenreichen, luftfeuchten Mittelgebirgen und in ihrem Vorland, vorwiegend in Lagen basenarmer Muttergesteine. Die Verwendung großer Wassermengen führte hier vielfach zur Auswaschung des Bodens und zur Versumpfung, wobei vorteilhafte Einzelwirkungen nicht bestritten werden sollen (Krause 1956, 1959).
2. Die maßlose Überschätzung der Düngewirkung des Wässerwassers verlangt sehr große Mengen nährstoffreichen Wassers; dem stehen, abgesehen von der Seltenheit hohen Nährstoffgehalts und seiner schlechten Ausnutzung, entgegen:
   a) Der Wasserverbrauch von Siedlungen und Industrie ist gewaltig angewachsen; die Wasservorräte sind aber nicht unbegrenzt. Die Wasservergeudung durch die meisten Bewässerungsverfahren ist nicht mehr zu verantworten. Eine Ausnahme bildet die Abwasserverwertung (S. 143).
   b) Die Wasserqualität ist in der Regel gegenüber früheren Zeiten verschlechtert. Im landwirtschaftlichen Betrieb werden anfallende Dungstoffe mehr zurückgehalten (bessere Dungstätten, Jauche- und Güllegruben) als in der ersten Blütezeit des Kunstwiesenbaues. Der Fortfall der Brache schränkte die Abschwemmung wertvoller Feinerde ein. Dazu gesellt sich ein vervielfachter Zufluß pflanzenschädlicher Gewerbeabwässer (S. 146).
3. Verbesserung der Pflanzenbestände und ihres Futterwertes ist der seltenere, Verschlechterung dagegen der häufigere Fall, da Bewässerungsfehler verbreitet sind.
4. Aber selbst bei günstigen Erfolgsvoraussetzungen schwindet die Wässerwirtschaft alter Art aus noch anderen, und zwar entscheidenden Gründen:
   a) Das Verhältnis zwischen Wirtschafts- und Marktwert des Heues einerseits und dem Aufwand für seine Gewinnung anderseits wurde ungünstiger (S. 233).
   b) Dem früheren Überangebot von Arbeitskraft stehen Kräftemangel und gestiegene Arbeitskosten gegenüber. Dies gilt vor allem für die Unterhaltungskosten der Anlagen; zudem wurden erfahrene Fachleute immer seltener.
   c) Vor allem aber behindern das enge Grabennetz und die Oberflächenformung namentlich der Rieselwiesen jede Geräteanwendung ebenso wie eine neuzeitliche Weidenutzung. Heute besteht weitgehend die Neigung zur Einebnung der Flächen, nicht selten sogar zu stärkerer Trockenlegung zwecks Ausdehnung weide- und sogar – in vorwiegend ebenen Lagen – ackerfähiger Flächen.
5. Der mehr erwarteten als wirklich erreichten Düngewirkung der Bewässerung ist durch die Einführung der Handelsdünger ein überlegener Konkurrent erwachsen.

Bei jeder Form künstlicher Wasserzufuhr ist die anfeuchtende Wirkung das Entscheidende (meist sogar bei der Abwässerverwendung). Manche von den alten Wässerverfahren erwartete Nebenwirkungen (bessere Erwärmung, Durchlüftung, Entsäuerung des Bodens usw.) sind nur unter besonderen Voraussetzungen zu erreichen, in der allgemeinen Praxis überdies von geringer Bedeutung. Über die Düngewirkung des Wässerwassers ist noch zu sprechen (S. 136).

Statistisch gesehen ist der Erfolg der Wiesenbewässerung in unserem Lande sehr bescheiden; die Reichsstatistik wies für die Jahre 1935/36/37 einen Mehrertrag von nur 8,5 dz/ha Heu = 18,6% gegenüber dem Durchschnitt aller nicht bewässerten Wiesen (einschließlich der ödlandartigen!) nach. Nach Freckmann (1932) ist die Leistung von 44% der Wässerwiesen sogar unterdurchschnittlich.

Demgegenüber stehen sehr günstige Ergebnisse von Einzelfällen. Ein Überblick der vorhandenen Angaben ergibt einen Durchschnittsertrag dieser Einzelfälle von 80–90 dz Heu/ha, d.h. gegenüber vergleichbaren Trockenwiesen

Abb. 56. Sinnlose Überwässerung im Spätfrühjahr

ein Mehr von 30–40 dz. Die früher besonders hohen Pachtpreise bewässerter Wiesen wie anderseits die bei Fortfall der Wässermöglichkeit gewährten Entschädigungen ließen nicht selten eine ähnliche Größenordnung der Mehrleistungen von Wässerwiesen erkennen. Große Erfolge müssen sich bei nur einigermaßen richtiger Handhabung dort einstellen, wo z.B. auf armen, trockenen Sandböden ohne Wasserzufuhr überhaupt kein Wiesenwuchs möglich ist, so im Gebiet der Senne, des Aller-Weser-Gebietes. Der Erfolg hängt weiterhin stark vom Charakter der Jahreswitterung und der Jahreszeit ab. Selbstverständlich kann zusätzliche Wasserzufuhr nur dann wirksam sein, wenn nach Verbrauch der „Winterfeuchtigkeit“ zunehmend Wassermangel eintritt. Für die Anfeuchtung sind die früher verbreiteten Wässertermine vom Herbst bis zum Spätfrühjahr unnötig und nicht nur nutzlos, sondern im letzten Fall schädlich (zögernde Bodenerwärmung, später Austrieb des Grases, siehe „Einstau“). Nutzlos und nicht selten schädlich ist Bewässerung bei dauernd hoher Grundwasserlage (z. B. HUSEMANN 1939). Natürlich ist der Boden von großer Bedeutung. TACKE (1918) nennt als Heuerträge von Wässerwiesen auf:

Heidesandboden	56,8 dz/ha
Moorboden	83,2 dz/ha
Auenboden	85,4 dz/ha

Absolut gesehen ist der Ertrag der Heidesandwiesen am niedrigsten; relativ sind diese jedoch besonders dankbar, namentlich für kalkhaltiges Wässerwasser (STÖBER), und dann, wenn Grundwasserabsenkungen vorangegangen sind. Ungewöhnliche Ertragssteigerungen nennt HETZEL.

Zur Wirkung auf den Pflanzenbestand stellten bereits STEBLER/SCHRÖTER (1887b) fest, daß es keine spezifische Wässerungsvegetation gebe, die Bewässerung vielmehr bald verbessernd, bald verschlechternd wirke. Am auf-

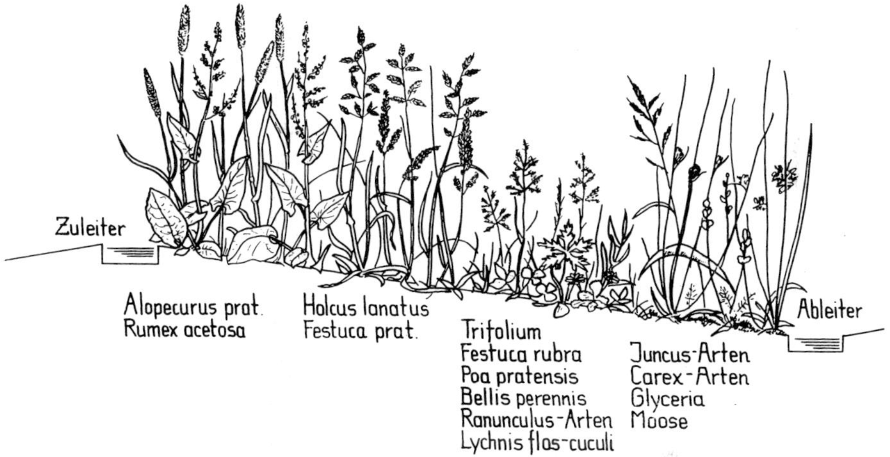

Abb. 57. Hälfte eines Rieselwiesen-Rückens mit durchschnittlicher Vegetation (Original BOHLE)

fälligsten sind die Wirkungsunterschiede bei starker Bodenumformung im Kunstwiesenbau, besonders auf den Rieselrücken. Hier ergeben sich größte Unterschiede der Vegetation auf kleinstem Raum; der Rücken mit dem Zuleitergraben ist stark begünstigt: frisches, sauerstoff- und nährstoffreiches Wasser tritt über die Grabenkante, Sinkstoffe fallen aus; die Nachbarschaft des Zuleiters trägt daher eine anspruchsvolle, hochwertige Vegetation. An den Flanken der Rücken und vor allem am Ableiter ist das alles ins Gegenteil verkehrt, hier ist die Vegetation viel weniger wertvoll. Der Unterschied wird um so krasser, je ärmer Wasser und Boden, je geringer das Gefälle (Abb. 57, Abb. 58, ferner Abb. 59). Im Extrem findet sich am Zuleiter ein nur spannenbreiter hochwüchsiger Bestand, am Ableiter aber der Bewuchs basenarmer Sumpf- oder Moorwiesen („Schopfwiesen“ nach LAMPERT). Nährstoffentnahme aus dem rieselnden Wasser, seine Anreicherung mit Kohlendioxid und die völlige Wassersättigung der tiefgelegenen Ableiterränder dürften als Ursachen wirken. Auf Überstau- und Staurieselflächen führen die nie vermeidbaren, wenn auch nur flachen Mulden zur Entwicklung von „Flutrasen" oder anderen Naßwiesenbeständen. Einzelheiten siehe bei C. A. WEBER 1928b, 1931, LAMPERT, MONHEIM 1943. Wie überall in der Natur gibt es auch hier Ausnahmen. KRAUSE (1956, 1959) und REICHELT (1955a) betonen die Vorteile der Bodendurchrieselung mit großen Mengen sauerstoffreichen Wassers und die günstigen kleinklimatischen Wirkungen der Winterwässerung im Schwarzwald auf Vegetation, Ertrag und Futterwert. Auch hier stehen Vor- und Nachteile nebeneinander (BRÜNNER 1962b, 1964). Die zahlreichen, von uns untersuchten Wässerwiesen lassen die Verschlechterung der Vegetation von optimaler Anfeuchtung bis zur versumpfenden Überwässerung deutlich erkennen:

Mengenanteile in % bei Stufen zunehmender Wasserzufuhr					
	I	II	III	IV	V
Gräser hohen und mittleren Wertes	63	46	41	35	6
Kleeartige Futterpflanzen	5	8	7	5	4
Brauchbare und harmlose Arten	28	38	7	17	17
Wertlose und schädliche Kräuter	4	7	34	29	13
Sauergräser, Simsen, Binsen	–	1	11	14	60
Heuertrag dz/ha	82	83	52	45	21
Mittlere Futter-Wertzahl	6,98	5,65	3,92	3,83	1,90

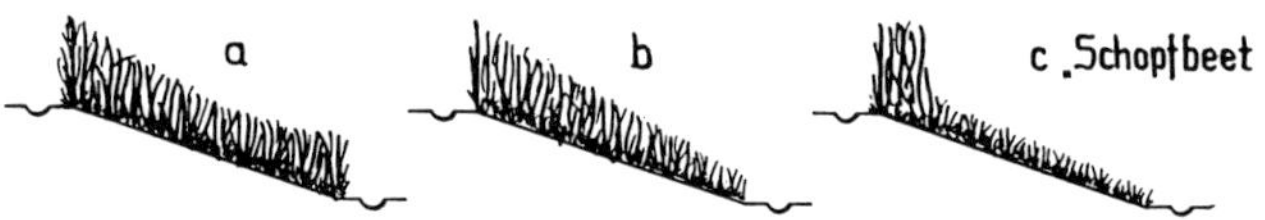

Abb. 58. Querschnitte halber Rieselrücken (schematisch). *a* bei nährstoffreichem Wasser und gutem Abfluß; *b* bei langsamem Abfluß; *c* bei nährstoffarmem Boden und Wasser („Schopfbeet", Original BOHLE)

Düngende Bewässerung, Nährstoffzufuhr und Düngebedürfnis. Düngewirkung des Wässerwassers kann auf dem Mitführen fester Schwebestoffe (Sinkstoffe, Schlick) oder auf seinem Gehalt an löslichen Stoffen beruhen. Die Ausnutzung der Nährstoffe ist in der Regel schlecht; J. KÖNIG (1906) rechnet bei 3–4maliger Benutzung des Rieselwassers je nach Nährstoffgehalt mit 0–30%. Am besten scheinen K und Mg verwertet zu werden; Nitrat-N geht größtenteils verloren, und am schlechtesten wird P ausgenutzt, da praktisch nie in löslicher Form, sondern nur in fester Bindung an Sinkstoffe vorkommend. Selbst bei ursprünglich nährstoffreichem Wasser finden sich im abfließenden Wasser gewöhnlich mehr Nährstoffe als im zufließenden, der Boden muß allmählich verarmen. Dies gilt besonders für Ca, wenn das Wässerwasser nicht ungewöhnlich Ca-reich ist, wie etwa in Gewässern kalkreicher Gebirge. In den Sanden der Senne und der Boker Heide kommt es durch die Wässer des Teutoburger Waldes zur deutlichen Kalkanreicherung. In der Regel ist aber eine deutliche Bodenanreicherung durch die Bewässerung nicht zu erwarten.

Die größte Gefahr der „düngenden Bewässerung" liegt darin, daß der Wunsch nach voller Deckung des Nährstoffbedarfs zur Anwendung unmäßiger

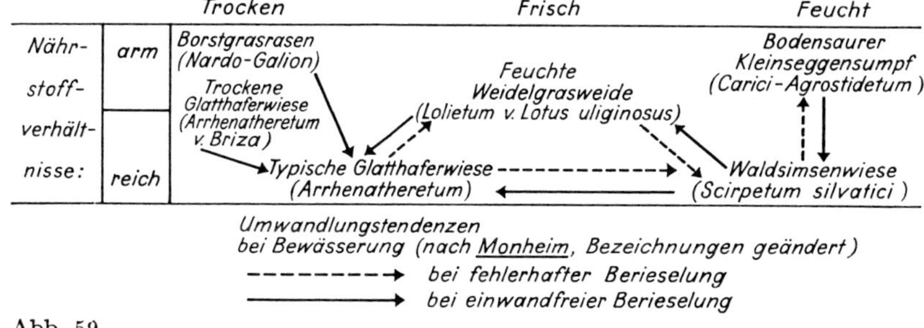

Abb. 59.

Wassermengen verleitet. Ihr meist doch geringer Nährstoffgehalt, seine schlechte Ausnutzung und ein sehr ungünstiges Nährstoffverhältnis geben den Anlaß dazu.

Tatsächlich sind die mit der düngenden Bewässerung zugeführten Nährstoffmengen oft außerordentlich hoch. SCHUMACHER fand bei 14000 mm Rieselhöhe (d.h. zusammengerechnet einer Wassermenge von 14 m^3 auf 1 m^2) eine Zufuhr von jährlich 126 kg P_2O_5, 140 kg K_2O, 1260 kg CaO je ha; bei Überstau bzw. Staurieseln stellte TACKE 1918 sogar eine Zufuhr von 265 bis 504 kg P_2O_5 und 1384–2521 kg K_2O/ha fest. Diese Nährstoffmengen sollten das Düngebedürfnis hoher Wiesenerträge bei durchschnittlicher Ausnutzung auf eine Reihe von Jahren voll decken; sie tun es aber praktisch nie. In jenem Fall erzielte TACKE durch zusätzliche PK-Düngung noch Heu-Mehrerträge von 10–28 dz/ha! HEINEMANN erntete durch Volldüngung von Wässerwiesen 22–38 dz Heu je ha mehr. J. KÖNIG, LAMPERT beobachteten Ähnliches, nur HETZEL fand nach anfangs günstiger Düngewirkung später keine Mehrleistung mehr. In neuerer Zeit wies BRÜNNER (1964) in 3 mehrjährigen Schwarzwaldversuchen auf den nicht bewässerten Teilflächen eine vielfach größere Leistung der Düngung gegenüber der Wasserleistung auf den bewässerten Teilflächen nach.

Wässerwiesen alter Art haben jedenfalls in der Regel ein hohes Düngebedürfnis. Die ungenügende Nährstoffversorgung der Grasnarbe macht sich auch im Futterwert der Ernte bemerkbar. HUSEMANN (1939) fand im Mittel mehrerer Versuche folgende Gehalte von Wässerwiesenheu in %:

	Ohne Düngung	Mit PK-Düngung
P_2O_5 . . .	0,335	0,595
K_2O	1,256	1,894

Das ungedüngte Rieselheu ist ausgesprochenes Mangelfutter, das gedüngte entspricht eher dem tierischen Bedarf. Wie nach dem Nährstoffverhältnis der meisten Rieselwässer zu erwarten, fand J. KÖNIG in einer sehr großen Untersuchungsreihe hervorragende P_2O_5-, oft gute N-, meist geringere K_2O-Düngewirkung. Kalk erwies sich meist als notwendig.

Soweit die Bewässerung beibehalten wird, erfordern die Düngungstermine einige Rücksicht auf die Wässerzeiten. Düngung kurz vor dem Wässern kann im Winterhalbjahr starke N- und K_2O-Verluste mit sich bringen, während P_2O_5 nicht gefährdet ist. Am besten verabreicht man die Grunddüngung nach Ende der Winterwässerung, Salpeterstickstoff erst später und natürlich nur während längerer Wässerpausen. Falls bald nach der Düngung Regen fällt, kann bereits 8–10 Tage später ohne Verlustgefahren wieder gerieselt werden.

Massive Wiesenbewässerung ist angesichts der heutigen Düngungsmöglichkeiten kaum noch zu rechtfertigen. Bei ausreichender natürlicher Wasserversorgung des Grünlandes aus Niederschlag, hoher Bodenspeicherung und Grundwasser ist mit Düngung allein dasselbe, meist sogar weit mehr zu erreichen als mit Bewässerung alten Stils. Bewirtschaftungshemmnisse und Instandhaltungskosten werden aber auch in trockenen Lagen durch den Wässererfolg nicht aufgewogen. Hier ist der Platz der künstlichen Beregnung (S. 139) auf der Grundlage reichlicher Düngung.

Abb. 60. Eisdeckenbildung nach unzeitigem Bewässern einer Rieselwiese (Original KLAPP)

Nun sind die hier behandelten Bewässerungsverfahren immerhin in vielen Fällen noch im Gebrauch (bei richtiger Handhabung oft auch mit gutem Erfolg; neuere und genauere Versuchsergebnisse siehe bei BAHR, UHDEN). Dann sollten wenigstens grobe Fehler vermieden werden; als Grundregeln sind anzusehen:

1. Maßhalten in der Wassermenge und in der Wässerdauer!
2. Das Wasser soll rieseln, nicht stagnieren; also für guten Abzug, namentlich bei bindigen Böden, sorgen! (Abb. 56).
3. Auf kurzfristiges Wässern ausreichende Pausen folgen lassen!
4. Während der Wachstumszeit oder gar bei warmem Wetter nie lange überstauen!
5. Nie rieseln, wenn das Wasser kälter ist als Boden und Luft, nie bei starkem Frost Eisdeckenbildung zulassen! (Abb. 60, S. 134).

6. Mit Grabenanstau und -einstau nicht bis zu stärkerem Absinken des Grundwassers warten!
7. Instandhalten der Anlagen nicht vernachlässigen!
8. Reichlich düngen mit starker Betonung von P_2O_5!

Grundwasseranhebung, Untergrundbewässerung, Infiltration

Eine Anhebung des Grundwassers – bei zeitweiligem Wassermangel – ist durch Staue und Schleusen (Grabenanstau und -einstau) immer schwer zu bewerkstelligen. In durchlässigen Böden werden die Anlagen leicht seitlich umflossen; in schweren Böden und auch im Hochmoor ist die seitliche Wasserbewegung zu langsam, um rechtzeitiges Steigen der Grundwasserlage zu ermöglichen (siehe z.B. S. 43, MINDERHOUD). In den letzten Jahren ist namentlich in den Niederlanden (VAN DER WOERDT 1950f., BAARS u.a.), aber auch in Deutschland (DÖRTER 1962, KRZYSCH, TAMM/SCHENDEL u.a.) wiederholt über die Herstellung wurzelzugänglicher Grundwasserstände aus relativ dichten Dränsystemen berichtet worden. Zwei Wege sind gangbar:

a) Anhebung einer nicht zu tiefliegenden Grundwasseroberfläche durch Zufuhr von Fremdwasser aus einem dichtliegenden Dränsystem bis zur ständigen Erreichbarkeit des Saugsaumes durch die Wurzeln;
b) Bodenanfeuchtung unabhängig von der Grundwasserlage unter Ausnutzung der seitlichen Wasserbewegung in genügend durchlässigen Böden; damit kann die Haftwassermenge merklich erhöht werden.

In beiden Fällen muß reichliches Fremdwasser verfügbar sein. So ist der Wasserverbrauch – da Abfluß und Oberflächenverdunstung eingeschränkt sind – zwar erheblich geringer als bei Stau- und Rieselbewässerung, aber doch höher als bei Beregnung. Manche für Ackerland gültigen Vorzüge fallen unter Grasnarben fort. – Die Erfolge sind, wie zu erwarten, je nach Jahreswitterung, Bodenart und Bodenfeuchte sehr verschieden, besonders günstig bei starker Austrocknung des Bodens, namentlich bei seichten Mooren über Sand. Im Sommer werden eher gute Mehrleistungen erreicht als dann, wenn der Wasserstand im Frühjahr noch zu hoch ist – genau wie beim Grundwasser allgemein. Jedenfalls sind genaue Planung und Anwendung auf Grund der bodeneigentümlichen Kapillarkraft notwendig. Im ganzen dürfte die auf allen Böden brauchbare Beregnung wirtschaftlicher sein.

c) Beregnung

Gegenüber anderen Bewässerungsverfahren bietet die künstliche Beregnung gewichtige Vorzüge. Sie ist unabhängig von der Art und Oberflächenformung des Bodens (keine Flächenverluste und Wirtschaftshindernisse durch Gräben und Rücken!), läßt sich sowohl dem Wasserbedarf der Grasnarbe wie allen Bewirtschaftungsmaßnahmen anpassen. Sie vermeidet Auswaschung wie Versumpfung des Bodens. Das verregnete Wasser wird auf seinem Weg durch die Luft erwärmt; im Gegensatz zur Ackerberegnung gibt es dank der dichten Grasnarbe auch keine Verschlämmung und Verkrustung des Bodens. Wasserzufuhr durch tropfenförmige Benetzung wie bei der Beregnung scheint der

Grasnarbe auch besonders zuzusagen, vielleicht auf dem Wege über unmittelbare Wasseraufnahme des Blattes (nach VOLKART wird die Oberhaut beregneter Pflanzen allerdings durchlässiger, was ihre Welkebereitschaft erhöht, praktisch also „verwöhnend" wirkt). Vor allem aber bedarf die Beregnung der geringsten Wassermengen aller Wässerverfahren. Ihre Schwäche liegt in den hohen Anlage- und Betriebskosten.

Ziel der Beregnung ist die vorbeugende Verhinderung von Trockenschäden; dazu soll sie die Hauptwurzelzone durchfeuchten. Sie muß also auf den tatsächlichen Wasserbedarf abgestimmt werden. Die Verdunstungsverluste des Kunstregens sind, falls nicht bei hoher Luftfeuchtigkeit geregnet wird, allerdings viel höher als bei Naturregen. Bei warmem Wetter kann die Erwärmung kalten Wassers beim Verregnen eine merkliche, wuchshemmende Bodenabkühlung nicht verhindern (S. 142). Man wird also nach Möglichkeit bei trübem, windstillem Wetter oder nachts, am besten während natürlicher Regenfälle oder im Anschluß an solche, regnen, zumal das verregnete Wasser in einen bereits feuchten Boden schneller und tiefer eindringt als in einen trockenen Boden. Beregnung in Zeiten wirklich niedriger Luft- und Bodentemperaturen stiftet meist mehr Schaden als Nutzen. Auch ein „Zuviel" wirkt meist nachteilig. Beregnung ist erwünscht, wenn durch Regenmangel oder zeitlich ungünstige Regenverteilung tatsächlich ein Wasserdefizit eintritt, also in Hitzeperioden und Dürrejahren, allgemein in Trockenlagen. Selbst im humiden Klima kann im Sommer Wassermangel vorkommen. Das macht sich besonders in Sandböden, in denen Starkregen großenteils versickern, bemerkbar, nicht selten aber auch in schweren Bodenarten mit verlangsamtem Wassernachschub. Unnötig ist Beregnung bei noch reichlicher Winterfeuchtigkeit, bei stets zugänglichem Grundwasser, in Normaljahren regenreicher Gebiete und allgemein in nassen Jahren, selbst im Hochsommer bei feuchtkühler Witterung.

Anderseits darf es nicht erst zu Trockenschäden kommen; daher ist die rechtzeitige Erkennung drohenden Wassermangels wichtig. Witterungsverlauf, Wuchs und Entwicklung der Grasnarbe, in sandigen Böden auch die hier leichter zu beobachtende Bodenfeuchtigkeit geben Anhaltspunkte. Vorteilhaft ist die Kenntnis des jahreszeitlichen Wasserverbrauchs (S. 30) im Vergleich mit dem tatsächlichen Regenfall. BROUWER (1959) zieht „kritische Zeiten", d.h. solche besonders hohen Wasserbedarfs der Pflanze, zur Beurteilung der zweckmäßigen Beregnungszeit heran.

Genauere Werte (CZERATZKI) liefert einmal die Kontrolle der Bodenfeuchtigkeit. Sie setzt Kenntnis der nutzbaren Wasserkapazität (S. 34) und Feststellung ihrer Ausschöpfung durch Wassermangel voraus; daraus ist der Verarmungsgrad des Bodenwassers und damit der Zeitpunkt beginnender Beregnungsnotwendigkeit zu erkennen. Die tatsächlich erforderliche Regenmenge ist aus der „Klimatischen Wasserbilanz" (Niederschlag abzüglich der potentiellen Evapotranspiration, S. 29) zu errechnen. Die laufende Beobachtung von Bodenfeuchte und klimatischer Wasserbilanz setzt entsprechende Dienststellen voraus (z.B. Agrarmeteorologische Versuchs- und Beratungsstelle Braunschweig-Völkenrode). Wassermangel droht spätestens, wenn die nutzbare Kapazität bis etwa 30% erschöpft wird (siehe auch KLATT). Im Ausland wird der Beginn stockenden Graswuchses auch schon bei geringerem Wasserdefizit angenommen (CASTLE/REID, STILES). Eine volle Auffüllung der nutzbaren Kapazität erscheint nicht lohnend; bei 50% gilt sie als ausreichend (auch hier Meinungsverschiedenheiten).

Über die Zeitpunkte der Beregnung herrscht Übereinstimmung. Der Winterfeuchtigkeit entsprechend ist Beregnung im Frühjahr unnötig, ja nachteilig, solange die Lufttemperatur nicht 16–17 °C überschritten hat und dabei verbleibt. Nach den umfangreichen Erfahrungen Brouwers (1959) empfehlen sich Regengaben für

A. Wiesen: 2–3 Wochen vor dem ersten und in der 2.–4. Dekade nach dem ersten Schnitt;

B. Weiden: da vor dem 1. und 2. Auftrieb nicht lohnend, erst während der 3. und 4. Periode, nachher nur noch mit Vorsicht.

Beregnung unmittelbar nach einer Nutzung ist falsch, weil es dann an verdunstungs- und assimilationsfähiger Blattmasse fehlt und die „unproduktive Verdunstung" sehr groß wird; es heißt kräftigen Nachwuchs und Narbenschluß abwarten. Sonstige Angaben (Stählin 1959c, Beckhoff 1963c u.a.) lauten im allgemeinen gleich. Abnormer Witterungsverlauf bedingt Ausnahmen, besonders bei Zusammenwirken von trockenem Winter und sehr trockenem, warmem Frühjahr; dann kann frühe Beregnung, unter Umständen schon bald nach Wuchsbeginn, erforderlich sein. Überhaupt sind bei extremer Trokkenheit Abweichungen von der Regel nötig, selbst wenn kein wesentlicher Mehrertrag anfällt. Grünbleiben der Narbe, Verhinderung einer völligen Wachstumsstockung ist dann wichtiger. Solche Fälle können noch im September eintreten.

Die Zahl der jährlichen Regengaben hängt von Witterung und Standort ab. Brouwer rechnet mit 1–2 Gaben je Weideperiode; andere Angaben schwanken zwischen 1–2 und 2–3, in Notzeiten jedoch bis zu 5 Gaben je Periode. In trockenen Sandböden können 3–4 Gaben nötig werden (Baars). Mit steigender Zahl der Gaben kann der Erfolg jedoch abnehmen (Brouwer). Allgemein gelten wenige, hohe Gaben als wirksamer denn häufige kleine Gaben (unter 20 mm); die meisten Angaben lauten auf 20–30 mm; bei extremer Trockenheit und bei sehr leichten Böden werden bis zu 60 oder 80 mm vorgeschlagen, um trotz der starken Verdunstung eine genügende Durchfeuchtung des Wurzelraumes zu erreichen. Angesichts der großen Unterschiede von Jahreswitterung und Bodenart sind die verwendeten Gesamtgaben sehr verschieden hoch (von 60 bis fast 300 mm je Jahr).

Wie nicht anders zu erwarten, schwankt die Leistung der Beregnung außerordentlich je nach Jahr, Jahreszeit und Boden. In feuchten Jahren kommt es nicht selten zu Mindererträgen; in vom Frühjahr an sehr trockenen Jahren wird auf Sand- und Kiesböden zuweilen eine Ertragsvervielfachung erreicht (z.B. Garlipp, Witte 1953). Über guten Beregnungserfolg auf trockenen Südhängen berichteten Roth/Schwarz 1968. Stählin rechnet in anfangs warm-trockenen und später nicht zu trockenen Jahren mit allgemein guter Wirkung. Für den ersten Heuschnitt werden 10–20 dz Mehrertrag, ähnlich viel auch für den zweiten Schnitt angegeben, für die Weideleistung in kStE im Mittel 30% mehr. Schützhold u.a. (1961, Niederrhein) nennen folgende Mehr- und Minderleistungen:

	dz Heu/ha	Regengabe in mm
1955	+ 18,6	160
1956	+ 5,7	77
1957	+ 12,3	110
1958	− 1,3	66
1959	+ 39,7!	293

Beckhoff hat für offenbar dieselben Versuche zwar auch die Höchstleistung im Trockenjahr 1959 errechnet, in 3 von 5 Jahren aber doch Mindererträge von 2–4,7 dz Tm/ha in einzelnen Perioden. Blattmann (Vortrag Infeld 1967) erreichte auf Sandboden 3 Jahre lang gute Leistungen und sogar eine positive Nachwirkung im Folgejahr; in einem 4. Jahr aber eine ungünstige Nachwirkung (Übersättigung des Bodens, Mehrentzug und Auswaschung von Nährstoffen im Vorjahr).

Pflanzenbestand und Qualität. Fast allgemein wird über eine Zunahme des Kleeanteils der Grasnarbe berichtet. (Weißklee ist offenbar empfindlicher gegen große Trockenheit als Gras besonders, wenn letzteres stark mit N gedüngt wird.) Gelegentliche Angaben über Bevorzugung einzelner Gräser und Kräuter widersprechen einander. Der Trockenmassen- und Eiweißgehalt wird, der allgemeinen Gesetzmäßigkeit entsprechend, meist etwas gesenkt; der Ertrag an diesen Stoffen folgt natürlich der Ertragsänderung. Sonst ist über Qualitätsänderungen wenig bekannt. Stählin rechnet mit morphologischer Verbesserung des Futters (mehr und größere Blätter); gelegentlich wird von besserer Futterausnutzung nach Beregnung berichtet.

Gemessen an der hohen Bedeutung reichlicher Wasserversorgung des Grünlandes ist die Wirkung der Beregnung in etwa normalen Jahren nicht so überzeugend, wie zu erwarten wäre. Gleiche Mehrleistungen werden oft durch Stickstoffdüngung ohne Beregnung erzielt. Die Wirtschaftlichkeit der Beregnung bei alleiniger Verwendung der Anlage auf Grünland wird daher häufig bezweifelt, eine bessere Ausnutzung des Gerätes durch dankbare Feldkulturen (Intensivkulturen, Zwischenfrüchte usw.) als Voraussetzung angesehen. Die Marktwertberechnung der Beregnungsleistungen fällt tatsächlich oft ungünstig aus. Die Möglichkeit hoher tierischer Leistungen, des Durchhaltens der Grasnarbe auch in trockenen Zeiten und auf leicht austrocknenden Böden entzieht sich aber, obwohl oft von entscheidender Bedeutung, jeder genauen Bewertung. Volle Ausnutzung der Anlage vorausgesetzt, ist die Beregnung doch ein wertvolles, in extremen Fällen sogar fast unentbehrliches Betriebsmittel. Sie sollte aber erst dann eingesetzt werden, wenn andere Wirtschaftsfaktoren (Düngung, Intensivnutzung) vorher in das Optimum gebracht werden. Dabei ist zu berücksichtigen, daß Beregnung zu höherem Nährstoffverbrauch, durch Belebung der Bodentätigkeit auch zu höherem Verbrauch an organischer Substanz führt. Vorteilhaft wirkt Einregnen von Wirtschaftsdüngern. (Zur Kombination von Beregnung und Düngung siehe S. 230.)

Schließlich ist auf die Wirkung von Beregnungsfehlern hinzuweisen. Dazu gehören Beregnung in kühlen und feuchten Zeiten (Wachstumshemmung durch starke Bodenabkühlung um 2–4 °C für einige Tage), übermäßig hohe Gaben (Verwöhnung der Pflanze, schlechte Bodendurchlüftung, Versickerungsverluste). Praktisch wird gern zu oft und zuviel beregnet; eine zu starke

Auffüllung der nutzbaren Wasserkapazität kann nach folgenden starken Naturregen zu anhaltenden Wuchsdepressionen führen. Nicht rasch wieder gutzumachende Schäden bewirkt aber auch ein zu später Beginn der Beregnung bei schon weitgehender Bodenaustrocknung.

d) Abwasserverwendung

Wenn die bloße Beseitigung der Stadtabwässer im Vordergrund steht, werden Kläranlagen oder Rieselfelder mit hoher, von Dauergrasnarben nicht ertragener Abwasserbelastung verwendet. Die nutzbringende Verwendung von Abwasser setzt dagegen seine möglichst weiträumige Verteilung mit unschädlichen Mengen auf wechselnden Flächen voraus.

Vorzüge des Abwassers gegenüber Klarwasser bestehen einmal in seinem Wärmegehalt, der die Verwendung auch bei niedrigeren Lufttemperaturen als beim letzteren ohne Wachstumshemmung zuläßt; d.h., die Zeit möglichen Weidewuchses kann damit verlängert werden. Hinzu kommt ein beträchtlicher Nährstoffgehalt, der – im Gegensatz zur nutzlosen Abwasserbeseitigung – nicht vergeudet werden sollte. Allerdings ist das Nährstoffverhältnis im Abwasser ungünstig, die Ausnutzung ist nicht hoch. Wie bei anderen Bewässerungsverfahren ist die anfeuchtende Wirkung die wichtigste. Nicht jede Kultur, nicht jeder Boden verträgt ständig hohe Abwassergaben. Das Grünland ist noch am besten geeignet, auch als „Entlastungsfläche", und von den Bodenarten der Sand. Mit zunehmendem Ton- und Schluffgehalt des Bodens nimmt seine Eignung ab, hier kommt es auch eher zu Bodenschäden. Bindige Böden vertragen höhere Abwassergaben nur bei Trockenheit, wie denn auch im einzelnen Klima und Witterung mitsprechen. Der Erfolg sinkt mit steigenden Niederschlägen, ferner mit wachsender Höhe der Grundwasserlage.

Im Hinblick auf den Düngewert ist zur Einschränkung von Stoffverlusten eine nur grobe Vorreinigung des Abwassers erwünscht; biologisch geklärtes Abwasser ist nährstoffarm. Abwasser kann wie auf sonstigen Wässerwiesen mit allen Nachteilen dieses Systems (S. 132) verrieselt werden; wenn die Gräben nicht ausgezäunt werden, kommt Infektionsgefahr durch Abwassersaufen des Weideviehes hinzu. Alle Vorzüge der Beregnung gelten auch hier (S. 139).

Über Eigenschaften und Verwendung von Abwässern unterrichtet ein umfangreiches Schrifttum, dessen Diskussion in Einzelheiten hier unmöglich ist: BAUMANN 1951, v. BOGUSLAWSKI/NEWRZELLA, BROUWER u.a. 1943, FEHRENDT, HERZOG, HUSEMANN/WESCHE 1960, KLEMM 1940, KORIATH/SCHWARZ, KREUZ 1958f., LEHNER/NOWACK, SCHMAUDER u. a. [EBELING, SCHÖNHERR, UNGER] 1960–1966, K. SCHWARZ 1962, VOLKART 1929a, VOLLMER, WESCHE, ZUNKER.

Der Stoffgehalt des Abwassers schwankt je nach Herkunft, Vorreinigung, Verdünnung usw. in sehr weiten Grenzen. Im Mittel zahlreicher Untersuchungen fand man in mg/l rund:

Organische Substanz	375	MgO	30
N	44	K_2O	30
P_2O_5	11	Na_2O	160
CaO	190	Cl	140

Im Einzelfall ist mit starken Abweichungen zu rechnen. – 1 mg/l bedeutet bei 1 mm Regenhöhe 10 g/ha, bei 100 mm Regen 1 kg/ha. Eine Abwassergabe von 300 mm würde nach obigen Zahlen etwa 132 kg N, 33 kg P_2O_5, 90 kg K_2O, 570 kg CaO enthalten, also beträchtliche Mengen. Hohe Verluste und geringe Ausnutzung verleihen den Analysenwerten jedoch nur einen theoretischen Wert. Ammoniakstickstoff geht schon in der Luft zum Teil verloren. K und Ca werden in großen Mengen ausgewaschen. Soweit Bilanzen errechnet wurden, sind vor allem Kaliverluste, anderseits Natron- und oft doch Kalkanreicherungen festzustellen. Eine wesentliche Rolle für den Ausnutzungsgrad der Nährstoffe spielen auch der Grad der Nährstoffversorgung des Bodens, besonders mit P_2O_5 und CaO, das Sorptionsvermögen des Bodens, antagonistische Wechselwirkungen von K, Ca, Na und Schwerlöslichkeit der in Sinkstoffen gebundenen Nährstoffe. Die Angaben über den Düngewert der Abwassernährstoffe schwanken daher noch mehr als diejenigen über die Stoffgehalte. Manche lauten sehr positiv; in einem Punkt besteht aber offenbar Einigkeit: Volle Bedarfsdeckung einer wüchsigen Grasnarbe ist durch zuträgliche Abwässergaben nicht zu erreichen. Die Wasserzufuhr erhöht nicht nur die Auswaschung, sondern auch den Pflanzenverbrauch. So werden selbst bei hoher Nährstoffzufuhr im Abwasser selten mehr als etwa 70% des Bedarfs gedeckt.

Fast allgemein wird daher eine zusätzliche Volldüngung empfohlen, wobei besonders N und K_2O betont werden, bei Bedarf aber auch P_2O_5 und CaO. Namentlich N scheint sehr wirksam; SCHMAUDER und Mitarbeiter empfehlen 20 kg N/ha zu jeder Weideperiode neben einer Grunddüngung von 100 kg P_2O_5 und 120 kg K_2O/ha. Die Höhe der Gaben hängt natürlich vom Bodenvorrat und von der üblichen Abwassermenge ab.

Die von Ackerböden bekannten, oft nachteiligen Einflüsse auf den Bodenzustand sind bei angemessenen Abwassergaben auf Grünland selten festzustellen, die Grasnarbe schirmt physikalische Bodenveränderungen weitgehend ab; von einer mäßigen Abnahme des überkapillaren Porenvolumens wird gelegentlich berichtet. Die nach dem hohen Gehalt des Wassers an organischer Substanz zu erwartende Humusvermehrung bleibt offenbar sehr gering.

Der Winter bietet die arbeitswirtschaftlich willkommene Gelegenheit, mehrere 100 mm Abwasser, das ja übernommen werden muß, zu verwenden. Die höchsten Leistungen auch der Abwasserverregnung sind aber natürlich in warmen, trockenen Zeiten zu erwarten. Dabei gilt für die Verteilung der Gaben in der Vegetationszeit Ähnliches wie bei der Klarwasserberegnung (S. 141), nur ist hier Sparsamkeit weniger vordringlich. Je nach Bodenart werden in den Nutzungspausen je 1–2–3 Gaben von (20) 30 bis sogar 60 mm und darüber verregnet (auf bindigen Böden weniger). In der Regel sind mäßige Einzelgaben vorzuziehen; die Ertragsleistung je mm Abwasser ist dabei höher als bei großen Gaben. Bei anhaltender Trockenheit ist es besser, die Zahl der Regengaben zu vermehren als seltenere Einzelgaben zu erhöhen. Als Gesamt-Jahresgaben gelten für Sandböden Mengen bis 800 mm, für lehmige Böden in trockener Lage bis 500 mm, für schwer durchlässige Böden höchstens bis 300 mm als zulässig.

Die Erfolge der Abwasserverwendung hängen stark von der Jahreswitterung, der Bodenart und ihren Wasserverhältnissen ab. Nach den langjährigen Versuchen von SCHMAUDER/DIETZE an mehreren Orten Thüringens (relativ trockene Lagen) ergab sich:

a) Der Wirkungsgrad nimmt zu mit abnehmendem Niederschlag und abnehmender Speicherkraft des Bodens;

b) er nimmt ab mit Zunahme der Feinsterde und mit steigender Grundwasserlage.

Nach der Jahreszeit erzielten die gleichen Autoren folgende Ertragsleistung in kg Tm je mm Abwasser:

200–300 mm Abwasser im Oktober/November	6,0
40– 60 mm Abwasser im Sommer	12,4
Winter- und Sommergaben zusammen	9,0
Reinwasser im Sommer	5,3

Auf ha-Jahreserträge umgerechnet, ergaben sich dank der sorgfältigen Auswahl der Versuchsflächen erhebliche Mehrleistungen gegenüber denjenigen der Klarwasserzufuhr. Von anderen Autoren wurden noch höhere Leistungen je mm Abwasser erzielt. Im ganzen überwiegen namentlich mit Zusatzdüngung gute Ergebnisse verschiedenster Größenordnung, vor allem natürlich gegenüber Flächen ohne Düngung und Wasserzufuhr. Im Extrem wird dann von Verdoppelung oder gar von Verdreifachung der Erträge berichtet (STÄHLIN 1959c, KORIATH/SCHWARZ u.a.). Die große Verschiedenheit der Voraussetzungen kann aber auch geringe Leistungen und sogar Mindererträge verursachen. Starke Düngung nicht beregneter Flächen läßt die durch Abwasser ohne Düngung zu erzielenden Mehrerträge, namentlich bei ausreichendem Regenfall, stark zusammenschrumpfen. Zur Vorrats-Abwasserverwendung im Winterhalbjahr siehe SCHWARZ 1962.

Der Pflanzenbestand wird bei mäßiger Abwassergabe (im Gegensatz zum Rieseln mit sehr hohen Mengen) im allgemeinen günstig beeinflußt; die anspruchs- und wertvollen Gräser werden meist gefördert, namentlich auf leichteren, trockenen Böden, Kleearten nur bei nicht zu hoher N-Zufuhr. Bei intensivem Weidegang führt die Entwicklung zur Weidelgrasweide. Bei Mahd kann ein Überhandnehmen von Knaulgras, aber auch von Quecke, Doldenblütern lästig werden. Hohe Abwassergaben begünstigen feuchtholde Arten und solche der Ruderalflora im weiteren Sinne (STÄHLIN). Auf schweren Böden können manche wertvolle Gras- und Kleearten schwinden (BAUMANN).

Hinsichtlich der Futterqualität ist – wie bei jeder starken Wasserzufuhr – mit einer Senkung des Tm-Gehaltes zu rechnen. Fast ausnahmslos wird von steigendem Rohproteingehalt berichtet. Der Gehalt an P, Ca, Na, K verhält sich nicht einheitlich; es gibt Gleichbleiben, Ab- und Zunahmen, doch halten sich die Veränderungen gewöhnlich in engen Grenzen. Gleiches gilt für den Ballastgehalt.

Rücksichten auf Sauberkeit und Schmackhaftigkeit des Futters verbieten Abwassergaben kurz vor der Nutzung. Dies gilt noch mehr aus hygienischen Gründen wegen des unvermeidlich hohen Gehaltes des Abwassers an Krankheitskeimen. Ihre häufigste Gruppe (Coli-Bakterien) stirbt nach SCHMAUDER und Mitarbeitern am Grase allerdings so rasch ab, daß ein Beweiden 14 Tage nach einer Abwassergabe unbedenklich erscheint. LEHNER/NOWACK sind entgegengesetzter Meinung. Diese und verwandte Fragen sind offen; Näheres ist bei den genannten Autoren und den von ihnen genannten Quellen nachzulesen. Besondere Vorsicht verlangen Abwässer von Kliniken, Schlachthöfen und Abdeckereien.

Gewerbliche, insbesondere pflanzenschädliche Abwässer bedürfen in jedem Fall vor der Verwendung einer sorgfältigen Analyse, einer Feststellung des Sauerstoffverbrauchs, einer genauen Prüfung auf etwaige Giftwirkungen. In letzterer Hinsicht gelten als in der Regel unschädlich Abwässer von Stärke-, Zuckerfabriken, Brauereien, Brennereien, Schlachthäusern, endlich Molkereien, soweit sie nicht mit pflanzenschädlichen Reinigungsmitteln belastet sind. Manche dieser Abwässer enthalten anderseits sehr viele fäulnisfähige Stoffe, deren gewaltiger Sauerstoffverbrauch bei der Zersetzung schädlich nicht nur für das Tier- und Pflanzenleben der Gewässer ist, sondern auch in den berieselten Grünlandböden schaden kann. Als schädlich und zur Bewässerung ganz ungeeignet haben alle Fabrikabwässer, die pflanzen- und tierschädliche Stoffe enthalten, zu gelten. Abgesehen von unmittelbaren Giftstoffen (und resistenten Krankheitserregern, z.B. Milzbrandsporen in Gerbereiabwässern) wirken besonders freie Säuren und Metallsulfate ätzend und bodenzerstörend, Chloride mehr durch Störungen des Basenhaushaltes und Bodenverdichtung. Aus Eisenoxidul ausfallendes Eisenhydroxid verschlämmt Gräben wie Bodenporen und macht das Futter staubig, usw.

Ein Beispiel von MONHEIM 1959 gibt eindrucksvolle Schilderungen von der verheerenden Wirkung der Abwässer aus Metallbeizereien auf Rieselwiesen; auf dem bis in 30 cm Tiefe rostrot verfärbten Boden schwinden die wertvolleren Futterpflanzen bis zum vollen Vorherrschen minderwertiger Arten, im Extrem bis zur Narbenzerstörung. Der Schaden wächst mit zunehmendem Wirksamwerden der gefährlichen Abwässer auf zwei Drittel, ja 80% des früheren Ertrages an (KLAPP 1965a).

Nun wird niemand unmittelbar Gebrauch von schädlichen Gewerbeabflüssen machen. Die eigentliche Gefahr liegt in deren – oft unbekannten – Einleitung in Gewässer, denen Beregnungswasser für landwirtschaftliche Nutzflächen entnommen wird. Angesichts der Schwierigkeit der Beweisführung kann nur dringend geraten werden, bei Verdacht auf Einleitung schädlicher Abwässer so früh wie irgend möglich eine Beweissicherung von Pflanzen- und Tierschäden zu betreiben (durch die Landwirtschaftlichen Untersuchungs- und Forschungsanstalten oder Spezialinstitute).

2. Grünlanddüngung[1]

In den letzten Jahrzehnten hat sich eine tiefgreifende Wandlung der Düngungs- und Nutzungsverfahren auf dem Grünland vollzogen. Sie steht in Zusammenhang mit der seit dem ersten Weltkrieg rasch gestiegenen Wertschätzung des wirtschaftseigenen Futters und dem Wunsch nach Leistungssteigerung des Grünlandes. Früher hatte bei uns die 2–3schnittige Wiese als die intensivere Form der Grünlandnutzung zu gelten. Charakteristisch ist die völlige Vernachlässigung der Weiden in der zeitgenössischen Grünlandliteratur

[1] Wichtige Vorbemerkung: Bei Ergebnissen von Düngungsversuchen sind stets Ausgangslage und Dauer der Versuche zu berücksichtigen, d.h.: Liegt bei Teilstücken ohne Düngung, z.B. mit Phosphor, weitgehender P-Mangel vor oder bereits gelegentliche P-Düngung? Im ersteren Fall müssen die Mehrerträge höher sein als im letzteren. Bei Dauerversuchen wird das ungedüngte Teilstück allmählich verarmen, der Mehrertrag bei P-Gaben also ansteigen. Ferner ist die Art der Beidüngung zu beachten.

(siehe z.B. STEBLER 1926, STRECKER 1923). Die Wiesen wurden zwar im Rahmen des Möglichen gedüngt, wenn auch landschaftlich sehr verschieden, die Weiden aber kaum (Ausnahme: F. FALKE 1907 [S. 232]).

Das Verhältnis hat sich völlig umgekehrt insofern, als heute die intensivere Form der Grünlandnutzung in der neuzeitlichen Dauerweide zu sehen ist. Jedoch nehmen die Wiesen in Deutschland und in den meisten nicht maritim getönten Nachbarländern, vor allem im Mittelgebirge und im Alpenland, noch eine bedeutend größere Fläche ein als die Weiden, und die Wiesennutzung bedarf trotz aller ihrer Schwierigkeiten dringend der Intensivierung in Praxis und Forschung.

Gegenüber den früheren Schwerpunkten der Grünlandkunde (Wiesen-„Bau“ allgemein, Melioration, Ansaat) sind heute Nutzungs- und Düngungsfragen stark in den Vordergrund getreten. Die Besonderheit der Grünlanddüngung gegenüber der Düngung des Ackers angesichts der großen Verschiedenheit von Pflanzenbestand und Nutzung steht fest. Allmählich ist auch die außerordentliche Meliorationswirkung der Düngung minderwertiger Grasnarben, wenn nicht Allgemeingut, so doch zu einem anerkannten Werkzeug der Grünlandverbesserung geworden.

Die jahrzehntelange Ablehnung der Stickstoffdüngung auf Wiesen bedurfte ebenso der Überwindung wie die Unterschätzung der mit Düngefehlern verbundenen Mängel bei der Verfütterung von Gras. Geradezu umstürzend hat nach dem zweiten Weltkrieg die veränderte Betrachtung und Verwendung der Stickstoffdüngung in Verbindung mit der Mäh-Weide-Nutzung gewirkt. Im Zusammenhang mit dieser Entwicklung spielt heute die Erhaltung eines hohen Mineralstoffangebotes im Weidefutter (oder, wo dies nicht erreichbar, eine Ergänzungsfütterung) eine bedeutende Rolle.

Das internationale Schrifttum über Düngungsfragen ist namentlich in den letzten 20 Jahren so stark angewachsen, daß eine auch nur annähernd vollständige Wiedergabe unmöglich ist. Eine wesentliche Ursache dafür liegt darin, daß dort, wo man erst in neuerer Zeit zu eingehender Grünlandforschung überging, Altbekanntes unter anderen Verhältnissen nachzuprüfen war. Daneben stehen allerdings vertiefte und neuartige Fragestellungen und Erkenntnisse in ebenfalls ansehnlicher Zahl.

a) Allgemeines, Wirkungsgrundlagen

Ausgangszustand, Standort, Verlauf

Der allgemeine Düngungserfolg wird vornehmlich bestimmt vom ursprünglichen Zustand der Grünlandflächen, von Wasserversorgung, Klima und Boden, von der Nutzungsweise und von der Dauer der Düngeranwendung. Bei gleicher Düngung wird die höchste relative (prozentuale) Ertragssteigerung nicht, wie noch oft behauptet wird, auf Flächen in bereits hoher Kultur erreicht, sondern gerade auf den ertragsärmsten (Abb. 61). Die Düngerwirkung auf Grünland folgt demselben „Wachstumsgesetz“ (MITSCHERLICH) wie bei der Ackerfrucht. Das gilt auch für die „Wirkungsfaktoren“: Zum Höchstertrag sind größere K- und vielfach größere N-Mengen erforderlich als P-Mengen.

Aus den großen Versuchsreihen von KÖNIG 1950 und WAGNER 1921 ergeben sich im Mittel folgende Erträge für Wiesen:

Ungedüngt Heu dz/ha	PK (relativ)	NPK
14,7 = 100	228	302
34,3 = 100	154	174
49,0 = 100	125	141

Bei ödlandartigen Wiesen sind Ertragssteigerungen von 200–400% durch NPK-Düngung fast die Regel.

Abb. 61. Rechts: Düngewirkung auf Moorödland (Isarmoos)

Je höher also die Leistung der ungedüngten Wiese, desto geringer die relative Düngerwirkung. Aber auch die absoluten Mehrerträge verhalten sich nach eigenen Versuchen ähnlich:

Ertrag ungedüngt	Mehrerträge PK	NPK
19,7	12,9	25,2
46,3	11,1	27,3
50,6	10,9	23,5

Grünland in schlechtem Kulturzustand ist gewöhnlich mit leistungsschwachen, wenig düngerdankbaren Arten bestanden. Reichliche Düngung drängt diese zurück und läßt Arten mit gegenteiligen Eigenschaften an ihre Stelle treten (S. 158). Dieser Vorgang ist untrennbar mit der Nährwirkung des Düngers verbunden.

Wenn GERICKE (1956) in zahlreichen Versuchen folgende relative Ertragszunahmen fand:

durch	P_2O_5	K_2O
bei Ackerfrüchten	11,0%	7,7%
bei Wiesen	24,6%	15,5%

dann beruht die Ursache dieser Mehrleistung der Wiesen vornehmlich darauf, daß ihr Düngungszustand sehr viel schlechter als derjenige des Ackerlandes ist.

Über die Wirkung des Bodens auf die Düngerwirkung bestehen einander widersprechende Angaben. Entscheidend sind – abgesehen vom natürlichen Nährstoffvorrat – Sorptionsvermögen, Umsatzfreudigkeit und Pufferung. Aber die Eigenarten des Bodentyps, des Profils, des Wasserhaushalts, Festlegen (Fixieren) von Nährstoffen, selbst Denitrifikation, die Tätigkeit der Bodenlebewesen überschneiden einander. Nur über die Extreme besteht einige Klarheit. Sandböden mit ihrem geringen Sorptionsvermögen geben Düngernährstoffe leicht ab, sind aber von Auswaschung bedroht. Ihre schwache Pufferung macht sie empfindlich gegen stoßweise Wirkungen der Düngung besonders auf die Bodenreaktion.

Schwere und schwerste Böden mit sehr hohem Sorptionsvermögen sind umsatzträge, besonders bei ungünstigen Struktur- und Wasserverhältnissen sowie bei geringer Tätigkeit. Sie sind oft sehr reich an K, das trotz häufiger Fixierung bei extensiver Weidenutzung einseitige P-Düngung für lange Zeit genügen läßt. Ihrer Untätigkeit wegen ist die N-Wirkung meist gut.

Kultivierte Moorböden sind trotz ihres hohen Sorptionsvermögens meist umsatzfreudig. Dies gilt besonders für kultiviertes Hochmoor, für das Baden 1959f. die ungehinderte Wiedergabe von Düngernährstoffen an die Grasnarbe betont. Beim kalk- und stickstoffreichen Niedermoor spielen Tätigkeit, Profil, Wasser- und Lufthaushalt und damit der Zersetzungsgrad eine wesentliche Rolle, besonders für die Stickstoffabgabe und damit für das N-Düngebedürfnis. In allen Moortypen wird namentlich K rasch verbraucht. Bei Gesteinsböden spielen Reaktion, natürlicher Haupt- und Spurennährstoffgehalt des Muttergesteins neben der Wasserversorgung eine wesentliche Rolle für Düngebedürfnis und Düngerwirkung.

Dauernde Trockenheit setzt die relative Ertragssteigerung durch Düngung selbst auf fruchtbaren Böden stark herab; ein Beispiel bei Roth 1967b. Am höchsten ist sie bei guter Wasserbeweglichkeit mittelfeuchter Böden, ungünstig meist bei Staunässe oder dauernd hoher Grundwasserlage, obwohl deren Wirkung durch reichliche Düngung (besonders mit N) gemildert werden kann (S. 131).

Beispiele für die Rolle des Klimas bieten besonders die höheren Gebirgslagen. Hier kann die relative Ertragssteigerung sehr hoch sein (Caputa 1963b, Geering 1966), was dem in der Regel schlechten Ausgangszustand entspricht.

Witterungseinflüsse, namentlich wechselnde Regenmengen, beeinträchtigen die ertragssteigernde Düngerwirkung meist nur wenig. König (1950) fand bei Trockenheit gleiche oder sogar höhere Heu-Mehrerträge gegenüber feuchter Witterung bei absolut niedrigeren Grunderträgen (Abb. 34). Mott (1961b) und Siebold wiesen Ähnliches nach. Auch Baden, Blattmann 1960 sehen in reichlicher Düngung die beste Abwehr von Trockenheitsschäden.

Allgemein erhöht eine dem Bedarf der Grasnarbe angepaßte Düngung die Stetigkeit der Erträge. Gericke (1956) fand in seinen zahlreichen Wiesenversuchen folgende Ertragsschwankungen:

bei NK-Düngung . . .	um 13,8%	bei NPK-Düngung . . .	um 3,5%
bei „Ungedüngt" . . .	um 10,9%	bei PK-Düngung	um 3,0%
bei K-Düngung	um 6,5%		

Langjährig geerntete Probeflächen in den Niederlanden ('T HART 1947) brachten in den

	1.	2.	3.	4.	5. Schnitt
a) Reinen Graslandbetrieben . .	21	23	17	15	16 dz Tm/ha
b) Mischbetrieben	20	15	12	10	8 dz Tm/ha

In den reinen Grasbetrieben gelangen alle Wirtschaftsdünger auf das Grasland (unter Umständen mit Streuzukauf), in den Mischbetrieben erhält das Ackerland einen großen Teil davon. Die reichliche Versorgung zu a) erhöht nicht nur den Gesamtertrag, sondern auch die Ertragsstetigkeit innerhalb des Jahres.

Der Nutzungsweise entsprechend sind übliche 2-Schnitt-Wiesen infolge des hohen Nährstoffentzuges grundsätzlich düngebedürftiger als Ganztagsweiden vergleichbarer Bewirtschaftungsintensität (infolge der Nährstoffrückgabe in Exkrementen). Dies gilt zunächst für P und K.

Wir fanden bei ursprünglich einheitlicher Grasnarbe nach 4 Jahren verschiedener Nutzungsweise und starker gleichmäßiger Düngung im Boden an pflanzenlöslichen Nährstoffen noch (KLAPP 1951b):

	mg nach NEUBAUER	
	P_2O_5	K_2O
Bei 3–4maliger Mahd je Jahr	0,28	15,52
Bei intensivster Weidenutzung	1,89	24,00

Gleichwohl lohnt sich starke Weidedüngung. Besonders erfolgreich sind hohe Stickstoffgaben, wenn das Nachtriebs- und Eiweißbildungsvermögen der Grasnarbe voll ausgenutzt werden soll, und zwar auch dann, wenn ein beträchtlicher Kleeanteil erhalten bleibt. Auf Wiesen spielt der Kleeanteil eine entscheidende Rolle für die Aussichten der stickstofffreien wie der stickstoffreichen Düngeweise (S. 193/194).

Der zeitliche Verlauf der Düngerwirkung innerhalb des Einzeljahres zeigt in 2-Schnitt-Wiesen einen wesentlichen Unterschied bei K und P einerseits, N anderseits insofern, als die relative Ertragssteigerung durch K + P im zweiten Schnitt meist derjenigen im ersten Schnitt ähnelt, während die im ersten Schnitt oft sehr hohe Wirkung des Stickstoffs im zweiten Schnitt meist auch dann nicht erreicht wird, wenn der Stickstoff in Teilgaben verabreicht wird.

Als eine Ursache ist anzusehen einmal das Ausbleiben der Halmbildung der Obergräser und ihnen gegenüber das Vordringen des Klee- und Krautanteils bei PK-Düngung im zweiten Schnitt; ferner die starke Nachwirkung der PK-Gaben gegenüber der meist fehlenden Nachwirkung von N-Gaben.

Für Weiden gilt im Prinzip das gleiche, obwohl hier das Kurzhalten des Bestandes keine so wesentlichen Unterschiede im Halmwuchs und im Krautanteil eintreten läßt.

Über längere Jahre hinaus führt die Nachwirkung, namentlich der Phosphate bei der PK-Düngung, zu einer Zunahme des Erfolges, während der Verlauf der N-Wirkung auf kleereichen Wiesen eher sinkende Richtung zeigt, wenn sie von starker Kleeverdrängung begleitet ist. Diese Erscheinung spielt auf Weiden keine Rolle, da die Kleeverdrängung bei mäßigen N-Gaben in engeren Grenzen bleibt, bei hohen N-Gaben aber ihre Bedeutung verliert (S. 193/194).

Nährstoffentzug, Düngebedürfnis

Der Nährstoffentzug, d.h. der Nährstoffgehalt der Grünlandernten, weist Unterschiede auf, die wir bei Ackerernten nicht in diesem Umfang kennen. Die Spanne der Ertragshöhe und der Standorte ist sehr viel weiter als beim Ackerland, sind doch Wiesenerträge von unter 10 und über 200 dz Heu/ha bekannt. Auch der Mineralstoffgehalt des Heus schwankt in sehr weiten Grenzen, so bei

P_2O_5 von 0,1 bis über 1,0%
K_2O von 0,5 bis über 7,0%
CaO von 0,2 bis über 3,0%

WHITEHEAD gibt für einzelne Arten und Artengemische noch weit größere Spannen an. Wenn man für gutes Wiesenheu mit folgenden Gehalten an Hauptnährstoffen rechnet:

1,60% N	1,00% CaO
0,65% P_2O_5	0,40% MgO
2,00% K_2O	0,25% Na_2O,

dann würde das bei einem durch Volldüngung leicht erreichbaren Heu- und Grummetertrag von 80 dz/ha einen Entzug von in gleicher Reihenfolge 128, 52, 160, 80, 32, 20 kg/ha bedeuten. (Ausführliche Angaben für verschiedene Ertragshöhe bei KNAUER 1968, ZÜRN 1968.)

Das gilt zwar für die Wiese, deren Nährstoffertrag zunächst ganz entführt wird. Für die Weide ergibt sich ein grundsätzlicher Unterschied dadurch, daß ein Großteil der vom Weidetier aufgenommenen Nährstoffe mit den Exkrementen zum Boden zurückkehrt[1].

Je nach Fütterung und Nutzungsrichtung beträgt diese Nährstoffrückgabe 70 bis nahe 100%. Erfahrungsgemäß scheidet eine 500-kg-Kuh in 24 Stunden etwa 25 kg Kot und 15 kg Harn aus und darin etwa 200 g N, 60 g P_2O_5, 300 g K_2O und 125 g CaO. Demnach fallen bei Ganztagsweide je GVE in 180 Weidetagen rund 36 kg N, 11 kg P_2O_5, 54 kg K_2O und 23 kg CaO je ha an, also beträchtliche Mengen. Diese werden allerdings von der Grasnarbe bei weitem nicht voll ausgenutzt. Von dem leicht löslichen, hauptsächlich im Harn vorkommenden K und N werden bestenfalls 50–60% der im Futter aufgenommenen Mengen unmittelbar verwertet. In und an der Luft wird Ammoniak – N verdunstet. Der Kot – N wird nur sehr langsam verfügbar, ebenso der organisch gebundene P. Die Kot- und Urinstellen enthalten zudem die Nährstoffe in sehr hoher Konzentration (KNAUER 1968), wodurch die Ausnutzung herabgesetzt und die Auswaschung erhöht wird. HOLMES gibt (auf die Fläche von 1 ha umgerechnet) folgende Konzentration an:

[1] Schrifttum zum Folgenden: BRUCKNER 1957b, BRÜNNER 1954b, 1961a, b, GISIGER 1949, 1961a, b, KNAUER 1968, MOTT 1966, SCHECHTNER 1961a, SEARS 1956, SMELOW 1966, zahlreiche Zitate bei VOISIN 1958f., WHYTE, ZÜRN 1968.

	In Kuhfladen	In Uringeilstellen
N	650–850 kg	370–450 kg
P_2O_5	350–390 kg	17– 40 kg
K_2O	150–490 kg	660–800 kg

Hinzu kommt die höchst ungleichmäßige Verteilung der Exkremente auf der Weidefläche, die durch die Bevorzugung bestimmter Stellen zur Kotablage, z. B. im Baumschatten, bedeutend verstärkt werden kann. Mott (1964b) stellte deutlich stärkere Bodenanreicherung bei Rationsbeweidung ohne „Rückdraht" im zuerst besetzten Flächenteil fest. Im ganzen liegt die Ausnutzung der Exkrementnährstoffe unter derjenigen der Handelsdüngernährstoffe, die Auswaschung ist in leichten Böden und im regenreichen Winterklima stark. (Zum ganzen Nährstoffkreislauf siehe Abb. 62.)

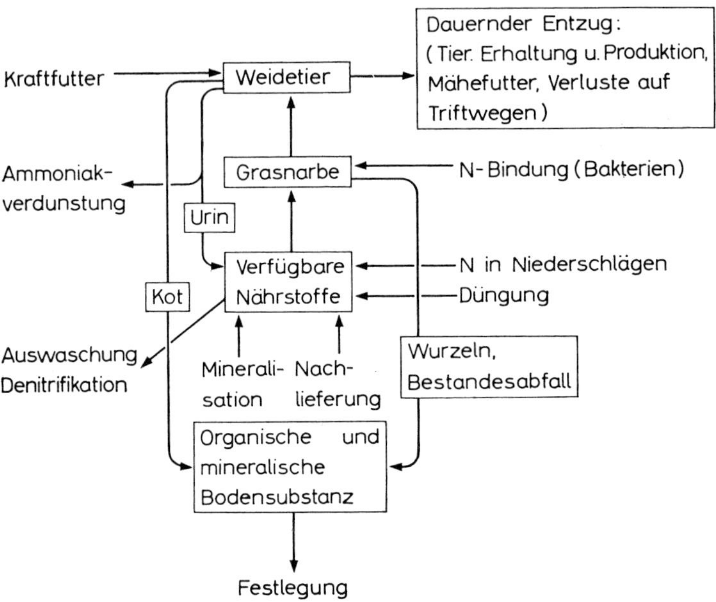

Abb. 62. Nährstoffkreislauf in Weiden

Verluste und gehemmte Ausnutzung der Exkremente lassen bei geringem Ertrag und Besatz oft auch nur eine geringe Düngewirkung zustande kommen. Diese steigt eindeutig mit der Besatzstärke (S. 450), mit der täglichen und säsonalen Weidedauer an. Die meisten Untersuchungsergebnisse liegen aus Neuseeland vor (Zitate bei Whyte, ferner Freer, Sears 1960 u. a.). Hier sind zwar die Voraussetzungen günstiger als bei uns (ganzjähriger Weidegang, Wechselwirkung mit oft sehr hohem Kleeanteil der Grasnarbe). Ohne höheren Kleeanteil und ohne P-Düngung, überhaupt bei Nährstoffmangel, ist die Düngewirkung der Exkremente aber auch in Europa gut. Die Einzelwirkung von Kot und Urin studierten Norman/Green 1958.

Alles in allem ist bei extensiver Weidenutzung der tatsächliche Nährstoffentzug aus dem Boden fast bedeutungslos. C. A. WEBER wies schon 1905 darauf hin, daß der Entzug durch älteres Mastvieh kaum meßbar ist und bei Aufzucht von Jung- und Milchvieh Entzüge über 10–15 kg/ha von P_2O_5, K_2O und CaO kaum vorkommen. Das ist in anderen Untersuchungen immer wieder bestätigt worden. Doch gilt dies nur für Ganztagsweide und relativ bescheidene Weideleistungen; neuere Angaben für Weiden allgemein bei KNAUER 1968.

Der Nährstoffbedarf intensiver Weidenutzung mit hoher Leistung wird von den Exkrementen nie voll gedeckt. Auf fruchtbaren Böden mit entsprechender Nachlieferung von Bodennährstoffen mag ein Defizit vermieden werden, eine Zusatzdüngung bleibt aber für hohe Leistung immer notwendig. Besonders trifft das für Intensiv-Mähweiden zu, namentlich bei nur halb- oder vierteltägigem Weidegang und hohem Anteil von Mähenutzung. Rasch aufeinander folgende Nutzungen jungen, besonders nährstoffreichen Futters bewirken ein relatives Ansteigen des Entzuges. Jede Mähenutzung, jede auch nur halbtägige Aufstallung und die dazu nötigen Märsche des Weidetieres mindern den Exkrementanfall, so daß sich bei mehrmaliger Entnahme von Frischgras, Silofutter und Heu der tatsächliche Entzug demjenigen von 2-Schnitt-Wiesen annähert. Wie hoch der Nährstoffentzug bzw. das Düngebedürfnis bei Entnahme von Mähefutter gegenüber reinem Weidegang einzuschätzen ist, zeigen niederländische Schätzungen ('T HART/VAN DER KLEY 1956):

Entzug je ha und Jahr	P_2O_5	K_2O	
bei reinem Weidegang	30	50	K_2O je nach der Bodenart verschieden
bei 1 Schnitt	50	100	
bei 2 Schnitten	80	200	
bei reiner Mahd	150	350	

Hierzu siehe auch ZÜRN 1968.

Das tatsächliche Düngebedürfnis kann beim Grünland – mit wenigen Ausnahmen – genauso wenig wie beim Ackerland allein aus der Kenntnis des Nährstoffentzuges abgeleitet werden; Ausnutzung der Dünger und Verfügbarkeit der Bodennährstoffe sind außerordentlich verschieden, und die Aussage von Schnellmethoden über das Düngebedürfnis stößt auf besondere Schwierigkeiten (S. 236). Praktisch ist alles Grünland des kühl-gemäßigten niederschlagsreichen Klimas bis in die neuere Zeit sehr arm an P, auf leichten und moorigen Böden aber auch arm an K. Das gilt vor allem für das stiefmütterlich behandelte Wiesenland und für ödlandartige Weiden.

Der Stickstoffbedarf kann durch Erhaltung eines hohen Kleeanteils bis zu einer gewissen Höhe gedeckt werden (weitgehend bei dem ganzjährigen Weidegang neuseeländischer Weiden); mit wachsenden Ansprüchen an den Ertrag wird aber mehr und mehr Stickstoffdüngung nötig, und zwar auf stark beanspruchten Weiden mehr als auf Wiesen (S. 193/194).

Stoffgehalt von Pflanzenarten und Artengruppen

Besondere Wirkungen der Grünlanddüngung gehen davon aus, daß sich die verschiedenen Pflanzenarten der Grasnarbe in der stofflichen Zusammensetzung wesentlich unterscheiden. 1930/31 untersuchten wir die Pflanzengruppen (Gräser, Leguminosen = kleeartige N-Sammler, sonstige Kräuter) einiger Wiesenbestände auf ihre Stoffgehalte bei Volldüngung und fanden folgendes in % der Trockenmasse:

	N	Asche	P_2O_5	K_2O	CaO	MgO
Gräser	1,68	6,9	0,44	2,43	0,68	0,33
Kleeartige	3,25	7,9	0,51	1,85	2,23	0,69
Sonstige	2,07	11,2	0,62	3,27	2,64	0,93

	Na_2O	Rohprotein	Rohfaser	N-freie Ext.
Gräser	0,09	9,4	35,6	45,1
Kleeartige	0,11	19,9	25,1	40,9
Sonstige	0,21	13,3	22,1	49,6

(Siehe Abb. 63, 64). Die Ergebnisse wurden mit solchen von F. König später durch Bender veröffentlicht. Es muß betont werden, daß die Pflanzen nicht, wie vorher häufiger geschehen, im gleichen Entwicklungszustand, sondern mit- und durcheinander wachsend am gleichen üblichen Termin des Wiesen-

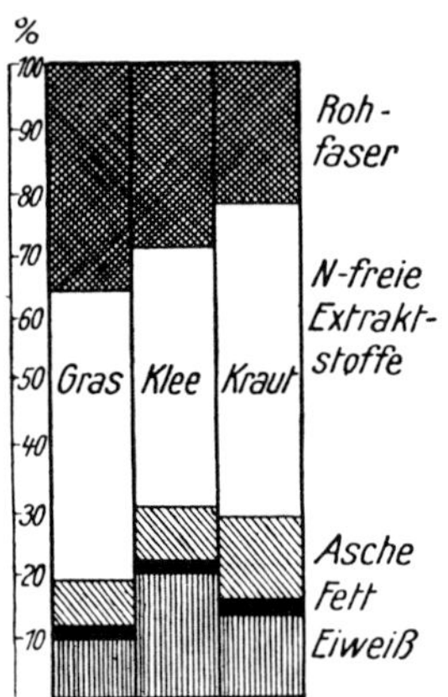

Abb. 63. Zusammensetzung von Gras, Klee und sonstigen Kräutern

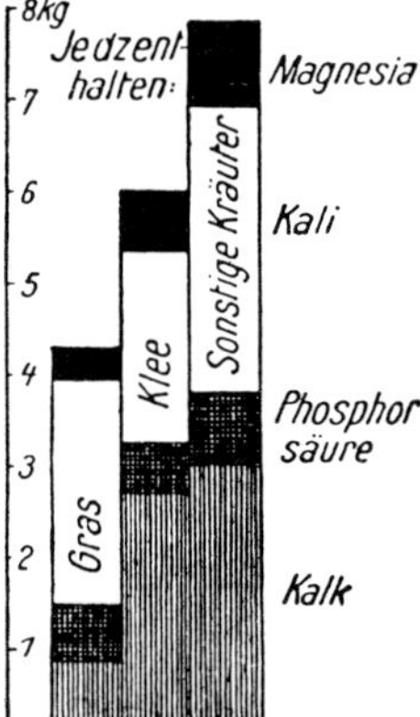

Abb. 64. Menge und Verhältnis von Aschenbestandteilen in Gras, Klee und sonstigen Kräutern

schnittes, d.h. der Praxis entsprechend, geschnitten wurden, also in artweise verschiedenem Entwicklungszustand. Später wurden solche und ähnliche Untersuchungen vielfach wiederholt, so u.a. von Beckhoff 1957, Bosch 1952, Brüggemann, Brünner 1950–1954a, Bruggink, Hasler 1962, Hennig u.a., Kauter 1935, 1946, van der Kley 1956b, 1957, Knauer 1963a ff., Said, Schulze 1953, Truninger/von Grünigen 1935, Unglaub 1957, de Vries 1961, Dijkshoorn, Wetzel 1966, Wöhlbier/Kirchgessner 1957a, b, Zürn 1951a, 1958b, 1968; ferner speziell für Spurennährstoffe von Ah-

RENS, ANKE, KIRCHGESSNER 1957a, b. Umfangreiche Zusammenstellungen finden sich bei DORRINGTON WILLIAMS 1959, WHITEHEAD.

Unsere Ergebnisse wurden weitgehend bestätigt. In relativen Werten lauten die Gehaltszahlen im Mittel von acht vergleichbaren Arbeiten:

	N	Asche	P_2O_5	K_2O	CaO	MgO	Na_2O
Gräser	100	100	100	100	100	100	100
Kleeartige	210	133	114	100	340	246	126
Sonstige	134	167	134	140	341	259	270

Die einzige deutliche Abweichung bei der Rangfolge besteht in der Gleichheit des Kaligehaltes von Gräsern und Kleeartigen (letztere bei uns mit deutlich niedrigerem Gehalt).

Dieser verschiedene Gehalt der Pflanzengruppen beruht, abgesehen von grundlegenden physiologischen Unterschieden (Wuchsrhythmus, N-Sammlung der Leguminosen), auf solchen der spezifischen Nährstoffaufnahme im Zusammenhang mit der Kationen-Umtauschkapazität. Bei Gräsern steht die Aufnahme einwertiger Nährstoffionen (z.B. K, Na) voran, bei Kräutern diejenige mehrwertiger (z.B. Ca, Mg); Näheres bei SAID.

Große Unterschiede bestehen in der Alkalität der Gruppengehalte. Besonders die Erdalkalität ist bei Kräutern um das Vielfache höher als bei Gräsern, im ganzen unerwünscht hoch. Das Säuren:Basen-Verhältnis wird

für Gräser . . . . mit 1:1,3–1,8
für Kleeartige . . . . mit 1:3,3–3,4
Sonstige . . . . mit 1:1,8–2,3

angegeben.

Auch im Gehalt an Spurennährstoffen finden sich große, allerdings besonders stark schwankende Unterschiede zwischen den Artengruppen. Die bisher vorliegenden Befunde ergeben in relativen Werten (Gräser = 100) in der Tm durchschnittlich folgendes:

	Gehalt an				
	Cu	Mn	Mo	B	Co
Gräser	100	100	100	100	100
Kleeartige	146	78	230	439	232
Sonstige	159	85	160	386	280

Auffallend sind besonders der geringe Mn-Gehalt der Nichtgräser, anderseits das Maximum des Mo-Gehaltes bei den Kleeartigen (S. 92). Siehe hierzu auch Abb. 65. Meist finden sich bei krautartigen Pflanzen auch höhere Gehalte an Aminosäuren, zum Teil auch an Carotin. (Weitere Einzelheiten im Schrifttum.)

Entscheidend ist, daß die Gräser – vom Standpunkt der Tierernährung gesehen – fast in allen Punkten den krautartigen Pflanzen unterlegen sind, daß insbesondere die „Unkräuter" Träger der höchsten Mineralstoffgehalte und (bei rechtzeitiger Nutzung) durchschnittlich an Rohfaser arm, an Kohlenhydraten aber reich sind.

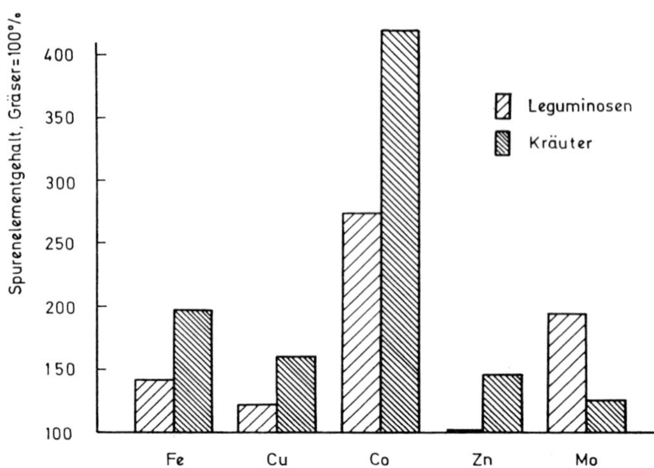

Abb. 65. Spurenelementgehalt von Leguminosen und Kräutern im Vergleich zu Gräsern = 100 (nach KIRCHGESSNER/FRIESECKE 1966)

Innerhalb der Artengruppen bestehen wesentliche arteigene Gehaltsunterschiede, die sich natürlich je nach dem Artanteil des Bestandes auswirken. So fanden wir in neueren Untersuchungen (in % der Tm) bei:

	N	Asche	P_2O_5	K_2O	CaO	MgO	Na_2O
Glatthafer (*Arrhenatherum*) . .	1,63	6,0	0,36	2,38	0,42	0,19	0,07
Wiesenschwingel (*Festuca pratensis*)	2,11	7,0	0,49	1,99	0,78	0,46	0,08
Wiesenplatterbse (*Lathyrus pratensis*)	**4,08**	5,9	0,67	1,08	1,52	0,59	0,12
Rotklee (*Trifolium pratense*) . .	2,29	7,9	0,39	1,48	2,47	0,61	0,07
Bärenklau (*Heracleum sphondylium*) . .	2,17	**14,8**	**0,78**	2,34	**3,30**	**1,26**	**0,31**
Sauerampfer (*Rumex acetosa*) . .	1,80	6,8	0,71	**2,61**	0,82	0,47	0,24

Auch hier besteht prinzipielle Übereinstimmung mit anderen Befunden. Innerhalb der Gruppe Gräser spielt das bei grasreichen Weiden wichtige Verhältnis von (Mg + Ca) : (K + Na) eine bedeutsame Rolle, da ein Übermaß an K als tetaniefördernd gilt (DE VRIES/DIJKSHOORN 1961). Leider liegen uns nur wenige Mg- und Na-Werte vor. Gegenüber dem Mittel aller Gräser = 100 wurden für einige Gräser folgende Gehalte ermittelt:

	CaO	K_2O
Deutsches Weidelgras (*Lolium perenne*) . . .	123	96 = 100: 78
Lieschgras (*Phleum pratense*)	86	92 = 100:107
Wiesenschwingel (*Festuca pratensis*)	100	109 = 100:109
Knaulgras (*Dactylis glomerata*)	95	122 = 100:129

Weidelgras ist also Ca-reich, K-arm; bei Knaulgras ist das Verhältnis umgekehrt. Bei starker K-Düngung gelten in fast reinen Grasbeständen die meisten Gräser im obigen Sinne als gefährlich. Nach WHITEHEAD gibt es aber auch sehr K-reiche Weidelgras- und K-arme Knaulgras-Sorten. Niedrigste und höchste K-Gehalte stehen bei Weidelgras-Sorten im Verhältnis 1:3, bei Knaulgras sogar im Verhältnis 1:9, beim Na-Gehalt finden sich ähnliche Unterschiede, bei Lieschgras sind die Sortenunterschiede gering. Ungewöhnlich hohe P-, K-, Mg- und niedrige Na-Gehalte fand WETZEL 1966a bei Quecke.

Bei Klee- und Krautarten ist das (Mg + Ca):(K + Na)-Verhältnis günstiger als bei den Gräsern. Bei den Kräutern zeichnen sich außer den Doldenblütern die Korbblüter, ferner Spitzwegerich und Scharfer Hahnenfuß neben weniger wichtigen Arten durch ungewöhnlich hohe Nährstoff-, besonders Ca-Gehalte aus.

Mit Einschränkung dieser beträchtlichen sorten- und arttypischen Gehaltsschwankungen kann zusammenfassend als Regel gelten: Der Gehalt der

a) Gräser ist nur bei Rohfaser, Si und Mn höher als bei den anderen Pflanzengruppen;

b) Kleearten ist dem der Gräser bei Roh- und Reinprotein, Ca, Mg, Cu, B, Mo, Co sowie in der Alkalität überlegen, weniger wesentlich bei P, bei Mn unterlegen, nicht gesichert bei K;

c) sonstigen Kräuter ist dem der Gräser bei Protein, Gesamtasche, Ca, Mg, P, K, Fe, Cu, B, Co sowie in der Alkalität überlegen (bei Na nicht immer), bei Mn und Mo unterlegen.

Für den Stoffgehalt spielt das Alter der Pflanzen eine wesentliche Rolle (Abb. 175). In ganz jungem Futter ohne schossende Triebe sind die Gehaltsunterschiede selbst zwischen den Artengruppen weniger deutlich, mit zunehmendem Alter verstärken sie sich. Zugleich wachsen Tm- und Rohfasergehalt stetig an, während der Gehalt an Haupt- und Spurennährstoffen meist, aber nicht ohne Ausnahme abnimmt. Namentlich bei Ca, Mg, Na kommen auch periodische Zunahmen vor. Ein Beispiel für die zeitlich verschiedene Änderung der Gehalte bei 2 Arten bringen KIRCHGESSNER/PAHL/VOIGTLÄNDER 1967. Im ganzen sinkt jedoch der Nährstoffgehalt mit zunehmendem Alter. (Siehe ferner WHITEHEAD.) Die Unterschiede zwischen den Artengruppen treten deshalb besonders ausgeprägt hervor in hochgewachsenen Wiesenbeständen bei üblicher Schnittzeit zur Heugewinnung, d.h. bei verschiedenem Entwicklungszustand der Arten (früh- und spätblühende Arten usw.).

Da Düngung namentlich in Wiesen meist zu starken Verschiebungen im Verhältnis der Artengruppen führt, müssen diese in Änderungen des Futtergehaltes zum Ausdruck kommen.

Die Düngewirkung tritt also auf dem Grünland in drei Richtungen ein, nämlich durch

a) Änderung des Ertrages;

b) Änderung des Stoffgehaltes der einzelnen Art (durch Mehr- oder Minderaufnahme von Nährstoffen);

c) Änderung des Stoffgehaltes im Gesamtaufwuchs durch Verschiebung des Artenverhältnisses.

Die Gehaltsänderung des Pflanzenbestandes durch Düngung wird um so stärker, je größer die Gehaltsunterschiede der wichtigeren Arten sind und je stärker sich das Verhältnis der Artengruppen verschiebt. So steigt der Ca-Gehalt mit Zunahme der krautartigen Pflanzen eindeutig an; BRÜNNER u.a. fanden folgende Zusammenhänge bei Heu:

Grasanteil	90% und mehr	CaO-Gehalt	0,74–0,96%
Grasanteil	unter 50–60%	CaO-Gehalt	1,28–1,73%

Der P-Gehalt wird weniger durch Bestandsverschiebung als durch Düngung bestimmt (KNAUER 1963a); anderseits hat die Erhöhung des P-Gehalts in Gräsern deutliche Grenzen. Der K-Gehalt kann durch starke K-Düngung außerordentlich erhöht, durch Zunahme Kleeartiger und durch Abnahme sonstiger Kräuter vermindert werden usw. In gewissem Maße werden die arteigentümlichen Gehaltsunterschiede auch durch andere Umwelteinflüsse (Boden, Feuchtigkeit) verschoben, im allgemeinen aber nicht verwischt (ANKE, HENNIG u.a., DE VRIES/DIJKSHOORN; allgemeines hierzu bei VAN DAALEN 1928).

Namentlich bei intensiver Weidenutzung, also bei sehr jungem Futter, wird die Wirkung der Gehaltsunterschiede von Artengruppen (Gräser, Kleeartige, Sonstige) stark eingeschränkt. Im Zusammenwirken von Vielnutzung, tierischer Selektion (S. 427) und steigenden N-Gaben vereinfacht sich die Grasnarbe zudem immer mehr in Richtung auf einseitige Grasbestände. Dann kann allerdings trotzdem der arteigene Gehaltsunterschied der herrschenden Gräser, z.B. bei K, noch deutlich zur Wirkung kommen.

Wirkungen der Düngung auf Pflanzenbestand und Stoffgehalt

Die Vielfalt der Grünland-Pflanzenbestände wie die große Spanne der Grünlanderträge beruhen zu einem erheblichen Teil auf standortbedingten Unterschieden der Nährstoffversorgung. Auch bei mäßiger Düngung ist der Gesamtertrag noch deutlich an den Standort und seine Pflanzengesellschaft gebunden. Mit gesteigerter Grund- und Stickstoffdüngung nähern sich aber die Erträge selbst sehr verschiedener Standorts- und Gesellschaftstypen einander mehr und mehr an (KLAPP 1962d, STEUERER-FINCKH 1966). Dies geschieht allerdings unter einer besonders bei Wiesen auffälligen, mehr oder minder vollständigen Umstellung und Angleichung der Pflanzenbestände (Abb. 66, 67, 68).

Düngung und Pflanzenbestand

Eingehende Beobachtungen zum Thema sind mit großen Zeitabständen, von LAVES/GILBERT in Rothamstead seit 1856 (BRENCHLEY/WEBER 1926), STEBLER/SCHRÖTER 1887, in Deutschland von BREDEMANN 1912 an Düngungsversuchen vorgenommen, aber offenbar kaum beachtet worden. Seit 1921 konnten große Düngungsversuchsreihen botanisch untersucht werden (KLAPP 1926/27). Seither sind Untersuchungen dieser Art wenigstens bei wichtigen Versuchen fast unentbehrlich geworden.

Die Bedeutung der düngungsbedingten Bestandsänderung kommt auch darin zum Ausdruck, daß sie mittelbar bestimmend für die Gliederung der Grün-

Abb. 66. Links: ohne Düngung; Mitte: Kali-Phosphatdüngung; rechts: Volldüngung. Nachbarteilstücke auf ursprünglich einheitlicher Wiese

landvegetation ist (z.B. sind Glatthaferwiesen düngungsbedingt, Pfeifengraswiesen am gleichen Standort ungedüngt, Klapp 1965 a).

Bestandsumschichtungen nach Düngergaben erfolgen um so rascher und deutlicher

a) je mehr die Düngung allgemeinen oder einseitigen Nährstoffmangel beseitigt;
b) je mehr sie bestimmte Arten oder Artengruppen fördert oder zurückdrängt;
c) je mehr die Nutzung eine Auslese (Selektion, S. 427) unter den Pflanzen fördert oder einschränkt.

Manche Pflanzenbestände verhalten sich „trotzig", sei es daß die Entwicklung der Arten wie die Düngerwirkung durch Umweltfaktoren (Trockenheit, ungünstiges Kleinklima, untätigen Boden) gehemmt wird oder daß keinerlei

Abb. 67. Düngewirkungen: links Nährstoffmangel, Mitte Kaliphosphat-, rechts stickstoffreiche Volldüngung

Nährstoffmangel besteht. Bei reichlicher, voller Düngung kann eine Grasnarbe mit der Zeit nahezu stabil werden, soweit nicht durchgreifende Maßnahmen (z.B. Nutzungsänderung, Bewässerung) einwirken.

Auf nährstoffarmen Flächen besteht die erste Auswirkung der Düngung in einer Abnahme der Artenzahl (S. 77). „Anspruchslose", schwachwüchsige Arten, die sich noch auf armen Böden genügend Nährstoffe aneignen können, werden durch „anspruchsvolle", auf Düngung angewiesene Arten verdrängt. Die Bestandsveränderung geht stufenweise vor sich. Zunächst erstarken Arten mäßiger Ansprüche, es werden auch Arten gefördert, die bei fortschreitender Düngung von Arten höherer Ansprüche wiederum zurückgedrängt werden (soweit diese als Kümmerpflanzen oder im Samenvorrat des Bodens [S. 89] vorhanden sind). So werden zunächst auch kleeartige, nicht auf N-Zufuhr angewiesene Arten durch NPK-Düngung begünstigt. Die anfängliche Kleeförderung besonders durch PK-Düngung unterstützt die reine Düngewirkung wesentlich durch die N-Sammlung, die auf Weiden über die verbesserte Futterqualität zum Anfall nährstoffreicherer Exkremente und stärkerer Bodenbelebung führt. Bei anhaltender Volldüngung werden die Kleearten dann benachteiligt. Die Weiterentwicklung zu hochwertigen Beständen findet eine Grenze beim Fehlen leistungsfähiger Arten (die dann eingesät werden müssen, S. 332). Endlich kommt es zu einer Vereinfachung (verringerter Artenzahl) des Bestandes mit Vorherrschen anspruchsvoller Arten.

Diese Vorgänge verlaufen am deutlichsten in üblichen 2-Schnitt-Wiesen, weil hier die Konkurrenz der Arten (S. 352) am stärksten wirksam ist. Bei fortgesetzter stickstoffreicher Düngung entstehen dort obergrasreiche, kleearme Bestände, bei übermäßiger Jauche- und Gülleverwendung klee- und grasarme Hochstaudenwiesen (Abb. 10, 73).

In Weidenarben sind die Bestandsänderungen stets weniger auffällig. Das Kurzhalten der Grasnarbe schaltet wenigstens den Wettbewerb um Licht teilweise aus, es hält hochwüchsige Arten zurück. So kommt es langsamer als in Wiesen und oft nur vorübergehend zur vollständigen Verdrängung des Weißklees. Die Wandlung des Bestandes spielt sich mehr im Grasanteil als zwischen den Artengruppen ab.

Die Mehrzahl der durch Düngung geförderten Arten zeichnet sich nicht nur durch Leistungsfähigkeit, sondern auch durch guten Futterwert aus. Mit zunehmender Düngung steigen daher die „Wertzahlen" (S. 108) der Bestände, und zwar um so deutlicher, je mehr die Nutzungsintensität den Ansprüchen dieser Arten entspricht. Unter der geringen Nutzungsintensität spät geschnittener Wiesen verschlechtert sich die Wertzahl durch düngungsbedingtes Überhandnehmen von Hochstauden wieder, bei extensiver Weidenutzung durch die Selektion (S. 427) anspruchsvoller, aber geringwertiger Arten. Umgekehrt führen Vielschnitt und mehr noch geregelte Weidenutzung zu optimaler Düngewirkung.

Düngung und Futtergehalt

Mit starker, düngungsbedingter Ertragssteigerung sinkt in der Regel der Tm-Gehalt der Ernte; der Nährstoffgehalt der Tm unterliegt einer verwickelten Reihe von Einflüssen. Außer der Düngung wirken sich der pflanzenverfügbare Nährstoffvorrat des Bodens, die Zusammensetzung des Pflanzenbestandes, das

Wuchsstadium der Pflanzen, die Witterung und anderes mehr auf den Stoffgehalt des Aufwuchses aus. Es handelt sich dabei um ziemlich allgemeingültige Erscheinungen, die aber in vielfältigen Kombinationen wirksam werden. Für die Prognose der Düngewirkung im Einzelfall ergeben sich deshalb viele Schwierigkeiten.

1. Im allgemeinen sinkt der Nährstoffgehalt mit abnehmendem Bodenvorrat und steigendem Ertrag. Umgekehrt steigt der Gehalt mit wachsenden Bodenvorräten und Niedrigbleiben des Ertrages. Die Menge der Gesamternte an Nährstoffen steigt dagegen sowohl mit dem Bodenvorrat wie mit dem Ertrage (u.a. ANDERSON).
2. Im Pflanzenbestand namentlich der Wiesen wachsen Arten sehr verschiedenen Aneignungsvermögens, die Nährstoffe in verschiedenem Verhältnis aufnehmen. Mangel oder Düngung verändern ihre Kampfkraftunterschiede. Die Stickstoffsammler vermögen sich K weniger gut anzueignen als die stickstoffdankbaren Gräser und werden u.a. auch deswegen bei N-Düngung von diesen verdrängt. Mit abnehmendem Anteil von Kleearten und anderen Kräutern muß (S. 154) der Gehalt mindestens von Ca, Mg und mehreren Spurennährstoffen abnehmen, bei N-Mangel und starker Förderung der Kleearten durch PK-Düngung aber zunehmen, ebenso bei zunehmendem „Unkraut"-Anteil. Da Klee und „sonstige Kräuter" in manchen Wiesengesellschaften durchaus 2/3 des Bestandes ausmachen, bei veränderter Düngung aber auch weit zurücktreten können, sind erhebliche Unterschiede im Stoffgehalt möglich.

   Übrigens läßt die Düngung auch innerhalb der Artengruppen deutliche Änderungen des Stoffgehaltes eintreten. So fanden wir in der Ernte eines Düngungsversuches (wüchsige, zunächst kleereiche Glatthaferwiese auf sehr fruchtbarem Boden) folgendes:

Düngung	Rohprotein	Asche	P_2O_5	K_2O	CaO
O	10,5	7,8	0,47	2,69	0,56
P_2O_5	9,6	6,6	0,63	2,52	**0,62**
K_2O	9,3	**8,2**	0,52	**2,75**	0,51
N	**13,0**	6,1	0,42	2,10	0,52
P_2O_5–K_2O	11,1	7,7	**0,67**	2,60	0,62
Volldüngung	12,2	7,1	0,64	2,27	0,62
			Im Kleeanteil		
O	16,4	8,9	0,51	1,32	3,12
P_2O_5	**17,3**	8,8	**0,66**	1,14	**3,35**
K_2O	16,4	9,2	0,55	**2,56**	2,47
P_2O_5–K_2O	15,9	**9,4**	0,63	2,17	2,52

(Bei N- und NPK-Düngung reichte der Kleeanteil zur Untersuchung nicht aus)

Ferner finden sich im Grünlandbestand Arten verschiedenen physiologischen Alters und verschiedener Wuchsform (früh- und spätwüchsige, halmreiche und halmarme) nebeneinander; beides wirkt stark auf den Stoffgehalt ein. Düngungsbedingte Verschiebungen auch der Artenkombination bleiben für den Gehalt der Ernte nicht ohne Einfluß.

Alle diese, von Pflanzenbestand und Düngung abhängigen Änderungen machen sich besonders stark bei Wiesen bemerkbar. Bei Weiden sind sie aus den oben genannten Gründen weniger auffällig.

3. Unabhängig von diesen botanisch bedingten Gehaltsverschiebungen gilt allgemein das „Minimumgesetz". Jede überdurchschnittliche, ertragssteigernde Düngung mit einem Nährstoff führt zu Mehrentzug auch der übrigen Nährstoffe; sie nähern sich dem Minimum an. Dies gilt besonders für hohe N-Gaben ohne Erhöhung der übrigen Haupt- und Spuren-Nährstoffversorgung. Diese „verdünnende" N-Wirkung ist mit der allgemeinen Intensitätssteigerung der Weidebewirtschaftung immer häufiger zu beobachten.
4. In Boden und Pflanze treten Wechselwirkungen zwischen den Elementen der Dünger auf, die antagonistischen Charakter haben: K und Ca, Ca und Mg, K und Na beeinträchtigen je nach ihrem Mengenverhältnis wechselseitig die Aufnahme durch die Pflanze; diese Wirkungen können gerade bei Spurennährstoffen sehr nachteilig sein. Auch Festlegung von Nährstoffen bei extremer Bodenreaktion gehört hierher. Einige Elementepaare wirken jedoch gegenseitig aufnahmefördernd.

Auf schwachwüchsigen Ödlandflächen mit allgemeinem Nährstoffmangel und stark saurer Reaktion ist mit Düngung und Abstumpfung der Versauerung ein erhöhter Stoffgehalt der Ernte meist leicht zu erreichen.

Mangelerscheinungen treten am häufigsten auf, wenn die Düngung wesentlich hinter dem Entzug zurückbleibt. Der P- und K-Entzug wächst parallel mit der Stickstoffgabe ('T HART/VAN DER KLEY 1956). Die Größe des Entzuges, namentlich von K, wird gewöhnlich unterschätzt.

In einer Serie eigener Wiesenversuche in Thüringen (KLAPP 1937/38b), in denen die Düngung offenbar für mehrere Nährstoffe angesichts starker Ertragssteigerung nicht ausreichte, ergaben sich folgende Gehaltsunterschiede:

Relativer Stoffgehalt (bezogen auf den von „Ungedüngt" = 100):

Inhaltsstoffe	PK	NPK	Stallmist	Jauche	Kompost
Rohprotein	100	96	100	91	93
Rohfaser	106	108	101	120	108
N-freies	93	97	98	93	97
Asche	112	104	108	108	104
P_2O_5	118	112	107	88	–[1]
K_2O	126	132	120	196	107
CaO	101	78	84	63	89
MgO	96	83	82	68	98
Na_2O	99	93	80	123	117

Hier erwiesen sich also die Gehalte von P, Ca, Mg, Na als meist recht „düngungsempfindlich"; nur der K-Gehalt stieg in allen Fällen an.

Aus diesen und anderen Versuchen ergeben sich für die Wiese (!) mit ihrem großen, meist nicht ausgeglichenen Nährstoffentzug und bei der bisher üblichen Düngung etwa folgende Zusammenhänge:

[1] = nicht festgestellt.

Inhaltsstoffe	Der Gehalt wird erhöht durch	Der Gehalt wird gesenkt durch
Rohprotein	Kleeförderung; P, K, Ca und hohe N-Gaben bei kleehaltigen Wiesen; jede N-Gabe auf kleefreien Wiesen	einseitige geringe (aber doch kleeverdrängende) N-Gaben mit Förderung von Obergras und Hochstauden, Jauche, Gülle im Übermaß
Rohfaser	Förderung von Obergras und Hochstauden, besonders durch Jauche, Gülle	Förderung von blattreichen Kräutern und Klee
Gesamtasche	die Mehrzahl der Düngerkombinationen, Kraut- und Kleeförderung	sehr hohe N-Gaben mit hohem Ertragsanstieg
Ca	viel P, bedingt Ca (S. 169); Krautförderung (hohen Basengehalt des Bodens)	N, K, Gülle, Jauche, starken Ertragsanstieg
Mg	besonders durch P, Mg-haltige Dünger	hohe K-, N-, Ca-Gaben, Jauche
P	alle P-reichen Dünger, bedingt Klee-, allgemein Krautförderung	hohe N-, K-Gaben, Jauche, Gülle, Obergras- und Hochstaudenförderung
K	K-Gaben, Gülle, Jauche	höchstens durch hohe N-Gaben bei geringem K-Vorrat des Bodens
Na	(Selten zu erreichen!) Krautförderung, in geringem Maß durch Jauche und Gülle, geringe K-Düngung, Na-reiche Düngung	fast alle Düngerkombinationen, besonders bei hohen K- und Ca-Gaben

Diese Daten haben natürlich nur für die zum Teil auf armen Böden angelegten Wiesen-Versuche Gültigkeit.

Ein Beispiel für reichlich mit PK gedüngte Dauerweiden bringt MULDER (auszugsweise, Düngergaben in kg/ha):

N-Gabe	Ohne K_2O		Mit 240 K_2O				
	200 P_2O_5		ohne P_2O_5		200 P_2O_5		
	N	K_2O	N	P_2O_5	N	P_2O_5	K_2O
0	2,55%	1,72%	2,60%	0,77%	2,51%	0,90%	4,27%
120	3,34%	1,54%	3,15%	0,73%	3,01%	0,88%	4,15%
260	4,37%	1,61%	3,72%	0,90%	3,90%	1,07%	4,00%
400	4,99%	1,55%	4,36%	0,77%	4,59%	1,15%	4,04%

Die Böden waren ursprünglich P- und K-arm. Mit stark steigender N-Gabe und relativ hohen PK-Gaben ist der P-Gehalt der Ernte hier erheblich angestiegen. Der K-Gehalt stieg mit PK-Gabe gegenüber „ohne P" allerdings noch viel stärker an. Anderseits senkte ansteigende K-Düngung den N-Gehalt. Das wesentliche ist die früher bei mäßigen P- neben starken N-Gaben kaum zu erreichende Steigerung des P-Gehaltes. Überreichliche Bevorratung des

Bodens durch PK-Düngung erhöht sogar zuweilen die PK-Gehalte über das gewünschte Maß hinaus. 'T HART/VAN DER KLEY wiesen für stark gedüngte Weiden darauf hin, daß der durch Exkremente schon angereicherte Boden bei Fortsetzung starker PK-Düngung unerwünscht hohe K-Gehalte im Futter entstehen läßt.

Soweit der Gehalt an manchen Nährstoffen (wie Na) durch Düngung nur schwer zu erhöhen ist, wird er einfacher durch Zufütterung ergänzt. Jedenfalls muß aber der Steigerung von Stickstoffgaben eine ausreichende Grunddüngung vorausgehen, um dem Auftreten von Futterwertmängeln vorzubeugen.

Ausnutzung, Tiefenwirkung der Düngung

Bei aller Verschiedenheit der Wirkung einzelner Düngernährstoffe und Düngerformen lassen sich doch manche gemeinsame Züge feststellen. Die Nährstoffausnutzung ist im allgemeinen besser als im Ackerboden. Nach P. WAGNER 1921, AHR/MAYR, RAUM 1927, 1932, F. KÖNIG 1950 beträgt sie bei:

	Ackerland	Grünland
Düngerstickstoff	50–70%	(0)–100%
Düngerphosphorsäure	∅ 15 (bis 35) %	∅ 30 (bis 45) %
Düngerkali	25–50%	∅ 55 (bis 85) %

Geringe Werte bei Stickstoff beruhen meist auf früheren Fehlanwendungen bei der Wiesendüngung. Der im allgemeinen hohe Ausnutzungsgrad überrascht um so mehr, als der Dünger nicht, wie im Ackerbau, in den Boden eingebracht und möglichst gleichmäßig verteilt wird. Dies ist also offenbar im Grünlandboden nicht notwendig.

Allgemein nimmt aber der Vorrat an pflanzenzugänglichen Nährstoffen nach der Tiefe hin ähnlich rasch ab wie die Wurzelmasse (GISIGER 1943, KERTSCHER, SCHMITT 1936, VALKANOW). Ein nicht einmal extremes Beispiel vom Versuchsgut Rengen (KLAPP 1944b) zeigt folgende Werte:

Schichttiefe cm	mg nach NEUBAUER	
	P_2O_5	K_2O
0– 5	9,5	27,8
5–10	6,1	20,7
10–15	4,1	11,5
15–20	3,5	12,0

In manchen Böden findet sich die Hauptmenge der pflanzenlöslichen Nährstoffe schon in den oberen 2–3 cm des Bodens.

Die Tiefenwirkung von Düngergaben ist im allgemeinen gering; selbst nach langjähriger Einwirkung starker Düngung reicht sie selten über 10–12 cm hinaus. So fand WIEDEMEYER nach 5jähriger Volldüngung mit 80–160 kg P_2O_5 und 160–320 kg K_2O je ha im Wiesenversuch Röttgen/Bonn folgende laktatlösliche Nährstoffmengen in kg/ha:

Menge Schichttiefe in cm	P_2O_5		K_2O	
	ohne P_2O_5	mit P_2O_5	ohne K_2O	mit K_2O
0– 3	27	166	41	166
3– 6	9	19	20	48
6– 9	6	9	19	23
9–12	4	6	17	18
12–15	4	4	17	16
15–18	3	4	16	15
18–21	2	3	15	14

Eine deutliche Anreicherung ist also nur bis etwa 10 cm Tiefe festzustellen (ähnlich SCHMITT 1934 nach 24jähriger Düngung).

Langjährig fortgesetzte Düngung kommt natürlich auch im Boden zum Ausdruck. 8 Jahre lang fortgesetzte Kalkung, N-, P- und K-Zufuhr verschob die Reaktions- und Nährstoffverhältnisse in den ursprünglichen Ödlandböden unseres Versuchsgutes Rengen grundlegend:

Anteil der pH-Klassen			Anteil der P_2O_5-Werte (nach NEUBAUER)			Anteil der K_2O-Werte (nach NEUBAUER)		
Klasse	1932	1940	Klasse	1932	1940	Klasse	1932	1940
4,0–5,4	83%	14%	unter 2 mg	83%	12%	unter 5 mg	6%	} 14%
5,5–5,9	17%	36%	2,1–5,9 mg	17%	56%	5– 9,9 mg	50%	
6,0–7,4	–	50%	über 6 mg	–	32%	10–14,9 mg	44%	24%
–	–	–	–	–	–	über 15 mg	–	62%

VAN DAALEN (Vortrag Bonn 1948) berichtete von folgenden Wirkungen einer langjährig fortgesetzten Düngung auf Sandboden in Ameland:

Düngung	Bodenwerte nach 44 Düngejahren				Heuertrag dz/ha	
	pH	Humus %	Phosphatzahl	Kalizahl	1899–1907 ∅	1944–1950 ∅
Ungedüngt	4,9	6,0	8	18	24,4	15,8
Volldüngung NPK	6,2	8,5	17	41	55,4	65,2
Stallmist	5,95	9,5	19	25	44,5	75,5
$^1/_2$ NPK, $^1/_2$ Stallmist	6,2	8	20	45	54,4	82,6

Es hat eine starke Entsäuerung und namentlich durch Handelsdünger eine deutliche P- und K-Anreichung stattgefunden. Auch der Humusgehalt des Bodens hat sich erhöht; auf ungedüngten Teilstücken entwickelte sich dagegen eine vertorfende Filzauflage ohne Verbindung mit dem Boden. Bemerkenswert ist, daß sich die Wirkungsrangfolge von Stallmist und Handelsdünger in 54 Versuchsjahren umkehrte, der höchste Dauerertrag aber mit $^1/_2$ Handelsdünger + $^1/_2$ Stallmist erzielt wurde.

In der starken Abnahme des Nährstoffvorrates nach der Tiefe hin und in der geringen Tiefenwirkung selbst langjähriger Düngung hat man zeitweise eine grundlegende Schwäche des Grünlandes gesehen, d.h. eine Ursache des Flachwurzelns und damit verbunden eine solche ungenügenden Grundwasseranschlusses und geringer Düngerausnutzung. Der Gedanke eines periodischen Umbruches zwecks Düngereinmischung oder doch einer „Tiefendüngung" lag nahe (KERTSCHER). K. VORMFELDE entwickelte einen Tiefendüngerstreuer, der hinter Ritzermessern eine Düngereinbringung bis 15 cm Tiefe erlaubte. Die mit diesem Gerät angestellten Versuche (KLAPP 1944b, KÖNIG 1950) ergaben folgende relative Erträge:

	KLAPP	KÖNIG
a) Ungedüngt	100	100
b) Ungedüngt, leerlaufendes Gerät (Tiefenlockerung)	92,9	90,2
c) Obenaufdüngung von PK	118,8	146,0
d) PK-Düngung obenauf, dann Tiefenlockerung wie b	111,9	128,2
e) Tiefendüngung von PK	84,2	113,0

SCHULZE (1952b) nennt in Fortsetzung unserer Versuche folgende Nachwirkungen der Düngung bei:

Oberflächenanwendung	100
Tiefendüngung	85
Ritzen, Oberflächendüngung	90
Umbruch mit Einarbeiten des Düngers	93
Umbruch mit Oberflächendüngung	93

Die Tiefendüngung versagte im Ertrag völlig, obwohl damit zuweilen eine merkliche Nährstoffanreicherung der Schichten unter 10 cm Tiefe erreicht wurde. Schon die reine Lockerung mit dem Ritzer senkte die Erträge durch die erheblichen Narbenverletzungen. Die Ergebnisse sind nicht überraschend; Tiefendüngung verlegt die Nährstoffe in den Bereich geringster Durchwurzelung (S. 79). Die Erwartung, daß die Wurzeln den Nährstoffen „nachwachsen" würden, ist unberechtigt. Sie tun das selbst dann nicht, wenn die Bodenschichten unter 5–10 cm ebenso nährstoffreich wie die darüber liegenden sind. Im Mittel zahlreicher Untersuchungen bei Intensivweiden (Dikopshof) fanden wir (KLAPP 1944b):

Schichttiefe cm	mg nach NEUBAUER		Anteil der Gesamtwurzelmasse
	P_2O_5	K_2O	
0– 5	12,3	49,1	92%
5–15	12,5	44,2	8%
15–20	11,4	39,5	nur Spuren

Die Nährstoffvorräte tieferer Schichten bieten den Wurzeln offenbar keinen Anreiz zu tieferem Eindringen. VAN LIESHOUT (1959) bestätigte die äußerst geringe Aufnahme von bis 30 cm Tiefe eingebrachtem radioaktivem P durch die Wurzeln. Schon unter einer 3 Jahre alten Grasnarbe fand eine merkliche Aufnahme nur noch aus den oberen 3 cm des Bodens statt.

Die geringe Tiefenverteilung der Wurzelmasse ist durchaus natürlich (S. 79), sie beeinträchtigt eine gute Nährstoffausnutzung nicht. Die Deutung der seichten Durchwurzelung als Folge einer Nährstoff-Festlegung ist wahrscheinlich nicht richtig; sie ist durch Oberflächendüngung jedenfalls leicht auszugleichen. Nachteilig könnte die seichte Durchwurzelung bei sehr trockenem Grünland sein, und das hat keine Daseinsberechtigung. Üppige, tropische Regenwälder gedeihen (SIOLI, WALTER) auf fast nährstoffleeren Böden nur auf Grund des oberirdischen Bestandesabfalles; so kann auch eine Grasnarbe auf in der Tiefe armen Böden gut gedeihen, sofern nur die stärkst durchwurzelte und belebte Bodenschicht gute Basen- und Nährstoffverhältnisse aufweist. Da aber in der Regel ein wenn auch geringer Teil der Wurzeln bis unter 50 cm hinabreicht, bleiben allerdings auch Nährstoffe in dieser Tiefe nicht ganz ohne Wirkung.

Das außerordentlich dichte und zudem fast ganzjährig aktive Wurzelsystem der Grasnarbe dürfte auch die Ursache dafür bilden, daß die Nährstoffauswaschung aus dem Grünlandboden im allgemeinen geringer ist als diejenige aus dem Ackerboden. Selbst die Stickstoffauswaschung wird in Zeiten lebhaften Graswuchses praktisch verhindert und nur bei N-Gaben im Winterhalbjahr stärker (S. 199).

Nicht zu übersehen sind die Wirkungen der Düngemittel, die über eine Anreicherung des Nährstoffgehaltes im Boden hinausgehen; d.h. Wirkungen, die den Basenzustand des Bodens und damit seinen Fruchtbarkeitsgrad und sein biologisches Verhalten verändern. In dieser Hinsicht unterscheidet man „physiologisch saure" und „physiologisch alkalische" Düngemittel. In den ersteren liegt der Nährstoff in saurer Bindung vor, oder der Dünger weist Säurereste auf (z.B. Schwefelsaures Ammoniak, mit Säuren aufgeschlossene Phosphate). Im letzteren Fall ist der Nährstoff alkalisch gebunden, oder der Dünger enthält basische Nebenbestandteile (z.B. Kalksalpeter, Thomasphosphat). Fortdauernde Anwendung physiologisch saurer Dünger kann namentlich auf basenarmen Böden zu weitgehender Verschlechterung des Bodenzustandes in chemisch-physikalisch-biologischer Richtung führen, während anderseits physiologisch alkalische Düngung auf stärker sauren Böden eine ausgesprochene Meliorationswirkung auszuüben vermag (Einzelheiten bei Besprechung der Düngerformen, S. 178, 184, 205, 212).

b) Einzelnährstoffe, Wirkung und Verwertung der Grunddünger

Calcium (Ca), Kalkung[1]

Trotz der unbestrittenen Bedeutung von Ca für den Boden, die Pflanzen- und Tierernährung (z.B. SCHOCH) wird die Kalkdüngung auf dem Grünland nicht einheitlich beurteilt: Die Meinungsverschiedenheiten beruhen offensichtlich auf der Doppelrolle von Calcium, einerseits als Pflanzennährstoff, anderseits aber – in Gestalt hoher Kalkgaben – als Bodendünger mit tiefgreifenden Wirkungen auf Reaktion und physikalische Eigenschaften des Bodens. Diese Wirkungen fallen je nach der Basenversorgung des Bodens sehr verschieden

[1] Schrifttum außer dem mehrfach im Text genannten u.a.: BAUMANN/KORIATH 1959, W. BERGMANN 1963, GALENSA 1965, KERGUELEN, KLAPP 1969, KOBLET u.a. 1953, KÖHNLEIN 1957, KUNTZE 1960, MARCUSSEN 1958a, MILTON/DAVIES 1947, ROCHAIX, SCHECHTNER 1964, SCHILLER u.a. 1967, SOMMERKAMP u.a. 1958, TIVER, ZÜRN (bes. 1968).

aus: Auf stark sauren Böden schlechter Struktur, auf Hochmoor- und Heidesandkulturen, auf basenarmen Mineralböden aller Art, insbesondere auf entkalkten und verdichteten schwersten Böden stellt Kalkung eine unentbehrliche Meliorationsmaßnahme dar. Anderseits kann Überkalkung nachteilig wirken. Wohl unter dieser Voraussetzung beurteilte ein so guter Grünlandkenner wie WEHSARG die Kalkwirkung vorwiegend ungünstig (zu starke Auflockerung des Bodens, Narbenlückigkeit, Störung des Bodenlebens usw.); so auch VAN DAALEN 1934. Die schädliche Wirkung einer Überkalkung auf Hochmoor haben nach TACKE und BRÜNE auch BADEN 1957 ff. und GROSSE-BRAUCKMANN nachgewiesen. In kalkreichen Niedermooren ist die zersetzungsanregende Kalkwirkung überhaupt unerwünscht.

Auf starke Erhöhung des pH-Wertes ist der Grünlandwuchs grundsätzlich nicht angewiesen (S. 70), er gedeiht bei guter Nährstoffversorgung auch auf schwach bis deutlich sauren Böden, und der Bedarf an Ca als Pflanzennährstoff wird auf den meisten Böden gedeckt (NIESCHLAG 1961, WHITEHEAD). Immerhin sind Entzug und Auswaschung von Ca relativ groß. Doch kann nach einheitlicher Erfahrung vieler Autoren eine Aufkalkung über etwa 5,5 pH hinaus meist durch alkalische Düngung, besonders mit kalkhaltigen Phosphaten, ersetzt werden. Wo allerdings Ca als Bestandteil der Dünger fehlt, z.B. bei Verwendung ballastarmer Mehrnährstoff-Dünger, muß auf einen Ausgleich geachtet werden.

Wirkungsgrundlagen. Entscheidend ist vor allem die Reaktion des Bodens. Starke Versauerung ist stets mit behinderter Nährstoffaufnahme, Festlegung einer Reihe von Haupt- und Spurennährstoffen, geringer Bodentätigkeit verbunden; obwohl nicht so wichtig wie im Ackerboden, spielen Strukturmängel vornehmlich wegen gehemmter Durchlüftung, Wasserbewegung und Durchwurzelung eine schädliche Rolle. So steht die bodenverbessernde Ca-Wirkung im Vordergrund. Die von WEHSARG und VAN DAALEN bemängelte Bodenauflockerung dürfte auf schweren Böden allmählich zu besserem Wasserabzug führen (KNAUER 1968, NEUHAUS).

Kalkung erhöht den pH-Wert um so deutlicher, je stärker der anfängliche Säuregrad ist, nach vielen Autoren am günstigsten auf Werte um 6,0 pH. Damit werden P, K, Molybdän (Mo) besser, Mn jedoch weniger verfügbar, durch stärkere Humuszersetzung auch N. In Moor- und anderen humusreichen Böden liegen die anzustrebenden pH-Werte viel niedriger (S. 70).

In den zum Teil 20 Jahre lang beobachteten Kalkungsversuchen auf stark sauren, pseudovergleyten Böden in Rengen (Hocheifel) ließen sich, von pH um 3,9–4,2 ausgehend, an Einzelwirkungen beobachten (ARENS 1959, KLAPP 1959a, 1969).

1. Eine schon in wenigen Jahren deutliche und bis 20 cm tief wirkende pH-Steigerung durch Kalkung:

Bodentiefe in cm	Ohne Kalk	Nach 5jähriger Kalkwirkung
0– 5	4,2	6,1
5–10	4,2	5,5
10–15	4,3	4,8
15–20	4,3	4,5

2. In den oberen 5–10 cm Tiefe ein Anstieg des Basensättigungsgrades (V-Wert) von 27–35 auf 78–85%; eine Abnahme der hydrolytischen Azidität von 33–69 auf 14–30 y_1.
3. Eine wesentlich verbesserte P-Verfügbarkeit. O. DE VRIES (1934) fand die meßbare Ca-Anreicherung auf einige wenige Zentimeter Tiefe beschränkt; die von ihm untersuchten Böden wiesen unerwartet große Verschiedenheit in der horizontalen und vertikalen Ca-Verteilung nach, vielleicht wegen mangelhafter Gleichmäßigkeit des Kalkstreuens.

Der Verlauf der Kalkwirkung im Boden wird sehr verschieden beurteilt. WEHSARG rechnet mit Ertragsrückschlägen im Jahr nach der Kalkung, andere fanden gute Nachwirkung wenigstens für einige Jahre (ARENS, KLAPP, KÖNIG 1950).

Die durch Kalkung erreichte Änderung des Pflanzenbestandes hängt wiederum ganz von der ursprünglichen Bodenreaktion ab; bei starker Versauerung ist sie drastisch, auf basenreichen oder doch nur schwach sauren Böden oft verschwindend. Auf Einzelarten einzugehen, würde zu weit führen. (Näheres bei ARENS 1959, ZÜRN 1968.)

Bei den wichtigsten Pflanzengruppen des Rengener Ödlandes fand in 5 Jahren regelmäßiger Kalkung eine völlige Umstellung statt:

	In Ertragsanteilen	
	ohne Ca	mit Ca
Ödlandflora	40,2%	–
Pflanzen mittleren Wertes	50,1%	62,2%
Hochwertige Futterpflanzen	–	28,7%
Rest	9,7%	9,1%

Die neu auftretende Gruppe bestand aus Kleearten (23,6%) und wertvollen Gräsern.

Ebenfalls in Rengen wurde durch Kalkung allein eine Steigerung der Futterwertzahlen (S. 108) um 1–3 volle Punkte erreicht, in einem Versuch z.B.:

	bei Versuchsbeginn	in 1–2 Jahren	in 10 Jahren
Wertzahl	2,06	3,29	4,98

Einen ähnlichen Wertanstieg fand MÜCKENBERGER 1963 durch 120 dz/ha Mergel. Die besonders auffällige Zunahme des Kleeanteiles ist vermutlich zum Teil auf bessere Verfügbarkeit von P und Mo – lebenswichtig für die Knöllchenbakterien – zurückzuführen. REGAL/STRAFELDA (1955) zeigten, daß der Ca-Gehalt des Bodens an sich nicht entscheidend für das Gedeihen der Legumi nosen ist.

Der Einfluß einer Kalkung auf den Nährstoffgehalt der Ernte wird in erster Linie von der Zusammensetzung des Pflanzenbestandes bestimmt, enthält doch der Klee- und Krautanteil nach eigenen und KÖNIGS Untersuchungen (in BENDER 1940) etwa dreimal so viel Ca wie der Grasanteil, in Wiesen z.B.: Gräser 0,76, Kleeartige 2,53, Kräuter 2,60% CaO. Die Aussagen über die

Wirkung der Kalkung lauten daher sehr verschieden (Klapp 1969). Zürn (mehrfach ab 1951 a) fand erhebliche Zunahmen des Ca-Gehaltes in den Artengruppen, namentlich bei den Kleeartigen (um 0,68% CaO). Kauters (1946) Ergebnisse in Gefäß- und Freilandversuchen sind widerspruchsvoll, diejenigen von Feise-Mückenberger 1966 lauten positiv. Auf die Gesamternte bezogen, kann Kalkung eine Erhöhung, physiologisch saure Düngung eine Senkung des Ca-Gehaltes hervorrufen; doch ist dies nicht die Regel. Whitehead rechnet mit Ca-Gehaltssteigerung nur bei Ausgangs-pH von 4,0–5,5. Aus 8 Untersuchungen verschiedener Autoren ergibt sich eine geringe Senkung des Ca-Gehaltes; ähnlich in Versuchen der Landwirtschaftskammer Bonn auf besseren Böden. Die Unsicherheit der Gehaltserhöhung gilt noch mehr, wenn neben der Kalkung weitere Nährstoffe (N, P, K) verabreicht werden. Die Ca-, N-, P-, K-Gehalte des Futters zeigen bald zunehmende, bald abnehmende Tendenz. Die Zusammensetzung des Pflanzenbestandes dominiert eben (Brünner 1966, Koriath 1960, Munk 1964). – Es überrascht nicht, daß die durch die Kalkung erreichten Mehrerträge außerordentlich verschieden sind, einmal in Abhängigkeit von der erreichten Entsäuerung des Bodens, anderseits im Zusammenhang mit der Beidüngung.

Auf stark sauren Ödlandböden sind die Mehrerträge zunächst oft sehr hoch (Arens, Klapp, König, Zürn). Sie werden durch zusätzliche Düngung noch gesteigert.

Arens fand (Rengen 1959) in 5 Jahren folgende Gesamterträge in dz Tm/ha:

Ohne jede Düngung	rund 69
Mit Kalkung	rund 136
Mit CaPK	rund 148
Mit CaNPK	rund 198

In anderen Rengener Versuchen stieg der Ertrag:

Bei Kalkung allein	um 96%
Bei Zugabe von Kalk zu PK	um 56%
Bei Zugabe von Kalk zu NPK	um 6%

Relativ nimmt, wie zu erwarten, die Kalkwirkung mit steigender sonstiger Düngung ab.

Auf Böden in gutem Düngungszustand ist Kalkung oft nicht lohnend, vor allem nicht bei physiologisch alkalischer Düngung. Wirtschaftlich gesehen, kann die Kalkung selbst von Ödlandböden, wenn einmal die erwünschte Entsäuerung erreicht ist, der hohen Transportkosten wegen z.B. im Gebirge unlohnend werden, weil die weitere Bodenverbesserung durch viel geringere Mengen alkalischer Dünger ebensogut zu erzielen ist. Da vergleichbare Unterlagen nicht allzu häufig sind und die Ergebnisse zwischen Ertragssenkungen und sehr hohen Mehrleistungen schwanken, ist es zwecklos, die Ermittlung von Durchschnittswirkungen je Kalkeinheit zu versuchen.

Feise/Mückenberger haben sich besonders mit der erhöhten Milchfettleistung der Weidetiere nach Kalkung beschäftigt. Wichtmann bestätigt die mit dem pH-Wert ansteigende Tendenz der Milchfettbildung. Tatsächlich dürfte wiederum nicht der Nährstoff Ca an sich wirksam sein, sondern die ganze, mit der Reaktionsänderung verbundene Komplexwirkung. Die durch Kalkung veränderte Reaktion mit ihren Wirkungen auf Bodenzustand, Nährstoffverfügbarkeit, Bodenleben und Pflanzenbestand, auch antagonistische Erscheinungen von Nährstoffelementen erschweren eine zutreffende Beurteilung der von Kalkung zu erwartenden Leistungen.

Dem Erfolg einer gewohnheitsmäßigen Fortsetzung starker Kalkgaben sind selbst auf Ödlandböden Grenzen gesetzt. Ohne reichliche sonstige Düngung verkehren sich ihre guten Wirkungen früher oder später in das Gegenteil. Im Mittel unserer Rengener Versuche wurden durch Kalkung allein (jährlich 8 dz CaO) in den ersten beiden Jahren je 5,7 dz Tm/ha mehr geerntet, im 5.–7. Jahr nur noch 1,0 dz. Dieser Rückgang des Mehrertrages wird ohne zusätzliche (N-), P-, K-Düngung begleitet von einer Verschlechterung des Pflanzenbestandes in Richtung auf die Ausgangsflora; so in Ertragsanteilen (%):

	Nur Kalkung		Volldüngung mit Kalk
	1943/44	1960	1960
Ödlandflora	10	**73**	–
Pflanzen mittleren Wertes	18	22	17
Hochwertige Futterpflanzen	**70**	4	**83**
Rest	2	1	–

In Wertzahlen lauten die Veränderungen für einen Rengener Dauerversuch:

Versuchsbeginn	1942	1943/44	1952/53	1958
Mit Kalk allein	2,06	3,29	**4,98**	4,03
Mit Volldüngung	3,41	3,92	5,05	**6,48**

In kurzen Worten: Anfängliche Kalkung ist auf stark sauren Böden zur raschen Verbesserung von Ertrag und Bestand unentbehrlich; sobald die erforderliche Entsäuerung erreicht ist und mit alkalischer Düngung gearbeitet wird, ist Vorsicht mit weiteren hohen Kalkgaben geboten; in diesem Fall kann der Ertrag selbst bei sonstiger Volldüngung sinken, wenn auch wesentlich langsamer als bei reiner Kalkung.

Bei der „Deutschen Hochmoorkultur" hat sich nach der ersten Grundkalkung jede Nachkalkung als schädlich erwiesen (Zusammenfassendes bei BADEN 1957 ff.).

Düngekalkformen: Brauchbar sind kohlensaure Kalke (Mergel), auf Mg-armen Böden namentlich die Mg-haltigen, Mischkalke, kieselsaurer Hüttenkalk (mit Spurennährstoffen), mit Vorsicht auch Branntkalke; ZÜRN 1968 fand bei den meisten Formen in 20 Jahren nur geringe Wirkungsunterschiede.

Mengen: Jeder stärkeren Kalkung sollte eine Bestimmung des zur Erreichung der erwünschten Bodenreaktion notwendigen Kalkbedarfes vorangehen, soweit nicht sichere Erfahrungswerte wie bei der Hochmoorkultivierung vorliegen (BADEN). Hier ist einmalige starke Grundkalkung erforderlich. Hohe Kalkmengen zur wirksamen Beeinflussung der Bodenphysik sollten auch auf schwersten Böden nicht auf einmal, sondern in einigen Jahres-Teilgaben verwendet werden, um nachteilige Wechselwirkungen mit anderen Nährstoffelementen zu vermeiden. Wichtig sind feinste Mahlung und möglichst gleichmäßige Verteilung der Kalkdünger.

Mergelarten können notfalls in jeder Jahreszeit verwendet werden, besser während der Wachstumsruhe. Branntkalke wirken in der Wuchszeit schädlich auf bessere Grasnarben, zur Meliorationsdüngung schlechter Grasnarben können sie aber jederzeit Verwendung finden.

Selbst in unseren Ödlandversuchen war einmalige Meliorationsdüngung (24 dz CaO/ha) drei jährlichen Gaben von 8 dz kaum überlegen (Arens). Die Praxis verwendet gern kleinere Kalkmengen, z.B. alle 3–4 Jahre 4–6 dz/ha (auf CaO berechnet), ohne daß bisher Vorzüge oder Schäden nachweisbar wären. Ausgleich sehr starker Auswaschung rechtfertigt regelmäßige, auch höhere Gaben.

Phosphor (P), Phosphatdüngung[1]

Phosphor stellt fast überall einen Mangelnährstoff für Pflanze und Nutztier dar. Dabei ist er für die Tierernährung von höchster Bedeutung, nicht minder für das Gedeihen der Pflanze. Auf ausreichend mit K versorgten Böden sind Phosphate die wirksamsten Meliorationsdünger, weil sie durch starke Förderung der Leguminosen eine reichliche Stickstoffversorgung zu sichern vermögen. In weiten Gebieten hatten daher einseitige Phosphatgaben, namentlich auf Weiden, bis in die neueste Zeit die Wirkung einer Volldüngung.

Im Boden ist P schwer beweglich, sowohl seiner festen Bindung an Mineral- und Humusstoffe wie der häufigen Festlegung bei stark saurer wie bei neutral-alkalischer Reaktion wegen. Dabei ergeben sich mancherlei störende Wechselwirkungen, z.B. mit dem Gehalt des Bodens an Ca und anderen Mineralstoffen. Die Schwerbeweglichkeit von P läßt einerseits nur selten eine merkliche Auswaschung zu; anderseits verlangsamt sie die Tiefenwirkung von Phosphatgaben.

In Rengen ergab sich auf sehr armen und sauren Böden mit geringer P-Verfügbarkeit in einem Wiesenversuch nach 5 Düngejahren folgendes (Klapp 1959a):

Bodentiefe in cm	P_2O_5-Gehalt in mg/100 g Boden	
	ohne P	mit P-Düngung
0– 5	1,8	3,3
5–10	1,5	2,4
10–15	1,1	1,5
15–20	0,3	0,5

Bei den absolut geringen Gehalten ist die Anreicherung doch deutlich. Gisiger (1933) fand mit Erhöhung der P-Gaben eine von 2,5–15 cm Tiefe fortschreitende P-Anreicherung; an der Tiefenwirkung dürften auch Wurzeln und bodenumschichtende Tiere beteiligt sein.

[1] Außer den im Text genannten Autoren u.a. Caputa 1963b, Finckh 1958, Gross 1960, Knauer 1968, Koriath 1960, Kuenzlen, Kuntze 1960, I. Lambert 1963, Munk 1964, Pilaski/Walden, Riehm/Scholl, Reith/Inkson, Salvadori 1964, Schleininger 1960, Siebold, Sonneveld u.a. 1959, H. Sturm, Ziffer, Zürn 1958b, 1968.

Dem Gesagten entsprechend, ist die Ausnutzung des Dünger-P zunächst gering. Mit Werten unter 15% beginnend, erreicht sie doch, da jährlich weitere Anteile ausnutzbar werden, mit der Zeit die doppelte Höhe wie im Ackerboden (GERICKE 1956, 1961a, KÖNIG 1950, RAUM 1927/32, WAGNER 1921). Nach SCHMITT 1967 zeigte der Dauerversuch Reichelsheim eine von 13 auf 39% zunehmende Ausnutzung. In 53 Versuchsjahren wurden so 40% der P-Düngung verwertet.

Der P-Entzug steigt vor allem mit der Nutzungsweise und der Beidüngung an, d.h. von der 2- zur Vielschnittwiese; bei Weiden wird das durch die Rücklieferung von Exkrementen verdeckt, so daß hier erst bei Mahdeinschaltung ein höheres Düngebedürfnis eintritt. Eine P-Bilanz (SCHACHTSCHABEL) ist infolge der Wechselwirkung von Festlegung, Mobilisation und Ausnutzung schwer aufzustellen.

Wirkungsgrundlagen. Die Wirkung von P hängt zunächst vom Bodenvorrat und seiner durch Reaktion und Festlegung bestimmten Verfügbarkeit ab. In Hochmoorkulturen mit ihrem tiefen pH-Optimum beginnt eine P-Festlegung durch übertriebene Kalkung schon bei pH-Werten über 4,5; in Mineralböden findet sich eine P-Festlegung sowohl bei stärker saurer Reaktion (als Aluminium- und Eisenphosphat) wie bei Annäherung an den Neutralpunkt (als Fluor- und Hydroxylapatit). Je nach Bodenart und Bodentyp wird die beste Verfügbarkeit für den Bereich von pH 5,5 bis 6,5 angegeben; stark saure Böden sind zunächst aufzukalken. Die Festlegung kann 75 und mehr Prozent von P-Gaben erreichen (ROSCOE u.a.).

In deutschen Wiesen ist der pflanzenzugängliche P-Vorrat in der Regel sehr gering. In 2525 Grünlandböden fanden wir (KLAPP 1965a)

In %	mg P_2O_5/100 g Boden				
	0–5	5–10	10–15	15–20	über 20
der besseren Weiden	51	26	11	5	7
der Mähewiesen	81	15	3	1	–
der Magerweiden	92	5	1	1	1
Insgesamt	74	15	5	3	3

Wenn als anzustrebendes Minimum Werte über 10 mg gelten, dann wurden diese selbst bei besseren Weiden nur in 23%, insgesamt nur in 11% der Fälle erreicht, ganz abgesehen von den bei intensiver Nutzung für nötig gehaltenen, viel höheren Werten (S. 177).

Der P-Düngungszustand und die Düngungsvorgeschichte einer Grünlandfläche spielen sowohl für das Ertragsniveau wie für die zu erwartende Dünger-P-Wirkung in Ertrag und Gehalt eine entscheidende Rolle. In Rengen (KLAPP 1959a) erzielten wir durch P-Düngung auf bisher ungedüngten Flächen einen mittleren Mehrertrag von 33%, auf altgedüngten Flächen einen mittleren Mehrertrag von 13%.

GERICKE (1956/61b) fand bei Ausgangserträgen (ohne P) von 24,7 ansteigend bis 94,0 dz Heu/ha relative Mehrerträge von 56% abnehmend auf 22%. Wenn auch andere Nährstoffe im Minimum sind, steigt mit ihrer Ergänzung die

P-Leistung. In unseren Rengener sehr P- und Ca-armen Böden (KLAPP 1959a) betrugen die Mehrerträge (Tm) durch:

P-Düngung ohne Ca-Gabe (nur 1. Schnitt) . . 19%
P-Düngung mit Ca-Gabe (nur 1. Schnitt) . . . 34%

Aus einer Reihe anderer Versuchsergebnisse errechneten wir an Mehrerträgen je kg Dünger-P_2O_5:

bei einseitiger P-Gabe . . . . 1– 7 (Mittel 5,3) kg Heu
bei PK-Gabe . . . . 17–27 (Mittel 22,5) kg Heu

Bei gutem Ausgangs-P-Zustand des Bodens können sie sehr gering sein, dem Wirkungsgesetz von MITSCHERLICH entsprechend sinkt der Ertragszuwachs mit steigenden P-Gaben.

Der Wirkungswert (Mehrertrag in kg/ha Heu je kg Dünger-P) schwankt dementsprechend in sehr weiten Grenzen. Ungewöhnlich hohe Wirkungswerte fanden sich auf Niedermooren (BAUMANN/KORIATH 1959, U. SIMON 1954a). In weniger extremen Fällen liegen die Werte zwischen 5 und 30 kg. GERICKE fand in 1700 Versuchen 24 kg nach P-Gaben von 60 kg P_2O_5/ha, 21 kg nach 120 kg P_2O_5. Der zunehmenden Ausnutzung des Dünger-P entspricht aber auch eine zunehmende Ertragsleistung. In Rengener Versuchen (KLAPP 1959a) auf Ödland stieg die Leistung gleicher P-Düngung in 5 Jahren von 2,9 auf 28,2 dz Tm/ha, in einer anderen Versuchsreihe nach 5jähriger Unterbrechung früherer P-Düngung in 6 Jahren von 10,2 auf 15,3 dz Tm/ha. Das ist auf die Summierung der jährlich verfügbar werdenden P-Reste der jeweils vorangegangenen P-Gaben zurückzuführen. Damit nimmt auch der Wirkungswert zu. KÖNIG (1950) fand:

Düngejahr	1.–2.	3.–4.	5.–6.	7.–9.
Heumehrertrag je kg P_2O_5	15,0	22,3	22,2	35,6 kg

Nach dem Ende der P-Gaben ist die Nachwirkung ausgezeichnet. Nach TRUNINGER (1929) wirkten 30 kg P_2O_5 über 7 Jahre, 60 kg über 12 Jahre nach. P. WAGNER (1921) erhielt nach einmaliger Gabe von 144 kg P_2O_5/ha in 9 folgenden Jahren:

7,5 – 23,0 – 26,0 – 14,4 – 29,3 – 13,1 – 10,6 – 9,2 – 5,7 dz Heu/ha

mehr, wobei insgesamt 61 kg Düngerphosphorsäure aufgenommen wurden (42,5% in 9 Jahren!). Auch vom 1. zum 2. Schnitt eines Jahres wirkt eine P-Gabe viel stärker nach als eine K- oder gar N-Gabe.

Die allgemeinen Leistungen der Phosphatdüngung sind diesen vielfältigen Zusammenhängen entsprechend außerordentlich verschieden. Bei Wiesen wurden in einer Vielzahl von Versuchen bei Gaben von 60 bis über 100 kg P_2O_5/ha Mehrerträge von unter 10 bis über 40 dz Heu/ha ermittelt, am häufigsten solche von 15–22 dz. Verglichen mit Wiesenversuchen sind Weideversuche noch recht selten. In den Betriebsvergleichen von KÖNEKAMP u.a. 1959 ergab sich mit bis über 120 kg P_2O_5/ha eine Mehrleistung in kStE von 58%; doch sind hieran auch Wirkungen erhöhter Wirtschaftsintensität beteiligt. Wirkungswerte (kStE je kg P_2O_5) werden mit 4–10 und darüber angegeben.

Phosphatgaben führen zu um so größeren Änderungen des Pflanzenbestandes (GERICKE 1961a), je schlechter der ursprüngliche P-Zustand des Bodens war. Im Rengener Ödland trat folgende Umstellung ein (in Ertragsanteil – %):

Düngung	1942 Versuchsbeginn	1956/58 Versuche	
		ohne P	mit P
Ödlandflora	82	45	19
Pflanzen mittleren Wertes	18	46	45
Hochwertige Pflanzen	–	–	36
Rest	+	9	+

Zunehmende P-Versorgung der Grasnarbe läßt dadurch die Futterwertzahlen ansteigen, so ebenda im Laufe der Jahre um 1,5–2 volle Punkte, in anderen Versuchen noch mehr.

Am auffälligsten ist bei durchschnittlichen Wiesen stets das Aufkommen und Erstarken kleeartiger Pflanzen. Im Mittel zahlreicher Versuchsergebnisse wurden folgende Ertragsanteile gefunden (%):

Düngung	Nur				Verschiedene Düngerkombinationen	
	O	P	K	PK	ohne P	mit P
Gräser	46	44	48	47	51	53
Kleeartige	15	**24**	21	**33**	15	**22**
Sonstige	39	32	31	20	34	25

Bei jeder Kombination ziehen die „Kleeartigen" den größten Nutzen aus der P_2O_5-Zufuhr.

Wie schon erwähnt, wirkt P auf Weideböden mit guter K-Nachlieferung durch die Kleeförderung wie eine Volldüngung.

Die Beeinflussung des P-Gehaltes im Futter durch P-Düngung hat eine besonders hohe Bedeutung wegen der lebenswichtigen Funktionen dieses Elementes im Tierkörper. Im Gegensatz zu K leidet das Tier früher und stärker unter niedrigen P-Gehalten als die Pflanze. Der noch weitverbreitete Mangel im Futter verursacht Gesundheits- und Leistungsschäden. Wenn man als notwendigen P_2O_5-Gehalt von Heu 0,65% (= 0,28% P) ansieht, so wird dieser im Wiesenheu selten erreicht. GERICKE rechnete 1956 mit

unter 0,3% P_2O_5 . . . . in 17,4% der Fälle
0,3–0,4% P_2O_5 . . . . in 43,3% der Fälle
0,4–0,5% P_2O_5 . . . . in 28,1% der Fälle
über 0,5% P_2O_5 . . . . in 11,2% der Fälle

Nach verschiedenen Angaben sind aber auch seither noch in 60–80% der Fälle Untergehalte im Wiesenheu anzunehmen.

In Abhängigkeit vom verfügbaren P-Gehalt des Bodens und vom Alter der Pflanzen wirkt P-Düngung durch Änderung der Bestandszusammensetzung und durch unmittelbare Gehaltsänderung auf den Heugehalt ein. Nach unseren und KÖNIGS Befunden (in BENDER) enthalten die Pflanzengruppen in Prozent der Tm:

Gräser . . . . 0,510% P_2O_5
Kleeartige . . . . 0,545% P_2O_5
Sonstige . . . . 0,690% P_2O_5

Der P-Gehalt der Kleeartigen ist allerdings nicht immer deutlich höher als der von Gräsern, wohl aber ist dies derjenige der übrigen Wiesenkräuter. Mit zunehmendem Krautanteil wächst daher der P-Gehalt des Futters. Die Unterschiede der Artengruppen bleiben auch bei P-Düngung erhalten. In großen Versuchsserien fand KNAUER 1963b an P_2O_5:

	Ohne P	mit 60 kg P_2O_5/ha
In Gräsern	0,41–0,52%	0,68–0,70%
In Kräutern	0,53–0,68%	0,80–0,83%

Auch hier erreichten die Gräser nicht die P-Gehalte der Kräuter. Bei sehr jungem Futter sind die Unterschiede im Gehalt der Artengruppen geringer als etwa in der Blüte; mit zunehmendem Alter nimmt der P-Gehalt allgemein ab. Die Jahreswitterung kommt bei gleicher P-Gabe dadurch zur Wirkung, daß der P-Gehalt des Futters in trockenen Jahren niedriger bleibt als in feuchten. KREIL/KORIATH (1958) fanden witterungs- und jahreszeitlich bedingte Unterschiede des Gehaltes zwischen 0,59 und 0,84% P_2O_5.

KNAUER untersuchte auch unsere Rengener Ödlandversuche mit folgendem Ergebnis:

Düngung	CaN	CaNP	CaNPK
Gehalt an P_2O_5	0,29	0,58	0,56
Gehalt an K_2O	2,42	1,75	3,35
Gehalt an CaO	1,61	1,57	1,59

Dies allerdings extreme Beispiel läßt eine Verdoppelung des P-Gehaltes erkennen. Er ist durch Düngung praktisch ausnahmslos zu steigern, ohne bei den bisher auf Wiesen üblichen Gaben immer 0,65% zu erreichen. Dabei kommt es nicht nur auf die verabreichte P-Menge, sondern in erheblichem Maß auf die Beidüngung an. Schon S. 162 war die „verdünnende" Wirkung hoher Gaben anderer Nährstoffe erwähnt worden. In älteren Wiesenversuchen war bei geringem P-Angebot meist eine Senkung des P-Gehaltes im Heu durch N- und starke K-Gaben festzustellen (abgesehen von der Krautverdrängung). Am niedrigsten pflegt der P-Gehalt bei einseitiger N-K-Düngung zu sein. MULDER (1949) fand dagegen bei hohen N-, P- und K-Gaben eine erhebliche Steigerung des P-Gehaltes (in Weidegras), und mit der auch bei uns wachsenden P-Düngung ist dieselbe Tatsache zu beobachten.

In Weideböden sind namentlich bei hoher Milchleistung höhere P_2O_5-Gehalte (in der Tm) als 0,65% notwendig, und wegen des grundsätzlich höheren Gehaltes jungen Futters auch zu erreichen. Leider fehlt es hier noch an genügenden Versuchsergebnissen, doch ist schon nach denen von MULDER mit ähnlichen Gesetzmäßigkeiten wie bei Wiesen zu rechnen. Die Notwendigkeit hoher Phosphatgaben ist offenbar. Dies gilt auch für das Ca:P-Verhältnis im Futter; es soll nicht zu hoch sein und kann, abgesehen von anderen Maßnahmen, durch hohe P-Gaben und durch Vermeiden starker Kalkung verengt werden.

Außer auf Ertrag, Pflanzenbestand, Futterwert und Tiergesundheit (Brünner 1955a) übt die P-Düngung vorteilhafte Wirkungen auf den Boden aus, zunächst dank dem Ca-Gehalt der Phosphate auf die Bodenreaktion, im Zusammenhang damit auf die Bodenstruktur und das Bodenleben. Dies gilt besonders für die Aktivität der stickstoffsammelnden Bakterien.

Die zu verabreichenden P-Mengen werden vornehmlich vom Bodenvorrat, seiner Verfügbarkeit und von der Nutzungsweise des Grünlandes bestimmt. Angesichts der zunächst geringen Ausnutzung sind auf sehr P-armen Flächen große Anfangsgaben zu empfehlen. Baden (1964ff.) hält bei der Hochmoorkultur in den ersten 3 Jahren je 100 kg P_2O_5/ha für erforderlich.

Das gilt auch im Prinzip für Mineralboden-Ödland. Infolge der Düngerknappheit in den Kriegs- und Nachkriegsjahren ließ die notwendige P-Anreicherung des Futters lange auf sich warten. Weiterhin kommt man in vielen Fällen bei Wiesen mit Phosphatmengen, die mäßig über dem Entzug durch das Heu liegen, aus.

P. Wagner empfahl Anfangsgaben von 80–140 kg P_2O_5/ha bis zur „Sättigung" des Heues (mit 0,65% P_2O_5-Gehalt), weiterhin jährlich 60–70 kg/ha. Theoretisch sind je 10 dz entnommenen Heuertrages im Mittel 6–7 kg Rein-P_2O_5 als Ersatz notwendig.

Das gilt für mit N nicht oder mäßig gedüngte, kleehaltige Wiesen. Bei Vielschnittwiesen steigt das P-Düngebedürfnis, dem wachsenden Entzug entsprechend, mit der Schnittzahl (Brünner 1962b, 1968). Unter Weidegang mit starkem Besatz schränkt der Exkrementanfall den P-Düngebedarf stark ein.

Bei allgemein starker und besonders N-reicher Düngung rechnet man in den Niederlanden ('t Hart/van der Kley 1956, van der Molen u.a.) mit einem P-Düngungsbedarf:

bei reiner Weidenutzung (je nach Intensität) . .	von 20–30 kg P_2O_5/ha
bei einem Schnitt	von 45 kg P_2O_5/ha
bei zwei Schnitten	von 75 kg P_2O_5/ha
bei reiner Mahd	von 150 kg P_2O_5/ha

Zu hohe PK-Gaben können in Boden und Futter nachteilig wirken: Hemmung der Aufnahme von Spurennährstoffen (Schiller u.a. 1967, Stählin 1969) und selbst von Ca.

Der Düngungstermin ist für Phosphate auf Grünland nicht entscheidend; von Gericke veröffentlichte Ergebnisse lassen keine allzu großen Wirkungsunterschiede für die Jahreszeiten erkennen. Manches spricht für Spätwinter- oder Frühjahrsgaben.

Die Frage: „Vorratsdüngung für mehrere Jahre oder jährliche Gabe oder Unterteilung der Jahresgaben?" läßt sich nicht einheitlich beantworten. Die Ergebnisse sind recht verschieden. (Aufhammer u.a., Davies/Williams 1958, Edwards, Galensa 1965, Norman 1956.) Bei starker Festlegung scheint eine Vorratsgabe unzweckmäßig (nicht bei Anfangsgaben auf armen Böden).

Die Wirkungsunterschiede der Phosphatformen (Bucher, Stählin 1968, Zürn 1968) sind auf dem Grünland nicht entscheidend, alle sind Ca-reich. Die Wasserlöslichkeit des Superphosphates kommt hier weniger zur Wirkung. Seine größte Bedeutung hat es in den schwefelarmen Gebieten der Erde, sonst seiner physiologisch sauren Wirkung wegen auf neutral-alkalischen Böden. Bevorzugt wird nach wie vor das Thomasphosphat, das neben P und Ca auch Mg, Mn und andere Spurennährstoffe enthält und als Meliorationsdünger (S. 252) besonders wirksam ist. P-reicher sind Glühphosphate (Rhenania-Phosphat) und Rohphosphate, deren Wirkung auf sauren Böden im regenreichen Klima Vorzüge besitzt, sonst aber als weniger sicher gilt. Bei genügend hohem P-Gehalt weist der Düngungserfolg der verschiedenen Formen offenbar keine wesentlichen Unterschiede auf. Manche Autoren (z.B. Baden, Edwards) neigen zu gelegentlichem Wechsel der Phosphatform, da bei Daueranwendung doch Unterschiede der Wirkung beobachtet wurden.

Kalium (K), Kalidüngung[1]

K spielt in Wechselwirkung mit Na eine wesentliche, tierphysiologische Rolle in der Regulierung der Körperflüssigkeiten. K-Mangel im Futter ist seltener als P-Mangel; der K-Gehalt der Pflanze muß jedoch zu gutem Gedeihen höher sein als es dem tierischen Bedarf entspricht. Im Gegensatz zum P-Gehalt ist der K-Gehalt viel öfter unerwünscht hoch.

Die Beweglichkeit von K im Boden ist ungleich größer als die von P. Dem entspricht die Möglichkeit der Auswaschung namentlich aus leichteren und moorigen Böden. Nach Baden 1961 versickerten bei hohen K-Gaben aus Hochmoorkulturen in 13–30 Jahren etwa 3000 kg K_2O/ha; Koblet u.a. (1953) fanden nach Vorratsdüngung im Gebirge eine 50%ige Auswaschung. Diese erfolgt auffällig stark aus Uringeilstellen auf der Weide. Zum K-Kreislauf im einzelnen siehe Mott 1968a.

Einer deutlichen Tiefenwirkung der K-Düngung steht häufig der starke K-Entzug bei ungenügender K-Bemessung entgegen. In dem Rengener Ödlandboden ergab sich folgendes (Klapp 1959a):

Tiefe in cm	mg K_2O/100 g Boden		
	vor Versuchsbeginn	nach 5jähriger Düngung mit CaNP	nach 5jähriger Düngung mit CaNPK
0– 5	20,8	9,8	20,9
5–10	13,6	7,6	11,5
10–15	11,4	6,1	9,0
15–20	9,5	4,2	6,6

Bei K-freier Düngung wurden (einschnittige Mähnutzung) jährlich 98 kg K_2O/ha entzogen, mit 105 kg K_2O aber 107 kg, so daß es zu keiner Anreicherung kommen konnte. Sie wäre erst bei höheren K-Gaben möglich gewesen.

Trotz seiner Beweglichkeit ist nach ausreichenden K-Gaben eine positive Nachwirkung des K festzustellen, ebenso ein Wirkungsanstieg mit fortgesetzter

[1] Außer den im Text genannten Autoren u.a. Baumann/Koriath 1959, Mosland, N. Mott 1963a, Schechtner 1957, Siebold, U. Simon, 1954a, Thöni.

Düngung, beides allerdings nicht in der gleichen Weise wie bei P. Die Ausnutzung des Dünger-K ist recht gut, in KÖNIGS Versuchen (1950) durchschnittlich 57%, d.h. wesentlich höher als bei Ackerfrüchten.

Bei Mähenutzung und besonders bei Dauerwiesen übertrifft der K-Entzug die Zufuhr durch die bisher üblichen K-Gaben oft beträchtlich, wenn die Nachlieferung aus dem Boden gering und der Ertrag hoch ist. In Weideböden mit starkem Besatz ist der tatsächliche Entzug dank des Urinanfalls geringer, so daß namentlich bei guter K-Nachlieferung eher eine Anreicherung, sogar über das erwünschte Maß hinaus, zu erreichen ist. In armem Niedermoor kann es

Abb. 68. Kalimangel auf Niederungsmoor (Versuchs- und Lehrwirtschaft Steinach)

ohne K-Düngung zur völligen K-Erschöpfung kommen (Abb. 68). Auf demselben Standort stellte ZÜRN 1962a, 1968 das gleiche fest (Weiteres bei OOSTENDORP/HARMSEN 1966).

Dem geringen, natürlichen K-Vorrat leichter und mooriger Böden steht in tonreichen Böden mit guter K-Nachlieferung, besonders in den Marschen, oft ein hoher Vorrat gegenüber. Dieser macht unter Weidenutzung bei bescheidenen Ansprüchen an den Ertrag einen langdauernden Verzicht auf K-Düngung möglich (genügende N-Lieferung durch eine mit alleinigen P-Gaben erreichte Kleeförderung). Bei Mahd wird aber auch hier früher oder später K-Zufuhr erforderlich. Dies gilt nicht für alle schweren Böden; teilweise ist K in ihnen sehr stark festgelegt (fixiert), so daß hohe K-Gaben stets nötig werden. Unerwartete natürliche K-Vorräte finden sich auch in manchen Verwitterungsböden. So wird K-Düngung selbst bei reiner Mahd in den Ödlandböden der „Vulkaneifel" (s. oben) erst nach längeren Jahren notwendig (KLAPP 1959a).

Gaben von jährlich 80 kg K_2O/ha erbrachten folgende Minder- und Mehrerträge:

1942/44	– 0,6 dz Tm/ha
1950/51	– 0,3 dz Tm/ha
1963/68	+ 5,7 dz Tm/ha

Vorratsgaben von 240–320 kg K_2O/ha alle 3–4 Jahre ergaben in 43 Versuchsernten sogar Mindererträge von – 2,76 dz Tm/ha. Die Böden sind reich an feinstverteilten K-reichen Mineralen vulkanischer Herkunft. Ähnliches fanden KOBLET u.a. 1953, ZÜRN 1968 aber auch bei anderen Verwitterungsböden im Gebirge.

In 2552 Grünlandflächen stellten wir fest (KLAPP 1965a):

In %	mg K_2O/100 g Boden			
	0–20	20–40	40–60	über 60
der besseren Weiden	63	22	10	5
der Mähewiesen	77	18	4	1
der Magerweiden	73	23	3	1

Die Werte sind je nach dem Ton- und Humusgehalt des Bodens verschieden zu beurteilen. Nimmt man 10–20 mg als Kennzeichen mittlerer und Werte über 20 mg als solche guter Versorgung an, dann ist das Bild doch günstiger als bei P_2O_5 (S. 173).

Die Bedeutung der Düngungsvorgeschichte und des Düngungszustandes für die K-Wirkung ist je nach dem Sorptions- und Nachlieferungsvermögen und der Auswaschung sehr verschieden, dementsprechend auch das Düngebedürfnis. Altgedüngte Böden reagieren weniger stark auf K-Zufuhr als verarmte. Die Verfügbarkeit des K im Boden und der K-Gehalt der Ernte schwanken deutlich unter dem Einfluß von Jahreszeit und Witterung (Näheres bei FRANKENA 1965, MUNK, OOSTENDORP/HARMSEN, VOIGTLÄNDER u.a. 1961, WHITEHEAD), wobei auch verschiedene Auswaschung eine Rolle spielen dürfte. Die Angaben widersprechen einander zum Teil. So dürfen große Unterschiede des erzielbaren Mehrertrages nicht überraschen (siehe Anmerkung S. 146). Neben Wirkungslosigkeit auf sehr K-reichen Böden werden von K-armen Niedermooren Mehrerträge an Wiesenheu von über 50 dz/ha berichtet; natürlich spielt die Beidüngung mit anderen Nährstoffen eine entscheidende Rolle. Starke Jauchedüngung macht K-Gaben unnötig (SCHILLER u.a. 1967). Aus dem bis etwa 1950 vorliegenden Versuchsmaterial ergab sich als K-Wirkung eine Ertragssteigerung von:

K allein um rund 6 dz Heu/ha;

K + P um rund 20 dz Heu/ha, aus 6 vergleichbaren Versuchen in relativen Werten bei:

Ungedüngt	nur K	nur P	P + K
100	112	132	150

Angesichts der so verschiedenen Voraussetzungen sind brauchbare Durchschnittswerte nicht zu ermitteln. Die Mehrzahl der Angaben liegt bei Mehrerträgen zwischen etwa 5 und 15 dz Heu/ha. Das Anwachsen der Gesamterträge mit steigenden K-Gaben ist ebenso verschieden wie die K-Wirkung im einzelnen, und ähnliches zeigt sich auch beim Ertragsabfall nach Einstellung der K-Düngung (ältere Versuche von BRÜNE, FRECKMANN, ferner BADEN und SIEBOLD).

Große Unterschiede ergeben sich ebenso beim Wirkungswert (Mehrertrag an Heu je kg verabreichtes K_2O). Wiederum finden sich die höchsten Werte auf Niedermoor; bei einseitiger K-Gabe sind sie geringer als bei PK-Düngung. Mehrertrag und Wirkungswert nehmen mit regelmäßiger K-Düngung zu, vornehmlich wohl wegen Absinkens des Ertrages von K-Mangelteilstücken und kaum wie bei P wegen steigender Düngerausnutzung. Mit ansteigenden K-Gaben nimmt der Wirkungswert dem Wirkungsgesetz (MITSCHERLICH) entsprechend ab.

Von Weiden liegen wiederum nur wenige vergleichbare Angaben sowohl über die gesamte K-Wirkung wie über die Wirkungswerte in kStE vor (KÖNEKAMP u.a. 1959, ZÜRN 1951b). Die Mehrerträge sind bei Weiden aus bekannten Gründen meist geringer als bei Wiesen. Die Wirkungswerte sind offenbar sehr verschieden, es liegen Angaben von 2 bis über 19 kStE je kg K_2O vor. Das Mittel scheint um 4 zu liegen; höhere Werte finden sich bei fortlaufender K-Düngung gegenüber langjährigem Mangel.

Die Wirkung von K-Gaben auf den Pflanzenbestand von Wiesen äußert sich bei K-Mangel ähnlich wie diejenige von P-Gaben bei P-Mangel, d.h. im ganzen verbessernd. In 84 von uns beobachteten Wiesenversuchen mit verschiedener Düngerkombination fanden sich folgende Ertragsanteile (%): (KLAPP 1957, abgerundet)

Düngung	O : K		P : PK		N : NK		NP : NPK	
Gräser	44	50	43	44	59	48	47	54
Kleeartige	16	20	19	22	5	16	13	16
Sonstige	40	30	38	34	36	36	40	30

In allen Fällen nahmen die Kleeartigen mit K-Düngung zu, am stärksten bei N:NK. Kleeartige sind bei Konkurrenz mit Gräsern in der K-Aneignung stark unterlegen (WHYTE, THÖNI, LINEHAN/LOWE 1960, u.a.). Daher stellen die Leguminosen in der Regel die K-ärmste der Hauptpflanzengruppen dar (S. 154); bei reichlicher K-Versorgung können sie sich stark durchsetzen.

Ob die Kleeartigen durch K gefördert werden oder nicht, hängt vom Versorgungsgrad des Bodens mit K und P ab. Innerhalb der gleichen Versuchsreihe ergab sich folgendes (KLAPP 1957):

Gehalt des Bodens an verfügbaren Nährstoffen		Leguminosenanteil (%) Düngung mit		
K	P	O	P	PK
reich	mäßig	16,3	26,4	23,1
arm	mäßig	14,0	13,7	20,9

Bei hohem K-Gehalt des Bodens findet sich bei PK-Düngung ein geringerer, bei geringem K-Gehalt ein wesentlich höherer Leguminosenanteil als bei P-Düngung. In Weiden ergeben sich prinzipiell ähnliche, doch meist wenig ausgeprägte Erscheinungen; die Konkurrenz der Gräser wird einerseits durch Kurzhalten der Narbe gemindert, durch steigende N-Gaben aber erhöht. Zudem ist die K-Versorgung durch Urin-N auf Weiden besonders wirksam.

Der K-Gehalt der Ernte hängt in stärkerem Maße von der Düngung ab als der P-Gehalt. Ein sprechendes Beispiel bringt MULDER; je nach der N-Gabe (bis 400 kg/ha) und mit Gaben von 200 kg P_2O_5 und 240 kg K_2O/ha wuchs der P_2O_5-Gehalt um etwa 1/3, der K-Gehalt aber auf das $2^1/_2$fache. Noch höhere Gehalte an K_2O bis über 7% werden bei einseitiger Jauche- oder Gülledüngung erreicht.

Der für den Pflanzenwuchs optimale K_2O-Gehalt liegt offenbar bei 2,5% der Tm und darüber (MUNK, WHITEHEAD), d.h. erheblich höher als der für das Tier erforderliche Futtergehalt (0,6%). Niedriger Gehalt hemmt die Assimilation. Im Wiesenheu liegt der K-Gehalt in der Mehrzahl der Fälle noch immer unter 2,0–2,5% K_2O (MUNK). Dann spricht der K-Gehalt im Futter auf K-Düngung stark an, in Versuchen von H. STURM z.B. von 1,26 auf 3,45% K_2O. VAN DER MOLEN u.a. geben für Weiden eine Gehaltssteigerung von 2,4 auf 3,3% K_2O bei 220 kg/ha K_2O gegenüber ohne K_2O an.

Bei K-Mangel und bei für den Entzug hoher Erträge nicht ausreichenden K-Gaben bleibt ein Ansteigen des K-Gehaltes aus. Beim Einstellen der K-Düngung sinkt der K-Gehalt der Ernte früher oder später stark ab, bei Mahd schneller als bei Weiden (z.B. OOSTENDORP/HARMSEN 1966).

Niedrige K-Gehalte der Ernte sind auch Symptome für schlechtes Gedeihen der Pflanze; KNAUER (1968) stellte dabei Einstellung des Wachstums von Knaulgras schon vom April ab fest.

In Wiesen kann der K-Gehalt der Ernte stark durch die Zusammensetzung des Pflanzenbestandes beeinflußt werden. Nach eigenen und KÖNIGS Untersuchungen (in BENDER) enthalten Gräser in der Tm durchschnittlich 2,44, Kleeartige 2,00, Sonstige Arten 3,05% K_2O. In einem K-Düngungsversuch fanden wir 1930/32 (unveröffentlicht) folgende Änderungen des K_2O-Gehaltes in der Tm:

	Ohne K	Mit K
Gräser	2,03	2,61
Kleeartige	1,79	1,84
Sonstige	2,66	4,13

Die starke Zunahme in den „Sonstigen“ (meist Doldenblüter) ist deshalb wesentlich, weil diese schon ursprünglich mit 24% am Bestand beteiligt waren und durch K-Düngung noch bis auf 33% zunahmen. Mit hohem Kräuteranteil und seiner Förderung muß der K-Gehalt der Ernte deutlich wachsen. Eine ähnliche Steigerung des K-Gehaltes von „Sonstigen“ fand KNAUER 1963b im Mittel zahlreicher Versuche, in denen auch der K-Gehalt der Kleeartigen kräftig anstieg. Im Weidefutter sind infolge des meist geringen Anteils K-speichernder Kräuter Düngerwirkungen dieses Umfanges nicht zu erwarten, doch sind immerhin deutliche Verschiebungen des Anteils einzelner Gräser mit verschiedenem K-Gehalt (S. 157) zu beobachten (OOSTENDORP/HARMSEN).

Abgesehen von den allgemeinen Unterschieden der Wiesen und Weiden im Entzug ist der K-Gehalt des Futters stark vom Alter der Pflanzen abhängig, er steigt mit der Nutzungshäufigkeit, ist daher auch aus diesem Grunde im Weidegras höher als im Wiesengras.

Wesentlich ist auch hier die Begleitdüngung. MULDER fand bei einer von 0 auf 400 kg/ha ansteigenden N-Düngung eine mäßige Senkung des K-Gehalts bei 240 kg K_2O/ha. Das ist aber nicht die Regel; der K-Entzug war hier sicher höher als 240 kg/ha. Bei K-Düngung über den Entzug hinaus steigt auch der K-Gehalt (so z. B. bei Gräsern und Kräutern nach KNAUER). P-Zugabe scheint nicht wesentlich auf den K-Gehalt zu wirken; mit hohen Ca-Gaben sinkt der K-Gehalt vielfach ab.

Die botanisch bedingte Futterwertzahl steigt durch K-Düngung in dem Maße, in dem wertvolle Gräser und Leguminosen durch sie gefördert werden. Leider gilt diese Steigerung nicht allgemein für den inneren, physiologisch-chemischen Futterwert. Bei ursprünglichem starkem K-Mangel nimmt dieser durch K-Düngung zu, nicht aber bei übermäßigen K-Gaben. Die Gefahr des Übermaßes ist besonders groß im Futter stark gedüngter Weiden sowohl wegen des geringen K-Entzugs wie wegen der K-Anreicherung in Uringeilstellen oder gar durch zusätzliche Jauchedüngung, schließlich auch wegen des geringen Anteils an Na-, Mg- und Ca-reichen Kräutern. Es sind K_2O-Gehalte über 10% bekannt. Durch hohe K-Gehalte wird der Na-Gehalt drastisch, aber auch der Mg- und Ca-Gehalt antagonistisch erheblich gedrückt. Na muß doch in der Regel zugefüttert werden, Ca-Mangel ist selten. Beim Zusammenwirken hoher K- und N-Gehalte werden verminderte Gehalte und Resorption von Mg dagegen bedenklich. Zur Ermöglichung einer genügenden Mg-Aufnahme ist mit Mg zu düngen oder zu füttern, auf bindigen Böden Älterwerden jungen Weidefutters abzuwarten (FRANKENA 1965).

Für die Bemessung der erforderlichen Düngermengen auf Wiesen sind schon von der Moorversuchsstation Bremen mittlere Entzugswerte, d.h. bei angestrebtem Heugehalt von 2% K_2O je 10 dz Heu 20 kg K_2O, vorgeschlagen worden. KÖHNLEIN/KNAUER (1957a) rechnen mit 24 kg K_2O für die gleiche Heuernte. Bei hohen N-Gaben und Schnittvermehrung sind höhere Gaben, auf schweren, K-reichen Böden dagegen wesentlich geringere Gaben notwendig (MARCUSSEN 1963). In Zweifelsfällen ist Boden-, noch besser Futteruntersuchung heranzuziehen. P. WAGNER (1921) empfahl, soviel K zu geben, bis das Heu mit 2% K_2O-Gehalt „gesättigt" ist. – Anrechnung von Jauche-K ist nötig! Auf Weiden gebieten geringer Entzug und K-Anreicherung durch Exkremente (und auch Wirtschaftsdünger) Vorsicht.

Nach niederländischen Erfahrungen gibt VAN DER MOLEN folgende Gaben in kg K_2O/ha als zweckmäßig an:

Reine Weide	20
Intensivste Weide	30–40
1mal Mahd, sonst Weide	120
2mal Mahd, sonst Weide	200
Nur Mahd	300–400

(Siehe auch MOTT 1968a, ZÜRN 1968a.)

Bei gutem K-Zustand des Bodens können die Gaben niedriger sein, und in manchen Fällen kann man zweifellos zeitweise auf K-Gaben verzichten.

Größere Vorratsgaben empfehlen sich nicht; abgesehen von möglichen Ätzschäden entstehen größere Auswaschungsverluste. BADEN fand, daß die Sorptionskapazität der Hochmoorkulturschicht je ha 400–500 kg K_2O/ha nicht überschreitet, nach der Anfangsgabe (300–400 kg) also nur dem Entzug entsprechend mit 60–80 kg K_2O/ha weiterzudüngen ist.

Hinsichtlich der zweckmäßigsten Zeitpunkte einmaliger oder unterteilter Kaligaben besteht keine einheitliche Meinung. Die Wirkungsunterschiede einmaliger Gaben je Jahr sind in der Regel nicht sehr groß. Der Gedanke einer Teilung der doch oft sehr hohen Jahresgabe liegt nahe, da bei einer solchen mit Luxuskonsum und Auswaschung oder bei hohen Gaben auf manchen Böden mit stärkerer Fixierung zu rechnen ist.

In einer Versuchsreihe (bei der leider eine Frühjahrsgabe fehlt) fand KÖNIG (1950):

Zeit der Kaligabe	Heuertrag in dz/ha			K_2O-Gehalt der Ernte	
	1. Schnitt	2. Schnitt	Gesamt	1. Schnitt	2. Schnitt
Herbst	44,7	28,8	73,5	**2,58**	2,13
1/2 Herbst, 1/2 Sommer . . .	45,3	31,7	77,0	2,39	2,51
Sommer (nach dem 1. Schnitt)	42,7	30,6	73,3	2,14	**2,86**

Hier zeigte die geteilte Gabe eine schwache Überlegenheit und zugleich einen ausgeglicheneren K_2O-Gehalt der Ernte. Letzteres wird auch von anderen Autoren angesichts der Gefahren zu hoher Gehalte für das Tier als Vorteil der Gabenteilung auf Intensivweiden hervorgehoben.

ZÜRN (1951 b und anderenorts) teilte die K-Gaben noch mehr auf als KÖNIG, zum Teil am gleichen Standort. Er fand auf die Dauer keine eindeutigen Vorzüge der Gabenteilung oder einzelner Termine. Die bei KÖNIG gefundene stärkere Gehaltserhöhung durch eine ungeteilte Herbstgabe, auch gewisse Änderungen des Pflanzenbestandes wurden mehrfach festgestellt. OOSTENDORP/HARMSEN weisen darauf hin, daß der erste Schnitt wegen seines höheren Entzuges auch höherer Teilgaben bedarf. Zweifellos wird jede K-Gabe von dem zunächst folgenden Schnitt am höchsten verwertet. Gewisse Vorzüge der Gabenteilung scheinen zu bestehen, doch sind sie offenbar nicht immer so entscheidend, daß sie arbeitswirtschaftliche Nachteile rechtfertigen. Auf leichten Böden ist Gabenteilung aber naheliegend.

Das Urteil über die ertragssteigernde Wirkung der Kalidüngerformen hat sich im Lauf der Zeit geändert. P. WAGNER (1921) erhielt in seinen zahlreichen Versuchsreihen bis um die Jahrhundertwende die höchsten Mehrerträge von Schwefelsaurer Kalimagnesia und von Kainit, dagegen nur halb so große von 40%igem Kalisalz. Spätere Versuche von WAGNER und anderen Autoren (KIEPE 1950, SCHMITT 1940) ließen jedoch die Leistung des Kainits stark zurücktreten, da Begriff und Zusammensetzung des Kainits heute anders als damals sind, ihm insbesondere ein hoher Mg-Gehalt fehlt. Die Rangfolge dieser späteren Versuche ist: schwefelsaures Kali – schwefelsaure Kalimagnesia – 40%iges und 50%iges Kalisalz und dann erst Kainit. Die bei Kainit notwendigen, heute sehr hohen Gaben können zudem Narbenschäden hervorrufen (REINTJES 1929).

Die Frage ist wichtig auch wegen des je nach Düngersorte verschiedenen Mg-Gehaltes im Futter. Schwefelsaure Kalimagnesia steigert nach BOMMER 1957, BRÜNING u.a. 1963 und anderen den Mg-Gehalt der Ernte, zuweilen auch den Gehalt an Ca und anderen Mineralstoffen, wenn auch nicht wesentlich. Wie beim schwefelsauren Kali sinkt der Cl-Gehalt stark.

Ferner werden mit dem gleichen Ziel der Mg-Anreicherung Mehrnährstoffdünger mit K + Mg verwendet, im Ausland auch Kieserit.

Phosphor-Kalium-(PK-)Düngung[1]

Die Düngung mit P allein oder K allein befriedigt auf dem deutschen Grünland selten; nur bei ungewöhnlich hohem K-Vorrat des Bodens (z.B. in Marschböden) und in Verbindung mit dem Exkrementanfall von Weidetieren kann P-Düngung allein für kürzere oder längere Zeit ausreichende Leistungen hervorbringen. Voraussetzung ist in allen Fällen das Vorhandensein von N-Sammlern in der Grasnarbe, wenn auch zunächst in geringen Mengen. Fehlen sie oder kommen sie doch nicht zu stärkerer Entwicklung – wie z.B. in vielen Überschwemmungswiesen –, dann ist genügende Ertragsfähigkeit der Flächen auf N-Zufuhr (z.B. aus Hochfluten) angewiesen.

Angesichts der früher überragenden Bedeutung der Wiesen in Deutschland, aber auch wegen der Schwierigkeit von Weideversuchen liegen Erfahrungen mit der PK-Düngung in Deutschland vorwiegend aus Wiesen vor.

Aus den zahlreichen 1894 von P. WAGNER begonnenen (zum Teil von SCHMITT 1967 noch lange fortgeführten) Wiesenversuchen ergab sich bis 1918 ein mittlerer Mehrertrag von rund 22 dz Heu/ha durch PK-Düngung. Andere große Versuchsserien (GERICKE 1956, 1965, KÖNIG 1950) brachten ganz ähnliche Erfolge, solche von ZÜRN (mehrfach, besonders 1968) und SIEBOLD deutlich höhere; AHR/MAYR ernteten dagegen nur 13,4 dz Heu/ha mehr (hofnahe Wiesen!). Diese Unterschiede beruhen auf dem Ertrag und Düngungszustand der ungedüngten Wiese. In WAGNERS Versuchen ergab sich (1921) folgendes in dz Heu/ha:

	Ungedüngt	Mit PK	Mehrertrag	
			absolut	relativ
4 Versuche	14,3	41,7	27,4	+ 198%
5 Versuche	54,4	73,9	19,5	+ 36%

Ähnliche Abstufungen finden sich in allen größeren Versuchsreihen. Relativ niedrig sind die Mehrerträge namentlich in Gebieten, in denen von jeher regelmäßig Wirtschaftsdünger verwendet wurden, oder die Nährstoffversorgung aus Bodenvorräten überdurchschnittlich ist. Gute Glatthaferwiesen reagieren weniger stark als ödlandartige Bestände.

[1] Außer den im Text genannten Autoren siehe die S. 172 (P) und S. 178 (K) angeführten Quellen, ferner u.a. BADEN 1964ff., BOMMER 1957, BRÜNE 1939, 'T HART 1956a, b, u. VAN DER KLEY 1956, MARCUSSEN 1963, SALVADORI 1964, SCHECHTNER 1964, SCHWERDT, VORHAUER.

Aus Mangelversuchen mit Einzelgabe von P und K sind erhebliche, dem sehr verschiedenen Bodenvorrat entsprechende Unterschiede bei der Rolle der Einzelnährstoffe zu erkennen. So erntete WAGNER durch P allein 2,6 dz Heu/ha mehr als bei „ungedüngt", durch K jedoch 5,7. Das Verhältnis kann aber auch umgekehrt sein. In einer statistischen Auswertung bis 1930 vorliegender Versuche mit einem durchschnittlichen $K_2O:P_2O_5$-Verhältnis in der Düngung von 1:0,7 leistete (KLAPP 1931):

1 kg K_2O . . . . allein 6,16 kg Heu mehr
0,7 kg P_2O_5 . . . . allein 2,86 kg Heu mehr

während die gemeinsame Gabe von 1 kg K_2O + 0,7 kg P_2O_5 14,20 kg Heu mehr erbrachte als „Ungedüngt", also wesentlich mehr als bei Summierung der Einzelleistungen (9,02 kg). Beide Nährstoffe ergänzen sich also vorzüglich. In

Abb. 69. Drastischer Düngererfolg auf Hungerwiese; links Phosphat und Kali, rechts „Ungedüngt"

der Regel nimmt der PK-Düngungserfolg mit den Jahren deutlich zu. Dies beruht nur zum Teil auf allmählicher Verarmung der ungedüngten Flächen; wesentlicher ist neben der allmählichen Nährstoffanreicherung des Bodens die zunächst oft geringe, dann anwachsende Entwicklung der N-liefernden Leguminosen (Abb. 69). Aus zahlreichen fremden und eigenen Versuchen errechnen sich folgende Gruppenanteile:

	Ungedüngt	Bei PK-Düngung
Gräser	48,8%	49,0%
Kleeartige	14,6%	23,7%
Sonstige	36,6%	27,3%

Die Leguminosenvermehrung geschieht fast stets auf Kosten der „sonstigen Kräuter". Natürlich ist der Leguminosenanteil sehr verschieden. Gräser vermögen sich namentlich K wesentlich besser anzueignen als Leguminosen; diese können sich erst bei entsprechender Düngung stärker entwickeln. Je nachdem, ob P oder K ursprünglich im Minimum ist, wirkt bald P, bald K stärker kleefördernd. Beide Nährstoffe ergänzen einander so, daß praktisch sowohl in ursprünglich K- wie P-armen Wiesen ähnliche Wirkungen zustande kommen. Über die Grenzen der Leguminosenvermehrung und die zeitlichen Schwankungen ihres Anteils siehe S. 90. Die PK-Düngung wirkt auch in den seltenen, ganz kleefreien und auch kleefrei bleibenden Wiesen ertragssteigernd, aber nur in dem Maße, in dem P und (oder) K fehlen; die weiter ertragssteigernde Wirkung der N-Abgabe aus Leguminosen fällt hier fort. Auch innerhalb der Pflanzengruppen treten durch PK-Düngung merkliche Änderungen ein (Beispiele in Klapp 1962c, d). In besseren Wiesen werden z.B. *Arrhenatherum, Dactylis, Poa trivialis* meist deutlich gefördert, *Festuca rubra, Anthoxanthum* zurückgedrängt; unter den Leguminosen werden neben *Trifolium pratense,* wenn vorhanden, die langlebigen und massenwüchsigen Arten *Vicia sepium* und *Lathyrus pratensis* gefördert. Unter den sonstigen, insgesamt zurücktretenden Kräutern fanden wir stärkere Förderung häufig bei *Achillea millefolium* und *Heracleum.*

Die (Futter-) Wertzahl (S. 108) der Bestände wird durch PK-Düngung wesentlich verbessert. – Besonders hervorzuheben ist die mehr oder minder anhaltende Nachwirkung einer PK-Düngung nach ihrer Einstellung. Im ganzen handelt es sich um eine der sichersten Maßnahmen in der Wiesenbewirtschaftung bei allerdings begrenzter Ertragshöhe.

Die PK-Düngung wirkt stark verbessernd auf den Nährstoffgehalt der Heuernte. Da allmählich zahlreiche entsprechende Untersuchungen vorliegen, kann man als sichere Wirkungen der PK-Düngung ansehen:

Steigerung des N-, P- und K-Gehaltes (meist, aber nicht ausnahmslos, auch des Ca-Gehaltes); Gleichbleiben oder mäßige Steigerung des Rohfasergehaltes, Abnahme der N-freien Ext.; geringfügige, verschieden gerichtete Änderungen des Mg- und Na-Gehaltes.

Cl- und S-Gehalt hängen weitgehend von der verwendeten K-Düngerform ab; die Cl-reichen K-Dünger erhöhen den Cl-Gehalt des Heus stark, die S-haltigen Dünger den S-Gehalt nur wenig.

Hinsichtlich der Düngungsform und der zeitlichen Düngeranwendung ist auf S. 178, 184 zu verweisen. Bei der auf Wiesen noch vorherrschenden Verwendung von Einzeldüngern (statt Mehrnährstoffdüngern) ist die Düngergabe im Winterhalbjahr vorzuziehen.

Im Gegensatz zu unzähligen Wiesendüngungsversuchen sind vergleichbare Weidedüngungsversuche in Deutschland außerordentlich selten. Geith/Zürn haben viel Material über die Einzeldüngung mit P oder K gesammelt, gehen jedoch auf PK-Wirkungen gegenüber „Ungedüngt" überhaupt nicht ein.

In der Regel fehlt in den Weideversuchen die Stufe „Ungedüngt"; d.h., die Wirkung von P wird nur gegen (N) K, die von K gegen (N)P geprüft. Die Versuchsansteller lassen nicht gern große Weidekoppeln ganz ohne Dünger. (Eine seltene Ausnahme findet sich bei Staehler/Finckh 1959, siehe S. 493.)

Zudem ist auf gut bewirtschafteten Weiden schon sehr früh mit N-Düngung begonnen worden. Bei ihrer umfangreichen Sammlung von praktischen Weideleistungsergebnissen weisen KÖNEKAMP u.a. (1959) auf die allgemeine Schwierigkeit der Analysierung von Einzelnährstoffwirkungen hin: es werden in der Regel nicht nur mehrere Nährstoffe zugleich verwendet, sondern es sind mit jeder stärkeren Düngung zwangsläufig Änderungen des Weideverfahrens verbunden.

Die Einzeldüngung mit P zeigt besonders in Weidegebieten mit K-reichen Böden (z.B. in den englischen Midlands, auch in der deutschen Marsch) hervorragende Wirkungen auf die tierische Nutzleistung. Ähnliches findet sich, wenn auch nicht in gleichem Maße, bei Einzeldüngung mit K auf Moor und auf leichteren Mineralböden. Man darf danach annehmen, daß auch die PK-Düngung ähnlich wie auf Wiesen wirkt. Dabei ist allerdings zu berücksichtigen, daß reiner Weidegang, wie er früher in den wichtigsten Weidegebieten üblich war, dank der Exkrementrückgabe niemals zu einer derartigen Nährstoffverarmung wie die Heuentnahme bei nicht oder schwach gedüngten Wiesen führen konnte. Der PK-Erfolg dürfte vermutlich auf Weiden nicht die gleiche absolute und relative Höhe wie auf Wiesen erreichen. 'T HART/DE VRIES (1949) rechnen für die Niederlande mit einer durchschnittlichen Ertragssteigerung durch PK um 20%, wahrscheinlich auch nicht gegenüber „Ungedüngt", sondern gegenüber der Verwendung von Wirtschaftsdüngern.

Zweifellos steigt die Bedeutung der PK-Düngung für Weiden namentlich bei Einschaltung von Mahdernten mit wachsenden N-Gaben erheblich an.

Magnesium und weitere Mengennährstoffe

Mg, Magnesiumdüngung[1]

Mg hat, bis in die neuere Zeit wenig beachtet, allmählich den Charakter eines Hauptnährstoffes erhalten. Es ist nicht nur Chlorophyllbaustein, sondern im Wechselspiel mit Ca, P, K, Na von besonderer Wichtigkeit für die Tierernährung. Obwohl vom Grünland so auffallende Mangelsymptome wie von Ackerkulturen kaum bekannt sind, ist doch für zahlreiche Böden eine ungenügende Versorgung nachgewiesen worden. Namentlich junges Weidegras müßte für das Weidetier mehr Mg enthalten, als für die Ernährung der Grasnarbe notwendig ist. Die Resorption des Mg durch das Weidetier (etwa 20–40%) ist oft ganz unzureichend, eine Ursache für starken Mg-Mangel des Blutserums (Hypomagnesämie, Weidetetanie).

Für die Häufung von Mangelerscheinungen sind vornehmlich die nicht geringe Auswaschung, der mit der Intensivierung der Weidedüngung wachsende Entzug sowie Antagonismen mit anderen Elementen verantwortlich, jedoch auch die Verdrängung Mg-reicher Kräuter durch N-Gaben.

Zur Mg-Verarmung neigen vor allem leichte Böden mit geringem Sorptionsvermögen, selten tonreichere Böden, unter den leichteren Böden besonders die stärker sauren. Das Optimum der Mg-Verfügbarkeit liegt um pH 6 (> 5,5 bis 6,5).

[1] Aus dem Schrifttum seien als zusammenfassende Darstellungen erwähnt die von MUNK, WHITEHEAD, WHYTE, WOLTON; ferner GRIFFITHS 1959, 'T HART 1960b, KEMP 1966, WERNER 1959, WERNER/WELTE 1964. Daneben besteht umfangreiche Literatur über tierphysiologische und tiermedizinische Fragen. Siehe ferner S. 155.

Kleearten und viele andere Kräuter sind reicher an Mg als Gräser; eigene und KÖNIGS Untersuchungen (in BENDER) ergeben für Wiesen folgende Mittelwerte in der Tm:

Gräser	0,365% MgO
Kleeartige	0,665% MgO
Sonstige	0,895% MgO

Auch innerhalb der Gräser finden sich noch erhebliche Unterschiede. Ferner wirken Jahreszeit und Witterung deutlich auf den Mg-Gehalt des Futters ein, und eine ausreichende Versorgung der Tiere ist besonders im ersten Weideaufwuchs gefährdet.

Von Bedeutung sind der Gehalt des Bodens an antagonistisch wirkenden Elementen und die Düngung. Namentlich eine über den Bedarf der Pflanzen hinausgehende K-Zufuhr wirkt senkend auf die Mg-Aufnahme, besonders auf Sandböden. Ein allerdings seltenes Übermaß an Na (Salzwiesen) wirkt ähnlich. Meinungen über die Wirkung der N-Bindungsform (NO_3, NH_3) auf den Mg-Gehalt widersprechen einander. Während Ca in sauren Böden die Mg-Aufnahme verbessert, wirkt es im alkalischen Bereich antagonistisch.

Der Entzug bei Mähenutzung ist hoch; nachteiliger für den Futtergehalt wirkt indes Weidenutzung wegen des hohen K- (und N-) Gehaltes der anfallenden Exkremente.

Über die Wirkung einer Mg-Düngung auf den Grünlandertrag liegen bisher so wenig Daten vor, daß sich Allgemeingültiges nicht sagen läßt. Im Vordergrund des Interesses steht auch der Mg-Gehalt des Futters. Wesentlich ist zunächst Herstellung einer optimalen Bodenreaktion. Bei extensiver Grünlandnutzung, d.h. bei geringer N-Gabe, ist eine klee- und krautfördernde Düngung vorteilhaft, doch sind Höchsterträge dabei nicht zu erreichen. Die Meinungen über die gehaltserhöhende Wirkung einer unmittelbaren Mg-Düngung lauten sehr verschieden. Offenbar gelingt sie auf Sand- und Moorböden leichter als auf bindigen Böden (WHITEHEAD, WOLTON). Hier sind hohe Gaben nötig, allgemein zunächst Düngung über den Bedarf hinaus (MOTT 1964a). Wiederum ist die Beidüngung entscheidend. Bei genügendem Mg-Vorrat des Bodens steigt der Mg-Gehalt des Futters mit der N-Gabe, doch wird diese Wirkung durch steigende K-Gaben kompensiert. Bei Intensivweiden ist Vorsicht bei der K-Bemessung nötig, vor allem aber die Zufuhr aller K-reichen Wirtschaftsdünger zu vermeiden. Für Böden mit geringer Mg-Düngewirkung empfiehlt FRANKENA 1965 zudem das Abwarten einer höheren „Weidereife“ des Grases, da die Resorption mit zunehmendem Alter des Futters steigt.

Für die Mg-Düngung steht eine ganze Reihe von Düngemitteln zur Verfügung. Bei einer etwa notwendigen Aufkalkung empfehlen sich dolomitische Mergel und Branntkalke, siehe z.B. FEISE/MÜCKENBERGER 1969. Weiterhin kommen Mg-reiche K-Dünger, z.B. Kalimagnesia und, wo erhältlich, Kieserit in Frage, endlich Stickstoff-Magnesiadünger. Der Zeitpunkt der Mg-Düngung ist anscheinend gleichgültig.

Natrium (Na)

Natrium wird bisher nur für Meldengewächse als lebensnotwendig angesehen. Dagegen ist es für Tiere unentbehrlich. Ihr Bedarf wird durch Grünlandfutter selten gedeckt. Mit K in Boden und Pflanze steht Na in gegensätzlicher Wechselbeziehung, d.h. das Vorhandensein größerer K-Mengen senkt den Na-Gehalt so wirksam, daß das K:Na-Verhältnis viel weiter als tierphysiologisch wünschenswert wird. Angesichts der starken Na-Ausscheidung des Tieres entsteht daher ohne ergänzende Na-Verfütterung häufig Na-Mangel. In Meeresnähe kann der Na-Gehalt des Futters reichlich sein, doch bewegt er sich allgemein in sehr weiten Grenzen von etwa 0,01–0,3% (als nötig gelten für Milchkühe mindestens 0,16%). In eigenen und Königs Untersuchungen (in Bender) fanden sich in der Tm von Wiesengras:

Gräser . . . . 0,08% Na_2O
Kleeartige . . . . 0,08% Na_2O
Sonstige . . . . 0,15% Na_2O

Beispiele für den Gehalt einzelner Arten unter der Wirkung verschieden hoher Boden-K-Gehalte finden sich bei Hasler 1962. Unter den Gräsern scheint *Lolium perenne* Na-reich zu sein; anderseits fanden sich bei *Poa trivialis* und *Trisetum* besonders niedrige Werte. Der Na-Gehalt des Futters läßt sich durch Verwendung niedrigprozentiger K-Salze, durch NaCl als Viehsalz steigern, etwas auch durch Natronsalpeter. Im allgemeinen wird aber Beifütterung bevorzugt. Einiges Schrifttum: Bohle, Lehr, Munk, Svanberg, Whitehead.

Schwefel (S)

Mangel oder Düngungserfolge auf Grünland sind in unserem Lande ebenso wie in anderen industriereichen Ländern (Verbrennungsabgase, Verhüttung S-reicher Erze!) nicht bekannt, wohl aber in Australien, Neuseeland, Teilen Afrikas und Amerikas. – Gehalt der Pflanzengruppen nach eigenen und Königs Untersuchungen in der Tm von Wiesengras:

Gräser . . . . 0,655% SO_3
Kleeartige . . . . 0,500% SO_3
Sonstige . . . . 0,920% SO_3

Eisen (Fe)

Eisen ist im Grünlandfutter stets ausreichend vorhanden.

Chlor (Cl)

Mangel an Cl im Grünland ist bisher nur von küstenfernen leichten Böden in Übersee bekannt.

Gehalt der Pflanzengruppen nach eigenen und Königs Untersuchungen (in Bender) in der Tm von Wiesengras:

Gräser 0,685%
Kleeartige 0,350%
Sonstige 0,742%

Der Gehalt des Futters steigt in der Regel mit fast jeder Art Cl-haltiger Düngung.

Spurennährstoffe[1]

sind Elemente, die nur in kleinsten Mengen für Pflanzen oder Tiere oder für beides lebensnotwendig, bei stärkerem Vorkommen aber oft schädlich sind. Ihre Wirkungen auf physiologische Vorgänge sind vielseitig, zum Teil auch noch unklar. Einzelne sind Bestandteile von Enzymen, auch stehen manche in Wechselwirkung. Äußere Mangelsymptome sind bei einzelnen Ackerkulturen sehr auffällig, bei der Grasnarbe bisher aber nicht. Mindererträge können schon vor dem Sichtbarwerden von Mangelsymptomen eintreten. Bei Tieren äußern sich starke Mängel in schweren Schädigungen der Entwicklung und Fruchtbarkeit.

Die Feststellung des Gehaltes an Spurennährstoffen in Boden und Pflanze ist schwierig und oft unbefriedigend, da weniger der absolute Gehalt als seine Verfügbarkeit entscheidend ist. Diese hängt meist stark von der Bodenreaktion ab; oft wird sie bei hohen pH-Werten (über 6,0), z.B. durch Überkalkung, eingeschränkt. Wichtig für die Verfügbarkeit sind ferner Textur, Humusform und Feuchtezustand des Bodens. Besonders gefährdet sind Heidesand-(Geest-) Böden, aber auch gewisse Mineralböden (Co-Mangel in Granitböden). Starke einseitige Dünger- (besonders N-)Gaben können zur Verarmung führen.

Von den Pflanzengruppen sind die Leguminosen besonders mangelempfindlich. Hinweise auf Pflanzengehalte und Tierbedarf siehe S. 154, 407.

Immerhin sind Spurenmängel bisher wenig verbreitet, und es wäre falsch, Spurennährstoffe allgemein ohne Nachweis ungenügender Versorgung anzuwenden. Von den üblichen Düngemitteln sind Thomasphosphat, begrenzt auch Hüttenkalk und Stallmist, relativ reich an Spurennährstoffen; zudem gibt es zahlreiche Spezialdünger.

Kupfer (Cu)

Kupfer spielt eine pflanzenphysiologisch vielseitige Rolle. Cu-Mangelsymptome sind bei manchen Ackerkulturen, besonders bei Hafer, sehr drastisch, selten bei einzelnen Futterpflanzen, bei Mischgrasnarben aber überhaupt kaum zu beobachten. Trotzdem kann Cu-Mangel des Grünlandfutters in der Tierernährung eine verheerende Rolle spielen (Lecksucht, Fruchtbarkeitsstörungen). Tatsächlicher Cu-Mangel ist fast ausschließlich von rohhumusreichen, podsoligen Heide- und Heidemoorböden vor allem Nordwestdeutschlands bekannt. Entscheidender als absoluter Mangel sind aber Erschwerungen der Aufnahme durch hohe Ca-, S-, P-Gehalte, Störungen des Basen-Säure-Verhältnisses, Festlegung von Cu als Chelat in organischen Böden. Hohe pH-Werte, Bodenaustrocknung wirken in gleicher Richtung, auch die Mitwirkung von Mo.

[1] Aus der sehr umfangreichen Literatur sind die umfassenden Darstellungen von Williams (Dorrington) 1959, Munk, Whitehead hervorzuheben, hinsichtlich der artspezifischen Gehalte Arbeiten von Kirchgessner u.a. 1957a, b, 1968, Wöhlbier/Kirchgessner 1957a, b; ferner solche von Ahrens, Borchmann, Gericke 1957, mit Bärmann 1956, 't Hart/Deijs, Hasler 1962, mit Pulver 1957, Kurmies, Laatsch, Lehr, Neenan u.a., Riehm/Scholl, Schaumlöffel/Werner, Werner/Welte, Wolton. Ein ausgedehntes Schrifttum besteht auf tierphysiologischem Gebiet. Näheres Eingehen ist hier weder möglich noch nötig, da eine Behebung von Mängeln (oder Überschüssen) doch sachkundiger Einzelberatung bedarf.

N-Gaben können den Cu-Gehalt bei ausreichendem Vorrat zunächst steigern, weiterhin aber senken, zum Teil durch Klee- und Krautverdrängung. Diese Artengruppen sind wesentlich Cu-reicher als Gräser. Cu-Zufuhr ist nur bei wirklichen Mängeln des Vorrats oder der Aufnehmbarkeit notwendig, jedes Übermaß ist schädlich für Pflanze und Tier. Für die Cu-Düngung steht (außer Kupfersulfat) eine ganze Reihe Cu-haltiger Düngemehle mit sehr verschiedenem Cu-Gehalt zur Verfügung. Die Wirkung hält bei richtiger Bemessung (Beratung!) lange an.

Mangan (Mn)

Manganmangel mit drastischen Symptomen ist namentlich von Hafer („Dörrfleckenkrankheit") bekannt, beim Tier durch Fruchtbarkeitsstörungen. Im Grünland sind auffällige Mangelwirkungen bei uns bisher kaum beobachtet worden, obwohl der Mn-Gehalt im Futter nicht selten zu niedrig ist und allgemein große Unterschiede aufweist. Anderseits kommen Überschußschäden vor.

Die Aufnahme wird bei hohen pH-Werten gehemmt, namentlich auf von Natur Ca-reichen oder überkalkten Humusböden. Die günstigste Bodenreaktion liegt um pH 5. Wesentlich ist dabei der hohe Oxydationsgrad des Mn bei hohen, der geringe bei niedrigen pH-Werten, bei denen die Verfügbarkeit des Mn vervielfacht wird.

Auf dem Versuchsgut Rengen fanden sich in staunassen Perioden zusammen mit starker Versauerung und K-Mangel starke Mn-Schadensymptome bei Weißklee infolge der durch Reduktion der Mn-Verbindungen außerordentlich erhöhten Mn-Verfügbarkeit (Dhein, weiteres Knauer 1968, Zürn 1968). Der arttypische Mn-Gehalt ist – ein Ausnahmefall – bei Gräsern gewöhnlich höher als bei krautartigen Pflanzen, ebenso auch die Mn-Bedürftigkeit.

Vom Ackerbau bekannt ist die rasche Wirkung von $MnSO_4$-Gaben (als Spritzung) bei Mn-Mangel. Im Grünland genügt vermutlich meist die Anwendung physiologisch saurer, namentlich sulfatischer Dünger zur Behebung erschwerter Aufnahme, anderseits Kalkung zur Vermeidung von Mn-Überschüssen im Futter.

Molybdän (Mo)

Molybdän ist in minimalen Mengen für manche Pflanzen und für Tiere lebenswichtig, schon bei geringem Überschuß aber in beiden Fällen sehr schädlich. Mangelschäden sind bei uns bisher nur bei Ackerklee bekannt geworden, im Grünland dagegen nur in Nordeuropa und Großbritannien (ebendort aber auch Überschußschäden durch Cu-Festlegung). Gefährdet sind u.a. Hochmoor und Raseneisensteinböden (Knauer 1968).

Im Gegensatz zu den meisten anderen Spurennährstoffen ist Mo bei hohen pH-Werten und nach Kalkung am besten verfügbar. Kleearten sind Mo-reicher als Gräser und sonstige Kräuter, aber auch Mo-bedürftiger; das Element stellt eine Lebensbedingung für die Knöllchenbakterien dar.

Kobalt (Co)

Kobalt ist für höhere Pflanzen offenbar nicht lebensnotwendig (jedoch für die Knöllchenbakterien der Stickstoffsammler). Dagegen sind schwere Mangelerscheinungen bei Tieren bekannt geworden, so auf Schwarzwald-Granit (RIEHM/SCHOLL), aber auch auf podsolierten Sandböden. Immerhin handelt es sich noch um seltene Fälle. Die notwendigen Mengen sind sehr gering.

Mangel kann durch hohe Gaben von Thomasphosphat, durch Kupferschlackenmehle oder durch spezielle Co/Cu-Dünger behoben werden. Die Mehrzahl der Autoren neigt zur Bevorzugung einer ausreichend Co-haltigen Fütterung; siehe 'T HART/DEIJS 1950.

Bor (B)

Mangel oder Düngungserfolge auf Grünland sind in unserem Lande nicht bekannt geworden (wohl aber bei Luzerne und einzelnen Kleearten).

Zink (Zn)

Böden und Pflanzen sind bei uns ausreichend versorgt (aus Neuseeland und Australien sind Mängel bekannt).

Jod (J)

Jod ist für die Pflanze nicht lebensnotwendig, wohl aber für Tiere. Mangel kommt namentlich in küstennahen Gebieten nicht vor, wohl aber auf leichten Böden mancher Länder.

c) Stickstoff (N)

Kreislauf[1] und natürliche Quellen des Stickstoffs

Der Kreislauf von N weicht von dem der eigentlichen Mineralnährstoffe in mancher Hinsicht ab. (Siehe Abbildung bei WHYTE, nur für Weiden.)

A. Wiesen und Weiden gemeinsam sind:

N-Gewinn	N-Verlust
N-Sammlung	Auswaschung
N aus Regen	Denitrifikation
N aus Düngung	
N aus Mineralisation der organischen Substanz (Wurzelabfall)	
Abgesickerter N aus dem Unterboden	
N aus nährstoffreichen Hochfluten	

[1] Außer den im Text genannten Autoren: ARMITAGE/TEMPLEMAN, BROWNE 1965, BUTLER/BATHURST, COWLING 1962, COWLING/LOCKYER 1965, DRYSDALE 1966, FREER, GJÖBEL/STEEN 1960, T. W. MARTIN 1960, RABOTNOV 1966a, REGAL 1966, SCHECHTNER/DEUTSCH 1965, STEEN 1965, P. T. THOMAS 1966, VETTER/KUBA 1963, WALKER, WASHKO/MARRIOTT, WHYTE.

B. Wiesen und Weiden unterscheiden sich in folgender Weise:

1. Wiesen

N-Gewinn	N-Verlust
Stärkerer Bestandesabfall Größere Wurzelmasse	Vollständige Abfuhr der Ernte

2. Weiden

N-Gewinn	N-Verlust
Rückgabe der Exkremente (Urin → Nitrat, Kot → N-reiche organische Substanz)	Teilweiser Entzug im Tierkörper (für Erhaltung und Leistung) Ammoniakverdunstung (aus Urin)

An der N-Sammlung sind die Symbiose der kleeartigen Pflanzen mit Knöllchen-(*Rhizobium*-)Bakterien und eine allerdings geringe asymbiontische N-Bindung beteiligt.

Die daraus verfügbare N-Menge hängt nicht nur vom Kleeanteil der Grasnarbe, sondern sehr stark vom Klima, endlich von der Mitwirkung von Exkrementen ab. In Ländern mit ganzjährigem Kleewuchs und ständigem Weidebesatz wie in Teilen von Neuseeland und Australien werden sehr hohe N-Mengen bis über 500 kg N/ha an die Grasnarbe geliefert, wobei der größere Teil allerdings aus der Rückgabe von Exkrementen stammt. Dadurch werden (ohne N-Düngung) ungewöhnlich hohe Erträge (in der Praxis bis 100 dz, in Versuchen bis 160 dz Tm/ha, SEARS 1960) möglich. In Europa ist die N-Leistung wesentlich geringer. Je nach Kleeanteil, Klima, Exkrementanfall schwanken die Angaben in weiten Grenzen zwischen etwa 30 und über 200 kg N/ha. Dabei ist zwischen dem N-Gewinn der Ernte, der Stoppeln und Wurzeln sowie der Bodenanreicherung zu unterscheiden.

Die von Virtanen angenommene Direktübertragung von N aus lebenden Bakterienknöllchen hat sich praktisch nirgends bestätigt. Hauptquelle der N-Abgabe sind Häutung und Zerfall absterbender Knöllchen und der relativ große Anfall absterbender Kleewurzeln, beides beschleunigt durch häufige Nutzung und beeinflußt durch die Verdrängung = Absterben von Kleepflanzen, z.B. bei N-Düngung. Für den Umfang der Kleesammlung sind die Aktivität der Bakterienstämme, die Größe und Verteilung der Knöllchen, die Verfügbarkeit von N, K, Ca, Mo (!) im Boden und die Versorgung der Bakterien mit Kohlenhydraten entscheidend. Die Verwertung der letzteren ist schlecht, man rechnet mit einem Verbrauch von 20 Teilen Kohlenhydrat für einen Teil N-Bindung. Dem Ertragsanstieg mit steigendem Kleeanteil der Grasnarbe sind daher Grenzen gezogen. Auch aus anderen, zum Teil tierhygienischen Gründen, ist ein hoher Kleeanteil, je nach Autor über 15–30%, unerwünscht (Durchfall, Blähsucht; stärkere Verunkrautung).

Wechselwirkungen von Klee, Stickstoffsammlung und Düngung. Reine Graswiesen auf Mineralböden bringen gewöhnlich sehr geringe Erträge; ihre Stickstoffversorgung ist auf den N-Gehalt der Niederschläge, die asymbiontische N-Bindung und die bescheidenen N-Mengen aus der Mineralisation der organischen Bodensubstanz angewiesen. Höher, aber doch begrenzt, sind die Erträge auf Niedermoor, vor allem solche in Tälern mit regelmäßigen schlickreichen Überschwemmungen. Die auf kleehaltigen Wiesen so erfolgreiche PK-Düngung wirkt oft kaum. (Siehe die durch PK entstehenden Mindererträge auf kleefreien Wiesen bei KÖNEKAMP/MÜLLER 1940.)

Aus deutschen Versuchen liegen nur wenige brauchbare Daten über die Rolle des Klees vor, um so mehr aus dem englischsprachigen Schrifttum, hier vor allem von Weide- oder Vielschnittflächen. Die Leistung kleefreier Grasbestände liegt um ein Mittel von etwa 30 dz Tm/ha, und auch hier sind bei PK-Düngung kaum Mehrerträge festzustellen. Gute PK-Wirkung ist in der Regel auf Vorhandensein oder Auftreten und Zunahme von N-Sammlern angewiesen, also eine mittelbare N-Wirkung. Um so wirksamer ist daher auf kleefreien Beständen eine N-Düngung, deren Leistung mit steigenden Gaben bis zu extremer Höhe nahezu gleichmäßig bis weit über 100 dz Tm/ha ansteigt, wenn die PK-Versorgung genügt.

Mit wachsendem Kleeanteil bis zum (fast) reinen Kleebestand steigen der Eiweißgehalt und meist auch der Eiweißertrag der Ernte stark und annähernd linear an. Auch der Tm-Ertrag steigt mit wachsendem Kleeanteil zunächst stark an. RABOTNOV (1960, 1966a) gelang die Isolierung der ertragssteigernden Wirkung einzelner Leguminosen; sie betrug bei einem gewissen Anteil von *Vicia*- und *Lathyrus*-Arten 8–14 dz Tm/ha. – Mit hohem Kleeanteil werden gegenüber kleefreien Beständen Ertragssteigerungen um 50 bis sogar 100% erreicht. Meist bleibt die Ertragszunahme aber bei Kleezunahme über 40–50% stehen, oder es nehmen die Erträge sogar ab, vornehmlich infolge des hohen Verbrauches der Stickstoffsammler an Kohlenhydraten, abgesehen von Krankheitsbefall („Müdigkeit") der Leguminosen.

Gras-Klee-Gemische reagieren auf N-Gaben grundsätzlich anders als reine Grasbestände. Ihr ursprünglich hoher Ertrag kann bei mäßigen N-Gaben sinken, bei höheren N-Gaben bleibt er zunächst stehen oder steigt doch nur wenig an.

Von Wiesen ist das bereits seit den WAGNERschen (1921) Versuchen bekannt. Im Mittel ergab sich dort folgendes (abgerundet):

Düngung	O	PK	NPK
Heuertrag dz/ha . . .	40,0	60,5	66,0
N-Ertrag kg/ha	60,4	98,6	99,7

Die zahlreichen Angaben GERICKES, aber auch anderer Autoren, lauten ähnlich. Der Heumehrertrag durch N ist – verglichen mit dem von PK – sehr gering, der N-Ertrag praktisch unverändert.

Für Weide- und Vielschnittbestände finden sich im englischen Schrifttum zahlreiche Beispiele. Überall wiederholt sich bei steigenden N-Gaben der oft lineare Ertragsanstieg der kleefreien, der zögernde Ertragsanstieg der kleehaltigen Bestände, oft verbunden mit zeitweise sinkendem N-(Eiweiß-)Ertrag. Ein Beispiel für viele (GREEN/COWLING 1960): Als Summe von 3 Jahren wurden geerntet (umgerechnet rund):

N-Gabe kg/ha	Erträge			
	Reingras		Kleegras	
	dz Tm/ha	kg N/ha	dz Tm/ha	kg N/ha
0	44	82	210	642
117	78	146	218	595
352	165	352	228	575
705	264	684	268	702

Bei Reingras stieg der Tm-Ertrag auf das 6fache, der N-Ertrag auf das 8fache, bei Kleegras nur um 28 bzw. 11 %. Bei jährlich 235 kg N erreichte Reingras praktisch dieselbe Tm- und N-Leistung wie Kleegras.

W. E. Davies gibt 1962 nach 6 Autoren im Mittel 170 kg/ha N als notwendig an, um den gleichen Tm-Ertrag von Reingras und Kleegras zu erreichen, und 250 kg N für den gleichen Eiweißertrag. Aus weiteren Angaben ergibt sich je nach Kleeanteil eine für gleiche Leistung beider Bestandstypen notwendige N-Menge von 110–520 kg je ha (im Mittel etwa 185 kg).

Die Ursache für diese Erscheinung liegt in der mit steigender N-Gabe verbundenen Abnahme des Kleeanteils bis zu seinem völligen Verschwinden. In Wagners Wiesenversuchen fanden sich bei mäßigen N-Gaben (meist 31 kg/ha) folgende Kleeanteile:

Ungedüngt	PK	NPK
10,2%	19,2%	9,4%

bei Gericke in einer Versuchsreihe

Ungedüngt	PK	NPK
8,8%	23,9%	10,6%

Doch genügen oft schon 40–60 kg N zur völligen Kleeverdrängung. In stark besetzten Weiden wird die Kleeverdrängung zwar durch das Kurzhalten der Narbe verlangsamt, infolge der Grasförderung durch starke N-Gaben, Klee- und vor allem Exkrement-(Urin-)Stickstoff aber verstärkt; dies um so mehr, je weniger K zur Verfügung steht (Linehan/Lowe 1960).

Mit der Kleeverdrängung endet die N-Sammlung, und es bedarf einer unverhältnismäßig hohen N-Gabe, um den Verlust an Kleestickstoff zu kompensieren.

Wie oben erwähnt, ist die Leistung kleehaltiger Bestände beschränkt; dies gilt namentlich für Weide- und Vielschnittnarben, zumal die Vielnutzung oft auch zu einer Minderung der N-Sammlung führt. Gegenüber Ländern mit ganzjährigem Kleewuchs (S. 194) liegt die Grenze in Europa wesentlich niedriger. Die meisten englischen Angaben bewegen sich, von Extremen abgesehen, um 50–65 dz Tm/ha. Will man diese Leistung erhöhen, wird starke N-Zufuhr in Handelsdüngern notwendig; ergänzend wirkt vermehrter Exkrementanfall durch Steigerung der Weideintensität, d. h. vor allem des Besatzes.

Die Umwandlung kleereicher in kleearme Bestände ist, wie nach dem Gesagten zu verstehen, zunächst mit einer um so schlechteren N-Verwertung verbunden, je höher der anfängliche Kleeanteil. 't Hart/van der Molen (1966) zitieren nach schwedischen Versuchen folgenden Wirkungsgrad der N-Düngung (bis 60 kg/ha) in Abhängigkeit vom Kleeanteil:

Klee in der Narbe %	Heuertrag kg je kg N
< 20	35
20–40	27
41–60	16
> 60	10

Zu hohem Wirkungsgrad gelangt die N-Düngung erst nach dem Verschwinden der Kleearten (Abb. 70).

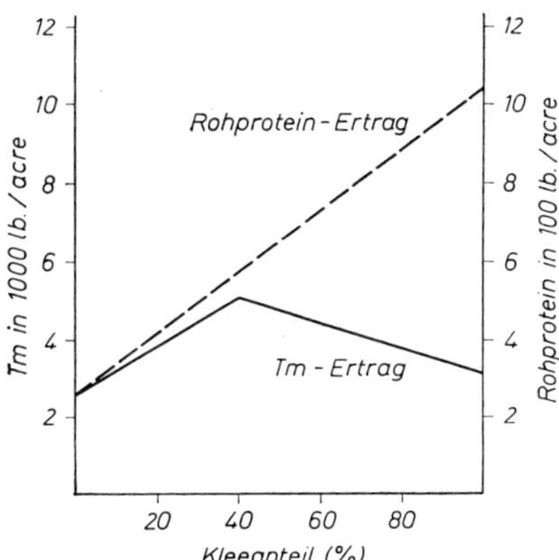

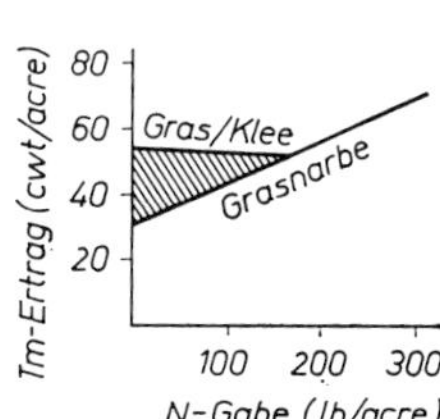

Abb. 70. Links: Wirkung steigenden Kleeanteils auf Ertrag an Tm und Rohprotein. Rechts: Wirkung steigender N-Gaben auf Kleeanteil und Ertrag einer Kleegrasnarbe (nach HOLMES/ALDRICH 1957, aus MARTIN 1960)

Der N-Gewinn des Bodens aus Niederschlägen ist gering – in Deutschland zwischen 5 und 20 kg/ha. Mit der Regenmenge nimmt auch die Auswaschung zu. Der Stickstoffgehalt des Bodens wird größtenteils von seinem Gehalt an organischer Substanz bestimmt. In humusarmen Mineralböden und im Hochmoor kann er unter 3000 kg/ha in den oberen 20 cm Boden bleiben, im Niedermoor über 12000 kg/ha erreichen. Die jährliche Mineralisation gibt von diesen Vorräten jedoch meist nur wenig für die Pflanze frei; KNAUER (1968) rechnet für mineralische Grünlandböden mit 60–80 kg/ha. Nur im Niedermoor kann so viel N verfügbar werden, daß auch hohe Erträge keiner N-Düngung bedürfen. In der Regel aber besteht ein mit dem Ertrag stark ansteigendes N-Düngebedürfnis, wenn der Pflanzenbestand nicht sehr kleereich ist.

Die Wirksamkeit des Exkrement-N wird durch die Höhe des Tierbesatzes bestimmt und durch ihre ungleichmäßige Verteilung sowie durch starke Verdunstungs- und Sickerverluste begrenzt.

Wirkungen der Stickstoffdünger[1]

Stickstoff ist ein besonders leistungsfähiger Düngernährstoff. Namentlich in kleefreien oder doch kleearmen Grasnarben ist N stets im Minimum; aber auch in kleereichen Beständen ist er ein Grenzfaktor der Ertragshöhe (S. 194). Der Boden liefert im allgemeinen nur geringe N-Mengen und selbst in N-reichen Böden verläuft die Mineralisation langsam. Besonders in Sommermitte ist die biologische Festlegung infolge maximaler Bakterientätigkeit deutlich (NIESCHLAG/MÜLLER 1955a, b, S. 83). Zur Erzielung höchster Erträge sind außer dem Boden-N und etwaigem Klee-N (sowie auf Weiden Exkrement-N) Dünger-N-Gaben erforderlich.

Die Wirkungen des Stickstoffes sind sehr vielseitig. Entwicklungsphysiologische Studien an Einzelpflanzen (siehe besonders MILTHORPE/DAVIDSON 1966) zeigen, daß zwar die Ausbildung von Blattanlagen, auch die Blattzahl je Einzeltrieb kaum auf N-Zufuhr reagiert, Zahl und Gewicht der Bestockungstriebe sowie die Blattgröße aber durch N-Zufuhr außerordentlich vergrößert werden. Auch das Wurzelwachstum wird gefördert, und der erhöhte Umsatz absterbender Wurzeln führt zu höherer N-Anreicherung des Bodens.

Da die N-Aufnahme langlebiger Gräser mit dem Ährenaustritt in blühenden Halmen endet, während nichtblühende Triebe weiter N aufnehmen, hängen N-Aufnahme und N-Wirkung im Bestande stark vom Verhältnis der beiden Triebtypen ab.

Mit steigender N-Düngung nimmt die Bruttoassimilation der Pflanze zwar zu; die Netto-Assimilationsrate nimmt jedoch aus inneren und äußeren Gründen (z.B. infolge wachsender Selbstbeschattung) ab, so daß im ganzen der Gehalt an löslichen Kohlenhydraten sinkt; so auch bei späten gegenüber frühen N-Gaben.

N-Düngung kann die Möglichkeit lohnenden Weidebeginnes vorverlegen, je nach Autor um wenige Tage bis mehrere Wochen. Anderseits können N-Gaben im Spätsommer – Herbst die Dauer lohnender Weidemöglichkeit verlängern. Beides bedeutet eine für die Weideleistung außerordentlich wirksame Ausdehnung der Weidezeit (S. 461). Diese ist aber, wenn überhaupt, nur in geringem Maße auf eine tatsächliche Beschleunigung der Entwicklung oder eine Verlängerung der Wuchszeit zurückzuführen. Das Wesentliche ist die oben erwähnte Erhöhung der Bestockung und Blattvergrößerung nach zeitigen N-Gaben im Frühjahr und die Massenvermehrung nach späten N-Gaben im Herbst. Das heißt, ein lohnender Weideertrag wird im Frühjahr eher erreicht als ohne N-Düngung, im Herbst aber für längere Zeit.

Aus den leichtlöslichen Stickstoffsalzen, vor allem aus Nitraten, wird der Dünger-N sehr schnell von der Pflanze aufgenommen und verwertet. Wesentlich für die fortlaufende Aufnahme ist eine genügende Bodendurchfeuchtung. Wassermangel hemmt die Nitrifizierung des Bodenvorrates wie die N-Aufnahme durch die Wurzeln. Die im Boden vorhandenen und in ihn eindringenden N-Mengen werden vornehmlich aus den oberen Bodenschichten, je nach den Umwelteinflüssen aus 10–40 cm, selten bis aus 50 oder 60 cm Tiefe aufgenommen. Soweit er nicht in oberirdischen Pflanzenteilen und Wurzeln ver-

[1] Außer den im Text genannten Autoren siehe AKHLAMOVA, ARMITAGE/TEMPLEMAN, BAKER 1960b/61, VAN BURG 1960, DAVIDSON 1964, DEINUM 1966b, ELLENBERG 1964, FINCKH 1962, OOSTENDORP 1960 b, OSWALT, REGAL 1966, VETTER 1968, WALKER.

wertet oder biologisch im Boden festgelegt wird, ist der sehr bewegliche Nitratstickstoff unter Umständen starken Verlusten durch Auswaschung und Denitrifikation ausgesetzt.

Während lebhafter Wuchstätigkeit tritt Auswaschung allerdings höchstens nach sehr starken Niederschlägen ein. Dagegen spielt sie bei ruhendem Graswuchs, bei zu späten Herbst- und zu zeitigen Frühjahrs-N-Gaben eine erhebliche Rolle (z.B. DILZ/WOLDENDORP 1960, WOLDENDORP u.a. 1965). Ihr Umfang ist natürlich vom Boden abhängig, in Sandböden ist sie besonders stark (nach den genannten Autoren 30–60%). Soweit die Einwaschung nur beschränkte Tiefen erreicht, mag einiger Stickstoff wieder kapillar in den Wurzelbereich gehoben werden. Bei konstanter Grundwasserlage ist die Auswaschung gering, größer bei starken Schwankungen mit erheblichem Absinken des Grundwassers. Bei ständig hoher Grundwasserlage wird der Düngerstickstoff schlecht ausgenutzt, weil ein Teil davon durch Denitrifikation verlorengeht (WHYTE, MINDERHOUD 1960). DILZ u. WOLDENDORP ermittelten bei Ausschluß der Auswaschung, daß die Denitrifikation besonders in Wurzelnähe vor sich geht (durch hohen Sauerstoffverbrauch, Wasserüberschuß, Wurzelexkrete, Vorhandensein denitrifizierender Bakterien, NH_3-Anhäufung). Künstliches Abtöten der Wurzeln schränkt die Denitrifikation deutlich ein. Je nac hBodenart, Bodentyp und Durchfeuchtung wurden Verluste von 5–40% festgestellt.

Die Ausnutzung des Düngerstickstoffes wird, abgesehen von diesen Verlustquellen und von Standortseinflüssen, besonders vom Pflanzenbestand und von der Nutzungsweise beeinflußt. In 2schürigen, kleehaltigen Wiesen ist sie so lange schlecht, wie die Düngewirkung durch Kleeverdrängung (= Fortfall der N-Sammlung) ausgeglichen oder sogar unterboten wird. KÖNIG (1950) fand dann eine Ausnutzung von nur 7,6%, SCHECHTNER (1961b) eine solche von nur 12%. Mit steigender Nutzungshäufigkeit steigt die Ausnutzung dann stark an. RAUM (1927/32) fand schon bei 4 Schnitten fast 100%, v. KNIERIEM bei Vielschnitt 72%; doch sind das ungewöhnliche Werte. Die meisten Angaben für häufige Nutzung liegen um 40–60%, selten bis 70%.

Der Wirkungsverlauf der N-Düngung weist eine große Verschiedenheit zwischen 2-Mahd-Wiesen einerseits, häufig genutzten Flächen (besonders Weiden) anderseits auf. Für Wiesen wurde häufig nach guten Anfangswirkungen eine spätere Leistungsabnahme (Verlust von Klee-N!) festgestellt (GERICKE 1956, KLAPP 1931, N. MOTT 1963b, SCHECHTNER 1961b, 1964, SIEBOLD, ZÜRN 1968, u.a.). Doch hängt dies stark vom Kleeanteil der Narbe und vom Verlauf seiner Verdrängung ab (S. 195). In kleearmen und kleefreien Wiesen findet sich dies Nachlassen der Wirkung in der Regel nicht.

Bei Vielnutzung läßt sich nach niederländischen Versuchen eine Wirkungsabnahme nicht oder nur in geringem Umfang feststellen (BOSCH 1952, BOSCH/TE VELDE 1958a, b); KOBLET rechnet aber doch mit sinkenden Erträgen.

Eine unmittelbare Nachwirkung tritt wohl im Düngejahr von einer gedüngten Nutzung zu einer folgenden, nicht gedüngten Nutzung ein (z.B. THÖNI). Die Angaben über eine Nachwirkung bis in das folgende Jahr hinein, lauten sehr verschieden. Bei 2-Schnitt-Wiesen kommt es nicht selten zur Ertragsabnahme (KLAPP 1937/38b, SCHECHTNER). Bei Weiden wird eine Nachwirkung bald verneint, bald bejaht. SCHNEIDER/KLEEBERG 1926 glaubte sie schon früh nachweisen zu können. VOIGTLÄNDER (1964/65) fand sie von Standort und Witterung abhängig. Wie weit sie von Auswaschung, N-Speicherung in Pflanze und Boden, Bestandsumschichtung u.a.m. bestimmt wird, ist im einzelnen nicht geklärt. VOIGTLÄNDER fand eindeutig positive Nachwirkung namentlich nach Güllegaben im Herbst und Winter.

Im einzelnen Jahr besteht eine deutliche Periodizität der N-Wirkung. Sie ist im Frühjahr und wiederum im Herbst besser als im Juni/Juli (siehe oben NIESCHLAG/MÜLLER 1955a, b); Ursachen beim Dünger-N dürften auch in abnehmender Wasserversorgung und im Übergang der Gräser vom vegetativen zum generativen Zustand liegen. Ein gewisser Ausgleich kann durch im Sommer erhöhte N-Gaben erreicht werden.

Allgemeine Voraussetzungen der N-Düngewirkung bestehen in Boden und Bodenzustand, Vegetation, Klima- und Witterungseinflüssen, in der Nutzungsweise, nicht zum wenigsten in der Höhe der N-Gaben und der Beidüngung.

Neben wenigen älteren Angaben über die Bedeutung der Bodenart für die Ausnutzung und Wirkung des Dünger-N zeigen vor allem niederländische Erfahrungen (DE BOER 1966, BOSCH 1952) eine deutliche Überlegenheit von Mineral- gegenüber Moorböden und die beste Wirkung auf Sandböden. Mit steigenden N-Gaben wächst der Ertrag auf Sand und Ton lange Zeit fast linear an (BOSCH/TE VELDE 1958a, b), während der Wirkungswert auf Torfböden abfällt. Hierbei spielt der hohe N-Vorrat von Niedermooren (BADEN 1966/67, WOJAHN 1959), der ja nach dem Verfügbarwerden die Wirkung der N-Düngung herabsetzen muß, eine Rolle; die N-Verfügbarkeit wird sehr stark von Auflockerung oder Verdichtung des Bodens, Zertritt, Entwässerungszustand und Witterung beeinflußt und namentlich durch Nässe, niedrige Temperatur stark beeinträchtigt. Kultiviertes, ursprünglich N-armes Hochmoor zeigt entgegen früheren Angaben (BRÜNE/IGEL 1935) gute N-Leistungen, besonders bei Sandmischkultur (KÖHNLEIN/KNAUER 1957b, NICOLAISEN/SEELBACH). – Fruchtbare, an P, K, Ca und sonstigen Grundnährstoffen reiche Böden mit nicht zu niedrigen pH-Werten sind anderen Böden, in denen Nährstoffminima bestehen, in der Verwertung namentlich bei höheren N-Gaben überlegen (Beispiele u.a. bei KÜRTEN 1962, ferner für 4 recht verschiedene Standorte bei ROTH 1968).

Beim Pflanzenbestand spielt das Gras:Klee-Verhältnis besonders in Wiesen eine entscheidende Rolle. Je höher der Grasanteil, desto besser ist in der Regel die N-Wirkung (S. 194); sie sinkt, abgesehen von hohem Kleeanteil, mit dem Anteil wenig N-dankbarer Gras- und Krautarten, bei Vielschnitt mit dem Anteil schnittempfindlicher Arten. Die N-Dankbarkeit der Pflanzen ist artweise und auch konkurrenzbedingt sehr verschieden.

In unserem Material erwiesen sich als besonders N-dankbar z.B.

In Wiesen	In Weiden
Alopecurus pratensis	*Agropyron repens*
Arrhenatherum	*Dactylis*
Dactylis	*Lolium perenne*
Anthriscus	*Poa annua*
Heracleum	*Poa trivialis*
	Rumex crispus
	Rumex obtusifolius
	Taraxacum
	Urtica dioica

Dementsprechend verhalten sich die Pflanzengesellschaften. Assoziationen und Fazies mit Vorherrschen extensiver Gräser (wie *Agrostis tenuis*, *Cynosurus*, *Festuca ovina*, *Nardus*) bleiben zunächst auch bei hohen N-Gaben im Ertrag zurück, solche mit hohem Anteil düngerdankbarer Arten erreichen mit steigenden N-Gaben rasch gute Erträge. Da jedoch die N-Düngung, reichliche Grunddüngung vorausgesetzt, bald zu wesentlichen Bestandsumwandlungen führt, nähern sich auch ursprünglich „magere" Bestände früher oder später der Leistung von „Fett"-wiesen und -weiden an (STEUERER/FINCKH 1966, KLAPP 1965a).

Von erheblicher Bedeutung für die N-Wirkung sind Bodenfeuchtigkeit, Klima und Witterung. In nassen Böden sind Nitrifikation und N-Abgabe gehemmt (siehe auch Denitrifikation, S. 199); richtige Entwässerung verbessert die N-Wirkung. Wassermangel im Boden senkt sie; hier wird die N-Verwertung durch Bewässerung erhöht.

In klimatisch sehr trockenen Lagen ist die N-Wirkung im allgemeinen geringer als in unserem Klima. Hier übt die Jahreswitterung wesentliche Einflüsse aus, wobei jedoch die zeitliche Verteilung der Niederschläge und die Mitwirkung der Temperatur zu widersprüchlichen Ergebnissen führen können. Am besten ist die N-Wirkung in der Regel bei etwas überdurchschnittlicher Jahresfeuchtigkeit und Temperatur. Dauernd hohe Niederschläge mit niedriger Temperatur oder auch periodisch naßkalte Witterung senken die N-Wirkung, dies auch mittelbar durch vermehrte Trittschäden auf Weiden und höhere Werbungsverluste. Geringer als bei optimaler Wärme und Feuchte ist die N-Wirkung auch bei trockener Witterung. In Dürreperioden kann die N-Düngung zeitweilig ganz unwirksam sein. Jedoch wirkt sie einem Ausbrennen der Grasnarbe entgegen, und nach Eintreten von Niederschlägen kommt es zu einer allerdings verspäteten N-Wirkung. Die relative Ertragssteigerung durch N-Düngung kann bei niedrigem Grundertrag auch in Trockensommern recht gut sein (HOLMES, KÖNIG 1950, MOTT 1961b, JÄNTTI 1959). Zweckentsprechende zeitliche Verteilung der N-Gaben schwächt die Jahresschwankungen des witterungsbedingten Ertrages in gewissem Grade ab. Die mit der Höhenlage sinkende Temperatur und Vegetationsdauer führt zwangsläufig zur Verspätung der Frühjahrs-N-Gaben, zum früheren Wirkungsende herbstlicher Gaben und im ganzen zu einem geringeren N-Wirkungswert.

Die Nutzungsweise wirkt stark auf die N-Verwertung ein. Wie gesagt, sind Wiesen bei üblicher Zweimahd nicht für hohe N-Gaben geeignet; besonders bei kleereichen Wiesen kommt es häufig zur Qualitätsverschlechterung, zeitweise sogar zur Ertragsabnahme. Je später die Nutzung, desto höher zwar der Ertrag, desto geringer aber der Futterwert der Ernte.

Mit steigender Nutzungshäufigkeit gehen der Wirkungswert des N (kg Mehrertrag je kg N) und der Tm-Ertrag zwar ständig zurück, der Gehalt an Protein und Mineralstoffen sowie die Verdaulichkeit wachsen jedoch stark an, überdies auch die N-Ausnutzung. HOLLIDAY/WILMAN fanden mit steigender Nutzungszahl von 2 über 6 auf 10 Schnitte eine Abnahme des N-Wirkungswertes von 33 über 19 auf 8 kg Tm/kg N. Dabei zeigte sich, daß der Ertrag bei 10 Schnitten bis zu den höchsten N-Gaben linear anstieg; bei 6 Schnitten zeigte er von 278 kg N an einen schwächeren, bei 2 Schnitten schon von 139 kg N an einen stark nachlassenden Zuwachs (Abb. 71).

Für ähnlich häufige, aber verschiedenartige Nutzung (4mal Mahd, 5mal Weide) fanden BOSCH/TE VELDE (1958a, b) in 17 Jahren folgende Mehrerträge bei 200 gegenüber 80 kg N/ha:

Nutzung bzw. Nutzungswechsel in je 3 Jahren

1., 2., 3. Jahr u.s.f.	M M M	WMW W MW	WMW WMW WMW	MW MW MW	M MW M	W W W
dz Tm/ha im Mittel	18,2	27,6	19,6	19,4	18,5	18,5
kStE je kg N	7,9	10,9	8,0	8,3	7,7	8,8

(M = Mahd, W = Weide)

Die Unterschiede sind im allgemeinen nicht sehr groß; reiner Weidegang leistet etwas mehr als reine Mahd, am besten schnitt die vielseitige Wechselnutzung ab. Aus hier nicht zu erörternden Gründen nahm der Tm-Ertrag in diesem Fall bei 200 gegenüber 80 kg N/ha im Laufe der Jahre ab.

Endlich wirkt die Beidüngung stark auf die N-Leistung ein. Voraussetzung für hohe N-Wirkung ist stets eine reichliche Versorgung mit Ca, P, K und Spurennährstoffen. Bei hohem Weidebesatz und Verwendung aller Wirtschaftsdünger kann es hinsichtlich des Futterwertes auch des Guten zu viel werden, namentlich bei K.

Daß die Verwendung N-reicher Wirtschaftsdünger den Wirkungswert von Handels-N-Düngern senkt, ist selbstverständlich; dies ist in Güllebetrieben besonders deutlich.

Ertragsleistungen der Stickstoffdüngung[1]. Angesichts der Fülle von Versuchsergebnissen und der Verschiedenheit von Standort, Vegetation, Nutzungszeit und Höhe der N-Gaben kann hier nur etwas über Spannen und Größenordnung von Gesamt- und Mehrerträgen gesagt werden.

A. Bei Zweimahd: Wie mehrfach erwähnt, kommt es mit steigenden N-Gaben in kleereichen Wiesen zu starken Wandlungen des Pflanzenbestandes. Nach kurzem Ertragsanstieg ist eine Ertragssenkung häufig; erst nach der Bestandsumstellung (Graszunahme) folgt ein Ertragsanstieg, der jedoch bei dauernder Zwei- oder höchstens Dreimahd auf Grenzen stößt. Diese liegen in der Regel bei 70–80 dz Tm/ha. Der Mehrertrag durch N schwankt in weiten Grenzen von unter 4 bis über 38 dz um ein Mittel von etwa 15 dz Tm/ha – abgesehen von zeitweiligen Mindererträgen.

Außerordentlich verschieden ist der Wirkungswert der N-Gaben in kg Tm je kg N. In mehreren hundert Versuchsernten vor 1930 (KLAPP 1931) ergaben sich von −20 bis über +65 kg Heu/kg N. Auch BRÜNNER, FINCKH, KÖNIG,

[1] Außer den im Text genannten kann nur eine beschränkte Auswahl von in verschiedener Richtung wichtigen Veröffentlichungen angegeben werden: BÉRANGER, CAMP, CASTLE/REID 1960f., COWLING/LOCKYER 1965, VON DER CRONE, DEINUM 1966b, GERICKE 1956 und anderen Orts, GJÖBEL/STEEN 1960, GODLEVSKAYA, DE GROOT 1964, GROSS 1954, 'T HART 1956b, 1960c, HOLMES/LANG 1963, KARNS, KASDORFF 1962, KÖNEKAMP/BLATTMANN u.a. 1959, VAN DER MOLEN, NAUMANN 1966, REITH/INKSON, SCHECHTNER 1961b, SEYRER, SIEBOLD, SIMON 1954a, H. STURM, TEUCHER 1963, THÖNI, UNGLAUB 1961, VETTER 1965/68, VETTER/KUBA 1963, VOIGTLÄNDER u.a., VORHAUER, ZIFFER, ZÜRN (mehrfach).

Steuerer/Finckh nennen ähnliche Unterschiede. Nach Bestandsumstellung dürfte der kg/kg-Wert im Mittel bei etwa 20–22 kg Heu/kg N liegen.

Wie auch bei anderer Nutzung, sinkt der Wirkungswert mit steigender N-Gabe; er wächst mit Verspätung namentlich des ersten Schnittes. – Wesentliche Änderungen treten erst mit erhöhter Nutzungshäufigkeit ein.

B. Bei vermehrter Nutzung (Vielschnitt, Beweidung) sinkt zwar der Ertrag der einzelnen Nutzungen, der Gesamtertrag an Tm und besonders an Nährstoffen wächst aber mit N-Düngung viel weiter an als bei Zweimahd. Bei weideähnlichem Vielschnitt werden je nach Standort und N-Gaben bis über 400 kg N/ha Gesamterträge bis (Höchstfall) 170 dz Tm/ha angegeben, dabei Mehrerträge von 15–50 dz/ha. Der Wirkungswert nimmt dabei mit ansteigenden N-Gaben stark ab, bis 400 kg N/ha von über 20 kg Tm/kg N bis auf unter 5 kg/kg; bei mittleren Gaben scheint er um 14 zu liegen.

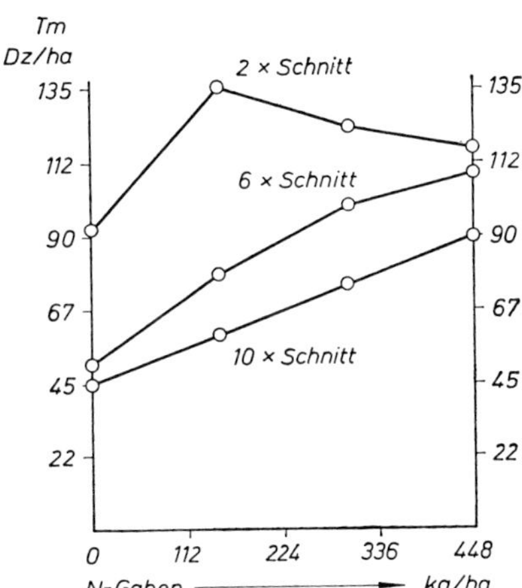

Abb. 71. Ertragsleistung mit steigender N-Gabe und Nutzungshäufigkeit (Holliday/Wilman 1965)

An Bruttoleistungen (S. 479) werden, abgesehen von einzelnen fast unwahrscheinlich hohen Werten, solche von unter 4000 bis weit über 6000 kStE/ha angegeben, dabei Mehrleistungen (gegenüber ohne N) von unter 1000 bis über 3500 (?) kStE. Nettoleistungen liegen erheblich niedriger, mit steigenden N-Gaben von etwa 3000–5000 kStE/ha, und als Mehrleistung 300 bis über 1500 kStE. Bei mittleren N-Gaben liegt der Wirkungswert um etwa 10 kStE/kg N brutto (S. 479). Wie stets, nimmt er mit steigender N-Gabe erheblich ab, z.B. nach Kreil u.a. (ab 1961) bis zur Höchstgabe von 720 kg N/ha von 12,1 auf 2,8 kStE/kg N. Aus Gemeinschaftsversuchen in mittel- und osteuropäischen Ländern errechnet Kreil (Dt. Akad. Taggsber. Nr. 94, 1968) für 200 kg N/ha etwa 6 kStE/kg N. Holmes 1968 sieht als Richtwert für England bei Gabe von 2 kg N je ha und Tag in 200 Tagen (d.h. 400 kg N je ha und Jahr) bei guter N-Verwertung 1,5 Kuhtage, 15 kg Tm und 15 kg Milch je kg N an.

Über den Nettowirkungswert (S. 489) machten 't Hart/van der Molen 1966 Angaben für ganz Europa (S. 235). Mit dem dort für Westdeutschland angenommenen Wert von etwa 7 kStE je kg N stimmen die uns vorliegenden Daten weitgehend überein, wenigstens für mittlere N-Gaben. Brutto und netto steigt die Gesamtleistung zunächst meist bis zu erheblichen N-Gaben fast linear an, ehe es zur Verlangsamung des Ertragsanstiegs kommt (Abb. 71).

Die Wirkungen steigender N-Düngung auf Milch- und Fleischleistung der Tiere folgen ähnlichen Regeln wie diejenigen auf die Gesamtleistung, auch hinsichtlich des Wirkungswertes. Die mögliche Besatzstärke (S. 450) wächst deutlich an, ebenso auch der mögliche Mahdanteil auf Weiden.

N-Düngung und Pflanzenbestand. Die wichtigste Erscheinung besteht in der Tendenz zur Verdrängung der Stickstoffsammler und zur Vorherrschaft der Gräser. Doch treten auch innerhalb der Pflanzengruppen wesentliche Veränderungen ein, wobei Nutzungsweise und N-Menge große Unterschiede veranlassen (S. 201, 207).

In unserem Wiesenversuch Röttgen fanden E. SCHULZE u. SCHULZE/MUES (1956, 1961) im Mittel von 7 Versuchsjahren folgende Ertragsanteile in %:

Düngung	O	PK	NPK
Gräser	52,5	46,3	68,8
Leguminosen	14,9	30,7	10,4
Sonstige	32,6	23,0	20,8

Der Versuch ist zwar ungewöhnlich reich an Wicken und Platterbsen, im Prinzip berichten aber zahlreiche der S. 202 genannten Autoren, ferner BOMMER 1964a, BRÜNNER 1962b, W. DAVIES/WILLIAMS 1958, HOLLIDAY/WILMAN, N. MOTT 1956, REGAL 1966 dasselbe (in Spezialversuchen auch REMY/VASTERS, W. SCHOLZ). – Im 5. Versuchsjahr zeigte der Bestand in Röttgen folgende Gruppenanteile der Gräser (rund):

Düngung	O	PK	NPK
Obergräser	20	33	**60**
Untergräser	**42**	9	7

d.h. eine gegensinnige Verschiebung beider Gruppen.

In nahezu 200 Wiesenversuchen (KLAPP 1962c) wurden von Einzelarten durch N:

	Gefördert	Zurückgedrängt
Gräser	14	7
Leguminosen	1	9
Sonstige Kräuter	5	41

Jedoch wird keine Art ausnahmslos gefördert oder zurückgedrängt; es hängt dies vielmehr von der Konkurrenzkraft der Begleitflora ab. In jedem Fall führt N-Düngung aber zur Abnahme der Artenzahl. In Wiesen neigen vor allem *Alopecurus pratensis, Arrhenatherum, Dactylis,* also Obergräser, zur Zunahme (S. 200), je nach der Umwelt auch *Holcus lanatus,* in lückigen Beständen *Bromus mollis.* Bei Intensivweiden im milden Klima dringen vor allem *Lolium perenne* und *Poa trivialis* vor, außerhalb optimaler *Lolium*-

standorte *Poa pratensis*, auf Moor oft zusammen mit *Festuca rubra*. In der Regel zurückgedrängt werden *Agrostis tenuis*, *Anthoxanthum*, *Cynosurus*. (Ausführliches bei ENNIK). Bei hohen N-Gaben und häufiger Mahdeinschaltung macht sich außer starkem Vordringen von *Dactylis* heute oft ein solches von *Agropyron* (Quecke, siehe S. 104) unangenehm bemerkbar, ferner unter Weidegang ein meist allerdings geringes Erscheinen von Ruderalkräutern (z.B. *Capsella*).

Für die Bedeutung der N-Menge nur 2 Beispiele unter Weide- bzw. Mähweidenutzung (Ertragsanteile abgerundet):

Niederlande (ENNIK)			Hocheifel (ARENS 1964)			
Düngung kg N/ha	70	140	N je Nutzung kg/ha	20	40	60
Lolium	24	55	*Dactylis*	12	23	34
Poa trivialis . . .	12	14	*Poa pratensis* . . .	31	40	48
Holcus lanatus . .	20	8	*Festuca pratensis* . .	24	18	9
Festuca rubra . . .	6,5	2,3	*Lolium*	5	3	1

Auf die Wirkung der Nutzungsweise ist später nochmals einzugehen. Hier nur ein Beispiel von STÄHLIN (1962): Bei starker N-Düngung (mit Floranid) und Bewässerung ergab bei einer Wiesennarbe:

3-Schnitt eine lückige *Arrhenatherum*-Narbe mit Verschwinden des ursprünglichen Kleeanteils;

4-Schnitt eine dichte Untergrasnarbe mit *Dactylis* und einem hohen Kleeanteil.

In der Regel führen starke N-Gaben bei Vielnutzung zur Verdichtung, zuletzt unter Umständen wieder zu einer Auflockerung der Grasnarbe (KREIL u.a. ab 1961). Das Gras wird halmärmer und feiner, was (VOIGTLÄNDER) Werbungsschwierigkeiten veranlassen kann.

Von Bedeutung ist die Düngerform; in einem DLG-Versuch (KLAPP 1927) fanden sich folgende Ertragsanteile:

N-Düngung	Schwefelsaures Ammoniak	Kalk – Stickstoff
Alopecurus pratensis .	19,8	29,0
Holcus lanatus . . .	15,2	9,5

Bei jahrzehntelanger Einwirkung namentlich auch auf die Bodenreaktion, ergaben sich in Rothamstead (BRENCHLEY/WEBER 1926) groteske Bestandsumschichtungen (Ertragsanteile):

N-Düngung	Natron – Salpeter	Schwefelsaures Ammoniak
Alopecurus pratensis .	50	1
Holcus lanatus . . .	0	65
Arrhenatherum . . .	3	31
Dactylis	20	+

N-Düngung und Stoffgehalt. Der Tm-Gehalt des Futters nimmt mit wachsenden N-Gaben deutlich ab, nicht selten um mehr als 3%. Der Gehalt an Rohprotein steigt dagegen mit der Höhe der N-Gaben. Allerdings treten Unstetigkeiten in Abhängigkeit vom Kleeanteil der Bestände auf. Bei kleehaltigen Wiesen mit geringen N-Gaben liegt der Rohproteingehalt der Ernte meist so lange niedriger als bei PK-Düngung, wie sich die Kleeverdrängung bemerkbar macht (S. 194). Der kritische Punkt liegt bei 2-Mahd-Wiesen gewöhnlich bei N-Gaben zwischen 40 und 80 kg/ha. Auch bei sehr kleereichen Weiden ist diese Erscheinung festzustellen.

Bei Vielschnitt und Weidegang mit stark verlangsamter Kleeverdrängung beginnt der Rohproteingehalt sehr früh zu steigen, und zwar bis zu recht hohen N-Gaben parallel mit diesen. Die meisten der zahlreichen Angaben zeigen mit stark ansteigenden N-Gaben Rohproteingehalte von etwa 18–24% der Tm (Extreme 14 bis über 28%). (Näheres zur Wirkung der Nutzungshäufigkeit S. 390.) Der Rohfasergehalt verändert sich wenig, er kann besonders mit Zunahme des Grasanteils in Wiesen leicht ansteigen. Der Gehalt an N-freier Substanz bzw. löslichen Kohlenhydraten sinkt, wenn auch nicht ausnahmslos. Die Verdaulichkeit der organischen Substanz pflegt um einige % zuzunehmen; dies kann zum Teil auf nutzungsbedingten Reifeunterschieden beruhen, wie anderseits eine Abnahme auf Verminderung leichtverdaulicher Pflanzengruppen oder auf hohem Anteil an Weideresten (z.B. Geilstellengras) der vorherigen Nutzung.

Änderungen im Gehalt an Mineralstoffen beruhen weitgehend auf dem natürlichen oder düngungsbedingten Bodenvorrat an diesen. Bei der in früheren Jahrzehnten noch recht bescheidenen Grunddüngung überwogen bei wachsenden N-Gaben, im Wiesenheu auch wegen zunehmenden Grasanteils, Abnahmen des Ca-, P-, K-Gehaltes. Mit ansteigender Grunddüngung zeigt sich immer häufiger eine Zunahme. Im Mittel sind die Gehaltsänderungen bei den zahlreichen Angaben wenig verschieden; immerhin ist eine in der Regel geringfügige Minderung des Gehaltes an P, K und einigen Spurennährstoffen bisher noch häufiger als ein Anstieg. Vetter 1968 fand den höchsten Mg-, P- und K-Gehalt bei mittelhohen N-Gaben (ebenso den höchsten kStE-Gehalt).

Die „Wertzahl" (S. 108) der Ernte steigt gewöhnlich deutlich an. Dies gilt nicht unbedingt auch für die Schmackhaftigkeit, vornehmlich im Zusammenhang mit stärkeren Umstellungen im Pflanzenbestand.

Bei hohen N-Gaben kommt es zu einem Anwachsen des Nitratgehaltes, der von einer gewissen Grenze ab gesundheitsschädlich wirken kann (Nitritbildung im Pansen). (Näheres z.B. in Sammelreferaten bei Nienstedt, Whitehead, ferner van Burg 1960, G. Griffith, Hédin/Duval, Holmes, Washko/Marriott u.a., Wilson, J. K., 1949.) Die Angaben über die Schädlichkeitsgrenze stimmen nicht ganz überein.

Solange N-Mangel der Grasnarbe herrscht, wächst der Ertrag nach van Burg 1960, 1964 mit steigender N-Gabe bei niedrigem Nitratgehalt stark an; es folgt ein Übergangsstadium, währenddessen Ertrag und Nitratgehalt ansteigen, endlich bei höchsten N-Gaben ein Stadium, in dem N nicht mehr vollständig zu Protein verarbeitet wird, sondern nur noch der Nitratgehalt ansteigt. Dies ist ein sozusagen natürlicher Verlauf. Die Pflanze braucht 0,1–0,25% Nitrat-N in der Tm, um den Düngerstickstoff optimal in N-haltige organische Substanz umzubauen; bei 400 kg N/ha wird dieser Gehalt weit überschritten (STÄHLIN 1969). Überhöhungen des Nitratgehaltes treten vor allem ein

a) bei Lichtmangel, niedriger Temperatur, starker Trockenheit;

b) in jungem Gras unmittelbar nach der Düngung mit hohen N-Gaben, beides sowohl nach dem Wuchsbeginn im Frühjahr wie im Spätherbst.

Vergiftungsgefahren dürften bei Abwarten einer angemessenen „Weidereife" (S. 440) und bei Vermeidung des Weidens sofort nach hohen N-Gaben in unserem Klima nur selten eintreten. Praktisch wird man es schon aus Gründen der Wirtschaftlichkeit nicht zu N-Gaben, die keinen Ertragszuwachs mehr bringen, kommen lassen. VAN BURG sieht in der Feststellung des Nitratgehaltes ein brauchbares Maß für den N-Ernährungszustand des Grases und damit für die erforderlichen wie für die nicht zu überschreitenden N-Gaben. Der zur Höchstleistung wenigstens erforderliche Gehalt an Nitrat-N wird mit 0,14% (= 100 mmol NO_3/kg Tm) angegeben.

Heute verabreichte N-Mengen. Die hierher gehörigen Daten sind im allgemeinen bei Schnittnutzung gewonnen; 'T HART/VAN DER MOLEN (1966) weisen darauf hin, daß für Weide- und Heuwerbungsverluste praktisch mindestens 30% abzuziehen sind. Die Angaben lauten je nach Lage, Klima, Boden und je nach der Leistungsfähigkeit der Fläche sehr verschieden. Ferner ist zu unterscheiden zwischen verschiedenen Graden der Wirtschaftlichkeit, d.h. stark und weniger lohnenden und endlich wirkungslosen Gaben. Abgesehen von einigen Spezialversuchen mit N-Gaben von über 1000 kg N/ha finden sich häufiger solche mit 700–800 kg N, wobei die Zuwachsmöglichkeit ausnahmslos überschritten wurde, zuweilen sogar Mindererträge und störende Bestandsänderungen eintraten.

Für übliche 2- und von Natur 3schnittige Wiesen werden meist nur 40–60, selten bis 80 kg N/ha als lohnend angesehen. Mit Schnittvermehrung steigen lohnende Gaben auf 120–160 kg N/ha, mit stark abnehmendem Wirkungswert wurden auch weit höhere, dann nicht mehr lohnende N-Gaben verabreicht.

Bei Intensivweiden werden 240–400 kg N/ha noch als sehr wirksam, solche bis etwa 550 kg N als mäßig wirksam angesehen. Die beste Verwertung mit nahezu linearem Ertragsanstieg liegt aber offenbar im Bereich unter 200 kg N/ha; weiterhin nimmt der Wirkungswert rasch ab.

Nach niederländischen Angaben (DE BOER, MULDER, OOSTENDORP u.a.) liegen günstige Werte auf Mineralböden um 100 und mehr kg N/ha höher als auf Mooren, einmal wegen des höheren N-Vorrats der letzteren, aber auch wegen ihrer größeren Neigung zu Trittschäden. – ROTH (1967a) fand je nach Standort Unterschiede der noch lohnenden N-Menge zwischen 200 und 500 kg/ha.

Im ganzen geht der mit N-Steigerung verbundene Ertragsanstieg viel weiter als bei Ackerfrüchten.

Lohnende Gaben für die einzelne Nutzung werden je nach Lage und Weideintensität mit 20–60 kg/ha angegeben; der Zuwachs geht aber, auch hier stark verlangsamt, unter Umständen erheblich weiter. Auf Grund der erwähnten Beziehung zwischen N-Gabe und Nitratanhäufung (S. 206) macht VAN BURG Vorschläge für die je nach Nutzungszeit und Nutzungsweise nötigen, aber auch nicht zu überschreitenden N-Gaben. Sie sollen bis zum Juni-Aufwuchs höher als zum Herbstaufwuchs sein und von ca. 90 auf 60 kg/ha N sinken. Ihrer verschiedenen Wuchsdauer und Ertragsleistung wegen wachsen die erforderlichen N-Gaben zu einzelnen Nutzungen vom Weide- über das Siloreife- zum Heustadium an, aber langsamer als der Ertrag, z.B. von 90 über 115 auf 140 kg N/ha.

Die Tiergesundheit wird, reichliche Grunddüngung und besonders Mg-Versorgung sowie richtiges Weideverfahren vorausgesetzt, auch durch recht hohe N-Gaben offenbar nicht beeinträchtigt. Trotz ständig ansteigender N-Düngung ergaben sich in zahlreichen Untersuchungen (DE GROOT 1964, 'T HART/VAN DER MOLEN, WITT 1968) keine Krankheiten, Verdauungs- oder Fruchtbarkeitsstörungen. Dies fand sich auch bei abnorm hohen N-Gaben (1000–1100 kg N/ha) in britischen Versuchen (ARMITAGE/TEMPLEMAN, HODGSON/SPEDDING, JOHNS 1956, RAYMOND/SPEDDING 1965).

Zeitpunkt und zeitliche Verteilung der Stickstoffdüngung[1]. Um eine für den Weideauftrieb ausreichende Grasmenge schon möglichst früh zu produzieren, ist der zulässige Zeitpunkt der ersten N-Gabe sehr wichtig. Die Grenze ihrer Vorverlegung wird durch die Gefahr der N-Auswaschung bestimmt, und diese wieder durch den Zeitraum zwischen der Düngergabe und dem Beginn stärkerer Wurzeltätigkeit. Während dieser Zeit sind Niederschlagsmenge und Durchlässigkeit des Bodens entscheidend. Wintergaben sind stets verlustreich, und wenn auf eine zeitige N-Gabe im Frühjahr lange Zeiten naßkalter Witterung ohne Wachstum folgen, droht auch hier N-Auswaschung mit verminderter N-Wirkung. Der früheste Zeitpunkt lohnender N-Gaben muß vom Klima, insbesondere aber von der Jahreswitterung mit ihren großen Unterschieden des Regenfalls und des Temperaturganges abhängen.

Umfangreiche Versuche zum Thema wurden in den Niederlanden durchgeführt (VAN BURG 1960, OOSTENDORP, zum Teil mit BOXEM, KEUNING 1961 bis 1965). Termine vor dem 20. II. befriedigten nie. Optimale Zeitpunkte lagen je nach Witterung und Bodenzustand zwischen Februar und April, am häufigsten zwischen Ende Februar und Ende März. Allgemeingültige Rezepte sind jedenfalls unmöglich. Je früher die N-Düngung in diesem Rahmen ohne Verlustgefahr stattfinden kann, um so höher ist aber die N-Leistung und damit die Möglichkeit einer Vorverlegung des Weideauftriebes, die bei späteren N-Gaben kaum mehr zu erwarten ist. Auf Tonböden ist das Risiko sehr früher N-Gaben geringer als auf Sand- und Moorböden. Eine theoretisch erfolgversprechende Unterteilung der frühesten Gaben scheint praktisch ohne größere Bedeutung zu sein. In den mildesten Lagen Westeuropas kann der früheste Termin schon im Januar/Februar liegen; im Bereich des kontinentalen Klimas und der Berglagen liegt er wesentlich später.

MOTT/MÜLLER fanden die beste N-Leistung am Niederrhein in 3 Jahren bei Früh-, in 2 Jahren bei Spätgabe (Abstand je nach Jahr 12–32 Tage).

VOIGTLÄNDER (1961) fand in 2 Jahren die bessere N-Wirkung bei Frühjahrs-, in 2 Jahren bei Sommergaben, unter Umständen gute Wirkung noch bei Septembergaben. Dies gilt für die Höhenlage der Schwäbischen Alb. Ähnliche Angaben finden sich wiederholt für Gebirgslagen und für Nordeuropa.

Über den jahreszeitlichen Verlauf der N-Wirkung liegen sehr verschiedene Angaben vor. Im Tiefland sind Gaben im Frühjahr am wirksamsten, wie nach

[1] Außer den im Text genannten Autoren u.a. noch CAMP, W. DAVIES/WILLIAMS 1958, DEVINE/HOLMES, H. FALKE/MÄRTIN 1966, KNOCH 1962, LAINE, VAN DER MOLEN u.a. 1959, G. MÜLLER 1960.

dem allgemeinen Entwicklungsverlauf der Grasnarbe zu erwarten. Dabei ist noch zu berücksichtigen, daß die Wuchsdauer bis zur ersten Nutzung bzw. zwischen 2 Nutzungen für die N-Wirkung sehr wichtig ist. Bei häufiger Nutzung (kurzen Wuchspausen) ist (VAN BURG) der N-Wirkungswert zwischen Frühjahr und Hochsommer wenig verschieden; je länger aber die Wuchspausen, desto überlegener ist der N-Wirkungswert im Frühjahr, am deutlichsten bei April-Düngung. Es hängt ferner von der Jahreswitterung ab, ob die Wirkung der weiteren Düngergaben abnimmt und früh – etwa an der September/Oktober-Wende – endet, ob sie für eine Reihe von Monaten annähernd gleich bleibt oder gar einen zweiten Höhepunkt im Spätsommer erlebt. Eine Sommerdepression (S. 435), große Trockenheit, die im Hochsommer verminderte N-Mineralisation können die absolute N-Wirkung (bei zuweilen guter relativer Wirkung) stark herabsetzen.

Die nicht vorauszusehenden Einflüsse des Witterungsverlaufes und die geringe Nachwirkungsdauer einzelner N-Gaben machen die Unterteilung der jährlichen Gesamtstickstoffgabe notwendig.

Bei Zweimahd-Dauerwiesen ist der geringe Wirkungswert von N-Gaben zum 2. Schnitt von jeher bekannt; anderseits führt die Verabreichung einer höheren Gabe nur zum 1. Schnitt nicht nur zur stärkeren Kleeverdrängung, sondern bei massenwüchsigen Beständen, z.B. mit viel *Alopecurus*, zur Lagerung des Grases und zum Verderben der unteren Blatt- und Halmteile. Daher hat sich eine Aufteilung von etwa 2/3:1/3 der beabsichtigten N-Gabe (seltener 1/2:1/2) eingebürgert. Genauere Versuchsergebnisse sind selten (z.B. ZIFFER). Für 3-Mahd-Wiesen kann eine weitere Unterteilung stattfinden, wobei sowohl auf den Bestand wie auf das Nutzungsziel Rücksicht zu nehmen ist; soll z.B. der 1. Schnitt 3schnittiger Fuchsschwanzwiesen siliert werden, erhält dieser eine höhere N-Gabe als zur Heugewinnung (ZÜRN 1968). Bei ausgesprochenem Vielschnitt mit hohen N-Gaben treten dieselben Probleme auf wie bei Intensivweiden.

1938 stellten TIEMANN/REHM u. SCHNEIDER (1930, 1938) bei den damals bescheidenen N-Gaben im kontinental getönten Klima Schlesiens einen zu geringen Erfolg von N-Gaben im Sommer fest. Die Empfehlung alleiniger Frühjahrs- oder Vorsommer-N-Gaben zwang dabei zu starker Abschöpfung des vorsommerlichen „Futterberges". 1951–1953 führten wir (KLAPP 1952, 1956, Abb. 72) Versuche zum zeitlichen Verlauf des Graszuwachses und seiner Beeinflussung durch N-Gaben im mehr ozeanischen Klima des Rheinlandes (2 Versuche im Rheintal, ein Versuch in der Hocheifel) durch. 240 kg/ha N wurden wie folgt aufgeteilt:

	1.	2.	3.	4. Gabe
A	240	–	–	–
B	60	60	60	60
C	–	40	80	120

Termine:

1. März bis Anfang April
2. Ende Mai bis Anfang Juni
3. 1. bis 2. Julidekade
4. August, 1mal Anfang September

Die Ernte erfolgte, soweit möglich, nach durchschnittlich 3 Wochen in 3 Teilstückreihen mit jeweils um 1 Woche verschiedenen Nutzungsdaten und regelmäßigem Wechsel von Mahd und Weide (um den Charakter der Weidenarbe zu erhalten). So standen je nach der Jahreswitterung im Mittel jährlich 21 Teilernten zur Verfügung. Der Zuwachsverlauf der ganzen Weideperiode war, abgesehen von den Jahreseinflüssen, deutlich standortsbedingt.

Die verschiedene N-Aufteilung zeigte den	höchsten	niedrigsten
	Jahresertrag	
bei A (Gesamtgabe im Frühjahr)	–	5×
bei B (4 gleichen Gaben)	6×	1×
bei C (3 zunehmenden Gaben)	3×	3×

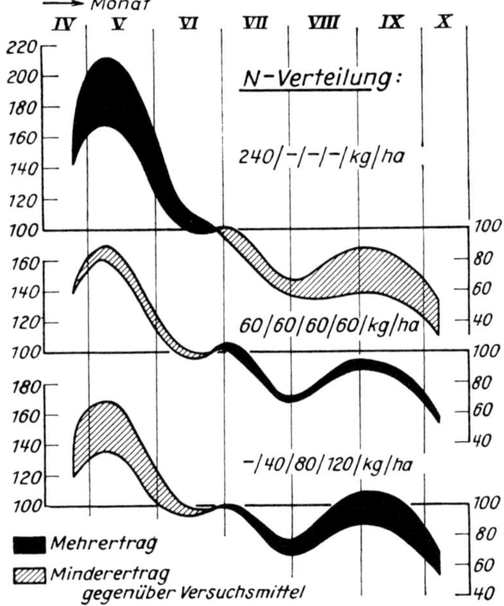

Abb. 72. Wirkung verschiedener zeitlicher Verteilung der Stickstoffgabe auf Weiden (Mittel von 3 Versuchen 1951/1952)

In einem Fall leistete C praktisch dasselbe wie B. Der mittlere Gesamtertrag lautete für A = 62,6, B = 79,3, C = 73,3 dz Tm/ha.

Die N-Verteilung A war (im Gegensatz zu Tiemann u.a.) eindeutig unterlegen. Verteilung B schnitt im Mittel am besten ab, Verteilung C war durchschnittlich um 5% unterlegen, kam der Verteilung B aber oft recht nahe. Die gleichmäßige N-Verteilung B hat sich seither auch in der Praxis unserer Versuchsbetriebe als diejenige mit dem geringsten Risiko bewährt; die „zunehmende" Verteilung brachte zwar vom Juli ab die höchste N-Leistung, doch konnte diese den N-Verzicht bei der ersten Nutzung nicht ausgleichen. Die Versuchsvoraussetzungen, namentlich die gleichmäßigen, zeitweilig zu kurzen Wuchspausen von 21 Tagen müssen genau beachtet werden; die meisten späteren deutschen Versuche arbeiteten mit mehr dem Zuwachs angepaßten, d.h. mit fortschreitender Jahreszeit verlängerten Wuchspausen.

In der Mehrzahl der Versuche erwies sich die Verlegung der Haupt-N-Menge auf Frühjahr und Vorsommer ebenfalls als unbefriedigend (TEUCHER 1963, VOIGTLÄNDER 1961). In vielen Fällen schnitt gleichmäßige Verteilung am besten ab, nicht selten aber auch die „zunehmende", z.B. bei VOIGTLÄNDER u.a. 1961, 1963b, KNOCH 1962, namentlich bei günstiger Wasserversorgung im Spätsommer. VETTER (1968) fand die stärkste Wirkung bei N-Gaben zum 2. und 3. Weideauftrieb.

Die Unterschiede der Ergebnisse beruhen zum Teil auf dem Witterungsgang; da dieser nicht vorauszusehen ist, neigen wir für unsere westdeutschen Verhältnisse weiterhin zu gleichmäßiger N-Verteilung. Anderseits liegen zweifellos von Standort, Klima, Höhenlage und Boden bedingte Unterschiede vor (siehe besonders bei VOIGTLÄNDER; hier in 4 von 5 Jahren Überlegenheit der „zunehmenden" Verteilung).

Besonders interessant sind von KALTOFEN u.a. 1966 mitgeteilte Ergebnisse des Vergleichs von einmaliger Gesamtgabe mit 4 Teilgaben bei 80–480 kg N/ha je Jahr. Hier erwies sich die Gabenteilung als um so weniger wirksam, je höher die N-Gabe war. Wohl wirkte auch hier die Gabenteilung etwas ausgleichend, d.h. den Vorsommerertrag senkend, die Herbstleistung erhöhend, im ganzen aber unwesentlich.

In der Diskussion zu VOIGTLÄNDER 1965 wies BOSCH darauf hin, daß hohe N-Leistung von Spätsommer-Herbstgaben mehr auf die verlängerten Wuchspausen als auf die Stickstoffteilung an sich zurückzuführen seien. In den niederländischen Versuchen würde der Nutzungszeitpunkt jeweils vom Erreichen eines Tm-Ertrages von 20 dz/ha bestimmt, wobei der N-Erfolg je Nutzung weitgehend ausgeglichen werde. Es wird eine „abnehmende" Verteilung bevorzugt. (Weiteres in der genannten Diskussion.)

Im ganzen sind auch für die N-Gabenverteilung keine weithin gültigen Rezepte anwendbar. Es kommt heute wohl vor allem darauf an, die regional verschiedenen Voraussetzungen sicherer nachzuweisen.

N-Düngung während des Weideganges. Außer anderen gelegentlichen Beobachtungen beschäftigt sich eine Diskussion zu BROWNE 1965 mit diesem Thema, das für ununterbrochen besetzte Mastvieh-Standweiden Bedeutung hat; SCHECHTNER 1963 betont die Notwendigkeit für Almen, auf denen Koppelteilung zu teuer ist. Soweit Erfahrungen vorliegen, können bei höheren Gaben als 30–40 kg N Verdauungsschäden beim Weidevieh auftreten (DE GROOT 1964). OOSTENDORP hält die Wirkung der während des Weidens verabreichten N-Gaben für gering.

N-Düngung „in das hohe Gras". N-Gaben kurz vor der Nutzung verfolgen die Absicht, das Einsetzen des Nachwuchses zu beschleunigen. Eine auf unserem Versuchsgut Rengen durchgeführte Versuchsreihe ergab in 2 Jahren erhöhte Jahreserträge, in einem Jahr einen Minderertrag. Entscheidend hierfür dürften der zwischen Düngung und Nutzung liegende Zeitraum und der in diesem fallende Niederschlag sein. Ist beides groß, wird die Düngung noch von dem heranwachsenden Bestand ausgenutzt werden. Bei hohen Gaben führt das weniger zur Erhöhung des Ertrages als zu derjenigen des Proteingehaltes. Dies kann erwünscht sein, namentlich für spät geerntetes Heu (z.B. MOON 1954). Kommt die N-Gabe bei anderer Niederschlagsverteilung tatsächlich nur beim Nachwuchs und damit früher als bei Düngung mehr oder wenige Tage nach der Nutzung zur Wirkung, sind Mehrerträge verständlich.

Eine Verspätung der N-Gaben nach der Nutzung um mehr als 1 Woche scheint Mindererträge, aber erhöhte Proteingehalte zu veranlassen. KREIL/FALKE/KALTOFEN 1966 fanden durch Verzögerung der N-Gabe bei langen Nutzungspausen leichte Mehr-, bei kurzen Pausen aber Mindererträge.

Stickstoffdünger-Formen. Für die altbekannten Düngerformen lautet die Rangfolge des Wirkungsgrades in Wiesen meist: Natronsalpeter – schwefelsaures Ammoniak – Kalkstickstoff. In manchen großen Versuchsreihen (z.B. in den „Neubauer-Versuchen", SPERBER) unterschieden sich Salpeter und Ammoniak kaum. HUPPERT/BUCHNER fanden in umfangreichem Versuchsmaterial auf Wiesen Überlegenheit von Salpeter besonders auf trockenen, sauren Böden, von Ammonaik auf neutral-alkalischen und Gleichwertigkeit beider Dünger auf feuchten, sauren Böden. Im einzelnen wirken die Salpeterformen besser bei erschwerter N-Aufnahme, bei schwacher Nitrifikation, in Kälteperioden; auch verlangsamen sie die Kleeverdrängung (neuere Versuche z.B. bei KREIL/KALTOFEN 1962, MOTT/MÜLLER 1969). Je nach Jahreszeit und Witterung spielen auch Umsatzgeschwindigkeit und Auswaschungsverlauf der N-Bindungsformen eine Rolle.

Schwefelsaures Ammoniak wirkt bei Daueranwendung auf basenarmen Böden ansäuernd, ferner stärker kleeverdrängend und ungünstig auf die Bodenlebewesen (S. 205). In Zeiten geringer Wüchsigkeit bleibt die Wirkung hinter derjenigen von Salpeter zurück.

Hinzu kommen mehr oder minder deutliche Wirkungen auf den Stoffgehalt des Aufwuchses. Natronsalpeter erhöht den Na-Gehalt, auch die Aufnahme von Mg und Ca ist besser, während schwefelsaures Ammoniak die Mg- und Ca-Aufnahme herabsetzt. Auch in der Aufnahme von Spurennährstoffen wirken beide Dünger verschieden entsprechend ihren Wechselwirkungen mit den Begleitionen des N. Kalkstickstoff wird praktisch, vor allem wegen der Verätzungsgefahr für die Grasnarbe, aber auch wegen unbefriedigender Wirkung, kaum noch auf Grünland verwendet.

Es ist verständlich, daß die Kombination von Salpeter- und Ammoniakstickstoff ausgleichend auf die praktisch nicht allzu großen Unterschiede beider Formen wirkt. Von den Ammonnitraten ist denn auch vor allem Kalkammonsalpeter für weite Gebiete zum beliebtesten N-Dünger für das Grünland und vor allem für die Teilgaben auf Intensivweiden geworden. Höchstens für sehr kalkreiche Böden (z.B. BADEN bei Niedermoor) wird schwefelsaures Ammoniak bevorzugt.

Die Verwendung von Harnstoff bringt offenbar eher Nach- als Vorteile; die Wirkung ist sehr wetterabhängig, auch oft mit N-Verlusten durch Ammoniakverdunstung verbunden. Harnstofflösungen hoher Konzentration können verätzend wirken. Nur sehr selten wird die Wirkung von Kalkammonsalpeter erreicht; Regel ist erhebliche Unterlegenheit.

Die Anwendung von wasserfreiem Ammoniak kommt vornehmlich wegen der starken Narbenverletzungen durch die notwendige Injektion in den Boden nicht in Frage; selbst davon abgesehen bleibt die Wirkung der einmaligen großen Gaben offenbar hinter der von Teilgaben anderer Dünger zurück.

Über die Brauchbarkeit der neuartigen schwerlöslichen N-Düngerformen (Urea-Formen) in der praktischen Grünlanddüngung läßt sich (abgesehen von der Kostenfrage) noch wenig sagen. KALTOFEN (1963) fand merkliche Vorzüge weder in der Ertragsleistung noch in der Gleichmäßigkeit des Zuwachses; die Anpassung an den zeitlichen Verlauf des Bedarfs gelinge mit Teilgaben leichtlöslicher Dünger besser. Siehe hierzu auch STÄHLIN 1962, STÄHLIN/DANIEL 1969. Über Flüssig-, Beregnungsdüngungen mit N siehe S. 230). Blattdüngung ist der üblichen Verwendung von festen Düngern in der Regel unterlegen, vielleicht wegen ihres Harnstoffgehaltes (HOLMES).

d) Mehrnährstoffdünger

Die Gabenteilung bei der N-Düngung ist eine Selbstverständlichkeit. Auch die Wirkungsweise mindestens der Kalidünger legt eine Unterteilung hoher Jahresgaben nahe, doch ist sie mit Einzeldüngern arbeitswirtschaftlich unbequem. Mehrnährstoffdünger geben die Möglichkeit, die Gabenteilung mit mehreren Nährstoffen in einem Arbeitsgang durchzuführen. Bedenken dagegen ergaben sich einmal angesichts der dauernd steigenden N-Gaben auf Intensivweiden aus dem Nährstoffverhältnis dieser Dünger, zum anderen aus ihrer „Ballastarmut", d.h. aus dem Fehlen der besonders z.B. im Thomasphosphat enthaltenen Mengen an Ca und einigen Spurennährstoffen. Bei ausgesprochenen Bodenmängeln an Ca oder P ist die Verwendung von Mehrnährstoffdüngern durch eine entsprechende Grunddüngung zu ergänzen. Die Versorgung mit Spurennährstoffen ist durch die mit solchen angereicherten Düngerarten möglich. Da der P- und K-Düngebedarf von Intensivweiden nicht in gleichem Maße ansteigt wie die Steigerung der N-Düngung (S. 236), bleiben auch zusätzliche N-Gaben erforderlich, um eine unnötige oder selbst schädliche Überdüngung mit P und K zu vermeiden. Das in Deutschland vorliegende Versuchsmaterial reicht zu einer endgültigen Aussage noch nicht aus. Bei den meisten Versuchen ist insofern keine volle Vergleichbarkeit gegeben, als die „Einzeldünger" P und K gewöhnlich in einer Gabe im Winterhalbjahr verabreicht werden, die Mehrnährstoffdünger aber in zeitlich verschiedenen Teilgaben; dabei ist nicht zu entscheiden, ob eine höhere Leistung der Mehrnährstoffdünger auf ihrer chemischen Eigenart oder auf ihrer zeitlichen Verteilung beruht. Bei der 2-Mahd-Wiese scheinen, da nur 2 Teilgaben üblich, Mehrnährstoffdünger keinen Vorteil gegenüber Einzeldüngern zu bringen. Von Intensivweiden werden zum Teil gute Ergebnisse berichtet (z.B. STAEHLER/STEUERER-FINCKH 1963, ferner NIESCHLAG 1963). VOIGTLÄNDER 1965 fand zunächst keine eindeutigen Leistungsunterschiede. Auch in anderen Fällen wird die Verwendung der Mehrnährstoffdünger mindestens als unbedenklich angesehen. Chlorfreie NPK-Dünger scheinen chlorhaltigen überlegen zu sein. Soweit bisher zu übersehen, sind bei Kenntnis der Bodenvorräte an Grundnährstoffen oder etwaiger Mängel und einer entsprechenden Ergänzung, auch hinsichtlich der Bodenreaktion, Nachteile nicht zu erwarten. ZÜRN (1968) hält die Verwendung der Mehrnährstoffdünger dann für berechtigt, wenn eine rechtzeitige Grunddüngung versäumt wurde oder Nährstoffmängel nachträglich entdeckt werden. Es stehen auch ballastarme NP-, NK-, PK-, NMg-Dünger zum Ausgleich des Nährstoffverhältnisses zur Verfügung. Extreme Bodenunterschiede können Berücksichtigung durch entsprechende Auswahl und Ergänzung von Mehrnährstoffdüngern finden (so z.B. BADEN 1966).

e) Wirtschaftsdünger

Stallmist und Gülle sind Volldünger im engsten Sinne, da sie alle im Kreislauf Pflanze–Tier vorkommenden Stoffe enthalten. Vor allem bei den festen Wirtschaftsdüngern werden die Nachhaltigkeit der Wirkung, der hohe Anteil organischer Substanz, die boden- und narbenschützenden Eigenschaften hoch geschätzt. Gegenüber den Ackerlandschaften, in denen kaum Wirtschaftsdünger für das Grünland verfügbar sind, waren diese in den grünlandreichen Lagen der Mittelgebirge und der nördlichen Alpenländer die Grundlage wesentlich besseren Grünlandwuchses. Im Ackerbaugebiet wurde vor Einbürgerung der Handelsdünger in großem Umfang Raubbau namentlich auf Wiesen getrieben. Einen vollen Nährstoffersatz können allerdings auch Stallmist und Gülle nicht liefern, da sie nur einen Teil des Verfütterten zurückgeben. Für hohe Leistung ist ihre Ergänzung durch Handelsdünger nötig. Diese läßt vielfach die Bedeutung der überdies arbeitswirtschaftlich unbequemen Wirtschaftsdünger sinken.

Feste Wirtschaftsdünger

Stallmistdüngung[1]

Stallmist ist der vielseitigste, auch der am ehesten bodenbelebende Dünger. Seine Wirkungen werden vielfach beschrieben und recht verschieden beurteilt, zumal Qualität, Mengen, Anwendungszeiten, Dauer der Beobachtung u.a.m. in weiten Grenzen schwanken. Größere, systematische Untersuchungsreihen aus neuerer Zeit (z.B. Brünner 1962b, 1963a, Jülg, Köhnlein/Vetter 1960/1965, Schechtner 1959a, 1964, Zürn 1961, 1968 und Zürn/Springer 1963) haben mehr Klarheit über tatsächliche und nur erhoffte Wirkungen gebracht.

Im Vordergrund steht die Nährstoffwirkung des Stallmistes; unverkennbar ist seine Bedeutung für die erste Verbesserung schlechten Grünlandes, dies auch durch mitgeführte, keimfähige Samen guter Futterpflanzen. Der Narbenschutz gegen Dürre, Frost und Kahlfraß wird zweifellos durch andere organische Substanzen (Stroh, Spreu, Kartoffellaub) ähnlich gut erreicht. Umstritten ist der Wert der Humuszufuhr, und im Zusammenhang damit der prinzipielle Stallmistbedarf des Grünlandes.

Wirkungsgrundlagen. Die Zusammensetzung des Stallmistes schwankt je nach Gewinnung, Tierart, Einstreu in ziemlich weiten Grenzen. Die meisten Autoren rechnen mit einem mittleren Gehalt von 0,5 % N, 0,25 % P_2O_5, 0,6 % K_2O, 0,55 % CaO, für 100 dz Stallmist also mit 50 – 25 – 60 – 55 kg dieser Nährstoffe; bei streuarmem Mist liegen die Werte höher. Ferner enthält Stallmist alle wichtigen Spurennährstoffe.

Die Wirkung einer Stallmistgabe und besonders des darin enthaltenen N erstreckt sich meist über mehrere Jahre (Brünner, Gericke 1956). Der Mehrertrag im ersten Jahr nach der Düngung wird mit 20 bis über 50 % angegeben. Die Ausnutzung der Stallmistnährstoffe wird ebenfalls sehr verschieden beurteilt. Brünner stellte bei Wiesenversuchen in 4 Jahren eine ähnliche N-Aus-

[1] Außer den im Text genannten Autoren: Frankena 1938, van der Molen u.a., Schönherr 1961, Schwerdt, U. Simon 1954a, H. Sturm, Vorhauer, Ziffer, ferner ältere Angaben in der 3. Auflage dieses Buches.

nutzung wie bei Handelsdüngern fest; namentlich bei Weiden finden sich jedoch auch sehr niedrige Angaben (je nach den Umständen 5–60%). Die Verschiedenheit der Ergebnisse ist größtenteils auf Umwelteinflüsse zurückzuführen.

Eine deutliche Rolle spielen Einflüsse der Jahreszeit und der Witterung für Mineralisation und Verbrauch der Stallmistnährstoffe, ohne daß bis heute volle Klarheit über die Zusammenhänge besteht. Jedenfalls ist die Wirkung des Stallmist-N wetterabhängiger als die des Handelsdünger-N. An mittelbaren Ursachen nennt BRÜNNER das „Ausbrennen" bei Gaben in sehr trockenen Frühjahren und die Abflußverluste auf gefrorenen oder schneebedeckten Böden in Hanglage.

Von stärkstem Einfluß auf die Düngewirkung ist jedoch die ursprüngliche Nährstoffversorgung der Grünlandfläche und vor allem die Beidüngung. Auf Magerwiesen und allgemein auf armen Böden, bei großem Mangel an Haupt- und Spurennährstoffen ist die ertragssteigernde Wirkung meist groß, auf gut versorgten, regelmäßig und reichlich gedüngten Flächen oft sehr gering. Schon bei PK-Düngung sinken die durch Stallmist erreichten Mehrerträge stark ab, bei NPK-Düngung erst recht, bei hohen Gaben nicht selten auf 0. Auf dem Versuchsgut Rengen (ARENS/STUCKMANN, KLAPP 1959a) lauteten sie:

	Handelsdünger kg/ha			Mehrertrag dz Tm/ha durch Stallmist
	N	P_2O_5	K_2O	
1952/53	100	150	100	0,4
1954/55	30	37	20	7,4
1956/57	100	150	100	2,4

Angesichts der sehr verschiedenen Voraussetzungen schwanken die Angaben über Mehrerträge von 0 bis über 30 dz Heu/ha und von 0 bis über 500 kStE/ha; selbst Mindererträge kommen vor. Ähnliches gilt für den Wirkungswert (kg Heu oder kStE je dz Stallmist). Mit großen Schwankungen mag er (ohne stärkere Beidüngung) um 6–12 kg bzw. 2–3 kStE liegen. Mit den verabreichten Stallmistgaben steigt die Wirkung natürlich an, doch unter Abnahme des Wirkungswertes. BRÜNNER fand im Mittel seiner Versuche als Mehrleistung durch:

200 dz Mist je ha	14,1 kg Heu je dz Stallmist
400 dz Mist je ha	8,1 kg Heu je dz Stallmist

Im allgemeinen werden daher mäßige Gaben empfohlen.

Bei einem Vergleich der Stallmist- mit der Handelsdüngerwirkung sind einmal der schnellere Verlauf der letzteren und der nicht vorauszusehende Ausnutzungsgrad der ersteren zu berücksichtigen. BRÜNNER fand in 3 Wirkungsjahren bei hohen Stallmistgaben die gleiche Leistung wie bei Handelsdüngergaben; KÖHNLEIN/VETTER erreichten vergleichbare Leistungen, wenn der Unterschied der Nährstoffausnutzung durch ergänzende NPK-Gaben ausgeglichen wurde.

Eine Wirkung des Stallmistes auf den Stoffgehalt der Ernte ist nur bei großen Bodenmängeln deutlich; häufig wird von einer Erhöhung des P- und fast stets von einer Senkung des Ca-Gehaltes berichtet, zuweilen von vermehrter Aufnahme von Spurennährstoffen (SCHILLER u.a. 1967).

Die Wirkung mäßiger Stallmistgaben auf den Pflanzenbestand ist angesichts der langsamen Nährstoffverwertung nie so stark wie die der Handelsdünger, auf armen Böden immerhin recht deutlich, im ganzen bestandsverbessernd. So steigt auch die Wertzahl des Futters (S. 108) an. Mittelbare Qualitätsverschlechterungen treten auf Weiden infolge Ablehnung frisch gedüngten Futters durch das Weidetier ein; zum mindesten führt Abweiden nur der Grasspitzen zu ungünstigen Selektionswirkungen. Umgekehrt kann aber der schwächere Verbiß auf überanstrengten Weiden auch positive Bestandsänderungen bewirken.

An Bodenwirkungen wird vor allem eine Humusvermehrung und besonders dadurch eine Sonderwirkung des Stallmistes erwartet. Tatsächlich ist oft das Gegenteil der Fall (z.B. GALENSA 1961a, MUES). Die Ursache hierfür liegt in der Anregung der Zersetzung organischer Substanz, namentlich in humusreichen Böden. Ebensooft wird der Humusgehalt des Bodens durch Stallmistdüngung nicht verändert oder durch Handelsdünger in gleichem Maß erhöht wie durch Stallmist. Deutliche Humusanreicherungen fanden KÖNEKAMP u.a. 1959, 1962, sehr begrenzt ZÜRN 1968. Sie dürften höchstens in sehr humusarmen Böden eine Rolle spielen. In durchschnittlichen Grünlandböden sorgen Wurzel- und Bestandsabfall für eine stetige Vermehrung der organischen Substanz (S. 80), und diese wird durch Handelsdünger in der Regel noch erhöht. Intensivweide setzt zwar den Wurzelwuchs stark herab, gleichwohl fehlen auch hier – bis auf die genannten Sonderfälle – überzeugende Beweise für eine humusvermehrende Wirkung von Stallmist.

Eine stärkere Bodenbelebung durch Kleinlebewesen wiesen KÖNEKAMP/WEISE 1961 nach, doch blieb die Wirkung einer NPK-Düngung nicht wesentlich hinter der Stallmistwirkung zurück. Wieder spielt der Ausgangszustand der Grünlandfläche eine entscheidende Rolle. FELDMANN beobachtete folgende Bakterienvermehrung (Milliarden je g Boden bis 8 cm Tiefe) in Rengen und Dikopshof auf

a) fruchtbarem, altgedüngtem Boden . . . . + 7%
b) seit 25 Jahren gedüngten, ehemaligen Ödlandböden . . . . +11%
c) erst kurzfristig durch Düngung verbessertem Ödland . . . +34%

Die verstärkte Bodenbelebung ist aber nicht immer, so z.B. nicht auf Niedermoor, erwünscht (BADEN 1964ff.). Die Anregung der Mineralisation des Bodenhumus mag im übrigen die Pflanzenzugänglichkeit von Nährstoffen erhöhen und dadurch zu der Nährstoffanreicherung im Boden nach Stallmistdüngung beitragen.

Die Wirkung des Stallmistes als Schutzdecke ist, wie gesagt, leicht zu ersetzen. Überdies können solche Decken im Frühjahr die Bodenerwärmung verzögern (S. 220) und dadurch ungünstig wirken.

Alles in allem besteht kein Zweifel daran, daß Stallmist in erster Linie ein wertvoller, vielseitiger Nährstoffdünger ist; eine wesentliche Vermehrung des Bodenhumus ist von seiner Verwendung nicht zu erwarten. Stallmistdüngung kann praktisch durch eine vollständige Mineraldüngung ersetzt werden. Sie bedeutet bei unstreitigem Nutzen keine Notwendigkeit für die Grasnarbe.

Stallmistverwendung. Die Meinungen über die zweckmäßige Anwendungszeit gehen weit auseinder, da Jahreszeit und Jahreswitterung, besonders die Niederschläge, aber auch Rücksichten auf die Nutzungsweise von Bedeutung sind. Vorwintergaben in regenreichem Klima gelten als wenig wirksam, vermutlich wegen der N-Auswaschung. BRÜNNER fand bei seiner besonders umfangreichen Versuchsreihe die beste Wirkung auf Wiesen entweder im Herbst oder mit fast gleicher Leistung im Frühjahr, sieht aber auch bei Wintergaben keine wesentlichen Nachteile, wenn Abschwemmungsverluste vermieden werden. In höheren Berglagen wird nach schweizerischen Angaben bei hoher, langdauernder Schneelage und spätem Frühjahrseinzug die Herbstgabe, sonst die Gabe am Winterende oder nach dem 1. Schnitt bevorzugt. Auf Weiden sind Gaben im Frühsommer wegen der besseren Wirkung (unter Umständen auch durch Narbenschutz) und wegen der weniger ausgeprägten Ablehnung des stallmistgedüngten Futters durch das Vieh vorteilhaft, wobei freilich auch hier, wenn möglich, Mähenutzung nach der Düngung den Vorzug verdient.

Auch über die beste Stallmistform bestehen Meinungsverschiedenheiten. Frischmist wird bald besser, bald ungünstiger beurteilt als Rottmist. BRÜNNER fand eine geringe Überlegenheit der Düngewirkung von Lang- gegenüber Kurzmist. In jedem Fall ist bei Mäheflächen eine möglichst gute Zerkleinerung und genügendes Zerreiben größerer Stallmistbrocken anzustreben, damit diese nicht von der wachsenden Grasnarbe angehoben werden, die Mahd erschweren und den Heuwert mindern. Der Stallmiststreuer stellt hier einen wesentlichen Fortschritt dar. Dort, wo Nachwintergaben strohreichen Mistes zum Frostschutz und früheren Ergrünen der Narbe üblich sind, wird das ausgelaugte Stroh oft noch abgerecht. Eine Notwendigkeit dafür scheint nicht zu bestehen, und die zur Wiederverwendung als Einstreu abgerechten Mengen sind sehr gering (nach BRÜNNER selbst nach 400-dz-Gaben nur 14 dz Tm/ha). Einige weitere Angaben über Eigenarten der Stallmistverwendung finden sich in der vorigen Auflage dieses Buches.

Pferchdüngung

Unter dem Pferchen (Hürdenschlag) versteht man das Einsperren von Schafen während der Weidepausen (nachts und zeitweise am Tag) auf engem Raum bis zu 1 m^2 je Tier und sogar darunter. Außer einigen, in der vorigen Auflage erwähnten Einzelbeobachtungen liegen ausführlichere Berichte von FENSE, HOFFMANN/JUNGHANS, KIELPINSKI 1960 und SALVADORI 1952a vor.

KIELPINSKI rechnet mit einer täglichen Ausscheidung je Schaf (= Gewicht 37 kg) von 18,5 g N, 14,93 g K_2O und 4,88 g P_2O_5 (andere Autoren geben höhere Mengen an). Wenn davon 75% bei 14 Stunden Pferchaufenthalt anfallen, ergibt sich eine Düngungsdichte, auf den ha berechnet, von rund 139 kg N, 112 kg K_2O und 37 kg P_2O_5. Je nach Zahl und Gewicht der Tiere, Pferchgröße und Pferchdauer lauten die Angaben natürlich sehr verschieden, immer ist die Nährstoffzufuhr sehr groß. Die Düngewirkung wird daher mit 80 bis weit über 100% Mehrertrag gegenüber „Ungedüngt" angegeben, und eine starke Nachwirkung erstreckt sich über mehrere Jahre. Mit der Düngewirkung sind außerordentlich starker Verbiß und Zertritt verbunden. Es verbleibt zunächst eine sehr lückige, verschmutzte Narbe. Nach den ersten Regenfällen entwickelt sich dann allmählich ein völlig veränderter, sehr dichter, kleereicher Untergrasbestand hoher Qualität. Mehrfach wird von einer

Verdrängung sogar des Borstgrases (*Nardus*) für lange Zeit berichtet. SALVADORI fand eine Erhöhung des Rohproteingehaltes von 7,6% im alten auf 15,4% im neuen Bestand bei einem auf das 2- bis 3fache erhöhten Ertrag (Rhönhuten). Dies alles gilt besonders für schlechte, ödlandartige Pflanzenbestände, und tastächlich stellt das Pferchen das wirksamste Verbesserungsmittel für solche Grasnarben dar.

Nachteile liegen einmal in dem geringen Umfang der Pferchfläche, die bei mehrtägigem Verbleib der Tiere nur sehr langsam über die Fläche wandert, ferner in dem ungünstigen Nährstoffverhältnis des Düngers. KIELPINSKI schlägt daher für Nacht- und Tagpferch zusammen 3 m^2 je Tier und Tag und eine P-reiche Ergänzungsdüngung, auch zur Beschleunigung der Exkrementzersetzung, vor. Auch HOFFMANN/JUNGHANS und SALVADORI empfehlen Maßnahmen zur Nutzbarmachung des Pferches auf größerer Fläche durch Veränderung von Besatzdichte und Pferchdauer. Sehr wesentlich für die Wirkungsweise des Pferchdüngers ist die Witterung; bei trockener Hitze können „Verbrennungs"-Schäden eintreten; ideal wäre dann künstliche Beregnung.

Nach dem Umschlagen des Pferches ist eine gleichmäßige Verteilung des Schafkots (S. 247) wünschenswert; über die Wiesen-„Vorweide" mit Schafen siehe S. 467.

Kompostdüngung

Trotz aller Arbeitserleichterung bei Bereitung und Ausbringen von Kompost ist seine Anwendung fast verschwunden, weshalb hier nur das Wichtigste behandelt werden soll. (Näheres z.B. bei STÖCKLI 1942, ferner in der vorigen Auflage dieses Buches.) Wirtschaftseigener Kompost besteht aus Pflanzen- und Tierresten aller Art, erdigen Stoffen und zur besseren Zersetzung zugefügtem Material (Stallmist, Jauche, Fäkalien, Kalk u.a.m.). Wiederholtes Umarbeiten und Durchmischen ergibt eine verwendungsreife Masse.

Die Zusammensetzung des Kompostes ist je nach dem verwendeten Material außerordentlich verschieden, wobei Pflanzennährstoffe nicht einmal das Entscheidende sind. Die Beimengung von Mineralbestandteilen kann Humusböden mit diesen anreichern und zur Bildung von Ton-Humus-Komplexen beitragen. Die meist großen Anwendungsmengen wirken durch Beerdung der Grasnarbe bestockungsfördernd, ergeben auch ein gutes Saatbett für Nachsaaten. Es fehlt leider an größeren Versuchsreihen, die allen Teilwirkungen verschiedener Komposte gerecht werden.

Die durch übliche Gaben von 200–400 dz/ha erzielbaren Mehrerträge bleiben meist weit hinter dem bei Stallmistdüngung Gewohnten zurück; die Angaben bewegen sich zwischen 4 und 19 dz Heu je ha; über Weideleistungen ist kaum etwas zu finden. Ungewöhnlich hohe Mehrerträge sogar gegenüber NPK erreichte FINCKH (1954, 1960b) in *Molinia*-Streuwiesen auf anmoorigen Böden, besonders im Zusammenwirken mit Nachsaat. Auch andere Versuche sprechen dafür, daß sich Mineral- und Kompostdüngung sehr wirkungsvoll ergänzen. Aus Angaben von ARENS/STUCKMANN, KLAPP 1954a, SCHECHTNER 1959a, P. WAGNER 1921 lassen sich Wirkungswerte (kg Heu oder Tm je dz Kompost) zwischen 0,8 und 3,3 errechnen. Die Nachwirkung hält, soweit Angaben vorliegen, einige bis viele Jahre an. ZÜRN (1968) erhielt nur minimale Mehrerträge selbst durch guten Kompost.

Die Zusammensetzung des Pflanzenbestandes wird meist wenig beeinflußt; aus noch lebendem Samenvorrat des Kompostes aufgehendes Unkraut verschwindet bald wieder. Zu starken Bestandsumstellungen kommt es, wenn der Kompost allgemeinen oder einseitigen Nährstoffmangel behebt oder zu starker Zersetzung von Rohhumus beiträgt. Verfasser beobachtete die völlige Bestandswandlung einer *Molinia*-Streuwiese durch an Bauschnutt reichen Kompost. Stärkste Wirkungen finden sich offenbar auf mineralarmen Mooren. Die wenigen vorhandenen Daten über Kompostwirkungen auf die Zusammensetzung des Futters ergeben kein klares Bild. Eine gelegentliche Steigerung des Obergrasanteils kann den Proteingehalt senken, den Rohfasergehalt erhöhen; der Ca-Gehalt kann steigen oder sinken.

FELDMANN fand bei den oben auf S. 216 erwähnten Flächen eine Bakterienvermehrung um 4 bzw. 6 bzw. 24%, letzteres auf erst kurzfristig gedüngter Ödlandweide. Dabei erwies sich Kompostieren im Sommer als wirksamer gegenüber Wintergabe. Hierfür sprechen auch andere Beobachtungen, z.B. von ZÜRN. Arbeitswirtschaftlich vorteilhafter und weniger störend sind Wintergaben, besonders auf feuchten Wiesen bei gefrorenem Boden. BADEN fand auf Hochmoorkulturen gute bodenphysikalische Wirkungen besonders in Dürreperioden mit allerdings recht nährstoffreichem Kompost; zuweilen erhöhte Kompostierung die Bodenfeuchte in unerwünschtem Ausmaß. Wichtig ist gründliche, gleichmäßige Verteilung hoher Kompostgaben. Die im Gartenbau geschätzten, mit Nährstoffen angereicherten Torfkomposte kommen aus Kostengründen für die Grünlandpraxis nicht in Frage.

Müllkomposte können für Ödlandrasen auf an Ca und Spurennährstoffen armen Böden als Meliorationsmittel wirken; zahlenmäßige Befunde liegen uns jedoch nicht vor. Hauptproblem ist die Transportfrage.

Wirkung organischer Schutzdecken

Hierzu rechnen Stroharten, Spreu, Kartoffelkraut und ähnliche Stoffe. Sie sollen die Grasnarbe gegen Temperaturextreme, Austrocknen, aber auch gegen Kahlfraß schützen, endlich die Entwicklung von Neuansaaten fördern. Die Nährwirkung tritt dabei ganz in den Hintergrund.

Ältere, in der vorigen Auflage des Buches erwähnte Versuchsergebnisse, meist Einzelfälle, zeigten zuweilen erstaunliche Ertragsverbesserungen. Neuere, umfangreiche Versuchsreihen (BRÜNNER 1962b, KÖHNLEIN/VETTER 1960/1965, LÜDDECKE) lassen die möglichen Wirkungen besser erkennen. Verständlich ist, daß Unterschiede im Nährstoffgehalt der Deckstoffe, Menge und Zeitpunkt der Gabe sowie die Witterung erhebliche Unterschiede der Wirkung verursachen können. In den Versuchen BRÜNNERS ergaben sich Wirkungswerte (kg Heu je dz Stroh) zwischen −0,5 und +8,0. Wir fanden mit Kartoffelkraut einen Wirkungswert von 2,1 (KLAPP 1937/38b). Bei SCHECHTNER 1959a versagte Kartoffelkraut. In älteren Versuchen wurden, leicht erklärlich, mit Hülsenfruchtstroh bessere Ergebnisse als mit Getreidestroh erreicht.

Der beste Zeitpunkt der Narbenbedeckung wird verschieden gesehen. Wintergaben lohnten bei BRÜNNER nie. Zeitige Gaben im Frühjahr sind zuweilen recht wirksam, so in einem Jahr unserer Versuche, als 20 Frostnächte auf eine Gabe von Kartoffelkraut folgten. Gelegentlich wurde durch Vor- und Nachwintergaben ein früheres Austreiben der Grasnarbe beobachtet. Näheres über die mikroklimatischen Wirkungen einer Winterdecke findet sich bei

Baltzer. Brünner und Lüddecke sehen Gaben nach dem 1. Wiesenschnitt als erfolgreichstes Verfahren an. In der folgenden Zeit ist Abschirmung gegen starke Verdunstung auch besonders erwünscht. Die empfohlenen Mengen schwanken zwischen 20 und über 100 dz Deckmaterial je ha. Wie schon ältere Berichte zeigen aber auch solche von Brünner, daß hohe Gaben namentlich im Winter und Vorfrühjahr Erwärmung und Abtrocknen des Bodens hemmen oder auch erstickend wirken können und dann Mißerfolge bringen. Mäßige Gaben in gleichmäßiger Verteilung, z.B. als Häckselstroh, sind jedenfalls anzuraten. Roth 1967b fand durch Abdeckung trockener Hangweiden zwar eine Bodenabkühlung, aber keine Wasserersparnis.

Die Zusammensetzung des Pflanzenbestandes wird kaum beeinflußt; mehrfach wurde eine vorübergehende Minderung des Kleeanteils beobachtet. Im ganzen handelt es sich bei der Verwendung von Deckstoffen um eine oft nützliche, aber selten sehr wirksame Maßnahme, deren Erfolg meist durch etwas verstärkte Düngung ausgeglichen werden kann; abgesehen vom Arbeitsaufwand kann die Narbenbedeckung besonders auf Weiden auch einmal lästig sein.

Brünner und Köhnlein/Vetter zeigten, daß eine durch NPK-Gaben in entsprechender Höhe (d.h. bis zur gleichen Gesamtnährstoffmenge) ergänzte Strohdecke den gleichen Erfolg wie eine Stallmistgabe bringt. Bei letzteren Autoren hatten 20 dz Stroh/ha + NPK die gleiche Wirkung wie 120–150 dz Stallmist/ha.

Flüssige Wirtschaftsdünger

Jauchedüngung

Jauche, die flüssigen Ausscheidungen der Tiere im Stall, meist mit kleinen Kot- und Streuteilchen, Regen, Spülwasser, Mistsickersaft vermischt, ist ein rasch und stark wirkender, aber sehr einseitiger N-K-Dünger. Diese Nährstoffe werden etwa ebenso gut verwertet wie die entsprechenden der Handelsdünger. Dem Auge scheint die Wirkung auf die Grasnarbe oft sogar stärker als die des Salpeters zu sein, was aber auf die meist unkontrollierte Menge (Brünner 1962b) und auf ungleichmäßige Verteilung zurückzuführen sein dürfte.

Die Zusammensetzung der Jauche ist nach dem oben Gesagten außerordentlich verschieden. Im Mittel ist mit etwa 20 kg N, 60 kg K_2O und bestenfalls 1 kg P_2O_5 in 100 hl zu rechnen. Der Harnstickstoff ist größtenteils in stark verlustgefährdetes kohlensaures Ammoniak umgesetzt; die Verluste sowohl in der Jauchegrube wie beim Ausbringen werden durch Verdünnung wesentlich gemildert. Das Wasser der Jauche spielt im übrigen keine merkliche Rolle für die Wasserversorgung der Grünlandfläche. Es wirkt vornehmlich als Transportmittel.

Die Düngewirkung der Jauche ist beträchtlich (Brünner, Castle, Drysdale 1966, Klapp 1937/38b, König 1950, van der Molen u.a. 1959, Schiller, P. Wagner 1921, Zürn 1968). Es werden je nach Jauchemenge und meist mit Zugabe von P_2O_5 ha-Mehrerträge von 12–33 dz Heu oder Tm, je hl Jauche solche von 2–8 kg und je kg Jauche-N solche von 20–35 kg angegeben. Die Nachwirkung ist für 1 Jahr meist deutlich, was zum Teil auf der Förderung massenwüchsiger Pflanzen beruhen dürfte.

Abb. 73. Rechts drei Jahre mit Jauche gedüngt, links ohne Jauche

Die Wirkung auf die Vegetation hängt stark vom Fehlen oder Vorhandensein von „Jaucheunkräutern“ (vor allem Umbelliferen [Doldenblütern], KLAPP/WAGENER 1932) und von der Nutzungsweise ab. Fehlen jene, so nimmt in Wiesen namentlich der Obergrasanteil zu, der Kleeanteil ab, wenn auch nicht so stark wie durch Handelsdünger-N. Sind schon Doldenblüter vorhanden, dann nimmt ihr Anteil bei jährlicher Jaucheanwendung rasch zu (Abb. 10, 73), in einem Jenaer Versuch wie folgt (H. WAGENER 1931):

	Doldenblüter-Ertragsanteil	
	ungedüngt (Jahre vorher PK-Düngung)	Jauchedüngung (120 kg N/ha)
1928 ohne Düngung	6,8%	(6,8)%
1929 Jauche	7,0%	3,5 %
1930 Jauche	4,5%	12,5 %
1931 Jauche	6,8%	40,0 %

Eine gewisse Abhilfe ist durch P-Beigabe und mehrjährige Pause der Jauchezufuhr zu erwarten.

Auf Dauerweiden mit geringem Mahdanteil ist die Vermeidung der Verunkrautung kein Problem; sie steigt aber mit dem Mahdanteil gewöhnlich an.

Der Stoffgehalt des Aufwuchses ist bei einseitiger Jauchedüngung durch Steigerung des K- und Senkung des P-, Ca-, Mg-, Na-Gehalts gekennzeichnet. Daher ist eine entsprechende Beidüngung erforderlich. Solange Hochstauden noch keine große Rolle spielen, wird der Rohproteingehalt höher; mit wachsendem Anteil von Obergras und groben Kräutern wird das Futter ballastreicher. Weidetiere verweigern die Futteraufnahme vor allem nach Jauchegaben im Frühjahr, doch nimmt ihre Abneigung zum Spätsommer hin ab. Der Bodenzustand wird, abgesehen von K-Anreicherung und P-Verarmung bei übermäßiger Verwendung von Jauche, durch diese weniger deutlich beeinflußt als bei Ackerland (Näheres bei SCHILLER).

Die Höhe der Jauchegaben sollte 100–200 hl/ha in mehrjährigem Abstand, möglichst in Teilgaben, nicht überschreiten. Eine genaue Mengenbemessung würde jedesmal chemische Untersuchung verlangen, die sogenannten „Jauchespindeln" (Aräometer) geben wenigstens Anhaltspunkte.

Als bester Zeitpunkt der Jauchegabe wird meist das Frühjahr bald nach Wachstumsbeginn angesehen, wenigstens im regenreichen Klima; in Trockengebieten ohne stärkere Auswaschung auch das Winterhalbjahr. Auf Weiden ist Jauchedüngung nur auf den zur Mahd bestimmten Koppeln angebracht. Aufmerksamkeit verlangt die Witterung beim Ausbringen sowohl wegen der N-Verluste wie wegen der möglichen Ätzwirkung konzentrierter Jauche. Auch zu trockener oder gefrorener Boden mindert die Wirkung. Am besten eignet sich windstilles, trübes, regnerisches Wetter.

Zur besseren Konservierung der Jauche wurde oft Zugabe von Superphosphat im Stall oder in der Jauchegrube empfohlen, weil dadurch gleichzeitig der P-Gehalt erhöht wird; doch wird dessen gleichmäßige Verteilung stets Schwierigkeiten machen. BRÜNNER hält die P-Düngung der Grünlandfläche im Gesamteffekt für besser.

Düngung mit Gülle und Flüssigmist

Unter Gülle versteht man ein Gemisch von Harn und Kot mit mehr oder weniger großen Anteilen Wasser und wenig Streustoffen. Mischung und flüssige Anwendung von Harn und Kot mindern vor allem bei starker Verdünnung die bei getrennter Lagerung und Ausbringung entstehenden N-Verluste. Gülledüngung vermeidet die Einseitigkeit der Jauchewirkung wie den bei reiner Stallmistdüngung und Mähenutzung häufigen K-Mangel. Schlauchtransport ermöglicht die Düngung unbefahrbaren Geländes. – Die Ausnutzung der in den Boden gelangenden Nährstoffe hängt stark vom Harn/Kot-Verhältnis in der Gülle ab: beim Harnstickstoff ist sie sehr hoch (nahe Salpeter-N), beim Kotstickstoff wesentlich geringer. (Einzelheiten besonders bei GISIGER 1961a, b.)

Die Güllerei entstand schon früh in den Alpentälern der Schweiz und ihrem Vorland, d.h. in Lagen geringen oder fehlenden Getreidebaues und damit des Strohmangels, der die flüssige Aufbewahrung der tierischen Ausscheidungen nötig machte. Die traditionelle Gülleverwendung bedeutet nicht nur ein Düngeverfahren schlechthin, sondern ein ganzes Wirtschaftssystem, das an bestimmte Voraussetzungen gebunden ist: an hohen Grünlandanteil bis zur reinen Grünlandwirtschaft, mindestens zeitweilige Sommerstallhaltung, Arrondierung, Regenklima mit 1000 und mehr mm Niederschlag, reichlichen betriebseigenen Wasserzufluß, geeignete Böden. Ausreichende Grubenräume müssen Vorratsbildung und Verdünnung der Gülle, geeignete Transportmittel ihre weiträumige Verteilung ermöglichen.

Gülle wird hier also auch in der Vegetationszeit gewonnen, durch Verdünnung auf großer Fläche mehrfach jährlich ausgebracht; so werden die Nährstoffe der Exkremente wiederholt im Betrieb umgesetzt. Es entsteht ein sich wiederholender Kreislauf des vom Tier Ausgeschiedenen. Verlustlos ist dieser

Kreislauf natürlich nicht, da ja die Tierernährung einen, wenn auch geringen Entzug (S. 153) bedeutet, und Verluste namentlich an N unvermeidbar sind.

Eine volle Nährstoffversorgung hoher Ernten nach heutigen Maßstäben ist daher mit Gülle allein nicht zu erreichen. Dazu ist Beidüngung nötig, von der auch mit Handelsdüngern zunehmend Gebrauch gemacht wird. Eine Übersicht des Nährstoffaufwandes Allgäuer Betriebe (Brünner 1954b, 1961a, b) zeigt folgende Aufgliederung der Herkunft von praktisch verwendeten Düngernährstoffen in kg/ha:

	N	P_2O_5	K_2O	CaO
Handelsdünger	7	44	15	210
Stallmist	29	13	32	25
Gülle	95	27	166	67

Namentlich der N-Bedarf sehr hoher Erträge wird hiermit aber auch noch nicht gedeckt (Haken, Kosmat, Mott 1966 u.a.).

Gülleforschung ist namentlich in der Schweiz seit langem betrieben worden (Zusammenfassendes bei Gisiger 1949, 1961a, b), in Deutschland besonders seit den fünfziger Jahren (Brünner, Schöllhorn, Voigtländer 1951, 1967). Sammelberichte bestehen von den „Gülletagungen der Bundesversuchsanstalt Gumpenstein" (Österreich, 1958 u.f.). Außer den im Text genannten Arbeiten sind aus neuerer Zeit zu erwähnen solche von Bruckner 1957a, b, Drysdale u.a. 1966, Franz u.a. 1952, Galensa 1961a, Geering u.a. 1964, Henrichs, Kielpinski 1967, Obritzhauser, Rochaix, K. Schmidt 1960, K. Schwarz 1963.

Güllerohstoffe und Gülleformen. Von aufgenommenen Futternährstoffen werden nach Gisiger ausgeschieden im Mittel etwa 85% von N, 89% von P_2O_5, 94% von K_2O, 84% von CaO, ferner 25–35% der organischen Substanz. Je Jahr und GVE fallen (Voigtländer) etwa 5,5 m³ Harn und 9,5 m³ Kot an (siehe auch S. 151). Harn ist K- und N-reich, aber überaus arm an P. Sein Nährstoffverhältnis lautet (Brünner) etwa 100 N : 1 P_2O_5 : 300 K_2O : 15 CaO. Zusammensetzung und Umsetzungen des Urins sind vor allem für Verlustgröße und Schadwirkungen bedeutsam. N liegt zunächst als Harnstoff und hippursaures K vor. Bei der bald beginnenden Harngärung setzt sich Harnstoff großenteils in kohlensaures Ammoniak um; aus hippursauren Salzen fallen u.a. Benzoesäuresalze an. Ferner entstehen Phenole und andere Kohlenwasserstoffe. Das kohlensaure Ammoniak ist an der Luft sehr flüchtig. Im Kot ist das Nährstoffverhältnis viel enger, nach Brünner etwa N : P_2O_5 : K_2O : CaO wie 1,7 : 1 : 0,9 : 2,0; er enthält kein Ammonkarbonat.

Die Zusammensetzung der Gülle ist außerordentlich verschieden. Vollgülle enthält den gesamten Exkrementanfall und etwaige Streuteile; daneben unterscheidet man (Gisiger) je nach dem Kotanteil reine Harngülle (Jauche), 1/3- und 2/3-Gülle. Dickgülle ist unverdünnt, Dünngülle mit ± Wasser vermischt. Gärgülle entsteht bei sofortiger Mischung von Harn und Kot in einem Grubenraum, Rohgülle bei Mischung aus mehreren Gruben erst unmittelbar vor der Verwendung. Die früher als notwendig angesehene Gärung ist die Ursache der fast vollständigen Umwandlung des Harnstoffes. Einfluß auf den Nährstoffgehalt der Gülle haben ferner der Gehalt des Futters sowie der Umfang und die Form der Beifütterung (Kraftfutter, Feldfutter). Große Unterschiede in der Zusammensetzung je nach der Jahreszeit ergeben sich, wenn die festen Ausscheidungen im Winter zu Stallmist verarbeitet werden, im Sommer aber in die Grube gelangen.

Als Nährstoffgehalt unverdünnter Gülle gibt BRÜNNER beispielsweise an: 0,42% N; 0,12% P_2O_5; 0,71% K_2O; 0,28% CaO (Nährstoffverhältnis 3,1:1:5,5:2,2). Auch hier bestehen sehr große Unterschiede. Von der Harn- zur Vollgülle nehmen der N- und K-Gehalt stark ab, der Gehalt an P und organischer Tm stark zu. BRÜNNER und SCHÖLLHORN fanden in 371 Gülleproben der Praxis bei verschiedener Verdünnung tatsächliche Gehalte von 0,127% N; 0,031% P_2O_5; 0,22% K_2O. Näheres vor allem über den Gehalt an Gesamt-N und seinen Formen (Ammoniak-N usw.) findet sich bei GISIGER.

KOSMAT, SCHÖLLHORN, VOIGTLÄNDER rechnen je GVE mit einem jährlichen Nährstoffanfall in kg von 60–70 N, 6–22 P_2O_5, 90–120 K_2O. Eine Reihe von Autoren gibt für die in der Praxis jährlich in Gülle je ha verabreichten Nährstoffmengen im Mittel an (kg):

N	P_2O_5	K_2O
128	35,5	260

Dabei ist zu berücksichtigen, daß die tatsächlich verfügbaren Güllemengen von der Zahl der Stallhaltungstage insgesamt, von den täglichen Weide- und Stallzeiten im Sommer bestimmt werden.

Die Ausnutzung der Güllenährstoffe wird verschieden beurteilt; für N lauten die Angaben um 50–70% verglichen mit Salpeter-N, aber sowohl niedriger wie auch höher. Jedenfalls ist die sofortige Ausnutzung weit besser als bei Stallmist; sie wird noch erhöht durch die Verteilung über die ganze Vegetationszeit. Entscheidend ist wiederum der Harnanteil, mit dessen Abnahme die N-Ausnutzung deutlich sinkt (von Harn- zur Vollgülle von über 80% auf unter 60% nach GISIGER). Bezeichnend ist ein Ergebnis von CASTLE/DRYSDALE 1966, wonach 1 kg Kot-N einen Wirkungswert von 7,6 kg Tm hatte, 1 kg Urin-N dagegen einen solchen von 33,0 kg.

Wasserzusatz, d.h. Gülleverdünnung, bindet das verdunstungsbedrohte Ammonkarbonat, mildert etwaige schädliche Wirkungen namentlich harnreicher Gülle (Verätzungen der Pflanzen). Die Verdünnung macht eine Verteilung der Nährstoffe auf größere Flächen und eine Anpassung der Güllekonzentration an den Witterungsverlauf möglich. BRÜNNER, SCHÖLLHORN u.a. sehen als Norm der Verdünnung für die Vegetationszeit ein Verhältnis von etwa 3:1 an, nur bei Dürre höhere Wasseranteile bis über 5:1. Mit zunehmender Verdünnung und weiträumiger Verteilung wächst der Wirkungswert der Güllenährstoffe bis zu einer gewissen Grenze an. Die anfeuchtende Wasserwirkung erreicht selbst bei hohen Gaben von Dünngülle nur wenige mm Regenhöhe; jedoch hat das gegenüber festen Düngern beschleunigte Eindringen der Gülle in den Boden hohe Bedeutung. – Im Winter und in Regenzeiten kann starke Verdünnung namentlich auf leichten Böden Auswaschungsverluste verursachen.

Nährstoffverluste der Gülle entstehen vor allem durch die Ammoniakverdunstung. Sie werden schon durch hohe Temperatur in den früher üblichen Gruben im Stall sowie durch die Kotbeigabe in diesen gefördert, durch vorzeitigen Luftzutritt, durch die Wirkung von Rührwerken, im Freiland dann ebenfalls durch hohe Temperaturen, Trockenheit, Wind, große Spritzweiten beim Schlauchtransport. Vollvergärte Harngülle erfährt die stärksten Verluste. Bis zum Ausbringen getrennte Aufbewahrung von Harn und Kot, Luftabschluß der Gruben, vor allem aber Verdünnung schränken die Lagerungs- und Ausbringungsverluste stark ein.

P-Beidüngung ist unbedingt notwendig und auch in der Praxis verbreitet. Ergänzung von Ca und selbst K kann erforderlich werden. VOIGTLÄNDER betont den Erfolg zusätzlicher N-Gaben. Selbst bei großer Besatzstärke reicht die N-Zufuhr durch Gülle nicht für die gesamte Grünlandfläche aus, zumal häufiger genutzt als gegüllt wird, die N-Versorgung also ungleichmäßig ausfällt und eine planmäßige Begüllung oft nicht möglich ist. Zugaben von 60 bis selbst 150 kg N/ha zeigen jedenfalls noch einen hohen Wirkungswert des N bis über 10 kg Tm je kg N. Bei üblichen Wiesen allgemein und bei extensiver Weidenutzung besteht offenbar kein zusätzlicher N-Bedarf.

Als beste Bewirtschaftungsform hat Mähweidenutzung zu gelten; dabei ist jederzeit genügend Fläche zur Begüllung verfügbar und damit Vermeidung der abschreckenden Wirkung frischer Gaben auf das Weidetier. Das Verhältnis von Weidegang und Mahd entscheidet über den Gülleanfall. Je höher der Mahdanteil, um so höher die Gülleerzeugung, am höchsten bei Sommerstallhaltung, die aber auch den größten Grubenraum zur Lagerung vor allem im Winter verlangt. Vielfach ist „Kurztags"-Weide, d.h. täglich 2- bis 3mal 2 Stunden, üblich, ergänzt durch das „Eingrasen" zur Grünfütterung im Stall (BRÜNNER). Zwischen der gesamten Weidedauer in der Vegetationszeit und der Gülleleistung bestehen enge Beziehungen (BRÜNNER, VOIGTLÄNDER). Ein Beispiel für den Zusammenhang (VOIGTLÄNDER):

Zahl der Weideumtriebe	Mahd in % der Fläche	kStE-Leistung je ha
7	47	4390
4,5	100	4950
3,4	130	6100

Erst im Herbst ist längere tägliche Weidedauer angängig, da die Gülleproduktion dann weniger wichtig und das Mähen kurzen Nachwuchses unlohnend ist.

Leistungen der Gülle

Bei entsprechender Ergänzungsdüngung mit P oder NPK sind von praktisch allen Autoren wesentliche Mehrleistungen sowohl gegenüber reichlicher Volldüngung wie gegenüber Jauche- und Stallmistdüngung erreicht worden. BRÜNNER wies bei gleicher N-Gabe (75 kg) und gleicher Wasserzufuhr eine Überlegenheit der Gülle gegenüber Harn, Kot, Jauche und Stallmist allein um etwa 8–14% nach; Gülle und Kalksalpeter waren leistungsgleich. Der Ertrag einzelner Güllegaben ist aber nicht entscheidend. Das Zusammenwirken steigender Häufigkeit und Verdünnung der Güllegaben, d.h. des häufigen Nährstoffumsatzes, mit der Nutzungsweise führt zu starken Einflüssen auf die mögliche Besatzstärke und Flächenersparnis. In 5 Jahren (mit Zusatz-N) fand VOIGTLÄNDER folgende Veränderungen:

Besatzstärke GVE/ha (S. 450)	1,73 → 2,57
Flächenbedarf je GVE in ha	0,52 → 0,36
Milchleistung je ha in kg	4251 → 6328
Milchleistung je Kuh	6800 → 9894

Ähnliches geben SCHECHTNER 1961a und SCHNEITER 1961 an. Bei Wiesen wurden Heumehrerträge von 10–35 dz/ha und darüber festgestellt.

Soweit Angaben über den Wirkungsverlauf der Gülledüngung vorliegen, steigt der Ertrag bei regelmäßiger Anwendung meist eine Reihe von Jahren an, wenn auch in verschiedenem Umfang (GISIGER, HÖDE/WEDEKIND). Von Wiesen sind (aus dem gleichen Grunde wie bei der N-Düngung, S. 202) Rückschläge nach einigen Jahren bekannt.

Abb. 74. Überdüngte Grünfutter-(Vielschnitt-)Wiese, Gräser bis auf Reste verdrängt

Die Wirkung der Gülle auf den Stoffgehalt des Aufwuchses ist namentlich in Wiesen bei übertriebener Anwendung ohne Zusatzdüngung meist ungünstig. Rohprotein-, P- und Ca-Gehalte nehmen ab, die Gehalte an Rohfaser und vor allem an K zu, letzterer bis auf über 7% K_2O in der Tm. Harnreiche Gärgülle führt zu Anreicherung von K-Benzoaten; diese wie allgemein P- und Ca-Mangel sowie starker K-Überschuß beeinträchtigen die Tiergesundheit (Lecksucht, Knochenschäden, Verdauungs- und Fruchtbarkeitsstörungen u.a.m.). Mit entsprechender Zusatzdüngung, gleichmäßiger räumlicher Vollgülleverteilung und Mähweidenutzung lassen sich diese Nachteile vermeiden. Eine schädliche Rolle können die im Urin tragender Tiere vorhandenen weiblichen Sexualhormone (Oestrogene) spielen (Fruchtbarkeitsstörungen), soweit sie noch an der Pflanze haften; ein Grund mehr, Gülle nach Möglichkeit nur Mahdparzellen zu verabreichen.

Die Wirkung der Gülle auf die Vegetation ist namentlich auf Wiesen drastisch, wenn Dickgülle ohne Nährstoffergänzung stets auf denselben hofnahen Flächen verwendet wird (Abb. 10, 73, 74, 110). Dabei werden in erster Linie Doldenblüter (Umbelliferen, besonders *Anthriscus*, *Heracleum*, in höheren Lagen auch *Aegopodium*, *Chaerophyllum*) gefördert, ferner Hahnenfuß- (*Ranunculus*-) und Ampfer-(*Rumex*-)Arten. Bei Vielschnitt breitet sich oft auch Löwenzahn (*Taraxacum*) sehr stark aus. In den Voralpenlagen sind die ,,Umbelliferen-Wälder" ein Charakteristicum der Betriebe mit vorherrschender Mahd. Gräser und Kleearten treten dabei ganz zurück. Im Allgäu fand H. WAGENER (1931) folgende Zusammenhänge:

Düngung	Ertragsanteil von Doldenblütern
Viel Gülle, Stallmist, Schlachthausabfälle, viel P, K	58,3%
Viel Gülle, weniger Stallmist, wenig P, K	41,3%
Wenig Gülle und Stallmist, viel P, K	7,4%
Vorwiegend P, K, selten Stallmist, nie Gülle	6,5%

Bei Weidenutzung verschwinden die genannten Hochstauden rasch – bei Mähweidenutzung in dem Maße, in dem die tägliche Weidezeit (BRÜNNER) zunimmt. VOIGTLÄNDER fand folgendes:

Zahl der jährlichen Weidenutzungen	3,4 → 7
Ertragsanteil von ,,Gülleunkräutern"	29,4 → 10,8%
Ertragsanteil von Arten der Intensivweiden	18,4 → 38,0%

Verunkrautung und Kleeverdrängung bleiben bei Mähweidenutzung in engen Grenzen. Aber auch ein höherer Unkrautanteil ist nicht schädlich schlechthin. Der Mineralstoffreichtum der meisten ,,Gülleunkräuter" ist sicher mitverantwortlich für die Tatsache, daß im Voralpengebiet Tetaniefälle im Gegensatz zu den Lagen mit krautfreien Intensivweiden praktisch nicht vorkommen.

Einseitige, übertriebene Gülleverwendung ohne Ergänzungsdüngung kann Bodenschäden verursachen (P-, Ca-Verarmung, ungünstigen Basenaustausch), doch lassen sich diese Erscheinungen durchaus vermeiden. Organische Stoffe der Gülle werden im Boden größtenteils sehr schnell zersetzt, zu erkennen an einer starken Erhöhung der Bodenatmung. Mit einer unmittelbaren Humusvermehrung ist nicht zu rechnen. Wenn der Gehalt des Bodens an organischer Substanz und Humus-N durch Gülledüngung trotzdem anwächst, dürfte dies auf der Steigerung des Pflanzenzuwachses und dem damit vermehrten Bestandsabfall und Wurzelwuchs beruhen.

Auf mögliche Schädigungen des Bodenkleinlebens durch Anwendung übermäßiger, hochkonzentrierter Gärgülle haben FRANZ 1961 und GUNHOLD hingewiesen. Verdünnte Rohgülle mit Ergänzungsdüngung und gelegentlichen Stallmistgaben bringt offenbar keine Schädigung von Mikroflora und Kleintieren mit sich.

Zwischen den praktisch verabreichten Güllegaben, ihrer Häufigkeit und Verdünnung bestehen Wechselbeziehungen, die allgemeingültige Aussagen nicht zulassen. Auf Vollgülle berechnet wird von Jahresgaben zwischen 25 und 75 m³ je ha, je nach Verdünnungsgrad von solchen zwischen 90 und 400 m³ berichtet. Für Einzelgaben nennt BRÜNNER bei üblicher Verdünnung 60 m³ als Norm. Er fand in 70 Betrieben folgende Zusammenhänge (Teiltabelle):

Mittlere Zahl der Güllegaben	1,3	1,8	2,4
Verdünnung (Wasser je Einheit Gülle)	3,3	3,5	4,4
Gülleanfall m³/ha	73,3	102,1	127,3
Lagerungsdauer, Tage	35,2	30,1	28
Flächenbedarf a/GVE	56	47	43
kStE/ha Rinder-Hauptfruchtfutterfläche	3595	4245	4697

Mit der Gabenhäufigkeit wachsen Verdünnung, Gesamtanfall an Gülle und als das Wesentliche die Umsatzgeschwindigkeit; damit steigt die kStE-Leistung bei abnehmendem Flächenbedarf je GVE. Die Höhe der Einzelgaben bleibt dabei fast gleich, auf Vollgülle berechnet nimmt sie sogar ab. Mit starkem Ansteigen der Einzelgabe würde der Wirkungswert der Nährstoffe nur abnehmen.

Zeitliche Verteilung und Zeitpunkte der Gaben sind bedingt von Nutzungsweise, Jahreszeit und Witterung. Bei reiner Wiesennutzung entscheiden die Schnittzeitpunkte. Mähweidewechsel bietet stets Gelegenheit der Gaben zu Mahdflächen, d.h. Vermeidung frischer Gaben vor Weidegang. Wintergaben sind der Auswaschung ausgesetzt, aber bei beschränktem Grubenraum unvermeidlich. Ausbringen auf gefrorenen Boden ist zu vermeiden. In der Vegetationszeit ist auf die Witterung wie bei Jauchegaben (S. 222) Rücksicht zu nehmen. Auf die Güllegabe folgender Regen führt zu raschem Eindringen in den Boden und zum Abspülen der Güllereste von den Pflanzen. Trockenzeiten kann man – genügende Wasservorräte vorausgesetzt – in begrenztem Maße durch stärkere Verdünnung begegnen, ausgesprochener Nässe durch höhere Konzentration.

Hinsichtlich des saisonalen Wirkungswertes gilt im ganzen dasselbe wie für die Gabenteilung bei Handelsdünger-N, doch ist die Güllewirkung witterungsempfindlicher.

Über die Konservierungsmöglichkeiten von Gülle durch Zugabe von Superphosphat äußert sich GISIGER 1961 ausführlich. Um Ammoniakverluste weitgehend zu vermindern, sind sehr große Superphosphatmengen (bis 200 kg je Kuh und Jahr) erforderlich (S. 222). Ähnliches wird aber durch Kotzusatz und Verdünnung der Gülle erreicht.

Über die Eignung des Bodens bestehen recht verschiedene Ansichten (z.B. GISIGER, HERRIOTT u.a. 1965/66, Vorträge der österreichischen Gülletagungen, siehe unter „Bundesversuchsanstalt...").

Auf die Technik der Bereitung und Ausbringung von Gülle wird hier nicht näher eingegangen, zumal Bau, Beschaffung und Verwendung der Anlagen doch der individuellen Beratung bedürfen und die Entwicklung auch hier nicht stillsteht.

Flüssigmistdüngung. Nachteile der traditionellen Güllerei sind in der großen Arbeitsbelastung zu sehen, d.h. in der zeitweiligen Sommerstallfütterung (Mahd-, Transport- und Stallarbeit), ferner in dem häufigen Ausbringen der durch Verdünnung vergrößerten Güllemengen mit der langen Rüstzeit etwa der Verschlauchung; der Grubenraum muß zwangsläufig groß sein. Eine Tendenz zur Vereinfachung des Verfahrens setzt sich auch im Bereich der herkömmlichen Güllerei mehr und mehr durch; der Wunsch, die Vorteile der Gülledüngung auch außerhalb der von Natur begünstigten, grünland- und regenreichen Gebiete wahrzunehmen, hat von vornherein zu einfacheren Lösungen geführt. Dabei geht es zunächst um Einschränkung der verwendeten Güllemenge, d.h. der Verdünnung und damit auch des Wasserverbrauches beim Flüssigmist-(Fließmist-)Verfahren. Der gesamte Exkrementanfall wird entweder mit geringstmöglicher Wassermenge („Schwemmist") oder ganz ohne Wasserzusatz („Treibmist") gewonnen und bewegt. Im Prinzip handelt es sich also um Vollgülle mit geringer oder ohne jede Verdünnung (Dickgülle).

Wesentliche Unterschiede zwischen dem alten und dem neuen Verfahren bestehen einmal im Gehalt des Flüssigmistes. Da die winterliche Stallmistbereitung fortfällt, ist der Kotanteil des Flüssigmistes höher, der Harnanteil geringer als in der bisherigen Gülle. Damit ergibt sich ein besseres Nährstoffverhältnis, namentlich ein niedrigerer K- und ein höherer P-Gehalt des Flüssigmistes. Trotz fehlender oder geringer Verdünnung ist der Anteil des verlustgefährdeten Stickstoffs geringer als bei kotarmer, harnreicher Gülle. Der Gülleanfall ist wegen des Unterbleibens von Sommerstallfütterung natürlich geringer, die tägliche Weidedauer dagegen länger. Es ist weniger und seltener Fließmist auszufahren, und moderne Güllefässer erlauben eine sehr gleichmäßige Gülleverteilung auf allerdings geringerer Fläche. Im ganzen verlieren die ursprünglichen Voraussetzungen der Güllerei – Regenreichtum, hohe eigene Wasservorräte, Arrondierung – an Bedeutung.

Gegenüber der Fülle von Erfahrungen mit der herkömmlichen Güllerei sind Forschungsergebnisse mit Flüssigmist bisher nur in geringem Umfang veröffentlicht worden. Eine betriebswirtschaftliche Studie für rheinische Höhengebiete liegt von NIENHAUS vor, eine jüngere, zusammenfassende Darstellung von MÜLLER/MOTT (1967, mit Ergebnissen von HENZE und HERRENKIND); kürzere Angaben von GISIGER 1968, ZÜRN 1968. MÜLLER/MOTT fanden, daß es doch meist zu einer Verdünnung von Fließmist bis zum Verhältnis von fast 1:1 kommt. Dies ist auch erwünscht zur Einschränkung der N-Verluste beim Ausfahren während warmer, windiger Witterung.

Die Autoren stellten Tm-Gehalte des Flüssigmistes, wenn ganz unverdünnt, von 12,5%, meist aber einen solchen von 6–8% fest. Auf 7% Tm berechnet, ergab sich im Mittel von 39 Betrieben ein Gehalt des Flüssigmistes von rund:

Organischer Substanz	5,33%	P_2O_5	0,15%
Gesamt-N	0,31%	CaO	0,16%
Ammoniak-N	0,18%	MgO	0,06%
K_2O	0,39%	Na_2O	0,03%

In 40 m³ Flüssigmist wären damit enthalten:

N	124 kg	CaO	64 kg
P_2O_5	60 kg	MgO	24 kg
K_2O	156 kg	Na_2O	12 kg

Im Vergleich ergibt sich etwa folgendes Nährstoffverhältnis:

	N	P_2O_5	K_2O	CaO
beim alten Verfahren	3,5	1	6,2	2,3
beim Flüssigmist	2,0	1	2,5	1,0

Für hohe Graserträge etwa von 100 dz Tm/ha reicht eine Gabe von 40 m^3 Flüssigmist je ha nicht aus. Ein besonders großes Defizit ergibt sich bei der Stickstoffversorgung, zumal doch mit N-Verlusten bis zu 40 kg Ammoniak-N zu rechnen ist. Der P-Bedarf könnte bei niedrigen Ernten gedeckt werden, der K-Gehalt schon unerwünscht hoch sein. Der CaO-Gehalt wird, namentlich angesichts der möglichen Auswaschung, meist zu gering sein, und das gleiche gilt für den MgO-Gehalt. MÜLLER/MOTT fanden in den untersuchten Betrieben eine Zudüngung der Praxis von – in kg/ha – durchschnittlich 120 N, 90 P_2O_5, 40–60 K_2O, für die Ca-Versorgung regelmäßige Kalkung oder doch starke Ca-Zufuhr in Phosphaten und Ca-haltigen N-Düngern. Bei dem auffallenden Unterschied des CaO-Anteils in dem oben genannten Nährstoffverhältnis zwischen altem und neuem Verfahren dürfte der hohe Krautanteil der süddeutschen Güllebestände gegenüber den meist krautarmen Flüssigmistbeständen eine wesentliche Rolle spielen.

In den Grundprinzipien bestehen keine entscheidenden Unterschiede zwischen alter und neuer Gülleverwendung. Über besondere Wirkungen von Flüssigmist auf Boden, Pflanzenbestand und Futtergehalt ist noch zu wenig bekannt.

Nachteile der Flüssigmistverwendung bestehen in dem geringeren Nährstoffanfall und in der schwachen Verdünnung; beides bedeutet geringeren Umfang der zu düngenden Fläche und weniger weiträumige Verteilung. Der Faßtransport endet gegenüber dem Verschlauchen an Steilhängen, auch ist bei nassem Boden mit erheblichen Druckschäden zu rechnen.

Im ganzen wird aus der herkömmlichen Güllerei als Grundlage eines ganzen Wirtschaftssystems eine zusätzliche (Flüssig-)Düngung neben reichlicher Grunddüngung aus Handelsdüngern mit vielseitiger, an weniger Voraussetzungen gebundener Verwendbarkeit.

Düngung und Beregnung, Beregnungsdüngung

Das Zusammenwirken von Düngung und Wasserzufuhr gilt als sehr wirksam. Vor allem bei Wassermangel wird von künstlicher Beregnung eine schnellere und auch stärkere Aufnahme und Ausnutzung von Nährstoffen erwartet, zumal diese besser als ohne Regen in den Boden gelangen. Wasserzufuhr kann in gewissem Maße die ertragssteigernde Wirkung einer N-Gabe ersetzen (z.B. CASTLE/REID 1960), wie anderseits N-Düngung zu besserer Wasserausnutzung führt (S. 132, 201). Beispiele für das Zusammenwirken hoher N-Gaben mit Zusatzregen bringen DAVIES/WILLIAMS 1958. Durch Wasser allein wurden Mehrerträge von 39 dz Tm/ha erreicht, durch N allein solche von 58, durch Wasser und N solche von 93,5 dz/ha; ähnliches ist aus USA-Versuchen bekannt. Voraussetzung ist natürlich ein tatsächlich hoher Wasserbedarf, und Mehrerträge dieser Größenordnung sind zweifellos Ausnahmen. Aus den zahlreichen Versuchen BROUWERS (1959) ergibt sich ja, daß, wirtschaftlich gesehen, die Beregnung von Grünland durchaus nicht immer lohnend ist. HALLGREN 1965 zeigte, daß Beregnung auf Flächen ohne N-Gabe wesentlich wirksamer als auf solchen mit N war, zumal der Kleeanteil auf ersteren stark anstieg. Starke N-Gaben verdrängten den Klee fast vollständig, so daß die beregneten Flächen nicht mehr leisteten als diejenigen ohne N. Dagegen erzielten N + Beregnung Höchstleistung auf kleefreien Flächen.

Das Zusammenwirken von Düngung und Wasserzufuhr legt immerhin den Gedanken der „düngenden Beregnung" nahe, d.h. die flüssige Verabreichung von Nährstoffen in einer Regengabe mit dazu geeigneten Anlagen. Verwendung stärker als üblich verdünnter Jauche, Gülle, von Fließmist oder auch verflüssigtem, pumpfähigem Stallmist mit starkem Wasserzusatz könnte als Vorbild gelten. In einschlägigen Versuchen sind „trockene" Düngung, das „Einregnen" vorher gestreuten Düngers mit Reinwasser und das Verregnen einer Düngerlösung zu vergleichen. Die Ergebnisse vorliegender Versuche sind für die Flüssigdüngung mit N überraschend. 3 Versuche von VAN BURG 1964 mit Flüssigdüngung von Ammonsalpeter, zum Teil in Mischung mit Harnstoff, zeigten keine Überlegenheit gegenüber trocken ausgestreutem Ammonsalpeter. Zuweilen traten erhebliche Verätzungsschäden bei Dikotylen auf. Neuere Versuche von STÄHLIN 1962 und STAGE auf Wiesen verliefen ebenfalls enttäuschend. „In dem Beregnungsversuch sieht es nach 4 Jahren so aus, als ob die flüssige Ausbringung von Nährstoffen keine Ertragssteigerung gegenüber der trockenen Wirkung (mit oder ohne folgende Regengabe) bewirken könne" (STÄHLIN). Dies gilt namentlich für die Verregnung von N allein, wodurch die bekannte (kleeverdrängende) Wirkung gegenüber trockener Düngung anscheinend noch verschärft wird. Für PK konnten gesicherte Mehrleistungen durch Verregnen gegenüber nachträglichem „Einregnen" einer trockenen Düngung erzielt werden. STÄHLIN sieht in der Flüssigdüngung vor allem ein Transportmittel der Nährstoffe in einen bereits hochgewachsenen Bestand. Näheres ist in der Originalarbeit nachzulesen. BROUWER äußert sich sehr skeptisch über die „Beregnungsanlage als Ersatz für den Düngerstreuer" (wie schon über die Möglichkeit besserer N-Ausnutzung durch Beregnung).

f) Wechseldüngung

Für kleereiche Wiesen, die weder beweidet noch häufiger als 2- bis 3mal genutzt werden können, bietet sich zur Vermeidung der Kleeverdrängung durch N-Gaben ein regelmäßiger Düngungswechsel an. Die einmal als richtig erkannte PK-Düngung wird jährlich gegeben; jedes zweite oder dritte Jahr wird eine N-Gabe eingeschaltet. In einem zusammen mit V. HUPPERT 1938 bis 1943 durchgeführten Versuch (KLAPP/MORGENWECK/SCHULZE 1951) ergab sich folgendes:

Düngung	Mittelertrag dz Tm/ha	Ertragsanteile %		
		Gras	Klee	Sonstiges
a) Stets ungedüngt . . .	58,7	60	25	15
b) Stets PK	66,5	59	30	11
c) Stets NPK	73,3	74	15	11
d) PK–NPK–PK usw. . .	71,0	67	22	11
e) PK–PK–NPK usw. . .	70,0	64	23	13

Alle Kombinationen waren jährlich vorhanden (in kg 60 N, 60 P_2O_5, 100 K_2O je ha; alle Teilstücke mit 200 dz/ha Stallmist in jedem zweiten Jahr). Der Ertrag der Wechseldüngung blieb nicht nennenswert hinter dem der ständigen NPK-Düngung zurück, während der Kleeanteil besser erhalten blieb. Der

Rohproteingehalt lag bei Wechseldüngung um 0,9% höher als bei dauernder NPK-Düngung. LORCH benutzte in 5 Versuchen weitere Düngerkombinationen (PKCa-Stallmist + PK-NPK-Jauche + P usw.). Auch hierbei ließ sich hoher Ertrag mit guter Erhaltung des Kleeanteils erreichen. Siehe ferner BRÜNNER 1962a, ZÜRN 1965a, 1968, ZIFFER, STAEHLER/STEUERER-FINCKH 1965. Die bei Umtriebsweiden heute verwendeten N-Mengen können allerdings bei üblicher Wiesenmahd nicht ohne unerwünschte Bestandsveränderung, sondern nur bei Vielschnitt Anwendung finden.

Düngungswechsel findet sich fast zwangsläufig auf Mähweiden, wenn organische Dünger, besonders Jauche und Gülle, nur vor Mahdernten verwendet werden sollen.

g) Wünschenswerte und tatsächliche Düngung

Wesentliche Versuchsergebnisse und Düngungsvorschläge

Für die wichtigste Grünlandform Deutschlands, die 2-Schnitt-Wiesen, haben die Vorschläge P. WAGNERS (1921) bis in die neuere Zeit als richtungweisend gegolten; d.h. die Bemessung der PK-Düngung nach den zur „Sättigung" des Heues mit P und K notwendigen Mengen (S. 238). Eine N-Düngung der Wiesen hielt WAGNER für weder notwendig noch vorteilhaft. Bei den zunächst von der Forschung völlig vernachlässigten Weiden verlief die Entwicklung anders. F. FALKE, der schon seit 1898 N-Düngungsversuche auf Weiden anstellte (LAMPETER 1965), aber auch DÜNKELBERG und SCHNEIDER-KLEEBERG hielten bereits um 1900 eine N-Düngung der Weiden für lohnend, ja für unentbehrlich. Die N-Gaben blieben zunächst noch gering, bei FALKE (1911) 30 kg Salpeter-N je Jahr und ha in 3 Gaben. Die von ihm empfohlenen N-Mengen aber stiegen 1924 bis auf 100 kg/ha und selbst für Wiesen auf 60 kg/ha. In der Praxis arbeitete WARMBOLD (Hohenheim) mit bis zu 185 kg N/ha (AHLGRIMM, MÜNZINGER/VON BABO 1931).

1928 begann im Rahmen der „I.G. Farben" eine groß angelegte Versuchsreihe mit einer N-Staffelung von 60–90–100 kg/ha auf Weiden; sie erbrachte mehr als 100 Abschlüsse mit FALKES Verfahren der Weideertragsermittlung (S. 483, STRÖBELE, STAEHLER; zum Teil veröffentlicht in KLAPP 1932b). Vorher schon (1921) führte die Erfindung des Haber-Bosch-Verfahrens der N-Gewinnung, als der Import eiweißreichen Kraftfutters für Deutschland abgesperrt war, zur Erprobung hoher N-Gaben auf Mäheflächen durch NEUBAUER mit 168–252 kg N/ha. In Bayern wurde dann eine große Versuchsreihe mit N-Gaben bis 280 kg N/ha durchgeführt (1921–1923, SPERBER). Bei 5–6 Schnitten wurde der Gras- und Rohproteinertrag selbst im Dürrejahr 1921 verdoppelt, der Rohproteingehalt auf 23% erhöht. (Ähnliche Versuche bei R. HOFFMANN 1924, VON KNIERIEM 1923–1925.)

Die N-Düngung auf 2-Schnitt-Wiesen stieß jedoch noch lange Zeit auf Ablehnung, vor allem infolge der großen Autorität von P. WAGNER. 1924 aber lernte dieser die Wirkungen hoher N-Gaben (bis 120 kg/ha) nicht nur auf Weiden, sondern auch auf Mäheflächen in Steinach b. Straubing (VON SCHMIEDER, NIGGL) kennen; 1925/26 kam er auf Grund neuerer Erfahrungen zur Revision seiner Auffassung, d.h. zur Empfehlung der N-Düngung auch auf Grünland.

In den westeuropäischen Weideländern ließ man großenteils die Bedeutung der N-Düngung für Weiden zunächst nicht gelten. Zum Teil erwartete man namentlich auf K-reichen Böden eine genügende N-Versorgung der Grasnarbe von der durch P-Düngung stark erhöhten N-Sammlung des Weißklees.

Ferner galt die N-Düngung angesichts der zunächst ungünstigen Preisrelation zwischen N-Düngern und Grünlanderzeugnissen als unwirtschaftlich (im Gegensatz zu FALKE). Diese Preisrelation hat sich allerdings in diesem Jahrhundert grundlegend geändert. Nach V. HUPPERT (brieflich) kostete 1 kg N 1913/14 im Mittel von schwefelsaurem Ammoniak und Salpeterarten 1,344 Reichsmark (FINK, Limburgerhof), der heutige Preis ist etwa 1,02 DM. Der Erzeugerpreis für Wiesenheu hat sich zwar seit 1913/14 nicht wesentlich erhöht. (In der Rheinprovinz um 1900 etwa 6–7 Mark je dz, in der Bundesrepublik 1960/65 etwa 10,6 DM.) Dagegen erhält man z.Z. für die wichtigsten Weideerzeugnisse – Milch und Fleisch – die 3- bis 4fache Menge von N-Düngern wie vor dem ersten Weltkrieg. Trotzdem ist der früher hohe N-Preis in fortschrittlichen deutschen Weidebetrieben kein Hindernis für die N-Verwendung auf Weiden gewesen. GEITH/ZÜRN berichten schon von Gaben bis 145 kg N/ha seit 1929. Daß die Vielschnittversuche NEUBAUERS, die Eiweiß billiger als die eiweißreichsten Kraftfuttermittel lieferten, keine Nachfolge fanden, hatte den einfachen Grund in fehlenden Konservierungsmöglichkeiten, nicht im Stickstoffpreis.

Das deutsche Vorangehen in der N-Düngung von Weiden ist seinerzeit im Ausland heftig kritisiert worden. Ein groteskes Beispiel dafür ist VAN DAALENS Vortrag beim 3. Grünlandkongreß 1934; er begründete die Unwirtschaftlichkeit der N-Düngung mit dem Zwang zur Viehvermehrung, zu neuen Stallbauten, mit den Kosten der größeren Melkarbeit, P-Düngung, Heu- und Kraftfutterbeschaffung. (Doch siehe FRANKENA 1934/36.) Auch in Diskussionen beim 4. Grünlandkongreß 1937 traten sowohl diese Einwände wie die Auffassung ausreichender N-Versorgung der Weiden durch Kleeförderung wieder auf. Man übertrug die gewaltigen Stickstoffgewinne in klimatisch günstigeren Ländern, z.B. in Neuseeland, auf europäische Verhältnisse. Erst im und nach dem letzten Kriege wurde in vielen bisher ablehnenden Ländern anerkannt, daß die Leistung der nur mit P oder PK gedüngten Klee-Gras-Weiden in Europa zu begrenzt ist, um die heute erforderliche Höhe zu erreichen. Sie haben die Konsequenz gezogen und sehr rasch die in Deutschland schon in den 20er Jahren empfohlenen und versuchsmäßig erprobten N-Mengen in Versuchen und auch in praktischen Fällen überschritten.

Tatsächliche Düngung in der Praxis

Eine spezielle Statistik der Grünlanddüngung fehlt in Westdeutschland (und auch in anderen Ländern). So ist man auf Einzelerhebungen angewiesen. Für 1952/53 errechneten NIESCHULZ/PADBERG (1954) in Buchführungsbetrieben folgende Nährstoffgaben in kg/ha (Durchschnitt):

	N	P_2O_5	K_2O
Zu Getreide	44	44	78
Zu Hackfrüchten	83	61	131
Zu Dauergrünland	26	46	64

Nun stehen buchführende Betriebe in der Bewirtschaftung stets weit über dem Mittel. Die für den gleichen Zeitraum errechneten Werte aus Berichterstatterbetrieben sind deutlich niedriger (NIESCHULZ/SCHÜHLY 1957). Untersuchungen in einzelnen Landschaften geben um die Mitte der fünfziger Jahre folgende Verbrauchsdaten in kg/ha an (MÜLLER/SCHÖTTLER in PADBERG 1957):

	Schwarzwald, Bayerischer Wald	Allgäu	West-Sauerland	Westerwald	Marschen
N	5	8	27	22	10
P_2O_5	11	40	63	34	20
K_2O	10	30	80	35	5

Dies sind die „häufigsten" Werte mit außerordentlich großer Spanne von Betrieb zu Betrieb. (Siehe ferner SCHÖTTLER 1957.) Im allgemeinen nehmen die Gaben mit wachsendem Grünlandanteil stark ab, besonders bei N (ausführlicher bei SCHWEIGHART oben S. 11); FINCKH (1962) gibt für bayerische Landkreise mit über 80% Grünland einen Verbrauch von nur 4,4 kg N/ha an.

In Berichterstatterbetrieben (NIESCHULZ/SCHÜHLY) war der Verbrauch 1956/57 in kg N/ha

	zu Getreide	zu Hackfrucht	zu Grünland
bei weniger als 10% Ackeranteil . .	29	25	5,6
bei mehr als 70% Ackeranteil . . .	52	104	49

In allen Fällen bleibt die N-Verwendung auf Grünland weit hinter derjenigen auf Ackerland zurück.

SCHWEIGHART nimmt für Bayern an, daß 3- bis 4mal soviel Geldwert für die Ackerdüngung aufgewendet wird, wie für Grünland mittlerer Leistungsstufen.

Nicht anders steht es z.B. in England; MAKUS nennt folgende Düngergaben (1957) in kg Nährstoff/ha:

	N	P_2O_5	K_2O
Ackerfrüchte	44	47	58
Leys (Klee-Gras-Ansaaten, S. 369)	21	28	16
Dauerweiden	9	18	10

Nun ist der Düngerverbrauch Westdeutschlands insgesamt laut Statistik von 1950/51 bis 1962/65 sehr stark angestiegen (N + 112%, P_2O_5 + 82%, K_2O + 72%), und zwar in grünlandreichen Gebieten bei N stärker als in grünlandarmen. Der gesamte N-Verbrauch betrug

	In 32 Kreisen mit über 70% Grünland	In 37 Kreisen mit unter 20% Grünland
1960/61	16,2 kg N/ha	70,4 kg N/ha
1965/66	32,9 kg N/ha	79,4 kg N/ha
Zunahme	16,7 kg N/ha	9,0 kg N/ha

Grünlandarme Bezirke hatten schon vorher hohe N-Gaben verwendet. Für das Bundesgebiet wird der gesamte N-Verbrauch 1964/65 mit 55,5 kg/ha angegeben. Für den Verbrauch speziell auf Grünland ist man wieder auf Schätzungen angewiesen. Unter Berücksichtigung des Flächenanteils der Kulturen müßte der N-Verbrauch auf Grünland im Mittel etwa 26 kg/ha betragen. Buchner rechnet 1965 für das Grünland mit einem Verbrauch von 27% des Handelsdünger-N (für Getreide mit 37%, für Hackfrucht [kleine Fläche!] mit 20%). Nach V. Huppert (brieflich 1968) gibt die Bauernzeitung Nr. 8 für 1960/61 als N-Gaben an bei:

Getreide	44 kg/ha
Hackfrucht	92 kg/ha
Grünland	27 kg/ha

Dieselbe N-Gabe für westdeutsches Grünland bis 1964 (27 kg/ha) nehmen 't Hart/van der Molen 1966 an (S. 203). In den Niederlanden hat die vor 1930 kaum verwendete N-Düngung auf Intensivweiden 1964 im Durchschnitt aber bereits 150 kg/ha erreicht. Wenn Deutschland so weit dahinter zurückbleibt, so hat das – wie in einigen seiner Nachbarländer – großenteils seinen Grund in dem hohen Wiesenanteil und in der starken Verwendung von Wirtschaftsdüngern; diese betrug z.B. nach Brünner (1953) Anfang der fünfziger Jahre in Württemberg durchschnittlich 87 dz Stallmist, 101 hl Jauche und Gülle je ha; die dort geringe Gabe von 6 kg N/ha überrascht daher nicht. 't Hart/van der Molen nehmen für die Schweiz mit ihrer ausgedehnten Gülle- und Stallmistanwendung Gaben von nur 12 kg/ha Handelsdünger-N an. – Aber auch in Ländern mit vorherrschender Weidenutzung und geringer Anwendung von Wirtschaftsdüngern bleibt die praktische N-Düngung noch weit hinter empfohlenen und erprobten Gaben zurück. W. Davies gab 1960 für Großbritannien folgende Durchschnittsmengen von N an:

	1940	1960
Leys (Kleegras, S. 369)	11	44 kg/ha
Dauerweiden	0	22 kg/ha
Ödlandweiden (,,Rough grazings")	0	0 kg/ha

Auch Baker 1960a, Ivins 1966 betonen das starke Zurückbleiben der N-Düngung auf den Dauerweiden (siehe S. 234). Je nach Autor erhielten Leys zwar auf 70% der Fläche N, Dauerweiden aber nur auf 13–39% der Fläche. Auf Leys mit Rationsweidenutzung wurden in England bereits 1962/64 bis über 188 kg N/ha verwendet. – Sehr geringe N-Gaben nennt Jürgens-Gschwind für die Vereinigten Staaten.

't Hart/van der Molen versuchen eine Vorausschätzung der ,,optimalen" N-Gaben; sie lautet für die ,,Benelux"-Länder 250 kg N/ha, für Westdeutschland 140 kg, für die Schweiz und für Österreich 50 kg. Diese Abstufung berücksichtigt den hohen Anteil an Mäheflächen ebenso wie die starke Verwendung von Wirtschaftsdüngern. – Für England sieht Davies als Fernziel für 1980 an: bei Leys und Dauerweiden 440 kg, bei Ödlandweiden 24 kg N/ha! Holmes entwickelt ebenfalls für England einen Stufenplan der Weidedüngung bis 450 kg N/ha.

Nach einer jahrelang anhaltenden Düngerknappheit namentlich in der Nachkriegszeit ist die N-Verwendung besonders bei intensiven Weidebetrieben in Westdeutschland vielfach auf 150–200 und mehr kg N/ha angestiegen; doch fehlen nähere Unterlagen über deren (vermutlich noch geringen) Flächenanteil. Als Beispiel nennt ZÜRN 1968 den Betrieb Steinach: die N-Gabe auf Weiden stieg dort 1945–1964 von 10 auf 143 kg N/ha, also auf das 14fache.

Die Verwendung von P und K nahm langsamer als die von N zu. Das Verhältnis von N:P_2O_5:K_2O hat sich im Gesamtverbrauch Westdeutschlands stetig verengt; nach BUCHNER lautete es:

1935/38 . . . . wie 1:1,3:1,9
1950/51 . . . . wie 1:1,2:1,8
1963/64 . . . . wie 1:1,0:1,5

Beim Grünland dürfte dieser Verlauf noch stärker ausgeprägt sein. In Weidebetrieben der Niederlande übertrifft die P-Zufuhr – bei Mitberücksichtigung der Wirtschaftsdünger – vielfach den Entzug und noch mehr gilt das für K, so daß hier Zurückhaltung empfohlen wird. Die Rücklieferung der Exkremente spielt hierbei eine entscheidende Rolle ('T HART 1956b). Auch in westdeutschen Weidebetrieben hat die PK-Düngung vermutlich oft zu einer Bodenanreicherung geführt, die eine nur noch dem Entzug entsprechende Düngung oder sogar einen zeitweiligen Verzicht besonders auf K-Gaben rechtfertigt. (Über die Rolle des Mahdanteils siehe z.B. S. 171 u. 183.) Bei reiner Mähenutzung bereitet allerdings die richtige Bemessung der K-Düngung mehr Schwierigkeiten insofern, als eine ausreichende Vorratsbildung namentlich in Böden geringen Sorptionsvermögens kaum zu erreichen ist. Der K-Entzug ist daher auch bei hohen K-Gaben oft höher als die K-Zufuhr (MOTT 1963a, THÖNI, ZÜRN 1965b, 1968). Es ist deshalb notwendig, vor allem den verfügbaren K-, aber auch den P-Gehalt des Bodens laufend zu kontrollieren (besser noch den Gehalt des Futters), um eine unerwünschte Steigerung zu vermeiden. Dies ist schwierig, wenn auf stark besetzten Weiden noch große Mengen von Jauche oder Gülle zur Verwendung kommen. Als letzter Ausweg wird schon die Beseitigung K-reicher Wirtschaftsdünger angesehen.

Im ganzen herrscht die Auffassung vor, daß die PK-Düngung des Grünlandes nicht im gleichen Umfang wie die N-Gabe zu steigen braucht. (Nach dem „Ertragsgesetz" von MITSCHERLICH wird die Hälfte des möglichen Höchstertrages erreicht durch Gaben von 50 kg P_2O_5, 75 kg K_2O, aber erst durch 247 kg N/ha. Bei den meisten Ackerfrüchten sind so hohe N-Gaben aus verschiedenen Gründen nicht anwendbar, wohl aber beim Grünland).

Wie wenig das „Potential" der Ertragsleistung namentlich bei Wiesen durch die bisherige Düngung ausgeschöpft wird, zeigen allgemeine Angaben über einzelne Pflanzengesellschaften (KLAPP 1962d, 1965a) und besonders Versuchsergebnisse von STEUERER-FINCKH, S. 496.

h) Feststellung des Düngebedürfnisses (gültig nur für P und K)

Die Ermittlung des Düngezustandes im Boden und des dementsprechenden Düngerbedarfs ist von höchster Bedeutung. Zuverlässige Daten werden in nach Menge und Kombination der Düngernährstoffe differenzierten Freiland-

Düngungsversuchen erreicht – aber diese sind nur in begrenzter Zahl möglich. Unabhängig vom Standort haben MITSCHERLICH (ganzjährige Gefäßversuche) und NEUBAUER (Keimpflanzenversuch mit Roggen) die Pflanze als Anzeiger der in Bodenproben verfügbaren („pflanzenlöslichen") Nährstoffe benutzt. Der Wunsch nach Beschleunigung und Vereinfachung des Verfahrens führte zur rein chemischen Bodenextraktion ohne Mitwirkung der Pflanze, in Deutschland zur Doppellaktatmethode EGNÉR-RIEHM. Leider ist es jahrzehntelang bei dieser wie bei der Keimpflanzenmethode versäumt worden, genügend Kontrollversuche unter den so überaus verschiedenen Standortverhältnissen durchzuführen. So wurden häufig Widersprüche zwischen dem nach Untersuchungsbefund errechneten Düngebedürfnis und dem tatsächlichen Düngungserfolg festgestellt. Die Schnellmethoden haben nicht nur mit zufälligen, sondern auch mit systematischen Fehlern zu rechnen.

Allgemein geben sie, im Gegensatz zu ganzjähriger Untersuchung (MITSCHERLICH), nur ein Momentbild, das z. B. die Nährstoffnachlieferung im Laufe der Vegetationszeit nicht berücksichtigt. Je nach Bodenart und Bodentyp wechseln die Bodenprozesse, die über Löslichkeit oder Festlegung der Nährstoffe entscheiden. Im Gegensatz zum Ackerland stellt das Grünland noch besondere Probleme. Da der Boden hier nicht durch Bearbeitung immer wieder durchmischt wird, bestehen größere Unterschiede in der horizontalen und vertikalen Verteilung der Bodennährstoffe. Die Wurzelkonzentration in einer seichten Bodenschicht läßt den Nährstoffgehalt des Bodens schon unter 10 cm Tiefe als wenig wirksam erscheinen (S. 171). In der seichten Oberschicht findet sich ein hoher Anteil organischer Substanz in verschiedensten Zersetzungsstufen, dessen Mineralisation in der Untersuchungsprobe zusätzliche Nährstoffe freisetzen kann. Im Weideboden werden durch Kot und Urin außerordentlich starke lokale Unterschiede der Bodenanreicherung hervorgerufen. Die Probenahme erfordert daher besondere Sorgfalt; sie soll nur eine flache Oberschicht, bei uns 6 cm, erfassen. ZÜRN 1968 hält demgegenüber doch eine Probenahme bis 10 cm Tiefe für notwendig, weil die Werte nach EGNÉR/RIEHM in einer 6-cm-Schicht eine zu gute Nährstoffversorgung andeuten und diejenigen aus 10 cm Tiefe nach seiner Ansicht besser auf das Düngebedürfnis schließen lassen. In Weideböden sind der hohen, durch Geilstellen verursachten Fehlermöglichkeiten wegen mehr Einstiche vorzunehmen als in Ackerböden.

Vor allem aber verlangt die Ausdeutung der Ergebnisse eine Berücksichtigung der Bodenart, insbesondere ihres Humus- und Tongehaltes wenigstens für die Feststellung des löslichen K-Vorrates. Nach dem Vorbild der Niederlande, die übrigens andere Extraktionsmethoden benutzen als EGNÉR/RIEHM, wird daher der ermittelte K-Gehalt mit einem empirischen Faktor für den Kolloidgehalt des Bodens zu der K-Zahl umgerechnet (für Einzelheiten siehe SCHACHTSCHABEL, SLUISMANS). Bei der Feststellung der pflanzenlöslichen P_2O_5-Menge ist die Berücksichtigung der Bodenart nicht notwendig.

Auch die lange beibehaltene, perfektionistische Errechnung von einheitlichen „Grenzzahlen" verschiedener Düngebedürftigkeit, Gegenstand der meisten Kritik, mußte aufgegeben werden. Der Nachdruck liegt jetzt auf dem „anzustrebenden" Nährstoffgehalt, der im allgemeinen – mit einem gewissen Streuungsbereich – zwischen 10 und 18 mg Nährstoff je 100 g Boden liegt. Werte unter 8 mg bedeuten stets Nährstoffmangel, sehr hohe Werte deuten auf die Möglichkeit, die Düngung einschränken zu können. Die von SCHACHT-

SCHABEL genannten Werte gelten zunächst für Ackerland. Differenzierte Angaben für P, K und Mg macht ZÜRN 1968.

Alle Einwände betreffen zunächst den Einzelfall. Große Untersuchungsreihen zeigten auch vor Anwendung verbesserter Berechnungsverfahren, z.B. vor der Berücksichtigung der Bodenart, durchaus einleuchtende Tendenzen. So ermittelte die Landwirtschaftliche Untersuchungs- und Forschungsanstalt Bonn (K. NAUMANN) folgende Änderungen der mittleren EGNÉR/RIEHM-Werte im rheinischen Grünland in % der Proben:

Gehalt	Hoch 15 mg und darüber		Mittel 9–15 mg		Niedrig 0–8 mg	
	P_2O_5	K_2O	P_2O_5	K_2O	P_2O_5	K_2O
1950	13	21	25	31	62	48
1965	67	73	19	19	14	8

Die Zunahme der Werte in 15 Jahren ist außerordentlich hoch.

Eine genügende Anreicherung des Bodens, bei der man sich weiterhin auf den Ersatz der durch die Ernte entzogenen Nährstoffmenge beschränken kann, ist für P_2O_5 unschwer zu erreichen, für K_2O unsicher.

Verhältnismäßig einfach liegen die Dinge bei dem tonfreien Hochmoor, wenn die bei der Kultivierung notwendige P- und K-Anreicherung einmal erfolgt ist. Die verabreichten Nährstoffmengen sind praktisch auch verfügbar. Daher läßt sich vom Nährstoffentzug des Aufwuchses unmittelbar auf den Düngerbedarf schließen, je 10 dz Heu z.B. auf 5–6 kg P_2O_5 und 20–25 kg K_2O/ha; bei (Mäh-)Weidenutzung entsprechend dem durch Exkrementanfall verringerten Entzug. Mit wachsendem Mineralbodenanteil und besonders auf Niedermoor ändern sich die erforderlichen Laktatwerte und Düngergaben. (Näheres bei BADEN 1966f.; KÖHNLEIN/KNAUER 1957a.)

Seit langem ist bekannt, daß zwischen dem Nährstoffzustand des Bodens und dem Nährstoffgehalt der Ernte enge Beziehungen namentlich für P und K bestehen. P. WAGNER (1921) sah auf Grund seiner umfangreichen Versuchsergebnisse das Heu als „gesättigt" und daher das Düngebedürfnis als erfüllt an bei einem Gehalt von 0,65% P_2O_5, 2,0% K_2O und 1,0% CaO. (Dem entsprechen die eben erwähnten, schon von TACKE und BRÜNE vorgeschlagenen Richtlinien für die Moorwiesendüngung.) Diese Werte können allerdings nur für Durchschnittsheu gelten, nicht z.B. für solches von extrem krautreichen Wiesen und für junges, daher mineralstoffreicheres Weideheu.

Nach vorangehenden Studien von KÖHNLEIN u.a. 1957a ist KNAUER 1963b diesem Fragenkomplex für Grünland nachgegangen. Benutzt wurden die Ergebnisse zahlreicher Dauerdüngungsversuche.

Mit Ansteigen des Gehaltes von P_2O_5 in % der Tm sinken die durch P-Düngung erzielbaren Mehrerträge, um bei über 0,76–0,79% P_2O_5 den Nullpunkt zu erreichen. Auch der durch K-Düngung erreichbare Mehrertrag sinkt mit ansteigendem K_2O-Gehalt der Tm. Von einer gewissen Grenze ab steigt der K_2O-Gehalt noch weiter, wobei der Ertrag gleichbleibt oder sogar sinkt. Im ganzen bestätigt sich für P und K (hier bis zu einem Gehalt von deutlich über 2% K_2O in der Tm) eine sehr enge Korrelation von Gehalt und Ertrag, so daß man den bei geringen Gehalten erforderlichen Düngerbedarf, aber auch dessen

Grenzen, mit großer Wahrscheinlichkeit errechnen kann. Die Beziehung Pflanzengehalt: Ertrag ist sehr viel enger als die Beziehung Bodengehalt (EGNÉR/RIEHM-Wert): Ertrag.

Für die allgemeine Anwendung sind zwei wesentliche Faktorengruppen zu berücksichtigen, nämlich:

1. Das Entwicklungsstadium (Alter) und
2. die floristische Zusammensetzung des Pflanzenbestandes.

Mit fortschreitender Entwicklung des Bestandes nimmt der Gehalt an Rohfaser zu, derjenige an Rohprotein und den meisten Mineralstoffen ab. Rohprotein- und Rohfasergehalt lassen also das physiologische Alter des Bestandes erkennen. Es ist klar, daß die – um mit WAGNER zu sprechen – „Sättigungswerte" des Pflanzengehaltes bei jungen Pflanzen höher sein müssen als bei alten. So kommt KNAUER für gut gedüngte Flächen zu folgenden Grenzwerten, bei denen ein Mehrertrag durch Düngung nicht mehr zu erwarten ist; bei:

	älteren	normalen	frühen	normalem	jungem
	Wiesenernten			Weidefutter	
K_2O %/Tm	> 2,0	> 2,2	> 2,5	> 2,6	> 2,7
P_2O_5 %/Tm	> 0,65	> 0,75	> 0,85	> 0,93	> 1,00

Die floristische Zusammensetzung des Bestandes birgt Fehlerquellen in Abhängigkeit vom Anteil von Pflanzen mit stark vom Mittel abweichenden Gehalten an P_2O_5 und K_2O (S. 154). Die engste und sehr hohe Korrelation zwischen Düngung und Stoffgehalt findet sich, wie zu erwarten, bei dem chemisch relativ homogenen Grasanteil und bei Mischbeständen ohne viel chemisch stark abweichende sonstige Arten. MORACZEWSKI, der ebenfalls sehr gute Beziehungen zwischen Pflanzengehalt und Ertrag fand, empfiehlt Verwendung nur des Grasanteils zur Untersuchung, THÖNI die Verwendung einer Grasart und des besonders stark auf K-Düngung reagierenden Weißklees. (Siehe ferner SCHLEININGER 1965.)

Es besteht kein Zweifel daran, daß die Pflanzenanalyse nächst dem Düngungsversuch die sichersten Hinweise für den Düngungsbedarf und die von der Düngung zu erwartenden Mehrerträge ergibt. Für die Tierernährung ist nicht der chemisch nachweisbare Gehalt des Bodens an pflanzenlöslichen Nährstoffen, sondern der Stoffgehalt der Ernte entscheidend. Leider stehen die im Gegensatz zu anderen Ländern noch sehr hohen Kosten der Pflanzenanalyse ihrer allgemeinen Verwendung entgegen. Es muß sich lohnen, festzustellen, ob für die Anwendung der Pflanzenanalyse nicht mit viel geringerer Probenzahl, d.h. mit Sammelproben von größeren Flächen, auszukommen ist, als bei der Bodenuntersuchung.

3. Pflege und Verbesserung des Grünlandes

a) Narbenpflege, Geilstellenbekämpfung, Lockerung und Festigung des Grünlandbodens

Störungen des Bodengefüges – nachteilige Verdichtung oder Auflockerung – können sowohl auf natürlichen Vorgängen wie auf Bewirtschaftungsmaßnahmen oder Bewirtschaftungsfehlern beruhen. Besonders auffällig sind Erscheinungen dieser Art auf Niedermoor, wo sie auch näher untersucht wurden. Zwischen Zersetzungsgrad einerseits, Lagerungsdichte und Luftkapazität anderseits bestehen hier enge Beziehungen. GAEDEKE fand für letztere 30 bis 200 cm^3 je l Boden, wobei 100–125 cm^3 als günstigster Fall gelten können:

Luftkapazität je l Boden	Ertragsanteile gute Gräser %	Kleearten %	Unkraut %	Ertrag dz Heu/ha
80–90 cm^3	15	14	23	61
122 cm^3	88	–	–	91
178 cm^3	30	–	36	74

REINCKE fand bei:

Binsenwiesen . . . . 6,9% Luftkapazität
gutem Grünland . . . . . . 9–12% Luftkapazität
Hochstaudenwiesen . . . . . 15% Luftkapazität

Zu dichte = luftarme Bodenstruktur bedeutet Vernässung, Auftreten von Binsen, Seggen, Hahnenfuß; bei günstiger, mittlerer Luftführung gedeihen die wertvollen und ertragreichen Gräser am besten; bei zu starker Lockerung und Durchlüftung wächst die N-Mineralisation, der Boden wird trockener und es stellen sich gröbere Obergräser, vor allem aber Wiesenlabkraut, Brennesseln, Doldenblüter ein. Ein stark vorgeschrittener Zersetzungsgrad engt das Porenvolumen ein, die Flächen bleiben lange naß und kalt, der Weideaustrieb verzögert sich. Das Gegenteil ist der Fall bei wenig zersetztem Moorboden; er liegt locker, Wasser versickert schnell, der Boden erwärmt sich stärker, die Frostgefahr wächst. Schlick, Ton, Feinsand wirken im Niedermoorboden besonders verdichtend.

Verdichtung und Auflockerung treten aber nicht nur bei Moorböden, sondern auch auf Mineralböden ein, und zwar vornehmlich aus den oben angeführten Gründen. Natürliche Auflockerung kann z.B. durch Frosteinwirkung verursacht werden; sie ist durchaus erwünscht bei der unvermeidlichen Verdichtung durch Weidegang. Demgegenüber neigt der Grünlandboden bei reiner Mähenutzung zur Auflockerung. Fehlerhaftes Beweiden, Befahren und Walzen feuchter Böden, Humusverarmung, Abwasserschäden fördern die Verdichtung, starke Trockenlegung kolloidreicher Böden, Überkalkung, Massenauftreten tierischer Schädlinge (Mäuse, Engerlinge) die Auflockerung (S. 317).

Eine Festigung zu lockerer Böden ist in vielen Fällen nützlich und namentlich auf Moorböden zum Gemeingut der Praxis geworden. Bei der Neigung wenig zersetzter Moorböden zur Selbstauflockerung mit erhöhter Gefahr des Ausdörrens und des Frostschadens (sowie der oben erwähnten Verunkrautung) wird das Walzen hier zur Notwendigkeit. Bodenverdichtung ist die Voraussetzung gleichmäßiger Durchfeuchtung, besserer Wasser- und Wärmeleitung und damit eines besseren Kleinklimas. BRÜNE (1935) fand auf Hochmoor an relativen Heuerträgen:

Seit 1930 nicht gewalzt 100
Seit 1932 einmal gewalzt 121
Seit 1930 zweimal gewalzt 139
Seit 1930 dreimal gewalzt 144

Dreimaliges Walzen leistete im allgemeinen jedoch nicht mehr als zweimaliges. Am besten eignete sich Walzen je einmal vor und nach dem ersten Wiesenschnitt. TACKE (zitiert bei GAEDEKE) wies die tatsächliche Erhöhung des Wassergehaltes in der Raumeinheit Hochmoorboden nach (ohne Walzen 505 cm^3 Wasser je l Boden, mit Walzen 649 cm^3). Weiteres siehe bei BADEN 1966ff. BAUMANN/KORIATH (1959) erhielten auf Niedermoor durch Walzen erhöhte Erträge und Futterwertzahlen. Es ist verständlich, daß beim Walzen auch zuviel des Guten getan werden kann. So fand REINCKE im Mittel von 9 Jahren:

a)

	Luftkapazität	Binsen je ha
Ungewalzt	12,48%	–
Walzen im Sommer	9,45%	1324
Walzen im Frühjahr	6,80%	4838
1mal Walzen	8,93%	2465
2mal Walzen	6,97%	3952

b)

	Luft-kapazität	Ertragsanteile			Heu dz/ha
		gute Gräser	Klee-arten	Unkraut	
Ungewalzt	über 11%	38%	2%	32%	35
Zuviel gewalzt	unter 8%	40%	5%	32%	39
Richtig gewalzt	9–10%	53%	16%	20%	48

Walzen, Luftkapazität, Zusammensetzung und Ertrag des Pflanzenbestandes stehen also im engen Zusammenhang. Das bestätigen auch GAEDEKES Befunde. – Offenbar spielen Witterung und Bodenzustand eine wesentliche Rolle für den Erfolg des Walzens; BRÜNE fand folgende Zusammenhänge:

Sommerregenmenge	Walzerfolg gegenüber „Ohne Walzen"
230 mm	+ 19%
324 mm	+ 3%
422 mm	− 6%
578 mm	− 1%

Abb. 75. Wirkung unzeitiger Bodenpressung: Fahrspuren des Vorjahres mit Binsen besiedelt (Hocheifel; Original UNGLAUB)

Walzen oder schweres Befahren zu nassen Bodens schafft Verdichtung und Verbinsung (Abb. 75); anderseits bleibt Walzen bereits zu trockenen und elastischen Moorbodens unwirksam. Der richtige Zeitpunkt des Moorwalzens gilt als gegeben, wenn der Fußtritt zwar noch eine bleibende, nicht zurückfedernde Spur, aber keinen Brei hinterläßt; im letzteren Fall ist es zum Walzen noch zu früh. Stark „auffrierende" Böden müssen so früh wie möglich und notfalls wiederholt gewalzt werden. Falsch ist Walzen natürlich auf bereits stark wachsenden oder durch Nachtfrost erstarrten Pflanzenbeständen.

So ausgesprochene Walzwirkungen wie auf Moorböden werden auf festen, bindigen, wenig humosen Mineralböden nicht erreicht. Bei Trockenheit ist Walzen in der Regel ganz unwirksam, bei Nässe aber noch schädlicher als auf nachgiebigen Moorböden. An allgemeinen Wirkungen des Walzens werden auch auf Mineralböden erwartet: Schädigung von Unkräutern mit stehenden Grundachsen und druckempfindlichen Trieben (Abb. 76) wie anderseits der

Abb. 76. Wirkung des Walzens (links) auf einen Wiesenkerbelbestand (Original WAGENER)

auf lockeren Boden angewiesenen „Tiefstreicher“ (WEHSARG), Hemmung von Obergras, Förderung des Untergrases, der Bestockung und Narbendichte, in engen Grenzen auch vorbeugende Wirkung gegen Schäden durch Engerlinge, Larven der Wiesenschnaken und anderer Bodentiere (S. 317). Die Einebnung tiefer Tritt- und Fahrspuren wird höchstens auf nachgebenden Böden erreicht. So sind die Walzwirkungen außerhalb sehr humusreicher Böden meist enttäuschend. Wir erhielten (KLAPP 1932a, 1937/38b, Abb. 77) durch Walzen auf humosen Mineralböden mittlere Mehrerträge von nur 3,7 dz Heu/ha, auf Auenlehmen aber Mindererträge von 4 dz/ha; der Schwankungsbereich umfaßte je nach Bodenart und Jahr Ertragswerte von −21 bis +26% gegenüber „ungewalzt“. Auch in anderen Versuchen waren die Wirkungen gering; KAUTER (1952) fand geringe Mindererträge, TEUCHER (1963) auf Weiden besonders im Frühjahr deutliche Walzschäden.

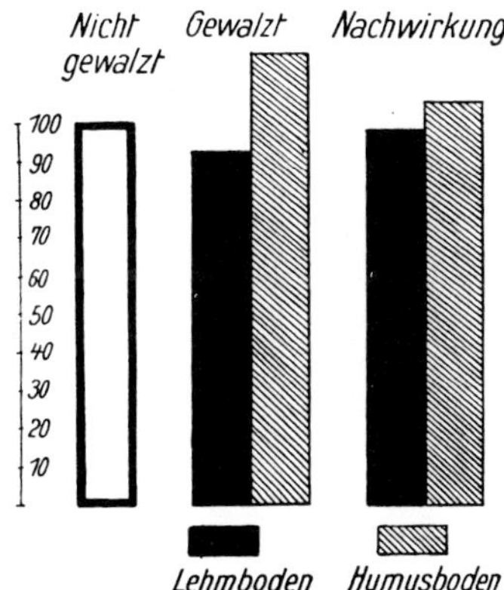

Abb. 77. Wirkung und Nachwirkung der schweren Walze auf festen und lockeren Wiesenböden; relative Heuerträge

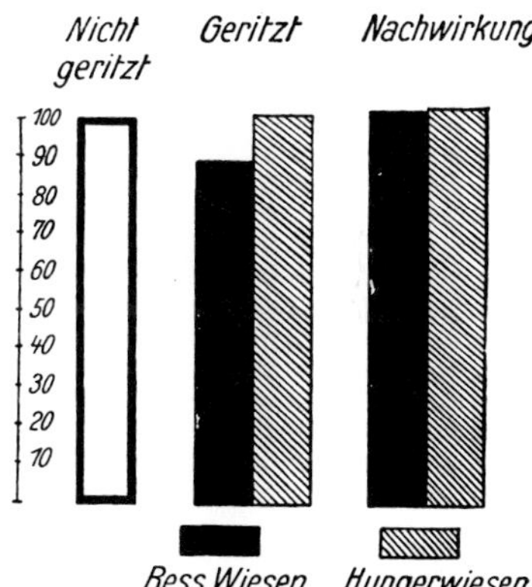

Abb. 78. Wirkung und Nachwirkung des Wiesenritzens auf guten und schlechten Wiesen; relative Heuerträge

Wenn Walzen Erfolg versprechen soll, müssen die Walzenglieder großen Durchmesser (je nach Boden 90–120 cm) aufweisen, nicht breiter als 100 bis 120 cm und genügend schwer sein (12–20 dz je laufenden m) oder eine Gewichtsveränderung durch Wasser- oder Sandfüllung erlauben (Stahlmantelwalzen mit abgerundeten Kanten). Auf die Verwendung von Walzen bei Neuansaaten ist noch einzugehen (S. 362).

Das Gegenteil einer mechanischen Festigung oder Verdichtung des Grünlandbodens, nämlich eine Lockerung, wie das „Ritzen“, „Verwunden“ der Grasnarbe hat auf einigermaßen brauchbaren Grasnarben keinen Platz.

Von A. THAER bis in die neuere Zeit wurden zwar Maßnahmen dieser Art dringend empfohlen. Es ist bezeichnend für eine rein mechanistische Einstellung zum Grünland, daß die Wirkung der vorgeschlagenen Geräte (Wiesenritzer, Schälriefer u.a.m.) in Geräteprüfungen gewöhnlich nur nach dem erreichten Grade des „Schwarzmachens“ beurteilt wurde, nicht aber nach der Wirkung auf Ertrag und Qualität des Aufwuchses. Die zahlreichen, dem

Narbenlockern nachgesagten Vorzüge sind offenbar in unzulässiger Verallgemeinerung ackerbaulicher Erfahrungen begründet. Näheres zur Vorgeschichte und den ersten Versuchen zu dieser Frage siehe bei KLAPP 1932a.

Auf 9 thüringischen Wiesen, von guten bis zu ödlandartigen, fanden wir im Gesamtdurchschnitt folgende Abweichungen von „Ungelockert = 100“:

1.	2.	3.	1.	2.	3.
Anwendungsjahr			Nachwirkungsjahr		
91	105	99	104	94	111

Die Abweichungen sind belanglos und im Einzelfall häufiger schädlich als nützlich (Abb. 78). Alle seitherigen, so auch die im Ausland durchgeführten Versuche führten zu ablehnenden Urteilen; KAUTER fand (1952) z.B. 9% Mindorertrag, und 1963 wies TEUCHER im 5jährigen Mittel wiederum Belanglosigkeit der Ritzwirkungen nach.

Abb. 79. Massenaufgang von Samenunkraut nach Wiesenritzen

Die von der Bodenlockerung erwarteten günstigen Wirkungen treten praktisch also nicht ein. Daß die Düngereinbringung nicht notwendig ist, sahen wir schon früher (S. 166). Das Herauseggen von Moos trifft die Grundlagen der Vermoosung gar nicht (WEHSARG). Eine Unkrautvernichtung wird nicht erreicht; das Ritzgerät kann „Gut“ und „Böse“ natürlich nicht unterscheiden; wohl aber gibt das Ritzen zahllosen Samen rasch keimender Samenunkräuter gute Keimmöglichkeiten (Abb. 79). Dagegen schädigt es viele wertvolle Pflanzen durch Losreißen oder Freilegen der dann durch Frost und Dürre gefährdeten Wurzeln und Rhizome. Wir beobachteten (1932a) Schädigungen vor allem des Weißklees und der Narbendichte. Daß eine dichte Grasnarbe – wie früher behauptet – hohe Leistungen hemmt, dürfte von jedem Kenner bestritten werden. Gerade die ständig festgetretene Narbe bester Weiden zeigt, daß die Grünlandgare nicht auf mechanische Lockerung angewiesen ist; erhöhte Bodenatmung ist hier gar nicht erwünscht. Nach Franz (1942) bedeutet jeder lokkernde Eingriff in den Grünlandboden eine Katastrophe für sein Kleinleben. Kurz, auf durchschnittlichen und besseren Grasnarben ist mechanische Verletzung und Bodenlockerung ein Fehlgriff, dessen Empfehlung nur aus einer völligen Verkennung des Wesens der Grasnarbe zu verstehen ist.

Ausnahmen gibt es auch hier, und zwar auf Ödlandrasen, wenn es sich um die Auflockerung einer wachstumshemmenden Auflage abgestorbener Narbenreste handelt. Hierhin gehört die im britischen Schrifttum oft erwähnte „Verfilzung" der Narbe durch abgestorbene Grasreste („Mat"-Bildung) auf von Natur aus armen Böden unter extensiver Nutzung. Das Auflockern solcher Isolierschichten bringt die Zersetzung des Rohhumus und die Düngerwirkung schneller in Gang. Bei sehr dichten, einseitigen Untergrasnarben, namentlich von Horstrotschwingel, tritt nach Verwundung vorübergehend die aus dem Grassamenbau bekannte Förderung der Halmbildung und damit eine leichte Ertragssteigerung ein. Endlich gehört Aufreißen einer unbefriedigenden Grasnarbe zu den Vorbedingungen erfolgreicher Nachsaat (S. 332).

Wenn eine Bodenauflockerung normalen Grünlandes tatsächlich notwendig ist, geschieht sie nicht durch mechanische Bearbeitung, sondern durch Ausschaltung der Verdichtungsursachen (Vermeidung jeder Pressung), durch Mähenutzung zertretener Weidenarben, Bodenbelebung durch Humusdünger, Entwässerung.

Von Übersee ausgehend wird das „Aerifizieren" (Lüften) verdichteter Rasen- und Grünlandböden empfohlen. Dabei werden mit entsprechenden Geräten Löcher in den Boden eingestochen oder Bodenzylinder aus dem Boden gehoben. Davon verspricht man sich eine wesentliche Verbesserung des physikalischen und biologischen Bodenzustandes, des Regen- und Düngereindringens. Die meisten Nachrichten stammen aus Ländern mit mildem Winter, und es ist immerhin möglich, daß beim Fehlen der auflockernden Winterfrostwirkung tatsächlich eine dauernde Bodenverdichtung eintritt. Aus Deutschland sind uns Beweise für den Erfolg einer regelmäßigen Bodenlüftung auf dem Wirtschaftsgrünland nicht bekannt. Gute Erfolge werden dagegen von stark beanspruchten Sportrasen auf bindigen Böden berichtet.

Geilstellenbekämpfung. Zum täglichen Anfall von Kot und Urin der Weidetiere siehe S. 157. Man rechnet für erwachsene Rinder mit durchschnittlich 10–12 Kot- und 9–11 Uringeilstellen je Tag. Die Wirkung dieser letzteren ist einer mechanischen Abhilfe nicht zugänglich, macht sich auch kaum nachteilig bemerkbar; das auf ihnen stehende Gras wird wegen seines hohen Gehalts an K, N und Spurennährstoffen früher oder später von Rind und Pferd sogar bevorzugt gefressen. Dagegen ist eine Abschwächung der Wirkung von Kotgeilstellen dringend erwünscht. Der Graswuchs wird von diesen gehemmt oder zum Teil erstickt; später führt die Düngewirkung zum Hochwachsen und Verunkrauten, auch zur Auflockerung der Grasnarbe, die hier Niststätten für Schädlinge bilden kann. Die Abneigung einer Tierart gegen das Futter der von anderen Tieren veranlaßten Geilstellen ist zwar geringer als gegen das der eigenen Geilstellen; so grasen Pferde Rindergeilstellen nach manchen Beobachtungen ab, doch hat das Bedeutung höchstens bei Mischbesatz. Jedenfalls schränken Kotstellen die Freßfläche ein, ihre ganz ungleichmäßige Verteilung aber auch die Düngewirkung des Kotes. Über die je Großvieheinheit von Kot bedeckte Fläche liegen von Johnstone-Wallace bis Köhnlein/von Spreck-

ELSEN[1] 1953 viele Angaben, für 180 Weidetage zwischen 110 und 200 m², vor. Da die Kotstellen aber starke Randwirkungen ausüben und ihre Zahl mit dem Viehbesatz zunimmt, wachsen die vom Weidevieh gemiedenen Stellen schließlich auf 10–20% der Weidefläche an; Berechnungen dieser Art fallen je nach Auffassung, Erfahrung und Untersuchungsmethode allerdings sehr verschieden aus. KNAUER (1968) nennt für 400 Kuhweidetage 4100 Kot- und 3600 Urinstellen je ha.

Dem Verlust an Freßfläche – dessen Wirkung bisher kaum jemals exakt festgestellt werden konnte – versucht man auf verschiedene Weise zu begegnen (Absammeln oder Verteilung der Kuhfladen auf größere Flächen).

Abb. 80. Geilstellen auf Intensivweide (Original ARENS)

Von alters her haben sich im Herver und Aachener Land sorgfältige Vorbeugungsmaßnahmen gegen Geilstellenwirkungen entwickelt (DÜNKELBERG, FALKE 1907), vornehmlich zur besseren Ausnutzung der Kotnährstoffe. Die Kuhfladen wurden mit besonderen Schaufeln oder Gabeln täglich im Halbkreis auf eine möglichst große Fläche verstrichen („Land des grünen Halbmondes", Abb. 81) oder aber gesammelt und auf Magerstellen als Dünger verwendet. Man rechnet damit, je Kuh und Tag bis zu 10 kg Kot sammeln und damit 2–3 m² Weidefläche abdecken zu können, d.h. je nach Tierbesatz 10–20 a je Jahr.

Das arbeitsreiche Kotsammeln mag nur noch für Kleinstbetriebe in Frage kommen; das Fladenverstreichen wird heute mechanisch mit Fladenverteilern oder Schleppen verschiedener Bauart durchgeführt.

Nach 1–2 Tagen trockener Witterung lassen sich die Kuhfladen mit solchen Geräten ganz gut verreiben, bei Nässe werden sie mehr verschmiert. Im allgemeinen wird das Fladenverteilen als vorteilhaft angesehen; eindeutige Beweise für eine dadurch erhöhte Weideleistung liegen allerdings kaum vor, wohl

[1] Siehe ferner HOLMES, MC LUSKY. MARTEN/DONKER.

Behauptungen; regelmäßige Kotverteilung nach jeder Weidenutzung bedeutet zudem einen erheblichen Arbeitsaufwand. KÖHNLEIN/VON SPRECKELSEN haben das Entstehen und Vergehen von Geilstellen in 2 Weidejahren verfolgt. Der durch Geilstellen in der ganzen Weideperiode gemiedene Weideflächenausfall erreichte bei einer Besatzdichte (S. 451) von 100 dz LG/ha nach der 5. Beweidung:

Ohne Fladenverteilung	10,2%
Bei Fladenverteilung	20,9%
Bei Abheben der Fladen	1,9%

Fladenverteilung verdoppelte also die Flächeneinbuße. Der durch den Kotanfall tatsächlich gedüngte Flächenanteil betrug in der gleichen Reihenfolge rund 18,5 – 41,4 – 9,6%. Die Düngewirkung des Kotes sei jedoch – infolge

Abb. 81. Musterhaft verstrichene Kuhfladen (Euperner Land)

des hohen Humusgehaltes im Grünlandboden – nicht so wesentlich, daß sie die regelmäßige Fladenverteilung mit ihrem hohen Arbeitsaufwand rechtfertige. Da die „vergällende" Wirkung mit wie ohne Fladenverteilung gleich lange andauere, sei der geringere Flächenanteil nicht verteilter Fladen vorzuziehen. Doch bestehen auch entgegengesetzte Auffassungen (z.B. VAN DER KLEY 1955, OLOFSSON). Nach manchen Beobachtungen werden die Geilstellen doch befressen, wenn die Fläche nach dem Abtrieb stark beregnet wird. In einem Punkt stimmen jedoch praktisch alle Erfahrungen überein, daß nämlich eine Nachmahd des Geilgrases unerläßlich ist (so auch BREUNIG 1960, TEUCHER 1963). KÖHNLEIN/VON SPRECKELSEN stellten fest, daß die gemiedene Geilfläche bei jeder Behandlungsweise im Laufe des Weidejahres abnahm, wenn nach jedem Abtrieb nachgemäht wurde. Dann wurde das Futter auch im Folgejahr nicht mehr gemieden. Unterbleibt die Nachmahd, dann kommt es leicht zur Verunkrautung und Verschlechterung des Pflanzenbestandes, und die Geilstellenwirkung setzt sich mindestens teilweise auch in das folgende Jahr fort. Näheres zur Nachmahd bringt N. MOTT (S. 426).

Das bei der Nachmahd anfallende Gras kann bei beschränkter Menge liegen bleiben; größere Mengen können als Streu oder Heu gewonnen werden. Die abschreckende Wirkung der Geilstellen geht offenbar vom Boden, nicht vom Gras aus (JOHNSTONE-WALLACE). Das gemähte, liegen bleibende Gras wird sogar von einer der Nachmahd etwa folgenden Tiergruppe auch befressen.

Zur Erhaltung einer gleichmäßigen, ebenen Grasnarbe gehört auch das baldige Verstreichen von Maulwurfs- und Ameisenhaufen; bei frischen Aufwürfen genügen dazu Fladenverteiler oder Schleppen. Alte, verhärtete und bewachsene Haufen hemmen jede Gerätearbeit, verunreinigen auch das Mähefutter; ihre Beseitigung verlangt schwere Geräte („Wiesenhobel" u.a.). Ungestörte Haufen bilden zudem Verunkrautungsquellen. H. DAVIES 1966 schildert die Sukzession der Pflanzen, die gewöhnlich (Abb. 82) zum Vorherrschen, besonders des Roten Straußgrases (*Agrostis tenuis*), gerade in sonst guten Pflanzenbeständen führt. Das bedeutet ungünstige Selektionswirkungen (Unterbeweidung). Das Verstreichen der Erdaufwürfe kommt einer Kompostierung gleich, zumal der Maulwurf (S. 323) fruchtbare Weideböden bevorzugt (Abb. 37; siehe auch PETERSEN in WETZEL 1965).

Abb. 82. Beraste Maulwurfs- und Ameisenhaufen auf ungepflegter Weide (Original SCHILDKNECHT)

b) Umbruchlose Grünlandverbesserung (ohne Bodenbearbeitung)[1]

Neben durchschnittlichem und gutem Grünland, dessen Leistung sich mit üblichen Bewirtschaftungsmaßnahmen leicht steigern läßt, finden sich ausgedehnte Flächen minderwertigen Graslandes. Sie stehen eher dem Ödland nahe, ohne in der Statistik hierzu gerechnet zu werden (in der Grünlandstatistik Großbritanniens bilden sie eine eigene Kategorie, „Rough grazings").

[1] Außer den im Text genannten Arbeiten z.B.: AGABABYAN 1966, ARENS 1958b, 1963a, BADEN 1966f, BAKER 1960a, BAUMANN/KORIATH 1959, BESSON u.a., BOEKER 1957a, DALIN, H. DAVIES 1967, W. DAVIES 1960, DÖRTER 1963, GALL, GARDNER u.a. 1954, GREGOR 1947, GREGOR/WATSON 1953, HUNT 1962, HUNTER 1962, LL. J. JONES 1953, KIELPINSKI u.a. 1954, KIRKWOOD 1964, KLAPP 1944a, 1963a, KOBLET 1949, 1957, KOBLET/TREPP 1950, KÖNEKAMP/KÖNIG 1929, LIIV, MARSCHALL 1962, G. MÜLLER 1939, NORMAN/GREEN 1957, REMY 1933, SCHECHTNER/WAGNER 1962, SCHNEIDER-KLEEBERG, R. SCHWARZ 1933, STÄHLIN/VOIGTLÄNDER 1952, STAPLEDON 1934, TAKATS, VOLGER 1957, WEBER 1925, 1933, WEHSARG.

Nach der ursprünglichen Waldrodung (S. 13) ist oft nicht viel mehr geschehen als Fernhaltung des Holzwuchses. Es herrscht extensive, stark selektierende Beweidung, besonders mit Schafen.

Anlässe der extensiven Bewirtschaftung sind meist weite Entfernung vom Hof, Fehlen von Zugangswegen, Flurzersplitterung, ungünstige Wasserverhältnisse, alles dies Hemmnisse einer geregelten Nutzung. Dazu kommen Unebenheit, oft Flachgründigkeit und hoher Steingehalt des Bodens (Abb. 8), Reliefschwierigkeiten (Steilhänge) mit ihrer Erosionsgefahr. Das Klima braucht dagegen bis in recht große Höhenlagen kein Hindernis für guten Grünlandzustand zu sein (Caputa 1965, 1966, Koblet u.a. 1953, 1955, Marschall 1960, 1964, u.v.a.), wenngleich sehr hohe Niederschläge die Folgen von

Abb. 83. Alte Hutung in der Hocheifel;
Borstgrasheide auf Buchenwaldstandort (Original Arens)

Bewirtschaftungsmängeln unterstützen und die Auswaschung erhöhen, anderseits Wärmemangel die Weidedauer und den Graswuchs schmälert. Die Kernursache einer Degradierung ehemaliger, oft recht guter Waldböden liegt jedoch in der durch die Bewirtschaftungsschwierigkeiten begründeten Raubnutzung. Sie führte mit der Zeit zum Verschwinden aller bodenschonenden Pflanzen mit guter Humusbildung. Namentlich die Heideflora (Heidekraut und andere Zwergsträucher) wurzelt flach, sie nützt die Nährstoffe des Unterbodens kaum aus. Ihr Bestandsabfall zeigt ein sehr hohes C:N-Verhältnis, wirkt ansäuernd und ist schwer zersetzlich. Auslaugung des Bodens und gehemmte Mineralisation führen zu extremem Ca- und P-Mangel, über Mineralböden zu einer starken Rohhumusauflage ohne merkliches Bodenleben. Der Nährstoffumsatz ist minimal, und der geringe Anfall von Exkrementen der Weidetiere reicht zur Ergänzung nicht aus. N-sammelnde Kleearten fehlen meist. So entstanden die Heiden Nordwestdeutschlands und des Berglandes (Abb. 83, 104) wie die Borstgraswüsten der hohen Gebirge (siehe schon

KERNER VON MARILAUN). Näheres zur Entwicklung der Borstgrasheiden siehe KLAPP (1951a). Extreme Beispiele für die Folgen der Wald- und Heidezerstörung finden sich in Großbritannien, namentlich in Schottland nach FENTON (1951–1953):

A. Die entstehenden Zwergstrauchheiden (*Calluna, Erica*- und *Vaccinium*-Arten ± Wacholder [*Juniperus*]) gehen durch regelloses Brennen u.a.m. über in:

B. Grasheiden mit *Deschampsia flexuosa, Nardus, Agrostis sp., Festuca ovina, Calluna, Vaccinien.*

C. Ungeregelte Schafweide läßt dann entstehen: Nardus-(Borstgras-) Hutungen mit den genannten Arten; zugleich tritt Adlerfarn (*Pteridium*) in Mengen auf. Trittschäden verursachen Erosion, es kommt zur Verwüstung selbst guter Böden.

D. Zur grundlegenden Verbesserung ist eine Umkehr der Bewirtschaftung notwendig: Schonung vor Schafweide, statt dessen Rinderweide; Plaggenwirtschaft, Düngung lassen mehr *Agrostis*- und *Festuca*-Arten, aber auch schon Kleearten auftreten: die Zwergsträucher verschwinden.

E. Bessere Pflege, Düngung und geregelte Nutzung führen zur Entwicklung von schon recht brauchbaren *Agrostis-Cynosurus*-Weiden, endlich – namentlich durch Einsaat – zu vollwertigen Beständen.

Ödlandrasen finden sich natürlich auch auf basenreichen Böden; soweit sie nicht zu trocken oder flachgründig sind, ist ihre Verbesserung aber leicht zu erreichen.

Nach der pflanzensoziologischen Kartierung in Westdeutschland (von WACHTER 1954) waren 50% der Weiden, 75% der Wiesen nicht pflugfähig (also für Umbruch und Neuansaat ungeeignet), von den Wiesen mehr als die Hälfte nicht weidefähig. Von der als Ödland angesehenen Fläche wurden 57% für verbesserungsfähig gehalten; der Rest wurde als potentielles Waldgebiet oder Unland ausgewiesen.

Jeder Verbesserung des Bestehenden muß eine Entscheidung über ihre voraussichtliche Wirtschaftlichkeit vorangehen. Die Beurteilung bereitet dem Fachmann keine Schwierigkeiten. Ein tiefgreifender Fortschritt ist an bestimmte Voraussetzungen gebunden. Wirtschaftserschwernisse sollten nach Möglichkeit behoben werden. Die Regelung der Wasserverhältnisse ist zur Herbeiführung voller Weidemöglichkeit als wichtiger Faktor vordringlich; oft genügt Bedarfsdränung. Gar zu unebene Oberflächen, grobe Bülten, Rohhumushöcker sind zu planieren, Lücken anzusäen. Auf die Entsteinung von Blockflächen wird man heute meist verzichten; immerhin berichtete MOSER noch 1962 von ihrer Anwendung im Bayerischen Walde.

Nach der „Bereinigung" (auch von Holzwuchs) erhebt sich die Frage: Soll die alte Narbe durch Umbruch bzw. andersartige Vernichtung (Herbizide, S. 311) und Neuansaat ersetzt oder soll sie durch Oberflächenbehandlung umbruchlos verbessert werden? Zweifellos gibt es Flächen, die einer tieferen Bodenbearbeitung und Neuansaat bedürfen. Propaganda und Subventionen haben aber auch in Deutschland mehrfach Anlaß zu großen, meist unnötigen Umbruchaktionen gegeben.

Tatsächlich ist die Notwendigkeit des radikalen Verfahrens mit Neuansaat auf einen geringen Flächenteil begrenzt. Für die weit überwiegende Mehrzahl der Flächen bietet sich die umbruchlose Verbesserung schlechten Grünlandes an. Sie macht Gebrauch von der Plastizität, der fast unbegrenzten Wandlungsfähigkeit der Grasnarbe. Es gibt so gut wie keine Vegetationsform, keine Unkrautbestände, die sich nicht auch ohne tiefere Eingriffe in hochwertige und leistungsfähige Bestände verwandeln ließen. Allerdings verlangt die umbruchlose Verbesserung etwas mehr Geduld als Radikalverfahren. Dafür ist sie billiger, sicherer und nachhaltiger als Neuanlagen, deren hohe Anfangsleistungen gewöhnlich nicht von Dauer sind (Abb. 87). Darin stimmt die Mehrzahl der Autoren überein. Diese Tatsachen werden allerdings nicht allgemein anerkannt, weil es in Versuchen vielfach an Vergleichbarkeit der angewandten Verfahren, vor allem auch des Kostenaufwandes fehlt. (Zudem

Abb. 84. Umbruchlose Umwandlung einer Unkrautwiese (Wiesenknöterich, links) in eine vollwertige Fuchsschwanzwiese (rechts). Zur Anwendung kamen: regelmäßige Düngung, Kalkung, Walzen

bestehen handfeste materielle Interessen an der Anwendung radikaler Verfahren!) Selbst in der schlechtesten Grasnarbe finden sich fast ausnahmslos brauchbare oder gar wertvolle Pflanzen in Kümmerformen oder im keimbereiten Samenvorrat des Bodens vor (Abb. 85, 86, 158). Von umgebenden besseren Flächen fliegen weitere Samen an oder solche werden durch Tiere verschiedenster Art verschleppt (S. 89). In den seltenen Ausnahmefällen ist Einsaat (S. 332) erwünscht. – Wir fanden in Borstgrasheiden (Klapp 1951a) an brauchbaren bis guten Futterpflanzen 19 Gras-, 17 Leguminosen- und 15 weitere Kräuterarten, dabei Rot-, Weiß- und Hornklee jeweils in 50–65% aller Fälle.

Besondere Bedeutung für eine rasche Verbesserung der Bestände hat das Vorhandensein von Weißklee als Pflanzen oder keimfähige Samen. Ihn zur stärkeren Entwicklung zu bringen ist das erste Ziel; das gilt nach den Worten Stapledons (1934), eines Kenners des Grünlandes in allen Kontinenten, im ganzen gemäßigten Klima. Förderung des Weißklees bedeutet N-Sammlung, Bodenbelebung und damit Förderung anspruchsvoller Pflanzen.

Die Hauptwerkzeuge der umbruchlosen Verbesserung sind:

a) Behebung der Bodenmängel durch Meliorationsdüngung.

b) Geregelte Nutzungsweise, nach Möglichkeit intensive Beweidung.

Kalkung und Düngung. Die Mehrzahl der Ödlandrasen ist stark versauert – mit pH-Werten bis weit unter 3,6 – und extrem P-arm. Anfangs ist daher meist eine vorsichtige Aufkalkung erforderlich. Sie sollte nicht zu massiv sein und nicht dauernd fortgesetzt werden (S. 171); ist eine mäßige Entsäuerung erreicht, kann sie weiterhin Ca-reichen Phosphaten, besonders dem Thomasphosphat, überlassen werden. Namentlich dort, wo, wie im Hochgebirge, der Transportaufwand entscheidend ist, wird man die Ca-Anreicherung

Abb. 85. Auftreten von Weißklee nach mehrjähriger Kaliphosphatdüngung auf vorher kleefreier Ödlandweide (Versuchsgut Rengen)

durch Phosphatgaben zu erreichen versuchen; diese sollen auch der P-Anreicherung des Bodens und des Futters wegen in den ersten Jahren hoch sein. Die Höhe der zunächst erforderlichen K-Gaben ist sehr verschieden; manche Granit-, Gneis- (Koblet/Frei/Marschall) und Vulkanböden (Klapp 1959a) besitzen für einige Jahre, wenigstens unter Beweidung, ausreichende K-Vorräte (S. 179). Die Frage, ob sofort oder erst bei Erstarken anspruchsvoller Arten auch N zu geben ist, wird verschieden beurteilt. Wenn zunächst, wie in der Regel, Untergräser vorherrschen, und allgemein bei Weidenutzung, ist die Gefahr einer Kleeverdrängung selbst durch hohe N-Gaben gering. Am wirksamsten ist jedenfalls doch anfangs die P-Versorgung. Wirtschaftsdünger sind ihrem Nährstoffgehalt entsprechend wirksam, darüber hinaus aber auch bodenbelebend.

Radikalerfolg stellt sich beim Pferchen ein (S. 217). Das Zusammenwirken von Biß, Tritt, höchster Nährstoffzufuhr und Samenverschleppung verdrängt die Ödlandvegetation fast völlig und ersetzt sie durch düngerdankbare, d.h. wertvollere Pflanzenarten.

Einen Sonderfall stellt die Unschädlichmachung hoher Rohhumusauflagen (englisch ,,Mat") dar; sie wird ausführlich von CROMPTON behandelt. Er schildert die Gefahren eines Um- oder Einpflügens, früherer Verfahren (Abschälen, Verbrennen) und den großen Erfolg des Zusammenwirkens von Entsäuerung, Düngung und intensiver Beweidung. Nährstoffe werden freigesetzt,

Abb. 86. Düngerwirkung auf ärmster Hutweide (Die Düngung gilt Kiefernpflänzchen) (Original ARENS)

die tierischen Exkremente machen die Arbeit von Bodentieren, besonders Regenwürmern (S. 86), möglich; es kommt zur Bodendurchmischung und fortschreitender Rohhumuszersetzung.

Namentlich die Einschaltung des Weidetieres ist von entscheidender Bedeutung. Bei reiner Mähenutzung verläuft die Bestandsumwandlung durch Düngung langsam und nie so vollständig wie unter Weidegang. Vor allem das Borstgras (*Nardus stricta*) erweist sich bei reiner Mahd selbst mit starker Düngung als erstaunlich zählebig. MILTON u.a. (1938–1947) fanden in langjährigen Versuchen mit gleichen Düngergaben eine Ertragssteigerung:

Mit Mahd	um rund 80%
Unter Weidegang	um rund 340%

Unsere Rengener Versuche (KLAPP 1959a) zeigen die gleiche Erscheinung. Intensiver Weideumtrieb mit hohem Besatz wirkt nicht nur durch den Zwang zu scharfer Nutzung und durch den Exkrementanfall, sondern bei konsequenter Nachmahd durch Schwächung der vom Weidevieh gemiedenen, minderwertigen Pflanzen und Verhinderung ihres Aussamens. Das Rind wirkt dabei als Weidetier sehr viel stärker verbessernd auf die Grasnarbe als das Schaf. (Ausführlicher bei FENTON 1951ff., WATSON/GREGOR 1956.) – Anderseits wirkt Pferchen (S. 214) sehr drastisch.

Wirklich intensiver Weideumtrieb mit Nachmahd ist leider an Hofnähe gebunden. Mit zunehmender Entfernung vom Hof werden Kuhweiden mit starker Koppelteilung oder gar Rationsbeweidung zwangsläufig durch weniger unterteilte Jungviehweide ersetzt, und im holzarmen Hochgebirge (Almen) stößt die Koppelteilung auf Schwierigkeiten; hier sollte wenigstens gehütet werden. Auf Hutungen und Gemeindeweiden spielt endlich die Organisationsform eine wesentliche Rolle. Der Übergang der Flächen von der gemeindlichen zur genossenschaftlichen Nutzung verbessert die Weide unter einem tüchtigen Leiter meist schlagartig, noch mehr aber die Aufteilung der Flächen an inter-

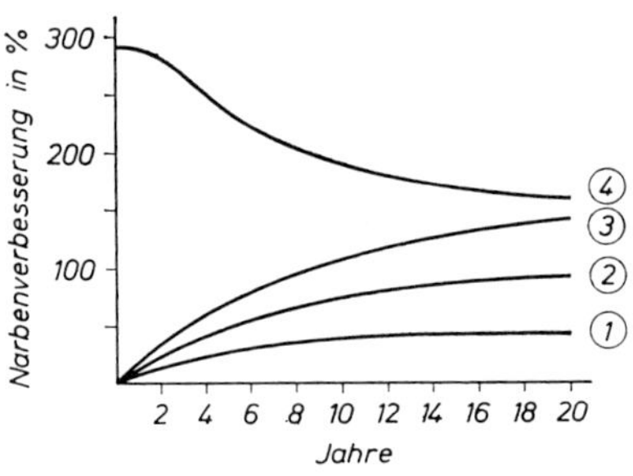

Abb. 87. Prozentuale Ertragsverbesserung in äußerst armen Berg-Ödlandweiden (Wales) in 20 Jahren: *1* nur geregelte Beweidung; *2* nur Kalkung und Düngung; *3* geregelte Beweidung, Kalkung und Düngung; *4* dasselbe + Einsaat (nach LL. J. JONES, Bericht Welsh Plant Breeding Station 1959, Ausschnitt)

essierte Einzelbauern. (Beispiele bei GRAEBER [Europ. Wirtchaftsrat 1954], ferner WILMANNS/KERMANN). Im ganzen ist von Einzelmaßnahmen ein voller Erfolg nicht zu erwarten; er setzt Zusammenwirken aller brauchbaren Maßnahmen voraus.

In Schottland haben GREGOR u. WATSON (1947–1956) ein besonderes „Complement"-Verfahren erarbeitet. Sie legen neben oder in Ödlandflächen Parzellen mit starker Düngung (wenn pflügbar, mit Ansaaten) an, lassen die Herde dort kurzfristig (20 Minuten) nährstoffreiches Futter aufnehmen und dann auf unverbessertem Ödland weiter grasen. Hochwertige Fütterung veranlaßt das Weidetier, anschließend mehr minderwertiges Futter aufzunehmen. Auch die Übertragung nährstoffreicher Exkremente (wohl auch die von unverdauten Kleesamen) führt zur Verbesserung der Ödlandvegetation.

Als Beispiel für den Verlauf der Bestandsumwandlung durch die besprochenen Maßnahmen mögen zunächst die trockenen bis frischen Borstgras- und Ginsterheiden Westdeutschlands gelten. Vorherrschend sind hier je nach dem Standort: *Nardus, Calluna, Genista*-Arten, *Deschampsia flexuosa,* Formen von *Festuca ovina.* Häufigste Begleiter sind *Carex pilulifera, Galium saxatile, Hieracium pilosella, Luzula*-Arten, *Pedicularis silvatica, Potentilla erecta, Sieglingia, Vaccinium*-Arten, *Veronica officinalis.* In (wechsel-)feuchten Lagen gesellen sich *Juncus squarrosus, Molinia, Succisa* hinzu. Die ersten Wirkungen der Verbesserung bestehen in der Vermehrung einiger weiterer, fast stets vorhandener Arten wie *Agrostis tenuis, Anthoxanthum, Briza, Festuca rubra commutata* (*nigrescens*) und *F. r. genuina, Holcus lanatus* und *H. mollis.* Kleearten (*Trifolium pratense, repens, Lotus corniculatus*) beginnen sich zu entwickeln. Namentlich bei Beweidung nehmen sie rasch zu. Auftreten und Vermehrung der wertvollen Gräser und Kräuter hängen von Zufälligkeiten (Ursprungs- und Nachbarflora, Anflug und Einschleppung von Samen (S. 89) ab. *Cynosurus,*

Phleum, Trisetum, Plantago lanceolata und *Taraxacum* erscheinen meist eher als *Dactylis, Alopecurus pratensis* oder gar *Lolium perenne*. Vorübergehend können einige Arten, wie *Holcus mollis, Deschampsia flexuosa, Meum athamanticum, Poa chaixii* eine unerwünschte, aber bald rückläufige Vermehrung erfahren. Am schnellsten verschwinden die Zwerg-(Heide-)Sträucher in jüngeren Stadien schon durch einmalige Mahd, aber rasch auch durch intensiven Betritt; alte Büsche müssen durch Aushacken beseitigt werden. In weiten Gebieten werden die Bestände abgebrannt[1]. Langsam weicht namentlich in hohen Lagen *Nardus*.

In unseren zahlreichen Rengener Versuchen (KLAPP 1959a) entwickelte sich der Pflanzenbestand durchschnittlich in folgender Weise (Bestandsanteile, %):

	Ausgangs-zustand	Bei mäßiger Düngung, meist nur Mahd	Bei starker Düngung und Intensivweide
Ödlandflora	73	24	3
Pflanzen mäßigen Wertes . .	24	35	16
Gute Futterpflanzen	3	41	81

Von Schottland bis zum Hochschwarzwald werden ähnliche Daten genannt. Als Futterwertzahlen (S. 108) fanden sich je nach Autor

im Anfangszustand 1,1–3,1
im Endzustand 5,8–6,5

Im allgemeinen tritt eine kräftige Erhöhung des Mineralstoffgehaltes namentlich von P im Futter ein; die Angaben über den K- und Ca-Gehalt lauten, wie bei gewöhnlichen Düngungsmaßnahmen, verschieden, ebenso diejenigen für einige Spurennährstoffe. Für die Nährstoffanreicherung des Bodens gilt das in den Düngungskapiteln Besprochene. Primär wirksam sind stets die Erhöhung des pH-Wertes über 5,0 und die Zunahme des pflanzenzugänglichen P.

Die relativen Ertragssteigerungen sind, wie allgemein, am höchsten dort, wo der Ausgangsertrag sehr niedrig ist. In Versuchen von KLAPP 1937/38b, 1951a, 1959a, KÖNIG 1950, mit MOTT 1959, ZÜRN 1957, 1963, vom Mittel- bis zum Hochgebirge lagen die Grunderträge bei 11–23 dz Heu/ha, die Erträge der verbesserten Flächen bei 33–72 dz; im Mittel bedeutet das eine Ertragsverdreifachung. Für die Sowjetunion rechnet LARIN 1960a, 1966 mit Mehrleistungen von 100–300%. Die relative Ertragssteigerung wächst, den abnehmenden Grunderträgen entsprechend, mit zunehmender Höhenlage bis

[1] FEUER als Meliorationsmittel gilt namentlich unter Rücksicht auf den Naturschutz als verpönt. Die Annahme stark schädigender Wirkungen auf Bodenzustand und Bodenlebewesen hält der Beobachtung nicht stand. Die Bodentemperatur wird nur wenige cm tief erhöht, viele Rhizompflanzen bleiben ungeschädigt, ebenso Samen in tieferen Krumenschichten. Siehe u.a. BRAUN-BLANQUET, K. HANSEN 1964, NORTON u.a., A. S. THOMAS 1960a, RUNGE 1967, grundlegend (allerdings meist für tropische Länder geltend) WEST 1965. Wirkliche Schäden treten ein, wenn eine tiefe Rohhumuslage völlig verbrennt (MAHN 1966). Die eigentliche Gefahr liegt in der Möglichkeit des Übergreifens von Gras- und Heidebränden auf Gehölze und Forsten oder gar Siedlungen.
Abbrennen wird auch angewandt als erste Stufe der Verbesserung von *Molinia*-(Pfeifengras-)reichen und anderen Beständen (WATSON/GREGOR, BENNET/EVANS [in „Farmers Weekly" 1957, S. 57]).

über 1500 m deutlich an (GEERING 1966, SCHECHTNER u.a. 1959b). In noch größerer Höhenlage sind die Grunderträge zwar sehr gering, bei MARSCHALL in 2050 m Höhe nur 6,5–9,2 dz/ha; die relativen Ertragssteigerungen aber sind trotz der klimatischen Schwierigkeiten sehr hoch. Immerhin findet sich hier doch schließlich eine Grenze der Wirtschaftlichkeit (z.B. am Oberalp- und Furkapaß). Feststellungen der Weideleistung liegen nur selten vor. Unverbesserte Borstgrasrasen und andere Heiden Westdeutschlands liefern 400 bis 600 kStE/ha; von verbesserten Weiden sind Zunahmen auf 2000–3000 kStE/ha und darüber bekannt. Extreme Leistungszunahmen nennt H. MÜLLER 1958 für *Nardus*-Weiden des Hochschwarzwaldes. Auf 60 Thüringer Bergweiden fand SCHMAUDER 1964 ohne Düngung im Mittel 1500 kStE, bei Düngung 3900 bis 4090 kStE je ha. Dementsprechend wachsen die Tragfähigkeit (Besatzstärke, S. 450) der Weiden, die Zahl der Weidetage, die Milchleistungen an.

Beispiel einer Ödlandverbesserung (Versuchsgut, Rengen, Hocheifel)

Lage: 450–500 m; verzettelter, zwischen 100 und 1000 m breiter, 2500 m langer Geländestreifen stark wechselnder Oberflächenneigung.

Boden: überwiegend Staunässeböden, z.T. mit Behelfsdränung; mittlere Werte pH 4,9, 1 mg P_2O_5, 9 mg K_2O/100 g Boden.

Vegetation: Borstgrasheiden, Binsenbestände geringsten Futterwertes.

Ausgangserträge: bei Mahd 9–33 dz Tm/ha; bei Weide nur schätzbar, unter 300 bis höchstens 700 kStE/ha.

Arbeitsbeginn: 1930.

Leistungen: bis 1943.

Arbeitsverfahren	Jährliche Düngung kg/ha				kStE/ha
	N	P_2O_5	K_2O	(Stalldünger) dz/ha	
Umbruchlos, ohne Koppelteilung	23	39	44	–	1039
Umbruchlos, nach Koppelteilung	30	54	75	–	2556
Ackervorkultur, Ansaat	51	71	104	27	2620

Infolge kriegsbedingt abnehmender, seit 1945 ganz fehlender Düngung unter Fremdbewirtschaftung Rückgang der Leistung auf durchschnittlich 1900 kStE/ha.

Stand im Mittel 1960/66 bei starker Koppelteilung, z.T. Rationsbeweidung:

Vorgeschichte	Jährliche Düngung kg/ha			kStE/ha
	N	P_2O_5	K_2O	
Umbruchlos verbessert	130	93	60	3180 (höchste Koppelwerte 4183–6477)
Ansaaten	134	98	55	3057 (höchste Koppelwerte 3136–5096)

Die weiten Spannen sind – abgesehen von Hofentfernung und Geländeform – auf sehr große Nutzungsunterschiede (Kuh- und Jungviehweide, Häufigkeit von Beweidung, Heu- oder Silagemahd) zurückzuführen.

Im Mittelgebirgsödland ist der hohe Verbesserungserfolg vielfach durch das Ausbleiben der wüchsigsten Gräser begrenzt, sei es wegen ihres Fehlens im

Samenvorrat des Bodens oder in der Nachbarschaft, sei es aus standörtlichen Gründen. *Lolium perenne* und besonders *Festuca pratensis* lassen oft lange oder gar vergeblich auf sich warten. Hier ist sachgerechte Einsaat (S. 33) lohnend. Sind anderseits Spuren leistungsfähiger Obergräser vorhanden, dann sind die Wirkungen der Verbesserung oft erstaunlich groß, so in Rengen bei spontanem Auftreten von *Arrhenatherum*. Ebendort erreichte Arens (unveröffentlicht) auf einer in Jahrzehnten verheideten Kleegrasansaat, in der *Arrhenatherum* trotz genauer Untersuchung nicht mehr zu finden war (Abb. 88), allein durch starke Düngung ein Massenauftreten dieser Art und damit eine Ertragssteigerung von 19,3 auf 77,7 dz Tm/ha. – Ohne besonders wüchsige Gräser kann der verbesserte Bestand längere Zeit in einem *Trifolium-repens/Festuca-rubra/Poa-pratensis*-Stadium stehenbleiben; Arens (1958b) behandelt die Möglichkeit, *Festuca rubra* (Vorherrschen unerwünscht) durch Nutzungsänderungen zurückzuhalten.

Abb. 88. Düngewirkung auf vergraster Heide; oben: Ungedüngt; links: PK-Düngung; rechts: NPK-Düngung. Es erscheinen ursprünglich nicht vorhandene Gras- und Kleearten (Original)

Ähnliche Erfolge wie im Mittelgebirge sind für die verschiedensten Wiesen- und Weidestandorte nachgewiesen worden (Abb. 61, 69, 88). Als Beispiele seien hier nur genannt:

1. Die „Völkenroder Waldweide" (Könekamp 1959a), die aus einem fast wertlosen Wald-Schlagbestand durch Intensivweide in ein typisches „*Lolio-Cynosuretum*" verwandelt wurde; die Weideleistung stieg in 5 Jahren von 825 auf 4139 kStE/ha.
2. Die Umwandlung von *Molinia-Schoenus*-Streuwiesen in hochwertige Futterwiesen (ohne Weidegang) durch Finckh 1954, 1960b; Ertragssteigerung durch Düngung allein um 288%, in weiteren Jahren noch steigend.

Derartige Beispiele ließen sich beliebig vermehren, so z.B. bei Koblet u.a., Zürn 1968.

Über die wichtigsten Verbesserungsmaßnahmen lassen wir ein Schema (aus Klapp 1959a) folgen (Abb. 89).

Eine häufig gestellte Frage ist die nach dem Zeitbedarf für eine grundlegende Verbesserung. Er ist je nach den Umständen natürlich verschieden, auch nach dem angewandten Verfahren, nach dem Vorhandensein besserer Pflanzen und der Entwicklung von Kleearten. Unter günstigen Verhältnissen, bei sofortigem Einsetzen der Beweidung mit starker Düngung, wird schon in 1–2 Jahren viel erreicht; selbst bei ursprünglichen Zwergstrauchbeständen erscheint bereits im ersten Jahr nach deren Beseitigung ein lockerer Grasbestand. Längere Fristen als 4–5 Jahre für das Erreichen eines guten bis sehr guten Bestandes werden kaum genannt. Resistente Arten der Urflora halten sich in kaum noch störenden Resten, vornehmlich bei reiner Mähenutzung.

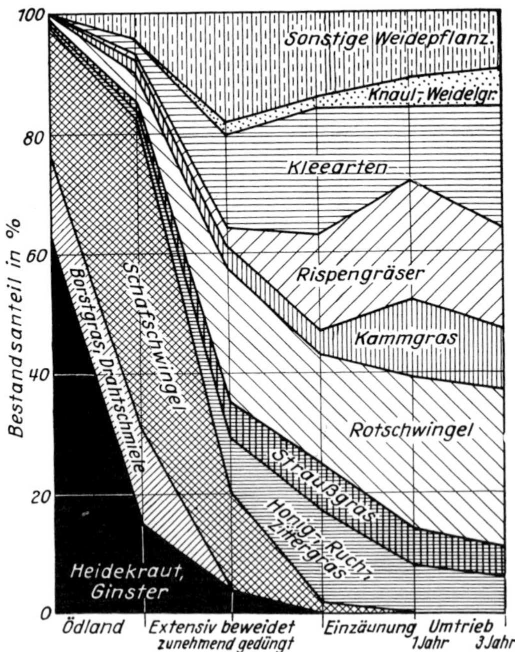

Abb. 89. Wirkung der Bewirtschaftung einer Borstgrasheide auf das Massenverhältnis der Artengruppen. Versuchsgut Rengen

Die beste Seite der umbruchlosen Verbesserung ist ihr dauerndes Fortschreiten, ganz im Gegensatz zu dem immer noch häufigen Leistungsrückgang von Neuansaaten.

In manchen Fällen stößt die umbruchlose Verbesserung, ohne unmöglich zu sein, auf Schwierigkeiten. Das gilt z.B. für hochgelegene dichte Borstgrasbestände über harter Rohhumusschicht, in denen jede Spur brauchbarer Futterpflanzen fehlt. Hier muß gemäß den Angaben auf S. 253 (Crompton) verfahren und dann Weißklee eingesät werden. Ferner gilt es für stark mit Rasenschmiele (*Deschampsia caespitosa*) oder Rohrschwingel (*Festuca arundinacea*) besetzte Weideflächen, da beide Arten auch intensiven Nutzungsverfahren nur langsam weichen (siehe S. 293, 311, 330).

Die vermeintlichen Schwierigkeiten bei der Verbesserung von Röhricht-, Großseggen- und Binsenbeständen nach der Entwässerung bestehen nur dann, wenn eine Beweidung unmöglich ist. Im allgemeinen handelt es sich dabei aber nur um eine Verzögerung des Erfolges; die auf hohe Wasserversorgung angewiesene Ursprungsvegetation beginnt nach Trockenlegung doch zu kümmern und wird nach reichlicher Düngung durch die Konkurrenz der dadurch geförderten Futterpflanzen bald vollständig zurückgedrängt.

In jedem Fall läßt eine vegetationskundliche Untersuchung eine weitgehend sichere Prognose zu. In Zweifelsfällen kann ein Versuch auf kleinster Fläche in wenigen Monaten zeigen, wie die Vegetation auf Verbesserungsmaßnahmen anspricht. Wenn eine Grünlandfläche jahrzehntelang vernachlässigt wurde, kann eine geringe Verzögerung der Umwandlung wohl in Kauf genommen werden.

c) Unkräuter und Schädlinge des Grünlandes[1]

Von A. Stählin unter Mitarbeit von W. Skirde

1. Unkrautbegriff

Der Unkrautbegriff ist von der Landwirtschaft beim Streben nach dem höchstmöglichen Ertrag von Ackerland geschaffen, auf dem allein die angebauten oder angepflanzten Nutzarten wachsen sollen, ohne Konkurrenten um Licht, Wasser, Kohlensäure und Nährstoffe. Er ist vom Ackerbau unverändert auf die Wiesen und Weiden, sowohl auf das angesäte, mehr oder weniger kurzfristige Grasland als auch auf das unter dem Einfluß des natürlichen Faktorenkomplexes gewachsene und von den menschlichen Nutzungs- und Bewirtschaftungsmaßnahmen modifizierte Dauergrünland, übernommen worden. Geradeso wie auf den Feldern sollen auf den Wiesen und Weiden die in Menge

[1] Die Nummern der Abbildungen werden in diesem Abschnitt für jede Art nur einmal genannt; sie finden sich wieder in den Artenverzeichnissen S. 603, wo auch die deutschen und die wissenschaftlichen („lateinischen") Namen aller behandelten Arten abzulesen sind. Soweit Abbildungen von einzelnen Pflanzenarten vermißt werden, sei hingewiesen auf:
Klapp, Taschenbuch der Gräser (Verlag Paul Parey, Berlin und Hamburg); Volger, Gräserbestimmung nach Photos (Verlag Paul Parey, Berlin und Hamburg); Stählin, Die Acker- und Grünlandleguminosen im blütenlosen Zustand (DLG-Verlag, Frankfurt); Schweighart, Fotobuch der Wiesenpflanzen (BLV-Verlagsges. München–Bonn–Wien (darin auch einige Sauergräser, Binsen, Simsen).

oder Güte unbefriedigenden Arten als unerwünscht bekämpft, d.h. zurückgedrängt oder ganz vernichtet werden. Der Unkrautbegriff ist also nur vom Nützlichkeitsstandpunkt, auch mehr im Hinblick auf den Massenertrag als auf den Futterwert geprägt (S. 409).

Die zahlreichen Pflanzenarten, die auf den verschiedenen Grünlandstandorten wachsen und sich der verschiedenen Bewirtschaftung angepaßt haben, genügen mit ihrer Massenleistung und ihrem Futterwert den Ansprüchen und Bedürfnissen der rauhfutterfressenden Haustiere an Menge und Güte ihres Grundfutters in ganz verschiedenem Maße. Bis in die dreißiger Jahre und zum Teil noch heute wurden und werden in extremer Grenzziehung zwischen Kraut und Unkraut lediglich die in Vermehrung und Züchtung genommenen Arten aus den Familien der Süßgräser (*Gramineae*) und Hülsenfrüchtler (*Leguminosae*) als erwünscht und alle anderen Grünlandpflanzen als minderwertig und bekämpfungswürdig angesehen (Raum).

Zu einer anderen Bewertung kam es erst, als in Parallele mit den Erfolgen der Tierzucht und aus den wirtschaftlichen Gründen einer möglichst rentablen Fütterung die Anforderungen an das Grundfutter hinsichtlich Qualität, nicht nur im Blick auf die Quantität, stiegen (Klapp 1963c, Rademacher 1948). In negativer Hinsicht blieben außer den ausgesprochenen Giftpflanzen fast nur die von den Weidetieren verschmähten und bei der Mahd nicht erfaßbaren Pflanzenarten als obligate Unkräuter unberührt (Bäbler u. Strebel). Für die Gruppierung der anderen Grünlandpflanzen in wertvolle bis unerwünschte Arten wurde die Feststellung der Massenleistung und des Gehaltes an Rohnährstoffen als ungenügend erkannt und der Gehalt der einzelnen Art an wichtigen Nähr- und Mineralstoffen sowie besonders an spezifisch wirkenden Inhaltsstoffen und deswegen ihr Anteil im Gesamtfutter mitberücksichtigt (Stählin 1957a). Angaben darüber finden sich S. 154, 409f.

Mit den Erkenntnissen und Analogieschlüssen aus der Biochemie und Pharmakologie kam die empirische Wertschätzung vieler von Bauern und Hirten als Milchkräuter gern gesehenen Arten wieder zur Geltung. Es ist bezeichnend, daß in dem Vers der Schweizer Hirten

„Romeyen, Muttern und Adelgras
Das Beste ist, was's Chuehli fraß"

neben 2 Kräutern nur 1 Grasart genannt ist (Hegi, Schneiter 1948, Stebler u. Schröter 1889). Wenn auch manche Beobachtung und Beurteilung sich als falsch erwiesen hat oder auf Zufälligkeiten und dergleichen beruhen mag, ist vieles, was vielleicht als Ahnung von arteigener, für die tierische Leistung und Gesundheit förderlicher oder schädlicher Wirkung zu der positiven oder negativen Wertschätzung geführt hat, von der chemischen oder biochemischen Wissenschaft in der Existenz eines spezifischen Wirkstoffes und seiner positiven oder negativen Bedeutung für einen Ablauf der tierischen Körperfunktionen vielfach, aber sicher noch nicht vollständig festgestellt und bewiesen worden (Stählin 1957b, 1966).

Wenn der Futterwert einer Pflanzenart nicht mehr nur nach dem Gehalt an komplex erfaßten Mengennährstoffen, sondern auch nach dem Vorhandensein von Substanzen beurteilt wird, die zum Teil in kleinsten Mengen je nach Anteil eine günstige oder ungünstige Wirkung auf das Tier ausüben, dann tritt die Leistungsfähigkeit der Pflanzenarten zur Produktion von Pflanzenmasse ganz oder wenigstens teilweise hinter der chemischen Zusammensetzung und besonders dem Vorkommen solcher spezifischer Inhaltsstoffe in den Hintergrund. Zudem können viele der deswegen für die Tierernährung interessanten Pflanzenarten oberirdisch zwischen den verschiedenen Etagen der Hauptbestandbildner wachsen, ohne mit ihrer geringen Massenleistung eine ertragmindernde Wirkung auszuüben, und ebenso durchwurzeln sie unterirdisch meist andere Regionen als die Gräser, weil ein großer Teil von ihnen Pfahlwurzeln besitzt (Stählin 1957/58).

Mindestens so wichtig wie der analytisch festgestellte Gehalt an Nähr- und Wirkstoffen ist die Wirkung der Pflanzenarten, ihrer Organe und Inhaltsstoffe auf die Tierarten und Einzeltiere bezüglich Aufnahmewilligkeit und Reaktion der tierischen Organe gegenüber einem verschiedenen Anteil der einzelnen Pflanzenart im Gesamtfutter. Wenn auch die Vorliebe der Weidetiere für die eine oder andere Pflanzenart während eines Tages meist nicht gleich bleibt, sondern sehr schnell wechseln kann, werden die Reinbestände einer Art mehr oder weniger rasch abgelehnt und artenreiches Futter, womöglich aus Wildpflanzen, artenarmen Ansaatbeständen vorgezogen; allerdings kommt auch der umgekehrte Fall vor, wenn z. B. das einseitig zusammengesetzte Futter weicher ist. Aber im allgemeinen bevorzugen die Tiere ein abwechslungsreiches Futter. Immerhin gibt es Arten, die bei den Tieren immer am beliebtesten sind, und zwar bezeichnenderweise nicht gezüchtete Gräserarten, sondern z. B. Spitzwegerich (Abb. 192) (Ivins, Milton), der von Weidetieren vor Gräser- und Kleearten verbissen wird. Neben Langeweile und Neugier wird die Freßlust sicher durch das Abwechslungsbedürfnis nach einem anderen Geruch und Geschmack beeinflußt, bis sie womöglich in Gelüste und gesundheitsgefährdende Süchte auf Pflanzen mit schädlichen Inhaltsstoffen ausartet (Bohne, Ellingbø u. Rathlef, Kirsch, Könekamp, Schulze-Allendorf, Stählin 1944). Hierzu auch S. 415 f.

Meistens ist im Nebeneinanderwachsen zahlreicher Arten die Gewähr für einen weitgehenden Ausgleich der Futtereigenschaften der Einzelarten zu etwa optimaler Zusammensetzung und Wirkung des Gesamtfutters gegeben. Bei vielen Arten und Stoffen wird indes der spezifische Effekt auf das Tier ohne Kompensation durch andere Arten und Stoffe bestehen bleiben. In solchen Fällen werden der Anteil der Art im Futter und der Gehalt ihrer oberirdischen Organe an dem betreffenden Stoff die Wertschätzung zuerst, bei kleinem Anteil, womöglich hoch sein lassen, um sich bei steigendem Prozentsatz ins Gegenteil zu verkehren. Diese verschiedene Wirkung, vorteilhaft und fördernd in kleinen Mengen, aber über einer von Tierart zu Tierart und von Tier zu Tier anderen, zum Teil ohne Übergang verschiedenen Grenze ausgesprochen schädlich und giftig, ist von zahlreichen Arten und Stoffen bekannt. Dadurch wird die Bewertung einer Art als zu förderndes oder doch zu duldendes Kraut bzw. als zu bekämpfendes Unkraut sehr erschwert. Es ist sogar, neben einer gewissen Kompensation der Stoffe und Stoffgruppen im Tierkörper, ein wenn auch geringer Bedarf an ausgesprochenen Giftstoffen für biologische Sonderwirkungen anzunehmen, z. B. an Saponinen und Gerbstoffen zur Fäulnishemmung (Boas 1934, 1949, Bornebusch).

Von der Schwierigkeit der Eingruppierung werden besonders Arten aus der Kräutergruppe betroffen, weil Gehalt und Wirkung je Varietät und Sippe, Kleinklima und Boden, Jahreszeit und Witterung, Pflanzenteil und Entwicklungsstadium oft ganz verschieden sind. In ähnlicher Weise spielen anscheinend der reine Nährstoffgehalt und die Verdaulichkeit, die in jungen Pflanzen meistens höher sind als in blühenden Trieben, eine untergeordnete Rolle gegenüber der Notwendigkeit, daß für die Verarbeitung der vielen in jungen Pflanzen enthaltenen Amide zu vollwertigem Eiweiß die Kreuz- oder Nektarhefe in den Pansen der Wiederkäuer gelangt, und diese Hefe kommt, wie schon ihre zweite Bezeichnung aussagt, mehr in den Blüten als auf den Blättern von Kräutern vor (STÄHLIN 1957b). Auf jeden Fall hat mit dem Auffinden und der Beachtung von lebensnotwendigen Stoffen organischer und anorganischer Natur eine andere Beurteilung der Grünlandarten stattfinden müssen.

Nun ist infolge der sehr verstärkten Stickstoffdüngung vor allem der intensiv bewirtschafteten Mähweiden einerseits die Artenzahl der Grünlandbestände sehr zurückgegangen, andererseits sind die Fälle schwerer und schwerster Gesundheitsstörungen, die als Mangelkrankheiten, und zwar als Folgen von Mindergehalten an Mengen- und Spurenelementen, seit langem bekannt sind, verstärkt aufgetreten. Die bekannteste und verbreitetste dieser Mangelkrankheiten ist in Mittel- und Westeuropa die Weidetetanie, die, oft oder immer, mehr durch ein Mißverhältnis der basisch wirkenden Mineralstoffe als durch den Mangel oder Überschuß an einem bestimmten Stoff (Magnesiummangel und Histaminüberschuß) zuerst im Futter und dann im Blut der Tiere hervorgerufen und wohl in Vereinfachung des Problems als Hypomagnesämie bezeichnet wird. Gerade sie tritt in Intensivbetrieben mit krautarmen Mähweiden und Kleegrasbeständen gehäuft auf. Sowohl Grünlandwissenschaftler in der Schweiz als auch in Belgien und Großbritannien halten das Fehlen der „Unkräuter" für einen wesentlichen Mangel der Kleegrasgemische und als Ursache für das Auftreten von Mangelkrankheiten (W. DAVIES, ELLIOTT 1964, FAGAN-WATKINS, VON GRÜNIGEN, GÜTTLER, NUNGESSER, O'SULLIVAN, SCHWIZER, STAPLEDON, VERDEYEN). Auch im Schwarzwald traten Mangelkrankheiten bis zu Fruchtbarkeitsstörungen und frühem Tod in Betrieben auf, deren Grünlandbestände im Gegensatz zu extensiv bewirtschafteten Nachbarhöfen eine starke Reduzierung der Artenzahl infolge hoher Stickstoffgaben aufwiesen (STÄHLIN 1957b).

Es besteht nach diesen Erkenntnissen kein Zweifel, daß eine restlose Entkrautung der Grünlandbestände oder auch nur eine sehr weitgehende Bekämpfung der Grünlandkräuter zu einer höchst unerwünschten Entwertung des Grundfutters führen müßte. Bei jeder Art von Unkrautbekämpfung muß also im Interesse der Nutztierhaltung mit viel Verständnis gearbeitet werden (KLAPP 1963c, PUTNAM u. RIES). Aber mindestens so ungünstig wie reine Grasbestände ist ein hoher Anteil oder gar das Vorherrschen einer einzelnen Kräuterart zu beurteilen, weil ihre Inhaltsstoffe dann meist den normalen Ablauf der Funktionen im Tierkörper stören und die Art damit zum Unkraut wird.

Nach all den genannten Gesichtspunkten können die auf dem Grünland immer und in jedem Prozentsatz unerwünschten oder gelegentlich lästig werdenden Arten in obligate oder fakultative Unkräuter gruppiert werden (BÄBLER u. STREBEL).

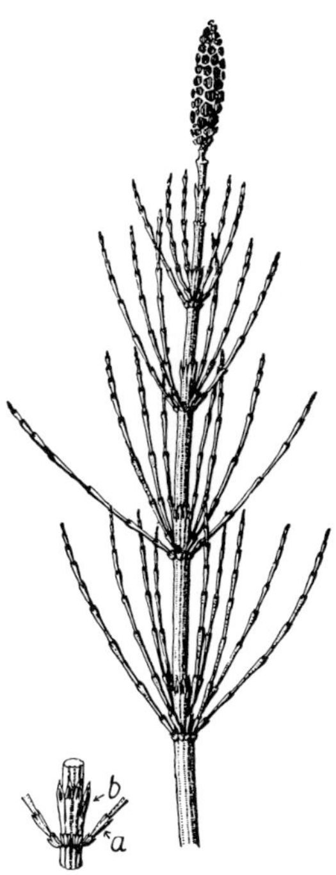

Abb. 90. Sumpfschachtelhalm, Duwock. Links: Kennzeichnend ist, daß die Stengelscheide (b) länger als das unterste Glied (*a*) der Äste ist. (Original KLAPP)

Abb. 92. Herbstzeitlose. Links: Zustand im Frühjahr, rechts: Blüte (Original KLAPP). Giftig!

Abb. 91. Mit Herbstzeitlose verseuchte Wiese im Mai (Original KLAPP)

Abb. 93. Adlerfarn auf ungepflegter Weide (Original STÄHLIN)

Obligate Grünlandunkräuter

Unbedingt vernichtungswürdige Unkräuter sind unter den Höheren Pflanzen Arten, die überall, in jedem Zustand, mit allen ihren Organen und in jeder Menge schädlich für die Nutztiere, für die Grasnarbe oder/und für die Wirtschaftlichkeit der Grünlandnutzung sind, d.h.

Abb. 94. Zypressenwolfsmilch (Original KLAPP)

a) Giftpflanzen, die schon mit kleinsten Anteilen im Grundfutter gesundheitsschädlich wirken. Weit verbreitet und am gefährlichsten sind Sumpfschachtelhalm (Abb. 90), mehr in Norddeutschland, und Herbstzeitlose (Abb. 91, 92) in Süd- und Mitteldeutschland. Andere obligate Giftpflanzen, wie sonstige Schachtelhalmarten, Adlerfarn (Abb. 93), Wolfsmilcharten (Abb. 94) und Echtes Johanniskraut, treten stärker zurück (JAQUET, MOON u. PAL, STÄHLIN 1957b). Aber von sehr vielen weiteren Arten sind Schädigungen von Gesundheit und Leistung nachgewiesen oder werden nach Erkrankungen von Tieren vermutet, ohne daß irgendeine günstige Wirkung von der einzelnen Art bekannt wäre. Wenn trotz der großen Zahl und trotz gelegentlichem Massenauftreten solcher Arten schwere Vergiftungen nach ihrer Aufnahme selten sind und bei gleicher Aufnahmemenge nicht immer stattfinden, hängt diese Tatsache mit der verschiedenen Empfindlichkeit und Gewöhnungsfähigkeit der Tierarten und Einzeltiere zusammen sowie auf der Weide mit der Ablehnung durch erfahrene Alttiere, während Jungvieh, besonders zugekaufte Stücke, ohne Kenntnis der Giftigkeit, und Stalltiere, ohne Möglichkeit zum Auslesen bei gehäckseltem Futter, mehr gefährdet sind (DOMILIEWICZ u. KOSTUCH, STÄHLIN 1957b).

Abb. 95. Rasenschmiele auf verwahrloster Weide (Original BOEKER)

b) Arten, die schon in kleinen Mengen den Wert der tierischen Erzeugnisse bis zur Unverkäuflichkeit herabsetzen. So riecht die Milch von Kühen, die wilden Lauch gefressen haben, (und in den Alpen der Hartkäse) nach Lauchöl und schmeckt scharf. In gleicher Weise sind nach der Aufnahme von vielen anderen Pflanzenarten Störungen von Farbe, Geruch und Geschmack der Milch, zum Teil auch des Fleisches bekannt (BÄBLER u. STREBEL, KORTHALS, STÄHLIN 1957b).

c) Arten, die Verletzungen hervorrufen, wenn sie gefressen werden, wie dornige Arten, z.B. Hauhechel, Ginsterarten und Mannstreu, oder Arten mit schneidend scharfen Blatträndern wie Rasenschmiele (Abb. 95) und viele Sauergräser (Seggen, Abb. 96).

d) Arten, die vom Vieh fast ausnahmslos gemieden oder verschmäht werden, weil sie früh verholzen, wie Sonnenröschen und Mädesüß (Abb. 97), oder die typische Zwergholzpflanzen sind, wie Heidelbeere, weil ihr Aufwuchs zäh ist, wie Borstgras (Abb. 98) und Binsenarten (Abb. 99d), weil sie stark riechen, wie Minzen- und Storchschnabelarten (Abb. 100), weil sie anscheinend wenig Eigengeschmack haben und nährstoffarm sind, wie Honiggras und Simsenarten (Abb. 99i).

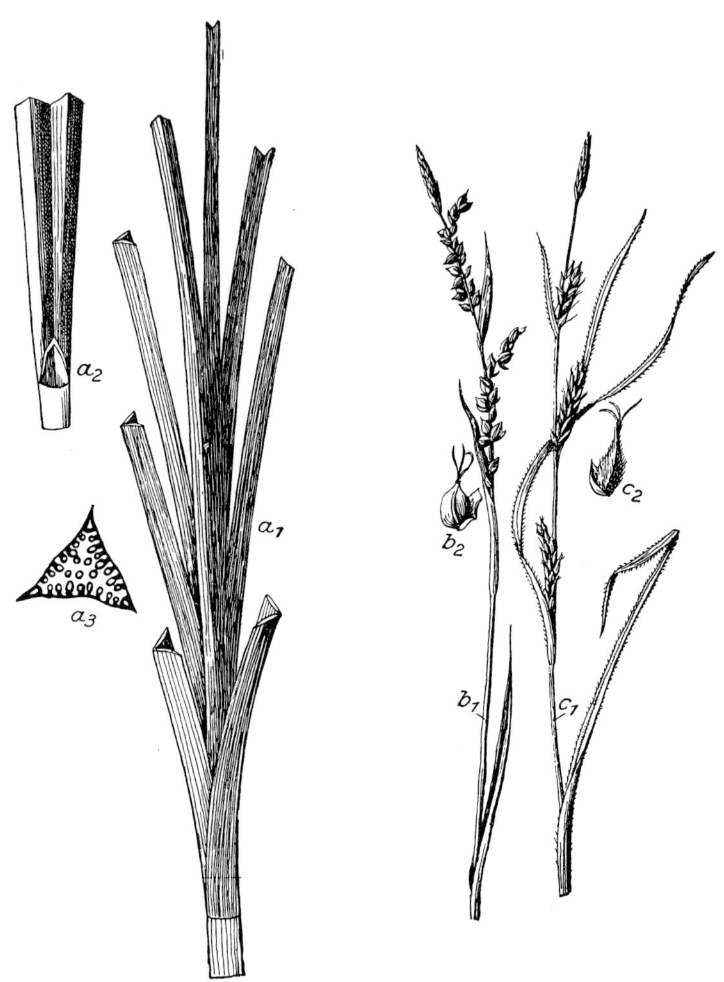

Abb. 96. Sauergräser (*Carex*-Arten). *a 1–3* charakteristische Merkmale; *b 1/2* Hirsensegge; *c 1/2* Rauhe Segge (Original KLAPP)

e) Arten, die als Rosettenpflanzen weder vom Weidevieh noch bei der Mahd erfaßt werden können, wie Jähriges Rispengras, Gänseblume (Abb. 101), Mittlerer Wegerich (Abb. 102) und Ferkelkraut.

f) Arten, die als Schmarotzer und Halbschmarotzer wie Seide u.a. auf Kleearten, oder die, wie die giftverdächtigen Rachenblütler Augentrost, Klappertopf und Läusekraut sowie Leinblatt (Frauenflachs), auf Gräserarten wachsen und mindestens den Flächenertrag vermindern (STÄHLIN 1957b).

Abb. 97. Mädesüß (Original Klapp)

Abb. 98. Borstgras (Original Klapp)

Fakultative Grünlandunkräuter

a) Arten, deren Futterwert landschaftlich verschieden ist. Viele Arten sind nämlich im hochwertigen Grasland tiefer Lagen ausgesprochen minderwertig und werden meist verschmäht oder ungern gefressen, während sie unter extremen Standortsverhältnissen zu wichtigen Futterpflanzen werden, z.B. Rasenschmiele in den Alpen (Sabine Müller), Rotes Straußgras und Horstrotschwingel in den Mittelgebirgen, Schafschwingel (Abb. 103) und Heidekraut (Abb. 104) auf dürftigen Standorten, Sauergräser auf nassen Flächen, so Blaugrüne vor Brauner Segge, Schilf im Röhricht und Sumpfbinse an Ufern.

b) Arten, deren Beliebtheit bei den einzelnen Tierarten verschieden ist. So fressen Pferde noch Gräserarten mit härteren Halmen, wie Rohrschwingel (Abb. 105), Knaulgras und Rohrglanzgras in grünem und trokkenem Zustand, wenn sie vom Rindvieh bereits ungern aufgenommen werden,

Abb. 99. Binsen und Simsen. *d 1/2* Flatterbinse, *e 1/2* Zarte Binse, *i 1/2* Hainsimse (Original KLAPP)

Schafe verbeißen manche Distelarten und, wohl weil ihnen der Geschmackssinn für Bitterkeit fehlt, Ginsterarten (Abb. 106), die vom Rindvieh nach Möglichkeit nicht gefressen werden.

c) Arten, deren Beliebtheit beim Vieh und deren Futterwert von ihrem Anteil im Bestand abhängen. So werden Schafgarbe (Abb. 107) und Kümmel (Abb. 108) in geringem Anteil als Geschmackskorrigenten hoch

Abb. 100. Waldstorchschnabel (Original KLAPP)

Abb. 101. Gänseblümchen (Original KLAPP)

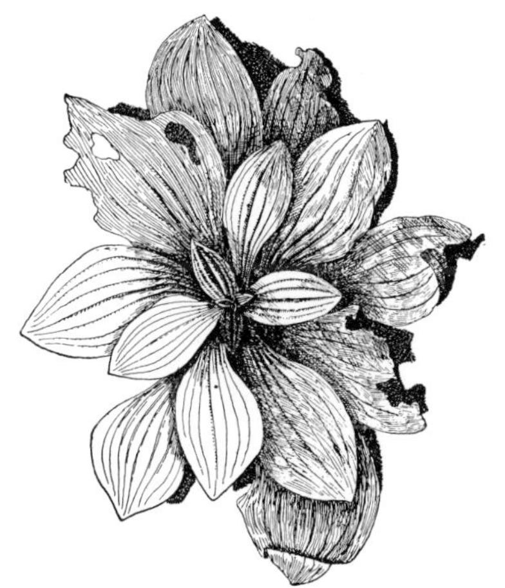

Abb. 102. Mittlerer Wegerich (Original KLAPP)

Abb. 103. Schafschwingel (Original KLAPP)

geschätzt, während ihre Aufnahme bei Massenauftreten verweigert wird und ihre in geringer Menge günstig wirkenden Inhaltsstoffe die Leistung und die Milchqualität der Kühe beeinträchtigen, so daß die Rentabilität der Grünlandfläche verringert wird (BÄBLER u. STREBEL, FENTON 1939, STÄHLIN 1957b).

d) Arten, deren Beliebtheit und Eignung sich mit der Art und dem Zeitpunkt der Nutzung ändern. Auf der Weide werden Wolliges Honiggras und Borstgras in ganz jungem Zustand verbissen, Bärenklau (Abb. 109, 110) und Wiesenkerbel (Abb. 111) vor der Blüte gern gefressen, von Brennessel und den Ampferarten wenigstens die Blüten- und Fruchtstände von Schafen genascht, süßschmeckende Arten wie Bocksbart (Abb. 112) lieber in grünem Zustand, stark riechende Arten wie Bärwurz mit ätherischen Ölen und streng schmeckende wie Frauenmantel (Abb. 113) mit Gerbstoffen lieber als Heu gefressen (FENTON 1936, GRIFFITH 1947, KERNER V. MARILAUN, KLAPP 1929, 1951a, MALOCH, PREISING, SCHNEITER 1933, TRUBRIG, ZÜRN

Abb. 104. Wirkung selektiver Beweidung auf Hutweide. Heidekrautbülten gemieden, Zwischenräume Borstgras (Bayerischer Wald) (Original KLAPP)

Abb. 105. Rohrschwingel bei selektiver Unterbeweidung (Original BOEKER)

Abb. 106. Besenginster bei ungeregelter Hutweide (Original KLAPP)

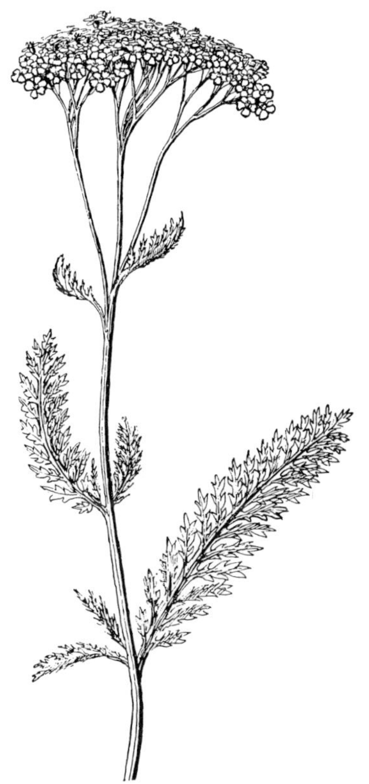

Abb. 107. Schafgarbe (Original KLAPP)

Abb. 108. Kümmel (Original KLAPP)

1950, 1953a). Einige im frischen Zustand schwach giftige Hahnenfußarten (Abb. 114, 115) (KOBLET 1946) verlieren ihre Giftstoffe weitgehend während der Gärung im Heustock oder Silo (STÄHLIN 1957b).

e) Arten, die mit Horst- und Bültenwuchs die Mähenutzung erschweren. Das kann der Fall sein bei Rasenschmiele (HORN) und Rohrschwingel,

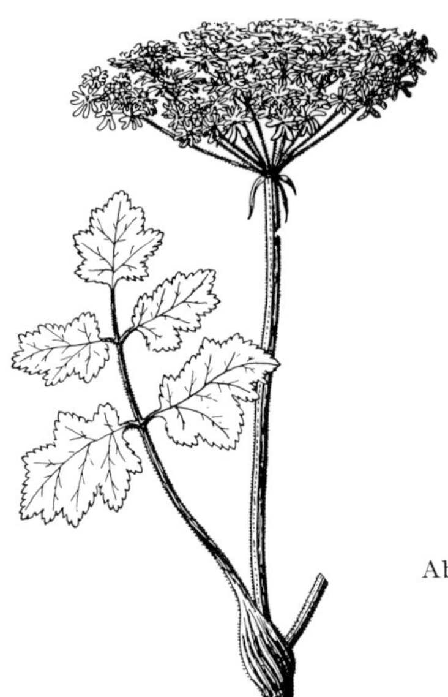

Abb. 109. Bärenklau (Original KLAPP)

Abb. 110. Bärenklau als Jaucheunkraut (Original KLAPP)

Abb. 111. Wiesenkerbel (Original KLAPP)

Abb. 112. Bocksbart (Original KLAPP)

Abb. 113. Frauenmantel (Original KLAPP)

Abb. 114. Kriechender Hahnenfuß (Original KLAPP)

bei Großseggen (Abb. 96) und Horstbinsen (Abb. 116) (Brandt, Korthals, Stebler), in geringerem Maße bei Wolligem Honiggras, Knaulgras und Horstrotschwingel.

Abb. 115. Scharfer Hahnenfuß (Original Klapp)

(Seite 275)

Abb. 117. Löwenzahn (Original Klapp)

Abb. 118. Herbstlöwenzahn (Original Klapp)

Abb. 119. Rauher Löwenzahn (Original Klapp)

Abb. 120. Wiesenpippau (Original Klapp)

Abb. 116. Auch der Binsenwuchs hängt vom Weidewirt ab. Im Vordergrund Erfolg richtiger Weidenutzung (Original Boeker)

Abb. 117

Abb. 119

Abb. 118

Abb. 120

Abb. 121. Kohldistel (Original KLAPP)

Abb. 123. Wiesenknöterich (Original KLAPP)

Abb. 122. Kohldistel auf feuchter Wiese (Original KLAPP)

f) Arten, deren Futterwert vom Werbungs- und Konservierungsverfahren bestimmt wird. Die Blätter vom Löwenzahn (Abb. 117) und vielen anderen Arten, auch von Leguminosen zerbröseln oder schimmeln bei und nach der Bodentrocknung, besonders von Arten mit markigen, langsam trocknenden Stengeln, wie Pippau (Abb. 120), Kohldistel (Abb. 121, 122), Wiesenknöterich (Abb. 123), Wiesenkerbel (DEGENS), Bärenklau. Dieser Verlust der nährstoffreichsten Pflanzenteile tritt nicht auf bei Grünverfütterung und Einsäuerung und er ist unbedeutend bei Unterdach- und künstlicher Trocknung.

Der Begriff Unkraut wechselt somit selbst bei der bedingt als solches anzusprechenden Gruppe nach dem Standort und der Tierart, nach dem Anteil der betreffenden Pflanzenart im Bestand und nach dem Alter der Pflanzen, schließlich nach der Art und Weise der Nutzung. Bei sehr vielen Arten ist die Zuordnung schwierig, weil sie einerseits wenig Pflanzenmasse bilden, andererseits ihre Inhaltsstoffe und deren Wirkungen nur lückenhaft bekannt sind. Dies trifft vor allem zu für viele Arten, die auf extensiv bewirtschafteten Grünländereien wachsen (STÄHLIN 1957b). Da sie indes meist selten oder kaum je in großem Prozentsatz auftreten, kann vielleicht angenommen werden, daß ein Teil von ihnen auf ihren mageren Standorten zur chemischen Reichhaltigkeit des Futters beiträgt.

2. Ursachen der Verunkrautung

Im biologischen Sinn sind die „Unkräuter" vollberechtigte Glieder der jeweils standortsgemäßen Pflanzengesellschaft. Diese Feststellung gilt noch mehr für die halbnatürlichen Bestände des Dauergrünlandes als für die vom Menschen geschaffenen Ackerfutterflächen. Bei aller Pflege gelingt es allerdings auch bei ihnen nicht, sie frei von Wildarten zu halten; denn wenn diese in eine Neuansaat einwandern, geschieht es aus dem einfachen Grunde, weil es keine Standorte gibt, die nur den angesäten Arten zusagen. Vielmehr ist die Zusammensetzung jeder Ansaatmischung (S. 343) künstlich und bei allen Versuchen der Anpassung nie vollkommen auf die natürlichen Gegebenheiten abgestimmt, weil sie hauptsächlich unter dem Blickwinkel der Nützlichkeit geschehen ist. Bei dem unwiderstehlichen Streben zur Gesellschaftsbildung finden sich deswegen auf dem einzelnen Standort alle Arten der landschaftlichen Flora ein, die auf ihm trotz oder wegen der wirtschaftlichen Maßnahmen ihre Ansprüche zur Behauptung gegen die Konkurrenz anderer Arten befriedigt finden.

Die unerwünschten Arten, die schon in den ersten Jahren nach der Ansaat auftreten, stammen zum geringsten Teil aus dem Saatgut, in dessen Mutterbeständen sie sich bis zur Fruchtreife haben entwickeln können, und auch nicht allein aus dem Vorrat der im Boden aus einer vorangegangenen Nutzung keimfähig gebliebenen Samen, sondern in großer Zahl aus Anflug und Verschleppung durch Wasser und Wind, Tiere und Menschen; diesen Aufwuchs völlig zu unterbinden, kann bei der Vielzahl der unabstellbaren Ursachen nicht gelingen, weil sie natürlich sind. Aber welches Mengenverhältnis zwischen erwünschten und unerwünschten Arten sich bei der Ein- und Unterwanderung in einer Ansaat einstellt oder in einem natürlichen Pflanzenbestand vorhanden ist, dafür sind zahlreiche Faktorengruppen verantwortlich, Mängel des Standorts und unvermeidliche Einflüsse der Grünlandnutzung, vor allem aber Fehler der Bewirtschaftung (BÄBLER u. STREBEL). Sie alle verhindern, daß optimale Pflanzenbestände entstehen oder bestehen bleiben.

Standortmängel

a) Bei Wasserüberschuß (S. 45 f., 125) treten, je nach seiner Form, die Arten der Wasserwiesen oder Röhrichte, der winternassen Rasen, der staunassen und der wechselfeuchten Wiesen in den Vordergrund. Alle diese Pflanzengesellschaften weisen bedeutend mehr unerwünschte Arten als frische und trockene Bestände auf.

b) Nährstoff- und Kalkarmut (S. 168) sowie Rohhumus schließen das Gedeihen oder, nach Ansaat, das Verbleiben der meisten hochwertigen Futterpflanzen aus, wobei die auf solchen Flächen wachsenden Arten, z.B. Borstgras oder Torfmoose, ihrerseits zu weiterer Standortsverschlechterung beitragen. Selbst auf Böden, die von Natur gar nicht besonders arm gewesen sein dürften, haben Bewirtschaftungsfehler, nämlich Raubbau am Nährstoffkapital in Nichtbeachtung der durch die Ernten entzogenen und durch Auswaschung verlorengegangenen Nährstoffmengen und bei Vorenthaltung von wirtschaftseigenem Dünger zur Anregung des Bodenlebens, im Laufe der Jahre und Jahrhunderte zur Entstehung von ödlandartigen, ertragsarmen Pflanzenbeständen (S. 249) geführt; in extremen Fällen treten Elemente der Zwergstrauchheiden und Heidewiesen mit ihren nicht nur schwachwüchsigen, sondern auch futtermäßig größtenteils minderwertigen Arten auf. Einen Sonderfall bilden die nicht bodensauren, aber wasserarmen und an Nährstoffen und Humus verarmten Standorte der Kalktrockenrasen, auf denen, bei stets geringem Massenwuchs, neben höchstwertigen Futterpflanzen viele den Tieren unangenehm riechende und schmeckende sowie wenig bekömmliche Arten wachsen (KLAPP 1965a, STÄHLIN 1957b).

c) Lichtmangel durch Beschattung (S. 51) tritt an nordwärts gelegenen Hängen, an Waldrändern, Alleen, Hecken und Mauern, unter Obstbäumen auf Obstängern und unter Schattenbäumen auf Mähweiden auf. Je nach Gegend und Boden sind auf solchen Standorten im Grünland mit auffälligem Anteil vertreten Arten, die wie Knaulgras, Gemeine Rispe und Honiggräser, wie Geißfuß und Wiesenkerbel, Behaarter Kälberkropf und verschiedene Hahnenfußarten ganz allgemein aus natürlichen Wald- und Waldrandgesellschaften in das vom Menschen aus natürlichen Standorten und Pflanzengesellschaften durch seine Maßnahmen geschaffene Biotop des Wirtschaftsgrünlandes haben übersiedeln können oder die, wie Adlerfarn, Buschwindröschen, Zittergrassegge, Feigwurz und Moose, speziell aus dem nahegelegenen Wald auf die beschatteten Grünlandflächen ausgetreten sind; die meisten von ihnen sind minderwertig oder geradezu Unkräuter. Bei stark selektivem Weidegang kommen in der sowieso trockenen Narbe schattenverträgliche Acker- und Schuttunkräuter, wie Jährige Rispe und Gundelrebe, hinzu.

d) Bodenauflockerung (S. 240) über das Maß einer tätigen Grünlandnarbe hinaus ist auf allen humusreichen Böden, namentlich auf Moor, die Folge von starker Frostwirkung, besonders in Lagen, die durch Wind und Sonne früh im Jahre schneefrei werden. Sie tritt generell mehr auf reinen Mähflächen als auf Weiden auf, wo der Tritt der Tiere den Boden bis in den Spätherbst

Abb. 124. Sumpfkratzdistel (Original KLAPP)

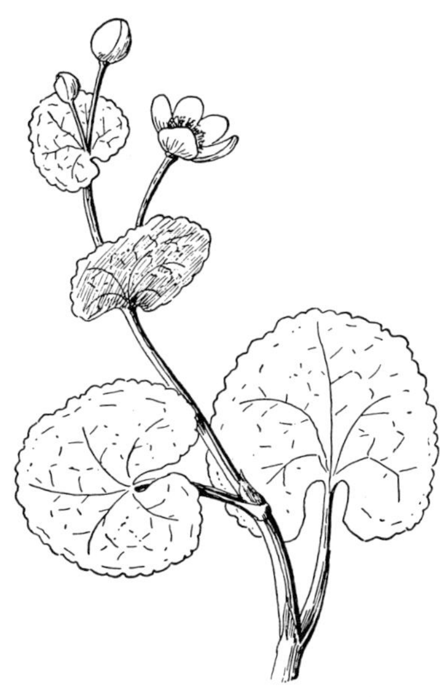

Abb. 125. Sumpfdotterblume (Original KLAPP)

Abb. 126. Wiesenschaumkraut (Original KLAPP)

Abb. 127. Blutweiderich (Original KLAPP)

festigt. In einer locker gewordenen Oberschicht vertrocknen alle Arten mit zarten und flachstreichenden Wurzeln, auch werden wenig verzweigte, d.h. schwach verankerte Pfahlwurzeln durch Blachfröste hochgehoben. Nur Hochstauden mit kräftigen, tiefgehenden und sich verzweigenden Wurzeln und Rhizompflanzen, deren Ausbreitung in einem humusreichen, stets leicht durchdringbaren Boden sowieso begünstigt wird, kann eine extreme Lockerung des Bodens nichts anhaben. Andererseits bekommen viele Samen und Jungpflanzen

Abb. 128. Kuckucks-Lichtnelke (Original KLAPP)

Abb. 129. Großer Sauerampfer (Original KLAPP)

von Unkräutern Luft und Licht zum Keimen und zu einer größeren Überlebensrate. Auf diese Weise kommt das Massenauftreten sowohl von vielen minderwertigen Gräserarten wie von Weicher Trespe, Ruchgras, Rasenschmiele und Wolligem Honiggras als auch von Doldengewächsen und Storchschnabelarten, von Großer Brennessel, Schafgarbe, Kohldistel, Sumpfkratzdistel (Abb. 124), Sumpfdotterblume (Abb. 125), Wiesenschaumkraut (Abb. 126), Blutweiderich (Abb. 127), Kuckucks-Lichtnelke (Abb. 128), Mädesüß (Abb. 97), Ampferarten (Abb. 129, 130), Sumpfblutauge, Großem Wiesenknopf (Abb. 131), Quecke (Abb. 132) zustande (BUROWIECKI u. KOPCZYÚSKA, GAEDEKE, KAUTER 1949b, auch S. 240).

e) Lückenbildung steht mit der Auflockerung und Austrocknung der obersten Bodenschicht oft in enger Verbindung. Natürliche Ursachen von ihr können deshalb in erster Linie Frostschäden sein, aber auch Wühlarbeit von Wildschweinen und im Boden lebenden Tieren, wie Maulwürfen, Feld- und Wühlmäusen, Kaninchen und Sturmtauchern; dazu kommen als Katastrophen

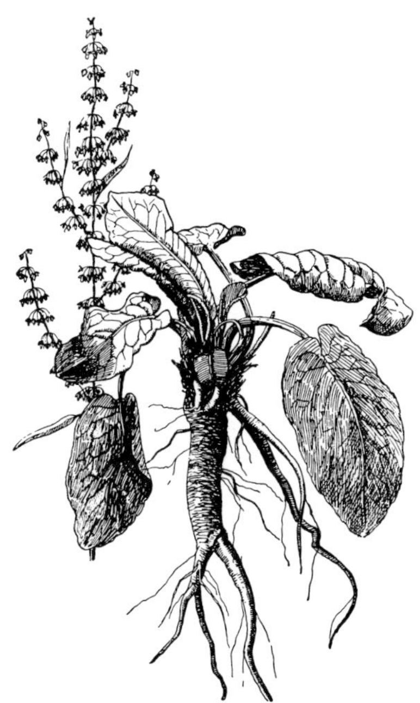

Abb. 130. Stumpfblättriger Ampfer (Original KLAPP)

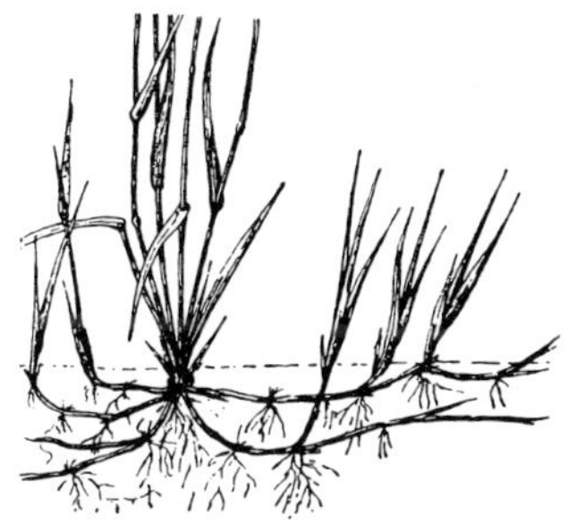

Abb. 132. Quecke (Original KLAPP)

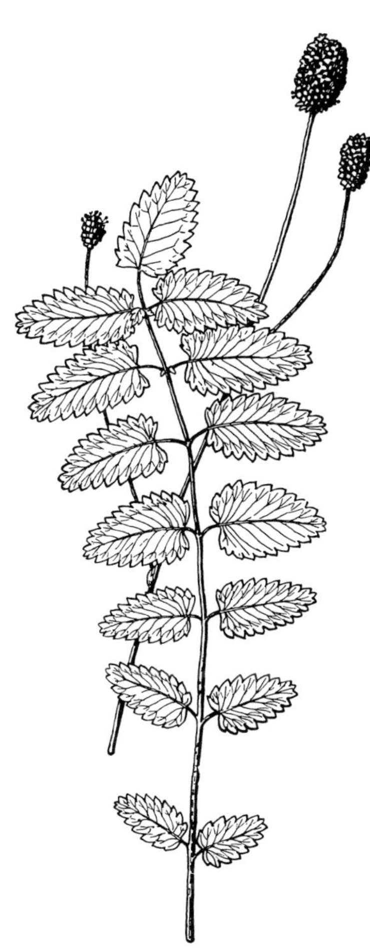

Abb. 131. Großer Wiesenknopf (Original KLAPP)

anzusprechende, weil nicht alljährliche Vorkommnisse, wie Narbenzerstörung durch Wind- und Wassererosion, Fraßschäden an den Wurzeln durch Engerlinge, Wiesenschnaken und andere Insektenlarven, Massenauftreten von Schmarotzer- und Halbschmarotzerpflanzen, Hexenringe. Ähnlich wirken Ersticken der Grasnarbe bei Hochfluten (S. 46) durch Verschlammung und wochenlange Überstauung mit Wucherung von Grünalgen. Auf dem nun freien Boden können Jungpflanzen aus im Boden ruhenden oder angeflogenen Samen mit größerer Überlebensrate hochwachsen, und zwar von zahlreichen mehr oder weniger kurzlebigen, sich allein oder vorwiegend generativ vermehrenden Pflanzenarten, von Löwenzahn und Gänseblume bis zu Sumpfkratzdistel und Kuckuckslichtnelke, von Jähriger Rispe bis zu Wolligem Honiggras und Rasenschmiele. Auch Arten mit Stolonen besiedeln vor wertvolleren Arten die Lücken, z. B. Gemeine Rispe, Flechtstraußgras (Abb. 133) und Kriechender Hahnenfuß (Abb. 114).

Bewirtschaftungsfehler

Der für das Vorhandensein des Grünlandes in weiten Gebieten Mitteleuropas entscheidende Faktor, die Nutzungsweise durch Weide oder/und Mahd, entscheidet über die botanische Zusammensetzung des Bestandes und damit über die Art der Verunkrautung.

a) Allgemeine Bewirtschaftungsfehler auf dem Grünland. Abgesehen von diesen bei Fortbestehen einseitiger Nutzung nicht vermeidbaren Mängeln

Abb. 133. Flechtstraußgras (Original KLAPP)

der botanischen Zusammensetzung, liegen weitere Verunkrautungsursachen in Fehlern der Boden- und Narbenpflege: Bodenverdichtung durch Befahren, Beweiden und Walzen bei großer Feuchtigkeit (S. 242) ist mit einer Verarmung an Bodenluft verbunden und damit mit ähnlichen Zuständen wie bei Staunässe. Je schwerer der Boden ist, desto ungünstiger werden durch solche unzeitigen Maßnahmen die Wachstumsbedingungen für wertvolle Grünlandarten gestaltet. Mit solchen Verhältnissen werden nur flachwurzelnde, oberflächlich kriechende Arten und wieder Pflanzen des natürlich staunassen Bodens fertig. Kennzeichnend für derartige Bewirtschaftungsfehler sind Großbinsen, Gemeine Rispe, Flechtstraußgras, Kriechender Hahnenfuß, bei Überbeweidung auch Vogel- und Wasserpfefferknöterich.

Narbenverletzungen werden durch zu tiefe Einstellung und zu scharfe Bearbeitung mit schneidenden und reißenden Geräten, auch durch Zertreten und Kahlfressen der Narbe verursacht (S. 243). Dieses kann nicht nur den neuen Aufwuchs durch Beseitigung der letzten assimilierenden Bodenblätter verzögern, sondern auch ganze Pflanzen durch Abreißen und Verbeißen von Erneuerungsknospen und Kriechtrieben vernichten. Besonders häufige Lückenbesiedler sind Löwenzahn, Knolliger Hahnenfuß und Gänseblume, Weiche Trespe und Jährige Rispe, Margerite (Abb. 134), Ackerknautie (Abb. 137), Wilde Möhre (Abb. 138) und Wegericharten (Abb. 136), auf Weiden auch zahlreiche Ackerunkräuter wie Vogelmiere und Hirtentäschel.

Abb. 134. Margerite (Original KLAPP)

Abb. 135. Löwenzahn, Gänseblume (Original KLAPP)

Überdüngung mit stickstoff- und kalireichen Wirtschafts- oder einseitig zusammengesetzten Handelsdüngemitteln und mit Abwässern veranlaßt bei reiner Mähenutzung das Massenauftreten von stickstoff- und kalidankbaren Obergräsern und Hochstauden, die durch Unterdrückung niedrig wachsender Arten eine Auflockerung und damit eine zunehmende Trittempfindlichkeit der Narbe verursachen, z.B. von Quecke (SCHOTHORST, WETZEL 1966a) und Knaulgras, von den bald lästig werdenden Doldenblütlern Bärenklau, Giersch (Abb. 139) und Wiesenkerbel, im Bergland von Behaartem Kälberkropf, sowie von anderen Hochstauden, wie Pippau, Ampferarten (Abb. 130), Großer Brennessel; im Extrem können Untergräser, Kleearten und niedrigwachsende Kräuter gänzlich verdrängt werden. Ähnlich fördert mangelnde Kalkzufuhr

Abb. 136. Großer Wegerich (Original KLAPP)

Abb. 137. Ackerknautie (Original KLAPP)

Abb. 138. Wilde Möhre (Original KLAPP)

oder dauernde Verwendung von physiologisch sauren Düngemitteln das Vordringen säureverträglicher Arten wie von Wolligem Honiggras (HART).

Plötzliche Trockenlegung (S. 128) führt, ohne Änderung der bisherigen Düngungs- und Nutzungsweise, nicht nur infolge Wachstumshemmung der Nässeflora zu starker Lückenbildung mit Einnistung zahlreicher Samenunkräuter, sondern auch zur Massenentwicklung einiger Arten aus dem Samen- und Rhizomvorrat des Bodens; besonders auffällig ist in Stromniederungen das schnelle Überhandnehmen von Laucharten, die ertragmindernde Ausbreitung von Rohr- und Rotschwingel, die Massenvermehrung von Margerite, Wiesenflockenblume (Abb. 140) und Großem Sauerampfer (Abb. 129).

Abb. 139. Geißfuß (Giersch) als Jaucheunkraut im hohen Bayerwald (Original SACHS)

Bei Neuansaaten (S. 759) werden schon vorher oft Fehler begangen, die sich nicht mehr gutmachen lassen, wie mangelhafte Herrichtung des Saatbetts durch Versäumnis vorheriger Unkrautbekämpfung bei Verwendung von stark mit Samen und Rhizomen durchsetzter Erde und ungenügende Bodenfestigung mit Verzicht auf einen gleichmäßigen Aufgang der Saat zu schnellem Narbenschluß, Verwendung von unreinem Saatgut oder von ungeeigneten oder falsch zusammengesetzten Saatmischungen, Sparen an der Saatgutmenge und Wahl billiger, aber minderwertiger und ökologisch unpassender Sorten, Drillsaat mit lange sichtbaren Zwischenräumen usw. Die Reihe der Fehler kann sich fortsetzen in Pflegemängeln der jungen Ansaat und Nichtbeachtung von unabdingbaren Lebensansprüchen, z.B. in einer späten Beseitigung der Erstickungsgefahr durch lagernde Deckfrucht bei Einsaat und durch wucherndes Unkraut bei Blanksaat, im Versäumen von rechtzeitigem Schröpfen und von rechtzeitiger Stickstoffgabe zu besserer Bestockung ebenso wie in einer übermäßigen Beanspruchung durch Beweiden, Zertreten und Zerfahren der sich bildenden Narbe. In solchen schuldhaft lückigen und sich nur langsam schließenden Beständen schlägt die unvermeidliche Einwanderung der bodenständigen Flora, besonders auf reinen Mähflächen während der sowieso gefährlichen Umstellung der Ansaatmischung in einen Dauerbestand, in eine unliebsame Vermehrung von Unkräutern aller Art um.

b) Bewirtschaftungsfehler auf der Wiese. Als Fehler bei der Wiesennutzung ist gefährlicher als frühe Mahd, die nur das Aussamen von Frühblühern und das Gedeihen niedriger Pflanzen ermöglicht, ein oft weder arbeitswirtschaftlich noch witterungsmäßig notwendiger oder vertretbarer später Schnitt, weil zu dessen Zeitpunkt sowohl Unkrautgräser wie Ruchgras und

Abb. 140. Wiesenflockenblume (Original KLAPP)

Weiche Trespe als auch obligate Unkräuter wie Scharfer Hahnenfuß oder Arten, die von einem gewissen Prozentsatz an unkrautig werden und wie Wiesenkerbel bereits reife Früchte gebildet haben, um diese bei der meist geübten Bodentrocknung auszustreuen. Der Minderwert von ihnen, als von stark generativen Typen mit einem ungünstigen Blatt-Stengel-Verhältnis, beruht auf einer der optimalen Schnittzeit guter Futterpflanzen vorauseilenden Entwicklung ihrer bald verholzenden oder strohig werdenden Blütentriebe. Ihre Samen und Früchte finden in der meist lockeren Wiesennarbe ein gutes Keimbett zu hoher Vermehrungsrate. Auch vegetative Triebe können sich leichter ausbreiten. In der langen Zeitspanne bis zum Heuschnitt, besonders aber durch nur eine einzige späte Mahd werden alle Arten, die wie Pfeifengras (S. 377) und andere Spätblüher wie Mädesüß auf eine ausgiebige Speicherung von Reservestoffen angewiesen sind, begünstigt und zu guter Vermehrung angeregt.

Zu häufige Mahd läßt, ähnlich wie Überbeweidung, neben lichtbedürftigen Untergräsern und Weißklee (Abb. 141) bodenanliegende, sich rasch regenerierende Kräuter, wie Braunelle, Gundelrebe, Schafgarbe und Wiesenlabkraut (Abb. 142), auch Kriechenden Hahnenfuß in den Vordergrund treten (S. 374). Langes Stehenlassen von Trockengerüsten führt zur Bildung von Lücken, in die Samenunkräuter und Pflanzen mit Kriechtrieben rasch einwandern. Auch tiefer Schnitt, der kaum Assimilationsgewebe übrigläßt, begünstigt Arten, die entweder dem Boden anliegen oder viel Speicherorgane besitzen. Stets zu hoch geführter Schnitt, 10 cm und mehr, schont die Arten, die mit hohem Ansatz der Erneuerungsknospen zu Bültenwuchs neigen, aber durch mäßig tiefe Mahd

Abb. 141. Weißklee (Original FRECKMANN)

von etwa 5 cm Höhe werden – außer Untergräsern, Weißklee und niedrig wachsenden Unkräutern, wie Gänseblume, Braunelle und Gundelrebe – lichthungrige Arten wie Wolliges Honiggras gefördert (S. 399), weil die Keimung im Sommer rascher erfolgt und die Jungpflanzen kräftiger in den Winter gehen (HART, HART u. MC GUIRE 1964, HONCZARENKO, OLSZEWSKA 1964, 1965, RUMBURG u. SAWYER).

So sind die übliche Wiesennutzung mit ihrer zweimaligen Unterbrechung des Pflanzenwachstums und erst recht eine späte Mahd bestimmend für das Bild einer reinen Mähfläche mit ihren zahlreichen unerwünschten Arten, während zu häufiger Schnitt ertragarme, weideähnliche Narben mit anderen Unkräutern entstehen läßt.

c) Bewirtschaftungsfehler auf der Weide. Fehler der Weidenutzung bestehen hauptsächlich darin, daß zu wenig darauf geachtet wird, daß eine leistungsfähige und tragfähige Weidenarbe nur durch gleichmäßiges Abfressen nach Ruhepausen (S. 443) erhalten bleibt, die nicht nur für die Produktion oberirdischer Masse, sondern auch für die Sammlung von Reservestoffen (S. 378) zu kräftigem und schnellem Wiederaustrieb lang genug sind (u.a. FENTON 1951/52). Bei zeitlich oder/und räumlich ungeregeltem Weidegang fressen alle Tierarten „selektiv", d.h. sie wählen das aus, was ihnen gerade zusagt. Je nach Handhabung des Weideganges kommt es dabei zur Unter- oder Überbeweidung (S. 427). Im ersten Fall werden unbeliebte Pflanzen und Weidestellen geschont, sie können sich ungestört ausdehnen und vermehren. Im zweiten Fall werden alle von den Tieren erfaßbaren Pflanzen durch Dauerverbiß sowie durch starke Trittwirkung vernichtet und die dem Biß entgehenden Arten, vor allem Rosettenpflanzen, aber auch stark riechende Arten

Abb. 142. Wiesenlabkraut (Original KLAPP)

wie Kamillen indirekt gefördert, weil sie ohne Konkurrenz wachsen und sich entwickeln können (S. 375, 400, 427)., z.B. Großer und Mittlerer Wegerich, Löwenzahn und Gänseblume, Habichtskraut- und Ferkelkrautarten, Braunelle und Fingerkrautarten, Vogelknöterich und Jährige Rispe. Beide Fälle können jeder für sich und auf einer Weidefläche nebeneinander vorkommen.

Die Ursachen, warum die Weidetiere manche Arten bei Unterbeweidung stehenlassen, sind ganz verschieden (S. 427). „Überständer" sind harte, zähe Blätter und Triebe wie von Rasenschmiele, deren Pflanzen auf Extensivrasen älter, dichterhorstig und mehr generativ als auf normal gemähten Wiesen werden (ŽUKOVA), Rohrschwingel, Borstgras, dumpfriechende und dichte Horste wie von Horstrotschwingel, stachelig-dornige Triebe wie von Distelarten, Hauhechel, Mannstreu, Holzgewächse wie Heidekraut, Ginsterarten, Heidelbeere und Moosbeere, Wacholder (Abb. 83), grobe und zähe Stauden wie Ampferarten, Wegwarte, Hartheu, scharf riechende oder schmeckende Arten wie Wolfsmilcharten oder Lippenblütler. Indes hat jede Tierart, ja fast jedes Tier besondere Eigentümlichkeiten bei der Auswahl der Weidepflanzen. Mangelnde Weidepflege, z.B. Unterlassen einer Nachmahd von Geilstellen (S. 275) und nicht gefressenen Fruchttrieben, ist die Ursache von Einnistung und Kräftigung von Samenunkräutern, wie Wegerich-, Flockenblumen- (Abb. 140), Hahnenfuß- und Ampferarten, von Möhre (Abb. 138) und Eisenkraut, Gemeiner und Ackerdistel, von Brennessel und von den bereits genannten Überdüngungspflanzen. Immer fördern Weidefehler, falsche Nutzung und mangelnde Weidepflege das Gedeihen und die Ausbreitung der von den Tieren gemiedenen oder sonstwie geschonten und deshalb voll vermehrungsfähigen Pflanzenarten.

3. Unkrautbekämpfung

Ausgangspunkt jeder Unkrautbekämpfung, die dauernde Erfolge, nicht nur die Unschädlichmachung für einen Aufwuchs bis einige Jahre, anstrebt, ist – neben der Beseitigung der Standortsmängel und Bewirtschaftungsfehler, die zu der Verunkrautung geführt haben – die Erfahrung der Biologie des betreffenden Unkrauts, um empfindliche Phasen in seiner Entwicklung zu erkennen (Grisch, Schreiber u. Benda, Stebler u. Schröter 1891, Wehsarg). Allerdings ist die Vermehrungs- und Lebensweise der Grünlandpflanzen von einer verwirrenden Vielförmigkeit, wobei die zu schonenden Futterpflanzen oft den gleichen Wachstumsrhythmus wie die zu bekämpfenden Arten besitzen. Ein eingehendes Studium (Wehsarg) zeigt gleichwohl, daß es möglich ist, ohne allzu großen und bleibenden Schaden für den Bestand mit einer beschränkten Anzahl von Maßnahmen fast aller lästigen Arten Herr zu werden, sofern die Maßnahmen wirtschaftlich und technisch anwendbar sind (Volger 1960, 1961).

Die Unkrautbekämpfung hat auf dem Grünland mit wesentlich anderen Verhältnissen zu rechnen als bei Ackerkulturen. Hier ist es meist nur eine Unkrautart, auf deren Lebensweise das ganze Bekämpfungsverfahren eingestellt werden kann, in Grünlandbeständen aber begegnet uns oft eine größere Zahl von Unkräutern mit ganz verschiedener Lebensweise. Und handelt es sich nur um eine Art, die aus einem Grünlandbestand auszumerzen ist, dann ist es meist ein besonders lebenskräftiges, hartnäckiges Unkraut, bei dessen Beseitigung oft eine ganze Reihe von wertvollen Arten in Mitleidenschaft gezogen wird. Im Ackerbau lassen sich auch Anbaupausen zur Bekämpfung, z.B. von Quecken, ohne jede Rücksicht auf Kulturpflanzen nutzbar machen, auf dem Grünland ist stets auf die Schonung der wertvollen Arten zu achten, und das ist besonders dann schwer, wenn deren Lebensweise mit der des Unkrauts übereinstimmt. Insbesondere scheidet hier jeder Eingriff in den Boden, wie das im Ackerbau so wirksame Eggen, Grubbern, Fräsen, Schälen und Hacken, aus, weil die Grünlandnarbe meistens möglichst erhalten bleiben soll.

Grundsätzlich besteht zwar Übereinstimmung im Wesen der Bekämpfungsverfahren auf Acker- und Grünland, die technische Durchführung aber ist oft ganz verschieden. Obwohl nicht so wesentlich wie bei den Ackerunkräutern, ist auch auf dem Grünland für die Bekämpfung der lästigen Arten eine Unterscheidung zweckmäßig von Samenunkräutern, d.h. Pflanzen ohne vegetative Vermehrung, und Wurzelunkräutern, d.h. Pflanzen mit vegetativer Verbreitung neben der Samenbildung. Die Unsterblichkeit der Grasnarbe gilt nur für sie selbst, nicht für alle ihre Glieder (SCHWEIGHART u. STÄHLIN); denn entgegen der landläufigen Meinung, die Narbe des Dauergrünlandes enthielte nur ausdauernde oder doch mehrjährige Arten, ist die Zahl der auf Samenvermehrung angewiesenen Arten von einsömmeriger bis 2jähriger Lebensdauer gar nicht klein. Zu ihnen gehören ausgesprochene, bei Massenauftreten zu bekämpfende Unkräuter, z.B. Halbschmarotzer aus der Familie der Rachenblütler, oder Pflanzen des Ackerlandes und der Ruderalflächen, die sich in Intensivweiden an der Stelle wertvoller Arten ausbreiten können. Sie sind, weil die Pflanzen nach der Ausbildung von Fruchttrieben meist absterben, in ihrer Kurzlebigkeit auf die Möglichkeiten der Samenreife und Samenkeimung angewiesen, längerlebige Samenunkräuter überdies auf eine ausreichende Speicherung von Reservestoffen (S. 378) zu Überwinterung und nächstjährigem Austrieb. Bei den stets mehrjährigen bis praktisch ausdauernden Wurzelunkräutern tritt die Notwendigkeit ungestörter Reservestoffspeicherung noch deutlicher hervor. Aus dem Wissen um die beiden für die Erhaltung der Arten und ihrer Individuen entscheidenden Eigenschaften, der Bildung von keimfähigen Samen und/oder der Reservestoffspeicherung, ergeben sich die wichtigsten Anhaltspunkte für die Bekämpfung der einzelnen Arten.

Unkrautbekämpfung durch landeskulturelle und landwirtschaftliche Maßnahmen

Der Hauptsatz für jedes biologisch begründete und die Grundlagen der Verunkrautung erfassende Bekämpfungsverfahren lautet einfach: Verdrängung der unerwünschten, Förderung der erwünschten Arten. Beides muß ineinandergreifen, damit Bestände mit wüchsigem, wertvollem Aufwuchs und mit möglichst wenig minderwertigen Arten entstehen. Zum Erreichen dieses Zieles ist Umbruch (S. 326) mit folgender Neuansaat mit guten, der beabsichtigten Nutzung und dem Standort angepaßten Futterpflanzensorten nur in den seltensten Fällen nötig und überdies nur dann von bleibendem Erfolg, wenn die standorts- und wirtschaftsbedingten Ursachen der gewesenen Verunkrautung, die der Anlaß zum Umbruch gewesen war, und einer neuen Verunkrautung, die sich bei Bestehenbleiben der Mängel und Fehler in wenigen Jahren wieder einstellen muß, beseitigt werden. Lockernde Bodenbearbeitung scheidet ebenfalls als nur vorübergehend wirksame Kampfmaßnahme mit seltenen Ausnahmen aus. Von den Bearbeitungsgeräten des Grünlandes ist nur die Walze (siehe Abb. 77) bei alljährlicher Wiederholung für die Unkrautbekämpfung von Bedeutung. Auch die unmittelbare Einzelbekämpfung von Unkrautpflanzen ist wegen des großen Arbeitsaufwandes nur in speziellen Fällen empfehlenswert oder das einzig wirksame Mittel. Es ist der nicht hoch genug zu schätzende Vorzug einer grünlandgemäßen Unkrautbekämpfung, daß ihre Maßnahmen fast vollständig mit der ohnedies zur Schaffung und Erhaltung wüchsiger Grasnarben notwendigen Praxis der Grünlandbehandlung zusammenfallen und so keine besonderen Aufwendungen verlangen.

a) Landeskulturelle Maßnahmen und landwirtschaftliche Folgemaßnahmen. Aus der Schilderung der Verunkrautungsursachen ergibt sich, daß manche Voraussetzungen für eine erfolgreiche Grünlandnutzung schlechthin zugleich auch wirksame Maßnahmen der Unkrautbekämpfung sein müssen, so die Regelung des Wasserhaushaltes (S. 125). Entwässerung entzieht den überwiegend minderwertigen Arten nasser Standorte und darunter besonders vielen giftigen Pflanzen die Lebensgrundlage.

Zur Beschleunigung der Umstellung ist die Entwässerungswirkung (S. 128) zu unterstützen durch

reichliche Düngung zur Verstärkung der Konkurrenzwirkung guter Futterpflanzen;

Beweidung und Nachmahd der stehengebliebenen Fruchtstände oder, wo Beweidung nicht möglich, wiederholter zeitiger Schnitt zur Verhinderung der Samen- und der Reservestoffbildung;

Abb. 143. Pestwurz, Großer Huflattich (Original KLAPP)

Abb. 144. Wassergreiskraut (Original KLAPP)

Nachsaat von sehr lückenhaften Narben, z.B. von Röhrichten und Riedgrasbeständen, zur Verhinderung der Einwanderung anderer, ebenso unerwünschter Arten.

Zur Sicherung eines dauernden Erfolges gehört auch die Unterhaltung der Entwässerungseinrichtungen, besonders die Beseitigung des Grabenaushubs als der Quelle von neuer Vernässung durch Hemmung des Wasserabflusses aus den Flächen, besonders im Frühjahr, infolge Pressung der Grabenränder und von neuer Verunkrautung in schmaleren oder breiteren Streifen längs der Gräben mit Seggen, Binsen, Schilf, Sumpfschachtelhalm, Pestwurz (Abb. 143), Brennessel, Wassergreiskraut (Abb. 144), Mädesüß neben Rohrglanzgras, Wasserschwaden, Großem Wiesenknopf und Kohldistel. Gleiche Unkrautbilder entstehen bei künstlicher Wasserzufuhr durch Bewässerung und Überstauung, wenn diese zu lange und im Übermaß erfolgt und nicht gleichzeitig auf die Vorflut aller Teile des bewässerten Landes geachtet wird.

Das Verschwinden mancher robuster Arten, z.B. von Rasenschmiele, Rohrschwingel, Stumpfblättrigem Ampfer und Wiesenknöterich, auch solcher mit tiefreichenden Rhizomen, wie Schilf, Sumpfschachtelhalm und Großseggen, läßt allerdings, wenn die bisherige meist extensive Nutzungsweise beibehalten wird, z.B. späte Mahd, oft lange auf sich warten. Dann muß – außer den landeskulturellen und landwirtschaftlichen Maßnahmen, die auf eine Verbesserung des Aufwuchses hinzielen – an eine direkte Bekämpfung dieser Arten gedacht werden. Diese, sowohl Umbruch und Wiederansaat als auch chemische Bekämpfung, hat aber nur dann nachhaltigen Erfolg, wenn die Wiederansiedlung derselben Arten oder eine neue, andersartige Verunkrautung durch die allgemeinen Maßnahmen verhindert werden.

Häufig sind entwässerte Flächen zu trocken geworden, weil eine Vorausberechnung der Sackung humoser Schichten oder des Auslaufens von Grundwasserseen sowie des Wasserbedarfs des künftigen Bestandes zu bestem Wachstum schwierig ist (u.a. Kreuz). Dann bildet sich auf dem im Winter auffrierenden und im Sommer austrocknenden Boden keine dichte Grasnarbe aus wertvollen Arten, was eine starke Neigung zu Verunkrautung (S. 128) bedeutet, meist mit stickstoffliebenden Arten aus den Ackerunkrautgesellschaften, so mit Vogelmiere (Abb. 172), Knötericharten, Ackerhohlzahn. Solche für Grünlandnutzung zu trocken gewordenen Flächen sollten nicht als Dauergrünland, sondern im Ackerbauturnus genutzt werden, was auch bei größerer Entfernung vom Hof in der heutigen Zeit der Motorisierung möglich erscheint. Es können indes zwingende Gründe, die betriebswirtschaftlich in dem Umfang des Winterfutterbedarfs u.dgl., pflanzenbau-bodenkundlich in der Gefahr von Winderosion der puffigen Oberschicht liegen, für die Beibehaltung der bisherigen Nutzung sprechen. Dann lassen sich befriedigende Ergebnisse, ohne Lückenbildung und Verunkrautung, nur durch Wiederanfeuchtung (S. 139) mit Hilfe von Grabenstau, Berieseln oder Beregnen erreichen, gerade so wie auf natürlich trockenem Grünland künstliche Wasserzufuhr hilft.

Für die im Sommer austrocknenden Grasnarben stellt der Schutz durch Wirtschaftsdünger und besonders durch strohigen Mist nur eine schwache Hilfe gegen Verunkrautung dar, ja er kann eine neue Verunkrautung durch in ihm keimfähig gebliebene Samen bedeuten. Eine Verdichtung des Bodens (S. 240) kann bei Grünlandnutzung nie durch Bodenbearbeitung beseitigt werden, besonders dann nicht, wenn es sich um humusarme, feinerdereiche Böden handelt. Hier müssen, genügende Entwässerung vorausgesetzt, entweder die Verabreichung von lockernd wirkenden Humus- und Kalkdüngern oder die Vermeidung jeder Bodenpressung in feuchtem Zustand, z.B. durch Walzen oder Beweiden zur Unzeit, erfolgen. Überdurchschnittlich starke Zufuhr von Nährstoffen und, wo nötig, von Kalk sind auf nährstoffarmen, untätigen Böden mit unkrautreichen Hungergrasnarben als grundsätzliche Verbesserungen des Pflanzenstandorts ausgesprochene Meliorationsmaßnahmen. Stets lohnt hier eine reichliche Kaliphosphatversorung, wenn irgendmöglich, zusammen mit stark wirkenden Hofdüngern in großen und wiederholten Gaben, z.B. Kompost bis 1000 m³/ha und mehr. Beides bildet die Grundlage zur Verdrängung der magerkeitsanzeigenden Ödlandpflanzen, z.B. von Borstgras und Heidekraut, und die Förderung der wertvollen Arten des

Wirtschaftsgrünlandes. Auch hier läßt sich die Umstellung der Bestände durch scharfes Beweiden mit Nachmahd wesentlich beschleunigen.

Beschattung (S. 51) kann nicht überall durch Beseitigung der Ursachen behoben werden, z.B. wenn es sich um Obstplantagen mit Futternutzung, Baumreihen zum Windschutz und um Alleen an öffentlichen Straßen sowie um Waldränder und Hecken handelt. Geregelte Weidenutzung kann jedoch die Verunkrautung, die durch Beschattung verursacht wird, in Verbindung mit stärkerer, spezifischer Düngung, z.B. mit Kalk und Kalisalzen gegen Vermoosung, fast ganz unterbinden (Stassen).

b) Landwirtschaftliche Maßnahmen. Nachdem die Standortsfaktoren durch landeskulturelle Maßnahmen möglichst optimal gestaltet sind, genügt für die Verhütung und Bekämpfung von Verunkrautung in der Hauptsache der geschickte Einsatz von normal starker Düngung und Nutzung (u.a. Boeker 1956; siehe auch S. 394). Die Mähenutzung läßt bei entsprechender Düngung verschwinden oder zurücktreten

die mahdempfindlichen Arten, d.h. diejenigen, die sich zur Zeit der Heuernte für die kräftige Entwicklung ihrer oberirdischen Organe verausgabt haben, durch Verhinderung der Reservestoffsammlung;

die lichtbedürftigen, niedrig wachsenden Arten durch Beschattung beim Hochwachsenlassen des übrigen Bestandes bis zum Heuschnitt;

bei vorverlegtem Heuschnitt die frühblühenden Arten durch Verhinderung der Samenreife. Aber eine Verunkrautung, die durch Fehler in der Düngung, namentlich durch übermäßige Jauche- und Gülleanwendung künstlich verursacht worden ist, läßt sich durch eine Änderung der Düngeweise nur sehr langsam beheben, falls die reine Mähenutzung beibehalten wird. Phosphatdüngung und notfalls Kalkung stellen in der Darbietung eines dann etwa harmonischen Nährstoffverhältnisses nur eine gewisse Vorbeugungsmaßnahme dar, ohne die Verunkrautung bei dauernd starker Jauche- und Gülledüngung (S. 220, 222) verhindern zu können. Erst wenn solche Flächen beweidet werden, geht die Umwandlung in wertvollste Weidenarben erstaunlich rasch, meist schon in wenigen Jahren, vor sich.

Unter einer intensiven Weidenutzung (S. 492) entstehen bei entsprechender Düngung und Pflege praktisch unkrautfreie Bestände und bleiben erhalten durch

Vernichtung biß- und trittempfindlicher Arten infolge des Verlustes lebensnotwendiger Organe und des ganzen oberirdischen Aufwuchses sowie durch Zertrampeln und Abscheren der Wurzelstöcke (u.a. Boeker 1952);

Aushungern bodenblattarmer, auf das Schossen für starke Blattentwicklung angewiesener Arten infolge Verhinderung der Reservestoffbildung und -speicherung durch oftmaliges Entfernen der Triebe und Assimilationsorgane;

allmähliches Zurückdrängen kurzlebiger Arten, trotz dem Samenvorrat im Boden, infolge Verhinderung der Samenbildung durch Verbeißen, Zertreten und Nachmahd der Blütentriebe;

Verhinderung der Samenkeimung und der Entwicklung von Jungpflanzen in der durch den Tritt der Weidetiere zu stärkerer Bestockung angeregten, dichten Weidenarbe mit dem keimungshemmenden Reichtum ihrer Bodenluft an Kohlensäure;

Schädigung und Hemmung von Kriechtrieben und Zwiebeln durch Bodenpressung und wieder durch den Kohlensäureüberschuß im tätigen Weideboden;

Verdrängung langsam wüchsiger Magerkeitsanzeiger durch den scharfen Wettbewerb von stickstoffdankbaren Weidepflanzen;

Freistellen, gleichsam Herausmodellieren von verschmähten Pflanzen. Als notwendige Ergänzung des Weideganges und seiner Wirkung müssen die Pflanzen zwecks Verhinderung des Absamens aus den Überständern und zur Aushungerung, da sonst stark begünstigt, regelmäßig nach dem Beweiden tief abgemäht werden, und dies vor allem in ihren empfindlichen Stadien.

Grundsätzlich wichtig für den wirksamen Einsatz des Weideganges zur Unkrautbekämpfung sind die höchstmögliche Besatzstärke mit Hilfe des Elektrozaunes (Staehler) und die Beweidung zur Zeit der Hauptentwicklung der zu bekämpfenden Unkräuter, d.h. in ihrem empfindlichsten Wachstumszustand als dem Zeitpunkt stärkster Verausgabung, also meist bei Schossen oder Blühbeginn. Beweidung während des Ruhens der verschmähten Arten oder im Zustand gefüllter Nährstoffspeicher ist unwirksam und schädigt, wie Vorweide im Frühjahr und Nachweide im Herbst, nur die eigentlichen Weidepflanzen.

Die Weidenutzung schließt auf diese Weise, besonders in ihren verfeinerten Formen, Samenbildung und Reservestoffspeicherung bei sehr vielen unkrautigen oder lästig werdenden Arten des Grünlandes aus und erfüllt damit die beiden Grundbedingungen für eine Verhütung des Überhandnehmens und für die Bekämpfung der meisten Grünlandkräuter. Im Durchschnitt des mitteleuropäischen Grünlandes sind deshalb die Weiden weniger verunkrautet als die reinen Mähflächen. Aber es gibt auch weidefeste Unkräuter, bei deren Bekämpfung selbst die beste Weideführung versagen muß. Während die vom Weidevieh ganz gemiedenen oder zu wenig verbissenen Pflanzen von Heidekraut, Adlerfarn (Braid, Fenton 1951/52), Ackerdistel und Horstbinsen oder Wolliges Honiggras (Hart u. McGuire 1963, 1964), durch regelmäßiges Nachmähen wirksam zurückgehalten werden können (u.a. Grant u. Hunter), ist dies nicht der Fall bei Arten, die mit vorwiegendem Rosettenwuchs von den Weidetieren, auch vom Schaf, nicht erfaßt und geschädigt werden. Diese Arten nehmen überhand, wenn die Narbe durch unachtsame oder absichtliche Überbeweidung, wie sie in Trockenperioden aus betriebswirtschaftlichen Gründen gelegentlich notwendig ist, überbeansprucht wird; auch Weißklee (Abb 141) kann sich dann unliebsam vermehren. Hier muß ein Ausgleich durch Einschaltung der Mähenutzung geschehen. Nach reichlicher Stickstoffzufuhr auch in Form von Jauche läßt man den Bestand, bei Bedarf wiederholt mit dazwischengeschalteter Weidenutzung, bis annähernd Wiesenschnittreife heranwachsen und drängt so die lichthungrigen Weideunkräuter, einschließlich Weißklee, auf ein erträgliches Maß zurück.

Das alte Wort „die Sense ist der Weide Feind" (S. 406) ist nur dann richtig, wenn oftmalige und zu späte Mahd zur Unterdrückung der Untergräser als der wichtigsten Weidepflanzen und zur Auflockerung der Narbe führt. Deshalb heißt es in jedem Fall auf der Weide zeitig mähen und den Nachwuchs bei normaler Höhe wieder abweiden lassen. Notfalls übt man diese Praxis einige Jahre lang und zu wechselnden Zeiten, um die lästigen Weidepflanzen jeweils immer in ihrer empfindlichen Phase zu treffen. Damit nähert man sich, auch unter dem Gesichtspunkt der Unkrautbekämpfung, dem Prinzip der Mähweide. Die Einschaltung aber einer mehrjährigen Wiesennutzung führt unweigerlich zu einer „Entartung" der Weidenarbe.

Beschränkt sich die Wirkung von Weidefehlern der genannten Art auf kleine Flächen, deren Aufwuchs bei den Weidetieren vor den übrigen Weideteilen beliebt ist, dann kommt man zur Wiederherstellung einer befriedigenden Weidenarbe durch Abdecken dieser durch Kahlfraß gefährdeten Stellen mit strohigem, frischem Mist, mit Spreu und Kaff. Eine solche Decke wirkt nicht nur unmittelbar durch Abschrecken des Weideviehs und durch Verhinderung von zu tiefem Verbeißen, sondern auch mittelbar durch Nährstoffzufuhr, Verdunstungs- und Gareschutz (S. 219).

Weil sich Schnitt- und Weidenutzung in ihrer Wirkung auf die Unkräuter gegenseitig ergänzen (S. 406), stellen auf den intensiv gedüngten, genutzten und gepflegten Mäheweiden das Vorkommen und die Bekämpfung von Unkraut kein Problem dar und ein Überhandnehmen unerwünschter Arten ist bei solch verständnisvoller Bewirtschaftung überhaupt nicht zu befürchten. Zu den höchsten Zielen der Grünlandnutzung gehört daher das Bemühen, möglichst viele Mäheflächen wenigstens zeitweilig weidefähig zu machen (S. 497), und sei es nur im Hochsommer, wenn das in den übrigen Jahreszeiten hochstehende Grundwasser abgesunken ist (STAEHLER u. STEUERER-FINCKH). Zu den Voraussetzungen der Beweidungsmöglichkeit gehört in zahllosen Fällen, neben einer Beachtung und etwaigen Regelung der Wasserverhältnisse, die Zusammenlegung der Grundstücke durch Umlegung der Nutzung als Acker- oder Grünland und durch Arrondierung der Betriebe.

Einen gewissen Ersatz des Weideganges können auf absolutem Mähegrünland, d.h. nicht weidefähigen Wiesen, bei denen eine Senkung des Grundwasserstandes weder möglich noch wünschenswert ist, Vielschnitt und häufiges Walzen zur Zurückdrängung von Seggen und Förderung von Futtergräsern, z.B. Wiesenfuchsschwanz, darstellen (BECKER, KOCHONOWSKA, ZÜRN 1965). Abgesehen von der schwer zu bewältigenden Mehrarbeit, besteht jedoch eine grundsätzliche Schwierigkeit: Auf solchen Flächen ist zur produktiven Verdunstung des reichlich vorhandenen Wassers die Erhaltung einer wüchsigen Wiesennarbe notwendig, sie gelingt aber bei Vielschnitt nicht, sofern es sich nicht um besonders gut mit Nährstoffen versorgte Flächen handelt, und auch da nur bis zu einer bei etwa 5 Schnitten erreichten Schnitthäufigkeit. Meist führt Vielschnitt außerhalb der maritimen oder sonst an Sommerregen reichen Klimalagen in wenigen Jahren zu einem Rückgang des Ertrages infolge einer Ausbreitung bodennaher, lichthungriger, schnellspeichernder und wenig wüchsiger, mit den typischen Weideunkräutern größtenteils identischer Arten an Stelle der hochwachsenden Mähegräser (S. 390 u. 443).

Wenn Bodenauflockerung und Lückenbildung von Schädlingen verursacht sind, müssen diese bekämpft werden. Beruhen sie aber auf Bodeneigenschaften wie auf Vermullung von Moorboden, dann ist für sachgemäßes Walzen (REINCKE, S. 240), auf Wiesen für Kurzhalten und Verdichtung der Narbe durch Weidegang, auf Weiden ebenso und für Geilstellenbeseitigung zu sorgen. Bei schweren Narbenschäden kann sich Nachsaat lohnen.

Mißerfolge der Unkrautbekämpfung durch Bewirtschaftungsmaßnahmen sind dann zu erwarten, wenn einerseits eine Änderung der ungünstigen Standortsverhältnisse oder ein Nutzungswechsel, d.h. die Einschaltung von Weide- oder Mähenutzung, nicht oder nur beschränkt möglich sind, andererseits Arten in der Narbe vorherrschen, die entweder den landeskulturellen und landwirtschaftlichen Maßnahmen widerstehen oder sich ähnlich wie die zu erhaltenden Futterarten verhalten. Berüchtigt sind in dieser Hinsicht namentlich Wolliges Honiggras, Rasenschmiele, Hahnenfußarten und Wiesenknöterich, neuerdings Fadenehrenpreis (Zogg u. Guyer 1962, 1965) sowie Sumpfschachtelhalm, bei Massenauftreten Löwenzahn und Schafgarbe, unter gewissen Umständen auch der Horstrotschwingel. Mit geeigneten Formen der Grünlandnutzung und viel Geduld sind jedoch auch diese Arten zurückzudrängen. Die Voraussetzungen dazu sind aber vielfach nicht gegeben. Selbst die an sich einfache Bekämpfung der Ackerdistel auf Weiden durch Schnitt in ihrem empfindlichen Stadium der Knospenbildung scheitert oft im zeitlichen Zusammentreffen mit ackerbaulicher Arbeitsbeanspruchung.

Herrschen hartnäckige Grünlandunkräuter im Bestand vor, dann können Umbruch und Neuansaat angezeigt sein. Bei noch vereinzeltem Vorkommen können Aushacken oder Ausziehen Abhilfe bringen. Indes handelt es sich in jedem Fall um kostspielige Verfahren, weil sie gleichzeitig einen stärkeren Düngeraufwand erfordern, damit die Ertragshöhe nicht absinkt. Allerdings sind Unkrautarten, die für Jahre aller wirtschaftlichen Maßnahmen spotten können, eine große Seltenheit. Im großen und ganzen ist nur gegen sie die Anwendung von Herbiziden gerechtfertigt.

Chemische Unkrautbekämpfung in Kombination mit den notwendigen Bewirtschaftungsmaßnahmen

a) Formen und Anwendung der chemischen Bekämpfung. Bei den chemischen Mitteln, die in der Land- und Fortwirtschaft sowie im Gartenbau zur Bekämpfung von Unkräutern und von pflanzlichen oder tierischen Schädlingen verwendet werden, handelt es sich fast nie um reine Wirkstoffe oder Wirkstoffvorstufen, sondern um ihre Gemische mit Bei- oder Hilfsstoffen; diese dienen teils als Trägersubstanzen, Lösungs- und Netzmittel zu besserer Verteilung und Haftfähigkeit, teils nur dazu, um die Stoffe gebrauchsfertig zu machen und ihre Wirkung zu erhöhen. Die Mittel werden in fester Form als Körnchen oder Staub ausgestreut oder in Wasser (400–1000 l/ha) oder Dieselöl (10–20 l/ha) gelöst, mit einer Tröpfchengröße von mehr als 150 μm gespritzt oder mit weniger als 150 μm, mit Wasser (40–100 l/ha) verdünnt, versprüht. Je kleiner die Korn- oder Tröpfchengröße ist, desto besser ist die Verteilung auf der Pflanzenoberfläche, weswegen mit geringeren Mengen von Staub oder Sprühflüssigkeit und damit von Wirkstoff gearbeitet werden kann. Diese Verkleinerung der Körnchen- oder Tröpfchengröße findet im Freiland indes, bei Tröpfchen etwa in der Größenklasse von 50 μm, ihre Grenze, weil sich unter dieser der Staub oder Sprühnebel nur sehr langsam senkt und inzwischen vom Wind weggetragen werden kann, womöglich auf empfindliche Nachbarpflanzen und Nachbarkulturen (Diercks u. Junker 1959, Jeske, Perkow, Schwenke).

Obwohl die selektive Bekämpfung von Unkräutern, d.h. die Ausschaltung womöglich einer einzigen unerwünschten Art, bereits im Jahre 1896 mit der von Ackersenf durch Kupfersulfat in Frankreich begonnen hat und die Wirkung von Kalkstickstoff und Hederichkainit sowie von DNOC gegen Unkräuter bald danach erkannt worden ist, kann von einer gezielten Unkrautbekämpfung erst seit der Entdeckung der Wuchsstoffherbizide im Jahre 1942 gesprochen werden (Holz u. Lange).

Die Reihe derartiger synthetisch-organischer Mittel ist inzwischen durch Herbizide ohne Wuchsstoffcharakter ergänzt worden, die nicht nur wie die Wuchsstoffmittel vorwiegend gegen zweikeimblättrige Pflanzen wirken, sondern teils Gras-, teils sogenannte Totalherbizide darstellen. Wenn es auch bei den letzteren im Gegensatz zu dem altbekannten Natriumchlorat, ebenfalls Wirkungsgrenzen gibt (Bachthaler 1968, Blood, Douglas 1965a u. b, Fryer u. Chancellor, Jones u. Idle, Kerr u. Bailie, King u. Davies, Ruutunen u. Huokuna, Skirde 1966a u. b), ist die Eigenschaft der Selektivität weitgehend an die Wuchsstoffherbizide gebunden. Ihre Wirksamkeit richtet sich indes stets gegen kleinere oder größere Pflanzengruppen und trägt daher mehr den Forderungen des Ackerbaues Rechnung, für den alle Pflanzenarten außer der einen angesäten oder angepflanzten Nutzart unerwünscht sind, als den Verhältnissen auf dem Grünland, wo nur ein oder wenige Unkräuter aus einem gewöhnlich vielartigen Bestand beseitigt werden sollen (Rademacher 1956b, Skirde 1967a u. b, Stählin 1967). Die Gefahr der wegen mangelnder Selektivität der Mittel meist eintretenden Schädigung wertvoller Arten zwingt dazu, sorgfältig abzuwägen, ob die Notwendigkeit der Herbizidanwendung überhaupt gegeben ist, und dann das wirksamste und zugleich schonendste Mittel mit möglichst niedriger Dosierung zu wählen. Man wird also nur gegen besonders hartnäckige Unkräuter zu aggressiven Mitteln greifen, da diese stets auch eine „Breitbandwirkung“ haben. So gesehen und gehandhabt, ist die chemische Unkrautbekämpfung auf Grünland eine ausgesprochene Meliorationsmaßnahme und oft die unabdingbare Voraussetzung für eine Intensivierung der Grünlandbewirtschaftung (Hanf 1953, Rademacher 1953, 1954, 1956a u. b, 1966, Richter u. Holz 1958).

Obwohl die Wirkungsgrenzen der chemischen Bekämpfungsmittel zwischen Futterpflanzen und Unkräutern oft sehr eng sind, können sie ohne allzu große Schädigung des zu schonenden Bestandes eingesetzt werden, wenn der Termin so gewählt wird, daß die Unkräuter in einem empfindlichen Entwicklungsstadium getroffen werden, z.B. Wiesenschaumkraut (Abb. 126) und Weinbergslauch zu Beginn des Graswuchses im Frühjahr, wenn die wertvollen Arten noch im Ruhezustand verharren, oder Gifthahnenfuß, bei dem die Bekämpfungschancen über die Keimpflanzenvernichtung im Frühjahr und Herbst am größten sind (Kop, G. Müller 1964, Orth, Richter 1960b). Die Berücksichtigung des Entwicklungsstadiums der Unkräuter entscheidet über den Erfolg namentlich bei der Verwendung der über die oberirdischen Pflanzenteile wirkenden Mittel, während der Effekt der sogenannten Bodenherbizide in deutlichem Zusammenhang mit dem physikalischen, chemischen und biologischen Faktorenkomplex des Bodens steht (u.a. Daiber 1956a u. b, Diercks 1958, Diercks u. Junker 1959, Holz u. Richter 1958, Kirchner, Rademacher 1958, Richter u. Holz 1959, Staehler).

Trotz der im allgemeinen positiven Beziehung zur Temperatur ist die Wirkung bei bedecktem Himmel besser als bei starker Einstrahlung, weil große Wärme und klares Sonnenlicht Aufnahme und Ableitung der Wirkstoffe hemmen (F. Wagner 1967). Aus gleichem oder ähnlichem Grund reagieren Pflanzen auf mageren Standorten weniger, während unter guten Bedingungen eine Reduzierung der Reservestoffe durch vorhergegangene Nutzung zu einer größeren Herbizidwirkung beiträgt. Auch durch eine mechanische Beschädigung, z.B. durch Walzen oder Reifendruck, wird diese erhöht. Neben dem verschiedenen Resistenzgrad der Arten bestehen Unterschiede zwischen Unterarten, z. B. von Rotschwingel, zwischen Formen und Sorten. Schließlich hängt die Wirkung der Mittel mit dem Wuchstyp und der Ausbildung der Cuticula sowie der Zahl und Öffnung der Spaltöffnungen zusammen, indem Arten ohne vegetative Vermehrung empfindlicher sind als ausläufertreibende und zweikeimblättrige mit dickerer Cuticula und wenig Spaltöffnungen auf der Blattoberseite sowie Rollblattypen von Gräserarten mit dickerer Cuticula auf der Blattunterseite relativ resistent sind. Aus all diesen Eigenschaften der Pflanzen und ihrer Beeinflussung resultiert ein großer Teil der Unsicherheit beim Herbizideinsatz (BACHTHALER u. DIERCKS, DAIBER 1957, ELLIOTT 1961, HANF 1953, HOLZ u. LANGE, LEVARI et al., MALISAUSKENE, ORTH, RADEMACHER 1953, REPP, RICHTER 1960b, SLAATS u. STRYCKERS, STÄHLIN 1963, VOEVODIN, VOEVODIN u. ANDREW).

Weil selbst beim Einsatz mild wirkender Herbizide der Pflanzenbestand in unerwünschter Richtung verändert werden kann (Abb. 145), ist neben Mittel, Dosierung und Behandlungszeit das schonendste Verfahren zu wählen. Dies ist von den 3 Möglichkeiten

Flächenbehandlung – Nestbehandlung – Einzelpflanzenbekämpfung

sicher die letzte. Bei ihr, aber auch bei der Nestbehandlung kommen auch aggressive Mittel in Betracht, die selbst hartnäckige Unkräuter vernichten, wie Einzelpflanzen von Rasenschmiele oder Stumpfblättrigem Ampfer oder Nester von Brennessel, die aber bei flächenmäßiger Anwendung großen Schaden in dem übrigen Bestand anrichten würden (DIERCKS 1964, DIERCKS u. JUNKER 1964, HINKE 1960, HOLZ u. LANGE, RADEMACHER 1954, RICHTER u. HOLZ 1958 u. 1959). Die Behandlung ganzer Flächen mit stark aggressiven Mitteln aus der Gruppe der Totalherbizide leitet über die „chemische Sense" zum „chemischen Umbruch" über.

An sich sind Grundlagen und Hilfsmittel bei der chemischen Unkrautbekämpfung auf dem Grünland dieselben wie im Ackerbau. Aber vielleicht ist auf dem Grünland die Tatsache besonders beachtenswert, daß die Anwendung der Mittel vorwiegend auf den Zweck einer Verbesserung der Ernte ausgerichtet ist und nicht in erster Linie, wie bei Ackerkulturen, auf eine Erhöhung des Ertrages, sofern nicht wie bei den Ätzdüngemitteln eine Nährstoffwirkung verbunden ist. Die nach Beseitigung von Unkräutern vorhandenen Lücken bedeuten nicht nur, wie etwa in einem Getreidefeld, die Beseitigung lästiger Konkurrenten um Raum, Licht, Wasser und Nährstoffe, sondern in ihrer unmittelbaren Wirkung einen Verlust an Pflanzenmasse und die Möglichkeit neuer Verunkrautung durch Einwanderung oder durch Vermehrung aus dem Samenvorrat des Bodens. Die Unkrautbekämpfung ist auf dem Grünland auch sehr oft nicht so erfolgreich wie im Ackerbau, weil man den Zeitpunkt, in dem die Unkräuter am empfindlichsten sind, z. B. im Keim- und Jungpflanzenstadium, meist nicht aussuchen kann, sondern es mit älteren, recht lebenszähen Pflanzen zu tun hat; die Anwendung aggressiver Mittel aber, um auch diese zu vernichten, geht stets mit einer Gefährdung und Schädigung wertvoller Futterpflanzen einher, sofern man den Bestand erhalten und nur durch Ausschaltung des Unkrauts verbessern will.

b) Düngemittel mit herbizider Wirkung. Während die eigentlichen Herbizide allein der Unkrautbekämpfung dienen, wirken die altbekannten Ätzdünger Hederichkainit und Kalkstickstoff sowie Schwefelsaures

Ammoniak auch auf die Ursachen einer Verunkrautung dann, wenn sie einem wesentlichen Nährstoffmangel abhelfen, der unerwünschte Arten als Magerkeitsanzeiger hat hochkommen lassen. Leider ist die herbizide Wirkung beider Düngemittel sehr witterungsabhängig und damit der Erfolg nicht sicher. Am günstigsten ist die Anwendung auf tau- oder regenfeuchte Bestände mit sonniger Witterung danach.

Hederichkainit ist in erster Linie Ätzmittel und nur bei starkem Kalimangel auch ertragsfördernd. Zur Wirkung als Herbizid sind Mengen bis 800 kg/ha erforderlich. Abgesehen von der reinen Ätzwirkung, scheint die große Menge der im Kainit enthaltenen Salze düngerfeindlichen Arten, wie Moosen und Heidegewächsen, sehr abträglich zu sein. Vielleicht werden sie aber auch ein-

Abb. 145. Kraut- und kleevernichtende Wirkung eines wuchsstoffartigen Mittels. Links unbehandelt, rechts behandelt (Original KLAPP)

fach von den nunmehr stärker wachsenden Futterpflanzen unterdrückt. Die Anwendung von Hederichkainit ist stark zurückgetreten, seitdem es reine Herbizide gibt.

Kalkstickstoff wirkt zwar, wohl durch Granulierung des Zellplasmas, in der Unkrautbekämpfung mit etwa 60% Calciumcyanamid zerstörend, zeigt aber daneben eine deutliche Stickstoff- und oft auch Kalkwirkung, so daß im Einzelfall die Ursache der mengen- und gütemäßigen Ertragsverbesserung oft nicht festzustellen ist (SCHWENKE, WEISS). Seine Anwendung stellt mehr als die von Kainit das Verbindungsglied zwischen den vorwiegend pflanzenbaulich orientierten Unkrautvernichtungsmethoden der Vorkriegszeit und der modernen, weil chemisch ausgerichteten Technik dar. Mit seiner Düngewirkung fällt bei ihm die Einordnung in den Gesamtkomplex der Bestandesbeeinflussung leichter als bei dieser, die gern und oft für sich allein, als absolute Maßnahme gesehen wird, aber dann zu quantitativem und qualitativem Schaden führt. Gegenüber Hederichkainit, der im Kaliumgehalt nicht mit den gewöhnlichen Kalidüngemitteln konkurrieren kann, spricht für Kalkstickstoff die geringere

Menge von 150–200 kg/ha, wie sie auch von anderen Stickstoffdüngemitteln verabreicht wird. Zu reiner Ätzwirkung empfiehlt sich indes, auch weil vielseitiger wirksam – geradeso wie bei der Kombination vieler Herbizide – ein Gemisch von etwa 100 kg Kalkstickstoff und 400–500 kg Hederichkainit je ha (LEMKE 1959).

Auch Schwefelsaures Ammoniak wirkt durch Alkalisierung des Zellsaftes und Bindung von Aminosäuren an das Ammoniumion gegen lästige Grünlandkräuter nicht nur im Rasen gegen Gänseblume und Löwenzahn, sondern auch gegen robuste Stauden, wie gegen Bärenklau und gegen Sumpfschachtelhalm auf schwerem Ackerboden (MUKULA, SCHOENE).

Abb. 146. Bekämpfung von Fadenehrenpreis durch Ätzdünger (Original KLAPP)

Von Erfolgen wird berichtet, namentlich bei der Frühjahrsbekämpfung von Keimlingen und Jungpflanzen vieler Arten, was neuerdings wieder stark hervorgehoben wird (BACHTHALER 1968), von frühaustreibenden und von rosettenbildenden Arten, wie Wiesenschaumkraut, Löwenzahn, Pippau, Scharfem Hahnenfuß, Spitzwegerich, Labkraut, Fadenehrenpreis, von Magerkeitsanzeigern, wie Augentrost, Klappertopf, Margerite, von Borstgras nach möglichst tiefer Mahd, später im Jahre auch von großblättrigen, mit Rhizomen hartnäckigen Arten, wie Pestwurz, Kohldistel, Huflattich, deren Blätter den zu schonenden Unterwuchs gegen die Ätzwirkung abschirmen, meist jedoch nur bei wiederholter Anwendung und mit jeweils nachfolgendem Tiefschnitt von Rasenschmiele im Herbst. Oft wird das Unkraut nur geschwächt, aber schon dies ist wertvoll, wenn der verbleibende Futterbestand weiterhin gut gedüngt wird, um die Wirkung der Ätzdünger auf die Unkrautpflanzen zu verstärken. Gewöhnlich tritt ein leichtes Verätzen und Vergilben auch der Futtergräser, wie bei Getreide auf dem Acker, ein, wird aber rasch wieder überwachsen. Dagegen wird der Anteil der Leguminosen im Anwendungsjahr, wie bei vielen reinen Herbiziden, wohl auch durch die Stickstoffwirkung des Kalkstickstoffs, oft stark verringert (LEMKE 1961, WEISS), besonders aber bei falscher Anwendungszeit, d.h. bei voller Klee-Entwicklung.

c) Wuchsstoffherbizide. Die systemisch wirkenden Wuchsstoffmittel sind zur Zeit die wichtigsten Herbizide (BACHTHALER 1968). Im Gegensatz zu den Ätzmitteln, die mehr anorganisch-physikalisch wirken, dringen ihre Wirkstoffe über Blatt oder/und Wurzel in den Pflanzenkörper ein und verändern die Funktionen der Zellen und Gewebe, zum Teil erst nach arteigener Aktivierung in ihnen. Dadurch wird die Lebenstätigkeit der Pflanzen, z.B. der Stoffwechsel oder die Geschwindigkeit der Zellteilung, gestört. Der spezielle Wirkungsmechanismus der Stoffe im Körper der Höheren Pflanzen und ebenso in pflanzlichen und tierischen Parasiten ist in seinen biochemischen Prozessen noch weitgehend unbekannt (FRYER u. EVANS, SCHWENKE); er beruht nur zum Teil auf einer bis zu vollkommenem Stillstand reichenden Hemmung oder auf einer widernatürlichen Steigerung der Fermenttätigkeit, vielleicht auch in einem widernatürlichen Eingriff in die Proteinsynthese (HARTISCH, LEVARI et al.). Bei der Verwendung geringerer Wirkstoffmengen, die unter der Schädlichkeitsschwelle liegen, ist es wie bei anderen Giften organischer und anorganischer Art und wie bei anderen Organismen möglich, daß die behandelten Pflanzen, in Überkompensation der Giftwirkung durch verstärkte Reaktion der lebenden Substanz, zu erhöhter Lebenstätigkeit angeregt werden, so daß sie üppiger als normal wachsen. Bei größeren Wirkstoffgaben aber kann es bis zu ihrer Erschöpfung und zur Stillegung aller Lebensfunktionen im einzelnen Organ und in der ganzen Pflanze kommen, das letztere, wenn die wirksamen Stoffe in alle lebensnotwendigen Pflanzenteile transportiert oder alle Assimilate zu anomalem Wachstum verbraucht worden sind (SCHWENKE).

Namen und chemische Zusammensetzung der Herbizide, Insektizide

MCPB	4-(4-chlor-2-methylphenoxy-)Buttersäure
2,4-DB	4-(2,4-dichlorphenoxy-)Buttersäure
MCPA	4-Chlor-2-methylphenoxyessigsäure
2,4-D	2,4-Dichlorphenoxyessigsäure
CMPP	Mecoprop = 2-(4-chlor-2-methylphenoxy-)Propionsäure
2,4-DP	2-(2,4-dichlorphenoxy-)Propionsäure
2,4,5-T	2,4,5-Trichlorphenoxyessigsäure
Paraquat	Gramoxone = 1,1-dimethyl-4,4-dipyridylium
Diquat	Reglone = FB. 2 = 1,1-Äthylen–2,2-dipyridyliumbromid
DCP	Dalapon (Dawpon) = 2,2-Dichlorporpionsäure
DCB	Basinex = 2,2-Dichlorbuttersäure
ATA	Amitrol = 3-Amino-1,2,4-triazol
TCA	Trichloressigsäure
Fenac	2,3,6-Trichlorphenylessigsäure
DNOC	4,6-Dinitro-ortho-kresol = Gelbspritzmittel
DDT	Dichlordiphenyl-trichloräthan = 1,1,1-Trichlor-2,2-bis-p-chlor-phenyläthan
HCH	Hexachlorcyclohexan
Parathion (E 605)	Thiophosphorsäure – 0,0-diäthyl-0-p-nitrophenyl-ester

Die für Grünland bedeutungsvollen Wuchsstoffgruppen sind von mild bis hochaggressiv in einer Wirkungsweise zu ordnen: MCPB – 2,4-DB – MCPA – 2,4-D – CMPP – 2,4-DP – 2,4,5-T.

Trotz zunehmender Aggressivität erweitert sich das Wirkungsfeld nicht kontinuierlich, sondern es kommen auch ganz bestimmte Einzelreaktionen vor. So sind MCPB und 2,4-DB zweifellos am meisten klee- und kräuterschonend, besonders wenn die notwendige Aufwandmenge in mehreren kleinen Gaben verabreicht wird (EVANS), da anscheinend nur wenige Pflanzenarten die Fähigkeit besitzen, die Phenoxybuttersäure der Mittel in die wirksame Phenoxyessigsäure umzuwandeln. Dies ist z.B. der Fall bei Sumpfschachtelhalm und Scharfem Hahnenfuß. Während indes gegen die erstere Art neben der chemischen Behandlung mechanische Maßnahmen ergriffen werden müssen, kann der Scharfe Hahnenfuß nunmehr großflächig bei guter Klee- und Krautschonung – nicht nur, wie bisher, mit den sofort schärfer wirkenden MCPA-Mitteln – mit großem Erfolg bekämpft werden (HINKE 1964, MITCHELL, NEURURER 1959, C. A. WEBER 1927). Andererseits erscheinen die später entwickelten Propionat-Mittel, 2,4-DP, wegen der Bekämpfungsmöglichkeit von Wiesenknöterich und Schafgarbe sowie CMPP gegen Huflattich und Große Brennessel, grünlandwirtschaftlich interessant und die 2,4,5-T-Präparate dehnen den Wirkungsbereich der chemischen Bekämpfung auf die sonst hartnäckigen Doldengewächse, wie Bärenklau, und auf Holzgewächse aus, soweit diese nicht, wie Heidekraut, bereits gegen 2,4-D empfindlich sind. Aber die Propionsäuremittel vernichten schon in geringer Dosierung Leguminosen und empfindliche Futterkräuter und schädigen die wertvollen Gräser allerdings je Art verschieden stark (ANTHOSSERRE, BIHARI u. LONKAI, BONNEMANN u. HANSCHKE, HANF 1956b u. 1957, HINKE 1964, HOLZ u. LANGE, LAMPETER 1963b, MOSS, G. MÜLLER 1965a u. 1966, NICHOLSON, PHILLIPS u. PFEIFFER, RADEMACHER 1954 u. 1957, RICHTER u. HOLZ 1958, THORSTEINSSON u. GUDNASON, TUCKETT, WAGNER 1967 u. 1968b, WEGENER, WURGLER).

Abgesehen vom Wirkstoff selbst, hängt die Aggressivität von seiner Formulierung ab, ob als festes Salz oder flüssiger Ester; dieser ist allgemein aktiver. Eine Kombination mit anderen Wirkstoffen, am besten im Verhältnis 1:1, führt zu einer größeren Wirkungsbreite, auch gegen hartnäckige Unkräuter, und ermöglicht oft eine Einschränkung der Aufwandmenge (BECKER, BIHARI u. LONKAI, COLBY, ELLIOTT 1964, GUNNING). Die Wirkungsbreite ist auch eng an diese Dosierung gebunden, wobei jede Überdosierung die Gefahr einer Schädigung wertvoller Arten, selbst von Gräsern, in sich birgt, bis sie einen den Totalherbiziden ähnlichen Effekt verursacht.Von der Pflanze her wird die Wirksamkeit der Mittel durch den physiologischen Zustand, in dem sich die Pflanze befindet, bestimmt. Alle Einflüsse, die den Stoffwechsel fördern und die Wuchsfreudigkeit erhöhen, verringern die Resistenz gegen die Wuchsstoffmittel, während alles, was den Stoffwechsel verringert, sowohl Absorption und Transport als auch Aktion der Mittel hemmt. Deshalb ist bei gleicher Aufwandmenge das Resistenzniveau niedrig, wenn die Pflanzen bei guter Nährstoffversorgung, besonders mit Stickstoff, unter günstigen Temperatur- und Feuchtigkeitsverhältnissen rasch wachsen; denn es kommt sehr auf einen raschen Transport der Mittel in den Pflanzen zu deren empfindlichen Geweben an, da die Wirkstoffe relativ rasch zersetzt werden (BACHTHALER u. DIERCKS, BELO-

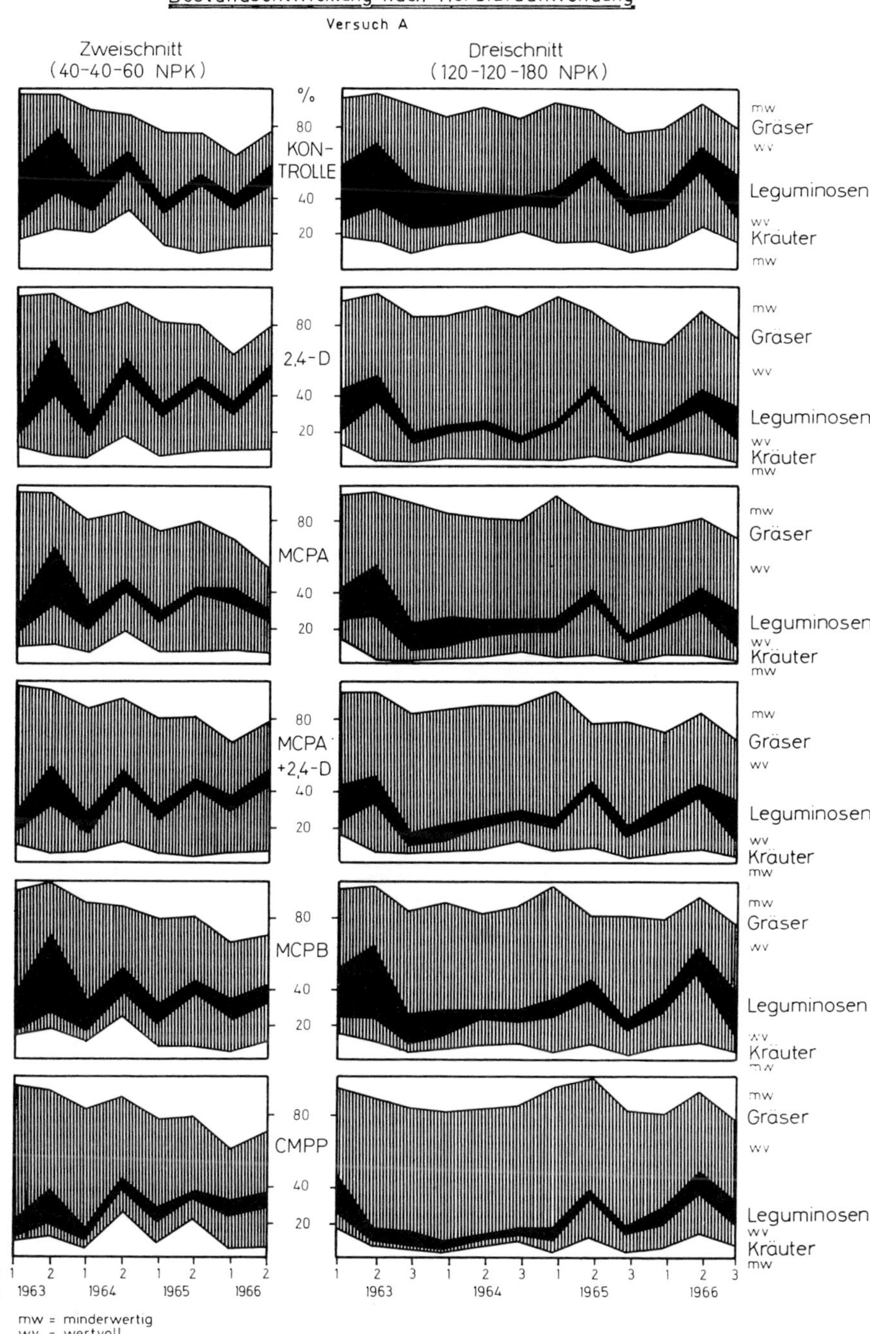

Abb. 147. Bestandesentwicklung nach Herbizidanwendung

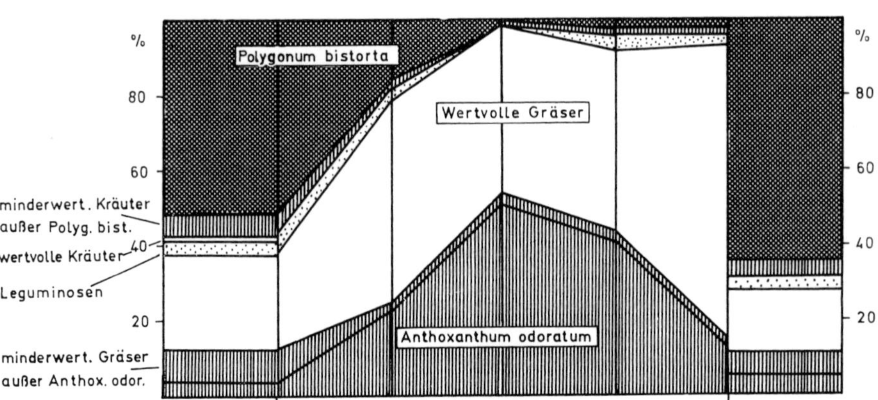

Abb. 148. Bekämpfung von Wiesenknöterich (*Polygonum bistorta*), Westerwald

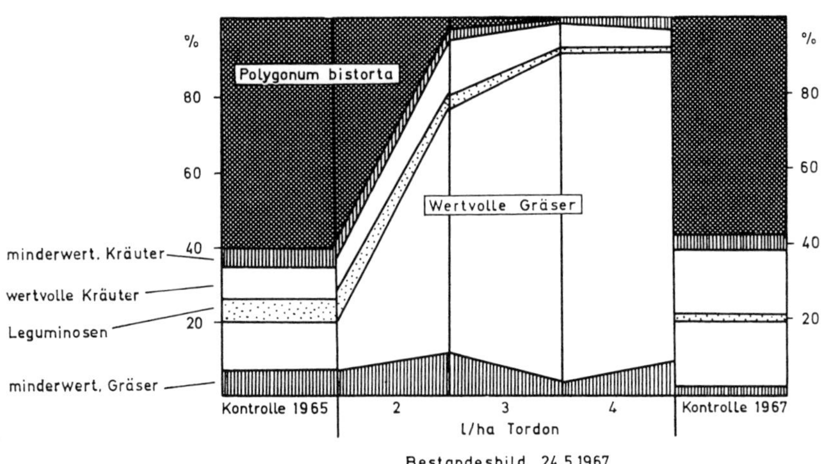

Abb. 149. Bekämpfung von Wiesenknöterich (*Polygonum bistorta*), Bayerischer Wald

RUSSOVA, BONNEMANN u. HANSCHKE, FELDHUS, FRYER u. EVANS, HAMMERTON, HOLZ 1965b, KAUTER 1949b).

Die chemische Bekämpfung von Unkräutern, auch mit Hilfe von Wuchsstoffmitteln, verändert, wie jede Maßnahme auf dem Grünland, die botanische Zusammensetzung des Pflanzenbestandes, und zwar nicht nur durch die beabsichtigte Ausschaltung der unerwünschten Arten und die dadurch bewirkte Entstehung von Narbenlücken, die von anderen Arten besiedelt werden, sondern auch durch eine meist zu beobachtende Schädigung von Leguminosen und Futterkräutern, ja selbst von Gräserarten, diese durch Verfärbung und Wuchsminderung. Die Erntemenge kann so auf doppelte Weise gedrückt werden, abgesehen von einer Verringerung des Futterwertes infolge eines Mindergehaltes des größer gewordenen Gräseranteils an Rohprotein und wichtigen Mineral- und Wirkstoffen (Baker u. Evans, Baker et al., Bieszcad, Diercks u. Junker, Hanf 1953, Holz u. Richter 1958, G. Müller 1964, Nowinski, Rademacher 1953 u. 1954, Richter u. Holz 1958, Skirde 1967a, Stählin 1963, Wagner 1967 u. 1968b).

Die Stärke der Veränderung wie überhaupt dieWirkung und ihre Nachhaltigkeit hängen stark ab von der botanischen Zusammensetzung des ursprünglichen Bestandes, besonders von Zahl und Anteil der zweikeimblättrigen Arten und der regenerationsstarken Futtergräser, von der Wirkung des verwendeten Mittels und seiner raschen oder langsamen Zersetzbarkeit bei vorschriftsmäßiger Dosierung und Anwendungszeit, damit von der Jahreszeit und der Aktivität und Zusammensetzung der Bodenorganismen, diese wieder vom Humusgehalt und Wasserhaushalt des Bodens, z.B. bei Behandlung in später Jahreszeit auf staunassem Boden, schließlich von den grünlandwirtschaftlichen Begleit- und Folgemaßnahmen (u.a. Bounds u. Colmer, Köhler 1966a u. b, Linden et al.). Besonders die Leguminosenarten werden durch die Herbizide verschieden stark getroffen, indem ihr Anteil durch MCPB und 2,4-DB nicht oder nur wenig verändert, durch MCPA relativ geschont, aber durch MCPA +2,4-D und CMPP stark, gelegentlich von etwa 50 auf 10%, dezimiert wird (Abb. 147). Ein Rückgang der Kräuter tritt, wie ja beabsichtigt, bei allen Mitteln ein, bei dem aggressiven CMPP jedoch am stärksten (Hanf 1958). Die Verarmung der Bestände an Leguminosen, die mit einer Verringerung der Futterqualität verbunden ist, wird erst nach 2–6 Jahren überwunden; auf den mit CMPP behandelten Flächen dauert es noch länger. Die Verringerung des Kräuteranteils aber, die neben den zu bekämpfenden auch wertvolle Arten umfaßt, bleibt wenigstens bis ins 4. Jahr sichtbar. Den Gewinn davon können alle Gräserarten haben, wenn nicht Untergräser mit Ausläufern schnell die Lücken füllen oder wuchsfreudige Obergräser die Vorherrschaft übernehmen. Dann wird sogar im Behandlungsjahr der Ertragsausfall, der 20–25% im ersten und etwa 15% im zweiten Jahr bei CMPP betragen kann, ausgeglichen (Murphy et al.). Das geschieht jedoch nur bei guter Düngung und entsprechender Nutzung. Dann hält auch, wegen der guten N-Versorgung der Gräser, die Herbizidwirkung gegen ein Wiedererstarken der Unkräuter länger an als bei niedrigem Düngungsniveau (Baskay-Tóth, Hanf 1957, Nowinski, Richter 1956b, Richter u. Holz 1958, Wagner 1968a und eigene Versuche).

Wenn indes die Unkrautart, z.B. Wiesenknöterich, bestandbildend oder gar dominierend, der Anteil wertvoller Futtergräser aber gering gewesen ist, verläuft der Neuaufbau des Bestandes in Schnelligkeit und Futtergüte anders. Dann werden die durch Eliminierung des Unkrauts geschaffenen Lücken in den beiden ersten Jahren durch die bekämpfte Art selbst, durch andere Unkräuter oder minderwertige Gräser, wie Ruchgras, besiedelt und die Erträge um 20–25% gesenkt (Abb. 148, 149). Erst nach 4 Jahren haben danach wertvollere Gräserarten, wie Rotschwingel und Rotes Straußgras, eine dichte Narbe gebildet, in der sich die Unkrautart nicht wieder ausbreiten kann. Gute Düngung beschleunigt diese Entwicklung zunächst nicht, fördert aber später auch die Vermehrung wüchsiger Obergräser, z.B. von Wiesenfuchsschwanz. Andererseits bleiben bei nicht ausreichender Düngung die von den Herbiziden verursachten Lücken jahrelang sichtbar. Wenn in Hungernarben keine schnelle

Narbenbildung erfolgt, kann die Unkrautart, z.B. Großer Sauerampfer oder Besenginster, aus im Boden ruhenden Samen wieder an Boden gewinnen (ANTHOSSERRE, BAKER u. EVANS, DIERCKS 1958, RICHTER 1960a u. eig. Versuche).

Es gibt Fälle, bei denen die standörtlichen Ursachen der Verunkrautung nicht zu beseitigen sind, bei denen aber auch eine einmalige Anwendung von Wirkstoffen nicht zum Erfolg, wenigstens nicht auf die Dauer, führt. Hier könnte nicht nur an eine zweimal im gleichen oder noch einmal im nächsten Jahr vorgenommene Beseitigung der lästigen Arten, sondern an eine im Abstand von einigen Jahren etwa regelmäßig erfolgende Wiederholung der Behandlung gedacht werden. Aber es besteht dabei – abgesehen von der erneuten Schädigung der zu schonenden Arten und der immer größeren Beschleunigung des Mittelabbaus durch sich spezialisierende Mikroorganismen – die Gefahr, daß sich, wie von Stubenfliege und Eiterbakterien, resistente Biotypen in der Population der zu bekämpfenden Arten in den Vordergrund schieben; es sind schon Ansätze zu einer solchen Entwicklung bei Wiesenkerbel und Scharfem Hahnenfuß beobachtet oder vermutet worden (BACHTHALER 1968, KIRKLAND, RADEMACHER 1966 u. 1968, SCHWENKE). Auch beseitigen die chemischen Mittel, selbst bei wiederholter Anwendung und vermehrter Aufwandmenge, ebenso wie viele landeskulturelle und landwirtschaftliche Maßnahmen für sich allein, hartnäckige Unkräuter oft nur sehr langsam oder zu einem unbefriedigenden Prozentsatz, indem sie nur deren Vermehrung und Ausbreitung hemmen (KÖHLER 1966a u. b, WURGLER).

In solchen Fällen führt sehr oft eine Kombination von mechanischen und chemischen Maßnahmen schnell und sicher zum Ziel (BARCSÁK). So gelingt die Beseitigung der Ackerdistel auf Extensivweiden nur durch wiederholtes Schneiden bei Knospenbildung und durch Wuchsstoffbildung jedesmal beim nächsten Trieb mit einer Höhe von 15–20 cm (KÖHLER 1966a, G. MÜLLER 1951b). Oder es wurden durch 20- bis 30maliges Mähen oder durch wiederholte Anwendung chemischer Mittel in 5 Jahren Stumpfblättriger und Alpenampfer nur eingeschränkt, während die beiden Arten durch eine Behandlung mit CMPP +2,4,5-T, genau so wie der Germer mit CMPP+MCPA-Ester 2 Jahre hintereinander, zusammen mit tiefer Mahd beseitigt wurden (CHANCELLOR, DIERCKS 1958, FOGLIA, KÜFNER 1965 u. 1968, ZELLER 1962). Ebenso wird der Anteil der Flatterbinse zwar durch Förderung der Gräser mittels Düngung verringert, aber am wirksamsten ist, nach eventueller Dränung, eine Kombination von Düngung, Behandlung mit MCPB, MCPA oder 2,4-D-butylester + 2,4,5-T und Schnitt 14 Tage danach sowie anschließender Beweidung (KIRCHNER u. DAEBELER, MEYER 1960 u. 1961, YEZOU). Ähnlich muß eine Schwächung der Pflanzen von Großer Brennessel bis zu ihrer endgültigen Vernichtung durch die Vereinigung der chemischen Bekämpfung durch 2,4-D + 2,4,5-T oder CMPP mit regelmäßiger Nachmahd und Spätherbstschnitt vorgenommen werden (HOLZ u. RICHTER 1958, WALKOWIAK). Auch der Duwock gefährdet mit seinem Alkaloidgehalt die Tiergesundheit zwar weniger nach Behandlung mit MCPB, MCPA oder 2,4-D, durch Bröckelverluste und Alkaloidabbau, aber die Pflanzen treiben nach dem Schnitt zu gleicher Giftigkeit wieder aus; die Art ist nur durch Koppelung von etwa 25 cm tiefem Unterschneiden durch einen Untergrundpflug und Einspritzen von MCPB oder MCPA in die Pflugsohle, wenigstens für eine Reihe von Jahren zurückzudrängen (Galensa 1959a u. b, Håkansson, Holz 1957, 1959, 1960, Holz u. Richter 1955, 1958, 1960, Kirchner, Kries, Meyer 1960 u. 1961, Neururer 1959, Rademacher 1958, Stassen). Das Wassergreiskraut (Abb. 144) stirbt zwar auf Weiden nach Behandlung mit 2,4-D-Ester oder/und 2,4,5-T in 1 bis 2 Monaten ab, tritt aber in den entstandenen Lücken und aus dem Samenvorrat des Bodens wieder auf und verunkrautet den Bestand so wie vorher, wenn diese Jungpflanzen und jungen Triebe nicht wiederholt abgemäht werden (Richter 1963). Die Unkrautlaucharten lassen sich zwar durch Intensivierung der Weidenutzung oder durch Vielschnitt zurückdrängen, da die Pflanzen durch wiederholte Verausgabung ihrer Reservestoffe geschwächt werden, aber ihre Ausschaltung gelingt nur bei gleichzeitiger Bekämpfung mit Herbiziden, die wegen dieser Kombination mildwirkende sein können (Lazenby, Müller u. Orth). Auch die Pflanzen der Herbstzeitlose werden durch Vorverlegung des Heuschnitts nur geschwächt und reduziert, weil sie lediglich an der Samenreife und der Assimilatbildung und -einlagerung gehindert werden, aber erst die Verbindung mit wiederholter Herbizidanwendung ist, wenn auch ertragsdrückend und güteminderd, wirksam (Diercks 1964, Rademacher 1966, Rademacher u. Epple, A. Weber).

Die chemische Unkrautbekämpfung mit Wuchsstoffmitteln ist also, auch wenn die standörtlichen Ursachen der Verunkrautung, wie Staunässe und Überschwemmung, beseitigt sind, in sehr vielen, wenn nicht den meisten Fällen nur dann von schnellem, ertragsmäßig befriedigendem und nachhaltigem Erfolg, z.B. gegen die magerkeitsanzeigenden Halbschmarotzer Klappertopf und Zahntrost (Richter 1965b), wenn förderungswürdige Arten in einem genügend großen Anteil Umbruch und Neuansaat als unnötig erscheinen lassen und gleichzeitig mit der Ausschaltung der konkurrierenden Unkräuter durch eine kräftige Düngung eine Verbesserung ihrer Nährstoffversorgung erhalten, als Ausgleich für die Schädigung des ganzen Bestandes durch die Herbizide; auch Nachsaat ist zu erwägen. Dann kann (S. 332) auch eine Intensivierung der Bewirtschaftung erfolgen, auf Mähflächen eventuell durch den Übergang von der 2- zur 3-Schnitt-Nutzung, wenigstens durch die Vorverlegung des Heuschnittes oder, besser, durch den Wechsel zur Mäh- oder zumindest Sommerweide.

d) Andersartige Herbizide und „chemischer Umbruch“. Herbizide ohne Wuchsstoffcharakter kommen mit wenig selektiver Wirkung auf Grünland in Betracht einerseits für Einzelpflanzenbekämpfung, z.B. von Rasenschmiele und Brennessel, andererseits für das aus England stammende Verfahren des „chemischen Umbruchs“; in ihm werden ganze Bestände, die sich größtenteils oder ganz aus unerwünschten Pflanzenarten zusammensetzen, bei möglichster Schonung der Bodenstruktur abgetötet (u.a. Hoogerkamp u. Minderhoud). Die Mittel werden zum Teil auch als „chemische Sense“ zum Niederhalten des Pflanzenwuchses an Straßen und Wasserläufen, unter am Platze verbleibenden Elektrozäunen (und zur Parzellenumrandung) auf Viehweiden verwendet. Sie lassen sich ihrer Wirkungsweise nach trennen in Kontaktherbizide, systemische Herbizide und lange wirksam bleibende Herbizide, meist alten Gebrauchs (Woodford u. Evans).

Obwohl die Wirkungsweise der beiden ersten Gruppen deutlich verschieden ist, bestehen enge Beziehungen zur Witterung und damit zur physiologischen Aktivität der Pflanzen, wenn durch Trockenheit vor und niedrige Temperatur nach der Behandlung der Erfolg verringert wird. Deswegen ist der Einsatz im zeitigen, kühlen Frühjahr und bei starker Trockenheit mit 2- bis 3facher Menge vorzunehmen und die Wirkung wird erst nach 2–3 Tagen, statt wie bei günstiger Witterung nach wenigen Stunden, sichtbar. Andererseits äußern sich die Resistenzunterschiede der Formen innerhalb einer Art bei ungünstiger Witterung besonders deutlich; so zeigt die Salzform von Rotschwingel dann einen höheren Resistenzgrad (ALLEN 1966, BOON, BOUNDS u. COLMER, KENT, SKIRDE 1967b).

Sieht man von den Düngemitteln mit herbizider Wirkung ab, dann sind für Grünland als Kontaktherbizide Paraquat und Diquat, mit ihren Handelsbezeichnungen Gramoxone und Reglone, von Bedeutung. Während sich der Wirkungsbereich von Paraquat über alle Pflanzengruppen, besonders aber auf Gräser erstreckt, ist der von Diquat weitgehend auf zweikeimblättrige Arten beschränkt, und hier z.B. mit ausreichender Selektivität auch gegen Kleeseide, die in manchen Jahren auf Grünland Kleearten und andere Wirtspflanzen überspinnt (ALLEN 1966, BOON, GIMESI 1966, ZOGG u. GUYER).

Der Herbizideffekt beider Mittel beruht auf einer Stimulierung der Atmung und einer Zerstörung des Chlorophylls, nachdem die Mittel im Xylem von unbeschädigtem Gewebe in das Parenchym transportiert worden sind (BALDWIN, FUNDERBURK u. LAWRENCE, SLADE u. BULL). Vielleicht werden durch Paraquat auch Samen, die obenauf liegen, vernichtet (HIERHOLZER). Gleichzeitig mit der starken Wirkung auf die Photosynthese tritt eine Inaktivierung der Mittel ein. Das gleiche geschieht im Boden, so daß auf behandelten Flächen rasch neue Pflanzen wachsen können. Für eine gute Wirkung ist die Benetzung aller grünen Pflanzenteile erforderlich (DOUGLAS 1968). Dies setzt eine geringe Pflanzenhöhe und einen hohen Druck der Ausbringungsgeräte voraus. Deshalb wirkt Behandlung bei Schoßbeginn mehr als danach und im Sommer besser gegen einen 1–2 Wochen alten Nachwuchs als in einen hohen Aufwuchs mit überlappendem Blätterdach.

Die Aufwandmenge und die Notwendigkeit einer eventuellen Wiederholung richten sich nach dem Behandlungsziel. Zum Niederhalten der Bestände reichen 2–3 kg/ha Gramoxone aus, aber im Rahmen der chemischen Grünlanderneuerung sind, je Witterung und Pflanzenbestand, 5–10 kg/ha ohne Wiederholung notwendig, während in der Einzelpflanzenbekämpfung sich geringe Mengen als vorteilhaft erwiesen haben, z.B. gegen Rasenschmiele eine 0,5%ige Gramoxone-Lösung (ANDRIES u. STRYCKERS, KÜTHE, RICHTER 1965c) und gegen Herbstzeitlose von 0,3 kg Paraquat oder ähnliche Mengen von Reglone, z.B. gegen Seidenester (R. P. DAVIES, GIMESI 1965, KÜTHE), wohl auch eine Kombination der beiden Mittel (DIERCKS 1964). Da eine Flächenbehandlung stets die übrigen Arten mitschädigt, sollte sie nur bei sehr starkem Unkrautbesatz geschehen.

Wie bei den Wuchsstoffmitteln hängt die Wirkung nicht nur von der je verwendete Netzflüssigkeit verschiedenen Oberflächenspannung auf den Blättern, sondern auch von Unterschieden in der Blattstruktur der einzelnen Arten ab. Die Teilresistenz von Arten, besonders das Regenerationsvermögen von Ausläuferpflanzen, ermöglichen einerseits, Paraquat mit niedriger Dosierung gegen anders schwer bekämpfbare Unkräuter, wie Wolliges Honiggras und Jährige Rispe, selektiv einzusetzen, andererseits machen sie bei beabsichtigter Abtötung ganzer Bestände eine mechanische Nachbearbeitung notwendig

(Blood, Douglas 1965a u. b, Kerr u. Bailie, Skirde 1966a, Smith u. Foy). Dies läßt sich mit zwei Beispielen belegen, indem einerseits im Jahre nach der versuchten Abtötung eines Gräsersortiments sich von Wiesenfuchsschwanz, Rohrglanzgras und Rotschwingel ein neuer Bestand von 60–70% gebildet hat, während Wiesenschwingel und Lieschgras nur in Spuren zu finden gewesen sind (Skirde 1965), andererseits eine magere Rotschwingel-Rotstraußgrasnarbe, die oberirdisch zu mehr als 95% vernichtet war, sich ohne mechanische Bearbeitung innerhalb eines Jahres zu einem dichten Rotschwingelbestand regeneriert hat, der lediglich durch andere Arten verunreinigt war (Skirde 1966b).

Die rasche Inaktivierung von Paraquat in Pflanze und Boden, besonders bei optimalen Stoffwechselbedingungen, ist ein sehr großer Vorteil (Slade).

Im Gegensatz zu Paraquat und Diquat zählen die schon länger bekannten Mittel DCP, DCB, Fenac und ATA zu den systemischen Herbiziden. Die Aufnahme der ersten Mittel erfolgt durch das Blatt, von ATA durch die Wurzeln. Deswegen besteht auch bei ihnen eine Beziehung der Wirkung zu Witterung und Wachstumsintensität und die Anwendung geschieht am besten in hochwachsende Bestände. Der Wirkungsbereich der chemisch verwandten Mittel DCP und DCB sowie von TCA beschränkt sich mehr auf Gräser, so daß sie zur Abtötung ganzer Bestände, aber nicht nur zu größerer Breite, sondern auch zu größerer Stetigkeit ihrer Wirkung, als „Grasherbizide" in Beständen mit Ein- und Zweikeimblättrigen der Beimischung von Wuchsstoffmitteln bedürfen. Die anderen Mittel wirken allgemeiner, besonders gegen Arten mit Speicherorganen, z.B. gegen Adlerfarn, Kl. Sauerampfer, Beifuß sowie gegen Hauhechel und Mannstreu. Aber auch auf ihre Wirkung reagieren die einzelnen Gräserarten verschieden. Mit verringerter Aufwandmenge können sogar empfindliche Unkrautgräser, wie Borstgras, Pfeifengras oder Gemeines Straußgras, ohne schlimme Schäden an wertvolleren Gräserarten, beseitigt werden. Auf jeden Fall ist die Wirkung der Mittel größer als die von Paraquat; sie eignen sich deshalb gut für die Abtötung von überwiegenden Gras- und insbesondere von regenerationsstarken Pflanzenbeständen, zu denen auch Wasserpflanzen zu rechnen sind. Noch wesentlich schärfer wirken auf Zweikeimblättrige die Picolinsäure-Präparate, die einen Grünlandbestand praktisch entkrauten und reine Grasbestände zurücklassen (Åberg, Allen 1965, Baskay-Tóth, Benkov, Bingham, Canode u. Robocker, Fryer u. Chancellor, Gardner, Grümmer, Holz 1966, Holz u. Lange, Hunt, King u. Davies, Kramer, Leuchs, Nazaruk, Neururer 1961, Selke, Sprague et al., Thompson, Venkov, Volger 1965).

Gegenüber den Kontaktherbiziden Paraquat und Diquat müssen bei Verwendung der systemischen Mittel Wartezeiten, bei DCP und DCB von 3–4 und bei ATA von 4–6 Wochen, vor der Neuansaat eingelegt werden. Dies hängt, abgesehen von der Abbaugeschwindigkeit der Mittel, mit ihrer Wirkungsweise zusammen, die bei DCP und DCB in der Blockierung der Synthese wichtiger Aminosäuren und in Eiweißfällung, bei ATA in einer Verhinderung der Chloroplastenbildung und damit in einer Weißfärbung selbst neuer Triebe besteht (Holz u. Lange).

Wie Paraquat eignen sich die systemischen Mittel sowohl zur Vernichtung von Beständen, z.B. von Borstgras (Benkov, Frycek et al.) (mit Nachbearbeitung), als auch von Einzelpflanzen, z.B. von Rasenschmiele. Sie haben jedoch seit der Entwicklung von Paraquat etwas an Bedeutung eingebüßt, vor allem bei der Einzelpflanzenbekämpfung von Horstgräsern, weil nach ihrer Anwendung Ringbildungen entstehen. Sie werden deshalb heute mehr für die Abtötung von Beständen mit schwer bekämpfbaren Unkräutern und, neben anderen Mitteln, z.B. Chlorthiamid, für die chemische Grabenentkrautung, allerdings meist nur mit kurzfristigem Erfolg, verwendet, wegen synergistischer Wirkung auch mit Wuchsstoffherbiziden zusammen (DAME, HOLZ 1963, 1966, HOLZ u. LANGE, KÜTHE, NAZARUK, PUTNAM u. RIES, RUUTUNEN u. HUOKUNA, VUČEK). Die lange bleibenden Herbizide wirken mit hoher Konzentration bis in die Wurzelzone von tiefgehenden ausdauernden Arten nach (AUDUS, WOODFORD u. EVANS).

Von den seit langem in Gebrauch befindlichen Totalherbiziden hat Natriumchlorat, weniger Chlorkalk und Borate, noch eine gewisse Bedeutung. Wegen seiner umfassenden Wirkung durch Nitratreduzierung und Plasmolyse kommt der Einsatz meist nur gegen Einzelpflanzen und sonst nicht zu beseitigende Unkrautnester in Frage, zur Ganzflächenhandlung nur dann, wenn nur diese Erfolg verspricht, weil die ganze Fläche fast im Reinbestand mit dem zu bekämpfenden Unkraut, z.B. Adlerfarn, besetzt ist; dann werden zu optimaler Wirkung 4–5 dz/ha Natriumchlorat oder Chlorkalk, auch Ammoniumcyanate mit 4 Monate dauernder Sterilisation des Bodens im zeitigen Frühjahr vor Wachstumsbeginn ausgestreut, bevor im Sommer Bodenbearbeitung und Einsaat vorgenommen werden (AUDUS, GRIFFITH 1938, HOOGERKAMP 1966, RUGE u. STACH, WOODFORD u. EVANS).

Auch die zum Teil wochenlange Frist der Wirkung und der Entgiftung, die, je nach Jahreszeit und Regenfall, ein halbes Jahr dauernd kann, ist unbequem, abgesehen vom Arbeitsaufwand (WASSERBURGER). Zur Bekämpfung von Einzelpflanzen, z.B. von Ampferarten oder Rasenschmiele, sind diese nämlich zunächst flach, 2–3 cm tief auszuhacken oder ganz kurz abzumähen; danach muß eine gründliche Bodendurchfeuchtung durch Regen abgewartet oder durch Begießen mit der Lösung selbst herbeigeführt werden (u.a. AUDUS, HOOGERKAMP 1966). Auch die Ausrottung von Unkrautnestern, z.B. von Pestwurz oder Zypressenwolfsmilch (ROTH 1965b), geschieht am besten nach starkem Regen. Speziell gegen Moose können auf kleinen Flächen und von kurzer Wirkungsdauer Eisensulfat, Kaliumpermanganat, Mangansulfat oder Quecksilberchlorid (Kalomel) eingesetzt werden, während Entmoosung großer Flächen und auf Dauer nur durch Kalkung, Kali-(Kainit-)Düngung und Zufuhr organischer Substanz sowie durch intensive Beweidung, alles zur Anregung des Bodenlebens, geschehen kann (HEMER, PEARCE).

Die Möglichkeit, mit den ätzenden Gelbspritzmitteln, z.B. DNOC, die zur Winterspritzung im Obstbau eingesetzt werden, Unkräuter auf dem Grünland zu bekämpfen, z.B. Brennesseln, soll nur erwähnt werden. Sie sollen den nützlichen Bodentieren, vor allem den Regenwürmern, nur dann schaden, wenn diese durch Starkregen an die Bodenoberfläche getrieben werden und in Berührung mit der abtropfenden Spritzbrühe kommen (BAUER). Aber sie spielen in der Unkrautbekämpfung neben den neuen Mitteln keine Rolle mehr, auch weil der Erfolg nicht gleichmäßig gut gewesen ist. – Dafür hat sich Allylalkohol als Unkrautvernichtungsmittel einen Namen gemacht; ein Vorteil bei seiner Anwendung ist, daß er rasch abgebaut wird, ein Nachteil die Abhängigkeit seiner Wirksamkeit von der Witterung (BAKKENDRUP-HANSEN, ROTH 1965b, SCHWENKE).

Erscheint ein Grünlandbestand weder durch landeskulturelle und landwirtschaftliche Maßnahmen (S. 252) noch durch den Einsatz selektiver Herbizide verbesserungsfähig, ist er umbruchreif (u.a. G. MÜLLER 1951). Im Gegensatz zum mechanischen läßt der „chemische Umbruch" den Boden, bis auf die zu Ansaat und Samenkeimung notwendige Bodenschicht von 5–8 cm, unberührt, er vernichtet mechanisch schwer bekämpfbare Unkräuter, er ermöglicht die schnelle Verbesserung mechanisch schwer bearbeitbarer Böden, er ist weniger witterungsabhängig als mechanischer Umbruch mit Saatbettbereitung, er vermag jedoch nicht, wie wenigstens zum Teil der mechanische Umbruch, den Bodenvorrat an Unkrautsamen unschädlich zu machen und am Austreiben zu hindern. Der spezifische Vorteil des „chemischen Umbruchs" besteht in der Ausdehnung der Umbruchmöglichkeit auf steinige, flachgründige, nasse oder moorige Böden und in der raschen Umwandlung von Ödland mit nicht nutzungsfähigen Beständen und von Flächen mit hartnäckigen Unkräutern. Beim „Direktsäen" als der zweiten Stufe dieser von England stammenden Methode werden alte Leys durch Abtötung der Bestände und bearbeitungslose Neuansaat mit dem Rotaseeder rasch wieder voll leistungsfähig gemacht (ALLEN 1966, BACHTHALER 1967, BIESZCAD, DÖRTER, DOUGLAS u. MCILVENNY, ELLIOTT 1969, HOOD, HOOGERKAMP 1967, OMROD, SKIRDE 1965, TEUTEBERG u. PATZKE, Gerta ZIEGENBEIN).

Im Verfahren des „chemischen Umbruchs" muß der Abtötung mit Grasherbiziden bei starkem Besatz mit zweikeimblättrigen Arten eine Wuchsstoffbehandlung vorausgehen, wenn sich beide, wie bei Gramoxome, nicht koppeln lassen (BARRALIS u. LAISSUS, BOUCHET, ČIČEK 1966a u. b). Die Wahl der Mittel hängt von der botanischen Zusammensetzung des alten Bestandes ab, da selbst Grasherbizide verschiedene Wirkungsspektren besitzen (WRIGHT). So gelten die Honiggräser und Seggenarten als relativ resistent gegen DCP (KING u. DAVIES), ebenso Rasenschmiele und Quecke (CIŽEK, HOOGERKAMP 1968) bei Flächenspritzung, während gerade Rasenschmiele und Wolliges Honiggras neben Jähriger und Gemeiner Rispe durch Paraquat leichter bekämpfbar sind, nicht aber Quecke, Rohr- und Rotschwingel sowie Flechtstraußgras (ARNOTT u. CLEMENT, ČIČEK 1966a u. b, DOUGLAS 1965b, FRYER u. EVANS, HOOGERKAMP 1968), weil regenerationsfähig. Hiernach ist Gramoxone für Narben mit horstbildenden, weniger tiefwurzelnden und nicht hochwüchsigen Arten geeignet, die systemischen Mittel aber mehr gegen ausläufertreibende und tiefwurzelnde Arten. Je nach dem Anteil von hartnäckigen Unkräutern sind Mengen von 5–10 kg/ha Gramoxone und 15–30 kg/ha der anderen Mittel anzuwenden. Eine Verstärkung der Wirkung ist durch Ausnutzung des synergistischen Effekts möglich, z.B. durch die Kombination von Paraquat mit Simazin oder Diuron gegen Quecke; umgekehrt ist die Behandlung mit ATA 7 Tage vor der mit Paraquat wirkungsvoller als die gemeinsame Ausbringung, weil ein Antagonismus der Wirkungen zu einer Effektminderung führt (PUTNAM u. RIES). Als günstigster Anwendungszeitraum hat sich, wie bei den Wuchsstoffmitteln, die Phase des intensiven Wachstums erwiesen, also Juli besser als Oktober oder April (ALLEN 1965, HEDDLE u. YOUNG, HOOGERKAMP 1967). Aber es bestehen Ausnahmen, z.B. daß Rotes Straußgras mit DCP besser im Mai als im August und Schafschwingel leichter im August als im Mai bekämpfbar sind, während Borstgras und Pfeifengras von Juli bis September schon mit geringen Mittelkonzentrationen auszuschalten sind (KING u. DAVIES).

Während die Erträge der folgenden Ansaat (und von Feldfrüchten) bei der ,,chemischen Grünlanderneuerung" gleich der mechanischen sind, bestehen die Vorteile des ,,chemischen Umbruchs" in einer nicht arbeitsaufwendigen Saat (ARNOTT u. CLEMENT). Weil aber keines der Mittel gegen alle Unkrautarten wirkt und so in jedem Bestand Pflanzen der zu bekämpfenden Arten mit verschiedener Resistenz- und Regenerationsabstufung verbleiben, ist eine mechanische Nachbearbeitung erforderlich, es sei denn, daß lückig gewordene, kaum verunkrautete Kleegrasflächen wie die Leys im Direktsäverfahren erneuert werden sollen; dem Zweck, bei der Nachbearbeitung nicht oder teilgeschädigte sowie hartnäckige Unkräuter zu beseitigen und ein Saatbett zu schaffen, dient im Blick auf eine Minimalbearbeitung am besten die Fräse. Einer Neubesiedlung mit Unkräutern wird, wohl besser als durch einen hohen Anteil schnellwüchsiger Weidelgrasarten wie für Leys, durch hohe Stickstoffgaben, Reinigungsschnitte und möglichst zeitiges Beweiden begegnet.

In Vergleichsversuchen haben beide Umbruchsverfahren auf die Dauer zu keiner bedeutenden Verbesserung des Bestandes geführt und die Rückentwicklung zu einer dem alten Zustand ähnlichen Zusammensetzung ist durch gute Nährstoffversorgung lediglich verzögert worden. Deshalb ist wohl der Schluß berechtigt, daß zu beiden Umbruchverfahren die üblichen Maßnahmen der Standortsverbesserung, vor allem des Wasserhaushaltes und der Bodenreaktion, treten müssen. Gleichzeitig erscheint es fraglich, ob Flächen, die stark mit Rasenschmiele oder Quecke (FRESE) verseucht sind, ohne mehrjährige Ackernutzung nachhaltig melioriert werden können. Auch bei den ebenfalls schwer bekämpfbaren Gräserarten Rohrschwingel und Flutender Schwaden ist bei Vernachlässigung von Entwässerung und Düngung, vor allem auf Niederungsmoor, mit einer Wiederausbreitung zum alten Zustand zurück zu rechnen (HOOGERKAMP 1967).

Die Gefahr einer baldigen Wiederverunkrautung nur ,,chemisch meliorierter" Flächen läßt den ,,chemischen Umbruch" nicht als Patentlösung für schwierige Fälle erscheinen. Die Mittel sind nur eine Hilfe bei der Vernichtung der alten Narbe. ,,Es sind entschieden keine Zaubermittel, mit denen man aus jeder schlechten Grünlandfläche eine gute machen könnte" (HOOGERKAMP 1967). Andererseits kann durch sie stark verunkrautetes, leistungsschwaches Grünland auf nicht entwässerungsfähigen und schwer bearbeitbaren Standorten, z.B. auf flachgründigen Marsch- oder auf Niederungsmoorböden, wo der Pflug die tragende Grasnarbe beseitigen würde, durch einen bis im Abstand von 3–4 Jahren wiederholten ,,chemischen Umbruch" mit Neuansaat in mengen- und gütemäßiger Leistung verbessert werden. Ein Vergleich auf anderen Böden, wo die Tragfähigkeit der Narbe keine Rolle spielt, und damit ein Abwägen der durch den ,,chemischen" oder mechanischen Umbruch erzielbaren Vorteile stehen noch aus.

e) Problematik der chemischen Unkrautbekämpfung auf dem Grünland. Die Entdeckung der modernen Herbizide, vor allem derer auf Wuchsstoffbasis, ist als die größte agrikulturchemische Leistung der Nachkriegszeit bezeichnet worden (SCHWENKE). Die Entwicklung geht in der Schaffung von immer mehr spezifisch und auf besonders hartnäckige Unkräuter wirkenden Stoffen immer weiter, ohne daß eine Grenze ihrer Anwendungsmöglichkeiten wenigstens auf dem pflanzenphysiologisch-biochemischen Gebiet erkennbar wird (FISCHER). Während sich die chemische Unkrautbekämpfung im Ackerbau einen festen Platz erobert hat, ist sie auf dem Grünland noch umstritten. Deshalb sollen in einer Art Zusammenfassung noch einmal ihre Vor- und Nachteile bei der Anwendung der Mittel auf dem Grünland genannt werden (Fryer u. Evans, Holz 1965, Rademacher 1968, Stählin 1963).

Vorteile:

eine unbestreitbar schnelle Wirkung, wie sie durch Bewirtschaftungsmaßnahmen nur sehr selten erreicht wird;

die Möglichkeit der Beseitigung von vielen hartnäckigen Unkräutern, die, abgesehen von Umbruch und langjähriger Ackernutzung vor der Wiederansaat, keiner Änderung der Grünlandnutzung oder keiner sonstigen wirtschaftlich vertretbaren Maßnahme haben weichen wollen;

eine immer sicherer werdende Bekämpfung spezieller Unkrautarten unter großer Schonung der wertvollen Arten;

eine Verbesserung der Aufnahme des Grundfutters durch die Tiere ohne Schädigung ihrer Gesundheit und ohne feststellbare Änderung der Güte ihrer Produkte;

eine überaus schnelle und bodenschonende Maßnahme der Beseitigung unbefriedigender Bestände vor Neuansaat.

Nachteile:

ein nicht unerheblicher Aufwand an Geld und Arbeit allein für die Unkrautbekämpfung ohne unmittelbare Wirkung auf die Ertragshöhe;

keine vollkommen sichere Wirkung wegen Abhängigkeit von Witterungs- und Bodenfaktoren;

oft keine nachhaltige Wirkung wegen der Regenerationsfreudigkeit vieler Arten aus unterirdischen Pflanzenteilen;

keine ganz spezifische Wirkung allein auf alle gelegentlich zu bekämpfenden Arten (weil Überforderung der Industrie), vielmehr Schädigung auch wertvoller Futterpflanzen;

die Entstehung von Lücken und, je Bestand verschieden, die Gefahr ihrer Besiedelung, wieder durch die bekämpfte Art oder durch andere unerwünschte Arten;

eine Verringerung der erwünschten Arten nach Zahl und Anteil und damit eine Minderung des Aufwuchses nach Menge und Güte, zum Teil auf Jahre spürbar;

die Notwendigkeit einer Verstärkung des Düngeraufwandes zur Beseitigung der durch die Mittelanwendung verursachten Schäden;

ein zum Teil langsamer Abbau der Mittel und damit die Gefahr einer Schädigung von Gesundheit und Produkten der Tiere;

die Gefahr der Auslese herbizidresistenter Formen der Unkrautarten;

das Verbleiben der Notwendigkeit, die Verunkrautungsursachen durch landeskulturelle bzw. landwirtschaftliche Bewirtschaftungsmaßnahmen zu beseitigen, um eine nachhaltige Wirkung der chemischen Unkrautbekämpfung zu sichern.

Die chemische Unkrautbekämpfung ist also nur eine Starthilfe zur mengen- und vor allem gütemäßigen Verbesserung der Grünlandbestände und nicht selber eine Verbesserungsmaßnahme (Holz 1965a).

4. Krankheiten und Schädlinge der Grünlandpflanzen und ihre Bekämpfung

Neben und mit den Unbilden der Witterung, die physiologische Störungen im normalen Stoffwechsel der Pflanzen verursachen, hemmen zahlreiche Tier- und Pflanzenarten nicht nur als Parasiten der Grünlandpflanzen die Massenleistung der Grünlandbestände, sondern sie verringern auch die Güte des Aufwuchses über eine unerwünschte Änderung der botanischen und der chemischen Zusammensetzung; außerdem beeinflussen sie mit eigenen Inhaltsstoffen und Stoffwechselprodukten den Futterwert fast immer in negativer Richtung, bis zur Ablehnung des Futters durch die Tiere und bis zur Erregung von Krankheiten in den Nutzviehbeständen, soweit sie nicht direkte Parasiten der Tiere sind, die mit dem Kot kranker Tiere an das Futter gelangen und mit ihm zu neuer Infektion aufgenommen werden.

Witterungs- und standortbedingte Schäden

Die auf dem Dauergrünland wachsenden Pflanzenarten sind dem Klima ihrer Standorte angepaßt; sie werden deshalb nur in empfindlichen Entwicklungszuständen und durch außergewöhnliche Witterungsbedingungen, die als Katastrophen zu bezeichnen sind, geschädigt und bleiben es womöglich bis zum Nutzungszeitpunkt, der etwa mit dem beginnenden Höhepunkt ihres vegetativen Wachstums (auf der Weide) oder ihrer generativen Entwicklung (auf der Wiese) zusammenfällt. Aber es kann schon vorher, z.B. durch regen- oder taunasses, beschneites oder bereiftes Grünfutter, die Gesundheit der Tiere geschädigt werden.

Häufig wird der durch Witterungsunbilden verursachte Schaden an den Futterpflanzen sekundär durch Parasiten, denen die geschwächten Pflanzen zum Opfer fallen, mengen- und gütemäßig gesteigert, ja kommt erst durch deren Befall richtig zum Ausdruck (ANDERSEN). So können Ertragseinbußen nach milden, schneereichen Wintern offenbar werden, auf Fettweiden verursacht durch Schneeschimmelbefall von Deutschem Weidelgras, auf kleereichen Wiesen aber durch Kleekrebsbefall von Rotklee, weil der Anteil der beiden im Vorjahr bestandbildenden Arten um Zehnerpotenzen zurückgegangen ist (S. 90). Auch qualitative Gefahren können auf der Winterweide für Schafe durch saprophytische Schwärzepilze an abgestorbenen, in Sozialbrache stehengebliebenen Halmen und Fruchttrieben auftreten (STÄHLIN 1944).

Harte, schneearme Winter werden im allgemeinen von den Grünlandpflanzen gut überstanden (S. 59, 244). Die Schäden werden nach Aufhören der Kälteperiode aspektmäßig und tatsächlich ohne Folgen für die botanische Zusammensetzung schnell überwachsen, kaum daß die Beweidung um wenige Tage verzögert wird.

Dauer- und Starkregen richten mit Überschwemmungen, wenn diese nur einige Tage dauern, während der Wachstumsruhe, selbst an wintergrünen Arten, keine bis in die Nutzungszeit reichenden Schäden an. Aber unter wochenlanger Überstauung im Winter oder bei kürzerer Überflutung in der Wachstumszeit kann sich die botanische Zusammensetzung der Bestände durch Ersticken und Ausfaulen empfindlicher Arten für Jahre verschlechtern, besonders wenn das Wasser Sand- und Schlickmassen herangeführt hat. Die Gesamtentwicklung wird um Wochen bis Monate verzögert. Ähnliche Schäden entstehen durch Lager hochgewachsener Bestände nach Starkregen oder wenn sie durch Hagel zusammengeschlagen worden sind (Kopecký, Speidel u. Senden, Stählin 1957c; siehe auch S. 46, 126).

Auf der abgestorbenen Pflanzenmasse siedeln sich außer Pilzen und Bakterien Algen an, die, zusammen mit Schlamm- und Sandbelag, im zeitigen Frühjahr als Wiesenpapier und im Sommer als faulig-schmieriger Überzug die Weidetiere wegen teils modrigen, teils ranzigen Geruchs von williger Aufnahme des Aufwuchses abhalten und, wenn sie davon fressen, krank machen; das gleiche kann bei schweren Bewässerungsfehlern geschehen (Stählin 1957b).

Umgekehrt können extrem trockene Sommer (S. 58) eine nicht nur im gleichen Jahr, sondern längere Zeit zu spürende Veränderung der botanischen Zusammensetzung der Wiesen- und Weidebestände, sowohl in der Menge als auch im Aufwuchs verursachen, wenn sich in der locker gewordenen Narbe wenig massenwüchsige Samenunkräuter breit machen. Im Trockenjahr selbst erhöhen womöglich Höhere und Niedere Tierarten, die nunmehr ihr Temperaturoptimum für eine epidemieartige Vermehrung finden, die physiologische und absolute Schadwirkung des Wassermangels, während pflanzliche Parasiten für einen starken Befall ihrer Wirtspflanzen größtenteils mehr Luftfeuchtigkeit, sehr oft gerade feuchtwarmes, sozusagen subtropisches Wetter benötigen, wie es Gewitterregen nach Dürreperioden bringen.

Während in Mitteleuropa schädliche Gehalte des Futters an Metallsalzen im Boden nur sehr kleinräumig, z.B. im Harz auf Galmeiböden Zinksalze, vorkommen (S. 146f.), ist die Gefahr durch gas-, dampf- und staubförmige Ausscheidungen von Industriewerken, die Schwer- und Buntmetalle gewinnen oder verarbeiten sowie sonstige Salze und Säuren in die Luft abgeben, um so größer (Polheim u. Dietrich, Schmittmann, Stählin 1957b). Auch Pflanzen, die am Rand von viel befahrenen Autostraßen gewachsen sind, enthalten, allerdings mit wachsender Entfernung rasch abnehmend, noch nach Abwaschen des Staubes oder krustenartigen Belages, 6- bis 10mal so viel Blei aus den Auspuffgasen, bis 57 statt 5–10 mg/kg Pb (Kloke u. Riebartsch), ohne daß an den Pflanzen bereits Schäden, ausgebleichte Farbe und vorzeitiges Absterben der Blätter, Hartstengeligkeit, zu beobachten sind. Dem Heu aber fehlt bereits das typische Aroma, oder es riecht eigenartig, so nach Knoblauch bei hohem Arsengehalt (Stählin 1957b).

Ob Futter mit einem anomalen Gehalt und Belag an Salzen von Eisen, Blei, Zink, Arsen, Kupfer, Fluor, Quecksilber oder an schwefliger Säure, Fluor und Salzsäurenebel für Tiere schädlich ist, kommt auf die Löslichkeit der chemischen Verbindungen an. So soll der Niederschlag von Flugasche infolge geringer Löslichkeit gerade in richtiger Dosierung zur Mineralstoffversorgung der Tiere beitragen (Götze, Götze u. Herrmann, Stählin 1957b). Aber durch feste und gasförmige Bestandteile des Hüttenrauchs, die mit dem in der Nähe von Werken gewachsenen Futter aufgenommen werden, sind schon öfters Haustiere und Wild offenkundig, nicht nur schleichend vergiftet worden. Die Feststellung ist erschwert, weil Unterschiede in Toleranz und Gewöhnung zwischen und innerhalb der Tierarten bestehen; Jungvieh und Kälber, diese über die Milch, sind besonders gefährdet (Langner, Leh, Pott, Schmittmann,

STÄHLIN 1957b, WÖHLBIER et al., ZUBER). Durch Verunreinigung der Luft können die Weidepflanzen nach Phenol schmecken und weniger gern gefressen werden. Der Phenolgeschmack bleibt bei der Silierung erhalten (TÓTH). Die Vermeidung von Immissionsschäden durch Reinhaltung der Luft liegt allgemein im Interesse der Volksgesundheit.

Schäden durch pflanzliche Parasiten

Daß ein artenreicher Bestand in seiner Gesamtheit von pflanzlichen Schädlingen befallen wird, kommt selten vor; denn diese haben sich größtenteils auf einzelne Arten und Artengruppen als Wirtspflanzen spezialisiert und können auch nicht alle auf einer Fläche stehenden Individuen dieser Arten befallen, weil diese in einem Mischbestand für eine ausnahmslose Übertragung des Erregers zu weit voneinander entfernt sind. Bei einem epidemischen Auftreten einer durch pflanzliche Parasiten hervorgerufenen Krankheit ist stets ein für die betreffende Parasitenart optimales Zusammentreffen von Witterungs- und Standortsfaktoren als Ursache festzustellen.

Pilze, und zwar zahlreiche Arten aus den Gruppen der Brand- und Rostpilze, der Mehltau- und Schimmelpilze, der Schwärze-, Blattflecken- und Auswinterungspilze, dazu der polyphytotrophe Mutterkornpilz und Pilzarten, die sich auf einzelne Wirtspflanzen spezialisiert haben, können die Grünlandpflanzen, wenn auch wegen verschiedener Resistenz, die einzelnen Stämme derselben Art in verschieden starkem Maße (GIBBS), befallen, so daß das Futter bei einem sehr großen Anteil kranker Pflanzen unbeliebt bis gesundheitsschädlich wird. Dagegen scheinen Pilzarten, die für Zier- und Gebrauchsrasen wegen Beeinträchtigung der Narbendichte und des Aspekts Bedeutung haben, auf dem Grünland nur in seltenen Fällen, nach Hochschnitt oder in nassen Herbsten und Wintern, eine größere Rolle zu spielen, wenn sie auch an der winterlichen Auflockerung der Narbe durch Befall wintergrüner Gräser beteiligt sind. Der von ihnen angerichtete Schaden soll bei guter Versorgung mit Kali unabhängig von der Höhe der N- und P-Gaben rasch überwunden werden (COUCH, GOSS u. GOULD, LANCASHIRE u. LATCH, LATCH, RICHTER 1965a).

Häufig scheinen die Pilze selbst nicht giftig zu sein, wenigstens nicht ihre Sporen, sondern der Geruch, muffig oder nach Trimethylamin usw., ist den Tieren widerlich, und die zum großen Teil chemisch noch unbekannten Abbauprodukte sind wohl bei vielen Arten alkaloidartig, da sie ähnliche Krankheitssymptome bei den Tieren hervorrufen wie Mutterkorn selbst, dessen Befall an Untergräsern im Herbst, wegen Verzögerung der Blütenbildung und Pollenentwicklung, stärker ist. Wenn stark verpilztes, z.B. mit Rost- oder Schwärzepilzen behaftetes Futter nicht immer schädlich wirkt, dürfte die Ursache dafür in bestimmten Entwicklungszuständen von Parasit und Wirtspflanzen liegen (LATCH, STÄHLIN 1957b).

Regelmäßiger Tiefschnitt und Weidegang, vor allem ein Reinigungsschnitt im Herbst sowohl auf Wiesen als auch auf Weiden, verhüten den Befall durch pflanzliche Blattparasiten weitgehend. Dagegen ist die Anwendung von Hg- und Sn-Mitteln teuer und gefährlich, das letztere, wenn sie nicht vor Winter gegen Schnee- und Erstickungsschimmel erfolgt (ANDERSEN, LATCH).

Besondere Aufmerksamkeit verdienen Flugbrandarten an Rohrglanzgras, Schwadengräsern und Schilf, seltener auch an anderen Süßgräsern wie Glatthafer, weil sie bei stärkerem Auftreten Gesundheitsstörungen bis Verwerfen und Tod verursacht haben. Ihre Bekämpfung durch Fungizide ist unwirksam (HALISKY, STÄHLIN 1957b, C. A. WEBER 1928b). Ganz allgemein dürfen Bakterien und Pilzarten, die, je Standort, Düngung und Witterung nach Zahl und Artenreichtum verschieden, auf den Grünfutterpflanzen und im Heu stets festzustellen sind, ebenfalls nicht übersehen werden, da ein Zusammenhang mit dem Keimgehalt der Milch, ihrer Qualität und der ihrer Produkte erwiesen ist (MAYER, STÄHLIN 1957b, de VRIES).

Bei standörtlicher Ungunst kann eine, wenn mögliche, landeskulturelle Beseitigung der Mängel den Schaden auf die Dauer, abgesehen von nassen und speziell Katastrophenjahren, in Grenzen halten, so daß der Einsatz fungizider oder bakterizider Mittel kaum notwendig ist. Als Fungizide haben früher anorganische Verbindungen gedient, S-Präparate gegen Echten Mehltau, Cu-Mittel gegen Falschen Mehltau und Blattfleckenkrankheiten,

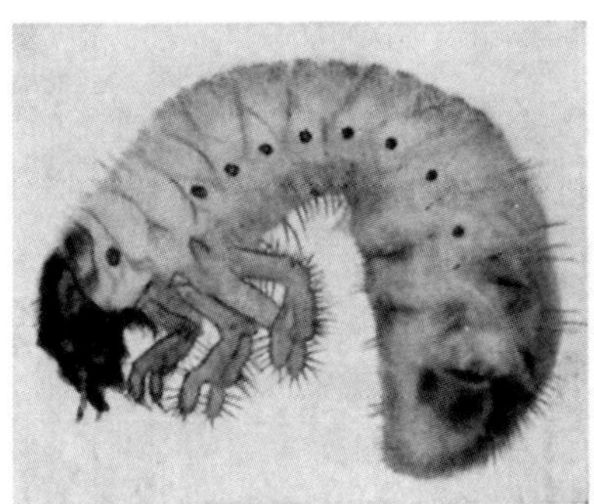

Abb. 150. Engerling

Hg-haltige Stoffe gegen Schorf- und Monilia-Pilze, während Sn-Präparate ein etwas breiteres Wirkungsspektrum haben. Jetzt sind sie abgelöst durch organische Stoffe, besonders Thiocarbamate mit ihrer nicht gewollten, aber lang andauernden Vernichtung nützlicher Kleintiere und Regenwürmer, neuerdings auch durch Antibiotika gegen Bakterien und Viren (SCHWENKE).

Schäden durch Tiere

Manche im Ackerbau bezüglich Menge oder Güte der Erzeugnisse schädlichen Tiere kommen auf wüchsigem Grünland oft in erstaunlicher Zahl vor, ohne den Futterertrag in auffälligem Maße zu mindern. So kann etwa die 10fache Zahl mancher Insektenarten im Grünlandboden wie im Ackerland leben, ohne merklichen Schaden anzurichten, z.B. je m² 20–30 statt 2–4 Engerlinge (Abb. 150), Larven des Mai- und Juni- oder Brachkäfers, 50 (bis 100) statt etwa 5 Drahtwürmer (Abb. 151), Larven von Schnellkäferarten (160); auch der Schaden durch Wiesenwürmer (Abb. 152, 153), Larven von Wiesenschnakenarten, fällt noch nicht bei 40–50, sondern erst bei 300–500 (bis 1000) Stück je m² ertragsmindernd, ebenso der von Kleeälchen auf Weiden bei mehr als 200 Eiern je g Boden statt 50 in reinen Weißkleebeständen, ins Gewicht (SEINHORST u. SEN). Dabei fressen Engerlinge bei nur mäßig starkem Befall in den 3–4 Jahren ihrer Entwicklung etwa 12 dz/ha Wurzeltrockenmasse, was etwa einem 8fachen Verlust an oberirdischer Grünmasse entspricht, aber der Gesamtbestand gleicht, abgesehen von den durch die Jahreswitterung verursachten Ertragsschwankungen, den mit dem Engerlingfraß verbundenen Minderaufwuchs aus, weil nicht alle Arten befressen werden und die anderen

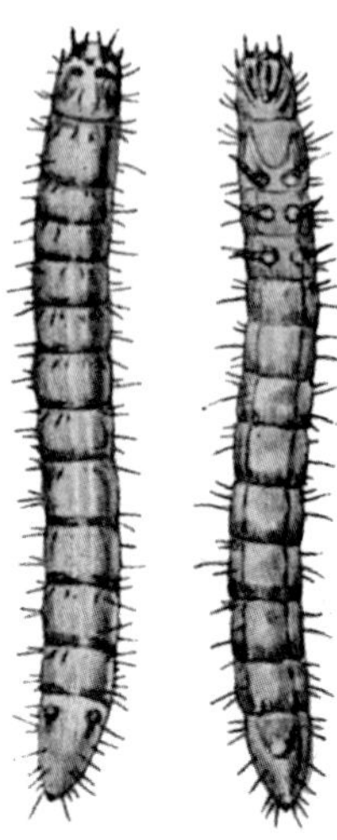

Abb. 151. Drahtwurm von oben und unten gesehen (ROSTRUP-THOMSEN)

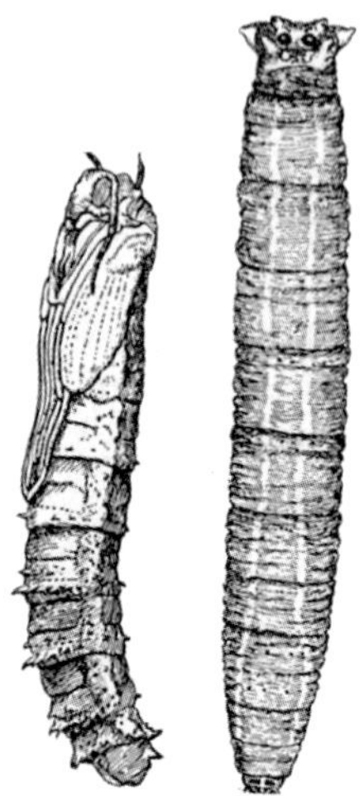

Abb. 152. Wiesenschnake, Rechts: Larve vom Rücken gesehen. Links: Puppe. Annähernd doppelte Größe (nach ROSTRUP-THOMSEN)

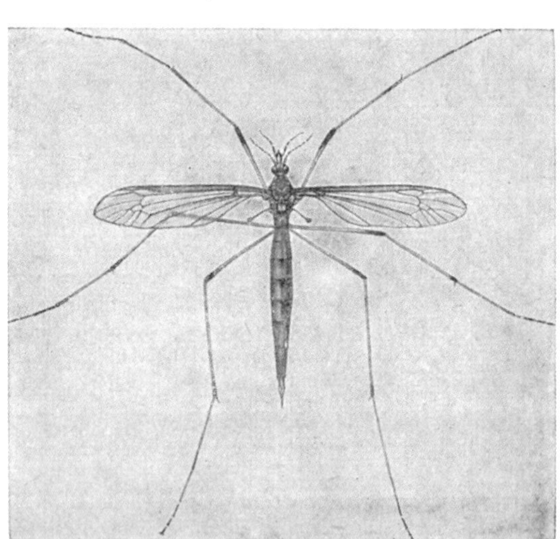

Abb. 153. Wiesenschnake (*Tipula paludosa* Meig.). Weibchen. Etwa 2fach (nach ROSTRUP-THOMSEN)

Pflanzen infolge Konkurrenzausfalls besser wachsen können (HORBER, 1952 MAERCKS 1950, RICHTER 1952). Solch selektiver Fraß kann indes im Jahr vor einem Maikäferflugjahr, wenn die Engerlinge am größten sind und am meisten fressen, zu einer Minderung des Futterwertes und, zusammen mit einer doch erfolgenden Lückenbildung, zu einer Verringerung des Mengenertrages führen. Auch Drahtwürmer können, ausgehend von Schafgarbe, Möhre und Löwenzahn, durch starken Befall an Gräsern, besonders an Straußgras, Weidelgras und Lieschgras, den Massenaufwuchs und damit die Ernährungsbedingungen der Weidetiere verschlechtern (Fox).

Während die Maikäfer ihre Eier, zum Teil ganz konzentriert nicht allzu weit von ihren Futterbäumen entfernt, in lockere, warme Grünlandböden, besonders gern nach starken Grundwasserabsenkungen und den dadurch bewirkten Strukturänderungen (u.a. W. Richter 1967), ablegen, bevorzugen Junikäfer für ihre Eiablage arme, leichtere, aber ebenfalls trockene Böden. Eine langfristige Prognose, 4 Jahre vor einem starken Flugjahr, scheint möglich zu sein, weil die Überlebensrate im empfindlichen Junglarvenstadium von der Temperatur Ende Juli bis Ende August, etwa 18 statt 16 °C in der Luft und etwa 20 statt 19 °C im Boden, als dem entscheidenden Faktor bestimmt wird (G. Richter).

Ein selten anwendbares Mittel gegen Engerlinge (Abb. 150) und Drahtwürmer (Abb. 151), auch gegen Fadenwürmer, stellt eine mehrtägige Überstauung der stark befallenen Flurteile dar (u.a. Hollis u. Rodrigues-Rabana, Troll u. Rohole). Schweres Walzen oder, wenn die Flächen beweidet werden können, intensive Beweidung mit großer Besatzdichte können ebenfalls Abhilfe bringen. Muß wegen allzu großer Schäden umgebrochen werden, dann werden Drahtwürmer vor der Wiederansaat durch Insektizide dezimiert (Baden et al.). Soweit arbeitsmäßig zu schaffen, sind Giftköder in Form von Kartoffel- oder Rübenstücken, die mit Insektiziden präpariert sind, auszulegen, am besten im Herbst eines Maikäferjahres oder eines sonst für die Schädlingsvermehrung günstigen, d.h. warmen Jahres, auch noch im folgenden Vorsommer (Bauer, Schwenke). Zur Bekämpfung von Engerlingen und Drahtwürmern werden von den chlorierten Wasserstoffen neben DDT die sogenannten Hexamittel (= HCH und seine γ-Isomere, das Lindan) verwendet, die, in Staubform in den Boden gebracht, mit geringer Wirkungsdauer als Atemgifte den Boden entseuchen (Schwenke). Aber es werden von den Engerlingen mehr die Junglarven als die 2jährigen, in Wechselwirkung der Empfindlichkeit mit dem Lipoidgehalt (Szcepaúska), und nur die Drahtwurmlarven, nicht aber die Schnellkäfereier (von DDT) getroffen (Wang u. Wang).

Wiesenwürmer (Abb. 152) und die selteneren Graseulenlarven sind vorwiegend in humosen und moorigen, feuchten bis vernäßten Böden der Niederungen, auch in Hochmooren und locker aufgefrorenen Böden im Bereich des Seeklimas zu finden, und zwar werden von ihnen verwahrloste und nicht rechtzeitig gewalzte, unkrautige und zertretene, magere Bestände von Wiesen und Weiden mit Bülten und höherem Graswuchs, mit Lücken und vermoosten oder verfilzten Stellen in Jahren mit feuchtem Frühherbst für die Massenablage von Eiern bevorzugt. In Gebieten mit großflächiger Grundwasserabsenkung lösen, solange das Gelände noch feucht ist, Wiesenschnaken die Graseulen an deren Standorten ab (Frank et al.). Da die Wurzeln wertvoller Arten, zunächst von Weißklee und anderen Kleearten, dann von vielen Gräsern und Kräuterarten, abgefressen werden, wird ein stark befallener Bestand in seiner botanischen Zusammensetzung immer schlechter. Bei sehr starkem Befall werden alle Wurzeln flach abgebissen, so daß sich die vertrocknende Narbe wie ein Teppich abrollen läßt.

Die von den Wiesenschnaken und Graseulen bevorzugten feuchten Standorte und ihr schlechter Bewirtschaftungszustand verweisen darauf, welche landeskulturellen und landwirtschaftlichen Maßnahmen zur Vorbeugung und Bekämpfung eines starken Befalls notwendig sind. So wirken sachgemäße Entwässerung und Walzarbeit auf humushaltigen Böden, Vermeidung des Zertretens und Befahrens feuchter, nicht trittfester Narben, aber trotzdem intensive Weidenutzung mit guter Düngung und sorgfältiger Nachmahd im Herbst, kurz die Entwicklung dichter und wüchsiger Narben in hohem Maße vorbeugend. Überdies erleichtert eine ebene, dichte Grasnarbe alle sonst noch nötigen Bekämpfungsmaßnahmen, wie sie selbst etwa eingetretene Schäden rascher überwindet. – Das Absammelnlassen der Larven durch Hühner von auf den Weiden stehenden Hühnerwagen aus soll sogar eine ganz beachtliche Rente abwerfen.

Nach Abstellung der Standortsmängel und Bewirtschaftungsfehler, nach Vorkehrungen des Vogelschutzes in Form von Starenkästen kann wohl fast immer auf den teuren Einsatz von chemischen Bekämpfungsmitteln verzichtet werden (Gasow). Er ist aber dann notwendig, wenn in flachen Narbenausschnitten, die in 20%ige Viehsalzlösung, und zwar im Oktober nach feuchten Hochsommern und Frühherbsten, eingelegt worden sind (Maercks 1950), ein starker Wiesenwurmbefall, d.h. über 200 Larven je m², gefunden wird. Während das Ausstreuen von Giftkleie als Köder, wegen eventuellen feuchten Wetters danach, unsicher ist, ist der Erfolg von Insektizidspritzungen noch im November oder mit erhöhter Aufwandmenge im Frühjahr, bei einer Bodentemperatur von mindestens 5 °C in einer Tiefe von 2 cm und bei milder Außenluft, gut. Aber die Larven werden in langen und harten, schneearmen oder wechselhaften, milden Wintern sehr dezimiert (Maercks 1963, 1964, 1965). Es empfiehlt sich deshalb im Frühjahr eine Stichprobe, ob eine Bekämpfung überhaupt noch notwendig ist. – Vielleicht ist eine biologische Bekämpfung der Wiesenschnake, diesmal mit einem bestimmten Virus, aussichtsreich (Maercks u. Müller-Kögler). – Gegen die seltener epidemisch auftretenden Eulenraupen soll – abgesehen von der Insektizidanwendung mit Giftködern und Besprühen – Walzen bei Nacht eine wirksame Hilfe darstellen (Schwenke).

Futter mit einem starken Befall von Blattläusen und, oft in deren Gefolge, von Ameisen wird in grünem Zustand von den Tieren abgelehnt, oder sie fressen weniger davon und bekommen Hautausschläge und Verdauungsstörungen. Auch wird solches Grünfutter bei Vorratshaltung infolge der zuckerhaltigen Blattlausexkremente in kurzer Zeit sauer und schimmelig. Es ist deshalb getrocknet oder eingesäuert zu verfüttern (Stählin 1957b). Die Blattläuse siedeln nach der Mahd der Grünlandbestände auf benachbarte Getreidefelder über. Trotz allen diesen Nachteilen wird auf Grünland eine chemische Bekämpfung der Blattläuse selten notwendig sein; gegen sie sind, wie gegen alle saugenden Insekten, am besten systemische Mittel, z.B. der chlorierte Wasserstoff Toxaphen, anzuwenden, weil die Nützlinge unter den Insekten, z.B. die Marienkäfer und Spinnen, am meisten geschont werden, auch die Honigbiene, selbst bei Anwendung während der Blüte der Wiesenpflanzen (u.a. Schwenke).

Die gleichen Mittel sind wirksam auch gegen Milben, Blasenfüße und andere Getreideschädlinge und Virenüberträger, auch gegen Frit- und Halmfliegen. Alle diese Arten erhalten und vermehren sich an Grünlandpflanzen, bevor sie auf den Feldern Schaden anrichten. So ist von der Herbstgeneration der Fritfliege bekannt, daß sie ihre Eier mit Vorliebe an nach dem zweiten Wiesenschnitt wieder ausgetriebenen Wildgräsern ablegt; ein starker Fritfliegenbefall vermindert nicht nur den Ertrag z.B. von Rohrglanzgras durch die morphologische und physiologische Unterbrechung des Triebwachstums, sondern beeinträchtigt auch durch Larvenexkremente die Aufnahmewilligkeit und Entwicklung der Nutztiere (RICHTER). Zikaden- und Wanzenarten befallen ebenfalls von vernachlässigten Grünländereien aus als polyphytotrophe Sauger Getreide und sind ebenso wie Blattläuse Virusüberträger.

An Grünlandpflanzen verursachen viele saugende und fressende Insektenarten nicht nur Viruserkrankungen, die meist mit geringerer Wüchsigkeit verbunden sind, sondern auch als auffallendes Symptom, neben physiologischen Ursachen und pilzlichen Erregern, an vielen Gräserarten Weißährigkeit, durch die in den Mischbeständen des Grünlandes weniger der Mengen- als in Grassamenbeständen der Samenertrag verringert wird. So ist, vor allem wegen ihrer Schädlichkeit für die Ackerfrüchte, ihrer Vermehrung durch sorgfältige Pflegemaßnahmen zu steuern. Beseitigung des alten Aufwuchses als ihrer Schlupfwinkel und Brutstätten hilft den Schaden für überwiegende Mähegrasbestände und die Gefahren für die Getreide- und Grassamenfelder mindern, so daß die Anwendung von Akariziden und Insektiziden (z.B. Parathion), die gegen viele Arten am wirksamsten zur Zeit der Löwenzahnblüte erfolgt, meist nicht nötig ist (MÜHLE u. WETZEL, PRILLWITZ u. BUHL, TISCHLER).

Zahlreiche Rüsselkäferarten schaden in verschiedenen Pflanzengesellschaften durch Fraß an Wurzeln, Blättern und Samen wertvoller Grünlandpflanzen, z.B. bei starkem Auftreten an Wiesenrotklee, nicht nur durch Verkürzung der Lebensdauer, sondern auch durch eine starke Verringerung der Wüchsigkeit und seines Anteils in Wiesenbeständen. Befall und Schaden sind wohl stets durch Grünlandhygiene, vor allem aber durch Beweidung indirekt in Schranken zu halten (STEIN).

Der Schaden durch andere Niedere Tiere ist meistens nicht greifbar, allenfalls in feuchten Lagen und an Gebüschrändern durch Schnecken. Sie können entweder durch Metaldehyd, das ohne Nahrungswert ist, geködert und vergiftet (CROWELL, SCHWENKE) oder durch Carbamate bekämpft werden. Diese wirken besonders gegen große Tiere wegen deren größerer Kontaktfläche, aber auch auf junge empfindliche und fortpflanzungsbereite Tiere (GODAN).

Neben den Insekten, von denen neun Zehntel wenigstens einen Teil ihres Lebens im Boden, und zwar ein großer Prozentsatz davon im Grünlandboden, zubringen, können wühlende Wirbeltiere den Ertrag und die Bewirtschaftung der Wiesen und Weiden schädigen.

Gerade so wie Sturmtaucher in der Umgebung ihrer Erdkolonien an der Meeresküste, begünstigen Kaninchen durch Fraß und Wühlen sowie durch ihre massierte Kotablage um ihre Bauten, die gern in lockeren, warmen Böden angelegt werden, die Entstehung unkrautiger, nitrophiler Bestände, deren Aufwuchs weder mengen- noch gütemäßig befriedigt. In manchen Gegenden waren die Wildkaninchen eine Landplage. Während die Sturmtaucher aus Naturschutzgründen nicht bekämpft werden, hat die Dezimierung der Kaninchenbestände durch mehr unabsichtliche als absichtliche Einschleppung der Myxomatose mehr Schaden als Nutzen angerichtet.

Allgemein schädlicher sind in fast allen Gegenden Mitteleuropas die Feldmäuse. Sie können die Grünlandnarbe durch Wühlen und Fressen fast vernichten, zumal sie in ihr das ganze Jahr über Nahrung finden. Schon ein geringer Mäusebesatz kann zur Verunkrautung führen. Nachdem die Feldmäuse zu wenig oder gar nicht mehr von Füchsen und anderen Raubtieren sowie von Raubvögeln dezimiert werden, fluktuiert das Massenauftreten in den sogenannten Mäusejahren fast nur noch in Abhängigkeit von der Gunst oder Ungunst der Witterung für die Vermehrung und Sterblichkeit. Starke Niederschläge und wenig Sonnenscheinstunden können selbst eine Aufwärtsentwicklung der Populationen ersticken, während unter einer Schneedecke die Vermehrung auch in kalten Wintern vor sich geht (FRANK 1963b, 1964a, 1965a, JOHNELS). Mäuseplagen entstehen explosionsartig, wenn die Entwicklung der im Frühjahr geborenen Weibchen durch warme, trockene Frühlings- und Frühsommerwitterung rasch bis zur Geschlechtsreife vorangetrieben wird, weil die Würfe dieser Weibchen im gleichen Jahr einen größeren Prozentsatz an Weibchen als, nach ungünstiger Witterung in ihrem Geburtsjahr, im darauffolgenden Frühjahr aufweisen; es ist bei Beobachtung der Frühjahrswitterung eine ziemlich sichere Vorhersage über das Auftreten von Mäuseplagen möglich (FRANK 1964b, KLEMM). Stärkere Mäusepopulationen sind vor allem auf trockenen, auch auf gerade gedränten Grünlandflächen zu beobachten (FRANK 1963b, 1964a, 1965a). Die Befallsdichte ist besser als durch Fallenfänge durch Zählen der in markierten Mäuselöchern aufgenommenen Apfelstückchen festzustellen (VAGT).

Geradeso wie unordentliche und extensive Grünlandbewirtschaftung den Feldmäusen genügend Schutz vor ihren natürlichen Feinden bietet, bauen und vermehren sie sich mehr auf verwahrlosten Flächen mit stehenbleibenden Unkrauthorsten, Bülten, Geilstellen und filzigem Unterwuchs. Hier werden auch das Auffinden der Gänge und die Bekämpfung der Mäuse durch Giftlegen und Ausräuchern erschwert. Umgekehrt sorgt intensive Narbenpflege und wieder besonders der geregelte Weidegang mit hoher Besatzdichte für die Beseitigung der Deckungsmöglichkeiten gegen die natürlichen Feinde, für ein ständiges Zertreten der Mäuselöcher und dauernde Beunruhigung. Die Mäuse werden dadurch zum Abwandern veranlaßt. Da aber in Mähweidebetrieben nicht alle Koppeln gleichzeitig kurzgehalten werden können, ist bei starkem Mäusebesatz auf eine direkte Bekämpfung nicht zu verzichten, während der Weidezeit in Rücksicht auf das Weidevieh am besten durch Räuchern, in der weidefreien Zeit auch mit Rodentiziden, wie Phosphorestern, die sich für diesen Zweck, zum Schutz von Wildgeflügel, durch eine geringe Persistenz empfehlen (FRANK 1964b). Durch Giftkörner mit Thallium und Zinkphosphid wird Federwild gefährdet, wenn die Körner nicht tief genug in die Mäuselöcher gelegt werden, aber auch Tagraubvögel und Raubtiere, da sich kranke Mäuse nicht mehr verkriechen (SCHWENKE). Die Wiederbesiedlung von auf diese Weise mäusefrei gemachten Flächen geschieht vom Nachbarland sehr rasch, wenn nicht auch dieses in die Bekämpfungsaktion einbezogen war (FRANK 1964b).

Ähnliches wie für die Feldmäuse gilt für die mehr vereinzelt auftretenden, aber stellenweise durch ihre flachstreichenden Gänge narbenzerstörenden Wühlmäuse, deren Wühlen zudem das Mähen erschwert und das Erntegut beschmutzt. Ihre unmittelbare Bekämpfung durch Fallen und Gaspatronen, aus denen sich giftige Gase mit H_2S und SO_2 entwickeln, oder mit Motorabgasen ist sehr arbeitsaufwendig. Die Bekämpfung durch Giftköder mit Thalliumsulfat oder durch Bestäuben oder Bespritzen der Fläche, z.B. mit Toxaphen (JOHNELS), verlangt wegen der Vorsicht der Tiere große Erfahrung. Aber anscheinend scheuen Wühlmäuse, geradeso wie Feldmäuse, das dauernde Stören durch den Tritt der Weidetiere, so daß eine größere Intensität der Beweidung sie vertreibt.

Die Meinungen über Wert oder Unwert des Maulwurfs im Grünland sind geteilt. Auf Weiden tritt er bei starkem Besatz, wie die beiden anderen Nagetiere, mit Haufenbildung (Abb.155) wenig in Erscheinung, aber gerade auf den besten, tätigen Wiesenböden, weil er hier am meisten Nahrungstiere, d.h. vor allem Regenwürmer, findet. Zweifellos frißt er nicht nur Schädlinge, sondern auch nützliche Glieder des Bodenlebens. Vor allem aber führt sein Wühlen zu

Abb. 154. Schwarzwildschaden; bemerkenswert ist die Beschränkung auf den stark beweideten Streifen (mehr Bodentiere!) (Original ARENS)

einer unerwünschten Bodenauflockerung, zum Ersticken der Grasnarbe unter den aufgeworfenen Erdhaufen, und diese stören den Mähprozeß erheblich, verunreinigen die Erntemasse und bilden Herde für Verunkrautung und beliebte Stellen für die Eiablage von Schädlingen aus der Gruppe der Insekten (siehe auch S. 319). Am lästigsten wird ein starker Maulwurfbesatz in Grünlandneuansaaten, weil die Erdhaufen nicht sofort eingeebnet werden können, ohne die zarten Jungpflanzen der Ansaat zu ersticken, und weil die langen, flachen Maulwurfsgänge nach Vertrocknen der Jungpflanzen rasch zu Unkrautherden werden. Wenigstens hier sollte man einem Überhandnehmen des Maulwurfs durch Fallenstellen entgegenwirken.

Wie der Maulwurf sucht Schwarzwild (Abb. 154) Grünlandflächen mit reichem Besatz an Insektenlarven heim. Namentlich nach den beiden Weltkriegen richteten Wildschweine durch tiefes Wühlen schwere Narbenschäden an, besonders wo mit Stallmist gedüngt und wo Kot- und Geilstellen nicht beseitigt worden waren. Von waldnahen Flächen werden sich Wildschweine nie, nicht so wie anderes Wild durch teerölgetränkte Lappen im Abstand von 5 m (SCHWENKE), ganz fernhalten lassen. Dann kann man nur die aufgebrochene Narbe, soweit möglich, wieder in die richtige Lage bringen und nachwalzen. (Auch unruhige Jungbullen können als „Weideschädlinge" auftreten, wenn sie die Grasnarbe zerschlagen.)

Als Schlußwort über die chemische Bekämpfung tierischer Schädlinge auf dem Grünland ist auf die Gefährlichkeit der meisten Fraß- und Kontaktgifte und ihrer Rückstände nicht nur für das Haustier Honigbiene, sondern auch für die Warmblüter und den Menschen hinzuweisen (FRIEDERICHS, SCHWENKE). Außerdem bedeutet der Einsatz der Mittel stets einen starken Eingriff in das Gleichgewicht der Lebensgemeinschaft, oft in einer ganzen Landschaft (HEY). Während die Wuchsstoffherbizide bei vorschriftsmäßiger Aufwandmenge und Handhabung für Haustiere ungefährlich sind (SCHOTHORST), wie Kalkstickstoff die Mikroflora und Mikrofauna des Bodens und damit seine Fruchtbarkeit nicht negativ beeinflussen (BAUER, DOMSCH) und die Wildgefährdung durch das Verbot arsenhaltiger Mittel geringer geworden ist (PHILLIPS u. PFEIFFER), sind die wirksamsten der neuen Mittel für alle Warmblüter durch akute und chronische Vergiftung gefährlich, wenn auch in verschiedenem Grade. Auch die Bodenorganismen werden, einschließlich der Regenwürmer, durch einige Mittel, bis 80% der ursprünglichen Bakterienzahlen und bis 100% Regenwürmer, wenn auch zum Teil je Formulierung des Mittels in verschiedenem Umfang, abgetötet; sie können, z.B. nach der Anwendung von Carbamaten, ihre Populationen erst in Jahren wieder aufbauen (BAUER, DOMSCH, SCHWENKE). Beides, Schädigung der mit den Mitteln und ihren Derivaten in Berührung kommenden Warmblüter und der Bodenorganismen, gilt vor allem für die Phosphorsäureester, z.B. Parathion, die den Großteil der synthetischen Insektizide stellen und bei rascher Verdampfung als Atemgifte wirken, in die grünen Pflanzenteile eindringen, um dort bald unschädlich zu werden, und für die chlorierten Wasserstoffe, z.B. DDT, die im Fettgewebe gespeichert werden, d.h. stark neurotoxisch wirken und von denen sich ein Teil nur sehr langsam zersetzt, so daß sich die Wartezeit bis zur Wiedernutzung über Monate ausdehnt, z.B. nach Toxaphen-Bekämpfung von Feldmäusen vom Flugzeug aus im Herbst 150 und im Frühjahr 70 Tage (HEINISCH u. STEINBRINK). Auch Spritzung von Obstbäumen ist nicht unbedenklich, da unter ihnen Futterpflanzen (und Nacktschnecken) sehr große Mittelmengen enthalten (PERKOW, SCHWENKE, STRINGER u. PICKARD).

In Anbetracht dieser großen Gefahr für Mensch und Tier sollten im allgemeinen vor der Anwendung der neuen Mittel andere Maßnahmen zur Bekämpfung der tierischen Grünlandschädlinge ergriffen werden. Allerdings erscheint die biologische Bekämpfung, z.B. von Engerlingen durch Bakterien, Pilze und andere Tiere oder mit Sexuallockstoffen, soweit versucht, unsicher, vor allem wegen großer Abhängigkeit des Erfolgs vom Entwicklungsstadium des Schädlings und von der Witterung (FERRON, HEIMPEL, HURPIN 1965, 1967, JACOBSON, KRIES, SCHWENKE). Viele Schäden durch Tiere sind durch landeskulturelle und landwirtschaftliche Maßnahmen zu verhüten oder abzuschwächen. Der Einsatz der chemischen Mittel gegen tierische Grünlandschädlinge sollte, auch ohne Berücksichtigung der relativ hohen Kosten, als ultima ratio erst nach der Ausnutzung aller in Natur und Bewirtschaftung liegenden Möglichkeiten, nur in speziellen Fällen und angesichts katastrophengleicher Tierplagen geschehen. Deshalb ist die Beachtung der biologischen Zusammenhänge im meteoropathologischen und epidemiologischen Bereich mindestens so dringend und wichtig wie die Bekämpfung aufgetretener Schäden (DIERCKS 1966, FUCHS, AN DER LAN, PERKOW, SCHWENKE).

5. Über das Grünland verbreitete Krankheiten und Parasiten der Nutztiere und ihre Bekämpfung

Zu den gesundheitlichen Gefahren, die den Nutztieren auf der Weide mehr als im Stall drohen, gehört der Besatz der Weidepflanzen, aber auch von Grünfutter und selbst von Heu mit tierischen Parasiten, vor allem aus der Gruppe der Würmer und mit bakteriellen Krankheitserregern; in erster Linie sind Lungenwürmer, Magen-Darm-Rundwürmer und Leberegel sowie Tuberkulosebakterien zu nennen.

Die durch Würmer verursachten Krankheiten treten unter den Weidetieren durch gegenseitige Ansteckung seuchenhaft, besonders auf feuchten Weiden und im luftfeuchten Seeklima auf, die Magen- und Lungenwurmseuchen auch gehäuft nach Umbruch und Wiederansaat infolge der besseren Lebensbedingungen für die Würmerlarven in den dichteren und höheren Beständen der wüchsigen Ansaaten. Die Standorte der Verseuchung ganzer Bestände mit dem Großen Leberegel sind ebenfalls nasse und gelegentlich überschwemmte Weidestellen, von denen der Zwischenwirt des Großen Leberegels, die Leberegelschnecke, nahegelegene Weideteile mit Larven infiziert. Der Kleine Leberegel aber kommt, mit Bänderschnecken und Ameisen als Zwischenwirten, auf trockenen Weiden vor. Der Befall mit allen diesen Würmerarten hat in der letzten Zeit auf reinen Rinder- oder Schafweiden, gleichsam wie von anderen Schädlingen in Monokulturen, sehr stark zugenommen, nachdem die Weiden keinen Mischbesatz mit Pferden mehr tragen (ENIGK, SPEDDING, SPEDDING u. LARGE, STÄHLIN 1967).

Immer ist eine quantitative und qualitative Verringerung der Milch- und Fleischleistung die Folge von Wurmbefall der Tiere, verbunden mit dem finanziellen Verlust durch Beschlagnahme von Lebern und Lungen, durch Sterilität und Anfälligkeit gegen andere Krankheiten (ENIGK, STÄHLIN 1957b, 1967). Da außer der direkten veterinärmedizinischen Wurmbehandlung der Tiere nur umfangreiche Maßnahmen der Entwässerung und Eindeichung ganzer Flurteile, auch Ersatz der Grabenentwässerung durch Dränung, eine Gewähr gegen Verseuchung und Wiederverseuchung bieten können, sind Vorbeuge und Bekämpfung mit nachfolgender Verhütung nur auf genossenschaftlichem oder staatlichem Wege von Erfolg. Da außer dem Futter verunreinigtes Trinkwasser häufig die Quelle von Verseuchung ist, müssen Wasserleitungen mit einwandfreiem Trinkwasser an die Stelle der primitiven Grabentränke treten und die Gräben und Grüppen ausgezäunt werden. All dies gilt im besonderen für den Befall mit dem Großen Leberegel, dessen Bekämpfung, wenn eine möglichst vollkommene Beseitigung der Lebensgrundlagen seines Zwischenwirtes, also eine Beseitigung von Überschwemmungsmöglichkeit und überhaupt von oberflächlicher Wasserabführung, nicht möglich ist, in einer Schneckenvernichtung mit 5%iger Kupfersulfatlösung vom Flugzeug aus und in einer Wurmkur aller Rindvieh- und Schafbestände der ganzen Gegend bestehen muß (Enigk, Stählin 1957b, Tarczyúski et al.). – Über die Gefahren, die der Tiergesundheit durch die Aufbringung von Abwasser aller Art auf Grünland drohen, wird auf S. 143f. berichtet.

d) Neuanlage von Dauergrünland

Von R. Arens, Bad Hersfeld

Allgemeines

Grünlandansaat bezweckt entweder die Anlage einer dauernden Grasnarbe auf bisher anders genutzter Fläche oder die Verbesserung vorhandenen Grünlandes durch Umbruch der alten Narbe und Neuansaat.

Als Mittel zur Grünlandverbesserung war die Ansaat jahrzehntelang Gegenstand heftiger Diskussion. Umbruch und Neuansaat wurden sowohl durch die „Deutsche Grünlandbewegung“ (S. 12), wie später in Anlehnung an die weltweite Propagierung des „Ley-farming“ (S. 369) als bestes, wenn nicht allein brauchbares Verfahren der Grünlandverbesserung hingestellt. Die Gegenrichtung der biologischen, umbruchlosen Verbesserung (S. 248), vertreten vor allem durch Falke, Klapp, König, Schneider-Kleeberg, C. A. Weber, konnte sich gegen starken Widerstand nur langsam durchsetzen.

Dieser Streit hat zwar zum Verständnis der Biologie des Grünlandes viel beigetragen, die unvoreingenommene Betrachtung der Grünlandansaat aber sehr erschwert. Der Teilaspekt der Grünlandverbesserung trat einseitig in den Vordergrund, der Meinungsstreit führte vielfach zu unsachlicher oder doch unkritischer Darstellung: Auf der einen Seite wurden der Anfangserfolg von Ansaaten überbewertet, das sehr häufig folgende Versagen aber totgeschwiegen, auf der anderen Seite fast nur die nachteiligen Folgen des Umbruches, viel weniger die Voraussetzungen erfolgreicher Ansaat untersucht, und das Mißlingen von Ansaaten allzu einseitig als kennzeichnend und unvermeidlich angesehen.

Für eine wirkliche klärende Auseinandersetzung fehlte es auch an hinreichender experimenteller Grundlage. Ansaatversuche, vor allem solche mit genügender Dauer, sind selten angestellt worden, nicht zuletzt wohl deswegen, weil sie von der Sache her kompliziert, zeitraubend und deshalb vergleichsweise undankbar sind. So erklärt sich, daß über den Wert der Ansaat für die Grünlandverbesserung bestimmte Vorstellungen entwickelt worden sind, dagegen auch praktisch bedeutsame Fragen der Ansaat selbst noch nicht erschöpfend beantwortet werden können. Immerhin haben sich auch hier in neuerer Zeit Fortschritte ergeben.

Grünlandumbruch

Umbruchfolgen, Anwendungsbereiche

In jedem Fall bedeutet Grünlandumbruch, d.h. tiefes Umpflügen einer alten, bodenständigen Narbe, einen Eingriff mit unwiderruflichen Folgen und muß schon deshalb sorgfältig überlegt werden. Für den Umbruch wurde und wird teilweise noch geltend gemacht:

a) Bodenverbessernde Wirkung durch Lockerung, Durchlüftung des Bodens, Humifizierung der alten Narbe und die Möglichkeit des Einbringens von Nährstoffen in tiefere Bodenschichten.
b) Grundlegende Verbesserung des Pflanzenbestandes nach Ertrag und Qualität in kürzester Zeit, bei Ansaat züchterisch bearbeiteter Pflanzen sogar über das naturgegeben Mögliche hinaus.
c) Wirkungsvollste Unkrautbekämpfung durch restlose Vernichtung aller, auch sehr widerstandsfähiger unerwünschter Arten.

Grundsätzliche Bedeutung kommt besonders den unter a) genannten Erwartungen zu. Sie setzen letztlich voraus, daß gutes Dauergrünland höchstens unter besonderen Bedingungen bestehen kann, weil der für einen leistungsfähigen Pflanzenbestand notwendige Bodenzustand ohne Bodenbearbeitung über längere Zeit nicht erhalten bleibt.

Tatsächlich löst aber Umbruch diesen Erwartungen entgegengesetzte Folgen aus. Die Zerstörung der alten Narbe führt in Verbindung mit der starken Bodenlockerung zu stürmischem Abbau der organischen Substanz, und damit nicht zu Anstieg, sondern zu Verringerung des Humusgehaltes. In Rengen fanden sich bis 20 cm Tiefe folgende Gehalte an organischer Substanz:

Alte Dauerweide	4,66%
5jährige Neuansaat	3,37%
Acker mit reichlicher Stallmistversorgung . .	2,62%

Kuksin stellte bei Brache nach Umbruch eine Abnahme des Gehaltes, ebenfalls bis 20 cm Tiefe, von 8% auf 5,5% bis zum 4. Jahr und auf 4,7% nach 7 Jahren fest. Angaben anderer Autoren stimmen damit überein (Genuit, Kirchner, Köhnlein, Veil).

Eine Humifizierung im Sinne der Anreicherung stabiler Humusformen tritt um so weniger ein, als das Kleinleben des Grünlandbodens durch den Umbruch praktisch vollständig vernichtet wird. Eingehende Untersuchungen von Remus (S. 327) ergaben für die Rengener Böden im Durchschnitt verschiedener Bodentypen folgenden Besatz:

Alte Dauerweide	876 Tiere/m²
5 Jahre Acker	217 Tiere/m²
11 Jahre Acker	84 Tiere/m²
21 Jahre Acker	88 Tiere/m²

Die verheerende Wirkung des Umbruchs auf das Bodenleben betont auch Franz 1950. Die Bodengare kann sich bei diesen Voraussetzungen nicht verbessern. Kuksin gibt als Relation des Anteiles stabiler Krümel an:

Nach 3 Jahren Grasbau	100
1. Jahr nach Umbruch	82
2. Jahr nach Umbruch	69
3. Jahr nach Umbruch	56
4. Jahr nach Umbruch	36

Nach Umbruch alten Dauergrünlandes wird die Abstufung eher noch krasser sein.

Kurz, als Summenwirkung des Umbruchs ergeben sich Garezerstörung, Verkleinerung des Porenvolumens, Strukturverschlechterung. Umbruch führt zur Bodenverdichtung (GENUIT, KIRCHNER, KLAPP 1942/43a, KLITSCH 1932/33, MORGENWECK 1941/42 u.a.). Das gilt um so mehr, je verdichtungsgeneigter der Boden ist. Ein Hinweis darauf ist auch die oft zu beobachtende Verbinsung auf staunassen Böden, die Vernässung auf solchen und grundwassernahen Standorten nach Umbruch.

Von diesen Umbruchfolgen werden einleuchtenderweise Moorböden nicht betroffen, weil hier der Verlust an organischer Substanz wirkungslos bleibt. Sie nehmen deshalb für die Ansaat in mehrfacher Hinsicht eine Sonderstellung ein (siehe auch Ackerzwischennutzung S. 330 und Hungerjahre S. 365).

Abb. 155. Maulwurftätigkeit bevorzugt unter alter Narbe (links) gegenüber jüngerer Ansaat (Original KLAPP)

Tiefendüngung, die als weitere Meliorationsmöglichkeit in Verbindung mit dem Umbruch angeführt wird, ist für die Grasnarbe weder notwendig noch nützlich. Dafür spricht schon der Erfolg der Oberflächendüngung allgemein und ihre ausgezeichnete Meliorationswirkung auf nährstoffarmen Standorten besonders. Einschlägige Versuche (S. 166) bestätigen diese Schlußfolgerung.

Umbruch zum Zwecke der Bodenmelioration ist also sinnwidrig. Eher hat schon das Argument der raschen Verbesserung des Pflanzenbestandes Berechtigung. Gelungene Ansaat stellt unstreitig einen kurzen Weg zur Verbesserung schlechten Grünlandes dar, wenn auch selten den einfachsten und billigsten. Die Nachteile tiefen Umbruches können bei den heutigen technischen Möglichkeiten in der Mehrzahl der Fälle auch durch das weniger radikale Verfahren der im folgenden behandelten Nachsaat (S. 332) vermieden werden. Unvermeidlich bleiben jedoch die vollständige oder sehr weitgehende Zerstörung der alten Narbe und die daraus entstehenden Nachteile.

Auf den besonderen Wert der bodenständigen Flora durch ihre vollkommene Standortanpassung (Ausdauer, Winterfestigkeit, Nutzungsanpassung usw.) wies schon C. A. WEBER 1930 hin, ebenso zahlreiche andere Autoren. Im Handel erhältliches Saatgut ist durchweg ackerbaulich vermehrt und standortfremd. Ansaatbestände unterliegen deshalb mehr oder weniger stark der natürlichen Selektion, bis sich wieder bodenständige Formen herausgebildet haben. Ertrags- und Bestandsentwicklung können dadurch ungünstig beeinflußt werden. Ob Zuchtsorten nachhaltig Vorteil bringen, ist bisher nicht nachgewiesen (Näheres S. 357).

Ansaat ist immer mit erheblichem Risiko verbunden. Richtige Ausführung erfordert besondere Kenntnis und Sorgfalt; unvermeidlich ist das Witterungsrisiko. Ein nicht unerheblicher Anteil der Ansaaten in der Praxis mißrät aus diesen Gründen von vornherein. Umbruchlose Verbesserung (S. 248) verlangt demgegenüber nur überlegte Anwendung von normalen Bewirtschaftungsmaßnahmen und setzt vor allem, anders als die Ansaat, Erkennen der Ursachen des schlechten Zustandes der Grasnarbe voraus. Sie beseitigt also notwendig die Wurzel des Übels, Umbruch und Ansaat häufig aber nur seine Folgen.

Umbruch und Ansaat verursachen unvermeidlich Kosten. Sie schwanken je nach den Umständen, sind aber immer bedeutend. Nicht nur der unmittelbare Aufwand (Bodenbearbeitung, Saatgut, Bestellung, Pflegemaßnahmen usw.), sondern auch die nachfolgenden Kosten und Verluste (höherer N-Bedarf, Hungerjahre, siehe S. 366) müssen in Rechnung gesetzt werden, dazu noch die erwähnte Unsicherheit des Gelingens.

Kurz, der rasche Verbesserungserfolg durch Ansaat nach Zerstörung der alten Narbe wird nur mit erheblichem Aufwand und Risiko erreicht und bringt deshalb wirklichen Nutzen nur, wenn Zeitgewinn entscheidend wichtig ist. Für Umbruch im eigentlichen Sinn gilt das noch mehr als für die Nachsaat nach flacher Bodenbearbeitung.

Zur Unkrautbekämpfung schließlich hat der Umbruch ebenfalls nur als letzter Ausweg Berechtigung, wenn nämlich sehr widerstandsfähige, sonst schwer und langwierig zu bekämpfende Unkräuter (S. 295) sich schon stark ausgebreitet haben. Immerhin ist dies der praktisch noch am häufigsten vorkommende Fall berechtigten Umbruchs. Unabdingliche Voraussetzung anhaltenden Erfolges ist jedoch auch dann Beseitigung der Ursachen der Verunkrautung, seien es Standort- oder Bewirtschaftungsmängel. Sonst verschärft sich wegen der Nebenwirkungen des Umbruchs gewöhnlich das Übel auf die Dauer noch.

Unter allen Umständen verbietet sich Umbruch in überschwemmungs- und erosionsgefährdeten Lagen, auf nicht ackerfähigen, sehr flachgründigen oder besonders strukturgefährdeten Böden und auf Standorten, die Gelingen der Ansaat ausschließen (so z. B. auf regelmäßig überstauten oder extrem trockenen Flächen).

Alles in allem bleibt berechtigter Umbruch auf die besonderen Fälle beschränkt, die tiefe Bodenbearbeitung erfordern (und zulassen), wenn nämlich

a) unebene Grünlandflächen als Voraussetzung zur Intensivierung der Bewirtschaftung planiert werden müssen. Zu prüfen ist hier aber, ob die Bodenverhältnisse Einebnen ohne Schaden erlauben.

b) Melioration an tiefes Pflügen oder Lockern gebunden ist (Aufbrechen von Verdichtungshorizonten, Vermischung bodenartlich verschiedener Schichten usw.),

c) starke Verunkrautung auf anderem Wege ohne übermäßigen Aufwand und Zeitverlust nicht behoben werden kann (z. B. Massenauftreten von Rasenschmiele, Rohrschwingel, Honiggras, krausem, stumpfblättrigem Ampfer oder Alpenampfer).

Umbruchverfahren, Zwischennutzung

Die Technik des Umbruchs kann als bekannt vorausgesetzt werden. Vollständiges Umwenden der Narbe, Vermeiden des Hervorholens von „totem Boden", Abpassen geeigneten Bodenzustandes (sonst Pflugsohlenbildung) sind wichtige Voraussetzungen richtiger Ausführung. Möglichst flaches Pflügen empfiehlt sich aus den schon genannten Gründen, es sei denn, daß der Zweck des Umbruches tiefe Bearbeitung erfordert.

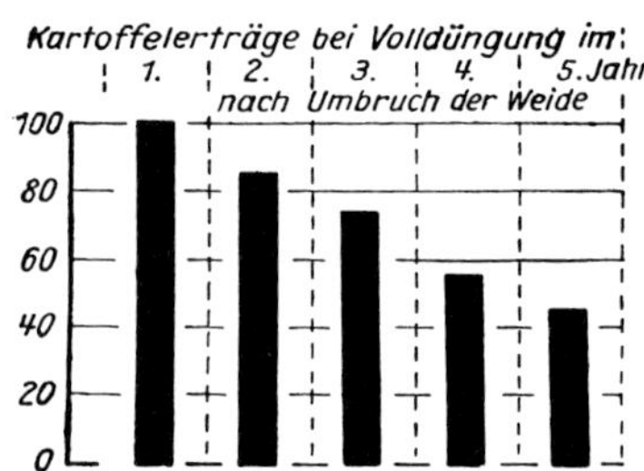

Abb. 156. Fortschreitende Abnahme des Kartoffelertrages bei Ackernutzung nach Weidenutzung (Original KLAPP)

Zerkleinerung der Narbe vor dem Pflügen ist mit Schlepperzug leichter und wirksamer möglich als früher. Vollständiges Wenden der Narbe wird dadurch freilich eher erschwert. Angebracht kann sie sein auf wenig tätigen Böden zur Beschleunigung der Zersetzung und bei Ackerzwischennutzung im Hinblick auf die späteren Bestellungs- und Pflegearbeiten, vor allem bei Hackfrüchten. Ackerzwischennutzung verstärkt jedoch die nachteiligen Folgen des Umbruchs, je länger, je mehr. Die Stickstoff-Freisetzung durch die Zersetzung der alten Narbe, ihre günstige Wirkung auf den Bodenzustand allgemein führt zwar zunächst zu hohen Ackererträgen. Abgesehen von den gelegentlich vorkommenden Einbußen durch starkes Auftreten bestimmter Schädlinge (S. 317), zieht aber der stürmische Abbau der organischen Substanz Stickstoffverluste, rasche Abnahme des N-Gehaltes im Boden und die erwähnten Strukturschäden nach sich. KUKSIN fand um 0,02% bzw. um 0,08% geringeren N-Gehalt im 4. bzw. 8. Jahr der Ackernutzung. Die hohen Ackererträge nehmen denn auch schnell ab. Auf dem Dikopshof (GENUIT) ergab fortgesetzter Kartoffelanbau nach Umbruch folgende Erträge (Abb. 156):

1. Jahr	418 dz/ha
2. Jahr	283 dz/ha
3. Jahr	237 dz/ha
4. Jahr	193 dz/ha

Dieses Beispiel wird durch Literaturangaben (KUKSIN, SEARS) wie durch die praktische Erfahrung bestätigt (S. 369).

Auch die Neuansaat leidet naturgemäß über längere Zeit unter diesen Folgen der Zwischennutzung; die „Hungerjahre" gehen zu erheblichem Teil darauf zurück (Näheres S. 366). Die hohen Ackererträge werden also teuer bezahlt. Eine Ausnahme, die die Regel bestätigt (BADEN 1956), bilden Moorböden, sofern sie nicht durch zu starke Austrocknung vermullungsgefährdet sind. Die Aktivierung des Abbaues der organischen Substanz durch den Ackerbau kann hier für die Ansaat sogar günstig sein. Dafür sprechen ältere dänische Versuchsreihen.

Gewöhnlich ist jedoch Ackerzwischennutzung nachteilig, deshalb zu vermeiden oder doch möglichst einzuschränken (während die gleichen Wirkungen bei befristetem Grasanbau in der Ackerwirtschaft Vorteil bringen).

Die Früchte der Zwischennutzung müssen sich nach dem durch den Umbruch geschaffenen besonderen Bodenverhältnissen, ferner nach dem Zweck des Umbruches richten. Kartoffeln und Hafer eignen sich als Erstfrucht besonders, weiter Kleegrasansaaten, Sommergemenge, Mais, Sonnenblumen. Sie sind sowohl mehr oder weniger unempfindlich gegen grobes Saatbett, fähig zur Verwertung des großen Stickstoffangebotes, und bieten gleichzeitig gute Voraussetzung zur Schwächung widerstandsfähiger Unkräuter, sei es wegen der Möglichkeit intensiver mechanischer oder chemischer Bekämpfung oder wegen ihrer starken Beschattung. Wintergetreide ist wegen des lockeren Bodens unsicher, besonders Winterroggen. Allgemein ist Getreide durch das nicht seltene Massenauftreten von Drahtwürmern (S. 319) gefährdet. Einen weiteren Nachteil stellt die Lagerneigung dar, der aber heute durch Sortenwahl und chemische Behandlung besser begegnet werden kann.

Als besonders günstige Lösung bietet sich in nicht zu schwierigen Fällen Grünhafer oder Grünhafergemenge als Deckfrucht für gleich dem Umbruch folgende Ansaat an. Gute unkrautunterdrückende Wirkung der Ackerkultur wird dann mit der vorteilhaften Sofort-Ansaat verbunden. Bei längerer Ackerzwischennutzung, d. h. mit zunehmender Annäherung an normalen Ackerbau, kommen praktisch alle standortgemäßen Früchte für den Anbau in Frage. Mit der Dauer der Zwischennutzung mindert sich auch das Risiko des Auftretens von Umbruchschädlingen (S. 317). Drahtwürmer, Engerlinge, Schnakenlarven, Springschwänze und sonstige Bodentiere, die sich nach Umbruch durch das Massenangebot ihrer eigentlichen Nahrung, abgestorbener organischer Reste, ungewöhnlich stark vermehren bzw. ansiedeln können, ernähren sich nach Abbau dieser Nahrungsstoffe von den lebenden Wurzeln der angebauten Pflanzen. Dieser Fall muß nicht eintreten, mit seiner Möglichkeit aber gerechnet werden.

Die günstigste Umbruchszeit ergibt sich aus den Umständen. Biologisch gesehen, bietet der Frühsommer besondere Vorteile. Stark speichernde Unkräuter haben dann ihre Reserven am stärksten erschöpft, die Neuansaat kann in günstiger Zeit (S. 360) vorgenommen werden. Bodenverhältnisse, gegebenenfalls die Ackerzwischennutzung, spezielle Erfordernisse der Unkrautbekämpfung usw. können aber Herbst- oder Frühjahrsumbruch ratsamer erscheinen lassen.

Nachsaat (Renovation)

Allgemeines, Anwendungsbereiche

Als „Nachsaat“ wird die Einsaat erwünschter Futterpflanzen in eine vorhandene Narbe nach oberflächlicher Bodenbearbeitung bezeichnet. Nachsaat vermeidet also vollständiges Umpflügen der alten Narbe. Der Gedanke ist nicht neu, die möglichen Vorteile des Verfahrens liegen auch auf der Hand: Die tiefgreifende Bodenbearbeitung mit ihren nachteiligen Folgen für den Bodenzustand unterbleibt, die bodenständige Flora wird nicht vollständig vernichtet. Gegenüber der umbruchlosen Verbesserung bleibt der Vorteil des raschen Verbesserungserfolges, freilich auch der Nachteil des größeren Risikos und der höheren Kosten.

Jedenfalls ist Nachsaat dem regulären Umbruch wenigstens theoretisch überlegen. Ihre Hauptschwierigkeit liegt in der technischen Ausführung (KLAPP 1932a, 1937/38b). In der älteren Literatur finden sich zahlreiche Berichte über Nachsaatversuche, durchweg aber mit unbefriedigendem Ergebnis (AHR, GRISCH, HUSEMANN, KAUTER, KLAPP, WEISS u.a.). Erfolg setzte besonders günstige Voraussetzungen (lückigen oder sonst geschwächten Bestand) oder einen Aufwand für die Vorbereitung durch wiederholte Bearbeitung und Kompostierung voraus, der die Wirtschaftlichkeit sehr fraglich erscheinen ließ (FALKE 1920).

Die häufigen Mißerfolge lassen sich zum Teil aus Fehlern bei der Ansaat (ungeeignete Saatmischung, falsche Bewirtschaftung usw.) erklären. Wichtigster Grund war aber die technische Schwierigkeit hinreichend gründlicher Aufarbeitung der alten Narbe. Erforderlich ist stärkste Verwundung, also regelrechtes „Schwarzmachen“, um Erdrücken der Einsaat durch die sich schließende Narbe zu verhindern, – und das war mit Pferdezug und den entsprechenden Geräten schwer zu erreichen. Dieses entscheidende Hindernis fällt heute durch die größere Leistungsfähigkeit schleppergetriebener Geräte fort, in schwierigen Fällen besteht zudem die Möglichkeit chemischer Abtötung des vorhandenen Bestandes. Nachsaat verdient deshalb den Vorzug, wo immer sie den vollständigen Umbruch ersetzen kann. Ohne Anspruch auf Vollständigkeit seien als häufigere Anwendungsmöglichkeiten genannt:

a) Wiederherstellung weitgehend zerstörter Narben, z.B. nach Meliorationsarbeiten, Zerfahren oder Zertreten.

b) Ergänzung des Artenbestandes nach tiefgreifender Standortänderung, so z.B. nach Entwässerung, bei Einführung hoher Stickstoffdüngung auf bisher extensiv bewirtschaftetem Grünland, kurz, überall dort, wo veränderte Umstände die Konkurrenzfähigkeit der vorhandenen Arten entscheidend schwächen, besser geeignete Arten nur schwach oder gar nicht vorhanden sind und mit rascher Einwanderung nicht gerechnet werden kann.

c) Auf Standorten, die Umbruch nicht erlauben, wenn umbruchlose Verbesserung aussichtslos ist, so bei sehr flachgründigen Böden, in überschwemmungs- und erosionsgefährdeten Lagen.

Im Ausland findet Nachsaat („Renovation“) in großem Umfang bei der Verbesserung ausgedehnter Ödlandflächen Anwendung, weil hier umbruchlose Verbesserung wegen der fehlenden Einwanderungsmöglichkeit besserer Futterpflanzen häufig versagt (CHARLES 1962, COPEMAN 1963, SPRAGUE 1960). Die relativ hohen Kosten, die bei sorgfältiger Ausführung denen des Umbruches nicht viel nachstehen, die Notwendigkeit angemessener Düngung für anhaltenden Erfolg werden übereinstimmend hervorgehoben.

Hervorzuheben ist, daß die Nachsaat hier nicht als Alternative zur umbruchlosen Verbesserung, sondern als Ansaatmethode, die Umbruch und tiefe Bodenbearbeitung vermeidet, angewendet wird. Im gleichen Sinn hat sie Bedeutung bei Bekämpfung von Massenauftreten hartnäckiger Unkräuter (Rohrschwingel, Rasenschmiele). Nachsaat in an sich brauchbare Bestände zur Beschleunigung umbruchloser Verbesserung hat insofern andere Zweckbestimmung.

Diese Unterscheidung spielt für die Technik der Nachsaat eine Rolle.

Nachsaatverfahren

Grundsätzlich muß, wie erwähnt, zunächst die vorhandene Narbe so geschädigt oder geschwächt werden, daß sie die Entwicklung der Einsaat nicht behindert. Außer mechanischer Bearbeitung kommt dazu heute auch Behandlung mit Herbiziden (S. 311) in Betracht.

Rein mechanische Bearbeitung zerstört die alte Narbe nicht vollständig. Teile der bodenständigen Flora bleiben erhalten. Für Nachsaat in bessere Bestände ohne großen Anteil konkurrenzkräftiger Unkräuter empfiehlt sich deshalb dieses Verfahren schon vom Zweck her. Der Erfolg hängt jedoch maßgeblich von gründlicher Zerstörung der Narbe ab. Bei sorgfältiger Arbeit genügt flache, 3–5 cm tiefe Bearbeitung mit Fräse, Spatenegge, bei genügend häufiger Wiederholung auch mit der Scheibenegge. Die Einsaat soll als Breitsaat in kurzem zeitlichen Abstand folgen. Walzen vor und nach der Saat ist wegen des lockeren Saatbettes besonders wichtig. Spezialgeräte (Lelyfräse, Failfräse) leisten besonders gleichmäßige und schnelle Arbeit, kommen aber praktisch nur für großräumigen Einsatz in Frage.

Chemisches Abtöten der Narbe hat vor allem bei den erwähnten großflächigen Ödlandmeliorationen im Ausland Bedeutung gewonnen. Zusammenfassende Berichte über Anwendungsmöglichkeiten und -verfahren mit Hinweisen auf die einschlägige Literatur geben SPRAGUE (1960) und CHARLES (1962) sowie STÄHLIN, oben S. 311. Geeignet sind nur Totalherbizide, die nach vorangehender scharfer Nutzung während der Vegetationszeit ausgebracht werden sollen. Mittel mit kurzer Nachwirkung (Dalapon, Gramoxone u.ä.) erlauben Ansaat in kürzerem zeitlichem Abstand, vernichten aber widerstandsfähige Arten nicht mit genügender Sicherheit. Absolute Pflanzengifte wie Natriumchlorat erfüllen diesen Zweck, verlangen aber, abgesehen von den möglichen Nebenwirkungen (Schädigung von Nachbarbeständen bei seitlicher Wasserbewegung, Störung des Bodenlebens usw.) längeres Aufschieben der Ansaat. Vollständiges Einsparen der Bodenbearbeitung ist allenfalls bei so lückiger Narbe möglich, daß mit Eintreten durch Schafe oder Anwalzen genügende Bodenberührung der Samen erreicht wird. Spezial-Sämaschinen zur Einbringung der Saat ohne Bodenlockerung sind zwar entwickelt worden („Sodseeder", ähnlich der alten Wiesenritzer-Drillmaschine), weisen aber erhebliche technische Mängel auf (HOOGERKAMP 1967). So kann gewöhnlich auf Bearbeitung zur Saatbettherrichtung nicht verzichtet werden. Als gewisser Vorteil bleibt dann die leichtere Bearbeitung der abgestorbenen Narbe und das ausgeschaltete Risiko des Erstickens der Einsaat (SPRAGUE).

Im ganzen stellt das Verfahren auch technisch keine optimale Lösung dar; hinzu kommen die beträchtlichen Kosten und die ungünstigen biologischen Auswirkungen. Über die genannten Sonderfälle der Unkrautbekämpfung hinaus empfiehlt sich deshalb Anwendung kaum.

Für die Zeit der Nachsaat gilt grundsätzlich das beim Umbruch Gesagte. Der Frühjahrstermin bringt den Vorteil günstiger Saatzeit, allerdings auch den Nachteil größeren Ertragsausfalles, wenn von der alten Narbe überhaupt ein verwertbarer Ertrag zu erzielen ist. Für die klimatisch begünstigte Niederung bietet sich Bearbeitung im Sommer, z.B. nach der 2. oder 3. Weidenutzung an, weil selbst bei verzögerter Aussaat oder Entwicklung mit genügender Kräftigung der Ansaat vor Winter gerechnet werden kann. Von der alten Narbe ist dann der größere Teil des Jahresertrages gewonnen, ihre

Abb. 157. Natur-Egartwiese im ersten Nutzungsjahr (Original KLAPP)

Wüchsigkeit und Kampfkraft nimmt schon ab. In höheren und allgemein in stärker frostgefährdeten Lagen wächst jedoch mit fortschreitender Jahreszeit die Gefahr von Auswinterungsschäden durch zu schwache Entwicklung (Saatzeit allgemein S. 360).

Die Saatmischung richtet sich nach der vorbereitenden Bearbeitung und dem Zweck der Nachsaat. Bei völliger Vernichtung der alten Narbe gelten die sonst für Ansaaten gültigen Richtlinien (S. 343), wobei je nach Sorgfalt der Saatbettherrichtung Zuschläge zu den Saatstärken besonders der weniger kampfkräftigen (S. 349) Arten angebracht sind. Bei rein mechanischer Bearbeitung muß mit der Konkurrenz der sich regenerierenden alten Narbe gerechnet werden. Rasch entwickelte und wenig konkurrenzempfindliche Arten (S. 349) setzen sich mit größerer Wahrscheinlichkeit durch; Deutsches Weidelgras, Glatthafer, Wiesenschwingel, Lieschgras, Knaulgras eignen sich deshalb besser als feinsamige Untergräser. Ob deren gewöhnlich schwache Entwicklung tatsächlich durch die zusätzliche Behinderung verursacht wird, steht allerdings dahin. Sie entwickeln sich auch in normalen Ansaaten stets schwach (S. 351). Beteiligung an der Nachsaatmischung erübrigt sich aber jedenfalls, wenn sie in der Narbe vorhanden waren, weil dann teilweises Überleben zu erwarten ist. Besonders Wiesenrispe verträgt die flache Bearbeitung nach unserer Erfahrung gut (so auch SPRAGUE).

Die Regeln für Bewirtschaftung und Pflege während der Jugendentwicklung entsprechen denen für Ansaaten allgemein (S. 364), mit der Einschränkung, daß die Hungerjahre weniger in Erscheinung treten und ausgleichende Düngung deshalb in geringerem Umfang erforderlich ist.

Selbstberasung, Heublumenansaat[1]

Wiesen und Weiden rechnen zwar nicht zur ursprünglichen, aber doch zur naturnahen Vegetation unserer Klimazone. Wo Mähe- oder Weidenutzung Waldwuchs nicht aufkommen läßt, entsteht aus Rodungen, Brachflächen

Abb. 158. Selbstberasung eines Waldbodens (Weißklee, Rot-, Schafschwingel, Rasenschmiele usw.) (Original KLAPP)

(Abb. 158) usw. durch natürliche Berasung Dauergrünland. Das alte „gewachsene" Grünland ist auf diesem Wege, allenfalls ergänzt durch Heublumenansaat, entstanden.

Die Selbstberasung bringt gegenüber der Ansaat, abgesehen von der Kostenersparnis, den Vorteil einer mit Sicherheit bodenständigen Narbe; zudem wird das Risiko fehlerhafter Ansaatmischung vermieden. Der für die Praxis entscheidende Mangel liegt in der Unsicherheit und Langwierigkeit der Bestandsentwicklung. Befriedigende Selbstberasung setzt nicht nur gras- und kleewüchsigen Standort, sondern auch rasches Auftreten wünschenswerter Arten aus lebensfähigen Resten einer guten Grasnarbe oder einem Samenvorrat im Boden (S. 89), mindestens aber die Möglichkeit rascher Einwanderung solcher

[1] Siehe hierzu auch vorige Auflage des Buches S. 258, 288f.

Pflanzen voraus. Im Egartgebiet des Alpenvorlandes z.B. verläuft die Selbstberasung (Abb. 157) sehr günstig, wenn der Boden kleewüchsig ist, die Ackernutzung kurzfristig und ohne Hackfrucht bleibt, sehr ungünstig dagegen auf armen, sauren Böden, nach mehrjährigem Ackerbau mit Hackfrucht (Liebscher 1954, Schechtner 1965). In Rengen machten wir gute Erfahrungen auch nach langjähriger Ackernutzung unter der Voraussetzung häufiger Düngung mit Stallmist, der keimfähige Samen in den Boden brachte (Arens 1963b, Klapp 1959a). Allgemein steht günstiger Bestandsentwicklung entgegen, daß minderwertige Arten meist widerstandsfähiger als hochwertige Nutzpflanzen sind, in großer Menge relativ unempfindliche Samen bilden und deshalb leichter verschleppt werden. Jedenfalls bilden Arten wie Honiggras, Rotes

Abb. 159. Entwicklung einer Weißkleenarbe aus vergraster Ackerbrache durch scharfe Weidenutzung (Original Klapp)

und Weißes Straußgras, Gemeine Rispe und Quecke häufig den Anfangsbestand von Selbstberasungen. Doch muß dies nicht der Fall sein. So sind die sehr verschiedenen Angaben über Ertrag und Bestandsentwicklung verständlich.

Exakter Vergleich zwischen Selbstberasung und Ansaat ist wegen der meist ganz verschiedenen Voraussetzungen (Vornutzung, Bodenzustand, Bewirtschaftung), selten möglich. Die bessere Standortanpassung zeigt sich im gewöhnlichen Ausbleiben der Hungerjahre. Die Erträge steigen allmählich an, während sie bei Ansaaten häufig nach gutem Anfangserfolg absinken (Baur 1940, Brünner 1967, Finckh-Guggeis 1967). Auf die Dauer gleichen sich so Bestand und Leistung an, bei Wiesennutzung (Brünner) offenbar rascher als bei Weide (Arens 1963b). Doch haben nach Schechtner (1965) gute Egärten „nicht selten einen ähnlichen Ertragsverlauf wie die Ansaaten, d.h. die Erträge sind im 1. Hauptnutzungsjahr am höchsten und fallen dann ab." Entscheidend ist aber immer, wie erwähnt, welche Voraussetzungen für das Auftreten brauchbarer Arten gegeben sind. In der Mehrzahl der in der Literatur angegebenen Fälle ist der Minderertrag gegenüber Ansaat in den ersten Jahren so groß, daß die höheren Kosten der Ansaat weit ausgeglichen werden. Für die Praxis ist nach allem Selbstberasung trotz der grundsätzlichen Möglichkeit guten Gelingens kaum zu empfehlen. Gute Voraussetzungen sind selten gegeben, richtige Behandlung verlangt außerdem Sachkenntnis und sorgfältige Beobachtung.

Heublumenansaat geht von ähnlichen Erwartungen wie die Selbstberasung aus. Saatgut von alten, dem Standort angepaßten Beständen läßt mehrfache Vorteile erhoffen: Bodenständigkeit, den Verhältnissen angepaßtes Artenverhältnis in der „Saatmischung", Kostenersparnis. Schwierigkeit macht

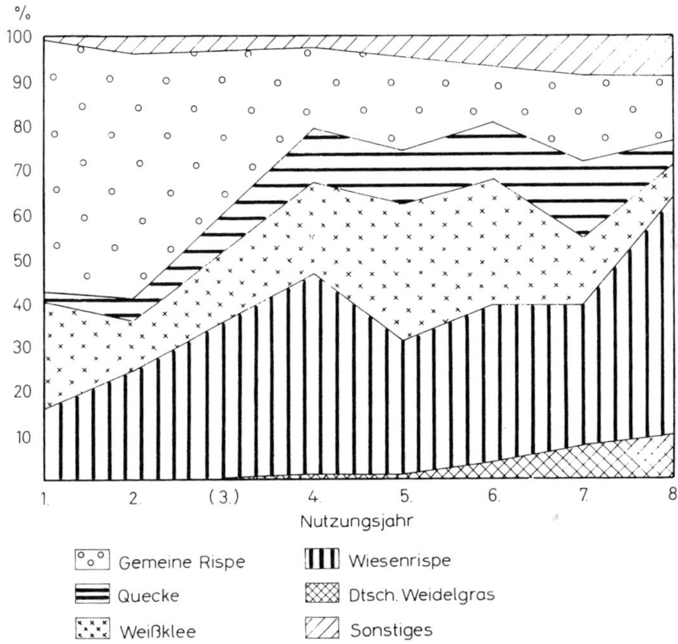

Abb. 160. Bestandsentwicklung einer Selbstberasung unter günstigen Voraussetzungen (Rengen) (Original ARENS)

jedoch schon die Saatgutgewinnung. Heublumen von Heuabfall, Scheunenkehricht usw. ergeben wegen der geringen Keimfähigkeit, des hohen Unkrautbesatzes und der ganz zufälligen, mit größter Wahrscheinlichkeit ungeeigneten Artenzusammensetzung kein brauchbares Saatgut. Von minderwertigen Arten weitgehend freie Wiesen- oder Weidebestände können dagegen bei richtigem Ernteverfahren Saatgut mit den eingangs genannten Vorzügen liefern. Die Saatgutgewinnung erfordert dann aber erheblichen Aufwand. Zu berücksichtigen ist besonders die verschiedene Reifezeit der Arten, die zeitlich gestaffelte Samenernte notwendig macht, die artweise verschieden große Samenproduktion und die verschiedene Kampfkraft der Arten. Eine zutreffende Beschreibung des richtigen Verfahrens findet sich schon bei WEGENER (1906). Kurz, die Samenernte verlangt viel Arbeit und Sorgfalt, wenn nicht, wie gewöhnlich, die Artenzusammensetzung des Heusamens dem Zufall überlassen bleibt.

Gelungene Heusamenansaaten bringen ähnlich hohe Erträge wie übliche Ansaat (FINCKH-GUGGEIS), der Erfolg kann aber auch recht unbefriedigend sein (BAUR, BRÜNNER 1962b, 1967). Maßgebend ist eben die sehr verschiedene Saatgutqualität. Allgemeine Empfehlung ist wie bei der Selbstberasung wegen der Unsicherheit des Erfolges nicht zu rechtfertigen.

Grünlandansaat

Ansaatwürdige Arten

Der Verbreitung des Dauergrünlandes entsprechend wird Grünlandansaat auf sehr verschiedenen Standorten vorgenommen. Ansaatwürdigkeit einer Art setzt deshalb zunächst Anpassungsfähigkeit (gleichbedeutend mit weiter natürlicher Verbreitung), außerdem selbstredend Ertragsfähigkeit und Futterwert voraus (Ausnahmen gelten für Spezialansaaten zu nicht landwirtschaftlichen Zwecken). Nur wenige der zahlreichen Arten der Grünlandflora vereinigen diese Eigenschaften. Die vorige Auflage dieses Buches gibt noch 15 Gräser und 6 Leguminosen an; Kräuter scheiden wegen der Schwierigkeit der Saatgutbeschaffung aus und sind durchweg auch zu standortgebunden und empfindlich gegen Intensivnutzung.

Eine weiteres wichtiges Kriterium der Ansaateignung stellt jedoch für Entwicklung in Mischsaaten ausreichende Konkurrenzkraft dar. Weißes Straußgras, Rotes Straußgras, Kammgras, Fruchtbare Rispe genügen dieser Anforderung von den Arten, die sich bisher mehr oder weniger häufig in Mischungsvorschlägen finden, nicht. Sie fehlen deshalb in der folgenden Aufstellung ansaatwürdiger Arten. Hornklee und Rotschwingel schließlich, die früher allgemeine Bedeutung besaßen, können heute wegen der Intensivierung der Bewirtschaftung nur noch als bedingt geeignet gelten.

Die nachstehende Beschreibung legt den Schwerpunkt auf Bedeutung und Verhalten bei der Ansaat. Zur eingehenderen Unterrichtung über Ansprüche und Eigenschaften sei auf die einschlägige Speziallitteratur verwiesen (HUBBARD, KLAPP 1965, PETERSEN). Weitere Hinweise (Reaktions-, Wert-, Feuchte-, Stickstoffzahlen) finden sich auch in Tab. a, S. 106.

1. Ansaatwürdige Arten allgemeiner Bedeutung. Glatthafer, Fromental (*Arrhenatherum elatius*, Abb. 161). Ausgesprochenes Ober- und Mähegras der mäßig trockenen bis frischen Lagen. Wegen Wärmebedarf, Empfindlichkeit gegen Weide- und Vielschnittnutzung, hoher Ansprüche an Wasserhaushalt und Nährstoffversorgung nur für gute Wiesenböden in nicht zu rauher Lage geeignet. Durch rasche Entwicklung schon während der Anfangsentwicklung kampfkräftig, später bei zusagenden Bedingungen (guter Standort, 2- bis 3maliger Schnitt, reichliche Düngung) eine der kampfkräftigsten Arten überhaupt und dann leicht bis zur Vorherrschaft verdrängend wirkend.

Wiesenfuchsschwanz (*Alopecurus pratensis*, Abb. 161). Ausgesprochenes Ober- und Mähegras der feuchten bis frischen, kühlen bis rauhen Lagen. Wetterhart, begrenzt auch weidefest, aber zur Weidenutzung wegen seiner Frühwüchsigkeit und des raschen Verhärtens wenig geeignet. Am besten brauchbar für Wiesenansaaten auf recht feuchten (also selten ansaatfähigen),

Abb. 161. Im Dauergrünland ansaatwürdige Gräser: *a* Glatthafer (*Arrhenatherum elatius*), *b* Wiesenfuchsschwanz (*Alopecurus pratensis*), *c* Goldhafer (*Trisetum flavescens*), *d* Wiesenschwingel (*Festuca pratensis*), *e* Lieschgras, Timothe (*Phleum pratense*), *f* Knaulgras (*Dactylis glomerata*), *g* Deutsches Weidelgras (*Lolium perenne*), *h* Wiesenrispe(ngras) (*Poa pratensis*), *i* Rotschwingel (*Festuca rubra*), *k* Wehrlose Trespe (*Bromus inermis*). (Habitusbilder in verschiedenem Maßstab; siehe die Zeichnungen in KLAPP, Taschenbuch der Gräser)

aber nicht staunassen Böden auch in höheren Lagen. Nährstoff-, vor allem auch stickstoffdankbar. Bei der Anfangsentwicklung wenig kampfkräftig, später als massenwüchsiges, früh austreibendes Obergras in Wiesen sehr konkurrenzstark und zum Vorherrschen neigend.

Goldhafer (*Trisetum flavescens*, Abb. 161). Mähe-, bedingt auch Weidegras vornehmlich des Hügel- und Berglandes. Mittelgras, empfindlich gegen Staunässe und winterkaltes Festlandsklima, aber wetterfest und wenig trockenheitsempfindlich. Ersetzt den Glatthafer im Bergland und in sonst ihm nicht zusagenden Lagen. Auf Extensivweiden in geringer Menge ausdauernd, aber nicht gern gefressen. Bei der Anfangsentwicklung wenig kampfkräftig, auch später leicht unterdrückt, aber selten vollständig verdrängt.

Wiesenschwingel (*Festuca pratensis*, Abb. 161). Anpassungsfähiges Mittelgras der frischen bis reichlich feuchten Lagen von der Niederung bis ins Hochgebirge, Mähe- und Weidenutzung vertragend, wetter- und winterfest, aber spätsaatempfindlich. Bei der Anfangsentwicklung rasch entwickelt, ohne stark verdrängend zu wirken. Wegen geringer Kampfkraft auf die Dauer leicht von konkurrenzkräftigeren Arten (Glatthafer, Knaulgras) zurückgedrängt, anfänglich auch von Dt. Weidelgras. Durch Anpassungsfähigkeit, geringe Verdrängungsneigung und fast uneingeschränkte Nutzungseignung eines der wichtigsten Gräser für die Ansaat allgemein, besonders aber für Mäh-Weide-Ansaaten.

Lieschgras, Timothe (*Phleum pratense*, Abb. 161). Anpassungsfähiges Mittelgras der feuchten, kühlen Lagen, für Mähe- und Weidenutzung geeignet. Winterfest und wetterhart bis ins Hochgebirge. Nach der Aussaat rasch entwickelt, gleichwohl aber sehr konkurrenzschwach. Deshalb als „Lückenfüller" im Anfangsbestand hervorragend geeignet, auf die Dauer aber fast immer stark zurückgedrängt und nur in kühlen, nassen Lagen (d.h. bei Benachteiligung kampfkräftigerer Arten) größere Bestandsanteile haltend. Wegen des Verhaltens bei der Anfangsentwicklung für praktisch jede Saatmischung zu empfehlen, mit hoher Saatstärke jedoch nur bei entsprechend ungünstigen Standortverhältnissen.

Knaulgras (*Dactylis glomerata*, Abb. 161). Sehr leistungsfähiges Obergras der feuchten bis trockenen Lagen bis ins Hochgebirge, für Mähe- und Weidenutzung geeignet. Recht wetterhart, ausgesprochen dürrefest und stickstoffdankbar. Wegen des raschen Wachstums und des frühen Verhärtens vor allem als Weidegras schwierig zu nutzen, auf trockenen und wechseltrockenen Standorten aber kaum zu entbehren, sein Eindringen bei hoher Stickstoffdüngung kaum zu vermeiden. Bei richtiger Nutzung auch ein wertvolles, hochertragreiches Futtergras. Durch langsame Anfangsentwicklung zunächst eher unterdrückt, auf die Dauer aber sehr kampfkräftig und bei Wiesennutzung, hoher Stickstoffdüngung und auf trockenem Standort zur völligen Vorherrschaft neigend und dann bei geringer Pflanzenzahl (Saatstärke!) starke Horste und lockere Narbe bildend. Wegen der Nutzungsschwierigkeit in der Praxis wenig beliebt, bei Ansaat auf zusagendem Standort jedoch kaum zu umgehen, weil beim dann unvermeidlichen spontanen Auftreten die Nutzungsschwierigkeit noch größer ist.

Deutsches Weidelgras, Englisches Raygras (*Lolium perenne*, Abb. 161). Ausgesprochenes Weide- und Untergras der frischen bis mäßig feuchten Lagen, vornehmlich auf bindigen bis schwersten, nur oberflächlich verdichteten Böden. Empfindlich gegen strengen Kahlfrost wie gegen langdauernde Schneelage (Schneeschimmel!) und besonders auch gegen Wechselfröste im zeitigen Frühjahr. Für Berglagen und winterkaltes Festlandklima, ebenso für trockene oder zur Austrocknung neigende Böden wenig geeignet, Seeklima eindeutig bevorzugend (bodenständige Ökotypen vermögen sich Standortmängeln eher anzupassen als Zuchtsorten). Hoher Nährstoff-, besonders Stickstoffbedarf, großer Bestandsanteil nur bei intensiver Weidenutzung. Sehr spätsaatempfindlich. Rascheste Anfangsentwicklung, alle anderen Arten extrem unterdrückend. Deshalb gefährlicher Mischungspartner und als „Lückenfüller" gänzlich ungeeignet. Hohe Saatstärke nur im (seltenen) Fall günstiger Standort- und Bewirtschaftungsbedingungen, Verwendung mit geringer Saatstärke aber allgemein in Weide- und Mäh-Weide-Mischungen. Für Wiesenansaaten ungeeignet.

Wiesenrispe (*Poa pratensis,* A. 161). Anpassungsfähiges, ausläufertreibendes Untergras trockener bis frischer, auch noch mäßig feuchter Lagen, für Mähe- und Weidenutzung geeignet. Wetter- und winterhart bis in hohe Berg-

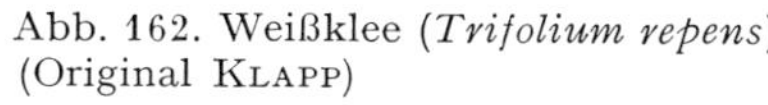
Abb. 162. Weißklee (*Trifolium repens*) (Original KLAPP)

lagen. Locker humose, tätige Böden bevorzugend, bei guter Stickstoffversorgung jedoch auf fast allen Böden gedeihend. Dürrefest, stickstoffdankbar. Ersetzt das Deutsche Weidelgras auf diesem nicht zusagenden Standorten, so auch im Kontinentalklima. Wenig spätsaatempfindlich. Sehr langsame Anfangsentwicklung, sehr konkurrenzempfindlich, deshalb in Mischsaaten anfangs stets stark unterdrückt. Später auch bei geringer Saatstärke oft rasch zunehmend (Ausläufer), bei Vorherrschen dichten Rasen bildend. Verträgt sich gut mit dem horstbildenden Knaulgras, deshalb bei hoher Stickstoffdüngung häufig mit ihm gemeinsam bestandsbildend. Mit geringer Saatstärke für fast jede Mischung zu empfehlen. Hohe Saatstärke wegen der Konkurrenzempfindlichkeit nur bei Reinsaat oder in Mischung mit sehr konkurrenzschwachen Arten (Weißklee, Rotschwingel, Straußgräser) lohnend.

Weißklee (*Trifolium repens,* Abb. 162). Einzige Leguminose mit großer Anpassungsfähigkeit. Brauchbar auf fast allen Standorten, ausgenommen die sehr trockenen. Völlig weidefest, für Wiesennutzung nur bedingt geeignet, Vielschnitt jedoch gut vertragend. Empfindlich gegen Frost, Trockenheit, Beschattung; Schäden aber durch reichlich gebildete, widerstandsfähige Samen und durch rasche Ausbreitung mit oberirdischen Ausläufern schnell überwindend. Deshalb auch guter Lückenfüller. Dankbar für Kali-Phosphatdüngung, bei Stickstoffdüngung durch die Konkurrenz der Gräser zurückgedrängt. Nach der Aussaat rasch entwickelt, aber sehr konkurrenzschwach. In fast jeder Saatmischung brauchbar, für Weide- und Mähweide-Ansaaten unentbehrlich. Hohe Saatstärke ist jedoch wegen der starken Unterdrückung einerseits und der Fähigkeit zu rascher Ausbreitung andererseits zwecklos.

2. Ansaatwürdige Arten beschränkter Verwendungsmöglichkeit. Ausläufer-Rotschwingel, Kriechender Rotschwingel (*Festuca rubra genuina,* Abb. 161). Anpassungsfähiges, rhizombildendes Untergras frischer bis feuchter Lagen. Für Weide-, bedingt auch für Wiesennutzung geeignet. Wetterhart bis in hohe Berglagen, aber weder ganz dürre- noch ganz nässefest. Verhältnismäßig anspruchslos, auch scharfe Beweidung vertragend, jedoch vor allem bei großem Bestandsanteil ungern gefressen. Bei guter Düngung und Nutzung durch Deutsches Weidelgras und (oder) Wiesenrispe ersetzt, bei Stickstoffdüngung unter der Konkurrenz wüchsiger Arten leidend. Langsame Anfangsentwicklung, stark verdrängungsgefährdet. Bei intensiver Bewirtschaftung auch auf die Dauer unterdrückt, bei extensiver oder fehlerhafter Bewirtschaftung dagegen oft unerwünscht überhandnehmend. Früher, bei

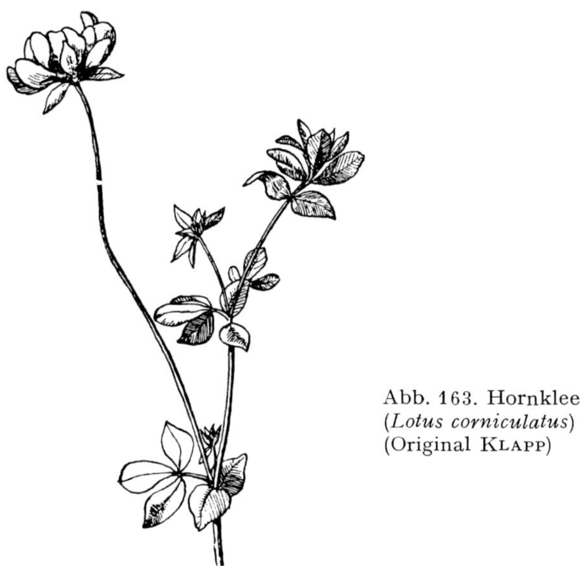

Abb. 163. Hornklee (*Lotus corniculatus*) (Original KLAPP)

unvollständiger Kenntnis der Verbesserungsmöglichkeit, für Ansaaten auf armen Standorten geschätzt. Heute landwirtschaftliche Verwendung allenfalls für Extensivweiden, wenn Selbstberasung fragwürdig ist. Hauptverwendung für Spezialansaaten (Zierrasen, Flugplätze usw.).

Wehrlose Trespe (*Bromus inermis,* Abb. 161). Mittelwertiges, rhizombildendes Gras trockener, warmer Lagen. Ausgesprochenes Kontinentalgras, im eigentlichen Grünland ganz fehlend, lockere, auch kiesig-sandige Böden bevorzugend. Dürre- und kältefest, verhältnismäßig anspruchslos. Unempfindlich gegen extensive Mähe- und Weidenutzung, düngerdankbar. Wenig kampfkräftig, deshalb leicht verdrängt. Ansaat nur für sehr trockene Standorte, auf denen andere Gräser versagen, vornehmlich zu nicht landwirtschaftlichen Zwecken (Böschungsansaaten usw.).

Hornklee (*Lotus corniculatus,* Abb. 163). Leguminose der weniger günstigen Lagen. Wetterhart bis ins Hochgebirge, trockenhold. Kalkreiche Verwitterungsböden bevorzugend, doch auf fast allen Böden vorkommend. Intensiver

Bewirtschaftung weichend, sonst Mähe- und Weidenutzung vertragend. In Ansaaten langsam entwickelt, sehr verdrängungsgefährdet. Bis zum Fußfassen ist schonende Nutzung notwendig, in Mischung mit wüchsigen Arten und bei intensiver Nutzung aber stets unterdrückt. Geeignet für Ansaaten auf trockenen Standorten bei extensiver Bewirtschaftung.

Sumpfhornklee (*Lotus uliginosus*). Spezialart für feuchte bis nasse oder häufig überschwemmte Standorte. Eigenschaften und Verhalten sonst ähnlich Hornklee (Abb. 163).

Schwedenklee, Bastardklee (*Trifolium hybridum*, Abb. 164). Kurzlebige Kleeart feuchtkühler Lagen, in Wiesen entsprechender Standorte zuweilen durch Selbstaussaat ausdauernd. Empfindlich gegen Trockenheit, bei Stickstoffdüngung und intensiver Bewirtschaftung rasch verdrängt. Für Daueransaaten nur in ungünstiger Lage und bei extensiver Bewirtschaftung bedingt geeignet.

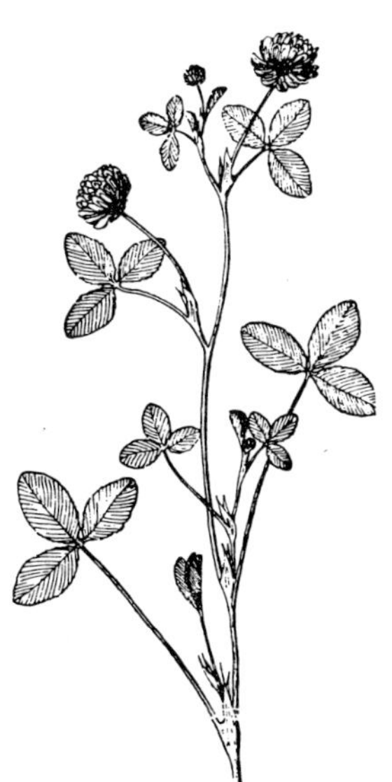

Abb. 164. Schweden-, Bastardklee (*Trifolium hybridum*) (Original KLAPP)

Gänzlich ungeeignet für die Daueransaat sind Welsches Weidelgras (*Lolium multiflorum*) und Rotklee (*Trifolium pratense*). Beide Arten sind kurzlebig, unterdrücken aber durch große Kampfkraft während der Anfangsentwicklung ihre Mischungspartner. Sie sind deshalb auch als Lückenfüller völlig unbrauchbar und allgemein eine schwere Gefahr in Saatmischungen für Dauergrünland. Vorsicht bei fertigen Mischungen!

Grundsätze der Zusammenstellung von Saatmischungen

1. Auswahl der Arten. Ziel der Grünlandansaat ist ein dem Standort, der Bewirtschaftung und ihrer Intensität angepaßter Dauerbestand. Er kann wegen des besonderen Verhaltens der Pflanzen während der Jugendentwicklung nicht im endgültigen Mengenverhältnis aus der Saatmischung hervorgehen, soll aber aus dem Anfangsbestand in gleichmäßiger Entwicklung entstehen.

Die Arten der Mischung, wenn auch nicht ihr Mengenverhältnis, müssen also den Standortverhältnissen und der beabsichtigten Bewirtschaftung entsprechen.

Da die bodenständige Vegetation Ausdruck der Summenwirkung der Standortfaktoren ist, liegt der Gedanke nahe, die Saatmischung nach der Zusammensetzung vorhandener, guter Grünlandbestände auszurichten. Dieser Maßstab ist jedoch nur bedingt brauchbar:

a) Auch bei vergleichbarer Bewirtschaftung können in alten, nicht angesäten Beständen ansaatwürdige Arten fehlen, weil frühere Standortgegebenheiten (Nährstoffmangel, andersartige Bewirtschaftung) ihr Vorkommen nicht zuließen.

b) Die Ansaat ist selbst oft mit tiefgreifender Standortänderung durch Entwässerung, Meliorationsdüngung, verbesserte Düngung und Nutzung verbunden, die die Vergleichbarkeit mit Nachbarbeständen mindert.

c) Die erhältlichen Saaten können sich in wichtigen Eigenschaften (Frosthärte, Krankheitsresistenz usw.) von den bodenständigen Formen unterscheiden.

Immerhin können gute Nachbarbestände Hinweise für die Artenwahl geben. Gewöhnlich bereitet diese aber wegen der geringen Zahl ansaatwürdiger Arten und ihrer Anpassungsfähigkeit ohnehin keine großen Schwierigkeiten. Grobe Fehler sind bei Arten mit strengem Nutzungsanspruch (Glatthafer, Deutsches Weidelgras) oder durch Verwendung völlig ungeeigneter Arten (Welsches Weidelgras, Rotklee) möglich, aber auch leicht zu vermeiden. Darüber hinaus soll die Artenwahl auf starke Standort- und Bewirtschaftungseinflüsse, z.B. Frostgefährdung, Extreme der Wasserversorgung und der Bewirtschaftungsintensität, Bezug nehmen. Im ganzen ist der Standort aber für die Artenzusammensetzung der Mischung weniger wichtig als für das Mengenverhältnis der Arten, dies um so mehr, als die fortschreitende Intensivierung der Grünlandbewirtschaftung natürliche Standortunterschiede überdeckt.

Ob einfache oder artenreiche Mischungen vorzuziehen sind, ist viel erörtert worden. Für die artenreiche Mischung wurde bessere Möglichkeit der Standortanpassung und der besondere Futterwert vielseitiger Bestände geltend gemacht, dagegen das ungenügende Aufkommen vieler Arten. Tatsächlich sind aus diesem letzteren Grunde die früher üblichen, betont artenreichen Mischungen sinnlos[1]. Andererseits haben ,,ultra-einfache" Mischungen von nur 2 oder 3 Arten, wie sie in England im Zusammenhang des ,,Ley-farming" (S. 369) in Gebrauch gekommen sind, für Daueransaaten höchstens ausnahmsweise Berechtigung (z.B. Weidelgras-Weißklee-Ansaaten zur reinen Weidenutzung auf geborenen Weidelgrasstandorten). Der Mittelweg einer Mischung aus mehreren, anpassungsfähigen Arten verspricht durch vermindertes Risiko und guten Futterwert den besten Erfolg.

2. Berechnung der Saatstärken. Allgemeines. Schon STEBLER (1912), der sich als erster eingehend experimentell mit der Grünlandansaat befaßte, hat eine Saatliste zur methodischen Berechnung von Saatmischungen aufgestellt. Danach berechnet sich die Saatstärke einer Art in der Mischung als der Prozentsatz ihrer ,,Reinsaatmenge" (der für einen geschlossenen Rein-

[1] Siehe besonders TH. WAAGE, Grassamenmischungen, Berlin 1925, in 11 Auflagen verbreitet!

bestand nötigen Saatmenge), der dem gewünschten prozentualen Bestandsanteil entspricht. Im einzelnen braucht auf das Verfahren nicht eingegangen werden. Es setzt jedenfalls voraus, daß die Pflanzenzahl im Bestand in direkter Beziehung zur Zahl der ausgesäten keimfähigen Samen steht, wenn das Mischungsverhältnis, wie hier durch die Berechnung über die Reinsaatmenge, das verschiedene Tausendkorngewicht und den verschiedenen Standraumbedarf der Mischungspartner berücksichtigt. Diese experimentell nicht bewiesene Annahme wurde allgemein übernommen. Gegen das Prinzip spricht indessen die fast regelmäßig vom Mischungsziel abweichende Zusammensetzung von Ansaatbeständen (BRÖCHELER, STÄHLIN 1959).

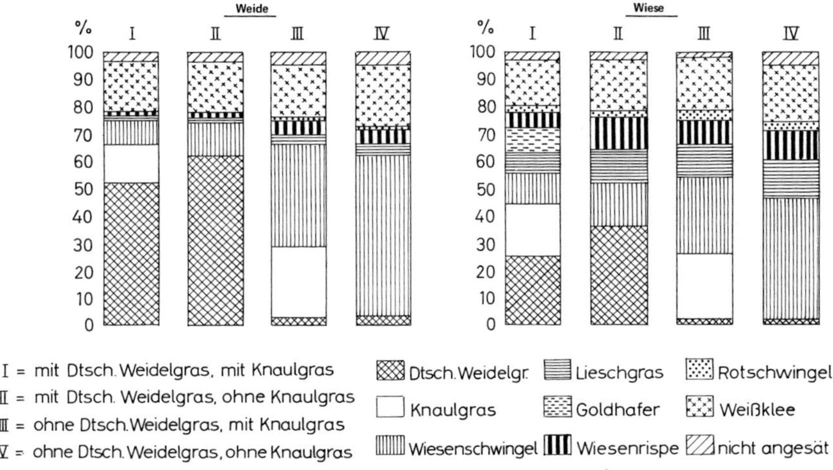

Abb. 165. Auswirkungen der Konkurrenz auf die durchschnittliche Bestandszusammensetzung (1.–5. Nutzungsjahr) in Mischungen mit verschiedener Artenzusammensetzung bei Weide- und Mähenutzung (2 Schnitte) (Original ARENS)

KLAPP (1932/33) hat zuerst auf den entscheidenden Mangel, die Vernachlässigung der Kampfkraftunterschiede zwischen den Arten und der daraus resultierenden Konkurrenzwirkungen bei der Bestandsbildung hingewiesen, in Zusammenarbeit mit W. FISCHER (1932/33) die ansaatwürdigen Arten nach ihrem Verdrängungsvermögen so weit wie möglich klassifiziert und auf dieser Grundlage die in den früheren Auflagen dieses Buches enthaltene Saatliste entwickelt. Sie führt zu wesentlich besseren Ergebnissen (ARENS 1967, ZÜRN 1954, 1955), befriedigte aber doch nicht ganz. Neuere Untersuchungen (ARENS, FARZIN) haben die entscheidende Bedeutung der Konkurrenz bestätigt und ihre Wirkungsweise genauer erkennen lassen.

Bedeutung und Wirkung der Konkurrenz. Der Wettbewerb um Licht, Wasser, Nährstoffe, Standraum spielt bei der Ausbildung und Entwicklung von Pflanzenbeständen allgemein eine wichtige Rolle, sowohl unter den Individuen einer Art (intraspezifische Konkurrenz) wie zwischen den Individuen verschiedener Arten (interspezifische Konkurrenz). Die Konkurrenzfähigkeit ergibt sich aus dem Zusammenwirken einer kaum übersehbaren Vielfalt von Faktoren: Veranlagte Eigenschaften, wie Wuchshöhe, Wuchsform, Wachstumsrhythmus, Leistungsfähigkeit und Wachstum der Wurzeln, bilden die Grundlage, Umwelteinflüsse – Boden, Klima, Wasser- und Nährstoffversorgung, Nutzung, Vergesellschaftung usw. – wirken verstärkend oder abschwächend. Die verwickelten Zusammenhänge sind schwer zu erfassen, der Begriff „Konkurrenz" wird nicht einmal ganz einheitlich definiert (BLACK 1966). Jedenfalls ist die Konkurrenzfähigkeit keine unveränderliche Größe, letztlich wirkt jeder Umweltfaktor auf sie ein.

Verhältnismäßig übersichtlich sind noch die ausschließlich intraspezifischen Konkurrenzbeziehungen im Reinbestand. Im Mischbestand des Dauergrünlandes komplizieren sie sich außerordentlich, weil die Vergesellschaftung mit ihren unendlichen Kombinationsmöglichkeiten das Verhalten der Pflanzen beeinflußt. Das „ökologische Optimum" weicht vom „physiologischen Optimum" meist erheblich ab (S. 109, ELLENBERG 1956). Andererseits bildet die Vielschichtigkeit und Variabilität der Konkurrenzverhältnisse die Grundlage der Wandelbarkeit, der „Plastizität", der Grünlandnarbe. Grünlandbewirtschaftung besteht im Grunde aus überlegter Beeinflussung des Wettbewerbes. Auf Konkurrenzwirkungen wird deshalb in diesem Buch auch immer wieder Bezug genommen. Auf das umfangreiche Schrifttum zu diesem Komplex kann hier nur auszugsweise hingewiesen werden (BAEUMER 1964, VAN DEN BERGH 1968, BLACK 1966, CAPUTA 1948, DONALD 1956, ELLENBERG 1956, FARZIN 1968, KLAPP 1959a, 1965a, KNAPP 1955, KNAPP/LINSKENS 1959/60, LAMPETER 1959/60, LIETH/ELLENBERG 1960, NORMAN 1960, SLAATS/STRYCKERS 1960, SMELOW 1960, DE WIT 1960, DE WIT/ENNIK u.a., YAMADA/HORIUCHI).

Die Entwicklung von Ansaatbeständen wird in besonderem Maß von Konkurrenz bestimmt. Dichter Anfangsbestand ist aus verschiedenen Gründen (Unkrautunterdrückung, Ertrag, Bodenbedeckung) erwünscht. Die dazu erforderliche Saatdichte, der zunehmende Anspruch der Jungpflanzen an die Wachstumsfaktoren, der mit der Dauer immer wirksamer werdende Einfluß von Standort und Bewirtschaftung führen unvermeidlich zu scharfem Wettbewerb und starken Ausleseprozessen. VOLKART[1] gibt in einem Beispiel folgende Verluste an:

Ausgesäte Samen	3880 je m²
Pflanzen im 1. Jahr	1956 je m²
Pflanzen im 2. Jahr	981 je m²
Pflanzen im 3. Jahr	173 je m²
Pflanzen im 4. Jahr	125 je m²

Entscheidend für das Ergebnis der Bestandsbildung ist das sehr verschiedene Konkurrenzverhalten der Arten. „Unterdrückern" mit großem Verdrängungsvermögen (Weidelgräser) stehen verdrängungsgefährdete Arten (Wiesenrispe, Weißklee) gegenüber, konkurrenzempfindliche Arten reagieren auf Konkurrenzdruck mit Absterben (Wiesenschwingel), anpassungsfähige „plastischer" (BAEUMER) durch schwächere Entwicklung der Individuen (Lieschgras, Knaulgras). Sie können sich dadurch bei veränderten Bedingungen rascher erholen. Zu unterscheiden ist jedoch zwischen dem Verhalten während der

[1] 4. Fortbildungslehrgang des deutschen Grünlandbundes 1929. Schweizer Bauer 1931.

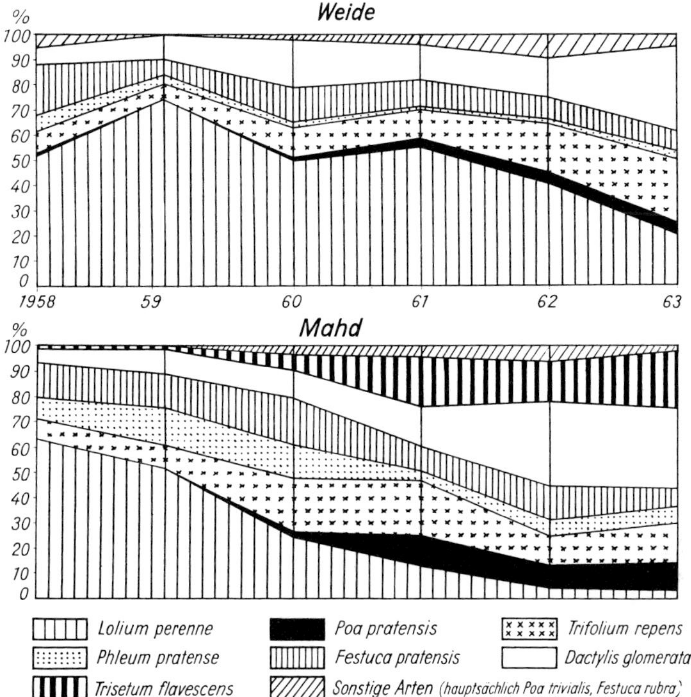

Abb. 166. Bestandsentwicklung der gleichen Ansaat bei Weide- und Mähenutzung (2 Schnitte). Erst vom 3. Nutzungsjahr ab unterscheidet sich die Bestandszusammensetzung deutlich (Original BOHLE)

Jugendentwicklung und dem späteren, das genau entgegengesetzt sein kann (Knaulgras, Wiesenfuchsschwanz).

Der unmittelbare Einfluß der Saatmischung und somit auch der Saatstärke der Arten beschränkt sich auf die Anfangsentwicklung. Sie ist grundsätzlich wenig standortgebunden, weil erst mit der Zeit Standorteinflüsse stark zur Geltung kommen. ARENS (1963) fand in so verschiedenen Lagen wie Hocheifel und Rheintal (Rengen und Poppelsdorf) bei sonst gleichen Voraussetzungen folgende Bestandszusammensetzung im Jahr nach der Ansaat (Ertragsanteile in %):

	Rengen	Poppelsdorf
Deutsches Weidelgras	20	23
Wiesenschwingel	36	35
Lieschgras	12	4
Knaulgras	13	18
Rotschwingel	2	+
Wiesenrispe	+	+
Weißklee	17	14
Sonstiges	+	6

Die geringe Standortbindung der Anfangsentwicklung geht auch aus der allgemein sehr ähnlichen Zusammensetzung junger Ansaatbestände bei üblichen Saatmischungen hervor (Bröcheler 1959, Klapp 1967, Stählin 1959). Die Kampfkraft in diesem frühen Entwicklungsstadium hängt offenbar maßgeblich von der Entwicklungsgeschwindigkeit ab (Farzin), Verschiebungen der Konkurrenzverhältnisse werden dementsprechend am ehesten durch ungewöhnliche Keimungs- und Auflaufbedingungen verursacht. Spätsaat z.B. begünstigt das konkurrenzschwache, aber wenig temperaturempfindliche Lieschgras (Arens 1955, Bürger 1953). Bei normalen Bedingungen verläuft jedoch die erste Bestandsbildung nach allgemeingültigen Regeln:

a) Grundlage der Konkurrenzfähigkeit ist die artspezifische, von der Saatstärke unabhängige Kampfkraft der Individuen. Sie wirkt einseitig, d.h., die Pflanzenzahl einer kampfkräftigen Art wird durch eine schwächere nicht verringert, wohl aber umgekehrt.

b) In Beziehung zur Saatstärke steht die ,,Artdichte", die Zahl der Individuen einer Art je Flächeneinheit im Bestand. Sie steigt in dem durch das Kampfkraftverhältnis gesetzten Rahmen bis zur arteigentümlichen ,,kritischen Saatstärke" an. Darüber hinaus verhindert intraspezifische Konkurrenz weitere Zunahme der Pflanzenzahl.

c) Die kampfkräftigste Art der Mischung erreicht bei ihrer kritischen Saatstärke maximale Artdichte, die jedoch nicht der optimalen bei voller Entwicklung der Pflanzen entspricht. Diese spielt sich in der weiteren Entwicklung durch mehr oder weniger große Pflanzenverluste ein (Konkurrenz, Standortwirkungen). Unterdrückungsgefährdete Arten erreichen mit der kritischen Saatstärke den bei der gegebenen Konkurrenz noch möglichen höchsten Bestandsanteil. Er kann bei Anwesenheit stark verdrängender Arten im Verhältnis zur Saatstärke sehr gering sein.

d) Kampfkraftunterlegenheit kann demnach nicht durch Erhöhung der Saatstärke ausgeglichen werden. Stärkeres Fußfassen schwacher Arten ist nur durch verringerte Saatstärke der kampfkräftigen Arten zu erreichen (Abb. 169).

Nicht das Mischungsverhältnis, sondern die Kampfkraft der Mischungspartner bestimmt also maßgeblich die erste Bestandsbildung, und zwar viel tiefgreifender als früher angenommen, weil das Mengenverhältnis der Arten im Bestand (bezogen auf die Pflanzenzahlen) schon nach dem Auflaufen weitgehend festliegt (Farzin) und dadurch die regulierende Funktion der Standorteinflüsse weitgehend eingeschränkt wird. Über die Saatstärken kann nur ,,passiv" auf die Konkurrenzverhältnisse Einfluß genommen werden, wobei die kritische Saatstärke die obere Grenze setzt. Sehr kampfkräftige Arten wie die Weidelgräser wirken schon bei wesentlich geringerer Saatstärke stark verdrängend, aber doch um so stärker, je mehr sich ihre Saatstärke der kritischen nähert. Die nachstehende Tabelle führt die hauptsächlichen Konkurrenzeigenschaften der für die Ansaat wichtigen Arten an. Die Saatstärken beziehen sich auf die angegebene vorgeschriebene Reinheit und Keimfähigkeit. Leider sind die kritischen Saatstärken erst von wenigen Arten hinreichend genau bekannt (Deutsches Weidelgras, Wiesenschwingel, Knaulgras, Lieschgras, Weißklee). Bei den übrigen Arten sind in Anlehnung an die Saatliste der vorigen Auflage des Buches ,,Einzelsaatmengen", die im Vergleich zu den kritischen Saatstärken besonders bei den verdrängungsgefährdeten Arten überhöht sein werden, eingesetzt.

Konkurrenzeigenschaften ansaatwürdiger Arten

	Kampfkraft		Verdrängungs-vermögen während Jugend-entwicklung	Kritische Saatstärke bzw. Einzelsaat-menge kg/ha	Rein-heit %	Keim-fähig-keit %
	Jugend-ent-wicklung	Dauer-bestand				
Deutsches Weidelgras *Lolium perenne*	I	II	1	10	96	80
Glatthafer *Arrhenatherum elatius*	II	I	2	25	90	80
Wiesenschwingel *Festuca pratensis*	II	III	3	15	95	80
Knaulgras *Dactylis glomerata*	III	I	4	20	90	80
Wiesenfuchsschwanz *Alopecurus pratensis*	III	I	4	30	75	70
Wiesenlieschgras *Phleum pratense*	III	III	4	20	95	80
Goldhafer *Trisetum flavescens*	III	III	4	25	75	70
Wiesenrispe *Poa pratensis*	III	III	5	15	85	75
Rotschwingel *Festuca rubra*	III	III	5	25	90	75
Wehrlose Trespe *Bromus inermis*	III	II	4	40	90	80
Weißklee *Trifolium repens*	III	III	5	5	97	80
Hornklee *Lotus corniculatus*	III	III	5	20	95	75
Sumpfhornklee *Lotus uliginosus*	III	III	5	20	95	75
Schwedenklee *Trifolium hybridum*	II	–	3	15	97	80

I = starke Kampfkraft
II = mittlere Kampfkraft
III = schwache Kampfkraft

1 = sehr stark verdrängend
2 = stark verdrängend
3 = mäßig verdrängend

4 = verdrängungsgefährdet
5 = stark verdrängungsgefährdet

Praktische Richtlinien für die Mischungsberechnung

Die Zusammensetzung der Saatmischung wirkt auf die Bestandsbildung richtunggebend ein. Die Auffassung, daß sich unabhängig vom Mischungsverhältnis so oder so bald der standortgemäße Bestand herausbilde, trifft allenfalls für Wiesenansaaten zu. Durch die regelmäßige Möglichkeit des Aussamens können sich hier mischungsbedingte Bestandsunterschiede, wenn nicht wichtige Arten ganz fehlen oder grobe Fehler unterlaufen, relativ rasch ausgleichen (Brünner 1967). Doch bedeutet auch dann fehlerhafte Saatmischung mindestens unnötigen Aufwand an teurem Saatgut, oft aber auch Schaden durch Ertragseinbußen und unerwünschte Bestandsentwicklung. Weide- und Mähweideansaaten sind stärker von der Saatmischung abhängig. Die langjährig beobachteten Rengener Ansaaten zeigten noch nach mehr als 30 Jahren deutlich ihren Einfluß (Arens 1963, Klapp 1959, Abb. 167). Dementsprechend machen sich auch die nachteiligen Folgen ungeeigneter Saatmischung wenn nicht stärker, so doch nachhaltiger bemerkbar.

Die Saatmischung soll zunächst dichten Anfangsbestand mit hohem Ertrag, dann ausgeglichene Weiterentwicklung zum standortangepaßten Dauerbestand gewährleisten. In der Praxis wird der Anfangserfolg gewöhnlich überbewertet und auf den eigentlich wichtigeren Dauererfolg zu wenig geachtet. Tatsächlich wird aber hoher Ertrag in den ersten 2–3 Nutzungsjahren oft mit anschließendem Versagen bezahlt, wenn nämlich stark verdrängende, aber nicht ausdauernde Arten anfangs dominieren. Vor allem dieser Fehler muß also ver-

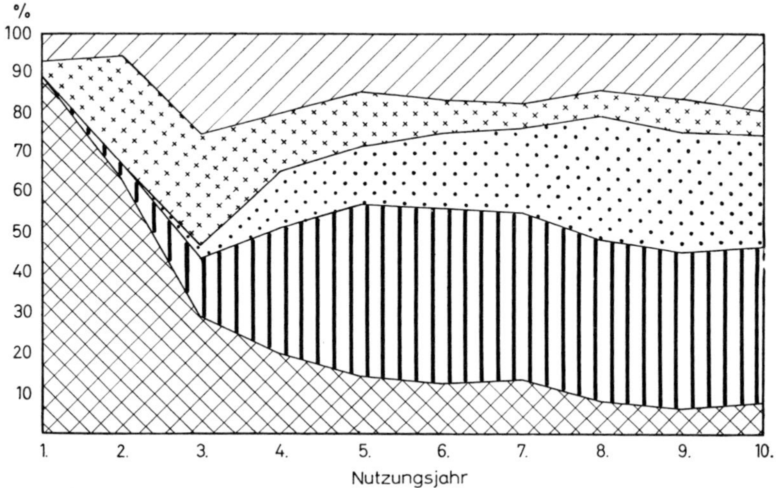

Abb. 167. Bestandsentwicklung einer weidelgrasreichen Rengener Ansaat (Original Arens)

mieden werden. Folgende allgemeine Richtlinien für die Mischungsberechnung lassen sich aus dem Gesagten ableiten:

1. Auszugehen ist von den Kampfkraftabstufungen zwischen den Mischungspartnern. Verdrängungsgefährdete Arten setzen sich um so besser durch, je weiter die kampfkräftigeren unter ihrer kritischen Saatstärke bleiben.
2. Zuschläge zur Saatstärke unterlegener Arten ändern das Kampfkraftverhältnis in der Mischung nicht. Ihr Bestandsanteil nimmt dadurch nur bis zur kritischen Saatstärke und nur in dem durch die Saatstärke der kampfkräftigeren Arten möglichen Umfang zu.
3. Stark verdrängende Arten (Deutsches Weidelgras, Glatthafer) müssen weit unter ihrer kritischen Saatstärke bleiben, wenn sie voraussichtlich auf die Dauer keinen großen Bestandsanteil halten können.
4. Als Lückenfüller eignen sich nur Arten mit rascher Anfangsentwicklung, aber geringer Verdrängungsneigung (Wiesenlieschgras, Goldhafer). Relativ hoher Mischungsanteil ist bei diesen Arten ungefährlich und kann zur Ver-

besserung des Anfangserfolges auch bei dem später zu erwartenden geringen Bestandsanteil gerechtfertigt sein.

5. Ausgesprochen konkurrenzschwache Arten (Wiesenrispe, Weißklee, Rotschwingel) lohnen in Mischung mit kampfkräftigeren Arten hohe Saatstärken nicht. Förderung dieser Arten ist Sache der Jugendpflege und der Bewirtschaftung, nicht des Mischungsanteils.

Möglichst genaue Einhaltung der Saatmenge, d.h. des je Flächeneinheit als Summe der Saatstärken ausgebrachten Saatgutes, ist notwendig, weil Abweichungen zu Änderungen des Konkurrenzverhältnisses führen: Überhöhte Saatmenge verstärkt durch die Erhöhung der Saatstärke der kampfkräftigen Arten die Unterdrückung schwacher Arten und umgekehrt. Starkes

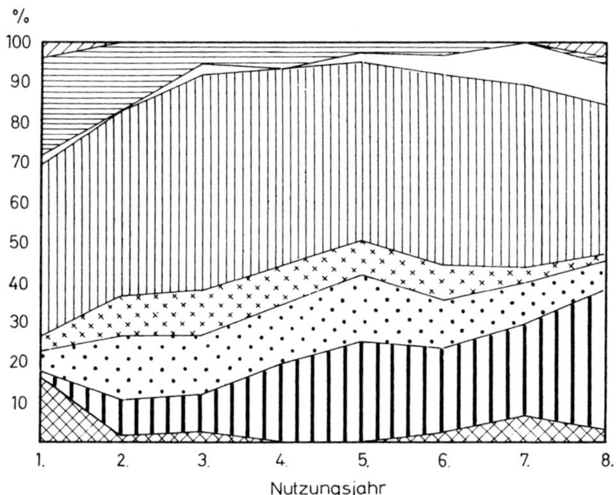

Abb. 168. Bestandsentwicklung einer Rengener Ansaat mit geringem Anteil von Deutschem Weidelgras (Original ARENS)

Anwachsen der inter- und intraspezifischen Konkurrenz durch hohe Saatmenge kann zudem Ertragssenkung zur Folge haben (BAEUMER 1964, UNGLAUB 1940/41, ZÜRN 1960b). Die optimale Saatmenge ergibt sich im übrigen aus der Regelung der Saatstärken und nicht umgekehrt. Guten Gebrauchswert des Saatgutes vorausgesetzt, liegt sie gewöhnlich zwischen 25 und 35 kg/ha. Ausschlaggebend ist die Saatstärke der „tragenden" Art, weil diese relativ hoch, also der kritischen Saatstärke mindestens angenähert, angesetzt werden muß. „Risikozuschläge" sind bei wenig verdrängenden Arten angängig, bei „Unterdrückern" in Anbetracht der technisch nicht einfachen Einhaltung der Aussaatmenge jedoch bedenklich. Pedantische, auf Dezimalstellen genaue Saatstärkenberechnung ist andererseits in Anbetracht der vielfältigen, nicht genau abzuschätzenden Einwirkungen auf die Bestandsbildung sinnlos, bei Abgehen von der bisher üblichen Berechnung auf prozentualen Mischungsanteil auch nicht mehr naheliegend.

Einige Mischungsbeispiele sind in der nachstehenden Tabelle wiedergegeben. Sie verstehen sich nicht als Rezepte, sondern als Anhalt. Auf den praktisch wichtigsten Fall, die Mäh-Weide-Ansaat, sei noch näher eingegangen, zumal gerade hier der Erfolg meist zu wünschen übrig läßt, andererseits aber durch neuere Untersuchungen das Konkurrenzverhalten der verwendbaren Arten vergleichsweise gut bekannt ist.

Beispiele für Dauer-Saatmischungen (kg/ha)

a) Wiesen

	Frische und mäßig trockene Lagen	Mittel- und wechsel-feuchte Lagen	Reichlich feuchte Lagen	Höhere Berglagen
Glatthafer	15	–	–	–
Goldhafer	–	–	–	2
Knaulgras	4	2	–	–
Wiesenfuchsschwanz . .	–	3	10	–
Wiesenschwingel	6	20	15	15
Wiesenlieschgras	3	5	5	5
Wiesenrispe	2	3	2	2
Weißklee	2	2	–	2
Hornklee	3	–	–	2
Sumpfschotenklee . . .	–	–	3	–

b) Mähweiden

	Extensive Nutzung, keine oder geringe N-Düngung		Intensive Nutzung, mittlere – hohe N-Düngung	
	Binnen-klima, unsicherer Weidelgras-standort, Berglage	Seeklima, Niederung, sicherer Weidelgras-standort	Binnen-klima, Berglage, unsicherer Weidelgras-standort	Seeklima, Niederung, sicherer Weidelgras-standort
Deutsches Weidelgras . .	2	8	3	15
Wiesenschwingel	15	15	15	10
Wiesenlieschgras	4	4	6	4
Knaulgras	–	–	6	–
Wiesenrispe	2	3	2	3
Rotschwingel	5	–	–	–
Weißklee	5	3	3	3
Hornklee	2	2	–	–

Als tragende Art in Saatmischungen für diesen Zweck kommen durch rasche Anfangsentwicklung und hohen Anfangsertrag hauptsächlich Deutsches Weidelgras oder Wiesenschwingel in Frage. Das Deutsche Weidelgras stellt jedoch durch die Verbindung großen Verdrängungsvermögens mit relativ eng abgegrenzten Standort- und Nutzungsansprüchen trotz seiner großen Vorzüge als Futtergras einen gefährlichen Mischungspartner dar. Eine Saatstärke über 3 kg/ha führt regelmäßig zum Vorherrschen im Anfangsbestand und Verdrängung anderer Arten (Arens 1963a, Farzin, Sachs 1953/54, van Slijcken 1954, siehe auch Abb. 169). Bei ungenügender Standorteignung führt dann späteres Versagen zu Lückigkeit, Ertragsdepression und Verunkrautung, schlimmstenfalls zu völligem Mißlingen der Ansaat. Weidelgrasreiche Mischungen sind deshalb nur auf geborenen Weidelgrasstandorten am Platze. Sonst sollte die Saatstärke 1–3 kg/ha Weidelgras nicht überschreiten. Dieser Mischungsanteil genügt auch für günstige Wirkung auf den Anfangsertrag und den erwünschten mäßigen Bestandsanteil auf die Dauer.

Wiesenschwingel eignet sich durch geringe Verdrängungsneigung und befriedigende Ausdauer auch auf weniger günstigen Standorten in einem viel weiteren Bereich als Hauptbestandsbildner. Seine Saatstärke soll sich dann der kritischen mindestens nähern und kann sie übrigens wegen der geringen Verdrängungswirkung auch ohne Bedenken mit einem Sicherheitszuschlag überschreiten.

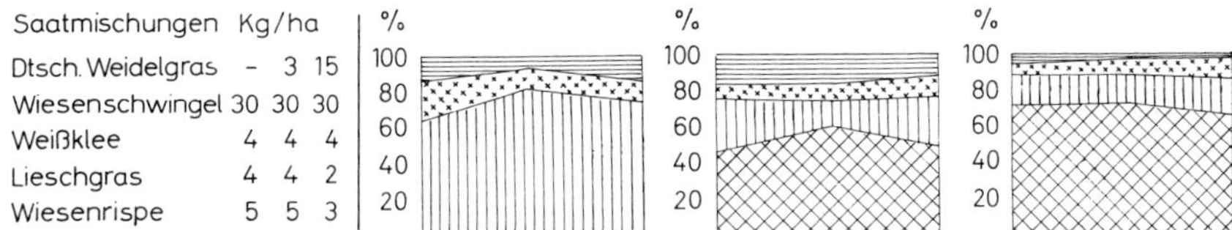

Abb. 169. Verdrängungswirkung des Deutschen Weidelgrases in Mischungen mit steigender Weidelgras-Saatstärke (1.–3. Nutzungsjahr) (Original Arens)

Lieschgras eignet sich als dominierende Art wegen der großen Konkurrenzempfindlichkeit und wegen des raschen Nachlassens der Vitalität normalerweise nicht, als Lückenfüller bis zum Erstarken der langsam entwickelten Mischungspartner dagegen für praktisch jede Mischung. Saatstärken von 3–6 kg/ha sind üblich, höhere unbedenklich, aber selten wirksam.

Zu den langsam entwickelten, anfangs verdrängungsgefährdeten Arten rechnet ungeachtet seiner später sehr großen Kampfkraft auch das Knaulgras. Auch bei hoher Saatstärke wird es deshalb seinen Mischungspartnern während der Jugendentwicklung nicht gefährlich, vom 2., 3. Nutzungsjahr an allerdings um so mehr, je mehr die Bedingungen (trockener Standort, hohe Stickstoffdüngung) ihm zusagen. Unter dieser Voraussetzung läßt sich aber Ansaat ohnehin kaum umgehen, weil es sonst kurz über lang mit besonders lästiger Wirkung (starke Horstbildung, erhöhte Nutzungsschwierigkeit) spontan, auch ohne Ansaat, auftritt. Die übliche Saatstärke beträgt 2–4 kg/ha; zumindest bei Wahrscheinlichkeit hohen endgültigen Bestandsanteiles dürften höhere angebracht sein, weil die starke Horstbildung bei geringer Pflanzenzahl zu lückiger und ungleichmäßiger Narbe führt.

Die Wiesenrispe erreicht wegen langsamer Anfangsentwicklung und großer Konkurrenzempfindlichkeit im Anfangsbestand regelmäßig einen nur sehr geringen Ertragsanteil. Bei zusagenden Bedingungen dehnt sie aber ihren Bestandsanteil vom 3. bis zum 4. Nutzungsjahr, d.h. bei nachlassender Kampfkraft der Mischungspartner mit rascher Anfangsentwicklung, stark aus (Arens 1963b, 1967). Eine deutliche Beziehung zur Höhe der Saatstärke besteht dabei nicht. Saatstärken über 2–4 kg/ha lohnen deshalb in Mischungen mit kampfkräftigeren Partnern nicht! Ähnliches gilt für den zwar schnell entwickelten, aber sehr konkurrenzempfindlichen Weißklee. Ausläuferbildung befähigt ihn, auch bei geringer Pflanzenzahl freien Standraum schnell zu besiedeln. Deswegen, wegen der niedrigen kritischen Saatstärke (Farzin) und wegen des meist zu erwartenden spontanen Auftretens haben Saatstärken über 5 kg/ha selten Sinn.

Im ganzen regelt sich die Mischungszusammenstellung verhältnismäßig einfach: Die Artenzusammensetzung ändert sich außer der wahlweisen Beteiligung von Knaulgras nicht (die Verwendung von Rotschwingel beschränkt sich auf den hier nicht berücksichtigten Sonderfall extensiver Bewirtschaftung bei ungünstigen Standortverhältnissen). Hauptaufgabe der Mischungsberechnung ist die Regelung des Mengenverhältnisses von Deutschem Weidelgras und Wiesenschwingel. Die Saatstärke der übrigen Arten variiert weit weniger und wirkt sich auch weniger bedeutsam aus.

Beschränkung auf wenige „Standardmischungen“ für den normalen praktischen Gebrauch liegt nahe. Zweifellos ist auch die derzeit anzutreffende Vielzahl von Mischungsvorschlägen sinnlos; Vereinfachung wäre wünschenswert und wird auch angestrebt. Nach den dargelegten Richtlinien läßt sich aber auch von Fall zu Fall die Mischungsberechnung ohne besondere Schwierigkeit ausführen. Immerhin könnten solche Standardmischungen mit breiter Anwendungsmöglichkeit im Handel als fertige Mischungen vorteilhaft verwendet werden.

Ergänzende Bemerkungen zu Ansaaten für besondere Zwecke (S. 432, 467). Pferdeweiden können wegen des Anspruches besonders des Warm- und Vollblutpferdes an Bewegungsraum nicht so intensiv wie Rinderweiden genutzt werden. Wo nicht Ausgleich der mangelnden Nutzungswirkung durch sorgfältige Pflege (Nachmahd, eingeschobene Rinderweide usw.) gewährleistet ist, werden Obergräser besser nicht verwendet. Bei guter Weidepflege und der zugehörigen gelegentlichen Schnittnutzung kann die Artenzusammensetzung der für Mäh-Weide-Ansaaten üblichen entsprechen. Auf nicht ganz ungeeigneten Standorten empfiehlt sich mittlere Saatstärke (5–8 kg/ha) für Deutsches Weidelgras, auf gut geeigneten Standorten auch mehr. Besonders in trockenen, warmen Lagen kann Hornklee in die Mischung aufgenommen werden, sofern, wie üblich, Stickstoffdüngung unterbleibt oder nur schwach angewendet wird und schonende Anfangsnutzung Gelegenheit zum „Fußfassen“ gibt.

Schweineweiden sollen weiches, ballastarmes Futter liefern. Obergräser scheiden deshalb für die Ansaat aus, sie dauern auch bei richtig geregelter Weidenutzung mit Schweinen nicht aus. Geeignete Mischungspartner sind Deutsches Weidelgras, Wiesenrispe und Weißklee. Die Wahrscheinlichkeit guter Ausdauer des Deutschen Weidelgrases ist wegen der sehr intensiven Weidewirkung auch auf weniger geeigneten Standorten größer als gewöhnlich, hoher Mischungsanteil deshalb weniger bedenklich.

Ansaat von Schafweiden stellt wegen der ungünstigen Weidewirkung des Schafes und der großen Spanne der Bewirtschaftungsintensität und Standorte immer ein Problem dar. Im seltenen Fall sorgfältiger Nutzungsregelung und Pflege (Nachmahd!) bei nicht zu hohem Besatz kann eine übliche Weidemischung mit je nach Standort mittlerem bis hohem Weidelgrasanteil verwendet werden. Sonst tut eine untergrasreiche Mischung mit Deutschem

Weidelgras, Wiesenrispe, Rotschwingel, Weiß- und Hornklee bessere Dienste. Für nicht weidelgrassichere Lagen empfiehlt sich bei intensiver Bewirtschaftung mit regelmäßiger Stickstoffdüngung und auf warmem, trockenem Standort hoher Mischungsanteil der Wiesenrispe, sonst des Rotschwingels. Die langsamere Entwicklung verlangt dann spätere und schonendere Anfangsnutzung der Ansaat. Ob sich überhaupt eine gute Dauernarbe entwickelt und welche Arten sich durchsetzen, hängt mehr noch als vom Standort von der Nutzungsregelung und Düngung ab.

Ansaat gelegentlich überschwemmter Flächen kommt am ehesten im Zusammenhang landeskultureller Maßnahmen (Rückstaubecken usw.) vor. Bei langdauernder Überflutung ist jede Ansaat zwecklos. Solche Flächen bleiben am besten der Selbstberasung überlassen, nötigenfalls kann als Übergangslösung zur rascheren Bodenbedeckung Deutsches Weidelgras eingesät werden. Bei geregelter, möglichst auf die Vegetationsruhe beschränkter Überstauung kann eine übliche, den Bedingungen entsprechende Wiesen- oder Weidemischung verwendet werden.

Bewässerungswiesen können wegen ihrer praktischen Bedeutungslosigkeit (S. 132) übergangen werden. Auf Abwasserstauflächen (Rieselfeldern) hält sich keine gute Dauernarbe. Es eignen sich nur kurzfristige Ansaaten von Welschem Weidelgras, bedingt auch für längere Nutzung von Knaulgras, Wiesenschwingel und Lieschgras.

Die Rasenansaat (Zierrasen, Sportrasen usw.) hat in den vergangenen Jahren stark an Bedeutung gewonnen und ist auch zunehmend Gegenstand wissenschaftlicher Untersuchung geworden. Näheres Eingehen auf die rasch anwachsende Spezialliteratur würde den Rahmen dieses Buches überschreiten. Zur eingehenderen Unterrichtung, auch über das Schrifttum, sei auf einige umfassende Darstellungen verwiesen (Boeker 1965, Eisele, Hansen, Pietsch). Hier können nur in Kürze die wichtigsten Besonderheiten dargelegt werden.

Rasen werden allgemein durch das ständige Kurzhalten, Gebrauchsrasen zusätzlich durch häufiges Betreten und Befahren stark beansprucht. Die meisten der in gutem Wirtschaftsgrünland wichtigen Arten ertragen diese Belastung nicht, zumal auch die Standortbedingungen häufig denen des Grünlandes im engeren Sinne nicht entsprechen. Die wichtigsten Gräser für die Rasenansaat sind: Rotes Straußgras (*Agrostis tenuis*), Rotschwingel (*Festuca rubra s. l.*), Wiesenrispe (*Poa pratensis*), Flechtstraußgras (*Agrostis stolonifera*), Sandstraußgras (*Agrostis coarctata*) und Schafschwingel (*Festuca ovina*). Bei sehr starker Beanspruchung (z.B. Sportplatzrasen) tritt Jährige Rispe (*Poa annua*) bestandsbildend auf. Saatgut ist jedoch nur in sehr geringem Umfang verfügbar, doch tritt die Art gewöhnlich spontan auf. Auf die Vielfalt der für die einzelnen Arten empfohlenen Unterarten und Sorten kann hier nicht eingegangen werden.

Das früher fast ausschließlich und auch heute noch häufig verwendete Deutsche Weidelgras (*Lolium perenne*) eignet sich zur Rasenansaat nur sehr bedingt. Die starke Verdrängungsneigung und die ausgeprägten Standortansprüche sind auch hier schwerwiegende Mängel, die die Verwendungsmöglichkeit auf engem Bereich begrenzen (ausgesprochene Weidelgrasstandorte, mehr betretene als gemähte Flächen). Weißklee (*Trifolium repens*) wird für Rasenansaaten teils aus sachlichen Gründen (z.B. Schlüpfrigkeit der Rhizome und Blätter in Sportrasen), teils aus anderen Erwägungen gewöhnlich abgelehnt. Spontanes Auftreten läßt sich aber kaum vermeiden, weil der tiefe und häufige Schnitt den Ansprüchen des Weißklees entgegenkommt.

Die Saatmenge wird bei Rasenansaaten wegen des Strebens nach möglichst dichtem Bestand und wegen des schlechten Auflaufens der vorwiegend verwendeten kleinsamigen Arten höher als für landwirtschaftliche Ansaaten angesetzt. Die verbreitet noch üblichen Saatmengen von 50–80 g/m² sind jedoch unsinnig überhöht. Gute Saatgutqualität und richtige Ausführung der Ansaat vorausgesetzt, reichen 5–15 g/m² je nach Tausendkorngewicht der verwendeten Arten völlig aus. Über das Konkurrenzverhalten der Arten ist, abgesehen vom Deutschen Weidelgras, noch sehr wenig bekannt. Möglicherweise wäre weitere Herabsetzung der Saatmenge bei genauerer Kenntnis der Saatstärkenwirkung möglich. Im übrigen hängt die Bestandsentwicklung mehr noch als beim Wirtschaftsgrünland von Nutzungsregelung, Düngung und Pflege ab.

Saatwert, Sorten. Verständnis für die Bedeutung guter Qualität des Saatgutes auch bei Grünlandansaaten, die nötige Kenntnis zu seiner Unterscheidung und Beurteilung fehlt in der Praxis nach wie vor weithin. Entsprechend groß ist die Versuchung zu gleichgültigem oder auch unredlichem Handel. Kauf solchen Saatgutes ist deshalb in besonderem Maße Vertrauenssache. Es gibt genügend private und genossenschaftliche Unternehmen mit gutem Ruf, die Gewähr für einwandfreie Lieferung zu angemessenem Preis bieten. Das billigste Angebot ist selten das beste, und etwas höhere Saatgutkosten fallen gerade bei Daueransaaten nicht ins Gewicht, jedenfalls viel weniger als der Jahre nachwirkende Schaden durch ungeeignetes Saatgut. Angabe der Reinheit und Keimfähigkeit ist in jedem Fall zu verlangen. Die gesetzlichen Normen lassen noch einen mehr oder weniger großen Spielraum, und vor allem die Keimfähigkeit kann wegen der Witterungsabhängigkeit der Vermehrung und wegen der natürlichen Ungleichmäßigkeit der Samen bei manchen Arten erheblich schwanken. In Zweifelsfällen empfiehlt sich Kontrolle durch die zuständige Untersuchungsanstalt; nachträgliche Reklamationen haben kaum Aussicht auf Erfolg. Hinsichtlich der Reinheit ist vor allem der „Fremdbesatz“, d.h. die Beimengung unerwünschter Fremdsaaten (Unkräuter, nicht brauchbare Kulturpflanzen) bedeutsam. – Sortenzugehörigkeit und -echtheit wird durch die neuen gesetzlichen Bestimmungen ausnahmslos vorgeschrieben, entsprechende Deklarierung ist unbedingt zu verlangen.

Ganz besonders gilt dies beim Bezug von fertigen Handelsmischungen, weil hier die Gefahr von Mängeln besonders groß ist. Die heute vorgeschriebene Deklaration der Zusammensetzung schließt Mißbrauch nicht aus, ungeeignete Zusammenstellung kann zudem auch durch ungenügende Sachkenntnis verursacht werden. Mindestens die Brauchbarkeit der angegebenen Mischungszusammensetzung muß geprüft werden. Welsches Weidelgras z.B. findet sich in fertigen Mischungen gelegentlich immer noch. Zu beachten ist, daß die Mischungsanteile der Arten in Gewichtsprozenten angegeben werden, die über den zu erwartenden Bestandsanteil nichts aussagen. Die Saatstärken der Arten müssen erst, ausgehend von der vorgesehenen Saatmenge, berechnet werden und danach die Auswirkungen des Mischungsverhältnisses beurteilt werden. Einem Gewichtsanteil von 25% z.B. entspricht bei einer Saatmenge von 40 kg/ha die Saatstärke von 10 kg/ha, die für Deutsches Weidelgras absolutes Vorherrschen, für Wiesenschwingel aber geringen Bestandsanteil, für Wiesenrispe normalerweise zwecklos hohe Mischungsbeteiligung bedeutet.

Grundsätzlich stellt Einzelbezug der Saaten und eigene Zusammenstellung der Mischung mit Berücksichtigung der besonderen Standort- und Bewirtschaftungsbedingungen den besseren Weg dar. Wenn ausreichende Sachkenntnis fehlt, was wegen des seltenen Vorkommens von Ansaat im einzelnen Betrieb und der zunehmenden Vielzahl der Sorten verständlich ist, wird vorteilhafter sachverständige Beratung eingeholt, als ohne Urteilsmöglichkeit eine fragwürdige Mischung verwendet.

Ob der im Feldfutterbau gewöhnlich gegebene Vorteil von Zuchtsorten auch für die Daueransaat gilt, ist eine bis heute nicht eindeutig beantwortete Frage. Bodenständigkeit, d.h. Eignung für die örtlichen Standortverhältnisse, oder doch Anpassungsfähigkeit an einen weiten Standortbereich, muß für die Daueransaat zweifellos viel größere Bedeutung als für den kurzfristigen Ackeranbau haben (Weber 1923). Diese Eigenschaften können aber von formenreichen ,,Landsorten" aus einfachem Vermehrungsbau bei richtiger Wahl der Herkunft eher erwartet werden als von den auf bestimmte Eigenschaften ausgelesenen und in der Regel unter günstigen Bedingungen vermehrten Zuchtsorten. Hinzu kommt, daß besondere Eigenschaften der einzelnen Art im Mischbestand des Dauergrünlandes durch die ausgleichende Wirkung der Vergesellschaftung viel weniger zur Geltung kommen als in Reinsaat (Simon 1954, Vohl). Das zeigt auch die mehrfach beobachtete Ertragsgleichheit von Mischbeständen mit verschiedenem Mengenanteil der Arten (Arens 1967, Brünner 1967, Pergande, Zürn 1967 u.a.). Hinweise auf die Überlegenheit bodenständiger Landsorten finden sich auch in der Literatur (Heddle/Herriot 1954, Nissen). In die gleiche Richtung deutet der oft bessere Dauererfolg umbruchlos verbesserter Bestände im Vergleich zu Ansaaten (S. 256).

Andererseits haben unbestreitbar zu den Mißerfolgen mit Zuchtsorten in der Vergangenheit falsches Zuchtziel und ungeeignete Sortenprüfung viel beigetragen. Die Ausdauer als wichtigste Eigenschaft für die Daueransaat ist von der Züchtung lange vernachlässigt, in neuerer Zeit aber mit unverkennbarem Erfolg besonders beachtet worden. Auch in der Methodik der Sortenprüfung, die früher nur von Reinsaat und Mähenutzung ausging, wird Verbesserung angestrebt, wenn auch die an sich erforderliche Anpassung an praktische Bedingungen – Prüfung im Mischbestand unter Mähe- und Weidenutzung verschiedener Intensität – wegen des hohen Arbeits- und Kostenaufwandes schwer zu verwirklichen ist.

Ein praktisch bedeutsamer Vorteil der Zuchtsorten ergibt sich aus der besseren Möglichkeit zu wirksamer Kontrolle der Vermehrung und des Handels. Hauptsächlich aus diesem Grund läßt die neue gesetzliche Regelung auch nur noch Zuchtsorten für den einheimischen wie den Importhandel zu. Damit ist die schon von C. A. Weber (1923) gestellte Frage: ,,Veredelungszucht oder schlichter Vermehrungsbau?" zwar nicht beantwortet, aber praktisch zugunsten der Zuchtsorten entschieden. Um so wichtiger wird die richtige Sortenwahl. Ihr stehen allerdings einige Schwierigkeiten entgegen. Da auch für Importsorten Prüfung im Inland vorgeschrieben ist und Sortenbeschreibungen veröffentlicht werden, sollten ungeeignete Sorten theoretisch leicht auszuscheiden sein. Ob die Vorschrift uneingeschränkt eingehalten werden kann, steht dahin. Die Sortenprüfung kann aber wegen der unvermeidlichen Unvollkommenheit der

Methodik und der außerordentlichen Verschiedenheit der Bedingungen bei der praktischen Verwendung der Sorten nur Anhalt für die Beurteilung der Brauchbarkeit geben. Letztlich entscheidet darüber erst langjährige, ausgedehnte praktische Bewährung, die jedoch wiederum schwer zu kontrollieren ist. Immerhin scheidet die Prüfung gänzlich unbrauchbare Sorten aus und gibt Hinweise auf die Standort- und Nutzungseignung.

Erschwert wird die Sortenwahl indessen auch durch das mengenmäßig ungenügende Saatgutangebot für einzelne Sorten, oft gerade für die besten, weil der Wunsch nach hohem Samenertrag bei der Vermehrung in unlösbarem Widerspruch zur Forderung nach Blattreichtum und geringer Schoßneigung für die Nutzung steht. Der sicher gerechtfertigte höhere Preis für gute Sorten wird von der Praxis einstweilen wenigstens schlecht honoriert. Ob aufklärende Beratung hier Abhilfe schaffen kann, bleibt abzuwarten. Sachkenntnis über die Einsicht der Notwendigkeit richtiger Sortenwahl ist jedenfalls wegen der Seltenheit der Daueransaat im einzelnen Betrieb nicht zu erwarten. Beratung und Fachpresse werden für eingehende Unterrichtung, auch über Ersatzmöglichkeit bei Mangel an Saatgut bestimmter Sorten, in Zukunft noch mehr als bisher Sorge tragen müssen. Sortenempfehlungen können nicht Aufgabe der vorliegenden Darstellung sein. Sie muß sich auf einige grundsätzliche Hinweise beschränken:

Nachdem Herkünfte im Sinne standortgeprägter Landsorten vom Handel ausgeschlossen sind, spielt der früher viel diskutierte Herkunftswert keine

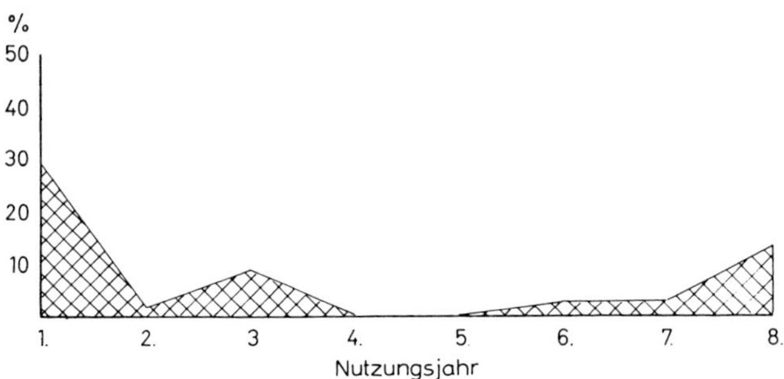

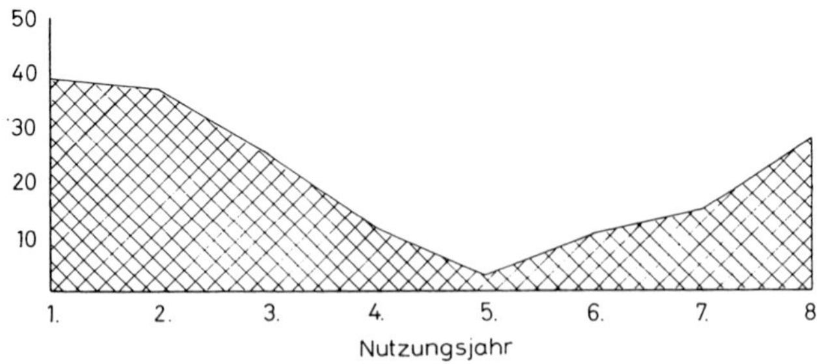

Abb. 170. Ertragsanteile einer frühen und einer späten Sorte von Deutschem Weidelgras in einer Rengener Ansaat (Original ARENS)

große Rolle mehr. Von einheimischen Zuchtsorten oder solchen aus Gebieten mit ähnlichem oder rauherem Klima kann zwar mit größerer Wahrscheinlichkeit, keinesfalls aber mit Sicherheit, besonders gute Eignung erwartet werden. Größere Bedeutung kommt Stand und Zielsetzung der Futterpflanzenzüchtung und Sortenprüfung im Herkunftsland zu, ob und wie weit sie nämlich für die Daueransaat wichtige Eigenschaften berücksichtigt.

Für die Grünlandansaat bedeutsame Sortenunterschiede nach Ausdauer, Entwicklungsrhythmus, Wuchsform und Nutzungseignung bestehen vor allem beim Deutschen Weidelgras, ferner bei Knaulgras, Wiesenrispe und Weißklee. Späte und mittelspäte Sorten des Deutschen Weidelgrases eignen sich in der Regel durch größere Ausdauer, geringere Blühneigung und größeren Blattreichtum besser als frühe zur Daueransaat, Weidetypen besser als Heutypen. Besonders wichtige und große Unterschiede finden sich in der Winterfestigkeit. Verwendung von zwei oder mehr Sorten verschiedenen Typs wird oft empfohlen; der Beweis des Vorteils steht noch aus. Auch bei Knaulgras verdienen späte Formen wegen der einfacheren Nutzung den Vorzug, sofern sie Robustheit und Ausdauer beibehalten haben. Von der sehr formenreichen Wiesenrispe muß vor allem genügend langes, von der Nutzung erfaßbares Blatt und gute Ausläuferbildung verlangt werden. Kurzrasige Formen, die gewöhnlich eine sehr dichte Narbe bilden, eignen sich gut für Rasenansaaten, nicht aber für landwirtschaftliche Zwecke. Beim Weißklee kommt es hauptsächlich auf genügende Ausdauer und gute Blattentwicklung an. Hochwüchsige Sorten empfehlen sich besonders für Mäh-Weide-Ansaaten. Wiesenschwingel- und Lieschgrassorten unterscheiden sich vergleichsweise wenig. Späte Sorten verdienen auch hier den Vorzug; bei Lieschgras gibt es deutlich differenzierte Heu- und Weidetypen.

Wie lange der Sortencharakter bei Dauernutzung erhalten bleibt, ist allerdings nicht bekannt und auch kaum einwandfrei zu ermitteln, weil es keine sichere Methode der Nachprüfung gibt. Rengener Untersuchungen (ARENS 1963) weisen auf starke natürliche Selektion in den ersten Jahren nach der Ansaat hin. KÖHNLEIN und Mitarbeiter (1955) fanden nach 10 Jahren bei Wiesenrispe und Lieschgras den Sortentyp noch teilweise vor, bei anderen Arten, so auch beim Deutschen Weidelgras, nicht. Der selektive Einfluß der Nutzung auf die Wuchsform scheint nur sehr langsam wirksam zu werden, der Heutyp konkurrenzkräftiger als der Weidetyp zu sein (VAN DIJK 1955).

Die Berechnung der Saatmischung braucht und kann übrigens auf Sortenunterschiede keine Rücksicht nehmen, weil während der Anfangsentwicklung das Artverhalten den Ausschlag gibt. Später kann sich jedoch das Konkurrenzverhalten der Sorten durch Verschiedenheit in Ausdauer, Wuchsform und Entwicklungsrhythmus deutlich unterscheiden.

Saatverfahren, Jugendpflege. 1. Allgemeines. Den kritischsten Abschnitt der Ansaatentwicklung bildet die Zeit vom Keimen bis etwa zu Beginn der Bestockung. Die relativ schwachen Keimpflanzen der kleinsamigen Gräser und Kleearten reagieren auf schädigende Umwelteinflüsse durch Bestellungsfehler, Bodenmängel, Witterung, Unkrautkonkurrenz usw. empfindlich. Bestellung und Aussaat müssen deshalb auf günstige Keimungs- und Auflaufbedingungen besonders Rücksicht nehmen. Stetige Wasserversorgung, ausreichende Bodenerwärmung, möglichst geringe Verunkrautung sind erste Voraussetzungen für ungestörte, rasche Anfangsentwicklung. Dementsprechend soll die Bodenbearbeitung guten Bodenschluß, geringen Wasserverlust und feines, gares, über festem Grund lockeres Saatbett gewährleisten, und zwar um so mehr, je niederschlagsärmer das Klima ist. Richtige Saatzeit und Saattiefe müssen hinzukommen. Die Zweckmäßigkeit einer Deckfrucht hängt von den Umständen ab.

2. Saatzeit. Möglichkeit der Ansaat besteht vom zeitigen Frühjahr bis zum Spätsommer, je nach der Lage also von März/April bis August/September mit allerdings verschiedener Sicherheit des Erfolges. Frühjahrsansaaten, die wegen der Ausnutzung der Winterfeuchte und des Übergangs in die Hauptwachstumszeit besonders günstig erscheinen könnten, sind erfahrungsgemäß unsicher. Mit zeitiger Saat wächst die Gefahr unzureichender Bodenbearbeitung

Abb. 171. Mißraten einer im Frühjahr zu spät gesäten Mischung bei Sommertrockenheit (Original Klapp)

und Unkrautbekämpfung, vor allem auch von Entwicklungshemmung durch zu geringe Bodenerwärmung und Temperaturrückschläge. Kältereiz verursacht zudem bei einigen Arten erhöhte Schoßneigung und dadurch schwächere Bestockung (Beyenburg-Weidenfeld). Verschieben der Ansaat ins spätere Frühjahr schwächt den Vorteil des Anschlusses an die Winterfeuchte ab und verlegt gleichzeitig die Anfangsentwicklung in eine Zeit häufiger Regenklemmen (Mai/Juni). Herbstsaaten nach Mitte August unterliegen noch größerem Risiko. Abgesehen von der möglichen Schädigung durch Frühfröste oder vorzeitigen Wintereinbruch, bedeutet jede Entwicklungshemmung durch Bestellungsmängel, Witterungseinflüsse usw. schwächeren Stand der jungen Ansaat bei Vegetationsende und damit erhöhte Auswinterungsgefahr. Wegen der verschiedenen Spätsaatempfindlichkeit der Arten kann sich Herbstsaat deutlich auf die Bestandsbildung auswirken. Begünstigt wird häufig Lieschgras, empfindlich sind besonders Deutsches Weidelgras, Knaulgras, Wiesenrispe (Beyenburg-Weidenfeld, Whyte).

Sommersaat (Mitte Juni bis Mitte August, ZÜRN mehrfach) ermöglicht sorgfältige Vorbereitung der Aussaat (Bodenbearbeitung, Unkrautbekämpfung). Sie fällt auch mit der Zeit des natürlichen Aussamens der Gräser zusammen. BEYENBURG-WEIDENFELD führt darauf die von ihm festgestellte grundsätzlich bessere Entwicklung der Sommersaaten von Gräsern zurück. Gefährdet sind Sommeransaaten hauptsächlich durch Trockenheit, im kontinental beeinflußten Klima durch das Sommermaximum der Niederschläge aber jedenfalls weniger als späte Frühjahrsansaaten. Immerhin kann im wintermilden (maritimen) Klimabereich mit zeitigem, wenig spätfrostgefährdetem Frühjahr und in sommertrockenen Lagen aus diesem Grunde Frühjahrsansaat ratsamer sein.

Den Entwicklungsvorsprung der Frühjahrsansaat holen gut geratene Sommeransaaten übrigens erfahrungsgemäß meist auf. Alles in allem bietet die Sommersaat in der Regel, die Frühjahrssaat bei günstigen klimatischen Bedingungen gute Voraussetzungen für die Ansaat, während Herbstsaat (nach Mitte August/Anfang September) nur bei besonderen Umständen zu rechtfertigen ist. Getrennte Ansaat des sehr spätsaatempfindlichen Klees erst im Frühjahr ist dann zu überlegen (HEDDLE/HERRIOT 1954).

3. Bodenbearbeitung, Saattiefe. Grundsätzlich verlangen Gräser und Kleearten – wie die Zuckerrübe – feinkrümeliges Saatbett über gesetztem Boden. (Bei Ansaat zur Grünlandverbesserung verdient auch aus diesem Grunde die Nachsaat mit flacher Bodenbearbeitung gegenüber tiefem Umpflügen der alten Narbe den Vorzug.) Besonders Moorböden und humusreiche Böden überhaupt erfordern möglichst eingeschränkte und flache Bearbeitung. Allgemein ist im Interesse guten Bodenschlusses tiefes Pflügen in kurzem Abstand vor der Aussaat zu vermeiden und die Bearbeitung zur Saatbettherrichtung wie zur Unkrautbekämpfung auf eine seichte Oberschicht zu beschränken. Verschlämmungsgeneigte Böden und niederschlagsreiches Klima verlangen rauheres Saatbett. Die Notwendigkeit angemessener Grunddüngung versteht sich.

Die optimale Saattiefe der großsamigen Arten überschreitet die der kleinsamigen. Fraktionierte, nach Samengewicht und -form getrennte Saat kommt praktisch jedoch nicht in Frage. So ist einheitlich flache Saat anzustreben. Saattiefe von mehr als 2 cm schädigt feinsamige Arten mit Sicherheit, andererseits ist Bodenbedeckung der Samen auch bei den Arten erforderlich, die im Labor unter Lichteinwirkung besser keimen. Saattiefe von 1,2–1,5 cm stellt angesichts dieser Mindestforderungen den günstigsten Kompromiß dar. Die Wichtigkeit richtiger Einbringung zeigt ein Beispiel von SONNEVELD (1950):

	Aufgang in %	
	Gras	Klee
Saat obenauf	11,6	11,6
Saat 1–2 cm tief	**48,0**	**52,4**
Saat 4–5 cm tief	14,9	24,6

In lockere und trockene Böden muß trotz der auch dann zu befürchtenden Erschwerung der Keimlingsentwicklung tiefer gesät werden.

4. Saatverfahren. Die im Getreidebau zweckmäßige Drillsaat bringt für die Grünlandansaat bedeutende Nachteile mit sich: Der Narbenschluß verzögert sich wegen der vorwiegenden Verwendung horstbildender Gräser bedeutend; gewöhnlich sind noch nach Jahren die Drillreihen zu erkennen (Klapp 1959a, Pollack). Die verringerte Bodenbedeckung wirkt sich vor allem auf schweren und dichten Böden nachteilig aus (Trockenrisse, Auffrieren usw.). Zwischen den Reihen findet Unkraut gute Entwicklungs- und Einwanderungsmöglichkeit, in den Reihen herrscht verschärfte Konkurrenz; schwache Arten werden stärker unterdrückt als bei Breitsaat. Von der Möglichkeit der Konkurrenzminderung durch reihenweise getrennte Saat von kampfkräftigen und verdrängungsgefährdeten Arten (Minina) kann bei Daueransaat wegen der Nachteile für die Bestandsentwicklung kein Gebrauch gemacht werden. Die geringe Saatgutersparnis durch Drillsaat ist praktisch bedeutungslos.

Breitsaat verdient deshalb unbedingt den Vorzug, entweder von Hand oder mit der Drillmaschine nach Entfernen oder Hochbinden der Saatröhren. Entmischung des Saatgutes braucht gewöhnlich nicht befürchtet zu werden. Bei hohem Anteil begrannten Saatgutes kann jedoch nach Samenform getrennte Saat in zwei Arbeitsgängen zweckmäßig sein. Drillsaat vergrößert auch die Gefahr zu tiefen Einbringens, während bei Breitsaat umgekehrt auf genügend gleichmäßige Bedeckung der Samen zu achten ist. Bewährt hat sich die Arbeitsfolge „Ringeln – Säen – Ringeln". Auf sehr leichtem Boden und bei lockerem Saatbett (z.B. auch bei Nachsaat) kann nach der Saat auch Andrücken mit der Glattwalze günstig sein. Gerätekombinationen und Spezialgeräte (Brilliongerät) erleichtern und verbessern die Arbeit, lohnen aber nur im überbetrieblichen Einsatz.

„Deckfrucht oder Blanksaat"? ist eine nicht eindeutig zu beantwortende Frage. Die Vielzahl möglicher Deckfrüchte, die Abhängigkeit ihres Einflusses auf die Untersaat von der Art des Anbaues und den Standortverhältnissen bedingt sehr verschiedene, teilweise gegensätzliche Erfahrungen (Davies 1946, Flachs 1946, Heddle/Herriot 1954, Koblet 1950, 1965b, Salvadori 1952, Zürn 1965).

Als Vorteile der Deckfrucht können allgemein angeführt werden: Schutz der Ansaat während der Anfangsentwicklung vor Bodenverschlämmung und -verkrustung, oberflächlicher Austrocknung und Erosionsschäden; außerdem Kostenverringerung durch den zusätzlichen Ertrag und bei Ansaat nach Umbruch Minderung des Futterausfalls bei Verwendung entsprechender Deckfrüchte.

Diesen möglichen günstigen Wirkungen stehen aber schwerwiegende Nachteile gegenüber: Die Verzögerung der Ansaatentwicklung durch Beschattung, Wasser- und Nährstoffkonkurrenz, die Gefahr teilweisen oder völligen Erdrückens der Ansaat bei Lagern reifwerdender Deckfrüchte; ferner die mögliche Schädigung bei Ernte der Deckfrucht unter ungünstigen Voraussetzungen (Fahrspuren, Bodenverdichtungen, Fehlstellen durch verspätetes Räumen der Garbenhocken oder bei Mähdrusch des Strohes usw.). Schließlich wird die Vorbereitung der Ansaat – Unkrautbekämpfung, Saatbettherrichtung, Wahl günstiger Saatzeit, Einbringen der Saat – je nach Art der Deckfrucht mehr oder weniger erschwert. Umgekehrt kann Durchwachsen der Untersaat die Ernte der Deckfrucht behindern.

Hiervon fällt die Verzögerung der Ansaatentwicklung, wenn nicht weitere Schäden hinzukommen, noch relativ wenig ins Gewicht. Mit der allerdings wichtigen Voraussetzung genügender Kräftigung der Ansaat vor Winter wird der Entwicklungsrückstand gewöhnlich bis zum 2. Hauptnutzungsjahr eingeholt. Immerhin muß der Minderertrag dem Gewinn aus der Deckfrucht abgezogen werden. Der Einfluß auf die Bestandsentwicklung ist eher günstig: Aggressive Arten (Deutsches Weidelgras, Glatthafer) werden zurückgehalten, Klee gegenüber Gräsern gefördert (HEDDLE/HERRIOT, KOBLET, SALVADORI), noch mehr allerdings gegebenenfalls widerstandsfähige Unkräuter (ZÜRN), zumal chemische Unkrautbekämpfung nicht möglich ist (S. 313).

Bedeutsamere Nachteile stellen die Behinderung zweckdienlicher Ausführung der Ansaat und die Gefährdung ihres Gelingens dar, dies um so mehr, als in der Praxis durch Streben nach möglichst hohem Deckfruchtertrag sehr häufig Fehler bei deren Wahl und Behandlung gemacht werden. Schädigung der Ansaat verursacht einen Verlust, der wegen der langen Nachwirkung, der selten gegebenen Vergleichsmöglichkeit und des auch qualitativen Charakters zwar schwer genau abzuschätzen, zweifellos aber meist wesentlich größer als der Gewinn aus der Deckfrucht ist. Eindeutiges Mißlingen der Ansaat mit dem Zwang zur Wiederholung kann sogar im Vergleich zu teilweiser Schädigung mit oft Jahre anhaltender Leistungsminderung durch verunkrauteten, lückigen Bestand als das kleinere Übel gelten. Versuche geben in dieser Beziehung im Vergleich zur Praxis wegen der besonders sorgfältigen und sachkundigen Ausführung ein zu günstiges Bild.

Da der Vorrang des Ansaaterfolges ebenso wie seine mögliche Gefährdung durch die Deckfrucht unbestreitbar ist, hat diese uneingeschränkte Berechtigung nur dann, wenn das Risiko schädlicher Wirkung sehr gering ist oder ihre Schutzfunktion entscheidend zur Geltung kommt. Gut verteilte, aber nicht zu hohe Niederschläge, graswüchsiger Standort einerseits, rasch austrocknende, leicht verschlämmende Böden mit schlechten Struktureigenschaften und Erosionsgefahr andererseits erlauben bzw. verlangen Deckfrucht am ehesten; nicht zuletzt aber hängen Wirkung und Risiko von der Art der Deckfrucht ab.

Je besseres Einbringen der Ansaat sie erlaubt, je früher sie geerntet wird, je weniger lagergefährdet sie ist, um so größer ist die Wahrscheinlichkeit günstigen, um so geringer die schädlichen Einflusses. Gute, allenfalls durch Ernteschwierigkeiten nennenswert schädigende Deckfrüchte sind deshalb Futtersaaten, wie Grünhafer, Hafer-Wicken-Gemenge, Raps u.ä. (nicht aber Welsches Weidelgras und Rotklee!). ZÜRN fand in mehreren Versuchsreihen im Mittel von 3 Jahren:

	Heuertrag relativ	Bestandzusammensetzung %		
		Gras	Klee	Unkraut
Ansaat unter Körnergetreide . . .	100	53	16	31
Ansaat unter Grünhafer	113	68	25	7
Blanksaat im August	114	71	22	7

Von der Praxis werden jedoch Marktfrüchte, d.h. Körnergetreide, in der Erwartung höheren Gewinns eindeutig bevorzugt. Jeder Sachkenner weiß indessen aus Erfahrung, wie selten der erhoffte Vorteil tatsächlich eintritt. Grundsätzlich bildet reifendes Getreide eine schlechte Deckfrucht, wenngleich je nach der Art in verschiedenem Maße.

Einsaat in Winterung ermöglicht gute Ausnutzung der Winterfeuchte, hat dafür aber den Nachteil erschwerter Einbringung und Frostgefährdung der Ansaat. Einsaat in Sommerung zwingt zu früher Saat und gewährleistet besseres Saatbett, nachteilig ist aber die größere Unsicherheit der Wasserversorgung. Die Abhängigkeit der Bestellung und Entwicklung der Deckfrucht von den Standortverhältnissen kompliziert die Zusammenhänge noch weiter. So wird verständlicherweise der Deckfruchtwert der Getreidearten im einzelnen nicht ganz einheitlich beurteilt. Übereinstimmung besteht jedoch hinsichtlich der Bedeutung frühen Räumens. Winter- und Sommergerste, mit Einschränkung auch Winterroggen und früher Winterweizen, gelten deshalb im Vergleich zu Hafer, spätem Winterweizen, Sommerweizen und Sommerroggen als bessere Deckfrüchte. Alles in allem ergeben sich folgende allgemeine Richtlinien:

1. Besten Deckfruchtwert besitzen frühräumende Futterbestände, sofern Entwicklung und Ansprüche denen der Untersaat nicht zu ähnlich sind. Gute Deckfrüchte stellen dementsprechend Grünhafer, Hafer-Wicken-Gemenge, Raps, Senf u.ä. dar, ungeeignet sind dagegen Kleegras-Ansaaten mit Welschem Weidelgras und Rotklee. Zeitige Ernte, bei Hafer z.B. nicht erst in der Milchreife, sondern zu Beginn des Schossens, wird dabei vorausgesetzt. Jede Verzögerung der Ernte vergrößert das Risiko.
2. Wenn trotz der grundsätzlichen Bedenken Körnergetreide verwendet werden soll, kommt am ehesten Winter- oder Sommergerste, bedingt auch Winterroggen in Frage. Dünner Stand und nicht zu üppige Entwicklung durch mäßige Saatdichte (bei sehr dünner Saat besteht Gefahr zu starker Bestokkung!), vorsichtige Stickstoffdüngung, evtl. auch Vergrößerung der Drillweite, mindern die Gefahr des Erdrückens der Ansaat, ebenso frühe Ernte, schnelles Abräumen der Garbenhaufen oder des Strohs.
   In jedem Fall muß auf gute Entwicklung der Ansaat mehr Wert als auf hohen Deckfruchtertrag gelegt werden. Hier liegt erfahrungsgemäß in der Praxis die wichtigste Fehlerquelle. Optischer Eindruck und mangelnde Sachkunde legen Bevorzugung der Deckfrucht und Vernachlässigung der Ansaat nur zu nahe.

Die Technik der Untersaat ergibt sich im wesentlichen aus der Art der Deckfrucht. Bei Einsaat in Wintergetreide kann auf Bodenlockerung nur bei sehr zeitiger Saat, die noch genügend Feuchtigkeit vorfindet, verzichtet werden. Die ungünstige Saatzeit muß dann freilich in Kauf genommen werden. Andererseits wird Eggen zur Bodenlockerung bei späterer Einsaat von Gerste und Roggen schlecht vertragen. Einsaat in Sommergetreide erfolgt zweckmäßig unmittelbar nach dessen Bestellung in der schon genannten Folge „Ringeln – Säen – Ringeln". Gemeinsames Ausbringen von Deckfrucht und Ansaat verbietet sich – abgesehen von der technischen Schwierigkeit des Einhaltens richtiger Saatmenge – wegen der Drillsaat und des zu tiefen Einbringens der Ansaat.

5. Jugendpflege, Hungerjahre. Die Jugendpflege kann Fehler bei der Anlage der Ansaat ausgleichen, ebenso aber bei falscher Handhabung guten

Anfangserfolg zunichte machen. Stärke und Dauer der Hungerjahre hängen nicht zuletzt von der Behandlung der Ansaat in den ersten Entwicklungsjahren ab. Wichtigste Aufgaben stellen Unkrautbekämpfung, Lenkung der Bestandsentwicklung und Förderung der Narbenbildung dar.

Die Unkrautbekämpfung soll, besonders soweit es sich um schwer bekämpfbare Unkräuter handelt, bei der Vorbereitung der Ansaat vorweggenommen werden. Einjährige Ackerunkräuter, die dann hauptsächlich noch auftreten, bilden bei ungestörtem Wachstum der Ansaat keine große Gefahr; bei Entwicklungshemmung durch ungünstige Witterung, Deckfrucht, schlechten Bodenzustand usw. können jedoch vor allem am Boden wuchernde Unkräuter, wie Vogelmiere (*Stellaria media*, Abb. 172), Ehrenpreis (*Veronica spec.*), Ackerwinde (*Convolvulus arvensis*), gefährlich werden.

Abb. 172. Ersticken einer Neuansaat durch Vogelmiere (Versuchsgut Rengen) (Original KLAPP)

Chemische Unkrautbekämpfung scheidet wegen der Empfindlichkeit der jungen Ansaat aus. Als erste Abwehrmaßnahme kann ein Schröpfschnitt, der die höher wachsenden Unkräuter erfaßt, ohne die Ansaat stark zu beanspruchen, vorgenommen werden. Am wirksamsten wird Verunkrautung durch Überweiden, das früher als gemeinhin angenommen möglich ist, bekämpft. Schon wenige Wochen nach der Aussaat hat die Ansaat so weit Fuß gefaßt, daß sie vorsichtiges Beweiden nicht nur verträgt, sondern sogar dankt, vorausgesetzt, daß der Bodenzustand Weidegang ohne Durchtreten erlaubt. Die günstige Wirkung geht durch Bodenfestigung und Bestockungsanregung über die Schädigung des Unkrautes hinaus. Nachmahd und eine Stickstoffgabe (20–30 kg/ha) geben der Ansaat weiteren Vorsprung.

Ursachen und Abwehr der Hungerjahre. Die häufig bei Ansaaten nach gutem Anfangserfolg eintretende Ertragsdepression hat seit langem Aufmerksamkeit erregt. Zu der recht umfangreichen älteren Literatur sei auf die vorige Auflage des Buches (S. 244 ff.) verwiesen. – Hungerjahre treten nicht immer gleich stark auf, sie können günstigstenfalls auch ganz ausbleiben. Die verschiedenen, teilweise widersprüchlichen Meinungen über Notwendigkeit und Ursachen erklären sich daraus, daß es sich um einen Komplex teils gelegentlich eintretender, teils unvermeidlicher Ursachen handelt. Auch die Definition des Begriffes ist nicht ganz einheitlich: Strenggenommen stellen Hungerjahre einen Leistungsabfall der Ansaat gegenüber der Leistung eines vergleichbaren Dauerbestandes dar, im weiteren Sinne wird darunter aber auch deutlicher Ertragsrückgang gegenüber dem Anfangsertrag verstanden. Der erstere Vergleich läßt sich selten exakt ziehen, weil ein wirklich vergleichbarer Dauerbestand selten verfügbar ist, eine Schwierigkeit, die übrigens auch für den Vergleich Feldfutterbau („Ley") und Dauergrünland gilt (S. 369). Auffälliger und leichter festzustellen ist die Ertragsdepression im Laufe der Ansaatentwicklung, auf die sich auch die folgenden Ausführungen im wesentlichen beziehen.

Als nicht zwangsläufige Ursachen der Hungerjahre sind hauptsächlich zu nennen:

a) Ungeeignete Saatmischung, Fehler bei der Ausführung der Ansaat (Saatzeit, Saattechnik, Deckfrucht usw.).
b) Widrige Standorteinflüsse (Dürre, Erosion, Auswinterung usw.).
c) Bewirtschaftungsfehler durch unzureichende Düngung und falsche Nutzung der Ansaat.

Zu den beiden erstgenannten Punkten kann auf das früher Gesagte verwiesen werden (S. 329), auf den letztgenannten wird noch zurückzukommen sein.

Unvermeidlich sind, von bestimmten Ausnahmen abgesehen, die biologischen Ursachen der Hungerjahre. Sie entstehen beim Übergang vom weitgehend künstlichen Bodenzustand des Ackers zum natürlichen des Dauergrünlandes. Besonders deutlich zeigt sich das am Beispiel des Grünlandumbruches (S. 326).

Die Nährstofffreisetzung durch die stürmische Zersetzung der alten Narbe und der vernichteten Bodenfauna (S. 327) führt in Verbindung mit der zunächst sehr günstigen Bodenstruktur zu ungewöhnlich guten Voraussetzungen für das Pflanzenwachstum und zu entsprechend hohen Erträgen der Ansaat bzw. des Ackerbestandes, ein Vorgang, der analog bei Waldrodungen („Schlagflora") zu beobachten ist.

Die rasche Abnahme der organischen Substanz (S. 327), das Fehlen der Makrofauna im Boden zieht jedoch zunehmende Verschlechterung der Bodenstruktur nach sich (bei Ackerflächen das Ausbleiben der tiefen Bodenlockerung). So tritt eine Periode verringerter Bodenaktivität mit allen nachteiligen Folgen ein, von denen sich die herabgesetzte Nitrifikation am deutlichsten auf den Pflanzenertrag auswirkt. Unter dem Einfluß der neugebildeten Grasnarbe setzt dann eine langsame Verbesserung des Bodenzustandes ein: Der Humusgehalt steigt an, Bodenstruktur und Bodenleben erholen sich. Dieser Vorgang bedingt seinerseits in gewissem Umfang Nährstoff-, besonders Stickstofffestlegung, bis sich das standortgemäße Gleichgewicht zwischen Aufbau und Abbau der organischen Substanz (S. 327) eingespielt hat. Bezeichnenderweise bleiben die Hungerjahre auf Moorböden meist aus (Baden 1956). Ob nun dem letzten Abschnitt, der die ackerbauliche Nutzung des „Umbrucheffektes" begrenzt, besondere Bedeutung beigemessen wird (HOOGERKAMP, KUKSIN 1965) oder den vorangehenden, eigentlich auslösenden Vorgängen, bleibt sich letzten Endes gleich. Für die Daueransaat ist wichtig, daß es sich um einen biologisch begründeten Vorgang handelt, der nicht vermieden, sondern nur abgeschwächt oder in seinen Folgen gemildert werden kann.

Zur Ungleichmäßigkeit des Ansaatertrages trägt ferner auch die Verschiedenheit des Entwicklungsrhythmus der Gräser bei. Arten mit rascher Anfangsentwicklung erreichen im 1. bis 3. Jahr nach der Ansaat ein Ertragsoptimum, dem je nach Standort mehr oder weniger deutlich Absinken des Ertrages, verbunden mit Nachlassen der Konkurrenzkraft folgt, ein Entwicklungsgang, der auch bei Reinsaaten regelmäßig zu beobachten ist. Ob eine Beziehung zu den genannten bodenbiologischen Vorgängen besteht, sei dahingestellt. Bei richtiger Mischungszusammensetzung wird der Ertragsausfall durch Nachrücken von langsamer entwickelten Arten in kurzer Zeit ausgeglichen. Eine weidelgrasreiche Rengener Ansaat (ARENS, unveröff.) z.B. zeigte bei einwandfreier Bewirtschaftung folgende Bestands- und Ertragsentwicklung:

Jahr nach der Ansaat	Ertragsanteile in % Deutsches Weidelgras	Wiesenrispe	Ertrag (dz/ha Tm)
1.	82	+	105
2.	80	2	94
3.	76	6	55
4.	41	38	103
5.	50	33	100

Vom 3. zum 4. Jahr stieg der Ertragsanteil der Wiesenrispe sehr stark an, gleichzeitig wurde die Ertragsdepression des Vorjahres überwunden. Umgekehrt kann Fehlen oder Unterdrückung ausgleichender Arten den Ertragsausfall verlängern, besonders wenn die Bewirtschaftung, die in diesem Zusammenhang ebenfalls eine wichtige Rolle spielt, zu wünschen übrig läßt.

Sie muß der Besonderheit der angesäten Pflanzen Rechnung tragen. Auf hohen Ertrag und Nährstoffanspruch gezüchtet, unter ackerbaulichen Bedingungen auf günstigem Standort vermehrt, verlangen sie intensive Bewirtschaftung, die reichliche Nährstoffversorgung sichert und natürliche Standorteinflüsse möglichst weitgehend überdeckt.

Zur Abwehr der Hungerjahre dienen alle Maßnahmen, die den Ursachen und ihren Folgeerscheinungen entgegenwirken: Vermeiden von Ackerzwischennutzung nach Umbruch (S. 330) und tiefer Bodenlockerung allgemein, um den Abbau der organischen Substanz im Boden einzuschränken, Kurzhalten des Bestandes, um Entmischung und bestockungshemmendem Schossen vorzubeugen, Beweidung zur Bodenfestigung und Bestockungsanregung wie zur Anregung des Bodenlebens durch die Exkremente. Besondere Bedeutung kommt der Stickstoffdüngung zu. Niederländische Erfahrungen (MINDERHOUD/HOOGERKAMP) stimmen mit unseren eigenen darin überein, daß der Mehrbedarf an Stickstoff von Ansaaten gegenüber vergleichbaren alten Narben zum Erreichen gleichen Ertrages 100–150 kg/ha N beträgt, vorausgesetzt, daß die Ansaat sonst nicht beeinträchtigt ist.

Diesen Gegebenheiten entsprechend, sind ausgeprägte Hungerjahre bei Wiesenansaaten, die nicht in dieser Weise genutzt und gedüngt werden können, häufig zu beobachten und schwer zu vermeiden, während sie bei richtig angelegten und behandelten Weideansaaten bis zur Bedeutungslosigkeit abgeschwächt werden. Charakteristisch ist die Verschiedenheit der Ertragsentwicklung. In einem Rengener Versuch (ARENS 1967) ergaben sich als Relativerträge, bezogen auf den mittleren Ertrag von 5 Jahren:

Jahr nach der Ansaat	Wiese (2 Schnitte)	Weide (4 Nutzungen)
1.	117	49
2.	115	90
3.	74	123
4.	105	102
5.	85	136

Bei Wiesennutzung und Hochwachsen des Bestandes folgt überdurchschnittlichem Anfangsertrag deutlicher Ertragsrückgang, während bei Weidenutzung mit Kurzhalten des Bestandes der Ertrag mit der Dauer ansteigt. Ähnliche Entwicklung stellte BRÜNNER (1967) in langjährigen Ansaatversuchen fest.

Für die Jugendpflege ergeben sich zusammenfassend folgende Hinweise:

1. Als ,,Starthilfe" für die Anfangsentwicklung erhält die Ansaat zweckdienlich eine mäßige Stickstoffgabe (20–30 kg/ha N), bei Blanksaat zur oder kurz nach der Bestellung, bei Ansaat unter Deckfrucht gleich nach deren Räumen.

2. Kurz nach der Aussaat eintretende Bodenverkrustung kann mit der leichten Ringelwalze oder Stachelwalze aufgebrochen werden. Gegen Bodenaustrocknung bei längerer Dürre läßt sich nicht viel unternehmen. Starke Beregnung empfiehlt sich wegen der Gefahr starker Bodenverschlämmung nicht. Dürreschäden bleiben auch wegen der zeitlich verschobenen Entwicklung der Samen und der Bestockungsfähigkeit der Gräser meist geringer als befürchtet. Vor Wiederholung der Ansaat wird deshalb zweckmäßig die weitere Entwicklung über einige Zeit abgewartet. – Bis zur Ausbildung einer geschlossenen Narbe ist besonders auf stark ,,arbeitenden" Böden im Winter mit Auffrieren der Ansaat zu rechnen und Andrücken mit der schweren Walze im Frühjahr ratsam.

3. Besonders wichtig ist Kurzhalten des Bestandes während der Jugendentwicklung; es verhindert einseitige Bestandsentwicklung, regt die Bestokkung an, wirkt ausgleichend auf die Ertragsentwicklung und stellt insgesamt die wichtigste Abwehrmaßnahme gegen die Hungerjahre dar. Dabei wirkt Weidenutzung durch die vielfältigen Wirkungen von Tritt, Verbiß und Exkrementen besonders günstig. Frühe Mähenutzung (Siloschnitt) vermeidet aber wenigstens die gefährlichsten Folgen des Hochwachsens. Auch Wiesenansaaten sollen deshalb nach Möglichkeit mindestens während des 1. Nutzungsjahres kurzgehalten, gegebenenfalls auch gelegentlich beweidet werden (ausgenommen Mischungen mit Glatthafer!).

4. Die Notwendigkeit reichlicher, Mangel ausschließender Grunddüngung für gute Ansaatentwicklung ist selbstverständlich. Der Bedarf an Stickstoff-

düngung geht in den ersten Entwicklungsjahren weit über das gewohnte Maß hinaus. Für befriedigende Ertrags- und Bestandsentwicklung muß die Jahresdüngung bei Mäh-Weide-Ansaaten 100–200 kg/ha N erreichen. Bei Wiesenansaaten lassen sich wegen der eingeschränkten Möglichkeit der Stickstoffdüngung die Hungerjahre weniger abschwächen. Ausnahmen bilden Böden mit hohem Gehalt an organischer Substanz, doch bringt auch hier Stickstoffdüngung wegen des hohen Anspruches der angesäten Zuchtformen noch Vorteil. – Stallmistdüngung wirkt auf Ansaaten durch die Bedeckung der lockeren Narbe, die Bestockungsanregung, die Förderung des Bodenlebens und Nährstoff- und Humuszufuhr besonders günstig, wenn Höhe und Verteilung der Düngung auf die Gefahr des Erstickens der Ansaat durch übermäßige Bedeckung Rücksicht nimmt.

5. Richtige Regelung der Weidenutzung, Nachmahd und Fladenverteilen sind für Ansaaten noch wichtiger als gewöhnlich, weil der Bestand wegen der relativ starken Schoßneigung und der stets sehr ausgeprägten Geilstellenbildung besonders leicht verwildert.

Die Dauer der Jugendentwicklung richtet sich hauptsächlich nach der Zusammensetzung der Saatmischung und dem Verlauf der Bestandsbildung. Bei ungestörter, gleichmäßiger Entwicklung benötigt die Ausbildung eines relativ stabilen Bestandes etwa 5–6 Jahre. Starke Bestandsumschichtungen durch ungeeigneten Anfangsbestand, Entwicklungsstörungen usw. können jedoch erhebliche Verzögerungen bedingen. Nach Abschluß der Jugendentwicklung setzt dann die sehr langsam verlaufende, Jahrzehnte beanspruchende Umwandlung der Ansaat zu natürlichem Dauergrünland ein.

e) Dauer- oder Wechselgrünland („Leyfarming“)?

Diese Frage hat in neuerer Zeit weltweite Diskussionen über den Wert des Dauergrünlandes und die Möglichkeiten seiner umbruchlosen Verbesserung ausgelöst. Die Literatur, wenigstens der englischsprechenden Länder, ist nicht zu übersehen; wichtig u.a. W. DAVIES 1946, DAVIES/WILLIAMS 1948, MANN/BOYD, STAPLEDON 1949, 1955; wir müssen uns auf eine enge Auswahl auch des deutschen Schrifttums beschränken.

Mehr- oder langjährige Futterkulturen im Wechsel mit ein- oder überjährigen Ackerfrüchten sind seit langen Zeiten im Ackerbau vieler Landschaften üblich (Wechselwirtschaft, Koppel-, Egartwirtschaft) (ANDREAE 1955, BAUMANN/KREIL 1954, BLATTMANN 1957, GRIGO 1961, KLAPP 1959b, LIEBSCHER 1954, VEIL, VETTER 1958, VOIGTLÄNDER 1966). Sie sollen nicht nur Futter, z.B. beim Fehlen natürlichen Dauergrünlandes, liefern, sondern wichtige Funktionen im Ackerbau erfüllen. Das gilt vornehmlich dort, wo der Ackerbau auf Schwierigkeiten des Klimas und des Bodens stößt, im regenreichen Küsten- und Gebirgsland mit starker Vergrasungsneigung, im Kurzsommerklima, auf schwer bearbeitbaren Böden. Der unter mehrjährigem Futterbau stehende Boden wird durch die großen Ernterückstände der Futterpflanzen mit organischer Substanz angereichert; die „Bodenruhe“ verhindert Überhandnehmen von „Fruchtfolgekrankheiten“, die Jahre der Ackernutzung beseitigen Grünland-, die der Grünlandnutzung Ackerunkräuter. Kurz, die Wechselnutzung hat eine doppelte Aufgabe: Futterlieferung und Verbesserung des Bodenzustandes.

In der Regel werden Klee-Gras-Gemische gebraucht; sie sind sicherer als Klee-Reinsaaten und lassen Stickstoffdüngung zur Erhaltung der Ertragshöhe beim Rückgang der kurzlebigen Kleearten zu. Die Bodenwirkung wird noch erhöht, wenn die Fläche beweidet, d.h. mit Exkrementen zusätzlich gedüngt werden kann. Der starke Anfangswuchs des Kleegrases macht es schlechten Wiesen namentlich in trockeneren Jahren überlegen.

Beide Aufgaben, hohe Futterlieferung und Bodenbefruchtung, waren der Anlaß für die von STAPLEDON und Mitarbeitern seit den zwanziger Jahren von Aberystwyth, Wales, ausgehende Leyfarming-Bewegung in Großbritannien und weit darüber hinaus. „Ley" bedeutete die Einführung von mehrjährigem Weideland in die bisherige Ackerfruchtfolge mit nur einem Klee-(Gras-)Jahr (STAPLEDON, DAVIES u.a., in deutscher Sicht BOEKER 1957d). Der Ley sollte darüber hinaus zu einer den Marktfrüchten gleichwertigen Kultur von hoher Arbeitsproduktivität werden. Die Verwendung spezialisierter Klee- und Graszüchtungen gab die Möglichkeit nicht nur der Qualitäts- und Ertragssteigerung, sondern auch die der Ausdehnung der Weidedauer und des Ausgleichs im zeitlichen Zuwachs. Besonderer Nachdruck wurde auf die Vorfruchtwirkung des Leys in der Ackerfruchtfolge gelegt. Um die Marktfruchtfläche nicht einzuschränken, mußte die Ackerfläche erweitert werden, und zwar durch Einbeziehung bisherigen Dauergrünlandes – das also ackerfähig sein mußte. Dies war in Großbritannien in weitestem Umfang der Fall – ganz im Gegensatz zu Mitteleuropa. Agrarpolitische Umstände führten in Großbritannien seit etwa 1870 zur Niederlegung von rund 40% des damaligen Ackerlandes in Dauerweide. Damit entstand eine gewaltige Reserve humusangereicherten Bodens. Diesen durch Übergang zur Wechselnutzung für die Ackerfruchtbarkeit nutzbar zu machen, schien ein ebenso lohnendes Ziel des Ley-farming zu sein wie die Erhöhung des Futterertrages. Die Leistungen der Dauerweiden auf ehemaligem Ackerland waren allmählich sehr unbefriedigend geworden.

Die Einführung des Weidekleegrases in die Ackerfruchtfolge wurde in England zunächst im Hinblick auf die Notwendigkeit höherer Selbstversorgung im Kriege, durch hohe Subventionen (MAKUS) für Umbruch, Düngung und Ansaat der Leyflächen, Abnahmegarantien für die Produkte u.a.m. sowie durch unermüdliche Werbung im Schrifttum unterstützt. So änderte sich die Nutzflächenverteilung wie folgt:

	Dauerweiden	Leys
1936–1939	6,99 Mill. ha	1,41 Mill. ha
bis 1962	3,50 Mill. ha	3,70 Mill. ha

So weit, so gut. Die Leybewegung blieb aber nicht bei der Bereicherung der Ackerfruchtfolge stehen; sie forderte bald die Einbeziehung auch der zur bleibenden Grünlandnutzung bestimmten Flächen, soweit sie überhaupt dem Pfluge zugänglich waren oder pflugfähig zu machen waren. „Die Ära des Dauergrünlandes sei vorbei", da es in Ertrag und Qualität des Futters generell unterlegen und zur Verunkrautung geneigt sei. Selbst für beste Dauerweiden wurden Umbruch und Neuansaat zur Leynutzung empfohlen, zumal man alles von den Neuzüchtungen erwartete und den Großteil der Grünlandvegetation als minderwertig ansah. Mit wenigen Ausnahmen wurden die großen Möglichkeiten der umbruchlosen Verbesserung alten Dauergrünlandes nicht anerkannt.

Zum besseren Verständnis der Sachlage ist darauf hinzuweisen, daß alles nicht ackerfähige Land nur sehr extensiv genutzt wurde, daß insbesondere Dauerwiesen in unserem Sinne kaum vorhanden waren. Land, das zur intensiveren Weidenutzung zu feucht oder zu trocken, nicht pflugfähig oder einige 100 m hoch gelegen war, blieb als Ödlandweiden („Rough grazings“) liegen. Ihre Fläche – rund 6,5 Millionen ha, d.h. nur um etwa 20% geringer als die des Dauerweide- und Leyareals auf Ackerböden – blieb bis 1962 unverändert.

Demgegenüber beträgt die Öd- und Unlandfläche in Westdeutschland nur etwa 0,84 Millionen ha bei 5,7 Millionen ha Wiesen und Weiden. Das heißt, es ist bis in das hohe Gebirge alles überhaupt Grünlandfähige der Nutzung erschlossen worden. Die nicht ackerfähige Fläche trägt in großem Umfang gute oder doch entwicklungsfähige Tal- und Bergwiesen oder Bergweiden; selbst die Almen des Hochgebirges stehen unter Kultureinfluß. Dabei ist die reichliche, in England fast fehlende Verwendung von Wirtschaftsdüngern von entscheidender Bedeutung. Das gleiche wie in Deutschland – Wiesenreichtum, Grünlandkultur bis in hohe Berglagen – gilt für einige Nachbarländer und weiter in den Kontinent hinein. Angesichts dieser grundlegenden Verschiedenheiten darf es nicht überraschen, daß es großen Teilen Westeuropas an Verständnis für die Formen der festländischen Grünlandnutzung, insbesondere für die Wiesenwirtschaft und die Kultivierung ehemaligen Ödlandes, fehlt. Vielfach wird unsere Grünlandbewirtschaftung dort als rückständig, traditionsgebunden gegenüber dem Ley als Symbol des Fortschritts empfunden (Koblet 1963, Marschall 1963). Man kennt den festländischen „Naturfutterbau“, insbesondere das hohe Leistungspotential auch der nicht weidefähigen Wiesen, eben überhaupt nicht; und die nicht zahlreichen Verfechter umbruchloser Grünlandverbesserung in jenen Ländern fanden lange Zeit kein Echo. – Nach dem zweiten Weltkrieg ist die Idee des Leyfarming und des Umbruches von Dauergrünland auch bei uns von einigen Seiten aufgegriffen worden, wieder unter Verkennung der Sachlage und daher ohne nachhaltige Wirkung.

Was leistet die Wechselwirtschaft – als Leyfarming oder in anderen Formen – im Ackerbau und gegenüber dem Dauergrünland nun tatsächlich? Zunächst war man in England sehr optimistisch. Davies (1954) erwartete von dem Ersatz des einjährigen Kleegrases in der Fruchtfolge durch dreijähriges Weidekleegras eine Verdoppelung des Weizenertrages und generell vom Ley den doppelten Futterertrag wie vom bisherigen Dauergrünland. Diese Erwartungen wurden jedoch stark enttäuscht.

Die Befruchtung des Ackerbaues sei, da weniger zum Thema gehörig, hier nur kurz erwähnt. Ihre physikalische Wirkung, z.B. die Stabilisierung des Krümelgefüges, hält nur kurze Zeit, kaum über die erste Nachfrucht hinaus, an (Baker 1959, Cray, Hood 1960b, Williams u.a. 1960, 1965, so auch Klapp 1959b, Koblet/Wehrli 1959, Simon u.a. 1957). Auch die mit der Dauer der Kleegrasnutzung zunehmende Anreicherung an organischer Substanz geht unter den Folgefrüchten bald wieder zurück. Immerhin werden zum Teil erhebliche, aber doch nie so große Mehrerträge erreicht wie erhofft. Nach Beweidung sind sie meist höher als nach Mahd. Nach umfangreichen Studien von Wil-

LIAMS u.a. (1957–1965) hängt die Höhe des Mehrertrages aber nicht von einer Bodenverbesserung schlechthin ab, sondern von der durch Klee, Exkremente und Dünger zugeführten N-Menge. Die Kleegraswirkung läßt sich großenteils durch Handelsdünger-N ersetzen. Die fruchtfolgehygienischen Wirkungen der Wechselwirtschaft und das Ausbleiben des Humusschwundes bleiben unbestritten.

Der Futterertrag des ersten Kleegrasjahres, oft auch noch des folgenden, ist durch die Wirkung von Umbruch, Mineralisation der organischen Substanz, starker Düngung, tiefem Wurzeln und raschem Anfangswuchs der Ansaat bei gutem Gelingen hoch und höher als bei weniger gut behandelten alten Grasnarben. Diese Überlegenheit geht aber bald zurück. Es müssen alle Jahreserträge des Kleegrases im Vergleich mit denen der Dauernarbe berücksichtigt werden! Leider aber sind die Vergleiche von Ley und altem Grünland fast nie gerecht, CRAY nennt sie sogar „unfair". Es werden oft vorbildlich angelegte und hoch gedüngte Kleegrasbestände mit vernachlässigtem, schwach gedüngtem Dauergrünland verglichen. Das gilt auch für den statistischen Vergleich von Ley und Dauergrünland in England; siehe die von DAVIES (1960) genannten Düngergaben (S. 235).

DAVIES sagt an anderer Stelle, daß beste Fettweiden Gleiches wie Leys leisteten, gute 80% und durchschnittliche 50% davon. Diese Unterlegenheit guter und mittlerer Weiden ließe sich durch bessere Behandlung und Düngung der letzteren mit Sicherheit ausgleichen.

Nach BAKER (1959) zögert die Praxis denn auch, Lolium-Weiden erster und zweiter Wertstufe umzubrechen; dies geschieht vornehmlich bei potentiell guten, aber seit langem vernachlässigten Weiden der *Agrostis tenuis*-Gruppe. Was für Weidevergleiche gilt, hat auch für Wiesenvergleiche zu gelten; d.h., mit Mähekleegras zu vergleichen wären allein beste Wiesen in hoher Kultur (MARSCHALL 1963). Würden nur Flächen gleicher Behandlung miteinander verglichen, dann würde sich vermutlich keine sichere Überlegenheit mehrjähriger Kleegrasanlagen herausstellen.

Gegenüber der Vielseitigkeit des Futters vom Dauergrünland ist das Kleegrasfutter einseitiger; so sind auch namentlich bei jungen Ansaaten wiederholt und in verschiedenen Ländern tierhygienische Bedenken geltend gemacht worden; es wird von erhöhter Blähgefahr, Fruchtbarkeitsstörungen, Mangel an Spurennährstoffen berichtet.

In England ging die Kritik des Leyfarming zunächst von wirtschaftlichen Gesichtspunkten aus (ASHBY, BARKER, ELLISON u.a.). Der Aufwand sei viel zu hoch und nur durch hohe Subventionen ausgleichbar.

Vor allem aber begegnete die Überlegenheit des Leyertrages immer mehr Zweifeln. Selbst STAPLEDON gab später (1955) an, daß sie bei gleicher Bewirtschaftung des Dauergrünlandes nicht grundsätzlich gegeben sei (BOEKER 1957d); im hängigen Gelände sei Leyfarming mehr erosionsgefährdet als Dauergrasnarben, bei schlechter Behandlung versagten Ansaaten rascher, vom 3. Jahr an dringe sowieso die Wildflora stark in die Ansaaten ein. Siehe ferner H. G. CLARKE 1959. DAVIES betonte, die Frage laute nicht mehr „Ley oder Dauergrünland", sondern „Gutes oder schlechtes Futter". Der Umschlag der allgemeinen Auffassung spricht nach CRAY heute fast zu sehr zugunsten des Dauergrünlandes. Erfolgsberichte über umbruchlose Verbesserung von Dauergrünland kommen heute auch im Inselreich mehr zur Geltung als bisher.

Bezeichnend ist, daß andere Weideländer Westeuropas mit ihrer Grünlandwirtschaft, die man wirklich nicht rückständig nennen kann, bisher auf allen geeigneten Böden beim Dauergrünland geblieben sind.

Natürlich gibt es Fälle, in denen Wechselgrünland dem Dauergrünland überlegen ist, vor allem dann, wenn grünlandfähiger Boden fehlt; also besonders in trockenen Lagen mit Sandboden. Die Futterproduktion vollzieht sich hier im Rahmen der Ackerfruchtfolge. Auf stark entwässertem, sandreichem Niedermoor läßt sich Dauergrünland kaum halten (Wojahn u.a. 1966). Nach Marschall leistet Kleegras auf geborenen Ackerböden in mäßig feuchten Lagen mehr als die beste Wiese. Stets handelt es sich dabei um Ackerfutterbau.

Anders dort, wo naturfeuchtes, leicht zu verbesserndes Dauergrünland verfügbar ist oder dem Kleegrasanbau standörtliche Hemmnisse (hängiges Gelände, schwierige Boden- und Klimaverhältnisse) entgegenstehen. Es ist auch zu berücksichtigen, daß die Wechselwirtschaft ein erhebliches Ansaatrisiko einschließt. Ferner ist Kleegras durchaus nicht überall eine gute Vorfrucht (Könnecke 1967). Berechtigt ist Kleegraswechsel nur im Ackerbau, nicht aber dort, wo vorhandenes Dauergrünland auch solches bleiben soll. Periodischer Umbruch stiftet hier (Cray) mehr Schaden als Nutzen, bedeutet vor allem eine unnötige Intensivierung.

Im ganzen hat man den Eindruck, daß die ursprüngliche Leyidee überholt ist, d.h. einem Bedeutungswandel unterliegt (Cray, Rowsell, Woodford 1966 u.a.). Die Aufgaben des Ley im Ackerbau liegen dort, wo bodenhygienische Gesichtspunkte zwingend sind, besonders aber in Spezialzwecken des Futterbaues. Kurzlebige Ansaaten (z.B. von *Lolium multiflorum*) liefern besonders früh Futter; durch Anbau verschiedener Zuchtsorten derselben Art lassen sich zeitliche Zuwachsunterschiede ausgleichen und Futterlücken schließen. Luzernegrasgemische bringen hohe Leistungen, wenn der Rückgang des Luzerneanteils durch wachsende N-Gaben ausgeglichen wird. Auch die zeitweise in England stark betonte „Foggage"-Methode (S. 464) ist eine Form des Leys.

In der Fruchtfolge soll der Ley auch wie eine Ackerfrucht behandelt, d.h. vorwiegend als Mähefläche genutzt werden; die Tendenz zur Trennung von Ackerbau und Dauergrünland als Grundlage des Weideganges ist unverkennbar, selbst auf ackerfähigem Boden. Jedenfalls ist die Dauergrasnarbe mit ihren großen Möglichkeiten auf dem Wege zur Rehabilitierung. Das gilt sogar für Wiesen, deren Leistungsmöglichkeit bei entsprechender Behandlung nicht unbedingt hinter derjenigen von Weiden zurückzubleiben braucht.

D. GRÜNLANDNUTZUNG

1. Grundlagen der Nutzungsmöglichkeiten

Die natürliche Vegetation unseres Klimagebietes besteht in Wäldern (Abb. 9). Entstehung und Erhaltung von Gras-Krautnarben setzen (abgesehen vom Fraß wilder Tiere) Weidegang oder Mahd, d.h. die Nutzung durch den wirtschaftenden Menschen voraus. Unter Nutzung verstehen wir jede Entnahme grüner Pflanzenmasse; dem entspricht im englischen Schrifttum der treffende Begriff „Defoliation" (Entblätterung). – Ohne Nutzung stellt sich wiederum Holzwuchs ein (Abb. 3). In die Wechselwirkung von Standort, Grasnarbe und Nutztier greift der Mensch regelnd und lenkend ein.

Nutzungsformen

Jede Art der Grünlandnutzung übt spezifische Wirkungen auf die Grasnarbe aus. Als Beispiele seien zunächst die übliche, meist 2-, seltener 1- oder 3malige Mahd der Heuwiesen und reine Weidenutzung einander gegenübergestellt. Die meisten Heuwiesen werden so spät geschnitten, daß die bodennahen Pflanzenteile unter starker Beschattung mehr oder minder an Blattgrün verarmen. Die Mahd entfernt schlagartig und in gleicher Höhe über dem Boden das aktive Blattwerk, die Assimilation des Restes wird großenteils oder ganz unterbunden; im Extrem verbleibt eine ausgebleichte, bei Trockenheit verdorrende Stoppel (Abb. 29), in jedem Fall ein lückiger, blattarmer Bestand[1]. Beweidung hinterläßt dagegen stets einen großen Teil grüner, verschieden hoch verbissener oder auch niedergetretener Pflanzenteile; die Assimilation wird nur vorübergehend eingeschränkt, aber nie vollständig unterbrochen. Wiesenmahd erfolgt nach langen Zeiten ungestörten Wachstums des Grases und des Wurzelsystems; die meisten Pflanzen erreichen schossend das Blühstadium. Rechtzeitig genutzte Weidenarben erreichen dagegen großenteils nur das vegetative Stadium oder den Schoßbeginn; die Ausdehnung des Wurzelsystems wird dadurch stark eingeschränkt (Abb. 43). Wiesenmahd verschlechtert namentlich bei Tiefschnitt vorübergehend das Mikroklima in Bodennähe, während die stets verbleibende Restnarbe der Weide Witterungsextreme in Bodennähe mildert. Unter Mahd neigt der Boden zur Auflockerung, unter Weidegang wenigstens zeitweise zur Verdichtung. Wiesenmahd ist meist verknüpft mit geringer Bestockung = lockerer Grasnarbe, Weidenutzung mit starker Bestockung und dichter Narbe. Mähwiesen sind gewöhnlich reich an

[1] Diese Art der Wiesennutzung ist, wie mehrfach erwähnt, in den Ländern mit fast ausschließlicher Weidenutzung praktisch unbekannt und als rückständig angesehen. Mahd findet dort – was bei allem Folgenden zu berücksichtigen ist – in der Regel auf Weidenarben in relativ jungen Stadien statt.

Arten (Abb. 41, S. 74) verschiedenster Wuchsform, Weiden artenarm, und die Wuchsformen sind weniger verschieden; beides sind Folgen sehr verschiedener Selektions- und Konkurrenzwirkungen von Schnitt, Biß, Tritt, Selbstbeschattung usw.

Bei alledem handelt es sich zunächst um äußere Merkmale beider Nutzungsformen; auf die inneren physiologischen Vorgänge und Wirkungen wurde schon S. 92f. eingegangen. Näheres zum Pflanzenbestand der Wiesen und Weiden siehe S. 107, ausführlicher in KLAPP (1965a).

Die Wiesenernte entzieht dem Boden alle in ihr enthaltenen Nährstoffe (S. 151), und ein Ersatz durch Düngung ist auch heute noch nicht die Regel; der Nährstoffentzug von Weiden wird dagegen großenteils durch Exkremente der Weidetiere ausgeglichen (ebenda).

Abb. 173. Links Narzissenwiese, rechts Bergweide (Westschweiz) (Original KLAPP)

Wirtschaftlich gesehen, ist die heutige Wiesenmahd der Weidenutzung unterlegen. Sie kann zwar höhere Erntemassen in Tm liefern als die Weide, aber diese produziert höhere Mengen an verdaulichen Nährstoffen. Der Wiesenschnitt ist stark termingebunden, Ernte und Konservierung des Heues verlangen hohen Arbeitsaufwand. Auf der Weide übernimmt das Tier die wenig termingebundene Erntearbeit, und bei einfachen Weideverfahren fehlt der Zwang zur Konservierung. (Zur Problematik der Mähwiese in Norddeutschland siehe SOMMERKAMP 1966.)

Selbstverständlich gibt es auch innerhalb der beiden Nutzungsformen noch erhebliche Unterschiede der Wirkung je nach Standort, Düngung, Pflege, Nutzungsterminen, Tierbesatz usw. und im Zusammenhang damit auch Unterschiede in der ,,Erholung" der Grasnarbe sowohl nach Mahd wie nach Beweidung.

Heuwiesenmahd und Dauerbeweidung bilden nur ein Beispielpaar. Die Abwandlungen der Weidenutzung von der Stand- bis zur Rations-(Portions-) Weide unterscheiden sich in der Wirkung auf die Grasnarbe stark. Noch mehr gilt das von vermehrter Mähenutzung; schon der Übergang vom Zweischnitt zum Mehrschnitt (S. 390) bewirkt erhebliche Bestandsumwandlungen, wenn auch der Wiesencharakter dabei zunächst noch erhalten bleiben kann. Ausgesprochener Vielschnitt (S. 394) mit weitgehendem Fortfall der Selbstbeschattung nähert sich der Weidenutzung an, ohne ihr gleich zu werden; es bleibt die uniforme Stoppelhöhe der Mahd gegenüber dem ungleichmäßigen Weidefraß und Betritt bestehen, vor allem aber fehlt der Exkrementanfall.

Innere Grundlagen der Nutzungswirkung

Jede Nutzung der Grasnarbe bedeutet Stoffverluste. Die Wiederaufnahme des Trieb- und Blattwuchses bedarf daher der Zufuhr von Baustoffen und Energieträgern. Soweit die Nutzung reichlich assimilierendes Gewebe zurückläßt, führen schon dessen Assimilate zur Fortsetzung des Trieb- und Blattwuchses. Die Mahd hochwüchsiger Heuwiesen hinterläßt aber wenige, im Extrem fast gar keine tätigen Blattreste (Abb. 29); neuer Wuchs ist daher großenteils auf Stoffreserven (S. 378) in Stoppeln, Wurzeln, Rhizomen angewiesen. Die Vielseitigkeit der Nutzungsformen und der beteiligten Pflanzenarten kompliziert die Zusammenhänge derart, daß die Forschung sich zunächst auf das Studium von Einzelpflanzen oder gar Einzeltrieben beschränken muß.

Die wesentlichen Vorgänge der Entwicklung und des Wachstums werden von Bommer auf S. 92 f. zusammenfassend behandelt und im folgenden nur in Einzelheiten wiederholt. Im Vordergrund steht dabei das Verhalten der Gräser[1].

Im jungen, vegetativen Wuchsstadium der Gräser vollzieht sich eine relativ stetige Weiterentwicklung von Trieben und Blättern. Sie erfährt eine grundlegende Wandlung mit Beginn des Schossens und der Ährenbildung, d.h. mit dem generativen Stadium. Damit endet die Bestockung, aber auch die Wurzelbildung. Die Unterbrechung der Bestockung ist die Hauptursache dafür, daß nicht oder selten genutzte, mehrfach zum Schossen gelangende Pflanzen stets weniger dichte Grasnarben bilden als solche, bei denen häufige Nutzung das Schossen verhindert. – Da ferner die Zeit der Blütenstandsbildung mit ihrem hohen Stoffverbrauch eine Schwächephase der Pflanze darstellt, sind stark schoßgeneigte, halmreiche Arten („Obergräser") empfindlicher gegen häufige Nutzung als wenig schossende, halmarme Arten („Untergräser").

Wie das Schossen und Blühen führen auch Mähen oder Abweiden zu einer vorübergehenden Unterbrechung der Bestockung und des Wurzelwuchses. Wenn dabei jedoch der Vegetationspunkt schoßgeneigter Triebe entfernt wird, folgt eine mehr oder minder rasche Erholung der Bestockung, der Wurzelentwicklung und damit des Nachwuchses, weil die beim Schossen bestehende Hemmung der Bestockung und Blattbildung dann endet.

Der zeitliche Verlauf des Blühreifwerdens und der Bestockungshemmung ist artweise sehr verschieden. Bei spätgeschnittenen Wiesen dauert die letztere lange an, wobei die Selbstbeschattung ständig anwächst (daher die geringe

[1] Zu vielen Fragen des gesamten Nutzungsproblems äußert sich Smelov 1966. Das Buch liegt unseres Wissens bisher nur in russischer Sprache vor. Es enthält eine Fülle von Untersuchungsergebnissen des Autors und seiner Fachgenossen. Wir beziehen uns auf Teilübersetzungen durch Prof. T. A. Rabotnov, Moskau, und Dr. A. Remus, Bonn.

Bestandesdichte). In Weiden leidet die Bestandesdichte nur bei gar zu häufiger (oder zu seltener) Nutzung.

In Mischbeständen mit verschieden stark bestockten, zu verschiedener Zeit schossenden und blühenden Arten tritt die Wirkung des Schnittes auf die Triebbildung natürlich weniger deutlich ein als bei Einzeltrieben einer Art. Artreiche, besonders kleehaltige Mischbestände vertragen häufigeren und auch tieferen Schnitt als Reinbestände, sei es wegen geringerer Beschattung niedrigwachsender Arten oder wegen abgeschwächter Konkurrenzwirkungen. In Reinbeständen einer Art sinkt der Ertrag mit Häufigkeit und Tiefe des Schnittes stärker als in Mischbeständen (S. 398).

Verhalten der Arten unter der Nutzung

Das Verhalten der Futterpflanzen bei verschiedener Nutzung ist in zahllosen Versuchen vieler Länder studiert worden. Die Ergebnisse der Weltliteratur zeigen – bei manchen Unterschieden im einzelnen – eine große Übereinstimmung in den Grundlinien. Es handelt sich gewöhnlich um Schnittversuche, deren Ergebnisse nur bedingt mit Weidewirkungen vergleichbar sind. Als Beispiel mögen unsere Ergebnisse 30jähriger Versuche dienen (Klapp 1937/38a, 1941/42, 1942/43b, 1951b, Klapp/Schulze/Hiepko 1957).

Die Empfindlichkeit der Arten gegen steigende Nutzungshäufigkeit nimmt etwa in folgender Reihe ab:

Agropyron caninum (Hundsquecke)
Lotus corniculatus (Hornklee)
Poa palustris (Sumpfrispe)
Phalaris arundinacea (Rohrglanzgras)
Arrhenatherum elatius (Glatthafer)
Festuca pratensis (Wiesenschwingel)
Bromus inermis (Wehrlose Trespe)
Dactylis glomerata (Knaulgras)
Phleum pratense (Lieschgras)
Festuca rubra (Rotschwingel)
Poa pratensis (Wiesenrispe)
Lolium perenne (Deutsches Weidelgras)
Trifolium repens (Weißklee)

Agropyron caninum, Lotus und *Poa palustris* leiden unter mehrfachem, besonders unter frühem Schnitt stark, während *Lolium perenne* und besonders *Trifolium repens* sehr häufigen Schnitt vertragen. Die Ursachen dafür sind zum Teil morphologischer Art und in der Wuchsform, gleichzeitig aber in Verlauf und Lokalisation der Speicherung von Assimilaten (Reservestoffen, S. 378) begründet. Nutzungsfeste Arten sind in der Regel reich an Bodenblättern, die zu einem erheblichen Teil von der Nutzung nicht erfaßt werden und nach dieser weiter assimilieren können. Nutzungsempfindlich sind dagegen vor allem bodenblattarme, halmreiche Gräser, deren Assimilation durch den Schnitt größtenteils unterbrochen wird. Eine Zwischenstufe bilden an Halmen und Bodenblättern zugleich reiche Arten wie etwa *Dactylis*. Die Lokalisation der Reservespeicher ist insofern wichtig, als oberirdisch (in Stoppeln oder im verdickten Triebgrund) speichernde Arten sehr empfindlich gegen tiefen Schnitt sind im Gegensatz zu solchen Arten, die vornehmlich in Wurzeln, Stolonen und Rhizomen speichern.

Typisches Beispiel eines sehr nutzungsempfindlichen Grases ist das früher außerordentlich verbreitete und auch heute noch in bestimmten Wiesengesellschaften herrschende Pfeifengras (Besenried, *Molinia coerulea*). Es entwickelt sich spät zur Blühreife, sammelt die für den Wiederaustrieb im Folgejahr notwendigen Baustoffvorräte erst spät – bis zum Oktober – und legt diese im verdickten Halmgrund nieder; früher und tiefer Schnitt wirken vernichtend, Mahd erst beim Vergilben fördernd.

Arrhenatherum als das bedeutsamste Obergras gedüngter Wiesen gedeiht am besten bei Zwei-, nur unter günstigen Verhältnissen bei Dreischnitt zu Blühbeginn. Schnittvermehrung bedeutet eine starke Abnahme der Wurzel- und Stoppelmasse. Dagegen ist *Lolium perenne* als eine (zeitweise, RUDZITIS !) sehr bodenblattreiche Art mit einer nach Schnitt nur wenig gestörten Assimilation bei üblicher Schnitthöhe (weniger bei tiefem Rasenschnitt) dem Vielschnitt am besten gewachsen. *Trifolium repens* ist besonders nutzungsfest, weil seine Blätter teilweise dem Schnitt entgehen und seine grünen, von Schnitt und Biß nicht erfaßten Stolonen assimilationsfähig sind. Ausführliches über das Verhalten der Arten findet sich bei KLAPP/SCHULZE/HIEPKO.

Reservestoffe, Speicherung und Verbrauch

Der jährliche Wiederaustrieb mehrjähriger Grünlandpflanzen und der wiederholte Ersatz ihrer durch Nutzung entnommenen Organe setzt zunächst das Vorhandensein entwicklungsfähiger Triebknospen (Erneuerungsknospen), sodann eine ständige Deckung des Baustoff- und Energiebedarfs voraus[1].

Solange funktionsfähige Blätter vorhanden sind, wird eben dieser Stoffbedarf mehr oder minder aus der laufenden Assimilation bestritten. Anders im Winterhalbjahr oder, wenn Tiefschnitt hochwüchsiger Wiesen im Sommer alle tätige Blattmasse entfernt hat. Dann sind das Überwintern der Pflanze und die sommerliche Erholung von Nutzungswirkungen auf den Stoffvorrat in den nichtgrünen Organen der Pflanze, auf „Reservestoffe“ angewiesen. Im Winter sind diese für die lebenswichtige Unterhaltung der Atmung notwendig, während der Vegetationszeit immer dann, wenn der Verbrauch der Pflanzen größer ist als der Gewinn an Assimilaten; so bei raschem Wachstum und nach dem Blattverlust durch eine Nutzung.

Unter Reservestoffen versteht man Kohlenhydrate und neuerdings auch N-haltige Verbindungen, die in Stoppeln, Wurzeln, Rhizomen und Stolonen der Pflanze angereichert und kurzfristig mobilisiert werden können (ALBERDA 1957/60, MAY, SMELOV 1937, 1966); über ihre Bedeutung im einzelnen bestehen Meinungsunterschiede. Nicht alle von Pflanzen gespeicherten Stoffe erfüllen diese Reservefunktion; nicht z.B. die strukturbildenden Kohlenhydrate der Zellwände und Stützgewebe, wie Cellulose, Hemicellulosen (Pentosane), Lignine, Pectine (MCILROY), da sie nicht oder schwer löslich sind. Als Reserven wirken die mehr oder minder löslichen Kohlenhydrate[2], d.h. Zuckerarten und Stärke. Von den Zuckern spielen Monosaccharide (Hexosen, Glucose, Fructose) meist eine geringe, Oligosaccharide (Sucrose = Rohrzucker) eine größere und die Fructane (Fructosane, Polysaccharide) bei unseren Gräsern die größte Rolle, bis zu 75 % der löslichen Kohlenhydrate.

Stärke fehlt unseren Gräsern, ist aber bei Leguminosen am wichtigsten. In Ländern warmer Klimate herrschen dagegen bei Gräsern Stärke und andere

[1] Der ganze Vorgang kann als Innovation bezeichnet werden (ST. RAUSCHERT brieflich), der Wiederaufbau entnommener Pflanzenteile als Restitution (H. ULLRICH).

[2] Weiterhin abgekürzt „lösliche CH“; im englischen Schrifttum als SC (Soluble carbohydrates) oder als TAC (Total available c.) bezeichnet.

Zuckerarten vor (so bei uns auch in *Brachypodium pinnatum*). Weitere Einzelheiten bei McIlroy.

Die außer den löslichen CH als Reserven angesehenen Stickstoffverbindungen treten mengenmäßig stark zurück; ihr Wirkungsgrad wird jedoch, z.B. von Dilz (1966), als sehr hoch angesehen. Endlich sind auch gespeicherte Mineralstoffe zu den Reserven zu rechnen. Voraussetzung der Speicherung von Stoffreserven ist eine den augenblicklichen Bedarf der Pflanze übersteigende Produktion von Assimilaten, d.h. die für längere Zeit anhaltende Tätigkeit einer großen Blattfläche, dazu ein leistungsfähiges Wurzelsystem zur Versorgung der Pflanze mit Wasser und Nährstoffen. Übersteigt der CH-Bedarf des Wachstums die Produktion von Assimilaten, dann bedeutet das Stoff- und Energieverlust. Dagegen erhöhen alle wuchshemmenden Faktoren die Reservespeicherung (Milthorpe/Davidson, ferner Alberda, May, Weinmann).

Bei Wärme- und Wassermangel wächst der Speichervorrat. In Perioden starken Wachstums, bei hohen Temperaturen namentlich der Nacht und bei zugleich guter Wasserversorgung bleibt die Speicherung gering. In warmen Klimaten werden die Reserven rascher verbraucht, die Erholung der Pflanze nach einer Nutzung bedarf längerer Zeit als in kühlen. Die optimale Nutzungshäufigkeit ist daher weitgehend klimabedingt. Mit steigender Lichtintensität und Belichtungsdauer wächst die Speicherung, bei Lichtmangel und Beschattung bleibt sie zurück.

Zunehmende N-Düngung führt im Zusammenhang mit Bestockungs-, Wuchsförderung und hohem Assimilatverbrauch zur Abnahme der Reserven bis um 50%. Das ist besonders auffallend in Verbindung mit Lichtmangel und hoher Temperatur. Die Wirkung der übrigen Nährstoffe ist weniger deutlich.

Die Orte der Speicherung sind je nach Pflanzenart verschieden (Klapp u. Mitarbeiter 1957, Koblet 1965b, May, Smelov, Weinmann und viele andere). Hiepko (1959) fand (in Gefäßversuchen) Speicherung bei *Dactylis* vornehmlich in den Stoppeln, bei *Poa pratensis* in den Rhizomen (bei Luzerne in den groben Wurzeln); bei *Arrhenatherum* findet die Speicherung, weniger eng lokalisiert, im Wurzelstock und in den Stoppeln statt. Eine wichtige Rolle können knollen- oder zwiebelförmige Verdickungen am Grunde der Triebe (*Molinia*, „*Bulbosum*"-Formen von *Arrhenatherum*, *Phleum* u.a.) spielen. Arten mit solchen sind empfindlich gegen Rasierschnitt.

Die Menge der Speicherstoffe kann sehr hoch sein; Koblet (1965a) fand bei *Trifolium repens* je nach Organ 11–35% der Tm, Weinmann bei *Cynodon* unter üblichem Weidegang 8–18 dz/ha, bei Kurzhalten der dann besonders bodenblattreichen Art jedoch das Mehrfache.

Der zeitliche Verlauf von Speicherung und Verausgabung

A. Bei ungestörtem Wuchs: Vor dem Wachstumsbeginn im Frühjahr ist der Reservevorrat durch den winterlichen Verbrauch erniedrigt; während der Bestockung steigt er mehr oder minder an; mit dem Einsetzen kräftigen Trieb- und Wurzelwuchses wächst der Verbrauch stark, und im späten Mai und Juni findet sich gewöhnlich ein Minimum an Reservestoffen. Ein Maximum wird, je nach Pflanzenart verschieden, in der Zeit zwischen Blütenentwicklung und Samenreife erreicht. Mit erneuter Bestockung und Triebentwicklung nimmt der Vorrat zunächst ab; anschließend wird mehr assimiliert als verbraucht, der Vorrat erreicht, wenigstens bei den meisten Gräsern, einen zweiten Höhepunkt. Im Winter wird ein Teil des Vorrats (nach SMELOV bei *Phleum* und *Festuca pratensis* 30–40%) für den Energiegewinn zur Lebenserhaltung und zur Vorbereitung des Wiederaustriebs veratmet. Am einzelnen Tag ist die Speicherung gewöhnlich nachmittags am höchsten.

Der Jahresumsatz an Speicherstoffen ist sehr hoch; in der Zeit stärksten Wachstums (Vorsommer) werden bis 90% der löslichen CH und bis zu 1/3 der organischen Tm verbraucht (siehe u.a. MAY, WEINMANN). Besonders vielseitige Daten zum Rhythmus von Speicherung und Verbrauch und zu seinen artbedingten Unterschieden bringt SMELOV bei.

B. Bei Nutzung: Auf jede Nutzung folgt ein scharfer Abfall des Speichervorrates; der Nachwuchs geht zu Lasten der Reserven vor sich, wobei der Verbrauch 50–80 und mehr % des Vorrats in Stoppeln, Wurzeln und Rhizomen erreichen kann. Der damit verbundene Schwächezustand dauert je nach Art und Umwelt verschieden lang, bis zu über 10 Tagen, an. Er wirkt um so nachteiliger, je häufiger und tiefer geschnitten oder verbissen wird; dies besonders dann, wenn die Nutzung zur Zeit stärkster Wuchstätigkeit, d.h. stärksten Reserveverbrauchs, erfolgt. Hier kann es bei übertriebener Nutzungsweise zu starken Wuchshemmungen infolge der Erschöpfung der Speicherstoffe kommen (KLAPP u.a., MCILROY, MAY, SMELOV, WEINMANN u.a.).

Das Geschehen in den Wurzeln. Die in den unterirdischen Organen vorhandenen Reservestoffe müssen ausreichen, um das Pflanzenleben im Winter zu erhalten und im Frühjahr (sowie nach jeder Nutzung) den Neuaustrieb so lange zu ermöglichen, bis neu entwickelte Blätter reichlich zu assimilieren und Assimilate abzugeben beginnen. Das bedeutet Verbrauch oder Transport von Reservestoffen. Beidem geht eine Neubildung von Wurzeln bis tief in den Winter hinein voran.

Wir fanden (KLAPP 1937/38a) an speichernder Masse (Wurzeln und Bestokkungszone) bei *Dactylis* in g Tm je 100 Pflanzen:

nach Alter der Pflanzen		nach Schnitthäufigkeit	
192 Tage	2135	1mal	2961
154 Tage	1129	2mal	2293
127 Tage	474	3mal	1294
98 Tage	81	4mal	1007

Jede Nutzung unterbricht den Wurzelwuchs; diese Unterbrechung tritt bereits in den ersten 24 Stunden nach der Nutzung ein und erfaßt immer größere Teile des Wurzelsystems; zugleich setzt eine starke Zersetzung älterer Wurzeln ein. Diese Vorgänge schreiten so lange fort, bis neuer Blattwuchs genügende Assimilate liefert. Mit der Einschränkung des Wurzelsystems nimmt auch seine Leistung in der Aufnahme von Wasser und Nährstoffen ab. Tiefreichende Wurzeln werden stärker reduziert als oberflächennahe. Deren Zahl wird durch die nutzungsbedingte Bestockungsförderung allerdings vermehrt, so daß es zur stärkeren Konzentration des Wurzelnetzes in der obersten Bodenschicht kommt (S. 79, Abb. 42, 43). Wie schon angedeutet, ist die Abnahme der Wurzelmenge um so stärker, je häufiger und tiefer die Entblätterung der Grasnarbe erfolgt, am stärksten bei „Rasierschnitt" (S. 400); um so länger dauert der Verbrauch an Reserven an, um so später tritt die Neuentwicklung aktiven Blattwuchses ein. In ähnlicher Weise werden auch die Rhizome und Stoppeln der in diesen Organen speichernden Arten betroffen. Ausführliches hierzu findet sich bei SMELOV, Einzelheiten bei UENO u.a. 1961, WILLIAMS/BAKER 1957.

Das ganze Geschehen ist in hohem Maße artspezifisch; wiederum sind niedrigwüchsige oder gar dem Boden anliegende Pflanzen begünstigt, so auch dauernd ganz kurz gehaltene und daher grünbleibende Rasen („Parkraseneffekt") (KLAPP 1954a, S. 353).

Nach allem Gesagten ist die „Erholung" der Grasnarbe nach einer Nutzung an die Versorgung entwicklungsfähiger Triebknospen und der sich daraus entfaltenden Blätter mit Energie und Baustoffen gebunden. Dazu ist die Pflanze nach scharfer Nutzung, z.B. nach Rasierschnitt, auf die Reservestoffe der Speicherorgane angewiesen. Ergänzend wirken die bei schonender Nutzung noch verbleibenden Blattreste durch ihre Assimilate. Die Reservestoffe, wenigstens die löslichen CH, nehmen geraume Zeit nach der Nutzung noch ab, ihr Minimum wird je nach Pflanzenart erst 8–20 Tage nach der Nutzung erreicht. Neue Wurzelentwicklung und neue Speicherung setzen erst dann ein, wenn der Gewinn von Assimilaten im Jungwuchs den anfänglichen Bedarf überschreitet. Das ist je nach Art schon vor dem Schossen oder erst bei Blühbeginn, d.h. immer erst mehrere Wochen nach der Nutzung, der Fall. ALBERDA fand (in Klimakammern), daß der ursprüngliche Reservevorrat einer Grasart bei starkem Licht und 20 °C in 3 Wochen nach dem Schnitt wieder erreicht wurde. Für den Zeitbedarf dieser Erholung sind außer der Arteigentümlichkeit und der Nutzungsintensität entscheidend der Lichtempfang der jungen Blätter und die Temperatur. Bei geringer Lichtintensität und hoher Nachttemperatur verläuft die Erholung langsam, beim Gegenteil schneller. Die Lichtaufnahme wächst bis zum Erreichen des Blattflächenoptimums (S. 49). Wesentlich ist natürlich auch die Wiederherstellung voller Wurzelleistung bei der Wasser- und Nährstoffaufnahme. DAVIDSON/MILTHORPE u.a. meinen, daß die Reserven an löslichen CH und die Assimilation der nach scharfer Nutzung verbleibenden Blattflächen nicht für die Anfangsentwicklung des Nachwuchses ausreichen. Sie vermuten, daß auch stickstoffhaltige Stoffgruppen zur Wiederherstellung der Wüchsigkeit notwendig sind. Es erhebt sich damit die grundsätzliche Frage nach der tatsächlichen Bedeutung und Art der für Wiederaustrieb und Nachwuchs der Grünlandpflanzen erforderlichen Stoffreserven.

Bis in die neuere Zeit wurden diese vornehmlich in dem Vorrat der Speicherorgane an löslichen CH gesehen. Dies gilt wenigstens für den Zeitraum bis zur Produktion überschüssiger Assimilate aus dem sich entwickelnden Blattwuchs. Diese Auffassung erschien gerechtfertigt, weil in der Regel eine weitgehende Parallelität zwischen Ab- und Zunahme des löslichen CH-Vorrates einerseits, Hemmungen und Erholungsvermögen des Pflanzenwuchses anderseits besteht. Da vor allem jede Nutzung die CH-Reserven stark abnehmen läßt, scheint der Schluß auf ihre entscheidende Bedeutung für alle Vorgänge des Neu- und Nachwuchses berechtigt.

Unbestritten bleibt auch ihre Rolle bei der Unterhaltung des Lebens namentlich im Winter. Bestritten wird ihre ausschlaggebende Bedeutung für die Weiterentwicklung des Neu- und Nachwuchses. Tatsächlich besteht in manchen Fällen keine Beziehung zwischen der Größe des löslichen CH-Vorrates und dem Umfang des Nachwuchses. Bei Lichtentzug endet dieser, auch wenn noch reichlich CH-Reserven vorhanden sind. Die bisherigen Kenntnisse über Mobilisation, Umlagerung und Verwendung der löslichen CH-Vorräte reichen offenbar für eine voll befriedigende Erklärung ihrer Bedeutung nicht aus. Sie werden daher von MAY u.a. gegenüber der assimilierenden Tätigkeit verbleibender und neu sich bildender Blätter als wenig wirksam, wenn nicht als bedeutungslos angesehen.

Dagegen wird die Bedeutung stickstoffhaltiger Reserven für Lebenserhaltung, Neuaustrieb im Frühjahr und Nachwuchs nach Nutzungen heute stärker betont. N-Verbindungen von einfachsten bis zu Proteinen sollen z.B. (DILZ 1966) zu stärkerer Substanzbildung befähigt sein als die Reserve-CH. Große Vorräte an N-haltigen Reserven spielen offenbar eine wesentliche Rolle für den Aufbau neuer Blätter, während bei N-Mangel ein Teil der vorhandenen Triebanlagen für den Neuaufbau geopfert werden kann. Vielleicht ist die Rolle der löslichen CH bisher überschätzt worden. Inzwischen haben ALBERDA, MCILROY, MILTHORPE/DAVIDSON u.a. jedoch eindeutig nachgewiesen, daß Unterschiede im Vorrat an löslichen CH doch Unterschiede im Nachwuchs nach der Nutzung hervorrufen, unter bestimmten Umständen sogar entscheidende. N-haltige Stoffe bilden dann eine Ergänzung.

Im Augenblick läßt sich zusammenfassend sagen: Lebenserhaltung im Winter, Vorbereitung des Neuaustriebs im Frühjahr und Wiederaufbau der Pflanze, besonders nach scharfer Nutzung, sind auf Stoffreserven so lange angewiesen, bis die Weiterentwicklung von Trieben und Blättern überschüssige Assimilate liefern kann. Der Reservebegriff umfaßt aber nicht nur lösliche CH, sondern – besonders bei Beginn von Neu- und Nachwuchs – auch stickstoffhaltige Stoffe.

Wirkung der Nutzung auf ganze Bestände

Wie erwähnt, sind nur einzelne Triebe, Pflanzen und bestenfalls Reinbestände einer Art exakter Erforschung der bisher geschilderten Vorgänge zugänglich. Anderseits zeigt die Erfahrung, daß gemischte Pflanzenbestände von wachsender Häufigkeit und Schärfe der Nutzung weit weniger betroffen werden und sich schneller erholen als einzelne Arten und Organe (S. 398). Wir begegnen hier der Vielzahl verschiedener Verhaltensweisen einer von Standort zu Standort wechselnden Artenkombination, besonders in den artenreichen Wiesen. Als Ursachen seien zunächst genannt:

a) Unterschiede der Wuchsform;
b) Unterschiede im Entwicklungsrhythmus, namentlich in dem bei der Nutzung erreichten Reifegrad;
c) Ein von den Gräsern abweichendes Verhalten der Leguminosen in Nutzungsreaktion und Reserveverwendung.

Bei jeder Nutzung wird nur ein Teil der Arten im empfindlichen Stadium betroffen, andere aber werden begünstigt, z.B. durch bessere Belichtung. Der Wettbewerb wirkt ausgleichend; bei Weiden kommt die Selektionswirkung des Tieres (S. 419) hinzu.

Art und Intensität der Nutzung (Häufigkeit, Schnitt- und Verbißtiefe) wirken sehr verschieden auf die Sproß- und Wurzelentwicklung der einzelnen

Arten und damit auf die Artzusammensetzung des Pflanzenbestandes. Über die prinzipiellen Wirkungen unserer Hauptnutzungsformen – übliche Heuwiese und Dauerweide – wurde S. 374 berichtet. Ein Vergleich von je 20 standortsgleichen, mahd- und weidefähigen Beständen zeigt in Bestandsanteilen (%) folgendes:

	Mahd	Weide	
Obergräser	62,9	14,3	*Alopecurus prat., Trisetum, Avena pubescens*
Hohe Leguminosen	5,3	0,7	*Trifolium prat., Lathyrus prat.*
Andere Hochstauden	14,4	2,0	*Heracleum, Pimpinella magna*
Untergräser	8,4	41,6	*Lolium perenne, Poa pratensis*
Niedrige Leguminosen	1,0	13,3	*Trifolium repens*
Trittpflanzen	1,6	15,6	*Plantago major, P. media*
Sonstige Arten	6,4	12,5	

Dieses Beispiel weist auf die prinzipielle Wirkung beider Nutzungsweisen hin, siehe auch Hein/Henson. Der Vergleich „üblicher" Wiesen mit häufig oder dauernd genutzten Weiden bedeutet jedoch noch keinen gerechten Vergleich von Mahd und Weide schlechthin. Bei etwa gleich häufiger Nutzung (also bei Schnittvermehrung auf Wiesen) werden einige Unterschiede der Heuwiesen und der Dauerweiden, wenn nicht aufgehoben, so doch stark eingeschränkt. Der Pflanzenbestand beider Nutzungsformen nähert sich an, die Besonderheiten des Weideganges (Selektion, Exkrementanfall, Tritt) bleiben aber bestehen.

In unserem Versuch (Klapp 1951b) setzte sich der Rasen nach 4 Jahren mit jährlich 19maliger Nutzung wie folgt zusammen (Bestandsanteile, abgerundet, Abb. 178, 180):

		Mahd	Weide
Poa annua und Weideunkräuter	nicht angesät	15	25
Poa trivialis		16	25
Trifolium repens		40	17
Poa pratensis		7	18
Lolium perenne		7	4
Festuca pratensis		2	+
Arrhenatherum		+	–
Dactylis		13	11

In diesem extremen Beispiel tritt als (unerwünschte) Wirkung der intensiven Schafbeweidung auf eine erst 5 Jahre alte Ansaat die Vermehrung der nicht angesäten Arten *Poa annua* und *Poa trivialis* hervor; in anderen Fällen muß dies nicht der Fall sein, immer aber ergeben sich spezifische Bestandsunterschiede beider Nutzungsformen (z.B. Abb. 173). – Bei dem S. 202 erwähnten Versuch von Bosch/te Velde 1958a, b wurden im Mittel aller Jahre und Düngungsstufen geerntet in dz/ha:

	Tm	Verd. Protein	Stärkeeinheiten
bei reiner Mahd	90,0	10,0	48,4
bei reiner Beweidung	98,4	14,0	54,6

Dabei leistete die Mahd in den ersten 5 Jahren an Tm etwa das gleiche wie die Weide; in den zweiten 5 Jahren sank der Mahdertrag, während der Weideertrag anstieg; im dritten Jahrfünft sank die Leistung beider Nutzungsformen, die der Weide aber langsamer; Weiteres S. 392.

Auch dieser Vergleich ist aber nicht ganz gerecht, da die Nutzungshäufigkeit verschieden war. Die Überlegenheit des Weideertrags (auch im Futterwert) entspricht jedoch allem Bekannten (Nährstoffzufuhr durch Exkremente = geringerer Entzug!). Für Angaben über die Anpassung der Grasnarbe an die Nutzungsformen in dieser Versuchsreihe sei auf die Originalberichte verwiesen.

Einige noch nicht veröffentlichte Versuche[1] mit gleich häufiger Weide- und Mähenutzung lassen bei gleicher Düngung beider Verfahren ungünstige Mahdwirkungen erkennen. Der Tm-Ertrag bleibt niedriger; im Bestand fällt besonders eine Vervielfachung des Anteils von Rotschwingel einerseits, eine starke Abnahme von Wiesenschwingel, in einem Falle auch von Wiesenfuchsschwanz auf, während der Anteil bodenanliegender Kräuter meist zunimmt. In einem Rengener Versuch folgte mehrjähriger Vielmahd eine unaufhaltsame Vermoosung.

Zweifellos ist diese Entwicklung – wenigstens auf ärmeren Böden – in erheblichem Maße auf das Fehlen der Exkrementnährstoffe bei Mahd zurückzuführen, nach niederländischen Erfahrungen (S. 477) durch erhöhte Nährstoffzufuhr auch weitgehend auszugleichen. In einem Rengener Fall blieb dieser Nährstoffausgleich, zunächst wenigstens, aus; insbesondere nahm die Vermoosung nicht ab. Bei Mahd fehlt nicht nur die Exkrement-, sondern auch die Trittwirkung. Es besteht ein wesentlicher Unterschied in der Vorgeschichte der Versuchsflächen insofern, als Vielnutzung beim Ausgang von einer Mähefläche viel stärkere Bestandsumwandlungen eintreten läßt als beim Ausgang von einer bereits häufig genutzten Weidenarbe wie in den Niederlanden. Der ganze Fragenkomplex bedarf noch weiterer Untersuchung an verschiedensten Standorten und Pflanzenbeständen[2].

Die Frage der Nutzungsform hat Bedeutung auch bei der Frage „Weidegang oder Sommerstallfütterung", S. 477.

Innerhalb der Hauptnutzungsformen üben Zeitpunkt, Tiefe der Mahd oder des Verbisses, Intensität und Selektionswirkungen, Dauer der Freß- und Ruhezeiten auf Weiden noch sehr verschiedene Einflüsse auf Pflanzenbestand und Leistung aus. Darauf ist noch mehrfach einzugehen.

Die S c h r u m p f u n g d e s W u r z e l s y s t e m s mit zunehmender Nutzungsintensität ähnelt unter Pflanzenbeständen derjenigen von Einzelpflanzen (Abb. 73, 174). Kmoch (1952) fand unter nicht oder selten genutzten Ödlandbeständen im Durchschnitt 252 dz Tm/ha an Wurzeln, unter üblichen Wiesen 131 dz, unter Weiden 85 dz; innerhalb der Weiden bei extensiver Nutzung 120 dz, bei durchschnittlicher Bewirtschaftung 84, bei scharfer Nutzung 70 und bei Parkrasen 28 dz; in der gleichen Folge ergibt sich eine zunehmende

[1] Rengen (H. Jacob) und Hersfeld (R. Arens brieflich nach von Salvadori angelegten Versuchen der Staatl. Lehr- und Versuchsanstalt für Grünlandwirtschaft, Bad Hersfeld).

[2] Stählin (brieflich) sieht Ursachen der Vermoosung in Begünstigung der Sporenkeimung und des Wachstums von Moosen bei ungünstigen Boden- und feuchtkühlen Klimaverhältnissen und dem häufigen Licht: Schattenwechsel bei Vielschnitt.

Konzentration des Wurzelwerkes auf die oberen 5–10 cm (siehe auch WEAVER 1950). Die hohe Wurzelmenge namentlich der Ödlandflächen ist zum Teil auf verlangsamte Wurzelzersetzung zurückzuführen (S. 78).

Über die Wirkung der Nutzungsform auf die Schnelligkeit des ersten Nachwuchses läßt sich nichts Allgemeingültiges sagen. Die nach der Nutzung an aktiver Blattfläche reichere Weidenarbe sollte rascher austreiben als die aller Blätter beraubte Narbe einer hochwüchsigen Wiese – und das ist auch von vielen Autoren festgestellt worden. Der Weidenachwuchs kann aber auch verlangsamt werden, wenn die Freßzeit (S. 421) zu lang ist und der junge Nachwuchs sofort befressen wird, ferner nach starkem Zertritt, allgemein nach „Überbeweidung" (S. 427). Dann kann der Nachwuchs nach Mahd schneller als der nach Weidenutzung sein. Statt langer Freßzeit erfordert der Schnitt

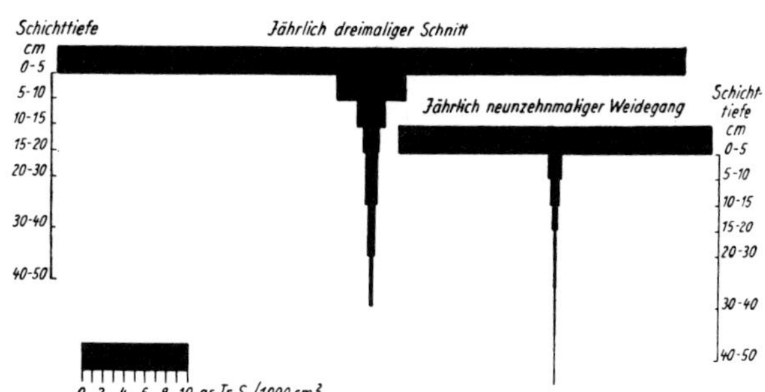

Abb. 174. Wurzelmasse der Grasnarbe bis zu 50 cm Tiefe in Gramm je 1000 cm² (entsprechend dz/ha); links 3mal Schnitt, rechts 19mal Weide, nach 4 Jahren (Bonn-Poppelsdorf)

nur Sekunden, die Stoppelhöhe ist gleichmäßig, es gibt keinen Zertritt; und wenn aktive Blattreste (wie bei Mehrschnitt) erhalten bleiben, kann die Mahdnarbe zunächst rascher als eine überanstrengte Weidenarbe austreiben, zumal wenn ihr Wurzelsystem stärker entwickelt und reicher an Reservestoffen ist. BLUME fand die Unterschiede im Wiederaustrieb durch Schnitthäufigkeit, Wettergunst und N-Düngung bestimmt. Nach einiger Zeit wird die Stoffproduktion der Mäheflächen bei gleicher Nutzungshäufigkeit aber doch meist von Weidenarben überholt.

2. Mäheverfahren

Übliche Zweischnittwiesen

In der langen Periode bis zum 1. Schnitt – wovon hier zunächst die Rede ist – wächst der Grün- und Trockenmassenertrag stark an.

In einem vierjährigen Bonner Versuch (KLAPP 1951b) läuft die erreichte Wuchshöhe in cm zufällig der Wuchsdauer in Tagen fast genau parallel; der Tm-Ertrag wächst aber viel stärker an (bei 6facher Wuchsdauer auf das 11fache). Der Höhepunkt des Ertrages ist hier noch nicht erreicht, da die größte Wuchsdauer nur 2 Monate betrug.

Weiterhin verlangsamt sich zuerst der Grünmassen-, dann der Tm-Zuwachs, um nach Überschreiten eines (bei sehr spätem Schnitt) erreichten Höhepunktes Verluste an erntbarer Menge durch Absterben tiefsitzender Blätter und Samenfall zu erleiden. Die zunächst rasch anwachsende Zuwachsgeschwindigkeit ist überall zu beobachten (S. 437). Der Zeitbedarf bis zum Höhepunkt ist natürlich je nach Standort (Klima, Jahreswitterung) sehr verschieden.

Nutzung nach Tagen

Wuchsdauer	Höhe in cm	Ertrag (Tm) in dz/ha
9–10	8,2	3,81
16–17	16,0	8,25
23–24	22,3	12,49
30–32	31,5	17,11
35–36	34,6	19,40
45–46	48,3	30,21
60–61	65,1	42,74

Gegensätzlich verhält sich der Gehalt und zum Teil auch der Ertrag an vollwertigen, leichtverdaulichen Futternährstoffen. Die Zahl einschlägiger Untersuchungen ist Legion; sie beschränken sich leider oft auf einzelne Stoffe, so daß eine vergleichende Gegenüberstellung immer nur für Einzelversuche möglich ist. In dem obigen Versuch fanden wir je nach Alter des Bestandes in der Tm (%):

	Ganz jung		60 Tage alt
Rohprotein	28,0	→	11,8 %
N-freie Ext.	38,7	→	45,8 %
Rohfaser	17,6	→	29,5 %
Rohfett	4,0	→	3,5 %
Rohasche	11,6	→	8,7 %
CaO	1,45	→	0,94%
P_2O_5	1,20	→	0,75%
K_2O	4,36	→	3,45%

Allgemeingültig ist die starke Abnahme des Rohprotein- und die starke Zunahme des Rohfasergehaltes; der letztere nimmt allerdings beim einzelnen Blatt nicht mehr zu, wenn es seine maximale Größe erreicht hat ('T HART 1967). Der Gehalt an N-freien Extraktstoffen unterliegt meist geringeren und verschieden gerichteten Änderungen. Die Abnahme des P- und K-Gehaltes bildet die Regel, während der Ca- und der Mg-Gehalt auch ansteigen können. Der Karotingehalt ändert sich etwa parallel dem Proteingehalt. Der Ertrag an Bruttonährstoffen (einschließlich ihres unverdaulichen Teils) nimmt mit dem Tm-Zuwachs bis zu einem relativ hohen Wert zu, endlich jedoch ab. Aus einer Reihe vergleichbarer Untersuchungen ergibt sich z.B. für das Verhältnis von Gehalt und Ertrag an Rohprotein folgende Reihe mit zunehmendem Alter des Grases:

Gehalt:	**100**	75	61	55	48	34
Ertrag:	67	78	81	84	**100**	46

Der höchste Rohproteinertrag fällt gewöhnlich während der Blüte an. Der Ertrag an N-freien Ext. erreicht sein Maximum mit zunehmender Massenvermehrung meist erst bei ziemlich späten Ernteterminen; der Rohfaserertrag steigt dauernd stark an.

Die Abnahme des tatsächlichen Futterwertes sowohl im Gehalt wie auch im Ertrag ist viel stärker als bei den Bruttonährstoffen der Weender Analyse. Näheres hierzu S. 420.

Im ganzen verhalten sich Zuwachs und Futterwert der relativ spät geschnittenen 2-Mahd-Wiese gegensätzlich.

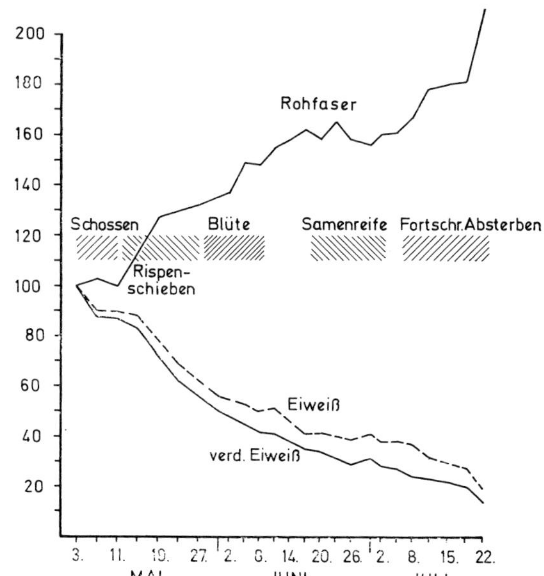

Abb. 175. Vegetationsstadium und Gehalt von Rohfaser, Eiweiß und verdaulichem Eiweiß einiger Gräser (nach KIRCHGESSNER)

Der Zeitpunkt des 1. Heuwiesenschnittes

Die Praxis neigt zu relativ spätem 1. Schnitt sowohl wegen des dann hohen Ertrages wie auch wegen der besseren Trocknungsmöglichkeit (älteres Futter, höhere Temperatur), endlich wegen des dabei höheren Jahresertrages. Damit wird eine Entwertung des Futters in Kauf genommen. Seit langem wird eine Vorverlegung des 1. Schnittes empfohlen; als optimaler Termin wird oft die Blüte der Hauptgräser genannt. In artenreichen Wiesen ist aber schwer zu entscheiden, welche Arten die „Hauptgräser" sind, und die Blüte der verschiedenen Arten erstreckt sich über eine lange Zeit. Qualitativ ist Schnittbeginn in der Blüte auch zu spät; in wiesenreichen Betrieben würde dabei die Ernte erst bei starker Futterentwertung enden. Der beste Kompromiß zwischen befriedigendem Futterwert und Ertrag liegt bei beginnendem Erscheinen der Grasblütenstände, d.h. bei oder doch bald nach ihrem Austritt aus der Scheide. Die Heuwerbung ist dabei allerdings erschwert (jüngeres, saftreiches Futter). Physiologisch gesehen, steigt der Verbrauch an Reservestoffen während des Schossens, um dann vom Blühen an wieder durch zunehmende Speicherung abgelöst zu werden; zugleich nimmt die Menge speicherfähiger Organe zu. Später 1. Schnitt bedeutet Anreicherung von Reserven; bei zu frühem 1. Schnitt ist das Gegenteil der Fall (SMELOV 1966).

Beim 2. (oder einem etwa möglichen 3.) Schnitt verläuft die Alterung des Futters viel langsamer und nie so weit wie beim ersten. Nur wenige Gräser werden nach dem 1. Schnitt nochmals blühreif; der Bestand ist gewöhnlich reicher an Kräutern und an Kleearten, die nur langsam altern. So pflegt das Futter des 2. (Grummet-)Schnittes nährstoffreicher und verdaulicher zu sein als das des Heuschnittes (wenngleich manches auf etwas geringere Verwertung hindeutet, WATSON 1949). Jedenfalls tritt die Bedeutung des Schnittdatums für die Futterqualität zurück; es wird vornehmlich von der mit der Jahreszeit abnehmenden Trocknungsfähigkeit bestimmt. In physiologischer Sicht fällt die Entwicklung nach dem 1. Schnitt in eine Zeit wachsender Bestockung, aber abnehmenden Reserveverbrauches. Da Assimilation und Speicherung auch bei niedriger Temperatur fortschreiten, führen späte Schnittdaten zu einer höheren Reservebildung für die Überwinterung. Anderseits setzt mit langem Hinausschieben des letzten Schnittes ein erhebliches Absterben von Trieben im Übergang zur Winterruhe ein (SMELOV 1966). Die Schnittfolge der Heuwiesen ist nicht nur für Ertrag und Qualität des einzelnen Schnitts, sondern auch für den Jahresertrag von Bedeutung. Der Ertrag des 2. Schnitts hängt weitgehend vom Datum des ersten ab. Nur bei abnorm ungünstiger Frühjahrs- und Vorsommerwitterung bleibt der Ertrag des 1. hinter dem des 2. zurück. Nach Versuchen von KEMP (1952a, b) wurden (allerdings wohl auf Weidenarben) 50% des Jahresertrags vom ersten Aufwuchs bereits Anfang Juni erreicht. Je später der 1. Schnitt, desto niedriger ist gewöhnlich der Grummetertrag und desto höher der gesamte Jahresertrag. Dies gilt bis zu dem Punkt, an dem die Substanzverluste des dann überständigen 1. Aufwuchses größer als der Zuwachs werden.

Aus Versuchen von BRÜNE u.a. (1932/35) ergibt sich folgendes (2. Schnitt stets am 18. IX.):

Zeitpunkt des 1. Schnittes	29.V.	7.VI.	16.VI.	25.VI.	4.VII.	13.VII.	22.VII.
Ertrag 1. Schnitt dz Heu/ha	23,3	36,4	51,8	57,0	**68,4**	53,8	47,6
Ertrag 2. Schnitt dz Heu/ha	**41,2**	37,0	32,2	37,2	31,3	28,8	12,5
Jahresertrag dz Heu/ha	64,5	73,4	84,0	94,2	**99,7**	82,7	60,1
Rohproteingehalt % 1. Schnitt	**19,9**	14,9	14,8	15,1	12,1	11,8	12,7
Rohproteingehalt % 2. Schnitt	14,7	14,2	**15,7**	14,1	**15,7**	15,3	15,1
Rohproteinertrag dz/ha 1. Schnitt	4,6	5,4	7,6	**8,6**	8,3	6,3	6,0
Rohproteinertrag dz/ha 2. Schnitt	**5,9**	5,2	5,1	5,2	4,9	4,4	1,9
Rohproteinertrag gesamt	10,5	10,6	12,7	**13,8**	13,2	10,7	7,9

Die Tabelle läßt die zeitlichen Optima des Heu- und Rohproteinertrages und des Rohproteingehaltes erkennen. Die Termine bei diesen Hochmoorwiesen liegen des ungünstigen Lokalklimas wegen sehr spät; aber im milden Klima ist es ebenso: ein hoher Proteingehalt im 1. Schnitt wird mit niedrigem Gesamt-Jahresertrag erkauft. (Siehe z.B. FRANKENA 1934/36, 'T HART/DIR-

VEN 1950, Angaben von IVINS 1966, VOIGTLÄNDER 1963b, 1964.) Die immer noch verbreitete Annahme, ein sehr früher 1. Schnitt könne den Jahresertrag infolge der dann stärkeren Entwicklung des 2. Aufwuchses erhöhen, trifft für unsere Verhältnisse ebenso nur in Ausnahmefällen zu. Der 1. Schnitt wächst meist bei besserer Wasserversorgung heran als der 2., der bei fehlendem Grundwasseranschluß sehr abhängig von den Niederschlägen wird. Zudem tritt die massenbildende Wirkung des Schossens hier zurück.

Andere Gesichtspunkte gelten, wenn nicht der Tm-Ertrag, sondern der Ertrag an verdaulichen Nährstoffen im Vordergrund steht und die Trocknung jungen Grases durch moderne Werbungsverfahren unterstützt wird (S. 513).

Über die Nachwirkung verschiedenen Schnittzeitpunktes bei Wiesen liegt bisher nur wenig an gesicherten Erfahrungen vor. Sie ist zweifellos viel weniger deutlich als bei Einzelarten, da die Fülle der Pflanzenarten große Ausgleichsmöglichkeiten für die Speicherung bietet. KAUTER (1951/52) fand:

Dauer der letzten Schnittpause des Vorjahres	Ertrag des Folgejahres
41 Tage	100,0
72 Tage	97,5

Die bei Einzelpflanzen nach derartiger Verschiedenheit der letzten Schnittpause zu erwartenden Wirkungen sind hier völlig verwischt. Das gilt auch für das Datum des letzten Schnittes (KAUTER):

Letzter Vorjahrsschnitt	Ertrag des Folgejahres
Mitte September	98,7
Anfang Oktober	100,0
2. Oktoberhälfte	95,1
Mitte November	96,9

Die Nachwirkungen sind hier zum mindesten unklar; und der Zeitpunkt des letzten Schnittes scheint, falls er nicht zu schnell auf den vorangehenden folgt, nicht sehr wesentlich zu sein. Umfangreiche Daten bei SMELOV lassen aber doch erkennen, daß die Möglichkeiten der Speicherung vor dem letzten Schnitt (also nach langer Schnittpause) oder aber nach einem frühen letzten Schnitt für den Nachwuchs im Folgejahr von wesentlicher Bedeutung sind. Auch GUYER (1962) hält eine lange Schnittpause zwischen vorletztem und letztem Schnitt für erforderlich, jedenfalls dann, wenn mehr als 2 Schnitte genommen werden. Die Alternative – entweder Spätschnitt ohne Nachweide (die Reserven verbrauchen würde) oder früher letzter Schnitt mit folgender Speicherungsmöglichkeit – wird auch von KOBLET (1965b) betont. Stehenlassen eines noch hohen üppigen Bestandes kann allerdings zu Fäulnis und Mäuseschäden führen. Insgesamt ist die beste Schnittfolge angesichts der Witterungseinflüsse (sowohl auf den Zuwachs wie auf die Möglichkeit der Heuwerbung) nie sicher vorauszubestimmen. Wesentlich bleibt das Vermeiden eines gar zu frühen oder gar zu späten Schnittes mit zu geringem Futterwert.

Besondere Aufmerksamkeit verlangt anderseits die erhebliche Verfrühung der Schnittreife bei großer Höhenlage (CAPUTA, S. 62). Wichtig ist ferner, daß der Wirkungswert der N-Düngung zum 1. Schnitt in der Regel erheblich höher ist als beim 2. Aufwuchs. – Zu Schnittzeit und Gehalt siehe noch BLUME, KNOCH 1961, LENGAUER 1949/52, MICHAEL/BLUME, PLATE, UNGLAUB 1961. Der Zwang der Wahl zwischen hohem Ertrag später erster Schnitte mit gemindertem Futterwert einerseits und frühen ersten Schnitten hoher Qualität, aber geringen Ertrages, legt einen jährlichen Wechsel der Mahdtermine nahe. SMELOV geht näher auf diesen „Mahdwechsel" ein; er hält ihn für ebenso wichtig wie einen Nutzungswechsel von Weide und Mahd. Der 1. Schnitt sollte jährlich wechselnd bei Schoßbeginn, im vollen Schossen oder in der Blüte stattfinden. Damit finde ein Ausgleich nachteiliger Wirkungen auf Futterqualität, Speicherung und Nachwuchs statt, die Vitalität der Grasnarbe werde erhöht. Der Wechsel der Mahdtermine ist jeweils von deutlichen Änderungen im Artenverhältnis der Wiese begleitet, doch werden diese innerhalb des Mahdwechsels wieder ausgeglichen.

Wiesen-Mehrschnitt[1]

Wir verstehen hierunter eine Vermehrung der Wiesenschnitte, soweit der Charakter der Heuwiese und des Werbungsverfahrens noch erhalten bleibt; insbesondere wenigstens die weitgehende Halmbildung und eine erhebliche Selbstbeschattung. Das bedeutet meist den Übergang vom 2- zum 3-Schnitt, unter günstigen Verhältnissen vom 3- zum 4-Schnitt. Die Verkürzung und Verfrühung der Wuchszeiten ergibt häufigere Unterbrechung der Assimilation und des Wurzelwuchses und damit eine Abnahme des Jahres-Tm-Ertrages. Die Einschränkung des Schossens ist dagegen für Bestockung und Bestandesdichte günstig.

Bei Einzelarten fanden wir in umfangreichen Versuchen folgende relative „Blatt"- (oberirdische) und „Wurzel"- (unterirdische) Erträge (KLAPP 1941/42):

	Schnitt bei Vollblüte		beim Schossen		vor dem Schossen	
	Blatt	Wurzel	Blatt	Wurzel	Blatt	Wurzel
Untergräser	100	100	81,4	66,8	29,6	23,9
Obergräser	100	100	47,5	22,2	6,6	3,9

Alle Arten verlieren durch Schnittvermehrung an Leistungsfähigkeit und Wurzelmasse, die Obergräser aber mehrfach so stark wie die Untergräser. –

[1] Bei allem folgenden ist zu berücksichtigen, daß verschiedene Versuchsergebnisse vielfach nicht streng vergleichbar sind; vor allem fehlen oft Angaben über das physiologische Alter der Arten und Artengruppen im Zeitpunkt der Nutzung, eine Tatsache von wesentlicher Bedeutung. Ein weiterer Mangel besteht in einer zu kurzen Versuchsdauer. Gewöhnlich wird nur über die Nutzungswirkung auf den ursprünglichen Pflanzenbestand berichtet. Dieser ändert sich aber mit der Nutzungsweise; die Dauerwirkung ist erst nach der Anpassung des Bestandes an die neue Nutzungsweise zu erkennen. Diese Anpassung bedarf aber meist einiger Jahre, und der nun weitgehend veränderte Bestand reagiert anders als der ursprüngliche. Eine schnittempfindliche Obergraswiese kann sich z. B. nach mehrjährigem Vielschnitt in einen erheblich weniger empfindlichen Untergrasbestand umbilden.

Mischbestände leiden viel weniger unter zunehmender Schnitthäufigkeit als bodenblattarme Obergraswiesen. Von der für den Mengenertrag optimalen Schnittzahl ausgehend lassen die vorliegenden Daten für einen Schnitt mehr Ertragseinbußen von 0 bis etwa 15%, für 2 Schnitte mehr von 10–25% erkennen. (Auch ein zu seltener Schnitt liefert geringere Enderträge als die optimale Schnittzahl.)

Natürlich wirken Ausgangszustand und standortbedingte Wüchsigkeit der Wiese stark auf das Ergebnis des Mehrschnitts ein (relative Werte des Ertrages):

Schnittzahl	2	3	4
KLAPP, junge Wiese 1937/38b	100	88	64
F. KÖNIG, alte Wiese 1950	100	96	90

Abb. 176. Wechselwirkung von häufigem Schnitt und Düngung auf N-armem Boden: Links nur PK-Düngung, rechts hohe N-Gaben (Original KLAPP)

Unsere artenarme Neuansaat war reich an schnittempfindlichen Obergräsern; bei KÖNIG lag eine alte, bodenständige, ausgleichsfähige Wiese vor. KAUTER fand dagegen auf einer offenbar sehr wüchsigen Wiese den Höchstertrag erst bei hoher Schnittzahl (AGFF 1951/52):

Schnittzahl	2	3	4	5
Relativer Ertrag	85	97	97	100

Vor allem bei Zweischnitt sind hier zweifellos Alterungsverluste (S. 420) Ursachen des Minderertrages. Hohe Erträge bei Mehrschnitt sind gewöhnlich Erfolge starker Düngung (Güllewiesen!) in wüchsigem Klima.

Mehrschnitt und Stoffgehalt des Jahresertrages. Der Rohproteingehalt nimmt nach den vorhandenen Angaben mit jedem weiteren Schnitt um etwa 2% zu, der Rohfasergehalt noch etwas stärker ab. Der Gehalt an

N-freien Ext. wächst vom 2- zum 3-Schnitt gelegentlich, sinkt aber weiterhin. Der Mineralstoffgehalt steigt besonders bei Ca, P, Na, weniger bei K (BRÜNNER 1965, ferner JANTZON/KIRSCH, MICHAEL/BLUME).

Der Stoffertrag in dz/ha wird von der recht verschiedenen Kombination von Tm-Ertrag und Gehalt bestimmt. Der Höchstertrag an Rohprotein wird meist erst bei 4 und mehr Schnitten erreicht, derjenige an verdaulichen Gesamtnährstoffen gewöhnlich bei 3–4 Schnitten, um dann abzunehmen.

Mehrschnitt und Pflanzenbestand. Mit Schnittvermehrung sinkt in der Regel der Anteil der Obergräser, in Versuchen von KLAPP, KÖNIG u.a.:

	Bei seltenem Schnitt	Bei häufigem Schnitt
Obergräser	47%	15%
Untergräser	18%	49%
Niedrige Kleearten . .	10%	25%

In hochgrasreichen, untergrasarmen Wiesen kommt es namentlich bei Nährstoffarmut durch Mehrschnitt oft zu einer raschen Verunkrautung mit bodenanliegenden Arten (*Taraxacum, Poa annua, Bellis, Plantago*-Arten); dies im Gegensatz zu untergras- und weißkleereichen, gut gedüngten Beständen. Auch in Hochgrasbeständen stellt sich aber bei reichlicher Düngung früher oder später, selbst beim Schwinden der Obergräser, ein ertragreicher, weideähnlicher Unter- und Mittelgrasbestand ein.

Schnittzeit. Relativ späte Entnahme des 1. Schnittes erlaubt eine gewisse Erhaltung sogar des frühschnittempfindlichen Glatthafers (ZÜRN 1968). Bei entsprechender N-Düngung ergab sich eine deutliche allgemeine Ertragssteigerung, wenn 3–4 Schnitte nicht schon beim Schossen, sondern erst bei Blühbeginn genommen wurden. Dies gilt natürlich nur, soweit die Dauer der Vegetationszeit das erlaubt. Zum Silieren wird man den 1. Schnitt aber relativ früh nehmen.

Die Nachwirkung des Mehrschnitts kann, muß aber nicht in deutlichen Mindererträgen des Folgejahres bestehen. In einigen unserer Versuche wurde sie erst bei 4 Schnitten deutlich; in einem *Arrhenatheretum* (SCHULZE 1952a) brachte jedoch schon 3-Schnitt einen Minderertrag von 15% gegenüber 2-Schnitt. Von einem Extrem berichtet KANNENBERG. Nach nur einem Schnitt erst bei Samenreife wurden im Folgejahr 80 dz Heu/ha geerntet, nach 3-Schnitt nur 35 dz. KOBLET und THÖNI fanden bei fortgesetztem 5-Schnitt einen mit jedem Jahr zunehmenden Ertragsabfall, der zuletzt 25% überschritt. (Die obige Angabe von KAUTER, S. 389 läßt das nicht voraussehen; siehe aber auch S. 383.) Die Ursachen schädlicher Nachwirkungen des Mehrschnitts werden deutlicher bei ausgesprochenem Vielschnitt, S. 398).

Mehrschnitt und Düngung. F. KÖNIG (1950) fand bei 4-Schnitt eine deutlich höhere Nährstoffaufnahme der Ernte als bei 2-Schnitt (in kg/ha):

	N	P_2O_5	K_2O	CaO
2 Schnitte	101	45	176	55
4 Schnitte	129	57	189	66

Nach den wenigen bisher vorliegenden Untersuchungen scheint dies nicht die Regel zu sein; immerhin deuten die Erfahrungen wenn nicht auf einen höheren Nährstoffentzug, so doch auf ein erhöhtes Düngebedürfnis bei Mehrschnitt. – In Versuchen von RAUM (1927/1932) stieg die N-Ausnutzung mit zunehmender Schnittzahl erheblich an (bei 2–5 Schnitten von 63 auf 98% (siehe auch S. 199).

Bei der entscheidenden Frage, ob die Ertragsminderung bei Mehrschnitt durch Düngung behoben werden kann, ist zu unterscheiden, ob die Düngung bei verschiedener Schnitthäufigkeit nur gleichmäßig ergänzt wird, z.B. durch N, oder ob die Düngergaben mit der Schnittzahl erhöht werden.

Für den ersten Fall fand KÖNIG (1950) eine nur angedeutete Milderung der Vielschnittwirkung durch Zugabe von N:

Düngung	Relative Erträge		
	2 × gemäht	3 × gemäht	4 × gemäht
PK	100	95,5	86,8
NPK	100	96,5	93,0

Am gleichen Standort (Steinach) ergab eine auf allen Teilstücken gleiche N-Steigerung um 40 oder 80 kg/ha (MOTT 1961a) nicht nur keinen Ertragsausgleich, sondern sogar eine Abnahme des Rohprotein-, P-, Ca-, Mg-Gehaltes. Auch THÖNI fand kein Ausbleiben der Ertragsminderung bei höherem Düngungsniveau. In unserem Düngungsversuch Röttgen (SCHULZE 1952a) wuchs der relative Ertragsabfall durch Mehrschnitt sogar um so mehr, je vielseitiger die Düngung (in der Rangfolge 0 – PK – NPK – NPK + Stallmist) war.

Anders ist der Erfolg im zweiten Fall, wenn die Düngung mit wachsender Schnittzahl gesteigert wird. ZÜRN (1968) fand bei N-Steigerung von 80 kg/ha (bei 2-Schnitt) auf 160 kg (bei 4-Schnitt) eine ganz erhebliche Ertragssteigerung bei letzterem. VOIGTLÄNDER (1965) erhielt folgende Erträge auf einer feuchten Glatthaferwiese (*Arrhenatheretum*):

N-Gabe kg/ha	Heuerträge in dz/ha	
	2-Schnitt	4-Schnitt
0	87	77
40	107	97
80	125	111
120	138	116

40 kg N glichen also die Ertragseinbuße durch 4-Schnitt gegenüber „ohne N" reichlich aus, ebenso 80 kg gegenüber 40 kg; bei 120 gegenüber 80 N wurde dann kein Ausgleich mehr erreicht. (Nach dem gleichen Autor war auf N-reichem Moor aus verständlichen Gründen eine ertragssteigernde Wirkung durch N weder bei 2- noch bei 4-Schnitt deutlich zu erkennen.)

Im ganzen scheint bei bestehendem N-Düngebedürfnis eine mit der Schnittzahl wachsende N-Düngung den Ertragsabfall mindestens abzuschwächen, in Grenzen sogar auszugleichen. Vermutlich spielt hierbei die durch reichliche N-Düngung beschleunigte Wiederherstellung einer ausreichenden Blattfläche eine wesentliche Rolle (siehe ferner KORIATH/LENNERTZ 1959).

Wie oft soll man Heuwiesen schneiden?

Die bisher in Deutschland vorherrschende Wiesenform ist zweischürig (mit oder ohne Nachweide). Einschürig sind die meisten Streu- und Ödlandwiesen sowie die Wiesen des höheren Berglandes, diese meist mit Nachweide. Drei- oder gar vierschürig sind Bestände aus früh- und massenwüchsigen Gräsern (z.B. mit vorherrschendem Fuchsschwanz, *Alopecurus pratensis*), ferner Rohrwiesen mit früh verholzendem Massenwuchs (*Glyceria maxima, Phalaris*).

Jede Vermehrung der Schnittzahl über die erfahrungsgemäß beste Massenleistung führt ohne Standortsverbesserung zu abnehmenden Tm-Erträgen um so mehr, je empfindlicher die Hauptbestandsbildner gegen Mehrschnitt sind. Das gilt besonders bei plötzlichem Übergang vom 2- (oder 3-)Schnitt zum 4- bis 5-Schnitt. Der Futterwert der Ernte steigt dagegen mit Schnittvermehrung wesentlich an, und das sollte gegenüber der Überschätzung des Tm-Ertrages mehr berücksichtigt werden.

Der Mindererträg einer beschränkten Schnittvermehrung kann durch reichliche Nährstoff-, besonders N-Versorgung (in Grenzen auch durch stärkere Wasserversorgung!) gemildert oder ausgeglichen werden.

Wirtschaftlich besteht die Kehrseite der Schnittvermehrung im Anwachsen der Werbungsarbeit einschließlich der größeren Trocknungsschwierigkeiten des nicht nur jüngeren, sondern auch feinhalmigeren, weniger sperrigen Grases. Schon bei viermaligem Schnitt vermag die höhere Futterqualität den Aufwand der Heuwerbung kaum auszugleichen. Der beste Kompromiß für Heuwiesen liegt in der Mehrzahl der Fälle wohl bei dreimaligem Schnitt und einer reichlichen Volldüngung mit mindestens 60–80 kg N/ha. – Alle Bedenken fallen natürlich fort, wenn nicht Heu, sondern Grün- oder Silofutter gewonnen werden soll.

Vielschnitt

Im Schrifttum finden sich zahlreiche Angaben über die Wirkungen hoher Schnittzahlen (bis zu 20 je Jahr). Sie dienen – vom Parkrasenschnitt abgesehen – vornehmlich theoretischen Zielen; d.h., sie sollen nähere Aufklärung über das grundsätzliche Verhalten von Grasnarben unter Verschärfung der Nutzung, vor allem auch hinsichtlich der Futterqualität, bringen und Hinweise auf Einflüsse intensiver Beweidung geben; dies ist allerdings nur beschränkt möglich.

Der Übergang vom Wiesenmehrschnitt zum Vielschnitt verkürzt die Wuchsdauer jedes Aufwuchses sehr stark. Im Mittel von 4 Jahren fanden wir (KLAPP 1951b, Abb. 177, 178) folgendes (Mischbestand):

Häufigkeit der Mahd	Wuchsdauer je Nutzung in Tagen	Ertrag in dz Tm/ha	
		je Tag	je Schnitt
3mal	60	0,71	42,7
19mal	9	0,36	3,3

Die Tagesleistung der Narbe nimmt auf die Hälfte ab. Damit sind weit stärkere Veränderungen von Höhe und Futterwert des Jahresertrages, von

Pflanzenbestand, Wurzelsystem und Nachwirkungen verbunden als bei begrenztem Mehrschnitt.

Wiederum werden Reinbestände einzelner Arten besonders stark betroffen (KLAPP ebenda, relative Jahreserträge in Tm):

	Zahl der Schnitte im Jahr	
	2–4	6–13
Wiesenrispe (*Poa pratensis*)	100	35
Deutsches Weidelgras (*Lolium perenne*)	100	31
Weißklee (*Trifolium repens*)	100	**58**
Knaulgras (*Dactylis glomerata*)	100	31
Rotschwingel (*Festuca rubra*)	100	25
Hornklee (*Lotus corniculatus*)	100	24
Wiesenschwingel (*Festuca pratensis*)	100	18
Sumpfrispe (*Poa palustris*)	100	**8**
Mittel	100	28,8

FREER zitiert 6 Autoren mit ganz ähnlichen Angaben, z.B. STAPLEDON (1924), der bei 17 gegenüber 3 Schnitten Ertragsminderungen auf 16% fand. Mischbestände sind wesentlich resistenter. In eigenen Versuchen (KLAPP 1951b) lauteten die relativen Jahreserträge bei:

3 Schnitten	100
19 Schnitten	49

Auch hier besteht Übereinstimmung mit zahlreichen vergleichbaren Daten der gesamten Literatur, die durchschnittlich etwa lauten:

Schnittzahl	3	6–10	15–20
Relative Erträge	100	60	51

Nach der Wuchsdauer der einzelnen Nutzung nennen WALLACE (1959) und WOODMAN (zit. VOISIN) an relativen Erträgen bei:

Langen Schnittpausen	100
Schnitt alle 21 Tage	73–77
Schnitt alle 14 Tage	62–74
Schnitt alle 7 Tage	30–47

Ähnliche Übereinstimmung herrscht in den Angaben über den Stoffgehalt; in vergleichbaren Versuchen ergaben sich als mittlere Rohproteingehalte bei

3– 4 Schnitten	etwa 13,4%
10–20 Schnitten	etwa 20,5%

Die Extreme liegen in Einzelfällen viel weiter auseinander, d.h. zwischen 8 und 28%. Unsere Versuche ergeben im 4jährigen Mittel in % der Tm:

Schnittzahl	Rohprotein	N-freie Ext.	Rohfaser	P_2O_5	CaO	K_2O
3mal	11,7	45,8	29,5	0,75	0,94	3,45
19mal	27,9	38,7	17,6	1,20	1,45	4,35

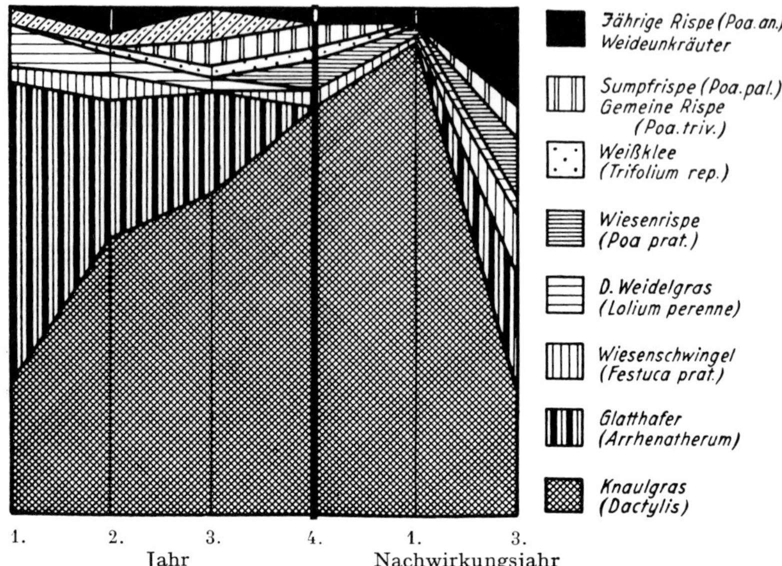

Abb. 177. Bestandsverschiebung bei jährlich 3maligem Schnitt

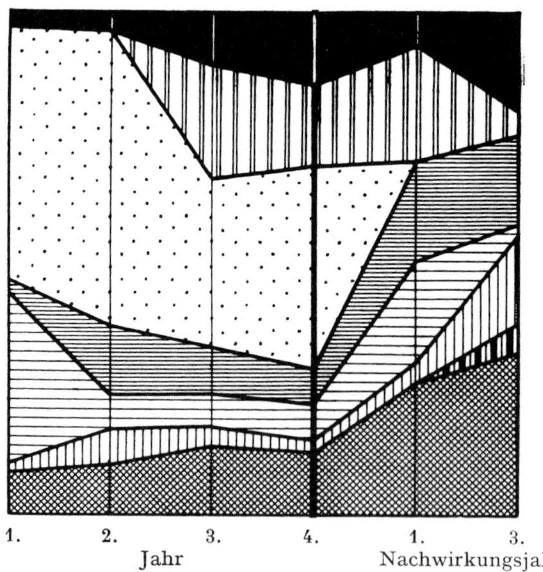

Abb. 178. Bestandsverschiebung bei wöchentlichem Schnitt (Parkrasenschnitt) (Erklärung Abb. 177)

Der Rohfasergehalt erreicht ungewöhnlich niedrige Werte mit entsprechender Zunahme der Verdaulichkeit des Futters (Abb. 179).

Der höchste Rohprotein*ertrag* wird nicht bei der höchsten Schnittzahl erreicht, sondern je nach der Kombination von Tm-Ertrag und Rohproteingehalt bei mittleren oder mäßig hohen Schnittzahlen; ähnlich verhalten sich P- und Ca-Ertrag, und am frühesten sinken die Erträge an Rohfaser, N-freien Ext. und StE.

Die Stoffgehalte der einzelnen Nutzungen eines Jahres sind natürlich nicht gleich. Wir nennen hier ein Ergebnis von BRÜNNER (1965) für allerdings nur 5 Schnitte mit gleich langen Wuchszeiten (je 36 Tage):

Schnitt	Ertrag dz Tm/ha	Roh-protein %	Roh-faser %	Carotin ppm	N-freie Ext. %	Bestandsanteile (%)		
						Gras	Klee	Sonstiges
1.	28,2	21,6	22,0	23,8	41	77	4	19
2.	26,9	17,6	24,2	24,1	45	72	8	20
3.	20,4	19,2	22,7	30,5	44	67	12	21
4.	21,5	22,9	23,8	31,2	40	65	11	24
5.	21,5	23,1	21,7	32,2	42	69	9	22

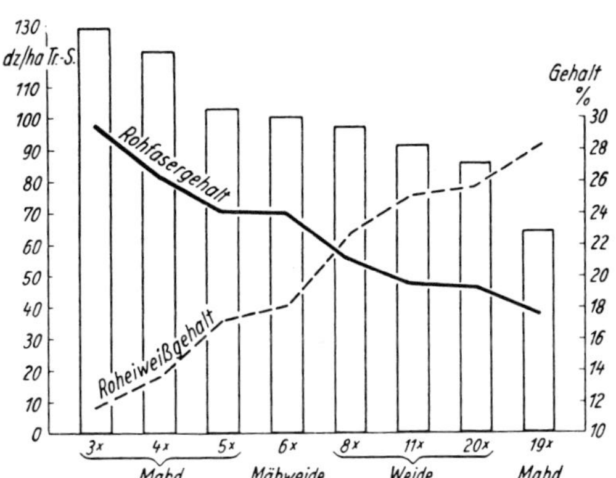

Abb. 179. Trockensubstanzertrag, Rohfaser- und Roheiweißgehalt bei verschiedener Nutzungshäufigkeit (4jähriges Mittel, Bonn-Poppelsdorf)

Die stofflichen Unterschiede in der Schnittfolge beruhen vornehmlich auf dem Jahresrhythmus der Entwicklung (stärkste Halmbildung offenbar beim 2. Schnitt!).

Im Pflanzenbestand setzt sich gewöhnlich die schon beim Mehrschnitt beobachtete Tendenz – Abnahme des Grasanteils, Zunahme niedrigwachsender Arten einschließlich des Weißklees – fort. Abb. 177 und 178 geben die Bestandsveränderungen bei jährlich dreimaligem und neunzehnmaligem (wöchentlichem) Schnitt in den ersten 4 Wirkungsjahren und im 1. und 3. Nachwirkungsjahr wieder (nach KLAPP 1951 b). Bei unzureichender Ernährung kommt es oft zu verstärkter Verunkrautung oder gar – infolge zuletzt sinkender Triebzahlen – zur Lückenbildung. Für die Entstehung der hohen Eiweißgehalte ist neben dem jungen Stadium vielgeschnittenen Grases das Wachsen des Blattanteils entscheidend: STAPLEDON (nach FREER) fand folgendes:

Schnittzahl	Blattanteil der Gräser
3mal	50%
10mal	75%
17mal	81%

Besonders vom Vielschnitt reduziert werden Wurzeln, Rhizome und Stoppeln; das Wurzelwachstum wird ja (S. 384) durch jeden Schnitt unterbrochen. Bei Einzelarten fanden wir je nach der vorangehenden Nutzungsweise folgende relative Mengen der genannten Organe (KLAPP 1941/42):

Behandlung der Vorjahre	Ertrag an Wurzeln, Stoppeln und Rhizomen		
(Schnittzahl)	2–4	4–7	6–13
Weißklee	100	68	42
Wiesenrispe	100	75	14
Rotschwingel	100	84	40
Deutsches Weidelgras . .	100	75	25
Knaulgras	100	49	10
Wiesenschwingel	100	49	9
Sumpfrispe	100	32	5
Glatthafer	100	30	4
Hornklee	100	18	0
Mittel	100,0	60,0	18,6

Bei 17maligem gegenüber 3maligem Schnitt beobachtete STAPLEDON (nach FREER) nur noch 8% unterirdischer Organe, und ähnliches wird von anderen Autoren berichtet.

Wiederum werden Mischbestände viel weniger betroffen. Die relativen Wurzelgewichte betrugen in unserem Versuch (1951b) am Ende des 4. Jahres nach

4 Schnitten je Jahr	100
5 Schnitten je Jahr	66
19 Schnitten je Jahr	40

Die Nachwirkung von Vielschnitt im Aufwuchs des Folgejahres – dann bei gleicher Schnittzahl – ist nicht ganz so nachteilig, wie nach der starken Wurzelminderung zu erwarten. Wir nehmen hier auch Weidewirkungen in einem Versuch STAPLEDONS (1930, 1932) voraus, da sie den großen Unterschied von Einzelgräsern und einer Mischnarbe erkennen lassen:

Vorjahre	Nachwirkung	Vorjahre Weidegang	Nachwirkung	
			Einzelgräser	Weidenarbe
2mal Schnitt	100	monatlich	100	100
10mal Schnitt	78	14tägig	49	95
20mal Schnitt	42	wöchentlich	29	71

Eigentümlich war die Nachwirkung in unserem ursprünglich aus 8 Arten bestehenden Gemisch (KLAPP 1951b):

Nutzung der 4 Vorjahre	Relativer Ertrag im Nachwirkungsjahr
3mal Mahd	100
5mal Mahd	100
19mal Mahd	113

In den Versuchsjahren betrug der Ertrag bei 19mal Schnitt nur 49% desjenigen bei 3mal Schnitt; die Nachwirkung von 19mal Schnitt war jedoch im Ertrag besser als die von 3mal Schnitt. Die Ursache liegt in der radikalen Umstellung der Pflanzenbestände. Seltene Mahd hatte Untergras und Weißklee völlig verdrängt und einen massigen, aber lückigen Obergrasbestand hinterlassen; bei Vielschnitt war eine günstige Kombination von *Dactylis, Lolium perenne, Poa pratensis* und *Trifolium repens* mit dichter blattreicher Narbe entstanden, und diese erholte sich im Nachwuchs außerordentlich („Parkraseneffekt", KLAPP 1954a, S. 353); siehe dagegen die Nachwirkung 19maliger Beweidung im gleichen Versuch S. 404.

Über die Schnittfolge bei Mehr- und Vielschnitt berichten KREIL/KALTOFEN (1966) in einem differenzierten Versuch mit 3–15 Schnitten und verschiedenem Datum des 1. Schnittes (Niedermoor, 240 kg N/ha):

a) ähnlich wie bei 2-Schnitt wird der Jahreshöchstertrag, aber auch der höchste Tageszuwachs in den ersten 12 Tagen, bei spätem 1. Schnitt erreicht.
b) Dies gilt um so mehr, je seltener geschnitten wird. (Zum gleichen Versuch siehe auch S. 443.)

Wie beim Mehrschnitt erhebt sich auch bei extremem Vielschnitt die Frage, ob und wie weit Düngung einen Ertragsausgleich schaffen kann. Hierzu ein Versuch von HOLLIDAY/WILMAN, Abb. 71:

N-Gaben kg/ha	0	155	310	465
Schnittzahl	Relative Erträge			
2mal	100	160	145	140
6mal	61	95	122	130
10mal	53	69	88	104

Mit der höchsten N-Gabe wurde bei 10mal Schnitt der gleiche Ertrag erreicht wie bei 2mal Schnitt ohne N; der Proteinertrag bei der höchsten N-Gabe war 3- bis $3^1/_2$mal so hoch wie bei 2mal Schnitt ohne N. Es liegen also große Möglichkeiten der Leistungserhaltung in der Starkdüngung von Vielschnittflächen. – Siehe auch Abb. 176.

Schnitt-(Mähe-)Tiefe, Stoppelhöhe[1]

Wir unterscheiden:

a) Rasierschnitt, der die oberirdischen Pflanzenteile restlos entfernt;
b) Tiefschnitt, wenige (bis etwa 3) cm über dem Boden;
c) hohen Schnitt mit über 5 cm Stoppelhöhe.

[1] Außer den im Text genannten Autoren siehe Versuche von REID 1966, SMELOV, Zitate bei FREER und VOISIN 1958; auch KOBLET 1965b, VOIGTLÄNDER 1965 geben einzelne Hinweise.

Tiefer Schnitt allgemein wird sehr verschieden und oft als generell schädlich angesehen. Zur Unklarheit trägt bei, daß einerseits hohe dichte Heuwiesenbestände infolge starker Selbstbeschattung in Bodennähe meist ganz an Blattgrün verarmt sind; hier ist die Stoppelhöhe bei vielen Arten ohne Bedeutung, da mit dem Schnitt kein aktives Gewebe entfernt wird. Anderseits sind die bodennahen Blattreste bei niedrigen, häufiger geschnittenen Narben dauernd blattgrünreich und assimilationsfähig. Hier muß die nach Schnitt hinterlassene Blattmenge entsprechend der Stoppelhöhe von Bedeutung sein. Vornehmlich für solche Fälle (z.B. für gemähte Weidenarben) liegen Versuche vor.

Weiter sind zu berücksichtigen: Lokalisation speicherfähiger Organe über dem Boden (S. 379) und andere Arteigentümlichkeiten, Höhe des Bestandes vor dem Schnitt, Kombination von Häufigkeit und Tiefe des Schnittes, mikroklimatische Wirkungen der Stoppelhöhe.

Rasierschnitt (entsprechend a) ist, vor allem bei mehrfacher Wiederholung je Jahr, stets schädlich, da alle aktiven oberirdischen Organe (Trieb- und selbst Bestockungs- und Speicherzonen) verlorengehen und die Wurzelmenge besonders stark reduziert wird. Huokuna fand nach 8maligem Rasierschnitt ein Absterben von 90% der Pflanzen. Die Folgen sind Lückenbildung, Vorherrschen ganz flachliegender Rosetten, endlich von Moosen und Flechten (so schon auf armen Bergwiesen bei allzu scharfer Mahd).

Gewöhnlicher Tiefschnitt (entsprechend b) trifft die Organe der Pflanze in stark abgeschwächter Weise, in schädlichem Umfang aber doch nur bei hoher Schnittzahl. Torstensson, Huokuna u.a. fanden keine Ertragsüberlegenheit bei höherem (etwa 5 cm) gegenüber tieferem Schnitt in 3 und weniger cm Höhe. Im Gegenteil, Tiefschnitt lieferte selbst bei mehrjähriger Wiederholung höhere Erträge (so auch Reid u.a. 1960/66). Tiefschnitt veranlaßt die Verdichtung der in Bodennähe konzentrierten Grasnarbe; zudem wird die Halmbildung ganz unterbunden.

Hoher Schnitt (entsprechend c) bringt bei der Mehrzahl unserer Gräser jedenfalls keinen Vorteil, zumal er die Schoßneigung erhöht. Er bedeutet vielmehr echte Ertragsverluste, da ein großer Teil der nicht durch Schnitt gefährdeten Organe ungenutzt bleibt. Huokuna erzielte bei *Dactylis* durch Schnitt

in 3 cm Höhe . . . . . 54 dz Tm/ha je Nutzung
in 6 cm Höhe . . . . . 47 dz Tm/ha je Nutzung
in 10 cm Höhe . . . . . 36,5 dz Tm/ha je Nutzung

Bei großer Schnitthöhe muß zwangsläufig (zum Einschränken der Grasalterung) häufiger als bei Tiefschnitt gemäht werden, was ungewollte Vielschnittwirkung (= Schwächung der Pflanze) bedeutet. Für gleich hohe Erträge sind bei hoher Stoppel 10–12 Schnitte nötig gegenüber seltenem Tiefschnitt. Honczarenko 1963 nimmt für hohen gegenüber tiefem Schnitt, namentlich bei niedrigen Beständen, Ertragsverluste bis zu 50% an (ähnlich Holmes).

Bei tiefem Schnitt nehmen Wurzelmenge und Reservevorräte in Wurzeln und noch aktiven Stoppeln zwar ab, ohne daß nachteilige Wirkungen eintreten müssen (Huokuna). Häufigkeit und Tiefe des Schnittes wirken derart zusammen, daß die Wurzel- und Reserveverluste bei Tiefschnitt durch die dabei geringere Schnittzahl ausgeglichen werden.

Die Erholung der Grasnarbe zu voller Leistung bedarf je nach Stoppelhöhe (= assimilationsfähiger Blattfläche) verschieden langer Zeit. Freer zitiert ein

Beispiel, in dem ein *Lolium-Dactylis*-Bestand nach Rasierschnitt 11 Tage lang Reservestoffe verlor und erst nach 22 Tagen erholt war; entscheidend ist stets das Erreichen einer genügenden Blattfläche. Brougham fand (nach Freer), daß volle Lichtaufnahme erreicht wurde nach Schnitt in

12,5 cm Höhe . . . . in 4 Tagen
7,5 cm Höhe . . . . in 16 Tagen
2,5 cm Höhe . . . . in 24 Tagen

Die Möglichkeit hoher Erträge trotz tiefen Schnitts begründet Huokuna damit, daß die kurze Stoppel trotz höheren Reserveverbrauchs für lange Zeit einen aktiven Blattwuchs entwickelt, während die Entwicklung aus hoher Stoppel sehr bald zur Speicherung übergeht und vom Massenwuchs kurzer Stoppel überholt wird.

Sicher besteht für jede Art oder Artenkombination ein Minimum der Stoppelhöhe, unterhalb dessen Schäden auftreten können (Vergleichsbeispiele bei Smelov; allgemein verlangen viele subtropische Gräser hohen Schnitt). Anderseits vertragen ausgesprochene Rasengräser Viel- und Tiefschnitt zugleich, und die Rasenforschung ist mehr und mehr in der Lage, die für Arten und Gemische optimalen Schnitthöhen anzugeben (z. B. Eisele), auch im Hinblick auf Selektionswirkungen. Im Gegensatz zu früherer Ansicht ist übrigens *Lolium perenne* nicht das für Kurzschnitt geeignetste Rasengras! Es wird aber bei mäßigem Tiefschnitt gefördert, *Dactylis* mehr bei hohem Schnitt. Bei Tief- und Vielschnitt zugleich fand Slaats besonders *Poa-Arten* und *Agrostis stolonifera, Taraxacum, Bellis* und *Trifolium repens* gefördert. Schärfsten Betritt, Viel- und Tiefschnitt verträgt außer Rosettenpflanzen *Poa annua.* Nachteilig kann sehr tiefer Schnitt durch Veränderung des Mikroklimas der Grasnarbe wirken (S. 64). Eine höhere Stoppel gleicht Temperaturextreme durch Abschirmung der Bodenaustrahlung erheblich aus, die Zahl der Strahlungsfröste wird geringer (Norman/Kemp/Tayler 1957). Eine hohe Stoppel mildert auch Dürreschäden, die den Graswuchs bei Rasierschnitt völlig unterbrechen können (Jäntti u.a. 1956). Selbst beim Verbleib einer aktiven, aber geringen Stoppelmenge kann Trockenheit den Ertrag gegenüber höherer Stoppel erheblich senken; Huokuna stellte nach Dürre verlangsamte Erholung tiefgeschnittener Grasnarben, vermutlich infolge verringerter Wurzelsaugkraft, fest.

Bisher ist das Verhalten nur erst weniger Gräserarten gegen die Schnitthöhe gründlich und langjährig genau untersucht worden. Mäßiger Tiefschnitt ist jedoch augenscheinlich unschädlich, meist vorteilhaft, höherer Schnitt als 5–6 cm über dem Boden aber zwecklos oder gar nachteilig; so jedenfalls bei nicht zu hoch gewachsenen Beständen ohne starke Selbstbeschattung.

Studien über die Wirkung verschiedener Mähegeräte betreffen bisher namentlich den Vergleich von Messerbalken und dem (bei uns fast nur zum Parkrasenschnitt verwendeten) Spindelmäher (Gangmower). Er wird z. B. in Großbritannien zum Viel- und Tiefschnitt von weißkleereichen *Lolium*-Beständen zur Gewinnung eiweißreichster Ernten verwendet. Nach Reid u.a. (1960/66) lieferten 6–8 Schnitte in 19–25 mm Höhe bei entsprechender N-Düngung höhere und bessere Ernten als Messerbalkenschnitt. Weiteres bei Chippindale und Wheeler (1960). Die Änderungen des Pflanzenbestandes sind erheblich, Werbung und Konservierung der Ernten bedingen sozusagen ein besonderes

Wirtschaftssystem. Zum Vergleich von Häckseln und Schlegelhäckseln liegt bisher wenig Material vor; siehe S. 315.

Vergleich Mahd : Beweidung.

Die Unterschiede zwischen üblicher Heumahd und häufigerer reiner Beweidung ermöglichen keinen echten Vergleich; eher läßt sich ein solcher bei gleicher Häufigkeit beider Nutzungsformen rechtfertigen (siehe S. 383). Die grundsätzlichen Wirkungen von Häufigkeit und Tiefe der Nutzung bleiben bei Mahd und Beweidung bestehen; ihr Ergebnis wird aber durch die Einschaltung des Weidetieres stark abgewandelt. Mahd entnimmt die Ernte in gleicher, einheitlicher Schnitthöhe; Abweiden hinterläßt Ungleichmäßigkeiten in der Höhe des Bestandes, wenn dieser nicht sofort nach dem Abtrieb der Tiere nachgemäht wird (Geilstellen, ältere oder sonstwie verschmähte Pflanzenteile). Diese Weidereste (S. 424) führen bei weiteren Auftrieben zu stärkerem Altern der einzelnen Nutzungen als bei Mahdernten.

Kauter 1950 betont, daß die altersbedingten Wertunterschiede unter praktischen Verhältnissen eingeschränkt werden können. Er fand bei Vergleich von Weide- und Mähegras folgende Werte:

	Alter (Tage)	Tm %	Stärkewert %	Rohprotein %	Verd. Reinprotein %
Weide . . .	34	18,5	59,1	19,3	12,7
Mahd . . .	60	18,9	58,0	16,1	10,3

Obwohl viel „jünger" als das Mähegras, war das Weidegras dem ersteren in der Qualität nur wenig überlegen; der fast gleiche Tm-Gehalt zeigt, daß der Weideaufwuchs nur kalendermäßig jünger war, infolge der Weidereste aber älter.

Die Wirksamkeit des Weidetieres besteht ferner im Tritt = Bodenverdichtung (S. 241), in einer Hemmung der Bodenatmung sowie in einer anders gerichteten Auslese unter den Pflanzen (S. 419, 427). Vor allem bringen die Ausscheidungen der Weidetiere eine der Mahdfläche fremde Wirkung mit sich. Ob der Biß des Weidetieres – von geschmacksbedingten Selektionswirkungen abgesehen – grundsätzlich anders auf die Pflanze wirkt als der Schnitt, ist bis heute nicht nachzuweisen. Ältere, dahingehende Versuche (Weiske 1871, siehe S. 405) sind nicht stichhaltig.

In unseren Versuchen (Klapp 1951 b) wurden die Weideteilstücke stets in kürzester Frist mit hohem Schafbesatz abgefressen; die festen Exkremente wurden nach Möglichkeit entfernt, ebenso verschmähtes Gras. Das 4jährige Ergebnis lautete:

Nutzungsweise	Ertragsanteil		Ertrag	Gehalt in % der Tm			Ertrag dz/ha		
	Gras	Klee	dz Tm/ha	Rohprotein	N-freie Ext.	Rohfaser	Rohprotein	N-freie Ext.	Rohfaser
8mal Weide	78	22	99,9	22,6	41,0	20,8	22,1	39,9	20,3
11mal Weide	78	21	90,8	25,2	39,7	19,4	22,0	34,7	16,9
19mal Weide	80	18	85,5	25,4	39,3	19,3	20,3	31,4	15,4
19mal Mahd	63	35	63,6	27,9	38,7	17,6	17,1	23,7	10,8

Die Veränderungen mit wachsender Weidehäufigkeit verlaufen prinzipiell wie diejenigen mit vermehrter Schnittzahl (S. 394, siehe auch Abb. 179). Bei der vergleichbaren 19maligen Nutzung liefert die Weide jedoch höhere Mengenerträge an Tm, Rohprotein, N-freien Ext. und Rohfaser bei niedrigerem Rohproteingehalt.

Im gleichen Versuch lieferten 5malige Mahd und 8malige Weide praktisch denselben Tm-Ertrag (97,0 bzw. 99,9 dz Tm/ha). Stofflich war die Weide der Mahd aber weit überlegen:

	Rohprotein		Rohfaser	
	%	dz Tm je ha	%	dz Tm je ha
5mal Mahd	17,1	16,2	24,0	22,6
8mal Weide	22,6	22,1	20,8	20,3

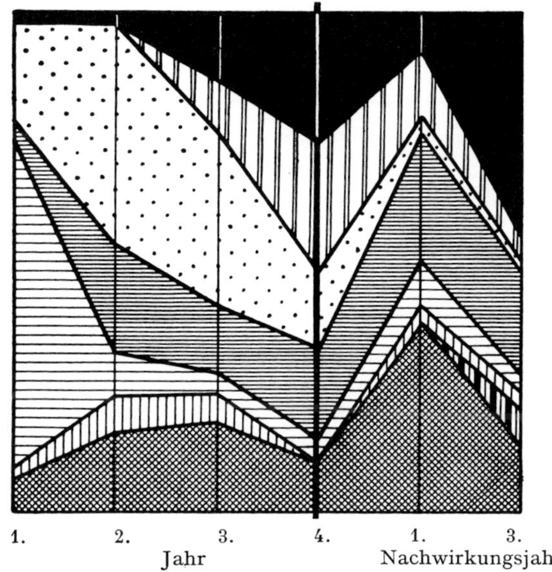

Abb. 180. Bestandsverschiebung bei wöchentlicher Weidenutzung (Erklärung Abb. 177)

Die Ergebnisse dieser einen Versuchsreihe werden nicht allgemeingültig sein. Leider fehlt es an unmittelbar vergleichbaren Daten. Dies gilt auch für die Nachwirkung unserer 4jährigen Versuchsdurchführung. Die Minderung der Wurzelmenge führt bei 19maliger Mahd und Beweidung zu gleichen Werten (relativ):

3mal Mahd	93	Mähweide	88
4mal Mahd	100	8mal Weide	54
5mal Mahd	66	11mal Weide	41
19mal Mahd	40	19mal Weide	40

Während der Nachwirkungsertrag in relativen Werten jedoch bei Vielschnitt überraschend günstig war (S. 398), fiel er bei 19maliger Beweidung deutlich ab:

Nutzung der 4 Vorjahre	Tm-Ertrag im Nachwirkungsjahr
8mal Weide	100
11mal Weide	98
19mal Weide	84

Die Erklärung ist in diesem Fall verhältnismäßig einfach. 19maliger Schnitt hinterließ nur 31% leistungsschwache Gräser, dagegen 42% N-liefernden Weißklee; 19malige (Schaf-)Beweidung hinterließ jedoch 51% leistungsschwache Gräser und Weideunkräuter und nur 15% Weißklee. Im zweiten Nachwirkungsjahr trat rasche Erholung ein.

Interessante Aufschlüsse über die Nachwirkung der Nutzungsformen Mahd und Weide gibt eine Versuchsreihe von M. JONES 1934ff. (nach einer Zusammenfassung von STAPLEDON). Bei Mahd wurde das geerntete Futter (im Falle c) der Fläche zurückgegeben (als Ersatz des Nährstoffentzuges):

	Nutzungsweise von 4 Vorjahren	Relative Grasernte des ersten Nachwirkungsjahres (Dauerweide)
a	2mal Mahd	100
b	Mahd alle 2 Monate	80
c	Ebenso + Rückgabe des Futters	100
d	Weide alle 2 Monate	120
e	Weide jede Woche	140

Die Ertragsminderung von b gegenüber a wurde durch Rückgabe der Ernte (c) gerade ausgeglichen; bei Weidegang (d) wurde sie erheblich und noch stärker bei häufigerer Nutzung überkompensiert (e), obwohl oder vielmehr, weil hier 3mal soviel Schafe weideten wie bei d. Die Härte der Nutzung führte also mit wachsender Menge von Exkrement-Nährstoffen (und wachsender Anpassung der Grasnarbe) zur Erhöhung der Weideleistung.

Über die Nährwirkung hinaus führen die Exkremente zu einer außerordentlichen Belebung des Weidebodens. SMELOV spricht von einer Erhöhung der Besiedlungsdichte mit Lebewesen im Weideboden in 3- bis 10facher Höhe gegenüber dem Wiesenboden.

Die Stoppelhöhe bei Weiden und ihre Wirkung sind wegen der niemals ganz gleichen Verbißtiefe kaum zahlenmäßig genau festzustellen; einige Angaben finden sich in der ausländischen Literatur. TAYLER u.a. (1960a) schnitten den Restbestand nach Abweiden in 1, 2 und 6,3 cm Höhe. Dabei lag die Verbißtiefe nie vollständig unter 6,3 cm; es wurden vielmehr je nach Länge der Weidepausen nur etwa 41–44% des Grases tiefer als 6,3 cm abgebissen, 37 bis 47% des Grases aber höher als 6,3 cm („Weiderest“, S. 424).

WEEDA verglich mehrjähriges Abweiden auf rund 2,5–5,0 cm einerseits, 7,6–10,2 cm anderseits; im 1. Jahr lieferte der tiefere Verbiß einen höheren Ertrag, im 3. bis 5. Jahr jedoch der höhere; im Zusammenhang mit starken Bestandsumstellungen wirkte der tiefe Verbiß auf die Dauer schädlich.

Leistungsverhältnis von Mahd und Beweidung

Ein strenger Vergleich beider Nutzungsformen ist nicht möglich; er wurde schon sehr früh versucht. WEISKE (der ältere, 1871) wollte die Wirkung des Tierverbisses nachahmen, die Exkrementwirkung aber ausschalten und fand folgendes (auf ha umgerechnet):

Gras	Ertrag (Tm)	Rohprotein	Verd. Rohprotein
14mal abgerupft	42,7 dz	27,1%	9,0 dz
3mal gemäht	69,2 dz	13,4%	6,2 dz

Der große Unterschied der Nutzungshäufigkeit bleibt bestehen und damit die Unvergleichbarkeit.

Praktisch wird die Frage heute durch fast unvermeidliche Düngungsunterschiede von Mahd- und Weideflächen noch kompliziert. Bei vergleichbarer Düngung üblicher, selten geschnittener Wiesen und häufig genutzter Weiden lieferten erstere meist höhere Tm-Erträge, aber niedrigere Erträge an verdaulichen Futter-Nährstoffen. Eher vergleichbar werden Mahd und Weidegang bei gleicher Nutzungshäufigkeit, falls der Exkrementanfall der Weideflächen durch entsprechende Mehrdüngung der Mäheflächen auszugleichen versucht wird; so bei der heute auflebenden Praxis der Grünfütterung (S. 475). – Weiteres zum Vergleich von Wiese und Weide siehe oben S. 374, 383 und bei BOEKER (1966), ZÜRN (1955). Wie wenig der Bruttoertrag an Tm für den Futterwert zu sagen hat, zeigt ein Beispiel von BRÜNNER 1965:

Nutzungsweise	dz Tm/ha	N-Düngung kg/ha	Rohprotein %	Rohprotein dz/ha
2mal Mahd	84,4	40	9,7	8,2
4–5mal Mähweide	84,2	100	17,9	15,1

Bei gleichem Tm-Ertrag leistet die stärker gedüngte Mähweide etwa das Doppelte an Futterwert.

Das gleiche zeigte VOIGTLÄNDER 1963a, b, daß nämlich der Pflanzenertrag wenig besagt, besonders dann, wenn die Werbungsverluste der Mäheflächen berücksichtigt werden.

Wiesenbeweidung, Weidemahd, Mähweidenutzung

Die zeitweilige Beweidung üblicher Heuwiesen (z.B. GROSS 1961) wirkt allen ihren Nachteilen entgegen (so z.B. der Auflockerung von Grasnarbe und Boden), in einem Maße, wie es durch Walzen nicht erreichbar ist. Sie modelliert die minderwertigen, vom Weidetier gemiedenen Bestandteile so heraus, daß sie tief nachgemäht werden können. Hierzu kommen düngende und belebende Wirkungen der Exkremente. Vor allem aber ist zeitweilige Wiesenbeweidung ein überaus wirksames Bekämpfungsmittel typischer Wiesenunkräuter (siehe S. 293). Leider ist ein großer Teil der deutschen Wiesen nicht weidefähig. – Voraussetzung ist Beweidung in den Zeiten voller Vegetation;

die herbstliche Nachweide ist namentlich für die Unkrautbekämpfung fast wirkungslos. Auf das Vorweiden von Wiesen ist noch einzugehen (S. 467).

Weidemahd war früher verpönt („Die Sense ist der Weide Feind"). Dies war jedoch nur dann berechtigt, wenn man den Bestand häufiger zur Wiesenschnittreife heranwachsen ließ; das bedeutete starke Selbstbeschattung, Auflockerung der Narbe, Rückgang des Weißklees und des Untergrases, Förderung von Obergras, Hochstauden und Samenunkräutern. Weidemahd in jüngerem Zustand wirkt jedoch sehr vorteilhaft. Sie gleicht Kahlfraß- und Geilstellen aus, begünstigt die Reservespeicherung, erhält die Vielseitigkeit der Grasnarbe, drängt lichtbedürftige Rosettenpflanzen zurück. Sie bietet Gelegenheit, die Abneigung des Weidetieres gegen frische Jauche- und Gülledüngung zu umgehen. Um eine Verschlechterung der Weidenarbe zu vermeiden, ist um so früher zu mähen, je mehr raschwüchsiges Obergras vorhanden ist; falsch ist dagegen mehrjährige volle, späte Mähenutzung. Wegen des Fortfalls der Exkremente empfiehlt sich reichliche Volldüngung zu jedem Schnitt. Dann liefert die Mahd guter Weiden hohe Erträge vollwertigen Futters.

Mähweidewechsel vereinigt die Vorzüge beider Nutzungsformen unter wirksamer Ausschaltung ihrer etwaigen Nachteile. Er ist namentlich in den Gebieten der Güllewirtschaft seit langem zu einem eigenen System entwickelt worden. Über die Voraussetzungen der Mähweidewirtschaft reiner Grasbetriebe siehe S. 222.

Die Entwicklung von der Stand- zur Umtriebsweide (S. 445) führt aber zwangsläufig überall zu einem gewissen Mähweidewechsel, weil sie die Mahd von Futterüberschüssen zur Heu- und Silofuttergewinnung erzwingt.

3. Grundlagen der Weidenutzung

Abb. 181. Weideherde (Original Brückner)

Der Nahrungsbedarf des Weidetieres

Das Weidetier bedarf der Zufuhr von Eiweiß und energieliefernden Futterstoffen, von mineralischen Haupt- und Spurennährstoffen sowie von lebenswichtigen Wirkstoffen; insgesamt sind etwa 40 Nahrungsbestandteile erforderlich (WHITEHEAD). Das Tier muß täglich genügende Mengen von alledem, d.h. etwa 2,8% seines Lebendgewichtes, ohne schädliche Wirkungen aufnehmen können. Entscheidend sind der Nährwert je Einheit Futter-Trockenmasse (Tm) und die Menge der aufnehmbaren Tm. Für den Bedarf an Erhaltungs- und Leistungsfutter liegen zahlreiche, nur wenig voneinander abweichende Angaben des Schrifttums vor. Der Einfachheit wegen stellen wir als Beispiel aus allgemein verbreiteten Tabellen[1] die Angaben von M. BECKER 1967 voran, und zwar für eine Milchkuh von 550 kg Lebendgewicht. Als Tagesbedarf werden angenommen in:

	Tm kg	Verdaul. Eiweiß (VE) g	Stärkeeinheiten (StE)	Verhältnis VE:StE
1. Erhaltungsfutter	9–11	300	3000	1:10
2. Je kg Milch bei 3,5% Butterfett		55	250	1:4,5
3. Gesamtbedarf für Erhaltung und Milchleistung				
bei 10 kg Milch	11–15	850	5500	1:6,5
bei 20 kg Milch	13–18	1400	8000	1:5,7
bei 30 kg Milch	15–20	1950	10500	1:5,4

Erhaltungsfutter muß also in der Trockenmasse enthalten etwa 3% VE und 30 StE, während steigende Milchleistung Gehalte bis zu 15% VE und 60 StE voraussetzt. Im Einzelfall lauten die Angaben über den Tm-Bedarf verschieden; das Mittel von 12 Autoren liegt um 14 kg Tm mit einer Spanne von 10–19 kg. 15 kg werden von schweren Hochleistungskühen überschritten, bei jungen Tieren ist die Tm-Aufnahme natürlich geringer; bei trockenstehenden Kühen oder bei geringer Milchleistung liegt sie um 8–12 kg.

Die Unterschiede ergeben sich aus solchen der Nutzungsrichtung und Leistung, der Rasse, ihres mittleren Lebendgewichtes und des Einzeltieres, aber auch aus äußeren Gründen. Im Gebirge verlangt die Steigleistung der Tiere zusätzliche Nahrungszufuhr; in warmen Klimaten ist der Bedarf geringer als in humid-gemäßigten Lagen. Der Nahrungsbedarf nimmt mit dem Verlauf der Laktation ab, steigt anderseits mit dem Wachstum von Jungtieren; Mast verlangt ein weiteres VE:StE-Verhältnis als Milchleistung usw.

Entscheidend ist, ob mit der Futterration Nährstoff- und Ballastsättigung erreicht wird. Überschreiten der zulässigen Menge des Unverdaulichen – etwa 4,3 kg je Tag – begrenzt die Futter- und damit die Nährstoffaufnahme aus zu alt gewordenen Futterstoffen.

[1] Umfangreiche Angaben des augenblicklichen Standes bei einzelnen Futterwerten enthalten die Futterwerttabellen der Deutschen Landwirtschafts-Gesellschaft 1968.

Auch über den Mineralstoffbedarf liegen zahlreiche Angaben vor (Zusammenfassungen bei MUNK 1964, WHITEHEAD[1]). Da manche Haupt- und Spurennährstoffe wie P und besonders Mg schlecht ausgenutzt werden, ist der Bruttobedarf oft wesentlich höher als die physiologisch notwendige Menge.

Praktisch enthält Weidegras fast ausnahmslos mehr Kalium, Chlor, Eisen, Mangan als notwendig; das Optimum des K-Gehaltes der wachsenden Pflanze ist höher als der für das Tier im Futter notwendige Gehalt. Stets weit zu niedrig ist der Gehalt an Natrium, oft zu niedrig auch der an Magnesium, Phosphor, Kupfer, selten der an Kobalt. Siehe R. MÜLLER 1966, SCHILLER u.a. 1967.

Eine wichtige Rolle spielen die fallweise sehr verschiedenen Wechselbeziehungen der Elemente wie diejenigen von P und Ca, die Verhältnisse

$$\frac{K}{Ca + Mg} \text{ und } \frac{K + Ca + P}{Mg + Na}.$$

Als anzustrebende Futtergehalte werden von MUNK für eine Milchkuh in 15 kg Tm angenommen (Elemente!):

Ca	0,60–0,70%	P	0,45%
Mg	0,20–0,27%	bei Spurennährstoffen z. B.	
K	0,70%	Cu	10– 15 ppm
Na	0,20–0,25%	Mn	70–100 ppm

Boden, Klima, Witterung, Entwicklungszustand der Pflanze beeinflussen die Mineralstoffversorgung in schwer übersehbarer Weise. Über den tatsächlichen Gehalt von Weidefutter an organischen Nährstoffen sagen die BECKERschen Tabellen:

	Weidegras	Verdaulichkeit %	In der Trockensubstanz VE%	StE	Ballast %	Verhältnis VE:StE
a	Jung, Intensivweiden	80	18,8	61,8	17,6	3,3
b	Bei Blühbeginn . . .	72	12,7	59,2	25,5	4,6
c	Noch älter	69	8,0	56,0	28,8	7,0

Ebenda finden sich auch Angaben über die Gehalte an Haupt- und Spurennährstoffen sowie an den wichtigsten Vitaminen. Stärker differenzierte Angaben macht SCHÜRCH 1967. Das Eiweißverhältnis bei a und b ist also viel enger, als S. 407 für den Bedarf angegeben. In stark mit N gedüngtem Weidegras tritt der StE-Anteil noch mehr zurück. So reicht der Eiweißgehalt jungen Futters zwar für eine hohe Milchleistung aus, nicht aber der Gehalt an StE. Mangel daran begrenzt die Milchproduktion. Dann findet ein ausgesprochener Luxusverzehr an Eiweiß statt.

Die hohen Eiweißgehalte sehr jungen Futters sind stets mit hohem Wasser- und geringem Ballastgehalt verbunden. Bei frühem Weideauftrieb tritt leicht ein Abfall des Milchfettgehaltes, meist verbunden mit Durchfall und anderen Gesundheitsschäden, ein. Namentlich in der Praxis hat man geradezu von

[1] Einzelangaben bei BORCHMANN, FIELD, GERICKE/BÄRMANN 1955–1965, 'T HART/DEIJS 1950, VAN DER KLEY u. a. 1956b, KNABE u. a. 1961, ØDELIEN 1949, SCHAUMLÖFFEL u. a., SJOLLEMA 1954.

einer „Eiweißvergiftung“ gesprochen. Um eine solche handelt es sich aber nicht, vielmehr um eine unnötige, also verschwenderische Eiweißaufnahme. Diese ist an sich nicht gesundheitsschädlich; Eiweiß ist vielmehr auch energetisch wirksam und den Stärkeeinheiten zuzurechnen (WITT 1956a, b, c). Nachteilig sind der hohe Wasser- und der geringe Rohfasergehalt. Das Futter verlangt zu wenig Kauarbeit, wird nicht ausreichend eingespeichelt, regt die Peristaltik nicht an und führt vor allem zu Störungen der fermentativen Verdauung (ORTH/KAUFMANN 1961). Der Rohfasermangel beeinträchtigt insbesondere die Fettbildung; Näheres bei ORTH 1958/59, DE GROOT 1964, VAN DER KLEY 1956a, ROHR/KAUFMANN. Der günstigste Rohfasergehalt beträgt offenbar 20–22%.

Die Möglichkeit nachteiliger Wirkungen sehr jungen Futters erhöht sich durch ein hohes Angebot davon. Sie kann durch beschränkte Zuteilung von Weidegras (Verkürzung der Grasezeit, Rationsweide) gemindert werden. Zur Sättigung der Tiere ist dann eine Ergänzung durch eiweißarme, an StE und Ballast aber reiche, nicht zu leicht verdauliche Futterstoffe notwendig. Bei Weidebeginn ist also volle Ganztagsweide nicht am Platze. WITT empfiehlt – da selbst bestes Futterstroh nicht in genügender Menge aufgenommen wird – bei Hofnähe zeitweilige Aufstallung mit Heufütterung, beim ganztägigen Verbleib auf der Weide reichliche Verabreichung von Grassilage im Melkring. Die tägliche Aufnahme solchen oder ähnlichen Ergänzungsfutters nimmt mit dem Älterwerden des Weidegrases, d.h. mit dem Anstieg von StE und Ballast, rasch ab. Im Voralpenland ist Teilweide mit Ergänzungsfütterung im Stall („Eingrasen“) von jeher üblich gewesen. Siehe auch BÜNGER, DÖRRIE 1959, HARING/KUBLITZ.

Eine fortdauernde Beifütterung kommt höchstens bei zu knapper Weidefläche (zu hoher Besatzstärke) in Frage. Beigabe von Kraftfutter ist – abgesehen von Tieren höchster Leistung – auf guten Weiden unwirtschaftlich und insofern grundsätzlich falsch, als sie die Ausnutzung des Weidegrases stark herabsetzt. Dies gilt mindestens, wenn die Verdaulichkeit des Grases deutlich über 70–75% liegt (CASTLE u.a. 1964, IVINS 1966, HOLMES).

Der Übergang der Tiere von der winterlichen Stall- zur Weidefütterung stellt eine schroffe Änderung der Ernährungsweise und der Umweltbedingungen dar. Um mögliche Nachteile zu vermeiden, sind Haltung und Ernährung der Tiere in der Stallperiode möglichst weideähnlich zu gestalten: kühler Stall, gute Lüftung, in den letzten Wochen tägliche Bewegung im Freien. In dieser Zeit soll vorwiegend gutes Saftfutter neben gutem Heu und viel Mineralstoffen verfüttert werden. Die Tiere sollen (WITT) sattgefüttert, ohne schon abnehmende Leistung, auf die Weide kommen.

Futterwert und Schmackhaftigkeit

Eine Beurteilung des Futterwerts ist noch verhältnismäßig leicht möglich beim Aufwuchs gut bewirtschafteter Weiden, wenn er sich nahezu einheitlich aus bewährten, vom Vieh gern gefressenen Pflanzen zusammensetzt. Die häufige Untersuchung solcher Bestände aus verschiedenen Altersstufen fand ihren Niederschlag denn auch in den Futtertabellen. Sehr gute Weiden (und höchstwertige Wiesen) nehmen aber nur einen Bruchteil des Weidelandes ein (in der Bundesrepublik 1963 nur 12,4%, S. 5).

Überaus vielseitig und schwer zu beurteilen sind die Wertverhältnisse in weniger guten Weiden und in artenreichen Wiesen bis hinab zum Ödland, zumal die vorhandenen Arten alle Extreme des Futterwertes bis zur ausgesprochenen Giftwirkung umfassen.

Komponenten des Futterwertes

Die ernährungsphysiologisch wichtigsten Stoffgruppen sind die stickstoffhaltigen (Eiweiß und seine Vorstufen) einerseits, die N-freien anderseits. Beide sind vielseitig zusammengesetzt (STÄHLIN 1957b, 1966) und in verschiedenem Maße verdaulich. Die letztere Eigenschaft ist auf chemischem Wege nicht ohne weiteres feststellbar, da sie weitgehend physikalisch, durch die Struktur der Pflanze, beeinflußt wird. Damit wird die Verdaulichkeit zur zweiten wichtigen Komponente des Futterwertes. Stoffliche Zusammensetzung und Verdaulichkeit allein sind aber, vom Tier aus gesehen, immer noch nicht entscheidend. Von hoher Bedeutung ist die Schmackhaftigkeit des Futters; auch von ihr hängt die Größe der Futteraufnahme ab. – Ferner gehören Freisein der Pflanzen von schädlichen Stoffen, anderseits ausreichender Gehalt an Mineral- und Wirkstoffen zum Begriff der Qualität[1].

Beispiele für die Grenzen der chemischen Bewertung brachte schon SCHINDLER, S. 506.

Verdaulichkeit. In sehr jungem Zustand sind alle besseren Futterpflanzen hochverdaulich und insofern wenig verschieden. Mit ihrer Weiterentwicklung nimmt die Verdaulichkeit ständig ab (S. 420). Von jungen Blättern bis zu überständigem, samenreifem Gras bewegt sich die Verdaulichkeit im Extrem von über 80 auf unter 50%. Mit dieser Verdaulichkeitsabnahme sinkt die Milchleistung der Kuh auf die Hälfte und weniger ab.

Fragen der Verdaulichkeit von Weidegras sind besonders eingehend von RAYMOND und Mitarbeitern (1953ff.) bearbeitet worden. Ihre Feststellung verlangte früher umständliche Verdauungsversuche mit lebenden Tieren. Einen wesentlichen Fortschritt bedeuten neuere Methoden einer künstlichen Verdauung durch kombinierte Anwendung von Pansensaft und Pepsin („In-Vitro"-Methoden); ihre Ergebnisse entsprechen weitgehend der Pansenwirkung im lebenden Tier (Einzelheiten z.B. bei SHELTON/REID, BALCH, TILLEY u.a. im Bericht des 8. Intern. Grünlandkongresses 1966, ferner KIVIMÄE, R. MÜLLER). Innerhalb der Verdaulichkeitsveränderung lassen sich einige deutliche Beziehungen erkennen. Die Gehalte von Rohprotein und verdaulichem Protein sind eng mit einander verknüpft; der Gehalt an Rohfaser und besonders Lignin verhält sich gegensinnig zum Stärkewert und zur Gesamtverdaulichkeit. – In den Niederlanden ist man (VAN ITALLIE/FRANKENA 1936, DIJKSTRA 1966) mit Erfolg bemüht, auf Grund solcher Beziehungen und einfacher chemischer Untersuchungen allgemeingültige Formeln für die Futterwertbestimmung zu entwickeln, also Verdauungsversuche für den praktischen Verbrauch entbehrlich zu machen.

Einen anderen Weg für die Verdaulichkeitsprüfung verschiedener Grasarten schlägt REGAL (1956, 1958; auch HERCUS) mit der anatomischen Untersuchung des Blattgewebes vor. Die Artunterschiede der von der Struktur bedingten Blattverdaulichkeit bewegen sich bei gleichem Ballastgehalt von über 83 bis

[1] Allgemeines zum Qualitätsbegriff bei W. DAVIES 1950.

unter 44%. – Verdaulichkeit und Futterverzehr sind eng miteinander verknüpft, während anderseits der mengenmäßige Futterbedarf mit steigender Verdaulichkeit abnimmt.

Der Futterwert wird natürlich auch von der Witterung beeinflußt. In den Niederlanden stellte z.B. KLETER (1961) fest, daß eine Niederschlagsmenge von 100 mm über dem langjährigen Mittel den Tm-Gehalt um 2,8% herab-, den Proteingehalt aber um 4,4% (vom Durchschnitt) heraufsetzte; der Stärkewert erwies sich als weitgehend von der Besonnung abhängig.

Futterwert der Artengruppen, Arten und Sorten

Auf die ebenso vielen wie zerstreuten Angaben zum Thema einzugehen, ist unmöglich (doch siehe S. 154, LARIN u.a.). Am Futterwert sind Stoffgehalt, Gewebestruktur, Verlauf der Alterung, Schmackhaftigkeit, Umwelteinflüsse in immer wieder anderer Kombination beteiligt. RAYMOND (1966) weist z.B. auf erhebliche Unterschiede der Futteraufnahme und der tatsächlichen Verdauung bei festgestellter gleicher Verdaulichkeit der organischen Substanz hin. Eine umfassende Würdigung der Grünlandpflanzen nach allen ihren Eigenschaften stofflicher und morphologischer Art findet sich bei STÄHLIN 1957b, 1966. Dabei werden auch die sehr artverschiedenen Kombinationen der Aminosäuren, der höheren Eiweißkörper, der Kohlenhydrate, ferner das Vorkommen schädlicher Stoffe berücksichtigt.

Höchstwertig sind in der Regel die Leguminosen mit ihrem hohen N- und Mineralstoffgehalt; und doch haben auch sie ihre Schattenseiten, manche sogar gesundheitsschädliche Wirkungen. Unter den Hunderten anderer Kräuter sind viele durch hohen Gehalt an Haupt- und Spurennährstoffen sowie Wirkstoffen ausgezeichnet; einige gelten als Würzpflanzen (VON GRÜNIGEN 1949, KÖNIG 1955, LARIN 1956, STÄHLIN), z.B. Abb. 189, 193. Ein zu hoher Anteil selbst wertvoller Kräuter ist allerdings aus verschiedensten Gründen nicht erwünscht.

Die Gräser sind, stofflich und morphologisch gesehen, von geringerem Wert, wenigstens in älterem Zustand. Die Entwicklung von reinen Grasbeständen bei intensiver stickstoffreicher Weidebewirtschaftung ist nicht ungefährlich, namentlich wegen der starken Abhängigkeit des Mineralstoffgleichgewichtes von Entwicklungszustand und Mineralstoffangebot (S. 157). In Wiesen läßt sich ein hoher Kräuteranteil (einschließlich Kleearten) erhalten.

In Heuuntersuchungen fand BRÜNNER (1954a) folgende Zusammenhänge:

Bestandsanteile in %			Gehalt bei 86% Tm in %				
Gras	Klee	Sonstige	Rohprot.	Rohfaser	CaO	P_2O_5	K_2O
über 90	2,0	5,1	7,89	30,5	0,73	0,47	2,29
unter 60	15,8	31,3	8,92	25,1	1,28	0,44	2,74

LARIN u.a. (1956) leiten aus der Untersuchung von mehr als 1000 Grünlandpflanzen der Sowjetunion Wertrangfolgen nach dem chemischen Befund, nach dem Tempo der Wertabnahme bis zur Blüte und nach dem Tempo der Ballastzunahme ab. Bemerkenswert ist, daß sich unter den chemisch wertvollen Arten auch Giftpflanzen befinden. Die Berücksichtigung aller Eigenschaften führt zu der überraschenden Rangfolge: Cruciferen (Kreuzblüter) und Leguminosen – Umbelliferen (Doldenblüter) – Compositen (Korbblüter) – – – Gramineen.

Die Beliebtheit der Artengruppen beim Tier ist hierbei noch nicht berücksichtigt.

Innerhalb der Artengruppen und selbst zwischen Varietäten und Sorten ein- und derselben Art finden sich weitere Unterschiede des Futterwertes, sei es im Stoffgehalt, in der Verdaulichkeit oder im Verlauf der Alterung. Zum Beispiel können Mindererträge einer Sorte durch einen höheren Verdaulichkeitsgrad aufgehoben werden; Unterschiede des Blühbeginns lassen den gleichen Alterungsgrad bei zwei Sorten um bis zu 3 Wochen verschieden eintreten. Wie sehr die Verdaulichkeitswerte von verschiedenen Grasarten und von verschiedenen Sorten derselben Art untereinander differieren können, zeigt Abb. 191 nach MINSON u.a. 1964, die wir Herrn VOIGTLÄNDER verdanken. Zur Zeit des Ähren- bzw. Rispenschiebens, das zwischen dem 30. April (*Dactylis*) und dem 10. Juni (*Phleum*) erfolgte, haben die einzelnen Arten und Sorten ganz verschiedene Verdauungsquotienten erreicht, so z.B. *Lolium perenne* über 80% und *Phleum pratense* weniger als 70%. Daran zeigt sich sehr deutlich, daß die Verdaulichkeit auch schon vor dem Ährenschieben erheblich absinken kann. – Siehe ferner S. 154f.

Abb. 182. Löwenzahn Abb. 183. Wiesenpippau Abb. 184. Wiesenbocksbart

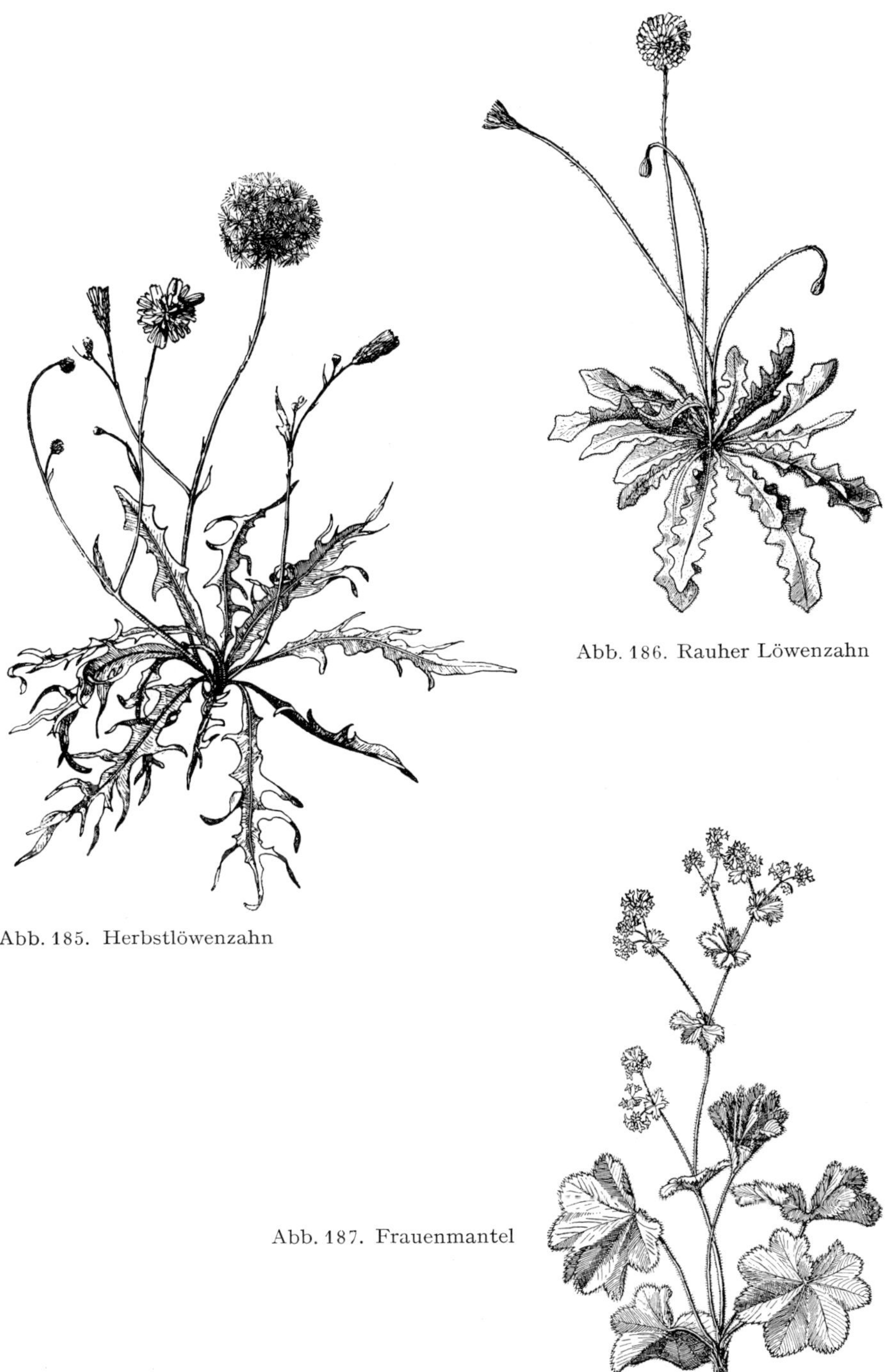

Abb. 185. Herbstlöwenzahn

Abb. 186. Rauher Löwenzahn

Abb. 187. Frauenmantel

Stählin sagt (brieflich) zu der überaus komplexen Frage: Die Wechselbeziehungen zwischen Pflanze und Tier machen den Futterwert der meisten Pflanzenarten sehr variabel. Von der Pflanze aus spielen nicht nur die botanische Form innerhalb der Art, der Entwicklungszustand der Einzelpflanzen, die Einflüsse des Standorts, der Düngung und der Witterung, unter denen sie gewachsen sind, bei der äußeren Ausbildung und der chemischen Zusammensetzung eine wichtige Rolle, sondern es sind auch die Beliebtheit beim Vieh und die Verdaulichkeit, die Bekömmlichkeit und der Einfluß auf die tierische Leistung verschieden, je nachdem, ob die einzelne Pflanzenart rein oder im Gemisch mit anderen Arten den Tieren dargeboten wird, ob das Futter frisch auf der Weide oder als Grünfutter oder ob es konserviert als Gärfutter, als Heu oder als Grünmehl zur Verfütterung gelangt.

Vom Tier aus bestehen und entstehen Unterschiede des Futterwertes je Tierart und Rasse, Alter und Geschlecht, Konstitution und Kondition, Nutzungszweck und Leistungshöhe, Abwechslungsbedürfnis und Gewöhnung.

Der Futterwert steht also nie absolut fest; die Beurteilung einer Pflanzenart muß – natürlich losgelöst von der Bewertung ihrer Flächenleistung und von Extremen abgesehen – stets relativ sein.

Abb. 188. Kleiner Wiesenknopf Abb. 189. Kümmel Abb. 190. Große Pimpinelle

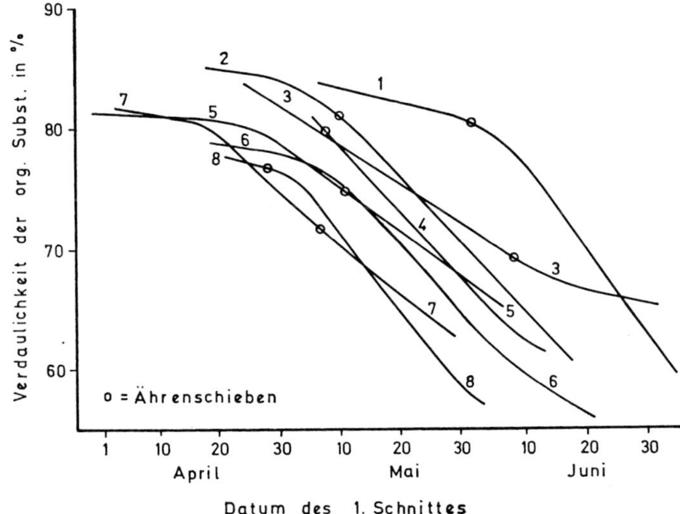

Abb. 191. 1, 2 Lolium perenne, 3 Phleum, 4 Festuca pratensis, 5 Lolium-Bastard, 6 Dactylis, 7 Festuca arundinacea, 8 Dactylis. Die Verdaulichkeit der organischen Substanz von Gräserarten und -sorten im ersten Aufwuchs (nach MINSON u.a. 1964)

Schmackhaftigkeit

IVINS (1955) kennzeichnet die Schmackhaftigkeit als „die Summe der Eigenschaften, die das Futter für ein Tier attraktiv machen". Die Bereitschaft, eine Futterart aufzunehmen, ist entscheidender als ihr Nährwert. Es handelt sich dabei um sehr komplexe, zudem nie absolute Tatsachen und Vorgänge; sie stehen für eine Futterart immer in Beziehung zu Begleitflora und Umwelt, wechseln daher von Fall zu Fall. Auch bestehen keine sicheren Beziehungen zwischen Schmackhaftigkeit und Fütterungserfolg.

Feststellungen über die Beliebtheit von Pflanzen und Beständen sind methodisch schwierig; ältere Versuche, etwa an nebeneinander stehenden, gleichzeitig beweideten Teilstücken verschiedener Reinbestände geben nur Augenblicksbilder, die sich mit jedem Tag der Weiterentwicklung ändern können. Notwendig ist Dauerbeobachtung über längere Zeit auf verschiedenen Beständen, und der beste, wenn auch sehr mühsam zu findende Maßstab ist die Verzehrsmenge einer Art in der Zeit, besser als die Zeit des Verbleibs der Tiere bei einer Futterart.

Umfangreiche Studien stellten IVINS 1955, HUNTER 1954, MILTON 1953 und andere britische Autoren an; in Deutschland beobachtete B. BOHNE 1955 das Verhalten der Weidetiere an 180 Arten; siehe ferner LAMPETER, LARIN, BROUWER 1962.

Beim Tier bilden Art, Rasse, Individuum, Trächtigkeit, Ernährungszustand (Sättigungsgrad, Mastzustand), vorangehende Futteraufnahme, Salzhunger wichtige Ursachen verschiedener Freßneigung. Des geringeren Energieaufwandes wegen werden dichtwachsende Bestände derselben Art locker stehenden vorgezogen (VEZ). Die Tiere neigen zur Abwechslung; sprunghafter

Wechsel in der Futterwahl ist häufig. Bekannt ist die Neigung der Rinder, unter dem Weidezaun oder durch ihn hinaus zu fressen. Beim Betreten einer Koppel geht dem Fressen der beliebtesten Pflanzen meist ein suchender Rundgang voraus. Bei freiem Weidegang auf großer Fläche mit verschiedensten Beständen wird vielfach eine räumliche und zeitliche Rangfolge der Fraßstellen eingehalten.

In der Bevorzugung der Pflanzen stehen eindeutig Jugend, Saftigkeit, Blattreichtum, aktiver Wuchs, Ballastarmut voran, also frühe Entwicklungsphasen. Die Gewebestruktur ist offenbar wichtiger als der Nährstoffgehalt. Anfangs werden frühwüchsige, später langsam alternde Pflanzen bevorzugt. In sehr jungem Zustand werden selbst minderwertige Pflanzen gefressen, in altem Zustand selbst hochwertige gemieden. In chemischer Sicht wird hoher Anteil an leichtverdaulichen Pflanzenteilen einem solchen mit höherem Ligningehalt vorgezogen; anlockend wirkt auch hoher Mineralstoffgehalt. Nach der Aufnahme jungen, ballastarmen Futters werden gern rohfaserreiche Pflanzen (selbst verholzte) gefressen. Auch in grünem Zustand unbeliebte Pflanzen werden im Heu oft anstandslos aufgenommen. Artengemische sind meist beliebter als Reinbestände; Weißklee verbessert die Freßlust in jedem Gemisch. Über den Grad der Bevorzugung einer Art entscheidet gewöhnlich die Begleitflora. Vorherrschende Arten sind meist weniger beliebt als spärlich vertretene; für manche Arten, z.B. *Lolium perenne* und *Trifolium repens*, braucht das nicht zu gelten.

Bei trockener Witterung wird saftiges, ballastarmes Futter bevorzugt, bei Nässe trockenes, rohfaserreiches; besonntes Futter ist beliebter als beschattetes (S. 51). Bei ganzjährigem Weidegang ist der Anteil noch oder schon grüner Blätter entscheidend. – Auch Bodenart und Bodentyp spielen eine Rolle.

Düngungsunterschiede innerhalb einer Weidefläche werden vom Tier rasch erkannt; besonders N-, K- oder gar Na-angereicherte Bestände locken stark an, aber auch P- und Ca-Reichtum gegenüber Mangel. Bei N-Düngung spielt die Saftigkeit des Futters vielleicht eine größere Rolle als sein Proteingehalt. Jauche-, Gülledüngung stoßen ebenso wie frische Geilstellen ab.

Von sehr hoher Bedeutung sind der Umfang des Futterangebots und die Gewöhnung an eine bestimmte, selbst geringere Futterqualität. Bei knapper Futterzuteilung wird auch weniger beliebtes Futter, wenn auch in geringerer Menge, gefressen, bei ausschließlichem Angebot sogar gut aufgenommen. Bei hohem Angebot treibt das Weidetier starke Auslese (Selektion, siehe S. 419), es findet Luxusverzehr der beliebtesten Pflanzen statt. Die Fülle der wirksamen Faktoren erschwert die Beurteilung der arteigenen Schmackhaftigkeit ungemein.

Man sollte annehmen, daß die durch Nutzungs- und Düngungsweise stark vereinheitlichten, meist aus gern gefressenen Pflanzen bestehenden Intensivbestände nur wenig Raum für deutliche Unterschiede der Schmackhaftigkeit lassen. Und doch bestehen hier erhebliche Differenzen in der Aufnahmebereitschaft der Tiere für verschiedene Arten, Varietäten und Sorten. Besonders deutlich sind sie in Abhängigkeit vom Entwicklungsrhythmus und dem Alterungstempo der Pflanzen.

In der Rangfolge der Beliebtheit wird Weißklee meist an erster Stelle genannt. Die Rangfolge der Gräser wechselt; *Phleum, Festuca pratensis, Dactylis* werden häufiger bevorzugt als *Lolium perenne; Dactylis* und *Lolium* wechseln oft in der Rangfolge. Je nach den Begleitarten steht *Poa pratensis* in der Rangfolge verschieden. *Festuca rubra,* besonders aber *Festuca arundinacea* und noch mehr *Holcus lanatus* wirken unschmackhaft – wenn Besseres vorhanden ist. Auf eingehende Wertprüfung der wichtigsten Gräser im Hinblick auf Futterverzehr und Leistung von Schafen durch SPEDDING u.a. (1966) kann hier nur hingewiesen werden. Die beliebteste Weidepflanze aber ist nach zahlreichen Beobachtungen *Plantago lanceolata* (Spitzwegerich, N- und mineralstoffreich, ballastarm, Abb. 192); in der Jugend werden auch *Taraxacum* und andere „zungenblütige" Korbblüter („Milchkräuter") sowie manche Doldenblüter bevorzugt gefressen (Abb. 182–190).

Abb. 192. Spitzwegerich

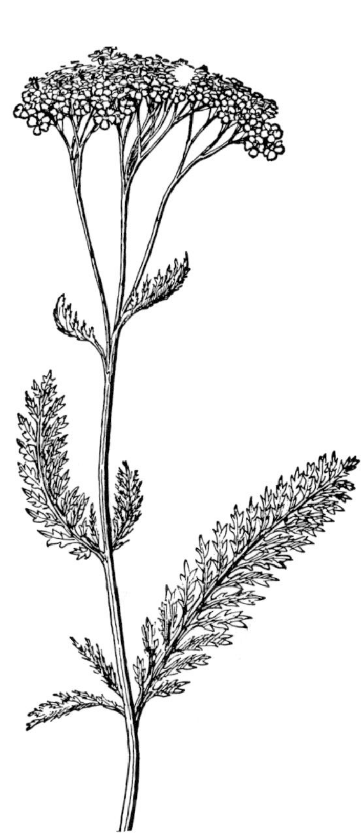

Abb. 193. Schafgarbe

Erhebliche Sortenunterschiede sind namentlich von *Dactylis* und *Lolium* bekannt, oft ohne morphologische Differenzen; IVINS berichtet u.a. von einer „auffallend" unschmackhaften *Dactylis*-Sorte; frühschossende und bald minderwertige Herkünfte z.B. von *Phleum* sind zuweilen in der Jugend bevorzugt usw.

Sehr viel auffälliger als in guten, artenarmen Weiden sind die Schmackhaftigkeitsunterschiede in artenreichen Extensivweiden bis zum Ödland (und in Dauerwiesen bei Grünfütterung). Abgesehen von ungern oder gar nicht befressenen Gräsern spielen hier Kräuter verschiedenster Art eine wesentliche Rolle. Viele von ihnen sind bei mäßigem Auftreten besonders schmackhaft, reich an Haupt- und Spurennährstoffen sowie an Wirkstoffen, in der Jugend ballastarm und oft viel langsamer alternd als Gräser. Zahlreiche Arten werden aber vom Tier auch gemieden, sei es wegen morphologischer Eigenschaften (Stacheln, Dornen, Haarfilz, harte, lederige Struktur) oder ihrer chemischen Eigenarten wegen (widerlicher Geruch, Gehalt an ätherischen Ölen, an schädlichen bis giftigen Alkaloiden, Glykosiden, Saponinen, Bitter- und Gerbstoffen). Näheres S. 265.

Beim Fehlen der besseren Weidepflanzen werden *Agrostis tenuis* und Verwandte lieber gefressen als die feinblätterigen *Festuca*-Arten, am wenigsten gern *Nardus, Molinia*. Im allgemeinen werden die mineralstoffreichsten Arten ohne Rücksicht auf den Ballastgehalt bevorzugt, an der Spitze – soweit vorhanden – natürlich Leguminosen.

Besonders aufschlußreich zeigten sich mehrjährige Daueruntersuchungen in den Ödlandweiden Großbritanniens („Rough grazings") unter praktisch ganzjähriger Schafbeweidung (Davies, R. O. u.a. 1950, 1959, Hunter, Milton u.a.).

Bevorzugt werden hier u.a. *Agrostis*- und *Festuca*-, einige *Carex*-Arten, *Juncus squarrosus, Luzula*-Arten; zeitweise gefressen werden *Holcus lanatus, Molinia,* praktisch gemieden *Nardus, Ericaceen, Pteridium aquilinum, Potentilla erecta* u.a.m.

Bei ganzjährigem Weideaufenthalt wies Milton 1953 die jahreszeitlich ganz verschiedene Bevorzugung der Arten nach. *Luzula campestris* wird im Winter und im Sommer stark, im Frühjahr und im Herbst wenig befressen, eine Reihe von Binsen im Winter. *Molinia* erscheint im Hochsommer am wertvollsten, hohe *Calluna* im zeitigen Frühjahr. Entscheidend ist im Winterhalbjahr der Anteil der Pflanzen an noch oder im Nachwinter schon früh grünen Blättern; soweit noch grün, wird sogar *Nardus* im Spätherbst gefressen. Im Sommerhalbjahr ist mehr die sonstige Arteigentümlichkeit maßgebend. Näheres über eine große Zahl von Arten siehe bei Milton.

Futterwertschätzung (Beurteilung)

Einfachstes Kennzeichen des zu erwartenden Futterwertes besteht in Entwicklungszustand und Blattanteil der heranwachsenden Grasnarbe. Watson 1949 erwähnt folgende Anhaltspunkte:

Futterzustand	Verhältnis Eiweiß : Stärkewert
1. Sehr blattreich, halmfrei, handhoch, bei Leguminosen beginnende Knospenbildung	1 : 4
2. Noch blattreich, Leguminosen mit Knospen	1 : 5
3. Blühbeginn von Gras und Leguminosen	1 : 7–8
4. Vollblüte	1 : 10

Die Unterschiede beruhen auf der natürlichen Alterung des Pflanzenbestandes (S. 420).

Unabhängig davon geben die aus der chemischen Untersuchung, der Fütterungserfahrung und der Beobachtung des Weidetieres gewonnenen Kenntnisse einzelner Arten Bewertungsmöglichkeiten der Pflanzenbestände. Von niederländischem Vorgang ('t Hart, Kruijne/de Vries) ausgehend haben Klapp/Boeker/König/Stählin 1953 (enthalten auch in Klapp 1965a) Futterwertzahlen für die wichtigeren Grünlandpflanzen in 10 Stufen (−1 = giftig, 0 = wertlos, 8 = Höchstwert) vorgeschlagen (S. 108). Sie gelten für die lebenden Pflanzen; ferner bestehen Heubewertungsschlüssel, z.B. derjenige der DLG, S. 506.

Die Bewertung der einzelnen Arten ist zum Teil umstritten und zweifellos verbesserungsfähig, leistet aber auch jetzt schon gute Dienste. Van der Molen u.a. 1959 nennen Beispiele für Rein- und Mischbestände mit zugehörigen Ertragsschätzungen. Nach unserer Rangfolge ergeben sich z.B. folgende Wertzahlen ganzer Bestände (Klapp 1965a):

Kleinseggenwiesen (*Carici can.-Agrostidetum can.*)	1,84
Kohldistelwiesen (*Cirsio-Polygonetum*)	3,61
Tal-Glatthaferwiesen (*Arrhenatheretum*)	4,72
Weidelgrasweiden (*Lolietum typicum*)	7,16

Die Unterschiede sind beträchtlich und entsprechen weitgehend der praktischen Erfahrung. (Neuere Wertzahlen für Jugoslawien bei Šostarić-Pisačić und Kovačević.) Das Produkt von Wertzahl und Ertrag eines Bestandes läßt die Unterschiede noch deutlicher werden. Speidel (1963) wies eine enge gegensinnige Beziehung zwischen diesem Produkt und dem Futterflächenbedarf je Großvieheinheit nach. Höchsterträge sind in niederländischen Weiden (Kruijne/de Vries) an die Vorherrschaft von *Lolium perenne, Poa trivialis* und *Poa pratensis* gebunden, niedrige Erträge an Dominanz von *Holcus lanatus* und *Festuca rubra*.

Wirkungen selektiven Fraßes auf die Futterqualität der Weide

Sowohl arteigentümliche Unterschiede der Schmackhaftigkeit wie die durch die Entwicklung der Pflanze (Austreiben bis Blüte) bedingten stofflichen Änderungen veranlassen das Weidetier zu auslesendem, „selektivem" Fraß. Selbst der beste, einheitlich erscheinende Weidebestand unterliegt dieser Selektion. Die Tiere nehmen zuerst das Schmackhafteste, d.h. in der Regel die jüngsten Teile bevorzugter Pflanzen, auf. Das Gefressene stimmt nie mit dem Gesamtbestand überein. Beste Beweise hierfür liefert der Vergleich des aus Schlundfisteln gewonnenen Futteranteils mit gleichzeitigen Schnittproben oder auch der Verdauungsversuch. Der vom Tier aufgenommene Futteranteil ist stets wesentlich reicher an Protein und Mineralstoffen, dagegen ärmer an N-freien Ext. und besonders an Rohfaser (siehe u.a. Raymond/Minson 1956, Harris 1960, Holmes, Reid/Kennedy 1956). Die oberen Teile der Blätter werden früher als die tieferen und die Halme aufgenommen; die zunächst gemiedenen Pflanzenteile sind die weniger verdaulichen.

Mit jedem Freßtag nimmt die Qualität des Restbestandes ab. Van der Molen u.a. nennen Ergebnisse, nach denen in 3 Weidetagen der Proteingehalt des Verzehrten von 16,8 auf 6,5% abnahm, der des Restbestandes aber schon am ersten Tag nur 10,8% betrug. Karns fand nach 2 Weidetagen im Restbestand 4% weniger Protein, einen erheblich niedrigeren Mineralstoffgehalt, aber 0,5% mehr Rohfaser und 4,25% mehr N-freie Extraktstoffe.

Das Wegfressen des Wertvollsten mindert also die Qualität des Restbestandes ungemein; dieser Vorgang verläuft viel schneller als die natürliche Alterung und führt zu immer stärkerer Abnahme des Verzehrs.

Die arteigenen Qualitätsunterschiede wirken in der gleichen Richtung. FREER zitiert ein Beispiel, bei dem sich fanden:

Im Ursprungsbestand . . . 45% Klee, 25% *Lolium*
Im Gefressenen . . . . . . 60% Klee, 17% *Lolium*

Die bevorzugten Pflanzen werden durch den selektiven Fraß auf die Dauer geschädigt. Es ist verständlich, daß die Selektionswirkung stark vom Futterangebot bestimmt wird. Knappes Futterangebot (hohe Besatzdichte, z.B. bei Rationsbeweidung), das bis zum Abfressen des gesamten erreichbaren Futtervorrats in wenigen Stunden führt, läßt große Unterschiede zwischen Bestand und Verzehr nicht zu; um so größer wird die Qualitätsabnahme bei hohem Angebot und langer Freßzeit auf großer Fläche. Stark ist die Selektion auch in vielseitigen gegenüber einseitigen Pflanzenbeständen. Geringer Besatz macht es dem Tier leichter, das Höchstwertige herauszusuchen und die Qualität seiner Futteraufnahme für längere Zeit hochzuhalten. Kurz, das Weidetier bestimmt in erheblichem Maße selbst die Qualität des verfügbaren Weidefutters nach dem Beginn des selektiven Fraßes. Mit der auf Intensivweiden durch Artenarmut und beschränkte Futterzuteilung eingeschränkten Selektionsmöglichkeit nimmt die Bedeutung des physiologisch (z.B. durch Alterung) bedingten Futterwertes zu.

Natürliche Futteralterung

Die Entwertung alternden Futters hängt einmal von der Entwicklung der Pflanze aus dem Blattstadium über das Schossen, Blühen und Fruchten ab. Der Hauptzuwachs besteht vom Schossen an in ballastreichen, nährstoffärmeren Halmen. Nach Zitaten bei CRASEMANN 1951 und WATSON 1949 fand FAGAN folgendes:

	Alter des Futters					
	7 Tage			30 Tage		
	Halm	:	Blatt	Halm	:	Blatt
Verhältnis	1	:	3,5	1	:	2,4
Eiweißgehalt . . .	17,0		25,6	11,1		14,9%
Rohfasergehalt . .	25,4		21,5	33,4		24,4%

Zunächst findet eine direkte Abnahme des Protein- und Mineralstoffgehaltes, eine Zunahme des Rohfasergehaltes statt; dazu tritt eine stetige Abnahme der Verdaulichkeit des Futters (neuere Einzelheiten u.a. bei FARRIES 1966, FREER, PLATE, RAYMOND 1966, WILSON u.a. 1966). Die tägliche Abnahme des Proteingehaltes wird in der Regel mit etwa 0,2% (0,1–0,4%) angegeben, wobei in den ersten Wochen meist geringe, nach 3–5 Wochen aber stärkere Änderungen eintreten. Ähnliches gilt für die Zunahme des Rohfasergehaltes.

Zugleich aber nimmt die Verdaulichkeit der organischen Substanz im ganzen ab, in ihren einzelnen Komponenten aber verschieden stark. FARRIES gibt für die ersten 4 Wochen eine Abnahme der Gesamtverdaulichkeit um etwa 10% an; Ursache ist die Einlagerung von Stoffen, die der enzymatischen und mikrobiellen Verdauung widerstehen. Im Rohprotein nehmen schwerverdauliche Eiweißkörper zu; ferner findet eine Inkrustierung mit Ballaststoffen statt. – Die Verdaulichkeit der Rohfaser sinkt langsamer als die des Proteins, hauptsächlich durch erhöhte Ligninbildung, die Pflanze verholzt. Hemicellulosen nehmen zu, die Cellulose altert auch ohne Lignifikation. Entscheidend und damit der beste Maßstab für die Verdaulichkeit ist aber der Ligningehalt. Die Wirkung der natürlichen Alterung des Grases wird außerordentlich verschärft durch den selektiven Fraß des Weidetieres. So fanden REMY und Mitarbeiter (1932) bei Freßzeiten von 9–10 Tagen in sehr jungem Futter eine Proteinabnahme um 0,52, vor der Blüte eine solche um 0,63% je Weidetag.

Zur natürlichen Alterung des Futters ist auch das mit der Entwicklung fortschreitende Absterben von Blättern vor allem nach Erreichen eines hohen Blattflächenindexes (S. 49) zu rechnen. Näheres bei HUNT 1965, SPEXARD; der periodisch wechselnde Blattanteil mancher Arten wirkt in gleicher Richtung (RUDZITIS). Endlich wandern Nährstoffe in Wurzeln und Speicherorgane ab, weitere gehen durch Samenabfall verloren. – Die ganzen Vorgänge verlaufen bei Leguminosen und bei lange Zeit blattreich bleibenden Kräutern langsamer als bei Gräsern, anderseits besonders schnell bei Arten, die bereits vor dem Wiesenschnitt zum Reifen und Absterben gelangen.

Das Verhalten des Tieres auf der Weide

Untersuchungen hierzu sind meist bei Milchkühen, seltener bei Ochsen oder Jungvieh angestellt worden, zunächst von JOHNSTONE-WALLACE (1950), HUGHES/REID (1951), später von weiteren Autoren (BRUMBY, VAN DER KLEY 1955b, viele Zitate bei VOISIN), in Deutschland von HEINE, KÖNEKAMP 1953 u.a.

Die Zeitdauer des Grasens (Fressens) wird – von Extremen abgesehen – einschließlich der Fortbewegung mit etwa 6–9, im Mittel mit $7^1/_2$ Stunden angegeben. Die Unterschiede sind zum Teil erblich; selbst bei eineiigen Zwillingen werden solche angegeben. „Gute Fresser" nehmen in der gleichen Zeit größere Futtermengen auf als Tiere mit zu kurzem Unterkiefer oder längerem Zeitbedarf zum Wiederkäuen. Jahreszeit und Witterung ändern die gewohnte Grasezeit; Starkregen und Sturm verkürzen sie. Verkürzend wirkt auch Ergänzungsfütterung mit Heu oder Gärfutter, ebenso der Übergang zur Intensivweide (höheres Futterangebot auf kleinerer Fläche, weniger Bewegung). Zeitbedarf und Freßgeschwindigkeit werden vor allem aber von der Höhe des Graswuchses beeinflußt.

Verschieden lauten auch die Angaben über die bevorzugte Tageszeit des Grasens. Meist werden die Stunden vor und nach Sonnenaufgang sowie die Abendstunden angeführt. HEINE nennt für älteres Jungvieh (Versuchsgut

Rengen) 2–3 Stunden nach Sonnenaufgang, $1^1/_3$ Stunden mittags und 3 bis 4 Stunden abends als durchschnittlich beobachtete Zeiten. Jedenfalls wird bei Dunkelheit weniger geweidet als im Licht. Starke mittägliche Insektenplage zwingt zu früherem Grasebeginn am Morgen; Umkoppeln, Änderungen des Weidesystems verschieben die Termine.

Die Freßweise des Rindes selbst wurde wiederholt, neuerdings eingehend von Blattmann 1967, beschrieben. Wegen des Fehlens von Schneidezähnen im Oberkiefer wird das Futter nicht abgebissen, sondern von der Zunge drehend in das Maul gezogen, gegen die „Kauplatte" des Oberkiefers gedrückt, abgequetscht und abgerissen. Sehr kurzes Gras wird ohne Mitwirkung der Zunge erfaßt und abgerupft. Eine gleichmäßige Verbißtiefe wird nicht erreicht, da die Grastriebe in verschiedener Höhe abreißen. Trotz des eiligen Fressens selektiert das Tier, läßt vor allem ältere Halmteile stehen, speit auch unschmackhafte Pflanzenteile wieder aus. Die Unmöglichkeit glatten Abbeißens läßt einen Fraß bis auf den Boden (wie z.B. beim Pferd) nicht zu, das Rind frißt schonend.

Die Zahl der Freßbewegungen ist sehr hoch, je nach Autor 17000 bis über 23000 am Tag, wobei je Biß nur bis etwa 3 g Frischfutter aufgenommen werden. Mit dem Altern des Futters nehmen diese Zahlen ab.

Die Fortbewegungen des Tieres, hauptsächlich während des Grasens, dauern nach den meisten Angaben etwa 3–6 Stunden, wobei 2–8 km zurückgelegt werden, am wenigsten bei Rationsweidegang.

Ruhend (liegend) verhält sich das Tier während 5–9 Stunden; vollkommene Ruhe besteht aber nur in wenigen Stunden, da ja (bis 9 Stunden) lange Zeit zum Wiederkäuen notwendig ist, meist während der Nachtzeit. Die Dauer des Wiederkäuens wird vom Verzehr und vom Rohfasergehalt des Futters bestimmt. Zu hoher Rohfasergehalt verlängert die Dauer des Wiederkäuens bei stärkerem Energieverlust, zu geringer kürzt die Dauer des Wiederkäuens mit den oben S. 408, 409 geschilderten Folgen (Orth, Orth/Kaufmann 1961).

Fressen und Bewegung verlangen auf der Weide einen größeren Energieaufwand als bei Stallfütterung; doch gehen die Meinungen in dieser Frage stark auseinander. Voisin errechnete für 8 Stunden Grasezeit einen Bedarf an 3000 cal Nettoenergie entsprechend 1,3 kStE für eine 500-kg-Kuh, mindestens aber 1 kStE; andere Angaben (Zitate bei Olde Rickerink) nennen 0,45–1,36 oder mehr kStE. Für Gebirgsweiden (Steigleistung!) nimmt Schürch (1967) 20–25% mehr Energiebedarf gegenüber Stallhaltung an. Olde Rickerink verweist aber auch auf Stimmen, nach denen erhöhtem Energiebedarf auf der Weide ein höherer Energiegehalt des Weidefutters (im Vergleich mit Stallfutter, S. 475) gegenübersteht (siehe auch Holmes).

Der in 24 Stunden mögliche Energie-(Arbeits-)Aufwand der Weidekuh ist begrenzt. Der Erfolg, d.h. der Futterverzehr, hängt weitgehend von der Aufnehmbarkeit, besonders von der Schluck- und Kaubarkeit des Weidegrases ab. Ist das Gras noch sehr niedrig, wird in der individuellen Grasezeit zu wenig Futter aufgenommen. Ist der Aufwuchs schon hoch und alt, dann werden Futteraufnahme und Wiederkäuen stark verlangsamt. Nach Johnstone-Wallace ergab sich folgende Futteraufnahme bei Verbleiben der Tiere auf derselben Weidefläche:

	Aufnahme Grün kg	Tm %	Tm kg
Am Auftriebstag	68,0	21,4	14,5
Einige Tage später	54,5	22,0	12,0
Nach Verzehr von 50% des Futters . .	35,5	24,0	8,5
Nach Verzehr von 75% des Futters . .	15,0	28,0	4,0

Während die Futteraufnahme anfangs den Bedarf für eine recht hohe Milchleistung decken konnte, reichte sie zuletzt nicht einmal für den Erhaltungsbedarf aus. Auf Grund der bisher vorliegenden Versuche kommt VOISIN zu folgenden Schlußfolgerungen über die Futteraufnahme der Kuh:

Höhe des Futters cm	Aufgenommene Menge in 24 Stunden kg Grünmasse	kg Trockensubstanz
20–40	32	7,8
12–20	68	14,5
8–12	41	9,0
2– 8	20	4,5

JOHNSTONE-WALLACE glaubte feststellen zu können, daß die Weidekuh „keine Überstunden" mache. Dies trifft nach späteren Feststellungen nicht ganz zu. Entscheidend ist jedenfalls, daß zur Deckung des Tm- und Nährstoffbedarfs innerhalb der individuellen Grasezeit genügend leicht aufnehmbares, hochverdauliches Futter zur Verfügung steht.

Der tatsächliche Futterverzehr

Die Feststellung von Aufnahme und Verwertung des Futters ist schwierig, da die Individualität des Weidetieres, der Nährstoffgehalt, die Schmackhaftigkeit und die Verdaulichkeit des Grases in verschiedener Weise zusammenwirken.

Die gewichtsmäßige Feststellung des Futtervorrats und des nach dem Abweiden verbleibenden „Weiderestes" („Differenzmethode") ist einfach durchführbar, ergibt auch praktisch brauchbare Annäherungswerte für die Mengenaufnahme; sie sagt aber nichts über Zusammensetzung und Ausnutzung des Futters aus. Beides exakt festzustellen, wurde z.B. in Großbritannien mit aufwendigen Indikator-(Tracer-)methoden versucht. Hierzu muß auf die Spezialliteratur (zahlreiche Hinweise in KLAPP 1963b) verwiesen werden. Vergleichende Untersuchungen mit beiden Methoden führten ROHR/TOLLE durch. An Feststellungen, häufiger mit der Differenzmethode, seien genannt solche von ALDER u.a. 1960, BLATTMANN 1967, BRISSON, VON DER CRONE, GALENSA 1961b, GREENHALGH, HEINE, IVINS 1959ff., KREIL 1955, MÄRTIN/FRANZKE, MEHNER/GRABISCH, MOTT 1967a, 1968a, ORTH 1958/59, PIEL 1958, QUADFLIEG, J. SCHMIDT u. Mitarbeiter 1950–1952, SPEDDING 1965b, VOIGTLÄNDER 1968, VOISIN, WITT/HUTH.

Die Angaben über den täglichen Frischgrasverzehr je Weidekuh bewegen sich zwischen unter 40 und über 100 kg je Tag um ein Mittel von etwa 65 bis 70 kg. Nach ORTH reichen zur Deckung des Eiweiß- und kStE-Bedarfes bis zu 15 kg Milchleistung bei gutem Weidegras im Mittel etwa 55 kg aus. Hiermit wird aber keine volle Sättigung erreicht. Anderseits sind bei sehr jungem, wasserreichem Gras Futteraufnahmen bis weit über 100 kg, d.h. ausgesprochener Luxusverzehr, bekannt geworden. Die großen Unterschiede des festgestellten Verzehrs haben naheliegende Ursachen. Dazu gehören rassebedingte und individuelle Gewichtsunterschiede (von 400 bis über 550 kg) der Versuchstiere ebenso wie Unterschiede der Milchleistung (BRUNDAGE, FIELD, MEHNER 1950, bei Schafen OSBOURN u.a.). Zum Verhältnis von Nährstoffbedarf und Nährstoffaufnahme siehe das Beispiel in Abb. 194.

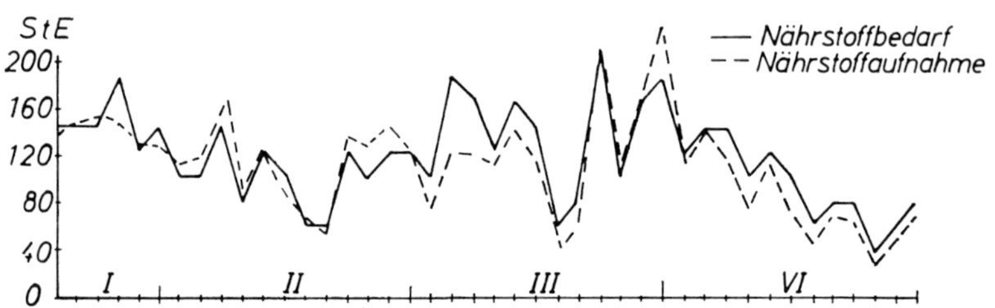

Abb. 194. Verhältnis von Nährstoffaufnahme und Nährstoffbedarf; bei Weidebeginn reichliches Futterangebot, Verzehr größer als Bedarf, später allmähliche Umkehr (BLATTMANN)

Von hoher Bedeutung sind natürlich die physiologischen Futtereigenschaften. Mit dem Ansteigen von Tm- und Rohfasergehalt steigt der Verzehr an Tm bis zu Grenzen, die von der Höhe des Gehaltes an Unverdaulichem gezogen werden; der „Weiderest", die Menge des verschmähten Futters, steigt damit an. Im ganzen kann der Frischgrasverzehr je nach Verdaulichkeit bei recht verschiedenem Tm-Gehalt fast gleich sein. Der notwendige Tm-Bedarf (S. 407) wird am besten bei guter Faßbarkeit und Verdaulichkeit des Futters erreicht.

Verständlich ist der enge Zusammenhang zwischen der durch das Weidesystem gebotenen Grasezeit und der Verzehrsmenge. PIEL fand, daß einer verkürzten Gesamt-Grasezeit eine beschleunigte Futteraufnahme je Stunde gegenübersteht:

Grasezeit	Verzehr gesamt	Verzehr je Stunde
11 h	86 kg	7,8 kg
4,2 h	58 kg	13,3 kg

58 kg Verzehr genügten immerhin hier noch.

Besonders eng ist der Zusammenhang zwischen der verfügbaren Frischgrasmenge und dem Verzehr (Abb. 195). Höchste Verzehrsmenge und Leistung einschließlich Gewichtszunahme werden erreicht, wenn wesentlich, d.h. bis um 50% mehr Futter als notwendig, verfügbar ist. BLATTMANN 1967 fand bei einer Steigerung des Angebots um 100 kg Tm je ha eine Steigerung der Weideleistung um 20 Kuhtage. Geringes Angebot namentlich an Tm ergibt bei gleicher Verdaulichkeit oft Gewichtsabnahmen, hohes Angebot Zunahmen (siehe auch ALLDEN).

Ursache sind die mit Steigerung des Angebots wachsenden Möglichkeiten der Futterselektion (S. 419), d.h. des Heraussuchens der wertvollsten und wirksamsten Teile des Futters durch das Weidetier. Damit sinkt aber die Ausnutzung des Gebotenen (WALLACE 1956) und der „Weiderest" steigt. Einer Leistungszunahme des Einzeltieres steht dann eine Abnahme der Weideleistung je ha gegenüber.

Die Größe des Weiderestes wird, wenn man alle Extreme der Weidequalität und Bewirtschaftung mitberücksichtigt, mit über 50 bis herab zu 5% angegeben. Literatur hierzu siehe S. 419. Bei raschem Umtrieb und hoher

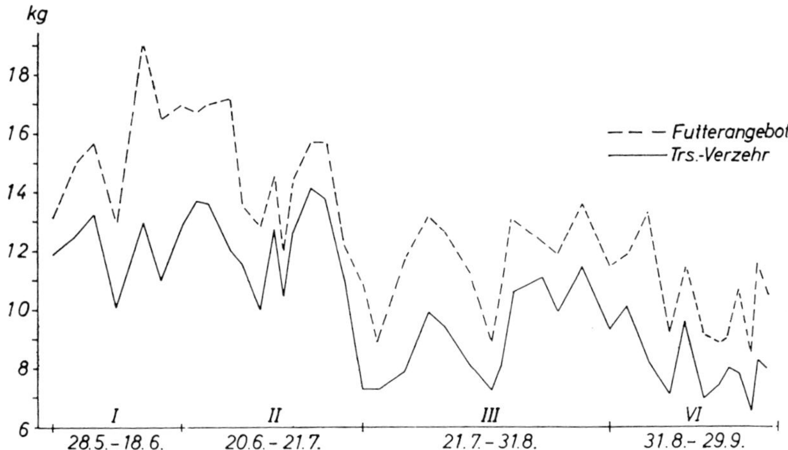

Abb. 195. Enge Beziehung zwischen Futterangebot und Tm-Verzehr (BLATTMANN)

Besatzdichte (S. 451) ist er meist gering; er sinkt von der Standweide zur Rationsweide; bei großem Angebot und auf großer Fläche ist er höher als beim Gegenteil. Mit geringerer Flächen- und Futterzuteilung nimmt die Möglichkeit der Selektion ab, es wird dann auch weniger wertvolles Futter aufgenommen. Natürlich wächst der Weiderest mit dem Altern des Grases, mit steigender Wuchshöhe und abnehmender Verdaulichkeit. Besonders deutlich wird das, wenn eine Nachmahd nach dem Abtrieb unterbleibt und der Weiderest von Nutzung zu Nutzung wächst. Regelmäßiger Weide-Mahd-Wechsel hinterläßt geringere Weidereste als einseitige Beweidung. Der Weiderest wächst mit der Zahl der Geilstellen, mit Zertritt und Futterverschmutzung; dies besonders in Nässejahren.

In guten Weiden dürfte der Weiderest meist unter 20–25% des Aufwuchses bleiben; d.h., es werden mehr als 70% des Futterangebotes auch verzehrt, in günstigen Fällen sogar über 90%. Das ist aber noch nicht gleichbedeutend mit der Ausnutzung des Aufwuchses in tierischer Nutzleistung. – Nach neueren Untersuchungen hält N. MOTT 1968a bei einer Futteraufnahme von etwa 13 kg Tm je Kuh ein Futterangebot von 15–18 kg Tm in weidereifem Gras für notwendig; bei Rationsweidegang würden sich dabei etwa 20% Weiderest ergeben. Bei zu hohem Angebot kann der Weiderest 35–40% erreichen. Der Weiderest stieg mit einer Zunahme des Rohfasergehalts von 20 auf 27% und mit einem von 13 auf 17 kg wachsenden Angebot von 20 auf 40%, da die Futteraufnahme dann nur noch wenig zunahm. Bei mehr als 26% Rohfaser wird der Nährstoffbedarf der Kuh unter Umständen nicht gedeckt; der Rohfasergehalt sollte 20–22% nicht überschreiten. Die Futteraufnahme sinkt endlich und der Weiderest steigt mit wachsender Geilstellenfläche; hier konnte der Weiderest auf 33% zunehmen, gegenüber nur 6% bei Weidegang nach vorhergehender Mahd. Daher ist auf geilstellenreicher Weide ein höheres Futterangebot erforderlich als nach Mahd und Nachmahd. Hierzu siehe auch VON DER CRONE, VAN DER KLEY 1955, QUADFLIEG, SALVADORI 1963, sowie S. 245.

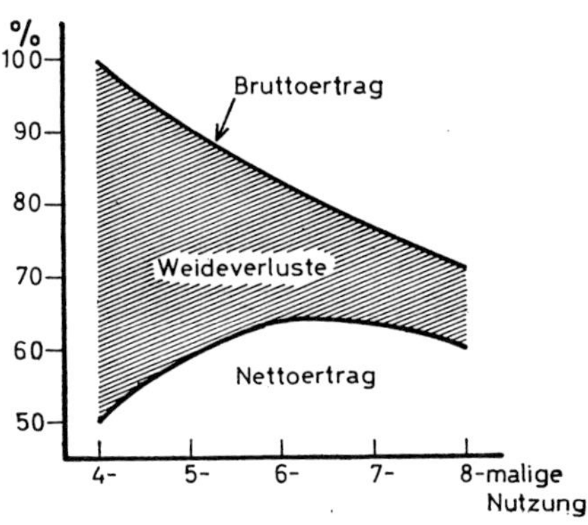

Abb. 196. Verhältnis von Bruttoertrag, Weideverlusten (Weiderest) und Nettoertrag bei zunehmender Nutzungshäufigkeit (N. MOTT 1968)

Geilstellenwirkung und Überständigwerden älterer, daher gemiedener Futterteile machen eine Nachmahd notwendig. Gesicherte Daten über die Bedeutung, sowohl der „Weidereste" wie der Nachmahd für die tierische Weideleistung sind allerdings noch selten.

Nach brieflicher Mitteilung von N. MOTT wurden Zahl und Verbleib von Geilstellen in Kleve-Kellen mehrjährig genau kartiert, und zwar in Abhängigkeit von der Häufigkeit der Nachmahd. Ein Verbleiben ein- und derselben Geilstelle von der ersten bis nach der fünften Nutzung ist sehr selten. Bei jeder Nutzung entstehen zwar neue Geilstellen, andere aber verschwinden.

Nach der 5. Nutzung ergaben sich als Erfolg der Nachmahd im 3jährigen Mittel folgende Daten für das Verhalten des Geilstellenanteils:

	Abnahme	Zunahme	Zuletzt vorhanden
Ohne Nachmahd	− 14	+ 9	40
Nachmahd nach der 2. und 4. Nutzung .	− 10	+ 7	11
Nachmahd nach jeder Nutzung	− 8	+ 8	11

Nachmahd hat also den verbleibenden Geilstellenanteil auf wenig mehr als 1/4 herabgesetzt; dabei zeigt sich, daß mit 2maliger Nachmahd praktisch dasselbe erreicht wurde wie mit Nachmahd nach jeder Nutzung. In entsprechendem Maß stieg der Anteil der Flächen, die ganzjährig frei von Geilstellen blieben; solche blieben ohne Nachmahd über viel mehr Nutzungen hinaus erhalten als nach 2- oder 5maliger Nachmahd, da diese offenbar die

Nachwirkung der Grasbeschmutzung auf das Verschmähen der Futteraufnahme rasch schwinden ließ. Regelmäßige Nachmahd nach jeder Nutzung lohnt sich nicht; in praxi wird sie nicht stets gerade nach der 2. und 4. Nutzung, sondern nach beobachteter Notwendigkeit zweckmäßig sein.

Auch andere Beobachtungen sprechen dafür, daß die Nachmahd nicht nach jedem Weideabtrieb notwendig ist. Besonders wirksam ist sie im Vorsommer, während ihre Wirkung gegen den Herbst hin abnimmt.

Abb. 197. Selektive Unterbeweidung: Rohrschwingel und Ackerdistel in Weidelgrasweide auf Auenboden im Flutbereich (Original Arens)

Selektive Weidewirkung, Tritt

Unter- und Überbeweidung

Das Ziel, Futterbedarf und Grasproduktion im Gleichgewicht zu erhalten, wird bei schlecht bewirtschafteten Weiden (Hutungen, Standweiden, primitiven Umtriebsweiden) gewöhnlich nicht erreicht. Der nie ganz zu vermeidende selektive Fraß (S. 419) des Weidetieres führt dann zu ausgesprochenen Weidefehlern (Abb. 197–202).

Unterbeweidung tritt ein, wenn die Weide mehr Futter liefert, als das Weidevieh bewältigen kann, Überbeweidung bei ständig zu geringem Futterangebot. Unterbeweidung ergibt sich schon bei zu geringem Besatz und zu spätem Auftrieb – das Futter wird auf der ganzen Fläche überständig. Überbeweidung führt zur Erschöpfung der ganzen Grasnarbe, z.B. an Koppeleingängen, auf Triebwegen (S. 432).

Eine gleichmäßige Über- oder Unterbeanspruchung der ganzen Fläche ist aber nicht die Regel und auch nicht das Wesentliche; dies besteht in einer übertriebenen, wählerischen Auslese (Selektion) einzelner Pflanzen und Pflanzengruppen, die weit über die selbst in besten Weiden unvermeidbare Auslese hinausgeht. Selektive Unterbeweidung findet sich auf Weiden hoher natürlicher Wüchsigkeit bei zu großer Flächenzuteilung. Weniger schmackhafte Pflanzen werden hierbei gemieden, d.h. geschont, so daß sie sich un-

Abb. 198. Weideselektion: Ackerdistel in Fettweide (Original ARENS)

Abb. 199. Weideselektion: Rasenschmiele (*Dechampsia caespitosa*) in Fettweide (*Lolio-Cynosuretum*) auf schwerem Pseudogley (Original ARENS)

Abb. 200. Weideselektion bei Unterbeweidung. Hauhechel (*Ononis*) und Ackerdistel (*Cirsium arvense*) (Original ARENS)

gestört selbst bis zur Samenreife entwickeln können. Ein auffallendes Beispiel sind die Horden der Ackerdistel (*Cirsium arvense*, Abb. 198) auf vielen wüchsigen Weiden Nordwestdeutschlands. Die restliche Narbe braucht des Futterüberschusses wegen dabei nicht beeinträchtigt zu werden. Stärkerer Besatz mit geregeltem Umtrieb, Nachmahd, Unkrautbekämpfung (S. 308) genügen zur Abhilfe. Selektive Überbeweidung bei ständig zu hohem Tierbesatz und (oder) dauernder Beanspruchung der Weidefläche findet sich namentlich auf ungedüngten Weiden geringer Wüchsigkeit. Auch hier werden ganz unschmackhafte Pflanzen gemieden und damit geschont. Alles andere aber wird ohne Erholungsmöglichkeit (d.h. ohne Gelegenheit zur Reservespeicherung) immer wieder verbissen und schließlich erschöpft; damit können sich Arten breit machen, die – wie Rosettenpflanzen (Abb. 201) – für das Weiderind überhaupt nicht faßbar sind, mindestens aber andere niedrige Arten geringen Futterwertes. Hier liegt im Extrem die Entstehungsursache von Heidekraut-, Ginster- und

Abb. 201. Begünstigung bodenanliegender Rosettenpflanzen durch Überbeweidung

Borstgrasheiden (S. 249), eine Ursache auch für ungestörte Entwicklung von Giftpflanzen, z.B. von Zypressenwolfsmilch (*Euphorbia cyparissias*, Abb. 94).

Die Möglichkeiten der Abhilfe ergeben sich aus der Erkenntnis der Ursachen:

1. Die wertvollen Weidepflanzen müssen, durch Standortverbesserungen und Düngung unterstützt, Gelegenheit zur Erholung in Weidepausen (S. 443) finden.

2. Die unerwünschten Pflanzen müssen verdrängt werden, indem man das Weidevich durch hohen Besatz auf kleinen Flächen zwingt, sie durch Abbeißen, Ausreißen, Zertreten zu schädigen, stehenbleibende Reste aber nachmäht oder durch Mittel der Unkrautbekämpfung vernichtet.

Die verschiedenen Formen selektiver Bestandsverschlechterung können übrigens nebeneinander auf ein- und derselben Fläche auftreten. So findet sich gerade auf wüchsigen Weiden oft ein Nebeneinander von Unkrauthorsten (Unterbeweidungsfolge, meist von Geilstellen ausgehend) und von Kahlfraßstellen (Überbeweidungsfolge).

Trittwirkungen

Der Tritt der Weidetiere übt starken Druck auf den Boden aus. Für schwere Kühe werden beim Stehen etwa 1 kg/cm² oder auch mehr, bei wandernden Tieren bis 4 kg/cm² Druckgewichte angegeben, d.h. mehr als bei Schleppern. Je nach Besatz wird ein kleinerer oder größerer Flächenteil zum Teil wiederholt betreten. Weideböden sind daher in der Oberschicht stets dichter als Wiesenböden. Der Verdichtungsgrad ist vor allem durch Bodenart, Bodenfeuchte und Narbenzustand bedingt.

Aus der umfangreichen Literatur seien hier genannt: EDMOND, HOLMES, LIETH 1953/54, NEČAEVA 1960, VAN DER SCHAAF, SCHOTHORST, SEARS 1956, SMELOV 1966, THOMAS 1960b; siehe auch S. 240.

Abb. 202. Reine Weidelgrasnarbe (*Lolio-Cynosuretum* (Original KLAPP)

Viehtritt braucht nicht schädlich zu sein; eine mäßige Verdichtung sagt vielen Weidepflanzen sogar zu. In manchen Ländern betreibt man eine ausgesprochene „Hufkultur" nicht nur zum Eintreten von Saaten, sondern zur Auflockerung verfilzter Ödland-Grasnarben.

Starker Druck wirkt jedoch schädlich durch die Verminderung des Porenvolumens mit allen ihren Wirkungen, durch die Bildung von Trittlöchern, aber auch durch verschiebende, scherende Wirkungen auf den Boden. Zugleich tritt eine mechanische Störung der Grasnarbe (Verletzungen, Minderung der Bestockung, Lückenbildung) und besonders von Jungpflanzen ein. Bald wird die Boden-, bald die Pflanzenschädigung als wirksamer angesehen; es kann zu recht hohen Ertragsverlusten kommen.

Grobkörnige und auch strukturlose Böden sind am wenigsten, ton- und humusreiche am meisten gefährdet. Entscheidend ist der Feuchtegrad der Böden. Für jeden Boden gibt es einen kritischen Feuchtegrad, dessen Überschreitung deutliche Trittschäden veranlaßt. SMELOV fand z. B. bei 33% Wasser in der Boden-Tm nur 2 cm tiefe Trittlöcher, bei 51% jeoch 12 cm tiefe. Mit sinkender Grundwasserlage und Trocknen der Oberschicht nimmt die Tragfähigkeit der Böden zu, bei Moorböden allerdings oft erst nach unerwünscht tiefer Entwässerung (zu ihrer Bedeutung siehe NEUHAUS 1967). Selbst gute, dichte Grasnarben sind nicht gegen Zertritt geschützt, in ungemähtem Zustand jedoch resistenter als bei kurzem Bestand; *Lolium*-Bestände (Abb. 202, 203) sind empfindlicher als solche von Rhizomgräsern, z.B. von *Poa pratensis*.

Mit Intensivierung der Weidenutzung nimmt die Trittfestigkeit der Böden von der extensiven Standweide bis zur Rationsweide ab, besonders infolge hoher Besatzdichte und hoher N-Gaben. Erhöhter Mahdanteil läßt den Boden lockerer bleiben. Besonders trittempfindlich sind manche Obergräser, z.B. *Arrhenatherum*. Auch *Dactylis*, *Holcus* sind nur begrenzt weidefest, und selbst typische Weidepflanzen leiden unter starkem Dauerbetritt. VON BOTHMER und LIETH 1953/54 geben eine weitgehend übereinstimmende Rangfolge der Trittfestigkeit von Weidepflanzen an.

Abb. 203. Trittwirkung nahe dem Weidetor einer Weidelgrasweide; *Lolio-Cynosuretum* im Übergang zu einem Trittrasen (*Lolio-Plantaginetum*) (Original KLAPP)

An den stärkst betretenen Weideeingängen verbleibt zuletzt ein extremer Trittrasen (an dessen Zustandekommen natürlich auch Verbißwirkungen beteiligt sind). Typisch ist die von PIETSCH 1964 beschriebene Vorherrschaft von *Poa annua* auf stärkst beanspruchten Sportrasen. – Boden- und Vegetationstyp zusammen rufen erhebliche Unterschiede der Trittresistenz hervor (siehe BOEKER 1957c).

Im kühl-gemäßigten Klima werden die Trittschäden des Bodens durch Winterfröste (Frosthebung, Quellung) großenteils wieder behoben, in warmtrockenen Ländern kommt es bei Überbeweidung zu Dauerschäden (S. 245).

Im hängigen Gelände entstehen die von SEARS 1956, ELLENBERG 1963 und anderen beschriebenen, horizontalen Trampelpfade (Kuhtreppen, Kuhtreien), die zur Bodenverformung und starker Differenzierung der Vegetation unterhalb des Pfades führen (Unterschiede der Futterzugänglichkeit, des Betretens und des Exkrementanfalls; siehe auch S. 60).

Entfernung vom Weidetor in Metern (Ertragsanteile in Prozent)

	0–1	1–2	2–3	3–4	4–5	9–10	19–20	
Poa annua	62,0	39,6	23,4	15,4	11,4	0,2	0,2	Jährige Rispe
Polygonum aviculare	9,2	20,4	10,0	5,2	2,0	–	–	Vogelknöterich
Plantago maior	11,0	7,2	8,8	3,6	1,6	0,2	0,2	Breitwegerich
Lolium perenne	16,0	24,0	42,0	59,0	57,0	45,8	33,2	Deutsches Weidelgras
Trifolium repens	1,4	2,0	3,4	3,4	4,8	4,2	4,0	Weißklee
Taraxacum officinale	0,4	0,4	0,6	1,6	2,0	3,2	4,4	Löwenzahn
Agrostis alba	–	4,0	6,6	5,0	6,0	11,8	7,8	Weißes Straußgras
Agropyron repens	–	0,8	0,4	0,8	0,8	1,0	0,8	Quecke
Ranunculus repens	–	+	0,4	0,2	0,6	3,4	2,6	Kriechhahnenfuß
Poa pratensis	–	1,6	3,0	3,2	5,2	4,8	4,4	Wiesenrispe
Alopecurus pratensis	–	–	0,6	1,0	4,0	8,0	7,2	Wiesenfuchsschwanz
Dactylis glomerata	–	–	0,2	0,6	0,2	0,6	1,4	Knaulgras
Festuca pratensis	–	–	–	–	0,6	2,4	7,0	Wiesenschwingel
Festuca rubra	–	–	–	–	–	1,0	2,6	Rotschwingel
Holcus lanatus	–	–	–	–	–	1,0	3,4	Wolliges Honiggras
Cynosurus cristatus	–	–	–	–	–	–	0,8	Kammgras
Sonstige Arten	–	–	0,6	1,0	3,8	12,4	20,0	
Lückenanteil %	59,0	14,0	4,0	1,0	0,4	–	–	

Änderung der Pflanzendecke mit wachsendem Abstand vom Weidetor (gekürzt nach Graf Bothmer, Mittel mehrerer Weiden).

Weidewirkung verschiedener Tierarten

Über die Umformung ganzer Landschaften durch den Wechsel des Hauptweidetieres (vom Rind zum Schaf) berichtet Fenton (1951/53, siehe auch S. 250), über die artweise verschiedene Biß- und Trittwirkung namentlich Wehsarg. Weitere Einzelheiten bei M. Jones 1956, Eyles 1956, Eyles/Alder 1955, Norman/Green 1958 und anderen englisch-schottischen Autoren.

Entsprechend seiner S. 422 beschriebenen Freßweise läßt das Rind in der Regel einen assimilationsfähigen Narbenrest bestehen, absoluter Kahlfraß kommt kaum vor. Rinder fressen auch gröberes Futter als z.B. das Schwein, lassen aber harte, dornig-stachelige oder sonst verabscheute Pflanzen stehen. Jedenfalls ist die selektive Wirkung des Rindes nicht so scharf wie die von Schaf und Pferd. Der Rindertritt ist, wenn Überbeweidung ausbleibt, den typischen Weidepflanzen förderlich, aber vernichtend für viele saftreiche Stauden (Abb. 40, ferner S. 293). Im ganzen wirkt Rinderweide schonend und sogar als ein ausgesprochenes Verbesserungsmittel für durch Schafe oder Pferde verdorbene Grasnarben. Nicht das Rind ist übrigens das anspruchsvollste Weidetier; die gewöhnliche Rangfolge lautet: Schwein – Rind – Pferd – Schaf.

Das Weideschwein verlangt saftig-nährstoffreichstes, rohfaserarmes Futter, es meidet frühschossende und bültenwüchsige Gräser, grobe Kräuter. Es schädigt viele Unkräuter sowohl durch den schiebenden, scherenden Tritt wie durch Ausheben von Rhizomen. Das Ergebnis können beste, an Klee allerdings verarmende *Lolium*-Narben sein. Dies gilt unter der Voraussetzung, daß Wühlen der Tiere durch einen Weideabtrieb vor voller Sättigung oder durch „Ringeln" verhindert wird. Sonst ergeben sich stark verunkrautende, unebene Grasnarben geringen Wertes. (Siehe S. 467).

P f e r d e verbeißen die Pflanzen mit den Lippen bzw. mit beiden bezahnten Kiefern wesentlich tiefer als das Rind; ihr Tritt wirkt, namentlich mit Hufeisen, schärfer. Dazu kommt ihre Neigung, die Exkremente auf bestimmte Plätze abzulegen und den Aufwuchs hier völlig zu schonen; damit entstehen große Horden düngerdankbarer Gräser und Unkräuter, während die Restfläche scharf bis zum bodennahen Kahlfraß abgeweidet wird. Das Weidepferd selektiert sehr stark, und reine Pferdeweiden (z.B. Gestütsweiden, S. 470) können nur mit großer Sorgfalt und regelmäßigem Nutzungswechsel in Ordnung gehalten werden. Neben hohem Rinderbesatz wirkt ein mäßiger Pferdebesatz aber eher nützlich als schädlich.

Die Wirkung von S c h a f e n ist nach Rasse und Haltungsweise verschieden. Die seit jeher übliche Herdenhaltung oder freier Weidegang einzeln gehender Tiere auf großer Fläche – beides namentlich auf Ödländereien – bekommen der Grasnarbe schlecht. Das Schaf (mit der „goldenen“ Klaue und dem

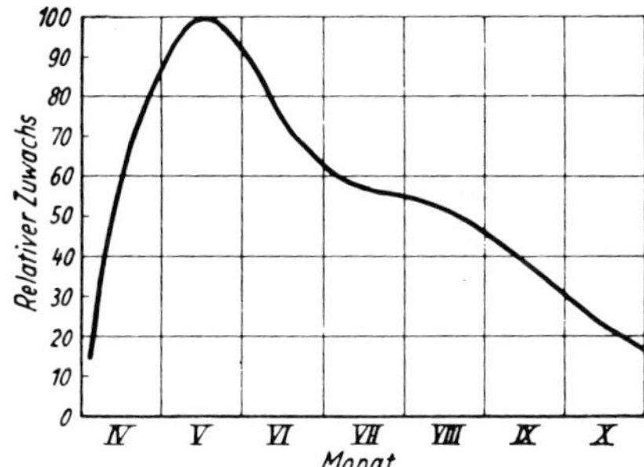

Abb. 204. Kurve des durchschnittlichen Graszuwachses nach Monaten (relativ; Mittel Bonner Untersuchungen)
Siehe folgende Seite

„giftigen“ Zahn) verbeißt sehr tief, erfaßt Bestockungszonen und flachliegende Kriechtriebe, reißt sogar Pflanzenteile aus dem Boden. Es ist durchaus nicht anspruchslos, vielmehr bevorzugt es gerade junge, zarte, blattreiche Gräser und Kräuter, die es ihrer ganzen tätigen Organe beraubt. Alle gröberen, härteren Pflanzen und Pflanzenteile werden gemieden, Jungtriebe holziger Zwergsträucher (z.B. von Heidekraut) dagegen gern befressen. Der Tritt schädigt empfindliche Unkräuter (siehe Pferchwirkung S. 217), kann in hängigem Gelände aber Erosionsschäden verursachen. Ungeregelte Schafbeweidung übt schärfste Selektionswirkungen aus (Abb. 164). Überstoßung mit Schafen an Stelle mäßigen Rinderbesatzes ist die Hauptursache der Entstehung von *Calluna-*, *Nardus-*, *Pteridium*-Heiden, da alles andere vernichtet wird (FENTON 1951ff., S. 250), ferner KERNER VON MARILAUN 1868, (OBERDORFER1951). Die Entwicklung wird verschärft, wenn die Herde abseits ihrer Weide gepfercht wird, dem Boden also nur ein Teil der ihm entzogenen Nährstoffe zurückgegeben wird. Dies alles ist um so nachteiliger, als auf den von Natur meist ärmlichen Standorten der reinen Schafweide rohhumusbildende Pflanzen bis zur Vorherrschaft geschont werden und den Boden verschlechtern. Kurz, unter dauernder ungeregelter Schafnutzung ist die Erhaltung einer wertvollen Grasnarbe praktisch unmöglich. Kaum nachteilig wirkt die z.B. in Großbritannien verbreitete Beigabe von Schafen zur Rinderweide, vor allem bei umtriebsartiger Haltung.

Über die Dauerwirkung der Koppelschafhaltung (mit intensivem Umtrieb bei starker Düngung) auf die Grasnarbe kann Endgültiges noch nicht gesagt werden (S. 469).

Angesichts ihrer heute geringen Bedeutung wird hier auf die Wirkung von Geflügelbeweidung nicht eingegangen (siehe KLAPP 1954a).

Im ganzen lassen sich gute Weidenarben am ehesten unter Rinderbeweidung oder unter Mischbesatz erhalten. Neben nachteiligen Wirkungen übt wohl jede Tiergattung bei richtiger Verwendung auch irgendwie nützliche Biß- und Trittwirkungen namentlich in der Unkrautbekämpfung (S. 430) aus.

Verlauf des Futterzuwachses und tierischer Nutzertrag

Der Jahresverlauf des Graswuchses

Häufige Versuchsschnitte nach kurzen, übereinandergreifenden Wuchsperioden zeigen: Der Massenwuchs der Grasnarbe setzt mit Beginn der Vegetationsperiode langsam ein, erreicht dann rasch einen Höhepunkt (etwa Ende April bis Mitte Juni), um weiterhin – stetig oder unstetig – abzufallen. In unseren Versuchen (KLAPP 1951b, 1952/1956) fanden wir folgende relative Werte des auf die einzelnen Monate entfallenden Zuwachses:

Monat	IV.	V.	VI.	VII.	VIII.	IX.	X.
Poppelsdorf 1939/42	**100**	73	52	51	46	27	–
Poppelsdorf 1951	70	**100**	75	61	55	32	–
Dikopshof 1951	20	**100**	79	53	48	42	21
Rengen 1951	–	79	**100**	92	51	48	31

(Abb. 204–206).

Der Verlauf ist in Einzelheiten, je nach Lage, Jahreswitterung und anderen Umwelteinflüssen verschieden. Rengen liegt 400 m höher als Poppelsdorf und Dikopshof und zeigt daher einen verspäteten Wuchsbeginn. Grundsätzlich

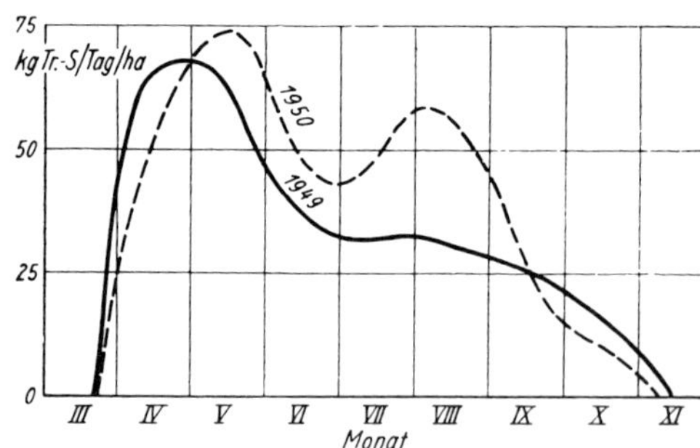

Abb. 205. Kurven des Tageszuwachses in zwei verschiedenen Jahren (M. L. 'T HART, J. G. P. DIRVEN, Verslag van het Centr. Inst. v. Landbouwk. Onderz. 1950)

stimmen die zahlreichen Angaben der Literatur jedoch überein (BLATTMANN 1964, VON DER CRONE, DÖRRIE 1958, 'T HART/DIRVEN 1950, KAUTER [AGFF] 1950, KREIL 1955, LARIN 1956ff., RAPPE 1945ff., SCHMIDT u.a. 1934ff.,

Voigtländer 1963b und viele andere). Bringt man rechnerisch die Höhepunkte (= 100) zur Deckung, so ergibt sich aus uns zugänglichen Werten die Reihe:

59 – **100** – 74 – 57 – 52 – 39 – 23.

Dem bei noch niedrigen Temperaturen zögernden Anfangswuchs folgt mit zunehmender Wärme, wachsender Blattfläche und mit dem Schossen der Triebe eine rasche Massenvermehrung bis zum Höhepunkt des Zuwachses. Seine folgende Abschwächung entspricht dem gewöhnlichen Wachstumsrhythmus der Pflanzen, insbesomdere mit der zum Spätherbst hin abnehmenden Wärme und Lichtintensität.

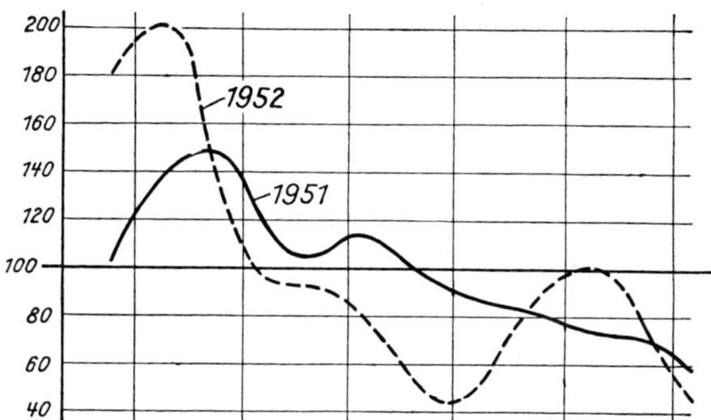

Abb. 206. Verlauf des Graszuwachses auf je drei Dauerweiden in zwei verschiedenen Jahren

Die Zuwachswerte einzelner Monate und noch mehr diejenigen kürzerer Zeiträume ergeben bei regelmäßiger Nutzung vielfach unstetige Kurven (Abb. 200). Dem Höhepunkt folgt gewöhnlich ein mehr oder minder tiefes, von einem zweiten, allerdings weniger hohen Maximum gefolgtes Kurvental als Ausdruck der sogenannten „Sommerdepression". Sie kann, ebenso wie das erste Maximum, zu recht verschiedenen Zeitpunkten (und Nutzungen) eintreten. In 10 eigenen und fremden Untersuchungsreihen fand sich eine deutliche Sommerdepression 1mal bei der 3., 3mal bei der 4., 3mal bei der 5. Nutzung und 3mal gar nicht.

Um ihre Erklärung hat man sich sehr viel bemüht. Am häufigsten wurde zunächst die im Sommer abnehmende Wasserversorgung für diese vorübergehende Wuchshemmung verantwortlich gemacht, und diese wirkt auch mit (Abb. 207); gleichzeitig ist der Hochsommer auch eine Periode geringer Nitrifikation (S. 83). Das Nachlassen der Schoßneigung allein kann nicht entscheidend sein, da der Depression ja eine Wiedererholung folgt. Smelov 1966 sieht Ursachen aber doch auch in sommerlichen Hemmnissen von Bestockung und Triebwuchs (S. 376). An der Erholung könnten die im Spätsommer wieder zunehmende Wasserversorgung und Nährstoffverfügbarkeit beteiligt sein. Besonders Rappe ist der Frage in langjährigen, räumlich weit verteilten Versuchen und in Klimakammern nachgegangen. Dabei ergab sich, daß neben den Umwelteinflüssen ein innerer (endogener) Wachstumsrhythmus der Zellteilung und Zellverlängerung entscheidend ist, eine inzwischen auch von anderen bestätigte Auffassung.

Der zweigipflige Kurvenverlauf ist um so deutlicher, je normaler die Witterung und je südlicher der Standort gelegen ist. In der Vorsommerentwicklung sind die Einflüsse der Umwelt wirksamer als die endogenen. Im Norden fallen bei dem gewöhnlich späten Wuchsbeginn Maxima der Umwelteinflüsse und des endogenen Rhythmus zusammen, die Kurve bleibt eingipflig; im Süden mit seinem frühen Wuchsbeginn liegt das ökologische Optimum früher als der endogen bedingte Wiederanstieg des Wachstums, die Kurve wird zweigipflig (wie auch im Norden bei abnorm frühem Wuchsbeginn). Weiteres über die

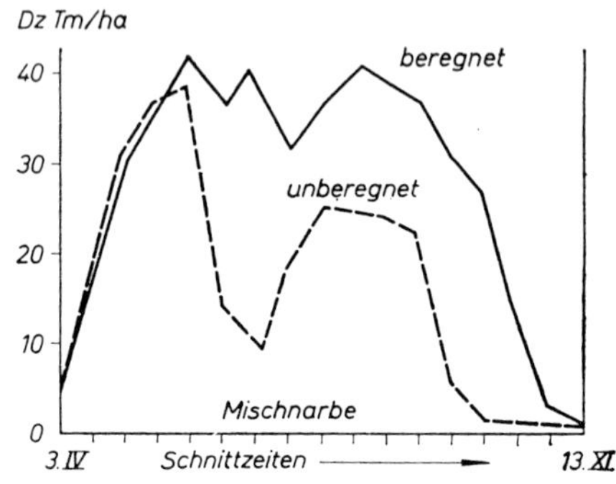

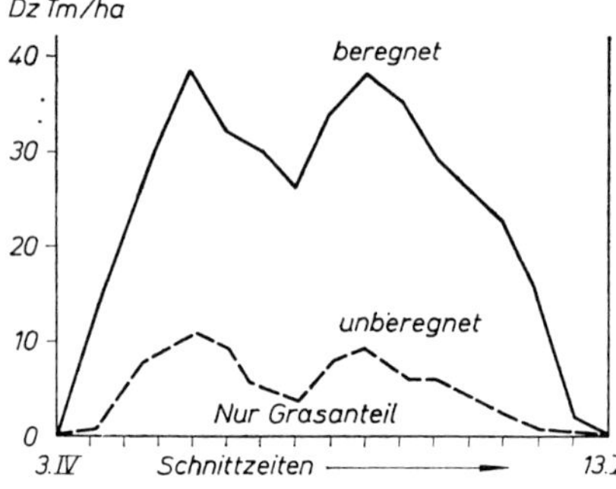

Abb. 207. „Sommerdepression" des Weidezuwachses ohne und mit Beregnung: oben bei Mischnarbe, unten beim Grasanteil; hier deutlich stärkere Depression (nach VOIGTLÄNDER 1963 aus VAN BURG)

verwickelte Frage muß bei RAPPE nachgelesen werden. Die Umwelteinflüsse (Versorgung mit Wasser, Wärme, Bodenluft, Nährstoffverfügbarkeit) wirken immerhin stark auf die Höhe der Maxima und die Lage der Depression, aber sie können diese nicht ganz ausgleichen, auch Bewässerung und starke N-Düngung nicht. Bei häufiger Nutzung (Verhinderung des Eintritts in die generative Entwicklung) scheint die Sommerdepression weniger ausgeprägt zu sein als bei seltener.

Wesentlich ist die Tatsache, daß sie im allgemeinen nur bei den Gräsern eintritt, nicht z. B. bei mehrfach blühenden Leguminosen und anderen Kräutern, daher auch bei Mischbeständen abgeschwächt ist. Bei solchen läßt sie sich durch Beregnung und N-Düngung weitgehend ausgleichen. Endlich spielt auch die Grasart eine Rolle, insofern, als halmreiche Gräser stärkere Depressionen zeigen als halmarme; das zweite Maximum wird verstärkt durch Arten, die im Spätsommer zu nochmals höherem Massenwuchs neigen (z. B. *Lolium*,

Poa trivialis), und gemindert bei gegenteiligen Arten (z.B. *Poa pratensis*). Der Halm- und Blattanteil der Arten kann zudem jahreszeitlich sehr verschieden sein, z.B. bei Deutschem Weidelgras (RUDZITIS).

Nach dem zweiten Maximum sinkt der Zuwachs mit der Abnahme wuchsfördernder Umweltwirkungen und mit dem nahenden Vegetationsende unaufhaltsam ab.

Bei geregelter Weidenutzung (und häufigem Schnitt) ist der Zuwachsverlauf in den Zwischennutzungszeiten von entscheidender Bedeutung für die erfolgreiche Wahl der Nutzungstermine. Bei Vegetationsbeginn oder nach einer Nutzung beginnt der Zuwachs zögernd, da er zunächst auf Stoffreserven und auf die Assimilation einer noch geringen Blattfläche angewiesen ist. Mit steigender Blattfläche wächst die Versorgung mit Assimilaten, der

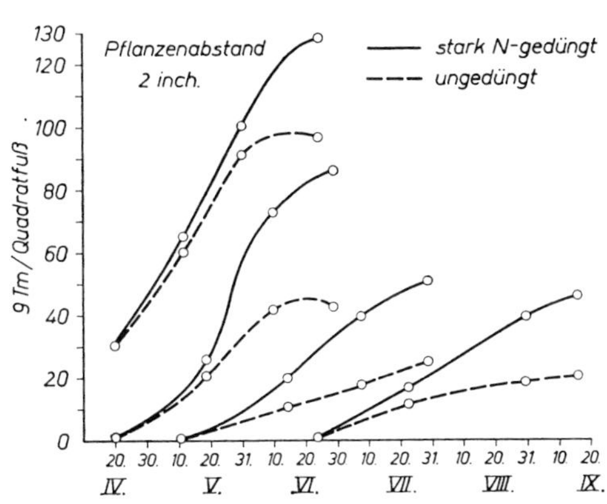

Abb. 208. Kurven des ersten Aufwuchses und der Nachwuchserträge (nach ALISON G. DAVIES, Bericht Welsh Plant Breeding Station 1959, vereinfacht)

Zuwachs wird beschleunigt, um sich bei optimaler Belichtung zu verlangsamen, zumal die Pflanze dann auch zur Reservespeicherung übergeht, die unteren Teile an Lichtmangel leiden und sich teilweise zersetzen.

BECKHOFF 1957 fand z.B. folgenden Tageszuwachs in g Tm/m² (Versuchsgut Rengen)

1.	2.	3.	4. Woche nach Wuchsbeginn
3,05	3,65	7,60	5,70

Zahlreiche Autoren fanden einen ähnlichen Verlauf (z.B. A. G. DAVIS 1959, BREUNIG 1966, BROUGHAM, VON DER CRONE, HAFFTER, LAMPETER 1963b, SEARS 1956, ferner Zitate bei VOISIN 1958/61). Über den S-förmigen (sigmoiden) Kurvenverlauf des täglichen Zuwachses besteht weitgehende Einmütigkeit; der Höhepunkt des Tageszuwachses wird meist von der 3. oder 4. Wuchswoche an gesehen. Im weiteren Verlauf flacht sich die S-Kurve von Nutzung zu Nutzung stark ab (Abb. 208).

Von der Aufwuchsmenge als Maßstab aus gesehen erscheint es zwecklos, mit der Nutzung lange über den Wuchshöhepunkt hinaus zu warten. Anderseits verbieten der Ernährungsbedarf des Tieres und das Bedürfnis der Pflanze, Reserven für den Nachwuchs zu speichern, eine zu frühe und damit zu häufige Nutzung (S. 440, 465).

Für den Zusammenhang zwischen Grashöhe, Mengenzuwachs und der für die Bedarfsdeckung einer Kuh nötigen Freßfläche gibt SCHÜTZHOLD (1955) folgende Werte an:

Grashöhe in cm	Frischmasse dz/ha	Graszuwachs dz/ha	Nötige Freßfläche m²
unter 10	22	–	317
10–15	55	33	127
15–20	79	24	89
20–25	96	17	73
25–30	**124**	28	56
35–40	168	20	42

Verlauf der tierischen Weideleistung

Zwischen Graswuchs (Bruttoleistung, S. 479) und tierischem Nutzertrag (Nettoleistung der Weide) ist das Weidetier eingeschaltet. Aus verschiedensten physiologischen Gründen ergibt der Verlauf der tierischen Nutzleistung keine genaue Parallele zum zeitlichen Verlauf des Graszuwachses. Eine Reihe von Untersuchungen mit der „Stärkewert-Methode" nach FALKE/GEITH (S. 483) ergibt in der Reihenfolge der Monate oder Weideauftriebe von April bis Oktober etwa folgende relative Werte:

70 – 100 – 90 – 72 – 63 – 55 – 42.

Die Einzelleistungen (Weidetage, Milchleistung, Gewichtszunahme) weisen dabei erhebliche Unterschiede auf; in langjährigen Feststellungen auf dem Versuchsgut Rengen (Hocheifel) mit reiner Jungviehweide (Rinder und Pferde) fanden wir:

Monat (bzw. Auftrieb im)	IV.	V.	VI.	VII.	VIII.	IX.	X.
Weidetageinheiten je ha und Tag (relativ)	50	69	100	86	78	58	50
Gewichtszunahme von Rindern (relativ) . .	14	77	100	74	47	39	22
StE-Leistung vom 1. bis zum 6. Auftrieb (relativ)	–	66	100	85	65	65	39

Die Höchstleistung liegt hier des späten Wuchsbeginnes wegen um einen Monat später als in tieferen Lagen. Siehe auch Abb. 209.

Für die Milchleistung liegen mehrere ganz ähnliche Zahlenreihen vor. VOISIN (1958b) gibt die folgende an:

Monat	IV.	V.	VI.	VII.	VIII.	IX.	X.
Milchleistung/ha	66	**100**	90	73	64	57	61

Kurz, wir sehen grundsätzlich denselben Verlauf wie beim Graszuwachs, nur werden Sommerdepression und zweites Maximum viel seltener und schwächer ausgeprägt.

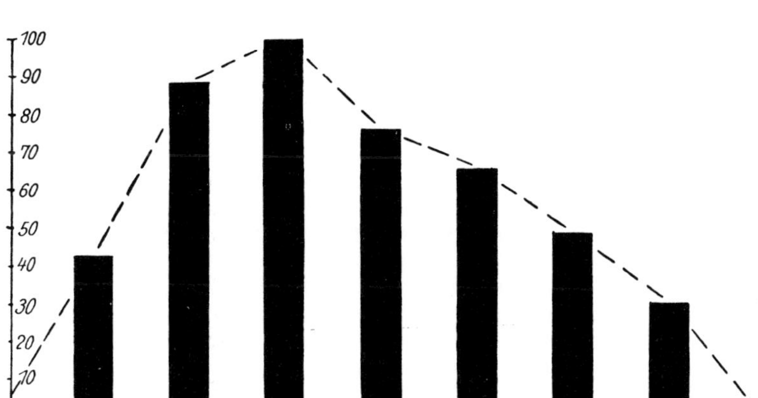

Abb. 209. Verlauf der Weideleistung auf Bergweiden der Domäne Rengen. Fünfjähriges Mittel aus Weidetagseinheiten und Gewichtszunahme

Der Abfall der Weideleistung von Milchvieh wird durch den Verlauf der Laktation verstärkt. Besonders deutlich ist auch die Verlangsamung der Lebendgewichtszunahme von Jungvieh. So geben KREIL/BREUNIG (1956) als tägliche Zunahme an:

2. V. bis 15. VII. . . . . . durchschnittlich 1004 g
16. VII. bis 16. IX. . . . . durchschnittlich 360 g
ab 17. IX. keine Zunahme mehr.

Der Verlauf des Graszuwachses hat also einschneidende Bedeutung für die Weidebewirtschaftung. Legen wir die oben genannten Werte für die Mengen des Graszuwachses (S. 434) zugrunde:

59 – **100** – 74 – 57 – 52 – 39 – 23,

dann müßte sich theoretisch der Zeitbedarf für das Heranwachsen gleicher Grasmengen verhalten wie:

170 – **100** – 136 – 177 – 192 – 255 – 435.

Nehmen wir ferner an, daß der Zeitbedarf des Graswuchses bis zum weidefähigen Zustand in der Zeit schnellsten Wuchses 16 Tage beträgt, dann würde die Zahl der nötigen Wuchstage sein:

27 – **16** – 22 – 28 – 31 – 41 – 63.

Es wäre aber zwecklos, Nutzungspausen von mehr als 4–5 Wochen einzuhalten, da der Zuwachs dann zu langsam verlaufen und doch nie die gleiche Menge wie in der wüchsigsten Zeit erreichen würde.

Die praktische Folgerung lautet, daß man die für volle Ernährung derselben Tierzahl notwendige Weidefläche der sich ändernden Zuwachsmenge anpassen muß. Mit anderen Worten, der Flächenbedarf würde sich im Lauf des Jahres in unserer Reihenfolge ändern wie folgt – wenn er zur Zeit stärksten Wuchses 1 ha beträgt:

1,7 – 1,0 – 1,4 – 1,8 – 1,9 – 2,5 – 4,3 ha.

Hier liegt ein Hauptproblem der Weidenutzung. Es handelt sich darum, einen Kompromiß zu finden zwischen der biologisch begründeten Ruhezeit und der durch den Betriebsverlauf gebotenen, technischen Notwendigkeit zur Wiederbeweidung einer Koppel.

Der beste Nutzungszeitpunkt, Weidereife

Der tägliche Graszuwachs beginnt nach dem Winter oder nach einer Nutzung langsam, nimmt dann rasch zu, um sich endlich zu verlangsamen oder gar stillzustehen, wenigstens im Ertrag an verdaulichen Nährstoffen. In den ersten 3–5 Wochen sind die Abnahme der Verdaulichkeit, des Gehalts an verdaulichem Eiweiß und die Zunahme des Ballastes noch erträglich.

Zu junges Gras mit seinem geringen Tm- und Ballastgehalt sowie seinem sehr engen Eiweiß: Stärkewert-Verhältnis (S. 408) ist für die alleinige Fütterung ungeeignet; das Weidetier wird nicht satt. Zu altes Gras ist eiweißarm, zu ballastreich, es wird schlecht ausgenutzt, die Milchleistung sinkt. Das bei der Nutzung erreichte Wuchsstadium des Grases ist aber auch für die Grasnarbe von höchster Bedeutung. Zu früher Austrieb auf junges Gras, d.h. auch zu häufige Nutzung, schädigt den Bestand bis zu Kahlfraß und „Totweiden", die verbleibenden Ruhepausen werden zu kurz für die notwendige Reservespeicherung, der Nachwuchs wird beeinträchtigt.

Mit dem Nutzungszeitpunkt ist also ein Mittelweg zu suchen, der die Ansprüche des Tieres und der Grasnarbe gleichzeitig befriedigt. Der Tagesbedarf von Leistungskühen wird bei einer Tm-Aufnahme von etwa 15 kg mit ausreichendem Gehalt an verdaulichem Protein und StE gedeckt. Das ist der Fall mit etwa 90 kg Frischgras entsprechender Zusammensetzung. Rechnen wir der Vereinfachung wegen mit einer Aufnahme von 75 kg Frischgras und einer mittleren Ausnutzung des Aufwuchses von 75%, dann müßten täglich 100 kg Frischgras je GVE zur Verfügung stehen. Gute bis sehr gute, stark gedüngte Weiden liefern im Jahr, von Extremen abgesehen, 400–600 dz Frischgras, bei 20% Tm also 80–120 dz Tm, bei 5maliger Nutzung je Auftrieb im Durchschnitt 16–24 dz Tm. Bei mittlerem Jahresertrag der Weide von 500 dz Frischgras = 100 dz/ha je Nutzung würden je a 100 kg Frischgras anfallen; aufgenommen davon würden 75 kg mit 15 kg Tm. Je nach Weideertrag würde die zum Heranwachsen dieser Menge notwendige Fläche natürlich größer oder kleiner sein müssen.

Der Zeitpunkt des optimalen Wuchszustandes der Weidenarbe ist nicht ganz einfach festzustellen; jedesmalige Gewichtsfeststellung ist in der Praxis viel zu mühsam, und zuverlässige Schätzungsmethoden sind erst in der Entwicklung (S. 480). Als häufigster Maßstab für die „Weidereife" wird die Höhe des Graswuchses angegeben. Früher wurde zuweilen eine Höhe von nur „handhoch" bis etwa 15 cm vorgeschlagen; Grund war die Befürchtung, daß die übrigen Weidekoppeln bei längerem Zuwarten überständig würden oder auch das Streben nach einem möglichst hohen Eiweißgehalt (namentlich in

Zeiten des Eiweißmangels wie zwischen den Kriegen). Bei so geringer Höhe ist das Futter aber viel zu jung und eine Ergänzungsfütterung notwendig (S. 409), um den ersten Auftrieb nicht zu verspäten. Seither wird eine Grashöhe von etwa 18–28 cm als optimal betrachtet, ein Überschreiten von 30 cm gilt als zu spät.

Die Beurteilung der Grashöhe ist jedoch problematisch, da sie niemals im ganzen Bestande gleichmäßig ist, bei Weißklee stets geringer als beim Gras, und z.B. durch N-Gaben besonders bei Obergräsern stark beeinflußt wird. Also spielt auch die Pflanzengesellschaft eine Rolle. Ferner müssen junge Ansaaten und Kleegras für die Lieferung der gleichen Futtermenge höher heranwachsen als alte dichte Dauerweiden. Nur mit Einschränkung ist die Grashöhe ein brauchbarer Maßstab für die vorhandene Grasmasse; Schützhold (1955) fand mit einer Grashöhe von unter 10 bis 40 cm einen Ertragsanstieg von 22 auf 168 dz Frischmasse je ha. Die zur Bedarfsdeckung ausreichende Freßfläche sank dabei von 317 auf 42 m². Voigtländer rechnet mit 20–30 cm Wuchshöhe und 15–30 dz Tm/ha Aufwuchs. Eine bessere Grundlage für die Qualitätseinschätzung ist die Beobachtung der Entwicklungsphase der Hauptbestandsbildner. Als geeignetster Zeitpunkt kann der deutliche Schoßbeginn (erste Halmbildung) gelten; in diesem Zustand genügt der Ballastgehalt in der Regel. Dabei ist zu berücksichtigen, daß der geeignete Futterzustand beim Verbleiben von Weideresten der vorhergehenden Nutzung viel schneller erreicht wird als nach regelmäßiger Nachmahd (S. 426).

Der Zeitbedarf für das Heranwachsen zur Weidereife ist natürlich dem jahreszeitlichen Zuwachsverlauf entsprechend verschieden; Weidereife kann (bei stärkstem Zuwachs) schon in 2–3, aber auch erst in 5–6 Wochen und bei verschiedener Wuchshöhe erreicht werden.

Von der Grasnarbe aus gesehen, reicht die Nutzung bei Weidereife zu genügender Reservespeicherung aus; diese wäre allerdings bei längeren Weidepausen noch vollständiger.

Stockwerke des Graswuchses als Grundlage selektiven Fraßes

Die Untersuchung von 5 hohen Mischbeständen des Versuchsgutes Rengen durch Beckhoff 1957 ergab im Mittel folgendes:

Höhe der Bestandsschicht in cm	Tm-Ertrag g je 0,8 m²	Rohprotein % rund	Asche % rund
0– 5	81,0	9,7	6,9
5–10	78,2	10,8	7,5
10–15	59,9	11,9	7,7
15 20	49,1	12,3	7,4
25–30	32,1	13,3	6,9
35–40	20,9	11,8	5,9
45–50	17,7	12,7	5,0
über 70	einige g	13,9	4,4

Die Zunahme des Eiweißgehaltes nach den oberen Stockwerken des Bestandes hin zeigt eine Unstetigkeit in der Zone blattarmer Halmteile, auf die dann die eiweißreichere Zone der Blüten folgt.

'T HART fand (nach VAN DER MOLEN u.a.) in den Stockwerken eines niedrigen Weidebestandes einen von 0–4 cm auf 16–20 cm Höhe um 100% ansteigenden Eiweißgehalt. Siehe ferner KEMP/DIJKSHOORN 1956.

BLATTMANN 1967 stellte folgendes fest (zum Teil umgerechnet):

Schichthöhe cm	Tm kg/ha	Rohprotein %	Rohfaser %	Asche %
2– 5	390	11,0	29,9	11,0
5– 8	580	12,4	28,2	10,5
8–11	450	14,6	27,1	11,0
11–14	290	20,5	24,3	11,4
17–20	140			
über 20	150	23,1	21,9	11,1

Alle Ergebnisse stimmen im Grundsatz überein: zu den höheren Stockwerken hin rasch sinkende Grasmenge, steigender Eiweißgehalt, bei BLATTMANN sinkender Rohfasergehalt; der Mineralstoffgehalt zeigt verschiedene Tendenz. BLATTMANN weist darauf hin, daß sich etwa 50% des Aufwuchses schon in 0–10 cm Höhe finden und jede 1-cm-Schicht unter 5 cm Höhe etwa 5–7% des Aufwuchses darstellt. Der für das Weiderind nicht faßbare Ertragsteil (unter 2 cm, S. 432) ist also beträchtlich (siehe auch bei Mahdtiefe, S. 399).

Die Wirkung der Unterschiede im Futterwert der Stockwerke zeigten BLASER u.a. (1960) in Versuchen, in denen verschiedene Rindergruppen

a) die Grasspitzen,
b) den restlichen unteren Teil des Bestandes,
c) den Gesamtbestand abweideten.

Wesentliches, stark gekürztes Ergebnis sind folgende Einzelfälle:

A	Spitzen	Restbestand	
Milchleistung kg/ha	19,4	13,8	
B	**Spitzen**	**Restbestand**	**Gesamtbestand**
Relative Gewichtszunahme von Ochsen .	118	79	100
Futterverdaulichkeit	66,9%	61,4%	63,7%

Das Ganze ist ein deutlicher Hinweis auf Anlaß und Umfang der Futterselektion nach Stoffgehalt und Schmackhaftigkeit.

Freß- und Ruhezeit

Eine Kernfrage erfolgreicher Weidenutzung ist die Erhaltung des Gleichgewichts zwischen Speicherung und Verausgabung von Reservestoffen (= Energievorräten) in der Grasnarbe (S. 348). Die Schwierigkeiten bestehen in den Ungleichmäßigkeiten des Graszuwachses sowohl je Tag wie im ganzen Jahr.

Wir erinnern uns der S-Kurve des täglichen Zuwachsverlaufes in einzelnen Wuchsperioden (S. 437). Mit der Nutzung in der Zeit starken Zuwachses und zugleich befriedigender Weidereife wird nicht nur ein hoher Ertrag, sondern auch eine für kräftigen Nachwuchs erforderliche Speicherung erreicht. Die Einhaltung genügend langer Ruhepausen zwischen zwei Nutzungen ist daher von größter Bedeutung. Dafür bietet das Schrifttum zahlreiche Beispiele (z.B. Blattmann 1967, Breunig 1966, von der Crone, Dörrie 1958, Franzke 1962, Heine, Jacob, Klapp 1954a, Könekamp 1956, Kreil/Kaltofen 1966, Vetter 1963, Zürn 1954b, Zitate von Voisin).

Mit einer Verlängerung der Zwischennutzungszeiten von 14–20 auf etwa 30 Tage wurde mehrfach ein Anstieg des Tageszuwachses um etwa 50% festgestellt. Bei der extremen Steigerung von 12 auf 84 Ruhetage fanden Kreil/Kaltofen sogar Erhöhungen des Tageszuwachses um etwa 70%, wobei die gesamte Jahresrate des Zuwachses allerdings mit abnehmender Häufigkeit der Nutzung abnahm.

Die optimale Ruhezeit muß natürlich je nach Standort, Düngung und besonders nach der Jahreszeit, aber auch nach dem Weideverfahren sehr verschieden sein. Die Spanne der Ruhezeiten, die als nötig angesehen oder in der Praxis eingehalten werden, bewegt sich daher von 12–14 Tagen in der Zeit schnellsten Wuchses bis zu über 40, selbst 50 Tagen im Spätherbst. Soweit Jahresmittelwerte angegeben werden, liegen diese meist um 28–30 Tage. Auch ganzjährig werden bei Einhaltung längerer Ruhezeiten unter der Voraussetzung gleich häufiger Nutzung wesentlich höhere Weideerträge erreicht.

Nach mehrfachen englischen Angaben, wobei die Ruhezeit zwischen 14 und 42 Tagen variiert wurde, war der längere Zeitraum im Einzelfall wie im ganzen Jahr überlegen, besonders auch im Wirkungswert der N-Gaben (Holmes); als Regel werden 25–40 Tage angegeben.

Als Kennzeichen genügender Ruhepausen haben wenigstens in den ersten Monaten diejenigen der „Weidereife" zu gelten (S. 440). In der Zeit schnellsten Zuwachses, d.h. im Vorsommer, können unter besten Verhältnissen tatsächlich 14–16 Tage genügen. Mit fortschreitender Jahreszeit verläuft die Kurve des täglichen Zuwachses immer flacher, und selbst bei langen Ruhezeiten werden Höhe und Masse des vorsommerlichen Graswuchses im Spätherbst nie wieder erreicht; der Zuwachs wird sehr langsam, und es erhebt sich die Frage, ob so langes Zuwarten – wie es nach dem Jahresverlauf des Zuwachses theoretisch erforderlich scheint – überhaupt nützlich ist. Vetter bestreitet dies und empfiehlt schon vom Spätsommer ab eher eine Verkürzung der Ruhepausen, wie sie auch in der Praxis häufig sei; hier auch nähere Angaben über die Zuwachsabnahme und die geringe Alterung des Herbstgrases.

An sonstigen Unterlagen fehlt es noch. Die Übersicht wird dadurch erschwert, daß eine Verkürzung der Ruhepausen zwangsläufig zu vermehrter Nutzungshäufigkeit und ihren Nachteilen führt.

Zu einer Abkürzung der Ruhepausen ohne bestimmte Absicht kommt es bei abnehmendem Zuwachs ebenso zwangsläufig wie bei knapper Weidefläche und beim Fehlen genügender Reserveflächen. Das Gegenteil – reichliche Reserve an Weidefläche – führt dementsprechend zu einer Verlängerung der Ruhepausen gegen den Herbst hin. Bei mehr als 1000 Auftrieben auf dem Versuchsgut Rengen (450 m Höhe) in 21 Jahren ergaben sich (Jacob 1961) für die Zeit von Mai bis November durchschnittlich folgende Zwischennutzungszeiten:

24 – 28 – 32 – 40 – 44 – 47 – 60 – Ruhetage, einfach deswegen, weil die zum Beweiden verfügbare Fläche durch das Freiwerden reichlicher Mäheflächen zum Herbst hin so stark anwuchs, daß die Nutzungshäufigkeit der einzelnen Koppeln entsprechend stark abnahm. Die Ruhezeit ist hier also mehr technisch als biologisch bedingt (S. 443). Es ergibt sich meist ein technisch bestimmter Unterschied zwischen der Ruhezeit einzelner Koppeln und der mittleren Ruhezeit der gesamten Weidefläche. Diese letztere ist biologisch von der mit fortschreitender Jahreszeit abnehmenden Wüchsigkeit bedingt. Der Zuwachs kann ferner in mildem Klima länger andauern als die durch Rücksicht auf das Tier beschränkte Weidedauer; in hohen Lagen, z.B. in der Hocheifel, endet der Zuwachs schon mit Beginn der ersten Nachtfröste, während der Weidegang bei nächtlicher Aufstallung noch 2–3 Monate andauern kann, falls genügend Reserveflächen vorhanden sind. Diese gewöhnlich nur 2- bis 3mal genutzten Koppeln hatten lange Ruhezeiten, deren Mitberechnung die herbstliche Ruhedauer des Betriebes und damit die mittlere Ruhezeit der Koppeln größer erscheinen läßt. Aus diesen komplexen Gründen rühren manche Meinungsunterschiede her.

Allgemeingültige Regeln für die Bemessung der Ruhezeit lassen sich jedenfalls nicht angeben; fest steht nur, daß sie zur Zeit höchster Wüchsigkeit relativ kurz sein kann, später aber verlängert werden sollte, solange der Zuwachs noch befriedigt. Ebenso fest steht der Schaden wesentlich zu kurzer Ruhezeiten für den Ertrag der folgenden Nutzung und, da meist mit vermehrter Zahl der Nutzungen verbunden, für den Nachwuchs des Folgejahres. Die Verkürzung der Ruhezeiten führt dank des geringeren Aufwuchses selbstverständlich zu vergrößertem Freßflächenbedarf der Weidetiere. Eine merkliche Qualitätsminderung ist bei durchschnittlichen Ruhepausen von unter 30 Tagen nicht zu befürchten, oder sie ist doch durch verstärkte N-Düngung auszugleichen. – Über die Bestandsänderung bei zu kurzen und gar zu langen Pausen finden sich Einzelheiten bei Kreil/Kaltofen (1966); früher schon bei ausländischen Autoren (siehe Tab. Jones, S. 460). Vor Mähenutzungen ist die Ruhepause zu verlängern, ebenso nach solchen, da kein Weiderest verbleibt (Blattmann 1967).

Der Nachteil zu kurzer Ruhezeiten wird verschärft durch lange Freßzeiten (Freßzeit = Dauer des Aufenthaltes von Weidetieren auf derselben Fläche; nicht gleich Grasezeit, S. 421).

Von den oben genannten Autoren und anderen liegen zahlreiche Einzelangaben vor. Blattmann (1964) fand bei Freßzeiten von 1–9 Tagen eine Abnahme der Weideleistung um rund 40% der kStE/ha, Marcussen (1965) schon bei Freßzeiten von 2–4 Tagen eine solche von etwa 23%, Heine bei gleicher Umtriebszeit von 37 Tagen, aber von 5–9 Tage dauernder Freßzeit, eine Nachwuchsminderung um mehr als 40%. Offenbar gibt es keine Ausnahme von dieser Regel.

Bei Verlängerung der Freßzeit ist der Abfall der Milchleistung infolge von Futterverschleppung im Tiermagen und infolge der Beanspruchung von Körperreserven in den ersten 36 Stunden nicht wesentlich, nach weiteren 2–3 Tagen aber stark (Voisin). Bei gleicher Umtriebszeit bedeutet verlängerte Freßzeit, abgesehen von verstärkter Futterselektion, stets eine Verkürzung der Ruhezeit. Früher oder später ergibt sich daraus neben dem Leistungsabfall eine Verschlechterung der Grasnarbe. Schildknecht gibt folgendes an:

Freßzeit	Futter-Wertzahl (S. 108)
kurz (Rationsweide)	7,28
4– 5 Tage	6,70
9–14 Tage	5,96

Arten wie *Festuca pratensis* und *Phleum* leiden deutlich, bodenanliegende Pflanzen nehmen zu. Zugleich wächst die zur Bedarfsdeckung des Tieres notwendige Freßfläche stark an. Verlängerte Freßzeiten führen ferner dazu, daß bereits abgeweidete Pflanzen schon nach wenigen Tagen wieder befressen werden; das bedeutet eine größere Nutzungshäufigkeit mit den üblichen Folgen (S. 392, 398 403). Dieser Fall ist auch beim Rationsweidegang ohne „Rückdraht" („Ruhedraht", S. 457) gegeben. Mit dem verlängerten Fraß ist zudem häufigerer Betritt verbunden.

Die Grundforderung bester Weideausnutzung muß nach allem Gesagten lauten:

„Kurze Freßzeit – ausreichend lange Ruhezeit!"

Dabei kommt der Ruhezeit offenbar die größere Bedeutung zu; bei jeweils gleichem Verhältnis von Freß- und Ruhezeit (1:4) fanden Jones/Jones 1930 unter Schafbeweidung:

	Freßzeit in Tagen	Ruhezeit in Tagen	Umtriebsdauer in Tagen	Gewichtszunahme %
a	1	4	5	–
b	3,5	14	17,5	+ 25
c	7	28	35	+ 38

Bei a) wurde die Grasnarbe durch verstärkte Einwanderung niederliegender Arten zwar dichter, aber weniger wertvoll.

4. Formen der Weidenutzung

Hutung, Stand-, Umtriebsweide

Im Hinblick namentlich auf Futterausnutzung und Flächenbedarf sind zu unterscheiden:

A. Ungeregelte Weidenutzung, zeitlich und räumlich auf der gleichen Fläche mehr oder weniger unbeschränkt. Ununterbrochener Verbiß mit allen seinen Nachteilen. Keine Kontrolle der Futterzuteilung.

B. Zeitlich und räumlich geregelte Weidenutzung auf abwechselnden Flächen mit dem Endziel einer dem Tagesbedarf entsprechenden Futterzuteilung.

A_1. Hutungen und Triften (meist Allmende-, Gemeindeweiden, Abb. 8, 104) sind noch sehr verbreitet, namentlich in siedlungsfernen Lagen auf wenig fruchtbaren, nicht ackerwürdigen Böden. Die Weidefläche ist höchstens durch Hirt und Hund begrenzt, Düngung unterbleibt. Die nach der Waldrodung sich einfindende Vegetation wird im Lauf der Zeit

grundlegend verschlechtert (S. 249), namentlich wenn das Rind als Weidetier durch Schafe, oft mit übermäßigem Besatz, ersetzt wird. Hinzu kommt die Entführung eines großen Teiles der Exkremente auf Anmarschwege und in Ställe, falls das Vieh täglich ab- und aufgetrieben wird. Die oft weiten Wanderwege mindern die tierische Leistung zusätzlich.
Viele dieser Flächen lassen sich grundsätzlich verbessern (S. 250), praktisch spielen aber die Rechtsverhältnisse eine entscheidende Rolle.

A_2. Eingezäunte Standweiden finden sich auf besseren und besten Standorten. Der Weidegang ist zwar räumlich begrenzt; eine Koppel oder doch nur wenige Koppeln werden aber pausenlos oder doch nur in langfristigem Wechsel befressen. Mit zunehmendem Altern des Aufwuchses in langen Freßzeiten wird stärkste Futterselektion wirksam. Auf Unterbeweidung

Abb. 210. Vernachlässigte Standweide; zu große Koppeln, zu geringer Besatz (Original Arens)

bei zunächst hohem Futterangebot folgt (bei gleichbleibendem Besatz) fleckweise Überbeweidung neben Überständigwerden der verschmähten Pflanzen, sowohl zu alt gewordener wie grundsätzlich gemiedener. So finden sich im Sommer Kahlfraßflächen zusammen mit zu Stroh gewordenen Beständen. Heute wird mehr und mehr gedüngt; bescheidene Pflege („Reinigungsschnitt") ist üblich. Eine Anpassung des Viehbesatzes an den Zuwachsverlauf des Grases ist sehr schwierig. – Bestes Beispiel bilden Mastweiden mit fortlaufendem Verkauf ausgemästeter Tiere. Stallhaltung, Mahd zur Winterfuttergewinnung sind unnötig; ein Nährstoffentzug besteht kaum (S. 153). Für die Standweide werden u.a. angeführt das „Ruhebedürfnis" von Masttieren, Futterreserven in Gestalt überständigen Grases, eine bei Mastvieh erwünschte Erweiterung des Eiweiß: Stärkewert-Verhältnisses, der geringe Aufwand für Zäune, Zubehör und, nicht selten, Vermeidung des Intensivierungszwanges der Umtriebsweide (Vieh- und Stallvermehrung, Mehrdüngung usw.). Die Betrachtung überständigen Grases als „Reserve" beruht jedoch auf einem Irrtum; es verbraucht viel Wasser, wird nur von hungernden Tieren befressen, verunkrautet und nimmt Flächen nutzlos in Anspruch. Gute Leistungen von Standweiden bei der Mast beruhen nicht auf der ungestörten Ruhe der Tiere, sondern auf der unbegrenzten Möglichkeit der Selektion zusagender Futterteile. Der Zuwachs je Tier ist hoch, und dies ist der Grund für das Festhalten an der Standweide, namentlich in Übersee. Dabei wird schlechte Futterausnutzung und großer Flächenbedarf in Kauf genommen, was in Ländern mit reichlicher Weidefläche zu rechtfertigen ist. Nach G. O. MOTT (1960) steigt die Flächenleistung von Unterbeweidung (hohem Futterangebot) zu Überbeweidung (beschränktem Futterangebot) lange fast geradlinig an, während die Leistung je Einzeltier eine absteigende Kurve zeigt. In 8 exakten Versuchen fand sich folgender Zusammenhang (relativ):

Viehbesatz	Zuwachs je Tier	Zuwachs je ha
100	100	100
139	94	134
185	83	151

Daß die günstige Wirkung hoher Selektionsmöglichkeit bei Milchvieh nicht eintreten muß, zeigen die Versuchsergebnisse MCMEEKANS (S. 474). Die jahreszeitlichen Schwankungen des Futterangebots werden durch Zu- und Verkauf von Tieren auszugleichen versucht. Ganz anders liegen die Dinge bei knapper Weidefläche und der Notwendigkeit, eine gleichbleibende Herde während der Vegetationszeit auf der Weide voll zu ernähren. Hier ist die Weideleistung je ha wichtiger als die Leistung je Einzeltier, und hier treten die Mängel der Standweide (Alterung des Futters, Abfall der Milchleistung, Flächenverschwendung) voll in Erscheinung. Ein Vergleich der Weidesysteme (S. 473) macht das deutlich.

B. Geregelte Weidenutzung soll die Mängel der Standweide aufheben, besonders übermäßige Futterselektion, Alterung und ungleichmäßigen Futterwert des Grases, Flächenverschwendung usw. Die räumliche und zeitliche Beschränkung des Weideganges, die der Grasnarbe genügende Ruhepausen verschafft und Luxusverzehr einschränkt, wird dabei auf verschiedenen Wegen erreicht.

B_1. Die heute überholte Tüderweide ist sozusagen ein Vorläufer der „Rations-“(„Portions“-)weide. Der Weidegang wird durch Anpflocken des Tieres zeitlich und räumlich eingeschränkt. Die Länge der Tüderkette bestimmt dabei die Größe der angebotenen Futterration und die (sehr geringe) Bewegungsmöglichkeit des Tieres. Tüdern führt zu schnellem, gleichmäßigem Abfressen auch schon älteren Futters. Die starke Trittwirkung schädigt lästige Weideunkräuter, die besonders kurze Freßzeit bedeutet Verlängerung der notwendigen Ruhepausen. Tüdern kommt dem Ideal einer geplanten Futterzuteilung nahe, besonders bei mehrmaligem Umpflocken je Tag. Es verschwand in unserem Lande wegen des hohen Arbeitsaufwandes (Umschlagen, Wasserfahren u.a.m.). Auch haften ihm gewisse Mängel an, so daß eine Unterlegenheit gegenüber neueren Weideverfahren angenommen wird, obwohl exakte Beweise dafür nicht vorliegen. Der Zwang zum Abfressen auch minderwertiger Futterteile, ungleichmäßiger Futterwuchs von Fleck zu Fleck, Unmöglichkeit der freien Bewegung zu Tränken, beschatteten Plätzen und zur selektiven Futtersuche sind immerhin mögliche Ursachen etwas geringerer Futterleistung.

B_2. Umtriebsweidegang i.w.S. soll die Mängel älterer Weideverfahren beseitigen. Die räumliche und zeitliche Beschränkung des Grasens auf wechselnden Flächen zwingt, ähnlich wie beim Tüdern, aber bei größerer Bewegungsfreiheit des Tieres, zum schnellen, gleichmäßigen Befressen des Futters; eine gewisse Futterselektion bleibt möglich, Überständigwerden von Gras läßt sich einschränken (Nachmahd). Geregelter Wechsel der Weidefläche führt zu einer im Futterwert recht gleichmäßigen Versorgung der Tiere; er macht ein günstiges Verhältnis von Freß- und Ruhezeiten und in den letzteren Pflege, Düngung, Beregnung ohne Störung der Weidetiere anwendbar. Alles dies beruht auf starker Unterteilung der Gesamtweidefläche; je weiter diese durchgeführt wird, um so häufiger ist der Umtrieb = Flächenwechsel möglich. Die Unterteilung geschieht durch

B_{2a}. feste Zäune (Umtriebsweide i.e.S.); ihre Bau- und Unterhaltungskosten sowie die zunehmende Behinderung des Geräteeinsatzes ziehen der Koppelzahl und damit den Umtriebsmöglichkeiten eine Grenze, so daß eine tägliche Zuteilung des Futterangebotes noch nicht erreicht wird.

B_{2b}. Wander-Elektrozäune („Rations-, Portionsweide"), die eine beliebige Futterzuteilung bis zu Tages-, ja Stunden-Rationen ermöglichen.

Das im Laufe des Jahres so stark veränderte Futterangebot führt bei der Umtriebsweide zwangsläufig (gleichbleibende Zahl der Weidetiere vorausgesetzt) zur Mahd von Überschüssen in der Zeit stärksten Futterwuchses; mit den Mähekoppeln und mit der Heranziehung von weiteren „Reservekoppeln" (Wiesen, Feldfutter) werden Weideflächen und Zusatzfutter für die Zeit abnehmenden Zuwachses gewonnen, darüber hinaus Winterfutter.

Geschichte, Ziele und Verfahren des Umtriebs

Ein so vorteilhaftes Weideverfahren wie der Umtrieb ist natürlich keine Neuentdeckung; wir sind (in Klapp 1968) näher auf die Entwicklung eingegangen; hier nur das Wesentliche: In der englischen Literatur lassen sich die Grundzüge des Systems bis 1598 zurückverfolgen (J. H. Smith 1956). Ein Umtrieb mit Hilfe des Schäferhundes oder mit dem Tüdergerät ist wahrscheinlich schon viel früher benutzt worden. A. Thaer (1837) führt die entscheidenden Maßnahmen mit ausführlicher Begründung an. Aber schon die älteren Autoren kommen zu recht ähnlichen Vorschlägen:

a) Einteilung der Weide in kleine Koppeln;
b) Einschaltung von Ruhepausen nach gutem Abfressen des Futters für so lange Zeit, bis wieder lohnender Aufwuchs vorhanden ist, je nach Jahreszeit also verschieden lang;
c) Einteilung der Weidetiere in Gruppen verschiedener Altersstufe und Nutzungsrichtung.

Aus agrarhistorischen und technischen Gründen hat sich der Umtrieb früher offenbar nicht durchsetzen lassen. Eine Ausnahme bildete z.B. die Weidewirtschaft im Herver und Eupener Land (südwestlich und südlich von Aachen, TIMMERMANN). In den dortigen, fast reinen Grünlandgebieten mußte die Weide Sommer- und Winterfutter liefern; etwa 1/3 der Koppeln wurde gemäht, stellte also eine Futterreserve für Nachsommer und Herbst dar. Als Koppelgrenzen dienten Hecken (Abb. 32); zur sorgfältigen Pflege gehörten Verteilung der Exkremente und Nachmahd der „Weidereste". Zu Anfang dieses Jahrhunders lernten DÜNKELBERG (1905) und F. FALKE die Herver Weidewirtschaft kennen und in Deutschland anwenden. 1907 erschien FALKES Buch „Die Dauerweiden". In den wiederholten Auflagen baute FALKE das System mit den jetzt verfügbaren technischen Mitteln zu einem geschlossenen Verfahren aus; neben Drahtzäunen wurde erstmals die Stickstoffdüngung hervorgehoben (S. 232). Zudem wurde eine auf Stärkeeinheiten aufgebaute Weideleistungsrechnung (S. 482) entwickelt. FALKES Vorschläge wurden, mindestens im Ausland, kaum bekannt. Über eine nach seiner Lehre in Hohenheim durchgeführte Umtriebsbeweidung berichtete WARMBOLD unter anderem auch in England. Als „Hohenheim-System" fanden FALKES Vorschläge dadurch Eingang in die englischsprechende Literatur, durch Zufälle aber völlig mißverstanden (KLAPP 1968). Die Anwendung versagte daher gegenüber der Standweide („continuous grazing"). In Übersee führte erst MCMEEKAN Neuseeland 1956ff., den Beweis für die Überlegenheit der Umtriebsweide gegenüber der Standweide (S. 475).

Angesichts der jahrzehntelangen Ablehnung der echten Umtriebsweide überrascht das Tempo, mit dem sich die Rations- oder Portionsbeweidung in vielen Ländern eingebürgert hat. Sie kommt dem Ideal nahe, weil sie die alten Forderungen des Umtriebsweidegangs – rationelle Fütterung auf kleinen Flächenabschnitten, Anpassung an den Verlauf des Graswuchses, kurze Freß- und lange Ruhezeit sowie ein Maximum an mähbaren Futterüberschüssen – durch billige bewegliche Zäune besser als durch umständliches Tüdern und kostspielige feste Zäune erfüllt.

Ziele, Handhabung und Wirkung des Weideumtriebs im weiteren Sinne

Seine wichtigste Aufgabe ist die vollwertige Ernährung einer praktisch gleich groß bleibenden Herde während der ganzen Vegetationszeit. Dazu gehören einmal die Erhaltung einer möglichst gleichmäßigen Futterqualität und sparsame Futterzuteilung zwecks höchster Ausnutzung; zweitens die Erhaltung einer hohen Zuwachsfreudigkeit der Grasnarbe. Die grundsätzlichen Vorteile bestehen

a) im Zwang zum raschen, gleichmäßigen Fraß der Tiere zwecks Verhinderung starker Selektion und Alterung im Weidegras;

b) im Auftrieb bei einem für Tier und Pflanze günstigen Zustand der Grasnarbe („Weidereife", S. 440);

c) in Gewährung ausreichender Ruhe-, Erholungspausen für die Grasnarbe;

d) in Anpassung der verfügbaren Weidefläche an den jahreszeitlich ganz verschiedenen Zuwachs des Grases.

Zu erreichen ist das durch eine so starke Unterteilung der Weidefläche, daß ein häufiger Wechsel der Freßfläche mit genügend langen Unterbrechungen des Beweidens (oder Abmähens) möglich wird.

Technik und Kunstgriffe der Weideeinrichtung und des Weidebetriebes stellen einen nicht trennbaren Komplex verschiedener Maßnahmen dar (Abb. 211).

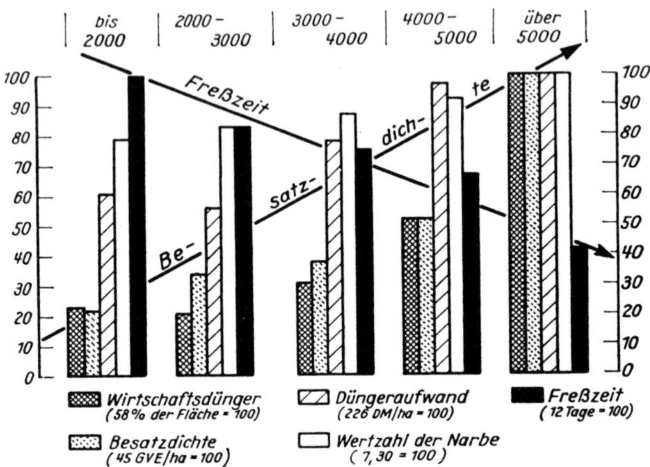

Abb. 211. Weideleistungen in kStE/ha und Weidebewirtschaftung (nach Ermittlungen von SCHILDKNECHT, Diss. Bonn 1953)

Tragfähigkeit und Besatzstärke

Unter Tragfähigkeit verstehen wir das Maß, in dem eine Weidefläche während der Vegetationszeit Weidetiere ausreichend zu ernähren vermag, ausgedrückt in LG oder GVE/ha. Das gilt ursprünglich für den reinen Weidegang ohne Winterfuttergewinnung. Der Weideumtrieb nach FALKE mit zeitweiliger Überschußmahd zur Konservierung für Winterfutter veranlaßte GEITH nach 1931 zur Prägung des Begriffes „Besatzstärke". Hierunter ist zu verstehen das mittlere LG (oder die mittlere Zahl GVE) der in der Vegetationszeit aufgetriebenen und voll ernährten Tiere je ha. Dieser Besatz muß bei gleichbleibender Bewirtschaftung um so kleiner sein, je mehr das Futterangebot durch Mahdernten verringert wird.

Beide Begriffe stellen zugleich Maßstäbe des für den Weidegang verfügbaren Futters dar. Der Inhaltsunterschied dieser Begriffe ist inzwischen weitgehend verwischt worden insofern, als die Verringerung des Futterangebotes infolge von Mahdernten durch die wachsende Intensität der Weidebewirtschaftung mehr oder minder ausgeglichen werden konnte. Zudem kann wenigstens ein Teil der Mahdernten beim Nachlassen des Graswuchses noch während der Weideperiode wieder verfüttert werden. Schwierigkeiten für die Unterscheidung der Begriffe ergeben sich auch aus der wechselnden Heranziehung von Reserveflächen. Es handelt sich nicht mehr nur um einen Maßstab des Weideertrages schlechthin, sondern auch um einen solchen der Futterausnutzung;

namentlich in betriebswirtschaftlicher Sicht gilt der mittlere Jahresbesatz als Maßstab der Intensität, bezogen bald auf die Weide, die ganze Grünland- oder gar die Betriebsfläche. Ein Merkmal dafür ist auch die Höhe des Mahdanteils.

Für unsere Zwecke behalten wir den Begriff Besatzstärke für das mittlere ha-Besatzgewicht der Weidefläche in der Vegetationszeit bei. Er entspricht etwa dem englischen Begriff „Stocking rate" (SPEDDING 1965a, hier auch die Definition weiterer Weidebegriffe). Die Besatzstärke ist bei etwa gleichbleibender Bewirtschaftung Erfahrungssache, Fehleinschätzungen werden rasch an Futtermangel oder Futterüberschuß erkannt. Dem letzteren ist durch Verkleinerung der Weidefläche oder durch Viehvermehrung zu begegnen, dem ersteren durch Erhöhung des pflanzlichen Weideertrages.

Bei gegebener natürlicher Ertragsfähigkeit der Weide (Potential, S. 491) ist die Erhöhung durch verbesserte Wirtschaftsweise (z.B. durch Übergang von der Stand- zur Umtriebs-, endlich zur Rationsweide zugleich mit wachsender Düngung, auch durch Beregnung) zu erreichen.

Die meisten Angaben für die Besatzstärke guter Weiden liegen um 3–4, im Extrem bei etwa 6 GVE/ha. Ohne Ausgleich durch Überschußmahd im Vorsommer und durch Flächenreserven im Herbst würde die mögliche Besatzstärke zur Zeit höchsten Zuwachses z.B. 5–6, im Spätsommer/Herbst nur 1–2 GVE/ha erreichen. Maßgebend für die ganze Wuchszeit ist also ungefähr der Mittelwert zwischen höchstem und geringstem Futterangebot.

Unterschätzung der möglichen Besatzstärke führt zu schlechter Futterausnutzung; ihre Erhöhung ist dann sehr wirksam. KÖNEKAMP u.a. 1959 fanden (bei Besatzdichten von 100–200 dz/ha) gegenüber einer durchschnittlichen Besatzstärke von etwa 14 dz LG/ha:

bei 6,9 dz LG/ha eine Minderleistung von 35,2%
bei 24,4 dz LG/ha eine Mehrleistung von 27,9%[1].

Auch Einzelangaben lassen beim Vergleich geringer und hoher Besatzstärken große Leistungsunterschiede zugunsten der letzteren erkennen; das Optimum kann überschritten werden, wenn die Besatzstärke zu hoch, das Futterangebot daher dauernd niedriger als der Futterbedarf wird.

Bei angemessener Besatzstärke wird die Weideleistung entscheidend bestimmt durch den Tierbesatz während der einzelnen Nutzung, d.h. durch das Lebendgewicht der Herde je ha Freßfläche.

GEITH prägte hierfür den Begriff „Besatzdichte" (englisch etwa „Stocking intensity") und sah als ihr günstigstes Ausmaß 80–120 dz LG/ha (= 16 bis 24 GVE/ha) an.

Innerhalb dieser Spanne erwies sich eine Steigerung der Besatzdichte als sehr wirksam für die Höhe der tierischen Nutzleistung, so nach GEITH:

Besatzdichte dz LG/ha	Relative Nutzleistung
80	100
110	117
140	140

[1] Diese und weitere Angaben derselben Autoren beruhen auf umfangreichen Untersuchungen in der Praxis mit erheblichen Bewirtschaftungsunterschieden; es handelt sich also nicht um streng vergleichbare Versuchsergebnisse.

Bei anderen Autoren (z.B. JORIS u.a. 1951) fanden sich ähnliche, aber auch weit höhere Leistungssteigerungen mit wachsender Besatzdichte, und zwar ohne erhebliche Unterschiede der Düngung oder des Umtriebssystems. Bei der GEITHschen Formulierung des Begriffes „Besatzdichte" wurde ein entscheidender Faktor übersehen, nämlich die Dauer der Freßzeit, d.h. des Aufenthaltes der Tiere auf der Weidekoppel. Den obigen Angaben lagen in der Regel 2- bis 4tägige Freßzeiten zugrunde. Es bedeutet aber einen grundsätzlichen Unterschied, ob ein- und dieselbe Fläche an 2, 3 oder gar 4 Tagen nacheinander befressen und betreten wird, ihr also eine ganz verschiedene pflanzliche Leistung abverlangt wird. Die Dauer der Freßzeit und damit das Maß der Ansprüche an die Grasnarbe muß zur Ermittlung eines gerechten Vergleichs von Besatzdichten unbedingt berücksichtigt werden. Nur dann wird die tatsächliche Beanspruchung und Leistung der Grasnarbe deutlich.

VOISIN (1958), der die Nichtberücksichtigung des Faktors „Zeit" für den schwersten Irrtum der Pioniere der Umtriebsweide hielt, benutzt für unseren Begriff „Besatzleistung" (siehe unten) den Ausdruck „Weideintensität" („Intensité de broutage"). Neuerdings schlugen GORDON u.a. 1966 als Maß für die zulässige Größe des Besatzes ebenfalls den je Tier verfügbaren Grasvorrat auf der Flächeneinheit vor; das Maß seiner Beanspruchung wird „Grazing pressure" genannt, was dasselbe wie Weideintensität = Besatzleistung bedeutet. In kurzen Worten: Angaben und Regeln für die Besatzdichte haben nur Gültigkeit, wenn die Dauer der Freßzeit mit angegeben wird.

Unter dem Begriff Besatzleistung verstehen wir die bei jeder Nutzung verfügbare und befressene Futtermenge = Zahl der vorhandenen vollen Tagesrationen für 1 GVE je ha. Diese ist also, unabhängig von der Dauer der Freßzeit, gleichbedeutend mit dem Produkt von Besatz in GVE oder dz LG je ha und Zahl der Freßtage.

Bei Annahme einer Tagesration je GVE von 70 kg bedeuten 70 dz verfügbare Grünmasse je ha 100-GVE-Rationen. Die Besatzleistung ist dann 100 GVE = 500 dz LG.

70 dz verfügbares Futter (100 GVE-Rationen) je ha ermöglichen:

Dauer der Freßzeit		Besatz (Auftriebsgewicht)		Besatzleistung
4 Tage	×	25 GVE (125 dz LG)	=	100 GVE-Tage
2 Tage	×	50 GVE (250 dz LG)	=	100 GVE-Tage
1 Tag	×	100 GVE (500 dz LG)	=	100 GVE-Tage

Rechnerisch ergibt sich stets die gleiche Besatzleistung; es ist aber einleuchtend, daß 4 Tage Freßzeit selbst bei geringem Besatz ganz anders auf die Tierleistung und die Grasnarbe wirken als 1tägige Freßzeit mit hohem Besatz; im ersten Fall tritt eine erhebliche Alterung und Selektion des Futters während der Freßzeit sowie eine Kürzung der Ruhepause für die Grasnarbe ein. Bei kurzer Freßzeit mit hohem Besatz werden diese Mängel praktisch vermieden.

Ein Besatz von 100 GVE (500 dz LG) je ha scheint außerordentlich hoch; jedoch entspricht das noch nicht einmal dem beim Tüdern Üblichen. Bei einem Tüderkreis von 50 m² stehen sogar 200 GVE = 1000 dz LG auf dem ha, allerdings nur halbtags – oder sogar nur stundenweise. Kurz, ein Vergleich verschiedener Besatzdichten ist nur bei gleichen Freßzeiten berechtigt.

Wenn in neuerer Zeit mit Besatzdichten bis zu 600 oder gar über 900 dz LG/ha gerechnet wird (Könekamp 1959b, Dörrie 1958), dann handelt es sich stets um sehr kurze Freßzeiten (bei Rationsweiden).

Besatzleistung und zulässiger Besatz hängen natürlich stark von der Leistungsfähigkeit der Grasnarbe ab.

Bei der Umtriebsregelung steht die Dauer der Freßzeit in engem Zusammenhang mit der je Nutzung zuzuteilenden Freßfläche (Koppel, Rationsabschnitt). Nehmen wir wiederum eine verfügbare Frischgrasmenge von 70 dz/ha = 70 kg/a = eine GVE-Ration an, dann muß die nötige Freßfläche offenbar betragen bei:

1tägiger Freßzeit je GVE . . . . 1 a
2tägiger Freßzeit je GVE . . . . 2 a
4tägiger Freßzeit je GVE . . . . 4 a

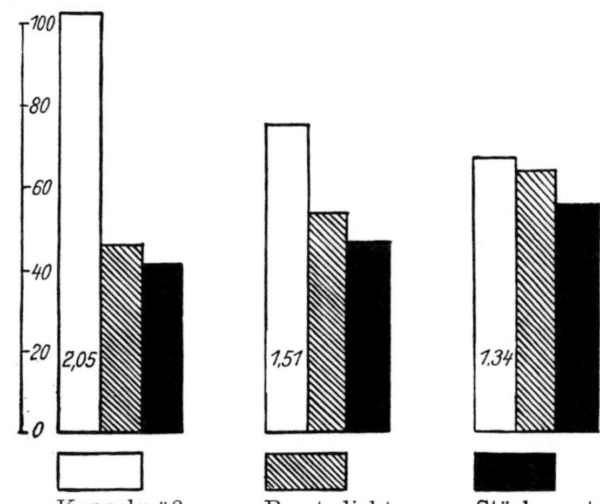

Abb. 212. Mit abnehmender Koppelgröße (von 2,05 ha auf 1,34 ha) und wachsender Besatzdichte wächst der Stärkeeinheitertrag. Bergweiden des Versuchsgutes Rengen

mit wachsenden Mängeln der Weideausnutzung. Da die Freßzeit früher gewöhnlich nicht berücksichtigt wurde, gehen die älteren Angaben über die erwünschte Koppelgröße bei fester Einzäunung stark auseinander. Die Autoren rechnen oft mit 2–4 a/GVE, wobei vermutlich Freßzeiten von ebensoviel Tagen anzunehmen sind. Die oben genannte Freßfläche von 1 a bei 1tägigem Aufenthalt auf der Koppel wird von mehreren Autoren bei 65–70 kg verfügbarer Frischmasse je a als zweckmäßig angegeben. Bei zu langer Freßzeit auf zu großen Koppeln bedeutet Verkleinerung der Koppeln ein sehr wirksames Mittel zur Hebung der tierischen Leistung. Zwischen den Kriegen ist immer wieder nachgewiesen worden, daß stärkere Unterteilung der Weidefläche den Nutzertrag um 30% und mehr erhöhen kann.

Ein Beispiel vom Versuchsgut Rengen (ähnlich Klapp 1943, Abb. 212) zeigt die Zusammenhänge besonders deutlich:

	Koppelgröße ha	Besatzdichte dz/ha	Freßzeit Tage	Relative Nutzleistung
Vor der Unterteilung	6,71	22	10,0	100
Nach der Unterteilung	1,38	144	4,2	208

Wir sind in den früheren Auflagen des Buches näher auf die Frage der geeignetsten Koppelgröße eingegangen, halten dies aber nicht mehr für notwendig. Mehrtägige Beweidung der Koppeln findet sich praktisch nur noch bei extensiven Weideformen (Jungvieh-, Mastweiden). Das Verständnis für die Grundsätze ist fast Allgemeingut geworden.

Wesentlich kürzer behandelt wird auch die wünschenswerte Koppelzahl, die untrennbar mit der Koppelgröße zusammenhängt. Führt die Verkleinerung der Koppeln zur Erhöhung der Besatzdichte, zur Verkürzung der Freßzeit je Koppel und zur Steigerung der Nutzleistung, so die erhöhte Koppelzahl zu einer viel größeren Beweglichkeit der Weidebewirtschaftung: Bessere Anpassung an die jahreszeitliche Änderung des Graszuwachses und an den Ruhebedarf der Grasnarbe auf der ganzen Weidefläche. Der im Vorsommer nicht zu bewältigende Graswuchs kann, statt überständig zu werden, durch Mahd genutzt werden, und diese Mähekoppeln stellen Reserveflächen für die Beweidung zur Zeit nachlassenden Zuwachses dar.

Mit weniger als 6 Koppeln ist ein vollwertiger Umtrieb nicht durchzuführen. Die Angaben der nötigen Mindestkoppelzahl bewegten sich von 6–15, wiederum wegen der Nichtberücksichtigung der üblichen Freßzeit.

Kurz: Verkleinerung und Vermehrung der Freßflächen je Nutzung führen zu einer derartigen Verkürzung der Freßzeit, daß man dem letzten Ziel des Umtriebs immer näher kommt, d.h. der bewußten Zuteilung einer stets frischen, gleichmäßigen Futterration. Allerdings sind dieser Absicht bei fest eingezäunten Koppeln leider wirtschaftliche Grenzen gezogen. Auf dem Versuchsgut Rengen (Klapp 1943) standen schon 1935–1940 32 Koppeln für 98 bis 121 Stück Jungvieh (Rinder und Fohlen) zur Verfügung. Es wurden nebeneinander Standweiden sowie Umtriebsweiden mit langsamem und schnellem Umtrieb benutzt mit folgendem Ergebnis (Mittel von 6 Jahren):

Freßtage im Mittel	Besatz je Nutzung		Weideleistung in Weidetageinheiten je Tag und ha relativ
	Tierzahl je ha	dz LG/ha	
62,7	1,8	7,8	11,3
20,8	3,5	15,2	18,8
14,2	14,1	61,5	32,8
7,7	30,8	135,0	81,5
5,0	32,2	140	101,7
4,0	32,2	140	99,7
3,0	35,6	157	113,7
2,0	39,6	172	159,7

Da es sich um Wirtschafts-, nicht um Versuchsergebnisse handelt, finden sich Unstetigkeiten in dieser Reihe; zudem konnte der Gewichtszuwachs der Tiere nicht lückenlos ermittelt werden, weshalb nur die erzielten Weidetageinheiten (S. 483) genannt werden. Die Tendenz ist gleichwohl eindeutig: Mit Verkürzung der Freßzeit und Erhöhung des Besatzes wächst die Weideleistung je ha auf das 12- bis 14fache an. Es wurde gelegentlich sogar die „Zuteilung nur je einer Tagesration" erreicht. Aber Zaunkosten und Arbeitslast wurden dabei zu groß!

Eine noch stärkere Herabsetzung der Freßzeiten mit steigendem Besatz – früher durch Tüdern oder versetzbare Zäune (Pferche) erreicht – wird erst mit der Einbürgerung elektrischer Wanderzäune möglich.

Tägliche Weidedauer, Rations-(Portions-)Weidegang

Ununterbrochener Tag- und Nachtaufenthalt (Voll-, Ganztagsweide) ist am ehesten möglich bei Mast von Ochsen, die im Laufe der Zeit verkauft werden, also keiner Winterställe bedürfen; ferner bei Jungvieh, namentlich in großer Entfernung vom Hof. Milchkühe werden doch vorzugsweise nachts aufgestallt, und auf siedlungsfernen Weiden ist schon mehr Wetterschutz nötig.

Selbst der Weideaufenthalt während der ganzen Tagesstunden hat Nachteile; die Tiere zertreten und beschmutzen unnötig viel Weidegras; bei reichem Futterangebot treten Luxusverzehr und starke Selektion ein. In Landschaften mit knapper Weide-, aber großer Wiesen- und Feldfutterfläche ist von jeher eine Beschränkung des Weideganges auf nur einen Teil der Tageszeit üblich; die Tiere werden im Stall mit Mähefutter satt gefüttert, eiweißreiches Weidegras wird durch ballastreicheres Futter ergänzt (Eingrasen). Damit fallen zugleich größere Stallmist- und Güllemengen an. Auch die in manchen Lagen starke Insektenplage kann Anlaß für zeitweilige Aufstallung in einigen Tagesstunden sein.

Jürgens (1932) zeigte auf dem Versuchsgut Dikopshof (mit starker Viehhaltung, aber geringem Weideanteil), daß alles, was man von der Weide an spezifischen Futter- und Gesundheitswirkungen verlangt, schon in 2mal je $2^1/_2$–3 Stunden am Tage zu erreichen und leicht durch kohlenhydratreiche Beifütterung zu ergänzen ist. Später ergaben die S. 421 angeführten Beobachtungen, in wie wenigen Stunden des Tages das Weidetier tatsächlich Futter aufnimmt. Einer Verkürzung der täglichen Weidezeit zur ,,Kurztags"- oder gar ,,Stundenweide" steht jedenfalls nichts im Wege. Die praktische Durchführung ist am leichtesten bei Hofnähe, hat sich daher auch am frühesten in Gebieten mit arrondierter Einzelhofsiedlung durchgesetzt.

Wenn man die tägliche Weidezeit auf 6–8 Stunden begrenzt, wird an Weidefläche gespart; die Ruhepausen werden länger, unnötiges Herumlaufen, Liegen, Zertreten und Verschmutzen (Geilstellen) der Grasnarbe werden eingeschränkt. Die immer noch verhältnismäßig großen, fest umzäunten Koppeln werden jedoch noch an mehreren Tagen beweidet, so daß Altern des Grases und selektives Fressen nicht zu verhindern sind. Das letzte Ziel bester Futterausnutzung und zugleich schonender Beweidung, d.h. die Einschränkung der Beweidung auf nur einmaliges Befressen einer den Bedarf deckenden Fläche, war früher nur durch Tüdern oder Pferchen möglich. Elektro-(Wander-) Zäune öffneten diesen Weg wieder. Das enge Einschließen der Herde zwingt zum raschen Abfressen auch älteren Futters; daher kann man, dem Zuwachsverlauf entsprechend, mehr Futter mit weiterem Eiweißverhältnis je Nutzung heranwachsen lassen. Futterselektion und Weiderest nehmen ab (um so wichtiger wird der Auftrieb bei richtigem Futterzustand!); die Freßzeit erreicht ein Minimum, die Ruhezeit ein Maximum. Im Verlauf der Weidezeit wird eine ständige Anpassung der Freßfläche an Menge und Qualität des Futters möglich. Damit ist das Ziel einer wirklichen Futterrationierung erreichbar geworden.

Rations-(Portions-)Weidegang[1]

Die tägliche Futterzuteilung kann auf einmal oder – schon beim Tüdern bewährt – in 2–3 Rationen geschehen; letzteres verlangt allerdings Mehrarbeit. Dauer und Tageszeit der Zuteilung(en) richten sich nach den Umständen (Lage der Weide, Melk- und etwaigen Zufütterungszeiten usw.). Außer während der Nacht wird der Aufenthalt im Stall oder auf einer Nebenkoppel auf die Mittags- und frühen Nachmittagsstunden fallen. Für die Dauer des Weideaufenthaltes ist natürlich auch die geplante Rationsgröße (ob ohne oder neben Stallfütterung) entscheidend. Der Flächenbedarf für eine volle Tagesration, von der vorhandenen Frischgrasmenge bestimmt, wird daher mit dem jahreszeitlich abnehmenden Zuwachs größer. Von großem Einfluß ist die natürliche Leistungsfähigkeit der Weide und nicht zum wenigsten die Höhe der N-Gabe.

Bei der Zuteilung der Freßfläche ist der Ausnutzungsgrad des Futters zu berücksichtigen; sie sollte um 20–30% größer sein, als dem Grünmassenbedarf entspricht. Hier, in der Anpassung der Freßfläche an den Grasvorrat, liegt die größte Schwierigkeit; Fehlschätzungen führen zu Luxusverzehr oder Futtermangel. Tägliche Probeschnitte, im Versuchswesen üblich, sind der Praxis nicht zuzumuten. Diese ist, solange nicht einfache und doch sichere Feststellungen möglich sind (S. 480), auf Schätzung nach Erfahrung angewiesen.

Die Abhängigkeit der zuzuteilenden Freßfläche von der zeitlichen Menge des Graszuwachses geht aus zahlreichen Angaben hervor; im Extrem bewegen sich diese von 35 bis über 200 m² Rationsfläche. Im Vergleich der Versuchsgüter Dikopshof (Rheinebene) und Rengen (Hocheifel) fand Heine im Mittel von 2 Jahren die Spannen 48 → 94 m² (Durchschnitt 75 m²) und 65 → 104 m² (Durchschnitt 95,4 m²). Häufig werden Mittelwerte der Vegetationszeit zwischen 60 und 120 m² je nach Narbenleistung genannt.

Bei frühem Auftrieb auf junges Gras wird die mehrfache Freßfläche gegenüber dem Auftrieb bei voller Weidereife nötig. Soll bei knapper Weidefläche nur ein Teil der Ration auf der Weide gewonnen und der restliche Teil im Stall gefüttert werden, dann sind Auftriebsdauer und Freßfläche zu kürzen. Angesichts der kurzen Freßzeit werden sehr hohe Besatzwerte erreicht, d.h. Besatzdichten von 400 bis über 800 dz LG/ha, bei Berechnung der Besatzleistung (S. 452) Extreme bis 1800 dz LG/ha.

Als tatsächliche Besatzleistung von 5 aufeinander folgenden kurzen Freßzeiten ergaben sich (Heine) auf dem Versuchsgut Dikopshof 1951 z.B.

[1] „Ration" bedeutet einen planmäßig zugeteilten Tagesbedarf, also das letzte Ziel der Weidenutzung. Leider hat sich vielfach die Bezeichnung „Portionsweide" eingebürgert; im deutschen Sprachgebrauch gilt Portion aber als zugeteilte Menge des menschlichen Speisebedarfs (siehe „eiserne Portion" für den Soldaten, „eiserne Ration" für das Militärpferd). Im Englischen heißt es neben „Strip"- auch „Rationgrazing", ferner „close folding", Spedding 1965a.
Die Handhabung der Rationsweide ist inzwischen so bekannt geworden, daß sich jeder Neuling bei Nachbarn und Beratern über die technischen Einzelheiten unterrichten kann. Das Schrifttum ist unübersehbar, nahezu jeder der bisher genannten Autoren hat sich dazu geäußert. Wir nennen hier noch Blattmann 1958b, Franzke 1962, de Geus/'t Hart, Heine, König/Siebold 1955, van der Molen u.a., Paasch 1954. Viele Einzelheiten finden sich in Zeitschriften und Wochenblättern der Praxis.
S. 473 zeigt eine vergleichende Darstellung von Wirkungsweise und Erfolg der Rationsweide mit den älteren Verfahren.

1120 – 840 – 594 – 582 – 600 dz LG/ha, entsprechend der jahreszeitlichen Abnahme des Zuwachses.

In der Regel werden ehemalige Koppelweiden (mit Festzäunen) zur Rationsbeweidung benutzt; dabei sind rechteckige Koppeln nach Möglichkeit so zu unterteilen, daß die Tiere hinter dem „Freßdraht" nebeneinander ohne gegenseitige Störung fressen können. Die ursprünglichen Koppeln sollen auch nicht zu groß sein, d.h. nicht für so viele Portionen ausreichen, daß die letzte Portion zu alt wird, ehe eine neue Koppel besetzt wird.

Innerhalb einer Koppel entsteht nämlich das Problem, ein wiederholtes Betreten und Wiederbefressen der bereits abgeweideten Rationsflächen einzuschränken. Das Weidevieh neigt meist dazu, nicht nur die neu zugeteilte Ration zu befressen, sondern die bereits abgeweidete Fläche wieder aufzusuchen, vor allem dann, wenn hier der neue Aufwuchs schon wieder faßbar wird. VOIGTLÄNDER (mündlich 1968) beobachtete allerdings ein Zurückgehen auf die ersten Rationsflächen nur, wenn sich dort die Tränkstelle befand. Die Meinungen darüber, wann das Wiederbefressen schädlich wird, gehen auseinander. HEINE stellte Schädigung des Nachwuchses schon am 2. Tage fest, andere erst nach 3–4 oder gar 5 Tagen. Es wird von Minderungen des Nachwuchses um 5–15, ja, bis um 30% berichtet. Man kann auf großen Koppeln nach Abfressen der ersten 3–4 Rationen einen „Ruhedraht" („Rückdraht") folgen lassen, um Nachwuchsstörungen zu vermeiden. Möglich ist es auch, am 1. Tage 2 Rationen statt nur einer zuzuteilen, da sich die Tiere sonst auf einer zu kleinen Fläche drängen und stoßen.

MOTT (1964b) zeigte, daß ständig gleiche Reihenfolge der Rationsflächen zu einer erheblichen Exkrement-(gleich Nährstoff-)Anreicherung der ersten, wiederholt betretenen Rationsflächen führt; bei allgemein starker Düngung sei aber keine Sonderdüngung nötig.

Zur Rationsbeweidung eignen sich vornehmlich gute, wüchsige und gleichmäßige Weiden. Merkliche Unterschiede von Boden, Bodenzustand und Vegetation können zu großen Fraßunterschieden, d.h. auch zu großen Weideresten und zu Teilflächen mit schlechterem Pflanzenbestand führen. Der Zwang zur Aufnahme minderwertigen Futters mindert dann die Weideleistung. Anderseits führt die Intensivierung der Nutzung doch zur Minderung der Standortseinflüsse; hoher Besatz der Rationsflächen kann in ähnlicher Weise wie das Pferchen bei der Ödlandverbesserung (S. 249) nützlich sein.

Am wertvollsten ist der Rationsweidegang für Milchkühe; in weniger intensiver Form sind aber auch für Mast- und Jungvieh gute Erfolge (je ha) zu erreichen (BLATTMANN, FRANZKE). Die gegenüber Milchvieh geringeren Futteransprüche lassen das Angebot älteren, meist weniger gleichmäßigen Futters und dabei doch ausreichende Selektionsmöglichkeiten zu.

5. Anpassung des Weidegangs an den Graszuwachs

Ausgleich der jahreszeitlichen Aufwuchsänderungen

Eine Hauptschwierigkeit der Weidenutzung bildet die Notwendigkeit, bei gleichbleibendem Tierbesatz dem sich ändernden Pflanzenertrag Rechnung zu tragen. Mit der Entwicklung der Weidepflanzen tritt zu Beginn der Vegetationszeit eine unvermeidbare Altersentwertung (S. 420), mit fortschreitender Jahreszeit durch abnehmenden Zuwachs Futtermangel ein. (Bei von Beginn an zu hohem Besatz wird zwar die Futteralterung vermieden, der spätere Mangel aber um so größer.) Wie weit ist dem allem durch den Weideumtrieb zu begegnen?

Ordnungsmäßige Umtriebsbeweidung verhindert zu starkes Altern des Grases, sein Nährstoffgehalt ändert sich während der Weideperiode nur in engen Grenzen; so schon GEITH/ZÜRN seit 1932 (1941). Weitere Angaben finden sich bei VON DER CRONE, DÖRRIE 1958, GERICKE/BÄRMANN 1965, 'T HART/DEINUM, KARNS, KLETER, VAN DER MOLEN u.a., ORTH 1958/59, SCHMIDT u.a. 1934/36, STAHL/MUDRA 1956.

Im Mittel liegen die tatsächlich festgestellten Werte für die ganze Weidezeit sehr ähnlich denen der Futtertabellen (M. BECKER), nämlich in der Tm (17–22%) für:

Rohprotein	um 18–22%
Rohfaser	um 19–24%
N-freie Extraktstoffe	um 38–44%
Asche	um 8–16%
Stärkeeinheiten	um 58–66%

Recht einheitlich wird für Roh- und verdauliches Protein ein Maximum im April/Mai angegeben, ein Minimum im Juni, dann wieder ein deutlicher Anstieg zum Herbst hin. (Bei Standweiden findet meist eine ständige Abnahme statt.) Voraussetzung ist, daß die Zunahme von Weideresten verhindert wird. 'T HART/DEINUM fanden, daß bei 30% der Weiden auf Sand ein Eiweißdefizit vorlag.

Der Rohfasergehalt steigt im allgemeinen etwas an, vornehmlich bei zunehmenden Weideresten. Der Gehalt an N-freien Extraktstoffen scheint meist im Vorsommer am höchsten zu sein, doch spielt hierbei offenbar die Witterung eine wesentliche Rolle ('T HART 1967). Das gilt noch mehr für den Stärkewert, den ein sonniger Spätsommer/Herbst merklich erhöhen kann. 'T HART/DEINUM fanden in 60% ihrer zahlreichen Untersuchungen ein Defizit an Stärkeeinheiten, d.h. einen relativ zu hohen Eiweißgehalt. Das Verhältnis VE zu StE verengt sich meist vom Vorsommer zum Herbst hin (KLETER). Im Mineralstoffanteil nehmen Ca und P gegen den Herbst häufig etwas zu; K nimmt gewöhnlich ab.

In der Regel sind die jahreszeitlichen Abweichungen vom Mittel jedoch nicht schwerwiegend, immer korrekten Umtrieb vorausgesetzt; am geringsten bei Rationsweide. Erhöhte oder doch veränderte Düngung kann Abweichungen veranlassen.

Anders steht es mit dem Graszuwachs; er kann wohl durch Düngung und Beregnung wesentlich erhöht werden; sein starkes Nachlassen gegen den Herbst hin ist aber grundsätzlich nicht aufzuhalten (S. 434). Hier liegt einer der großen Vorzüge der Umtriebssysteme, nämlich die Möglichkeit der Mahd und Konservierung von Futterüberschüssen in der Zeit stärksten Zuwachses. Die im Vorsommer gemähten Koppeln vergrößern die im Spätsommer/Herbst verfügbare Weidefläche. Auch können die als Silage oder Heu konservierten Überschüsse dann verfüttert werden. Vor allem aber sollen sie Winterfutter darstellen. In vielen Fällen wird man im Herbst Reserveflächen (Wiesen, Feldfutter) zum Ausgleich des abnehmenden Weidewuchses heranziehen können. Das ist bei ausreichendem Mahdanteil der Dauerweiden nicht notwendig; dieser setzt natürlich eine Herabsetzung ihrer Besatzstärke voraus. Diese Grundregel wurde schon im Herver Weidebetrieb eingehalten (S. 449).

Als Faustregel wird vielfach ein Drittel der Weidefläche für die Mahd vorgeschlagen. Doch wird der Mahdanteil stark von der Intensität der Weidebewirtschaftung beeinflußt. Bei geringer Intensität mag der Mahdanteil ein Viertel der Weidefläche und weniger erreichen; bei starker Düngung lassen sich Mähenutzungen auch noch nach dem vorsommerlichen Futterüberschuß einschieben, so daß selbst 100 und mehr % der Weidefläche gemäht werden können, ein Teil also mehrfach. In den Niederlanden ('T HART/VAN DER MOLEN) liegt der Mahdanteil je nach Landschaft zwischen 60/70 und 125/145% der Fläche. Das bedeutet also eine verminderte Zahl der tatsächlichen Weidenutzungen und erheblich weniger Weidetage im Jahr als bei reiner Weidenutzung. Die Weide wird zur Mähweide, die für den Winterfuttervorrat sorgt, teilweise aber auch der Sommer-Stallfütterung dient, wenn abgekürzter Weidegang (S. 455) beabsichtigt ist.

Als Mähweidenutzung wurde zunächst das Verfahren namentlich süddeutscher reiner oder fast reiner Grasbetriebe bekannt; d.h. ein Wechsel von Mahd und Weide auf der ganzen Betriebsfläche ohne scharfe Trennung von Weide, Mähwiese und etwaigem Feldfutter. Voraussetzungen sind hohe Graswüchsigkeit und Weidefähigkeit (Trittfestigkeit trotz reichlicher Wasserversorgung) der ganzen Betriebsfläche, Arrondierung, überall erreichbare Tränkmöglichkeiten, nicht zum wenigsten umfangreiche Einrichtungen zur Futterkonservierung.

Mähweidenutzung ist das beste Mittel zur Erhaltung eines hochwertigen Pflanzenbestandes durch Vermeidung nachteiliger Wirkungen sowohl dauernder Mahd wie einseitiger Weidenutzung. Sie bietet beste Möglichkeiten der Güllerei in allen ihren Formen, da die Anwendung der Wirtschaftsdünger unmittelbar vor dem Viehauftrieb vermieden werden kann. So sind denn auch namentlich mit wachsender N-Düngung häufig erstaunliche Weideleistungen nachgewiesen worden. Neben anderen (z.B. GEITH/ZÜRN, GUTERMANN, LORCH) hat besonders STAEHLER seit 1937 wiederholt über die Weiterentwicklung des Verfahrens berichtet (z.B. 1965, mit FINCKH 1959, zuletzt in einer übersichtlichen Zusammenfassung mit STEUERER/FINCKH 1965).

Mit zunehmender Melioration, Zusammenlegung, mit der Einführung des Elektrozaunes und wachsender Düngung schwinden die Unterschiede zwischen der traditionellen Mähweidenutzung Süddeutschlands und der gewöhnlichen Umtriebs- und der Rationsweide mehr und mehr, soweit die natürlichen Voraussetzungen reichlichen Graswuchses gegeben sind.

Nutzbarmachung der Wachstumsregeln

Der Einfluß verschiedener Zeit, Häufigkeit und Intensität der Nutzung trifft nicht alle Bestandteile der Grasnarbe in gleicher Weise. Die große Bedeutung dieser Tatsache zeigen eindringlich Versuchsergebnisse von M. JONES 1934 (schon vorher JONES/JONES 1930). (Siehe folgende Seite.)

Man beachte vor allem das Verhältnis Weidelgras: Weißklee! Ähnliche Erfahrungen aus aller Welt zeigen:

1. Scharfes Beweiden vom zeitigen Frühjahr ab schädigt die früh austreibenden Gräser (z.B. Deutsches Weidelgras, Knaulgras), schont aber den erst später austreibenden Weißklee (Abb. 213);

Behandlung der Weide	Anteile der Grasnarbe				
	Lolium perenne	*Trifol. repens*	minderwertige Gräser	Disteln	Rest
Ausgangsbestand	65	30	–	–	5
Scharfe Frühweide III–V	32	62	–	–	6
Leichtes Beweiden ab IV	81	7	6	–	6
Besatz dem Futterwuchs entsprechend	56	34	2	–	8
Gleichbleibender Besatz (zeitweise zu hoch, zeitweise zu niedrig)	33	41	9	**10!**	7

Abb. 213. Vorherrschen von Weißklee im Hochsommer nach scharfer Nutzung bei mäßiger N-Düngung (Original Arens)

2. später Auftrieb mit schonender Beweidung fördert das Untergras, drängt den Weißklee zurück;
3. geschickte Anpassung des Tierbesatzes an Futterzustand und Futtermenge wird der Weidenarbe am besten gerecht;
4. Ungenügende Abstimmung von Besatz und Weidefläche schädigt die Gräser durch selektive Überbeweidung und verursacht Verunkrautung durch selektive Unterbeweidung.

Allgemein wirkt rechtzeitige Schonung von Weideflächen auf spätere Nutzungen stark ein, nicht nur im Artenbestand, sondern auch in der Ertragsleistung.

Zeitweilige Überanstrengung der Grasnarbe bedarf längerer Erholung; sie dämpft den Graswuchs (was zuweilen auch einmal erwünscht sein kann). Hohe Leistung in bestimmten Zeiträumen setzt schonende Nutzung in vorangehenden Zeiten voraus; Beispiele:

Beabsichtigte Nutzung	Vorbereitung dazu
Sehr zeitige Frühjahrsweide	Schonung im Spätsommer des Vorjahres
Verlängerte Herbstweide	Schonung im Vorsommer
Allgemein hohe Jahresleistung	Vermeidung zu häufiger Nutzung im Vorjahr

Unter Schonung ist dabei zu verstehen: Auftrieb erst auf älteres Gras (= verlängerte Ruhezeit), Vermeidung zu kurzen Abfressens, Einschiebung später Mähenutzung. Besonders schädlich ist ein zu früh beginnender Weidegang mit langer Freßzeit, z.B. auf Umtriebsweiden mit zu geringer Koppelzahl. In diesem Fall wird jede gern gefressene Gras- und Kleepflanze beim Nachwachsen sofort wieder befressen, damit zurückgedrängt und schließlich erschöpft zugunsten gemiedener Pflanzen.

Richtig gehandhabter Umtrieb oder Rationsweidegang schließt solche Schäden im allgemeinen aus; geschickte N-Verwendung kann manche Schäden mildern, während sie durch Nährstoffmangel verschärft werden.

Die Kenntnis dieser Zusammenhänge bietet Möglichkeiten zur Beeinflussung des Zuwachses im Jahresverlauf:

1. Angesichts der Gefahr, daß der rasche Zuwachs im Frühjahr/Vorsommer nicht auf der ganzen Fläche zu bewältigen ist, kann seine Dämpfung erwünscht sein; Hilfsmittel dazu sind scharfe Herbstnutzung im Vorjahr, Vorweide im zeitigen Frühjahr, Verspätung der ersten N-Gabe.
2. Ist umgekehrt eine Verstärkung des Frühjahrswuchses erwünscht, kann diese durch Weideschonung und starke Düngung im vorangehenden Spätsommer sowie durch hohe, zeitige N-Gaben im Vorfrühling erreicht werden.

Namentlich in der fremdländischen Literatur sind zahlreiche Beispiele der Nutzbarmachung gewollter Schonung oder aber Überbeanspruchung der Grasnarbe für den Ausgleich des jährlichen Zuwachses zu finden. 2 Monate Schonung des Herbstwuchses können genügen, um die Weideleistung im Folgejahr ganz wesentlich gegenüber der Leistung im Herbst nicht geschonter Weiden ansteigen zu lassen. (Beispiele für Mähenutzung bei Skirde 1968.) In Ländern mit spärlichem Graswuchs hat sich langfristige Unterbrechung des Weideganges („Deferred Grazing", S. 465) als hervorragendes Kräftigungsmittel für den Graswuchs erwiesen.

Dehnung und Grenzen der Weidedauer

Eine möglichst lange Ausdehnung der jährlichen Weidedauer ist grundsätzlich eine wichtige Grundlage des Weideerfolges. Nach Geith/Zürn (1941) betrugen die relativen Weideleistungen bei:

kurzer Weidedauer	100
mittlerer Weidedauer	115
langer Weidedauer	124

Nun ist die mögliche Weidedauer zunächst durch Lage, Klima und Jahreswitterung (S. 53), in Grenzen auch durch Typus und Verhalten der Grasnarbe, bestimmt. Es erhebt sich die wichtige Frage, ob und wieweit sich die Weidedauer mit den oben geschilderten Maßnahmen ausdehnen oder doch die

Weideleistung sich in den natürlichen Tiefpunkten des Zuwachses (Frühling/Spätherbst) erhöhen läßt.

W. DAVIES (1957) wies darauf hin, daß die übliche Weidezeit in England früher nur 16 Wochen = 112 Tage betrug, heute aber vom April bis zum frühen Oktober andauert, in Spitzenbetrieben unter Anwendung besonderer Methoden (S. 464) sogar 40 Wochen (III–XII). Verbesserte Weidesysteme, die heutigen Möglichkeiten der Düngung, endlich die Einführung spezieller Ansaaten haben störende Umwelteinflüsse auf den Weidegang abschwächen können.

Beschränken wir uns auf die Dauerweiden (ohne Heranziehung von Feldfutter und Spezialansaaten), dann läßt sich zur Verlängerung der Weidemöglichkeit folgendes sagen: Am einfachsten ist noch die Verlängerung des Herbstweideganges oder doch die Verstärkung des herbstlichen Graswuchses. Wird eine zu starke sommerliche Beanspruchung der Grasnarbe vermieden, dann kann eine gegen den Herbst hin anwachsende N-Düngung den Zuwachs erheblich fördern (S. 210, Abb. 72) und in gewissen Grenzen auch länger andauern lassen; diese Grenzen werden durch den Wachstumsstillstand nach dem Beginn stärkerer Nachtfröste, z.B. im Gebirge, gezogen. TAYLER/RUDMAN 1960a erreichten, wenn 2/3 der Gesamt-N-Gabe im Spätsommer verabreicht wurden, bei Fettvieh eine Verlängerung der herbstlichen Weidemöglichkeit um $1^1/_2$ Monate. Auch KASDORFF (1955/56) geht ausführlich auf diese Frage ein. Der größeren Wetterempfindlichkeit von Kühen wegen ist im Spätherbst Jungviehweide zu bevorzugen. Entscheidend ist reichlichste Düngung; auf schlecht versorgten Flächen ist früher Abschluß des Herbstwuchses unvermeidlich. KASDORFF weist auf zahlreiche positive Berichte aus der Praxis hin, aber, wie andere Autoren, auch darauf, daß es bei spätem Herbstweidegang keinesfalls zu einer Überbeweidung kommen darf.

Die Vorverlegung des Frühjahrswuchses setzt zunächst eine vorjährige Schonung der Grasnarbe voraus. Eine langfristige Schonung, etwa vom Spätsommer bis zum Winterbeginn, erweist sich aber, mindestens für *Lolium*-reiche Weiden, als gefährlich. Besonders BAKER (1956, 1960b, 1961) zeigte, daß ein üppiger, dichter Spätherbstwuchs bei *Lolium perenne* zu einer Streckung der Trieb-Internodien und damit zur Hebung des Vegetationspunktes führt. Dann kann starker Winterschaden eintreten. (Der dichte, schoßgeneigte Aufwuchs hemmt zudem die Bestockung.) Daher ist es notwendig, den Herbstwuchs vor Winter rechtzeitig nochmals abweiden zu lassen. Die Ruhezeit soll nicht vor dem August beginnen; dann endet die im Juli noch deutliche Schoßneigung und später gebildete Stocktriebe schossen nicht mehr. Auch KASDORFF betont den Schaden zu üppigen Herbstgrases. Spätherbstliches Abweiden bis dahin geschonter Bestände ist jedenfalls vorteilhaft für den Wiederaustrieb im Frühjahr, muß aber einen ausreichenden Restbestand hinterlassen. Langfristige Herbstweide mit tiefem Verbiß schwächt und verspätet den Frühjahrsauftrieb deutlich (siehe ferner M. JONES 1956).

Die zweite Möglichkeit einer Vorverlegung des Wiederaustreibens besteht in einer sehr frühen N-Gabe (S. 208), je nach Klima und Winterverlauf schon vom Februar ab. Verstärkte Herbst-N-Gaben sind in der Regel für den Frühjahrswuchs nicht wirksam. – Der Austrieb läßt sich auch durch Abdecken der Grasnarbe im Winter etwas beschleunigen (S. 219).

Zeit des Auftriebs im Frühjahr und des Abtriebs im Herbst

Ein früher (aber nicht zu früher) Auftrieb ist im allgemeinen vorteilhaft für die Jahresleistung der Weide. Das Kalenderdatum ist natürlich stark vom Witterungsverlauf und der Möglichkeit nicht vorauszusehender Kälterückschläge abhängig. Versuche, den geeigneten Auftriebszeitpunkt aus dem Gang der Frühjahrstemperaturen (MÜNZINGER/VON BABO) oder aus phänologischen Daten abzuleiten, überzeugen bisher nicht. Aus früher genannten Gründen kommt zunächst Weidegang zur Vollernährung bald nach Wachstumsbeginn wenigstens für Milchvieh nicht in Frage, sondern nur Teilweide mit Ergänzungsfütterung (S. 409) und nächtlichem Aufstallen. Weniger kälteempfindliches Jungvieh kann schon früh zu schonendem Überweiden des jungen Grases herangezogen werden. Auf jeden Fall ist ein längerer Verbleib von Weidevieh auf dem noch nicht „weidereifen" Gras zu vermeiden, weil dieser zu einer nachteiligen Selektionswirkung führt. Die am frühesten austreibenden Gräser werden zu stark verbissen und zurückgedrängt (*Dactylis, Lolium perenne*), die später austreibenden geschont. BLATTMANN (1966) brachte sprechende Beispiele von 8 Weiden hoher Leistung, in denen die Frühweide übrigens zu starker Queckenvermehrung führte. Auf *Poa pratensis-Festuca rubra*-Weiden in Rengen (Hocheifel) wurde bei Frühweide stets *Poa* benachteiligt, *Festuca* bis zum Vorherrschen begünstigt. – Zur Abhilfe schlägt BLATTMANN jährlichen Wechsel der zuerst besetzten Koppeln vor.

Maßgebend für den Zeitpunkt des endgültigen Abtriebes im Herbst ist grundsätzlich das Ende des Graswuchses. Im Hinblick auf den nächstjährigen Frühjahrsauftrieb ist das oben Gesagte zu berücksichtigen. Für die Weideleistung des Tieres ist von zu spätem Abtrieb nichts zu erwarten, wenn man sich nicht auf Teilweide mit Ergänzungsfütterung beschränkt. Jungvieh kann bei zu langem Verbleib auf der Weide nach dem Wachstumsstillstand erheblich an Gewichtszuwachs einbüßen.

Außerhalb des Berglandes dürften als mittlere Daten des ersten Auftriebes für Milchkühe Anfang Mai, des Abtriebes Ende Oktober gelten. Schonende Jungviehweide kann früher beginnen und später enden; intensive Nutzung im Vorfrühjahr und im Herbst wirkt stets nachteilig auf den Nachwuchs. Auf dem Versuchsgut Dikopshof (Kölner Bucht) lag der Beginn des Auftriebs 1956 bis 1967 zwischen 16. IV. und 2. V. (Mittel 23. IV.), der Abtrieb zwischen 20. X. und 29. XI. (Mittel 2. XI.). Die gesamte Weidedauer war (einschließlich 22 Tage Verbleib auf Reserveflächen) 176–217 Tage, Mittel 194. Auf dem 400 m höher gelegenen Versuchsgut Rengen war der Auftrieb im Mittel erst 13 Tage später möglich, und der Abtrieb mußte 8 Tage früher erfolgen; die Weidedauer war also um etwa 21 Tage kürzer (KÜNSTING brieflich).

Spezialfragen

Winterweide?

Winterweide im vollen Sinne, d.h. mit normalem Besatz, ist im allgemeinen in unserem Land nicht möglich. Mit abnehmender Wärme und Belichtung endet der Graszuwachs und bei zunehmender Bodenfeuchte stellen sich starke Trittschäden ein. In den Anfangsjahren der „Grünlandbewegung" wurde mehrfach Winterweide vorgeschlagen. – In Kleve-Kellen wurden versuchsweise einige Koppeln mehrere Jahre bis Anfang Februar beweidet; der erste Aufwuchs im Folgejahr blieb bisher um weniger als 10% hinter dem der im Winter unbeweideten Fläche zurück; der zweite Aufwuchs nicht mehr. N-Düngung nach der Winterbeweidung (30 kg/ha) hob die nachteilige Wirkung der Winterweide praktisch auf (N. Mott brieflich). Dies gilt allerdings für wintermildes Klima.

Da die Vegetation im Winter ruht, d.h. kaum noch assimiliert und speichert, ist die winterliche Nutzung für die Grasnarbe weniger schädlich als übertriebene Spätherbstnutzung; so auch Kasdorff (1955/56). Das gilt für genügend trockene, trittfeste Flächen. Je nach dem noch vorhandenen Grasvorrat sind Schäden durch Weiden von Jung- und selbst Mastvieh oder Schafen mit geringem Besatz ohne nachteilige Folge. Schneider-Kleeberg (1926), einer der Umtriebspioniere, arbeitete mit 1 Stück Jungvieh auf 2 ha. Die Wanderschäferei macht von jeher Gebrauch vom winterlichen Überhüten trockener Wiesen und Weiden. Nach reichlicher Düngerversorgung und schon im August beginnender Schonung gelingt es bei mildem Vorwinter oft, größere Mengen noch grünen Grases in den Winter hinein zu erhalten und bis zum Jahresende und darüber hinaus beweiden zu lassen. Dann ist allerdings mit deutlicher Wuchsverzögerung im Frühjahr zu rechnen.

In den mildesten, stets frostfreien Weideländern in Übersee ist bei dauerndem, wenn auch verlangsamtem Graswuchs Winterweidegang kein Problem (siehe z.B. Sears 1956, 1960, McMeekan 1956, 1960).

Selbst in Großbritannien hat man, um Stallbau und Stallarbeit zu vermeiden oder doch einzuschränken, seit Jahrhunderten immer wieder einen erfolgreichen Winteraufenthalt der Tiere auf der Weide möglich zu machen versucht; man ließ den Weidewuchs im Sommer lange ruhen, Samen abwerfen und auf dem Halm als Wintervorrat stehen. Auf trockenen, trittfesten Böden soll 1 ha dieses überständigen Grases („Fog") mindestens den Ertrag eines Heuschnittes gebracht haben. Dabei ist zu berücksichtigen, daß im Bereich des Seeklimas eine Reihe von „wintergrünen" Arten, wie *Dactylis, Phleum, Festuca pratensis, Lolium,* gedeiht. Im Schutz der nach Winterbeginn absterbenden Pflanzenteile bewahren sie noch merkliche Anteile grüner Pflanzensubstanz mit ausreichendem Futterwert. Nach dem Kriege verfolgte man das Ziel befriedigender Winterweide auf anderen Wegen, d.h. nicht mehr auf Dauerweiden, sondern mit Reinsaaten oder einfachen Mischbeständen auf ackerfähigem Weideland. Ausgangspunkt waren *Dactylis*-Saatbauschläge, die, nach der Samenernte geschont und stark gedüngt, noch vom Januar an gute Weideleistungen zuließen. Dies „Foggage"-Verfahren wurde in großem Umfang versuchsmäßig erprobt (Beddows, W. Davies 1948, 1957, G. P. Hughes u.a. 1948f.; siehe Boeker 1957b mit vielen Literaturangaben). Außer *Dactylis* wurden *Festuca arundinacea* (Rohrschwingel, lange grünbleibend und früh wiederergrünend) und *Phalaris tuberosa* herangezogen; *Lolium, Phleum, Festuca pratensis* bewährten sich, da doch früh faulend, weniger. Die Erfolge wechselten stark; zuweilen gelang es, bei Jungvieh mit geringer Beifütterung sogar Gewichtszunahmen über Winter zu erreichen oder doch das Gewicht zu erhalten, in anderen Jahren mit ungünstiger Winterwitterung traten starke Gewichtsverluste ein. Das Verfahren blieb nicht unbestritten, und zur Zeit ist es sehr still darum geworden. Es ist keine Maßnahme der Dauerweidewirtschaft, sondern ein Weg zu ihrer Ergänzung. In die gleiche Richtung weist der Anbau besonders früh treibender Gräser (z.B. Formen und Bastarde von *Lolium multiflorum*) auf Ackerland, der schon vor Beginn des Zuwachses auf Dauerweiden Frischfutter liefert (Übersicht des ganzen Problems und seiner Schwierigkeiten bei WHEELER 1968).

In diesem Zusammenhang ist wieder das im Trockenklima von der Halbsteppe bis zur Halbwüste angewendete Verfahren zur Schließung von Futterlücken zu erwähnen, das „Deferred grazing" (etwa = um längere Zeit verschobenes Beweiden)[1]. Die Nutzung wird weit über die „Weidereife" hinaus bis zum Samenfall verschoben. Das bedeutet ausgiebige Speicherung und Verjüngungsmöglichkeit, vor allem aber eine Futterreserve in zu trockenen oder kalten Perioden. Das Verfahren eignet sich nicht für die Pflanzengesellschaften unserer Weiden, sondern außer für die Trockenflora für hochwüchsige Leguminosen-Grasgemenge, z.B. für solche von Luzerne und *Bromus inermis*; Verfasser sah solche Weiden in Chile, auf denen Inkarnatklee durch Beweidung erst nach der Samenreife 5 Jahre lang einen guten Bestand erhalten konnte (die Einzelpflanze ist nur überjährig).

Gruppenteilung des Weideviehes, Mischbesatz

Im Streben nach einer echten Leistungsfütterung aller Weidetiere nach Alter und Leistung ist schon früh, namentlich durch FALKE (1907), eine Gruppenteilung des Weideviehes empfohlen worden. Die Tiere höchster Milchleistung sollten das erste Futter auf neu zu besetzenden Koppeln abgrasen, sonstige Kühe und Masttiere und endlich Jungvieh und Fohlen sollten folgen; auch andere Gruppierungen wurden vorgeschlagen.

Solange man mit einer geringen Koppelzahl und relativ langen Freßzeiten arbeitete, ist diese Gruppenteilung vielfach durchgeführt worden. Die Nachteile stark verlängerter Freß- und verkürzter Ruhezeiten machten sich aber doch deutlich bemerkbar; zudem wird die Auftriebsregelung sehr umständlich, und endlich schadet es mindestens nicht, wenn alle Tiere gleichwertiges Futter erhalten und selektieren können. Mit vermehrter Koppelzahl, rascherem Umtrieb und kürzeren Freßzeiten erwies es sich als bequemer, den Tiergruppen besondere Koppelumläufe, gegebenenfalls mit verschiedenem Umtriebstempo, zuzuweisen, und mit der Einführung der Rationsweide wird ein Nacheinanderweiden mehrerer Gruppen auf der gleichen Fläche undurchführbar.

Keine Bedenken bestehen gegen Mischbesatz, d.h. gegen die Ergänzung von Rindern durch einige Fohlen und Schafe; doch soll sich diese Begleitung der Rinder auf einen Bruchteil des Besatzes beschränken; im langjährigen Betrieb (Versuchsgut Rengen) haben um 20% Fohlen schweren Schlages weder auf die Grasnarbe noch auf die Weideleistung ungünstig eingewirkt. Immerhin setzt eine solche Begleitung des Milchviehes die Intensität der Nutzung herab, und im Rationsweidegang wird sie praktisch unmöglich.

Umtriebshäufigkeit

KÖNEKAMP u.a. (1959) fanden bei über 2400 Weideleistungs-Rechnungen als mittlere Umtriebshäufigkeit 5–6, in den ertragreichsten Betrieben „mit überraschender Deutlichkeit" 7–8, weit überdurchschnittliche Leistungen aber

[1] Begriffsbestimmung bei WHYTE u.a.

auch noch bei 9–10 Umtrieben. Auf S. 90 derselben Arbeit finden sich für alle Fälle mit Weideleistungen über 4000 bis über 6000 kg StE/ha im Mittel allerdings nur 6,1 Umtriebe angegeben. Weniger als 5 Umtriebe brachten unbefriedigende Leistungen. Die Unterschiede erscheinen eher mit solchen des Besatzes und der Düngung verknüpft, viel weniger deutlich mit der klimatisch bedingten Weidedauer.

Angaben anderer Autoren (z.B. VON DER CRONE, DAVIES/WILLIAMS 1958, H. FALKE 1966, PAASCH 1954, VETTER/KUBA 1963 u.a.) lauten oft widersprechend; in der Mehrzahl der Fälle wird vor mehr als 6 Umtrieben gewarnt. Dreierlei ist in der Regel festzustellen:

a) In hohen oder sonstwie klimatisch ungünstigen Lagen werden mehr als 5–6 oder gar nur 4 Umtriebe auch bei höchster Düngung und vorbildlicher Weidetechnik nicht möglich, wenn die Weidereife abzuwarten ist.
b) Mit steigender Zahl der Umtriebe nehmen der Tageszuwachs und der Jahresertrag der Grasnarbe ab. Der Eiweißgehalt wächst, der Eiweißertrag pflegt zu sinken.
c) Bei zu seltenem Umtrieb wird das Futter namentlich im Vorsommer leicht zu alt, seine Ausnutzung ist gering; bei zu hoher Umtriebszahl können zwar hohe Leistungen und gute Futterausnutzung erreicht werden, aber die Narbe leidet meist durch Überbeweidung. Eiweißüberschuß, Kohlenhydrat- und Ballastmangel zu jungen Grases werden häufiger.

Optimale Nutzungshäufigkeit einer Weide ist unter gleichbleibender Bewirtschaftung gewöhnlich erst mit der Erfahrung einiger Jahre zu erkennen. Die Minderleistungen des Pflanzenertrages bei zu häufigem Umtrieb (etwa 7–8 gegenüber 5–6) werden in der Größenordnung von 15–20% angegeben. In einem (natürlich nicht zu verallgemeinernden) Beispiel fand VON DER CRONE:

Umtriebe	Ruhezeit Tage	Pflanzenertrag dz Tm/ha	kg Tm/Tag Graszuwachs	In kStE/ha Pflanzenertrag	In kStE/ha tierischer Nutzertrag	Ausnutzung %
5	29	104	70	6565	3703	56
7	21	74	50	4892	3679	75

Die Netto-Weideleistung ist bei 7maliger Nutzung also kaum geringer als bei 5maliger, die Futterausnutzung wesentlich besser; d.h. die Weideverluste (Weidereste) bleiben prozentisch viel niedriger; so auch MOTT (1968, Abb. 196). Auf dem Dikopshof (Kölner Bucht) sank die Zahl der „Kuhtage" von 8 gegenüber 5 Nutzungen doch um 8% ab (KÜNSTING brieflich). Hohe N-Gaben können die mit hoher Nutzungshäufigkeit verbundene Ertragsminderung wenigstens teilweise einschränken (MOTT 1968a).

Von Narbenschäden bei zu häufigem Umtrieb werden u.a. Zurückdrängung von *Festuca pratensis, Phleum,* auch *Dactylis,* dagegen Zunahme des Anteils von *Trifolium repens, Festuca rubra* sowie von Trittpflanzen angegeben. Dies alles gilt zunächst von reiner Weidenutzung. Mit Einschiebung von Mähenutzungen nimmt die Häufigkeit des Viehauftriebes zwangsläufig ab; zu häufige Mähenutzungen in frühem Wuchsstadium wirken aber ähnlich wie zu häufige tierische Nutzung.

Weidegang verschiedener Tierarten

Schweineweiden

Angesichts des Weideverhaltens von Schweinen (S. 432) und der von ihnen bevorzugten Aufnahme eiweißreichsten und rohfaserärmsten Futters führt unkontrolliertes Weiden zu weitgehender Zerstörung der Grasnarbe (Kahlfraß neben gemiedenen Geilhorsten). Eine volle Bedarfsdeckung ist von der Weide nicht zu erwarten, zumal die „Unarten" des Weideschweins auch bei geringelten Tieren Abtrieb vor voller Grassättigung verlangen. Ergänzungsfütterung erfolgt außerhalb der Weide. Könekamp 1959b und Weise 1963a empfehlen Rationsweidegang mit höchster Besatzdichte und kürzesten Freßzeiten, am besten 2 tägliche Zuteilungen für je 2–3 Stunden, je Zuchtsau etwa 20 m^2. Die Besatzstärke soll höher als bei Rindern sein, je nach Graszuwachs 15 bis 25 dz/ha und mehr (Weise: bis 35 dz LG/ha); je ausgewachsenes Tier sind etwa 5 a Weidefläche nötig. Die Koppelgröße für 4–5 Tage Fraß müßte für 3 Tiere etwa 1 a betragen. Bei Ruhezeiten von 3 Wochen sind 6–7 Koppeln erforderlich. Elektrodrahtabstände bei Außenzaun 25/40/50 cm über dem Boden; für die Rationsabgrenzung genügt ein Draht in 25 cm Höhe. Die Düngung besonders mit P und N soll sehr reichlich sein; vor dem Austrieb 40 bis 60 kg N/ha, nach jedem Abtrieb 40 kg. Wegen des meist hohen Weiderestes ist nachzumähen.

Englische Auffassungen (Eyles/Alder 1955) lauten gegensätzlich. Das Schwein soll auf relativ großer Fläche nährstoffreichste Futterteile unbehindert selektieren können; dies ist auf der Rationsweide nicht möglich. Daher wird mit schnellem Umtrieb auf größeren Koppeln gearbeitet; dabei trete weniger Kahlfraß ein, Weißklee würde besser erhalten, die Parasitengefahr sei geringer. Je ha wird mit 30–50 wachsenden Mastschweinen oder 8–10 tragenden bzw. 5–7 säugenden Sauen gerechnet. Auf N-Düngung wird verzichtet, da schon der sehr N-reiche Schweinekot stark kleeverdrängend wirkt. Ein Kurzhalten des Bestandes durch verstärkten Besatz ist unmöglich; vorteilhaft ist Wechselbeweidung durch Rinder oder Schafe, wodurch Geilwuchs und Verschwinden des Klees eingeschränkt werden; doch wird auch Nachmahd empfohlen.

Welche von den so sehr verschiedenen Auffassungen die richtigere ist, läßt sich wegen des Fehlens von Vergleichsversuchen nicht entscheiden. Das gilt vor allem für die Frage der N-Düngung.

Wiesenvorweide mit Schafen

Frühjahrsschafweide auf Wiesen wurde namentlich von älteren Autoren seit Thaer als unschädlich angesehen, wenn sie nicht bis in den Mai hinein fortgesetzt wurde. Weiss (1927) stellte dagegen bei Schafweide schon bis Ende März etwa 25% Ertragsminderung bei Wiesen fest. Zweifellos wird die Mähreife von Wiesen durch Abweidenlassen schon stärker entwickelten Grases verspätet (Voisin). Das kann zuweilen der Arbeitsverteilung wegen erwünscht sein.

Seit 1953 wurden durch von Boguslawski/Imhof (1953) und Gebhardt (1960) neunjährig genauere Versuche durchgeführt. Schafe weideten bis Ende März bzw. bis Mitte April, jedesmal kurzfristig an mehreren Tagen des Monats. Die Schnittreife wurde um etwa eine Woche verspätet; das bedeutet eine Erholung des Zuwachses. Zweiter und dritter Schnitt lieferten etwas höhere und eiweißreichere Erträge als ohne Schafvorweide. Der Jahresertrag wurde nicht vermindert, auch durch mäßige Herbstnachweide nicht. Entscheidend hierfür sind die bald eintretenden Änderungen des Pflanzenbestandes, besonders Zurücktreten der Obergräser, Zunahme des Untergrases, zum Teil auch des Kleeanteils, im ganzen eine Narbenverdichtung (siehe auch Wiesenbeweidung allgemein S. 405).

Kasdorff 1955/56 fand – bei gleichem Mahdtermin – durch Vorweide bis in den späten April ebenfalls keine Ertragsminderung, wohl aber eine deutliche bei Vorweide bis in den Mai; allgemein nachteilige Wirkungen um so mehr, je früher zunehmende Wärme den Graszuwachs voll in Gang setzte.

Lutz (1953) rechnet bei Vorweide bis Ende März mit geringen Ertragsminderungen, die durch N-Gaben leicht auszugleichen waren.

Angesichts der auch in Einzelnachrichten aus der Praxis betonten Narbenverbesserung und der heute möglichen, ausgleichenden N-Wirkung dürfte beschränkte Wiesenvorweide auf keine schwerwiegenden Bedenken stoßen.

Schafweidegang

Die verbreitete, nahezu ungeregelte Herdenschafhaltung findet oder fand sich vornehmlich auf trockenen Grenzböden verschiedenster Art (daneben zur Nutzung der Blattrückstände in Rübenbetrieben), vielfach im Wanderbetrieb. Die Weideflächen sind gewöhnlich ungedüngt, die Tragfähigkeit ist gering. Im englischen Mittelgebirge (Pennines, Rawes/Welch) werden 1,85 Tiere je ha mit einer täglichen Futteraufnahme von durchschnittlich etwa 1,2 kg Tm gehalten. Wenn Schafe bei dürftigem Ödlandfutter gehalten werden können, heißt das nur unter Ausnutzung der besonderen Selektionsfähigkeit des Schafes aus der Not eine Tugend machen. Das Schaf ist alles andere als anspruchslos, es bevorzugt bei gutem Futterangebot die wertvollsten Futterteile, holt sich auch auf Ödlandweiden das Beste heraus.

In der englischen Literatur besteht eine Fülle von Studien über die außerordentlich differenzierten Formen geregelter intensiver Schafhaltung (z.B. Eyles 1956, Kydd 1966, zusammenfassend bei Spedding 1965a, b). Je nach Rasse, Alter, physiologischem Zustand der Tiere und Nutzungszielen sind ganz verschiedene Ansprüche zu erfüllen, verschieden nach tragenden, säugenden, trockenstehenden Mutterschafen, nach Einzel- oder Zwillingsträchtigkeit, Lämmerbegleitung usw. Ein besonderes Kapitel bilden die Parasitengefahren (S. 325).

Für den Weideerfolg ist in hohem Maße die Möglichkeit der Futterselektion entscheidend, nicht die Menge des verfügbaren Grases. Gute Ausnutzung des vorhandenen Grases durch starkes Abweiden einerseits, beste Ernährung des Tieres bei mäßigem Beweiden, aber großer Selektionsmöglichkeit anderseits, stehen in ausgesprochenem Gegensatz. Die beim Rind bekannte Tatsache verringerter Einzeltierleistung bei Umtriebsverfahren mit hohem Besatz ist hier besonders deutlich. Unter den verwendeten Weideverfahren kann natürlich auch die freie Herdenschafhaltung durch Düngung, geregeltes Umhüten auf wechselnden Flächenteilen, wirksam auch durch Wechsel mit Rinderweidegang verbessert werden. Bei durch Zäune geregeltem Weidegang muß das Verfahren sowohl wegen des zeitlich verschiedenen Graszuwachses wie wegen der Vielseitigkeit und der wechselnden Futteransprüche der Tiere sehr anpassungsfähig sein; das Aufrechterhalten einer gleichbleibenden Besatzstärke ist wesentlich schwieriger als bei Rindern. Großflächige Standweide braucht den Umtriebsverfahren nicht unterlegen zu sein, doch sind dabei Überschußmahd und Parasitenabwehr erschwert.

Bei gewöhnlichem Umtrieb wie bei Rationsweide („Folding") ist es sowohl der besseren Futterselektion wie der Infektionsgefahren wegen erwünscht, die zeitlichen Abstände relativ schwacher Schafbeweidung durch Einschieben von Rinderweide oder Mähnutzung zu verlängern, übrigens auch wegen der Erholung der Grasnarbe. Für Mutterschafe mit Lämmern bei Fuß wird zum Teil mit „Creeping" gearbeitet; die Lämmer können durch Zaunlücken auf noch nicht befressene Nachbarkoppeln durchkriechen und hier unbeschränkt selektieren; die Muttertiere mit geringeren Ansprüchen folgen. Auch beim Creeping bestehen noch verschiedene Möglichkeiten. Weitere Einzelheiten siehe bei den genannten Autoren.

Im Pflanzenbestand wird durch mäßig intensiven Umtrieb und Düngung *Lolium perenne* gefördert, Breitblättriges verdrängt; bei intensivem Umtrieb leidet *Lolium* doch. Bevorzugt wird stets Weißklee, *Lolium* mehr als *Dactylis*. Mehrjährige intensive Schafweide führt zu einer starken Vermehrung von *Poa trivialis* und *Poa annua*, bei ungenügender Düngung zur Förderung von *Agrostis*-Arten. Der Grasertrag kann dabei ansteigen, die Futteraufnahme aber sinken, da die letztgenannten Arten großenteils verschmäht werden. Mehr und mehr nimmt das Gras liegende Wuchsformen an. Näheres hierzu bei Kydd 1966.

Mit der Aufnahme der „Koppelschafhaltung" in Deutschland haben die früher kaum beachteten oder auch mißverstandenen Erfahrungen Englands und anderer Länder hohe Bedeutung erlangt[1].

Unmittelbare Übertragung ist freilich selten möglich, weil dazu Standort- und Betriebsverhältnisse zu wenig übereinstimmen. Stichhaltige eigene Erfahrungen können andererseits, weil die Entwicklung erst vor wenigen Jahren eingesetzt hat, nicht vorliegen, um so weniger auch, als die Vorstellungen über Form und betriebliche Einordnung der Koppelschafhaltung nicht einheitlich sind. Einstweilen stehen Fragen der Tierzucht und -haltung und der Vermarktung gegenüber denen der Futterproduktion ganz im Vordergrund des Interesses.

Anlaß zum Rückgriff auf die Koppelschafhaltung ist jedenfalls das Streben, Ersatz für die betriebswirtschaftlich problematische Rindviehhaltung zu finden. Milchproduktion erfordert hohe Investitionen und großen Arbeitsaufwand und stößt zudem noch auf Absatzschwierigkeiten. Rindermast findet im begrenzten Angebot an Magervieh ihre Grenzen und stellt auch notwendig eine relativ extensive Form der Veredelungswirtschaft dar. Schafe können, was Stallung und Winterfütterung angeht, gleichfalls mit geringem Aufwand gehalten werden. Die Vermehrungsrate ist aber größer und könnte durch Züchtung (Zwillings- und Drillingsgeburten) noch gesteigert werden.

Auf züchterische, technische und marktwirtschaftliche Fragen braucht hier jedoch nicht eingegangen werden. Sie sind größtenteils sicher auch lösbar. Für die Weidewirtschaft ist vor allem wichtig, daß im Unterschied zum tradi-

[1] Das Folgende von R. Arens.

tionellen Verfahren, bei dem die Schafe zur Ergänzung der Rinderhaltung eingesetzt wurden, jetzt der Schwerpunkt bei der Schafhaltung liegt, also das Schaf in der intensiven Grünlandwirtschaft das Rind als Weidetier ganz oder teilweise ersetzen soll. Die Kernfrage ist dann, wie sich anhaltende, intensive Nutzung mit Schafen auf Grasnarbe und Weideertrag auswirkt.

Reine intensive Grünlandwirtschaft ausschließlich mit Schafen gibt es bisher praktisch nicht. Zusätzliche Futterfläche aus Feldfutter- und Ackerbau ist die Regel, bei hohem Grünlandanteil sind Schaf- und Rinderhaltung gewöhnlich kombiniert. Hierbei handelt es sich aber um grundsätzlich bekannte, wenn auch vielseitig variierbare und sicher entwicklungsfähige Nutzungssysteme, die im Vergleich zu reiner Grünlandwirtschaft und ausschließlicher Schafhaltung weitgespannte Ausweichmöglichkeiten bieten.

Eigene Beobachtungen (von R. Arens) in Betrieben mit reiner Schafweide (aber stets mit zusätzlicher Weide auf Feldfutterschlägen), ergaben eindeutig zunehmende Anzeichen von Überanstrengung der Narbe mit steigendem Besatz. Bezeichnenderweise traten Goldhafer und Quecke, also ungern aufgenommene Gräser, in allen Beständen mehr oder weniger stark auf. Mäßig hohe Besatzdichte in Verbindung mit zeitweiliger Entlastung des Dauergrünlandes durch Ackerweide führte zu weidelgrasreichen Beständen, hohe Besatzdichte mit Beanspruchung während des ganzen Sommers (Herbstweide auf Feldfutterschlägen) begünstigte Quecke, Jährige und Gemeine Rispe, Mittleren und Breiten Wegerich und andere Arten der Trittrasen-Gesellschaften. Das einzige uns zugängliche Beispiel hochintensiver Schafweide (Besatzdichte 150–200 Mutterschafe mit Lämmern, Creeping, Stickstoffdüngung von 200 bis 300 kg/ha N) bietet ein (noch laufender) Versuch von Schlolaut (Hessische Landesanstalt für Tierzucht, Neu-Ulrichstein). Der Einfluß vierjähriger Bewirtschaftung auf die Narbe ist auch hier unverkennbar ungünstig. Gefördert wurden besonders Wiesenfuchsschwanz, Quecke, Gemeine Rispe, Löwenzahn, zurückgedrängt Deutsches Weidelgras, Wiesenschwingel, Knaulgras.

Im Prinzip stimmen diese Beobachtungen mit den genannten englischen überein: Der tiefe, auch bei hoher Besatzdichte selektive Verbiß des Schafes beansprucht die Narbe übermäßig. Das Maximum der Nutzungsintensität wird deshalb bei Schafweide hinter dem bei Rinderweide zurückbleiben und Dauerschafweide jedenfalls besonders sorgfältige Weidepflege erforderlich machen. Das schließt nicht aus, daß wirtschaftlich günstige Kombinationen von Schaf- und Rinderweide möglich sind. Im ganzen fehlt es für ein abschließendes Urteil noch an der notwendigen praktischen und experimentellen Erfahrung.

Pferde-(Gestüts-)Weide

Von R. Arens, Bad Hersfeld

Die Anforderungen an eine gute Pferdeweide lassen sich leichter bezeichnen als verwirklichen: Die Größe der Weidefläche muß dem Bewegungsdrang des Pferdes genügen, die Narbe durch Dichte und Artenzusammensetzung eine feste, aber elastische Unterlage für freien Lauf und gute Hufausbildung bilden, der Aufwuchs hochwertiges Futter liefern. Diese Forderungen gelten um so mehr, je stärker Rasse und Haltungsziel die Eigenschaften des Pferdes als „Lauftier“ betonen.

Pferdeweide ist jedoch notwendig eine extensive Form der Grünlandnutzung, eben weil im Unterschied zum Rind die Weide dem Pferd nicht nur als Futterfläche, sondern auch als Bewegungsraum dient. Intensivierung der Nutzung durch Rationsweide nach Maßstab des Futterbedarfs und Flächeneinsparung durch Ertragssteigerung ist nicht möglich, starke Selektion und ungleichmäßige Beanspruchung der Narbe unvermeidlich. Die ungünstigen Folgen der extensiven Nutzungsregelung werden durch die schon (S. 433) erwähnten Weidegewohnheiten des Pferdes noch verstärkt; Nebeneinander von starker selektiver Unter- und Überbeweidung ist für Pferdeweiden charakteristisch, die Gefahr von Verwilderung der Narbe durch unzureichende Nutzungswirkung auf der einen, und Überanstrengung durch übermäßige Nutzungswirkung auf der anderen Seite stets groß.

Gefährlich ist vor allem die Überbeweidung, die wegen des tiefen Verbisses rasch zu „Totweiden", d.h. zu völliger Erschöpfung der Narbe führt. Sie wird naturgemäß durch Verkleinerung der Weidefläche und steigende Besatzdichte begünstigt und stellt deshalb das Hauptproblem der Gestüte wenigstens im kontinental-europäischen Raum dar. Ausreichende Größe der Weidefläche wird nämlich wegen der Bodenknappheit allgemein und wegen der Standortansprüche guter Pferdeweiden im besonderen praktisch nie erreicht.

Höchste und deswegen exemplarische Forderungen an den Standort stellt die Vollblutzucht[1]. Verlangt werden lange Vegetationszeit, nährstoffreicher, warmer Boden mit geregeltem Wasserhaushalt, jedenfalls ohne Nässe und Staunässe. Diese Voraussetzungen erfüllen am ehesten Schwarzerden, basenreiche Braunerden oder unentwickelte, kalkreiche Lößböden in entsprechender klimatischer Lage, also hervorragende Ackerstandorte, die für diese Form der Bodennutzung kaum verfügbar sind. Braunerden und Parabraunerden aus Lößlehm, die als Zuckerrüben- und Weizenstandorte landwirtschaftlich wertvoll sind, eignen sich entgegen verbreiteter Meinung weniger, erst recht nicht pseudovergleite Böden (Abb. 28), auch wenn es sich dabei um Lößabkömmlinge handelt. Bessere Eignung bei geringerem landwirtschaftlichem Wert besitzen flachgründige Kalkverwitterungsböden (Rendzinen) und auch mäßig trockene Sandböden, wenn Düngung ausreichende Nährstoffversorgung gewährleistet. Günstige klimatische Lage trifft indessen mit diesen Bodenverhältnissen selten zusammen. Ob Boden oder Klima für den Standortwert wichtiger ist und wie weit sich diese Standortfaktoren kompensieren können, ist eine offene Frage. Jedenfalls begrenzen die Extreme in beiden Richtungen die Standortwahl.

Günstige Standorte für die Pferdeweide sind also nur begrenzt vorhanden und verfügbar. Hinzu kommt, daß Gestütsbetriebe mit mehreren Weidegruppen (Fohlenstuten, Maidenstuten, güste Stuten, männliche und weibliche Jährlinge usw.) zu arbeiten und deshalb an sich schon unverhältnismäßig großen Flächenbedarf haben. Eine völlig genügende Koppelzahl für getrennte Rotation so vieler Gruppen würde die Weideführung untragbar komplizieren; langsamer Umtrieb, stark verlängerte Freßzeiten und stark verkürzte Ruhezeiten lassen sich deshalb im praktischen Betrieb nicht vermeiden. Ohne sorg-

[1] Versuchsergebnisse fehlen praktisch ganz, doch liegen einige Erfahrungsberichte vor, siehe z.B.: P. Boeker 1959x, Klapp 1961, Klapp/Arens 1962, Könekamp 1959b; ferner P. Boeker in „Reiter-Revue 1966, 1967, Klapp/Arens in „Vollblut, Zucht und Rennen", 1966.

fältige und planmäßige Weidepflege kann also befriedigender Zustand der Weidenarbe nicht erzielt werden.

Regelmäßige Nachmahd des Weiderestes und Absammeln des Kotes, die auch zur Parasitenbekämpfung nötig sind, und eingeschobene Rinderweide, die wegen der andersartigen Selektion des Rindes zu gleichmäßigerer Beanspruchung der Narbe durch Verbiß und Tritt führt, wirken der selektiven Unterbeweidung entgegen. Die Folgen der Überbeweidung lassen sich durch Wechsel von starker Beanspruchung und konsequenter Schonung der Weide in mehrjährigem Turnus abschwächen. Schonende Nutzung bedeutet hier gut geregelte Mähweide mit Rindern in Verbindung mit Stickstoffdüngung zur Kräftigung der Grasnarbe. Bei starker Verunkrautung (Wegerich, Gänseblümchen und sonstige Rosettenpflanzen) empfiehlt sich als Ergänzung dieser Maßnahmen chemische Unkrautbekämpfung (S. 302). Routinemäßige Anwendung von Herbiziden, die unvermeidlich zu völligem Rückgang der mineralstoffreichen Kräuter- und Kleearten führt, ist jedoch gerade auf Pferdeweiden ein Fehler. Bei sehr weit fortgeschrittener Erschöpfung der Narbe bleibt schließlich nur Nachsaat nach dem üblichen Verfahren (S. 332) zur Wiederherstellung übrig. Die Notwendigkeit dieses radikalen Eingriffes weist dann aber auf unbedingt zu behebende Mängel der Weidewirtschaft hin.

Es liegt auf der Hand, daß der Erfolg der Weidepflege mit abnehmender Flächengröße unsicherer wird. Entscheidend ist letztlich die Möglichkeit ausreichender Unterkoppelung als Grundlage wirksamen Wechsels der Beanspruchung. Wo diese Voraussetzung fehlt, kann starke Degenerierung der Narbe nicht aufgehalten werden. Richtwerte für Koppelgröße, Koppelzahl, Besatzstärke und Besatzdichte lassen sich schwer festsetzen, nicht nur weil es an Erfahrung und einschlägigen Untersuchungen fehlt, sondern vor allem auch, weil die tägliche Dauer des Weideganges, der Bewegungsbedarf der Pferde, die Beifütterung im Stall usw. sehr verschieden sind und dementsprechend auch die Beanspruchung der Weide wechselt. Praktisch kann jedenfalls die Weidefläche kaum groß genug sein. – Dies alles gilt für ausgesprochene Pferdeweide, wie sie sich z.B. in Gestütsbetrieben vorfindet. Daß ergänzende Nutzung einer Rinderweide mit Pferden vorteilhaft wirken kann, wurde schon erwähnt.

6. Vergleich der Weideverfahren[1]

Seit den ersten Empfehlungen der Umtriebsweide ist sie bei uns und in einigen Nachbarländern als der Standweide überlegen betrachtet worden; ein weiterer Fortschritt wird im Rationsweidegang gesehen. Dahin lauten ungezählte Mitteilungen aus Praxis und Versuchswesen. Der Umfang dieser Überlegenheit ist indes nicht leicht zu bestimmen. Der Begriff der Standweide steht nicht fest; es kann sich um eine Einzelfläche, aber auch um bereits unterteilte Weiden, die auf 2–4 Koppeln doch einen gewissen Flächenwechsel zulassen, handeln; dann wird der Leistungsunterschied nicht groß sein (so auch W. Kreil, brieflich 1961).

Exakte Versuche mit vergleichbaren Unterlagen (also z.B. ohne Düngungsunterschiede zwischen Stand- und Umtriebsweide) fehlten bis in die neuere

[1] Einzelvergleiche bei Kydd 1964, Tayler 1957, Tayler/Rudman 1960a.

Zeit; darüber hinaus stellt die beim Umtrieb mögliche Überschußmahd einen der Standweide meist fehlenden, zusätzlichen Faktor über die Koppelteilung hinaus dar. Soweit man einige Vergleichbarkeit voraussetzen kann, ist bei holländischen und deutschen Angaben eine Netto-Mehrleistung (S. 479) des Umtriebs von 15–25 % anzunehmen, beim Übergang zur Rationsweide nochmals eine Mehrleistung ähnlicher Größenordnung. Gewöhnlich werden aber Mehrleistungen von 50–80, ja weit über 100 % angegeben. Dann liegt aber in der Regel eine Mehrdüngung von 60–80 oder über 100 kg N/ha vor.

Schema der Weideformen (nach KÖNEKAMP 1955b)

	Koppelzahl	Freßfläche	Besatzdichte	Mineraldunger			Flächenanteil mit		Weideleistung kStE
				N	P_2O_5	K_2O	Wirtschaftsdünger %	Mahd %	
Waldweide	–	∞	–	–	–	–	–	–	300
Hutung	–	> 100 a	5	–	–	–	–	–	600
Standweide	1	50 a	10	–	20	40	–	–	1500
Koppelweide	4	12,5 a	40	20	40	80	20	20	2000
Umtriebsw. extens.	7	7 a	70	40	40	80	25	25	3000
Umtriebsw. intens.	14	3,5 a	140	80	60	120	30	30	4000
Eintagsweide	28	1,7 a	280	120	80	160	30	40	5000
Rationsweide	∞	1,2 a	400	160	80	160	50	50	6000
Rationsweide intensiv	∞	0,8 a	625	200	120	160	100	60	8000

Abb. 214, Links Umtriebsweide, rechts Verheidung einer Hüteweide (Rengen)

KÖNEKAMP 1955b entwarf dies Schema der Zusammenhänge. Mit vermehrter Koppelzahl und Besatzdichte, mit verringerter Freßfläche, einem von 0–60 % der Fläche steigenden Mahdanteil gehen zwischen der Stand- und der intensiven Rationsweide eine Steigerung der N-Düngung von 0 auf 200 kg N/ha und eine Zunahme der Leistung von 1500 auf 8000 kStE/ha Hand in Hand. Hier liegt also kein einfacher Vergleich verschiedener Flächenunterteilung vor, sondern ein Vergleich ganz verschiedener Wirtschaftssysteme. Daß überdurchschnittliche Mehrleistungen auch ohne wesentliche Mehrdüngung vorkommen, zeigt das Beispiel des Versuchsgutes Rengen (KLAPP, S. 453), wo starke Unterteilung ehemaliger „Behelfsweiden" bei niedrigem Düngungsniveau die Weideleistung verdoppelte (entsprechend dem Unterschied von „Hutung" und „Standweide" bei KÖNEKAMP). In der Regel sollte man sich mit der Tatsache begnügen, daß der Übergang zum Weideumtrieb allein schon einen Fortschritt, vor allem aber die Grundlage für Leistungssteigerungen größten Umfanges darstellt. Nicht zu vergessen sind die vom Umtrieb immer wieder berichteten Minderungen des Flächenbedarfes und der Futterverluste, die bei Standweiden selten weniger als 50% betragen.

Im Überblick der verschiedensten Nutzungsverfahren rechnet N. MOTT mit etwa folgenden Verlusten in % des Bruttoertrages:

	Verluste in %
Stallfütterung	5
Rationsweide Durchschnitt	15–20
in kurzem Gras	10
in langem Gras	25
Umtriebsweide Durchschnitt	25–30
in kurzem Gras	20
in langem Gras	40
Standweide	40–50

Um so überraschender ist es, daß die Überlegenheit des Umtriebs gegenüber der Standweidehaltung in Übersee, namentlich in den USA, durch 30 Jahre hindurch lebhaft bestritten wurde. WHEELER 1962 bearbeitete zusammenfassend mehr als 30 Versuchsreihen, wobei sich nur selten geringe Mehrleistungen, meist aber bestenfalls gleiche oder sogar geringere Leistungen des Umtriebes gegenüber der Standweide ergaben (siehe auch zahlreiche Zitate bei FREER).

Die Ursachen der Meinungsverschiedenheiten beruhen auf einem Mißverstehen (VOISIN 1952) des europäischen Umtriebsverfahrens; die Vorgeschichte wurde an anderer Stelle ausführlich behandelt (KLAPP 1968, ferner S. 449). Das „Rotational grazing" jener Länder ist etwas ganz anderes als unser Umtrieb, wie R. O. WHYTE u.a. schon früh erkannten. Der Grundunterschied ist folgender:

a) Unser Umtrieb soll eine praktisch konstante Tierzahl gleichmäßig ernähren dadurch, daß Mahd und Verfütterung der Futterüberschüsse oder Heranziehung von Reservekoppeln die Weideflächen dem jahreszeitlichen Zuwachs anpassen; also: konstante Herde, veränderte Weidefläche.

b) Jene Länder lassen eine konstante Weidefläche unter Änderung der Tierzahl („Put- and take system") entsprechend dem Grasvorrat abweiden; also: konstante Weidefläche, variable Besatzstärke; keine Überschußmahd, dagegen Beifütterung; praktisch keine Anpassung von Freß- und Ruhezeit an den Bedarf der Grasnarbe.

Nun ist zu berücksichtigen, daß in vielen Ländern Überfluß an Weideflächen besteht, bei uns Knappheit; daß ferner die meisten überseeischen Versuche mit Schafen oder Mastvieh gearbeitet haben, wobei die Leistung je Einzeltier ganz im Vordergrund steht, bei uns aber die Leistung je ha. WHEELER (1962) und andere legen größten Wert darauf, die Wirkung des Umtriebs für sich allein („per se"), als Einzelfaktor, unter Konstanthalten aller übrigen Faktoren, festzustellen. Das ist aber unmöglich, da der Umtrieb in unserem Sinne einen Faktorenkomplex darstellt. McMEEKAN 1960 sieht in derartigen Versuchen einen Widerspruch gegen den Umtriebsbegriff; sie stünden allen biologischen Grundtatsachen entgegen.

Derselbe Autor hat durch sorgfältige, in Besatzstärke, Tierbestand, Düngung usw. vergleichbare Versuche nach dem Umtriebsprinzip festgestellt:

1. In der Nettoleistung (Milch und Fett) war die Umtriebs- der Standweide je nach Besatz um 9–23% überlegen.
2. Beim Umtrieb konnten Silage und Heu von 35–40% der Fläche gewonnen werden, auf der Standweide nur 15%.
3. Im Gegensatz zur Standweide brachte die Umtriebsweide eine Gewichtszunahme von 45 kg je Kuh.

2. und 3. müssen natürlich ebenfalls als Weideleistung gerechnet werden. Weitere neuere Literatur (FOOT/LINE, IVINS 1966, LINE 1960, LUCAS/McMEEKAN 1959, G. O. MOTT 1960, RUANE/RAFTERY, WALLACE 1959 u.a.) äußert sich meist im gleichen Sinne, in Einzelheiten auch kritisch. Wenn z.B. gesagt wird, die Mehrleistung des Umtriebes beruhe nur auf besserer Ausnutzung des Futters, nicht auf höherem Pflanzenertrag, dann entspricht das dem ausgesprochenen Ziel von FALKE 1907. GREEN u.a. (1961) fanden übrigens bei Schnittversuchen mit Stand-, Umtriebs- und Rationsweide-Rhythmus erheblich ansteigende Graserträge. Der Hinweis, nicht der Umtrieb, sondern nur die Steigerung der Besatzstärken sei das Entscheidende, wird von McMEEKAN widerlegt; immerhin entspricht auch höherer Besatz den Absichten FALKES. Insgesamt kann die Überlegenheit der Umtriebsverfahren gegenüber der Standweide auch ohne Mehrdüngung als voll bestätigt gelten.

Beweidung oder Stallverfütterung des Weidegrases? („Soiling, Zerograzing, Mechanical grazing")

Hochwüchsige Feldfutterpflanzen, wie z.B. Luzerne und namentlich Bewässerungskulturen, werden gemäht und im Stall oder auf hofnahen Plätzen verfüttert, weil sie durch Beweiden sehr schlecht ausgenutzt oder gar zerstört werden. Dies gilt auch in Trockenlagen, in denen Dauerweiden nicht gedeihen. Die heutigen Mechanisierungsmöglichkeiten der Ernte und des Transportes bilden offenbar einen Anreiz, dies Verfahren auch auf Dauerweiden des humidgemäßigten Klimas anzuwenden.

Zur Begründung werden Mängel des Weideganges hervorgehoben: Futterverluste durch Zertritt und Beschmutzung, Futterselektion durch das Weidetier und damit hohe Weidereste, d.h. auch Flachenverschwendung; Belästigung der Tiere durch Insektenplage und Wetterunbilden, übermäßige Bodenverdichtung u.a.m. Der Energieverbrauch der Weidetiere sei unnötig hoch, die Exkremente gingen dem Ackerbau verloren. Tatsächlich zeigt die praktische Erfahrung dort, wo von jeher Stallverfütterung von Grünlandgras üblich ist – wie etwa beim „Eingrasen" des Alpenvorlandes – daß der Flächenbedarf hierbei geringer zu sein scheint als beim Abweiden des Grases. Das ist deswegen der Fall, weil man das Gras auf Mäheflächen älter, den Tm-Ertrag daher größer werden lassen kann als auf der Weide.

So sieht es aus, als ob die Verfütterung von Mähegras, abgesehen von der Möglichkeit voller Mechanisierung, nicht nur Futterfläche ersparen läßt, sondern alle sonstigen Mängel des Weideganges vermeidet: Selektion, Luxuskonsum, große Futterverluste; dies würde eine weit bessere Futterausnutzung bedeuten. Allmählich ist eine umfangreiche Literatur zu dieser Frage entstanden; wir nennen hier: ARNON, AVENRIEP u.a. 1963, BLOHM 1966, KENNEDY/ REID, LOGAN u.a., MEHNER-GRABISCH, OOSTENDORP/HOOGERKAMP, PAETZOLD u.a. 1963, 1966, RUNCIE, SCHECHTNER 1960, SCHWIZER, VOISIN 1958, VONTOBEL 1964, WITT u.a. 1966; eine umfassende Literaturübersicht gibt OLDE RICKERINK.

Ein Vergleich des Weideganges und der Stallfütterung von derselben Fläche ist noch schwieriger als der Vergleich verschiedener Weidesysteme; so dürfen einander stark widersprechende Erfahrungen nicht überraschen. Vor allem ist es nicht angängig, wie oft geschehen, schlechte Weidebewirtschaftung mit perfekter Stallverfütterung zu vergleichen. Man darf auch die Vorzüge des Weidegangs nicht verschweigen: Er liefert das billigste Grünfutter, verlangt keine Stallarbeit, kann früher als die Mahd beginnen, gilt immer noch als eine besonders gesunde Form der Tierhaltung; Futterselektion und Bodenverdichtung haben auch ihre Vorzüge, und der Anfall von Exkrementen bedeutet eine wesentliche Düngerersparnis gegenüber der Mahd. Mängel wie schlechte Futterausnutzung und das Entstehen großer Weidereste lassen sich durch neuzeitliche Mähweideverfahren mit Rationszuteilung weitgehend einschränken. Verlustangaben wie: „30% bei Umtriebsweide und 5% bei Stallverfütterung" entsprechen bei gleicher Sorgfalt in beiden Verfahren den Tatsachen nicht.

Unbestritten sind der geringere Flächenbedarf je Tier, die geringere Verlustmöglichkeit, der höhere Tm-Ertrag bei Mahd gegenüber Weidegang, auch der höhere Verzehr. Um so überraschender ist es, daß die weit überwiegende Mehrheit der Autoren eine Überlegenheit des Fütterungserfolges von Mähegras nicht nachzuweisen vermag. Die Milchleistung je Tier ist bei Weidegang höher oder mindestens gleich derjenigen bei Stallfütterung, je ha zuweilen, aber nicht als Regel, etwas größer. Höher kann der Zuwachs bei Stallfütterung sein, auch die kStE-Lieferung. Von einer gesicherten Überlegenheit der Stallfütterung insgesamt kann aber nicht die Rede sein. Im Zusammenhang mit der Selektionsmöglichkeit wird die Ausnutzung der verdaulichen organischen Substanz auf der Weide stets besser bewertet.

Die Futterqualität beider Verfahren muß grundsätzlich verschieden sein. Wenn ein stärkeres Altern des Grases und besonders ein Anwachsen von Weideresten durch Nachmahd auf der Weide vermieden wird, ist das Gras jung, eiweißreich und leicht verdaulich; diese Eigenschaften werden durch die Selektion des Weidetieres noch betont.

Im Gegensatz zur Weide führt die Alterung des Grases bei Stallfütterung ohne Selektionsmöglichkeit zu höherer Aufnahme von Tm und Stärkeeinheiten bei geringerem Gehalt an verdaulichem Eiweiß. Damit erklärt sich zum Teil die mengenmäßig geringere Futterausnutzung des Grases auf der Weide gegenüber derjenigen im Stall. Es ist bezeichnend, daß dieser Unterschied der Futterausnutzung um so geringer wird, je besser das Weideverfahren ist, d.h.

bei Rationsweide stark abnimmt. Immerhin zwingt die Stallfütterung das Tier zur Aufnahme weniger wertvollen Futters.

Der Ersatz des Weidegangs durch Stallfütterung wirft eine ganze Reihe weiterer Probleme auf. Der Einfluß ständiger Mahd auf die Grasnarbe statt dauernder Beweidung ist noch nicht allgemeingültig zu beurteilen. Auf guten, reich mit Nährstoffen versorgten Grasnarben sind die Unterschiede bei gleicher Düngung für einige Zeit zuweilen gering (S. 202, 383, 402). Auf die Dauer macht sich aber das Fehlen der Exkremente doch bemerkbar, und es wird eine wesentlich verstärkte Düngung der Mähefläche notwendig. Dieser Mehrbedarf kann bis 200 kg N, 120 kg P_2O_5 und über 300 kg K_2O betragen (siehe ferner die Werte bei Trockengrüngewinnung S. 536). Bei genügender Mehrdüngung fanden OOSTENDORP/HOOGERKAMP auf 3 Bodenarten in 6 Jahren keine merklichen Schäden durch Mahd gegenüber Weidegang, jedoch verschieden gerichtete Änderungen im Pflanzenbestand, zum Teil nachteiliger Art; letzteres besonders auf jüngeren Ansaaten. – Einzelbeobachtungen anderer Autoren lauten verschieden. Im ganzen scheint Dauermahd auf leistungsfähigen Dauerweiden mit entsprechender Düngung jedenfalls für eine übersehbare Zeit keine wesentlichen Nachteile zu ergeben.

In der Regel muß 2mal am Tag gemäht werden, auch an Feiertagen; Arbeit auf Vorrat ist wegen der raschen Erhitzung des Gemähten unmöglich. Bei nur 1maliger Mahd wurde mehrfach Sinken der Milchleistung beobachtet. Gerätebruch darf namentlich am Wochenende nicht vorkommen! Schwierigkeiten bei nassem Wetter und Boden (tiefe Fahrspuren!) sind unvermeidlich.

Andere Schwierigkeiten bereitet die Fütterung. Es ist nicht leicht, die Tiere im Stall zu genügender Futteraufnahme zu bringen, wenn nicht mehrfach am Tag gefüttert wird. OOSTENDORP/HOOGERKAMP fanden gleiche Leistung von Weide und Stallfütterung erst bei täglich 6maliger Futtergabe; inzwischen muß das Futter ausgebreitet liegen – was erheblichen Raum braucht, abgesehen von der häufigen Beunruhigung der Tiere. Die gleichen Autoren stellten ferner in 3 Jahren jedesmal eine kritische Periode etwa ab Mitte Mai fest; dann gelang es ohne Kraftfutterbeigabe nicht, die Tiere mit Schnittfutter zu sättigen und bei gleicher Leistung zu erhalten. Auf der Weide ist das nicht notwendig. Hier ist auch bei hohem Futter noch wirksame Selektion möglich, und dem Abfall der Milchleistung läßt sich durch Umtrieb auf frisches Gras begegnen. Als besonders nachteilig für den Fütterungserfolg erweist sich Mahd auf vorher beweideten Flächen (Kotverschmutzung), die bei Vollmechanisierung, besonders bei tiefer Mahd, oft beobachtete Sandverschmutzung des Mähefutters. Häckseln und Quetschen erhöhen die Neigung des Grases zur Selbsterhitzung (S. 529).

Bei Futterüberschüssen siliertes und später im Stall verfüttertes Gras bedarf noch höherer Beifütterung. Ein Problem für sich ist die Beseitigung der anfallenden Kot- und Harnmengen bei unzureichenden Stall- und Lagerungseinrichtungen. Sofortiges Ausfahren auf die Mäheflächen setzt die Schmackhaftigkeit des Mähefutters stark herab.

Vor allem sind selbst bei gleichen Leistungen von Weidegang und Stallfütterung die Mehrkosten der letzteren zu hoch: Schneiden, Laden, Transport des Futters bzw. die dazu nötigen Geräte, Ausbreiten des Grases im Stall, Stallreinigung. Dazu kommen die wesentlich erhöhten Düngerkosten. ARNON, BLOHM und Mitarbeiter, HOLMES, LOGAN, RUNCIE u.a. weisen je Kuh oder je kg Milchleistung gegenüber guter Weidewirtschaft unerwartet hohe Mehrkosten nach.

Berechtigt ist Stallfütterung als einziges Verfahren, wie erwähnt, bei hochwachsendem weideempfindlichem Feldfutter. Eine Wirtschaftlichkeit wird auch erwartet bei Großkuhhaltung mit 70–100 und mehr Kühen, wo Feldfutter einen großen Teil des Bedarfs decken soll.

Stallverfütterung von Grünlandgras kommt in Frage bei Flurzersplitterung, allzu großer Entfernung der Weiden vom Hof und dort, wo eine Intensivierung der Weidewirtschaft nicht möglich ist (Grünfutterwiesen). Die Teilfütterung mit Mähegras ist durchaus berechtigt, wo z.B. stundenweise starke Insektenplage besteht oder wo hohe Stallmist- und Güllemengen gewonnen werden sollen (S. 214, 223). Dann wird aber nicht niedriges Weidegras, sondern hoch gewachsenes Futter ,,eingegrast''.

Im ganzen kann die Empfehlung, auf guten, intensiv bewirtschafteten Weiden zur Stallfütterung überzugehen, nur als eine unberechtigte Nachahmung weidefremder Möglichkeiten angesehen werden.

E. HÖHE UND FESTSTELLUNG DES GRÜNLANDERTRAGES

1. Feststellung des Pflanzenertrages

Über den Grünlandertrag herrscht – im Gegensatz etwa zum Getreideertrag – große Unklarheit. Wir besitzen zwar eine Statistik der Heuerträge. Zum tatsächlichen Grasertrag steht der Ertrag an konserviertem Futter aber infolge der Werbungsverluste nur in sehr loser Beziehung. Für Weiden gibt es bisher in Deutschland keine Ertragsstatistik; die Mitwirkung des Weidetieres und des Bewirtschafters macht die Beziehung der Weideleistung des Tieres zum gewachsenen Grasertrag besonders unklar.

Ein endgültiges Urteil über den Grünlandertrag ergibt sich ganz allgemein erst über den Veredlungserfolg in den tierischen Leistungen (SCHECHTNER/DEUTSCH 1965). Da ihre Grundlage aber im Pflanzenertrag besteht, ist dessen Feststellung ebenso wichtig wie die des tierischen Nutzertrages[1]. Zwischen der Brutto- und der Nettoleistung ist bei allen Ertragsangaben von Grünlandflächen scharf zu unterscheiden.

Über Probleme, Technik und Schwierigkeiten der Feststellung von Brutto- und Nettoerträgen hat Verfasser eingehend berichtet (KLAPP 1963b). Den Stand bis 1954 hatte D. BROWN in einer umfangreichen Studie (1954) dargestellt; siehe das Sammelwerk von IVINS (1959), ferner die Berichte von BAKER 1960a und BAKER/BAKER 1965. Für die Einzelheiten muß auf die dort angegebene Literatur und zahlreiche neuere Angaben verwiesen werden; hier nur die wichtigsten Gesichtspunkte. Wir besprechen zunächst Versuchsmethoden.

Feststellung des Grasertrages

A. Mäheflächen

Der Aufwuchs oberhalb der Schnitthöhe ist versuchsmäßig nach Gewicht und Tm-Gehalt einfach festzustellen. Als „Ertrag" ist er aber gültig nur bei sofortiger Frischverfütterung.

B. Beweidete Flächen

Der Schnitt erfolgt in gleichmäßiger Höhe; das Weidetier verbeißt aber den Aufwuchs teils höher, teils tiefer als ein Schnittgerät. Das Wesentliche, das

[1] Die Begriffe „Tierische Nutzleistung" und „Pflanzenertrag" der Weide wurden von WIEGNER 1934a und GRANDJEAN 1937 vorgeschlagen, der erstere von ZÜRN 1943 als „Nettoertrag" bezeichnet. Heute werden die Begriffe Brutto- und Nettoertrag häufiger verwendet. Der Begriff „Weideleistung" wird nicht einheitlich, bald für den Grasertrag, bald für die Tierleistung gebraucht.

Futterangebot an das Weidetier, entspricht daher nie genau dem beim Schnitt erfaßten Aufwuchs. Läßt man diese Tatsache zunächst außer Betracht, dann ergibt der Schnitt also den Aufwuchs über der verwendeten Schnitthöhe.

a) Direkte Aufwuchsfeststellung

Der vorhandene Futtervorrat wird vor jedem Weideauftrieb bestimmt; Fehlerquellen und Schwierigkeiten: Ständige Probemahd von denselben Flächen verändert den Weidecharakter der Grasnarbe; die Probeflächen müssen daher von Schnitt zu Schnitt wechseln, zumal schon einmal gemähte Flächen stärker und tiefer als ungemähte befressen werden. Da die beweideten Bestände weiterwachsen und der Futtervorrat zunimmt, ist kürzeste Freßzeit erforderlich; sonst wird das Futterangebot größer als beim Schnitt. Endlich ist sofortige Nachmahd der Weidefläche nötig; andernfalls wird der Aufwuchs zum nächsten Schnitt durch „Weidereste" erhöht; der Ertrag ist dann größer als der neue Zuwachs.

b) Indirekte Methoden

Der Vereinfachung wegen versucht man, Höhe und Dichte des Pflanzenbestandes festzustellen und in Beziehung zum Gewichtsertrag zu setzen. Das Produkt Höhe × Dichte kann in homogenen Beständen tatsächlich eine gute Korrelation zum Aufwuchs bei Tiefschnitt erreichen (siehe z.B. Bakhuis, Dann, Johns/Nicol, Kreuz 1964).

Die Messung der mittleren Bestandeshöhe macht bei gleichmäßigen Weidebeständen keine unüberwindlichen Schwierigkeiten. Die Bestimmung der Bestandesdichte ist dagegen nicht leicht. Versucht wird z.B. das vorsichtige Auflegen von Platten auf den Pflanzenbestand, dessen Druckwiderstand ein Maß für seine Dichte darstellt; oder aber die Verdünnung einer Beta-Strahlenwirkung beim Durchgang durch den Bestand. Ungemeine Schwierigkeiten der Plattenmethode entstehen bei Beständen sehr ungleichmäßiger Höhe und Dichte, bei wechselnder Gewebespannung, Trockenheit, Nässe oder gar Lagerung des Bestandes. Für jede Artenkombination und jeden Zustand des Aufwuchses müßte die Beziehung des Plattengewichtes zum tatsächlichen Gewicht des Aufwuchses erst erprobt, d.h. kontrolliert werden. Wahrscheinlich wird man mit sehr zahlreichen Probestellen arbeiten müssen; kurz, es läßt sich noch kein für die Mehrzahl der Weideflächen gültiges Urteil abgeben (eher für sehr gleichmäßige Bestände wie Reinkulturen, Grüngetreide).

Der Wert einer Feststellung des Grasertrages liegt vor allem in der Möglichkeit, sowohl die Ertragsfähigkeit einer Grasnarbe wie den Erfolg von Bewirtschaftungsmaßnahmen (Weidesysteme, Düngung u.a.m.) zu erkennen. Die nächste Stufe mit höherem Erkenntniswert führt zur

2. Feststellung des tierischen Nutz-(Netto-)Ertrages

Versuchsmethoden

Die wichtigsten Möglichkeiten bestehen in Mahd der Weide kurz vor und sofort nach dem Abweiden („Differenzmethode") oder in Feststellung der Futteraufnahme und der Kotausscheidung durch das Weidetier selbst („Ratio"-, „Tracer"-Verfahren).

zu a) Differenzmethode

Am einfachsten ist Herausmähen von Proben bestimmter Flächengröße aus dem Bestand; wesentlich dabei ist, daß bei den aufeinanderfolgenden Auftrieben stets neue Schnittflächen benutzt werden, daß ferner kürzeste Freßzeiten eingehalten werden.

Einen technischen Vorteil bietet die Verwendung von „Weidekäfigen" (Abb. 215) aus Maschendraht, weil sie die Probenahme unabhängig vom Auftrieb der Weidetiere macht, eine ungestörte botanische Untersuchung und eine zeitlich gestaffelte Ernte bei mehrtägigem Verbleiben der Tiere möglich macht; die Käfige müssen gegen Unarten der Tiere gut verankert werden. Sie lange Zeit, etwa schon von Beginn des Aufwuchses an, stehen zu lassen, bringt erhebliche Fehler mit sich; die Käfige beeinflussen das Mikroklima der Grasnarbe derart, daß der Zuwachs größer wird als außerhalb der Käfige; bei

Abb. 215. Weidekäfig (Original Arens)

längerer Freßzeit findet im Gegensatz zum beweideten Flächenteil im Käfig ungestörter Zuwachs statt. Diese Fehler lassen sich vermeiden, wenn die Käfige erst unmittelbar vor dem Auftrieb aufgestellt und nach kürzester Freßzeit zur Ernte des Inhalts weggenommen werden. Sofort anschließend werden beweidete Vergleichsflächen mit dem Weiderest gemäht. Wieviel Käfige benutzt werden und nach welchem Verteilungsprinzip (zufallentsprechend oder an „typischen" Stellen der Grasnarbe [fragwürdig!]), muß der Versuchsansteller entscheiden. Es verbleibt die Fehlerquelle der verschiedenen Fraß- und Verbißtiefe. Sie könnte durch Rasierschnitt umgangen werden, aber dieser hat ungünstige Nachwirkungen in der Grasnarbe. Der Weiderest ist bei starkem Zertritt schlecht zu erfassen. Verbeißt das Tier tiefer, als der Schnitt erfolgt, dann weist die Mahd weniger als den tatsächlichen Verzehr nach. Beim einzelnen Schnitt üppigen Grases wird mehr gemäht als das Tier verzehren kann; d.h., die zu erwartenden Weidereste werden zu gering geschätzt. Im Lauf des Jahres kann es zu einem gewissen Ausgleich kommen. Wir haben langjährig mit diesem Verfahren gearbeitet, nach unserer Auffassung zufriedenstellend. Man muß sich aber darüber klar sein, daß die Fraßmenge eben nur annähernd bestimmt wird.

Der Futterwert des Grases, seine Verdaulichkeit und die Nährstoffaufnahme des Weidetieres sind nur bei einer gleichzeitigen Verdaulichkeitsuntersuchung sowohl des Gesamtaufwuchses wie des Weiderestes festzustellen.

zu b) der Verzehr des Weidetieres an verdaulichen Nährstoffen

In der Nachkriegszeit ist in vielen Instituten namentlich der englisch sprechenden Länder intensiv an Verfahren, die eine Feststellung der Aufnahme und der Verwertung des Weidefutters zulassen, gearbeitet worden. Es würde den Rahmen dieses Buches sprengen, wollte man auf Einzelheiten eingehen; eine Übersicht findet sich in KLAPP 1963b; der Werdegang der Forschung ist namentlich bei RAYMOND und Mitarbeitern ab 1953 und in zahlreichen Mitteilungen der Internationalen Grünlandkongresse seit 1960 zu sehen.

Ziel der Untersuchungen ist eine bessere Erkennung der tatsächlichen Futterausnutzung und damit das Auffinden zuverlässiger Fütterungsnormen, letzten Endes die Vermeidung sowohl übermäßigen wie ungenügenden Futterangebotes auf der Weide. Das Wesentliche besteht im Erfassen der Kotausscheidung mit Hilfe unverdaulicher, unverändert wieder ausgeschiedener Indikatorstoffe (Tracer), z.B. des Chromsesquioxides (Cr_2O_3; z.B. CORBETT, DEINUM u.a. 1962), und einer Verdaulichkeitsuntersuchung des Futters. Hierbei bedeutet der Ersatz der Verdaulichkeitsprüfung am lebenden Schaf durch „künstliche" Verdauung („In-Vitro-Methoden") einen großen Fortschritt. Aus dem Untersuchungsergebnis läßt sich mit Hilfe empirischer Regressionsgleichungen der Zusammenhang zwischen dem Futterverzehr und seiner Qualität recht genau schätzen.

Praktisch-ökonomische Verfahren

Berechnung der Weideleistung in Stärkeeinheiten

Die bisher besprochenen Methoden sind Forschungsverfahren, deren Anwendung für Praxis und Statistik der Weidewirtschaft nicht in Frage kommt. Die Suche nach praktisch brauchbaren Maßstäben der Weideleistung ist schon alt; siehe z.B. Vorschläge bei WEBER (1905). Auf eine Umrechnung verschiedener Leistungen auf „Heueinheiten", „Kuheinheiten" verweist KOCH 1929. Das Hauptproblem lag in der Verschiedenartigkeit der Weideleistungen (Erhaltungsfutter, Gewichtszunahme, Milch- und Fettleistung, Erzeugung von Wolle, Nebenerträge von Grünfutter oder Heu).

Die Zusammenfassung aller Einzelleistungen in einer Zahl wurde erst möglich, als die Tierernährungsforschung (besonders KELLNER) den tierischen Bedarf an Erhaltungs- und Leistungsfutter sowie den Futterwert von Grünfutter und Heu bestimmen lernte. Futterbedarf der Tiere und Ernährungswert von Gras und Heu wurden in Stallversuchen ermittelt. Als Ausdruck für den Netto-Energiewert eines Futtermittels wählte KELLNER den „Stärkewert", d.h. einen Qualitätsbegriff. Quantitativer Maßstab ist die Stärkeeinheit (StE) = das Fettbildungsvermögen von 1 g Stärke. Praktisch rechnet man mit Kilo-Stärkeeinheiten = 1000 StE = 1 kStE[1]. Die Benutzung der Be-

[1] Der für FALKES Weideleistungsrechnung zunächst benutzte Ausdruck „Stärkewertrechnung" ist nicht korrekt; tatsächlich wird mit Stärkeeinheiten gerechnet.

darfs- und Wertnormen für die tierische und pflanzliche Weideleistung ermöglicht nun die Zusammenfassung aller Teilleistungen in einer Summe.

In den skandinavischen Ländern berechnete man die Weideleistung nach Futtereinheiten (1 Futtereinheit = 0,7 Stärkeeinheit). Nach dem schwedischen Vorbild (NILS HANSSON) wurde im Sonderausschuß für Wiesen und Dauerweiden der „Deutschen Landwirtschafts-Gesellschaft" ein entsprechendes Berechnungsverfahren in StE erarbeitet und vom Vorsitzenden, F. FALKE, anläßlich der von ihm einberufenen „1. Tagung der Weide- und Wiesenwirte" Nord- und Mitteleuropas am 28. V. 1927 mit allen Einzelheiten, auch der Gestehungskosten der Weidehaltung, bekanntgegeben[1].

Einer der wichtigsten Begriffe ist dabei die „Weidetageinheit" = die für 100 kg Lebendgewicht in 24 Stunden von der Weide gelieferte Menge von Erhaltungsfutter (WTE; für 500 kg Lebendgewicht bedeutet das die Leistung eines Großviehweidetages, GWTE).

Für Erhaltung und Lebendgewichtszunahme wurde zunächst mit undifferenzierten, einheitlichen StE-Bedarfszahlen gerechnet: 0,5 kStE je WTE bzw. 2,5 kStE je kg Gewichtszuwachs; für 1 kg Milchleistung wurde die Bedarfsnorm je nach Fettgehalt in 4 Stufen angegeben. Diese Normen wurden in der Folgezeit von GEITH 1937, A. WERNER 1954, VOGEL 1965, BLATTMANN 1967 verfeinert (S. 484). Von FALKE, KOCH, GEITH/ZÜRN, vor allem von KÖNEKAMP und Mitarbeitern wurden Tausende von Weiderechnungsergebnissen – nach entsprechenden Richtlinien ermittelt – gesammelt und veröffentlicht. BLATTMANN berichtete 1967 wiederum über Sinn und Wert des Verfahrens.

Die „Methode FALKE/GEITH" läßt die wirtschaftliche Nettoleistung des Weidegangs erkennen, und das ist, da ein großer Teil davon Marktwert besitzt, für die Praxis entscheidend. Ferner vermag sie eine vergleichende Aussage über die Handhabung der Weidebewirtschaftung (Weidesystem, Düngung usw.) zu machen, auch über die Leistungsfähigkeit verschiedener Weiden (z. B. je nach der Klima- und Höhenlage). Das Verfahren hat also nicht nur eine wirtschaftliche, sondern auch eine große erzieherische Bedeutung. Es kann dagegen keine genaue Aussage über den Bruttoertrag der Grasnarbe machen und damit auch nicht eine solche über die mengenmäßige Ausnutzung des Weidefutters; dann müßte sie von entsprechenden Feststellungen, mindestens also von regelmäßigen Probeschnitten, begleitet sein. Der Ausnutzungsgrad der angebotenen Futtermenge bewegt sich nach BLATTMANN zwischen 30 und 90%! Da die Methode jedoch Vergleichswerte und sozusagen ein Zeugnis für den Bewirtschafter liefert, ist ihre Anwendung die Ursache größter Fortschritte im Weidebetrieb geworden. Das zeigen die oben genannten Sammelergebnisse eindeutig, besonders hinsichtlich der Flächenunterteilung und der Besatzregelung.

Das Prinzip der Leistungsberechnung über Stärke- oder Futtereinheiten hat denn auch in mehr und mehr Ländern mit geringen Unterschieden Eingang gefunden, so z. B. in England, vornehmlich für den Betriebsvergleich (BAKER/BAKER, COWARD/HODGES 1966)[2]. Nur muß man sich darüber im klaren sein, daß dies Verfahren keine absoluten, exakten Daten, sondern eben (abgesehen von den verkäuflichen Produkten) nur Vergleichswerte liefert.

[1] Weiteres zur Weideertragsfeststellung bei HOFFMANN u.a. 1937, 1947, WÖHLBIER 1939.

[2] Weitere Daten im englischen Schrifttum COX u.a., FRAME, LINEHAN u.a. 1952, RAYMOND 1957, T. E. WILLIAMS 1949.

Es bestehen prinzipielle, nicht zu behebende Mängel und solche, deren Behebung vom Fortschritt der Erkenntnisse erhofft werden kann.

Normen für die Errechnung der tierischen Nutzleistung auf Weiden in Kilo-Stärkeeinheiten (kStE)

	FALKE 1927	BLATTMANN 1966, z.T. nach VOGEL				
1. Erhaltungsfutter für 100 kg Lebendgewicht in 24 Stunden (Weidetageinheit, WTE)						
Je nach Ausgangs-LG . . kStE	einheitlich 0,5	200 0,800	300 0,680	400 0,615	500 0,566	600 kg 0,528
2. Leistungsfutter a) je kg Milch						
bei Fettgehalt von	unter 3% bis über 4%	3,0	3,5	4,0	4,5	5,0%
kStE	0,2–0,3	0,225	0,250	0,275	0,300	0,325
b) je kg Lebendgewichtszunahme						
Je nach Ausgangs-LG . .		200	300	400	500	600
kStE Rinder ohne Bullen . . . Bullen	einheitlich 2,5	1,40 1,10	1,93 1,51	2,69 2,22	3,54 3,34	3,98 3,98

Für das Erhaltungsfutter von Fohlen, arbeitenden Pferden und Ochsen, wurde der bei FALKE einheitliche Wert von 0,5 kStE durch GEITH bzw. WERNER auf 1,0–1,2 erhöht.

Kälber- und Fohlengeburten auf der Weide werden mit 2,5 kStE je kg Lebendgewicht angerechnet, im Mittel mit 75 kStE, Mahdernten – soweit keine Futteruntersuchung erfolgt –

bei Grünfutter mit 13 kStE je dz (A. WERNER)
bei Weideheu mit 35 kStE je dz

Beispiel: Je ha wurden erzeugt:

4240 Weidetageinheiten	zu je 0,566 kStE =	2400 kStE
6260 kg Milch mit 4% Milchfett	zu je 0,275 kStE =	1721 kStE
134 kg Lebendgewichtszunahme	zu je 3,5 kStE =	469 kStE
18 dz Weideheu	zu je 35,0 kStE =	630 kStE
		5220 kStE
Im Beifutter wurden gegeben		270 kStE
Netto-Weideleistung je ha		4950 kStE

Vordrucke mit Anleitung zur Weidebuchführung sind von der Deutschen Landwirtschafts-Gesellschaft zu beziehen.

Wie schon betont, sagt die Methode nichts über die Beziehungen zwischen dem Ertrag der Grasnarbe, dem Verzehr des Weidetieres und seiner Ausnutzung aus. Das Weidetier deckt nicht nur seinen Bedarf; sein Verzehr richtet sich nach der Größe des Futterangebotes (S. 424), womit sich große Abweichungen vom tatsächlichen Bedarf, sowohl nach oben wie nach unten (Luxus und Mangel), ergeben. Die Verzehrsmenge nimmt, auf den Bedarf bezogen, mit fortschreitender Jahreszeit zu, vermutlich infolge sinkenden Energiegehalts des Futters. Eine erhebliche Rolle spielt die Individualität des Weidetieres in Alter, Kalbezeit, Laktationsverlauf, Aufnahme und Ausnutzung des Futters.

Zudem bestehen Mängel und Unsicherheiten in der Berechnungsweise der einzelnen Weideleistungen. Die Normen sind von Versuchen mit Stallfütterung abgeleitet worden. Der Weidegang erfordert jedoch einen zusätzlichen Energie-

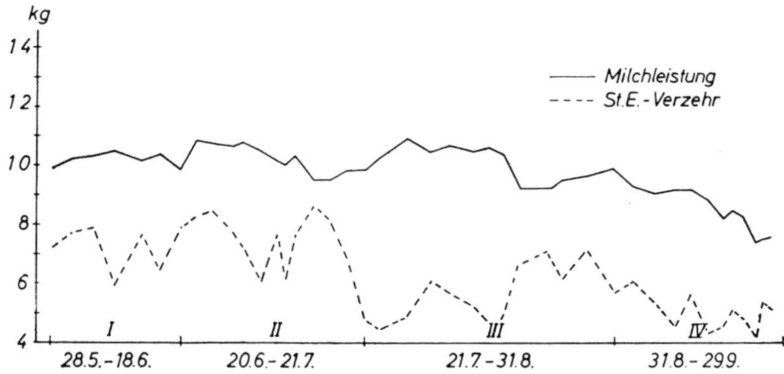

Abb. 216. Kein enger Zusammenhang zwischen dem Verzehr an Stärkeeinheiten und der Milchleistung (Blattmann)

verbrauch, über dessen Höhe allerdings Meinungsunterschiede bestehen (S. 422). Dies gilt auch für den Erhaltungsfutterbedarf. In ausgedehnten Versuchen fand Wallace 1959 als Bedarf von 100 kg LG in 24 Stunden etwa 1,15 kStE, also weit mehr als die in obiger Tabelle angegebene Menge.

Zunahme und Abnahme des LG sind, wie bekannt, schon wegen der Wägeschwierigkeiten nur schwer genau festzustellen (z. B. Oostendorp 1960a). Da der Wassergehalt von Kühen zwischen 56 und 78% schwanken kann (siehe Zitate bei Freer), gilt das noch mehr für das Gewicht des Tieres an Trockensubstanz. Zudem verursachen Ab- und Zunahme zusätzlichen Energieverbrauch. So schwanken die Angaben über den kStE-Verbrauch für LG-Zunahmen in weiten Grenzen.

Eine weitgehende Annäherung haben die kStE-Werte für die Milcherzeugung erfahren. Wallace rechnet bei 4% Fettgehalt mit 0,30–0,34 kg verdaulicher Nährstoffe (in kStE etwa 12% weniger) gegenüber 0,275 kStE in der Tabelle. Hier besteht zunächst kein Anlaß zu wesentlicher Änderung unserer Normen.

Stark umstritten ist die Anrechnung von Mahdernten (Frischgras, Silage, Heu). Abgesehen von der Schwierigkeit zutreffender Ertragsschätzung entstehen auf dem Wege von der Weide zum Futtertisch mehr oder minder große Verluste. Die Annahme einer Überhöhung der errechneten Weideleistungen durch volle Bewertung der Mahdüberschüsse – die ja kaum jemals vor der Verfütterung gewogen und analysiert werden – liegt nahe (wird aber auch bestritten!).

Den größten Posten der Nutzleistung stellt die Summe der WTE dar. Sie unterliegt großen Fehlermöglichkeiten; hohes Futterangebot wird schlecht ausgenutzt, bei zu geringem Angebot wird das Tier überfordert; es muß Körperreserven verbrauchen. Die Zahl der WTE wird zu hoch, wenn das Tier zwar längere Zeit auf der Weide gehalten wird, ohne seinen Bedarf decken zu können. Etwa festgestellte Gewichtsabnahmen fallen gegenüber der erhöhten WTE-Summe dann zu wenig ins Gewicht. Alle diese Mängel lassen sich indes vernachlässigen, wenn sie in bleibender, gleicher Weise wirken und man nicht mehr von der Weideleistungsrechnung verlangt als Vergleichswerte, nicht also Aussagen über die Ausnutzung von Futter- und Nährstoffangebot der Weide.

Wallace weist allerdings darauf hin, daß sich doch aus der nach neuesten Kenntnissen berechneten Weideleistung und ihren Einzelposten Rückschlüsse wenigstens auf die aufgenommene Menge verdaulicher organischer Substanz ziehen lassen; siehe das in Klapp (1963b) angegebene Beispiel.

Zusammengefaßt ist festzuhalten:

1. Der Erhaltungsfutterbedarf wird zwar als verschieden hoch angenommen; in jedem Fall ist er eng verknüpft mit dem LG des Weidetieres, siehe oben.
2. Über den Futterbedarf für die Milchleistung besteht ausreichende Übereinstimmung.
3. Für die LG-Zunahme bestehen offenbar keine gesicherten Beziehungen zu den angenommenen Normen. Die in der Tabelle angegebenen Daten können nur als Mittelwerte gelten. Je nach Autor wird ein Bedarf von 0,9–4,7 kStE je kg LG-Zunahme angegeben!

Andersartiger Kritik begegnet der erhebliche Zeitaufwand der Weideertragsberechnung. Es sind lückenlose tägliche Aufzeichnungen über alle Weidevorgänge auf jeder Koppel (Besatzgröße und Aufenthaltsdauer der Tiere, Milchleistung, etwaige Beifütterung, Mahdernten usw.) nötig, ferner regelmäßige Wägungen der Tiere, weiterhin Aufzeichnungen über Pflege und Düngung der Weideflächen, endlich eine Jahresschlußberechnung. Gleich hier sei bemerkt, daß die für einzelne Tage und Koppeln festgestellten Leistungen wegen der Verschleppung der Futterwirkung im Tier nicht richtig zu bewerten sind.

Vornehmlich der Arbeitsbelastung wegen, aber auch aus weiteren Gründen wird daher versucht, einfachere und doch einigermaßen zuverlässige Maßstäbe für die Weideleistung zu finden (so schon Richardsen 1937). Einen Überblick der Möglichkeiten hat neuerdings Köhnlein (1968) gegeben. Er betont mit Recht, daß die Art der Weideleistungsbewertung ganz von dem damit verfolgten Zweck bestimmt werden sollte.

1. Soweit nur die Wirtschaftlichkeit einer Weide im Vergleich mit anderen oder mit Ackerfutterbau festzustellen ist, bedarf es nur der Ermittlung von Kosten und Verkaufswert der marktgängigen Weideleistungen, z.B. im Unterschied von Milch- und Fleischviehhaltung.

2. Für den Vergleich der Leistung verschiedener Weiden an tierischem Nutzertrag eignet sich die FALKE-GEITH-Methode mit ihren Verfeinerungen durchaus; jedoch sind die S. 483 besprochenen Vorbehalte hinsichtlich ihrer Aussagekraft zu berücksichtigen. Insbesondere ist die Weideleistung in kStE kein brauchbarer Maßstab für den Pflanzenertrag der Weide.

3. Die am häufigsten zu stellende Frage ist die nach dem Wirkungsgrad verschiedener Pflege-, Düngungs- und Nutzungsmaßnahmen auf die Weideleistung schlechthin einschließlich des Pflanzenertrages. Die FALKE-GEITH-Methode würde hier bestenfalls genügende Auskunft geben, wenn alle über die Futteraufnahme hinausgehenden, „für die tierische Nutzleistung maßgebenden Faktoren gleichgesetzt werden können", wenn also in einem möglichst exakten Weideversuch mit gleichartigem Viehbestand und gleichbleibender Viehbehandlung auf verschieden behandelten Koppeln gearbeitet wird. Der Vergleich verschiedener Weidebetriebe mit verschiedenem Viehbestand bei Berechnung der Weideleistung in kStE wird die Wirkungsunterschiede verschiedener Weidesysteme nicht zuverlässig erkennen lassen. Eher lassen sich größere Gruppen gleichartig behandelter mit anderen Gruppen abweichend behandelter Weiden vergleichen. Gerade angesichts der Schwierigkeiten solcher Vergleiche liegt es nahe, nach einem einfacheren, aber doch repräsentativen Maßstab für die Weideleistung zu suchen.

KÖHNLEIN und Mitarbeiter (WEISSENBERG, VON SPRECKELSEN) haben wiederholt darauf hingewiesen, daß die Zahl der auf der Weide erreichbaren Großviehweidetage (GWTE je 500 kg LG) in engen Beziehungen zu der in kStE gefundenen Nutzleistung, unabhängig von der Größe der Teilleistungen (Erhaltung, Milchleistung, Zuwachs) steht. (So auch OEHRING 1966.) In seinen neueren Untersuchungen fand KÖHNLEIN sehr enge Korrelationen sowohl bei Anwendung der Normen von FALKE wie bei denen von GEITH. Und zwar beansprucht ein Großvieh-(Kuh-)Weidetag etwa 7 kStE. Denselben Wert gibt z.B. MARCUSSEN 1958b an. Aus einigen uns zugänglichen Angaben errechneten wir den sehr ähnlichen Wert 6,65. OEHRING rechnet mit 5,6–6,7. Da zudem eine sehr enge Beziehung zwischen der Zahl der Kuhtage und dem Futterangebot einerseits und der ausgenutzten Futter-Tm (= dem verdaulichen Anteil der Tm) anderseits besteht (COWARD/HODGES), erweist sich die Zahl der GWTE als ein sehr bequemer Maßstab zum Vergleich der Leistungsfähigkeit verschieden behandelter Flächen im Grasertrag. Seine absolute Höhe wird damit zwar nicht erfaßt – dies bedarf gewichtsmäßiger Feststellungen etwa mit der Differenzmethode, womöglich ergänzt durch Futteruntersuchungen –, es kommt aber der Zielsetzung wegen vornehmlich auf den Vergleich an.

Man muß sich dabei dessen bewußt sein, daß es sich zunächst nur um einen Maßstab der verfügbaren Futtermenge und nicht um einen solchen für die Qualität des Futters, z.B. im Mineralstoffgehalt, handelt. Auch sei nochmals auf die Möglichkeit einer zu langen Belassung der Tiere auf Weideflächen mit nicht mehr ausreichendem Futtervorrat hingewiesen (S. 423).

Die Multiplikation der GWTE mit 7 ergibt also etwa die Summe der erzielten kStE, wenigstens bei reichlichem Futterangebot. So schließt KÖHNLEIN, daß die Feststellung der GWTE gegenüber der FALKE-GEITH-Rechnung eine wesentliche, für praktische Zwecke genügende Vereinfachung bei der Errechnung der gesamten Weideleistung darstellt. Mahdüberschüsse wie Beifütterung müssen natürlich für sich berechnet und berücksichtigt werden.

Es bietet sich damit auch ein Weg zu einer bisher fehlenden allgemeinen Weideleistungsstatistik von Landschaften und Jahren ähnlich den statistischen Erhebungen für den Ertrag von Ackerkulturen. Nach COWARD/HODGES werden in England die Feststellung der Kuhweidetage und die Berechnung in Stärkeeinheiten nebeneinander durchgeführt. Es wird also einerseits der relative Grasertrag wie anderseits die Wirkung der Bewirtschaftung, die Geschicklichkeit des Weidewirtes in der Ausnutzung des Gewachsenen, zu erfassen versucht.

In der Bewertung der Teilleistungen einer Weide liegen Schwierigkeiten bei der Berechnung der Milchleistung nach kStE in der Individualität der Einzelkuh; so bei der Berücksichtigung ihres Alters und der Kalbezeit. Nach niederländischen Feststellungen (DOEKSEN/HEIJBORER) beschrieb DE GROOT (1956a) die Heranziehung einer „Standardkuh" als Berechnungsgrundlage; d.h. die Höchstleistung einer schwarzbunten Kuh einen Monat nach dem Kalben. Die Milchleistung von Kühen abweichenden Alters und Kalbetermins wird in Prozent jener Höchstleistung ausgedrückt (siehe die umfassende Tabelle bei DE GROOT). COWARD/HODGES benutzen diese Umrechnung auf die „Standardkuh". Wesentlich ist vor allem der dabei mögliche Rückschluß auf ausreichende Menge und Qualität des Grases.

Bei der GWTE-Rechnung sind Alter und Gewicht der Weidetiere angemessen zu berücksichtigen. KÜNSTING (1961) macht vereinfachte Vorschläge (1 Jungvieh-Weidetag = 1/2 Kuhweidetag), COWARD/HODGES unterteilen in 4 Altersstufen, dort auch Schafe in 4 Stufen. KÜNSTING hat ferner Umrechnungen von Heu und Silageernten auf Kuhtage, sowie eine Anrechnung von Beifutter im Stall vorgenommen. Die Ergebnisse 10jähriger Anwendung (Dikopshof, nicht veröffentlicht) der Einfachrechnung mit Kuhtagen lassen eindeutige Vergleichswerte für die Leistung verschiedener Jahre (Weidedauer zwischen 176 und 217 Tagen) und Koppeln (z.B. auch nach der Bodenzahl, der Umtriebshäufigkeit) erkennen.

Endlich ist darauf hinzuweisen, daß Beziehungen zwischen dem Futterangebot (und damit der Zahl der GWTE) zur Milchleistung nicht bestehen, nach OEHRING auch nicht zwischen Angebot und Gewichtszuwachs (Abb. 216).

3. Höhe und Bedingtheit des Grünlandertrages

Einzelangaben, Sammlungen solcher und Versuchsberichte finden sich in so großer Zahl, daß nur Beispiele genannt werden können. (Neben den im Text genannten Autoren siehe Anmerkung [1].)

[1] BOSCH/TE VELDE 1958a, b, BRUCKNER 1957a, b, COWARD/HODGES, DIX 1932, DÖRRIE 1958, H. FALKE 1966, FINCKH 1960a, FRANZKE u.a. 1966, GALENSA 1961b, 'T HART 1947, 1960c, R. HOFFMANN u.a. 1937, 1939, HUNDT 1965, IVINS 1959, JUNGHANS, KARNS, VAN DER KLEY 1955, 1956a, KNAUER 1967, KOCH, TH. KRAMER, KREIL u.a. 1953/54, 1956f., LARIN 1956f., MEHNER/GRABISCH 1956, MICHAELIS 1956, PIGDEN/

Weideflächen

Der Grasertrag von Umtriebsweiden wird in Vorkriegsquellen mit 250 bis 500 dz/ha (im Mittel 440) angegeben, später mit 450 bis über 700 dz/ha (im Mittel etwa 550). Die Ernten an Tm betragen entsprechend 55–90 dz/ha (70) und 70 bis über 140 (105) dz/ha. Das Ansteigen der Werte entspricht verbesserter Weideregelung und Düngung. Bei 180 Weidetagen ist auf guten Weiden mit einer Tagesleistung von etwa 300 kg Grünmasse und etwa 55 kg Tm zu rechnen. Es ist jedoch zu berücksichtigen, daß viele Angaben über Weideleistungen nur für den Durchschnitt von Weidebetrieben oder Betriebsgruppen ohne Berücksichtigung innerbetrieblicher Lage- und Bewirtschaftungsunterschiede gelten. Diese können jedoch sehr groß sein, wenn z.B. Flächen verschiedener Vorgeschichte, Lage, Böden und Nutzungsweise in einem Betrieb nebeneinander vorliegen. Beispiel Versuchsgut Rengen: Hier sind 4 Koppelgruppen zu unterscheiden (Mittel 1960/66):

	Nutzungsweise je Jahr (Häufigkeit)				N-Düngung	kStE-
	Beweidung	Heuschnitte	Siloschnitte	Sa	kg/ha	Leistung
1.	3,87	0,17	0,43	4,47	174	4571
2.	3,17	0,40	0,37	3,94	111	3282
3.	2,83	0,63	0,32	3,78	125	2634
4.	3,83	–	–	3,83	27	2030

Zu 1: Hofnahe, stärkst gedüngte Kuhweiden, fast eben, seltene Heuschnitte, größte Nutzungshäufigkeit.

Zu 2: Weitere Hofentfernung, geringere Düngung, ± hügelig, vorwiegend Jungviehweide, zunehmende Zahl von Heuschnitten.

Zu 3: Weit vom Hof, schlechtere Böden, z.T. stark hängig, Jungviehweiden mit häufiger Heunutzung, erheblich seltenere Nutzung als bei 1.

Zu 4: Steilhänge ohne Möglichkeit maschineller Mahd, Pflege, Düngung; reine Jungviehweide.

Vielzahl und wechselnde Bedeutung der bedingenden Faktoren – die noch zu ergänzen wären – bilden hier einen kaum zu entwirrenden Komplex.

Legt man die Gehaltswerte guten Weidegrases zugrunde, dann stellt der in StE ausgedrückte Bruttoertrag etwa das 60fache der Tm-Ernte dar, bei 100 dz Tm also 6000 kStE. Die Netto-Weideleistung bleibt meist weit dahinter zurück; sie dürfte im Mittel nur 70% erreichen, kann aber in Ausnahmefällen sogar höher als der Mahdertrag sein, wenn die Weide erheblich tiefer als in Schnitthöhe verbissen wird.

Im Überblick ganzer Länder werden durchschnittliche Weideleistungen (netto) mit 1500–3400 kStE/ha angegeben (Höchstwert in den Niederlanden). Kontrollierte Weiden brachten in Deutschland nach GEITH/ZÜRN 1941 durchschnittlich 2811 kStE/ha, nach KÖNEKAMP, BLATTMANN u.a. 1959 dagegen 3188. Für einzelne Landschaften ergaben sich je nach dem Zeitpunkt bei Kontrollweiden Werte zwischen 2250 und 4200 kStE. Sehr viel höher

GREENSHIELDS, ROSSELET, SALVADORI 1955, SCHECHTNER 1963, 1965, SCHILDKNECHT, SCHMIDT u.a. 1934ff., SCHÖNHERR 1960, SCHREINER, SCHÜTZHOLD u.a. 1961, SEYRER, STAHL/MUDRA, TEUCHER 1964, WIEGNER 1934a, 1935.

lauten meist die Ergebnisse von Weideversuchen, je nach Land und Lage 3500–5600 kStE/ha, in Einzelfällen noch viel höher. Selbst im hohen Mittelgebirge wurden Versuchsleistungen nahe 3000 kStE/ha gefunden.

Die Ausnutzung des Grasertrages ist, wie erwähnt, enttäuschend, die Spanne reicht von 38–92%. Dafür bestehen viele Ursachen: Luxusverzehr über den tierischen Bedarf hinaus, bei G. MÜLLER 1959 z.B. 39–48% des Verzehrs!; geringe Ausnutzung des stehenden Grases (Weidereste!) und der verzehrten Menge; unmittelbare Verluste durch Zertritt und Beschmutzung des Futters, bei der Konservierung von Mahdernten.

Unter den Einzelleistungen schwanken die Angaben über die Milcherträge je Kuh und je ha so sehr, daß brauchbare Mittelwerte nicht anzugeben sind. Bei leistungsfähigen Tieren sind Tagesergebnisse von 25–30 kg Milch „nicht ungewöhnlich" (BLATTMANN); KLETER fand in 30 Betrieben Durchschnittsleistungen der „Standardkuh" von etwa 22 kg, ARENS 1962a im hohen Mittelgebirge durchschnittlich 18,7 kg mit 3,86% Fett bei einer Kuhgruppe.

Für den Gewichtszuwachs auf Mastweiden liegen Angaben zwischen etwa 500 und über 1300 g Tageszunahme je Tier und zwischen Jahreszunahmen von 2 und über 9 dz/ha vor (z.B. MARCUSSEN 1959–1963). Die Gewichtszunahmen hängen nicht nur von der Qualität und der Bewirtschaftung der Weide ab, sondern von der Art der Tiere (Bullen, Ochsen, Zuchtvieh) und von der vorhergehenden Winterfütterung. Junges Zuchtvieh wird zwar oft auf weniger intensiv bewirtschafteten Weiden gehalten, ist beim Auftrieb aber meist in gutem Futterzustand. Eine wesentliche Rolle spielt auch frühzeitige Gewöhnung an den Weidegang; in Rengen (REMY 1933) verloren Jungochsen aus zu warmen und dunklen Ställen während der ganzen Weideperiode täglich je 390 g an Gewicht, während eigene, im Winter an Freilandhaltung gewöhnte Tiere 400–500 g je Tag zunahmen. Hohe Zunahmen finden sich besonders bei Jungbullen.

HOLMES gibt für England folgende Gewichtszunahmen je Tier und Tag an:

über 1 kg nur	bei N-Gaben unter	200 kg/ha
0,7–0,8 kg	bei N-Gaben von	300 kg/ha
0,28 kg	bei N-Gaben über	600 kg/ha

Von Interesse ist, welche Anteile des Futters für die Erhaltung und für die Leistung des Tieres verwendet werden (nach der FALKE/GEITH-Rechnung oder ähnlichen Verfahren, d.h. auch mit den S. 485 genannten Mängeln). Der Erhaltungsfutterbedarf stellt bisher stets den höchsten Posten dar, es folgen die Werte für Milch-, Zuwachs- und Mahderträge in wechselndem Verhältnis.

Sicher ist der Anteil des Erhaltungsfutterbedarfs bei primitiven Weideverfahren erheblich höher als bei modernen, meist weit über 50%. In den Weidedüngungsversuchen der Stickstoffindustrie (STRÖBELE u.a., Ende der zwanziger Jahre) sank der Anteil des Erhaltungsfutters auf 43–48%. 1963a gab VOIGTLÄNDER mit steigender N-Gabe folgende Anteile der Weideleistungen an:

Erhaltung	37–35,5%
Milch	32–33,0%
Zuwachs	12–14,0%
Mahd	19–17,5%

Von der Crone fand in seinen Versuchen ein Verhältnis von Erhaltungs- zu Leistungsfutter wie 1:1 39 bis 1,52. Bei aller Unsicherheit der Berechnungsmethode ist im ganzen eine wesentliche Verbesserung des Verhältnisses mit dem Fortschritt der Weidebewirtschaftung festzustellen (Teucher 1964). Leider fehlen in vielen Versuchen Angaben über die etwaige Ergänzung des Weidefutters durch Kraftfutter. Die darin verabreichten StE müssen bei der Weideleistungsberechnung natürlich von der Jahressumme abgezogen werden! Kraftfuttergaben schränken unweigerlich die Ausnutzung des Weidegrundfutters ein (S. 409).

Voraussetzungen von Grasertrag und Weideleistung

Die Ertragsfähigkeit (das Potential) der Weiden im Urzustand, d.h. ohne Düngung und bei primitiven Weideverfahren, wird weitgehend von der Umwelt (Boden, Klima, Grasnarbentyp) bestimmt. Mit fortschreitender Intensivierung werden die Umwelteinflüsse mehr und mehr verwischt. Das wird besonders deutlich bei größeren Übersichten von Kontrollweiden, z.B. bei Könekamp u.a. 1959. Gegenüber der 18 Jahre früher erschienenen, mit der gleichen Methode gewonnenen Übersicht von Geith/Zürn 1941 erscheinen die durch Boden und Klima bedingten Leistungsunterschiede stark eingeschränkt, zum Teil auch andersartig.

Für die Höhe der Weideleistungen läßt sich nach Könekamp sagen:

a) Klima: Optimal sind relativ hohe Niederschläge, in gewissen Grenzen unabhängig von der Jahrestemperatur. Besonders ungünstig ist trockenwarmes Klima.

b) Höhenlage: Feuchtkühle Klimazüge erweisen sich bis über 700 m Höhe als günstig so lange, bis die Vegetationszeit stark abgekürzt wird oder die Weide am Schattenhang liegt. Indirekt wirksam ist die zum Teil besonders gute Weidebewirtschaftung in manchen Höhengebieten. Aber auch bei gleicher Bewirtschaftung werden über 500 m Höhe unter sonst günstigen Verhältnissen ähnliche Weideleistungen wie im Tiefland erzielt.

c) Boden: Entscheidend ist der Wasserhaushalt des Bodens; damit zeigen Lehm, Löß und sandiger Lehm bessere Leistungen als Marsch-, Ton-, Sand- und Moorböden. Lehme und leichtere Böden liefern mit steigendem Niederschlag höhere, (An-)Moorböden zuletzt aber sinkende Erträge.

Man gelangt (Könekamp u.a.) zu dem Schluß, daß es ziemlich unabhängig vom Boden und Klima ganz überwiegend die Maßnahmen der Bewirtschaftung und der Weideregelung sind, die über die Höhe des Weideertrages entscheiden. Bei den Kontrollweiden handelt es sich um überdurchschnittlich bewirtschaftete Flächen. Daneben gibt es natürlich ausgedehnte Flächen mit extensiver Bewirtschaftung, die zum Teil, unter dem Druck ungünstiger Umweltverhältnisse, der Intensivierung gar nicht zugänglich sind. Hierhin gehören z.B. die Almen der höheren Gebirge. Der „Höhenkomplex" (S. 62, Hofentfernung, Transportschwierigkeiten, Geländeform, Steindurchsetzung des Bodens, erhöhter Energieverbrauch der Tiere durch die Steigleistung u.a.m.), vor allem aber eine stark verkürzte Weidedauer lassen hohe Weideleistungen in der Regel nicht zu. Gelingt es, die mehr wirtschaftlichen Hemmungen einzuschränken, dann können auch noch in beträchtlicher Höhenlage ansehnliche Weideleistungen erreicht werden (siehe z. B. CAPUTA 1966), wenngleich die Kürze der Vegetationszeit zuletzt doch unübersteigbare Grenzen zieht.

Von diesen und anderen Extremen abgesehen, entspricht die Weideleistung durchaus nicht immer der Gunst oder Ungunst des Standortes. D. h. beste, aber extensiv genutzte Lagen können deutlich geringere Leistungen zeigen als ungünstige Standorte unter intensiver Bewirtschaftung bei allerdings erhöhtem Aufwand. Was man selbst in Halbwüsten, trockenen Steppen und Wiesensteppen mit neuzeitlichen Verfahren erreichen kann, zeigen Beispiele von AGABABYAN 1966 aus Rußland.

Soweit der Pflanzenbestand der Weiden – sei es aus Gründen des natürlichen Standorts oder der Bewirtschaftung – größere Unterschiede aufweist, steht die Weideleistung in deutlichen Beziehungen zu ihm. In besseren, nicht ödlandartigen Weiden namentlich Mittel- und Westeuropas sind die höchsten Weideleistungen bei Vorherrschaft von *Lolium perenne* (Deutschem Weidelgras) mit Rispengräsern (*Poa pratensis, Poa trivialis*), bei nicht allzu scharfer Nutzung auch mit *Festuca pratensis* (Wiesenschwingel) zu erwarten. In trockenen, winterkalten Lagen treten *Lolium* und *Poa trivialis* zurück.

Dagegen sind Weiden mit zunehmendem Anteil von Rotschwingel (*Festuca rubra genuina*), Rotem Straußgras (*Agrostis tenuis*) und Wolligem Honiggras (*Holcus lanatus*) stets unterlegen. Hierin stimmen die meisten Autoren Deutschlands (z. B. JORIS/SCHWERDTFEGER, KLAPP 1965a, WEISE 1952) überein, aber auch die niederländischen (z. B. SANDERS/'T HART 1950) und englischen (BAKER 1960a, W. DAVIES, vielfach). Näheres über die zahlreichen Untergesellschaften und Mengenkombinationen allein der *Lolium*-Weiden findet sich bei den genannten Autoren.

Bei ödlandartigen Flächen sinkt die Weideleistung von den *Agrostis-Festuca*-Beständen (nun auch mit *Festuca rubra commutata* [Horstrotschwingel] und *F. ovina* [Schafschwingel]) zu den an Borstgras (*Nardus*) und Heidekraut (*Calluna*) reichen Heiden. Auf dem Versuchsgut Rengen (Hocheifel) ergaben sich auf ursprünglich gleichem Standort an kStE/ha (vor dem Krieg) bei:

nicht oder schwach gedüngten Heiden	790 (490– 960)
Festuca commutata/Agrostis-Weiden	1520 (1100–1910)
Frischen, stärker gedüngten Flächen	1780 (1400–2100)
Stark gedüngten *Agrostis*-Weiden	2650 (1600–3100)

Für die dreißiger Jahre wurden beim 4. Grünlandkongreß in Großbritannien angegeben:

	Gewichtszunahmen kg je Tier	Besatzbeispiele je ha	
Lolium-Weiden	330–450	$2^1/_2$ Rinder,	2 Mutterschafe
Lolium-Agrostis-Weiden	150	–	–
Agrostis-Weiden	50	$^9/_{10}$ Rind,	5 Mutterschafe
Nardus-Agrostis-Weiden	–	–	$2^1/_2$ Mutterschafe
Nardus-Calluna-Weiden	10–35	$^1/_{20}$ Rind,	$1^2/_3$ Schafe
(Die Mutterschafe jeweils mit Lämmern)			

Ähnliche Abstufungen sind in der englischen Literatur mehrfach zu finden, ebenso Ausblicke auf die zu erwartenden Verbesserungsmöglichkeiten (W. Davies 1960).

Die besten Grasnarben leisten je nach den Umständen das 5- bis 10fache der schlechtesten. Selbst in den Ländern günstigster Voraussetzungen sind gute und beste Weidebestände immer noch in der Minderheit und je nach Land nur zu 10 bis bestenfalls 30% vertreten (van der Molen u.a.). Unter fast 2000 untersuchten Fällen fanden wir nur 8,5% sehr gute und 12,7% noch gute Bestände, in denen die Grasnarbe zu mehr als 50% aus *Lolium, Poa pratensis, Poa trivialis, Festuca pratensis* bestand. Wie erwähnt, spielt die Bewirtschaftung eine entscheidende Rolle für die Entwicklung der Grasnarbe; Könekamp u.a. billigen ihr 50% der Wirkung zu, höchstens 23% dem Klima und allen anderen Einflüssen nur den Restanteil.

Daß die Weideleistung so oft im Widerspruch zur natürlichen Standortsgunst steht, hat vielerlei Ursachen namentlich betriebswirtschaftlicher Art: Betriebs- und Nutzungsziel (Mast, Milcherzeugung, Aufzucht), ferner die Betriebsgröße, die Höhe des Grünlandanteils, Arrondierung u.a.m. Die häufig zu beobachtende geringe Weideleistung bei hohem Grünlandanteil ist „kein Naturgesetz" (Könekamp); das zeigt die oft hohe Leistung reiner Grünlandbetriebe z.B. im Bereich der Güllewirtschaft (Brünner 1962b).

Die Verbesserung und schließlich sogar die weitgehende Angleichung der Grasnarben und der Weideleistung sind vor allem auf die Unterteilung der Weidefläche, hohen Besatz und starke Düngung in ihrem Zusammenwirken, nicht auf Einzelmaßnahmen zurückzuführen. Im Institut für Grünland- und Moorforschung der Deutschen Akademie der Landwirtschaftswissenschaften zu Berlin wurde ein sehr differenzierter „Paulinenauer Schlüssel" zur Bewertung von Weiden nach Standorts- und Bewirtschaftungszustand entwickelt.

Wenn der Weg von der Hutung über Standweide – Umtriebs- und Rationsweide die mögliche Weideleistung von 500–600 kStE/ha auf schließlich über 7000 kStE/ha ansteigen läßt (so Könekamp 1955b, siehe S. 473), dann handelt es sich um eine Komplexwirkung aller früher genannten Maßnahmen. Dabei bildet natürlich die Standortverbesserung (Meliorationen, reichliche Basen- und Nährstoffbevorratung, starke, laufende Düngung) die Grundlage für den Erfolg der veränderten Weideregelung (Weideführung).

Die Erfahrung zeigt, daß die ersten Schritte auf dem Wege zu hoher Weideleistung meist besonders erfolgreich sind, die Dauer der Weidekontrolle oder einer sachkundigen Beratung aber von Jahr zu Jahr einen stetigen Fortschritt begünstigt (so Baker/Baker 1965, Blattmann 1962, Staehler 1965).

Obwohl der „Umtrieb an sich" nur selten versuchsmäßig auf seine Wirkung hin untersucht wurde (S. 472), sind die Sachkundigen der Auffassung, daß er allein, d.h. ohne Mehrdüngung, schon zu höherer Weideleistung führt. Praktisch sind Umtriebs- und Besatzregelung allerdings schon bei ihrer Einführung fast ausnahmslos mit stärkerer Düngung verbunden, und diese dürfte auch in der Regel der entscheidende Faktor sein. Ein Beispiel liefert ein insofern seltener Versuch, als auch ungedüngte Teilstücke einbezogen wurden (Staehler/Finckh 1959). Die Weideleistung wurde sowohl über Weide- wie über Schnittnutzung festgestellt. Im Mittel von 3 Jahren ergaben sich folgende relative Leistungen:

	Weidenutzung	Schnittnutzung
Ohne Düngung . . .	100	100
PK	204,3	193,7
NK	220,0	208,5
NP	257,7	224,4
NPK	304,8	306,6

In kStE/ha ausgedrückt, führte die Düngung bei Weidenutzung von 1566 (ungedüngt) zu 4774 kStE/ha (vollgedüngt). Angaben ähnlicher Größenordnung für starke gegenüber schwacher oder unvollständiger Düngung finden sich bei Franzke u.a. (1962, 1966), Voigtländer (1963a).

Zuletzt sei noch kurz auf die Rolle des Weidetieres für die Weideleistung hingewiesen; sie kommt nicht nur in rasse- und schlagbedingten Unterschieden der Wüchsigkeit (z.B. früher Schlachtreife bei Mastvieh), des Verzehrs und der Futterausnutzung zum Ausdruck. Abgesehen von Geschlecht, Alter, Trächtigkeit und Kalbezeit wiederholen sich jene Unterschiede zwischen Einzeltieren desselben Typs in beträchtlichem Maße. Wichtig sind Unterschiede von Geschlecht und Alter namentlich bei Mastvieh (Beispiele bei Marcussen (1959–1962).

Mäheflächen

Die Fläche der reinen Mähwiesen ist in Westdeutschland um 70% größer als die der Weiden und Mähweiden. Diese Tatsache unterscheidet die Möglichkeiten der Grünlandverbesserung grundsätzlich von denen der westeuropäischen Weideländer; auf ihre Ursachen wurde früher wiederholt eingegangen. Im Gegensatz zum Weideland stehen die Wiesenerträge auch heute noch viel stärker unter dem Einfluß des natürlichen Standorts und weniger unter dem der Wirtschaftsweise.

Die auf dem Weideland möglichen Verbesserungsmaßnahmen waren – und sind auch zum Teil noch – auf einem großen Teil des Wiesenareals nicht anwendbar (Schwierigkeiten der Streulage und großer Hofentfernung, dauernder Nässe und häufiger Überschwemmung sowie der Werbung und Konservierung).

Die tatsächliche Ernte an Heu-, Silo- und Trockenfutter entspricht dem Grasertrag der Wiese ebensowenig wie der tierische Nutzertrag der Weide ihrem Grasertrag. Wie auf der Weide läßt sich der Frischgrasertrag einer Wiese nur im Versuch genau ermitteln. Es werden hier zunächst nur die – meist durch Schätzung oder durch Rückschlüsse aus der Heuernte ermittelten – Wiesenleistungen und ihre Grundlagen besprochen, Methoden und Verlustgrößen der Werbung und Konservierung erst anschließend (S. 498).

Bis in die neuere Zeit wurde bei einem statistischen Mittelwert von 42 dz Heu/ha – von Extremen abgesehen – eine Ertragsspanne von 10 bis über 150 dz/ha tatsächlich festgestellt. Sowohl die niedrigsten wie die höchsten Werte stammen von minderwertigen Flächen, von Ödlandwiesen einerseits, von Naß- und Überflutungswiesen anderseits.

Aber auch innerhalb standortsgleicher, zur Lieferung brauchbaren Heues befähigter Wirtschaftswiesen im engeren Sinne finden sich größte Ertragsunterschiede. Über die von Klima und Boden bedingten Wuchsmöglichkeiten, aber auch über die Wirkungen von Pflege, Düngung und Nutzung auf den Wiesenwuchs allgemein wurde in vorangehenden Teilen des Buches ausführlich berichtet. Ertragsfähigkeit und Erntequalität der Wiesen sind noch in weit größerem Maße von den Umwelteinflüssen bestimmt als die der Weiden unter den nivellierenden Wirkungen des Weidebetriebes[1]. Ein äußeres Kennzeichen dafür besteht in der außerordentlichen Vielfalt der Wiesen-Pflanzengesellschaften (ausführlicher in KLAPP 1965a; Schätzungsrahmen bei PETERSEN 1927). Hierunter sind Mittelwerte für eine enge Auswahl von Wiesengesellschaften (zusammen 2170 Fälle) angegeben, dabei einige wichtige Standortsdaten. Die Bestände unter [1], [2], [3] sind mehr oder minder gedüngte Wiesen, zuweilen auch [4]; [5], [6], [7] sind Ödlandwiesen, [8] Bestände hoher Sauergräser, die zuweilen als Streuwiese genutzt werden. Die Mittelerträge sind niedrig und entsprechen für [1] bis [4] etwa dem statistischen Durchschnitt der Vorkriegszeit. Es handelt sich um Schätzwerte meist aus den Jahren 1921–1951.

		Mittelwerte		
		Höhenlage	pH-Wert	Heuertrag dz/ha
Tal-Glatthaferwiesen frisch bis feucht	1	300	6,3	49 (28–75)
Tal-Glatthaferwiesen trocken	1	200	7,0	35 (20–51)
Berg-Glatthaferwiesen frisch	1	600	5,1	38 (20–60)
Berg-Glatthaferwiesen trocken	1	550	5,5	36 (32–40)
Kohldistelwiesen feucht	2	400	7,0	40 (28–60)
Traubentrespenwiesen sehr feucht	3	285	5,6	42 (20–80)
Wiesenknopf-Silgenwiesen, wechselfeucht	4	310	6,5	36 (20–53)
Grauseggenwiesen naß	5	400	4,7	21 (17–36)
Borstgraswiesen wechselfeucht	6	670	4,2	12 (5–35)
Kalktrockenrasen sehr trocken	7	360	7,5	12 (5–>30)
Schlankseggenrieder naß, Wasser	8	270	5,9	51 (27–>100)

[1] *Arrhenatheretum*, [2] *Cirsio-Polygonetum*, [3] *Brometo-Senecionetum*, [4] *Sanguisorbeto-Silaetum*, [5] *Carici can.-Agrostidetum can.*, [6] *Nardo-Galion*, [7] *Mesobromion*, [8] *Caricetum gracilis*.

Die Feuchtebeurteilung und die Mittel von Höhenlage und pH-Wert lassen bereits die großen Unterschiede der natürlichen Grundlagen erkennen. In jeder Gesellschaftsgruppe gibt es erhebliche Abweichungen von diesen Mittelwerten; diese und Düngungsunterschiede führen zu einer überraschend weiten Spanne der Erträge, und dasselbe gilt für die zahlreichen hier nicht angeführten Gesellschaftseinheiten.

Soweit uns andere größere Untersuchungsreihen bekannt sind, ist die Ertragsabstufung der Wiesen sehr ähnlich gefunden worden (z.B. H. MÜLLER 1958, schon 1953 mit Daten von KNOLL, ferner in Länderberichten über die

[1] Mit der Erarbeitung genauerer Korrelationen zwischen den natürlichen Standortsfaktoren und dem Wiesenertrag beschäftigen sich SPATZ u. VOIGTLÄNDER; siehe oben S. 27 und weitere Hinweise im Text.

ERP-Düngungsbeispiele). Namentlich nach dem Kriegsende sind die Erträge angestiegen, und zwar bei den besseren Wirtschaftswiesen um etwa 20%.

Hierzu genügen schon verhältnismäßig geringe Düngergaben. Nach den bis 1962 vorliegenden Unterlagen (Klapp 1962d) ergaben sich folgende Düngerwirkungen:

	Ungedüngt	PK	NPK
Glatthaferwiesen	52,1	65,1	80,4 dz Heu/ha
Traubentrespenwiesen	46,3	51,7	84,4 dz Heu/ha
Borstgrasrasen	15,8	–	36,4 dz Heu/ha

Die Unterlagen der bearbeiteten Versuche sind leider sehr verschieden je nach Jahren und Düngergaben. Wenn aber bei vielen Wirtschaftswiesen schon in den fünfziger Jahren mit NPK-Düngung Heuerträge von 100, in Einzelfällen bis 150 dz/ha erreicht wurden, erhebt sich die Frage: Wie hoch ist das Potential, die mögliche Ertragsfähigkeit guter Wiesen?

Steuerer-Finckh 1966, vorher schon Finckh 1959, hat auf Grund von 89 vergleichbaren Wiesendüngungsversuchen gezeigt, daß die besten Leistungen bei frischen Glatthaferwiesen im Mittel 128 dz Heu/ha ergaben, bei Borstgrasrasen immerhin 88 dz; dies bei Düngergaben von 60–80 kg N, 100–150 kg P_2O_5, 140–160 kg K_2O je ha. Die ertragsärmsten, nicht gedüngten Wiesen gleicher Ausgangsgesellschaften lieferten nur 38,5 bzw. 15 dz Heu/ha. Die Autorin sieht das Potential der Wiesen bei landesüblicher Düngung als nur zu 45–65% ausgeschöpft an, bei den frischen Glatthaferwiesen aber selbst bei starker Düngung bisher nicht höher als zu 75%.

Nun ist dabei zu berücksichtigen, daß die Wiesendüngung starke Umschichtungen im Pflanzenbestande hervorruft. Vor allem bleibt ein Borstgrasrasen bei Düngung in der genannten Höhe kein Borstgrasrasen; er entwickelt sich in oft überraschend kurzer Zeit zu einer wesentlich leistungsfähigeren Pflanzengesellschaft. (Siehe das Geschehen in ähnlichen Beständen bei Klapp 1951a, 1959a.) Gerade in diesem Fall stellt Düngung eine sehr wirksame Meliorationsmaßnahme dar. Die Standortsverbesserung benötigt, da von schlechtem Zustand ausgehend, mehr Zeit als etwa unter frischen Glatthaferwiesen.

Im ganzen läßt sich mit heutigen Düngungs- und Nutzungsverfahren eine früher ungeahnte Steigerung der Wiesenerträge erwarten – sofern die Voraussetzungen gegeben sind.

Der Ertrag allein sagt jedoch nicht allzuviel. Die höchste Ertragsfähigkeit liegt bei Rohr- und Hochseggenwiesen vor; dabei handelt es sich aber um Bestände gering- oder ganz minderwertiger Qualität, zum Teil nur um „Streuwiesen".

Kurz, eine für den Wirtschaftswert entscheidende Aussage läßt erst die Beurteilung von Ertrag und Futterqualität des Pflanzenbestandes zu. Da viele Wiesen auf ausgesprochen armen oder zu nassen Böden stehen und die ausgleichende Wirkung des Weidetieres fehlt, spielen Unterschiede im arteigentümlichen Futterwert der Wiesenpflanzen eine viel größere Rolle als in den stark vereinfachten Weidebeständen. Selbst in besten Wiesen wird der Futterwert einer *Lolium*-Weide nicht erreicht.

Nach unseren Futterwertzahlen (S. 108; Höchstwert 8,0) wiesen 166 typische Weidelgrasweiden einen schwer zu übertreffenden Mittelwert von 7,16 auf. Für Wirtschaftswiesen und gemähtes Ödland lauten die Werte dagegen:

Tal-Glatthaferwiesen	4,72
Berg-Glatthaferwiesen	4,07
Kohldistelwiesen	3,61
Sonstige bessere Feuchtwiesen	3,39
Rohrwiesen	2,91
Grauseggenwiesen	1,84
Großseggenrieder	1,66

In einer älteren Untersuchungsreihe fanden wir z. B. in:

	Futter-pflanzen %	Harmlose Arten %	Minder-wertiges %	Schädliche Pflanzen %
Glatt- und Goldhaferwiesen	82	9	4	5
Reichen Kohldistelwiesen	59	9	17	15
Knickfuchsschwanzrasen	49	6	20	25
Rohrwiesen	5	2	91	2

Mähewiesen sind gut bewirtschafteten Weiden zwar nicht stets im Tm-Ertrag, wohl aber im Wert des gelieferten Futters unterlegen (VOIGTLÄNDER 1963a). Übergang zum Mehrschnitt mit starker Düngung kann eine wesentliche Erhöhung in der Futterwertleistung der Wiesen ermöglichen. Aber die Mehrzahl der Wiesen ist noch von den oft ungünstigen Standortswirkungen beherrscht und ist einer weideähnlichen Bewirtschaftungsintensität nicht zugänglich. Daß bei weideähnlicher Vielnutzung auch auf Mäheflächen weideähnliche Leistungen zu erreichen sind, zeigt die Gewinnung von Gras mit 4 oder häufiger 5 Schnitten für die künstliche Trocknung (KLUSMANN 1962, WACKER/KÜNNEMANN 1958). Näheres hierzu siehe S. 533. Düngung und Unkrautbekämpfung allein vermögen den Rückstand der Wiese nicht aufzuheben. Dieser ist nur dann zu überwinden, wenn die Wiesenstandorte mähweidefähig gemacht werden können. Das ist ein nur langsam zu lösendes Problem; Herstellung der Trittfestigkeit und sonstige Standortsverbesserungen reichen dazu nicht aus; eine verbesserte Nutzungsweise setzt Flurbereinigung und leichte Erreichbarkeit der Flächen voraus. Diese Ziele stellen die größte Zukunftsaufgabe der wiesenreichen Landschaften dar.

F. FUTTERWERBUNG UND FUTTERKONSERVIERUNG

Von G. VOIGTLÄNDER, Freising-Weihenstephan

1. Allgemeines über das Winterfutter

Die Anforderungen der Tierernährung

Je höher die Leistungen der Wiederkäuer steigen, desto wichtiger ist es, daß mit jungem, in einem bestimmten Reifestadium geerntetem Grundfutter neben der notwendigen Zellulose auch möglichst viel verdauliche Nährstoffe aufgenommen werden.

Je nach Beschaffenheit der Futterration wird eine entsprechende, vielseitig zusammengesetzte Mikroflora und -fauna in den Vormägen der Wiederkäuer aufgebaut (KOLB 1967). Hier werden schon 80% des Futters durch die Bakterien verdaut. Dabei werden u.a. Essigsäure, Propionsäure, Buttersäure, Aminosäuren und Ammoniak gebildet. Die Fettsäuren sind sowohl für die Erhaltung der Tiere als auch für die Fleisch- und Milchproduktion von Bedeutung. So wird aus Essigsäure überwiegend Milchfett und aus Propionsäure Milchzucker erzeugt.

Nach KAUFMANN (1967, 1968) sollen etwa 20 (bis 22)% der Trockenmasse (Tm) in der Futterration aus Rohfaser bestehen. Bei Rohfasermangel kann nicht genügend Essigsäure gebildet werden, so daß der Fettgehalt der Milch sinkt. Außerdem wird die Futteraufnahme beeinträchtigt. Denn nach neueren Untersuchungen werden die Pansentätigkeit, die Verdauungsgeschwindigkeit und damit auch die Futteraufnahme durch die physikalische Struktur des Futters beeinflußt. Diese wird ganz wesentlich durch den Gehalt an Trockenmasse und Rohfaser sowie durch den „Griff", die äußere Struktur, eines Futtermittels bestimmt. So nimmt der motorische Druck im Pansen bei Verfütterung von jungem oder nassem Gras, Frischsilage oder gemahlenem Heu im Vergleich zu Lang- und Häckselheu deutlich ab, während der für die Verdauungsgeschwindigkeit wichtige Speichelfluß durch gut strukturiertes Futter gefördert wird.

Wenn auch mit Zunahme von Struktur und Rohfaser Pansentätigkeit, Speichelfluß, Verdauungsgeschwindigkeit und Futteraufnahme zunächst steigen, so ist doch mit etwa 20–22% Rohfaser in der Tm die Grenze erreicht, von der ab die energetische Ausnutzung deutlich nachläßt und die sinkende Verdaulichkeit die Futteraufnahme wieder einschränkt. Diese Grenze zu erkennen und nicht wesentlich zu überschreiten, ist eine der Hauptaufgaben der Produktion von Heu und Silage.

Optimale Verhältnisse in der Fütterung lassen sich meistens nur durch Kombination verschiedener Grundfuttermittel erreichen: Heu und Silage,

Heu und Futterrüben, Frischsilage und Anwelksilage, jung und älter geerntetes Silofutter (GROSS 1966b). Dennoch ist nach KIERMEIER (1963), KIRCHGESSNER (1963) und DIJKSTRA (1959) heute unbestritten, daß Wiederkäuer ausschließlich mit Silage vollwertig ernährt werden können, wenn sie qualitativ genügt.

Vorzüge und Nachteile von Heu und Silage

Für den Flächenertrag an Nährstoffen sind in erster Linie Menge und Qualität des erzeugten Futters maßgebend, in zweiter Linie die Verluste. Die Atmungs-, Bröckel- und Witterungsverluste betragen bei der Heuwerbung durch Bodentrocknung etwa 30–40% der StE des Ausgangsmaterials (FARRIES 1965), unter ungünstigen Verhältnissen noch mehr. Die feineren Pflanzenteile mit hohen Gehalten an verdaulichen Nährstoffen unterliegen besonders den Bröckelverlusten (ZIMMER 1967), die leicht löslichen Nährstoffe sehr schnell der Auswaschung (FARRIES 1965).

Von Konservierungsverlusten können besonders Silagen betroffen werden. Dagegen treten bei trocken eingefahrenem Bodenheu mit Ausnahme des Carotins kaum noch Lagerungsverluste auf, während sie bei Belüftungsheu mit steigender Einlagerungsfeuchte erheblich ansteigen können, wenn Einlagerung, Luftführung, Luftmenge und Belüftungsdauer den Feuchtegrad des eingelagerten Heues nicht genügend berücksichtigen.

Von entscheidender Bedeutung ist die Verdaulichkeit der organischen Substanz und der einzelnen Nährstoffe. Sie muß im Heu keinesfalls geringer sein als in der Silage (FARRIES 1968). Wenn wir trotzdem in der Silage häufig eine höhere Verdaulichkeit finden, dann deswegen, weil der Siloschnitt in der Regel 14 Tage bis 3 Wochen früher erfolgt als der Heuschnitt (SCHMID 1968). Welchen Einfluß die Verluste der einzelnen Konservierungsverfahren auf den Milchertrag von einem ha guter Wiese haben, zeigt Abb. 217 von KIRCHGESSNER (1963).

Unterschiede zwischen Heu und Silage ergeben sich auch im Vitamingehalt. Während Carotin im Heu fast völlig abgebaut werden kann, bleibt es in der Silage besser erhalten. Dagegen kann sich Vitamin D nur unter Licht- und Sonneneinwirkung bilden; es werden also bei Bodentrocknung und gutem Wetter die höchsten Werte erreicht.

Die während der Herstellung und Lagerung von Futtermittelkonserven auftretenden Carotinverluste werden nach ORTH und KOCH (1963) durch Wirkungen des Luftsauerstoffs, durch photochemische und enzymatische Prozesse verursacht. Von zusätzlichem Einfluß sind noch die Temperatur und die Feuchte des Futtermittels sowie der Atmosphäre.

Die Carotinverluste bei der Konservierung und Lagerung von Saft- und Rauhfutter sind in Abb. 218 dargestellt.

Ein entscheidendes Kriterium für die Rentabilität der Fütterung ist die Menge des aufgenommenen Wirtschaftsfutters. Hier ist nach allen vorliegenden Untersuchungen das Heu der Silage um so mehr überlegen, je geringer der Tm-Gehalt der Silage ist.

Andererseits bietet die Silage bessere Möglichkeiten als Heu zur Beimischung von Mineral- und anderen Futterstoffen, um das Futter

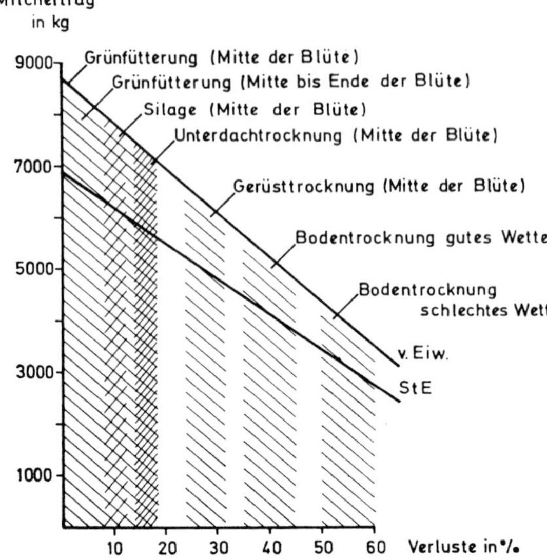

Abb. 217. Milchertrag je Hektar bei verschiedenen Konservierungsmethoden (nach KIRCHGESSNER 1963)

den Ansprüchen der verschiedenen Tiergruppen möglichst vollkommen anzupassen (BLACK 1966, PAPENDICK 1967a).

Auch zur Vorbeuge gegen Helmintheninfektionen im Stall ist die Silierung eine wirksame Maßnahme. Nach Untersuchungen von ENIGK, HILDEBRANDT und ZIMMER (1964) wurden Helminthen-Dauerformen verschiedener Art in Silage nach 7–19 Tagen abgetötet; lediglich die Eier von *Ascaris suum* blieben noch etwas länger entwicklungsfähig. Dagegen halten sich Helminthen-Dauerformen im Heu 5–8 Monate.

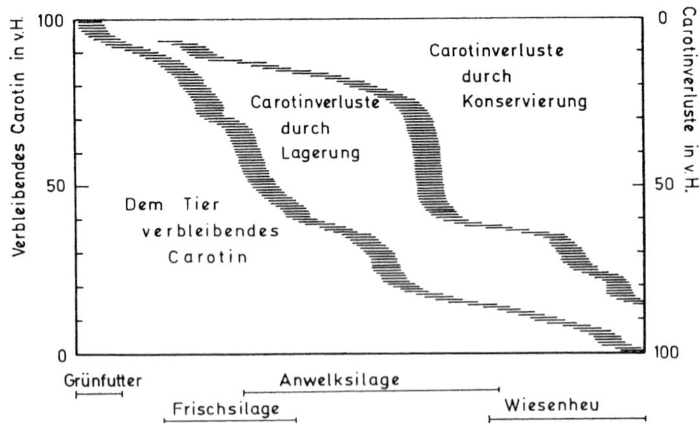

Abb. 218. Carotinverluste bei der Konservierung und Lagerung von Saft- und Rauhfutter (nach KIRCHGESSNER und FRIESECKE 1966)

Trotz der Empfehlung des Anwelkens ist das Wetterrisiko für Silage geringer als für Heu. Die für das Anwelken erforderlichen 1–2 trockenen Tage treten wesentlich häufiger auf als die 2–4 Tage für die Bodenheuwerbung (van Eimern und Spatz 1968). Selbst bei Welkheubereitung ist eine Anwelkdauer von 1–2 Tagen erforderlich, während bei Silage auf das Anwelken notfalls ganz verzichtet werden kann. So ist eine planmäßige Nutzung, die sich nach Weideführung und Bestandsentwicklung zu richten hat, mit Silowirtschaft einfacher zu erreichen als mit alleiniger Heuwerbung.

Silowirtschaft bedeutet auch Verteilung der Arbeit auf einen längeren Zeitraum. Man kann im Frühjahr schon und im Herbst noch silieren, wenn Heuwerbung schwierig bzw. unmöglich ist. Allerdings erfordert Silowirtschaft eine größere Schlagkraft und den Einsatz mehrerer AK, während die Heuernte mit Ladewagen fast von einem Mann durchgeführt werden kann.

Hängt der Erfolg der Heuwerbung hauptsächlich von der Feldperiode ab, so liegt bei der Silierung von Wiesen- und Mähweidegras das größte Risiko im Verlauf der Gärung im Behälter. Tlach (1964) und Gross (1966 a) ermittelten an Gras- und Kleegrassilagen bedeutend schlechtere Qualitäten als an Mais und Rübenblatt.

Nach Orth und Kaufmann (1961) bewirken die organischen Säuren der Silage in Futterrationen, die ein besonders hartes oder weiches Milchfett verursachen, eine Verschiebung zum Normalen. Daß die Käsereitauglichkeit der Milch durch schlechte Silagen, insbesondere durch buttersäurehaltiges Gärfutter (Zimmer 1960), beeinträchtigt werden kann, ist unbestritten. So stellte Gfrörer (1962) fest, daß von Betrieben mit sehr guter Silage relativ mehr gute Milch abgeliefert wurde als von Betrieben mit mäßiger oder schlechter Silage.

Tabelle 1: Verteilung der Milchqualitäten, bezogen auf die Güteklassen der Silagen (nach Gfrörer 1962)

Silagequalität (nach Fließ)	Milchqualität in %			Anzahl (absolut)
	I	II	III	
Sehr gut	46	35	19	441
Gut	39	40	21	364
Befriedigend	37	40	23	226
Mäßig	32	40	28	171
Schlecht	24	48	28	147
Insgesamt	38	39	23	1349

Qualitätsklasse I = normale Milch ohne Gasbildung,
II = keimhaltige Milch mit leichter bis mittlerer Gasbildung,
III = stark keimhaltige Milch mit intensiver Gasbildung.

Ähnlich äußert sich Kiermeier (1963), wenn er feststellt, daß die Milch und die daraus hergestellte Butter bei Silagefütterung in einer Reihe von Eigenschaften, z. B. 40 % mehr Carotin, besser war als bei Heufütterung. Auch er fand statistisch gesicherte Beziehungen zwischen Silage- und Milchqualität. Je schlechter die Silage, um so höher der Keimgehalt, um so geringer die Haltbarkeit und um so schlechter der Geschmack der Milch. Dennoch wurde erstklassige Milch in Silo- und Vergleichsbetrieben ohne Silage erzeugt, wenn auch ihr Anteil in den Vergleichsbetrieben bedeutend größer war.

2. Heuernte und Heutrocknung

Die Qualität des Wiesen- und Mähweideheus

Das Wesen der Konservierung besteht darin, das frische Futter möglichst schnell nach der Mahd dem Zugriff der Bakterien zu entziehen. Diese brauchen zu ihrem Leben Nahrung, Feuchtigkeit und Sauerstoff. Wenn die Feuchtigkeit bis auf 15–20 % entzogen wird, entsteht Heu, das für Bakterien schwer angreifbar geworden und daher lagerfähig ist. Vom frischen Futter bis zum fertigen Produkt verliert das Erntegut jedoch nicht nur Wasser, sondern es erfährt an seiner Trockensubstanz Veränderungen, die beim gleichen Ausgangsmaterial in Abhängigkeit von der Witterung und der Werbung ganz verschieden verlaufen können. Aus demselben Ausgangsmaterial kann daher ein qualitativ sehr unterschiedliches Heu entstehen.

Setzt man einen günstigen Trocknungsverlauf voraus, dann ist die Qualität abhängig von den Faktoren des Standorts und der Bewirtschaftung, die weiter oben (S. 27 f.) behandelt wurden. Düngung, Zusammensetzung des Bestandes und Schnittzeit haben den größten Einfluß.

Die große Spanne der Qualität, die zum Teil schon durch das Ausgangsmaterial, zum Teil aber durch Schnittzeit und Trocknungsverlauf bedingt ist, zeigen Auszüge aus den Futterwerttabellen der DLG (Tab. 2, 3).

Tabelle 2: Nährstoffgehalte im Heu mit 86–87% Tm (nach Futterwerttabellen der DLG 1968)

Art des Heues, Reifestadium	1000 Gewichtsteile Heu enthalten						
	Rohasche	Rohprotein	Rohfett	Rohfaser	NFE	verd. Rohprotein	StE
Weideheu							
Beginn bis Mitte der Blüte . . .	90	131	32	237	372	87	400
Ende der Blüte	71	112	21	272	387	58	354
Wiesenheu 1. Schnitt							
Im bis nach dem Schossen . . .	81	114	24	235	415	76	398
Beginn bis Mitte der Blüte . . .	74	97	21	268	410	56	336
Ende der Blüte	68	83	19	290	413	46	329
Nach der Blüte bis überständig .	66	80	18	307	392	42	271
Wiesenheu 2. Schnitt							
Im bis nach dem Schossen . . .	86	115	27	215	414	71	384
Beginn bis Mitte der Blüte . . .	81	110	26	260	384	58	289

Da diese Werte meistens von Proben überdurchschnittlicher Qualität, häufig auch aus Versuchen stammen, dürften die Qualitäten in der breiten Praxis noch geringere Durchschnitte erreichen. Klapp (1954a) errechnete aus den Ergebnissen der Heuwettbewerbe und zahlreichen Einzeluntersuchungen folgende Schwankungen und Mittelwerte im Vergleich zu gutem Heu (Tab. 4).

Tabelle 3: Vergleich verschiedener Heuwerbungs- und Trocknungsverfahren an Hand von Werten aus den Futterwerttabellen der DLG 1968, bezogen auf 1000 Gewichtsteile Heu (86–87% Tm)

Art des Heues, Reifestadium	Überwiegend Bodentrocknung		Reuter-trocknung		Unterdach-trocknung	
	verd. Roh-protein	StE	verd. Roh-protein	StE	verd. Roh-protein	StE
Wiesenheu 1. Schnitt						
Im bis nach dem Schossen . .	76	398	79	421	57	431
Beginn bis Mitte der Blüte . .	56	336	61	369	56	357
Ende der Blüte	46	329	50	342	55	330
Nach der Blüte bis überständig	42	271	50	247	54	295
Wiesenheu 2. Schnitt						
Im bis nach dem Schossen . .	71	384	90	395	75	362
Beginn bis Mitte der Blüte .	58	289	84	274	64	262

Anmerkung: Die Zahl der Werte ist bei den 3 Verfahren verschieden; sie stammen auch nicht aus Vergleichsversuchen.

Tabelle 4: Schwankungen und Mittelwerte der Qualität von Wiesenheu

Stoffgruppe	Schwankung der %-Gehalte	Mittel der %-Gehalte	%-Gehalte von gutem Heu	Differenz in abs. %-Zahlen
Rohprotein . . .	5,4 –12,5	7,6	10,0	— 2,4
Verd. Rohprotein	2,8 – 8,2	4,7	6,0	— 1,3
Rohfaser	22,0 –34,2	27,5	25,0	+ 2,5
kStE/dz Heu . .	25,8 –44,5	33,7	34,5	— 0,8
Rohasche	3,8 – 7,9	6,1	7,5	— 1,4
P_2O_5	0,22– 0,76	0,45	0,70	— 0,25
CaO	0,4 – 1,5	0,8	1,0	— 0,2

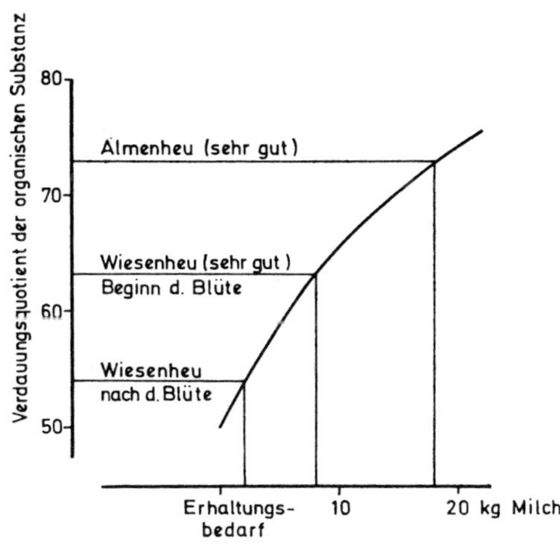

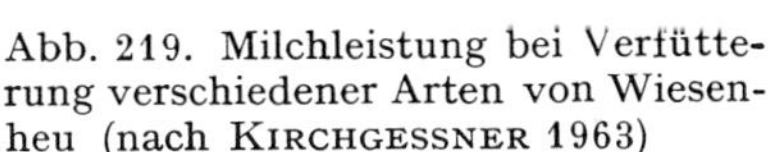
Abb. 219. Milchleistung bei Verfütterung verschiedener Arten von Wiesenheu (nach KIRCHGESSNER 1963)

Die Gehalte weichen meistens im ungünstigen Sinne von denen ab, die für Leistung und Tiergesundheit erforderlich wären. Den Einfluß unterschiedlicher Heuqualität auf die Milchleistung zeigen Abbildung 219 von KIRCHGESSNER (1963) und Tab. 5 nach eigenen Untersuchungen, ergänzt durch Werte der DLG-Futterwerttabellen.

Tabelle 5: Qualitätsvergleich zwischen Wiesenheu und Mähweidefutter, berechnet auf den Tagesbedarf einer Milchkuh (15 kg Tm)

Art des Futters	g verd. Eiweiß StE	reicht für Erhaltung + ... kg Milch (4% Fett)	g P	P-Bilanz[1]
Wiesenheu, überständig, verregnet	450 3800	2 3	23	− 37
Wiesenheu, rechtzeitig gemäht	1000 5900	11 10	48	− 12
Mähweideheu, früh gemäht	1800 8000	25 18	59	− 1
Mähweidegras, rechtzeitig beweidet	2000 9000	28 22	72	+ 12

[1] Tagesbedarf einer Milchkuh (Erhaltung + 20 kg Milch) nach WÖHLBIER (1962): 60 g P

In den vorhergehenden Tabellen wurde von einer großen Zahl abgelagerter Heuproben nicht eindeutig definierter Herkunft ausgegangen. Daher kommen in diesen Zahlen Einflüsse der botanischen Zusammensetzung und der Schnittzeit (des Entwicklungsstadiums) auf die Qualität der Frischmasse ebensowenig zum Ausdruck wie die Verluste vom Schnitt bis zur Fütterung.

Die Bedeutung der Schnittzeit und der Artunterschiede im Stoffgehalt für die Futterqualität der Frischmasse wurde bereits in früheren Kapiteln behandelt, auf die Verluste wird später noch eingegangen.

Die Schnittzeit ist neben dem Werbungsverfahren aber auch der wichtigste Faktor für den Heuwert. Zwischen einem frühen Heuschnitt (Ende Mai) und einem späten (Anfang Juli) können die Punktzahl nach dem DLG-Schlüssel fast auf die Hälfte, die Rohprotein- und P_2O_5-Gehalte auf 2/3 des Ausgangswertes fallen, während der Rohfasergehalt erheblich über 25 % ansteigt.

Tabelle 6: Heu-, Rohprotein- und kStE-Ertrag in Abhängigkeit vom Schnittzeitpunkt (nach BECKHOFF 1963 a)

Schnittzeit	Heu dz/ha (bei 14% Wassergehalt)	Rohprotein dz/ha	kStE je ha
bis 25.V.	55,79	7,79	2540
26.V. –31.V.	59,88	7,58	2431
1.VI.– 5.VI.	61,86	7,34	2468
6.VI.–10.VI.	68,92	7,25	2759
11.VI.–15.VI.	68,23	6,87	2689
16.VI.–20.VI.	72,51	6,34	2595
21.VI.–25.VI.	73,07	6,36	2603
26.VI.–30.VI.	75,89	6,21	2685

Beckhoff (1963a) stellte die Heuerträge von Versuchskoppeln auf Mähweiden nach der Schnittzeit zusammen. Es handelt sich um Ergebnisse aus 5 Jahren. Der unterschiedliche Vegetationsbeginn und das jeweilige Entwicklungsstadium wurden dabei nicht berücksichtigt.

Der Heuertrag stieg von Ende Mai bis Ende Juni zwar noch um 25% an, gleichzeitig verringerte sich der Rohproteingehalt um 18%, so daß es verständlich ist, wenn der Ertrag an StE nur noch geringfügig zunahm.

Auf Schnittwiesen ist das Heu der 2. und 3. Nutzung stets nährstoffreicher als das der ersten, weil die Gräser mehr Blattmasse und weniger Halme bilden und weil häufig Klee und Kräuter einen höheren Bestandesanteil haben. Allerdings sind Nährstoffgehalt und Verdaulichkeit dann geringer als im Heu derselben Fläche, wenn das feinere Erntegut bei ungünstigem Heuwetter stärker geschädigt wird.

Auf Mähweiden sind die qualitativen Unterschiede zwischen den einzelnen Nutzungen geringer, wenn diese ungefähr im gleichen Reifestadium erfolgen, weil die Bestände im allgemeinen artenärmer sind und weil die Weideuntergräser nicht so große Entwicklungsunterschiede zwischen Frühjahr und Sommer aufweisen wie die Obergräser der Schnittwiesen.

Klapp (1954a) errechnete aus Ergebnissen von Crasemann (1951), v. Grünigen (1944), Zürn (1951a) und aus eigenen Untersuchungen folgende Durchschnittswerte für die Gehalte des 1. bzw. 2. und 3. Schnittes in %:

Stoff	1. Schnitt	2./3. Schnitt
Rohprotein	10,4	13,0
Verdaulichkeit . . .	68	58
P_2O_5	0,52	0,65
CaO	1,08	1,65
K_2O	1,77	2,08
MgO	0,32	0,50

Die Heubewertung

Allgemeingültige Wertmaßstäbe für das Heu gibt es nicht, da viele seiner Eigenschaften nicht zahlenmäßig faßbar sind. Die Haupteigenschaften können wie folgt gruppiert werden:

a) Anatomisch-morphologische (Verholzung, Verkieselung, Bewehrung);
b) Geruch, Geschmack, Reiz- und Wirkstoffgehalt;
c) Gehalt an organischen Nährstoffen und Mineralstoffen;
d) Eignung für bestimmte Tierarten und -gruppen (Leistungsklassen).

Der einzige, voll zutreffende Maßstab ist der Verfütterungserfolg. Die chemische Untersuchung versagt – wenigstens mit ihren praktikablen und erschwinglichen Routinemethoden – gegenüber vielen Eigenschaften, z.B. Giftwirkungen, Geschmacksstoffen, bestimmten Verunreinigungen, morphologischen Eigenschaften. Gewiß kommen manche Standortseigenschaften, die auf besonders wirksamen Standortsfaktoren beruhen, auch in der chemischen Analyse zum Ausdruck. So fand z.B. Farries (1968) im Niederungsheu und Gebirgsheu in 7 Verdauungsversuchen folgende Unterschiede:

	Tm %	In % der Tm		Verdaulichkeit in %				1 kg Tm enthält	
		Roh-protein	Roh-faser	Org. Sub-stanz	Roh-protein	Roh-faser	NFE	g v.E.	StE
Niederungsheu	89	14	29	66	61	68	68	87	441
Gebirgsheu	83	12	24	73	55	74	78	69	535

Andererseits gibt es aber Beispiele (MÜLLER 1933), nach denen Heu mit 21–46% Riedgras chemisch nicht schlechter erschien als gutes Süßgrasheu. So wird die äußere Beurteilung und die Bewertung nach der botanischen Zusammensetzung häufig zutreffender sein als die chemische Analyse allein. Das kommt auch schon in Untersuchungen von SCHINDLER (1890), zit. bei KLAPP (1954a), zum Ausdruck. 4 Heusorten des Wiener Marktes, die 2, 17, 35 bzw. 45% Sauergräser enthielten, zeigten in der chemischen Analyse nur einen geringfügigen Unterschied zwischen Heusorte 1 und den übrigen; 2–4 unterschieden sich überhaupt nicht. Dagegen entsprach der Marktpreis, der auf der äußeren und botanischen Beurteilung beruhte, dem tatsächlichen Wert der Sorten ziemlich genau.

Heubewertungsschlüssel der DLG

Zweiteiliger DLG-Schlüssel

I. Sinnenprüfung

	Punkte
1. Aussehen	10 bis — 20
2. Geruch	5 bis — 20
3. Griff	10 bis — 10
4. Verunreinigung	5 bis — 20
	30 Punkte

II. a) Botanische Untersuchung
Gräser je 1% = 0,2 Punkte
Klee je 1% = 1 Punkt
Kräuter je 1% = 0,5 Punkte
insgesamt höchstens 60 Punkte

II. b) Minderwertige Arten je 1% Anteil = 1 Punkt Abzug
Schädliche Arten 10–50 Punkte Abzug; Einstufung nach % Anteil und Giftigkeit der Art

III. Schnittzeit 10 bis — 10 (nur 1. Schnitt)
2. und 3. Schnitt stets + 10
10 Punkte

IV. Mögliche Punktzahl
I = 30
II = 60
III = 10
100 Punkte

Dreiteiliger DLG-Schlüssel

I. Sinnenprüfung
wie beim zweiteiligen Schlüssel
30 Punkte

II. Botanische Untersuchung
wie beim zweiteiligen Schlüssel, aber nur II. b)

III. Chemische Untersuchung

1. Rohproteingehalt	40 bis — 6
2. Rohfasergehalt	15 bis — 6
3. P-Gehalt	10 bis — 6
4. Ca-Gehalt	5 bis — 5
	70 Punkte

Vom Rohprotein- und P-Gehalt können weitere Abzüge gemacht werden, wenn die für — 6 gültigen Gehalte unterschritten werden.

IV. Mögliche Punktzahl
I = 30
III = 70
100 Punkte

Güteklassen	Punkte
I = vorzüglich	81–100
II = sehr gut	61– 80
III = gut	41– 60
IV = weniger gut	21– 40
V = minderwertig	1– 20
VI = gesundheitsschädlich oder wertlos	0 und weniger

Der Heubewertungsschlüssel der DLG trägt der Notwendigkeit, die äußeren Merkmale stärker zu berücksichtigen, durch die sogenannte Sinnenprüfung Rechnung.

Weitere Einzelheiten über die Handhabung des Schlüssels und über die Bewertungsmaßstäbe sind der Originalfassung zu entnehmen (Arb. DLG, Bd. 76).

Zur Heubewertung äußern sich unter vielen anderen Stählin (1957b), Kiermeier u.a. (1965), Kirchgessner und Friesecke (1963).

Heuwerbung, Trocknungsverlauf, Werbungsverluste

Die Werbung von Winterfutter muß nach dem Schnitt zum Ziel haben, alle Lebens- und Zersetzungsvorgänge so schnell wie möglich zu unterbrechen, entweder durch Wasserentzug oder durch Luft- und Sauerstoffentzug mit gleichzeitiger Säurebildung. Hierzu muß je nach dem Konservierungsverfahren mehr oder weniger Wasser durch Bodentrocknung entzogen werden. Die einzelnen Verfahren gestatten oder erfordern etwa folgende Wassergehalte zum Zeitpunkt des Einfahrens:

Konservierungsform	Wassergehalte beim Einfahren %
Bodengetrocknetes Heu	15–20
Heu für Belüftung	20–40
Welkheu für Warmbelüftung	40–55
Gärheu	45–60
Welksilage	60–75
Frischsilage	75–85
Trockengrün	75–85

Der Trocknungsverlauf

Nach Beckhoff (1965b) verläuft die Trocknung von Heu in 3 Abschnitten. Mit zunehmendem Tm-Gehalt ist zur weiteren Wasserabgabe mehr Energie erforderlich, so daß sich die Trocknungsgeschwindigkeit im Laufe des Vorgangs verlangsamt.

Im 1. Trocknungsabschnitt wird das Oberflächenwasser, z.B. Tau oder an den Schnittflächen ausgetretenes Wasser, verdunstet. Im 2. Abschnitt wird das in den Kapillaren, Leitröhrensystemen und Interzellularräumen enthaltene Wasser abgegeben. Gleichzeitig beginnen die Zellen selbst auszutrocknen, wobei die Zellmembranen kaum ein Hindernis für die Wasserabgabe bilden. Im fließenden Übergang zum 3. Trocknungsabschnitt wird das stärker gebundene Wasser der Zellen und Zellmembranen ausgeschieden, zuletzt wohl aus den stärkeren Zellmembranen der Stengel.

Da die Trocknung immer von den äußeren zu den inneren Pflanzenteilen fortschreitet, verursachen gerade die stärkeren Stengel längere Trocknungszeiten. Dabei muß das Wasser aus dem Innern die bereits trockenen äußeren Schichten immer wieder durchdringen. So kommt es, daß die Trocknung mit abnehmendem Feuchtegehalt immer mehr Zeit erfordert.

Trotz der schnelleren Trocknung in der ersten Phase muß gerade in dieser Zeit sehr viel mehr Wasser abgegeben werden als später. Ja, man kann sogar sagen, daß sich die Trocknungsdauer umgekehrt proportional zur wegzutrocknenden Wassermenge verhält.

Um 100 kg lagerfähiges Heu mit 20% Wasser zu erhalten, müssen folgende Wassermengen verdunstet werden:

Wassergehalt der Grm. in %	Wasserabgabe in l	Wassergehalt der Grm. in %	Wasserabgabe in l
85	433	45	45
80	300	40	33
60	100	35	23
50	60	30	14

Beckhoff (1965b) teilt mit, daß die Trocknung von 80 auf 40% Wassergehalt kaum länger dauerte als von 40 auf 20%, obgleich doch im 1. Abschnitt 267 l, im 2. nur 33 l zu verdunsten sind. Aus diesen Daten ist zu folgern, daß man das Heu nicht ohne Not mit 50–60% auf die Unterdachtrocknung bringen sollte, denn im dichten Heustapel erfolgt die Abgabe größerer Wassermengen nicht so schnell wie aus dem breitgestreuten Anwelkgut an der Luft. Der Gefahr von Verlusten auf dem Feld stehen die höheren Kosten bei der Welkheutrocknung und die mit höherem Wassergehalt ansteigenden Verluste unter Dach gegenüber. Hier gilt es abzuwägen. Andererseits wird verständlich, warum man einen allzu frühen Schnitt und junges Futter scheut.

Zum Trocknungsverhalten von Futterpflanzen siehe auch Kohler (1965), Hübner und Wagner (1968).

Faktoren, die den Trocknungsverlauf beeinflussen

Die Witterung

Die Feuchtigkeit des geschnittenen und trocknenden Erntegutes und die Luftfeuchte folgen auf Grund physikalischer Gesetzmäßigkeit der Tendenz, zu einem Gleichgewicht zu kommen. Dieses Feuchtigkeitsgleichgewicht ist in Abb. 220 nach Winkeler (1954) für Wiesengras in Abhängigkeit von relativer Luftfeuchte, Lufttemperatur und Wassergehalt des Erntegutes dargestellt.

Man sieht daraus, daß bei höheren Wassergehalten auch noch bei Luftfeuchten von 80–90% eine Trocknung erfolgen kann, während der Abschluß der Bodentrocknung (15–20% Wassergehalt) nur bei relativen Feuchten von 50–60% möglich ist. Natürlich verläuft die Trocknung um so schneller, je größer das Feuchtigkeitsgefälle ist.

Die Aufnahmefähigkeit der Luft hängt vom Sättigungsdefizit ab, d.h. von der Differenz zwischen dem vorhandenen Dampfdruck (e) und dem maximal möglichen (E). In Untersuchungen von Agena u.a. (1968) in Nordwestdeutschland und von Spatz, van Eimern und Lawrynowicz (1970) in Süddeutschland zeigte sich, daß das Sättigungsdefizit der Luft geeignet ist, den Verlauf der Heutrocknung hinreichend genau zu kennzeichnen. Eine empirisch ermittelte Regressionsgleichung erlaubt es, die Summe des stündlichen Sätti-

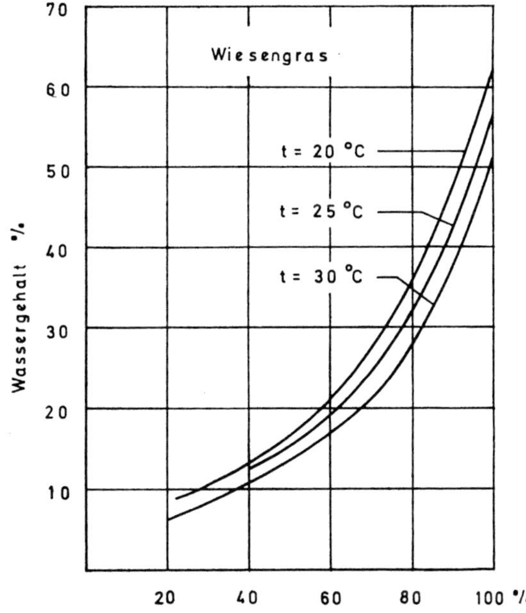

Abb. 220. Feuchtigkeitsgleichgewicht zwischen der relativen Luftfeuchte und dem Wassergehalt von geschnittenem Wiesengras bei verschiedenen Temperaturen (nach WINKELER 1954)

gungsdefizits in Torr[1] von 9–18 Uhr anzugeben, die benötigt wird, um die Abtrocknung von Grünfutter auf einen bestimmten Tm-Gehalt zu erreichen. Die von AGENA u.a. gefundene Regressionslinie ist in Abb. 221 dargestellt.

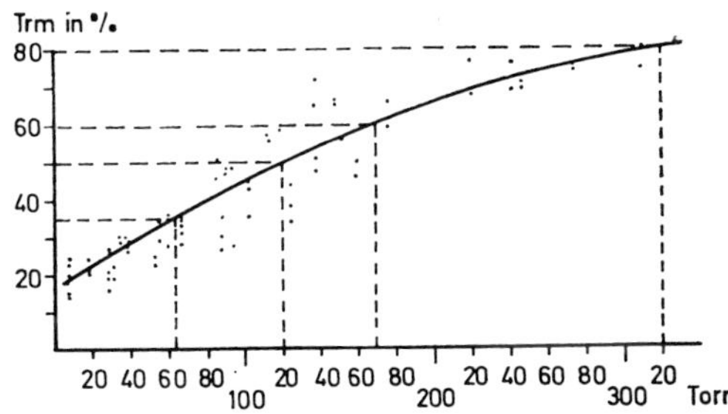

Abb. 221. Zunahme der Trockensubstanz von Weidegras bei der Vortrocknung auf dem Feld in Abhängigkeit vom Sättigungsdefizit (Summe der Torrwerte 9–18 Uhr). Die gestrichelten Linien geben die Summen der Torrwerte an, die für die verschiedenen Konservierungsformen notwendig sind:

Anwelksilage	35% Tm = 65 Torr
Gärheu	50% Tm = 120 Torr
Unterdachtrocknungsheu	60% Tm = 170 Torr
Bodentrocknungsheu	80% Tm = 320 Torr

(nach AGENA u.a. 1968)

[1] Torr — Dampfdruck in mm Quecksilbersäule.

An Hand der ermittelten Regressionsgleichungen lassen sich für Orte, deren Werte für Niederschlag und Sättigungsdefizit bekannt sind, die Tage ermitteln, die zur Futterwerbung für die einzelnen Konservierungsarten zur Verfügung stehen. So konnten AGENA u.a. (1968) in einem Vergleich von Bremen und Bremerhaven feststellen, daß die Konservierungsbedingungen, trotz der verhältnismäßig geringen Entfernung, auf dem Küstenstandort deutlich schlechter sind.

1968 definierten VAN EIMERN und SPATZ an Hand des Sättigungsdefizits um 14 Uhr „günstige" und „einfache" Schnittage für die drei Standorte Weihenstephan, Bad Tölz und Zwiesel (Bayer. Wald). Selbst wenn die Schnitttage vom Landwirt vollständig ausgenützt würden, ist eine termingerechte Bodentrocknung in den meisten Jahren nicht möglich. Eine Trocknung auf 35% Feuchte ist in Weihenstephan und Zwiesel fast in jedem Jahr erreichbar, während in Bad Tölz erst ein Verfahren ausreichend Sicherheit bietet, das ein Einfahren mit 50% Feuchte gestattet.

PESCHKE (1953) stellte fest, daß während der Heuernte 2 aufeinanderfolgende Schönwettertage in einem Monat (für Reutertrocknung und Belüftungsheu) 7mal, 7 Schönwettertage für Bodentrocknung aber höchstens 2mal auftraten.

Verzögerungen sind bei der Heutrocknung auf dem Feld jedenfalls nicht zu vermeiden. Damit steigen die Verluste. So ergaben sich nach BECKHOFF (1965b) in Betrieben mit Unterdachtrocknung, und zwar in Heuwerbungsversuchen, folgende Feldperioden:

Durchschnitt 1957–1963	5,7 Tage
kürzeste 1959, durchschnittlich	4,0 Tage
längste 1962, durchschnittlich	7,4 Tage

Außerdem zitiert er Erhebungen von PHILIPSEN (1963) in 40 holländischen Praxisbetrieben; hier betrug die Feldperiode vom Mähen bis zum Einfahren auf die Belüftungstrocknung:

1959	5,8 Tage
1960	9,3 Tage
1961	10,3 Tage

und in 3jährigen vergleichenden Untersuchungen:

bei Kaltbelüftung:	1960–62	7,8 Tage
bei Warmbelüftung:	1960–62	6,7 Tage

In den angeführten Zahlen kommt sicher der maritime Klimaeinfluß in Westdeutschland und Holland zum Ausdruck. Es ist aber zu befürchten, daß auch in günstigeren Lagen die Praxis der Heuernte anders aussieht, als man es sich auf Grund physikalischer und produktionstechnischer Berechnungen vorstellt.

Welche Verluste und Veränderungen des Erntegutes mit zunehmender Trocknungsdauer eintreten, zeigen Untersuchungen von BRÜNNER (1963b) in Tab. 7.

Tabelle 7: Qualität des Heues bei verschiedener Trocknungsdauer (nach BRÜNNER 1963b)

Dauer der Trocknung	Zahl der Proben	Nähr- und Mineralstoffgehalt Rohprotein %	Rohfaser %	Phosphorsäure %	Bot. Zusammensetzung Gras %	Leguminosen %	Kräuter %	Güte, Gesamtpunktzahl
2 Tage	13	9,07	27,55	0,53	78,0	8,2	13,8	53,3
3 Tage	39	8,56	29,19	0,50	80,8	4,8	14,4	40,2
4 Tage	11	8,72	30,03	0,47	83,6	3,2	13,2	33,2
5 Tage und mehr	7	8,23	31,77	0,47	86,4	2,3	11,3	18,9

Viel größere Verluste ergaben sich in schweizerischen Versuchen nach WIEGNER (1934b) und LANDIS (1932), zit. von KLAPP (1954a).

Tabelle 8: Verluste bei verschiedener Trocknungsdauer, Regenmenge und Bearbeitung

Trocknungsdauer Tage	Regen mm	Zahl der Arbeitsgänge	Verluste in % an verd. Eiweiß	Verluste in % an StE
1,5	–	2	13,8	22,6
2,25	5,25	3,5	30,0	40,0
8,06	25,20	4,4	46,0	49,1

So nimmt es nicht wunder, daß WIEGNER (1934b) mit Durchschnittsverlusten in der Bodentrocknung bei verschiedenem Wetter von 40% des verd. Eiweißes und 46–50% der StE rechnet.

Aus Angaben verschiedener Autoren errechnen sich für verschiedene Heuwitterung folgende Verlustgrößen:

Witterung	Verluste in % an verd. Eiweiß	Verluste in % an StE
gut	24	34
normal	37	46
schlecht	50	56 (—100)

Einfluß des Erntegutes auf den Trocknungsverlauf

Der Trocknungsverlauf wird auch vom Reifegrad der Pflanzen, ihrem Wassergehalt und der Aufwuchsmenge bestimmt. Auch Düngung und Zusammensetzung des Bestandes sind von Bedeutung. Gut gedüngte, nährstoffreiche Futtermassen trocknen langsamer als nährstoffarme und rohfaserreiche. Gräser trocknen schneller als Kleearten und Kräuter mit dicken und saftigen Stengeln. SPATZ u.a. (1970) konnten eine starke Wirkung des Tm- und Rohfasergehaltes auf die Trocknungsgeschwindigkeit feststellen. Der Trocknungsverlauf in Futter unterschiedlichen physiologischen Alters ist in Abb. 222 wiedergegeben.

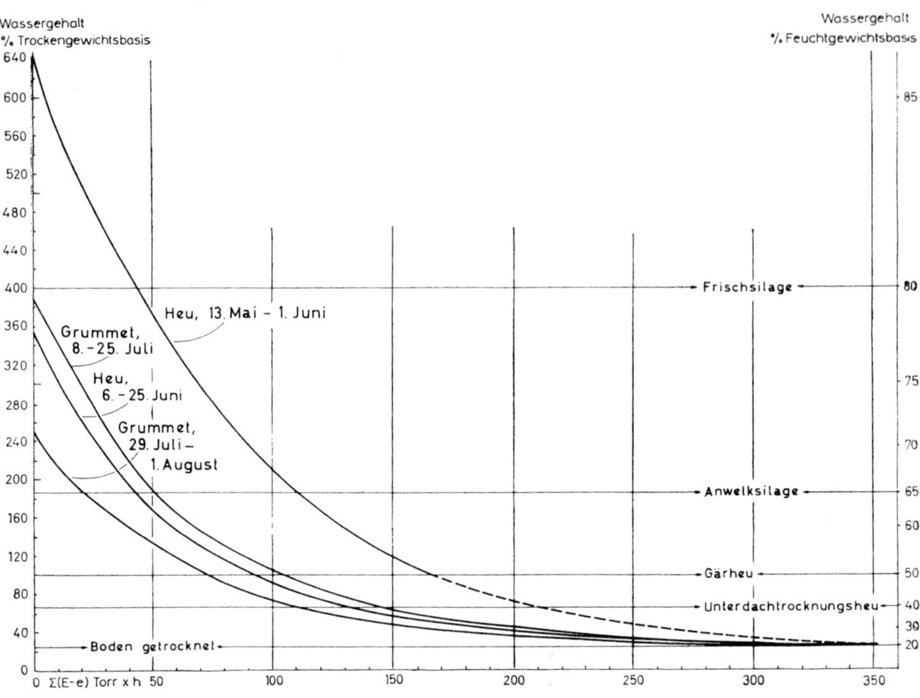

Abb. 222. Die Abnahme des Wassergehaltes von Heu und Grummet bei der Bodentrocknung auf der Wiese in Abhängigkeit von der Summe des Sättigungsdefizites (Torr × h, 9–18 Uhr MOZ); getrennte Bestimmung für junges und altes Heu bzw. Grummet, Versuchsgut Grünschwaige 1968 (nach SPATZ u.a. 1970)

SCHULZE-LAMMERS (1953) führte einen Versuch durch, um den Einfluß des Ertrages auf den Trocknungsvorgang zu ermitteln. Trocknungsdauer, Bearbeitungszeiten und Geräte waren gleich, so daß das Ergebnis am Endfeuchtegehalt ablesbar ist. Es ist in Tab. 9 enthalten.

Tabelle 9: Einfluß des Ertrages auf den Trocknungserfolg von Wiesenheu (nach SCHULZE-LAMMERS 1953)

Ertrag im 1. Schnitt	dz/ha	Endfeuchte in %
$^1/_2$facher Ertrag	23,3	19,1
gewachsener Ertrag	46,6	21,9
$1^1/_2$facher Ertrag	69,9	30,6

Nach diesem Ergebnis wurde die Trocknung erst durch Erträge über 45 dz/ha deutlich verzögert.

Heuwerbemaschinen, Trocknungsverlauf und Verluste

Die Heuwerbemaschinen dienen dazu, das Halmgut mit möglichst geringen Verlusten möglichst schnell zu trocknen. Dazu werden die Bearbeitungsgänge Zetten, Wenden, Schwadenziehen und Schwadenstreuen durchgeführt. Die meisten Maschinen sind für mehrere Arbeitsgänge eingerichtet. Das Arbeitsprinzip einer Heuwerbemaschine läßt sich nach WIENECKE und CLAUS (1964) durch Bewegungsbahn, Umlaufrichtung und Geschwindigkeit der Arbeitswerkzeuge kennzeichnen. Dabei wird von einigen die Handarbeit mit der Gabel, von anderen die des Handrechens nachgeahmt. Die meisten neueren Maschinen verlassen jedoch das Prinzip der Handarbeit und erfassen das Erntegut mit ihren Arbeitswerkzeugen in flachen, geneigten oder senkrechten Kreisbahnen, um es zu lockern, auszustreuen oder anzustellen.

In Abb. 223 sind die wichtigsten Heuwerbemaschinen mit ihren Eigenschaften dargestellt.

Auf Grund der großen Unterschiede in der Arbeitsweise und in den Umlaufgeschwindigkeiten könnte man annehmen, daß der Trocknungseffekt ebenfalls sehr verschieden sein müßte. WIENECKE und CLAUS (1964) kommen jedoch übereinstimmend mit GLASOW und LENTZ (1967) zu dem Schluß, daß beim Einsatz verschiedener Maschinen keine großen Unterschiede im Trocknungserfolg auftreten. Bei günstigem Heuwetter sind die Unterschiede besonders gering, etwas größer bei regnerischem Wetter. Häufiges Wenden je Tag und intensive Bearbeitung mit schnell umlaufenden Arbeitswerkzeugen führen bei eingeregnetem Gut zu einer etwas schnelleren Trocknung. Eine einschneidende Abkürzung der Trocknungszeit kann jedoch mit derartigen Maschinen nicht erreicht werden.

Gering sind nach WIENECKE und CLAUS (1964) auch die Verlustdifferenzen infolge unterschiedlichen Maschineneinsatzes. Intensives und häufiges Bearbeiten je Tag fördert zwar die Bröckelverluste bei blattreichem Gut; im allgemeinen sind aber die durch Witterungseinwirkung entstehenden Verluste größer.

GLASOW (1967) gibt dem Kreiselzettwender wegen seiner intensiveren Bearbeitung und großen Flächenleistung den Vorzug vor allem bei blattarmem Futter für die Bodentrocknung und bei blattreicherem Futter für die Vortrocknung bis (40–) 50% Feuchte. In seinen Versuchen wiesen die Radrechwender stets den geringsten Trocknungseffekt auf.

Er weist darauf hin, daß in blattreichem Futter die Verluste mit zunehmender Trocknung relativ schnell ansteigen, um so mehr, je intensiver die Geräte das Gut anpacken. Zum Vortrocknen von Halmfutter bis auf einen Feuchtegehalt von 40% seien aber alle bekannten Heumaschinen geeignet.

Aufbereitung des Halmgutes und Trocknungsverlauf

Durch Aufbereitung des Halmgutes mit Schlegelfeldhäcksler, Knickzetter und Quetschzetter kann die Trocknungsdauer wesentlich verkürzt werden.

GLASOW und LENTZ (1967) fanden, daß der Quetschzetter und in geringem Maße auch der Knickzetter auch unter ungünstigen Bedingungen den besten Trocknungserfolg zeigten. In 2 Fällen hatte das Gut um 16 Uhr des Mähtages einen Feuchtegehalt von 40% erreicht. Die Wirkung ist bei gröberem Halmgut, z.B. Klee und Luzerne, besser als bei feinerem Grünlandfutter. Die Maschinen arbeiten nur befriedigend bei geringerer Schwadstärke; bei größeren Ernte-

Bauart und schematische Darstellung	Bewegungsbahn der Arbeitswerkzeuge relativ zur Maschine	Umfangsgeschwindigkeit der Arbeitswerkzeuge im Abwurfpunkt	hinterlassenes Arbeitsbild
1. Trommelzetter 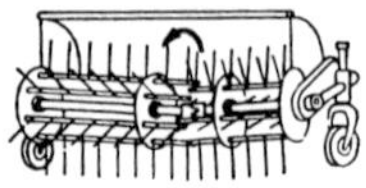	Kreisbahnen in senkrechter Ebene parallel zur Fahrtrichtung	14–17 m/sec.	stark gelockerte und luftige Halmschichtung
2. Kreiselzettwender 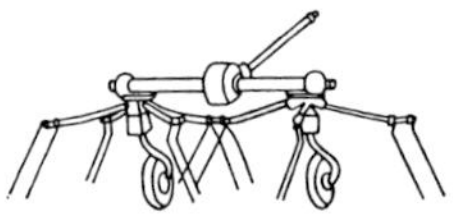	Kreisbahnen in fast horizontaler Ebene etwas nach vorn geneigt	12–13 m/sec.	breit verteilte luftige Schichtung
3. Quetschzetter 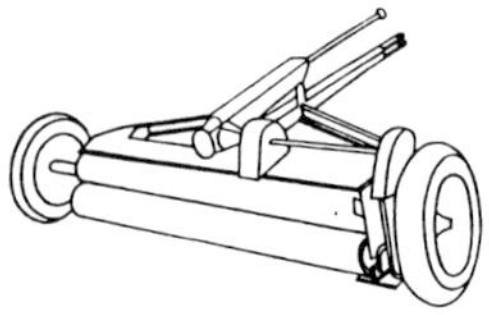	horizontal rotierende Walzen, quer zur Fahrtrichtung	11–13 m/sec.	gelockerte Halmschichtung, bei Prallblech stark angestellt
4. Schubrechwender 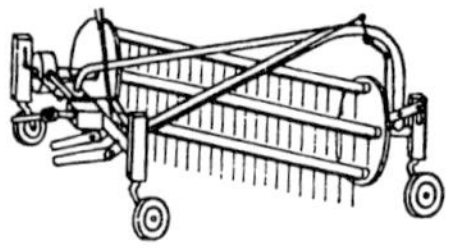	elliptische Bahnen in senkrechter Ebene, schräg zur Fahrtrichtung	5–6 m/sec.	gelockerte, stark angestellte Schichtung
5. Radrechwender mit Zapfwellenantrieb 	Kreisbahnen in senrechter Ebene, parallel oder etwas schräg zur Fahrtrichtung	5–6 m/sec.	gelockerte, gut verteilte flache Schichtung
6. Radrechwender mit Bodenantrieb 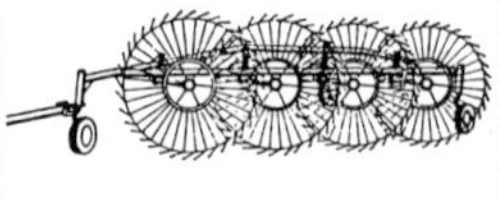	Kreisbahnen in senrechter Ebene, schräg zur Fahrtrichtung	0,5–2 m/sec.	gut angestellte, z.T. in Streifen gekehrte Schichtung

Abb. 223. Bauart und Arbeitsweise der wichtigsten Heuwerbemaschinen (Bilder nach DIN 11366, Text nach Wienecke 1964 und Estler 1969)

mengen wird das Gut nicht intensiv genug aufgeschlossen. Wenn es regnet, nimmt das gequetschte Gut schneller Wasser auf als nicht aufbereitetes, gibt es aber schneller wieder ab, so daß der Vorteil des insgesamt schnelleren Abtrocknens auch bei schlechter Witterung erhalten bleibt, wenn auch nicht in dem Maße wie bei trockenem Wetter.

Der Schlegelfeldhäcksler hat zwar einen sehr guten Trocknungseffekt, scheidet aber wegen der hohen Verluste auch für Vortrocknung aus. Ein großer Teil des kurz geschlagenen und zerfaserten Futters fällt in die Stoppel und ist durch kein Gerät mehr zu bergen. Das trifft für Schlegelfeldhäcksler mit Tourenzahlen von 900–1540 an der Werkzeugwelle zu.

Auch die Verschmutzung kann sehr stark sein. Sandgehalte von 10–12% kommen vor.

Trocknungserfolge und Tm-Verluste bei der Verwendung von Knickzetter und Schlegelfeldhäcksler im Vergleich zu anderen Werbungsmaschinen zeigen die Tabellen 10 und 11 nach GLASOW (1963).

Tabelle 10: Endfeuchten in % nach gleicher Trocknungsdauer je Versuch (nach GLASOW 1963)

Maschine	Witterungsverlauf	
	günstig	ungünstig
Bandrechwender	29,10	22,02
Radrechwender mit Bodenantrieb	31,14	30,61
Rüttelzetter	29,60	17,84
Trommelzetter	31,86	21,65
Schubrechwender	29,08	22,93
Kreiselzettwender	28,36	21,33
Schlegelfeldhäcksler	16,54	16,89
Knickzetter	18,38	22,18

Tabelle 11: Tm-Verluste (%) bei der Heuwerbung; nach GLASOW (1963), zit. bei WIENECKE und CLAUS (1964)

Maschine	Witterungsbedingungen	
	günstig	ungünstig
Kreiselzettwender	5,7	26,0
Rüttelzetter	10,7	26,5
Trommelzetter	6,8	15,1
Schubrechwender	16,2	5,5
Bandrechwender	20,6	8,5
Radrechwender mit Bodenantrieb	7,4	6,8
Schlegelfeldhäcksler	43,1	44,3
Knickzetter	11,8	10,2

Der bessere Trocknungserfolg und die höheren Verluste durch den Schlegelfeldhäcksler sind eindeutig.

Diese Ergebnisse wurden durch Versuche in Holland, am Niederrhein und in Weihenstephan bestätigt. In den von BECKHOFF (1965b) zitierten holländischen Versuchen lauteten die Ergebnisse:

33*

Werbeverfahren	Tm-Verluste in % ohne Nachharken	Tm-Verluste in % mit Nachharken von Hand
Handarbeit	10,9	10,9
Trommelwender	10,6	9,6
Quetschzetter + Trommelwender	13,6	11,8
Schlegelhäcksler + Trommelwender	25,9	18,7

Wir fanden auf Anmoor-Mähweiden knapp 20% Verluste durch Einsatz des Schlegelmähers im Vergleich zur Mahd mit normalem Messerbalken. Alle anderen Bearbeitungsgänge waren gleich, die Trocknung nach dem Schlegelmäher allerdings einen Tag früher abgeschlossen.

Eine sehr gute Aufbereitung von Halmgut für die Konservierung scheint nach MATTHIES (1968) durch Brikettieren möglich zu sein. Mit dem sogenannten Wickelverfahren kann Erntegut mit 15–80% Feuchte verarbeitet werden. Das Verfahren hat sich in Laborversuchen sehr gut bewährt. Sollte es gelingen, eine praxisreife Maschine zu entwickeln, so wäre die Voraussetzung für ein neues Ernteverfahren geschaffen, das es gestattet, Grüngut mit 40–50% Wassergehalt bei geringen Bröckel- und Nährstoffverlusten schnell zu bergen. Die Konservierung kann durch Trocknung und nach Versuchen von ZIMMER u. HONIG (1968) auch durch Silierung erfolgen.

Das hohe Raumgewicht von 400–700 kg je m^3 bei 15% Feuchte erspart Transport- und Lagerraum, während die gleichmäßige, feste Struktur des Schüttgutes eine gleichmäßige Belüftung und Trocknung, aber auch eine bessere Mechanisierung der Ernte, des Transportes, der Konservierung und der Fütterung bewirken würde.

Werbeverfahren, Zahl der Arbeitsgänge, Trocknungsverlauf und Verluste

Bei bestem Heuwetter gelingt die Bodentrocknung günstigstenfalls in $1^1/_2$ bis 2 Tagen, als Ausnahme in 24 Stunden, also bis zum Vormittag des Tages nach dem Schnitt.

CASHMORE (zit. von SEGLER 1950) ermittelte bei sonnigem, warmem Wetter folgende Entwicklung des Wassergehaltes:

a) in unberührten Schwaden

1. Tag: Trocknung von 73 auf 54%, nachts Wiederanfeuchtung auf 63%;
2. Tag: Trocknung von 63 auf 44%, nachts auf 49%;
3. Tag: Trocknung auf 30% Wassergehalt.

b) nach der Mahd breitgestreut, über Nacht in Schwaden

1. Tag: Trocknung auf 35%, nachts auf 43%;
2. Tag: Trocknung bis zur Lagerfähigkeit.

Der Einfluß der Bearbeitung ist deutlich.

Mit den heute verfügbaren Maschinen und Geräten ist eine beschleunigte Heuwerbung gegenüber früheren Methoden möglich; folgende Arbeitsgänge sind üblich:

1\. Tag: Mähen, unmittelbar anschließend Zetten oder Breitstreuen der Mahd, 1- bis 2mal wenden, Schwaden ziehen;

2\. Tag: Breitstreuen der Schwaden, am Nachmittag 1- bis 2mal wenden, bei gutem Wetter Zusammenschwaden und Einfahren, bei weniger gutem Trockenwetter Schwaden ziehen;

3\. Tag: Breitstreuen der Schwaden, 1- bis 3mal wenden, Zusammenschwaden, Einfahren.

Bei schlechtem Wetter sind entsprechende Wiederholungen erforderlich.

Das Schwadenziehen am Abend ist neuerdings etwas umstritten. Es besteht kein Zweifel, daß es auf feuchten Wiesen zweckmäßig ist, weil das Futter sonst zuviel Wasser aus dem Boden anzieht. Es ist auch unbestritten, daß die Feuchtigkeitsaufnahme über Nacht in linearer Abhängigkeit zur dargebotenen Oberfläche steht. Der geringere Feuchtegehalt des über Nacht geschwadeten Futters gibt jedoch nach verschiedenen Untersuchungen noch keinen Hinweis auf einen endgültig besseren Trocknungserfolg. BECKHOFF kam zu dem Ergebnis, daß das auf Nachtschwaden gezogene Futter zwar einen Trocknungsvorsprung erzielte, der aber durch Ungleichmäßigkeit beim maschinellen Schwadstreuen und durch schnelles Trocknen des über Nacht ausgebreiteten Futters wieder eingebüßt wurde. Außerdem waren die Verluste bei einem Wassergehalt von > 40 % beim Schwadziehen größer, wohl infolge der intensiveren Bearbeitung (2 Arbeitsgänge mehr als im Normalverfahren).

Wenn das Futter auf weniger als 40 % vorgetrocknet war, hatte der Nachtschwad bei regnerischem Wetter eine verlustmindernde Wirkung. Bei gutem Wetter scheint der Nachtschwad überhaupt überflüssig zu sein.

Tabelle 12: Anzahl der Wendevorgänge und Trocknung von Wiesenheu bei verschiedenen Wetterlagen. – Wetterlage I = bestes, II = mittleres, III = schlechtes Heuwetter. – Die Zahlen geben den Wassergehalt in % bei gleichzeitigem Abschluß der Trocknung auf allen Parzellen an (nach SCHULZE-LAMMERS 1953)

Wendevorgänge	Wetterlage		
je Tag	I	II	III
2mal Wenden	23,9	30,4	47,2
3mal Wenden	24,7	29,5	43,8
4mal Wenden	23,1	28,7	38,6

Erst bei Wetterlage III brachte mehr als 2maliges Wenden eine Beschleunigung der Trocknung. Die Grenze zwischen II und III wird etwa durch folgende Werte gekennzeichnet: 70 % relative Luftfeuchte, 15 °C Tagesmitteltemperatur, 5 Stunden täglich Sonnenscheindauer und 1–2 m/sec Windgeschwindigkeit.

Häufigeres Wenden brachte bei der blattreichen Luzerne größere, beim halmreichen Wiesenheu geringere Verluste. Diese werden durch verringerten mikrobiellen Abbau des zur Dichtlagerung neigenden Wiesenheus erklärt.

Tabelle 13: Anzahl der Wendevorgänge und Rohproteinverluste von Wiesenheu und Luzerne während der Feldtrocknung in % (nach SCHULZE-LAMMERS 1953)

Wendevorgänge je Tag	Rohproteinverluste in % Wiesenheu		Luzerne
2	28,8	21,1	20,6
3	17,8	16,2	23,2
4	13,2	14,6	29,9

BECKHOFF fand keine gesicherten Mehrverluste durch häufigere Bearbeitung, während er Ergebnisse von WESTENDORP auf niederländischen Grünlandflächen zitiert, nach denen die Tm- und Rohproteinverluste durch 3- und 4maliges Wenden gegenüber 1- bis 2maligem deutlich erhöht wurden.

BECKHOFF (1965b) verglich folgende Verfahren und Geräte miteinander: I–III Mähen mit Mähbalken, anschließend täglich 1mal wenden (I); 2mal wenden (II); 3mal wenden und auf Nachtschwad ziehen (III); IV Mähen mit Schlegelhäcksler und täglich 2mal wenden; V Mähen mit Mähbalken, den leicht angetrockneten Schwad schlegeln, anschließend täglich 2mal wenden.

Tabelle 14: Durchschnittliche Masse- und Nährstoffverluste in % bei den beiden Werbeverfahren mit Schlegelfeldhäcksler im Vergleich zum Durchschnitt der drei übrigen Werbeverfahren

Bearbeitungsverfahren	Trockenmasse		Rohprotein		Verd. Rohprotein		Stärkeeinheiten	
	1. Wägung	2. Wägung	1. Wägung	2. Wägung	1. Wägung	2. Wägung	1. Wägung	2. Wägung
I–III	6,9	14,7	8,4	19,3	15,5	30,9	28,2	36,0
IV	18,9	27,3	22,8	27,8	30,7	39,7	41,5	46,2
V	14,0	20,2	14,1	19,4	21,2	27,1	34,8	40,8

Die 1. Wägung wurde durchgeführt, wenn das Heu mit 35–40% reif für die Belüftung war, die zweite nach Abschluß der Bodentrocknung. Bis zur 1. Wägung waren die Verluste mit dem Schlegelmäher $2^1/_2$mal höher als bei den üblichen Verfahren, bei der 2. Wägung nur noch doppelt so hoch, die an Rohprotein nur 50% höher. Durch Schlegeln aus dem Schwad konnten die Verluste um ein Viertel bzw. um ein Drittel gesenkt werden. Trotzdem wird dieses Verfahren keine Bedeutung gewinnen, da es einen zusätzlichen Arbeitsgang bedingt.

Gerüsttrocknung

Die Gerüst- oder Reutertrocknung hat sich für Luzerne und Rotklee auch in niederschlagsärmeren Gebieten zur Vermeidung von Blatt- und Bröckelverlusten seit langem bewährt. Hier ist sie aber als arbeitsaufwendiges Verfahren ziemlich weitgehend durch die Unterdachtrocknung abgelöst worden, zumal die Niederschlagsverhältnisse das notwendige Vorwelken immer gestatten.

Etwas anders liegen die Dinge in den niederschlagsreichen Grünlandgebieten. Auch hier ist Trocknung auf Heinzen, Hiefeln und Gerüsten seit langem bekannt. Hier kann aber die Gerüsttrocknung schwerer entbehrt werden, weil bei dem hohen Grünlandanteil dieser Gebiete je nach Viehbesatz die ganze Fläche (LN) eines Betriebes jährlich einmal oder öfter geschnitten und das Erntegut zu mehr als 75% zu Heu gemacht werden muß. Das bedeutet, daß man auch in einer Schlechtwetterperiode mit dem Heuen anfangen muß, wenn man nicht zuviel überständiges Heu ernten will. Da für das Vorwelken für die Unterdachtrocknung praktisch doch $1^1/_2$–2 Tage gebraucht werden, ist das Risiko zu groß. Es kann durch Aufreutern, das auch bei Regenwetter möglich ist, vermieden werden. Dennoch wurde in vielen Betrieben die Reutertrocknung ganz aufgegeben, besonders dort, wo man zur Welkheubelüftung übergegangen ist.

Andererseits hat sich die Reutertrocknung in kleineren Grünlandbetrieben bis jetzt gehalten, weil diese häufig noch über keine Heubelüftung verfügen und weil sie im Durchschnitt stärker mit Arbeitskräften besetzt sind als größere Familienbetriebe.

Die Verlustminderung

Die Verlustminderung durch Reutertrocknung gegenüber Bodenheu ist meistens nicht sehr groß. Es kann vorkommen, daß beregnetes Reuterheu mehr Verluste erleidet als bei schönem Wetter geerntetes Bodenheu. Jedoch, gutes Heuwetter ist im Grünlandgebiet selten. Daher liegt der Vorteil der Gerüsttrocknung in der Sicherheit, mit der sie größere oder gar Totalverluste verhindert. Auf alle Fälle sind die Bröckelverluste geringer als bei verzögerter Bodentrocknung mit scharf anfassenden Werbemaschinen; denn der Massenanteil blattreicher Kleearten und Kräuter nimmt bei zunehmender Dauer der Bodentrocknung im Vergleich zur Reutertrocknung deutlich ab.

Außerdem wird Reuterheu meistens trockener eingefahren als Bodenheu, so daß bei gleichen Werbungsverlusten die Lagerungsverluste des Bodenheues größer sein werden.

In neuerer Zeit wurden kaum noch Versuche mit Gerüsttrocknung durchgeführt, so daß die von 1930–1955 in größerem Umfang erstellten Daten heute noch gelten.

Wiegner (1934b) rechnet im Durchschnitt damit, daß im Vergleich zur Bodenwerbung 6–7% des ursprünglichen Wertes an Eiweiß und StE durch Reutertrocknung mehr erhalten bleiben.

Zu ähnlichen Mittelwerten kam Axelsson (1940), zit. von Klapp (1954a), in einer Zusammenfassung von Ergebnissen aus verschiedenen europäischen Ländern (Tab. 15).

Tabelle 15: Verluste bei verschiedenen Methoden der Futterwerbung (nach Axelsson 1940)

Werbungsverfahren	Zahl der Versuche	Verluste in %				
		Tm	Rohprotein	NFE	Rohfaser	Asche
Bodenwerbung	31	21	24,1	26,0	9,4	25,0
Schwedenreuter	12	15	17,0	20,0	4,5	17,5
AIV-Silage	58	12	12,0	18,5	3,7	12,0

Die möglichen Verlusteinsparungen durch Reutertrocknung erscheinen hiernach ziemlich gering. Das zeigen auch Versuche von SALVADORI (1954), die allerdings bei sehr gutem Heuwetter durchgeführt wurden (Tab. 16).

Tabelle 16: Höhe der Substanz- und Nährstoffverluste in % des Ertrages bei künstlicher Trocknung (SALVADORI 1954)

Stoffgruppe, Nummer des Schnittes	Trocknungsmethoden				
	Bodentrocknung	Hütte angewelkt bepackt	Hütte grün bepackt	Schrägwandreuter	Schwedenreuter
Trockenmasse					
1. Schnitt	23,5	30,8	28,8	33,6	24,5
2. Schnitt	5,2	9,5	15,8	6,8	0,0
Gesamt	15,0	20,4	22,8	21,8	12,5
Rohprotein					
1. Schnitt	33,1	34,3	30,3	32,3	28,3
2. Schnitt	1,8	16,4	18,6	6,4	0,0
Gesamt	16,6	24,9	24,1	18,6	10,7
Verd. Rohprotein					
1. Schnitt	42,9	52,6	57,1	53,7	40,6
2. Schnitt	6,1	21,8	26,4	9,1	0,0
Gesamt	23,4	36,3	40,9	30,1	18,3
Rohfaser					
1. Schnitt	26,8	27,1	23,0	32,6	24,0
2. Schnitt	16,0	10,8	17,7	9,5	5,6
Gesamt	22,2	19,8	20,4	22,1	16,0

Das bodengetrocknete Heu erhielt in beiden Schnitten keinen Regen (Versuchsjahr 1953), das reutergetrocknete im 1. Schnitt 36 mm an 6 Tagen. Dennoch hat der Schwedenreuter eine deutlich bessere Qualität gebracht. Dagegen ergaben Versuche aus den Jahren 1954 und 1955 unter ungünstigeren Witterungsbedingungen ein günstigeres Bild für die Gerüsttrocknung (SALVADORI 1958). Die Verluste waren beim Rollenreuter mit Abstand am geringsten, lagen im Futter von Schrägwandreutern und Hütten wesentlich höher und waren nach Bodentrocknung am höchsten. (Weitere Ergebnisse siehe BRÜNNER 1963b, DIJKSTRA 1958, GEITH 1935, KIRSCH 1952, LANDIS 1932, SHEPPERSON 1960, ZÜRN 1951c.)

Anforderungen an Trockengerüste für Grünlandfutter

a) Wenigstens ein Teil der Gerüste soll Naßaufhängen gestatten.

b) Der Materialbedarf soll im Hinblick auf Kosten, Transport und Aufbewahrung möglichst gering sein. Die Gerüste sollen leicht beweglich, standsicher und im Gelände anpassungsfähig sein.

Je feuchter das Klima, desto kleiner müssen die Gerüste, desto weiter die Draht- und Schnurabstände sein. Je größer das Gerüst, um so älter und sperriger und um so stärker vorgewelkt muß das Futter sein. Größere Dreibockreuter eignen sich nicht für Grünlandfutter, weil sie ein zu langes Vortrocknen und ein zu langes Futter erfordern und starke Verluste verursachen.

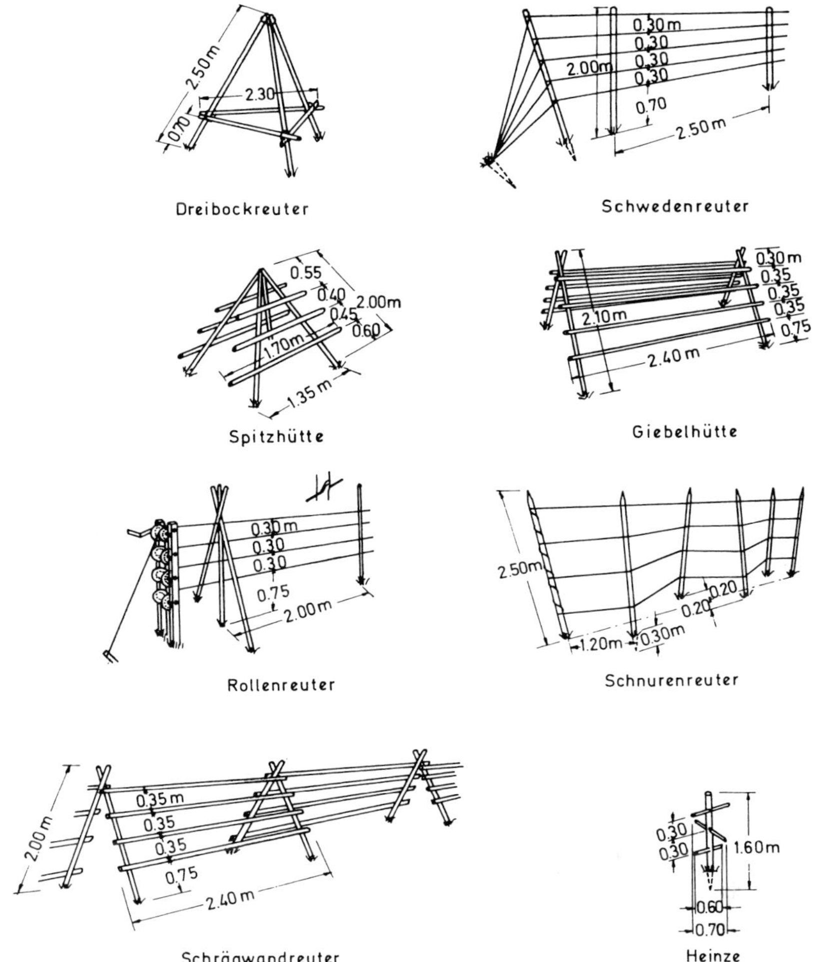

Abb. 224. Bauart und Maße von Trockengerüsten (nach Schulze-Lammers 1953, Segler 1956 und Dencker 1961)

Heuhütten sind etwas weniger wetterabhängig, verlangen aber ausreichendes Vorwelken. Wandreuter nach Art der Schweden-, Schnur- oder Rollenreuter, Heinzen und Hiefeln trocknen mit den geringsten Verlusten und erlauben es, auch kurzes Futter bei jeder Witterung aufzuhängen. Andererseits verursachen sie am meisten Handarbeit.

Bauart und Maße von Trockengerüsten zeigt Abb. 224, Material- und Arbeitsaufwand für die einzelnen Verfahren sind in Tab. 17 zusammengestellt. (Weitere Einzelheiten findet man bei Brünner 1963, Dencker 1961, Geith 1935, Klapp 1954a, Schulze-Lammers 1953, Segler 1956, Staehler und Steuerer-Finckh 1965.)

Tabelle 17: Voraussetzungen, Material- und Arbeitsaufwand für verschiedene Verfahren der Gerüsttrocknung (nach SCHULZE-LAMMERS 1953, SEGLER 1956 und DENCKER 1961)

Gerüstart	Verfahren: Zulässiger Wassergehalt %	Verfahren: Erforderliche Arbeitskräfte	Verfahren: Frischgut je lfm oder je Stück dz	Aufwand: lfm oder Stückzahl je ha	Aufwand: Holzbedarf je lfm oder je Stück m	Aufwand: Holzbedarf cm ∅	Aufwand: Drahtbedarf je lfm m	AKh je ha
Dreibock	35–40	2	6–8	15–25	7,5 7	7–9 5–7	–	31
Spitzhütte	45–50	2	2,4–3,0	50–90	8 10	7–9 5–7	–	37
Giebelhütte	45–50	2	4–5	25–35	35	7–9	–	37
Schrägwand-reuter	65–70 naß	2	0,6–0,8 dz/lfm	100 Stück	7–8 je lfm	6–9	–	38
Schweden-reuter	80 naß	3	0,4–0,5 dz/lfm	350–450 lfm/ha	0,9 und Endpfähle	7–9	5,1	67
Rollenreuter	80 naß	3	0,4–0,5 dz/lfm	350–450 lfm/ha	0,85 0,6	7–9 5–7	4	51
Schnuren-reuter	80 naß	1	0,6–0,8 dz/lfm	200–300 lfm/ha	2,7–3	4–6	Reuterschnur 4	47
Heinze	80 naß	1	0,08–0,1	1000–1800	2 1,20	9–12 3	–	54

Unterdachtrocknung

Die Unterdachtrocknung wurde aus dem Bestreben entwickelt, vom Wetter unabhängiger zu werden. Eine Verminderung des Wetterrisikos hat folgende Vorteile:

1. Schnellere Räumung der Flächen, bessere Mechanisierung der Rauhfutterernte;
2. Geringere Verluste, nährstoffreicheres Futter;
3. Planmäßiger Beginn der Heuernte, Erleichterung der Weideführung.

Gründe für die Einrichtung einer Unterdachtrocknung

Im Grünlandgürtel am Alpen-Nordrand mit 1000–2000 mm Niederschlag je Jahr und in anderen extrem humiden Gebieten wird die Forderung von GRANZ (1955) an eine dreitägige Heutrocknungsperiode nur selten erfüllt. Danach soll keiner der 3 Tage eine Mitteltemperatur unter 10 °C und eine mittlere relative Feuchte von mehr als 80 % aufweisen. Die Gesamtniederschläge sollen an den 3 Tagen 1 mm nicht übersteigen. Auch VAN EIMERN und SPATZ (1968) kommen zu dem Schluß, daß in diesem Gebiet nur eine Trocknung auf 50 % Feuchte erreicht werden kann, wenn das Ernterisiko in tragbaren Grenzen bleiben soll.

Andererseits sind diese Lagen prädestiniert für eine intensive Grünlandwirtschaft und daher gezwungen, nach Auswegen zu suchen. Daß die Heubelüftung in den Hartkäsereigebieten, in denen Silagefütterung verboten ist, von jeher am meisten Interesse gefunden und die größten Fortschritte gemacht hat, ist eigentlich selbstverständlich.

Die Heubelüftung hat in den Betrieben mit Luzernebau die arbeitsaufwendige und wenig mechanisierbare Reutertrocknung weitgehend ersetzt. Durch Einbringen der Luzerne mit einem Wassergehalt von 35–40 % auf die Unterdachtrocknung können die bei der Luzerne besonders gefährlichen Blattverluste völlig vermieden werden.

Die Trocknungsverfahren

Die Kaltbelüftung

Dieses Verfahren ist am weitesten verbreitet. Das Futter wird mit einem Wassergehalt von 35–40 % auf die Belüftung gebracht und dann 1–2 Tage durchgehend belüftet, um eine zu starke Erwärmung und das feste Absetzen des Futters zu verhindern. Anschließend wird die Belüftung fortgesetzt, wenn die Temperatur im Heustock über 35 °C ansteigt oder die relative Feuchte der Außenluft unter 85 % absinkt. Bei fortschreitender Trocknung werden nur noch Stunden mit einer relativen Feuchte der Außenluft von unter 60–70 % ausgenutzt. Die Belüftung darf erst beendet werden, wenn nach wiederholten Temperaturkontrollen an mehreren aufeinanderfolgenden Tagen kein Temperaturanstieg im Heustock mehr festzustellen ist.

Die Axialgebläse sollen bei einem Druck von 40–50 mm WS Luftmengen von 0,06–0,12 m^3/sec und m^2 Grundfläche bei einer Schichthöhe von 2 m leisten. Das entspricht 0,03–0,06 m^3/sec und m^3 Heu bei einer Lagerdichte von

80–120 kg/m³. Die für eine Anlage erforderliche Luftmenge in m³/sec und die dafür notwendige Motornennleistung in kW hängen direkt von der Größe der Anlagengrundfläche ab.

Die Welkheubelüftung

Die Weiterentwicklung des Kaltluftverfahrens zur Welkheutrocknung wurde notwendig, weil ein Wassergehalt von 35–40% beim Einfahren noch eine zu lange Vortrocknung auf dem Feld erfordert. Um das Wetterrisiko wirksam einzuschränken, muß eine Begrenzung des Vorwelkens auf einen Tag angestrebt werden. Das bedeutet Einfahrfeuchten von 50–60%. Ein solches Gut kann mit atmosphärischer Außenluft nur getrocknet werden mit leistungsfähigeren Gebläsen, sorgfältiger Arbeitsweise und in weitgehend luftdicht eingewandeten Heustöcken. Genaue Angaben über Bauweise und technische Einrichtungen findet man bei SEGLER (1969).

Das Gebläse muß für dieses Verfahren 50–80 mm WS bei einer Lagerdichte von 120–200 kg/m³ leisten. Die spezifische Luftmenge soll 0,12–0,18 m³/sec und m² Grundfläche betragen. Bei blattreichem Heu und Einlagerungshöhen über 3 m sind Ziehstöpsel oder Ziehschächte erforderlich.

Die Beschickung muß gleichmäßig und ohne Verdichtungen erfolgen. Betreten und direktes Abladen mit dem Greifer scheiden aus. Am besten arbeiten Spezialverteiler mit schleierartiger Ausbreitung des auf Höchstlängen von 20 cm zerkleinerten Gutes über den ganzen Stock. Dabei werden Gesamtstreubreiten bis 12 m erzielt. Auch Gebläse mit automatischer Verteilung oder Handverteilung von einer beweglichen oder festen Arbeitsbühne aus sind geeignet. Als Arbeitsbühne – und Prallschutz für Greiferabladung – kann auch die Oberfläche eines Ziehkanals benutzt werden.

Der Kaltbelüftung sind Grenzen gesetzt, wenn man nicht zu übergroßen Lüfterleistungen mit allen ihren Nachteilen kommen will.

Die Trocknung mit vorgewärmter Luft

breitet sich daher stärker aus. Eine Temperaturerhöhung von 5–8 °C, von GENZMER (1969b) sogar bis 45 °C, wird empfohlen. Eine Vorwärmung um 5–8 °C hat je nach Witterungsverhältnissen eine Erhöhung der Trocknungsleistung um das 2- bis 3fache zur Folge. Das bedeutet Beschleunigung der Trocknung, schnelleres Einfahren und Verlustsenkung.

Tabelle 18: Wasseraufnahmevermögen der Trocknungsluft bei unterschiedlicher Temperatur und relativer Feuchte der Außenluft ohne und mit Vorwärmung

Außenluft °C	Außenluft % rel. Feuchte	Wasseraufnahmevermögen in g je m³ Luft: ohne Erwärmung	mit Erwärmung um 5 °C	mit Erwärmung um 10 °C
15	90	0,0	1,5	3,0
	70	1,1	2,5	4,0
	50	2,3	3,5	4,8
20	90	0,0	1,6	3,2
	70	1,2	2,8	4,4
	50	2,6	4,0	5,3

Wie das Wasseraufnahmevermögen der Trocknungsluft durch Vorwärmung erhöht werden kann, ist in Tab. 18 aufgeführt (BAT 1969).

Die Werte gelten für eine mittlere relative Feuchte der Abluft von 90% und einen Barometerstand von 750 mm Hg.

Die Wärmemenge, die zugeführt werden muß, ist von der Größe der Anlage sowie von Temperatur und Feuchte der Außenluft abhängig. So sind z.B. Wärmebedarf und erforderliche Luftmengen für Einfahrfeuchten bis 40% und verschiedene Anlagengrößen in Tab. 19 zusammengestellt. Hierbei wird ein Wirkungsgrad des Lufterhitzers von 80% und des Lüfters mit Motor und Übergang von 50% unterstellt. Der Gesamtdruck wurde verhältnismäßig hoch angesetzt, weil jüngeres, blattreiches Futter mit einem Raumgewicht von 100–150 kg/m³ angenommen wurde.

Tabelle 19: Luftmenge, Motornennleistung und Wärmebedarf bei Einfahrfeuchten bis 40%

Grundfläche der Anlage m²	Erforderliche Luftmenge m³/sec	Motornenn-leistung kW	Gesamtdruck mm WS	Wärmebedarf in kcal/h[1], Erwärmung der Luft um 5°C	10°C
40	4,0	3,0	55	25800	50200
75	7,5	5,5	55	48400	95000
100	10,0	7,5	55	64500	127000

[1] Mittelwerte für die in Tab. 18 angenommenen Außenluftbedingungen.

Die Belüftungssysteme

Alle Belüftungsanlagen bestehen aus den Grundelementen Gebläse und Luftverteilsystem. Je nach der Luftführung unterscheiden sie sich darin, ob die Luft horizontal oder vertikal durch das Heu geleitet wird, ob der Heustock mit dichten Wänden eingefaßt sein muß oder nicht und welche Abmessungen optimal sind.

In der von SEGLER (1958, 1962) entwickelten Flachanlage strömt kalte oder vorgewärmte Luft durch Klappen aus dem liegenden Hauptkanal unter die seitlich angeordneten Holzroste und von dort senkrecht durch das darüber eingelagerte Heu (System „Braunschweig"). Senkrechte Begrenzungswände verhindern Luftverluste und falsche Luftführung. Stapelhöhen von 3–5 m sind möglich. Die Anlagenbreite kann 7–12 m betragen. Die Anlage kann mit Langgut, Häckselgut oder Niederdruckballen mit Hilfe von Höhenförderern, Seitenverteilern, Greifern, Gebläsen und Gebläsehäckslern beschickt werden.

Die von BRÜNNER (1955c) eingeführte Flachanlage mit Ziehstöpseln (System „Aulendorf") ist in Westdeutschland am weitesten verbreitet. Über einer Flachrostanlage stehen 2,20 m lange Stöpsel mit einer geschlossenen Grundfläche von 40 × 40 cm. Bei sperrigem Wiesen- und Ackerfutter genügt 1 Stöpsel je 15 m², bei gutem Wiesen- und Mähweidefutter braucht man 1 Stück auf 10 m². Die Stöpsel werden mit dem Anwachsen des Heustockes nachgezogen, so daß sich senkrechte Luftkanäle im Futter bilden, die auch im Häckselgut infolge der dichten Lagerung erhalten bleiben. Durch diese Kanäle kann die Luft nach Durchtrocknung einer Schicht schnell und ohne Verluste in die trocknungsbedürftigen oberen Schichten strömen.

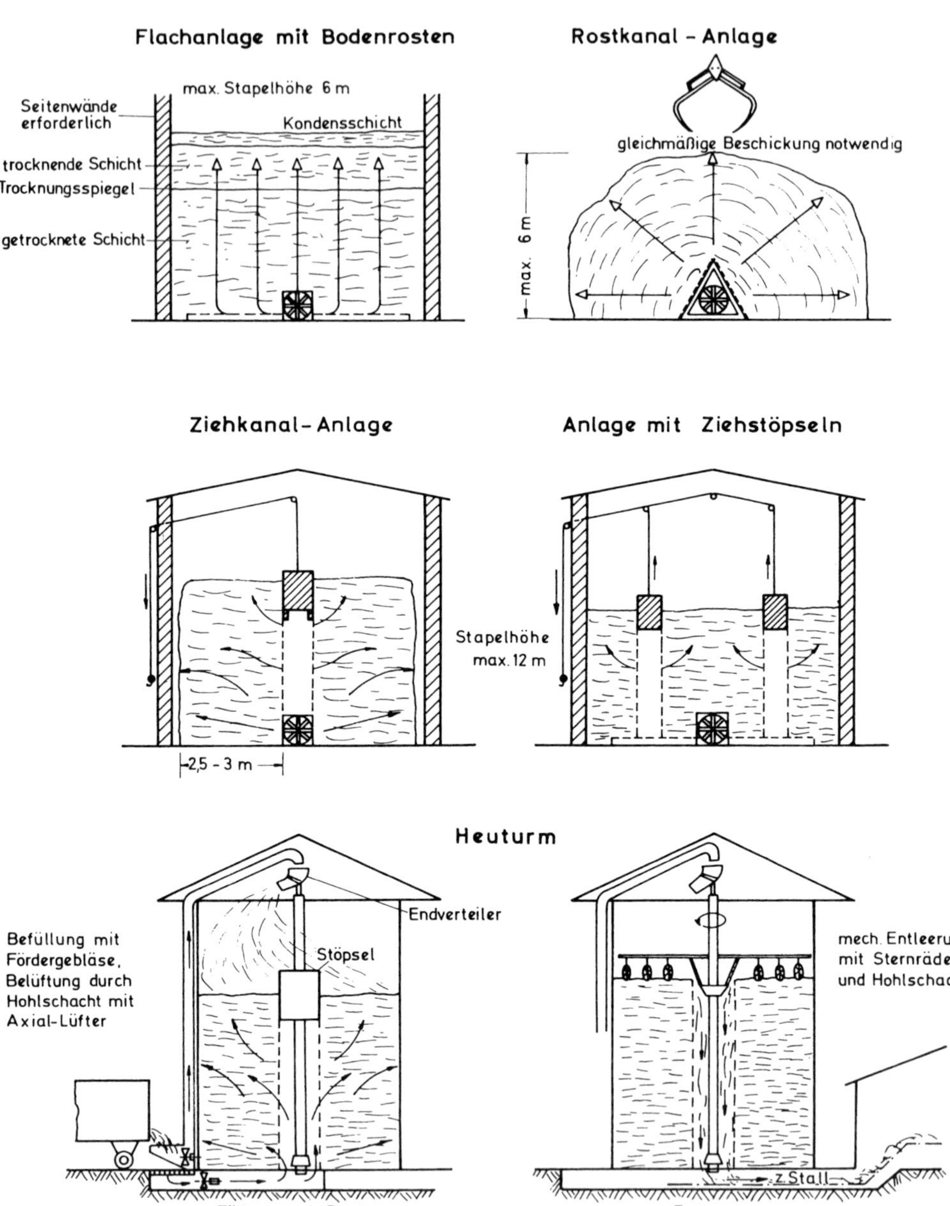

Abb. 225. Heubelüftungssysteme (nach BRENNER 1967 und ESTLER 1969)

Durch die bessere Luftführung sind Stapelhöhen bis zu 12 m möglich bei einer Breite von 7–12 m. Begrenzungswände sind nicht erforderlich, weil der 120–150 cm breite Rand des Heustockes, der direkt auf dem Boden, also nicht auf dem Lattenrost aufsitzt, zur Abdichtung ausreicht.

Statt der Ziehstöpsel wird beim System „Schnaitheim" ein langer durch Seilwinde betätigter Ziehkanal verwendet, der an einen kurzen feststehenden Lüfterkanal anschließt und gleichzeitig als Abwurfpralltisch und Arbeitsbühne zum Verteilen benutzt werden kann. Diese Anlage eignet sich für lange, hohe, schmale Heustöcke, z.B. 10 × 5,5 × 9 m (L × B × H). Hier dürfen keine Außenwände vorhanden sein, weil die Luft horizontal durch den Stock geführt wird und an den Seitenwänden austritt. Der Stapel muß deswegen 25–50 cm von der Scheunenwand entfernt aufgeführt und darf an den freien Seitenwänden nur mit einem Drahtgeflecht oder einem möglichst durchlässigen Lattengerüst stabilisiert werden.

Der Heuturm wird mit einer einheitlichen Grundfläche von 23 m² und Höhen von 8, 10 und 12 m hergestellt. Die Luftverteilung erfolgt durch einen Mittelschacht, der während der Befüllung durch eine nachgezogene Glocke oder durch einen Stöpsel geformt und offengehalten wird. Durch diesen Schacht kann der Heuturm auch von oben her mechanisch entleert werden. Nachteilig ist, daß nur Häckselgut eingefüllt werden kann.

Einige Belüftungssysteme sind in Abb. 225 dargestellt. Von ihnen sind die Rostkanalanlage und der Heuturm am wenigsten verbreitet. Außer den hier erwähnten Systemen gibt es zahlreiche Abwandlungen, die jedoch im wesentlichen auf dem gleichen Prinzip beruhen.

Weitere Literatur zur Unterdachtrocknung:

Aperdannier 1961, Beckhoff 1963b und 1965c, Birk 1960, Brenner 1967, Brünner 1962c und 1963b, Dohne 1965, Hövelkamp 1958, Kloeppel 1961, Kohler 1967, Lategahn 1962, Mott 1962b, Papendiek 1961 und 1967c, Philipsen 1965b, Poelt 1957, Poelt und Ruder 1957, Rist 1957, Scheuermann 1964, 1965 und 1966, Segler 1950, 1956 und 1969.

Nährstoffgehalte und Nährstoffverluste bei verschiedenen Trocknungsverfahren

Ein Vergleich zwischen verschiedenen Verfahren ist nur möglich, wenn Ausgangsmaterial und Feldtrocknung gleich waren. Werte verschiedener Bestände und verschiedener Autoren sind nicht geeignet, exakte Aussagen über den Einfluß eines Trocknungsverfahrens auf die Heuqualität zu machen.

Sehr gute Vergleichswerte sind in Tab. 20 enthalten.

Nur mit der Warmbelüftung konnte noch eine gute Heuqualität erzielt werden. Die Witterung war allerdings beim Vortrocknen und während der Belüftung sehr ungünstig.

Ähnliche Verhältnisse fanden Richter und Oslage (1960) bei der Trocknung von Kleegras (Tab. 21).

Geiger (1961) und Heeren (1966) geben für 1 kg Mähweideheu aus Welkheubelüftungsanlagen höhere Werte an: 150 bzw. 110 g verdauliches Rohprotein und 500 bzw. 530 StE.

Die Verdaulichkeit wurde in den Versuchen von Schmitten (1958) an Hammeln ermittelt (Tab. 22).

Tabelle 20: Die Gehalte an verdaulichem Rohprotein und an StE in 1000 g Tm bei verschiedenen Trocknungsverfahren (nach SCHMITTEN 1958)

Trocknungsverfahren	Verd. Rohprotein		Stärkeeinheiten	
	absolut	relativ	absolut	relativ
Warmbelüftung	65	100	418	100
Kaltbelüftung	60	92	349	84
Selbsterwärmung[1] . . .	62	96	314	75
Bodentrocknung	46	71	303	73

Tabelle 21: Nährstoffgehalte in 1 kg Tm bei der Boden- und Belüftungstrocknung von Kleegras (nach RICHTER und OSLAGE 1960)

Trocknungsverfahren	Verd. Rohprotein		Stärkeeinheiten	
	absolut	relativ	absolut	relativ
Belüftungstrocknung . .	104	100	460	100
Bodentrocknung	78	75	330	72

Tabelle 22: Die Verdauungsquotienten der einzelnen Nährstoffe in unterschiedlich getrocknetem Heu (nach SCHMITTEN 1958)

Trocknungsverfahren	Org. Substanz	Roh-protein	Roh-faser	Roh-fett	NFE
Warmbelüftung	65,7	60,1	70,6	53,7	64,1
Kaltbelüftung	60,3	53,5	69,2	43,4	55,7
Selbsterwärmung[1]	57,2	52,1	68,3	35,7	50,3
Bodentrocknung	57,8	44,7	71,5	23,7	49,1

[1] Die Trocknung unter Ausnutzung der Selbsterwärmung hat sich als eigenes Verfahren nicht durchgesetzt. Ihm liegt der Gedanke zugrunde, die Wasseraufnahmefähigkeit der Trocknungsluft durch Förderung einer begrenzten Selbsterhitzung des Heustocks zu erhöhen. Nachteile sind: höhere und nicht kontrollierbare Verluste an Substanz und Verdaulichkeit, ungleichmäßige Erhitzung und Trocknung im Innern bzw. in den Randzonen des Stockes und schließlich ein schwer regulierbarer Trocknungsverlauf.

Auch hier wurde eine deutliche Überlegenheit der Warmbelüftung festgestellt.

PÖTKE (1953, 1954) und RICHTER und OSLAGE (1960) stellten an Wiesenheu, Luzerne- und Kleegrasheu in ganz ähnlichen Größenverhältnissen eine Verbesserung der Verdaulichkeit von der Boden- zur Belüftungstrocknung mit Kaltluft fest. Als Ursache hierfür kommen Bröckel-, Atmungs- und Auswaschungsverluste in Frage, die gerade bei der Bodentrocknung auftreten und besonders die leicht verdaulichen Blätter und Jungpflanzen bzw. die leicht löslichen Nährstoffe betreffen.

Auch die äußere Beschaffenheit des Heues weist deutliche Abstufungen in Abhängigkeit vom Trocknungsverfahren auf (HÖVELKAMP 1958).

Warmlufttrocknung. Einheitliche, schwache Grünfärbung und angenehmer Heugeruch.

Kaltlufttrocknung. Undeutlich grünes Aussehen mit schmutziggrauen Verfärbungen bei zu dichter Lagerung. Beim Auslagern muffiger Geruch und geringe Staubentwicklung.

Trocknung mit Ausnutzung der Selbsterwärmung. Schmutziggraue Färbung, muffiger Geruch, starke Staubentwicklung bei der Auslagerung.

Bodentrocknung. Keine Veränderungen im Vergleich zur Einlagerung.

Ob die geringeren Nährstoffverluste, der geringere Arbeitsaufwand auf dem Feld und der Vorteil des früheren Einfahrens (der größeren Bergungskapazität) ausreichen, um die höheren Kosten der Warmbelüftung zu decken, ist noch nicht genügend geklärt.

PHILIPSEN (1965b) fand durch Warmbelüftung folgende Vorteile: Einmal weniger zetten, einen Tag früher einfahren, 3–4% geringere Tm-Verluste, beim Nachtrocknen 2,5% weniger StE- und 8% weniger verdauliche Rohproteinverluste; der Heugeruch war stets besser, der Staub- und Schimmelanteil geringer, der Carotingehalt etwas höher. Trotzdem lag die Rentabilität der Warmbelüftung nicht günstig, so daß Betriebe mit weniger als 500 dz Heu sicher keinen Vorteil hätten.

Außerdem seien zu schwache Gebläse oder zu sparsames Belüften in der Praxis häufig die Ursachen für schlechtere Qualitäten bei Kaltbelüftung. In diesem Fall sei die Anschaffung eines stärkeren Gebläses rentabler als die eines Ölofens.

Die Lagerung des Heues

Bei der Lagerung richtig gewonnenen Heues treten Gärungsvorgänge ein, die zur Selbsterwärmung und damit zu unvermeidlichen Nährstoffverlusten führen. Werden dabei Temperaturen von 40–45 °C nicht überschritten, dann bleiben die Tm- und StE-Verluste in den Grenzen von 5–10%.

Größere Schäden bis zur Selbstentzündung treten bei Werbungs- und Lagerungsfehlern ein. Die Vorgänge wurden von MIEHE (1930), PALLMANN und DÖNZ (1939) und WAHLEN und GEERING (1938), zit. von KLAPP (1954a), untersucht.

Danach wird unterschieden:

Die Normalgärung.

Die Übergärung, bei der Temperaturen von 50–70 °C erreicht werden und unter Bräunung des Futters 10–30% der StE und 80% der Eiweißverdaulichkeit verloren gehen.

Die Überhitzung mit Temperaturen über 70 °C, durch die das Heu vollständig entwertet und gesundheitsschädlich wird oder gar verkohlt.

Die Normalgärung und das sogenannte Schwitzen der äußeren Heuschichten, das beim Durchströmen der wärmeren Luft aus dem Innern des Stockes durch die kühleren Außenzonen entsteht, wird bisweilen sogar als wünschenswert betrachtet. Sicher ist, daß manche Giftpflanzen durch die Gärung ihre Giftigkeit verlieren; wahrscheinlich wird auch die Schmackhaftigkeit verbessert, aber eine Verbesserung des Nährstoffgehaltes ist nicht anzunehmen. Die Verdaulichkeit wird eher beeinträchtigt; es wäre höchstens noch an eine relative Zunahme mancher Stoffgruppen zu denken, wenn durch die Erwärmung Kohlenhydrate verbraucht werden.

Übergärung und Überhitzung werden primär durch einen zu hohen Feuchtegehalt verursacht, da er die Nährstoffe des Futters reaktionsfähiger erhält und eine starke Mikrobentätigkeit begünstigt. Schon bei einem Wassergehalt von 25 % kann die Überhitzungsgrenze erreicht sein. Junges, nährstoffreiches, an Kleearten und mastig gewachsenen Kräutern reiches Futter von überdüngten Flächen ist in zu feuchtem Zustand besonders gefährdet, junges Mähweideheu mehr als älteres Wiesenheu, Grummet mehr als Heu vom 1. Schnitt.

Anscheinend schnelle Trocknung bei sonnig-heißem Wetter täuscht leicht über den wahren Trocknungszustand hinweg; selbst äußerlich dürres Futter kann noch viel zellgebundenes Wasser enthalten, das dann gerade bei jungem und aus den genannten Gründen gefährdetem Futter schon zur Erhitzung ausreichen kann. Auch schnell aufgesetzte hohe Stapel auf kleiner Grundfläche geraten infolge des hohen Eigendrucks leichter in Gefahr.

Zur Vorbeugung wird genügende Bearbeitung auf dem Feld und Stapeln auf breiter Grundfläche empfohlen. Mit Hilfe von Heusonden wird die Temperatur im Heustock bald nach Beginn des Stapelns regelmäßig überwacht. Um auch kleinere Nester mit Verdichtungen und entsprechend überhöhten Temperaturen erfassen zu können, müssen die Messungen an zahlreichen Stellen gut über den Stock verteilt durchgeführt werden. Die größte Gefahr liegt im Kern und im unteren Teil des Stockes, aber auch an den Abwurfstellen von Greifer und Gebläse, hier besonders bei noch feuchtem Häckselheu für die Unterdachtrocknung. Soweit die Temperaturmessungen von oben durchgeführt werden müssen, ist besonders beim Belüftungsheu darauf zu achten, daß der Stock nur auf ausgelegten Brettern oder Leitern betreten wird. Wenn die Temperaturen über 70 °C angestiegen sind oder wenn die Oberfläche des Stockes muldenförmig einsinkt, ist der Stock im Beisein der Feuerwehr abzutragen.

Ein Unterlassen der regelmäßigen und sorgfältigen Überwachung der Heustapel gilt im Falle eines Brandes als fahrlässige Brandstiftung und wird strafrechtlich verfolgt.

Weitere Hinweise bei Glathe 1955/60, Glathe u.a. 1955, Niese 1959, Pallmann 1945, Schmidt 1929.

Die Lagerungsverluste von Heu

Bei der Heulagerung treten Verluste an Nährstoffen, Trockenmasse, Carotin und Verdaulichkeit auf. Bei trocken eingelagertem Heu sind diese Verluste gering. Sie liegen nach verschiedenen Autoren für Tm und StE im Bereich von 3–5 %, für verdauliches Rohprotein bei 5–6 %. Beckhoff (1965a) stellte allerdings in 4 Versuchsreihen schon bei einer Einlagerungsfeuchte von nur 18,49 % relativ hohe Verluste von 7,9 % der Tm, 13,6 % des verd. Rohproteins und 11,5 % der StE fest.

Die Neigung zur Selbsterhitzung nimmt mit steigenden Gehalten an Feuchte und Rohprotein und dementsprechend mit fallendem Rohfasergehalt zu. Entscheidend ist der Wassergehalt. Erst bei einem Wassergehalt von 16 % scheint keine Gärung mehr einzutreten.

Bodentrocknung

Durch Erhitzung während der Lagerung werden weniger die Rohnährstoffe als deren Verdaulichkeit beeinträchtigt. Am stärksten wird davon das Rohprotein betroffen. Orth (1953) gibt die kritische Temperaturgrenze, von der ab eine Depression in der Proteinverdaulichkeit eintritt, mit 45 °C an. Die von verschiedenen Autoren ermittelten Verdaulichkeitseinbußen von bodengetrocknetem Heu durch steigende Temperaturen im Heustock zeigen eine sehr gute Übereinstimmung, so daß hier die Befunde von Philipsen (1965a) genügen mögen.

Tabelle 23: Verluste an verdaulichem Rohprotein und an StE im Heustock. Die Verluste sind in % der Gehalte bei der Einlagerung angegeben (nach Philipsen 1965a)

Grad der Gärung	Temperatur im Stock	Verd. Rohprotein	StE
Keine Gärung	< 40 °C	0	0
Leichte Gärung	50 °C	18	10
Mäßige Gärung	65 °C	45	18
Starke Gärung	75–80 °C	70	30
Sehr starke Gärung	85–90 °C	85	45

Die Höhe der Carotinverluste ist von der Temperatur und von der Lagerungsdauer abhängig. Beckhoff (1965a) gibt als Faustzahl an, daß in bodengetrocknetem Heu je Lagermonat 10 % des bei der Einlagerung vorhandenen Carotins verlorengehen, daß aber der Abbau zu Beginn der Einlagerung besonders stark sei.

Belüftungstrocknung

Bei der Belüftungstrocknung spielt auch der Wassergehalt die Hauptrolle. Da er jedoch in Versuchen und in richtig bedienten Belüftungsanlagen nicht zu starken und anhaltenden Temperaturerhöhungen führen muß, können die Verluste sehr gering sein und besonders bei Warmbelüftung kaum über denen liegen, die bei trocken eingebrachtem Gut entstehen.

Beckhoff (1965a) zitiert Ergebnisse von Schöllhorn und Brünner, die mit seinen weitgehend übereinstimmen, obgleich die botanische Zusammensetzung des Heues in Bezug auf den Klee- und Kräuteranteil verschieden gewesen sein dürfte. Hiernach ergaben sich mit zunehmendem Wassergehalt beim Einfahren von 20 % bis über 50 % steigende Verluste, die jedoch für Tm und Rohprotein erst bei einem Wassergehalt von über 50 % die Grenze von 10 %, allerdings wesentlich, überschritten. Diese Grenze wurde beim verd. Rohprotein schon bei einem Wassergehalt von 35–40 % erreicht. Offenbar wurden die Ergebnisse auf Anlagen mit Kaltbelüftung und normalen Lüfterstärken erzielt. Damit war zu erwarten, daß die Verluste im Bereich von 40–50 % stark ansteigen.

In den Untersuchungen von Beckhoff (1965a) stiegen die Verluste an Rohnährstoffen ebenfalls bei einer Einfahrfeuchte über 50 % steil an. Daraus wird mit Recht geschlossen, daß das Heu mit einem Wassergehalt von 35–40 % auf die Belüftung gebracht werden sollte, zumal bis zu diesem Trocknungsstadium die Feldverluste noch erträglich sind. Bei unbeständiger Witterung wird eine Feuchte bis 50 % beim Einfahren für gerechtfertigt gehalten, wenn Luftvorwärmung und Dauerbelüftung möglich sind.

Nach verschiedenen von BECKHOFF zitierten Autoren scheinen die Tm- und Nährstoffverluste aus Heu von Entlüftungsanlagen geringfügig, aber regelmäßig etwas höher zu sein als von Belüftungsanlagen.

Die Carotingehalte im Belüftungsheu verhielten sich während der Lagerung ähnlich wie in bodengetrocknetem Heu. Während beim Einfahren noch Unterschiede in Abhängigkeit vom Grad des Vorwelkens vorhanden waren, waren die Gehalte nach 6- bis 7monatiger Lagerung einheitlich auf 14–18 mg/kg Tm zurückgegangen.

Die Tm-Verluste in Abhängigkeit von verschiedenen Trocknungsverfahren wurden von HÖVELKAMP (1958) genauer untersucht (Tab. 24).

Tabelle 24: Die Tm-Verluste während der Lagerung und vom Schnitt bis zur Fütterung in % der Tm bei der Einlagerung bzw. nach dem Schnitt

Verfahren	Verluste während der Lagerung				Schnitt bis Fütterung
	unten	Mitte	oben	ges. Stock	
Warmbelüftung	3,9	4,1	11,5	6,4	12,8
Kaltbelüftung	8,7	19,3	15,2	13,6	20,0
Selbsterwärmung	13,1	33,0	22,1	22,8	29,2
Bodentrocknung	8,4	12,5	fehlt	10,4	32,8

Die Verluste stiegen in den mittleren Schichten des Heustocks stark an; lediglich durch Warmbelüftung konnte hier offenbar eine stärkere Erhitzung und Gärung vermieden werden. Wenn die Lagerverluste von bodengetrocknetem Heu größer waren als von warmbelüftetem, dann kann die Ursache nur darin liegen, daß das Bodenheu beim Einlagern noch nicht genügend trocken war.

Die Proteinverluste zeigen ähnliche Verhältnisse. Die höheren Verluste während der Lagerung von bodengetrocknetem im Vergleich zu warmbelüftetem Heu sind wiederum darauf zurückzuführen, daß das Bodenheu infolge zu hohen Wassergehaltes noch eine Erhitzung durchmacht, während die Trocknung mit Warmluft schneller und ohne Erhitzung abgeschlossen wurde.

Tabelle 25: Die Proteinverluste während der Lagerung in % des Gehaltes bei der Einlagerung und vom Schnitt bis zur Fütterung in % des Gehaltes nach dem Schnitt (nach HÖVELKAMP)
v. R. = verd. Rohprotein; R = Rohprotein.

Verfahren	Verluste während der Lagerung					Schnitt bis Fütterung	
	oben	Mitte	unten	ges. Stock			
	v. R.	v. R.	v. R.	v. R.	R	v. R.	R
Warmbelüftung	9,4	3,9	1,5	4,1	3,2	15,0	8,7
Kaltbelüftung	26,4	28,6	7,9	19,4	10,9	30,3	16,4
Selbsterwärmung	22,3	39,0	21,3	25,3	16,0	36,2	21,5
Bodentrocknung	fehlt	30,8	23,5	14,8	10,8	60,0	38,2

Bei den Verfahren „Kaltbelüftung“ und „Selbsterwärmung“ wird nicht durchgehend, sondern nur bei günstiger relativer Feuchte belüftet; so kommt es zu beabsichtigten und nicht beabsichtigten Selbsterwärmungen, verzögerter Trocknung und gesteigerten Verlusten, die erwartungsgemäß beim verd. Rohprotein besonders hoch sind.

Die Carotinverluste betrugen in der Reihenfolge der Verfahren nach Tab. 25: 72,2; 91,4; 90,5; 98,5% insgesamt. Während des Vorwelkens waren bereits über 60% verlorengegangen. Im Heustock steigen die Carotinverluste mit Belüftung von unten nach oben an. Da sie an den unmittelbar belüfteten unteren Schichten am geringsten sind, kann es nicht der Sauerstoff allein sein, der den Carotinabbau fördert. Von größerer Wirkung auf den Abbau sind Belichtung, Erhitzung und Lagerdauer.

Die Verluste an StE während der Lagerung sind stark abhängig von der Intensität der Gärung bzw. Grad und Dauer der Erhitzung. Sie können von wenigen Prozenten auf 40–45 ansteigen. Unter ungünstigen Witterungsbedingungen stellte Hövelkamp (1958) folgende StE-Gehalte und -Verluste fest:

Tabelle 26: Gehalte sowie Gesamt- und Lagerverluste an Stärkeeinheiten bei verschiedenen Trocknungsverfahren

Zeitpunkt bzw. Verfahren	StE/kg Tm	Verluste in % des Gehaltes nach dem Schnitt	
		Gesamtverluste	Lagerverluste
Nach dem Mähen	635	–	–
Nach dem Vorwelken	520	18	–
Warmbelüftung	418	34	16
Kaltbelüftung	349	45	27
Selbsterwärmung	314	50	32
Bodentrocknung	303	52	6

Unter normalen Bedingungen werden Gesamt- und Lagerverluste jedoch bedeutend geringer sein. Es ist schwer, feste Zahlen anzugeben, weil die den Verlust bestimmenden Faktoren von Betrieb zu Betrieb und sogar innerhalb eines Betriebes von Füllung zu Füllung mit verschiedenem Gewicht zusammenwirken.

3. Künstliche Trocknung

Wesen und Vorteile

Nach Klusmann (1962) betragen die StE-Verluste bei der künstlichen Trocknung (KT) im Durchschnitt nur 5–8% und sind damit wesentlich geringer als bei allen anderen Grünfutter-Konservierungsmethoden. Die Vorteile der künstlichen Trocknung liegen darin, daß das Grünfutter dann geerntet werden kann, wenn Menge, Nähr- und Wirkstoffgehalt das günstigste Verhältnis erreicht haben; Atmungs-, Auswaschungs-, Bröckel- und sonstige Werbungsverluste werden auf ein Mindestmaß herabgesetzt. Da das Trockengut nur noch 6–12% Wasser enthält, sind mit Verlusten verbundene Nachgärungen oder Selbsterwärmung während der Lagerung praktisch ausgeschlossen.

Da diese Vorteile mit verhältnismäßig hohen Kosten erkauft werden müssen, ist es für eine echte Rentabilität des Verfahrens erforderlich, nur hochwertiges Ausgangsmaterial zu verwenden. Man spricht daher von der Trocknungswürdigkeit des Grünfutters.

Trockengrün aus hochwertigem Grünfutter ist dann aber nicht mehr mit normalem Heu oder Gärfutter vergleichbar. Es stellt nicht nur ein hochwertiges und hochverdauliches Eiweiß-Kraftfutter dar, sondern zeichnet sich gleichzeitig durch einen hohen Gehalt an Vitaminen, Mineral-, Spuren- und Wirkstoffen aus.

Für alle Tierarten ist der hohe Carotingehalt von Bedeutung, für die Geflügelfütterung auch der an Xanthophyll, der die Pigmentierung der Broiler begünstigt und eine intensivere Gelbfärbung des Eidotters bewirkt. Der Vitamin-D-Gehalt ist allerdings um so geringer, je weniger das Grüngut vorgewelkt und damit der Besonnung ausgesetzt wird.

Als Material für die KT wird neben Klee und Luzerne in zunehmendem Maße Futter von Wiesen und Mähweiden verwendet. Dieses dürfte gegenüber dem Ackerfutter folgende Vorteile haben:

1. Es besteht aus mehreren bis zahlreichen Arten und weist daher einen vielseitigen Nähr- und Wirkstoffgehalt auf.
2. Es steht jederzeit zur Verfügung.
3. Es kann mit geringerem Rohfasergehalt geerntet werden.

Den Nachteil des relativ hohen Rohfasergehaltes der Luzerne versucht man in den USA durch Trennung von Stengeln und Blättern beim Trocknungsvorgang oder mit Spezialmaschinen zu vermeiden (SCHAEFER 1966). Das Trockengrün aus den Blättern wird an Schweine, das aus den Stengeln an Rinder und Schafe verfüttert. Der Rohproteingehalt im Trockengrün aus Blättern stieg im Vergleich zum Ausgangsmaterial von 17 auf 25%, der Rohfasergehalt fiel von 27 auf 15%.

Die Grünfuttererzeugung

Nur junges Futter ist geeignet. Wenn man es im Zustand der Weidereife (20–25 dz Tm/ha) schneidet, hat es zweifellos eine Qualität, die nach dem DLG-Bewertungsschlüssel zwischen „gut" und „sehr gut" liegt. Der früher häufig empfohlene Flächenwechsel gilt besonders für bestimmte Wiesengesellschaften, die wiederholten Früh- und Vielschnitt nicht vertragen. Selbstverständlich wird sich auch im Mähweidebetrieb, der überschüssiges Futter abschöpfen will, automatisch ein Flächenwechsel ergeben. Andererseits kann aus verschiedenen Gründen Veranlassung bestehen, eine Fläche oder ganze Betriebsnutzflächen längere Zeit nur zur Grünmehlerzeugung heranzuziehen. Soweit es sich um Weide- und Mähweidenarben handelt, die pflanzensoziologisch zum *Cynosurion* gehören oder einen Übergang vom *Cynosurion*- zum *Arrhenatherion*-Verband darstellen, scheint mehrjährige 4- bis 5-Schnitt-Nutzung ohne Schaden für Ertrag und Zusammensetzung der Grasnarbe durchaus möglich. So berichtet KLUSMANN (1962) von Flächen, die nach 6- bis 7jähriger 4-Schnitt-Nutzung noch 125–130 dz Trockengras je ha brachten. ZÜRN (1965c) stellte nach über 10jähriger Schnittnutzung von Weidenarben noch keine wesentlichen Veränderungen fest. Wir fanden diese Ansicht in unseren Weideschnittversuchen mit 5maliger Nutzung in 4–5 Versuchsjahren vollauf bestätigt; bei 8maliger Weideschnittnutzung je Jahr scheinen sich allerdings im 3. und 4. Jahr Ertragsrückgänge, bei ausreichender NPK-Versorgung jedoch keine Bestandsveränderungen anzubahnen. In einem Betrieb, der von intensiver Mähweidenutzung zu 4-Schnitt und Grünmehlerzeugung übergegangen war, konnten wir an Dauerquadraten nach 4 Jahren sogar nachweisen, daß sich die zwischen typischer Weide und typischer Schnittwiese eingestufte Mähweidenarbe eindeutig in Richtung eines *Cynosuretums* entwickelt hatte. Hierfür kann nur das regelmäßige Befahren mit schwerem Schlepper, Feldhäcksler und schweren Grünfutterfuhren verantwortlich gemacht werden, das offenbar einen stärkeren Bodendruck ausübte als Beweidung und Mahd mit anschließender Heu- und Silagegewinnung.

Nach allen vorliegenden Versuchsergebnissen sind bei 4-Schnitt-Nutzung mindestens 16%, bei 5-Schnitt-Nutzung mindestens 18% Rohprotein in der Tm erzielbar. Der Rohfasergehalt übersteigt dann nur ausnahmsweise 22% in der Tm.

VON KALBEN (1962) teilt folgende Werte mit:

Tabelle 27: Rohprotein- und Carotingehalte von Trockengras

Jahr	% Rohprotein in der Tm			Carotin mg/kg		
	Zahl der Proben	Mittel	Höchstwerte	Zahl der Proben	Mittel	Höchstwerte
1959	76	16,8	22,4	13	325	488
1960	62	19,1	25,9	17	375	509
1961	49	18,2	26,7	15	358	450

KLAPP (1954a) errechnete aus einer großen Zahl in- und ausländischer Untersuchungen folgende Analysenwerte (in % der Tm):

	Rohprotein	Rohfett	NFE	Rohfaser	Rohasche
Höchstwerte	26,0	4,5	37	17,0	15,0
Guter Durchschnitt	18,0	3,5	43,6	22,2	10,6

WÖHLBIER (1966) gibt für Grasgrünmehl folgende Gehalte an:

1 kg Futtermittel enthält	Tm g	Roh-protein g	Verd. Protein g	StE
> 21% Rohprotein	942	270	213	595
17,1–19,0%	944	178	134	531
13,1–15,0%	921	141	99	462
< 11% Rohprotein	930	102	59	337

Angaben von KLAPP (1954a) zu den StE (530–630) stimmen mit den besseren Qualitäten, Ergebnisse von KLUSMANN (1962) aus einer Vielzahl von Versuchen (480–530) mit den mittleren nach WÖHLBIER überein. Die Verdaulichkeit des Eiweißes liegt im allgemeinen nur 3–5% unter der des Frischgrases und mit 70–80% meistens noch etwas niedriger als die von Rohfaser und NFE.

KLUSMANN (1962), VON KALBEN (1962) und wir fanden ziemlich übereinstimmend im Durchschnitt mehrerer Versuchsjahre bei 4–5 Schnitten 105 bis

110 dz Grünmehl je ha mit 18–20% Rohprotein in der Tm. In graswüchsigen Lagen sind nach verschiedenen Autoren mit hohen Düngergaben von leistungsfähigen Grasnarben bis 160 dz Grünmehl je ha erzielbar. Die Nährstoffentzüge je 100 dz Trockengras können dabei 300 kg N, 90 kg P_2O_5, 300 kg K_2O und 100 kg CaO je ha betragen. Wenn keine tierischen Exkremente oder Wirtschaftsdünger auf die Schnittflächen zurückkehren, müssen diese Nährstoffmengen durch Handelsdünger ersetzt werden, wenn auf längere Sicht hohe Ernten und leistungsfähige Narben erhalten bleiben sollen.

Die Grünfuttertrocknung

Das Vortrocknen auf einen Wassergehalt von 70–75% vermindert die künstlich auszutreibende Wassermenge je nach Feuchtegehalt der Frischmasse bis auf etwa ein Drittel, erhöht aber das Wetterrisiko und die Verluste. Die Meinungen sind daher geteilt. Bei gutem Wetter scheinen nach PAULICK (1955), DE GROOT (1956b) und SCHÜRCH (1965) die Vorwelkverluste sehr gering zu sein; eine Dauer von wenigen Stunden bis zu einem Tag wird empfohlen. Bei stengelreichem Grüngut kann das Quetschen die Trocknung sehr beschleunigen. Das gequetschte Frischgut darf aber nur noch 1–2 Stunden auf dem Felde anwelken, weil sonst Eiweiß- und Carotinverluste stark ansteigen.

Die Nährstoffverluste. Auch die künstliche Trocknung arbeitet nicht ohne Verluste. Sie bestehen in einer Herabsetzung der Verdaulichkeit, die bei Heißlufttrocknung erheblich sein kann, in den Werbungsverlusten beim Vortrocknen und in den Atmungsverlusten zwischen dem Schnitt und der Trocknung. Außerdem hängen sie von der Zusammensetzung und dem physiologischen Alter des Grüngutes ab. So ist es erklärlich, daß die Feststellungen von Autor zu Autor stark schwanken.

Die Verluste an Rohnährstoffen und Trockenmasse werden mit 2–5% ziemlich einheitlich angegeben, die an StE im allgemeinen mit 5–10%. Hier kommen aber Verlustziffern von 13–14% und beim verdaulichen Rohprotein von 6–18% unter Heißluftbedingungen vor (DIJKSTRA 1958, HOFFMANN 1963, LAUBE und HENK 1968, NEHRING 1961, SCHÜRCH 1965).

Carotinverluste und Carotinstabilisierung. Carotin-, Rohprotein- und Xanthophyllgehalte scheinen positiv, Carotinabsorption und Ligningehalt negativ korreliert zu sein. Die Carotinverluste vom Schnitt bis zum Abschluß der Trocknung weisen offenbar nur geringe Unterschiede auf, wenn ähnliche Bedingungen vorausgesetzt werden. Nach KLIMES (1964) betrugen sie in günstigen Fällen 12,5%, bei verzögertem Trocknungsbeginn 20–30%.

Die größten Verluste treten nach der Trocknung während der Lagerung auf. Sie hängen von der Lagerdauer, der Lagertemperatur, dem Luft- und Lichteinfluß ab. VAN DER LEIJ (1965) stellte nach 5monatiger Lagerung bei Temperaturen von 0, 10, 20 und 30°C noch 78, 62, 38 bzw. 14% Rest-Carotin in % der Anfangswerte fest. Diese große Verlustrate war Anlaß, Maßnahmen zur Carotinerhaltung (Stabilisierung) zu erproben. Als Stabilisatoren haben sich Dihydrochinolin und Santoquin sehr gut bewährt. VAN DER LEIJ (1965) erreichte mit dem Antioxydans Äthoxyquin ebenfalls eindeutige Wirkungen. Umstritten ist der durch Melassezusatz erzielbare Stabilisierungseffekt. Er soll auf der Wirkung des Betains als Antioxydans und auf der Einschränkung des Luftzutritts beruhen. Ein Zusatz von 18% Melasse zum Trockengut soll einen Zerfallsstop des Carotins bewirkt haben, gleichzeitig wird aber eingeräumt, daß diese Wirkung nicht immer erreichbar ist.

Die Carotinverluste können auch durch Lagerung in kühlen Räumen eingeschränkt werden. Ebenso verminderten Granulierung, Pelletierung, Brikettierung und Lagerung in Papiersäcken oder in Würfelform den negativen Einfluß des Luftsauerstoffs und damit die Verluste. Im Vergleich zu den technischen Vorteilen des Pelletierens und Granulierens scheinen die ernährungsphysiologischen von sekundärer Bedeutung zu sein. Brikettieren ist billiger als Pelletieren, weil der Mahlvorgang entfällt (CRASEMANN 1965, HASLER und SCHNETZER 1964, KLIMES 1964, LAUBE und HENK 1968, NEHRING und HOFFMANN 1967, ORTH u.a. 1957, SCHNEIDER 1964, TIEWS und ZUCKER 1963).

Grünmehl und Trockengrün in der Fütterung

An Milchvieh kann Trockengrün bis zur vollständigen Sättigung verabreicht werden. In praxi ist Trockengrün jedoch Kraftfutteranteil, der mit 1–3 kg je Kuh und Tag in der Ration enthalten ist. Mit 1–2 kg hochwertigem Grünmehl kann bereits der Carotinbedarf gedeckt werden. Gesundheit, Milchmenge und Lebensleistung werden nachweisbar verbessert. Es besteht jedoch keine einheitliche Meinung darüber, ob Trockengrün allein als eiweißreiches Kraftfutter verwendet werden kann, oder ob es nur zur Verbesserung der Gesamtration dienen soll. Nährstoffkonzentration, Rohfasergehalt und Preiswürdigkeit werden für die Beantwortung dieser Frage entscheidend sein.

In der Schweinefütterung wurde hauptsächlich die Wirkung von Luzernegrünmehl untersucht. Bei einer Verwendung von 10–18% Luzernemehl in der Ration wurden in einem Versuch Ferkelzahl und Ferkelgewicht signifikant erhöht, in anderen kein Einfluß festgestellt.

In Fütterungsversuchen mit 15–45% Luzernemehlanteil wurde die Fleischqualität verbessert, aber Gewichtszunahme, Futterverwertung und Schlachtausbeute mit steigendem Anteil etwas herabgesetzt; bei geringeren Luzernemehlanteilen wurden aber auch höhere Gewichtszunahmen als in den Kontrollen erzielt.

Das Geflügel reagiert auf Grünmehlfütterung mit intensiverer Färbung des Eidotters und mit höherer Legeleistung, größerer Fruchtbarkeit und besserem Schlupf. Als Nachteile wurden erhöhte Entstehung von Blutflecken mit steigenden Luzernemehlgaben und Hemmung der Geschlechtsentwicklung bei einem Anteil von mehr als 30% Klee- und Luzernemehl nachgewiesen (DELBECK 1965, POPPE 1963, SCHAEFER 1966, SCHMIDT und LAUBE 1964/65, SCHNEIDER 1968, SEERLEY und WAHLSTROM 1965, WACKER 1955, WETTERAU u.a. 1964, WÖHLBIER 1966).

Bewertung von Trockengrünfutter

Trockengrün wird mit Hilfe des DLG-Schlüssels nach Carotin- und Rohproteingehalt, Farbe, Trocknungsfehlern, Wasser- und Sandgehalt bewertet.

Bewertungsskala (90% Tm)

Carotingehalt		Rohproteingehalt	
240 mg/kg	70 Punkte	22%	30 Punkte
100 mg/kg	0 Punkte	12%	0 Punkte
80 mg/kg	−10 Punkte	10%	−6 Punkte
unter 80 mg unzulässig		unter 10% unzulässig	

Weitere Voraussetzungen für positive Beurteilung

gut erhaltene grüne Farbe;
keine angesengten oder verbrannten Teile;
nicht mehr als 13,5% Wassergehalt.

Für jeden über 1% liegenden Hundertteil Sand werden 3 Punkte abgezogen. Die Verdaulichkeit des Rohproteins soll 70% und mehr betragen. Für jedes an 70 fehlende Prozent kann 1 Punkt abgezogen werden.

Endurteile:

Ausgezeichnet	(über 240 mg Carotin oder über 22% Rohprotein)
sehr gut	über 70 Punkte
gut	41–70 Punkte
befriedigend	21–40 Punkte
noch genügend	2–20 Punkte

4. Die Einsäuerung von Grünlandfutter

Gärbiologie und Gärverlauf

Bei der Einsäuerung kommt es darauf an, die biologischen Verhältnisse für die gewünschten Gärungsorganismen, insbesondere für die Milchsäurebakterien, möglichst optimal und für die Gärungsschädlinge möglichst ungünstig zu gestalten. Die Milchsäurebakterien gehen bei richtigem Verlauf des Gärprozesses an ihren eigenen Stoffwechselprodukten zugrunde, nachdem sie die erwünschte Haltbarkeit des Gärfutters herbeigeführt haben (Beck und Poschenrieder 1961).

Nach Beck (1966) entscheidet vor allem die Milchsäure auf Grund ihres starken Dissoziationsgrades über die Stärke der Säuerung. Diese unterdrückt die Tätigkeit der schädlichen Bakterien und inaktiviert die eiweißspaltenden Enzymsysteme. Diese Wirkung kann nur deswegen entstehen, weil die „Gärungsschädlinge" mit Ausnahme der Silagehefen und der Schimmelpilze ein pH-Minimum besitzen, das über dem der Milchsäurebakterien liegt (siehe Tab. 28).

Die Proteolyse muß nicht sofort schädlich auf die Qualität des Gärfutters wirken, weil zunächst nur hydrolytische Spaltungen der Eiweißstoffe in Polypeptide, Dipeptide und verschiedene Aminosäuren eintreten. Die Gefahr der Proteolyse besteht nach Beck (1966) jedoch darin, daß der Abbau der Aminosäuren sehr schnell einsetzen kann, wobei die Ammoniakfraktion sehr gut das Ausmaß des Eiweißabbaues widerspiegelt. Die NH_3-Bildung erfolgt nach RIPPEL-BALDES (1955) durch Desaminierung der Aminosäuren. Neben NH_3 entstehen unter anaeroben Bedingungen flüchtige Fettsäuren. Nach BECK (1966) sind 2 Gruppen von Enzymen am Abbau der Aminosäuren beteiligt: Die Aminosäure-Decarboxylase und die Aminosäure-Desaminase. Die NH_3-Bildung verläuft unter dem Einfluß der Desaminase nach folgender Gleichung:

$$R-CHNH_2-COOH + 2H \rightarrow R-CH_2-COOH + NH_3$$

$$\text{Aminosäure} \quad + 2H \rightarrow \text{Fettsäure} \quad + NH_3$$

(reduktive Desaminierung)

Tabelle 28: Reaktionsabhängigkeit des Wachstums von verschiedenen Silage-Mikroorganismen (Prüfung in Hefeextrakt-Pepton-Glucose-Nährlösung) – nach BECK 1966

Mikroorganismengruppe	Optimaler pH-Bereich	Untere Wachstumsgrenze bei pH
Milchsäurebakterien	6,0–6,5	3,0–3,6
Coli-Aerogenes-Bakterien	etwa 7,0	4,3–4,5
Übrige gramnegative Bakterien	6,5–7,5	4,2–4,8
Clostridien	7,0–7,5	4,2–4,4
Schimmelpilze	5,0–7,0	2,5–3,0
Kahmhefen	5,0–7,0	1,8–2,2
Bodensatzhefen	4,0–6,0	1,3–1,6

NH_3 erfordert aber weitaus mehr Säure, um pH 4–4,2 zu erreichen als die unzersetzten Proteine, weil deren Aminogruppen in Form der Peptidbindung vorliegen. Eine starke Ammoniakbildung hat also den Nachteil, daß sie einer schnellen Ansäuerung des Futters durch die Milchsäurebildung entgegenwirkt, diese also verzögert oder vermindert.

Neben der Absenkung des pH-Wertes hat der Konservierungseffekt offenbar noch weitere Ursachen, nämlich „die bakterizide oder bakteriostatische Wirksamkeit des Säurerestes, insbesondere des Laktations, und die antagonistische Wirkung von spezifischen Stoffwechselprodukten der Milchsäurebakterien mit antibiotika-ähnlicher Funktion" (Näheres bei BECK 1966).

Ein weiterer Vorzug der Milchsäurevergärung ist es, daß bei der Bildung von Milchsäure nur 3,8–4,0 %, von Buttersäure aber 24 % und von Essigsäure sogar 38 % Energieverluste auftreten (ZIMMER 1962) und daß Eiweißstoffe von den Milchsäurebakterien nicht angegriffen werden. Die Milchsäuregärung wird durch schnelle Herstellung anaerober Verhältnisse im Gärbehälter gefördert und gewährleistet. Gleichzeitig werden die oxydative Bakterien- und Enzymtätigkeit ausgeschaltet, die Gärtemperatur niedrig gehalten, Bakterien mit höherem Temperaturoptimum unterdrückt und Verluste an Energie und Verdaulichkeit vermieden; die Zellen brechen zusammen, der Zellsaft fließt aus und dient als Medium für die Milchsäuregärung, die vorher nicht einsetzen kann (GREENHILL 1964).

Die Mikroorganismen

Die Milchsäurebakterien sind anaerob bis fakultativ anaerob und stellen ein Gemisch von vielen Bakteriengruppen dar. Von *Lactobacillus plantarum* sind allein 500 Stämme bekannt. Die homofermentativen Milchsäurebakterien produzieren überwiegend Milchsäure, die heterofermentativen auch Essigsäure, CO_2, Alkohole und andere Verbindungen. Hierauf ist auch teilweise die Entstehung aromatischer Verbindungen und damit der aromatische Geschmack und Geruch guter Silagen zurückzuführen.

Die homofermentativen Laktobazillen sind wertvoller, weil sie aus den Kohlenhydraten mehr Milchsäure produzieren können als die heterofermentativen. Als Nahrungsquelle dienen beiden leichtlösliche Kohlenhydrate (KH), in erster Linie Glucose, Fructose, Saccharose und Fructosan. Saccharose und Fructosan werden beim Silierprozeß sehr schnell zu den Monosacchariden Glucose und Fructose hydrolysiert. Aus Fructose können die heterofermentativen Milchsäurebakterien weniger Milchsäure produzieren als die homofermentativen, vielleicht mit ein Grund dafür, daß auch Silagen mit ausreichendem Zuckergehalt manchmal mißlingen können. Die Zusammenhänge verdeutlicht Tab. 29.

Die Verwertbarkeit der KH durch die Milchsäurebakterien nimmt mit steigendem Molekulargewicht ab. In der Bakterienentwicklung spielen pH- und Temperaturbereich sowie die sogenannte Pufferkapazität eine große Rolle. Silagen mit hoher Pufferkapazität wirken einer pH-Absenkung stark entgegen und verbrauchen so größere Säuremengen, bis sie die notwendige Stabilität erreicht haben.

Tabelle 29: Hauptprodukte der KH-Gärung durch Milchsäurebakterien (nach Whittenbury, McDonald und Bryan-Jones 1967)

Homofermentative			
a)	1 Glucose	→	2 Milchsäure
b)	1 Fructose	→	2 Milchsäure
c)	1 Pentose	→	1 Milchsäure + 1 Essigsäure
Heterofermentative			
a)	1 Glucose	→	1 Milchsäure + 1 Äthanol + 1 CO_2
b)	3 Fructose	→	1 Milchsäure + 2 Mannit + 1 Essigsäure + 1 CO_2
c)	1 Pentose	→	1 Milchsäure + 1 Essigsäure

Die ebenfalls anaeroben Buttersäurebakterien (Gattung *Clostridium*) erzeugen aus einem Molekül eines Monosaccharids nur 1 Molekül der schwachen Buttersäure neben CO_2 und Wasserstoff. Falls bereits Milchsäure vorhanden ist, aber der pH-Wert noch zu hoch liegt, zehren die Buttersäurebakterien die starke Milchsäure auf unter Bildung der schwachen Buttersäure. Ammoniakbildung durch proteolytische Clostridien, Aufzehren der Milchsäure und Bildung von Buttersäure bewirken schließlich eine Anhebung des pH-Wertes und damit einen Fortgang der Eiweißzersetzung. Gleichzeitig beeinträchtigt die Buttersäure die Qualität der Milchprodukte. Die Buttersäuregärung läßt sich durch eine möglichst schnelle pH-Senkung und durch Anwelken des Futters vermeiden (Beck 1966; Zimmer 1966a).

Die *Coli-Aerogenes*-Gruppe baut neben den KH auch Eiweiß ab; sie verursacht die Bildung von Essigsäure und hohe Proteinverluste. Da sie mit und ohne Sauerstoff lebensfähig ist, kann sie durch Luftabschluß nicht, wohl aber durch pH-Absenkung unterdrückt werden. Colibakterien findet man besonders in verschmutztem Futter. Zu Beginn der Gärung können sie jedoch vorteilhaft zur Abnahme des Sauerstoffs durch Bildung von CO_2 beitragen.

Proteolyten spalten das pflanzliche Eiweiß und bewirken durch ihre Abbauprodukte, besonders durch Ammoniakbildung, eine Abstumpfung der Gärsäuren; sie sterben jedoch schon bei schwacher Säuerung ab (pH 5,5).

Die Hefepilze bilden Duft- und Geschmackstoffe, so daß ihre Anwesenheit in mäßigen Grenzen für Bekömmlichkeit und Schmackhaftigkeit des Futters eher nützlich als schädlich ist. Mit großer Wahrscheinlichkeit sind die im Gärfutter vorhandenen Hefen ursächlich am „Umkippen" von Silagen beteiligt. Je günstiger das Verhältnis Milchsäurebakterien zu Hefen im Ausgangsmaterial von Feuchtsilagen war, um so besser war die Qualität des Gärfutters (ZIMMER 1964d). In Vorwelksilagen waren diese Einflüsse nicht so deutlich, wahrscheinlich deswegen, weil im Vorwelken ein günstigeres Verhältnis zwischen Säurebildnern und Nicht-Säurebildnern hergestellt wird.

Nach WEISE (1967a) wurde die Bedeutung der Hefen für den Gärverlauf und für die Haltbarkeit des Gärfutters erst in letzter Zeit richtig erkannt. Danach müssen die Hefen häufig als eigentliche Initiatoren von Fehlgärungen angesehen werden. Sie werden durch hohe Säurewerte nicht geschädigt, sie konkurrieren mit den Milchsäurebakterien um den Zucker, sie können teilweise die Milchsäure selbst als Nahrungsquelle nutzen und sie sind unter Lufteinwirkung in der Lage, sich schnell zu vermehren, von Gärungs- auf Atmungsstoffwechsel umzustellen und dabei die vorhandenen KH überwiegend zu CO_2 abzubauen. Nach diesen Ergebnissen ist ein Zuckerzusatz zum Gärfutter gefährlich, wenn durch Undichtigkeiten oder verzögerte Befüllung Luft in den Behälter eindringen kann.

Die Schimmelpilze sind durch Sauerstoffentzug auszuschalten. Sie können bei stärkerem Auftreten Fäulnisprozesse hervorrufen und das Gärfutter völlig unbrauchbar machen.

Gärverlauf im Silo

Zunächst wird der vorhandene Sauerstoff durch Pflanzenatmung, Enzyme und Bakterien in CO_2 umgewandelt. Dann tritt der „Zelltod" ein, die Atmung hört auf und der Zellsaft wird freigesetzt. Damit steht mehr leichtlösliche Bakteriennahrung zur Verfügung. Ein Rückgang der aeroben zugunsten der anaeroben Bakterien ist die Folge. Bald gewinnen die Milchsäurebakterien die Oberhand. Auf Grund der Produktion von Gärsäuren sinkt die Reaktion ziemlich schnell. Auch die starken Milchsäurebildner gehen an den von ihnen selbst gebildeten Milchsäuremengen zugrunde, so daß eine Selbstentkeimung des Gärfutters eintritt (siehe Abb. 226). Unter dem Zusammensacken des Futterstockes wird neben den Säuren Gas gebildet, hauptsächlich CO_2, und zwar in einer Menge von etwa 1000–3000 l/100 kg Tm.

In Welksilagen sind die bakteriellen Prozesse gehemmt; es wird weniger Säure gebildet und die pH-Werte sinken weniger tief als in Frischsilagen. Der erhöhte osmotische Druck bewirkt eine Hemmung der Buttersäurebazillen.

Fehlgärungen entstehen durch Verschmutzung, Zuckermangel und Luftzutritt, Verluste durch Gas- und Sickersaftbildung. Sickersaft tritt jedoch nur im Futter bis 30% Tm auf.

Eine „stabile" Silage behält den erreichten pH-Wert bei und gleicht Säureverluste durch neue Säurebildung aus, wenn noch vergärbarer Zucker vorhanden ist. Silagen, die zu wenig Zucker oder eine zu große Pufferkapazität aufweisen, erreichen oder halten den erforderlichen pH-Wert nicht. Sie „kippen um", nachdem der Zucker verbraucht ist. Die Buttersäurebakterien können sich erneut entwickeln, der pH-Wert steigt wieder und die Eiweißzersetzer können wieder aufleben und wirken, so daß ein vollständiger Eiweißabbau, meßbar am Ammoniakgehalt, sehr schnell erfolgen kann. Der Gehalt an Buttersäurebazillen bleibt jedoch um so geringer, je günstiger das Milchsäurebakterien- : Hefen-Verhältnis am 1. Tag der Gärung war (Zimmer 1964d).

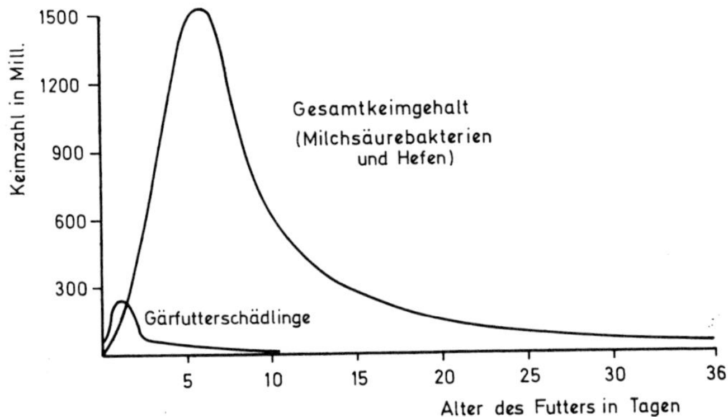

Abb. 226. Zeitlicher Verlauf der Keimzahlen in einem Maissilo (nach Ruschmann 1939, zit. bei Beck und Poschenrieder 1961)

Gärfutterbewertung

Der Gärfutterschlüssel nach Flieg bewertet nur den Gärverlauf einer Silage nach dem Verhältnis der 3 wichtigsten Gärsäuren zueinander (= Gärfutterqualität), nicht aber die Verdaulichkeit, den Nähr- und Wirkstoffgehalt des Futters (= Futterwert). Futter mit mäßigem Futterwert kann demnach gut vergären und einen hohen Wert für die Gärfutterqualität erreichen. Dagegen setzt ein hoher Futterwert der Silage unbedingt einen hohen Futterwert des Ausgangsmaterials voraus.

Den ursprünglichen und verbesserten Gärfutterschlüssel nach Flieg enthält Tab. 30.

Die addierten Punktzahlen ergeben folgende Bewertung:

Punktzahl	Gärfutterqualität
81–100	sehr gut
61– 80	gut
41– 60	befriedigend
21– 40	mäßig
0– 20	schlecht

Tabelle 30: Gegenüberstellung der beiden „Fliegschen Schlüssel"
(nach ZIMMER 1966b)

	Prozent in der Gesamtsäure, berechnet aus Gew.-%	Bisher Punkte	Neufassung Punkte
Milchsäure	0–20,0	0	0
	20,1–25,0	2,5	0
	25,1–30,0	5	2
	30,1–34,0	7	4
	34,1–38,0	9	6
	38,1–42,0	11	8
	42,1–46,0	13	10
	46,1–50,0	15	12
	50,1–54,0	17	14
	54,1–58,0	19	16
	58,1–62,0	21	18
	62,1–66,0	23	20
	66,1–70,0	25	24
	70,1–75,0	25	28
	über 75,0	25	30
Essigsäure	0–15,0	25	20
	15,1–20,0	25	18
	20,1–24,0	23	16
	24,1–28,0	21	13
	28,1–32,0	19	10
	32,1–36,0	17	7
	36,1–40,0	15	4
	40,1–45,0	12,5	2
	45,1–50,0	10	0
	50,1–55,0	7,5	0
	55,1–60,0	5	0
Buttersäure	0– 1,5	50–45	50
	1,6– 3,0	38	30
	3,1– 4,0	37	20
	4,1– 6,0	34	15
	6,1– 8,0	32	10
	8,1–10,0	30	9
	10,1–12,0	28	8
	12,1–14,0	26	7
	14,1–16,0	24	6
	16,1–18,0	22	4
	18,1–20,0	20	2
	20,1–25,0	15	0
	25,1–30,0	10	0
	30,1–40,0	5	– 5
	über 40,0	bis 0	–10
	über 50,0	bis – 5	–10
	über 60,0	bis –10	–10

Die Verbesserung des Schlüssels erstreckt sich auf eine schärfere Bewertung von buttersäurehaltigen Silagen.

Der 1959 entwickelte DLG-Schlüssel zur Gärfutterbewertung entstand aus der Notwendigkeit, die umständliche und kostspielige chemische Untersuchung für praktische Zwecke durch eine objektivierbare Sinnenprüfung zu ergänzen bzw. zu ersetzen. Der DLG-Schlüssel umfaßt die Beurteilung nach

Geruch (0–12 Punkte), Gefüge (0–5 Punkte) und Farbe (0–3 Punkte) mit einer Höchstpunktzahl von 20 (ZIMMER 1959).

Die Einstufung erfolgt in die Güteklassen:

sehr gut	20–18 Punkte
gut	17–14 Punkte
befriedigend	13–10 Punkte
mäßig – schlecht	9– 5 Punkte
verdorben	4– 0 Punkte

Die Übereinstimmung der mit Hilfe des Flieg- bzw. DLG-Schlüssels erzielten Ergebnisse ist bei Grasgärfutter nach ZIMMER (1957)[1] und nach PFULB (1961) sehr gut. Hinweise für die Einstufung der Proben nach dem DLG-Schlüssel enthält Tab. 31 (nach ZIMMER 1966a).

Tabelle 31: „Gärfutterschlüssel der DLG" (nach ZIMMER 1966a)

Geruch	
a) angenehm säuerlich, aromatisch, fruchtartig	14 Punkte
b) stark sauer oder Röstgeruch, bei Fingerprobe Buttersäure nachweisbar (zwischen den Fingern reiben, riecht nach ranziger Butter) . . .	8 Punkte
c) Buttersäure deutlich wahrnehmbar, oder starker brenzliger Röstgeruch, oder muffig, schimmelig	4 Punkte
d) starker Buttersäuregeruch nach ranziger Butter, oder fade, oder schwach nach Jauche riechend	2 Punkte
e) widerlicher, stark jauchiger Geruch, widerlich muffig oder stark schimmelig	0 Punkte
Gefüge der Pflanzenteile	
a) erhalten fast wie beim Ausgangsmaterial	4 Punkte
b) leicht schmierig an zarten Blatt- und Blütenteilen, oder leicht mürbe	2 Punkte
c) deutlich schmierig oder trocken mürbe, leicht verschmutzt oder angeschimmelt	1 Punkt
d) bis auf Stengelteile zersetzt oder kompostartig, oder stark verschmutzt und verschimmelt	0 Punkte
Farbe des Gärfutters	
a) möglichst dem frischen Material entsprechend, jedoch Vorwelksilagen bräunlich-heuartig	2 Punkte
b) leichte Farbveränderung nach Gelb; grau durch Buttersäure, dunkelbräunlich durch Erwärmung	1 Punkt
c) deutliche Farbveränderung nach Hellgelb, Giftgrün oder Braunschwarz, Grauschwarz	0 Punkte

Andere Bewertungsmöglichkeiten. Recht gute Korrelationen zwischen dem pH-Wert und dem Gehalt an Buttersäure und Ammoniakstickstoff findet man bei Frischsilagen; in Anwelksilagen müßte jedoch der Tm-Gehalt mit berücksichtigt werden. Aus dem pH-Wert kann man auch auf die mikrobiologischen Vorgänge im Futter schließen. So treten nach KIERMEIER (1963) nicht auf:

[1] ZIMMER benutzte zu diesem Vergleich den sog. Königsberger Schlüssel für die Sinnenprüfung.

Buttersäurebakterien	unter pH 4,0
Colibakterien	unter pH 4,5
Fäulnisbakterien	unter pH 6,0

Auch der Anteil des Ammoniakstickstoffs am Gesamt-N-Gehalt wird zur Bewertung herangezogen, in den Niederlanden z.B. 8–15% NH_3-N-Anteile = mittlere, darunter = gute, darüber = schlechte Qualität (WIERINGA 1965).

Grünfutterqualität, pflanzenbauliche Maßnahmen und Siloreife

Unter Siloreife versteht man ein optimales Verhältnis der Pflanzeninhaltsstoffe im Hinblick auf die Silierfähigkeit (GROSS 1967a), das dann je nach Zusammensetzung des Bestandes bei einem bestimmten ha-Ertrag erreicht wird. Das optimale Verhältnis ist sowohl im Hinblick auf die Silierfähigkeit als auch auf die spätere Verwendung der Silage als Futtermittel keine feste Größe.

Die wasserlöslichen Kohlenhydrate bilden die ernährungsphysiologische Grundlage für die Milchsäurebakterien. So sind nach WHITTENBURRY u.a. (1967) für einen pH-Wert von 4,0 mindestens 6–7% fermentierbare Hexosen in der Tm nötig, um genügend Milchsäure zur pH-Senkung zu produzieren.

Nach LANGSTON u.a. (1962a) und ZIMMER (1962) sind auch höher polymerisierte Kohlenhydrate, wie die Hemicellulose bzw. Teile dieser sehr heterogenen Stoffgruppe, als Energiequelle der Milchsäurebakterien nutzbar. Sie kommen zu diesem Schluß, weil bei verschiedenen Silagen der vorhandene Zucker allein nicht für die Bildung des nach der Gärung ermittelten Milchsäuregehaltes ausgereicht hätte.

Auf jeden Fall schwankt der Gehalt an vergärbaren KH nicht nur nach der Pflanzenfamilie, sondern auch von Art zu Art, vielleicht sogar von Sorte zu Sorte. Gräser weisen im allgemeinen höhere Gehalte als Kleearten auf. Innerhalb der Gruppe der Gräser fand OEHRING (1967b) die in Tab. 32 zusammengestellten Unterschiede.

Tabelle 32: Mittlere Nährstoffgehalte in Gräsern von drei Schnitten 1966 (nach OEHRING 1967b)

Gras	Tm (%)	Rohasche	Rohprotein	Rohfaser	Zucker	Zucker/Rohprotein
		in % der Tm				
Knaulgras	19,2	10,4	12,9	31,5	5,0	0,39
Lieschgras	20,7	8,0	12,7	29,3	7,4	0,39
Wiesenschwingel	21,1	10,4	12,7	30,8	8,2	0,66
D. Weidelgras	16,1	12,5	20,2	25,6	5,9	0,29
W. Weidelgras	16,8	9,4	12,6	27,0	15,0	1,29

Entsprechende Silierversuche zeigten, daß die Gräser mit höheren artspezifischen Zuckergehalten in der Tendenz bessere Silagequalitäten erreichten. Die Abhängigkeit des Milchsäuregehaltes in der Silage vom Zuckergehalt der Gräser zeigt Abb. 227.

Hieraus geht auch hervor, daß Zuckergehalte über 4–5% kaum noch eine Qualitätsverbesserung bringen.

Tabelle 33: Frischsilagen erster Schnitt 1966 (nach OEHRING 1967 b)

Gras	Tm	Zucker	Zucker/ Roh-protein	pH	Milch-säure %	Essig-säure %	Butter-säure %
	% im Gras						
Knaulgras	16,3	0,8	0,41	4,5	1,03	0,33	0,14
Lieschgras	18,5	0,8	0,36	4,8	0,64	0,35	0,56
Wiesenschwingel	23,2	3,0	1,40	4,8	2,18	0,14	0,42
D. Weidelgras	16,7	1,5	0,55	4,1	2,01	0,41	0,00
W. Weidelgras	19,3	4,4	2,10	4,2	2,93	0,50	0,00

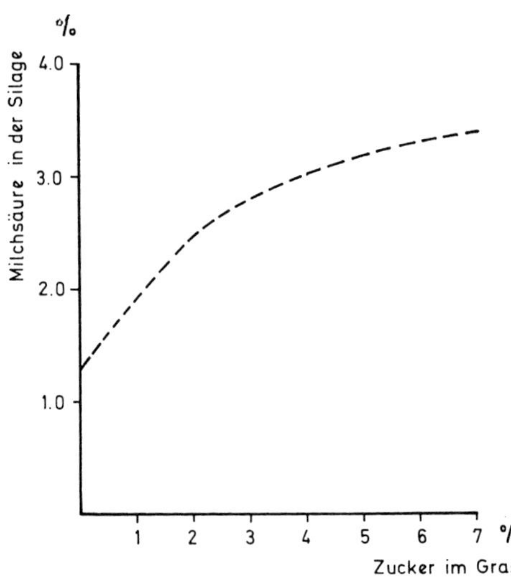

Abb. 227. Einfluß des Zuckergehaltes in Gräsern auf die Milchsäurebildung in Grassilage (nach OEHRING 1967)

In Abhängigkeit von dem Anteil der Grasarten und vom Gras-Klee-Verhältnis, sicher auch von anderen Faktoren, kann der Zuckergehalt von Grasnarben große Unterschiede aufweisen. ZIMMER (1966a) fand in frischem Weidegras Differenzen von 0,47–2,14%, in vorgewelktem von 1,39–3,03%.

GAUSSERES (1965) untersuchte die Zusammensetzung von Knaulgras S26 auf humosem Tonboden im Pariser Becken in 4 Schnitten. Der 1. Schnitt wurde in die Abschnitte „Blattstadium, Ährenschieben und Beginn der Blüte" unterteilt. Die Zeitspanne zum 2.–4. Schnitt betrug etwas mehr als 4, 6 bzw. 8 Wochen.

Der 1. Schnitt enthielt mehr reduzierende Zucker (4,2–11%) als die späteren (1,9–3,7 in der Tm). Der Unterschied war auf den größeren Anteil von Stengeln und Blattscheiden im 1. Schnitt zurückzuführen; denn in allen Schnitten enthielten diese mehr reduzierende Zucker als die Blattspreiten.

Im Gegensatz dazu enthielten die Blattspreiten 1,3- bis 2mal soviel kurzkettige Polysaccharide wie Stengel und Blattscheiden. Im 1. Schnitt war das Verhältnis 2,8–5,5% im Vergleich zu 1,9–3,2% in der Tm der ganzen Pflanze; aber Werte bis 8% wurden auch im Herbst gefunden.

Stengel und Blattscheiden enthielten in allen Fällen mehr Fructosan als die Blattspreiten, der 1. Schnitt mit 2,8% mehr als die folgenden mit 0,003 bis 0,7%. Stengel und Blattscheiden waren immer reicher an Membrangewebe und damit an Hemicellulose, Cellulose und Lignin als die Blattspreiten, manchmal um 15–20%; aber auch in den Blattspreiten nahm der Membrananteil mit dem Alter der Pflanzen zu, das gleichzeitig mit einer relativen Abnahme der Hemicellulose und einer Zunahme von Cellulose und Lignin in der ganzen Pflanze korreliert war.

Es enthielten in %:

	Hemicellulose	Cellulose	Lignin
Blattspreiten	16	22	5
Stengel und Blattscheiden	21	25	4

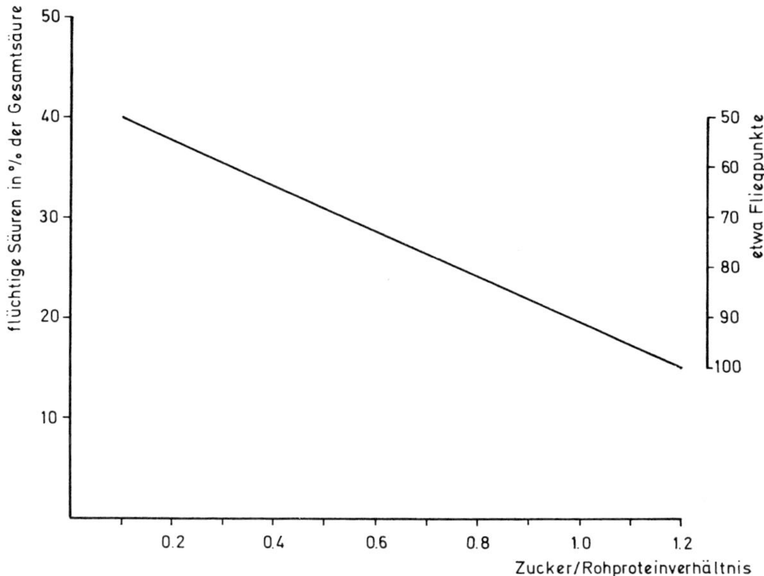

Abb. 228. Gärfähigkeit und Säurebildung bei Mähweidegras-Feuchtsilagen (nach ZIMMER 1962)

Die in den verschiedenen Vegetationsabschnitten gefundenen Verhältnisse im Blatt-Stengel-Anteil und die Gehalte an den einzelnen KH-Fraktionen, die vom Blatt-Stengel-Verhältnis und vom physiologischen Alter der Pflanzen abhängig sind, sprechen deutlich dafür, daß das Knaulgras im Frühling am besten silierbar ist. Mit Abnahme des Stengelanteils und mit zunehmendem physiologischem Alter der Blattspreiten nimmt der Gehalt an vergärbarem Zucker und damit die Silierbarkeit ab.

Besser als der Zuckergehalt allein kennzeichnet das Zucker-Rohprotein-Verhältnis die Gärfähigkeit des frischen Pflanzenmaterials, da der Rohproteingehalt puffernd, d.h. säureabstumpfend wirkt.

Daß der Rohproteingehalt des Futters nicht unbedingt qualitätsverschlechternd wirken muß, schreibt WIERINGA (1966) der Wirkung des aus dem Eiweiß gebildeten Nitrats zu. In 42 Grassilagen mit einem Tm-Gehalt von weniger als 20% wurde der in Abb. 229 dargestellte Einfluß des Nitratgehaltes auf die Buttersäurebildung festgestellt.

Hiernach scheint Nitrat in mittleren Konzentrationen die Entwicklung von Buttersäure stark zu unterdrücken. Derselbe Effekt wurde durch Zusatz von 0,06–0,24% NO_3^- zu frischem Gras erzielt. Buttersäurebakterien reagieren also auf Nitrat, das unter Luftabschluß zu Nitrit reduziert wird, viel empfindlicher als Milchsäurebakterien.

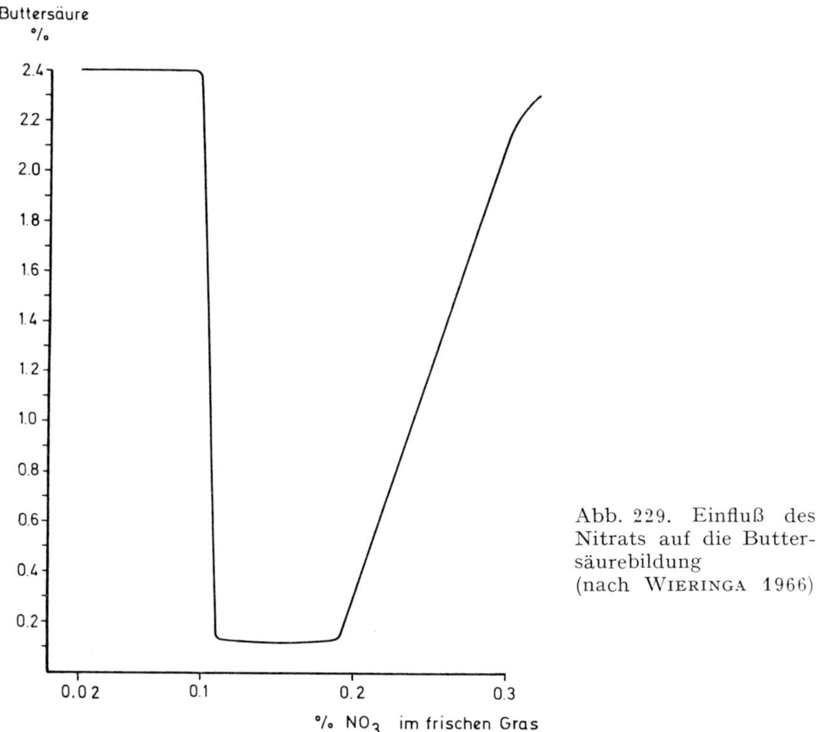

Abb. 229. Einfluß des Nitrats auf die Buttersäurebildung (nach WIERINGA 1966)

Allerdings steigt der pH-Wert wegen des zunehmenden Ammoniaks, das als eines der Endprodukte aus Nitrit entsteht, ebenfalls an. Da das Nitrit ziemlich schnell abgebaut wird, ist später die Buttersäurebildung wieder vom pH-Wert abhängig, woraus sich wohl auch die schlechten Gärfutterqualitäten bei Nitratgehalten von 0,21–0,30% erklären nach der Sequenz: Hohe Nitratgehalte, hohe Ammoniakgehalte, hohe pH-Werte. Diese Folge tritt um so stärker ein, als eiweißreiche Pflanzen meist einen geringen Zuckergehalt und eine dementsprechende Milchsäureproduktion aufweisen.

Die Pufferkapazität der Pflanzen ergibt sich zum größten Teil aus ihrem Gehalt an organischen Säuren und deren Salzen. Sie beruht zu 68–80% auf der Anionenfraktion und nur zu 10–20 % auf der Wirkung der Pflanzenproteine. Den größten Puffereffekt haben Malate, Citrate und Phosphate. Je nach dem Ausmaß der Pufferkapazität muß beim Gärvorgang mehr oder weniger Milchsäure aufgewendet werden, um einen bestimmten Säuerungsgrad zu erreichen. Da Leguminosen im allgemeinen mehr organische Säuren als Gras enthalten, beträgt ihre Pufferkapazität etwa das Zweifache von der der Gräser. Sie ist zusammen mit dem niederen Zuckergehalt die Hauptursache für die schlechte Silierbarkeit der Leguminosen. Die Pufferkapazität verschiedener Arten enthält Tab. 34.

Tabelle 34: Gesamtpufferkapazität und pH-Wert von mehreren Pflanzen und deren Silagen (nach PLAYNE und McDONALD 1966)

Pflanzenart	Pufferkapazität der Pflanzen	pH	Pufferkapazität der Silage	pH
Dactylis glomerata	24,7	–	–	–
Dactylis glomerata	25,3	–	–	–
Lolium multiflorum	58,9	5,88	125,0	4,14
Lolium multiflorum	44,6	–	–	–
Lolium multiflorum (wenig N)	31,0	5,89	100,0	4,31
Lolium multiflorum (viel N)	38,6	6,16	130,6	4,37
Lolium perenne	38,6	6,06	89,9	5,81
Lolium perenne	42,8	5,90	82,2	5,36
Trifolium prat. (gerissen)	57,8	5,95	142,2	4,02
Trifolium prat. (gehäckselt)	61,7	5,73	147,1	4,35
Trifolium prat. (angewelkt)	49,1	5,80	76,3	5,03
Trifolium repens	51,2	–	–	–

Pufferkapazität = mval Alkali/100 g Tm für pH-Wert 4–6.

Witterung, Nutzungszeitpunkt und Gärfähigkeit. Die Witterung ist entscheidend für die Grasproduktion, für Massenertrag und Nährstoffgehalt und damit auch für die Silierbarkeit des Erntegutes. ZIMMER (1966a) weist, auch an anderer Stelle, darauf hin, daß sonniges Wetter den Zuckergehalt und damit die Gärfähigkeit erhöhe, während ARCHIBALD (1961) keine Abhängigkeit des Zuckergehaltes vom Sonnenlicht, dagegen aber eine negative Korrelation zwischen der Durchschnittstemperatur während einer Woche vor dem Silieren und dem Zuckergehalt feststellen konnte (siehe Abb. 230). Der hier vorliegende Widerspruch bezüglich der Wirkung des Sonnenlichtes auf den Zuckergehalt, ist sicher mit dem Temperatureinfluß zu erklären in dem Sinne, daß bei höheren Temperaturen mehr veratmet wird.

Für die Höhe des Zuckergehaltes in einem Grünlandbestand ist auch die Tageszeit von Bedeutung. Er ist nach ZIMMER (1966a) am frühen Nachmittag um 20–100 % höher als frühmorgens, weil der tagsüber gebildete Zucker erst nachts zu Stärke, Cellulose und mit Hilfe von N und P zu Eiweiß und dessen Vorstufen umgebaut werden kann. Der Rückgang des Zuckergehaltes in der Nacht ist auch eine Folge der Veratmung (Dissimilation), die tagsüber durch die Assimilation überkompensiert wird. Diese Zusammenhänge wurden vielfach untersucht, so auch von EAGLES (1967), der den höchsten Zuckergehalt nach 16stündiger Belichtung vor einer 8stündigen Dunkelperiode und bei den niedrigen Temperaturstufen (5–10 °C) ermittelte.

Ein Schnitt am Nachmittag ist jedoch nur für Frischsilage durch höheren Zuckergehalt von Nutzen. Beim Anwelken würde der Zuckergehalt in der Nacht wieder in der oben beschriebenen Weise ab- und umgebaut werden.

In Übereinstimmung mit ARCHIBALD beobachtete EAGLES (1967) abnehmende Zuckergehalte mit steigenden Temperaturen und dazu noch Differenzen zwischen einer norwegischen und einer portugiesischen Knaulgraspopulation. Diese Unterschiede werden auf die – photoperiodisch bedingt – differierenden Temperaturoptima der beiden Populationen zurückgeführt.

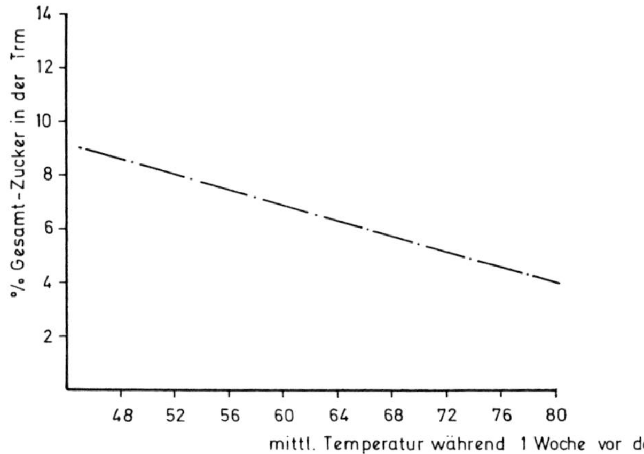

Abb. 230. Zuckergehalt in Abhängigkeit von der Temperatur (nach ARCHIBALD 1961)

Mit dem Temperatureinfluß läßt sich auch der unterschiedliche Zuckergehalt zu verschiedenen Jahreszeiten erklären. So fand WIERINGA (1960) einen Zuckergehalt im Mähweidegras (Tm) von

10–20% im April bis Juni
4–10% im Juli bis August und
10–15% im September bis Oktober

Den Wiederanstieg des Gehaltes im Herbst konnte ZIMMER (1962) nicht bestätigen (Tab. 35).

Tabelle 35: Zuckeruntersuchungen nach der Jahreszeit an Mähweidegras (nach ZIMMER 1962)

Datum	Zahl der Werte	Zuckergehalt in % der Frischmasse	Relativ	Zucker/Eiweiß-quotient
25.IV. –20.V.	14	1,44	100	0,55
20.VI. –10.VIII.	24	0,84	58	0,32
28.VIII.–20.IX.	9	0,53	37	0,19

Auch OEHRING (1967a, b) beobachtete keine Zunahme des Zuckergehaltes verschiedener Obergräser im Herbst. Während diese im Frühjahr große Differenzen aufwiesen, näherten sich die Gehalte auf niederem Niveau im Herbst einander weitgehend an.

Höhere Niederschläge während der Vegetationszeit scheinen den Zuckergehalt zu vermindern (ARCHIBALD 1961). ZIMMER (1966a) berichtet vom negativen Einfluß des Regenwassers auf die Gärung von Mähweidegras, den er auf die Auswaschung leichtlöslicher Nährstoffe durch das sauerstoffreiche Wasser zurückführt (Tab. 36).

Tabelle 36: Einfluß von Regenwasser auf die Gärung von Mähweidegras (nach ZIMMER 1966a)

Zustand	Tm (%)	pH	Milchsäure %	Essigsäure %	Buttersäure %	Punkte FLIEG	Verluste an Tm in %
Regennaß	14,4	4,95	0,90	0,71	0,18	53	16,9
Feucht	17,6	4,55	1,50	0,40	0,03	89	14,4
Frisch-trocken	19,0	4,30	1,57	0,60	0,00	89	6,8
Vorgewelkt	31,4	4,20	2,87	0,90	0,00	93	3,3

Düngerwirkungen scheinen besonders von N-haltigen Mineraldüngern und organischen Dungstoffen auszugehen. Hierzu teilt GROSS (1967a) das in Tab. 37 zusammengefaßte Versuchsergebnis mit.

Tabelle 37: Einfluß der Düngung auf die Silagequalität in einem Versuch mit Mähweidegras (nach GROSS 1967a)

Düngung	Note	pH
O	I	3,91
PK	II	4,40
Stallmist	III	4,81
NPK	IV	4,91
Gülle	IV	4,69
NPK + Gülle	V	5,49

Steigerung des Proteingehaltes, Veränderung der Keimzahlen durch organische Dünger und Verschiebungen im Artenverhältnis des Pflanzenbestandes dürften die durch Düngung bewirkten unmittelbaren Ursachen für die Beeinträchtigung der Silagequalität sein.

GORDON u.a. (1964) konnten in Silagen aus Grasbeständen mit hohen N-Gaben höhere pH-Werte, mehr Buttersäure, mehr Ammoniak und einen stärkeren Ausfluß von Sickersaft ermitteln. Damit gekoppelt waren höhere Rohproteingehalte, verminderte Werte für Trockensubstanz, NFE und Zucker sowie niedrigere Werte für das Zucker/Protein-Verhältnis.

Jedoch wird bei solchen Angaben dem Faktor Zeit für die N-Wirkung zu wenig Beachtung geschenkt. Erst wenn sich hohe N-Gaben infolge einer zu kurzen Spanne zwischen N-Anwendung und Nutzung des Aufwuchses nicht mehr in Mehrerträge umsetzen können oder wenn bei ausreichender Wirkungszeit ein Mißverhältnis zwischen N-Aufnahme und KH-Bildung eintritt, dürften N-Gehalte erreicht werden, die die Silierfähigkeit schädigen.

Barlow (1965) untersuchte den Einfluß der N-Düngung auf die Eignung von Westerwoldischem und Italienischem Weidelgras für die Silierung. In allen Versuchen war der Tm-Gehalt des geschnittenen Grases bei hohen N-Gaben um 3–4% herabgesetzt und damit auch die Silierfähigkeit beeinträchtigt. In der Verdaulichkeit der organischen Substanz (Tm) wurden in 2 Versuchsjahren und 3 Sorten folgende Unterschiede gefunden:

	% verd. org. Subst.	
	1960	1961
Westerwold. Weidelgras diploid (Million)	67,2	64,1
Westerwold. Weidelgras tetraploid (van der Have) . .	68,3	65,2
Ital. Weidelgras tetraploid (Hinderupgaard)	69,0	68,5

Von diesen Jahres-Durchschnittswerten ergaben sich jedoch in den einzelnen Schnitten deutliche Abweichungen, die einen Einfluß der Jahreszeit, aber auch der Sorten erkennen lassen.

Auch andere Nährstoffe sind in Verbindung mit dem Nutzungszeitpunkt von Bedeutung, da die Rohfaser-, Mineralstoff- und Trockensubstanzgehalte die Gärfähigkeit ebenfalls stark beeinflussen. Mit steigenden Rohfasergehalten nimmt die Sperrigkeit des Lagergutes zu, die Lagerdichte ab und steigt der Luftgehalt im Silo. Mineralstoffgehalte und -verhältnisse wirken auf Mikroorganismen ähnlich wie auf höhere Lebewesen. Insbesondere die an der Energieübertragung beteiligten Mengen- und Spurenelemente sind für die Entwicklung der Mikroorganismen erforderlich.

Die Bedeutung der Schnittzeit für die Qualität des Grünlandfutters wurde an anderer Stelle behandelt. Sie gilt grundsätzlich auch für Silage, wenn auch der Arbeitsaufwand und die Silierbarkeit des Futters in praxi eine etwas spätere Nutzung als durch Weidegang bewirken. So wird für Grassilage nach Tlach (1964) vor der Blüte der bestandsbildenden Gräser und im vollen Knospenzustand der Kleearten gemäht, also etwa 8–10 Tage vor dem Heuschnitt. Hier besteht Übereinstimmung mit van Burg (1965), der darauf hinweist, daß in Holland die Weidereife mit 15–25 dz Tm/ha, die Siloreife mit 25–35 dz und die Heureife mit 35–45 dz Tm/ha Mähweide definiert wird.

Von einem günstigen Einfluß richtig gewählter Schnittzeit auf die Siloreife berichtet Könekamp (1961) gemäß Tab. 38.

Das Anwelken bewirkt eine Zunahme der Zellsaftkonzentration und damit des Zuckergehaltes als Folge der Erhöhung des Tm-Gehaltes und schließlich auch eine Zunahme des absoluten Zuckergehaltes durch Umwandlung von Reservekohlenhydraten in Zucker während des Anwelkens (Zimmer 1966a). Dagegen beobachteten Budzier (1967) und Weise (1967b) eine Abnahme bzw. eine deutliche Abnahme der Milchsäurebakterien während des Anwelkens. Weise (1967b) stellte aber fest, daß eine geringe Anfangskeimzahl beim Einsilieren eine hohe Vermehrungsrate dieser Keimgruppe im Silo bedeutet und daher günstig ist.

Auch die Erhöhung der Nährstoffkonzentration (siehe Tab. 39) ist ein wesentlicher Vorteil.

Tabelle 38: Wirkung der Schnittzeit auf die Gärfutterqualität (nach KÖNEKAMP 1961); Bewertung nach FLIEG

	Prozentsatz der Silagen in verschiedenen Güteklassen		
	Sehr gut	Befriedigend	Schlecht
Gräser, 1. Schnitt			
im Schossen	73	9	18
in der Blüte	50	19	31
Gräser, 2. Schnitt			
im Schossen	72	22	6
in der Blüte	30	20	50

Tabelle 39: Einfluß des Anwelkens von Wiesen- und Kleegras auf die Tm- und Nährstoffgehalte der Silage (nach GROSS 1967a)

Anwelkgrad	Wiesengras, 1. Schnitt			Kleegras		
	Tm %	StE/kg	g v. Rpr.	Tm %	StE/kg	g v. Rpr.
Frisch	20	94	15	17	84	18
Angewelkt	25	118	20	25	122	27
Stark angewelkt . . .	30	142	26	30	146	32
Sehr stark angewelkt .	35	166	32	35	170	38
Halbheu	45	214	43	–	–	–

Von großer Bedeutung kann das Anwelken in technischer Hinsicht sein. Nach SCHULZ (1967) erfordert der Einsatz der Obenfräse beim Entleeren von Hochsilos Tm-Gehalte von 35–40%, der Untenfräse sogar von 45–50%, beides bei Häcksellängen möglichst unter 4 cm. Dagegen sind Greifanlagen gegenüber Struktur und Wassergehalt unempfindlich.

Deutlich erhöhte Gehalte an Zucker im Gras und an Milchsäure in der Silage durch Anwelken fand auch OEHRING (1967b) in Knaulgras, Lieschgras, Wiesenschwingel und Welschem Weidelgras.

Offenbar läuft dieser Vorgang der Zunahme des Trockensubstanzgehaltes aber nicht parallel. So berichtet HONIG (1967) über Zuckergehalte im Mähweidegras

von 5,5– 7,5% im Frischgut
von 4,7– 6,4% im Anwelkgut (30% Tm)
und 8,0–10,0% im Gärheu und Heu

Anscheinend können in der Anwelkstufe bis 30% Tm die Atmungsverluste größer sein als die Neubildung von Zuckern durch Abbau der Reservekohlenhydrate.

Vorteilhaft für die Silagequalität ist auch die Verminderung der Pufferkapazität während des Anwelkens. PLAYNE und MCDONALD (1966) stellten bei angewelktem Rotklee eine um 18% geringere Pufferkapazität als bei frischem Rotklee fest. Auch während des Siliervorganges nahm die Pufferkapazität des angewelkten Klees weniger zu als die des frisch silierten, wahrscheinlich eine Folge verminderter biologischer Aktivität.

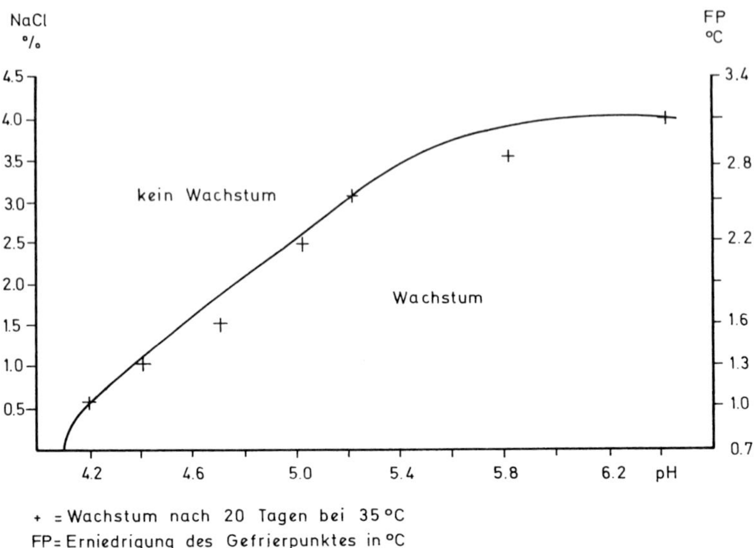

Abb. 231. Einfluß des pH-Wertes und des osmotischen Druckes auf das Wachstum von *Clostridium tyrobutyricum*. Die Herabsetzung des Gefrierpunktes im Medium wurde als Index für den osmotischen Druck verwendet (nach WIERINGA 1960)

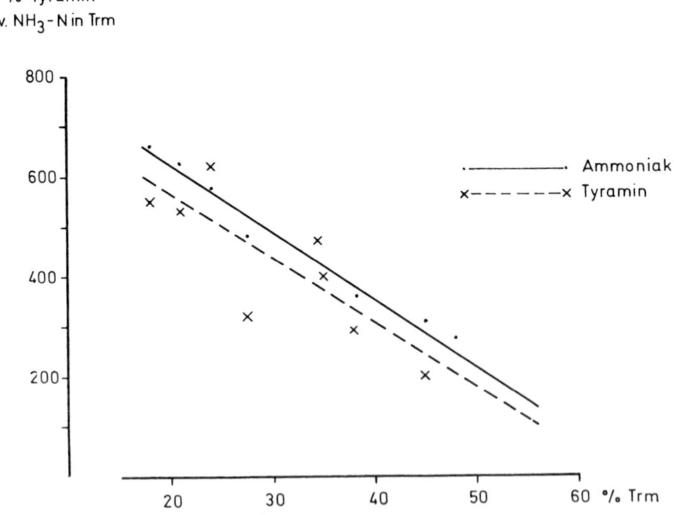

Abb. 232. Proteinabbau und Trm-Gehalt des Futters (nach VOSS 1967)

Da die meisten Mikroorganismen hygrophil sind, wird ihre Aktivität durch Anwelken eingeschränkt; auf nicht sporenbildende Organismen wirkt es bakteriostatisch, Sporenbildner gehen in den trockenresistenten Ruhezustand über. Die schleimbildenden Bakterien, z.B. Milchsäure- und Colibakterien, sind durch Feuchteentzug weniger gefährdet und können dann ein Übergewicht gewinnen (WEISE 1963b).

WIERINGA (1960) konnte nachweisen, daß ein durch Anwelken bewirktes Ansteigen des osmotischen Druckes die Entwicklung der Buttersäurebakterien beeinträchtigt. Auf Glucosenährböden, denen verschiedene Mengen an NaCl zugesetzt wurden, wies er nach, daß der Widerstand der Buttersäurebakterien gegenüber dem osmotischen Druck vom pH des Mediums abhängig ist (Abb. 231). Mit anderen Worten: Bei angewelktem Gras ist keine so tiefe pH-Absenkung wie bei frischem Gras erforderlich, um eine buttersäurefreie Gärung zu erzielen.

Infolge der herabgesetzten biologischen Aktivität im angewelkten Futter treten geringere Mengen-, Qualitäts- und Sickersaftverluste während der Gärung auf. So sank nach VOSS (1967) der Anteil des Ammoniakstickstoffs am Gesamtstickstoff von 18,5% in einer Feuchtsilage (17,8% Tm) auf 5,9% in einer Welksilage (48,2% Tm). Siehe auch Abb. 232.

Der Vitamin-A-Gehalt von Silagen wird beim Anwelken durch schnelles Einsetzen des Abbaues herabgesetzt, der Vitamin-D-Gehalt durch Licht und Sonneneinstrahlung gesteigert. Dennoch enthält Silage in der Regel wesentlich mehr Carotin als Heu, so daß nach KIRCHGESSNER (1963) der Carotinbedarf einer Milchkuh schon mit einer Tagesgabe von 20 kg Welksilage gedeckt ist.

Siliertechnik

ZIMMER (1967) erwähnt, daß nach amerikanischen Untersuchungen jeder Siloform ein ihr eigener optimaler Tm-Bereich zugeordnet werden kann. Er kann um so höher liegen, je besser das Futter gegen Frischluftzufuhr abgeschlossen ist. Bei Luftzutritt ist Welksilage ungleich stärker gefährdet als Frischsilage, weil sie nicht so dicht lagert und weil gleicher Wärmegewinn durch biologische Umsetzungen auf Grund der geringen spezifischen Wärme von Welksilage zu einem stärkeren Temperaturanstieg und größeren Verlusten führt.

BACHMANN und SCHOCH (1967) untersuchten an einem größeren Material die Qualität von Harvestore-Silagen. Sie fanden Tm-Gehalte von 23–60% mit einer Massierung zwischen 40 und 60%. In einem Silo stieg der Tm-Gehalt von der oberen Schicht bis zur untersten fast gradlinig von 42 auf 64%. Die Rohproteingehalte lagen mit wenigen Ausnahmen zwischen 11 und 15%, die Pepsin-Salzsäure-Löslichkeit war jedoch unbefriedigend: in 15 von 32 Fällen lag sie unter 65%. Überhitzung und Übergärungen scheinen die Ursache für die teilweise schlechte Verdaulichkeit gewesen zu sein. Da meistens gleichzeitig ein hoher Essigsäuregehalt festgestellt wurde, muß auf die Anwesenheit von Luftsauerstoff geschlossen werden. Diese kann nur durch die langsame, häufig unterbrochene Befüllung infolge zu geringer Schlagkraft des Betriebes oder durch eine Diskrepanz zwischen Silogröße und Futteranfall erklärt werden. Infolge des Energieverbrauchs sank auch der Gehalt an leichtlöslichen KH und kStE in den betreffenden Silagen. Im wesentlichen lag er jedoch im

Bereich von 48–58 kStE je 100 kg Silagetrockensubstanz. Die teilweise schlechten Qualitäten sind nicht dem System anzulasten, sondern der nicht systemgerechten Befüllung.

Gross (1968) berichtet über 2 Versuche mit angewelktem Luzernegras (37,7% Tm) in Flach- und Hochsilos. Bei raschem Füllen und luftdichtem Verschluß war der Gärverlauf gleich. Häckseln und hoher Tm-Gehalt waren günstig für den Gärverlauf. Unabhängig vom Silierverfahren sank der Gehalt an verdaulichem Rohprotein um 15%, der StE-Gehalt um 5% gegenüber dem Ausgangsmaterial ab. Bei der Entnahme des Gärfutters traten im Flachsilo Nachgärungen ein, die besonders beim Langgut mit einem starken Temperaturanstieg und erhöhten Abraumverlusten verbunden waren. Die Futteraufnahme stieg mit dem Tm-Gehalt und der Gärfutterqualität.

Nach Gross (1967b), Zimmer (1968) und anderen ist es für einen einwandfreien Gärverlauf gleichgültig, ob Hoch- oder Flachsilos verwendet werden, wenn ein luftdichter Verschluß gewährleistet ist. Dieser ist nur bei Flachsilos sehr viel schwerer herzustellen, da u.a. die Oberflächen größer sind und die erfolgreiche Verwendung von Folien eine feste Überdachung voraussetzt. Flachsilos müssen auch schneller gefüllt werden als Hochsilos, was eine genaue Abstimmung ihrer Größe auf die Größe der Ernteflächen, die maschinelle Schlagkraft des Betriebes und die durchschnittliche witterungsbedingte Silierdauer bedingt.

Kirchgessner u.a. (1965) erarbeiteten Richtlinien für die Bemessung und Befüllung von Hoch- und Flachsilos. Hochsilos sollten zum Erreichen der notwendigen Raumgewichte folgende Maße aufweisen:

Mindesthöhe . . . . 10 m
Höhe/Durchmesser 3:1
Mindestgröße . . . . 100 m³

Da 2 Behälter je Betrieb zu fordern sind, sollte er also über mindestens 200 m³ Siloraum verfügen.

Bei einem Raumgewicht von 2 dz Tm/m³ abgesetzter Silage und 10% Leerraum wären also 360 dz Tm für die Befüllung erforderlich. Das entspricht etwa folgenden Anbauflächen:

Luzerne, Klee, Kleegras . . . . 3,6 ha
Silomais . . . . 2,8 ha
2-Schnitt-Wiesen . . . . 5,0 ha
Mähweide (1. Schnitt; 35 dz Tm/ha; 1,2 dz/m³ = 1/3 bis 1/2 der Gesamt-Mähweidefläche; Rest wird nach Absetzen nachsiliert) . 7,0 ha

Innerhalb von 2–3 Tagen muß der Behälter befüllt sein. Nachsilieren größerer Mengen ist möglich, bei Hochsilos mit Preßdeckel auch kleinere Mengen, wenn Sickersaftbildung vermieden wird. Ein Mann kann im vollmechanisierten Betrieb in 6 Silierstunden täglich 30–35 m³ befüllen.

Flachsilos erfordern mehr Kenntnisse und größere Sorgfalt als Hochsilos, um gute Silagen zu erzeugen. Ausreichendes Verdichten, „gasdichte" Lagerung und zügiges Befüllen in höchstens 2 Tagen sind die Voraussetzungen dafür. Bei einer Behältergröße von 100 m³ müssen 180 dz Tm in 2 Tagen geerntet und laufend festgewalzt werden, da Nachsilieren im allgemeinen nicht möglich, mindestens mit Qualitätseinbußen verbunden ist.

Zerkleinern des Futters. Futterzerkleinerung kann den Zusatz von Gärhilfen überflüssig machen. ZIMMER (1966a) erklärt die Wirkung des Häckselns mit der Vergrößerung der Oberflächen, dem Aufreißen der Zellwände und dem schnelleren Austreten des Zellsaftes, der die Entwicklung der Gärbakterien fördert. In einem Versuch mit Luzerne in Kleinsilos erzielte er (1964b) durch Musen einen noch besseren Gärverlauf und geringere Verluste als durch Häckseln. GREENHILL (1964) schreibt dagegen den nützlichen Effekt der Zerkleinerung mehr der schnellen Erreichung anaerober Verhältnisse zu. Danach fördert das Häckseln die dichte Lagerung, die Atmung und damit einen schnellen Sauerstoffverbrauch. Als Folge davon brechen die Zellen zusammen, tritt der Zellsaft aus und wird das Nährmedium für die Kleinlebe-

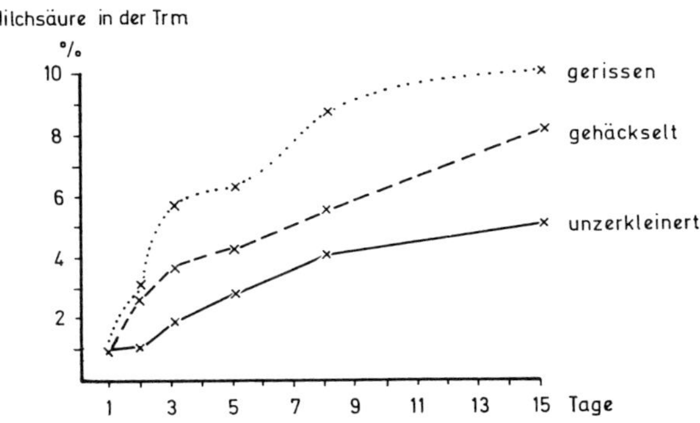

Abb. 233. Schnelligkeit der Säurebildung bei Grassilage (nach MURDOCH, zit. bei ZIMMER 1966)

wesen geschaffen. Nach seiner Ansicht ist der Zellsaftaustritt durch das Häckseln allein zu gering, um die Milchsäureproduktion in Gang zu setzen. Die Geschwindigkeit und den Umfang der Milchsäurebildung in Abhängigkeit von der Zerkleinerung des Futters zeigt Abb. 233.

Der Einfluß von Frischluft und Temperatur auf den Gärverlauf. Aerobe Umsetzungen im Gärbehälter bedeuten Energieverlust und Wärmeentwicklung. Diese kann auch durch Sonneneinstrahlung auf den Silobehälter gefördert werden. Schnelles Silieren und Abdichten der Behälter wirken der Temperaturerhöhung entgegen. ORTH (1963) unterscheidet nach der erreichten Gärtemperatur zwischen Kaltvergärung (28–30 °C), Warmvergärung (45 bis 50 °C) und Heißvergärung (> 50 °C). Obgleich Gärungen bei höheren Temperaturen buttersäurefreie Silagen bewirken können, sind sie wegen der Nährstoffverluste und der Beeinträchtigung der Verdaulichkeit unerwünscht. Allerdings wird bei Heißvergärung der Giftstoff des Duwocks (*Equisetum palustre*), das Equisetin, zerstört. Besonders ungünstig wirkt eine Gärtemperatur um 35 °C, da sie das Temperaturoptimum für das Gedeihen der Buttersäurebakterien darstellt (siehe Abb. 234).

Der Einfluß der Temperatur auf den Gärverlauf von jungem Mähweidegras wurde von ZIMMER (1966c) untersucht. Eine Lagertemperatur von 40 °C senkte die Punktzahlen nach FLIEG in Feuchtsilagen signifikant gegenüber

20 °C. Im vorgewelkten Futter ergab sich kein Unterschied zwischen beiden Temperaturvarianten.

Den Einfluß schneller und langsamer Silobefüllung haben MILLER, CLIFTON und CAMERON (1962) untersucht (siehe Tab. 40).

Die Zahlen zeigen deutlich die Bedeutung schneller Arbeit beim Silieren und der richtigen Anpassung der Ernteﬂäche an die jeweilige Größe der zu befüllenden Siloeinheit.

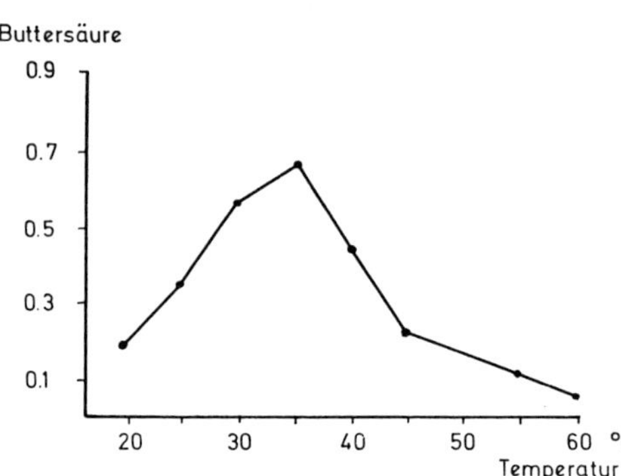

Abb. 234. Produktion von Buttersäure in Grassilage nach einer Woche bei verschiedenen Temperaturen (nach WIERINGA 1960)

Tabelle 40: Zusammensetzung und Silierverluste von Kleegrassilagen, ohne Zusatzmittel (nach MILLER, CLIFTON und CAMERON 1962)

	Schnell gefüllt	Langsam gefüllt
Säurezusammensetzung (% der Tm)		
Buttersäure	0,8	2,9
Propionsäure	0,3	0,6
Essigsäure	2,4	3,8
Ameisensäure	0,1	0,1
Milchsäure	10,3	5,5
Bernsteinsäure	0,8	0,8
Insgesamt	14,7	13,7
Silierverluste		
Verluste in % der Frischmasse		
Sickersaft	18,8	20,7
Gasverluste	7,8	12,5
Insgesamt	26,6	33,2
Tm-Verluste in %		
Sickersaft	7,2	8,3
Gasverluste	5,7	10,4
Insgesamt	12,9	18,7
Rohproteinverluste in %		
Sickersaft	13,1	13,6
Gasverluste	4,5	13,0
Insgesamt	17,6	26,6
Rohfaser %	– 2,0	– 4,9
NFE %	18,6	28,1
Ätherextrakt %	24,8	1,1
Asche %	22,3	35,7

Die Bedeutung der Temperatur für die Silagequalität geht aus Tab. 41 hervor. Die unterschiedlichen Temperaturen wurden in verschiedenen Schichten von unverschlossenen Hochsilos erzeugt, wobei in den oberen Schichten infolge starker Sauerstoffzufuhr hohe Temperaturen, mit zunehmender Tiefe tiefere Temperaturen ermittelt wurden.

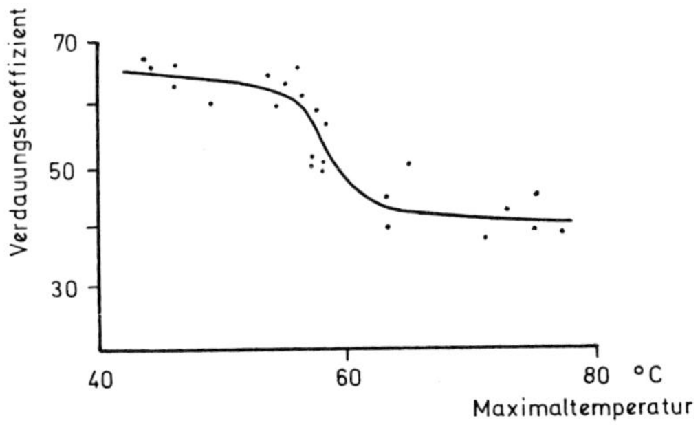

Abb. 235. Einfluß der Maximaltemperatur auf den Verdauungskoeffizienten von Rohprotein in Silage (nach WIERINGA 1960)

Tabelle 41: Der Temperatureffekt innerhalb eines Silos; alle Bestandteile sind in % der Tm angegeben (nach MURDOCH 1960)

	Zusammensetzung des Futters			Maximale Temperatur °C	Milch- säure	Butter- säure	Flüchtige Basen
	Tm	Rohprotein	NFE				
Silo 1							
Muster 1	19,4	17,0	45,3	46,6	0,4	3,7	5,0
Muster 2	19,5			35,0	1,3	3,2	4,3
Muster 3	19,7			30,0	4,9	0,1	2,8
Muster 4	17,9			23,9	10,2	0,3	1,8
Silo 2							
Muster 1	22,8	13,5	50,3	40,0	0,5	4,6	5,0
Muster 2	23,0			34,4	0,1	6,1	5,5
Muster 3	23,7			30,6	3,3	1,6	2,8
Muster 4	22,5			26,7	10,6	0,1	1,6
Muster 5	23,0			21,7	10,2	0,1	1,5

In welchem Maße die Verluste an Rohprotein und Verdaulichkeit vom Zeitpunkt des Luftabschlusses abhängen, ermittelte WIERINGA (1960) (siehe Tab. 42 und Abb. 235).

Tabelle 42: Verdaulichkeit und Verdaulichkeitsverluste in Abhängigkeit vom Luftabschluß (nach WIERINGA 1960)

	Verluste an verd. Rohprotein %	Verdaulichkeit in %
Sofort Luftabschluß	8	76
1 Tag Luftzufuhr	16	70
2 Tage Luftzufuhr	34	61

Silierhilfsmittel

Die Anwendung chemischer Siliermittel wird bei ungünstigem Wetter, bei verregnetem oder stark verschmutztem Futter, die von zuckerhaltigen bei Pflanzen mit hoher Pufferkapazität erforderlich.

Futterzucker soll dem Futter zugesetzt werden, bis es 2–2,5% Zucker aufweist. Ein Zusatz von 1–2% = 6–12 kg Zucker/m³ Frischmasse bei einem m³-Gewicht von 600 kg dürfte ausreichen. Höhere Zuckergaben haben nach ZIMMER (1963) meist keine Wirkung mehr, weil nur begrenzte Mengen in Milchsäure umsetzbar sind. Der Zucker wird mit geringen Energieverlusten in Milchsäure umgewandelt. Er verbessert Nährstoffgehalt und Gärfutterqualität und vermindert die Verluste. In den oberen Schichten ist er meist wirkungsvoller als in den unteren, weil er oben notwendiger ist und weil er mit dem Sickersaft auch in die unteren Schichten gelangt (ORTH 1963, ZIMMER 1963, LK Weser-Ems 1962). In Untersuchungen von WEISE (1967a) förderte 1% Futterzucker als Zusatz zu Gras-Gärfutter die Anfangsvermehrung der Milchsäurebakterien sehr stark; gleichzeitig wurde der pH-Wert wesentlich und nachhaltig herabgesetzt, die Bildung von Essigsäure deutlich und die von Buttersäure stärker durch Zuckerzusatz im Vergleich zu „ohne Zusatz" vermindert. Innerhalb von 35 Tagen stiegen jedoch pH-Werte, Essig- und Buttersäuregehalte wieder etwas an, ohne daß die Unterschiede zwischen „mit und ohne Zusatz" kleiner geworden wären. WEISE folgert daraus, daß ein Zuckerzusatz von 1% zur Frischmasse von schwer vergärbarem Material die untere Grenze des Notwendigen darstelle, zumal auch die Gehalte an Milchsäure vom 25. Tag ab trotz Zuckerzusatz eine leicht, ohne Zusatz eine stärker fallende Tendenz zeigten.

Tab. 43 zeigt die Wirkungen eines Zuckerzusatzes auf die Qualität von Grassilage.

Tabelle 43: Zuckerzusatz bei Grassilage, 1. Schnitt
(nach Landwirtschaftskammer Weser-Ems 1962)

	Versuch 1		Versuch 2		Versuch 3	
	ohne Zucker	mit Zucker	ohne Zucker	mit Zucker	ohne Zucker	mit Zucker
pH	4,30	3,80	4,60	4,10	4,50	4,10
Essigsäure %	0,43	1,08	0,76	0,69	0,30	1,02
Buttersäure %	0,59	–	0,36	0,22	0,90	0,26
Milchsäure %	1,25	2,66	0,47	2,13	1,80	2,80
Punkte	50	88	30	68	50	68
gärungstechnisch	befriedigend	sehr gut	mäßig	gut	befriedigend	gut

Melasse, Torfmelasse, Melasseschnitzel und Trockenschnitzel haben unter Berücksichtigung ihres Zuckergehaltes die gleiche Wirkung wie Zuckerschnitzel. Dasselbe gilt für einen Zusatz von Malz und Getreideschrot. Getreideschrot allein wäre wenig wirksam, weil es den Milchsäurebakterien nicht genügend zugänglich ist. Wird Malz beigemischt, dann können seine Amylasen und Cellulasen bestimmte Polysaccharide im Getreideschrot hydrolysieren und in Zucker überführen. Ebenso können die Malzenzyme die Stärke einer Malz-Getreideschrot-Mischung für die Milchsäurebakterien aufbereiten. Je nach Zuckergehalt des Futters werden 2–4% einer Mischung aus Malz und Getreideschrot im Verhältnis 1:4 benötigt. Höhere Mengen erhöhen Schmackhaftigkeit und Futterwert der Silage (NILSSON und RYDIN 1960). Das Zusammenwirken von Malz und Getreideschrot zeigt Tab. 44.

Diese Ergebnisse werden von ZIMMER (1964a) für Mähweidegras bestätigt. Ein Getreide/Malzschrot-Gemisch brachte im Vergleich zu Mähweidegras ohne Zusatz gesichert bessere Ergebnisse in bezug auf den Gehalt an Gärsäuren und Tm-Verluste.

Tabelle 44: Die Wirkung von Malzmehl und Getreideschrot, allein und in Mischungen, auf den Gärverlauf von Luzernesilage (nach NILSSON und RYDIN 1960)

Zusatz	pH	NH_3-N %	NH_3-N % von Gesamt-N	Milchsäure %	Buttersäure %
Kontrolle	6,2	0,173	28,9	0,4	1,02
Gerstenmalz					
1%	6,0	0,161	25,5	0,6	1,16
2%	4,4	0,079	12,5	2,9	0,39
3%	4,0	0,063	9,8	4,0	0,06
Weizenmehl					
2%	5,4	0,168	26,8	0,5	1,57
4%	5,2	0,167	26,1	0,7	1,44
6%	5,2	0,155	23,3	0,7	1,28
1% Malzmehl + Weizenmehl					
2%	4,2	0,079	12,7	3,4	0,17
4%	3,9	0,076	11,2	4,1	0,09
6%	4,0	0,076	11,6	4,0	0,16

Chemische Siliermittel. Wenn Vorwelken nicht möglich ist, wenn der Gehalt an Gärungsschädlingen zu hoch geworden ist oder wenn das Futter beim Anwelken zu verderben droht, ist ein Zusatz von Zucker, unter Umständen bei ausreichendem natürlichem Zuckergehalt, nicht mehr bzw. nicht wirksam, sondern ein Zusatz von Säuren angezeigt. Hierdurch werden die der Gärung schadenden Mikroorganismen beeinträchtigt bzw. unwirksam gemacht.

a) Das AIV-Verfahren (nach A. I. VIRTANEN) entstand in Finnland. Die AIV-Säure besteht aus Schwefelsäure (95%) und Salzsäure (33%) in einem Mischungsverhältnis von 1:1. Sie wird mit Wasser 1:6 verdünnt und mit einer Menge von 6–8 l/100 kg Futter angewandt. Damit wird der pH-Wert sofort gesenkt, so daß die Buttersäurebakterien ausgeschaltet werden. Wenn höhere Säuremengen aufgewendet werden, können auch die Milchsäurebakterien nicht mehr arbeiten; es entsteht eine „chemische" Konservierung.

Nach ZIMMER (1966a) können solche Silagen Schäden beim Tier hervorrufen, wenn die Gärfuttermenge über 15 kg je Kuh und Tag hinausgeht. Die Beifütterung von 6–8 kg gutem Heu und Mineralstoffausgleich sind erforderlich.

In Finnland wird ein AIV-Futtersalz zur Abstumpfung der Säuren mit der AIV-Silage verabreicht (ORTH 1963).

b) Schweflige Säure wird in Form ihrer Salze Natriumbisulfit, Natriumpyrosulfit und Natriummetabisulfit angewendet. FLIEG (1956) konnte mit 300 bis 450 g/dz ähnliche Ergebnisse nachweisen wie mit einem Mineralsäurezusatz, obgleich diese Menge nur einem Viertel der Säureäquivalente in der Mineralsäure entspricht.

Weissbach und Laube (1967) weisen jedoch darauf hin, daß nur durch Gaben über 500 g je dz Grünfutter Eiweißabbau und Gärverluste einigermaßen sicher gehemmt werden. Nach ihrer Ansicht kann dieser Abbau auch nur in gasdichten Silos bei kurzen Lagerzeiten verhindert werden, weil große Mengen des Sulfits während der Lagerung zersetzt werden und als SO_2 abdiffundieren. Den verhältnismäßig hohen pH-Wert von Sulfitgärfutter (5,5–6,1), der trotz guter Bewertung nach Flieg gefunden wird, erklärt Schreiber (1960) mit anfänglich bakterizider Wirkung des Sulfits. Dadurch kann die Gärung nicht einsetzen und kaum Butter-, Essig- und Milchsäure gebildet werden. Die starke Reduktionskraft der schwefligen Säure trägt zu einer schnellen Beseitigung des Sauerstoffs aus dem Futterstock bei.

Der anfangs vorhandene und durch die eingeschränkte Säurebildung nicht verbrauchte Zucker wird weitgehend zu Alkohol vergoren, so daß beim Nachlassen der bakteriostatischen Wirkung des Sulfits nur dann noch eine Milchsäuregärung stattfinden kann, wenn es sich um ein sehr zuckerreiches Ausgangsmaterial handelt. Weissbach und Laube (1967) kommen zu dem Schluß, daß die Gärverluste bei schwer vergärbarem Material durch Sulfitzusatz vermindert, bei Pflanzen mittlerer Vergärbarkeit kaum beeinflußt und bei leicht vergärbaren Pflanzen eindeutig erhöht werden.

Die Wirkung von Metabisulfit und anderen Zusätzen zeigt Tab. 45.

Tabelle 45: Metabisulfit im Vergleich mit anderen Zusätzen (nach Murdoch und Holdsworth 1958)

Wiesenschwingel/ Luzernesilage	Tm im Futter %	Verluste in % Tm	Rohprotein	NFE	pH	Milchsäure %
Unbehandelt	24,3	24,9	14,6	45,7	5,0	4,5
23 lb Melasse	25,0	22,3	10,6	35,3	4,5	8,4
9 lb Metabisulfit	25,0	20,9	5,3	39,9	4,8	4,5
Angewelkt	29,8	18,4	2,4	35,4	4,7	4,9
Angew. + 10 lb Metabisulfit	29,9	12,3	2,7	26,4	5,1	2,2

1 lb = 1 pound = 0,453 kg. Anwendungsmenge = lb/ton (1 t = 1016 kg).

Metabisulfit setzt ähnlich wie das Anwelken allein die Verluste deutlich herab. Sulfitsalze sind als Pyrosal und Grillosil im Handel.

Devuyst u.a. (1967) säuerten Luzerne mit Metabisulfit in Laborsilos ein. 0,4% reichten nicht aus. Sie halten 1% für erforderlich, befürchten dann jedoch eine Beeinträchtigung der Schmackhaftigkeit des Futters. In ihren Vergleichsversuchen hatte 1% Metabisulfit als Zusatzmittel etwa denselben Effekt wie 2% Zucker.

c) Nitrit, im „Kofasil" neben Calciumformiat enthalten, hemmt als Silierhilfsmittel die Buttersäurebakterien nur vorübergehend, da es rasch abgebaut wird. Die Milchsäurebakterien werden durch das Nitrit weniger beeinflußt und erhalten so einen Vorsprung gegenüber den Buttersäurebakterien. Nitrit kann aber nur dann positiv wirken, wenn genügend vergärbare KH für die Milchsäurebakterien vorhanden sind.

d) Organische Säuren haben den Vorteil, daß sie das Tier nicht schädigen, sondern daß sie sogar als Energiequelle genutzt werden. Die Wirkung ist ähnlich wie bei Mineralsäuren. Organische Säuren werden als Gärhilfe, z.B. in Form von 85%iger Rohameisensäure (Amasil), verwendet. Nach einer Verdünnung mit Wasser im Verhältnis 1:19 benötigt man 4 l auf 100 kg Gärfutter.

In Tab. 46 sind verschiedene Zusätze in ihrer Wirkung auf die Vergärung eines Inkarnatklee-Weidelgras-Gemenges miteinander verglichen.

Tabelle 46: Die Gärfutterqualität eines Inkarnatklee-Weidelgras-Gemenges bei verschiedenen Zusätzen (nach SCHREIBER 1960)

Zusatz	Punktzahlen Milchsäure	Punktzahlen Essigsäure	Punktzahlen Buttersäure	Gesamtpunktzahl	Benotung nach FLIEG
Ohne	0	8	5	13	schlecht
Melasse	9	7	34	50	befriedigend
Kofasil	23	22	31	76	gut
Grillosil	13	16	20	49	befriedigend
Pyrosal	20	19	31	69	gut
Amasillösung	15	11	34	60	befriedigend/gut
AIV-Säure	22	21	31	74	gut

Biologische Zusätze

e) Die Impfung mit Milchsäurebakterien soll die Milchsäureproduktion im Anfangsstadium beschleunigen und damit von vornherein die Entstehung von Buttersäure unterdrücken. Voraussetzung hierfür ist ein ausreichender Zuckergehalt des Siliergutes und die Verwendung homofermentativer Bakterien. Nach BECK (1966) wurde die Frühentwicklung der Milchsäurebakterien durch Impfung beschleunigt. Nach 3 Tagen war ihre Zahl gegenüber „unbehandelt“

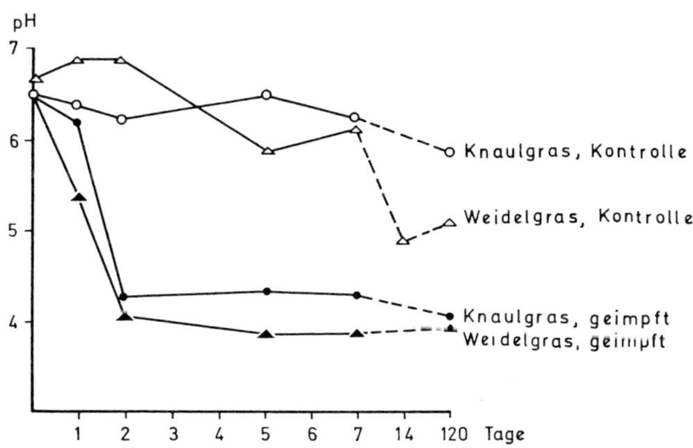

Abb. 236. Effekt einer Impfung mit einer 1 : 1-Mischung von *Streptococcus faecalis* und *Lactobacillus plantarum* auf pH-Werte von Knaulgras- und Weidelgras-Silagen (nach WHITTENBURRY u.a. 1967)

stark erhöht, nach 14 Tagen allerdings in noch stärkerem Maße vermindert. Trotzdem wurde nach 5 Monaten eine verringerte Zahl von Clostridien und eine wesentlich verbesserte Silagequalität mit herabgesetzten pH-, NH_3- und Buttersäurewerten bzw. mit gesteigertem Milchsäuregehalt und höheren Punktzahlen nach FLIEG durch Impfung festgestellt. Den positiven Effekt einer Impfung auf pH-Werte und Buttersäuregehalte von Grassilagen zeigen Abb. 236 und Tab. 47.

Tabelle 47: Einfluß einiger Faktoren auf die Buttersäureproduktion von Grassilagen (nach WIERINGA 1960)

Silagebehandlung	Buttersäuregehalt
O–25	1,14
O–30	1,28
L–25	0,69
L–30	0,75
O–i–30	0,17
L–i–30	0,05

O = gemähtes Gras, L = gehäckseltes Gras, i = geimpft mit Lactobacillus pl., 25 = 25°C, 30 = 30°C.

Der Zusatz von Antibiotika zum Siliergut konnte die Erwartungen bisher nicht erfüllen. Während LANGSTON, CONNER und MOORE (1962b) keine fördernde oder hemmende Wirkung von „Bacitracin" fanden, wiesen EMERY u.a. (1966) eine deutliche Verbesserung der Silagequalität durch Tylosin nach (Tab. 48).

Tabelle 48: Die Wirkung von 11,0 mg Tylosin je kg Frischsubstanz bei einem Versuch mit Luzernegrasgemisch (nach EMERY u.a. 1966)

	Tylosin	Ohne Behandlung
Tm %	21,0	19,7
Essigsäure mg/g	5,6	8,0
Milchsäure mg/g	13,2	8,3
pH-Wert	4,5	4,6
Tm-Aufnahme (kg/Tag)	7,7	7,0

Enzyme können in Zukunft noch an Bedeutung gewinnen. Die gute Wirkung von Malz und Getreideschrot deutet das ebenfalls an. LEATHERWOOD u.a. (1963) erreichten durch Zusatz von Cellulase zu verschiedenen Silagen eine Hydrolyse der Cellulose bis zu 29%. Sie bekamen danach einen doppelten Effekt, nämlich Vorverdauung der Cellulose und Freisetzung vergärbarer KH.

ULVESLI und SAUE (1965) verglichen verschiedene Siliermittel in ihrer Wirkung auf Kleegras, 1. Schnitt (2–19% Trifolium pratense und 81–98% Phleum pratense) und 2. Schnitt (14–67% Trifolium und 19–85% Phleum).

Am besten wirkten AIV-Säure, Ameisensäure, Melasse und $NaHSO_4$-Salz auf die Silagequalität. Metabisulfit reduzierte in gewissem Umfang die Bildung von Buttersäure, bewirkte aber Silagen mit zu hohem NH_3-Gehalt und zu hohen pH-Werten.

In einer anderen Versuchsserie wurde unzerkleinertes, gehäckseltes und gequetschtes Wiesenfutter (2. Schnitt) mit und ohne Zusätze verglichen. Die Versuche ergaben einen positiven Effekt des Häckselns und Quetschens auf die Silagequalität; dabei wurde die Bildung von Milchsäure gefördert, die von NH_3 gehemmt und der pH-Wert erniedrigt. Durch die Kombination von Häckseln oder Quetschen mit Silierhilfsmitteln ist eine größere Sicherheit geboten, auch beim Silieren von frischem Gras mit geringem Tm-Gehalt gute Qualitäten zu erzielen. Langes Gras ohne Zusätze brachte stets Silagen schlechter Qualität.

Verluste bei der Gärfutterbereitung

Die Verluste sind nach Ausmaß, Ursachen und Wirkungen auf die Qualität des Endproduktes von verschiedenen Faktoren abhängig. Tab. 49 enthält eine Zusammenstellung von ZIMMER (1967) über die Nährstoffverluste.

Tabelle 49: Ursachen und Wirkungen von Verlusten bei der Silierung (nach ZIMMER 1967)

Abschnitt	Verlustursache	Betroffene Nährstoffgruppe	Wirkung
Feldperiode	Atmung der Pflanzenzelle	Kohlenhydrate	Abnahme leicht verdaulicher Nährstoffe, relative Zunahme der Rohfaser
	Abbröckeln bei Bearbeitung	alle Nährstoffgruppen	bevorzugt leicht verdauliche Nährstoffe in Feinteilen, relative Zunahme der Rohfaser
Gärperiode	Restatmung im Silo	Kohlenhydrate	Abnahme leicht verdaulicher Nährstoffe, relative Zunahme der Rohfaser
	Bildung von Sickersaft	Rohprotein, Mineralstoffe, Kohlenhydrate	Auswaschung leicht löslicher und verdaulicher Nährstoffe, Nährstoffverhältnisse etwa entsprechend Ausgangsmaterial
	Bildung von Gärgasen	Kohlenhydrate (Rohprotein in geringem Maße)	bevorzugt leicht umsetzbare Nährstoffe
	Rand- und Deckenverluste	Kohlenhydrate, Rohprotein	bevorzugt leicht umsetzbare Nährstoffe

Die Vorwelkverluste sind von der Vorwelkdauer und von der Witterung während des Vorwelkens abhängig. HAGEMEISTER (1967) stellte 3–4% Verluste an Tm und Rohnährstoffen je Vorwelktag fest. Mit zunehmender Vorwelkdauer nehmen jedoch gerade bei leicht abzubauenden Nährstoffen (NFE, Rohprotein) die Verluste stärker zu.

Tabelle 50: Vorwelkverluste in Abhängigkeit von der Vorwelkdauer (nach HAGEMEISTER 1967)

Anwelkdauer in Tagen	Anzahl der Proben	Tm	Rohprotein	Rohfaser	Rohfett	NFE	Asche
1	57	4,6	3,7	3,7	21,4	5,2	1,0
2	12	8,1	4,0	7,5	29,6	8,4	4,0
3	22	10,2	15,1	6,6	29,3	10,5	6,3
4	11	10,5	9,2	3,3	30,3	11,9	9,7

Die Gärverluste fallen je nach Futterzustand, Behandlungsmethode, Dichte der Lagerung und des Behälters ganz verschieden aus. Sie können bei völligem Mißlingen bis 100% betragen. Mit gewissen Verlusten muß gerechnet werden, weil die Lebensvorgänge bei der Gärung Energie verbrauchen. Soweit Bakterienmasse gebildet wird, gehen diese umgebauten Nährstoffe nicht verloren. Jedoch ist nach ZIMMER (1962) der Betriebsstoffwechsel der Bakterien wesentlich intensiver und umfangreicher als der Baustoffwechsel (50:1). – Die Gärverluste entstehen durch Sickersaft- und Gasbildung im Silo.

A. GRIMM (1967) stellte in einer gründlichen Auswertung der Literatur und eigener Versuchsergebnisse fest, daß weder die Siloform (Hoch- oder Flachsilo) noch die Futterstruktur (Häcksel- oder Langgut) einen signifikanten Einfluß auf die Trockenmasseverluste von Anwelksilagen ausüben, wenn in bezug auf Luftdichtigkeit der Behälter, Silage-Raumgewichte und Dauer der Befüllung gleiche Voraussetzungen gegeben sind. Er kalkuliert daher mit Trockenmasseverlusten von 10–15% in der Gärperiode.

a) Die Sickersaftverluste hängen vom Tm-Gehalt des Erntegutes ab und können bei saftreichem Futter 30–40% der Füllmenge betragen (ZIMMER 1962). Hat das Einfüllgut einen Tm-Gehalt von 30% und darüber, treten keine Sickersaftverluste mehr auf. Der Tm-Gehalt des Sickersaftes ist nach Untersuchungen von SUTTER (1956) um so höher, je höher der Tm-Gehalt im Einfüllgut ist. Der Sickersaft aus regennaß eingefülltem Futter mit 10,6% Tm hatte 2,8% Tm, der aus stärker angewelktem Futter mit 19,9% Tm hatte 7,8% Tm. Dagegen scheint die Tm des Sickersaftes gleichmäßiger beschaffen zu sein mit etwa 25% Mineralstoffen, 20% N-haltigen Substanzen und 55% NFE (SUTTER 1956).

Im Vergleich hierzu fand ZIMMER (1964c) in der Tm des Sickersaftes von 41 Grassilagen folgende Durchschnittswerte: 30,2% Rohasche, 28,8% Rohprotein und 41,0% NFE + Rohfett. In 2 Versuchen wurde der Mineralstoffgehalt des Sickersaftes in der Frischmasse bei erheblichen Schwankungen mit 0,069% P_2O_5, 0,413% K_2O, 0,039% CaO und 0,023% MgO festgestellt.

Wie aus Zuckerrübenblattsilage waren auch aus Silage von Weidegras, Kleegras und Luzerne 75–80% des Gesamt-Sickersaftes bis zum 20. Tag nach der Silofüllung abgeflossen.

Mit dem Sickersaft gehen besonders die leicht löslichen und damit auch leicht verdaulichen Nährstoffe verloren, wie ein Verdauungsversuch mit Schafen von SUTTER (1956) zeigt (Tab. 51).

Durch das Anwelken kann also eine wesentliche Verlustursache ausgeschaltet werden. – Wenn Sickersaftbildung nicht zu vermeiden ist, sollte dieser nach

TIETJEN (1964) in gleichmäßiger Verteilung und mäßiger Dosierung wieder dem Boden zugeführt werden, da er laut Wasserschutzgesetz nicht in das Grundwasser gelangen darf und deswegen ohnehin in Gruben aufgefangen werden muß. Er hat ähnliche, häufig auch höhere Nährstoffgehalte als Jauche (PURVES und MCDONALD 1963).

Tabelle 51: Die an Schafen festgestellte Ausnutzung der Rohasche in Silagen mit unterschiedlichem Saftabfluß (nach SUTTER 1956)

	Silage mit Saftabfluß stark	gering	ohne
Versuch 1 (2 Tiere)	26,8	34,2	44,4
Versuch 2 (2 Tiere)	27,5	42,6	49,0

In Versuchen von RYDIN (1964) zeigte sich, daß Sickersaft aus Kleegrassilage, die mit einem Zusatz von Malz und Getreideschrot hergestellt wurde, als Futter für Rinder verwendet werden kann. Hierzu kann der Sickersaft am besten aufgefangen werden, indem Heu und Getreidestroh entweder als Häcksel vor dem Befüllen auf den Boden des wasserdichten Silos aufgebracht oder als Heu- oder Strohmehl zusammen mit Malz und Getreideschrot dem Grünfutter beim Silieren laufend beigemischt wird. Die hierzu erforderlichen Mengen enthält Tab. 52.

Dabei wird die Hälfte des absorbierenden Materials auf dem Boden ausgebreitet, die andere Hälfte dem Futter beigemischt. Für rohfaserarmes Futter gelten jeweils die größeren Mengen.

Tabelle 52: Heu- und Strohmengen als Absorptionsmittel für Sickersaft, die für Kleegras bei verschiedenem Tm-Gehalt empfohlen werden (nach RYDIN 1964)

Tm-Gehalt des einsilierten Futters %	Auf den Siloboden gebracht Heu- und/oder Strohhäcksel %	Mit der Silage gemischt Heu- und/oder Strohhäcksel %	Absorptionsmittel gesamt %
30	0–1	0–1	0–2
25	1–2	1–2	2–4
20	2–3	2–3	4–6
15	3–4	3–4	6–8

b) Die Gärgasverluste setzen sich aus CO_2, Wasserstoff, Methan, nitrosen Gasen, Ammoniak, Alkoholen und Schwefelwasserstoffen zusammen. Sie können in gasdichten Behältern 1000–2500 l/100 kg Tm, in normalen Behältern ein Vielfaches dieser Menge betragen (ZIMMER 1962). Nach MCDONALD (1958) erreichten sie in etwa 120 Tagen 3% des Frischgewichtes.

Die Tm-Verluste stehen in engem Zusammenhang zum Tm-Gehalt bei der Einlagerung. Nach HONIG (1967) nehmen sie im Mähweidegras mit zunehmendem Tm-Gehalt des Erntegutes ab. Stärker vorgewelktes Futter sollte jedoch nach ZIMMER (1967) in zunehmend dichteren Silos konserviert werden. Sonst sind Verluste durch Erwärmung und verstärkte Gärgasbildung nicht zu vermeiden. Die besonders hohen Verluste bei geringen Tm-Gehalten des Füllgutes sind dagegen in erster Linie auf die Sickersaftverluste zurückzuführen.

Die Verluste an Tm und Nährstoffen in Grassilagen in Abhängigkeit von der Gärfutterqualität, dem Entwicklungszustand und der Lagerungsdauer des Futters zeigen exemplarisch die Tab. 53 und 54.

Tabelle 53: Nährstoffverluste in % bei unterschiedlicher Gärfutterqualität der Grassilage (nach FENSE 1959)

Qualität der Grassilage	Tm	Verd. Rohprotein	StE
Gut	12	34	27
Befriedigend	14	35	32
Schlecht	17	42	39

Tabelle 54: Gärverluste in %, geordnet nach der Schnittzeit und der Lagerungsdauer von Wiesengrasgärfutter (nach HOFFMANN und NEHRING 1967)

Lagerungsdauer	Org. Substanz			Rohprotein			NFE		
	I	II	III	I	II	III	I	II	III
8 Tage	2,3	3,8	0,6	6,5	2,1	0,2	2,7	7,2	0,8
16 Tage	2,6	6,1	1,2	8,9	7,4	1,0	2,7	8,3	1,5
32 Tage	2,8	7,9	1,3	7,3	6,0	0,2	3,0	12,4	2,2
64 Tage	6,3	8,2	1,7	11,8	5,8	1,1	9,2	14,2	2,4
128 Tage	8,3	8,3	2,5	12,8	5,6	1,5	12,6	14,9	4,8

Schnittzeit I = 31. 5. Schnittzeit II = 9. 6. Schnittzeit III = 17. 6.

Die Carotinverluste während der Gärung sind um so höher, je höher die Gehalte im Ausgangsmaterial liegen; dennoch sind die Endgehalte in Silagen aus carotinreichem Material immer noch höher als in solchen, die aus Gras mit niederen Carotingehalten entstanden sind. Die Carotingehalte in Wiesengrassilage in Abhängigkeit von Schnittzeit und Lagerungsdauer sind in Tab. 55 dargestellt.

Tabelle 55: Carotingehalt in Wiesengrasgärfutter in Abhängigkeit von der Lagerungsdauer in mg/kg Tm (nach HOFFMANN und NEHRING 1967)

Schnittzeit	31. V.	9. VI.	17. VI.
Ausgangsmaterial . . .	222,6	127,8	89,6
Lagerungsdauer:			
8 Tage	159,3	99,3	77,3
16 Tage	151,6	97,9	76,6
32 Tage	148,1	97,9	74,3
64 Tage	145,8	98,8	74,8
128 Tage	147,5	98,5	75,8

Nach ORTH und KOCH (1963) ist der Carotingehalt der Silage von folgenden Faktoren abhängig:

1. Carotingehalt des Ausgangsmaterials;
2. Verluste, die bis zur Befüllung des Silos eintreten: Anwelkverluste können 20–60% betragen;
3. Verluste im Silo während der Hauptgärung in den ersten 6 Wochen (etwa 10%). Lagerungsverluste sind nicht von Bedeutung.

Die Verdaulichkeit. HARRIS und RAYMOND (1963) fanden eine gute Übereinstimmung zwischen der Verdaulichkeit frisch geernteter Gräser und der daraus bereiteten Silagen. Auch die Unterschiede in der Verdaulichkeit des Gärfutters bei verschiedenen Siliermethoden waren recht gering.

Tabelle 56: Tm-Verdaulichkeit von vier Gräsern und deren Silagen (nach HARRIS und RAYMOND 1963)

Gras	Schnitt-zeit	Verdaulichkeit der Tm			
		Gras	Frisch-silage	Anwelk-silage	Gehäckselte Silage
Knaulgras	24.IV.	74,4	79,3	79,5	–
Weidelgras	28.IV.	73,8	75,5	78,3	69,9
Wiesenschwingel	2.V.	74,4	80,0	73,7	78,3
W.-Lieschgras	11.V.	75,0	73,9	69,4	72,7
Mittel		74,4	77,1	75,2	73,6

Dagegen fand FARRIES (1965) eine deutliche Abnahme der Verdaulichkeit durch Anwelken im Vergleich zu frischem und vorgewelktem Futter. Er führt diese auf fermentative Umsetzungen während des Anwelkens und auf die höheren Rohfasergehalte in der Anwelksilage zurück.

Tabelle 57: Verdauungskoeffizienten von Wiesengras und dessen Konserven (1. Schnitt, Beginn der Blüte, nach FARRIES 1965)

	Org. Substanz	Roh-eiweiß	Roh-fett	Roh-faser	NFE	Rohfaser-gehalt der Tm %
Frisch	83,1	79,0	76,6	84,7	84,7	23,5
Vorgewelkt	74,8	70,2	63,6	78,3	75,6	26,3
Heu (feldgetr.)	77,7	74,3	63,3	82,2	77,7	24,9
Heu (Heuturm)[1]	62,4	64,4	47,7	62,7	62,7	28,0
Anwelksilage (Harvestore)	70,8	51,9	62,1	81,7	70,4	27,8

[1] zu schnelle Einlagerung.

VONTOBEL (1967) kalkuliert für das schweizerische Mittelland mit den in Tab. 58 angegebenen Gehalts- und Verlustzahlen.

Tabelle 58: Gehalts- und Verlustzahlen in Gras und konserviertem Grünlandfutter (nach VONTOBEL 1967)

Futterart	Tm %	Im Futtermittel Verd. Eiweiß %	kStE/dz	kStE/dz Tm	Konservierungsverluste %
Gras	14	1,7	9	64	–
Trockengras	88	13,0	52	59	7 (5–8)
Naßsilage	20	2,2	11	55	25 (15–35)
Welksilage	28	3,1	15	54	20 (10–30)
Belüftungsheu (1. u. 2. Schnitt)	86	8,2	39	45	27 (25–35)
Reuterheu	86	6,2	36	42	35 (30–40)
Bodenheu (gutes Heuwetter)	86	5,8	35	41	35 (30–40)
2. Schnitt (gutes Heuwetter)	86	7,0	36	42	35 (30–40)
Bodenheu (schlechtes Heuwetter) . .	86	3,5	29	34	50 (bis 65)
2. Schnitt (schlechtes Heuwetter) . .	86	4,5	30	35	50 (bis 65)

Um einen gerechten Vergleich der Verluste bei verschiedenen Konservierungsverfahren zu erreichen, ist zu berücksichtigen, daß bei der üblichen Trockensubstanzbestimmung im Gärfutter durch das Trocknen bei 105 °C flüchtige Säuren und Basen verlorengehen. Dadurch wird der Tm-Gehalt erniedrigt; die Konservierungsverluste im Gärfutter erscheinen zu hoch. Die Tm-Bestimmung nach DEWAR und McDONALD durch Toluol-Destillation brachte in Untersuchungen von VOSS (1965) durchschnittlich 1,65 % (relativ 6,5 %) höhere Tm-Gehalte mit Einzeldifferenzen von −0,26 bis +5,12 % Tm.

Die Gesamt-Gärverluste sind in Tab. 59 im Vergleich zu den Verlusten bei Heuwerbung und künstlicher Trocknung zusammengestellt.

Tabelle 59: Vergleich der drei Konservierungsverfahren in bezug auf Nährstoffverluste, Vitamin- und Mineralstoffgehalt (nach KÖNEKAMP 1955 a)

Konservierungsart	∅-Verluste in % Tm	Roheiweiß	∅-Gehalt in 1 kg Futter Vit. A Carotin mg	Vit. D Ergosterin IE	Mineralstoffe g
Heuwerbung					
am Boden	35	30	0– 10	1–30	10– 30
auf Gerüsten	20	15	3– 40	0–20	20– 50
Silierung in					
Behelfsbehälter	25	30	10– 60	0	1– 10
Massivbehälter	10	20	20– 80	0	5– 20
Trocknung mit					
Heißluft	3	5	100–250	–	80–120

Die Futteraufnahme aus Grassilage

Im Vergleich zu Heu und Grünfutter ist der Verzehr von Silage meistens unbefriedigend.

Nach KIRCHGESSNER (1963) und VOSS (1966) können die bei der Gärung entstehenden N-haltigen Abbauprodukte eine appetitsmindernde Wirkung haben. Da nach ORTH, KAUFMANN und ROHR (1966) schlechtere Qualitäten und mehr Eiweißabbauprodukte bevorzugt in Feuchtsilagen auftreten, könnte hierin eine Ursache dafür liegen, daß Anwelksilagen besser gefressen werden.

Tab. 60 enthält eine Zusammenstellung über den Einfluß verschiedener Inhaltsstoffe auf die Gärfutteraufnahme.

Tabelle 60: Verschiedene Inhaltsstoffe und ihre Auswirkung auf die Futteraufnahme (nach ZIMMER 1965)

Inhaltsstoffe	GORDON 1961	COLENBRANDER 1962	MCCULLOUGH 1961	THOMAS 1961
pH-Wert	–	o	–	o
Milchsäuregehalt	+	++	+	o
Essigsäuregehalt	–	–	–	o
Buttersäuregehalt	–	–	o	o
Propionsäuregehalt	––	o	o	o
Gehalt an Ammoniak-N	––	o	o	––
Gesamtsäure	–	o	o	––
Tm-Verluste	o	o	––	o
Tm-Gehalt des Gärfutters	+	+	+	+
	Kühe	Kühe	Kühe	Rinder

Anmerkung: o = nicht berechnet; – oder + = in der Tendenz negativer oder positiver Einfluß; –– oder ++ = negativer oder positiver Einfluß gesichert vorhanden.

CAMPLING (1966) stellte eine längere Verweildauer von Silage als von Heu im Verdauungstraktus fest; Fressen und Wiederkäuen von Silage benötigten mehr Zeit, weil die Silage langsamer verdaut wurde als Heu. Dabei wurde die Silageaufnahme nicht – wie die vom Heu – durch die Kapazität des Verdauungstraktes begrenzt, sondern sie wurde schon lange vorher eingestellt, ehe der Verdauungstrakt ähnliche Mengen an Nahrungs-Tm enthielt wie nach Verzehr von Heu. MURDOCH (1965) führt die bessere Verdaulichkeit von Heu darauf zurück, daß das sperrige Heu beim Wiederkäuen in kleinere Teilchen zerbricht als die zähere Silage.

Daß die von ORTH und KAUFMANN (1966) dargestellten Zusammenhänge zwischen der physikalischen Struktur, der Vormagenmotorik, dem Speichelfluß und der Futteraufnahme tatsächlich bestehen, konnten sie u.a. durch einen Fütterungsversuch bestätigen. Durch eine $NaHCO_3$-Zulage zur Grassilage, sozusagen als zusätzliche Speichelgabe, konnte die Aufnahme von Silage-Tm erhöht werden. Gleichzeitig war aber die Silageaufnahme sehr stark von deren Tm-Gehalt abhängig.

G. SCHRIFTTUM

Der Wunsch, möglichst viele Quellen zugänglich zu machen, zwingt zur Vereinfachung der Literaturangaben, die gleichwohl das Auffinden des Gesuchten dem Kenner nicht erschwert.

Im Verzeichnis werden volle Titel mit Verlagsangabe nur von selbständig erschienenen Arbeiten, nicht von Zeitschriftenaufsätzen angegeben, von letzteren Quellen und die erste Seitenzahl. Hier finden sich unvermeidliche Mängel (ungenaue Namensangaben, Umnumerierung von Sonderdrucken nicht erhältlicher Zeitschriften).

Für häufig benutzte Quellen werden Abkürzungen der oft sehr langen Titel unten erklärt.

Soweit Autoren nur mit einer Arbeit vertreten sind, werden sie, da keine Verwechslung zu erwarten ist, im Text gewöhnlich ohne Jahreszahl genannt. Mehrere an einer Arbeit beteiligte Autoren werden in der Regel nur im Literaturverzeichnis voll angegeben. Im Text steht neben dem Namen des erstgenannten Autors ,,u.a.'' (= und Mitarbeiter). Mit mehr als einer Arbeit vertretene Autoren erhalten die Jahreszahl im fortlaufenden Text in Klammern (), am Ende eines Satzes oder Absatzes in der Regel ohne Klammer.

Erklärung stark abgekürzter, häufig vorkommender Titel (Zeitschriftentitel)

AGFF	= Arbeitsgemeinschaft zur Förderung des Futterbaues (Zürich)
Angew. Pflznsoz. A	= Angewandte Pflanzensoziologie A (Wien)
Angew. Pflznsoz. B	= Angewandte Pflanzensoziologie B (Stolzenau)
Arb. DLG	= Arbeiten der Deutschen Landwirtschafts-Gesellschaft
Bay. Ldw. Jb.	= Bayerisches Landwirtschaftliches Jahrbuch
Ber. Chur	= Bericht über die Europäische Konferenz für Naturfutterbau in Berglagen, Chur (AGFF)
Ber. ü. Ldw.	= Berichte über Landwirtschaft
Bodenkult.	= Die Bodenkultur (Wien)
Comm. Bur.	= Commonwealth Bureau of pastures and field crops, Hurley (Engl.)
CILO	= Centraal Institut voor Landbouwkundig Onderzoek (Niederlande)
Dechen.	= Decheniana, Verhandlungen des Naturhistorischen Vereins, Bonn
DLG	= Deutsche Landwirtschaftsgesellschaft
DLPr.	= Deutsche Landwirtschaftliche Presse
Dt. Akad.	= Deutsche Akademie der Landwirtschaftswissenschaften zu Berlin
Dt. Landw.	= Die Deutsche Landwirtschaft
Dt. Landeskultz.	= Deutsche Landeskulturzeitung
Eur. Grassl. Fed.	= European Grassland Federation, Tagungsberichte
Eur. Wirtschr.	= Europäischer Wirtschaftsrat, Tagg. Hersfeld
Forsch. Berat.	= Forschung und Beratung, Wissensch. Berichte der Landw. Fakultät d. Universität Bonn, Hiltrup/Westf., Landw.-Verlag
Fragen Güllerei	= Arbeitstagungen über Fragen der Güllerei, Gumpenstein (Österr.)
Grünld.	= Das Grünland, Beilage zu ,,Der Tierzüchter''
Herb. Abs.	= Herbage Abstracts
Imp. Bur.	= Imperial Bureau of pastures and field crops (Aberystwyth)

Jb. Weidewtsch. u. Futterb. = Jahrbuch über Neuere Erfahrungen auf dem Gebiet der Weidewirtschaft ... (Hannover, Schaper)
J. Brit. Grassl. Soc. = Journal of the British Grassland Society
J. agric. Sci. = Journal of agricultural Science
Kalibr. = Kalibriefe
Klapp-Festschr. = Beiträge zu Fragen des Pflanzenbaues, 1. Forschung und Beratung B.10, Hiltrup/Westf.)
Kühnarch. = Kühnarchiv (Halle/S.)
Kulttechn. = Der Kulturtechniker
Landw.-Angew. Wi. = Landwirtschaft – Angewandte Wissenschaft (Hiltrup/Westf.)
Landbkund. Tijd. = Landbouwkundig Tijdschrift
Landb. voorl. = Landbouwvoorlichting
Ldw. Forsch. = Landwirtschaftliche Forschung
Ldw. Jb. = Landwirtschaftliche Jahrbücher
Ldw. Jb. Bay. = Landwirtschaftliches Jahrbuch für Bayern
Ldw. Jb. Schweiz = Landwirtschaftliches Jahrbuch der Schweiz
Leipz. Symp. = Symposium des Instituts für Grünland und Feldfutterbau, Universität Leipzig
Mitt. DLG = Mitteilungen der DLG (s. oben)
Mitt. flor.-soz. A.G. = Mitteilungen der floristisch-soziologischen Arbeitsgemeinschaft (Herausg. R. Tüxen)
Netherl. J. = Netherlands Journal of Agricultural Science
Pflanzenb. = Pflanzenbau
Phosph. = Die Phosphorsäure
Prakt. Bttr. = Praktische Blätter für Pflanzenbau und Pflanzenschutz
Prax. Forsch. = Praxis und Forschung, Oldenburg
Proc. Int. Grassl. Congr. (Conf.) = Proceedings of the ... International Grassland Congress (Conference)
Proefst. = Proefstation van den Akker- en Weidebouw Wageningen
Ruhrstickst. = Ruhrstickstoff A.G., Bochum
Schweiz. Ldw. Forsch. = Schweizer Landwirtschaftliche Forschung
Stählin-Festschr. = Neue Ergebnisse futterbaulicher Forschung, DLG-Verlag
Thaerarch. = Albrecht-Thaer-Archiv
Tierzücht. = Der Tierzüchter
Univ. Kiel = Schriftenreihe der Landwirtschaftlichen Fakultät der Universität Kiel
Verhdlgsber. = Verhandlungsbericht
Verslag. = Verslagen van landbouwkundig Onderzoek (Wageningen)
Völkenrode = Landbauforschung Braunschweig-Völkenrode
Wasser Bod. = Wasser und Boden
Welsh Plt. Breed. = Welsh Plant Breeding Station, Berichte (Aberystwyth)
Wirtsch. Fu. = Das wirtschaftseigene Futter (DLG)
Wiss. Arch. = Wissenschaftliches Archiv f. Landwirtschaft A: Archiv für Pflanzenbau (B: Tierzucht)
Wiss. Z. Uni. = Wissenschaftliche Zeitschr. der Universität ..., Math.-Natw. Reihe
Z. Ack. u. Pfl. = Zeitschrift für Acker- und Pflanzenbau
Z. Bodenkde Pflznern. = Zeitschrift für Bodenkunde und Pflanzenernährung
Z. Kulttechn. = Zeitschrift für Kulturtechnik
Z. Kulttechn. Flurb. = Zeitschrift für Kulturtechnik (und Flurbereinigung)
Z. Landeskult. = Zeitschrift für Landeskultur
Z. Ldw. Vers. Unters. = Zeitschrift für landwirtschaftl. Versuchs- und Untersuchungswesen
Z. Pflznb. Pflznschutz = Zeitschrift für Pflanzenbau und Pflanzenschutz
Z. Pflznern. Dgg. Bodenk. = Zeitschrift für Pflanzenernährung, Düngung und Bodenkunde
Z. Tierz. Züchtgsbiol. = Zeitschrift für Tierzucht und Züchtungsbiologie
Z. Tierern. Futt. = Zeitschrift für Tierernährung und Futtermittelkunde

Åberg, E,. 1956: 3. Brit. Weed Contr. Conf. Blackpool; ref. Unkrauttagg. Hohenheim. – Åberg, E., I. J. Johnson & C. P. Wilsie, 1943: J. Amer. Soc. Agron. *35*, 357. – Agababyan, Sh., 1965: Eur. Grassl. Fed. 1966, 120. – Agababyan, Sh., 1966: Proc.

10. Int. Grassl. Congr., 860. – AGENA, M. U., D. BÄTJER & G. WESSELS, 1968: Meteor. Rundsch. *21*, 169. – AGFF, siehe Arb. Gem. zur Förderung des Futterbaues, Zürich. – AGFF 1950: Mitt. 36. – AGFF 1955: Mitt. 47. – AGFF 1963: Bericht über die Europäische Konferenz für Naturfutterbau in Berglagen (Chur). – AGFF 1965: Mitt. 69 (Tätigkeitsber.). – AGFF 1967: Mitt. 71 (Tätigkeitsber.). – AHLGRIMM, F., 1928: Kraftfuttterersparnis bei der Fütterung des Milchviehes durch Intensivierung des Grünlandes. Diss. Göttingen. – AHR, F., & CH. MAYR, 1919: Grundlagen der Wiesendüngung. Freising (Datterer). – AHRENS, E., 1957: Über den Spurenelementgehalt einiger Grünlandpflanzen und des Heues bei verschiedener Wiesenbehandl. Diss. Bonn (s. Dhein/Ahrens 1958, Z. Ack. u. Pfl. *114*, 381). – AICHINGER, E., 1951: Angew. Pflznsoz. A *1*, 17. – ÅKERBERG, E., 1960: Proc. 8. Int. Grassl. Congr., 371. – AKHLAMOVA, N. M., 1966: Proc. 10. Int. Grassl. Congr., 258. – ALBERDA, TH., 1957: Plant and soil *8*, 199. – ALBERDA, TH., 1959: Jb. I.B.S., 73. – ALBERDA, TH., 1960: Proc. 8. Int. Grassl. Congr., 612. – ALBERDA, TH., 1965: J. Brit. Grassl. Soc. *20*, 41. – ALBERDA, TH., 1966: In Milthorpe/Ivins, 200. – ALDER, F. E., J. C. TAYLER u.a., 1960: Proc. 8. Int. Grassl. Congr., 447. – ALLARD, H. A., & M. W. EVANS, 1941: J. agric. Res. *62*, 193. – ALLDEN, W. G., 1962: Proc. Austral. Soc. Animal Product. *4*, 163. – ALLEN, G. P., 1965: Weed Res. *5*, 237. – ALLEN, G. P., 1966: Proc. 10. Int. Grassl. Congr. 326. – AMSBERG, J. J., VON, 1965: Diss. Abstr. *26*, 1271. – ANDERSEN, I. L., 1966: Forskn. Fors. Ldbrnk. *17*,1; ref. Ldw. Zbl. *11*, II, 2014, 1966. – ANDERSON, A. J., 1956: Proc. 7. Int. Grassl. Congr., 323. – ANDREAE, B., 1955: Die Feldgraswirtschaft in Westeuropa. Ber. ü. Ldw. (N.F.) *163*, Sdh. – ANDREAE, B., 1956: Agrarwirtsch. *5*, 3. – ANDRIES, A., & J. STRYCKERS, 1966: Rev. Agric. Bruxelles *19*, 947; ref. Ldw. Zbl. *12*, II 1513, 1967. – ANKE, M., 1961: Z. Ack. u. Pfl. *112*, 113. – ANSLOW, R. C., 1965: J. Brit. Grassl. Soc. *20*, 19. – ANSLOW, R. C., 1966: Herb. Abs. *36*, 149. – ANSLOW, R. C., 1967: J. Agric. Sci. *68*, 377. – ANSLOW, R. C., & J. O. GREEN, 1967: J. agric. Sci. *68*, 109. – ANTHOSSERRE, L., 1964: COLUMA; ref. Weed Abs. *13*, 67, 1964. – APERDANNIER, R., 1959: Z. Ack. u. Pfl. *107*, 371. – APERDANNIER, R., 1961: Mitt. DLG *76*, 990. – Arbeitsgemeinschaft zur Förderung des Futterbaues (s. oben: AGFF, Schweiz). 1. Arbeiten a. d. Gebiet des Futterbaues 1950ff. 2. Tätigkeitsberichte. 3. Mitteilungen. – ARBER, A., 1934: A study of cereal, bamboo and grass. Cambridge (Univ. Press). – ARCHIBALD, J. G., 1961: J. Dairy Sci. *44*, 511. – ARENS, R., 1955: Zweijährige Untersuchungen über die Anfangsentwicklung von Grünlandneuansaaten auf dem Versuchsgut Rengen/Eifel. Diss. Bonn. – ARENS, R., 1958a: Z. Ack. u. Pfl. *105*, 44. – ARENS, R., 1958b: Z. Ack. u. Pfl. *107*, 195. – ARENS, R., 1959 Grünld. *8*, 66. – ARENS, R., 1961: Grünld. *10*, 21. – ARENS, 1962a: Wirtsch. Fu. *8*, 106. – ARENS, R., 1962b: Z. Ack. u. Pfl. *115*, 357. – ARENS, R., 1963a: Ber. Chur, 85. – ARENS, R., 1963b: Beiträge zur langjährigen Entwicklung von Mäh-Weide-Ansaaten unter besonderer Berücksichtigung der kritischen Saatstärken. Forsch. Ber., B, H. 8. – ARENS, R., 1964: Klapp-Festschr., 275. – ARENS, R., 1967: Wirtsch. Fu., Sdh. 3, 29. – ARENS, R., & J. STUCKMANN, 1959: Z. Ack. u. Pfl. *107*, 357. – ARMITAGE, E. R., & W. G. TEMPLEMAN, 1964: J. Brit. Grassl. Soc. *19*, 291. – ARNON, J., 1960: Proc. 8. Int. Grassl. Congr., 648. – ARNOTT, R. A., & C. R. CLEMENT, 1966: Weed Res. *6*, 142. – ASLYNG, H. C., 1965: Act. Agric. Scand. *15*, 284. – ASPINALL, D., 1961: Austr. J. Biol. Sci. *14*, 493. – AUDA, H., R. E. BLASER & R. H. BROWN, 1966: Crop Sci. *6*, 139. – AUDUS, L. J., 1964: The physiology and biochemistry of herbicides. London–New York, Acad. Press. – AUFHAMMER, G., G. GÜNZEL & W. KNOBLOCH, 1966: Phosph. *26*, 12. – AVENRIEP, G., & H. J. RADEMANN, 1963: Mitt. DLG *78*, 578. – AXELSSON, 1940: Kg. Landbruks Akad. Tidsskr. *79*.

BAARS, C., 1960: Wasser u. Nahrung, 144, Düsseldorf (Droste). – BABO, VON, F., 1932: DLPr. *59*, 245. – BACHMANN, F., & W. SCHOCH, 1967: Arb. a. d. Geb. Futterb. *9*, 5. – BACHTHALER, G., 1967: Bay. Ldw. Jb. *44*, 516. – BACHTHALER, G., 1968: Bay. Ldw. Jb. *45*, 436. – BACHTHALER, G., & R. DIERCKS, 1968: Chemische Unkrautbekämpfung auf Acker und Grünland. München–Basel–Wien. Bay. Ldw. Verl. – BADEN, W., 1955: Grünld. *4*, 42. – BADEN, W., 1956: Grünld. *5*, 23, 29. – BADEN, W., 1957: Grünld. *6*, 20. – BADEN, W., 1959: Z. Ack. u. Pfl. *108*, 31. – BADEN, W., 1961: Grünld. *10*, 41. – BADEN, W., 1964: Angew. Bot. *38*, 53. – BADEN, W., 1966: Mitt. ü. d. Staatl. Moorversuchsstation Bremen, 9. Ber. – BADEN, W., 1967: Ruhrstickst. Nr. 10 (Bod. u. Pflze.). – BADEN, W., D. SCHRÖDER, A. JANNER & L. SCHNEIDER, 1952: Ertragsverhältnisse und Leistungssteigerung auf nordwestdeutschem Moorgrünland. Mitt 6. Arb. Moorvers. Stat. Bremen VII. – BÄBLER, R., & E. STREBEL, 1968: Alp- und Weidewirtschaft. Frauenfeld, Verl. Huber. – BÄTJER, D., 1967: Z. Kulttechn. *8*, 13. – BÄTJER, D., R. NESS, J. FEISE & J. VON LÜCKEN, 1967: Windschutz in der Landwirtschaft I. Berlin/Hamburg (P. Parey). – BAEUMER, K., 1956: Verbreitung und Vergesellschaftung des Glatthafers (Arrhenatherum elatius) und Goldhafers

(Trisetum flavescens) im nördlichen Rheinland. Dechen., Beiheft 3. – BAEUMER, K., 1964: Z. Ack. u. Pfl. *120*, 119. – BAHR, R., 1963: Wasser Bod., H. 11, Hamburg. – BAKER, H. K., 1956: J. Brit. Grassl. Soc. *11*, 235. – BAKER, H. K., 1957: J. Brit. Grassl. Soc. *12*, 197. – BAKER, K. H., 1959: Quart. Rev. NAAS *10*, 163. – BAKER, H. K., 1960a: Proc. 8. Int. Grassl. Congr., 394. – BAKER, K. H., 1960b: J. Brit. Grassl. Soc. *15*, 275. – BAKER, H. K., 1961: J. Brit. Grassl. Soc. *16*, 146.

BAKER, H. K., & S. A. EVANS, 1959: Die Unkrautbekämpfung im Dauergrünland mit MCPA und ihre Wirkung auf den Grünlandbestand. Ref. Hohenheim. – BAKER, H. K., & S. A. EVANS, 1960: Proc. Brit. Weed Contr. Conf. 1958. *4*, 16. – BAKER, H. K., L. JONES & J. R. A. CHORD, 1960: Proc. 5. Brit. Weed Contr. Conf. 141. – BAKER, H. K., R. D. BAKER u.a., 1964: J. Brit. Grassl. Soc. *19*, 139. – BAKER, R. D., & H. K. BAKER, 1965: J. Brit. Grassl. Soc. *20*, 182. – BAKHUIS, J. A., 1960: Netherl. J. *8*, 211. – BAKKENDRUP-HANSEN, G., 1964: Tidsskr. Planteavl *68*, 264; ref. Ldw. Zbl. *10*, II 1432, 1965. – BAKKER, A., 1960: Meded. Landbouwhogeschool Wageningen *60* (*9*), 1. – BALÁTOVÁ-TULÁČKOVÁ, E., 1968: Act. Sci. natural. Academiae Sci. Bohemoslovac Brno. Nov. Ser. II, 2, 1. – BALDWIN, B. C., 1963: Nature (London) *198*, 872; ref. Ldw. Zbl. *9*, II 285, 1964. – BALTZER, H., 1953: Wiss. Z. Univ. Jena *2*, 49. – BARCSÁK, Z., 1966: Agrartud. Egyet. Mezögazd. Kar. Közl. (Budapest) 1965, 61; ref. Ungar. Agrar-Rdsch. *10* (*16*), H. 2, 26, 1967. – BARLOW, C., 1965: J. agric. Sci. *64*, 439. – BARNARD, C., 1964a: Grasses and Grasslands. London, Melbourne (MacMillian u. Co. Ltd). – BARNARD, C., 1964b: In Barnard 1964a, 47. – BARRALIS, G., & R. LAISSUS, 1965: 3. Conf. Comb. franc. mauv. herb. (COLUMA); ref. Weed Abs. *15*, 77, 1966. – BARTELS, W., & H. H. CRAMER, 1966: Über Nebenwirkungen von Pflanzenkrankheiten, Schädlingen und Unkräutern auf die Gesundheit von Mensch und Tier und auf die Qualität der Ernteprodukte, Pflznschutz-Nachr. Bayer (Höfchen-Br.) (Leverkusen) *19*, H. 3. – BASKAY-TÓTH, B., 1961: Dt. Akad. Ldw.-Wiss. Berlin Tag.-Ber. 1962, 161; ref. Ldw. Zbl. *9*, II 579, 1964. – BAT, 1969: Mskrpt. Bayer. Arbg. Tierern. – BAUER, K., 1964: Studien über Nebenwirkungen von Pflanzenschutzmitteln auf die Bodenfauna. Mitt. Biol. Bundesanst. Ld.-Forstw. Berlin-Dahlem H. 112, Berlin, P. Parey. – BAULE, H., 1956: Untersuchungen über Hecken im oberen Vogelsberg. Diss. Gießen. – BAUMANN, H., 1951: Landwirtschaftliche Abwasserverwertung. Berlin (Dt. Bauernverlag). – BAUMANN, H., 1961: Witterungslehre für die Landwirtschaft. Berlin/Hamburg (P. Parey). – BAUMANN, H., 1967: Ldw. Forsch., Sdh. 21, 82. – BAUMANN, H., & H. KORIATH, 1959: Z. Ack. u. Pfl. *108*, 507. – BAUMANN, H., & W. KREIL, 1954: Dt. Landw. *6*, 242. – BAUMANN, H., & W. KREIL, 1955: Z. Ack. u. Pfl. *99*, 75. – BAUMANN, H., & W. KREIL, 1956: Z. Ack. u. Pfl. *102*, 127. – BAUR, G., 1930: Das Grünland in Lehre und Forschung. Hohenheim. – BAUR, G., 1940: Pflanzenb. *16*, 435. – BEAN, E. W., 1964: Ann. Bot. *28*, 427. – BEARD, J. B., 1959: U.S. Golf Ass. J. *12*, 30. – BECHSTÄDT, O., 1968: Aus Wissensch. u. Praxis *3*, 27, Erfurt. – BECK, TH., 1966: Wirtsch. Fu. *12*, 227. – BECK, TH., & H. POSCHENRIEDER, 1961: Bay. Ldw. Jb. *38*, 72. – BECKER, A., 1965: Gesunde Pflzn. *17*, 115. – BECKER, H., 1956: Nährstoff- und Reaktionszustand in Rengener Ödland-Düngungsversuchen. Diss. Bonn. – BECKER, M., 1967: Mentzel, Landw. Kalender *116*, Berlin (P. Parey) 375. – BECKHOFF, J., 1957: Untersuchung über den Zuwachs des Weidegrases während der Weidepausen und über den Rohprotein- und Aschegehalt an den verschiedenen Stockwerken hoher Grasbestände. Diss. Bonn. – BECKHOFF, J., 1963a: Ldw. Z. Nord-Rheinprov. – BECKHOFF, J., 1963b: Ldw. Wbl. Westfalen u. Lippe, Folge 48. – BECKHOFF, J., 1963c: Tierzücht. H. 19. – BECKHOFF, J., 1965a: Wirtsch. Fu. *11*, 284. – BECKHOFF, J., 1965b: Trocknungsverlauf, Masse- und Nährstoffverluste bei verschiedenen Heuwerbeverfahren. Forsch. u. Berat. H. 10, Ldw. Verl. Hiltrup. – BECKHOFF, J., 1965c: Ldw. Z. Nord-Rheinprov., Nr. 19. – BEDDOWS, A. R., 1965: Herb. Abs. *35*, 151. – BEDDOWS, A. R., 1968: J. Brit. Grassl. Soc. *23*, 88.

BEEVERS, L., & J. P. COOPER, 1964: Crop Sci. *4*, 139; 1968: J. Brit. Grassl. Soc. *23*, 88. – BEGG, J. E., & M. J. WRIGHT, 1962: Nature *194*, 1097. – BEGG, J. E., & M. J. WRIGHT, 1964: Crop Sci. *4*, 607. – BEINHART, E. G., 1960: Diss. Abs. *20*, 3932. – BELORUSSOVA, A. D., 1962: Vestn. S.-H. Nauki *7*, 25; ref. Weed Abs. *12*, 283, 1964. – BENDER, H., 1940: Der Nährstoffertrag des Dauergrünlandes. Berlin (Verlagsges. f. Ackerb.). – BENKOV, B., 1964: Rast. Nauki (Sunolyan, Bulg.) *1*, 137; ref. Weed Abs. *14*, 304, 1965. – BÉRANGER, C., 1965: Eur. Grassl. Fed. 1966, 167. – BERGERHOFF, H., B. WOHLRAB & S. BOHN, 1955: Z. Ack. u. Pfl. *99*, 19. – BERGH, J. P., VAN DEN, 1968: Verslag., 714. – BERGMANN, W., 1963: Dt. Landw. *14*, 535. – BERNS, H.-D., 1937: Der Einfluß der Witterung auf die Milch- und Fettleistung der Kühe während der Weidezeit. Diss. Bonn. – BERTRAM, 1931: Kulttechn. *34*, 194. – BESSON, J. J., DELPECH & H. RICHARD, 1962/63: Bull. Fédér. Franc.

d'Économie montagnarde. Nouv. Ser. *13,* 593. – BEYENBURG-WEIDENFELD, W., 1958: Über die Wirkung der Saatzeit auf die Entwicklung einiger Gräser. Diss. Bonn. – BICKOFF, E. M., 1968: Comm. Bur. Review 1/1968. – BIESZCAD, S., 1965: Wiad. Mel. Łąk. *7,* 96; ref. Ldw. Zbl. *11,* II 1861, 1965. – BIESZCAD, S., 1966: Wiad. Mel. Łąk. *9,* Nr. 3, 84; ref. Ldw. Zbl. *12,* II 697, 1967. – BIHARI, F., & G. LONKAI, 1967: Növemvéd. *2,* 130; ref. Ldw. Zbl. *13,* II 1728, 1968. – BINGHAM, S. W., 1965: Weeds *13,* 239. – BIRK, G., 1960: Landarbeit *11,* 22. – BLACK, J. N., 1966: In Milthorpe/Ivins, 167. – BLACK, W. J. M., 1966: Int. Grassl. Congr. Helsinki, *2/48,* 556. – BLACKMAN, G. E., & J. N. BLACK, 1959a: Ann. Bot. (Lond.) *23,* 51. – BLACKMAN, G. E., & J. N. BLACK, 1959b: Ann. Bot. (Lond.) *23,* 131. – BLACKMAN, G. E., & W. C. TEMPLEMAN, 1938: Ann. Bot. *2,* 765. – BLASER, R. E., R. C. J. HAMMES u.a., 1960: Proc. 8. Int. Grassl. Congr., 601. – BLASER, R. E., W. H. SKRDLA & T. H. TAYLOR, 1952: Rep. 6. Int. Grassl. Congr., 249. – BLASER, R. E., T. H. TAYLOR, W. GRIFFETH & W. H. SKRDLA, 1956: Agron. J. *48,* 1. – BLATTMANN, W., 1957: Völkenrode 7, H. 2. – BLATTMANN, W., 1958a: Kalibr. Fachgeb. 4, 2. Folge. – BLATTMANN, W., 1958b: Allgäuer Bauernbl. *26,* 545. – BLATTMANN, W., 1960: Völkenrode *10,* 65. – BLATTMANN, W., 1962: Wirtsch. Fu. *8,* 205. – BLATTMANN, W., 1964: Leipz. Symp. *2,* 50. – BLATTMANN, W., 1966: Proc. 10. Int. Grassl. Congr., 168. – BLATTMANN, W., 1967: Eur. Grassl. Fed., II. General Meeting (Manuskr.). – BLOHM, G., 1966: Referat. DLG Ausschuß Gießen. – BLOHM, G., 1967a: Die Ökonomik der Grünlandnutzung. Univ. Kiel Nr. 42, 99. – BLOHM, G., 1967b: Die Betriebswirtschaft der Grünlandnutzung. Frankfurt/M. (DLG). – BLOHM, G., G. JUNGEHÜLSING, A. AVENRIEP & W. WÜRFEL, 1962: Arb. Gem. f. Rationalisierung d. Landes Nordrhein-Westfalen, Bochum (Borgmann). – BLOOD, T. F., 1964: Weed Res. *4,* 359. – BLUME, F., 1958: Untersuchungen über Ertragsdifferenzen zwischen beweideten und gemähten Flächen. Diss. Bonn. – BOAS, F., 1934: Ber. Dt. Bot. Ges. *52.* – BOAS, F., 1949: Dynamische Botanik. München, 3. Aufl., C. Hanser Verl. – BÖKER, H., & R. SCHÖTTLER, 1956: Ber. ü. Ldw. N.F. *34,* 25. – BOEKER, P.: 1952, Grünld. *1,* 12. – BOEKER, P., 1955: Grünld. *4,* 12. – BOEKER, P., 1956: Steuerung der Bestandesveränderungen mit wirtschaftlichen Mitteln. Vortr. Hohenheim. – BOEKER, P., 1957a: Mitt. Biol. Bundesanst. *87,* 7. – BOEKER, P., 1957b: Landw.-Angew. Wi. Nr. 67, Hiltrup/Westf. – BOEKER, P., 1957c: Basenversorgung und Humusgehalte von Böden der Pflanzengesellschaften des Grünlandes. Dechen. Beih. 4. – BOEKER, P., 1957d, Grünld. *6,* 57. – BOEKER, P., 1957e: Mitt. flor.-soz. A.G., NF *6,* 235. – BOEKER, P., 1959: Z. Ack. u. Pfl. *108,* 77. – 1959x: Hippolog. Blätter Nr. 97. – BOEKER, P., 1960: Gart. u. Landsch., H. 2, 38. – BOEKER, P., 1965: Rasenansaaten. Taschenbuch der Gräser (Klapp), 9. Aufl., 235. – BOEKER, P., 1966: Bay. Ldw. Jb. *43,* 223. – BOEKER, P., & H. G. KMOCH, 1963: Z. Kulttechn. Flurber. *4,* 142. – BOEKSTEGEN, P., 1961: Bodenfeuchteuntersuchungen im Grundwasserabsenkungsgebiet der Erftniederung. Diss. Bonn. – BÖNING, G., 1961: Phosph. *21,* 298. – BOER, TH. A., DE, 1966: Proc. 10. Int. Grassl. Congr., 199. – BOERGER, A., 1912: Ldw. Jb. *42,* 1. – BOGGIE, R., & A. H. KNIGHT, 1960: J. Brit. Grassl. Soc. *15,* 133. – BOGUSLAWSKI, E., VON, & E. IMHOF, 1953: Dt. Schäfereiz. *45,* 281. – BOGUSLAWSKI, E., VON, & B. NEWRZELLA, 1939: Ldw. Jb. *88,* 623. – BOHLE, H., 1969: Wirtsch. Fu. *15,* 112. – BOHNE (Mott), B., 1955: Grünld. *4,* 31, 38. – BOHNE, H., 1965: Mitt. DLG *80,* 164. – BOMMER, D., 1957: Ldw. Forsch. *10,* 133. – BOMMER, D., 1959: Z. Ack. u. Pfl. *109,* 95. – BOMMER, D., 1960: Naturwiss. *47,* 71. – BOMMER, D., 1961a: Stählin-Festschr., 120. – BOMMER, D., 1961b: Die generative und vegetative Entwicklung des Glatthafers (Arrhenatherum elatius (L.) J. et C. Pr.). Ein Beitrag zur Entwicklungsphysiologie ausdauernder Gräserarten. Habilitationsschr. Univ. Gießen. – BOMMER, D., 1962: Crop Sci. Abs. Ann. Meet. West. Soc. Crop Sci. Bozeman, Mont,. 19. – BOMMER, D., 1964a: Ldw. Forsch. *17,* 252. – BOMMER, D., 1964b: Z. Ack. u. Pfl. *120,* 47. – BOMMER, D., 1966a: Proc. 10. Int. Grassl. Congr., 156. – BOMMER, D., 1966b: Leipz. Symp., 84. – BOMMER, D., 1967: Rep. Eucarpia Fodder Crop Sec., 71. – BONNEMANN, A., & D. HANSCHKE, 1968: Allg. Forstz. (München) 760; ref. Übersicht *20,* 15, 1969. – BOON, W. R., 1965: Chemy Ind. *19,* 782. – BOOYSEN, P. DE V., N. M. TAINTON & J. D. SCOTT, 1963: Herb. Abs. *33,* 209. – BORCHMANN, W., 1965: Dt. Akad., Taggsber. 56. – BORNEBUSCH, G., 1934: Ldw. Jb. Bay. *10.* – BORRIES, R. VON, 1964: Mitt. DLG *79,* 1454. – BOSCH, S., 1952: In: CILO, Verslag 1952. – BOSCH, S., & H. A. TE VELDE, 1958a: Proefstat. Meded. 16. – BOSCH, S., & H. A. TE VELDE, 1958b: Proefstat. Gestencild. Versl. 60. – BOTHMER, H. J. GRAF, 1953: Z. Ack. u. Pfl. *96,* 457. – BOUCHET, F., 1965: 3. Conf. Comb. franc. mauv. herb. (COLUMA); ref. Weed Abs. *15,* 77, 1966. – BOUNDS, H. C., & A. R. COLMER, 1965: Weeds *13,* 249. – BOVEY, R. W., & F. S. DAVIS, 1967: Weed Res. *7,* 281. – BRAID, K. W., 1947: J. Brit. Grassl. Soc. *2,* 181. – BRANDT, J., 1930: Binsen und ihre Bekämpfung auf Wiesen und Weiden.

Neudamm (Neumann). – BRANDT, J., 1965: Phosph. *25*, 110. – BRAUN-BLANQUET, J., 1964: Pflanzensoziologie. 3. Aufl., Wien-New York (Springer). – BREDEMANN, G., 1912: Fühlings Ldw. Z. *61*, 166. – BRENCHLEY, W. E., 1926: Die Rothamsteder Wiesendüngungsversuche von 1856 bis 1919. (Übersetzt von C. A. WEBER) Berlin (A. Reher). – BRENNER, W. G., 1967: Heubelüftungs-Systeme. Vorlesungsblätter, Landtechn. Weihenstephan. – BRENNER, W. G., & M. ESTLER, 1967: Neuere Bauarten von Heuwerbemaschinen (Vielzweck- und Spezialmaschinen). Vorlesungsblätter, Landtechn. Weihenstephan. – BREUNIG, W., 1960: Tierzucht. 14. Grünld./Feldfutter 2. Berlin. – BREUNIG, W., 1966: Wiss. Z. Humboldt-Univ. Berlin *15*, 249. – BRISSON, G. J., 1960: Proc. 8. Int. Grassl. Congr., 435. – BRÖCHELER, H., 1955: Ein Beitrag zur Kenntnis der Entwicklung von Dauergrünlandansaaten im Rheinland. Diss. Bonn. – BROUGHAM, R. W., 1955: Austr. J. of Agric. Res. *6*, 804. – BROUGHAM, R. W., 1966: Proc. N.Z. Ecol. Soc. *13*, 58. – BROUWER, R., 1966: In Milthorpe/Ivins, 153. – BROUWER, W., 1959: Die Feldberegnung. 4. Aufl., Frankfurt/M.(DLG). – BROUWER, W., 1962: Wirtsch. Fu. *8*, 186. – BROUWER, W., & Mitarbeiter, 1943: J. f. Ldw. *89*, 286. – BROWN, DOROTHY, 1954: Methods of Surveying and Measuring Vegetation. Comm. Bur. Bull. *42*. – BROWN, H. H., & R. E. BLASER, 1968: Herb. Abs. *38*, 1. – BROWNE, D., 1965: Eur. Grassl. Fed. 1966, 183. – BRUCE-LEVY, E., 1956: Proc. 7. Int. Grassl. Congr. 595. – BRUCKNER, A., 1957a: Alm u. Weide (Graz) *7*, 102. – BRUCKNER, A., 1957b: Alm u. Weide *7*, 161. – BRÜGGEMANN, J., K. BRONSCH u.a., 1960: Bay. Ldw. Jb. *37*, 273. – BRÜNE, F., 1907: Studien über den Einfluß des Klimas auf das Gedeihen von Moorwiesen und Moorweiden. Diss. Berlin. – BRÜNE, F., 1935: Dt. Landeskultz. *4*, H. 2, 13. – BRÜNE, F., 1939: Ldw. Jb. *87*, 523. – BRÜNE, F., 1952: Z. Pflznern. Dgg. Bodenk. *58*, 245. – BRÜNE, F., & H. IGEL, 1935: Ldw. Jb. *81*, 251. – BRÜNE, F., K. RICHTER u. Mitarbeiter, 1932: Ldw. Jb. *76*, 767. – BRÜNE, F., K. RICHTER & Mitarbeiter, 1935: Ldw. Jb. *81*, 21. – BRÜNING, D., W. LEHMANN-BECKOW & H. D. TRILLMILCH, 1963: Z. Landeskult. *4*, 307. – BRÜNNER, F., 1950: Z. Ack. u. Pfl. *92*, 306. – BRÜNNER, F., 1953: Z. Ack. u. Pfl. *96*, 309. – BRÜNNER, F., 1954a: Phosph. *14*, 131. – BRÜNNER, F., 1954b: Eur. Wirtschr., 74. – BRÜNNER, F., 1955a: Phosph. *15*, 278. – BRÜNNER, F., 1955b: Schwäb. Bauer Nr. 20. – BRÜNNER, F., 1955c: Grünld. *4*, 53. – BRÜNNER, F., 1961a: Fragen Güllerei, 123. – BRÜNNER, F.: 1961b: Fragen Güllerei, 41. – BRÜNNER, F., 1962a: Wirtsch. Fu. *8*, 85. – BRÜNNER, F., 1962b: Bewirtschaftung von Wiesen und Weiden. Stuttgart (Ulmer). – BRÜNNER, F., 1962c: DLP *85*, 32. – BRÜNNER, F., 1963a: Ber. Chur, 125. – BRÜNNER, F., 1963b: Futterernte, leichter und besser. Frankfurt/M., DLG-Verl., 2. Aufl. – BRÜNNER, F., 1964: Klapp-Festschr., 231. – BRÜNNER, F., 1965: Eur. Grassl. Fed. 1966, 133. – BRÜNNER, F., 1966: Wirtsch. Fu. *12*, 201. – BRÜNNER, F., 1967: Wirtsch. Fu., Sdh. *3*, 59. – BRÜNNER, F., 1968: Wirtsch. Fu. *14*, 18. – BRUGGINK, E.G.J., 1960: Landbkund. Tijd. *72*, 635. – BRUMBY, P. J., 1959: N. Z. J. Agric. Res. *2*, 797. – BRUNDAGE, A. L., 1960: Proc. 8. Int. Grassl. Congr., 450. – BUCHER, R., 1950: Z. Pflznern., Dgg. Bodenk. *51*, 47. – BUCHNER, A., 1965: Mitt. DLG *80*, 654. – BUDZIER, H. H., 1967: DAL-Tagungsber. Nr. 92, 25. – BÜNGER, H., 1934: Mitt. DLG *49*, 291. – BÜRGER, K., 1954: Mitt. DLG *69*, 1097. – BÜRKI, O., 1899: Ldw. Jb. Schweiz *13*, 135. – BUITER, G., 1956: Infelder Reihe *1*, 84. – BUKOWIECKI, F., & A. KOPCZYÚSKA, 1966: Zesz. Probl. Post. Nauk. Roln. Nr. 66, 219; ref. Ldw. Zbl. *12*, II 2835, 1967. – Bundesversuchsanstalt Gumpenstein, 1958/59/61: Ber. über die 1., 2., 3. Arbeitstagungen „Fragen der Güllerei". – Bundesversuchsanstalt Gumpenstein, 1961: Ber. ü d. 1. Alpenländische Grünlandtagung. – BUNTING, A. H., & D. S. H. DRENNAN, 1966: In Milthorpe/Ivins, 20. – BURG, P. F. J. VAN, 1960: Proc. 8. Int. Grassl. Congr., 142. – BURG, P. F. J. VAN, 1964: Stikstof *4*, 75. – BURG, P. F. J. VAN, 1965: Stikstof *4*, 461. – BURG, P. F. J. VAN, 1966: Proc. 10. Int. Grassl. Congr., 267. – BURG, P. F. J. VAN, G. D. VAN BARKELAND & J. H. SCHEPERS, 1967: Netherl. nitrog. technic. Bull. *2*, 1. – BUTLER, G. W., & N. O. BATHUREST, 1956: Proc. 7. Int. Grassl. Congr., 168. – BUTSCHEK, E., 1951: Der Kleintierbesatz alpiner Grünland- und Ackerböden. Admont.

CAMP, M., 1959: Wie wirken sich hohe Stickstoffgaben auf verschiedenen Grasnarben und in verschiedenen Lagen auf Ertrag, Eiweißgehalt und Mineralstoffgehalt des Futters aus? Diss. Bonn. – CAMPLING, R. C., 1966: J. Brit. Grassl. Soc. *21*, 41. – CANODE, C. L., & W. C. ROBOCKER, 1967: Weeds *15*, 351. – CAPUTA, J., 1948: Untersuchungen über die Entwicklung einiger Gräser und Kleearten in Reinsaat und Mischung. Diss. Zürich. – CAPUTA, J., 1957: ADCF Rapport d'activité, Bern. – CAPUTA, J., 1958: Annuaire agr. de la Suisse *59*, 461. – CAPUTA, J., 1963a: (AGFF) Ber. Chur, 39. – CAPUTA, J., 1963b: AGFF, Arb. *4*, 69. – CAPUTA, J., 1965: AGFF, Arb. *6*, 90. – CAPUTA, J., 1966: Proc. 10. Int. Grassl. Congr., 846. – CAPUTA, J., 1968: AGFF, Arb. *10*, 62. – CARLSON, G. E., 1966:

Proc. 10. Int. Grassl. Congr., 134. – CASTLE, M. E., & A. D. DRYSDALE, 1966: J. agric. Sci. *67*, 397. – CASTLE, M. E., A. D. DRYSDALE & J. N. WATSON, 1964: J. Brit. Grassl. Soc. *19*, 381. – CASTLE, M. E., & D. REID, 1960: Proc. 8. Int. Grassl. Congr., 146 (u. folgende). – Centraal Instituut voor Landbouwkundig Onderzoek (CILO), 1950: Verslagen over 1949. – CHAMPNESS, ST. S., & K. MORRIS, 1948: J. Ecol. *36*, 149. – CHANCELLOR, PATRICIA, 1956: 3. Brit. Weed Contr. Conf. Blackpool; ref. Unkrauttagg. Hohenheim. – CHARLES, A. H., 1961a: Herb. Abs. *31*, 1. – CHARLES, A. H., 1961b: J. Brit. Grassl. Soc. *16*, 69. – CHARLES, A. H., 1962: Herb. Abs. *32*, 175. – CHARLES, A. H., 1965: J. Brit. Grassl. Soc. *20*, 241. – CHIPPINDALE, H. G., & R. W. MERRICKS, 1956: J. Brit. Grassl. Soc. *11*, 1. – CHOW, H. S., 1967: Diss. Abs. *27*, 3369B. – CHRISTALLER, W., 1937: Die ländliche Siedlungsweise im Deutschen Reich. Stuttgart-Berlin (Einzelschr. Kommunalwiss. Inst. Univ. Berlin). – CIČEK, J., 1966: Savrem. Polj. (Novi Sad) *14*, 99; ref. Ldw. Zbl. *12*, II 273, 1967. – CIČEK, J., 1966: Proc. 10. Int. Grassl. Congr. 330. – CLARKE, E. A., 1959: N. Z. Inst. Agric. Sci. Proc. 120. – CLARKE, H. G., 1959: Farmer and Stock-Breeder *73*, 96. – CLEEF, L., 1958: Bodenfeuchteuntersuchungen auf einer Weide- und einer Luzernefläche des Universitätsversuchsgutes Dikopshof 1956/1957. Diss. Bonn. – COLBY, S. R., 1967: Weeds *15*, 20. – COOPER, J. P., 1958: Welsh. Pl. Breed. Sta. Rep. 1950–56, 46. – COOPER, J. P., 1960: Herb. Abs. *30*, 71. – COOPER, J. P., 1964: J. Appl. Ecol. *1*, 45. – COOPER, J. P., 1965: Univ. Kentucky, Agron. Centennial Seminar, Lexington. – COOPER, J. P., & K. J. R. EDWARDS, 1961: Heredity *16*, 63. – COPEMAN, G. J. F., 1962: Ber. Chur, 223. – CORBETT, J. L., 1960: Proc. 8. Int. Grassl. Congr., 438. – COUCH, H. B., 1962: Diseases of turf grasses. New York (Reinhold Publ. Corp.) – COWARD, N., & J. HODGES, 1966: Proc. 10. Int. Grassl. Congr., 527. – COWLING, D. W., 1962: J. Brit. Grassl. Soc. *17*, 282. – COWLING, D. W., & D. R. LOCKYER, 1965: J. Brit. Grassl. Soc. *20*, 197. – COX, C. P., A. S. FOOT, Z. D. HOSKING u.a., 1956: J. Brit. Grassl. Soc. *11*, 107. – CRASEMANN, E., 1951: Ber. 5. Hochschultagung Bonn. – CRASEMANN, E., 1965: Vortr. ETH Zürich. (Schweiz. Grastrocknungsbetr.). – CRAY, A. S., 1966: J. Brit. Grassl. Soc. *21*, 97. – CROCKER, R. L., & P. M. MARTIN, 1964: J. Brit. Grassl. Soc. *19*, 27. – CROMPTON, E., 1960: Proc. 8. Int. Grassl. Congr., 257. – CRONE, P. VON DER, 1959: Die Wirkung verschieden häufiger Nutzung auf den Pflanzenertrag und den tierischen Nutzertrag der Weide. Diss. Bonn. – CROWELL, H. H., 1967: J. Econ. Entomol. *60*, 1048; ref. Ldw. Zbl. *13*, II 1193, 1968. – CUMMING, B. G., 1959a: Canad. J. Pl. Sci. *39*, 9. – CZERATZKI, W., 1966: Wasser Bod. *18*, 95. –

DAALEN, C. K. VAN, 1928: Bijdrage tot de kennis van de chemische en botanische Samenstelling van het hooi en van den invloed, welke enkele meststoffen daarop uitoefenen. Utrecht (P. den Boer). – DAALEN, C. K. VAN, 1934: Verhdlber. 3. Int. Grünlandkongr., 34. – DAIBER, C. C. ,1956a: Wuchsstoffbehandlungen auf dem Grünland. Diss. Hohenheim. – DAIBER, C. C., 1956b: Über die Wuchsstoffempfindlichkeit einiger Grünlandkräuter in Abhängigkeit von Behandlungstermin und Wuchstyp. Vortr. Hohenheim. – DAIBER, C. C., 1957: Z. Ack. Pfl. *102*, 409. – DALIN, A. D., 1960: Proc. 8. Int. Grassl. Congr., 353. – DAME, 1958: Gesunde Pflzn. *10*, 53. – DANCAU, B., 1961: Bay. Ldw. Jb. *38*, 373. – DANCAU, W., 1963: Bay. Ldw. Jb. *40*, 215. – DANN, P. R., 1966: J. Austral. Inst. agric. Sci. *32*, 46. – DAVIDSON, J. L., & F. L. MILTHORPE, 1965: Ann. Bot. *29*, 407. – DAVIDSON, R. L., 1964: J. Brit. Grassl. Soc. *19*, 273. – DAVIES, H., 1966: J. Brit. Grassl. Soc. *21*, 148. – DAVIES, H., 1967: J. Brit. Grassl. Soc. *22*, 141. – DAVIES, R. O., W. E. J. MILTON & J. R. LLOYD, 1950: Empire J. Exp. Agric. *18*, 203, 264. – DAVIES, R. O., W. E. J. MILTON & D. J. H. JONES, 1959: J. agric. Sci. *53*, 268. – DAVIES, R. P., 1964: Weed Res. *4*, 362. – DAVIES, W., 1944: Imp. Bur. Joint Publ. (Aberystwyth) *6*. – DAVIES, W., 1946: Reseeding and the modern ley. Stratford. – DAVIES, W., 1948: J. Min. Agric. *55*, 93. – DAVIES, W., 1950: Nature *166*, 760. – DAVIES, W., 1951: Proc. Brit. Soc. of Animal Prod., 73. – DAVIES, W., 1954: Eur. Wirtschr. 31. – DAVIES, W., 1957: Proc. Nutr. Soc. *16*, 1. – DAVIES, W., 1958: Empire J. Exp. Agric. *26*, 195. – DAVIES, W., 1960: Proc. 8. Int. Grassl. Congr., 1. – DAVIES, W., & T. E. WILLIAMS, 1946: J. Roy. Agric. Soc. *107*, 180. – DAVIES, W., & T. E. WILLIAMS, 1948: J. Roy. Agric. Soc. *109*. – DAVIES, W., & T. E. WILLIAMS, 1958: Fertilizer Soc. – DAVIES, W., ELLIS, 1962: J. Roy. Welsh Agric. Soc. *31*. – DAVIS, A. G., 1959: Welsh Plt. Breed., 110. – DAVIS, A. G., & B. F. MARTIN, 1949: J. Brit. Grassl. Soc. *4*, 63. – DAVIS, L. A., & H. M. LAUDE, 1964: Crop Sci. *4*, 477. – DEGENS, G., 1929: Jb. Weidew. Futterb. Erg.-Bd. – DEINUM, B., 1966a: Proc. 10. Int. Grassl. Congr., 415. – DEINUM, B., 1966b: Landbouwhogeschool Wageningen 66–11, 1. – DEINUM, B., H. J. JMMINK & W. B. DEYS, 1962: Yearb. J.B.S., 123. – DELBECK, F., 1965: Die künstliche Trocknung in ihrer Auswirkung auf die Futterwirtschaft und der

Einsatz von künstlich getrocknetem Futter in der Fütterungspraxis. Diss. Bonn. – DENCKER, C. H., 1961: Handbuch der Landtechnik. Berlin und Hamburg, Parey. – Deutsche Akademie der Landwirtschaftswissenschaften zu Berlin, 1959: Taggsber. Nr. 16. – Deutsche Akademie der Landwirtschaftswissenschaften zu Berlin, 1962: Taggsber. Nr. 52, Berlin. – Deutsche Akademie der Landwirtschaftswissenschaften zu Berlin, 1968: Taggsber. Nr. 94, Berlin (Berichterstatter KREIL). – (DLG) Deutsche Landwirtschafts-Gesellschaft, 1929: 1. Tagung der Weide- und Wiesenwirte. Berlin. – (DLG) Deutsche Landwirtschafts-Gesellschaft, 1968: Futterwerttabellen für Wiederkäuer. Arb. DLG *17* (Frankfurt). – DEVINE, J. R., & M. R. J. HOLMES, 1965: J. agric. Sci. *64*, 101. – DEVUYST, A., M. VANBELLE u.a., 1967: Agric. Louvain *15*, 3. – DEXTER, S. T., 1936: Pl. Physiol. *11*, 843. – DHEIN, A., 1963: Z. Ack. u. Pfl. *116*, 75. – DIERCKS, R., 1958: Möglichkeiten der Bekämpfung des Stumpfblättrigen Ampfers. Vortr. München; ref. Kurz Bündig *12*, 115, 1959. – DIERCKS, R., 1964: Bay. Ldw. Jb. *41*, So.-H. 1, 278. – DIERCKS, R., 1966: Bay. Ldw. Jb. *43*, 643. – DIERCKS, R., & H. JUNKER, 1959: Prakt. Bl. Pflznbau Pflznschutz *81*, 183; ref. Kurz Bündig *13*, 92, 106, 1960. – DIERCKS, R., & H. JUNKER, 1964: Nachr.-Bl. Dt. Pflznschutzdienst *15*, 75. – DIJK, G. B. VAN, 1955: Euph. *4*, 83. – DIJKSTRA, N.D., 1958: Fu. Konserv. *4*, 18. – DIJKSTRA, N. D., 1959: Fu. Konserv. *5*, 32. – DIJKSTRA, N.D., 1966: Proc. 10. Int. Grassl. Congr., 393. – DILZ, K., 1966: Proc. 10. Int. Grassl. Congr., 160. – DILZ, K., & J. W. WOLDENDORP, 1960: Proc. 8. Int. Grassl. Congr., 150. – DIRVEN, J. G. P., & A. KEMP, 1950: CILO Verslag over 1950, Wageningen. – DIX, W., 1932: Ldw. Jb. *76*, 525. – DIX, W., 1935: Ldw. Jb. *81*, 45. – DÖRING, H., 1967: Mitt. DLG *82*, 1044. – DÖRRIE, A.: 1958, Landw.-Angew. Wi. *88*, Hiltrup/Westf. – DÖRRIE, A., 1959: Futter u. Fütterung *4*. – DÖRTER, K., 1962: Kühnarch. *76*, 153. – DÖRTER, K., 1963: 100 Jahre Ldw. Inst. d. Univ. Halle, 202. – DOHNE, E., 1965: Unser Hof *6*, 104. – DOMILIEWICZ, K., & R. KOSTUCH, 1965: Przegl. Hod. *34*, Nr. 17, 16; ref. Ldw. Zbl. *12*, II 420, 1967. – DOMSCH, K., 1963: Einflüsse von Pflanzenschutzmitteln auf die Bodenmikroflora (Sammelbericht). Mitt. Biol. Bundesanst. Ld.-Forstw. Berlin-Dahlem H. 107. Berlin (P. Parey). – DONALD, C. M., 1956: Proc. 7. Int. Grassl. Congr., 80. – DONALD, C. M., 1958: Aust. J. agr. Res. *9*, 421. – DONALD, C. M., & J. N. BLACK, 1958: Herb. Abs. *28*, 1. – DOUGLAS, G., 1965a: J. Brit. Grassl. Soc. *20*, 91. – DOUGLAS, G., 1965b: J. Brit. Grassl. Soc. *20*, 233. – DOUGLAS, G.: 1968: Weed Res. *8*, 205. – DOUGLAS, G., u. H. MCILVENNY, 1962: 6. Brit. Weed Contr. Conf.; ref. Weed Abs. *12*, 74, 1963. – DRYSDALE, A. D.: 1966, Proc. 10. Int. Grassl. Congr., 255. – DRYSDALE, A. D., & N. H. STRACHAN, 1966: J. agric. Sci. *67*, 337. – DÜNKELBERG, F. N., 1905: Die Grasweide, ihre Ansaat, Pflege und Nutzung. Berlin (P. Parey). –

EAGLES, C. F., 1967: Ann. Bot. *31*, 645. – EBELING, R., & G. SCHMAUDER, 1961: Wasserwtsch.-Wassertechn. *11*, 35. – EDMOND, D. B., 1966: Proc. 10. Int. Grassl. Congr., 453. – EDWARDS, G. H. A., 1967: J. Brit. Grassl. Soc. *22*, 26. – EGER, G., 1958: Z. Ack. u. Pfl. *106*, 337. – EIMERN, J. VAN, 1956: Grünld. *5*, 75. – EIMERN, J. VAN, & G. SPATZ, 1968: Bay. Ldw. Jb. *45*, 350. – EISELE, CH., 1962: Rasen, Gras und Grünflächen. Berlin/Hamburg (P. Parey). – EISELE, H. F., & J. M. AILKMAN, 1933: Ecol. *14*, 123. – ELLENBERG, H., 1952a: Angew. Pflznsoz. B *6*. – ELLENBERG, H., 1952b: Wiesen und Weiden und ihre standörtliche Bewertung. Stuttgart (Ulmer). – ELLENBERG, H., 1952c: Ber. Dt. Bot. Ges. *65*, 351. – ELLENBERG, H., 1956: Aufgaben und Methoden der Vegetationskunde. (In WALTER: Einführung i. d. Phytologie Bd. IV, Teil 1.) Stuttgart (Ulmer). – ELLENBERG, H., 1958: Angew. Pflznsoz. B *15*, 14. – ELLENBERG, H., 1963: Vegetation Mitteleuropas mit den Alpen. Stuttgart (Ulmer). – ELLENBERG, H., 1964: Ber. Dt. Bot. Ges. *77*, 82. – ELLINGBØ, & V. RATHLEF, 1927: Grünland und Grünlandwertung. Berlin. – ELLIOT, J. G., 1960: Proc. Brit. Weed Contr. Conf. *4*, 241. – ELLIOT, J. G., 1961: Weed Res. *1*, 184. – ELLIOT, J. G., 1964: I.C.A.M.J. *12*, 21; ref. Weed Abs. *13*, 117. – ELLIS, F. B., 1955: Herb. Abs. *25*, 145. – EMERY, R. S., L. D. BROWN u.a., 1966: J. Dairy Sci. *49*, 473. – ENGELMANN, 1929: Jb. Weidewirt. *9*, 61. – ENIGK, K., 1967: Schr. Reihe Oldenburger Herdbuch-Ges., H. 8, 5. – ENIGK, K., J. HILDEBRANDT & E. ZIMMER, 1964: Dt. Tierärztl. Wschr. *71*, 533. – ENIGK, K., J. HILDEBRANDT & E. ZIMMER, 1965: Völkenrode *15*, 75. – ENNIK, G. C., 1965: Netherl. J. *13*, 222. – ESKUCHE, U., 1962: Herkunft, Bewegung und Verbleib des Wassers in den Böden verschiedener Pflanzengesellschaften des Erfttales. Min. f. Ernährg, Landw. u. Forsten. Düsseldorf. – Europ. Wirtschaftsrat, 1954: Grünlandbewirtschaftung einschließlich der Anlage von Weiden und Grünfutterkonservierung. – Europ. Grassland Federations, 1966: Nitrogen and grassland Proc. I. general meeting. Centre agric. public. and Document., Wageningen. – EVANS, L. T., 1964: In Barnard 1964a, 126. – EVANS, L. T., I. F. WARDLAW & C. N. WILLIAMS, 1964: In Barnard 1964,

102. – Evans, M. W., 1927: U.S. Rep. Agr. Bull. 1450. – Evans, M. W., & F. O. Grover. 1940: J. agric. Res. *61,* 481. – Evans, M. W., & I. M. Watkins, 1939: J. Amer. Soc. Agron. *31,* 767. – Evans, St., 1964: J. Brit. Grassl. Soc. *19,* 205. – Eyles, D. E., 1956: Agric. Rev. – Eyles, D. E., & F. E. Alder, 1955: Proc. Brit. Soc. Anim. Prod., 77.

Fagan-Watkins, 1944: Imp. Bur. Joint Publ. (Aberystwyth) *6.* – Falke, F. (& W. Oetken), 1907: Die Dauerweiden. Hannover (M. u. H. Schaper) 1911, 1920, 2. u. 3. Aufl. ebenda. – Falke, F., 1924: Jahrbuch über neuere Erfahrungen auf dem Gebiet der Weidewirtschaft *7,* Hannover (M. u. H. Schaper). – Falke, F., 1929: Die Ertragsermittlung im Weidebetrieb. Ber. ü. d. 1. Versamml. d. Wiesen- u. Weidewirte, Berlin (DLG). – Falke, H., 1966: Z. Landeskult. *6,* 279. – Falke, H., & B. Märtin, 1966: Z. Landeskult. *7,* 229. – Farries, E., 1965: Wirtsch. Fu. *11,* 259. – Farries, E., 1966: Wirtsch. Fu. *12,* 77. – Farries, E., 1968: Kalibr., Fachgeb. 13, 1. Folge. – Farzin, H., 1966: Untersuchungen über den Einfluß der Saatstärke auf die Konkurrenzverhältnisse in einfachen Mischungen von Gräsern und Weißklee. Diss. Bonn. – Fedorow, A. K., 1964: Bot. Zh. SSSR *49:* 974. – Fehrendt, W., 1942: Ldw. Jb. *91,* 449. – Feise, J., & K. Mückenberger, 1966: Wirtsch. Fu. *12,* 141. – Feise, J., & K. Mückenberger, 1969: Wirtsch. Fu. *15,* 35. – Fejer, S. O., 1955: Nature *175,* 944. – Feldhus, H. A., 1965: Mitt. DLG *80,* 1071. – Feldmann, A., 1957: Z. Pflznern., Dgg. Bodenkde *78,* 54. – Feldman, I., M. K. McCarty & C. J. Seifres, 1968: Weeds *16,* 1; ref. Ldw. Zbl. *13,* II 278 *1.* – Fense, H., 1938: Das Pferdchen der Schafe. Landesbauernschaft Thüringen *24,* Weimar. – Fenton, E. W., 1936: Scott. J. Agric. *19.* – Fenton, E. W., 1939: Scott. Geogr. Mag. *55.* – Fenton, E. W., 1947: Scott. Geogr. Magaz. *63,* 129. – Fenton, E. W., 1951 bis 1953: The Edinburgh School of Agr. Techn. Bull. *4,* 5, 7. – Ferron, P., 1967: Entomophaga (Paris) *12,* 257; ref. Ldw. Zbl. *13,* II 236. – Field, A. C., 1966: Proc. 10. Int. Grassl. Congr., 355. – Finck, A., 1952: Z. Pflznern., Dgg. Bodenkde *58,* 120. – Finckh, B., 1954: Bay. Ldw. Jb. *31,* 1. – Finckh, B., 1958: Prakt. Bttr. *53,* 135. – Finckh, B., 1959: Prakt. Bttr. *54,* 223. – Finckh, B., 1960a: Mitt. f. Landkultur, Moor- und Torfwirtsch. *8,* 1. – Finchk, B., 1960b: Bay. Ldw. Jb. *37,* 91. – Finckh, B., 1962: Bay. Ldw. Jb. *39,* 289. – Finckh, B., & A. Guggeis, 1960: Bay. Ldw. Jb. *37,* 619. – Fischer, A., 1967: Probleme der Auffindung und Entwicklung neuer herbizider Wirkstoffe. Dt. Akad. Ldw.-Wiss. Tag.-Ber. Nr. 76; ref. Ldw. Zbl. *12,* II 2435. – Fischer, W., 1932/33: Pflanzenb. *9,* 136. – Flieg, O., 1956: Fu. Konserv. *2,* 248. – Foerster, E., 1956: Z. Ack. u. Pfl. *100,* 273. – Foerster, E., 1962: Ber. Landesanstalt Bodennutzungsschutz *3,* 87 (Bochum). – Foglia, F., 1967: Arb. Futterb. ABFF *8,* 21. – Foot, A. S., & C. Line, 1960: J. Brit. Grassl. Soc. *15,* 155. – Forde, B. J., 1966a: N. Z. J. Bot. *4,* 455. – Forde, B. J., 1966b: N. Z. J. Bot. *4,* 496. – Fox, C. J. S., 1966: Canad. J. Plant. Sci. *46,* 453; ref. Ldw. Zbl. *12* II 1058, 1967. – Frame, J., 1965: J. Brit. Grassl. Soc. *20,* 77. – Frank, F., 1963a: Biol. Bundesanst. Ld.-Forstw. Berlin–Braunschweig Jber. 1963, A 78. – Frank, F., 1963b, 1964a, 1965a: Biol. Bundesanst. Ld.-Forstw. Berlin–Braunschweig Jber. 1963, A 77/78; 1964 A 76; 1965 A 81. – Frank, F., 1964b: Biol. Bundesanst. Ld.-Forstw. Berlin–Braunschweig Jber. 1964 A 76. – Frank, F., 1965b, 1967: Biol. Bundesanst. Ld.-Forstw. Berlin–Braunschweig Jber. 1965 A 82; 1967 A 98. – Frank, F., W. Richter & H. Maercks, 1963, 1964: Biol. Bundesanst. Ld.-Forstw. Berlin–Braunschweig Jber. 1963 A 78; 1964 A 78. – Frankena, H. J., 1934–1936: Verslag 's Gravenhage *40,* 23; *41,* 29; *42,* 669. – Frankena, H. J., 1938: Verslag 's Gravenhage *44* (5) A, 229. – Frankena, H. J., 1965: PAW Meded. Nr. 113. – Franz, H., 1942: DLPr. *69,* 261/2, 270/1. – Franz, H., 1950: Bodenzoologie als Grundlage der Bodenpflege. Berlin (Akademieverlag). – Franz, H., 1961: Fragen Güllerei, 61. – Franz, H., F. Zürn & P. Gunhold, 1952: D. Fortschr. Ldw. *30.* – Franzke, H., 1962: Z. ldw. Vers. Unters. *8,* 177. – Franzke, H., W. Schönherr & H. Falke, 1966: Z. Landeskult. *7,* 77. – Freckmann, W., 1931: Meliorationsmaßnahmen. Handb. d. Bodenlehre Bd. IX. – Freckmann, W., 1932: Wiesen und Dauerweiden. Berlin (P. Parey). – Freckmann, W., 1933: Mitt. DLG *46,* 737. – Frekcmann, W., & W. Brouwer, 1934: Ldw. Jb. *80,* 39. – Freer, M., 1959: A study of pasture utilization by dairy cows. Diss. Melbourne. – Frese, H., 1969: Aktuelle Probleme der Bodenbearbeitung. Vortr. DLG, Wiesbaden. – Friederichs, K., 1967: Anz. Schädlingskde. *40,* 1; ref. Ldw. Zbl. *12,* II 2393, 1967. – Friend, D. J. C., 1966: In: Milthorpe/Ivins, 181. – Frycek, A., P. Kohut & J. Synak, 1965: Ochr. Rostl. *1,* 65; ref. Weed Abs. *15,* 259, 1966. – Fryer, J. D., & R. J. Chancellor, 1960: Proc. Brit. Weed Contr. Conf. 1958, *4* 197. – Fryer, J. D., & S. A. Evans, 1968: Weed control handbook vol. I u. II. 5. Aufl. Oxford–Edinburgh, Blackwell Scient. Publ. – Fuchs, W. H., 1966: Schr.-Reihe Forsch.-Rat Ernähr

Ldw. Forsten (Bad Godesberg) Nr. 1, 79; ref. Ldw. Zbl. *12*, II 1025, 1967. – Funderburk, H. H., & J. M. Lawrence, 1964: Weed *12*, 259.

Gaedeke, F., 1941: Ldw. Jb. *91*, 266. – Galensa, F., 1959a: Ldw. Bl. Weser-Ems *21*, 227; ref. Kurz Bündig *12*, 107, 1959. – Galensa, F., 1959b: Grünl. *8*, 53. – Galensa, F., 1961a: Grünld. *10*, 69. – Galensa, F., 1961b: Mitt. DLG *76*, 1174. – Galensa, F., 1965: Phosph. *25*, 134. – Gall, M., 1965: Kühnarch. *79*, 355. – Gardner, A. L., 1962: Scott. Agric. *41*, 218; ref. Weed Abs. *11*, 268. – Gardner, A. L., J. V. Hunt & J. W. Mitchell, 1954: J. Brit. Grassl. Soc. *9*, 161. – Garlipp, G., 1954: Wirkungen und Unkosten der Beregnungsanlage des Universitätsversuchsgutes Dikopshof. Diss. Bonn. – Garwood, E. A., 1967: J. Brit. Grassl. Soc. *22*, 121. – Garwood, E. A., 1968: J. Brit. Grassl. Soc. *23*, 117. – Gasow, H., 1933: Ldw. Jb. *77*. – Gaul, D., 1958: Wasser Bod. *10*, 42. – Gausseres, B., 1965: Ann. Biol. Anim. Biochim. Biophys. *5*, 361. – Gebhardt, J.-D., 1960: Untersuchungen über den Einfluß der Weidevornutzung mit Schafen auf die Ertragsbildung einer Wiese. Diss. Gießen. – Geering, J., 1941: Ldw. Jb. Schweiz *55*, 579. – Geering, J,, 1966: AGFF *7*, 34. – Geering, J., & W. Künzli, 1964: AGFF, Arb. *5*, 45. – Geiger, A., 1961: Nachr. Bl. Verein ehem. Ldw. Schüler Wangen *10*, Nr. 3. – Geiger, R., 1950: Das Klima der bodennahen Luftschicht. Braunscheig (F. Vieweg). – Geith, R., 1931: Weideerträge und Betriebswirtschaft. Dresden/Leipzig. – Geith, R., 1935: Die sichere Heuernte. Berlin, Parey. – Geith, R., 1937: Verhdlber. 4. Int. Grünld. Kongr., 434. – Geith, R., & F. Zürn, 1941: Die Leistungen der deutschen Weiden und nachhaltige Verbesserung ihrer Erträge. Ber. ü. Ldw. *152*, Sdh. – Genfeld, L., 1953: Z. Ack. u. Pfl. *96*, 367. – Genuit, F., 1959: Z. Ack. u. Pfl. *107*, 301. – Genzmer, W., 1969a: Mitt. DLG *84*, Ill. Beil. – Genzmer, W., 1969b: DLP *92*, Nr. 10. – Gericke, S., 1956: 10 Fragen der Wiesendüngung. 3. Aufl. u. folgende. Essen (Tellus-Verlag). – Gericke, S., 1957: Die Versorgung von Pflanze und Tier mit Mikronährstoffen. Essen (Tellus-Verlag). – Gericke, S., 1961a: Stählin-Festschr., 57. – Gericke, S., 1961b: Mitt. DLG *76*, 1180. – Gericke, S., 1962: Phosph. *22*, 48. – Gericke, S., 1965: Phosph. *25*, 12. – Gericke, S., & C. Bärmann, 1955: Phosph. *15*, 426. – Gericke, S., & C. Bärmann, 1956: Die Mineralstoffversorgung der Milchkuh. 6. Aufl. Essen (Tellus-Verlag). – Gericke, S., & C. Bärmann, 1958: Phosph. *18*, 140. – Gericke, S., & C. Bärmann, 1965: Phosph. *25*, 88. – Geus, J. de, & M. L. t'Hart, 1953: Proc. 6. Int. Grassl. Congr., 371. – Geyger, E., 1964: Ber. Geobot. Inst. Rübel *35*, 41. – Gfrörer, F., 1962: Bay. Ldw. Jb. *39*, 65. – Gibbs, J. G., 1966: Nature (London) *209*, 420; ref. Ldw. Zbl. *11*, II 2490. – Gibson, P. B., 1957: Agron. J. *49*, 213. – Gillet, M., 1967: C. r. hebd. Seanc. Acad. Sci., Paris (D) *264*, 2634. – Gimesi, A., 1965: Int. Z. Ldw. (Sofia/Berlin) 282; ref. Ldw. Zbl. *11*, II 1157, 1967. – Gimesi, A., 1966: Weed Res. *6*, 81. – Gjöbel, G., & E. Steen, 1960: Stat. Jordbruksförsök. Medd. *112*. – Gjöbel, G., & E. Steen, 1961: Stat. Jordbruksförsök. Medd. *117*. – Gisiger, L., 1933: Ldw. Jb. Schweiz *47*, 491. – Gisiger, L., 1949: Verhdlber. 5. Int. Grünld. Kongr., Den Haag, 18. – Gisiger, L., 1961a: Fragen Güllerei, 25. – Gisiger, L., 1961b: Fragen Güllerei, 103. – Gisiger, L., 1968: AGFF Arb. *10*, 93. – Glasow, W., 1963: Landtechn. *18*, 718. – Glasow, W., & H. H. Lentz, 1967: Landtechn. *22*, 370. – Glathe, H., 1955/1960: Zbl. Bakteriol. *113*. – Glathe, H., A. Orth & G. Helmer, 1955: Selbsterhitzung von Heu, Ursache und Verhütung. Schriftenr. FAL, Völkenrode. – Godan, Dora, 1966: Z. Angew. Zool. *53*, 417; ref. Ldw. Zbl. *12*, II 2047, 1967. – Godlevskaya, T. R., 1965: Eur. Grassl. Fed. 1966, 121. – Goedewaagen, M. A. J., & J. J. Schuurman, 1956: Proc. 7. Int. Grassl. Congr., Pap. 3. – Götze, R., 1957: Dt. Tierärztl. Wschr. *64*, 25; ref. Ldw. Zbl. *3*, III 379. – Götze, R., & U. Herrmann, 1956: Schr.-Reihe Ver. Wasser-Boden-Lufthyg. Berlin-Dahlem Nr. 11, 81. – Gordon, C. H., J. C. Derbyshire u.a., 1964: J. Dairy Sci. *47*, 987. – Gordon, C. H., J. C. Derbyshire u.a., 1966: Proc. 10. Int. Grassl. Congr., 470. – Goss, R. L., & Ch. J. Gould, 1967: Agron. J. *59*, 149; ref. Ldw. Zbl. *13*, II 706, 1968. – Graff, D., 1953: Die Regenwürmer Deutschlands. Schriftenr. Völkenrode *7*. – Grandjean, S., 1937: Schweiz. Ldw. Mh. *15*. – Grant, Sh. A., & R. F. Hunter, 1968: J. Brit. Grassl. Soc. *23*, 283. – Granz, E., 1955: Grünld. *4*, 26. – Green, J. D., u.a., 1960: Proc. Brit. Weed Contr. Conf. 1958, *4*, 239. – Green, J. O., u.a., 1961: 13. Rep. Grassl. Res. Inst. Hurley 1959/60, 14. – Green, J. O., u. D. W. Cowling, 1960: Proc. 8. Int. Grassl. Congr., 126. – Greenaway, T. E., & M. Budden, 1959: J. Brit. Grassl. Soc. *14*, 117. – Greenaway, T. E., & M. Budden, 1960: J. Brit. Grassl. Soc. *15*, 235. – Greenhalgh, J. F. D., 1966: Proc. 10. Int. Grassl. Congr., 351. – Greenhill, W. L., 1964: J. Brit. Grassl. Soc. *19*, 30. – Gregor, F., 1967: Trocknungsverlauf und Verluste bei verschiedenen Futterwerbungsverfahren. Diplomarbeit Weihenstephan. – Gregor, J. W., 1947: Bull. 38 Imp. Bur. – Gregor, J. W., 1956: Proc. 7. Int. Grassl. Congr., 202. – Gregor, J. W., & J. P. Watson, 1953: Ann. Rep.

Scot. Plant Breed. St. Edinburgh. – GREGORY, F. G., & J. A. VEALE, 1957: Symp. Soc. exp. Biol. *11*, 1. – GRIEGER, F.-J., 1955: Der Einfluß einiger Bodeneigenschaften auf die Verbreitung der Grünlandpflanzen im Kreise Daun. Diss. Bonn. – GRIFFITH, G., 1960: Nature *185*, 627. – GRIFFITH, M., 1938: J. Agric. *14*, 176. – GRIFFITH, M., 1947: War Food Prod. Advis. Bull. (Aberystwyth) *4*. – GRIFFITHS, T. W., 1959: J. Brit. Grassl. Soc. *14*, 199. – GRIGO, E., 1961: Betrachtung verschiedener Standortsfaktoren im Vergleich von Ackerland zu fakultativem Grünland. Diss. Bonn. – GRIMM, A., 1967: Die Kosten der Graswelksilage bei verschiedenen Ernte-, Konservierungs- und Fütterungsverfahren. Diss. Weihenstephan. – GRISCH, A., 1918: Ldw. Jb. Schweiz, 505. – GRISCH, A., 1928: Mitt. DLG *43*, 1099. – GRISCH, A., 1931: Die hauptsächlichen Pflanzen und Pflanzenbestände der Naturwiesen und Weiden. Flawil. – GROOT, H. DE, 1956a: Infelder Reihe *1*, 137. – GROOT, H. DE, 1956b: Fu. Konserv. *2*, 65. – GROOT, H. DE, 1965: Eur. Grassl. Fed. 1966, 27. – GROOT, TH. DE, 1964: Mitt. DLG *79*, 1523. – GROSS, F., 1954: Grünld. *3*, 53. – GROSS, F., 1960: Bay. Ldw. Jb. *37*, 421. – GROSS, F., 1961: Bay. Ldw. Jb. *38*, 431. – GROSS, F., 1966a: Bay. Ldw. Jb. *43*, 363. – GROSS, F., 1966b: Gärfutter. München, Bay. Ldw. Verlags-Ges. – GROSS, F., 1967a: Vortr. Weihenstephan. – GROSS, F., 1967b: DLG *82*, H. 42. – GROSS, F., 1968: Bay. Ldw. Jb. *45*, 335. – GROSSE-BRAUCKMANN, G., 1961: Grünld. *10*, 63. – GRÜMMER, G., 1965: Nachr.-Bl. Dt. Pflznschutzdienst Berlin *19* (*45*), 43; ref. Ldw. Zbl. *11*, II 878, 1966. – Grüner Bericht der Bundesregierung, 1957: Ber. ü. Ldw. NF, 167, Sh. – GRÜNIGEN, F. VON, 1944: Ldw. Jb. Schweiz. – GRÜNIGEN, F. VON, 1949: 5. Int. Grünlandkongr., 303. – GRUMMEL, W., 1955: Ertragsanteilverschiebungen auf Weidegrasnarben. Diss. Bonn. – GÜNZEL, G., 1958: Bay. Ldw. Jb. *35*, 515. – GÜTTLER, R., 1941: Forsch. Dienst *11*. – GUNHOLD, P., 1957: Z. Ack. u. Pfl. *102*, 461. – GUNNING, B. A., 1965: N.Z.J.Agric. *110*, 290; ref. Weed Abs. *14*, 191, 1965. – GUYER, H., 1962: Mitt. schwz. Ldw. *10*, 55. – GUYER, H., 1966: AGFF, Arb. *7*, 6. –

HAFFTER, A. C., 1959: Untersuchungen über Entwicklung und Reservestoffhaushalt des Rotklees (Trifolium pratense L.). Diss. Zürich. – HAGEMEISTER, H., 1967: Wirtsch. Fu. *13*, 316. – HÅKANSSON, S., 1963: Växtodl. Uppsala, No. *19*, 269. – HAKEN, D., 1962: Dt. Akad., Taggsber. *52*, 151. – HALISKY, P. M., C. R. FUNK & S. BACHELDER, 1966: Plant Diseases Rep. (Washington) *50*, 294; ref. Ldw. Zbl. *12*, II 809, 1967. – HALLGREN, G., 1965: Grundförbättring *18*, 99. – HAMMERTON, J. L., 1967: Weeds *15*, 330. – HANCOCK, J. J., 1948: Dairy farming Annual (Palmerston North, NZ). – HANF, M., 1953: Z. Pflznb. Pflznschutz *4*, 1. – HANF, M., 1956a: Kombinierte Versuche mit Wuchsstoffen und Düngung im Grünland. Vortr. Hohenheim. – HANF, M., 1956b: Versuchserfahrungen mit „U 46". Mitt. Pflznschutz (BASF) 10. – HANF, M., 1957: Mitt. Biol. Bundesanst. Berlin-Dahlem H. 87, 24. – HANF, M., 1958: Gesunde Pflzn. *10*, 89. – HANSEN, K., 1964: Bot. Tidsskrift *60*, 1, Copenhagen. – HANSEN, R., 1961: Ergebnisse von Rasenversuchen mit grundsätzlichen Erörterungen über die wissenschaftliche Betrachtung von Problemen des Gartenrasens. Jahresber. Staatl. Lehr- u. Forschgsanst. f. Gartenbau, Weihenstephan. – HANUS, H., 1962: Wurzelprofil und Wasserversorgung der Grasnarbe bei verschiedenen Grundwasserständen. Diss. Bonn. – HANUS, H., 1964: Z. Ack. u. Pfl. *119*, 110. – HARING, F., & M. KUBLITZ, 1955: Z. Tierern. Futt. *10*, 153. – HARKESS, R. D., 1965: Proc. 9. Int. Grassl. Congr., 417. – HARLASS, H., 1942: Ldw. Jb. *91*, 147. – HARRIES, C. E., & W. F. RAYMOND, 1963: J. Brit. Grassl. Soc. *18*, 204. – HARRIS, L. E., 1960: Proc. 8. Int. Grassl. Congr., 574. – 'T HART, M. L., 1947: Maandblad v. d. Landbouwvoorlichtingsdienst *4*, Nr. 7. – 'T HART, M. L., 1956a: Infelder Reihe 1. Ldw. Verl. Weser-Ems, Oldenburg, 65. – 'T HART, M. L., 1956b: Proc. 7. Int. Grassl. Congr., Paper 5. – 'T HART, M. L., 1960a: Landbkund. Tijd. *72*, 687. – 'T HART, M. L.: 1960b: Proc. Brit. Vet. Assoc. London. – 'T HART, M. L.: 1960c, Stikstof *4*, 19. – 'T HART, M. L., 1963: Mitt. DLG *78*, 773. – 'T HART, M. L., 1967: Z. Ack. u. Pfl. *125*, 47. – 'T HART, M. L., & W. B. DEIJS, 1950: CILO Verslag. 1951, 137. – 'T HART, M. L., & B. DEINUM, 1961: Landbkund. Tijd. *73*, 790. – 'T HART, M. L., & J. G. DIRVEN, 1950: CILO Verslag. 66. – 'T HART, M. L., & F. K. VAN DER KLEY, 1956: Stikstof, 303. – 'T HART, M. L., & H. VAN DER MOLEN, 1966: Proc. 10. Int. Grassl. Congr., 36. – 'T HART, M. L., & D. M. DE VRIES, 1949: Verhdlber. 5. Int. Grünlandkongr., (Append.). 3. – HART, R. H., 1961: Ph. D. Thesis Oregon State Univ.; ref. Weed Abs. *11*, 72, 1962. – HART, R. H., & W.S. MCGUIRE, 1963: Agron. J. *55*, 414; ref. Weed Abs. *12*, 281. – HART, R. H., & W. S. MCGUIRE, 1964: Agron. J. *56*, 187; ref. Weed Abs. *13*, 117. – HARTISCH, J., 1967: Untersuchungen über die physiologische Wirkung von Herbiziden auf lebenswichtige Prozesse der behandelten Pflanzen. Biol. Z.-Anst. Dt. Akad. Ldw.-Wiss. Berlin, Abschl.-Ber.; ref. Ldw. Zbl. *12*, II 2952. – HASLER, A., 1962: Schweiz. Ldw. Forsch. *1*, 60. – HASLER, A., & H. PULVER, 1957: Ldw. Jb. Schweiz *71*, 457. – HASLER, A.,

& H. L. SCHNETZER, 1964: Schweiz. Ldw. Forsch. *3*, 329. – HEDDLE, R. G., & J. B. D. HERRIOT, 1954/1955: J. Brit. Grassl. Soc. *9*, 99; *10*, 157, 317. – HEDDLE, R. G., & C. D. YOUNG, 1964: Proc. 7. Brit. Weed Contr. Conf. 829; ref. Weed Abs. *14*, 71, 1965. – HÉDIN, L., & E. DUVAL, 1963: Ann. Physiol. vég. *5*, 29. – HEEREN, M., 1966: Unser Hof *7*, 398. – HEGI, G., 1926: Illustrierte Flora von Mittel-Europa. V, 2. München (J. F. Lehmanns Verl.). – HEIMERAN, R., 1928: Die Verteilung des Grünlandes in Württemberg. Diss. Hohenheim. – HEIMPEL, A. M., 1967: Ann. Rev. Entomol. *12*, 287; ref. Ldw. Zbl. *12*, II 3258. – HEIN, M. A., & P. R. HENSON, 1942: J. Amer. Soc. Agronomy *34*, 566. – HEINE, G.-O., 1954: Grünld. *3*, 25, 37. – HEINEMANN, A., 1932: Z. Kulttechn. *35*, 426. – HEINISCH, E., & H. STEINBRINK, 1967: Nachr.-Bl. Dt. Pflznschutzdienst Berlin *21* (47), Nr. 2, 21; ref. Ldw. Zbl. *12*, II 2431. – HELLMANN, G., 1921: Klimaatlas von Deutschland. Berlin (D. Reimer). – HEMER, M., 1965: Gesunde Pflzn. *17*, 216. – HENNIG, A., M. ANKE & G. BUGDOL, 1964: Z. Ldw. Vers. Unters. *10*, 439. – HENRICHS, A., u.a., 1958: Der Weidebetrieb. Frankfurt/M. (DLG). – HERBKE, G., G. HÖLLER, G. HÖLLER-LAND & D. E. WILCKE, 1962: Monogr. z. Angew. Entom. Nr. *18*, Berlin (P. Parey). – HERCUS, B. H., 1960: Proc. 8. Int. Grassl. Congr., 443. – HERRIOT, J. B. D., 1958: Herb. Abs. *28*, 73. – HERRIOT, J. B. D., D. A. WELLS & P. CROOKS, 1965, 1966 III: J. Brit. Grassl. Soc. *20*, 129; IV. ebenda *21*, 85. – HERZOG, W., 1956: Die Rieselfeldkulturen der Stadt Dortmund. Arb. z. Rhein. Landeskunde H. 11, Geogr. Inst. Univ. Bonn. – HETZEL, W., 1952: Die Wiesenbewässerung in der Agrarlandschaft des oldenburgischen Huntetales. Diss. Bonn (Geogr.) – HEY, A., 1965: Arch. Naturschutz Landschaftsforsch. *5*, 187; ref. Ldw. Zbl. *11*, II 3029. – HIEPKO, G., 1957: Z. Pflanzenz., *38*, 357. – HIEPKO, G., 1959: Z. Ack. u. Pfl. *108*, 339. – HIERHOLZER, O., 1965: Z. Pflznkrankh. *72*, So.-H. 3, 283; ref. Ldw. Zbl. *11*, II 2787, 1966. – HINKE, F., 1960: Pflznschutz *12*, 59. – HINKE, F., 1964: Z. Pflznkrankh. *71*, So.-H. II, 187. – HODGSON, J., & C. R.W. SPEDDING, 1966: J. agr. Sci. *67*, 155. – HÖDE, M., & P. WEDEKIND, 1964: Arb. Inst. f. Meliorationswesen u. Grünld. Univ. Jena 1959–1964, 41. – HÖPLER, E., 1966: Wirtsch. Fu. *12*, 218. – HÖVELKAMP, A., 1958: Arb. a. d. dt. Tierzucht H. 41. Ldw. Verl. Hiltrup. – HOFFMANN, F., 1963: Wiss.-techn. Fortsch. Ldw. *4*, 211. – HOFFMANN, G., & K. H. JUNGHANS, 1955: Mitt. DLG *70*, 951. – HOFFMANN, M., & K. NEHRING, 1967: Arch. Tierernähr. *17*, 27. – HOFFMANN, R., 1924: Mitt. DLG *39*, 252. – HOFFMANN, R., W. KIRSCH & H. JANTZON, 1937, 1939: Ldw. Jb. *85*, 245 u. *88*, 653. – HOFFMANN, R., & J. LANGLET, 1947: Kühnarch. *65*, 71. – HOHMANN, W., 1955: Z. Ack. u. Pfl. *99*, 207. – HOLLIDAY, R., & D. WILMAN, 1965: J. Brit. Grassl. Soc. *20*, 32. – HOLLIS, J. P., & R. RODRIGUES-KABANA, 1966: Phytopathol. *56*, 1015; ref. Ldw. Zbl. *12*, II 1864. – HOLLOWELL, E. A., 1966: Proc. 10. Int. Grassl. Congr., 184. – HOLMES, J. C., & R. W. LANG, 1963: Animal product. *5*, 17. – HOLMES, W., 1968: Herb. Abs. *38*, 265. – HOLZ, W., 1956: Die Problematik der Unkrautbekämpfung auf dem Grünland mit Wuchsstoffherbiziden. Vortr. Hohenheim. – HOLZ, W., 1957: Abnahme des Alkaloidgehaltes im Duwock (Equisetum palustre) nach Wuchsstoffbehandlung. Vortr. Hamburg; ref. Kurz Bündig *10*, 324, 1957. – HOLZ, W., 1959: Versuche zur mechanischen Bekämpfung des Duwocks. Vortr. Hohenheim. – HOLZ, W., 1960: Grünl. *9*, 42. – HOLZ, W., 1963: Kali-Br. Fachgeb. 4, 8. F. – HOLZ, W., 1965a: Melioration als Voraussetzung geregelter Weidewirtschaft in der Marsch und Unkrautbekämpfung. Vortr. DLG, Dobrock. – HOLZ, W., 1965b: Übersicht *16*, 572. – HOLZ, W., 1966: Gesunde Pflzn. *18*, 103. – HOLZ, W., & B. LANGE, 1962: Fortschritte in der chemischen Schädlingsbekämpfung. IX. Herbizide. 5. Aufl. Oldenburg, Ldw.-Verl. Weser-Ems. – HOLZ, W., & W. RICHTER, 1955: Ldw. Forsch. *7*, So.-H. 6, 56. – HOLZ, W., & W. RICHTER, 1958: Ldw.-Bl. Weser-Ems *20*, 48; ref. Kurz Bündig *12*, 106, 1959. – HOLZ, W., & W. RICHTER, 1960: Ldw.-Bl. Weser-Ems 1103: ref. Kurz Bündig *13*, 140. – HONCZARENKO, G., 1964: Zesz. Nauk. Wyžs. Szkoly Roln. Szczec. 94; ref. Ldw. Zbl. *10*, II 2828, 1968. – HONCZARENKO, M., 1963: Przemysl Rolny *8*, 1. – HONIG, H., 1967: Wirtsch. Fu. *13*, 287. – HOOD, A. E. M., 1960a: Nature (London) *201*, 1070. – HOOD, A. E. M., 1960b: Proc. 8. Iht. Grassl. Congr., 242. – HOOGERKAMP, M., 1965: Landb.voorl. 201. – HOOGERKAMP, M., 1966: Landb.voorl. *23*, 45; ref. Ldw. Zbl. *11*, II 2522 u. Weed Abs. *15*, 258. – HOOGERKAMP, M., 1967: Mitt. DLG *82*, 99. – HOOGERKAMP, M., 1968: Tierzücht. *20*, 184. – HOOGERKAMP, M., & J. W. MINDERHOUD, 1966: Proc. 10. Int. Grassl. Congr., 282. – HOOGERKAMP, M., & J. J. WOLDRING, 1968: Z. Ack. u. Pfl. *127*, 1. – HORBER, 1952: Schweiz. Ldw. Mh. *30*. – HORN, A. v., 1935: Die Rasenschmiele. Diss. Berlin. – HORROCKS, R. D., 1967: Diss. Abs. *28*, 2212B. – HOSHINO, M., S. NISHIMURA & T. OKUBO, 1967: Proc. Crop Sci. Soc. Japan *36*, 269. – HÜBNER, P., & F. WAGNER, 1968: Wirtsch. Fu. *14*, 218. – HUGHES, G. P., 1948: Agriculture *55*, 98. – HUGHES, G. P., F. E. ALDER & R. A. REDFORD, 1955: Empire J. exp.

Agric. *23*, 145. – HUGHES, G. P., & A. G. DAVIS, 1951: J. Brit. Grassl. Soc. *6*, 167. – HUGHES, G. P., & D. REID, 1951: J. agric. Sci. *41*, 350. – HUGHES, R., 1965: J. Brit. Grassl. Soc. *20*, 263. – HUGHES, R., J. M. M. MUNRO & J. B. WARBOYS, 1965: J. Brit. Grassl. Soc. *20*, 49. – HUMPHREYS, L. R., 1966: J. Aust. Inst. Agric. Sci. *32*, 93. – HUNDT, R., 1965: Z. Landeskult. *6*, 61. – HUNT, I. V., 1964: Proc. 7. Brit. Weed Contr. Conf. 840; ref. Weed Abs. *14*, 71, 1965. – HUNT, I. V., 1954: J. Brit. Grassl. Soc. *9*, 85. – HUNT, I. V., 1955: West Scotl. Agr. Coll. Bull., 153. – HUNT, I. V., 1962: Ber. Chur, 217. – HUNT, I. V., & J. M. THOMSON, 1955: West Scotl. Agr. Bull., 152. – HUNT, L. A., 1965: J. Brit. Grassl. Soc. *20*, 26. – HUNT, L. A. & R. W. BROUGHAM, 1966: J. appl. Ecol. *3*, 21. – HUNTER, F., 1962: Ber. Chur, 131. – HUNTER, R. F., 1954: J. Brit. Grassl. Soc. *9*, 195. – HUOKUNA, E., 1964: Ann. Agric. fenn. *3*, Suppl. 4, 1. – HUOKUNA, E., 1966: Proc. 10. Int. Grassl. Congr., 129. – HUPPERT, V., & A. BUCHNER, 1953: Z. Pflznern., Dgg. Bodenkde. *60*, 62. – HURPIN, B., 1965: J. Intervertebr. Pathol. *7*, 39; ref. Ldw. Zbl. *11*, II 273, 1966. – HURPIN, B., 1967: Ann. Epiphyt. *18*, 127; ref. Ldw. Zbl. *13*, II 1446, 1968. – HUSEMANN, C., 1936: Jb. Moorkde *24*, 11. – HUSEMANN, C., 1939: Phosph. *8*, 3. – HUSEMANN, C., 1959: Kulttechn. *47*, 1. – HUSEMANN, C., & J. WESCHE, 1960: Kulttechn. *48*, 2; Z. Kulttechn. *1*, 26. – HUSEMANN, C., & J. WESCHE, 1964: Z. Kulttechn. Flurber. *5*, 364. – HUUT, L. A., & R. W. BROUGHAM, 1966: J. appl. Ecol. *3*, 21.

Institut f. Grünland und Feldfutterbau Uni. Leipzig, 1963: Aktuelle Fragen der Grünlandbewirtschaftung. Schkeuditz. – Institut f. Grünland und Feldfutterbau Uni. Leipzig, 1964: Ökonomische Fragen der Grünlandbewirtschaftung und der Futterkonservierung. Schkeuditz. – ITALLIE, TH. B. VAN, & H. J. FRANKENA, 1936: Landbkund. Tijd. *48*, 125. – IVINS, J. D., 1952: J. Brit. Grassl. Soc. *7*, 43. – IVINS, J. D., 1955: Herb. Abs. *25*, 75. – IVINS, J. D., 1959: The measurement of grassland productivity. London (Butterworths Sci. Public.). – IVINS, J. D., 1960: Proc. 8. Int. Grassl. Congr., 459. – IVINS, J. D., 1966: In Milthorpe/Ivins, 335.

JACOB, A., 1935: Tierern. *7*, 119. – JACOB, H., 1960: Klimatische und geländeklimatische Untersuchungen auf dem Versuchsgut Rengen. Diss. Bonn. – JACOB, H., 1961: Grünld. *10*, 61. – JACOB, H., 1969: Der Einfluß des Grundwassers auf den Grünlandertrag. Ergebn. einer Untersuchung im Rieselwiesengebiet der Boker Heide. Habil.Arbeit Bonn. – JACOBSON, M., 1965: Insect sex atractants. New York–London–Sydney, Wiley Sons. – JAQUET, M. I., 1950: Bull. Acad. Veter. France. – JACQUES, W. A., 1956: N. Z. J. Sci. Techn. A *38*, 160. – JACQUES, W. A., & R. H. SCHWASS, 1956: N. Z. J. Sci. Techn. A *37*, 569. – JÄNTTI, A., 1959: Dt. Akad. Taggsber. *16*, 129. – JÄNTTI, A., & P. J. B. KRAMER, 1956: Proc. 7. Int. Grassl. Congr., 33. – JAGNOW, G., 1958: Z. Pflznern., Dgg. Bodenkde *82* (*130*), 50. – JAGNOW, G., 1959: Naturwiss. *46*, 269. – JANTZON, H., & W. KIRSCH, 1929: Wiss. Arch. B, *1*, 166. – JEANIN, B., 1965: (Zit. Herb. Abs., 1966, 1204). – JEATER, R. S. L., 1958: 4. Brit. Weed Contr. Conf. – JESKE, A., 1967: Nachr.-Bl. Dt. Pflznschutzdienst Berlin *21* (*47*), 41; ref. Ldw. Zbl. *12*, II 2435. – JEWISS, O. R., 1966: In Milthorpe/Ivins, 39. – JEWISS, O. R., & J. WOLEDGE, 1967: Ann. Bot. *31*, 661. – JOHNELS, A. G., 1967: Kungl. Skogs-o. Lantbruksakad. Tidskr. *106*, 315, 319; ref. Ldw. Zbl. *13*, II 1948, 1949, 1968. – JOHNS, A. T., 1956: Proc. 7. Int. Grassl. Congr., Paper 23. – JOHNS, G. G., G. R. NICOL & B. R. WATKIN, 1965: J. Brit. Grassl. Soc. *20*, 212. – JOHNSTONE-WALLACE, D. B., 1950: The farmers weekly XI/XII. – JONES, L., 1961: Exp. Progr. 13. Rep. Grassl. Res. Inst., Hurley 1959/60, 19. – JONES, L., & A. A. IDLE, 1965: Exps.Progr. 17 Grassl. Res. Inst. 1963–64, 24. – JONES, LL. J., 1953: J. Brit. Grassl. Soc. *8*, 37. – JONES, LL. J., 1959: Welsh Plt. Breed. (Bericht). – JONES, M., 1934: Verhdlber. 3. Int. Grünlandkongr., 221. – JONES, M., 1956: Proc. 7. Inst. Grassl. Congr., 274. – JONES, M., & LL. J. JONES, 1930: Welsh Plt. Breed. (Shrewsbury), 38. – JONKER, J. J., & B. PROMMEL, 1958: Rapp. Werkgr. Kon. Inst. Ing., Leiden, 81. – JORIS, A. E., & G. SCHWERDTFEGER, 1951: Vers.- u. Tätigk.-Ber. Vorl. L.-Kammer, Hannover. – JÜLG, G., 1958: Untersuchungen über die Wirkung organischer Dünger auf Wiesen ... Diss. Hohenheim. – JÜRGENS, G., K. EPPLE & B. RADEMACHER, 1968: Z. Ack. Pfl. *128*, 309. – JÜRGENS, H., 1932: Weidestreckung durch Trockenschnitzelbeifütterung. Diss. Bonn. – JÜRGENS-GSCHWIND, S., 1956: Phosph. *16*, 200. – JUNGEHÜLSING, G., 1962: Ökonomische Probleme grünlandstarker Betriebe. Habil.-Schrift Kiel. – JUNGHANS, 1953: Dt. Ldw. *5*, 443.

KALBEN, W. VON, 1962: Wirtsch. Fu. *8*, 37. – KALISVAART, C., 1949: Verhdlber. 5. Int. Grünlandkongr., 47. – KALTOFEN, H., 1963: Z. Landeskult. *4*, 91. – KALTOFEN, H., W. KREIL, K. KASDORFF u.a., 1966: Proc. 10. Int. Grassl. Congr., 231. –KANNENBERG, H., 1949: Mitt. DLG *64*, 49. – KARNS, R., 1955: Z. Ack. u. Pfl. *100*, 335. – KASDORFF, K., 1955/56: Wiss. Z. Uni. Rostock *5*, 93. – KASDORFF, K., 1962: Dt. Akad. Taggsber. *52*,

133. – Kaufmann, W., 1967: Pflug u. Spaten *15*, Nr. 5, 2. – Kaufmann, W., 1968: Vortr. Weihenstephan. – Kauter, A., 1933: Beiträge zur Kenntnis des Wurzelwachstums der Gräser. Diss. Zürich. – Kauter, A., 1935: Ldw. Jb. Schweiz *49*, 69. – Kauter, A., 1939: Schweiz. Ldw. Mh. *17*. – Kauter, A., 1946: Ber. d. Schweiz. Bot. Ges. *53* A, 246. – Kauter, A., 1949a: Ldw. Jb. Schweiz *63*. – Kauter, A., 1949b: Schweiz. Ldw. Mh. *27*. – Kauter, A., 1950: Mitt. AGFF Nr. 36, 1. – Kauter, A., 1951. 1952: AGFF Tätigkeitsber., Rapperswil. – Kauter, A., 1952: Schweiz. Ldw. Z. ,,Die Grüne". – Kawanabe, S., K. Yoshihara u.a., 1967: J. Jap. Soc. Grassl. Sci. *13*, 112. – Kayl, R., 1965: Verbreitung, Entwicklungsgeschichte und standörtliche Bewertung von Kulturrasen- und Ödlandpflanzengesellschaften. Diss. Bonn. – Kemp, A., 1952a: CILO Versl. 96. – Kemp, A., 1952b: CILO Verslag. – Kemp, A., 1966: Proc. 10. Int. Grassl. Congr., 411. – Kemp, A., & W. Dijkshoorn, 1956: CILO Verslag., 100. – Kennedy, W. K., J. T. Reid u.a., 1960: Proc. 8. Int. Grassl. Congr., 640. – Kent, J. W., 1964: Weed Res. *4*, 357. – Kerguelen, M., 1961: Journée d'information sur la fertilisation, Caen. – Kerner von Marilaun, A., 1868: Die Alpenwirtschaft in Tirol. Villach (Österr. Revue, Neudruck 1941). – Kerr, J. A. M., & J. H. Bailie, 1965: Rec. Agric. Res. Nth. Ire *14*, 1. – Kertscher, F., 1937: Forschgsdienst, Sdh. *6*, 71. – Khalil, M. S. H., 1956: Med. Ldb. Hogesch. *56*, 73. – Kielpiński, J., 1960: Proc. 8. Int. Grassl. Congr., 99. – Kielpiński, J., 1967: Roczniki Nauk Rolniczych *76*, 667. – Kielpiński, J., & K. Gierat, 1954: Roczniki Nauk Rolniczych *69*A 2, 243. – Kiepe, H., 1950: 38jähriger Wirkungsvergleich zwischen verschiedenen Kali- und Stickstofformen. Diss. Bonn. – Kiermeier, F., 1963: Bay. Ldw. Jb. *40*, Sdh. 3, 40. – Kiermeier, F., & E. Renner, 1963: Wirtsch. Fu. *9*, 106. – Kiermeier, F., L. Wessinger & E. Renner, 1965: Wirtsch. Fu. *11*, 149. – King, J., & G. E. Davies, 1963: J. Brit. Grassl. Soc. *18*, 52. – Kirchgessner, M., 1957a: Z. Tierern. u. Futtermittelk. *12*, 304. – Kirchgessner, M., 1957b: Ldw. Forsch. *10*, 45. – Kirchgessner, M., 1963: Bay. Ldw. Jb. *40*, Sdh. 3, 52. – Kirchgessner, M., & H. Friesecke, 1963: Wirtsch. Fu. *9*, 242. – Kirchgessner, M., & H. Friesecke, 1966: Wirkstoffe in der praktischen Tierernährung. München, Basel, Wien (Bay. Ldw. Verlags.Ges.). – Kirchgessner, M., J. Lorenz & D. A. Maier, 1968: Wirtsch. Fu. *14*, 48. – Kirchgessner, M., E. Pahl & G. Voigtländer, 1967: Wirtsch. Fu. *13*, 173. – Kirchgessner, M., u.a., 1965: Silobauformen, Technik der Befüllung, Entnahme und Fütterung. Selbstverl. Bay. Arbgem. Tierern. – Kirchner, A., 1941: Über den Wassergehalt einer Ödlandsumbruchfläche unter besonderer Berücksichtigung von Steingehalt und Bodenstruktur. Diss. Bonn. – Kirchner, H.-A., 1958: Dt. Ldw. 9, 20. – Kirchner, H.-A., & F. Daebeler, 1964: Z. Landeskult. *5*, 37. – Kirkland, K., 1967: Weed Res. *7*, 364. – Kirkwood, R. C., 1964: J. Brit. Grassl. Soc. *19*, 387. – Kirsch, W., 1933: Biederm. Zbl. N. F. *3*. – Kirsch, W., 1952: Grünld. *1*, 25. – Kivimäe, A., 1960: Proc. 8. Int. Grassl. Congr., 466. – Klapp, E., 1922: Ldw. Jb. Bay. *12*, 398. – Klapp, E., 1926, 1927: Mitt. DLG *41*, 141f., 230f., 486f., 1086f.; *42*, 673f. – Klapp, E., 1927: Ldw. Jb. *66*, 55. – Klapp, E., 1929: Wiss. Arch. Ldw. A *2*. – Klapp, E., 1930: Ldw. Jb. *71*, 807. – Klapp, E., 1931: Ern. d. Pflze *27*, 321. – Klapp, E., 1932a: Fortschr. d. Ldw. *7*, 361, 387. – Klapp, E., 1932b: Grünlandversuch. Arb. DLG *383*. – Klapp, E., 1932/33: Pflanzenb. *9*, 148. – Klapp, E., 1937/38a: Pflanzenb. *14*, 209. – Klapp, E., 1937/38b: Pflanzenb. *14*, 241. – Klapp, E., 1941/42: Pflanzenb. *18*, 347. – Klapp, E., 1942/43a: Pflanzenb. *19*, 72. – Klapp, E., 1942/43b: Pflanzenb. *19*, 221. – Klapp, E., 1943: Ldw. Jb. *92*, 641. – Klapp, E., 1944a: J. Ldw. *90*, 32. – Klapp, E., 1944b: Z. Bodenkde. Pflznern. *33* (78), 285. – Klapp, E., 1949: Landwirtschaftliche Anwendungen der Pflanzensoziologie. Stuttgart (Ulmer). – Klapp, E., 1951a: Z. Ack. u.Pfl. *93*, 400. – Klapp, E., 1951b: Z. Ack. u. Pfl. *93*, 269. – Klapp, E., 1952, 1956: Z. Ack. u. Pfl. *95*, 69; *101*, 95. – Klapp, E., 1954a: Wiesen und Weiden, 2. Aufl., Berlin (Parey). – Klapp, E., 1954b: Bull. techn. d'Inform. *94*, Paris. – Klapp, E., 1957:/ Kali-Sympos. (Wien), 101, Bern. – Klapp, E., 1957/58: Wiss. Z. Uni. Jena *7*, 67. – Klapp, E., 1959a: Wege zur Vorbesserung des Grünlandes. Forsch. Berat. B 2, Hiltrup/Westf. – Klapp, E., 1959b: Z. Ack. u. Pfl. *109*, 1. – Klapp, E., 1959c: CEA, Verband d. Europ. Ldw., Brugg/Schweiz, 1. – Klapp, E., 1961: Hippol. Bttr., Beilage z. Sport-Welt, 15. IV. – Klapp, E., 1962a: Z. Kulttechn. Flurber. *3*, 1. – Klapp, E., 1962b: Mitt. DLG *77*, 863 (u. Tierz. *14*, 631). – Klapp, E., 1962c: Bay. Ldw. Jb. *39*, 515. – Klapp, E., 1962d: Z. Ack. u. Pfl. *115*, 81. – Klapp, E., 1963a: Ber. Chur, 63. – Klapp, E., 1963b: Wirtsch. Fu. *9*, 249. – Klapp, E., 1963c: Z. Ack. Pfl. *116*, 257. – Klapp, E., 1965a: Grünlandvegetation und Standort. Berlin (Parey). – Klapp, E., 1965b: Taschenbuch der Gräser. 9. Aufl., Berlin. – Klapp, E., 1967a: Lehrbuch des Acker- und Pflanzenbaues. 6. Aufl., Berlin/Hamburg (Parey). – Klapp, E., 1967b: Wirtsch. Fu., Sh. 3, 3. – Klapp, E., 1968: Wirtsch. Fu. *14*, 137. –

KLAPP, E., 1969: Ldwirtschaftl. Forsch. Sdh. *23*. – KLAPP, E., & R. ARENS, 1962: Vollblut, Zucht u. Rennen 715. – KLAPP, E., P. BOEKER, F. KÖNIG & A. STÄHLIN, 1953: Grünld. *2*, 38. – KLAPP, E., P. BOEKER, B. BOHNE u.a., 1954: Angew. Pflznsoz. A (Aichinger- Festschr.), 1106. – KLAPP, E., G. MORGENWECK & E. SCHULZE, 1951: Z. Pflznern., Dgg. Bodenk. *55* (100), 111. – KLAPP, E., E. SCHULZE & G. HIEPKO, 1957: Z. Ack. u. Pfl. *103*, 361; *104*, 113, 409. – KLAPP, E., & A. STÄHLIN, 1933: Wiss. Arch. *10*, 422. – KLAPP, E., & A. STÄHLIN, 1936: Standorte, Pflanzengesellschaften und Leistung des Grünlandes. Stuttgart (Ulmer). – KLAPP, E., A. STÄHLIN & F. W. WACKER, 1934: Wiss. Arch. *10*, 533. – KLAPP, E., & H. WAGENER, 1932: Wiss. Arch. *8*, 755. – KLAPP, E., & H. WURMBACH, 1962: Die Beeinflussung der Bodenfauna durch Düngung. (M.Arb. v. HERBKE, HÖLLER, HÖLLER-LAND, WILCKE). Monogr. z. angew. Entomologie Nr. *18*, Berlin/Hamburg (Parey)– KLATT, F., 1958: Wasserwirtsch. Wassertechn. *8*, 558. – KLAUSING, O., 1961: Wasserzustand und Wasserbilanz von Vegetation und Boden an Standorten bestimmter Pflanzengesellschaften des Mittelwesergebietes. Angew. Pflznsoz. B *18*. – KLEMM, G., 1940: Ldw. Jb. *89*, 754. – KLEMM, M., 1964: Z. Angew. Zool. *51*, 419; ref. Ldw. Zbl. *11*, II 833, 1966. – KLETER, H. J., 1961: Afdel. Graslandcultuur, Landbouwhogeschool Wageningen. Bull. 36. – KLEY, F. K. VAN DER, 1955: Landbkund. Tijd. *67*, 620. – KLEY, F. K. VAN DER, 1956a: Netherl. J. *4*, 197. – KLEY, F. K. VAN DER, 1956b: Netherl. J. *4*, 314. – KLEY, F. K. VAN DER, 1957: Afdel. Graslandcult. Landbouwhogeschool Wageningen Nr. 14, 1. – KLEY, F. K. VAN DER, M. L. 'T HART & K. NIJENHUIS, 1956: Landb. voorl. *13*, 676. – KLIMES, J., 1964: Zivocisna Vyroba *9* (*37*), 61; zit. in LZBL. III, 1965, *10*, 1061. – KLITSCH, CL., 1932/33: Pflanzenb. *9*, 216, 262. – KLITSCH, CL., 1957/58: Wiss. Z. Uni. Jena *7*, 255. – KLOEPPEL, R., 1961: Belüftung – warm oder kalt? Kartei f. Rational., Bredeneck/Ho. – KLOKE, A., & K. RIEBARTSCH, 1964: Naturwiss. *51*, 367; ref. Umschau *64*, 734. – KLOSE, A., 1967: Leistung u. Kosten versch. Heutrocknungsverf. Dipl.-Arb. Weihenstephan. – KLUSMANN, W., 1962: Wirtsch. Fu. *8*, 225. – KMOCH, H. G., 1952: Z. Ack. u. Pfl. *95*, 363. – KMOCH, H. G., H. H. HALFMANN & A. SIEVERS, 1958: Z. Ack. u. Pfl. *105*, 121. – KNABE, O., B. KNABE & W. KREIL, 1961: Z. Landeskult. *5*, 245. – KNAPP, R., 1948: Einführung in die Pflanzensoziologie. H. 1 (Arbeitsmethoden). Stuttgart (Ulmer). – KNAPP, R., 1949: Angewandte Pflanzensoziologie (Einführg. i. d. Pflznsoz. H. 3). Stuttgart (Ulmer). – KNAPP, R., 1951: Lauterbacher Sammlung *6*, 1. – KNAPP, R., 1969: Mitt. flor. soz. A. G., N.F. *14*, 274. – KNAPP, R., & H. F. LINSKENS, 1952: Biol. Zbl. *71*, 561. – KNAUER, N., 1961: Grünld. *10*, 16. – KNAUER, N., 1963a: Wirtsch. Fu. *9*, 28. – KNAUER, N., 1963b: Über die Brauchbarkeit der Pflanzenanalyse als Maßstab für die Nährstoffversorgung und das Düngebedürfnis von Grünland. Uni. Kiel, H. 33. – KNAUER, N., 1963c: Z. Ack. u. Pfl. *116*, 361. – KNAUER, N., 1965: Phosph. *25*, 1. – KNAUER, N., 1966: Proc. 10. Int. Grassl. Congr., 171. – KNAUER, N., 1967: Mitt. flor.-soz. A.G. NF *11*/*12*, 54. – KNAUER, N., 1968: Grundlagen der Grünlanddüngung. Uni. Kiel, H. *42*, 39. – KNIERIEM, W. VON, 1923–1925: Mitt. DLG *38*, 384f.; *39*, 791; *40*, 16. – KNOBLOCH, W., 1964: Bay. Ldw. Jb. *41*, 47. – KNOCH, G., 1961: Phosph. *21*, 63. – KNOCH, G., 1962: Z. Ldw. Vers. Unters. *8*, 107. – KNOLL, J. G., 1935: Pflanzenb. *12*, 219. – KNOLL, J. G., 1953: Umwelt, Futter und Leistung. Wartenberghefte 1. – KOBLET, R., 1946: Ldw. Jb. Schweiz 60. – KOBLET, R., 1949: Verhdlber. 5. Int. Grünlandkongr., 211. – KOBLET, R., 1950: Ldw. Jb. Schweiz *64*, 261. – KOBLET, R., 1957: Mitt. f. d. Schweiz. Ldw. *5*, 182. – KOBLET, R., 1959: AGFF Nr. 56. – KOBLET, R, 1963: Schweiz. Ldw. Forsch. *1*, 186. – KOBLET, R., 1965a: Schweiz. Ldw. Forsch. *3*, 7. – KOBLET, R., 1965b: Der landwirtschaftliche Pflanzenbau. Basel/Stuttgaıt (Birkhäuser). – KOBLET, R., 1966: Z. Ack. u. Pfl. *124*, 165. – KOBLET, R., E. FREI & F. MARSCHALL, 1953: Ldw. Jb. Schweiz *67*, 597. – KOBLET, R., & J. NÖSBERGER, 1965: Z. Ack. u. Pfl. *122*, 314. – KOBLET, R., R. SALZMANN & F. MARSCHALL, 1955: Mitt. f. d. Schweiz. Ldw. *3*, 97. – KOBLET, R., & W. TREPP, 1950: Alpwirtsch. Monatsbl. H. 5. – KOBLET, R., & A. VEZ, 1961: AGFF *2*, 13. – KOBLET, R., & A. WEHRLI, 1959: Z. Ack. u. Pfl. *109*, 337. – KOCH, H., 1929: Die Ertragsermittlung im Weidebetrieb. Arb. DLG 369. – KOCHONOWSKA, R., 1966: Wiad. Mel. Łąk. *9*, Nr. 3, 82; ref. Ldw. Zbl. *12*, II 697. 1967. – KÖHLER, S., 1966a: Nachr.-Bl. Dt. Pflznschutzdienst Berlin *20* (*46*), Nr. 3, 77; ref. Ldw. Zbl. *12*, II 273, 1967. – KÖHLER, S., 1966b: Feldw. *7*, 326; ref. Ldw. Zbl. *12*, II 274, 1967. – KOEHNE, W., 1948: Grundwasserkunde. 2. Aufl., Stuttgart. – KÖHNLEIN, J., 1957: Ldw. Forsch., Sdh. 10, 8. – KÖHNLEIN, J., 1963: Ldw. Forsch. *16*, 107. – KÖHNLEIN, J., 1964: Über die Beziehungen zwischen Ertragsbildung, Bodenfruchtbarkeit und Humus. Uni. Kiel. – KÖHNLEIN, 1968: Wirtsch. Fu. *14*, 51. – KÖHNLEIN, J., R. FISCHER & H. WEISSENBERG, 1955: Z. Ack. u. Pfl. *99*, 294. – KÖHNLEIN, J., & N. KNAUER, 1957a: Z. Ack. u. Pfl. *104*, 329. – KÖHNLEIN, J., & N. KNAUER, 1957b:

Grünld. *6,* 17. – Köhnlein, J., & R. v. Spreckelsen, 1953: Z. Ack. u. Pfl. *96,* 235. – Köhnlein, J., & H. Vetter, 1960: Grünld. *9,* 34. – Köhnlein, J., & H. Vetter, 1965: Z. Ack. u. Pfl. *122,* 79. – Köhnlein, J., & H. Weissenberg, 1955: Z. Ack. u. Pfl. *100,* 53. – Könekamp, A., 1929: Fortschr. Ldw. *4.* – Könekamp, A. H., 1953: Grünld. *2,* 19. – Könekamp, A. H., 1955a: Fu. konserv. *1,* 65. – Könekamp, A. H., 1955b: Die Dauerweide. Arb. DLG *34.* – Könekamp, A. H., 1956: Kalibr. Fachgeb. 4. – Könekamp, A. H., 1959a: Z. Ack. u. Pfl. *108,* 159. – Könekamp, A. H., 1959b: Der Grünlandbetrieb. Stuttgart (Ulmer). – Könekamp, A. H., 1961: Fu. konserv. *7,* 24. – Könekamp, A. H., 1962: Wirtsch. Fu. *8,* 18. – Könekamp, A. H., W. Blattmann u.a., 1959: Erträge deutscher Dauerweiden. Bochum, Ruhrstickstoff, Nr. 7. – Könekamp, A. H., & F. König, 1929: Ldw. Jb. *70,* 61. – Könekamp, A. H., & G. Müller, 1940: Ldw. Jb. *89,* 809. – Könekamp, A.H., & F. Weise, 1961: Stählin-Festschr. 22. – König, F., 1935: Der Einfluß der Kalisalzdüngung auf Wert und Wirkung des Wirtschaftsfutters. 2. Aufl., Berlin (Parey). – König, F., 1950: Die Rolle der Nährstoffversorgung bei der Leistungssteigerung der Wiese. Ldw. Jb. Bay. *27,* Sdh. – König, F., 1954: Mitt. DLG *69,* 480, 497, 498, 526. – König, F., 1955: Die Sprache der Grünlandpflanzen. Hannover (Verlagsges. f. Ackerb. GmbH.). – König, E., & N. Mott, 1959: Z. Ack. u. Pfl. *108,* 177. – König, F., & M. Siebold, 1955: Mitt. DLG *70,* 789, 811, 832. – König, J., 1906: Die Pflege der Wiesen und Weiden. 2. Aufl., Berlin. – Könnecke, G., 1967: Fruchtfolgen. Berlin (Dtsch. Ldw.-Verlag). – Kohl, F., F. Vogel & F. Wacker, 1954: Ldw. Jb. Bay. *31,* 491. – Kohler, W., 1965: Wirtsch. Fu. *11,* 291. – Kohler, W., 1967: Untersuchungen über den Trocknungsverlauf und die Substanzverluste von Gras bei Belüftung mit vorgewärmter Luft. Diss. Hohenheim. – Kolb, E., 1967: Tierzucht *21,* 140. – Kollmannsperger, F., 1951/52: Dechen. 105/106, 165. – Kop, L. G., 1963: Medel. Proefstat. Akk.-Weideb. Wageningen *81*; ref. Weed Abs. *13,* 15, 1964. – Kopecký, K., 1967: Fol. Geobot. Phytotaxon. *2,* 347. – Koriath, H., 1960: Thaer-Arch. *4,* 195. – Koriath, H., & L. Lennerts, 1959: Arch. Tierern. *9,* 283. – Koriath, H., & K. Schwarz, 1962: Z. Landeskult. *3* 305. – Korthals, E., 1928: Zur Kenntnis des Futterwertes der Süß- und Sauergräser. Diss. Königsberg. – Kosmat, H., 1961: Fragen Güllerei, 71. – Krach, K. E., 1959: Z. Ack. u. Pfl. *107,* 405. – Kramer, D., 1966: Über die Einsatzmöglichkeit von Na-DCP für die Arbeitsverfahren der chemischen Entkrautung.-Vortr. Schwarzheide 1967, 61; ref. Ldw. Zbl. *13,* II 2241, 1968. – Kramer, Th., 1963: Leipz. Symp., 88. – Kraus, C., 1911: Fühlings Ldw. Z. *60,* 329. – Kraus, C., 1914: Fühlings Ldw. Z. *63,* 369. – Krause, W., 1956: Veröff. d. Landesst. f. Naturschutz (Ludwigsburg). 484. – Krause, W., 1959: Z. Ack. u. Pfl. *101,* 245. – Kreil, W., 1953/54: Wiss. Z. Humboldt-Uni. Berlin *3,* 503. – Kreil, W., 1955: Z. Ldw. Vers. Unters. *1,* 406. – Kreil, W., & W. Breunig, 1956: Grünld. *5,* 73. – Kreil, W., H. Falke, H. Kaltofen u.a., 1966: Z. Landeskult. *7,* 135. – Kreil, W., & H. Kaltofen, 1962: Z. Landeskult. *3.* 413. – Kreil, W., & H. Kaltofen, 1966: Proc. 10. Int. Grassl. Congr., 297. – Kreil, W., H. Kaltofen & G. Wacker, 1964: Z. Landeskult. *5,* 221. – Kreil, W., & H. Koriath, 1957: Dt. Landw. *8,* 249. – Kreil, W., & H. Koriath, 1958: Phosph. *18,* 115. – Kreil,W., G. Wacker & H. Kaltofen, 1961: Z. Landeskult. *2,* 225. – Kreuz, E., 1958: Wiss. Z. Uni. Halle/Wittenberg, 315. – Kreuz, E., 1963a: Kühnarch. *77,* 75. – Kreuz, E., 1963b: Leipz. Symp., 19. – Kreuz, E., 1964: Leipz. Symp., 86. – Kreuz, E., 1965: Wasserhaushalt und Wasserregulierung auf dem Grünland in ihrer Wirkung auf Boden und Pflanze. Schr.-Reihe Dt. Agrarwiss. Ges. Nr. 5; ref. Ldw. Zbl. *12,* II 419, 1967. – Krieg, A., 1967: Neues über Bacillus thuringiensis und seine Anwendung. Mitt. Biol. Bundesanst. Ld.-Forstw. Berlin-Dahlem Nr. 125. – Kries, A. von, 1964: Z. Kulturtechn. *5,* 424. – Kruijne, A.A., 1958: Jaarb. Inst. biol. scheik. onderz., 99. – Kruijne, A. A., 1963: Jaarb. Inst. biol. scheik. onderz., 71. – Kruijne, A. A., 1964: Jaarb. Inst. biol. scheik. onderz., 167. – Kruijne, A. A., & D. M. de Vries, 1960 (und frühere Auflagen): Vegetatieve herkenning van onze graslandplanten. Wageningen (Veenman u. Z.). – Krzymowski, R., 1939: Geschichte der deutschen Landwirtschaft. Stuttgart (Ulmer). – Krzysch, G., 1958: Wasser u. Nahrg., 50. Düsseldorf (Droste-Verl.). – Küfner, W., 1965: Bay. Ldw. Jb. *42,* 487. – Küfner, W., 1968: Bay. Ldw. Jb. *45,* 452. – Kühnelt, W., 1950: Bodenbiologie. Wien. – Künsting, G., 1961: Mitt. DLG *76,* 633, 636. – Künsting, G., 1968: (brieflich). – Kuenzlen, F., 1961: Phosph. *21,* 288. – Künzli, W., 1967: Schweiz. Ldw. Forsch. *6,* 34. – Kürten, P. W., 1962: Prax. Forsch. *14,* Nr. 4 (Oldenburg). – Küthe, K., 1969: Gesunde Pflzn. Im Druck. – Kuksin, N. V., 1960: Proc. 8. Int. Grassl. Congr., 247. – Kuntze, G., & K. Golisch, 1962: Mitt. DLG *77,* 650. – Kuntze, H., 1960: Phosph. *20,* 250. – Kuntze, H., 1961: Vortrag Suderburg. – Kuntze, H. (o. J.): Die Verbesserung der Marschböden durch Düngung. Leer (G. Rautenberg). – Kuntze, H., 1964: Z. Ack. u. Pfl.

120, 383. – KUNTZE, H., 1966: Z. Pflzern., Dgg., Bodenk. *113*, 97. – KUNTZE, H., 1967: Vortrag Infeld. – KUNTZE, H., & H. NEUHAUS, 1960: Kulttechn. *48*, 60. – KURMIES, B., 1955: Phosph. *15*, 146. – KWARTA, CZ., & L. MASLANKOWSKA, 1965: Zesz. Probl. Poste. Nauk roln., Nr. 55, 61 (zit. Ldw. Zbl., 1966, 1600). – KYDD, D. D., 1964: J. Ecol. *52*, 139. – KYDD, D. D.. 1966: J. Brit. Grassl. Soc. *21*, 284.

LAATSCH, W., 1954: Uni. Kiel, H. *10*, 57. – LAINE, T., 1962: Ber. Chur, 149. – LAMBERT, D. A., 1964: J. Brit. Grassl. Soc. *19*, 396. – LAMBERT, D. A., 1966a: J. Brit. Grassl. Soc. *21*, 200. – LAMBERT, D. A., 1966b: J. Brit. Grassl. Soc. *21*, 208. – LAMBERT, J., 1963: Agriculture XI, 2. serie, 245 (Belg.). – LAMP, H. F., 1952: Bot. Gaz. *113*, 413. –LAMPERT, R., 1943: Künstliche Wiesenbewässerung im Oker-Aller-Winkel und in der Lüneburger Heide. Diss. (Geogr.) Bonn. – LAMPETER, W., 1959/60: Wiss. Z. Uni. Leipzig, 611. – LAMPETER, W., 1963a: Leipz. Symp., 110. – LAMPETER, W., 1963b: Leipz. Symp., 57. – LAMPETER, W., 1965: F. FALKE (1871–1948). Bedeutende Gelehrte. Univ. Leipzig, Bd. II. – LAMPETER, W., & H. ARNOLD, 1967: Tierzucht H. 1. – LAN, H. AN DER, 1968: Umschau *68*, 574. – LANCASHIRE, J. A., & G. C. M. LATCH, 1966: N. Z. J. Agric. Res. *9*, 628; ref. Ldw. Zbl. *12*, II 1886, 1967. – Landesanstalt für Bodennutzungsschutz des Landes Nordrhein-Westfalen, 1962: Berichte, H. 3, Bochum. – LANDIS, J., H. BURCKHARD & E. STEINER, 1932: Schweiz. Ldw. Mh. *10*. – Landwirtschaftskammer Weser-Ems, 1962: Wichtige Hinweise für die Gärfutterbereitung. H. 11, Druck, Varel (Oldbg.) Allmers. – LANGER, R. H. M., 1956: Ann. appl. Biol. *44*, 166. – LANGER, R. H. M., 1958: J. agric. Sci. *51*, 347. – LANGER, R. H. M., 1959a: Ann. appl. Biol. *47*, 740. – LANGER, R. H. M., 1959b: J. agric. Sci. *52*, 273. – LANGER, R. H. M., 1963: Herb. Abs. *33*, 141. – LANGER, R. H. M., 1966: In Milthorpe/Ivins, 213. – LANGER, R. H. M., S. M. RYLE & O. R. JEWISS, 1964: J. appl. Ecol. *1*, 197. – LANGER, R. H. M., & S. M. WARD, 1959: Exp. Progress Hurley *11*, 75. – LANGNER, CHR., 1963: Ber. Landesanst. Bodennutzschutz Nordrhein-Westfalen *4*, 83. – LANGSTON, C. W., H. G. WISEMAN u.a., 1962: J Dairy Sci. *45*, 396. – LANGSTON, C. W., R. M. CONNER u.a., 1962a: J. Dairy Sci. *45*, 544. – LARIN, I. V., 1956: Proc. 7. Int. Grassl. Congr., 303. – LARIN, I. V., 1960a: Proc. 8. Int. Grassl. Congr., 356. – LARIN, I. V., 1960b: Besprechg. einer engl. Übersetzung (Jerusalem 1962) durch KLAPP, Wirtsch. Fu. *11*, 1965, 157. – LARIN, I. V., 1966: Proc. 10. Int. Grassl. Congr., 823. – LARIN, I. V., & Mitarbeiter, 1956: Forage plants of meadow and pasture lands of the USSR. 3 Bände, Russ. m. engl. Zusfassg. Moskau/Leningrad. – LATCH, G. C. M., 1966: J. Agric. Res. *9*, 394; ref. Ldw. Zbl. *12*, II 1619, 1967. – LATEGAHN, E., 1962: Mitt. DLG *77*, 1133. – LAUBE, W., & G. HENK, 1968: Arch. Tierern. *18*, 428. – LAUSCHER, B., 1958: Bestimmungsgründe des Verhältnisses von Weide zu Wiese in linksrheinischen Gemeinden. Diss. Bonn. – LAZENBY, A., 1963: J. Ecol. *51*, 55. – LEATHERWOOD, J. M., R. D. MOCHRIE u.a., 1963: J. Dairy Sci. *46*, 124. – LEBEDEV, P. V., 1963: Fiziol. Rast. *10*, 358. – LEIJ, R. J. VAN DER, 1965: Stikstof *4*, 457. – LEH, H.-O., 1966: Gesunde Pflzn. *18*, Nr. 2, 21. – LEHMANN, 1942: DLPr. *69*, 43. – LEHMANN, U., 1949: Kiel (Schlesw. Holst. Landpost). – LEHNER, A., & W. NOWACK, 1956: Bay. Ldw. Jb. *33*, 211. – LEHR, J. J., 1960: Proc. 8. Int. Grassl. Congr., 101. – LEMKE, F., 1961: Mitt. DLG *76*, 95. – LEMKE, K., 1959: Mitt. DLG *74*, 1510. – LENGAUER, E., 1949/52: Tätigkeitsber. Ldw.-Chem. Bund.-Vers. Anstalt Linz. – LENGAUER, E., & H. SCHILLER, 1964: Bodenkult. *15*, 241. – LENNARTZ, H., 1957: Z. Ack. u. Pfl. *103*, 427. – LEUCHS, F., 1964: Z. Pflnkrankh. *71*, So.-H. *1*, 94; ref. Ldw. Zbl. *11*, II 577, 1966. – LEVARI, R., A. M. MAYER & M. EVENARI, 1952: Bull. Res. Connc. Israel *2*, 27; zit. KOCH, W., 1968: Einfluß von Umweltfaktoren auf die Samenphase annueller Unkräuter insbesondere unter dem Gesichtspunkt der Unkrautbekämpfung. Habil-.Schr. Hohenheim. – LEVY, E. BRUCE, 1956: s. BRUCE-LEVY. – LIEBSCHER, K., 1954: Eur. Wirtschr. Hersfeld, 89. – LIESHOUT, J. W. VAN, 1959: Landbkund. Tijd. *71*, 147. – LIESHOUT, J. W., VAN, 1960: Centr. v. Landbouwpubl. en Landbouwdocum., Wageningen. – LIETH, H., 1953: Untersuchungen über die Bodenstruktur und andere vom Tritt abhängige Faktoren in den Rasengesellschaften des Rheinisch-Bergischen Kreises. Diss. Köln. – LIETH, H., 1954: Z. Ack. u. Pfl. *98*, 453. – LIETH, H., 1962: Die Stoffproduktion der Pflanzendecke. Stuttgart (G. Fischer). – LIETH, H., & H. ELLENBERG, 1958: Z. Ack.u. Pfl. *106*, 205. – LIIV, J. G., 1966: Proc. 10. Int. Grassl. Congr., 839. – LINDEN, G., A. MÜLLER & P. SCHICKE, 1963: Z. Pflznkrankh. *70*, 399; ref. Ldw. Zbl. *9*, II 1708, 1964. – LINE, C., 1960: Proc. 8. Int. Grassl. Congr., 598. – LINEHAN, P. A., & J. LOWE, 1960: Proc. 8. Int. Grassl. Congr. 133. – LINEHAN, P. A., J. LOWE & R. H. STEWART, 1952: J. Brit. Grassl. Soc. *7*, 73. – LINKOLA, K., 1930: Ann. Soc. Zool.-Bot. Fenn. Van. *11*, 150.– LINKOLA, K., 1935: Acta Forest. Fenn. *42*, 5. – LINKOLA, K., 1937: Forsch. u. Fortschr. *13*, 371. – LINKOLA, K., & A. TIIRIKKA, 1936: Ann. Soc. Zool.-Bot. Fenn. Van. *6* (207 S.). –

LINSTOW, O. VON, 1929: Bodenanzeigende Pflanzen. Abhdl. Preuß. Geol. Landesanst. N.F. *114*, 2. Aufl., Berlin. – LIPINSKY, J., 1967: Fourrages, H. 30, 39. – LIPPERT, G., 1959: Kulttechn. *47*, 251. – LÖHR, L., 1951: Angew. Pflznsoz. A H. 3, 67. – LÖHR, L., 1956: D. fortschr. Ldw. *34*, 4 (Graz). – LÖHR, L., 1963: Kärntner Bauer. – LOGAN, V. S., W. J. PIGDEN, V. J. MILES u.a., 1960: Proc. 8. Int. Grassl. Congr., 652. – LOOMAN, J., 1965: Netherl. J. *13*, 120. – LORCH, M., 1942: DLPr. *69*, 279, 288. – LOW, A. J., 1950: Int. Congr. Soil Science III, 9. – LOW, A. J., 1955: J. Soil Science *6*, 179. – LUCAS, J. A. M., & C. P. MCMEEKAN, 1959: N. Z. J. Agric. Res. *2*, 707. – LÜDDECKE, F., 1957: Z. Ldw. Vers. Unters. *3*, 279. – LUTZ, M., 1953: Mitt. DLG *68*, 309. –

MAERCKS, H., 1950: Nachr.-Bl. Dt. Pflznschutzdienst *2*, 166. – MAERCKS, H., 1963, 1964, 1965: Biol. Bundesanst. Ld.-Forstw. Berlin–Braunschweig Jber. 1963 A 77; 1964 A 75; 1965 A 80. – MAERCKS, H., & E. MÜLLER-KÖGLER, 1964: Biol. Bundesanst. Ld.-Forstw. Berlin–Braunschweig Jber. A 75. – MÄRTIN, B., & H. FRANZKE, 1963: Z. Landeskult. *4*, 297. – MAHN, E. G., 1966: Arch. Naturschutz u. Landschaftsforsch. *6*, 61. – MAJOR, J., & W. T. PYOTT, 1966: Vegetatio *13*, 253. – MAKKINK, G. F., 1949/50: CILO Verslag. – MAKKINK, G. F., 1955: Landbkund. Tijd. *67*, 713. – MAKKINK, G. F., 1959: Jb. Inst. Biol. Scheik. Onderz. ..., 117. – MAKKINK, G. F., 1962: Vijf Jaren Lysimeteronderzoek. Verslag *68*, 1, Wageningen. – MAKUS, A., 1961: Mitt. DLG *76*, 1068. – MALISAUSKENE, V. M., 1964: Trudy Akad. Nauk. Litowsk SSR. Scr. V. Vil'njus Nr. 1, 31; ref. Ldw. Zbl. *10*, II 1432, 1965. – MALOCH, M., 1932: Sborn. Vyzkumn. Wst. Zemed. RCS. *83*. – MANN, H. H., & D. A. BOYD, 1958: J. agric. Sci. 50, 297. – MARCUSSEN, N. R., 1957: Grünld. *6*, 84. – MARCUSSEN, N. R., 1958a: Grünld. *7*, 14. – MARCUSSEN, N. R., 1958b: Grünld. *7*, 65. – MARCUSSEN, N. R., 1959: Mitt. DLG *74*, 56, 629, 701, 1530. – MARCUSSEN, N. R., 1962a: Wirtsch. Fu. *8*, 113. – MARCUSSEN, N. R., 1962b: Mitt. DLG *77*, 400. – MARCUSSEN, N. R., 1963: Wirtsch. Fu. *9*, 280. – MARCUSSEN, N. R., 1965: Mitt. DLG *80*, 772. – MARCUSSEN, N. R., 1967: Mitt. DLG *82*, 122. – MARSCHALL, F., 1960: AGFF Arb., 105. – MARSCHALL, F., 1962: Ber. Chur, 15. – MARSHALL, F., 1963: AGFF Arb. *4*, 31. – MARSHALL, F., 1964: Schweiz. Ldw. Forsch. *1*, 93. – MARSCHALL, F., & E. FREI, 1953: Ldw. Jb. Schweiz *67*, 659. – MARSHALL, J. K., 1967: Field Crop Abs. *20*, 1. – MARTEN, G. C., & J. D. DONKER, 1966: Proc. 10. Int. Grassl. Congr., 359. – MARTIN, K.-H., 1963: Z. Ack. u. Pfl. *117*, 196. – MARTIN, T. W., 1960: Herb. Abs. *30*, 159. – MATTHIES, H. J., 1968: Mitt. DLG *83*, 1615. – MAY, L. H., 1960: Herb. Abs. *30*, 239. – MAYER, R., 1965: Gesunde Pflzn. *17*, 91. – MCDONALD, P., & P. R. ATTWOOD, 1958: J. Brit. Grassl. Soc. *13*, 115. – MCDONALD, P., S. J. WATSON u.a., 1966: Z. Tierphys., Tierern. Futt. *21*, 103. – MCILROY, R. J., 1967: Herb. Abs. *37*, 79. – MCINTYRE, G. I., 1964: Nature *203*, 1084. – MCLUSKY, D. S., 1960: J. Brit. Grassl. Soc. *15*, 181. – MCMEEKAN, C. P., 1956: Proc. 7. Int. Grassl. Congr., 146. – MCMEEKAN, C. P., 1960: Proc. 8. Int. Grassl. Congr., 21. – MCMEEKAN, C. P., 1966: Proc. 10. Int. Grassl. Congr., 45. – MEHNER, A., 1950: Züchtgskde. *22*, 32. – MEHNER, A., & W. GRABISCH, 1956: Züchtgskde *28*, 80. – MEISEL, K., 1958: Angew. Pflznsoz. B *15*, 118. – MEISEL, K., 1960: Die Auswirkung der Grundwasserabsenkung auf die Pflanzengesellschaften im Gebiet um Moers (Niederrhein). Arb. a. d. Bundesanst. f. Veget.-Kartierung (Stolzenau). – METCALFE, C. R., 1960: Anatomy of the Monocotyledons. 1. Gramineae. Oxford (Univ. Press). – MEVIUS, W., 1927: Reaktion des Bodens und Pflanzenwachstum. (Natw. u. Landw. H. 11) Freising–München (Datterer). . – MEVIUS, W., 1931: Die Bestimmung des Fruchtbarkeitszustandes des Bodens auf Grund des natürlichen Pflanzenbestandes. Handb. d. Bodenlehre *8*, 49. – MEYER, J., 1960: Z. Ack. Pfl. *111*, 289. – MEYER, J., 1961: Gesunde Pflzn. *13*, 207. – MICHAEL, G., & B. BLUME, 1957: Arch. Tierern. *7*, 181. – MICHAELIS, 1956: Infelder Reihe I, 60, Oldenburg. – MIEHE, H., 1930: Arb. DLG, H. 196, 2. Aufl. – MIKHAILOVSKAYA, I. S., 1967: Bot. Zh. SSSR *52*, 379. – MILLER, T. B., 1961: Herb. Abs. *31*, 81, 163. – MILLER, W. J., C. M. CLIFTON u.a., 1962: J. Dairy Sci. *45*, 403. – MILTHORPE, F. L., & J. L. DAVIDSON, 1966: In Milthorpe/Ivins 1966, 241. MILTHORPE, F. L., & J. D. IVINS, 1966: The growth of cereals and grasses. London (Butterworths). – MILTON, 1943: Welsh J. Agr. *17* – MILTON, W. E. J., 1938: Welsh J. Agric. *14*, 182. – MILTON, W. E. J., 1940: J. Ecol. *28*, 326. – MILTON, W. E. J., 1953: Emp. J. exp. Agric. *21*, 116. – MILTON, W. E. J., & R. O. DAVIES, 1947: J. Ecol. *35*, 65. – MINDERHOUD, J. W., 1959: Landb. voorl. *16*, 24. – MINDERHOUD, J. W., 1960: Grasgroei en Grondwaterstand. Diss. Wageningen. – MININA, J. P., 1960: Proc. 8. Int. Grassl. Congr., 307. – MINSON, D. J., C. E. HARRIES u.a., 1964: J. Brit. Grassl. Soc. *19*, 298. – MITCHELL, B., 1966: Farm Res. News *7*, 90; ref. Ldw. Zbl. *12*, II 1102, 1967. – MITCHELL, K. J., 1953a: Physiol. Pl. *6*, 21. – MITCHELL, K. J., 1953b: Physiol. Pl. *6* 425. – MITCHELL, K. J., 1954: Physiol. Pl. *7*, 51. – MITCHELL, K. J., 1956a: J. N. Z. Sci. Technol. A *38*, 203. –

MITCHELL, K. J., 1956b: Proc. 7. Int. Grassl. Congr., Paper 4, 58. – MITCHELL, K. J., & S. T. J. COLES, 1955: N. Z. J. Sci. Techn. A *36*, 586. – MITCHELL, K. J., & R. LUCANUS, 1962: N. Z. J. agric. Res. *5*, 135. – MITCHELL, K. J., & K. SOPER, 1958: N. Z. J. agric. Res. *1*, 1. – MOLEN, H., VAN DER, J. KOELSTRA & A. DE WINTER, 1959: Die moderne Grünlandwirtschaft in den Niederlanden. Bochum (Ruhrstickstoff Nr. 8). – MONHEIM, F., 1943: Die Bewässerungswiesen des Siegerlandes. Forschgn. z. dt. Landeskunde *42*, Leipzig. – MONHEIM, F., 1959: Festschr. Th. Kraus, 359. Bundesanst. f. Landeskunde ... (Bad Godesberg). – MOON, F. E., 1954: J. agr. Sci. *44*, 140. – MOON, F. E., & A. K. PAL, 1949: J. Agric. Sci. *39*. – MORACZEWSKI, R., 1961: Z. Pflznern., Dgg. Bodenk. *92* (137), 1. – MORGENWECK, G., 1940/41: Pflanzenb. *17*, 33, 75. – MORGENWECK, G., 1941/42: Pflanzenb. *18*, 161. – MOSER, H., 1962: Bay. Ldw. Jb. *39*, 99. – MOSER, L. E., 1967: Diss. Abs. *28*, 2229B. – MOSLAND, A., 1962: Tijdsskrift Norske Landbruk *69*, 109 (Oslo). – MOSS, G. R., 1965: N. Z. J. Agric. *111* (2), 42; ref. Weed Abs. *15*, 13, 1966. – MOTT, G. O., 1960: Proc. 8. Int. Grassl. Congr., 606. – MOTT, N., 1953: Untersuchungen über die tatsächliche Förderleistung von Grundwasser in natürlich gelagerten Böden. Diss. Bonn. – MOTT, N., 1956: Grünld. *5*, 17. – MOTT, N., 1961a: Stählin-Festschr., 82. – MOTT, N., 1961b: Ber. d.1.Alpenländ. Grünlandtgg., Bundesversuchsanst. Gumpenstein, 86. – MOTT, N., 1962a: Ber. Chur, 155. – MOTT, N., 1962b: Ldw. Wbl. Westfalen-Lippe, Folge 24. – MOTT, N., 1963a: Mitt. DLG *78*, 609. – MOTT, N., 1963b: Wirtsch. Fu. *8*, 12. – MOTT, N., 1964a: Ldw. Wochenbtt. Westf. Folge 7. – MOTT, N., 1964b: Klapp-Festschr., 269. – MOTT, N., 1966: Ldw. Wochenbtt. Westf., Folge 7. – MOTT, N., 1968a: Mitt. DLG *83*, 436. – MOTT, N., 1968b: Landw. Wochenbl. Westf./Lippe, Folge 2, 3. – MOTT, N., & G. MÜLLER, 1969: Wirtsch. Fu. *15*, 96. – MÜCKENBERGER, K., 1963: Wirtsch. Fu. *9*, 297. – MÜCKENHAUSEN, E., 1962: Entstehung, Eigenschaften und Systematik der Böden der Bundesrepublik Deutschland. Frankfurt/M. (DLG). – MÜHLE, E., & TH. WETZEL, 1966: 4. Leipziger Grünl.-Sympos. 212; ref. Ldw. Zbl. *12*, II 2663, 1967. – MÜLLER, A. VON, 1956: Über die Bodenwasser-Bewegung unter einigen Grünland-Gesellschaften des mittleren Wesertales und seiner Randgebiete. Angew. Pflznsoz. B. H. 12. – MÜLLER, G., 1933: Dt. Ldw. Tierz. *37*, 556. – MÜLLER, G., 1939: Futterb. u. Gärfu.-Bereit., 175. – MÜLLER, G., 1951a: Z. Ack. u. Pfl. *93*, 464. – MÜLLER, G., 1951b: Ldw.-Z. Nord-Rheinprov. *98*. – MÜLLER, G., 1959: Grünld. *8*, 37. – MÜLLER, G., 1960: Grünld. *9*, 53. – MÜLLER, G., 1964: Z. Ack. Pfl. *119*, 283. – MÜLLER, G., 1965a: Ldw. Wbl. Westf.-Lippe, F. 8. – MÜLLER, G., 1965b: Z. Ack. u. Pfl. *121*, 171. – MÜLLER, G., 1966: Ldw.-Z. Nord-Rheinprov. *113*, Nr. 12. – MÜLLER, G., & N. MOTT, 1967: Mitt. DLG *82*, 1067. – MÜLLER, G., & H. ORTH, 1963: Z. Ack. Pfl. *118*, 275. – MÜLLER, H., 1953: Grünld. *2*, 41. – MÜLLER, H., 1958: Grünld. *7*, 76. – MÜLLER, R., 1966: Bay. Ldw. Jb. *43*, 750. – MÜLLER, SABINE, 1966: Die Bedeutung von Deschampsia caespitosa (L.) P.B. auf dem Dauergrünland. – Dipl.-Arb. Halle/Wittenberg; ref. Ldw. Zbl. *12*, II 1645, 1967. – MÜLLER-STOLL, W. R., & H. FREITAG, 1957: Angew. Meteor. *3*, 16. – MÜNZINGER, A., & F. VON BABO, 1931: Ldw. Jb. *73*, 139. – MÜNZINGER, A., V. HOPFE & K. SPERBER, 1937: Ber. ü. Ldw., Sdh. 125. – MUES, H., 1957: Wurzelmasse und organische Substanz im Wiesendüngungsversuch Röttgen. Diss. Bonn. – MUKULA, J., 1963: Ann. Agric. Fenn. *2*, Nr. 4, 1; ref. Ldw. Zbl. *9*, II 2897, 1964. – MULDER, E. G., 1949: Verhdlber. 5. Int. Grünld. Kongr., 61. – MUNK, H., 1964: Bay. Ldw. Jb. *41*, 165. – MUNK, H., & G. K. JUDEL, 1964: 5. Congr. mond. des fertilisants. – MURDOCH, J. C., 1960: Proc. Int. Grassl. Congr. *3/4*, 13. – MURDOCH, J. C., 1965: J. Brit. Grassl. Soc. *20*, 54. – MURDOCH, J. C., & M. C. HOLDSWORTH, 1958: J. Brit. Grassl. Soc. *13*, 55. – MURPHY, W. J., O. H. FLETCHALL & E. J. PETERS, 1962: Res. Rep. 19. N. Cent. Weed Contr. Conf.; ref. Weed Abs. *13*, 296, 1964.

NAUMANN, K., & K. BARTH, 1959: Ldw. Forsch. *12*, 186. – NAUMANN, S., 1966: Wiss. Z. Humboldt-Uni. Berlin *15*, 281. – NAZARUK, M., 1963: Wiad. Mel. Łąk. *6*, Nr. 3, 74; ref. Ldw. Zbl. *9*, II 2000, 1964. – NEČAEVA, N. T., 1960: Proc. 8. Int. Grassl. Congr., 360. – NEENAN, M., T. WALSH & L. B. O'MOORE, 1956: Proc. 7. Int. Grassl. Congr., Paper 31a. – NEHRING, K., 1961: Z. Agrarökon. *4*, 167. – NEHRING, K., & M. HOFFMANN, 1967: Arch. Tierern. *17*, 263. – NELLER, J. R., 1960: Proc. 8. Int. Grassl. Congr., 90. – NEUBAUER, H., 1921: Mitt. DLG *36*, 695. – NEUHAUS, H., 1967: Vortrag, Infeld. – NEURURER, H., 1959: Ergebnisse aus 2jährigen Versuchen zur chemischen Bekämpfung des Sumpfschachtelhalms (Equisetum palustre L.). Vortr. Hohenheim. – NEURURER, H., 1961: Pflznarzt (Wien) *13*, 105; ref. Weed Abs. *11*, 16, 1962. – NICHOLSON, A. H., 1962: Fmr. Stckbreed. *76*, 93, 95; ref. Weed Abs. *11*, 268. – NICOLAISEN, W., & M. SEELBACH, 1943: Ldw. Jb. *92*, 712. – NIENHAUS, A., 1961: Untersuchungen der Wirtschaftlichkeit von Güllebetrieben in den Höhenlagen Nordrhein-Westfalens. Forsch. Berat. B (Hiltrup/Westf.). – NIEN-

STEDT, E., 1966: Wirtsch. Fu. *12*, 337. – NIESCHLAG, F., 1956: Infelder Reihe *1*, 41. – NIESCHLAG, F., 1961: Der fruchtbare Boden. Frankfurt/M. (DLG). – NIESCHLAG, F., 1963: Wirtsch. Fu. *9*, 21. – NIESCHLAG, F., & M. MÜLLER, 1955a: Prax. Forsch. *7*, 1 (Oldenburg). – NIESCHLAG, F., & M. MÜLLER, 1955b: Prax. Forsch. *7*, 170 (Oldenburg). – NIESCHULZ, A., & K. PADBERG, 1954: Betriebswirtschftliche Untersuchungen über den Handelsdüngeraufwand im Bundesgebiet. Bochum (Ruhrstickstoff Nr. 4). – NIESCHULZ, A., & P. SCHÜHLY, 1957: Stand und Aussichten der Düngerwirtschaft im Bundesgebiet. Bochum (Ruhrstickstoff Nr. 6). – NIESE, G., 1959: Arch. Mikrobiol. *34*, 285. – NIGGL, L., 1953: Die Geschichte der deutschen Grünlandbewegung 1914–1945. – NILSSON, R., & C. RYDIN, 1960: Proc. International Grassl. Congr., *3*, 4. – NISSEN, O., 1960: Proc. 8. Int. Grassl. Congr., 310. – NITZSCH, W. VON, 1933: Über die Wasserbewegung und Porosität des Bodens. RKTL-Schrift *41*. – NÖSBERGER, J., 1964a: Blattfläche und Trockensubstanzproduktion von Kleebeständen in Abhängigkeit von den Umweltbedingungen. Diss. Zürich. – NÖSBERGER, J., 1964b: Schweiz. Ldw. Forsch. *1*, 7. – NORMAN, M. J. T., 1956: J. agric. Sci. *47*, 157. – NORMAN, M. J. T., 1957: J. Brit. Grassl. Soc. *12*, 246. – NORMAN, M. J. T., & J. O. GREEN, 1957: J. Brit. Grassl. Soc. *12*, 30, 74. – NORMAN, M. J. T., & J. O. GREEN, 1958: J. Brit. Grassl. Soc. *13*, 39. – NORMAN, M. J. T., A. W. KEMP & J. E. TAYLER, 1957: Meteorol. Magaz. *86*, 148. – NORTON, B. E., & J. W. MCGARITY, 1965: J. Brit. Grassl. Soc. *20*, 101. – NOWINSKI, M., 1963: Nowe Roln. *12*, Nr. 19, 36; ref. Ldw. Zbl. *10*, II 294, 1965. – NUNGESSER, L. C., 1951: Die Kräuterweide. Darmstadt.

OBERDORFER, E., 1951: Forstwiss. Centralbl. *70*, 117. – OBERDORFER, E., 1962: Pflanzensoziologische Exkursionsflora ... 2. Aufl. Stuttgart (Ulmer). – OBRITZHAUSER, W., 1961: Fragen Güllerei, 165. – ØDELIEN, M., 1949: Verhdlber. 5. Int. Grünlandkongr., 53. – O.E.E.C., 1954a: Pasture and fodder production in North West Europe, Paris. – O.E.E.C., 1954b: Conférence européenne des herbages. Paris. – OEHRING, M., 1966: Mitt. DLG *81*, 1202. – OEHRING, M., 1967a: Mitt. DLG *82*, 574. – OEHRING, M., 1967b: Z. Ack. u. Pfl. *125*, 145. – OLBERTZ, M. H., 1959: Wiss. Z. Uni. Rostock *7*, 473. – OLDE RICKERINK, J. H. A. M., 1965: Proefstat. Akk.-en Weideb. Rapp. *194*, Wageningen, 1. – OLOFSSON, S., 1960: Ref. Ldw. Zentrbtt. 1961, 663. – OLSEN, C., 1923: Compt. rend. Lab. Carlsberg *15*. – OLSEN, K. H., 1959: D. Landw. i. d. Europ. Wirtsch.-Gem., 44. – OLSZEWSKA, L., 1964: Roczn. Nauk. Roln. Ser. F *76*, 135; ref. Ldw. Zbl. *10*, II 2222, 1965. – OLSZEWSKA, L., 1965: Roczn. Nauk. Roln. Ser. F *76*, 541; ref. Herb. Abs. *15*, 194, 1966. – OLSZEMSKA, L., 1967: Roczn. Nauk. Roln. Ser. F *76*, 687; ref. Ldw. Zbl. *13*, II 1105, 1968. – OMROD, J. F., 1960: Proc. Brit. Weed Contr. Conf. *4*, 241. – OOSTENDORP, D., 1960a: Landbkund. Tijd. *72*, 363. – OOSTENDORP, D., 1960b: Landb.voorl. *17*, 39. – OOSTENDORP, D., z.T. mit T. BOXEM & J. A. KEUNING, 1961–1965: Bericht d. Proefstat. Akker- en Weideb., Wageningen. – OOSTENDORP, D., & H. E. HARMSEN, 1966: Proefstat. Akk.-en Weideb. Publ. *29*. – OOSTENDORP, D., & M. HOOGERKAMP, 1967: Wirtsch. Fu. *13*, 94. – ORTH, A., 1953 Untersuchungen über den Einfluß der Lagerung von Wiesenheu in gehäckselter und ungehäckselter Form auf den Nährstoffgehalt. Ldw.-Angew. Wiss. Nr. 7, Ldw. Verl. Hiltrup/Westf. – ORTH, A., 1958: Arch. DLG *21*, 49. – ORTH, A., 1959: Vortrag DLG-Ausschuß Grünld. Krefeld. – ORTH, A., 1963: Silage und ihre Verfütterung. Frankfurt/M., DLG-Verlag. – ORTH, A., u.a., 1957: Fu. Konserv. *3*, 151. ORTH, A., & W. KAUFMANN, 1961: Die Verdauung im Pansen und ihre Bedeutung für die Fütterung der Wiederkäuer. Hamburg (Parey). – ORTH, A., & W. KAUFMANN, 1966: Z. Tierphys., Tierern. Futt. *21*, 350. – ORTH, A., W. KAUFMANN & K. ROHR, 1966: Wirtsch. Fu. *12*, 1. – ORTH, A., & G. KOCH, 1963: Wiss. Veröff. Dt. Ges. Ernähr. *9*, 363. – ORTH, H., 1955: Z. Ack. Pfl. *99*, 479. – OSBOURN, D. F., D. J. THOMSON & R. A. TERRY, 1966: Proc. 10. Int. Grassl. Congr., 363. – O'SULLIVAN, M., 1968: J. Sci. Food Agric. *19*, 12; ref. Ldw. Zbl. *13*, II 2133. – OSWALT, D. L. u.a., 1959: Proc. Soil Sci. Soc. Amer. *23*, 328. – OTREMBA, E., & M. KESSLER, 1965: Die Stellung der Viehwirtschaft im Agrarraum der Erde. Wiesbaden (F. Steiner). – OTTO, M., 1958: Wirkung der erstjährigen Nutzung auf die Entwicklung von Kleegrasmischungen. Diss. Bonn.

PAASCH, E.-W., 1954: Kühnarch. *68*, 1. – (PADBERG) 1957: Die wirtschaftliche Lage der Futterbetriebe in der Bundesrepublik. Ber. ü. Ldw. *167*, Sdh. – PÄTZOLD, H., 1963: Dt. Landw. *14*, 497. – PÄTZOLD, H., 1965: Proc. 9. Int. Grassl. Congr., 1175. – PÄTZOLD, H. & W. STOTTMEISTER, 1966: Proc. 10. Int. Grassl. Congr. (nicht im Bericht). – PÄTZOLD, H., W. STOTTMEISTER & L. BASEDOW, 1963: Int. Z. f. Ldw., 64. – PALLMANN, H., 1945: Schweiz. Ldw. Mh. *23*, 3. – PALLMANN, H., 1948: Verh. Schweiz. Natf. Ges. St. Gallen, 23. – PALLMANN, H., & O. DÖNZ, 1939: Mitt. der ETH Zürich. – PALMER, J. H., 1958: New Phytol. *57*, 145. – PAPENDICK, K., 1961: Neues zur Heubelüftung. Ber. Eichhof. –

PAPENDICK, K., 1967a: Z. Tierphys., Tierern. Futt. *22*, 276. – PAPENDICK, K., 1967b: Z. Tierphys., Tierern. Futt. *23*, 92. – PAPENDICK, K., 1967c: Heubelüftung heute. Manuskr. Bad Hersfeld-Eichhof. – PATEL, A. S., & J. P. COOPER, 1961: J. Brit. Grassl. Soc. *16*, 299. – PAULICK, G., 1955: Fu. Konserv. *1*, 241. – Paulinenauer Schlüssel zur Weideprämierung, 1965: Bezirkslandwirtschaftsinstitut Rostock, Empfehlungen 3/65. – PAVLYCHENKO, TH. 1942: Nat. Research Counc. Canada (Ottawa). – PEARCE, G. A., 1963: J. Agric. West Australia *4*, 459, 466; ref. Ldw. Zbl. *9*, II 861, 1964. – PERGANDE, H., 1954: Z. Ack. u. Pfl. *97*, 423. – PERKOW, W., 1968: Die Insektizide – Chemie, Wirkungsweise und Toxizität. 2. Aufl. Alfred Hüthig Verl., Heidelberg. – PERSIKOVA, Z. I., 1959: Bjull. Moskovsk. obšč. *64*, 61. – PESCHKE, G., 1953: Untersuchungen über die maschinelle Bodenheuwerbung. Diss. Hohenheim. – PETERSEN, A., 1927: Die Taxation von Wiesenländereien a. Grund des Pflanzenbestandes. Berlin (Kühn). – PETERSEN, A., 1954: Die Gräser. Berlin (Akad. Verlag). – PETERSEN, A., 1962: Dt. Akad. Taggsber. *52*, 7. – PETERSON, R. A., 1966: Proc. 10. Int. Grassl. Congr., 50. – PFULB, K., 1961: Fu. konserv. *5*, 138. – PHILIPSEN, P. J. J., 1965a: Landb. mech. no. 16. 05, 491. – PHILIPSEN, P. J. J., 1965b: Wirtsch. Fu. *11*, 223. – PHILLIPS, & R. K. PFEIFFER, 1959: Ein Beispiel der Beziehung zwischen Schmackhaftigkeit der Weiden und selektiver Hahnenfußbekämpfung. Ref. Hohenheim. – PIEL, H., 1958: Z. Ack. u. Pfl. *106*, 173. – PIETSCH, R., 1964: Z. Ack. u. Pfl. *119*, 347. – PIGDEN, W. J., & J. E. R. GREENSHIELDS, 1960: Proc. 8. Int. Grassl. Congr., 594. – PILASKI, W., & O. WALDEN, 1961: Phosph. *21*, 273. – PLATE, D., 1965: Der Gehalt an Inhaltsstoffen einiger Grünlandpflanzen in Abhängigkeit vom Standort und Vegetationszeitpunkt. Diss. Bonn. – PLAYNE, M. J., & P. McDONALD, 1966: J. Sci. Food. Agric. *17*, 264. – POELT, H., 1957: Unterdachtrocknung. München, Bay. Ldw. Verlags. Ges. – POELT, H., & L. RUDER, 1957: Prakt. Bl. Pfl.bau u. Pfl.schutz H. 2, 53. – PÖTKE, E., 1953: Dt. Ldw. *4*, 268. – PÖTKE, E., 1954: Dt. Ldw. *5*, 404. – POHLER, H., 1963: Symp. Inst. f. Grünld. u. Futterb., Leipzig, 119. – POLHEIM, P. VON, & H. DIETRICH, 1955: Ldw. Forsch. *8*, 118. – POLLACK, P., 1966: Z. Landeskult. *7*, 165. – POPPE, S., 1963: Z. ldw. Vers.- u. Unters.wes. *9*, 263. – POSCHENRIEDER, H., & R. LEUTHOLD, 1962: Bay. Ldw. Jb. *39*, 237. – POTT, E., 1907: Handbuch der tierischen Ernährung und der landwirtschaftlichen Futtermittel. Berlin, 2. Aufl. (P. Parey). – POZO IBANEZ, M. DEL, 1963: Verslag H. 69, 17. – PREISING, E., 1950: Mitt. Florist.-soz. A.-G., N.F. *2*, 33. – PRENK, J., 1960: D. Wasserwirtsch. *50*, H. 6. – PRENK, J., 1967: Wasser Bod. *19*, 142. – PRESCOTT, J. A., 1956: Proc. 7. Int. Grassl. Congr. Paper 1. – PRILLWITZ, H. G., 1964: Die Weißährigkeit der Wiesengräser. Mitt. Biol. Bundesanst. Ld.-Forstw. Berlin-Dahlem H. 114. Berlin–Hamburg P. Parey). – PRILLWITZ, G., & K. BUHL, 1964: Biol. Bundesanst. Ld.-Forstw. Berlin–Braunschweig Jber. 1964 A 70. – PRONCZUK, J., 1966: Eur. Grassl. Fed. 84. – PURVES, D., & P. McDONALD, 1963: J. Brit. Grassl. Soc. *18*, 220. – PUTNAM, A. R., & S. K. RIES, 1967: Weed Res. *7*, 191.

QUADFLIEG, 1956: Grünld. *5*, 69.

RAABE, E.-W., 1955: Mitt. flor.-soz. A.G. B *5*, 177. – RAABE, E. W., 1957: Schrift. Natw. Verein Schlesw.-Holst. *28*, 143. – RAABE, E. W., 1960: Schrift. Natw. Verein Schlesw.-Holst. *31*, 25. – RABOTNOV, T. A., 1954: Soc. bot. de l'URSS (Moskau), 653. – RABOTNOV, T. A., 1959: Dt. Akad. Taggsber. *16*, 191. – RABOTNOV, T. A., 1960: Proc. 8. Int. Grassl. Confer., 260. – RABOTNOV, T. A., 1965a: Experimentelle Studien über die Produktivität der Zusammensetzung der Graszönose. Kasan, 206. – RABOTNOV, T. A., 1965b: Europ. Grassl. Fed. 1966, 109. – RABOTNOV, T. A., 1966a: Proc. 10. Int. Grassl. Congr., 835. – RABOTNOV, T. A., 1966b: Vegetatio, 109. – RABOTNOV, T. A., 1966c: Or. Russ., ref. in Herb. Abs. *36*, 269. – RADEMACHER, B., 1948: Z. Pflznkrankh. *55*. – RADEMACHER, B., 1953: Z. Ack. Pfl. *96*, 414. – RADEMACHER, B., 1954: Z. Ack. Pfl. *97*, 1. – RADEMACHER, B., 1956a: Wuchsstoffe mit günstiger Selektivität für Leguminosen. Vortr. Hohenheim. – RADEMACHER, B., 1956b: Unkrautbekämpfung auf Acker und Wiese. Vortr. Ravensburg; ref. Kurz Bündig *9*, 83. – RADEMACHER, B., 1957: Die Möglichkeit einer zusätzlichen Bekämpfung der Grünlandunkräuter mit chemischen Mitteln. Vortr. Cochem. – RADEMACHER, B., 1958: Mitt. DLG *73*, 532. – RADEMACHER, B., 1964: Z. Pflznkrankh. *71*, So.-H. 1, 98; ref. Ldw. Zbl. *11*, 579. 1966. – RADEMACHER, B., 1966: Beobachtungen in Dauerversuchen mit Unkräutern und Herbiziden. Mitt. Biol. Bundesanst. Ld.-Forstw. Berlin-Dahlem H. 121. – RADEMACHER, B., 1968: Z. Pflznkrankh. *75*, So.-H. 4, 11. – RADEMACHER, B., & K. EPPLE, 1965: Gesunde Pflzn. *17*, 182. – RADTKE, R., 1931: Die Dauerweiden im Freistaat Sachsen. Diss. Leipzig. – RADTKE, R., 1934: Mitt. Ldw. *49*, 48. – RAMENSKIJ, L. R. u. Mitarb., 1956: Die ökologische Beurteilung der Futterflächen nach der Pflanzendecke (Russisch). Moskau. – RAPPE, G., 1945: Imp. Bur. Bull. *33*, 13. –

RAPPE, G., 1951: Plant and Soil 3, 309. – RAPPE, G., 1955: 5. Conf. Soc.-Biol. Rhythm., Suppl. (Stockholm). – RAPPE, G., 1963a: Oikos *14*, 43 (Copenhagen). – RAPPE, G., 1963b: Oikos *14*, 224 (Copenhagen). – RAPPE, G., 1964: Oikos *15*, 140 (Copenhagen). – RAUM, H., 1923: Ldw. Jb. Bay. *13/14*, 24, 34. – RAUM, H., 1927: Jb. Weidew. Futterb. *9*, 1. – RAUM, H., 1932: Z. Pflzern., Dgg. Bodenk. *11*, 537. – RAUM, H., 1952: Z. Pflzb. Pflzschutz *3*, 39. – RAWES, M., & D. WELCH, 1964: J. Brit. Grassl. Soc. *19*, 403. – RAYMOND, W. F., 1957: Proc. Nutrition Soc. *16*, 20. – RAYMOND, W. F., 1966: In Milthorpe/Ivins 1966, 259. – RAYMOND, W. F., C. E. HARRIS u.a., 1953, 1954: J. Brit. Grassl. Soc. *8*, 301; *9*, 61. – RAYMOND, W. F., D. J. MINSON u.a., 1956: Proc. 7. Int. Grassl. Congr., 123. – RAYMOND, W. F., & C. R. SPEDDING, 1965: Europ. Grassl. Fed. 1966, 151. – REBISCHUNG, J., 1956a: Bull. techn. d'Inform.des Ing. d. Serv. Agr. *115*. – REBISCHUNG, J., 1956b: Proc. 7. Int. Grassl. Congr., 222. – REBISCHUNG, J., 1962: Ann. Amélior. Pl. *12*, 175. – REGAL, V., 1956: Ann. čsl. Akad. agr. Sci. Pl. prod. Ser. *29*, 565. – REGAL, V., 1958: Sborn. Československ. Akad. Zem. Věd. Rostl. Výr. 1201 (und frühere Arbeiten) – REGAL, V., 1966: Proc. 10. Int. Grassl. Congr., 245. – REGAL, V., & J. STRAFELDA, 1955: Sborn. Českosl. Akad. Zeměd. *28*, 771. – REICHELT, G., 1955a: Arch. Meteorol., Geophys., Bioklimatol. *6*, 374. – REICHELT, G., 1955b: Wetter u. Leben *6*, 1. – REID, D. (z.T. mit D. S. MCLUSKY), 1960, 1966: J. agr. Sci. *54*, 158 u. *66*, 101. – REID, J. TH., & W. KEITH KENNEDY, 1956: Proc. 7. Int. Grassl. Congr., 116. – REINCKE, R., 1933: DLPr. *60*, 425. – REINTJES, R., 1929: Untersuchungen über die selektive Beeinflussung des Pflanzenbestandes von Wiesen und Weiden. Diss. Bonn. – REITH, J. W. G., R. H. E. INKSON, u.a. 1964: J. agric. Sci. *63*, 209. – REMUS, A., 1964a: Klapp-Festschr., 75. – REMUS, A., 1964b: Z. Ack. u. Pfl. *119*, 29. – REMY, TH., 1923: Ldw. Jb. *58*, 655. – REMY, TH., 1933: Mitt. DLG *48*, 938 u. 968. – REMY, TH., A. DHEIN & G. WULKOTTE, 1932: Ldw. Jb. *76*, 575. – REMY, TH., & J. VASTERS, 1931: Ldw. Jb. *73*, 521. – REPP, G., 1959: Z. Ack. Pfl. *107*, 49. – REYNTENS, H. (o. J.): Minist. Landbouw, Brüssel. – RHODES, J., 1968a: J. Brit. Grassl. Soc. *23*, 129. – RHODES, I., 1968b: J. Brit. Grassl. Soc. *23*, 247. – RICHARDSEN, A., 1937: Dt. Ldw. Tierzucht *41*, Nr. 36/37. – RICHTER, G., 1966: Arch. Pflznschutz *2*, 195, 216; ref. Ldw. Zbl. *12*, II 2163. 1967. – RICHTER, K., & H. J. OSLAGE, 1960: Fu. Konserv. *3*, 22. – RICHTER, W., 1952: Grünld. *1*, 57. – RICHTER, W., 1956a: Pflanzensoziologische Untersuchungen im nordwestdeutschen Grünland nach Wuchsstoffbehandlung. Vortr. Hohenheim. – RICHTER, W., 1956b: Erfahrungen bei der Bekämpfung einiger in Nordwestdeutschland wichtiger Grünlandunkräuter mit Wuchsstoffherbiziden. Vortr. Hohenheim. – RICHTER, W., 1959: Grünld. *8*, 63. – RICHTER, W., 1960a: Prax. Forsch. *12*, 170. – RICHTER, W., 1960b: Nachr.-Bl. Dt. Pflznschutzdienst *11*, 138. – RICHTER, W., 1963: Z. Ack. Pfl. *116*, 205. – RICHTER, W., 1965a: Biol. Bundesanst. Ld.-Forstw. Berlin–Braunschweig Jber. A 79. – RICHTER, W., 1965b: Biol. Bundesanst. Ld.-Forstw. Berlin–Braunschweig A 80. – RICHTER, W., 1965c: Biol. Bundesanst. Ld.-Forstw. Berlin–Braunschweig Jber. A 81. – RICHTER, W., 1966: Gesunde Pflzn. *18*, 108, 110. – RICHTER, W., 1967: Biol. Bundesanst. Ld.-Forstw. Berlin-Braunschweig Jber. A 100. – RICHTER, W., & W. HOLZ, 1958: Grünld. *7*, 38. – RICHTER, W., & W. HOLZ, 1959: Über den Ganzflächeneinsatz von Wuchsstoffherbiziden im Dauergrünland. Vortr. Hohenheim. – RICHTER, W., & W. HOLZ, 1960: Z. Ack. u. Pfl. *110*, 289. – RIDLEY, J. R., 1967: Diss. Abstr. *28*, 13B. – RIEHM, H., & W. SCHOLL, 1965: Phosph. *25*, 151. – RIPPEL-BALDES, A., 1955: Grundriß der Mikrobiologie. 3. Aufl. Berlin, Springer-Verlag. – RIST, M., 1957: Bauen a. d. Lande *8*, 145. – ROBSON, M. J., 1967: J. appl. Ecol. *4*, 475. – ROCHAIX, M. M., 1951: Ass. Développ. cult. fourr. *46*, 1 (Bern). – ROCHOW, M. VON, 1956: Ber. Geobot. Inst. Rübel, Zürich, 50. – ROGUSKI, W., & Z. CIEŚLIŃSKI, 1964. Roczn. Nauk Roln. *76*, 55 (poln.). – ROHR, K., & W. KAUFMANN, 1967: Wirtsch. Fu. *13*. 85. – ROSCOE, B., & J. S. BROCKMANN, 1960: Proc. 8. Int. Grassl. Congr., 249. – ROSSELET, F., 1965: AGFF, Arb. *6*, 12. – ROTH, D., 1963: Dt. Landw. *14*, 44. – ROTH, D., 1965a: Z. Landeskult. *6*, 39. – ROTH, D., 1965b: Dt. Ldw. *16*, H. 8. – ROTH, D., 1967a: Z. Landeskult. *8*, 281. – ROTH, D., 1967b: Z. Landeskult. *8*, 71. – ROTH, D., 1967c: Wiss. Z. Uni. Jena *16*, 391. – ROTH, D., 1968: Feldwirtsch. *9*, 463. – ROTH, D., u. K. SCHWARZ, 1968: Z. Landeskult. *9*, 53. – Rothamsted Exp. Station, 1966: Details of the classical and longterm Experiments up to 1962. Harpenden, England. – ROTHKEGEL, W., 1947: Landwirtschaftliche Schätzungslehre. Stuttgart (Ulmer). – ROWLANDS, A., 1966: J. Brit. Grassl. Soc. *21*, 174. – ROWSELL, J., 1965: J. Brit. Grassl. Soc. *20*, 1. – RUANE, J. B., & T. F. RAFTERY, 1964: J. Brit. Grassl. Soc. *19*, 376. – RUDZITIS, A., 1954: Z. Ack. u. Pfl. *98*, 343. – RUGE, U., & W. STACH, 1968: Angew. Bot. *42*, 69. – RUMBURG, C. B., & W. A. SAWYER, 1965: Agron. J. *57*, 245; ref. Ldw. Zbl. *11*, II 454, 1966. – RUNCIE, K. V., 1960: Proc. 8. Int. Grassl. Congr., 644. – RUNGE, F.,

1967: Natur u. Heimat *27*, 45. – RUSSEL, E. W., 1966: In MILTHORPE/IVINS 1966, 138. – RUUTUNEN, E., & E. HUOKUNA, 1964: Maat. Koetoim. *18*, 187. – RYDIN, C., 1964: Lantbrukshoegsk. Ann. *30*, 465. – RYLE, G. J. A., 1963: Ann. Bot. *27*, 453. – RYLE, G. J. A., 1964a: J. Bot. Grassl. Soc. *19*, 281. – RYLE, G. J. A., 1964b: Ann. appl. Biol. *53*, 311. – RYLE, G. J. A., 1966a: Ann. appl. Biol. *57*, 257. – RYLE, G. J. A., 1966b: Ann. appl. Biol. *57*, 269. – RYTOVA, N. G., 1967a: Bot. Zh. SSSR *52*, 249. – RYTOVA, N. G., 1967b: Bot. Zh. SSSR *52*, 1097.

SACHS, E., 1942: Pflanzenb. *18*, 257. – SACHS, E., 1953/54: Grünld. *10*, 33. – SAID, J. M., 1959: Verslag Nr. 65/6, Wageningen. – SALVADORI, C., 1952a: DLPr. *75*, 160. – SALVADORI, C., 1952b: Grünld. *1*, 27. – SALVADORI, C., 1954: Grünld. 3. – SALVADORI, C., 1955: Grünld. *4*, 74. – SALVADORI, C., 1958: Grünld. *7*, 21, 35. – SALVADORI, C., 1963: Wirtsch. Fu. *9*, 219. – SALVADORI, C., 1964: Z. Ack. u. Pfl. *119*, 159. – SALVADORI, C., & B. SPEIDEL, 1956: Grünld. *5*, 38. – SALZMANN, R., 1939: Schweiz. ldw. Monatsh. *17*, 172. – SANDERS, M., & M. L. 'T HART, 1950: CILO Versl. – SANDKÜHLER, W., 1943: Mitt. DLG *58*, 567. – SATO, K., N. NISHIMURA & M. ITO, 1965: J. Jap. Soc. Grassl. Sci. *11*, 151. – SCHAAF, D. VAN DER, 1965: Landbkund. Tijd. *77*, 171. – SCHACHTSCHABEL, P., 1963: Ldw. Forsch. Sdh. 17, 60. – SCHAEFER, H. C., 1966: Feedstuffs. *38*, 26. – SCHAUMLÖFFEL, E., & W. WERNER, 1961: Stählin-Festschr., 97. – SCHECHTNER, G., 1957: Kalisympos. (Int. Kali-Inst. Bern), 75. – SCHECHTNER, G., 1958: Saatgutwirtsch. *10*, 217, 246, 274. – SCHECHTNER, G., 1959a: Grünld. *8*, 14. – SCHECHTNER, G., 1959b: Fortschr. Ldw. *37*, H. 21, 3. – SCHECHTNER, G., 1960: Proc. 8. Int. Grassl. Congr., 636. – SCHECHTNER, G., 1961a: Fragen Güllerei, 135. – SCHECHTNER, G., 1961b: Bodenkult. *12*, 207. – SCHECHTNER, G., 1961c: Grünld. *10*, 33. – SCHECHTNER, G., 1963: Fördrgsdienst *11*. – SCHECHTNER, G., 1964: Bodenkult. *15*, 216. – SCHECHTNER, G., 1965: Fördrgsdienst *13*, H. 3. – SCHECHTNER, C., & A. DEUTSCH, 1965: Eur. Grassl. Fed., 199. – SCHECHTNER, C., & H. WAGNER, 1962: Ber. Chur, 65. – SCHEFFER, F., & P. SCHACHTSCHABEL, 1960: Bodenkunde (Lehrbuch der Agrikulturchemie und Bodenkunde, Teil I). 5. Aufl., Stuttgart (Enke). – SCHEIJGROND, W., & A. SONNEVELD, 1950: Verslag CILO. – SCHEIJGROND, W., & A. SONNEFELD, 1954: Conf. Eur. d. Herb., Paris, H. 4. – SCHEIJGROND, W., & H. VOS, 1960: Landbkund. Tijd. *72*, 544. – SCHEUERMANN, A., 1964: Landtechn. *19*, 661. – SCHEUERMANN, A., 1965: Tierzücht. *17*, 617. – SCHEUERMANN, A., 1966: Landtechn. *21*, 745. – SCHILDKNECHT, G., 1953: Untersuchungen über Bewirtschaftung, Zustand, Ertrag und Leistungsfähigkeit der Weiden in 19 Betriebsvergleichen des lippischen Flach- und Hügellandes. Diss. Bonn. – SCHILLER, H., Bodenkult. *8*, 151. – SCHILLER, H., J. GUSENLEITNER, E. LENGAUER & B. HOFER, 1967: Fruchtbarkeitsstörungen bei Rindern im Zusammenhang mit Düngung, Flora und Mineralstoffgehalt des Wiesenfutters. Wien (Österr. Agrarverlag). – SCHINDLER, F., 1886: Fühlings Ldw. Z., 391. – SCHINDLER, F., 1890: Ldw. Jb. *19*, 767. – SCHLEININGER, J., 1960: Phosph. *26*, 87. – SCHLEININGER, J., 1965: AGFF, Arb. *6*, 27. – SCHMAUDER, G., 1957: Dt. Landw. *8*, 245. – SCHMAUDER, G., 1964: Wiss. Z. Uni. Jena *13*, 119. – SCHMAUDER, G., & J. DIETZE, 1962a: Z. Ldw. Vers. Unters. *8*, 169. – SCHMAUDER, G., & J. DIETZE, 1962b: Z. Landeskult. *3*, 254. – SCHMAUDER, G., & J. DIETZE, 1965: Z. Landeskult. *6*, 333. – SCHMAUDER, G., & W. SCHÖNHERR, 1962: Z. Landeskult. *3*, 29. – SCHMAUDER, G., & H. UNGER, 1960, 1961: Wasserwirtsch. Wassertechn. *10*, 500, *11*, 208. – SCHMID, G., 1968: Dauergrünland und Gärfutterbereitung. Diplomarbeit Weihenstephan. – SCHMIDT, A., 1929: Zur Frage der Selbsterhitzung und Selbstentzündung des Dürrfutters. Verb. Druckerei Liebefeld–Bern. – SCHMIDT, J., E. LAUPRECHT & W. WINZENBURGER, 1934: Ldw. Jb. *80*, 947. – SCHMIDT, J., E. LAUPRECHT u.a., 1936: Ldw. Jb. *82*, 319. – SCHMIDT, J., A. MEHNER & H. PIEL, 1951: Züchtgskde *23*, 110. – SCHMIDT, J., A. MEHNER & H. PIEL, 1952: Mitt. DLG *67*, 205. – SCHMIDT, J., A. MEHNER & E. SCHELPER, 1950: Z. Tierz. Züchtgsbiol. *58*, 298. – SCHMIDT, K., 1960: Zweckmäßiger Dungstättenbau. 3. Flüssigmist. Frankfurt/M. (DLG). – SCHMIDT, L., & W. LAUBE, 1964/65: Jb. Tierernähr. u. Fütt. *5*, 65. – SCHMIEDER, A. VON, 1925: DLPr. *52*, 387. – SCHMITT, L., 1934: Phosph. *4*, 357. – SCHMITT, L., 1936: Ldw. Jb. *83*, 435. – SCHMITT, L., 1940: Ern. d. Pflze *36*, *77*. – SCHMITT, L., 1967: Phosph. *27*, 1. – SCHMITTEN, F., 1958: Arb. dt. Tierzucht H. 41, Ldw. Verl. Hiltrup. – SCHMITTMANN, E. F., 1958: Mitt. DLG *73*, 37. – SCHNEIDER, W., 1964: Lagerungsversuche mit Trockengrünfutter in verschiedenen Säcken und Fässern, ohne und mit Santoquinzusatz. Ber. Liebefeld–Bern. (Herausg.: Verb. Schweiz. Grastrocknungsbetr.). – SCHNEIDER, W., 1968: Trockengrünfutter – Kraftfutter zur Stärkung der wirtschaftseigenen Futtergrundlage. Arb.tagg. Verb. Schweiz. Grastrocknungsbetr. – SCHNEIDER-KLEEBERG, K., 1926: Die Anlage von Dauerweiden. 3. Aufl., Breslau (G. Korn). – SCHNEIDER-KLEEBERG, K., 1927: Jb. Weidewirtsch. Futterb. *9*, 114. – SCHNEITER, F., 1933: Fortschr.

Ldw. 8. – SCHNEITER, F., 1948: Alpwirtschaft. Graz–Wien, Leykam-Verl. – SCHNEITER, F., 1961: Fragen Güllerei, 44. – SCHOCH, W. (o. J.): Ldw. Vortr. H. 13, Frauenfeld. – SCHÖBERLEIN, W., 1966: Leipz. Symp., 105. – SCHÖLLHORN, J., 1955: Z. Ack. u. Pfl. *100*, 211. – SCHOENE, G., 1967: Mitt. DLG *82*, 1715. – SCHÖNHERR, W., 1960: Thaerarch., 44. – SCHÖNHERR, W., 1961: Landeskult. *2*, 365. – SCHÖTTLER, R., 1953: Untersuchungen über die Ursachen des unterschiedlichen Handelsdünger-Verbrauches in der Landwirtschaft ... Diss. Bonn. – SCHOLL, G., 1960: Ber. Landesanst. Bodennutzungsschutz Bochum, 35. – SCHOLZ, W., 1939: Z. Bodenkde Pflznern. *15* (60), 47. – SCHOTHORST, J. C., 1965: Landb. voorl. *22*, 492, 701. – SCHREIBER, H., & J. BENDA, 1911: Wiesen der Randgebirge Böhmens. 2. Aufl. Budweis. – SCHREIBER, R., 1960: Fu. Konserv. *6*, 11. – SCHREINER, W., 1956: Grünld. *5*, 7. – SCHRÖDER, G., 1950: Landwirtschaftlicher Wasserbau. 2. Aufl. – SCHROEDER, M., 1967/68: Mitteilungen über Lysimetermessungen. (schriftl.). Münster/Westf., Wasserwirtschaftsamt. – SCHÜNEMANN, W., 1933: Z. Pflznern. Dgg. Bodenk. A 32, 278. – SCHÜRCH, A., 1965: Der Einfluß der künstlichen Trocknung auf den energetischen Wert des Grases. Vortr. ETH Zürich. – SCHÜRCH, A., 1967: AGFF Mitt. 70, 6. – SCHÜTZHOLD, G., 1955: Grünld. *4*, 89. – SCHÜTZHOLD, G., B. KIESSLING & J. BECKHOFF, 1961: Z. Ack. u. Pfl. *112*, 197. – SCHULZ, H., 1967: Landtechn. *22*, 582. – SCHULZE, E., 1952a: Grünld. *10*, 75. – SCHULZE, E., 1952b: Z. Pflznern. Dgg. Bodenk. *57* (102), 29. – SCHULZE, E., 1953: Grünld. *2*, 82. – SCHULZE, E., 1956: Grünld. *5*, 91. – SCHULZE, E., & H. MUES, 1961: Z. Ack. u. Pfl. *112*, 141. – SCHULZE, F. W., 1961: Pflanzensoziologische Grünlanduntersuchungen in Flurbereinigungsgebieten des Oberbergischen Kreises. Diss. Bonn. – SCHULZE, F. W., 1966: Kulttechn. Flurb. *7*, 207. – SCHULZE-ALLENDORF, 1952: Mitt. DLG *68*, 451. – SCHULZE-LAMMERS, H., 1953: Geräte und Verfahren für die Rauhfutterernte. Ber. üb. Landtechn. KTL Heft 31. – SCHUMACHER, 1936: Kulttechn. *39*, 40. – SCHUURMAN, J. J., & G. F. MAKKINK, 1955: Landbkund. Tijd. *67*, 283. – SCHWARZ, K., 1962: Z. Landeskult. *3*, 207. – SCHWARZ, K., 1963: Wiss. Z. Uni. Jena *12*, 91. – SCHWARZ, K., 1968: Z. Landeskult. *9*, 137. – SCHWARZ, R., 1933: Ldw. Jb. *77*, 261. – SCHWEIGHART, O., 1960: Bay. Ldw. Jb. *37*, 307. – SCHWEIGHART, O., 1961: Stählin-Festschr., 49. – SCHWEIGHART, O., & A. STÄHLIN, 1953: Grünld. *2*, 89. – SCHWENKE, W., 1968: Zwischen Gift und Hunger. Schädlingsbekämpfung gestern, heute und morgen. Berlin–Heidelberg–New York (Springer-Verl.). – SCHWERDT, K., 1965: Phosph. *25*, 101. – SCHWIZER, M., 1950: Arb. Gem. Förder. Futterb. Mitt. H. *36*. – SCHWIZER, M., 1951: ebenda H. 38. – ŠČIBRJA, A. A., 1961: Bjull. Moskovsk. Obšč. *66*, 149. – SEARS, P. D., 1956: Proc. 7. Int. Grassl. Congr., Paper *7*, 92. – SEARS, P. D., 1960: Proc. 8. Int. Grassl. Congr., 130. – SEERLEY, R. W., & R. C. WAHLSTROM, 1965: J. Anim. Sci. *24*, 448, zit. LZBL. III, *11*, 857, 1966. – SEGLER, G., 1950: Neue Mitt. Ldw. *65*, 156. – SEGLER, G., 1956: Maschinen in der Landwirtschaft. Berlin u. Hamburg (Parey). – SEGLER, G., 1958: Landtechn. *13*, 590. – SEGLER, G., 1962: DLP *85*, 301, 309, 332. – SEGLER, G., 1969: Landtechnik *24*, 246. – SEINHORST, J. W., & A. V. SEN, 1966: Netherl. J. Plant Pathol. *72*, 169; ref. Ldw. Zbl. *12*, II 1320, 1967. – SELKE, K., 1956: Unkrautbekämpfung. Vortr. Hohenheim. – SELLKE, M., 1929: Bild. a. Danzigs Ldw. – SENDEN, L. VAN, 1952: Grünld. *1*, 76. – SEYRER, G., 1956: Bay. Ldw. Jb. *33*, 446. – SHAIN, G. S., 1960: Proc. 8. Int. Grassl. Congr., 413. – SHARMAN, B. C., 1945: Bot. Gaz. *106*, 269. – SHARMAN, B. C., 1947: New Phytol. *46*, 20. – SHEARD, R. W., 1964: Diss. Abs. *25*, 1474. – SHEPPERSON, G., 1960: Proc. 8. Int. Grassl. Congr., 704. – SIEBEN, W. H., 1962: Ber. Landesanst. Bodennutzungsschutz Bochum, 161. – SIEBOLD, M., 1958: Bay. Ldw. Jb. Sdh. *35*, 4. – SILSBURY, J. H., 1964: Aust. J. agric. Res. *15*, 9. – SIMON, U., 1954a: Z. Pflznb. Pflzschutz *5*, 1. – SIMON, U., 1954b: Z. Ack. u. Pfl. *119*, 81. – SIMON, W., D. EICH & A. ZAJONZ, 1957: Z. Ack. u. Pfl. *104*, 71. – SIOLI, H., 1954: Forsch. u. Fortschr. *28*, 65. – SJOLLEMA, B., 1954: Futter u. Fütterung Nr. *38* (Kiel), 301. – SKIRDE, W., 1965: Wirtsch. Fu. *11*, 201. – SKIRDE, W., 1966a: Wirtsch. Fu. *12*, 57. – SKIRDE, W., 1966b: Wirtsch. Fu. *12*, 308. – SKIRDE, W., 1967a: Z. Ack. Pfl. *125*, 57. – SKIRDE, W., 1967b: Gärtner. Fachhandel *6*, 48. – SKIRDE, W., 1968: Wirtsch. Fu. *14*, 236. – SLAATS, M., 1950: Landbkund. Tijd. *3*. – SLAATS, M., & J. STRYCKERS, 1958: Het Wetenschappelijk Onderzoek in de Landb. Part. *1*, 58. – SLAATS, M., & J. STRYCKERS, 1958/59: Beknopt Versl. nat. Centr. Grasland- en Groenvoederonderz., 25. – SLAATS, M., & J. STRYCKERS, 1960: Beknopt Versl. nat. Centr. Grasland- en Groenvoederonderz., 13. – SLADE, P., 1960: Weed Res. *6*, 158. – SLADE, P., & E. G. BULL, 1966: Weed Res. *6*, 267. – SLIJCKEN, A. VAN, 1954: Eur. Wirtschaftsr., 37. – SLIJCKEN, A. VAN, VAN DEN HENDE u.a., 1964: Meded. Landb.-Hogeschool Gent, *29*, 141. – SLUIJSMANS, C.M. J., 1963: Ldw. Forsch. Sdh. *17*, 83. – SMELOW, S. P., 1958: Bot. Zh. SSSR 43, 774. – SMELOV, S. P., 1966?: Theoretische Grundlagen der Grünlandwirtschaft. (Private Übers. A. REMUS).

Russisch (1937, Herb. Rev. *5*). – Smith, D., 1964: Herb. Abs. *34*, 203. – Smith, D. C., 1956: Proc. 7. Int. Grassl. Congr., 404. – Smith, J. H., 1956: J. Brit. Grassl. Soc. *11*, 199. – Smith, L. W., & C. J. Foy, 1967: Weeds *15*, 67. – Sommerkamp, G., 1956: Agrarwirtsch. *5*. – Sommerkamp, G., 1966: Bay. Ldw. Jb. *43*, 193. – Sommerkamp, G., & F. Galensa 1958: Grünlandwirtschaft in der Marsch. Oldenburg (Ldw.-Verlag Weser-Ems). – Sonneveld, A., 1900: Verslag. – Sonneveld, F., A. A. Kruijne & D. M. de Vries, 1959: Netherl. J. *7*, 40. – Soper, Kathleen, 1958: N. Z. J. agric. Res. *1*, 329. – Soper, Kathleen, & K. J. Mitchell, 1956: N.Z. J. Sci. Technol. A *37*, 484. – Šostarić-Pisačić, K., & J. Kovačević, 1968: Travnjacka Flora ... – Sougnez, N., 1951: Bull. Soc. royale Botan. Belgique *84*, 123. – Spatz, G., J. van Eimern & R. Lawrynowicz. 1970: Bay. Ldw. Jb., *47*, 446. – Spatz, G., & G. Voigtländer, 1969: Wirtsch. Fu. *15*, 143. – Spatz, G., & W. Zeller, 1968: Bay. Ldw. Jb. *45*, 16. – Spedding, C. R. W., 1956: J. Brit. Grassl. Soc. *11*, 99. – Spedding, C. R. W., 1957: Naas quart. Rev. 36. – Spedding, C. R. W., 1965a: Herb. Abs. *35*, 77. – Spedding, C. R. W., 1965b: J. Brit. Grassl. Soc. *20*, 7. – Spedding, C. R.W., & R. V. Large, 1959: J. Brit. Grassl. Soc. *14*, 17. – Spedding, C. R. W., R. V. Large & D. D. Kydd, 1966: Proc. 10. Int. Grassl. Congr. 479. – Speidel, B., 1952: Grünld. *1*, 42. – Speidel, B., 1955: Kalibr. Fachgeb. 4. – Speidel, B., 1959: Ldw. Forsch. Sdh. *12*, 66. – Speidel, B., 1962a: Ber. Chur, 71. – Speidel, B., 1962b: Z. Ack. Pfl. *114*, 295. – Speidel, B., 1963: Das Grünland, die Grundlage der bäuerlichen Betriebe auf dem Vogelsberg. Bodenverband Vogelsberg *3*, 1. – Speidel, B., 1966: Bay. Ldw. Jb. *43*, 214. – Speidel, B., & L. van Senden, 1954: Angew. Pflznsoz. A (Aichinger-Festschr.), 1187. – Sperber, K., 1938: Z. Bodenkde Pflznern. *7* (52), 223. – Spexard, P., 1965: Das Gewicht und das Verhältnis zwischen den grünen und abgestorbenen Pflanzenteilen bei Poa pratensis, Lolium perenne und Festuca rubra in Abhängigkeit von der Weidenutzung. Diss. Bonn. – Sprague, M. A., 1960: Proc. 8. Int. Grassl. Congr., 264. – Sprague, M. A., R. J. Aldrich, T. O. Evrard, R. D. Ilnicki, A. H. Kates & R. W. Chase, 1963: Pasture improvement and seedbed preparation with herbicides. Bull. 803 New Jersey Agric. Exp. Stat. New Brunswick; ref. Weed Abs. *13*, 14, 1964. – Spreckelsen, R. von, 1954: Z. Ack. u. Pfl. *98*, 53. – Staehler, H., 1951: Die neue Mähweide-Uhr, 3. Aufl. München, Bay. Ldw.-Verl. – Staehler, H., 1959: Ldw. Wbl. Bay. Nr. 11, 16; ref. Kurz Bündig *12*, 107. – Staehler, H., 1965: Bay. Ldw. Jb. *42*, 42. – Staehler, H., 1968: Mitt. DLG *83*, 428. – Staehler, H., & B. Finckh, 1959: Bay. Ldw. Jb. *36*, 679. – Staehler, H., & B. Steuerer-Finckh, 1963: Bay. Ldw. Jb. *40*, 1. – Staehler, H., & B. Steuerer-Finckh, 1965: Grünlandwirtschaft und Feldfutterbau. München/Basel/Wien (Bayer. Landw.-Verlag). – Stählin, A., 1944: Beiträge zur Feststellung der Todesursache von Haustieren und Wild. Jena (G. Fischer). – Stählin, A., 1957a: Grünld. *6*, 93. – Stählin, A., 1957b: Die Beurteilung der Futtermittel. Methodenbuch XII, Radebeul u. Berlin (Neumann). – Stählin, A., 1957/8: Wiss. Z. Friedrich-Schiller-Univ. Jena *7*, 83. – Stählin, A., 1959a: Z. Ack. u. Pfl. *108*, 272. – Stählin, A., 1959b: Z. Ack. u. Pfl. *109*, 127. – Stählin, A., 1959c: Die Beregnung von Wiesen und Weiden. Perrotbibl. Dtsche Reihe H. 6. – Stählin, A., 1960: Grünld. *9*, 31. – Stählin, A., 1962: Wirtsch. Fu. *8*, 173. – Stählin, A., 1963: Wirtsch. Fu. *9*, 1. – Stählin, A., 1966: AGFF Mitt. 68. – Stählin, A., 1967: Wirtsch. Fu. *13*, 189. – Stählin, A., 1968: Z. Ack. u. Pfl. *127*, 69. – Stählin, A., 1969: Wirtsch. Fu. *15*, 87. – Stählin, A., & P. Daniel, 1969: Wirtsch. Fu. *15*, 20. – Stählin, A., & G. Voigtländer, 1952: Z. Ack. u. Pfl. *94*, 353. – Stählin-Festschrift, 1961: Neue Ergebnisse futterbaulicher Forschung. Frankfurt/M. (DLG). – Stage, E., 1963: Z. Ack. u. Pfl. *117*, 181. – Stahl, W., & K. Mudra, 1956: Züchtgskde *28*, 301. – Stanhill, G., 1960: Proc. 8. Int. Grassl. Congr., 293. – Stapledon, R. G., 1930, 1932: Welsh Plant Breed. Stat. Ser. H. 10, H. 13. – Stapledon, R. G., 1934: Verhdlber. 3. Grünlandkongr., 186. – Stapledon, R.G., 1949: The ploughing-up policy and ley farming. London (Faber and Faber). – Stapledon, R. G., 1951: FAO, Improving the worlds grasslands. Rom. – Stapledon, R. G., 1955: Farm grassland and the life of the ley. Salisbury (Dunns Farm Seeds). – Stapledon, R.G., & W. Davies, 1928: Seed mixtures problems. Competition, Shrewsbury. – Stapledon, R. G., & D. E. Wheeler, 1948: J. Brit. Grassl. Soc. *3*, 263. – Stassen, J., 1953: Z. Ack. u. Pfl. *96*, 243. – Statistisches Reichsamt. Erhebungen 1907–1942. – Statistisches Jahrbuch über Ernährung, Landwirtschaft und Forsten der Bundesrepublik Deutschland, 1956–1965, Hamburg u. Berlin (Parey). – Statistisches Jahrbuch der Deutschen Demokratischen Republik, 1966, 11. Jahrg. Herausg. Staatl. Zentralverwaltung f. Statistik. – Stebler, F. G., 1897: Ldw. Jb. Schweiz *11*, 1. – Stebler, F. G.: 1926, Der rationelle Futterbau. 10. Aufl., Berlin (Parey). – Stebler, F. G., & C. Schroeter, 1887a: Ldw. Jb. Schweiz *1*, 93. – Stebler, F. G., & C. Schroeter, 1887b: Ldw. Jb. Schweiz *1*, 149. – Stebler, F.G.,

& C. SCHROETER, 1887c: Ldw. Jb. Schweiz *1*, 178. – STEBLER, F. G., & C. SCHROETER, 1889: Die besten Futterpflanzen. III. Die Alpen-Futterpflanzen. Bern (K. I. Wyss). – STEBLER, F. G., & C. SCHROETER, 1891a: Mitt. schweiz. Centr.-anst. f. d. forstl. Versuchsw. *1*. – STEBLER, F. G., & C. SCHROETER, 1891b: Ldw. Jb. Schweiz *5*, 141. – STEBLER, F. G., & C. SCHROETER, 1892a: Ldw. Jb. Schweiz *6*, 95. – STEBLER, F. G., & C. SCHROETER, 1892b: Die besten Futterpflanzen. Bern. – STEBLER, F. G., & A. VOLKART, 1902: Ldw. Jb. Schweiz *16*, 105. – STEBLER, F. G., & A. VOLKART, 1904: Ldw. Jb. Schweiz *18*, 67. – STEEN, E., 1957: Kungl. Lantbrukshögskolan Stat. Lantbruksförsök Medd. *86*, 1. – STEEN, E., 1965: Eur. Grassl. Fed. 1966, 77. – STEIN, W., 1967: Z. Angew. Entomol. *60*, 3, 141. – STEPPLER, H. A., H. J. KNUTTI & G. HARGREAVES, 1965: Proc. 9. Int. Grassl. Congr., 273. – STERN, W. R., 1962: Herb. Abs. *32*, 91. – STEUERER-FINCKH, B., 1963: Bay. Ldw. Jb. *40*, 354. – STEUERER-FINCKH, B., 1966: Bay. Ldw. Jb. *43*, 349. – STILES, W., 1965: Exper. Progr. *17*, Grassl. Res. Inst. Hurley, 52. – STÖBER, C., 1931: Die Boker Heide. Paderborn (F. Schöningh). – STÖCKLI, A., 1942: Schweiz. Ldw. Mh. *20*. – STÖCKLI, A., 1943: Schweiz. Ldw. Mh. *21*. – STÖCKLI, A., 1957a: Ldw. Jb. Schweiz (*71*) N.F. *6*, 963. – STÖCHLI, A., 1957b: Ldw. Jb. Schweiz (*71*) N.F. *6*, 571. – STRASBURGER, E., u.a., 1958: Lehrbuch der Botanik. 27. Aufl. Stuttgart (G. Fischer Verl.). – STRECKER, W., 1923: Die Kultur der Wiesen. 4. Aufl., Berlin (Parey). – STRINGER, A., & J. A. PICKARD, 1964: Ann. Rep. Agric. Horticult. Res. Stat. Long Ashton, Bristol 172; ref. Ldw. Zbl. *11*, II 1432 1966. – STRÖBELE F., 1927: Dt. Grünlandbund, 2. Lehrgg. – STURM, H., 1958: Bay. Ldw. Jb. *35*, 530. – STURM M., 1961: D. Erwerbsobstbau *3*, 201. – SUTTER, A., 1956: Fu. Konserv. *2*, 1. – SVANBERG, O., 1949: Verhdlber. 5. Int. Grünldkongr., 249. – SZCEPAŬSKA, K., 1964: Ochr. Rośl. *6*, 161; ref. Ldw. Zbl. *12*, II 264, 1967.

TACKE, B., 1912: Mitt. Verein Förderg. d. Moorkult. 317. – TACKE, B., 1914: Jb. Weidew. Futterb. *1*, 36. – TACKE, B., 1918: Die Versuche auf Bewässerungswiesen im Genossenschaftsgebiet Bruchhausen-Syke-Thedinghausen. Arb. DLG 291. – TAINTON, N. M., & J. P. COOPER, 1968: Herb. Abs. *38*, 167. – TAKÁTS, L., 1962: Dt. Akad. Taggsber. *52*, 127. – TAMM, E., & U. SCHENDEL, 1954: Mitt. DLG *69*, 409. – TARCZYŬSKI S., J. HEIGELMAN & M. KOŚIANSKI, 1965: Acta Parasitol. Polon. *13*, 367; ref. Ldw. Zbl. *12*, II 1083, 1967. – TAYLER, J. C., 1953: Brit. J. Animal Behaviour I, Nr. 2, 72. – TAYLER, J. C., 1957: The Agr. Rev. – TAYLER, J. C., & J. E. RUDMAN, 1960a: Exp. Progr. *12* Grassl. Res. Inst. Hurley, 32. – TAYLER, J. C., & J. E. RUDMAN, 1960b: J. agric. Sci. *55*, 75. – TAYLOR, T. H., & W. C. TEMPLETON, 1966: Agron. J. *58*, 189 (zit. Herb. Abs., 1967, 343.) – TEMPLETON, W. C., G. O. MOTT & R. J. BULA, 1961: Crop Sci. *1*, 216. – TERRY, R. A., & J. M. A. TILLEY, 1964: J. Brit. Grassl. Soc. *19*, 363. – TEUCHER, C., 1963: Leipz. Symp., 69. – TEUCHER, C., 1964: Leipz. Symp., 69. – TEUTEBERG, H., & D. PATZKE, 1966: Mitt. DLG *81*, 1460. – THAER, A. VON, 1837: Grundsätze der rationellen Landwirtschaft. Neue Aufl. Berlin, Bd. III. – THÖNI, E., 1964: Über den Einfluß von Düngung und Schnitthäufigkeit auf den Pflanzenbestand und den Mineralstoffgehalt des Ertrages einer feuchten Fromentalwiese. Diss. Zürich. – THOMAS, A. S., 1960a: Proc. 8. Int. Grassl. Congr. 405. – THOMAS, A. S., 1960b: J. Brit. Grassl. Soc. *15*, 89. – THOMAS, P. T., 1966: J. Brit. Grassl. Soc. *21*, 1. – THOMAS, R. G., 1961: Naturwiss. *48*, 108. – THOMPSON, A., 1959: Proc. *12*. N. Z. Weed Contr. Conf. 24. – THORNE, G. N., 1959: Ann. Bot. *23*, 365. – THORSTEINSSON J., & A. GUDNASSON, 1964: Publ. Univ. Res. Inst. Reykjavik; ref. Weed Abs. *14*, 134, 1965. – TIEMANN, A., & REHM, 1930: Ldw. Jb. *72*, 335. – TIEMANN, A., & F. SCHNEIDER, 1938: Jb. Weidewtsch. u. Futterb. *13*, 108. – TIETJEN, C., 1964: Wirtsch. Fu. *11*, 242. – TIEWS, J., & H. ZUCKER, 1963: Tierärztl. Umschau *18*, 590. – TIMMERMANN, L., 1951: Das Eupener Land und seine Grünlandwirtschaft. Bonner geogr. Abhdlgn., H. 51 (Geogr. Inst. Bonn). – TISCHLER, W., 1960: Verh. XI. Int. Kongr. Entomol. Wien *2*, 142. 1962. – TIVER, N. S., 1960: Proc. 8. Int. Grassl. Congr., 93. – TLACH, R., 1964: Mitt. DLG *81*, 621. – TOOMRE, R., 1960: Proc. 8. Int. Grassl. Congr., 235. – TORSTENSSON, G., 1938: Svensk. Betes-och Vallfören. Meddel. 5, Uppsala. – TÓTH, T., 1967: Gazdálkodás *9*, Nr. 2, 11; ref. Ldw. Zbl. *13*, II 205, 1968. – TRAUTMANN, W., 1966: Erläuterungen zur Karte der potentiellen natürlichen Vegetation der Bundesrepublik Deutschland. 1 : 200 000, Btt. 85 Minden. Schr.-Reihe f. Vegetat.-kde (Bad Godesberg). – TROLL, J., & R. A. ROHOLE, 1966: Phytopathol. *56*, 995; ref. Ldw. Zbl. *12*, II 1864, 1967. – TROUGHTON, A., 1957: The underground organs of herbage grasses. Commonw. Bur., Bull. 44, Farnham Royal. – TROUGHTON, A., 1960a: Proc. 8. Int. Grassl. Congr., 280. – TROUGHTON, A., 1960b: J. Brit. Grassl. Soc. *15*, 41. – TROUGHTON, A., 1963: J. Roy. Welsh Agric. Soc. – TROUGHTON, A., 1965: Euphytica *14*, 59. – TROUGHTON, A., 1967: Ann. Bot. *31*, 447. – TROUGHTON, A., 1968: Ann. Bot. *32*, 411. – TRUBRIG, J., 1931–1936: Wiener Ldw. Ztg. – TRUNINGER, E., 1929: Ldw. Jb.

Schweiz *43*, 278. – TRUNINGER, E., & F. VON GRÜNIGEN, 1935: Ldw. Jb. Schweiz *49*, 101. – TRZEBIATOWSKI, R., 1964: Gosp. Rybna *16*, 22; ref. Ldw. Zbl. *10*, II 2363, 1965. – TUCKETT, A. J., 1961: Proc. *14*. N. Z. Weed Contr. Conf.; ref. Weed Abs. *11*, 136, 1962. – TÜXEN, R., 1937: Die Pflanzengesellschaften Nordwestdeutschlands. Mitt. flor.-soz. A.G. Niedersachsens *3*. – TÜXEN, R., 1942: Dt. Wasserwirtsch. *37*, 455, 501. – TÜXEN, R., 1951: D. Gas- u. Wasserfach H. 20. – TÜXEN, R., 1954: Pflanzensoziologie als Brücke zwischen Land- und Wasserwirtschaft. Angew. Pflanzensoz. B *8*. – TÜXEN, R., 1955: Mitt. flor.-soz. A.G. NF *5*, 155. – TÜXEN, R., 1956: Angew. Pflanzensoz. B *13*. – TÜXEN, R., 1966: Anthropogene Vegetation. Ber. ü. d. Internationale Symposium in Stolzenau/Weser. Den Haag (Junk). – TÜXEN, R., & E. PREISING, 1951: Erfahrungsgrundlagen für die pflanzensoziologische Kartierung des westdeutschen Grünlandes. Angew. Pflznsoz. B *4*.

UENO, M., & K. YOSHIHARA, 1967: J. Jap. Soc. Grassl. Sci. *13*, 195. – UENO, M., K. YOSHIRARA & M. HIDAKA, 1967: J. Jap. Soc. Grassl. Sci. *13*, 100. – UENO, M., K. YOSHIRARA & S. KAWANABE, 1961: Bull. Nat. Inst. Agric. Sci. (Japan) G 20. – UHDEN, O., 1950: Wasser Bod. *2*, 201. – UHLIG, S., 1957: Z. Ack. u. Pfl. *102*, 377. – ULVESLI, O., & O. SAUE, 1965: Meldinger Norges Landbrukshoegsk. *44*, 1. – UNGER, H., 1962: Thaer-Arch. *6*, 151. – UNGLAUB, H., 1938: Mitt. f. d. Ldw. *53*, 684. – UNGLAUB, H., 1940/41: Pflanzenb. *17*, 153. – UNGLAUB, H., 1957: Grünld. *6*, 2. – UNGLAUB, H., 1961: Stählin-Festschr., 76.

VAGT, W., 1966: Mitt. Obstbau-Vers. Ring. Alten Landes *21*, 459; ref. Ldw. Zbl. *12*, II 1927, 1967. – VALLE, O., 1937: Rep. 4. Int. Grassl. Congr., 252. – VEIL, E., 1962: Bodenkundliche Probleme bei der Feldgraswirtschaft im Hochschwarzwald. Arb. Ldw. Hochsch. *13*, Stuttgart-Hohenheim. – VELICH, J., 1958: Sbor. Českos. Akad. Zeměd. *31*, 943. – VENKOV, B., 1964: Rast. Nauki (Sofia) *1*, 137; ref. Ldw. Zbl. *10*, II 3225. 1965. – VERDEYEN, J., 1953: La relation entre la plante et l'animal. Trav. Centre Nat. Rech. (Brüssel) *9*. – VETTER, H., 1958: Grünld. *7*, 25. – VETTER, H., 1963: Wirtsch. Fu. *9*, 319. – VETTER, H., 1965: Diskussionsbeitrag zu WILLIAMS/CLEMENT. Eur. Grassl. Fed. 1966, 46. – VETTER, H., 1968: Wirtsch. Fu. *14*, 34. – VETTER, H., & F. KUBA, 1963: Z. Ack. u. Pfl. *116*, 372. – VEZ, A., 1961: Bull. Soc. bot. Suisse *71*, 118. – VOEVODIN, A. V., 1962: Herb. Abs. *33*, 245. – VOEVODIN, A. V., & S. V. ANDREW, 1960: Proc. Acad. Sci. USSR *134*, 211. – VOGEL, G., 1965: Ber. ü. Ldw. *43*, 33. – VOHL, F., 1935: Über das Verhalten verschiedener Pflanzenarten in Grünlandsaatmischungen. Diss. Hohenheim. – VOIGTLÄNDER, G., 1951: Z. Ack. u. Pfl. *94*, 190. – VOIGTLÄNDER, G., 1961: Z. Ack. u. Pfl. *113*, 263. – VOIGTLÄNDER, G., 1963a: Wirtsch. Fu. *9*, 270. – VOIGTLÄNDER, G., 1963b: Völkenrode *13*, 21. – VOIGTLÄNDER, G., 1964: Wirtsch. Fu. *10*, 1. – VOIGTLÄNDER, G., 1965: Eur. Grassl. Fed., 93. – VOIGTLÄNDER, G., 1966: Bay. Ldw. Jb. *43*, 43. – VOIGTLÄNDER, G., 1967: Wirtsch. Fu. *13*, 17. – VOIGTLÄNDER, G., 1968: Mitt. DLG *83*, 434. – VOIGTLÄNDER, G., K. H. MARTIN & K. MÜLLER, 1961: Stählin-Festschr., 32. – VOISIN, A., 1952: Journal de Voyage aux U.S.A. de la mission „Production fourragère". Paris (Ministère d'Agriculture). – VOISIN, A., 1953: Bull. techn. d'Inform. des Ing. Serv. Agr. No. *82*. – VOISIN, A., 1958: Die Produktivität der Weide. München/Bonn/Wien (Bay. Ldw. Verlagsges.). – VOISIN, A., 1961: Lebendige Grasnarbe. München/Bonn/Wien (BLV). – VOLGER, C., 1960, 1961: Kali-Br. *5*. Fachgeb. 4. 6. 7. F. – VOLGER, C., 1965: Z. Pflznkrankh. *72*, So.-H. *3*, 129. – VOLGER, E., 1957: Grünld. *6*, 81. – VOLGER, E., 1968: Wirtsch. Fu. *14*, 1. – VOLKART, A., 1929a: Schweiz. Z. Straßenwesen. – VOLKART, A., 1929b: Scient. Agric. *9*, 510. – VOLKART, A., 1934: Ldw. Jb. Schweiz *48*, 551. – VOLLMER, F. J., 1960: Über den Einfluß des Abwassers auf den Boden und die Pflanzengesellschaften des Ackers und des Grünlandes. Diss. Bonn. – VOLLRATH, H., 1965: Das Vegetationsgefüge der Itzaue als Ausdruck hydrologischen und sedimentologischen Geschehens. München (Bayer. Landesstelle f. Gewässerkunde). – VONTOBEL, J., 1964: AGFF, Mitt. 64. – VONTOBEL, J., 1967: Arb. Gem. Futterbau *8*, 36. – VORHAUER, H.-F., 1958: Z. Ack. u. Pfl. *105*, 193. – VOSS, N., 1965: Wirtsch. Fu. *11*, 275. – VOSS, N., 1966: Wirtsch. Fu. *12*, 161. – VOSS, N., 1967: Wirtsch. Fu. *13*, 130. – VRIES, D. M. DE, 1940a: Landbkund. Tijd. *52*, 320. – VRIES, D. M. DE, 1940b: Landbkund. Tijd. *52*. – VRIES, D. M. DE, 1941: Landbkund. Tijd. *53*, 442. – VRIES, D. M. DE, 1942: Nederl. Kruitkund. Arch. *52*, 303. – VRIES, D. M. DE, 1948: Versl. Landbkund. Onderz. *54*, 6. – VRIES, D. M. DE, 1949: Verhdlber. 5. Int. Grünlandkongr., 133. – VRIES, D. M. DE, 1954: Angew. Pflznsoz. A, *2*, 1207. – VRIES, D. M. DE, 1962: In LIETH, D. Stoffproduktion d. Pflanzendecke, 54. – VRIES, D. M. DE, & TH. A. DE BOER, 1959: Herb. Abs. *29*, 1. – VRIES, D. M. DE, & W. DIJKSHOORN, 1961: Stählin-Festschr., 88. – VRIES, D. M., DE, & M. L. 'T HART, 1941: De nieuwe Veldbode 31/32. – VRIES, O. DE, 1934: Verhdlber. 3. Int. Grünlandkongr., 53. – VUČEV, S., 1966: Rast. Zašt (Sofia) *14*, 25; ref. Ldw. Zbl. *12*, II 270, 1967.

Wachter, H. von, 1954a: Grünland-Kartierung im Rahmen des ERP-Grünlandförderungsprogramms 1951. Ldw.-Angew. Wi. *21* (Hiltrup/Westf.). – Wachter, H. von, 1954b: Eur. Wirtschaftsrat, 18. – Wacker, F. W., 1942/43: Pflzb. *19*, 328. – Wacker, F. W., 1959: Z. Ack. u. Pfl. *108*, 273. – Wacker, H., 1955: Fu. Konserv. *1*, 87. – Wacker, H., & G. Künnemann, 1958: Z. Ack. u. Pfl. *105*, 19. – Wagener, H., 1931: Beiträge zur Kenntnis von Heracleum sphondylium und Anthriscus silvestris als Wiesenunkräutern. Diss. Jena. – Wagner, F., 1967: Mitt. DLG *82*, 934, 1108, 1250, 1316, 1353, 1454. – Wagner, F., 1968a: Mitt. DGL *83*, 218. – Wagner, F., 1968b: Gesunde Pflzn. *20*, 215. – Wagner, P., 1921: Arb. DLG 308. – Wagner, P, 1925: DLPr. *52*, 507. – Wagner, P., 1926: DLPr. *53*, 475. – Wahlen, F. T., & J. Geering, 1938: Zürcher Bauer. – Wahlen, F. T., & L. Gisiger, 1937: Ldw. Jb. Schweiz *51*, 274. – Walker, T. W., 1956: Proc. 7. Int. Grassl. Congr., 157. – Walkowiak, H., 1964: Z. Landeskult. *5*, 151. – Wallace, L. R., 1965: Proc. 7. Int. Grassl. Congr., 134. – Wallace, L. R., 1959: NZ. Inst. of Agric. Sci. Proc., 131. – Walter, H., 1949–1951: Einführung in die Phytologie III, Standortslehre. Stuttgart (Ulmer). – Walther, K., 1950: Mitt. flor.-soz. A.G. NF *2*, 43. – Wang, Shi-ming, & Chang-zheng Wang, 1966: Acta Phytopathol. Sin. *4*, 231; ref. Ldw. Zbl. *12*, II 1350, 1967. – Washko, J. B. & J. L. F. Marriott, 1960: Proc. 8. Int. Grassl. Congr., 137. – Wasserburger, H. J., 1968: Mitt. Dlg *83*, 1140. – Watkin, B. R., & J. L. Wheeler, 1966: J. Brit. Grassl. Soc. *21*, 14. – Watson, P. J., & J. W. Gregor, 1956: Herb. Abs. *26*, 137. – Watson, St. J., 1949: The composition and feeding value of grass and clover. Edinburgh. – Weaver, J. E., 1950: J. Range Manag. (USA) *3*, 100. – Weaver, J. E., 1958: Summary and interpretation of underground development in natural grassland communities. Ecolog. Monogr. *28*, 55. – Weaver, J. E., 1961: Bot. Gaz. *123*, 16. – Weber, A., 1956: Mitt DLG *71*, 6. – Weber, C. A., 1905: Arb. DLG *105*, 1. – Weber, C. A., 1909: Wiesen und Weiden in den Weichselmarschen. Arb. DLG, Berlin. – Weber, C. A., 1913: Ldw. Jb. *44*, 17. – Weber, C. A., 1923: Hann. Ldw. u. Forstw. Z., H. 2. – Weber, C. A., 1925: Ern. d. Pflzn. *21*, 29. – Weber, C. A., 1927: DLPr. *54*. – Weber, C. A., 1928a: DLPr. *55*, 595. – Weber, C. A., 1928b: Das Rohrglanzgras und die Rohrglanzgraswiesen. Berlin (Verlag Parey). – Weber, C. A., 1930: Jb. Weidewtsch. u. Futterb. *10*, 21. – Weber, C. A., 1933: Sumpfwiesen und ihre zeitgemäße landwirtschaftliche Verbesserung. Arb. DLG *380*. – Weeda, W. C., 1965: N. Z. J. agr. res. *8*, 1960 (Neuseeland). – Wegener, 1906: Fühlings ldw. Z. *55*, 393. – Wegener, U., 1966: Die Bedeutung von Meum athamanticum Jacq. auf dem Dauergrünland. Dipl.-Arb. Halle–Wittenberg; ref. Ldw. Zbl. *12*, II 1513, 1967. – Wehsarg, O., 1935: Wiesenunkräuter. Berlin (Reichsnährstandverl.). – Weinmann, H., 1961: Herb. Abs. *21*, 255. – Weise, F., 1952: Ldw. Jb. Bay. *29*, 30. – Weise, F., 1956: Völkenrode *6*, 1. – Weise, F., 1959: Kalibr., Fachgeb. 4. – Weise, F., 1963a: Schweinezucht u. -mast *11*, 121. – Weise, F., 1963b: Völkenrode *13*, 111. – Weise, F., 1967a: Ldw. Forsch. *20*, 171. – Weise, F., 1967b: DAL-Tagungsber. Nr. 92, 93. – Weiske, F., 1929a: Ldw. Jb. *68*, 873. – Weiske, F., 1929b: Ldw. Jb. *69*, 191. – Weiske, H., 1871: Beiträge zur Frage über Weidewirtschaft und Stallfütterung. Breslau. – Weiss, F., 1927: DLPr. *54*, 549. – Weiss, F., 1931: Der neuzeitliche Futterbau. 2. Aufl. Stuttgart (Eugen Ulmer Verl.). – Weissbach, F., & W. Laube, 1967: Arch. Tierern. *17*, 345. – Werner, A., 1954: Jb. Tierz., 143. – Werner, K., 1953/54: Wiss. Z. Uni. Halle/Wittenberg *3*, 111. – Werner, W., 1959: Ldw. Forsch. *12*, 133. – Werner, W., & E. Welte, 1964: Ldw. Forsch. *17*, 188. – Wesche, J., 1961: Die Bedeutung der mineralischen Zusatzdüngung bei der landwirtschaftlichen Abwasserverwertung auf vielschnittigen Dauergrasflächen. Diss. Berlin. – Wessler, 1931: Fortschr. d. Ldw. *6*, 392. – West, O., 1965: Commonw. Bur. Mimeogr. Publ. 1. – Westhoff, V., & C. G. van Leeuwen, 1966: S. Tüxen, Anthropogene Vegetation 1966. – Wetterau, H., u.a., 1964: Jb. Tierern. u. Fütt. *5*, 385. – Reichsamt für Wetterdienst, 1939: Klimakunde des Deutschen Reiches, Bd. II. Berlin (D. Reimer). – Wetzel, M., 1960: Z. Landeskult. *1*, 147. – Wetzel, M., 1965: Kalibr., Fachgeb. 4. – Wetzel, M., 1966a: Wirtsch. Fu. *12*, 43. – Wetzel, M., 1966b: Wirtsch. Fu. *12*, 185. – Wheeler, J. L., 1960: J. Brit. Grassl. Soc. *15*, 252. – Wheeler, J. L., 1962: Herb. Abs. *32*, 1. – Wheeler, J. L., 1968: Herb. Abs. *38*, 11. – Whitehead, D. C., 1966: Commonw. Bur. Mimeogr. Publ. 1. – Whittenbury, R., P. McDonald & D. G. Bryan-Jones, 1967: J. Sci. Food Agric. *18*, 441. – Whyte, R. O., T. R. G. Moir & J. P. Cooper, 1959: Grasses in Agriculture. Rom (FAO). – Wichtmann, K., 1963: Wirtsch. Fu. *9*, 99. – Widmaier, 1959: Allg. Bauernbl. 778; ref. Kurz Bündig *13*, 107, 1960. – Wiedemeyer, H., 1958: Z. Ack. u. Pfl. *107*, 25. – Wiegner, G., 1934a: Welche Weidetechnik gewährleistet die zweckmäßigste Ernährung der Milchtiere auf schweizerischen Talweiden?. – Wiegner, G., 1934b: Proc. III. Int. Grünld. Congr., Zürich 320. – Wiegner, G., 1935: Schweiz. Ldw.

Mh. *13*. – WIENECKE, F., & H. G. CLAUS, 1964: Landtechn. *19*, 418. – WIENERS, K. A., 1958: Z. Ack. u. Pfl. *106*, 1. – WIERINGA, G. W., 1960: Proc. Int. Grassl. Congr., *3B*, 8. – WIERINGA, G. W., 1965: DLG-Aussch. Fu. Konserv. Gießen (Vortr.). – WIERINGA, G. W., 1966: Proc. Int. Grassl. Congr., Helsinki, *2/44*, 537. – WIERINGA, G. W., 1967: Wirtsch. Fu. *13*, 146. – WILLIAMS, R. D. (Dorrington), 1957: Ann. appl. Biol. *45*, 664. – WILLIAMS, R. D. (Dorrington), 1959: Commonw. Bur. Publ. 1. – WILLIAMS, R. D. (Dorrington), 1960: Proc. 8. Int. Grassl. Congr., 283. – WILLIAMS, R. D. (Dorrington), 1964: Outl. Agric. *4*, 136. – WILLIAMS, T. E., 1949: Verhdlber. 5. Int. Grassl. Congr., 240. – WILLIAMS, T. E., & H. K. BAKER, 1957: J. Brit. Grassl. Soc. *12*, 49, 116, 197. – WILLIAMS, T. E., & C. R. CLEMENT, 1965: Eur. Grassl. Fed. 1966, 39. – WILLIAMS, T. E., C. R. CLEMENT & A. J. HEARD, 1960: Proc. 8. Int. Grassl. Congr., 237. – WILMANNS, W., & K. KERMANN, 1934: Die landwirtschaftlichen Verhältnisse in der thüringischen Rhön. Weimar. – WILSON, J. K., 1949: Agronomy J. *41*, 20. – WILSON, J. R., 1959: N. Z. J. agric. Res. *2*, 915. – WILSON, J. W., 1960: Proc. 8. Int. Grassl. Congr., 275. – WILSON, R. K., & R. B. MCCARRICK, 1966: Proc. 10. Int. Grassl. Congr., 371. – WIND, M. G. P., 1954: Conf. europ. des herbages, OECE Paris, 211. – WINKELER, B., 1954: Landtechn. Forsch. *4*, 59. – WITT, M., 1956a: Mitt. DLG *71*, 483. – WITT, M., 1956b: Feld u. Wald *75*, H. 12. – WITT, M., 1956c: Dt. Tierärztl. Wochenschr. *63*, 7. – WITT, M., 1959: Mitt. DLG *74*, 240. – WITT, M., 1967: Mitt. DLG *82*, 491. – WITT, M., 1968: Mitt. DLG *83*, 818. – WITT, M., & F. W. HUTH, 1966: Wirtsch. Fu. *12*, 84. – WIT, C. T. DE, 1960: Verslag, 66, 8. – WIT, C. T. DE, 1965: Netherl. J. *13*, 212. – WIT, T. C. DE, G. C. ENNIK u.a., 1960: Proc. 8. Int. Grassl. Congr., 736. – WITTE, K., 1929: Beitrag zu den Grundlagen des Grasbaues. Diss. Bonn. – WITTE, K., 1953: Mitt. DLG *68*, 423, 476. – WITTMACK, L., 1899: Ldw. Jb. *28*, 535. – WÖHLBIER, W., 1939: Forschungsdienst *7*, 260. – WÖHLBIER, W., 1962: Wirtsch. Fu. *8*, 181. – WÖHLBIER, W., 1966: Die Futtermittel, ein Taschenbuch für Beratung, Unterricht und Praxis. Frankfurt/M., DLG-Verlag. – WÖHLBIER, W., & M. KIRCHGESSNER, 1957a: Ldw. Forsch. *10*, 222. – WÖHLBIER, W., & M. KIRCHGESSNER, 1957b: Ldw. Forsch. *10*, 240. – WÖHLBIER, W., W. OEHLSCHLÄGER & H. GIESSLER, 1963: Wirtsch. Fu. So.-H. *1*, 10. – WOERDT, D. VAN DER, 1950, 1952: CILO 1950: 58; 1952: 72. – WOERDT, D. VAN DER, 1953: Landb.-voorl. *10*, 4. – WOERMANN, E., 1954: Organisationsformen der Nutzviehhaltung. Handb. d. Ldw., Berlin-Hamburg (Parey). – WOHLRAB, B., 1955: Um das Grundwasser. Arb. DLG *30*. – WOHLRAB, B., 1959: Kulttechn. *47*, 230. – WOHLRAB, B., 1960: Ber. Landesanst. f. Bodennutzungsschutz. Bochum. – WOHLRAB, B., 1961: Wasser Bod. *13*. – WOHLRAB, B., 1965: Forsch. Berat. C, H. 9 (Hiltrup/Westf.). – WOHLRAB, B., 1966: Grundwasser und Pflanzenertrag. Handb. d. Pflzern. u. Dgg. II, 691, Wien/New York (Springer). – WOHLRAB, B., & R. SUNKEL, 1968(?): Grundwasserentzug ... im Quellgebiet von Ems und Lippe. Schriftenr. Landesanst. f. Immiss.- u. Bodennutzungsschutz, Essen, 49. – WOJAHN, E., 1959: Dt. Akad. Taggsber. *16*, 137. – WOJAHN, E., N. VON DER WAYDBRINK & K. DÖRNER, 1966: Proc. 9. Int. Grassl. Congr., 1549. – WOLDENDORP, J. W., K. DILZ & G. J. KOLENBRANDER, 1965: Eur. Grassl. Fed. 1966, 53. – WOLF, D. D. ,1967: Crop Sci. *7*, 239; ref. Ldw. Zbl. *13*, II 446, 1968. – WOLTON, K. M., 1960: Proc. 8. Int. Grassl. Congr., 544. – WOODFORD, E. K., 1966: J. Brit. Grassl. Soc. *21*, 109. – WOODFORD, E. K., & S. A. EVANS, 1963: Weed control handbook. London (Blackwell). – WRIGHT, C. E., 1960: Proc. 8. Int. Grassl. Congr., 313. – WRIGHT, C. E., 1966: Nature (London) *210*, 327; ref. Weed Abs. *15*, 138. – WURGLER, W., 1964: COLUMA; ref. Weed Abs. *13*, 118, 119. – WURMB, A. VON, 1927/28: Pflanzenb. *4*, 44.

YAMADA, T., & S. HORIUCHI, 1960: Proc. 8. Int. Grassl. Congr., 297. – YEZOU, N., 1964: COLUMA; ref. Weed Abs. *13*, 118, 1964.

ZEITLER, W., 1965: Bay. Ldw. Jb. *42*, 536. – ZELLER, W., 1949: Allgäuer Bauernbl. Nr. 51/52. – ZELLER, W., 1962: Auf der Alpe *14*, 85. – Zentralstelle f. Vegetationskartierung, 1954: Pflanzensoziologie als Brücke zwischen Land- und Wasserwirtschaft. Angew. Pflznsoz. B *8*. – ZIEGENBEIN, GERTA, 1960: Niederschr. DLG-Pflznzuchtabt. 16. – ZIFFER, A., 1949: Z. Pflzern., Dgg. Bodenk. *44*, 136. – ZIJLSTRA, K., 1938: Verslag. *44*, 185. – ZILLMANN, K. H., & W. KREIL, 1957: Thaer-Arch. *2*, 13, 329. – ZIMMER, E., 1957: Fu. Konserv. *3*, 177. – ZIMMER, E., 1959: Fu. Konserv. *5*, 138. – ZIMMER, E., 1960: Fu. Konserv. *6*, 28. – ZIMMER, E., 1962: Völkenrode *12*, 80, 87. – ZIMMER, E., 1963: Völkenrode *13*, 105. – ZIMMER, E., 1964a: Wirtsch. Fu. *10*, 257. – ZIMMER, E., 1964b: Völkenrode *14*, 24. – ZIMMER, E., 1964c: Wirtsch. Fu. *10*, 63. – ZIMMER, E., 1964d: Ber. ü. d. Tätigk. d. FAL 38. – ZIMMER, E., 1965: Tierzücht. H. 3. – ZIMMER, E., 1966a, in KÖNEKAMP, A., 1966: Silowirtschaft. München, Basel, Wien 91–140, Bay. Ldw. Verlags Ges. – ZIMMER, E., 1966b: Wirtsch. Fu. *12*, 299. – ZIMMER, E., 1966c: Völkenrode *16*, 45. – ZIMMER, E.,

1967: Wirtsch. Fu. *13*, 271. – ZIMMER, E., 1968: Biologische und technische Probleme der Futterkonservierung. Schr.reihe Forsch. Rat ELF, H. 3, 61. – ZIMMER, E., & H. HONIG, 1968: Mitt. DLG *83*, 1622. – ZOGG, H., & H. GUYER, 1962: Mitt. Schweiz. Ldw. *10*, 145; ref. Weed Abs. *12*, 281, 1964. – ZOGG, H., & H. GUYER, 1965: Arb. Gem. Futterb. (Zürich–Lausanne–Mezzana), H. 6, 111. – ZUBER, R., 1956: Grüne Schweiz. Ldw. Z., Nr. 22, 627. – ZÜRN, F., 1943: Forschungsdienst *15*, 310. – ZÜRN, F., 1949: Bodenkult. *3*, 355. – ZÜRN, F., 1950: Z, Pflznbau Pflznschutz *1*. – ZÜRN, F., 1951a: Z. Ack. u. Pfl. *93*, 444. – ZÜRN, F., 1951b: Bodenkult. *5*, 467. – ZÜRN, F., 1951c: Ratschläge zur neuzeitlichen Grünlandbewirtschaftung. Wien–Heidelberg. – ZÜRN, F., 1953a: Mittel und Wege zur Steigerung der Almerträge. Admont (Bundesanst. alpin. Ldw.). – ZÜRN, F., 1953b: Veröff. d. Bundesanst. f. alp. Ldw., Admont, Nr. 8, 45. – ZÜRN, F., 1953c: Ber. ü. Arb. Tagg. d. Arbeitsgem. d. Saatzuchtleit., Admont, *9*, 158. – ZÜRN, F., 1953d: Neuere Forschungsergebnisse über Grünlandwirtschaft. Admont. – ZÜRN, F., 1954a: Grünld. *3*, 31. – ZÜRN, F., 1954b: Grünld. *3*, 89. – ZÜRN, F., 1955: Grünld. *4*, 49. – ZÜRN, F., 1956: Infelder Reihe *1*, 88. – ZÜRN, F., 1958a: Dt. Akad. Int. Grünlandtagg., 163. – ZÜRN, F., 1958b: Phosph. *18*, 86. – ZÜRN, F., 1960a: Saatgutwtsch. *12*, 278. – ZÜRN, F., 1960b: Bodenkult. *11*, 99. – ZÜRN, F., 1961: Bay. Ldw. Jb. *38*, 915. – ZÜRN, F., 1962a: Bay. Ldw. Jb. *39*, 480. – ZÜRN, F., 1962b: Ber. Chur, 137. – ZÜRN, F., 1963: Z. Ack. u. Pfl. *118*, 186. – ZÜRN, F., 1965a: Wirtsch. Fu. *11*, 215. – ZÜRN, F., 1965b: Z. Ack. u. Pfl. *122*, 65. – ZÜRN, F., 1965c: Vielschnittnutzung auf Weideansaaten an Stelle von Weidenutzung. In „Tier und Weide", 3. Grünld.-Symp., Leipzig, 211. – ZÜRN, F., 1965d: WTF Feldw. *6*, 312; ref. Ldw. Zbl. *11*, II 158, 1966. – ZÜRN, F., 1966a: Proc. 10. Int. Grassl. Congr., 831. – ZÜRN, F., 1966b: Bay. Ldw. Jb. *43*, 109. – ZÜRN, F., 1968: Neuzeitliche Düngung des Grünlandes. Frankfurt/M. (DLG Verlags-GmbH). – ZÜRN, F., & U. SPRINGER, 1963: Bodenkult. *14*, 22. – ŽUKOVA, L. A., 1967: Biol. Nauki (Moskau) *10*, Nr. 8, 66; ref. Ldw. Zbl. *13*, II 1204, 1968. – ŽUKOVA, L. A., 1966: Untersuchungen über die Wirkung der Grünlandbewässerung mit Abwasser auf die Gesundheit der Weidetiere. – Inst. Grünl. Moorforsch. Paulinenaue, Abschl.-Ber.; ref. Ldw. Zbl. *12*, II 147, 1967. – ZUNKER, F., 1949: Die Notwendigkeit und Durchführung der Verwertung der organischen Abwässer in der Landwirtschaft. Vortrag Münster (Westf.).

Allgemeine Abkürzungen

Arb. = Arbeit(en)
Arch. = Archiv
Ber. = Bericht(e)
Diss. = Dissertation
H. = Heft
J. = Journal
Jb. = Jahrbuch
Ldw. = Landwirtschaft(lich)
Mh. = Monatsheft(e)
Mitt. = Mitteilung(en)
Sdh. = Sonderheft
Z. = Zeitschrift, Zeitung

H. Verzeichnisse der genannten Arten
Gebräuchlichste deutsche und wissenschaftliche Namen

I. Höhere Pflanzen

FZ = Futterwertzahlen: –1 = gesundheitsschädlich; 0 = wertlos; 1–8 = aufsteigender Futterwert; – = nicht genügend bekannt. Näheres Seite 108. Abb. = Abbildungsnummer.

Deutsche Namen	FZ	Abb.	Lateinische Namen
Ackerdistel	0	197, 198	Cirsium arvense (L.) Scop.
Ackerknautie s. Witwenblume			
Ackerquecke	6	132	Agropyron repens (L.) P. B.
Ackerschachtelhalm	–1		Equisetum arvense L.
Ackersenf	–		Sinapis arvensis L.
Ackerwinde	–		Convolvulus arvensis L.
Adlerfarn	–1	93	Pteridium aquilinum (L.) Kuhn
Alpenampfer	2		Rumex alpinus L.
Ampfer, Kleiner	1		– acetosella L.
–, Krauser	1		– crispus L.
–, Stumpfblättr.	1	130	– obtusifolius L.
Augentrost	–1		Euphrasia spec.
–, Roter	–1		– odontites L.
Ausläuferrotschwingel	5	161	Festuca (rubra) genuina Hack.
Bärenklau	5	109, 110	Heracleum sphondylium L.
Bärwurz	3		Meum athamanticum Jacq.
Bastardklee	6	164	Trifolium hybridum L.
Beifuß	–		Artemisia vulgaris L.
Bergflachs	–		Thesium spec.
Besenginster	0	106	Sarothamnus scoparius (L.) Wimm.
Besenried	0	2	Molinia coerulea (L.) Moench.
Bibernelle, Große	5	190	Pimpinella maior (L.) Huds.
–, Kleine	5		– saxifraga L.
Binsen	0	96, 116	Juncus spec.
–, Sperrige	0		– squarrosus L.
–, Zarte	1	99	– tenuis (macer) Willd.
Blutauge (Sumpf-)	4		Comarum palustre L.
Blutweiderich	2	127	Lythrum salicaria L.
Blutwurz	2		Potentilla erecta (L.) Raeusch.
Bocksbart	4	112	Tragopogon pratensis L.
Borstgras	2		Nardus stricta L.
Braunelle, Brunelle	2		Prunella vulgaris L.
Breitwegerich	2	136	Plantago maior L.
Brennessel, Große	–		Urtica dioica L.
Bürstling	2		Nardus stricta L.
Buschwindröschen			Anemone nemorosa L.
Disteln			Cirsium spec.
Drahtschmiele	3		Deschampsia flexuosa (L.) Trin.

Deutsche Namen	FZ	Abb.	Lateinische Namen
Dreizahn	2		Sieglingia decumbens (L.) Bernh.
Duwock	–1	90	Equisetum palustre L.
Ehrenpreis			Veronica spec.
Eisenkraut	0		Verbena officinalis L.
Engelwurz	2		Angelica silvestris L.
Fadenehrenpreis	1	146	Veronica filiformis Sm.
Fadenklee	6		Trifolium dubium Sibth.
Feigwurz	–		Ranunculus ficaria L.
Felslabkraut	3		Galium hercynicum Weig.
Ferkelkraut	1		Hypochoeris radicata L.
Fiederzwenke	2		Brachypodium pinnatum (L.) P. B.
Fingerkraut	–		Potentilla spec.
Fioringras	7		Agrostis gigantea Roth
Flatterbinse	1	99	Juncus effusus L.
Flechtstraußgras	7	133	Agrostis stolonifera L.
Flockenblume	3	140	Centaurea jacea L.
Frauenflachs			Thesium spec.
Frauenmantel	5	113, 187	Alchemilla vulgaris L.
Fromental	7	5, 161	Arrhenatherum elatius (L.) J. et C. Presl.
Fuchsschwanz	–		Alopecurus spec.
Gänseblümchen	2	101	Bellis perennis L.
Gänsekresse	–		Arabis hirsuta (L.) Scop.
Gamander-Ehrenpreis	2		Veronica chamaedrys L.
Geißfuß	3	139	Aegopodium podagraria L.
Germer	–1		Veratrum album L.
Gerste, Zweizeilige	–		Hordeum distichon L.
Geruchgras	3		Anthoxanthum odoratum L.
Giersch	3	139	Aegopodium podagraria L.
Gifthahnenfuß	–1		Ranunculus sceleratus L.
Ginster	0	106	Genista spec., Sarothamnus
–, Behaarter	0		– pilosa L.
Glatthafer	7	5, 161	Arrhenatherum elatius (L.) J. et C. Presl.
Glockenblume, Rundblättr.	3		Campanula rotundifolia L.
Glockenheide	0		Erica tetralix L.
Goldhafer	7	161	Trisetum flavescens (L.) P. B.
Gundelrebe	1		Glechoma hederaceum L.
Habichtskraut			Hieracium spec.
–, Kleines	2		– pilosella L.
Hahnenfuß			Ranunculus spec.
–, Scharfer	1	115	– acer L.
Hainsimse	2	99	Luzula campestris (L.) DC.
Hartheu	1		Hypericum perforatum L.
Hauhechel	0	200	Ononis spec.
Havelmielitz	5		Phalaris arundinacea L.
Heidekraut	0	104	Calluna vulgaris (L.) Coult.
Heidelbeere	0		Vaccinium myrtillus L.
Heilziest	2		Stachys officinalis (L.) Trev.
Herbstlöwenzahn	5	118, 185	Leontodon autumnalis L.
Herbstzeitlose	–1	91, 92	Colchicum autumnale L.
Hirsensegge	2	96	Carex panicea L.
Hirtentäschel	1		Capsella bursa-pastoris (L.) Med.

Deutsche Namen	FZ	Abb.	Lateinische Namen
Hohlzahn			Galeopsis spec.
Honiggras, Weiches	3		Holcus mollis L.
–, Wolliges	4		– lanatus L.
Hornklee	7	163	Lotus corniculatus L.
Hornkraut, Gemeines	3		Cerastium vulgatum L.
Horstrotschwingel	4		Festuca (rubra) commutata Gaudin
Huflattich	1		Tussilago farfara L.
Hundsquecke	–		Agropyron caninum (L.) P. B.
Hundsstraußgras	3		Agrostis canina L.
Hundszahn	–		Cynodon dactylon (L.) Pers.
Johanniskraut, Echtes	1		Hypericum perforatum L.
–, Geflecktes	1		– maculatum Crantz
Kälberkropf (Berg-)	1		Chaerophyllum hirsutum L.
Kamillen			Matricaria spec.
Kammgras	6		Cynosurus cristatus L.
Kantenlauch	–1		Allium angulosum L.
Klappertopf			Rhinanthus spec.
Kleeseide	–1		Cuscuta (epithymum) ssp. trifolii Bab.
Knaulgras	7	161	Dactylis glomerata L.
Knickfuchsschwanz	4		Alopecurus geniculatus L.
Knöterich			Polygonum spec.
Knollenglanzgras			Phalaris tuberosa
Knollenhahnenfuß	1		Ranunculus bulbosus L.
Kohldistel	4	121, 122	Cirsium oleraceum (L.) Scop.
Kopfbinse, Kopfriet			Schoenus spec.
Kratzdistel		124	Cirsium spec.
Kriechhahnenfuß	2	114	Ranunculus repens L.
Kuckuckslichtnelke	1	128	Lychnis flos-cuculi L.
Kümmel	3	108, 189	Carum carvi L.
Labkraut		142	Galium spec.
Lärche			Larix decidua Mill.
Laucharten			Allium spec.
Läusekraut			Pedicularis spec.
Leinblatt			Thesium spec.
Lieschgras	8	161	Phleum pratense L.
Löwenzahn Gebräuchl.	5	117, 282	Taraxacum officinale Web.
–, Rauher	5	119, 186	Leontodon hispidus L.
Mädesüß	3	97	Filipendula ulmaria (L). Maxim.
Mannstreu	3		Eryngium campestre L.
Margerite	2	79, 134	Chrysanthemum leucanthemum L.
Maßliebchen	2	101	Bellis perennis L.
Mausröhrchen	2		Hieracium pilosella L.
Meldengewächse			Chenopodiaceae spec.
Mielitz	4		Glyceria maxima (aquatica) Holmberg
Milchkräuter			Taraxacum, Leontodon spec.
Minze	–		Mentha spec.
Möhre, Wilde	3	138	Daucus carota L.
Moosbeere	0		Oxycoccus quadripetalus Gilib.
Narzisse (Berg-)	–	173	Narcissus exsertus Haw.

Deutsche Namen	FZ	Abb.	Lateinische Namen
Pastinak	4		Pastinaca sativa L.
Pestwurz	1	143	Petasites hybridus (L.) G. M. Sch.
Pfeifengras	2	2	Molinia coerulea (L.) Moench
Pillensegge	1		Carex pilulifera L.
Pimpernelle s. Bibernelle			
Pippau (Wiesen-)	4	183	Crepis biennis L.
Quecke	6	132	Agropyron repens (L.) P. B.
Raigras (Raygras), Italien.	7		Lolium multiflorum Lam.
–, Englisches	8	161	– perenne L.
Rasenschmiele	3	95, 199	Deschampsia caespitosa (L.) P. B.
Riedgräser			Carex spec.
Rispengras, Fruchtbares	7		Poa palustris L.
–, Gemeines	7		– trivialis L.
–, Jähriges	5		– annua L.
Rohr	2		Phragmites communis Trin.
Rohrglanzgras	5		Phalaris arundinacea L.
Rohrschwingel	4	105, 197	Festuca arundinacea Schreb.
Rotklee	7		Trifolium pratense L.
Rotschwingel		161	Festuca rubra (Sammelart) L.
Ruchgras	3		Anthoxanthum odoratum L.
Saatweizen			Triticum aestivum L.
Sandlabkraut	3		Galium hercynicum (saxatile) Weig.
Sandstraußgras	2		Agrostis coarctata Ehrh.
Sauerampfer	4	129	Rumex acetosa L.
Sauergräser		96	Carex spec.
Schafgarbe	5	107, 193	Achillea millefolium L.
Schafschwingel	3	103	Festuca ovina L. (Sammelart)
Schilfrohr	2		Phragmites communis Trin.
Schwaden, Flutender	4		Glyceria fluitans (L.) R. Br.
Schwedenklee (Bastard)	6	164	Trifolium hybridum L.
Seegras	1		Carex brizoides Jusl.
Seggen		96	Carex spec.
Segge, Blaugrüne	1		– flacca (glauca) Schreb.
–, Braune	1		– fusca (goodenowii) All.
–, Rauhe	2	96	– hirta L.
Seide			Cuscuta spec.
Silge	2		Silaum silaus (L.) Sch. et Thell.
Simsen			Scirpus spec.
Sonnenröschen	1		Helianthemum nummularium (L.) Mill.
Spießlöwenzahn	5	186	Leontodon hispidus L.
Spitzwegerich	6	192	Plantago lanceolata L.
Storchschnabel			Geranium spec.
Straußgras, Rotes	5		Agrostis tenuis Sibth.
–, Weißes			– alba (Sammelart)
Sumpfbinse			Eleocharis spec.
Sumpfblutauge	4		Comarum palustre L.
Sumpfdotterblume	–1	125	Caltha palustris L.
Sumpfhornklee	7		Lotus uliginosus Schkuhr
Sumpf(kratz)distel	0	124	Cirsium palustre (L.) Scop.
Sumpfrispe(ngras)	7		Poa palustris L.
Sumpfschachtelhalm	–1	90	Equisetum palustre L.

Deutsche Namen	FZ	Abb.	Lateinische Namen
Teufelsabbiß	2		Succisa pratensis Moench.
Teufelszwirn			Cuscuta spec.
Timothe	8	161	Phleum pratense L.
Torfmoose			Sphagna spec.
Traubentrespe	4		Bromus racemosus L.
Trespe, Aufrechte	5		– erectus Huds.
–, Wehrlose	5	161	– inermis Leyss.
–, Weiche	3		– hordeaceus (mollis) L.
Trifthafer	2		Avena pratensis L.
Vogelknöterich	1		Polygonum aviculare L.
Vogelmiere	2	172	Stellaria media (L.) Vill.
Vogelwicke	6		Vicia cracca L.
Wacholder	–	83	Juniperus communis L.
Waldehrenpreis	0		Veronica officinalis L.
Waldhahnenfuß	1		Ranunculus nemorosus DC
Waldläusekraut	–1		Pedicularis silvatica L.
Waldrispe(ngras)	–		Poa chaixii Vill.
Waldsimse	2		Scirpus silvaticus L.
Waldstorchschnabel	2	100	Geranium silvaticum L.
Wassergreiskraut	–1	144	Senecio aquaticus Huds.
Wasserpfeffer	1		Polygonum hydropiper L.
Wasserschwaden	4		Glyceria maxima (aquatica) Holmb.
Wegerich, Großer	2	136	Plantago maior L.
–, Mittlerer	2	102	– media L.
Wegwarte	1		Cichorium intybus L.
Weidelgras, Deutsches	8	161	Lolium perenne L.
–, Welsches	7		– multiflorum Lam.
Weinbergslauch	–1		Allium vineale L.
Weißklee	8	162, 213	Trifolium repens L.
Weizen(Saat-)	–		Triticum aestivum L.
Wiesenbocksbart	4	184	Tragopogon pratensis L.
Wiesenflockenblume	3	140	Centaurea jacea L.
Wiesenfuchsschwanz	7	55, 161	Alopecurus pratensis L.
Wiesenhafer	2		Avena pratensis L.
Wiesenkerbel	4	10, 73	Anthriscus silvestris (L.) Hoffm.
Wiesenknautie	2	137	Knautia arvensis (L.) Coult.
Wiesenknöterich	4	84, 123	Polygonum bistorta L.
Wiesenknopf, Großer	5	131	Sanguisorba officinalis L.
–, Kleiner	4	188	– minor Scop.
Wiesenlabkraut	3	142	Galium mollugo L.
Wiesenlieschgras	8	161	Phleum pratense L.
Wiesenpippau	4	120, 183	Crepis biennis L.
Wiesenplatterbse	7		Lathyrus pratensis L.
Wiesenrispe(ngras)	8	161	Poa pratensis L.
Wiesenschaumkraut	–1	126	Cardamine pratensis L.
Wiesenschwingel	8	161	Festuga pratensis Huds.
Wiesensilge	2		Silaum silaus (L.) Sch. et Thell.
Wiesenstorchschnabel	2		Geranium pratense L.
Witwenblume	2	137	Knautia arvensis (L.) Coult.
Wolfsmilch	–	94	Euphorbia spec.
Wucherblume	2	79, 134	Chrysanthemum leucanthemum L.
Zahntrost	–1		Euphrasia odontites L.
Zaunwicke	6		Vicia sepium L.
Zichorie	1		Cichorium intybus L.

Deutsche Namen	FZ	Abb.	Lateinische Namen
Zinnkraut	0		Equisetum arvense L.
Zittergras	5		Briza media L.
Zittergrassegge	1		Carex brizoides Jusl.
Zypressenwolfsmilch	–1	94	Euphorbia Cyparissias L.

II. Niedere Pflanzen

Deutsche Namen	Lateinische Namen
Algen	Algae
Auswinterungspilze	Fusarium spec., Typhula spec.
Blattfleckenpilze	u.a. Cortycium spec., Helminthosporium spec., Pleiospora spec.
Brandpilze	bes. Ustilago spec.
Engerlinge-Bakterienkrankheit	Bacillus popilliae, B. thuringiensis, Nosema melolonthae
Engerlinge-Pilzkrankheit	Beauveria tenella
Erstickungsschimmel	Epichloe typhina
Flugbrand	Ustilago spec.
Kleekrebs	Sclerotinia trifoliorum
Knöllchenbakterien	Rhizobium spec.
Kreuzhefe	Anthomyces reukaufii
Mehltau, Echter	Erysiphe spec.
–, Falscher	Peronospora spec.
Milchsäurebakterien	Lactobacillus (Lactobacterium) plantarum
Mutterkorn	Claviceps purpurea
Nektarhefe s. Kreuzhefe	
Rostpilze	Puccinia spec., Uromyces spec.
Schimmelpilze	u.a. Aspergillus spec., Monilia spec.
Schneeschimmel	Fusarium nivale
Schorfpilze	u.a. Actinomyces, Fusicladium spec., Pseudopeziza spec., Rhizoctonia spec.
Schwärzepilze	Alternaria spec., Ascochyta spec., Cladosporium spec., Septoria spec., Sporidesmium spec.
Wiesenpapier (W.-watte)	Algae

III. Tiere

Deutsche Namen	Lateinische Namen
Älchen	Nematodes
Ameisen	Formicidae
Bänderschnecken	Helicidae
Blasenfüße	Thysanoptera

Deutsche Namen	Abb.	Lateinische Namen
Blattläuse		Aphidoidea
Brachkäfer		Amphimallon solstitialis
Drahtwürmer	151	Elateridae
Eingeweidewürmer		Helminthes
Engerlinge	150	Amphimallon solstitialis, Melolontha spec.
Fadenwürmer		Nematodes
Feldmaus		Arvicola arvalis
Fritfliege		Oscinis frit
Graseulen		Charaeas graminis, Hadena spec.
Halmfliegen		Chlorops spec.
Honigbiene		Apis mellifica
Junikäfer s. Brachkäfer		
Kaninchen		Lepus cuniculus
Kleeälchen		Heterodera trifolii
Leberegel, Großer		Fasciola hepatica
–, Kleiner		Dicrocoelium lanceolata
Leberegelschnecke		Lymnaea trunculata
Lungenwürmer		Metastrongylidae
Maikäfer		Melolontha spec.
Marienkäfer		Coccinellidae
Maulwurf		Talpa europaea
Milben		Tarsonemini
Nacktschnecken		Arionidae, Lymacidae
Regenwürmer		Lumbricidae (u.a. Allolobophora, Dendrobaena, Eisenia, Lumbricus, Octolasium
Rüsselkäfer		Curculionidae
Rundwürmer, Magen-Darm-		Nematodirus spec., Strongylidae, Trichosoma spec.
Schnecken		Arionidae,Helicidae, Limacidae
Schnellkäfer		Elateridae
Schwarzwild		Sus scrofa ferus
Schweine-Spulwurm		Ascaris suum (suilla, lumbricoides)
Spinnen		Arachnoidea
Sturmtaucher		Alcidae
Wanzen		Heteroptera spec.
Wiesenschnaken, W.-Würmer	152, 153	Tipula paludosa
Wildschwein		s. Schwarzwild
Wühlmaus		Arvicula terrestris
Zikaden		Cicadina

I. Sachverzeichnis

Wegen des großen Umfanges des Verzeichnisses wurde folgende Gliederung gewählt:

A. Allgemeines über Grünland
B. Boden einschließlich Bodenwasser (siehe auch O)
C. Düngung des Grünlandes
 I. Allgemeines
 II. Düngerarten, Nährstoffe
D. Futterwerbung und Futterkonservierung
E. Grasnarbe, Pflanzen, Pflanzengemeinschaften (siehe auch N)
F. Grünlandertrag, Bestimmungsgründe, Feststellung
G. Grünlandnutzung allgemein (siehe auch K, P, Q, R)
H. Grünlandpflege und Grünlandverbesserung (ohne Umbruch und Neuansaat)
J. Klima und Lage
K. Mahdwirkungen, Mäheverfahren
L. Neuanlage von Dauergrünland
M. Unkräuter und Schädlinge des Grünlandes
N. Wachstum und Entwicklung der Grünlandpflanzen
O. Wasserverhältnisse (siehe auch Bodenwasser)
P. Weideformen, Weideverfahren
Q. Weidegras, Wuchsverhalten (siehe auch E, G)
R. Weidetier, Ansprüche und Verhalten

A. Allgemeines über Grünland

B. Boden einschließlich Bodenwasser (siehe auch Wasserverhältnisse)

C. Düngung des Grünlandes

I. Allgemeines

II. Düngerarten, Nährstoffe

D. Futterwerbung und Futterkonservierung

E. Grasnarbe, Pflanzen, Pflanzengemeinschaften

(siehe auch Wachstum und Entwicklung der Grünlandpflanzen)

F. Grünlandertrag, Bestimmungsgründe, Feststellung

G. Grünlandnutzung allgemein

(siehe ferner: Mahdwirkungen, Weidegras, Weidetier, Weideverfahren)

H. Grünlandpflege und Grünlandverbesserung

(ohne Umbruch und Neuansaat)

J. Klima und Lage

K. Mahdwirkungen, Mäheverfahren

L. Neuanlage von Dauergrünland

M. Unkräuter und Schädlinge des Grünlandes

N. Wachstum und Entwicklung der Grünlandpflanzen

O. Wasserverhältnisse (siehe auch Bodenwasser)

P. Weideformen, Weideverfahren

Q. Weidegras, Wuchsverhalten (siehe auch Grünlandnutzung)

R. Weidetier, Ansprüche und Verhalten

Mehrfach benutzte Abkürzungen

Maße: Allgemein im Dezimalsystem

Länge: mm, cm, dm, m ...
Fläche: cm^2, m^2, a (Ar), ha (Hektar)
Raum: cm^3, l (Liter), hl (Hektoliter)
Gewicht: mg, g, kg, dz (100 kg)
Temperatur: °C
Wärmemenge: cal (Kalorie)

at = Atmosphäre (Druck)
BFI = Blattflächenindex
Ca = Calcium
CaO = Kalk
CH = Kohlenhydrate
DM = Deutsche Mark
Dt. = deutsch
Ext = Extraktstoffe (N-freie)
FE = Futtereinheit
FZ = Feuchtezahl
GV(E) = Großvieheinheit
GVWTE = Großvieh-Weidetagseinheit
h = Stunde
K = Kalium
K_2O = Kali
KStE = Kilo-Stärkeeinheit = 1000 StE
L = Lehm
LAI = Leaf area index
LG = Lebendgewicht
LN = Landwirtschaftliche Nutzfläche
LS = Lehmiger Sand
N = Stickstoff
NPK = Stickstoff-Phosphor-Kalium-(-Düngung)
NZ = Stickstoffzahl
P = Phosphor
P_2O_5 = Phosphorsäure
pH = Reaktionsindex
ppm = part per million = $1 \cdot 10^{-6}$
RM = Reichsmark
RZ = Reaktionszahl
Sa = Sand
SC = lösliche Kohlenhydrate
SL = Sandiger Lehm
STE = Stärkeeinheit
TAC = Total verfügbare Kohlenhydrate
Tm = Trockenmasse
VE = Verdauliches Eiweiß
V-Wert = Basensättigungsgrad
WTE = Weidetagseinheit
WZ = Wertzahl
y_1 = Maß der hydrolytischen Azidität
ZG = Zersetzungsgrad

Artnamen

Im Text werden sowohl deutsche wie wissenschaftliche Namen von Pflanzen- und Tierarten gebraucht, zuweilen beide nebeneinander. Nichtkenner der deutschen Namen finden die wissenschaftlichen in den Listen S. 602ff.